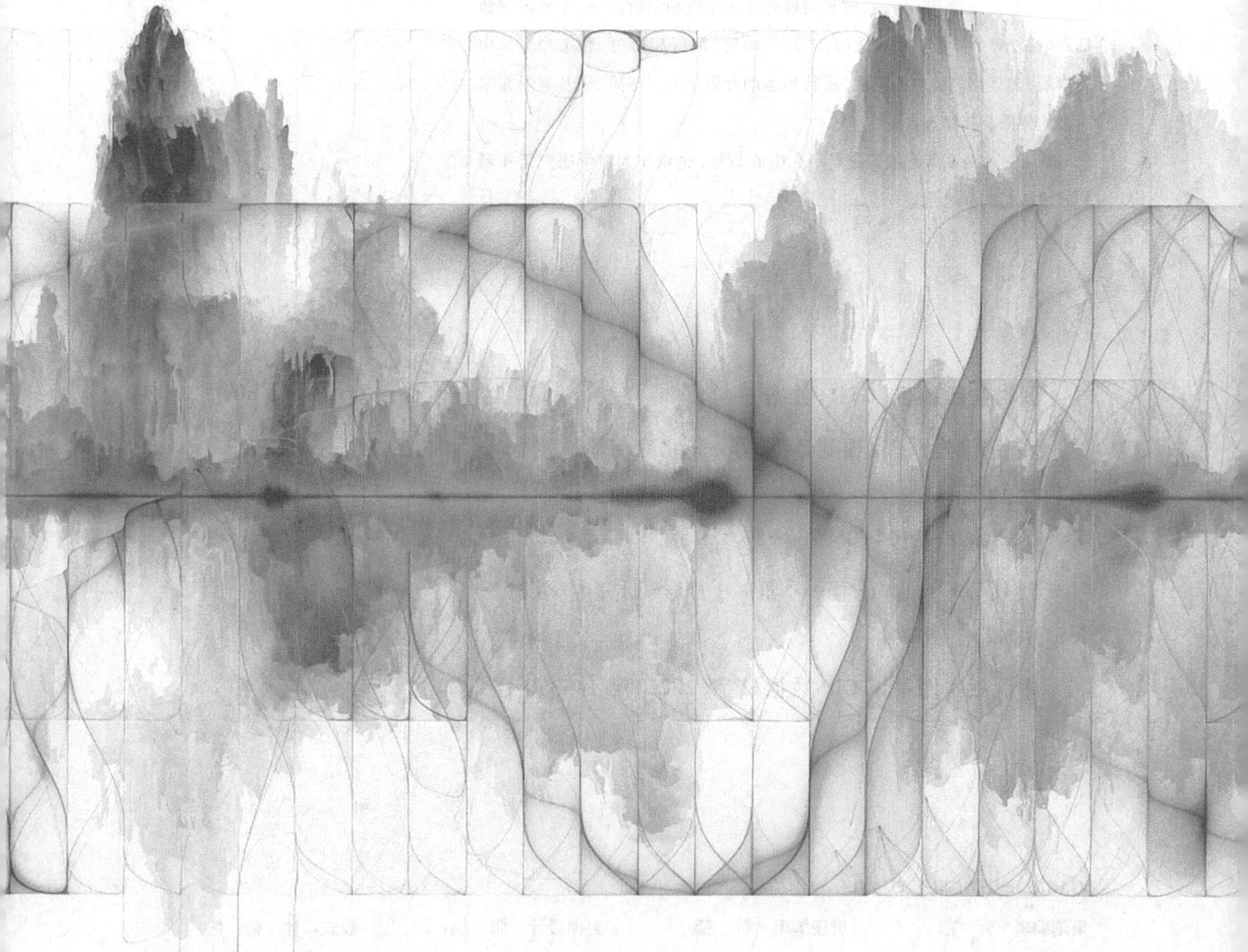

MODERN ACOUSTIC PRINCIPLES

现代声学原理

程建春

中国教育出版传媒集团
高等教育出版社·北京

内容简介

本书是南京大学程建春教授在多年教学经验基础上，根据声学专业研究生核心课程“声学原理”的教学大纲编写而成。本书系统介绍了流体介质中声波的激发、传播、接收和调控的基本原理和分析方法，主要内容包括：理想流体中声波的基本性质，声波的辐射、散射和衍射，管道和腔体中的声场，非理想流体中的声波，层状和运动介质中的声传播，以及有限振幅声波的传播及其物理效应。

本书可作为高等学校理工科研究生的教材，也可作为声学研究工作者和技术人员的参考书。

图书在版编目(CIP)数据

现代声学原理/程建春编著.--北京：高等教育出版社，2023.11

ISBN 978-7-04-059237-5

Ⅰ.①现… Ⅱ.①程… Ⅲ.①声学-研究生-教材 Ⅳ.①O42

中国版本图书馆 CIP 数据核字(2022)第 143350 号

XIANDAI SHENGXUE YUANLI

策划编辑	忻 蓓	责任编辑	忻 蓓	封面设计	张 楠	版式设计	杨 树
责任绘图	黄云燕	责任校对	胡美萍	责任印制	赵义民		

出版发行	高等教育出版社	网　址	http://www.hep.edu.cn
社　址	北京市西城区德外大街 4 号		http://www.hep.com.cn
邮政编码	100120	网上订购	http://www.hepmall.com.cn
印　刷	北京中科印刷有限公司		http://www.hepmall.com
开　本	787mm×1092mm 1/16		http://www.hepmall.cn
印　张	33.5		
字　数	690 千字	版　次	2023年11月第 1 版
购书热线	010-58581118	印　次	2023年11月第 1 次印刷
咨询电话	400-810-0598	定　价	68.00 元

本书如有缺页、倒页、脱页等质量问题，请到所购图书销售部门联系调换

物 料 号 59237-00

前言

声学是研究声波的产生、传播、接收及其效应的科学，属于物理学的一个分支。声学具有极强的交叉性与延伸性，它与现代科学技术的大部分学科发生交叉，形成了若干丰富多彩的分支。近年来，声学研究与新材料、新能源、医学、通信、电子、环境以及海洋等学科紧密结合，取得了巨大的进展。可以说声学在现代科学技术中起着举足轻重的作用，对于当代科学技术的发展、社会经济的进步、国防事业的现代化以及人民群众物质与精神生活的改善与提高都十分重要。因此，声学学科已经大大超越了经典的物理学范畴，而成为包括信息、电子、机械、海洋、生命、能源等学科在内的充满活力的交叉科学。

今天，人们所研究的声波频率范围已从 10^{-4} Hz 到 10^{13} Hz，覆盖了 17 个数量级。根据人耳对声波的响应不同，把声波划分为次声(频率低于可听声频率范围，大致为 10^{-4} ~ 20 Hz)、可听声(频率在 20 Hz ~20 kHz，即人耳能感觉到的声)和超声(频率在 20 kHz 以上的声)。根据与不同学科的交叉，声学又可分为若干个不同的分支，例如水声学和海洋声学(与海洋科学的交叉)、生物医学超声学(与医学的交叉)、超声电子学(与电子科学的交叉)、超声检测和成像技术(与多学科的交叉)、通信声学和心理声学(与生命科学、通信学科的交叉)、生物声学(与生物学的交叉)、环境声学(与环境科学的交叉)、地球声学与能源勘探(与地球科学的交叉)、语言声学(与语言学、生命科学的交叉)，等等。

为了响应国务院学位委员会第七届物理学学科评议组在 2018 年对物理学一级学科研究生核心课程提出的建议，本人根据声学专业研究生核心课程“声学原理”的教学大纲，编写了本书。因此本教材的适合对象是物理学一级学科声学专业的研究生。本书是在《声学原理(上、下卷)》(科学出版社，2019)的基础上修订而成的，主要变化包括以下四个方面。

(1) 尽可能减少与本科阶段“声学基础”课程内容的重复，但为了保持本书的独立性，对不得不保留的部分，也从新的角度论述问题，例如声波在平面界面上的透射和反射，书中从一般入射波入手，把平面波入射作为特殊例子，然后推广到球面波和有限声束入射，这样既保留了平面波部分内容，又扩展了知识面。

(2) 尽可能保留近年来科研工作和学科发展的新内容，这对研究生教学是十分必要的，例如：声波方程的空间变换不变性(变换声学)、人工结构表面及广义 Snell 定律、周期结构与能带特性、声束的聚焦和声棱镜聚焦、螺旋波模式及其相控阵生成方法、表面散射和声景的设计、生物介质中的声波方程和分数导数（分数 Laplace 算子）、径向幂次分布结构中的声线和声黑洞，等等。

（3）删除了原书中过于数学化和不适合研究生教学的内容，例如：圆锥区域内波动方程的解、椭圆柱体的散射和修正 Mathieu 函数、均质化近似理论、Tikhonov 正则化方法、简正模式的微扰近似方法、不规则腔体的变分近似方法、Curle 方程、运动界面的声散射和 FW-H 方程，等等。

（4）保留了部分延伸和扩展的内容，例如：层状结构的传递矩阵法和阻抗传递法、有限长管道中的驻波和非均匀阻抗的反射、障板上的 Helmholtz 共振腔阵列、微穿孔板的共振吸声和共振频率、非稳定流动介质中的近似波动方程、广义 Lighthill 理论及其积分解、非生物和生物介质中的温度场方程导出，等等。 本人认为研究生学习这些内容对扩展知识面是有益的。

总之，本书基本保持了《声学原理（上、下卷）》的结构，但限于篇幅，删除了原书中的大部分附录。 本书的出版得到了南京大学物理学院和中国科学院噪声与振动重点实验室的资助。

作 者

2020 年 5 月

目 录

第七章 层状介质中的声波和几何声学 /323

第一章
理想流体中声波的基本性质

理想流体是指可以忽略诸如黏性、热传导和弛豫等不可逆过程的流体. 与黏性流体或者固体不同,理想流体内任意一个曲面上的作用力(邻近流体质点的压力)平行于这个曲面的法向,而与流体的运动无关. 在声波频率不太高或者远离边界处(见第六章),大部分流体(例如纯净的水和干燥的空气)可看作理想流体. 本书主要围绕理想流体中声波的激发、传播和调控展开. 因此,我们在本章中首先介绍理想流体中声波的基本性质,主要包括:声波方程——导出理想流体中小振幅声波传播的方程;声场的基本性质——介绍声场的能量关系和互易原理;行波解和平面波展开——初步介绍声波方程的行波解,重点在平面波展开方法;声波在平面界面上的反射和透射——关注的重点是瞬态或者有限宽波束声波的反射和透射;离散分层介质——重点介绍分层介质的传递矩阵法和阻抗率传递法,并简单介绍分层周期介质中的能带特性.

1.1 声波方程和声场的性质

当流体中某个流体元 Q 受到外界的扰动(如受到周期性外力的作用)而压缩和膨胀时(引起流体元的压力、密度或者温度的变化),由于流体的压缩性,与 Q 毗邻的流体元 W 必定作相反的运动(膨胀或压缩),W 的膨胀或压缩又引起与其毗邻的点 H 的压缩或膨胀,等等. 这样,流体元 Q 受到的扰动(压力、密度或者温度的变化)就以波动的形式向外传播开来,形成所谓**声波**. 因此,声波传播过程是流体运动的特殊形式,其运动方程完全由流体力学方程简化而来. 值得指出的是,流体元在数学上是一个几何点,可以用空间坐标表示,但在物理上仍然包含 10^{23} 量级的分子,故而宏观的热力学关系在流体元 Q 中仍成立. 这样的近似称为**连续介质近似**. 我们主要讨论流体运动的 Euler 描述方法①,然后导出声波传播和激发所满足的方程.

1.1.1 Euler 坐标下的守恒定律

理想流体的宏观运动状态由流体元的密度、速度矢量(或者位移矢量)、所受到的压力(或者压强)和所具有的温度(或者熵)完全确定. 寻找这些物理量随时间和空间的变化规律是流体力学的基本任务. 流体的运动必须遵守的基本定律包括:质量守恒定律、动量守恒定律、能量守恒定律(热力学第一定律)和熵不等式(热力学第二定律),其中前两个是力学定律,后两个是热力学定律. 由于流体运动常常有热过程参与(例如黏性流体中的声传播问题,见第六章),涉及热力学量,故需用到后两个定律. 另外,为了从这些基本定律完全确定流体的运动状态,还必须增加描写具体流体特性的方程,即本构方程或者状态方程.

为了寻找物理量的变化规律,必须首先给出流体运动的描述方法. 在流体力学中,流体运动的描述有两种方法:**Lagrange 方法**和 **Euler 方法**. 在 Lagrange 方法中,以初始坐标 (a,b,c) 来表示一个特定的流体元,该流体元无论在任何时刻、运动到任何位置,它的初始坐标 (a,b,c) 都是不变的,其物理量均可以表示为初始坐标 (a,b,c) 和时间 t 的函数. 例如,速度 $\boldsymbol{v}(a,b,c,t)$ 表示初始位置在 (a,b,c) 的流体元,在 t 时刻所具有的速度. 在 Lagrange 描述中,我们跟踪每个流体元的运动,其物理意义较为明显,根据牛顿第二定律容易写出流体元的运动方程. 但是,Lagrange 描述最大的缺点是,无法知道流体中某一特

① 为简便计,本书以人名形式出现的物理学名词,均使用英文.

定点、在特定时刻的运动状态. 因为,我们很难得知该点的流体在这个时刻是从哪里流过来的.

在声学中,特别是在线性声学中,基本上使用流体的 Euler 描述方法. 因此,我们主要讨论流体在 Euler 坐标下运动的基本规律. 如图 1.1.1 所示,在流体中建立空间固定的坐标系(x,y,z),空间中某点 M 的坐标为 $M(x,y,z)$. 与 Lagrange 描述不同,我们不追究流体元的初始位置是什么,也不管它是从哪里来的,而是分析流体元到达 M 点时所具有的物理性质,如流体的速度、密度或者温度等. 也可以这样理解:在空间中建立一个物理场(速度场、密度场或者温度场等),以速度场 $\boldsymbol{v}(x,y,z,t)$ 为例,不管从哪里来的流体元,当在 t 时刻、经过 $M(x,y,z)$ 点时,该流体元都具有速度 $\boldsymbol{v}(x,y,z,t)$.

在 Euler 描述中,不同时刻,如 t 时刻与 $t+\Delta t$ 时刻,流经点 $M(x,y,z)$ 的流体元不是同一个流体元. 因此,流体元的加速度不是简单地对速度场求偏导数:$\partial v/\partial t$. 如图 1.1.2 所示,t 时刻流体元位于 $\boldsymbol{r}=(x,y,z)$ 处,具有速度 $\boldsymbol{v}(\boldsymbol{r},t)$,经过 Δt 时间后,该流体元位于 $\boldsymbol{r}+\Delta\boldsymbol{r}$ 处,具有速度 $\boldsymbol{v}(\boldsymbol{r}+\Delta\boldsymbol{r},t+\Delta t)$,故该流体元的加速度为

$$\boldsymbol{a}\equiv\frac{\mathrm{d}\boldsymbol{v}}{\mathrm{d}t}=\lim_{\Delta t\to 0}\frac{\boldsymbol{v}(\boldsymbol{r}+\Delta\boldsymbol{r},t+\Delta t)-\boldsymbol{v}(\boldsymbol{r},t)}{\Delta t}=\frac{\partial\boldsymbol{v}}{\partial t}+\left(\lim_{\Delta t\to 0}\frac{\Delta\boldsymbol{r}}{\Delta t}\cdot\nabla\right)\boldsymbol{v} \tag{1.1.1a}$$

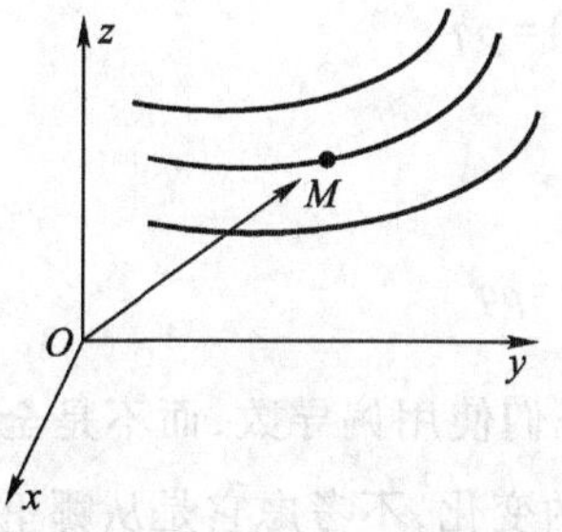

图 1.1.1 Euler 方法

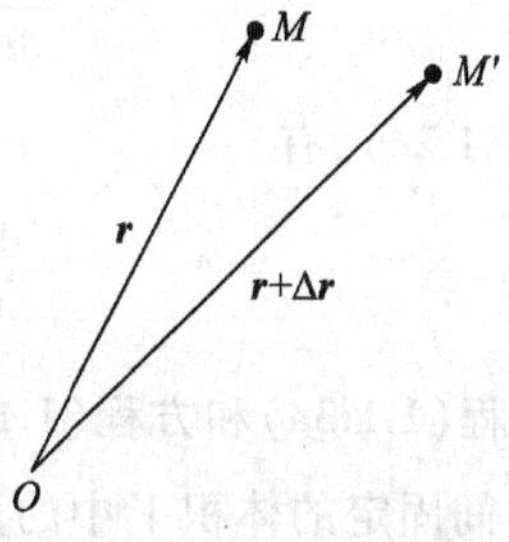

图 1.1.2 流体元的速度

而上式第二个极限是流体元速度的定义,故得到

$$\boldsymbol{a}\equiv\frac{\mathrm{d}\boldsymbol{v}}{\mathrm{d}t}=\frac{\partial\boldsymbol{v}}{\partial t}+(\boldsymbol{v}\cdot\nabla)\boldsymbol{v} \tag{1.1.1b}$$

因此,流体元的加速度由两项组成:第一项是由于速度场随时间变化而引起的,称为**本地加速度**,第二项称为**对流加速度**. 事实上,在 Euler 描述的框架内,流体元的任何物理量 $f(\boldsymbol{r},t)$ 随时间的变化都可以写成

$$\frac{\mathrm{d}f}{\mathrm{d}t}=\frac{\partial f}{\partial t}+(\boldsymbol{v}\cdot\nabla)f \tag{1.1.2a}$$

证 如图 1.1.2 所示,设 t 时刻流体元位于 $\boldsymbol{r}$ 处,具有物理量 $f(\boldsymbol{r},t)$(如压强、密度、熵、温度等),经过 Δt 时间后,该流体元位于 $\boldsymbol{r}+\Delta\boldsymbol{r}$ 处,具有物理量 $f(\boldsymbol{r}+\Delta\boldsymbol{r},t+\Delta t)$,故该流体元物理量 $f(\boldsymbol{r},t)$ 的时间变化率为

$$\frac{\mathrm{d}f}{\mathrm{d}t}=\lim_{\Delta t\to 0}\frac{f(\boldsymbol{r}+\Delta\boldsymbol{r},t+\Delta t)-f(\boldsymbol{r},t)}{\Delta t}=\frac{\partial f}{\partial t}+(\boldsymbol{v}\cdot\nabla)f \tag{1.1.2b}$$

如流体元的密度随时间的变化率为

$$\frac{\mathrm{d}\rho}{\mathrm{d}t}=\frac{\partial\rho}{\partial t}+(\boldsymbol{v}\cdot\nabla)\rho \tag{1.1.2c}$$

质量守恒方程 在流体中任取空间固定的体积 V,其面积为 S,法向单位矢量为 $\boldsymbol{n}$(注意:在 Euler 坐标系中,V 可以是空间固定的体积),如图 1.1.3 所示,体积 V 内总质量的变化率应该等于 S 面上流出的流体,即

$$\frac{\partial}{\partial t}\int_V\rho\mathrm{d}V=-\int_S\boldsymbol{j}\cdot\mathrm{d}\boldsymbol{S}+\int_V\rho q\mathrm{d}V \tag{1.1.3a}$$

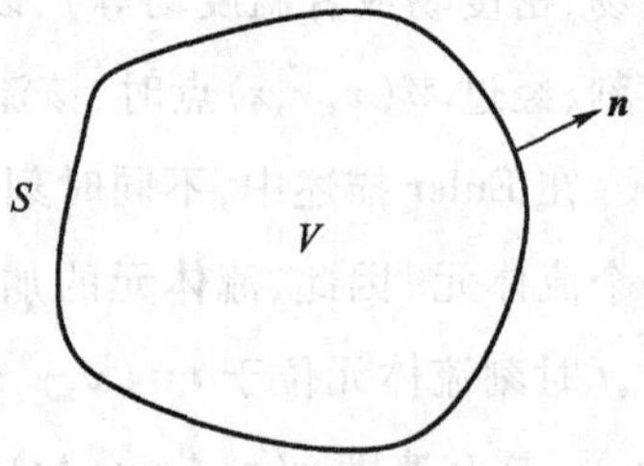

图 1.1.3 液体中任取体积为 V 的流体

其中,$\boldsymbol{j}=\rho\boldsymbol{v}$ 为质量流矢量,q 为单位时间、单位质量的体积源. 利用 Gauss 定理(假定在 V 内,$\boldsymbol{j}$ 是连续可微的,本书以后的讨论相同,不再特别指出),上式变成

$$\int_V\left(\frac{\partial\rho}{\partial t}+\nabla\cdot\boldsymbol{j}-\rho q\right)\mathrm{d}V=0 \tag{1.1.3b}$$

由体积 V 的任意性,得到微分形式的质量守恒方程为

$$\frac{\partial\rho}{\partial t}+\nabla\cdot(\rho\boldsymbol{v})=\rho q \tag{1.1.4a}$$

或者利用方程(1.1.2c),有

$$\frac{\mathrm{d}\rho}{\mathrm{d}t}+\rho\nabla\cdot\boldsymbol{v}=\rho q \tag{1.1.4b}$$

注意:在方程(1.1.3a)和方程(1.1.3b)中,我们使用偏导数,而不是全导数,这是因为我们考察的是空间固定的体积 V 中的流体质量的变化,不考虑它是从哪里来的,也不考虑它将流到哪里去,而不是分析固定的流体元的密度变化.

动量守恒方程 假定流体受到外力作用,单位质量受到的力的密度为 $\boldsymbol{f}$,则体积 V 内的总动量变化率应该等于流出的动量与合力(外力和表面 S 上的压力)之和,即

$$\frac{\partial}{\partial t}\int_V\rho\boldsymbol{v}\mathrm{d}V=-\int_S\boldsymbol{J}\cdot\mathrm{d}\boldsymbol{S}-\int_S P\mathrm{d}\boldsymbol{S}+\int_V\rho\boldsymbol{f}\mathrm{d}V+\int_V\rho\boldsymbol{v}q\mathrm{d}V \tag{1.1.5a}$$

式中,右边第二项面积分为体积为 V 的流体表面 S 上受到的其他流体的压力,方向与曲面法向相反,故为负;右边第四项为由于质量 q 的注入,所引起的体积 V 内的动量增加(为与声场 p 表示区别,本书压强统一用 P 表示);$\boldsymbol{J}=(\rho\boldsymbol{v})\boldsymbol{v}$ 为动量流张量,写成矩阵形式,它的 3×3 个元为

$$(\boldsymbol{J})_{ij}=\rho v_i v_j\quad(i,j=1,2,3) \tag{1.1.5b}$$

注意:标量的流为矢量,矢量的流一定是张量,张量的这一形式也称为**并矢**. 在方程(1.1.5a)中,面积分化为体积分:

$$\int_V \left[\frac{\partial(\rho \boldsymbol{v})}{\partial t} + \nabla \cdot \boldsymbol{J} \right] \mathrm{d}V = \int_V (-\nabla P + \rho \boldsymbol{f} + \rho \boldsymbol{v} q) \mathrm{d}V \tag{1.1.6a}$$

由体积 V 的任意性，得到微分形式的动量守恒方程为

$$\frac{\partial(\rho \boldsymbol{v})}{\partial t} + \nabla \cdot \boldsymbol{J} = -\nabla P + \rho \boldsymbol{f} + \rho \boldsymbol{v} q \tag{1.1.6b}$$

注意到有微分关系

$$\frac{\mathrm{d}(\rho \boldsymbol{v})}{\mathrm{d}t} = \frac{\partial(\rho \boldsymbol{v})}{\partial t} + (\boldsymbol{v} \cdot \nabla) \boldsymbol{j} = \boldsymbol{v} \frac{\mathrm{d}\rho}{\mathrm{d}t} + \rho \frac{\mathrm{d}\boldsymbol{v}}{\mathrm{d}t} \tag{1.1.6c}$$

并且利用张量运算恒等式 $\nabla \cdot \boldsymbol{J} = (\boldsymbol{v} \cdot \nabla) \boldsymbol{j} + \boldsymbol{j} \nabla \cdot \boldsymbol{v}$ 和方程(1.1.4b)，则方程(1.1.6b)可改为

$$\rho \frac{\mathrm{d}\boldsymbol{v}}{\mathrm{d}t} = -\nabla P + \rho \boldsymbol{f} \tag{1.1.7a}$$

显然，该式就是流体元的运动方程，也可直接从牛顿第二定律得到. 值得注意的是，上式中并不出现 q，因为运动方程是对固定的流体元而言的，与注入的质量无关. 而方程(1.1.6b)表征的是小区域里的动量守恒，小区域里的总动量与注入的动量有关. 利用方程(1.1.1b)，则方程(1.1.7a)可变成

$$\rho \left[\frac{\partial \boldsymbol{v}}{\partial t} + (\boldsymbol{v} \cdot \nabla) \boldsymbol{v} \right] = -\nabla P + \rho \boldsymbol{f} \tag{1.1.7b}$$

再利用 $(\boldsymbol{v} \cdot \nabla) \boldsymbol{v} = \nabla(\boldsymbol{v}^2/2) - \boldsymbol{v} \times (\nabla \times \boldsymbol{v})$ 得到

$$\frac{\partial \boldsymbol{v}}{\partial t} + \frac{1}{\rho} \nabla P + \nabla \left(\frac{1}{2} \boldsymbol{v}^2 \right) - \boldsymbol{v} \times (\nabla \times \boldsymbol{v}) = \boldsymbol{f} \tag{1.1.7c}$$

称为流体动力学的 **Euler 方程**. 注意：由于存在非线性对流项 $(\boldsymbol{v} \cdot \nabla) \boldsymbol{v}$，Euler 方程是非线性方程. 把 $(\boldsymbol{v} \cdot \nabla) \boldsymbol{v}$ 写成三个分量形式：

$$[(\boldsymbol{v} \cdot \nabla) \boldsymbol{v}]_j = \sum_{i=1}^{3} \boldsymbol{v}_i \frac{\partial \boldsymbol{v}_j}{\partial x_i} \quad (j = 1,2,3) \tag{1.1.7d}$$

式中，为方便起见，将 (x,y,z) 写成了 (x_1,x_2,x_3)，在涉及求和时，后面我们经常如此操作，不再加以说明. $\boldsymbol{v}_i$ 和 $\boldsymbol{v}_j$ 分别表示流体元在 i 和 j 方向的流动速度分量，不同方向的流动通过项 $(\boldsymbol{v} \cdot \nabla) \boldsymbol{v}$ 耦合，故称 $(\boldsymbol{v} \cdot \nabla) \boldsymbol{v}$ 为**对流项**.

能量守恒方程 流体元的能量密度包括两个部分：单位质量的内能 u（流体元内分子间的平均相互作用势能和作无序热运动的平均动能之和）和单位质量的动能 $\boldsymbol{v}^2/2$（流体元作宏观的有序运动的动能）. 体积 V 内的总能量变化率应该等于：① 面上流出的能量；② 合力（外力和表面 S 上的压力）做功；③ 单位时间内外界注入给单位质量流体元的热量 h（如光声效应中，由于激光照射产生声波）；④ 由于质量的注入，使体积 V 内的能量增加，即

$$\frac{\partial}{\partial t}\int_V \rho\varepsilon \mathrm{d}V = -\int_S \boldsymbol{j}_\varepsilon \cdot \mathrm{d}\boldsymbol{S} - \int_S P\boldsymbol{v} \cdot \mathrm{d}\boldsymbol{S} + \int_V \rho\boldsymbol{f} \cdot \boldsymbol{v}\mathrm{d}V$$
$$+\int_V \rho h \mathrm{d}V + \int_V (\rho\varepsilon + P) q \mathrm{d}V \tag{1.1.8a}$$

其中,$\boldsymbol{f}$ 为单位质量所受外力的合力(包括重力)的密度,$\boldsymbol{j}_\varepsilon=\rho\varepsilon\boldsymbol{v}$ 为能流矢量,单位质量的能量密度 $\varepsilon=u+\boldsymbol{v}^2/2$. 注意:上式最后一项体积分中的 Pq 是因为注入质量时,外界必须克服压力对系统做功,因而系统能量增加. 上式右边面积分化成体积分为

$$-\int_S \boldsymbol{j}_\varepsilon \cdot \mathrm{d}\boldsymbol{S} - \int_S P\boldsymbol{v} \cdot \mathrm{d}\boldsymbol{S} = -\int_V [\nabla \cdot \boldsymbol{j}_\varepsilon + \nabla \cdot (P\boldsymbol{v})]\mathrm{d}V \tag{1.1.8b}$$

由体积 V 的任意性,得到微分形式的能量守恒方程为

$$\frac{\partial(\rho\varepsilon)}{\partial t}+\nabla \cdot (\boldsymbol{j}_\varepsilon+P\boldsymbol{v})=\rho\boldsymbol{f} \cdot \boldsymbol{v}+\rho h+(\rho\varepsilon+P)q \tag{1.1.8c}$$

利用质量守恒方程(1.1.4a),上式可以改写为全导数形式

$$\rho\frac{\mathrm{d}\varepsilon}{\mathrm{d}t}+\nabla \cdot (P\boldsymbol{v})=\rho\boldsymbol{f} \cdot \boldsymbol{v}+\rho h+Pq \tag{1.1.8d}$$

热力学方程 原则上,介质中的声波传播过程是一个非平衡过程. 但是,由于声波振荡的时间远比介质由非平衡态趋向于平衡态的弛豫时间长得多,故可以把声过程看作准静态过程,介质中各处的流体元均处于局部平衡态,对于每个流体元,平衡态的热力学关系仍然成立. 根据热力学关系

$$\mathrm{d}u=T\mathrm{d}s-P\mathrm{d}v=T\mathrm{d}s-P\mathrm{d}\left(\frac{1}{\rho}\right)=T\mathrm{d}s+\frac{P}{\rho^2}\mathrm{d}\rho \tag{1.1.9a}$$

其中,s 是单位质量的熵,即比熵(specific entropy),有

$$\frac{\mathrm{d}u}{\mathrm{d}t}=T\frac{\mathrm{d}s}{\mathrm{d}t}+\frac{P}{\rho^2}\frac{\mathrm{d}\rho}{\mathrm{d}t} \tag{1.1.9b}$$

注意 $\varepsilon=u+v^2/2$,且有关系$\nabla(v^2/2)=(\boldsymbol{v}\cdot\nabla)\boldsymbol{v}+\boldsymbol{v}\times(\nabla\times\boldsymbol{v})$ 和 $\boldsymbol{v}\cdot[\boldsymbol{v}\times(\nabla\times\boldsymbol{v})]=0$,则有

$$\begin{aligned}\frac{\mathrm{d}\varepsilon}{\mathrm{d}t}&=\frac{\mathrm{d}u}{\mathrm{d}t}+\frac{1}{2}\frac{\mathrm{d}\boldsymbol{v}^2}{\mathrm{d}t}=\frac{\mathrm{d}u}{\mathrm{d}t}+\frac{\partial}{\partial t}\left(\frac{1}{2}v^2\right)+\boldsymbol{v}\cdot\nabla\left(\frac{1}{2}v^2\right)\\&=\frac{\mathrm{d}u}{\mathrm{d}t}+\boldsymbol{v}\cdot\left[\frac{\partial\boldsymbol{v}}{\partial t}+\nabla\left(\frac{1}{2}v^2\right)\right]=\frac{\mathrm{d}u}{\mathrm{d}t}+\boldsymbol{v}\cdot\frac{\mathrm{d}\boldsymbol{v}}{\mathrm{d}t}\end{aligned}$$

上式结合方程(1.1.8d)和方程(1.1.9b)得到

$$\rho T\frac{\mathrm{d}s}{\mathrm{d}t}+\frac{P}{\rho}\left(\frac{\mathrm{d}\rho}{\mathrm{d}t}+\rho\nabla\cdot\boldsymbol{v}-\rho q\right)+\boldsymbol{v}\cdot\left(\rho\frac{\mathrm{d}\boldsymbol{v}}{\mathrm{d}t}+\nabla P-\rho\boldsymbol{f}\right)=\rho h \tag{1.1.9c}$$

由方程(1.1.4b)和方程(1.1.7a)得到

$$\rho T\frac{\mathrm{d}s}{\mathrm{d}t}=\rho T\left[\frac{\partial s}{\partial t}+(\boldsymbol{v}\cdot\nabla)s\right]=\rho h \tag{1.1.9d}$$

上式是局部平衡近似下能量守恒方程的另一种形式. 值得一提的是:上式左边是对熵的全导数,时间变化是指对一个特定的流体元的熵的变化,那么这种变化为何与注入质量和外力源无关呢? 事实上,应该从熵变化的热力学定义 $\rho\mathrm{d}s=\mathrm{d}Q/T$ 来考虑:只有热量的变化 $\mathrm{d}Q$ 才能引起熵的变化,在理想流体的运动中,流体元之间不存在热量交换,只有外界输入单位质量流体元的热量使熵增加,进而系统变得更为无序. 显然,热量的注入改变了流体元的熵. 当没有直接的热量注入($h=0$,或者在 $h=0$ 的空间区域)时,$\mathrm{d}s/\mathrm{d}t=0$,即在准静态条件下,理想流体在运动中保持流体元的熵不随时间变化,是一个等熵过程.

在以上的讨论中,涉及温度、压强和密度(与流体的体积有关)等宏观参量. 在平衡态中,这些宏观参量有一定的内在联系,称为**物态方程**(物态方程必须通过实验确定或者由统计物理学从理论上推导出来),如 $\rho=\rho(P,T)$,$\rho=\rho(P,s)$,$s=s(P,T)$,或者 $T=T(P,s)$. 注意:① 在热力学中,压强 P 和温度 T 称为**强度量**,与流体元的体积大小无关(当然,流体元必须足够小),而流体元内的流体质量和熵与流体元的体积有关,称为**广延量**,但密度 ρ 和单位质量的熵 s 与流体元的体积大小无关,它们也是强度量;② 选择 (P,T) 还是 (P,s) 作为独立变量,有一定的任意性,一般根据哪种方式更加方便来定,如在讨论理想流体中的声波传播时,因 s 是守恒量,故用 (P,s) 作为独立变量比较方便. 但温度变量 T 比较直观,在讨论非理想流体中的声波传播时,我们也选择 (P,T) 作为独立变量,见 6.1 节中的讨论.

Euler 坐标与 Lagrange 坐标的关系 尽管声学中常用的是 Euler 坐标,但在非线性声学中,给出 Lagrange 坐标中的物理量是有意义的. 例如,考虑声换能器接收声波的过程:假定不存在声波时,换能器与介质接触平面在 Euler 坐标中为 $z=0$ 平面(即 Oxy 平面),而在 Lagrange 坐标中为初始位置处于 $(a,b,c)\,|_{c=0}$ 的流体元;当存在声波时,$\boldsymbol{v}(x,y,z,t)\,|_{z=0}$ 仅仅是 Oxy 平面的速度分布,而实际的接触面由于声波的存在已经不是 Oxy 平面了. 然而在 Lagrange 坐标中,$\boldsymbol{v}(a,b,c,t)\,|_{c=0}$ 始终(任何时刻)表示接触面流体元的速度分布.

我们用上标“L”和“E”分别表示 Lagrange 坐标和 Euler 坐标中的物理量,即对物理量 q 可分别表示为 $q^{\mathrm{L}}(a,b,c,t)$ 和 $q^{\mathrm{E}}(x,y,z,t)$. 设在 Lagrange 坐标中,初始时刻位于 (a,b,c) 的流体元,在 t 时刻流经点 $\boldsymbol{r}=(x,y,z)$,那么 $q^{\mathrm{L}}(a,b,c,t)$ 与 $q^{\mathrm{E}}(x,y,z,t)$ 描写同一个流体元的同一个物理量,两者应该相等,即 $q^{\mathrm{L}}(a,b,c,t)=q^{\mathrm{E}}(x,y,z,t)$,而且该流体元的空间坐标和初始位置坐标满足关系:$x=a+\xi$;$y=b+\eta$;$z=c+\zeta$,其中 $\boldsymbol{\xi}=(\xi,\eta,\zeta)$ 为流体元偏离平衡位置的位移矢量. 于是有

$$q^{\mathrm{L}}(a,b,c,t)=q^{\mathrm{E}}(x,y,z,t)\,\big|_{\boldsymbol{r}=\boldsymbol{a}+\boldsymbol{\xi}} \tag{1.1.10a}$$

其中,为了方便,用矢量表示 $\boldsymbol{r}=(x,y,z)$,$\boldsymbol{a}=(a,b,c)$ 和 $\boldsymbol{\xi}=(\xi,\eta,\zeta)$. 当 $\boldsymbol{\xi}=(\xi,\eta,\zeta)$ 较小时,上式展开并且保留一阶,即

$$q^{\mathrm{L}}(a,b,c,t)=q^{\mathrm{E}}(x,y,z,t)\,\big|_{\boldsymbol{r}=\boldsymbol{a}}+\boldsymbol{\xi}\cdot\nabla q^{\mathrm{E}}(x,y,z,t)\,\big|_{\boldsymbol{r}=\boldsymbol{a}}+\cdots \tag{1.1.10b}$$

上式表明：① 如果 $\boldsymbol{\xi}=(\xi,\eta,\zeta)$ 的值很小，则 $q^{\mathrm{L}}(a,b,c,t)\approx q^{\mathrm{E}}(x,y,z,t)\mid_{r=a}$，即当流体元偏离平衡位置很少时，Lagrange 坐标和 Euler 坐标给出的结果近似相等，这就是线性声学情况；② 当 $\boldsymbol{\xi}=(\xi,\eta,\zeta)$ 的值不是很小，则由方程(1.1.10b)，从 Euler 坐标中的量可以求出 Lagrange 坐标中的量. 例如，如果我们需要求特定流体元的速度而不是速度场分布，则由方程(1.1.10b)可知

$$\boldsymbol{U}^{\mathrm{L}}(a,b,c,t)=\boldsymbol{v}^{\mathrm{E}}(x,y,z,t)\mid_{r=a}+(\boldsymbol{\xi}\cdot\nabla)\boldsymbol{v}^{\mathrm{E}}(x,y,z,t)\mid_{r=a}+\cdots \tag{1.1.11a}$$

而 Lagrange 坐标和 Euler 坐标中的压强关系为

$$P^{\mathrm{L}}(a,b,c,t)=P^{\mathrm{E}}(x,y,z,t)\mid_{r=a}+(\boldsymbol{\xi}\cdot\nabla)P^{\mathrm{E}}(x,y,z,t)\mid_{r=a}+\cdots \tag{1.1.11b}$$

1.1.2 线性声波方程和速度势

在声振动过程中，流体质点偏离平衡位置的幅度很小，令 $\rho=\rho_0+\rho'$，$P=P_0+p'$，$\boldsymbol{v}=\boldsymbol{v}_0+\boldsymbol{v}'$ 和 $s=s_0+s'$，其中 ρ_0、P_0、$\boldsymbol{v}_0\equiv 0$（运动介质将在第 8 章讨论）和 s_0 分别是平衡点的密度、压强、速度和熵（为与面积 S 表示区别，全书中熵用 s 表示），假定它们与空间坐标无关（非均匀介质的讨论见 3.3 节）. 由方程(1.1.4a)和(1.1.7b)可知

$$\begin{gathered}\frac{\partial\rho'}{\partial t}+\rho_0\nabla\cdot\boldsymbol{v}'+\nabla\cdot(\rho'\boldsymbol{v}')=(\rho_0+\rho')q\\(\rho_0+\rho')\frac{\partial\boldsymbol{v}'}{\partial t}+(\rho_0+\rho')(\boldsymbol{v}'\cdot\nabla)\boldsymbol{v}'=(\rho_0+\rho')\boldsymbol{f}-\nabla p'\end{gathered} \tag{1.1.12a}$$

在小扰动条件下，p'、$\boldsymbol{v}'$ 和 ρ' 是一阶小量，而 $\rho'\boldsymbol{v}'$ 和 $\boldsymbol{v}'\cdot\nabla\boldsymbol{v}'$ 是二阶小量，如果

$$\rho'\ll\rho_0;\ \left|\rho_0(\boldsymbol{v}'\cdot\nabla)\boldsymbol{v}'\right|\ll\left|\rho_0\frac{\partial\boldsymbol{v}'}{\partial t}\right| \tag{1.1.12b}$$

那么在一阶近似下，忽略二阶小量，方程(1.1.12a)可线性化为

$$\frac{\partial\rho'}{\partial t}+\rho_0\nabla\cdot\boldsymbol{v}'\approx\rho_0 q,\quad \rho_0\frac{\partial\boldsymbol{v}'}{\partial t}+\nabla p'\approx\rho_0\boldsymbol{f} \tag{1.1.13a}$$

以上两式消去 $\boldsymbol{v}'$ 得到

$$\frac{\partial^2\rho'}{\partial t^2}-\nabla^2 p'=\rho_0\frac{\partial q}{\partial t}-\rho_0\nabla\cdot\boldsymbol{f} \tag{1.1.13b}$$

其中，∇^2 为 Laplace 算子. 另一方面，由熵守恒方程(1.1.9d)线性化得到

$$\frac{\mathrm{d}s}{\mathrm{d}t}\approx\frac{\partial s'}{\partial t}+\boldsymbol{v}_0\cdot\nabla s'=\frac{\partial s'}{\partial t}\approx\frac{h}{T_0} \tag{1.1.14a}$$

当没有直接的热量注入（$h=0$，或者在 $h=0$ 的空间区域）时，$\partial s'/\partial t=0$，s' 与时间无关，仅是空间的函数，当不存在声波时，$s'=0$，故恒有 $s'=0$. 实验事实证明，在我们感兴趣的频率范围内，声波在自由空间中的传播过程都可以近似为等熵过程. 注意：① $\partial s'/\partial t=0$ 与 $\mathrm{d}s/\mathrm{d}t=0$ 的区别，前者说明熵的空间分布与时间无关，后者表明流体元在运动中熵不变；② 当

$\boldsymbol{v}_0 \neq 0$时,上式的第二项不能忽略;③ 对存在流速 $\boldsymbol{v}_0$ 的非均匀稳态介质,线性化熵守恒方程一般为

$$\frac{\mathrm{d}s}{\mathrm{d}t} \approx \frac{\partial s'}{\partial t} + \boldsymbol{v}' \cdot \nabla s_e + \boldsymbol{v}_0 \cdot \nabla s_e + \boldsymbol{v}_0 \cdot \nabla s' \tag{1.1.14b}$$

$$\approx \frac{\partial s'}{\partial t} + \boldsymbol{v}' \cdot \nabla s_e + \boldsymbol{v}_0 \cdot \nabla s' \approx \frac{h}{T_0}$$

其中,$s_e = s_e(\boldsymbol{r})$是平衡态的熵分布,当不存在声波时,$s' = 0$ 和 $\boldsymbol{v}' = 0$,故 $\boldsymbol{v}_0 \cdot \nabla s_e = 0$.

方程(1.1.13b)和方程(1.1.14a)中的 ρ'、p'和 s'由热力学关系 $P = P(\rho, s)$联系起来,在平衡点附近作展开并保留一阶小量得

$$p' \approx c_0^2 \rho' + \left(\frac{\partial P}{\partial s}\right)_{\rho,0} s' \tag{1.1.15a}$$

其中,$c_0^2 \equiv (\partial P/\partial \rho)_{s,0}$. 将上式代入方程(1.1.13b)且利用方程(1.1.14a)得到

$$\frac{1}{c_0^2}\frac{\partial^2 p'}{\partial t^2} - \nabla^2 p' = \Im(\boldsymbol{r}, t) \tag{1.1.15b}$$

其中,源函数为

$$\Im(\boldsymbol{r}, t) \equiv \rho_0 \frac{\partial q}{\partial t} - \rho_0 \nabla \cdot \boldsymbol{f} + \frac{\rho_0 \beta_{P0}}{c_{P0}} \frac{\partial h}{\partial t} \tag{1.1.15c}$$

上式的推导,利用了热力学关系

$$\left(\frac{\partial P}{\partial s}\right)_\rho = -c_0^2 \left(\frac{\partial \rho}{\partial s}\right)_P = -\frac{T c_0^2}{c_P}\left(\frac{\partial \rho}{\partial T}\right)_P = \frac{T \rho c_0^2 \beta_P}{c_P} \tag{1.1.15d}$$

其中,c_P和 β_P分别为流体的**等压比热容**和**等压体膨胀系数**. 方程(1.1.15b)就是流体中小扰动的传播方程,即**声波方程**,压强差 $p' = P - P_0$ 称为**声压**,c_0 称为**等熵声速**,或者简称为**声速**. 注意:方程(1.1.15a)表示在平衡点附近对 $P = P(\rho, s)$作 Taylor 展开,下标"0"表示在平衡点取值,一般$(\partial P/\partial \rho)_s$仍然是 $\boldsymbol{r}$ 和 s 的函数.

由方程(1.1.15b)可见,声压场 p'由质量源和热源的时间变化以及力源的空间变化产生. 注意:① 在实际情况中,声源往往是固体表面的振动,其物理过程是:振动引起与固体表面相接触的流体的压缩膨胀交替变化,从而向空间辐射声波,表面振动源可等效于体质量源,而刚性体在平衡位置的振动相当于对流体介质施加一个力源,详细讨论见第二章;② 当流体中存在无规的湍流运动时,湍流本身也是产生声波的源,详细讨论见 8.4 节.

温度场变化 取物态方程为 $s = s(P, T)$,则

$$s' \approx \left(\frac{\partial s}{\partial P}\right)_{T,0} p' + \left(\frac{\partial s}{\partial T}\right)_{P,0} T' = -\frac{\beta_{P0}}{\rho_0} p' + \frac{c_{P0}}{T_0} T' \approx 0 \tag{1.1.16}$$

故流体元的温度变化为 $T' \approx T_0 \beta_{P0} p' / (c_{P0} \rho_0)$. 因此,声压场与温度场的变化总是关联的. 对纯净的水,$\beta_{P0} \sim 10^{-5}\ \mathrm{K}^{-1}$,$c_{P0} \sim 10^3\ \mathrm{J/kg \cdot K}$ 和 $\rho_0 \sim 10^3\ \mathrm{kg/m^3}$,温度变化大致为 $T' \approx 3.0 \times 10^{-9} p'$,因此,即使声压很高,如 $p' \sim 1\ \mathrm{MPa} = 10^6\ \mathrm{Pa}$,温度变化 $T' \approx 3.0 \times 10^{-3}\ \mathrm{K}$ 也非常小. 只

有当考虑介质的声吸收且声压足够高时，才能引起明显的温度变化，详细讨论见 10.4 节.

线性化近似条件 首先讨论近似条件方程(1.1.12b)中第二式的意义：假定声波运动的空间和时间特征长度分别为 L 和 T(对平面波，即为声波波长和周期)，那么空间和时间的导数分别可用 $1/L$ 和 $1/T$ 代替，得到 $|\boldsymbol{v}'|\ll L/T$. 另一方面，由方程(1.1.13a)的第二式(忽略外力密度 $\boldsymbol{f}$)得到 $|p'|\sim\rho_0|\boldsymbol{v}'|(L/T)$，于是要求 $|p'|\ll\rho_0(L/T)^2$. 对频率一定的平面波，$L/T=c_0$，条件 $|\boldsymbol{v}'|\ll L/T$ 和 $|p'|\ll\rho_0(L/T)^2$ 要求 $|\boldsymbol{v}'|\ll c_0$ 和 $|p'|\ll\rho_0c_0^2$，一般强度的声波都能够满足这两个条件. 但在声源附近或者在声场的焦点(见 7.3.2 小节讨论)附近，声场随空间变化起伏很大，以上线性化判据不一定成立(但线性化方程仍然适合). 反之，由于声场的积累效应(见第 9 章讨论)，即使上述判据满足，当声波传播较大距离后，也必须考虑非线性因素. 方程(1.1.15a)成立的条件为

$$\frac{\rho'}{\rho_0}\ll\frac{2c_0^2}{\rho_0}\left(\frac{\partial^2P}{\partial\rho^2}\right)_{s,0}^{-1}=\frac{c_0}{\rho_0}\left(\frac{\partial c_0}{\partial\rho}\right)_{s,0}^{-1} \tag{1.1.17}$$

与具体的流体介质有关. 一般，称由运动方程的对流项引起的非线性为**运动非线性**，而称由物态方程引起的非线性为**本构非线性**.

速度势 对方程(1.1.13a)的第二式两边求旋度且注意到 $\nabla\times(\nabla p')\equiv0$，可得 $\partial(\nabla\times\boldsymbol{v}')/\partial t=\nabla\times\boldsymbol{f}$，如果仅考虑声的传播，即考虑外力密度为零($\boldsymbol{f}=0$)的区域，或者外力密度是无旋的，$\nabla\times\boldsymbol{f}=0$，那么 $\nabla\times\boldsymbol{v}'=$ 常量，即流体中旋量保持不变. 如果初始时刻旋量为零，那么 $\nabla\times\boldsymbol{v}'\equiv0$，故存在标量函数 $\Phi(\boldsymbol{r},t)$(称为**速度势**)使 $\boldsymbol{v}'=\nabla\Phi$，代入方程(1.1.13a)的第二式得到

$$\nabla\left(\rho_0\frac{\partial\Phi}{\partial t}+p'\right)\approx\rho_0\boldsymbol{f} \tag{1.1.18a}$$

根据矢量场的 Helmholtz 分解定理，外力密度 $\boldsymbol{f}$ 可表示为 $\boldsymbol{f}\equiv\nabla\times\boldsymbol{A}_{\mathrm{f}}+\nabla\phi_{\mathrm{f}}$(其中 $\boldsymbol{A}_{\mathrm{f}}$ 和 ϕ_{f} 是力密度的矢量势和标量势)，在外力密度无旋的情况下，$\boldsymbol{f}=\nabla\phi_{\mathrm{f}}$，于是上式简化为

$$\nabla\left(\rho_0\frac{\partial\Phi}{\partial t}+p'-\rho_0\phi_{\mathrm{f}}\right)=0 \tag{1.1.18b}$$

因此

$$\rho_0\frac{\partial\Phi}{\partial t}+p'-\rho_0\phi_{\mathrm{f}}=\Theta(t) \tag{1.1.18c}$$

考虑到无限远处的声场为零，故取 $\Theta(t)=0$. 于是有

$$p'=-\rho_0\frac{\partial\Phi}{\partial t}+\rho_0\phi_{\mathrm{f}} \tag{1.1.18d}$$

将上式和方程(1.1.15a)代入方程(1.1.13a)的第一式得到速度势满足的波动方程：

$$\nabla^2\Phi-\frac{1}{c_0^2}\frac{\partial^2\Phi}{\partial t^2}\approx q+\frac{\beta_{P0}}{c_{P0}}h-\frac{1}{c_0^2}\frac{\partial\phi_{\mathrm{f}}}{\partial t} \tag{1.1.18e}$$

速度势的概念尽管比较抽象，但其优点是：从单一的标量函数可以求出所有的场量，即声

压和流体元的速度,在流体流动的情况下,引入速度势的概念是非常有用的(见第 8 章讨论).

Helmholtz 方程 如果讨论单频**稳态问题**,或者在频率域讨论问题,对声场作 Fourier 变换

$$
\begin{aligned}
p'(\boldsymbol{r},t) &= \int_{-\infty}^{\infty} p(\boldsymbol{r},\omega)\exp(-\mathrm{i}\omega t)\,\mathrm{d}\omega \\
p(\boldsymbol{r},\omega) &= \frac{1}{2\pi}\int_{-\infty}^{\infty} p(\boldsymbol{r},t)\exp(\mathrm{i}\omega t)\,\mathrm{d}t
\end{aligned}
\tag{1.1.19a}
$$

代入方程(1.1.15b)得到频域的波动方程

$$
-\left(\nabla^2+\frac{\omega^2}{c_0^2}\right)p(\boldsymbol{r},\omega)=\Im(\boldsymbol{r},\omega) \tag{1.1.19b}
$$

其中,$\Im(\boldsymbol{r},\omega)$是源函数 $\Im(\boldsymbol{r},t)$ 的 Fourier 谱. 当声源项为零时,上式称为 **Helmholtz 方程**,或者**约化波动方程**. 值得指出的是:通过 Fourier 变换,我们把含时间的波动方程(双曲型方程)简化成了非含时的 Helmholtz 方程(椭圆型方程). 后者解的形态要大大优于前者,讨论更为容易. 然而,时域波动方程解的唯一性由于这种变换而受到破坏,为了保证 Helmholtz 方程解的唯一性,必须要求边界满足一定的条件(见 1.1.4 小节讨论).

1.1.3 声场能量守恒方程

线性化质量守恒、动量守恒、熵守恒和本构方程分别为

$$
\begin{gathered}
\frac{1}{\rho_0}\frac{\partial \rho'}{\partial t}+\nabla\cdot\boldsymbol{v}'=q,\quad \rho_0\frac{\partial \boldsymbol{v}'}{\partial t}+\nabla p'=\rho_0\boldsymbol{f} \\
\frac{\partial s'}{\partial t}\approx\frac{h}{T_0},\quad p'\approx c_0^2\rho'+\left(\frac{\partial P}{\partial s}\right)_{\rho,0}s'
\end{gathered}
\tag{1.1.20a}
$$

利用上式的后两个方程,前两个方程变成

$$
\frac{1}{\rho_0 c_0^2}\frac{\partial p'}{\partial t}+\nabla\cdot\boldsymbol{v}'=q+\frac{\beta_{P0}}{c_{P0}}h,\quad \rho_0\frac{\partial \boldsymbol{v}'}{\partial t}+\nabla p'=\rho_0 f \tag{1.1.20b}
$$

上式第一个方程两边同乘 p',第二个方程两边点乘 $\boldsymbol{v}'$,且把所得方程相加,有

$$
\frac{\partial}{\partial t}\left(\frac{p'^2}{2\rho_0 c_0^2}+\frac{1}{2}\rho_0\boldsymbol{v}'^2\right)+\nabla\cdot(p'\boldsymbol{v}')=\rho_0\boldsymbol{v}'\cdot\boldsymbol{f}+p'\left(q+\frac{\beta_{P0}}{c_{P0}}h\right) \tag{1.1.20c}
$$

即得到能量守恒方程

$$
\frac{\partial w}{\partial t}+\nabla\cdot\boldsymbol{I}=S_w \tag{1.1.21a}
$$

因此,声场的能量密度 w 和能流矢量 $\boldsymbol{I}$(称为**瞬态声强**)分别为

$$w \equiv \frac{1}{2}\frac{p'^2}{\rho_0 c_0^2}+\frac{1}{2}\rho_0 v'^2,\quad \boldsymbol{I}\equiv p'\boldsymbol{v}' \tag{1.1.21b}$$

声能量产生源为

$$S_w \equiv \rho_0 \boldsymbol{v}'\cdot \boldsymbol{f}+p'\left(q+\frac{\beta_{P0}}{c_{P0}}h\right) \tag{1.1.21c}$$

声场能量守恒方程(1.1.21a)也可以直接由方程(1.1.8c)展开到二阶项得到. 注意:声场的能量密度和能量矢量是二阶量,方程(1.1.21a)成立意味着二阶量守恒,而方程(1.1.8c)是整个流体系统的守恒关系. 为简单计,仅考虑不存在热源的情况($h\equiv 0$,注意这个条件),即等熵过程. 在线性近似下,有

$$\rho \approx \rho_0+\rho',\quad P\approx P_0+p',\quad \boldsymbol{v}=\boldsymbol{v}',\quad \rho u\approx (\rho u)_0+(\rho u)'+(\rho u)'' \tag{1.1.22a}$$

由上式可以得到能量密度展开为

$$\rho\varepsilon=\rho u+\frac{1}{2}\rho v^2=(\rho u)_0+(\rho u)'+\left[(\rho u)''+\frac{1}{2}\rho_0 v'^2\right]+\cdots \tag{1.1.22b}$$

在等熵条件下有

$$u(\rho,s)=u_0+\left(\frac{\partial u}{\partial \rho}\right)_s\rho'+\frac{1}{2}\left(\frac{\partial^2 u}{\partial \rho^2}\right)_s\rho'^2+\cdots \tag{1.1.22c}$$

其中,u_0 是平衡态的内能密度. 因此,在忽略二阶量 $\rho''u_0$ 的条件下,近似有关系

$$\begin{aligned}\rho u &=(\rho_0+\rho')\left[u_0+\left(\frac{\partial u}{\partial \rho}\right)_s\rho'+\frac{1}{2}\left(\frac{\partial^2 u}{\partial \rho^2}\right)_s\rho'^2+\cdots\right]\\ &\approx \rho_0 u_0+\left[\rho_0\left(\frac{\partial u}{\partial \rho}\right)_s+u_0\right]\rho'+\frac{1}{2}\left[\rho_0\left(\frac{\partial^2 u}{\partial \rho^2}\right)_s+2\left(\frac{\partial u}{\partial \rho}\right)_s\right]\rho'^2\end{aligned} \tag{1.1.23a}$$

于是

$$\begin{gathered}(\rho u)_0=\rho_0 u_0,\quad (\rho u)'=\left[\rho_0\left(\frac{\partial u}{\partial \rho}\right)_s+u_0\right]\rho'\\ (\rho u)''=\frac{1}{2}\left[\rho_0\left(\frac{\partial^2 u}{\partial \rho^2}\right)_s+2\left(\frac{\partial u}{\partial \rho}\right)_s\right]\rho'^2\end{gathered} \tag{1.1.23b}$$

上式代入方程(1.1.22b)得到

$$\rho\varepsilon=\rho_0 u_0+\left[\rho_0\left(\frac{\partial u}{\partial \rho}\right)_s+u_0\right]\rho'+\frac{1}{2}\left[\rho_0\left(\frac{\partial^2 u}{\partial \rho^2}\right)_s+2\left(\frac{\partial u}{\partial \rho}\right)_s\right]\rho'^2+\frac{1}{2}\rho_0 v'^2+\cdots \tag{1.1.23c}$$

利用热力学方程(作为习题),容易得到

$$\rho\varepsilon=\rho_0 u_0+(\rho_0 u_0+P_0)\frac{\rho'}{\rho_0}+\left(\frac{c_0^2}{2\rho_0}\rho'^2+\frac{1}{2}\rho_0 v'^2\right)+\cdots \tag{1.1.23d}$$

上式右边第一项是平衡态的能量密度,与时间无关,第二项与 ρ' 成正比,尽管是一阶量,但时间平均为零,第三项就是静止介质的声能量密度. 因此有

$$\boldsymbol{j}_\varepsilon=\rho\varepsilon\boldsymbol{v}\approx\rho_0u_0\boldsymbol{v}'+(\rho_0u_0+P_0)\frac{\rho'}{\rho_0}\boldsymbol{v}'$$

$$\boldsymbol{j}_\varepsilon+P\boldsymbol{v}\approx(\rho_0u_0+P_0)\frac{1}{\rho_0}\rho\boldsymbol{v}'+p'\boldsymbol{v}' \tag{1.1.24a}$$

以及

$$(\rho\varepsilon+P)q\approx(\rho_0u_0+P_0)q+(\rho_0u_0+P_0)\frac{\rho'}{\rho_0}q+p'q$$

$$=(\rho_0u_0+P_0)\frac{\rho}{\rho_0}q+p'q \tag{1.1.24b}$$

把以上三个式子和方程(1.1.23d)代入方程(1.1.8c)得到

$$(\rho_0u_0+P_0)\frac{1}{\rho_0}\left[\frac{\partial\rho'}{\partial t}+\nabla\cdot(\rho\boldsymbol{v}')-\rho q\right]+\frac{\partial w}{\partial t}+\nabla\cdot(p'\boldsymbol{v}')=\rho_0\boldsymbol{f}\cdot\boldsymbol{v}'+p'q \tag{1.1.24c}$$

利用质量守恒方程(1.1.4a),就可以得到声能量守恒方程(1.1.21a)(注意:$\boldsymbol{f}$ 和 q 都是一阶量,$h=0$).

注意: ① 对非理想流体(考虑热传导和黏性后),能流矢量 $\boldsymbol{I}$ 不仅仅包含表征声场的部分(即 $p'\boldsymbol{v}'$ 部分),见 6.1 节讨论;② 如果流体具有流的背景,能量密度和能流矢量的定义见 8.3 节中的讨论,只有在特殊情况下(无旋流和等熵过程),才能明确定义能流矢量 $\boldsymbol{I}$ 和能流密度 w,且满足能量守恒方程,一般情况下(例如有旋流、非等熵过程和非稳定介质),仅仅通过一阶的声场 p' 和 $\boldsymbol{v}'$,很难得到相应的能量守恒关系,由于声场与流的相互作用,一阶声场的能量向高阶声场转移,故在线性声学范畴内,不可能仅仅通过一阶声场量来定义能量密度和能流矢量,见 8.3.1 小节讨论.

平均声强 在频率域,声压场和速度场一般表示成复数的形式:

$$p'(\boldsymbol{r},t)=p(\boldsymbol{r},\omega)\exp(-\mathrm{i}\omega t),\quad \boldsymbol{v}'(\boldsymbol{r},t)=\boldsymbol{v}(\boldsymbol{r},\omega)\exp(-\mathrm{i}\omega t) \tag{1.1.25a}$$

但声强是双线性的,故瞬态声强表达式应该为 $\boldsymbol{I}(\boldsymbol{r},t)=\mathrm{Re}(p')\mathrm{Re}(\boldsymbol{v}')$. 由上式并且在一个周期($T=2\pi/\omega$)内作时间平均,有

$$\bar{\boldsymbol{I}}(\boldsymbol{r})\equiv\frac{1}{T}\int_0^T\boldsymbol{I}(\boldsymbol{r},t)\,\mathrm{d}t=\frac{1}{2}\mathrm{Re}(p^*\boldsymbol{v}) \tag{1.1.25b}$$

其中,$\bar{\boldsymbol{I}}(\boldsymbol{r})$ 称为**平均声强**,也直接称为**声强**.

1.1.4 初始条件,边界条件和声场的唯一性

在 1.1.2 小节中,我们已经导出了声场满足的偏微分方程,方程(1.1.15b)表明:空间分布的质量源、热源和力源都能激发空间声场. 然而,给定源分布还不足以决定空间声场.

具体来说,声场分布还与初始条件和边界条件有关,其物理含义是明显的:一般我们只能从某一时刻(如 $t=t_0$ 时刻)开始测量或者观测声学系统,$t=t_0$ 时刻之前系统的行为一定会影响之后的情况,因此初始条件反映了系统的历史;而边界条件则反映了所观测系统与外界的相互作用. 因为,我们能够观测的系统毕竟为有限大小,声学系统与外界之间的分界面称为**边界**. 必须给出什么样的初始条件和边界条件,才能唯一地决定空间声场?

初始条件 声波方程(1.1.15b)关于时间是二阶的,故需要两个初始条件,例如:给定初始时刻(如 $t=t_0$)的声压分布 $p(\boldsymbol{r},t_0)$ 和声压的一阶导数 $[\partial p(\boldsymbol{r},t)/\partial t]|_{t=t_0}$,求 $t>t_0$ 的声场分布 $p(\boldsymbol{r},t)$(为了方便,在不至于引起混淆的情况下,以后忽略场量的"′"). 但这样的问题没有实际意义,因为给定声压的一阶导数 $[\partial p(\boldsymbol{r},t)/\partial t]|_{t=t_0}$ 的物理意义不明确. 事实上,声波方程(1.1.15b)是由一阶方程组,即方程(1.1.13a)(忽略声源项,$p\approx c_0^2\rho'$)

$$\frac{\partial p}{\partial t}=-\rho_0 c_0^2\nabla\cdot\boldsymbol{v},\quad \rho_0\frac{\partial \boldsymbol{v}}{\partial t}=-\nabla p \tag{1.1.26}$$

通过微分而得来的,初始条件只需要给出 $\boldsymbol{v}(\boldsymbol{r},t_0)$ 和 $p(\boldsymbol{r},t_0)$. 由上式,给出 $t=t_0$ 时刻的 $\boldsymbol{v}(\boldsymbol{r},t_0)$ 或者 $p(\boldsymbol{r},t_0)$,就能得到 $[\partial p(\boldsymbol{r},t)/\partial t]|_{t=t_0}$ 或者 $[\partial \boldsymbol{v}(\boldsymbol{r},t)/\partial t]|_{t=t_0}$. 因此,方程(1.1.15b)的初始条件应该是:给出初始时刻的声场和速度场的分布. 这样的问题称为**瞬态问题**.

边界条件 考虑如图 1.1.4 所示情况,密度和声速分别为 (ρ_1,c_1)、(ρ_2,c_2) 的流体介质 1 和流体介质 2 紧密接触而形成无限薄的边界面 B. 当声波从介质 1 传播到介质 2(或者反之)时,应该满足什么样的边界条件呢?

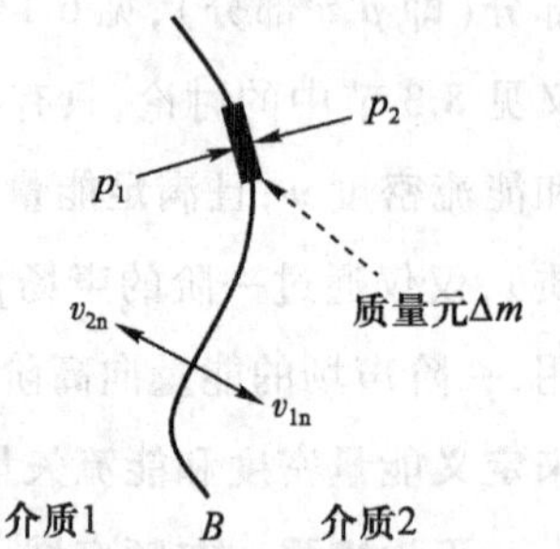

图 1.1.4 两种不同介质紧密接触形成边界面

假定两种流体介质是不可穿透的(如空气和水的边界),由于介质 1 与介质 2 紧密接触不可分开,故在界面上,流体质点的法向速度应该相等,即 $v_{1n}|_B=v_{2n}|_B$,称为**运动学边界条件**. 需要说明的是:① 理想流体,对界面上的切向速度没有要求,界面两侧的切向速度可以不同. 也就是说界面可以切向滑动,一个典型例子是,如果界面一侧是刚性的,那么另一面的流体可以沿刚性界面切向流动. 但如果是非理想流体,则要求切向速度也连续,见 6.1 讨论;② 当介质中存在背景流场时,速度矢量与观察者的参考系有关,法向速度连续应修改为法向位移连续,见 8.1 节讨论.

设想在界面上取面积为 ΔS(其方向为界面法向)、厚度为 Δh 的质量元 Δm,如图 1.1.4 所示,质量元的两个面分别在介质 1 与介质 2 中. 在声压的作用下,质量元 Δm 满足的运动方程为

$$\Delta m\frac{\mathrm{d}u_{\mathrm{n}}}{\mathrm{d}t}=[P(1)-P(2)]\Delta S \tag{1.1.27}$$

其中,u_{n} 是质量元的法向速度. 当 $\Delta h\to 0$ 时,$\Delta m\to 0$,而质量元的加速度不可能无限,只有

$P(1)-P(2)=0$. 假定介质 1 与介质 2 在界面处的静压强相等并且为 P_0，那么 $P(1)=P_0+p_1$ 和 $P(2)=P_0+p_2$. 因此在界面上声压连续 $p_1|_B=p_2|_B$，这称为**动力学边界条件**.

刚性界面和压力释放界面　两种极端的情况分别是刚性界面和压力释放界面(或者称为**软界面**). 设介质 2 的密度和声速远远大于介质 1 的密度和声速，声波由介质 1 传播到界面上，这时介质 2 可看作刚性界面，其速度恒为零，即 $\boldsymbol{v}_2\equiv 0$，故 $v_{1n}|_B=0$，称为刚性边界条件. 声波由空气中入射到空气-水界面就是这种情况. 这时作为刚性体的介质 2 内不可能传播声波，只能传递静态压力，故声压连续条件 $p_1|_B=p_2|_B$ 不能给出声场的任何信息，界面处的 $p_1|_B$ 是未知量. 这种界面称为**刚性界面**. 当声场作简谐振动时，由方程(1.1.26)的第二式可知，$\boldsymbol{v}(\boldsymbol{r},\omega)=\nabla p(\boldsymbol{r},\omega)/\mathrm{i}\rho_0\omega$，因此边界条件 $v_{1n}|_B=0$ 也就是

$$\boldsymbol{n}\cdot\nabla p_1(\boldsymbol{r},\omega)\bigg|_B=\frac{\partial p_1(\boldsymbol{r},\omega)}{\partial n}\bigg|_B=0 \tag{1.1.28}$$

故刚性边界条件就是**第二类边界条件**，也称为 **Neumann 边界条件**.

相反的情况是，声波由介质 2 传播到界面上，这时介质 1 可看作是压力释放的，也就是说介质 1 不能承受任何压力，即 $p_1|_B\equiv 0$，因此 $p_2|_B=0$. 声波由水中入射到水-空气界面就是这种情况，称为压力释放界面. 同样，此时法向速度连续条件 $v_{1n}|_B=v_{2n}|_B$ 不能给出声场的任何信息，界面处的 v_{2n} 是未知量. 方程 $p_2|_B=0$ 称为**压力释放边界条件**，或者称为**第一类边界条件**，也称为 **Dirichlet 边界条件**.

局部反应界面　刚性界面和压力释放界面是两种特殊的界面，这时声波只能在界面一侧的介质中传播，而不能传播到另一种介质. 在声学的实际问题中，界面不能完全看作刚性界面或者压力释放界面，声波能够透射过界面，但我们又不想仔细追究界面后声波的情况，或者界面后声波的传播过于复杂，我们无法追究. 这时我们引进界面阻抗来描写界面对声波的作用. 界面阻抗定义为界面上声压 $p(\boldsymbol{r},\omega)|_B$ 与界面法向速度 $v_n^b(\boldsymbol{r},\omega)|_B$ 之比，即

$$z_n(\boldsymbol{r},\omega)\equiv\frac{p(\boldsymbol{r},\omega)}{v_n^b(\boldsymbol{r},\omega)}\bigg|_B=\frac{p(\boldsymbol{r},\omega)}{\boldsymbol{n}\cdot\boldsymbol{v}(\boldsymbol{r},\omega)}\bigg|_B=\frac{p(\boldsymbol{r},\omega)}{-\boldsymbol{n}_S\cdot\boldsymbol{v}(\boldsymbol{r},\omega)}\bigg|_B \tag{1.1.29a}$$

其中，$z_n(\boldsymbol{r},\omega)$ 称为界面的**法向声阻抗率**. 上式中 $\boldsymbol{n}_S$ 是界面的法向单位矢量，与界面包围的区域的法向单位矢量方向相反 $\boldsymbol{n}=-\boldsymbol{n}_S$，故增加一个负号. 注意：① $v_n^b(\boldsymbol{r},\omega)|_B$ 是界面材料的法向振动速度，$\boldsymbol{n}\cdot\boldsymbol{v}(\boldsymbol{r},\omega)|_B$ 是声压 $p(\boldsymbol{r},\omega)$ 引起的流体元的法向速度，法向速度连续要求 $v_n^b(\boldsymbol{r},\omega)|_B=\boldsymbol{n}\cdot\boldsymbol{v}(\boldsymbol{r},\omega)|_B$；② 如果界面在外力作用下本身存在一个法向振动速度 $U_n(\boldsymbol{r},\omega)|_B$，则界面材料的法向振动速度应该为相对速度 $v_n^b(\boldsymbol{r},\omega)|_B=\boldsymbol{n}\cdot\boldsymbol{v}(\boldsymbol{r},\omega)|_B-U_n(\boldsymbol{r},\omega)|_B$，见 2.2.1 小节的讨论；③ 当介质中存在背景流场时，界面上法向速度连续应修改为法向位移连续，见 8.1.4 小节的讨论.

我们知道，即使对固定的点(即 $\boldsymbol{r}$ 一定)和给定的频率，界面上的声压 $p(\boldsymbol{r},\omega)|_B$ 和法

向速度$-\boldsymbol{n}_S \cdot \boldsymbol{v}(\boldsymbol{r},\omega)\big|_B$的值与界面上以及界面后声波的传播状况密切相关. 一般来说,界面上声压$p(\boldsymbol{r},\omega)\big|_B$与法向速度$-\boldsymbol{n}_S \cdot \boldsymbol{v}(\boldsymbol{r},\omega)\big|_B$之比不可能是定值,而与界面以及界面后材料的性质有关. 但在一定的条件下(见习题 1.14),界面上$\boldsymbol{r}$点的法向速度$-\boldsymbol{n}_S \cdot \boldsymbol{v}(\boldsymbol{r},\omega)\big|_B$正比于$\boldsymbol{r}$点的声压$p(\boldsymbol{r},\omega)\big|_B$,即$z_n(\boldsymbol{r},\omega)$对固定的点和给定的频率是常量. 这种界面称为**局部反应界面**,或者称为**阻抗界面**. 对这种阻抗界面,由$\boldsymbol{v}(\boldsymbol{r},\omega)=\nabla p(\boldsymbol{r},\omega)/\mathrm{i}\rho_0\omega$,方程(1.1.29a)可写成

$$\left[\frac{\partial p(\boldsymbol{r},\omega)}{\partial n}-\mathrm{i}k_0\beta(\boldsymbol{r},\omega)p(\boldsymbol{r},\omega)\right]_B=0 \tag{1.1.29b}$$

其中,$\beta(\boldsymbol{r},\omega)$称为**比阻抗率**(量纲为 1 的参量):$\beta(\boldsymbol{r},\omega)=\rho_0c_0/z_n(\boldsymbol{r},\omega)$,对均匀的界面,$z_n(\boldsymbol{r},\omega)$与界面上位置无关,故$z_n(\boldsymbol{r},\omega)=z_n(\omega)$,但一般与频率有关. 由上式定义的边界条件称为**第三类边界条件**,或者称为 **Robin 边界条件**;注意:上式给出了频率域的阻抗边界条件,两边同乘$\exp(-\mathrm{i}\omega t)$并且对频率积分得到

$$\left[\frac{\partial p(\boldsymbol{r},t)}{\partial n_S}+\frac{1}{2\pi c_0}\int_{-\infty}^{\infty}\frac{\partial\beta(\boldsymbol{r},t-t')}{\partial t'}p(\boldsymbol{r},t')\,\mathrm{d}t'\right]_B=0 \tag{1.1.30a}$$

其中,$\beta(\boldsymbol{r},t)$是$\beta(\boldsymbol{r},\omega)$的逆 Fourier 积分,有

$$\beta(\boldsymbol{r},t)=\int_{-\infty}^{\infty}\beta(\boldsymbol{r},\omega)\exp(-\mathrm{i}\omega t)\,\mathrm{d}\omega \tag{1.1.30b}$$

方程(1.1.30a)表明,t时刻界面上的声压法向导数不仅与过去,而且也与将来[即$t\in(-\infty,\infty)$]界面上的声压有关,这一点是不满足因果关系的. 因此,尽管阻抗的定义在频率域很明显,但在时域,其物理意义不明显.

为了看清法向声阻抗率$z_n(\omega)$的物理意义,我们来计算声波入射到阻抗界面时界面吸收的声能量. 由$\boldsymbol{I}(\boldsymbol{r},t)=\mathrm{Re}(p)\mathrm{Re}(\boldsymbol{v})$,在一个周期$T=2\pi/\omega$内,面积为$\Delta S$的界面吸收的平均声能量大致为

$$\Delta E=\frac{\Delta S}{T}\int_0^T\boldsymbol{I}\cdot\boldsymbol{n}\,\mathrm{d}t=\frac{\Delta S}{T}\int_0^T\mathrm{Re}(p\mathrm{e}^{-\mathrm{i}\omega t})\mathrm{Re}(\boldsymbol{v}\cdot\boldsymbol{n}\mathrm{e}^{-\mathrm{i}\omega t})\,\mathrm{d}t \tag{1.1.31a}$$

在界面上$\boldsymbol{v}\cdot\boldsymbol{n}=p/z_n(\omega)$. 代入上式得到

$$\Delta E=\frac{\Delta S}{2\rho_0c_0}\cdot\frac{\mathrm{Re}(z_n)}{|z_n|^2}|p|^2 \tag{1.1.31b}$$

因为界面总是吸收声能量,故$\Delta E>0$,即$\mathrm{Re}(z_n)>0$,故界面的法向声阻抗率的实部一定大于零. 一般来说,对低频声波,任何材料构成的界面都有$|z_n|\to\infty$,也就是说界面不吸收能量,或者说其为完美的刚性反射面;相反,对高频声波,任何材料构成的界面都有$\mathrm{Re}(z_n)\to 1$和$\mathrm{Im}(z_n)\to 0$,也就是说界面吸收全部入射的声能量,或者说其为完美的吸收面.

在以上讨论的初始条件和边界条件下,空间激发的声场分布是唯一的,其意义在于,我们可以通过不同的数学方法,求解声的激发且结果是一致的. 下面分四种情况讨论.

闭空间的时域声场　考虑如图 1.1.5 所示的封闭空间 V（其界面为 S）中的声场分布，我们来证明：只要给定界面 S 上的法向速度（或者声压分布），那么空间 V 内的声压分布是唯一的，即证明下列边-初值问题的解唯一：

$$\frac{1}{c_0^2}\frac{\partial^2 p}{\partial t^2}-\nabla^2 p=\Im(\boldsymbol{r},t)\quad(\boldsymbol{r}\in V,t>0)$$

$$p(\boldsymbol{r},t)\big|_{t=0}=p_0(\boldsymbol{r},0),\quad \boldsymbol{v}(\boldsymbol{r},t)\big|_{t=0}=\boldsymbol{v}_0(\boldsymbol{r},0)\quad(\boldsymbol{r}\in V)\tag{1.1.32a}$$

$$v_{\mathrm{n}}(\boldsymbol{r},t)\big|_S=v_0(\boldsymbol{r},t)\quad(\boldsymbol{r}\in S,t>0)$$

对给定界面上的声压分布，上式中边界条件改为 $p(\boldsymbol{r},t)\big|_S=p_0(\boldsymbol{r},t)(\boldsymbol{r}\in S,t>0)$. 用反证法，设方程(1.1.32a)的解不唯一，存在两个解 $p_1(\boldsymbol{r},t)$ 和 $p_2(\boldsymbol{r},t)$ 都满足方程(1.1.32a)，令 $\tilde{p}(\boldsymbol{r},t)=p_1(\boldsymbol{r},t)-p_2(\boldsymbol{r},t)$，那么 $\tilde{p}(\boldsymbol{r},t)$ 满足下列齐次边-初值问题：

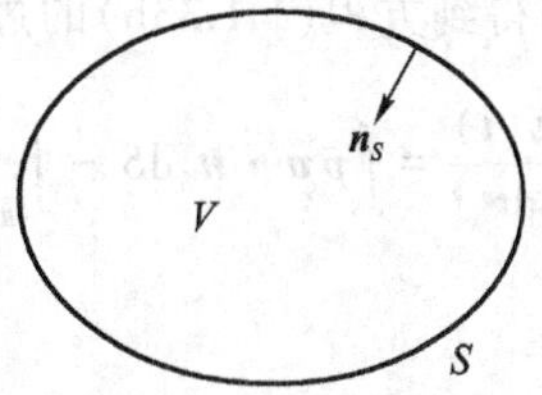

图 1.1.5　封闭空间 V 内声场的分布

$$\frac{1}{c_0^2}\frac{\partial^2 \tilde{p}}{\partial t^2}-\nabla^2 \tilde{p}=0\quad(\boldsymbol{r}\in V,t>0)$$

$$\tilde{p}(\boldsymbol{r},t)\big|_{t=0}=0,\quad \tilde{\boldsymbol{v}}(\boldsymbol{r},t)\big|_{t=0}=0\quad(\boldsymbol{r}\in V)\tag{1.1.32b}$$

$$\tilde{\boldsymbol{v}}_{\mathrm{n}}(\boldsymbol{r},t)\big|_S=0\quad(t>0)$$

或者边界条件为 $\tilde{p}(\boldsymbol{r},t)\big|_S=0(t>0)$. 由方程(1.1.21b)，声场 $\tilde{p}(\boldsymbol{r},t)$ 的总能量为

$$E(t)=\frac{1}{2}\int_V\left(\rho_0\tilde{\boldsymbol{v}}^2+\frac{\tilde{p}^2}{\rho_0 c_0^2}\right)\mathrm{d}V\tag{1.1.33a}$$

总能量随时间变化为

$$\begin{aligned}\frac{\mathrm{d}E(t)}{\mathrm{d}t}&=\int_V\left(\rho_0\tilde{\boldsymbol{v}}\cdot\frac{\partial\tilde{\boldsymbol{v}}}{\partial t}+\frac{\tilde{p}}{\rho_0c_0^2}\frac{\partial\tilde{p}}{\partial t}\right)\mathrm{d}V\\&=-\int_V(\tilde{\boldsymbol{v}}\cdot\nabla\tilde{p}+\tilde{p}\,\nabla\cdot\tilde{\boldsymbol{v}})\mathrm{d}V=-\int_V\nabla\cdot(\tilde{p}\tilde{\boldsymbol{v}})\mathrm{d}V\\&=-\int_S\tilde{p}\tilde{\boldsymbol{v}}\cdot\boldsymbol{n}\mathrm{d}S=\int_S\tilde{p}\tilde{\boldsymbol{v}}\cdot\boldsymbol{n}_S\mathrm{d}S\end{aligned}\tag{1.1.33b}$$

得到上式利用了方程(1.1.26). 因为 $\tilde{v}_{\mathrm{n}}(\boldsymbol{r},t)\big|_S=0$ 或 $\tilde{p}(\boldsymbol{r},t)\big|_S=0(\boldsymbol{r}\in S,t>0)$，故 $\mathrm{d}E(t)/\mathrm{d}t=0$，即 $\tilde{v}$ 和 $\tilde{p}$ 为常量. 由初始条件：$\tilde{v}\equiv0$ 和 $\tilde{p}\equiv0$，故 $p_1(\boldsymbol{r},t)=p_2(\boldsymbol{r},t)$，唯一性得证.

开空间的时域声场　如图 1.1.6 所示，闭区域 V 的表面法向振动速度（或者表面声压分布，或者部分表面法向振动速度和部分表面声压分布）已知

$$v_{\mathrm{n}}(\boldsymbol{r},t)\big|_S=\boldsymbol{v}_0(\boldsymbol{r},t)\quad(\boldsymbol{r}\in S,t>0)\tag{1.1.34a}$$

向闭区域 V 外的开空间（用 $\overline{V}$ 表示）辐射声波，同时 $\overline{V}$ 内还存在声源 $\Im(\boldsymbol{r},t)$. 我们来证明空间声场是唯一的. 设在 $\overline{V}$ 内存在两个声场 $p_1(\boldsymbol{r},t)$ 和 $p_2(\boldsymbol{r},t)$，令 $\tilde{p}(\boldsymbol{r},t)=p_1(\boldsymbol{r},t)-p_2(\boldsymbol{r},$

$t)$，那么 $\tilde{p}(\boldsymbol{r},t)$ 在 $\bar{V}$ 内满足齐次边-初值问题. 取 $\bar{V}$ 内半径为 R 的大球，球面 S_R 与 S 包围成封闭空间 $\bar{V}_R$. 在 $\bar{V}_R$ 内声场 $\tilde{p}(\boldsymbol{r},t)$ 的总能量为

$$E(t)=\frac{1}{2}\int_{\bar{V}_R}\left(\rho_0\tilde{\boldsymbol{v}}^2+\frac{\tilde{p}^2}{\rho_0c_0^2}\right)\mathrm{d}V \tag{1.1.34b}$$

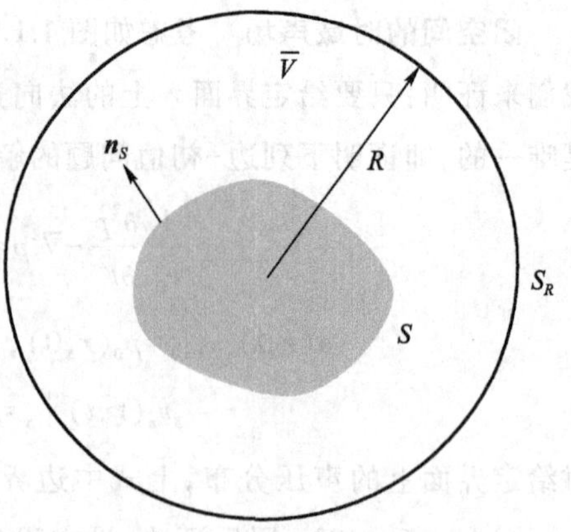

图 1.1.6　开区域 $\bar{V}$ 中的声场

与得到方程(1.1.33b)的过程类似，我们得到

$$\frac{\mathrm{d}E(t)}{\mathrm{d}t}=\int_S\tilde{p}\tilde{\boldsymbol{v}}\cdot\boldsymbol{n}_S\mathrm{d}S-\int_{S_R}\tilde{p}\tilde{\boldsymbol{v}}\cdot\boldsymbol{n}\mathrm{d}S=-\int_{S_R}\tilde{p}\tilde{\boldsymbol{v}}_R\mathrm{d}S \tag{1.1.34c}$$

得到上式，利用了 $\tilde{\boldsymbol{v}}\cdot\boldsymbol{n}_S|_S=0$（或者 $\tilde{p}|_S=0$）.

注意：球面 S_R 的法向为 $\boldsymbol{e}_R$. 由 Sommerfeld 辐射条件［见 2.1 节，方程(2.1.21e)］，当 $r\to\infty$ 时，$\tilde{p}\approx\rho_0c_0\tilde{\boldsymbol{v}}_R$，故上式变成

$$\frac{\mathrm{d}E(t)}{\mathrm{d}t}=-\int_{S_R}\rho_0c_0(\tilde{v}_R)^2\mathrm{d}S\leqslant 0 \tag{1.1.35a}$$

上式对时间积分

$$E(t)=-\int_0^t\iint_{S_R}\rho_0c_0(\tilde{v}_R)^2\mathrm{d}S\mathrm{d}t\leqslant 0 \tag{1.1.35b}$$

而 $E(t)\geqslant 0$，故只能有 $E(t)=0$，即在区域 $\bar{V}_R$ 内，有 $\tilde{p}\equiv 0$ 和 $\tilde{v}_R\equiv 0$，于是唯一性得证.

闭空间的频域声场　如图 1.1.5 所示，设封闭空间 V 的界面 S 由 S_1 和 S_2 两部分组成，只要给定部分界面 S_1 上的法向速度或者声压分布，而另外一部分界面 S_2 的阻抗满足 $\mathrm{Re}z_\mathrm{n}(\boldsymbol{r},\omega)>0$ 以及 $|z_\mathrm{n}(\boldsymbol{r},\omega)|<\infty$（有限），那么空间 V 的声压分布是唯一的，即证明下列边值问题：

$$\begin{gathered}\nabla^2p(\boldsymbol{r},\omega)+k_0^2p(\boldsymbol{r},\omega)=-\mathfrak{J}(\boldsymbol{r},\omega)\quad(\boldsymbol{r}\in V)\\ v_\mathrm{n}(\boldsymbol{r},\omega)|_{S_1}=v_0(\boldsymbol{r},\omega)\text{，或者 }p(\boldsymbol{r},\omega)|_{S_1}=p_0(\boldsymbol{r},\omega)\\ \mathrm{Re}z_\mathrm{n}(\boldsymbol{r},\omega)|_{S_2}>0\text{ 及 }|z_\mathrm{n}(\boldsymbol{r},\omega)|_{S_2}<\infty\end{gathered} \tag{1.1.36a}$$

的解唯一. 仍然用反证法：假定存在两个解 $p_1(\boldsymbol{r},\omega)$ 和 $p_2(\boldsymbol{r},\omega)$ 都满足方程(1.1.36a)，令 $\tilde{p}(\boldsymbol{r},\omega)=p_1(\boldsymbol{r},\omega)-p_2(\boldsymbol{r},\omega)$，那么 $\tilde{p}(\boldsymbol{r},\omega)$ 满足下列齐次边值问题：

$$\begin{gathered}\nabla^2\tilde{p}(\boldsymbol{r},\omega)+k_0^2\tilde{p}(\boldsymbol{r},\omega)=0\quad(\boldsymbol{r}\in V)\\ \tilde{v}_\mathrm{n}(\boldsymbol{r},\omega)|_{S_1}=0\text{ 或者 }\tilde{p}(\boldsymbol{r},\omega)|_{S_1}=0\\ \mathrm{Re}z_\mathrm{n}(\boldsymbol{r},\omega)|_{S_2}>0\text{ 以及 }|z_\mathrm{n}(\boldsymbol{r},\omega)|_{S_2}<\infty\end{gathered} \tag{1.1.36b}$$

由频率域方程 $i\omega\tilde{p}=\rho_0 c_0^2\nabla\cdot\tilde{\boldsymbol{v}}$ 和 $i\omega\rho_0\tilde{\boldsymbol{v}}=\nabla\tilde{p}$,不难得到

$$\nabla\cdot[\mathrm{Re}(\tilde{p}^*\tilde{\boldsymbol{v}})]=\frac{1}{2}\nabla\cdot(\tilde{p}^*\tilde{\boldsymbol{v}}+\tilde{p}\tilde{\boldsymbol{v}}^*)=0 \tag{1.1.36c}$$

上式在 V 内作体积分,并利用 Gauss 定理得到

$$\begin{aligned}\int_V\nabla\cdot[\mathrm{Re}(\tilde{p}^*\tilde{\boldsymbol{v}})]\mathrm{d}V&=\frac{1}{2}\int_S(\tilde{p}^*\tilde{\boldsymbol{v}}+\tilde{p}\tilde{\boldsymbol{v}}^*)\cdot\boldsymbol{n}\mathrm{d}S\\&=\int_{S_1}\mathrm{Re}(\tilde{p}^*\tilde{\boldsymbol{v}}\cdot\boldsymbol{n})\mathrm{d}S+\int_{S_2}\mathrm{Re}(\tilde{p}^*\tilde{\boldsymbol{v}}\cdot\boldsymbol{n})\mathrm{d}S\\&=\int_{S_2}\mathrm{Re}(\tilde{p}^*\tilde{\boldsymbol{v}}\cdot\boldsymbol{n})\mathrm{d}S=0\end{aligned} \tag{1.1.36d}$$

因为在 S_1 面上,$\tilde{v}_n(\boldsymbol{r},\omega)|_{S_1}=0$ 或者 $\tilde{p}(\boldsymbol{r},\omega)|_{S_1}=0$,故上式中在 S_1 面上的积分为零. 根据方程(1.1.29a),方程(1.1.36d)可化成

$$\int_{S_2}\mathrm{Re}[z_n^*(\boldsymbol{r},\omega)|\boldsymbol{n}\cdot\tilde{\boldsymbol{v}}(\boldsymbol{r},\omega)|^2]\mathrm{d}S=\int_{S_2}\mathrm{Re}\left[\frac{|\tilde{p}(\boldsymbol{r},\omega)|^2}{z_n(\boldsymbol{r},\omega)}\right]\mathrm{d}S=0 \tag{1.1.36e}$$

因 $\mathrm{Re}z_n(\boldsymbol{r},\omega)|_{S_2}>0$,故 $\boldsymbol{n}\cdot\tilde{\boldsymbol{v}}(\boldsymbol{r},\omega)|_{S_2}\equiv0$,并且由方程(1.1.29a),在 S_2 面上,声压也为零;因 $\mathrm{Re}z_n(\boldsymbol{r},\omega)|_{S_2}>0$ 和 $|z_n(\boldsymbol{r},\omega)|_{S_2}<\infty$,故 $\tilde{p}(\boldsymbol{r},\omega)|_{S_2}\equiv0$,同样根据方程(1.1.29a)可知,在 S_2 面上,速度也为零.

注意到频率域方程 $i\omega\tilde{p}=\rho_0 c_0^2\nabla\cdot\tilde{\boldsymbol{v}}$ 和 $i\omega\rho_0\tilde{\boldsymbol{v}}=\nabla\tilde{p}$,界面法向速度为零,这意味着沿法向的声压一阶导数为零;界面声压为零,意味着沿法向的声压的二阶导数为零(因为 $\nabla^2\tilde{p}+k_0^2\tilde{p}=0$);而声压的一阶导数为零,又意味着沿法向的声压三阶导数为零[因为 $\nabla(\nabla^2\tilde{p})=-k_0^2\nabla\tilde{p}$],等等. 因此,在界面附近,声压恒为零. 利用同样的外推法,可以得到在 V 内,$\tilde{p}(\boldsymbol{r},\omega)$ 恒为零:$\tilde{p}(\boldsymbol{r},\omega)\equiv0$. 对 $\tilde{\boldsymbol{v}}(\boldsymbol{r},\omega)$ 可以得到相同的结论. 故唯一性得证.

实际上,条件 $\mathrm{Re}z_n(\boldsymbol{r},\omega)|_{S_2}>0$,意味着界面存在声吸收,如果反之,则声波反而在界面放大,这是非物理的;而条件 $0<|z_n(\boldsymbol{r},\omega)|_{S_2}<\infty$,意味着界面不能是刚性或者压力释放的界面. 当界面是刚性界面或者压力释放界面时,Helmholtz 方程的解是不唯一的,因为齐次 Helmholtz 方程及齐次理想边界条件存在非零解,这个非零解就是简正模式和简正频率,我们将在第 5 章中讨论.

开空间的频域声场 如图 1.1.6 所示,设界面 S 由 S_1 和 S_2 两部分组成,部分界面 S_1 上有法向速度或者声压分布,而另外一部分界面 S_2 的阻抗满足 $\mathrm{Re}z_n(\boldsymbol{r},\omega)>0$ 以及 $|z_n(\boldsymbol{r},\omega)|<\infty$(有限),那么开空间 $\overline{V}$ 的声压分布是唯一的,即证明下列边值问题:

$$\begin{gathered}\nabla^2 p(\boldsymbol{r},\omega)+k_0^2 p(\boldsymbol{r},\omega)=-\mathfrak{F}(\boldsymbol{r},\omega)\quad(\boldsymbol{r}\in\overline{V})\\ \boldsymbol{v}_n(\boldsymbol{r},\omega)|_{S_1}=\boldsymbol{v}_0(\boldsymbol{r},\omega)\text{或者 }p(\boldsymbol{r},\omega)|_{S_1}=p_0(\boldsymbol{r},\omega)\\ \mathrm{Re}z_n(\boldsymbol{r},\omega)|_{S_2}>0\text{ 及 }|z_n(\boldsymbol{r},\omega)|_{S_2}<\infty\end{gathered} \tag{1.1.37a}$$

取 $\bar{V}$ 内半径为 R 的大球，球面 S_R 与 S 包围成封闭空间 $\bar{V}_R$，方程(1.1.36d)修改为

$$
\begin{aligned}
\int_{\bar{V}_R} \nabla\cdot[\mathrm{Re}(\tilde{p}^*\tilde{\boldsymbol{v}})]\mathrm{d}V &= \frac{1}{2}\int_{S+S_R}(\tilde{p}^*\tilde{\boldsymbol{v}}+\tilde{p}\tilde{\boldsymbol{v}}^*)\cdot\boldsymbol{n}\mathrm{d}S \\
&= \int_{S_2}\mathrm{Re}[z_\mathrm{n}^*(\boldsymbol{r},\omega)\,|\boldsymbol{n}\cdot\tilde{\boldsymbol{v}}(\boldsymbol{r},\omega)|^2]\mathrm{d}S+\int_{S_R}\mathrm{Re}(\tilde{p}^*\tilde{\boldsymbol{v}}_r)\mathrm{d}S \\
&= \int_{S_2}\mathrm{Re}\left[\frac{|\tilde{p}(\boldsymbol{r},\omega)|^2}{z_\mathrm{n}(\boldsymbol{r},\omega)}\right]\mathrm{d}S+\int_{S_R}\mathrm{Re}(\tilde{p}^*\tilde{\boldsymbol{v}}_r)\mathrm{d}S=0
\end{aligned}
\tag{1.1.37b}
$$

由 Sommerfeld 辐射条件，当 $r\to\infty$ 时，将 $\tilde{p}\approx\rho_0c_0\tilde{\boldsymbol{v}}_r$ 代入上式，得

$$
\begin{gathered}
\int_{S_2}\mathrm{Re}[z_\mathrm{n}^*(\boldsymbol{r},\omega)\,|\boldsymbol{n}\cdot\tilde{\boldsymbol{v}}(\boldsymbol{r},\omega)|^2]\mathrm{d}S+\int_{S_R}\mathrm{Re}\left(\frac{|\tilde{p}|^2}{\rho_0c_0}\right)\mathrm{d}S=0 \\
\int_{S_2}\mathrm{Re}\left[\frac{|\tilde{p}(\boldsymbol{r},\omega)|^2}{z_\mathrm{n}(\boldsymbol{r},\omega)}\right]\mathrm{d}S+\int_{S_R}\mathrm{Re}(\rho_0c_0\,|\tilde{\boldsymbol{v}}_r|^2)\mathrm{d}S=0
\end{gathered}
\tag{1.1.37c}
$$

余下的讨论与闭空间的频域声场情况类似，不再重复.

1.1.5 声学中的互易原理

假定热源 $h=0$(以后的讨论基本不考虑热源)，设空间 V 内由质量源 q_1 和力源 $\boldsymbol{f}_1$ 产生的声场$(p_1,\boldsymbol{v}_1)$满足

$$
-\mathrm{i}\rho_0\omega\boldsymbol{v}_1+\nabla p_1=\rho_0\boldsymbol{f}_1,\quad -\frac{\mathrm{i}\omega}{\rho_0c_0^2}p_1+\nabla\cdot\boldsymbol{v}_1=q_1 \tag{1.1.38a}
$$

而由质量源 q_2 和力源 $\boldsymbol{f}_2$ 产生的声场$(p_2,\boldsymbol{v}_2)$满足

$$
-\mathrm{i}\rho_0\omega\boldsymbol{v}_2+\nabla p_2=\rho_0\boldsymbol{f}_2,\quad -\frac{\mathrm{i}\omega}{\rho_0c_0^2}p_2+\nabla\cdot\boldsymbol{v}_2=q_2 \tag{1.1.38b}
$$

由于线性叠加原理，总声场为$(p_1+p_2,\boldsymbol{v}_1+\boldsymbol{v}_2)$，因此，这些场量之间一定存在着关联. 用 $\boldsymbol{v}_2$ 点乘方程(1.1.38a)的第一式，而用$-p_2$ 乘以方程(1.1.38a)的第二式，并把所得两式相加(两式的量纲相同才能相加)得到

$$
-\mathrm{i}\rho_0\omega\boldsymbol{v}_2\cdot\boldsymbol{v}_1+\boldsymbol{v}_2\cdot\nabla p_1+\frac{\mathrm{i}\omega}{\rho_0c_0^2}p_2p_1-p_2\nabla\cdot\boldsymbol{v}_1=\rho_0\boldsymbol{v}_2\cdot\boldsymbol{f}_1-p_2q_1 \tag{1.1.39a}
$$

同样，用 $\boldsymbol{v}_1$ 点乘方程(1.1.38b)的第一式，而用$-p_1$ 乘以方程(1.1.38b)的第二式，并把所得两式相加得到

$$
-\mathrm{i}\rho_0\omega\boldsymbol{v}_1\cdot\boldsymbol{v}_2+\boldsymbol{v}_1\cdot\nabla p_2+\frac{\mathrm{i}\omega}{\rho_0c_0^2}p_1p_2-p_1\nabla\cdot\boldsymbol{v}_2=\rho_0\boldsymbol{v}_1\cdot\boldsymbol{f}_2-p_1q_2 \tag{1.1.39b}
$$

方程(1.1.39a)与方程(1.1.39b)相减得到

$$\nabla\cdot(p_1\boldsymbol{v}_2-p_2\boldsymbol{v}_1)=(p_1q_2+\rho_0\boldsymbol{v}_2\cdot\boldsymbol{f}_1)-(p_2q_1+\rho_0\boldsymbol{v}_1\cdot\boldsymbol{f}_2) \tag{1.1.40a}$$

上式在体积 V 上作体积分并利用 Gauss 定理得到

$$\int_V(p_1q_2+\rho_0\boldsymbol{v}_2\cdot\boldsymbol{f}_1)\mathrm{d}V-\int_V(p_2q_1+\rho_0\boldsymbol{v}_1\cdot\boldsymbol{f}_2)\mathrm{d}V=\int_S(p_1\boldsymbol{v}_{2\mathrm{n}}-p_2\boldsymbol{v}_{1\mathrm{n}})\mathrm{d}S \tag{1.1.40b}$$

分三种情况讨论上式.

(1) 无限空间:对空间局域的声源,由 Sommerfeld 辐射条件[见 2.1 节,方程(2.1.21e)],当 $r\to\infty$ 时,$p\approx\rho_0c_0\boldsymbol{v}_r$,方程(1.1.40b)中右边的面积分项为

$$\int_S(p_1\boldsymbol{v}_{2\mathrm{n}}-p_2\boldsymbol{v}_{1\mathrm{n}})\mathrm{d}S=\int_S(p_1\boldsymbol{v}_{2r}-p_2\boldsymbol{v}_{1r})\mathrm{d}S\sim\int_S\rho_0c_0(\boldsymbol{v}_{1r}\boldsymbol{v}_{2r}-\boldsymbol{v}_{2r}\boldsymbol{v}_{1r})\mathrm{d}S=0 \tag{1.1.41a}$$

故由方程(1.1.40b)得到

$$\int_V(p_1q_2+\rho_0\boldsymbol{v}_2\cdot\boldsymbol{f}_1)\mathrm{d}V=\int_V(p_2q_1+\rho_0\boldsymbol{v}_1\cdot\boldsymbol{f}_2)\mathrm{d}V \tag{1.1.41b}$$

(2) 有限空间+理想界面:对刚性界面,$\boldsymbol{v}_{1\mathrm{n}}=\boldsymbol{v}_{2\mathrm{n}}=0$;或者对压力释放界面,$p_1=p_2=0$,因此方程(1.1.40b)中面积分项总为零,方程(1.1.41b)也成立.

(3) 有限空间+阻抗界面:方程(1.1.40b)中面积分项为

$$\int_S(p_1\boldsymbol{v}_{2\mathrm{n}}-p_2\boldsymbol{v}_{1\mathrm{n}})\mathrm{d}S=\int_S z_{\mathrm{n}}(\boldsymbol{v}_{1\mathrm{n}}\boldsymbol{v}_{2\mathrm{n}}-\boldsymbol{v}_{2\mathrm{n}}\boldsymbol{v}_{1\mathrm{n}})\mathrm{d}S=0 \tag{1.1.41c}$$

因此,方程(1.1.41b)也成立.

方程(1.1.41b)就是**互易原理**(reciprocal theorem)的数学表达式(实际上是空间反演的对称性). 为了明确方程(1.1.41b)的物理意义,考虑强度为 q_{01} 的质量源位于 $\boldsymbol{r}_1$ 处,即 $q_1(\boldsymbol{r},\omega)=q_{01}\delta(\boldsymbol{r},\boldsymbol{r}_1)$,而强度为 q_{02} 的质量源位于 $\boldsymbol{r}_2$ 处,即 $q_2(\boldsymbol{r},\omega)=q_{02}\delta(\boldsymbol{r},\boldsymbol{r}_2)$,而力源 $\boldsymbol{f}_1=\boldsymbol{f}_2=0$,代入方程(1.1.41b)得到:$p_1(\boldsymbol{r}_2,\omega)/q_{01}=p_2(\boldsymbol{r}_1,\omega)/q_{02}$. 当 $q_{01}=q_{02}$ 时,简化为 $p_1(\boldsymbol{r}_2,\omega)=p_2(\boldsymbol{r}_1,\omega)$,即位于 $\boldsymbol{r}_1$ 处的点质量源在 $\boldsymbol{r}_2$ 处产生的场 $p_1(\boldsymbol{r}_2,\omega)$ 等于位于 $\boldsymbol{r}_2$ 处的点质量源在 $\boldsymbol{r}_1$ 处产生的场 $p_2(\boldsymbol{r}_1,\omega)$.

如果 $q_1(\boldsymbol{r},\omega)=q_2(\boldsymbol{r},\omega)=0$,$\boldsymbol{f}_1=\boldsymbol{f}_{01}\delta(\boldsymbol{r},\boldsymbol{r}_1)$ 和 $\boldsymbol{f}_2=\boldsymbol{f}_{02}\delta(\boldsymbol{r},\boldsymbol{r}_2)$,则代入方程(1.1.41b)得到:$\boldsymbol{v}_1(\boldsymbol{r}_2,\omega)\cdot\boldsymbol{f}_{02}=\boldsymbol{v}_2(\boldsymbol{r}_1,\omega)\cdot\boldsymbol{f}_{01}$. 考虑特殊情况:$\boldsymbol{f}_1=f_0\boldsymbol{e}_x\delta(\boldsymbol{r},\boldsymbol{r}_1)$ 是 x 方向的点力源,而 $\boldsymbol{f}_2=f_0\boldsymbol{e}_y\delta(\boldsymbol{r},\boldsymbol{r}_2)$ 是 y 方向的点力源,则 $\boldsymbol{v}_{1y}(\boldsymbol{r}_2,\omega)=\boldsymbol{v}_{2x}(\boldsymbol{r}_1,\omega)$,即位于点 $\boldsymbol{r}_1$ 且沿 x 方向的点力源在 $\boldsymbol{r}_2$ 点产生的 y 方向速度 $\boldsymbol{v}_{1y}(\boldsymbol{r}_2,\omega)$,等于位于点 $\boldsymbol{r}_2$ 且沿 y 方向的点力源在 $\boldsymbol{r}_1$ 点产生的 x 方向速度 $\boldsymbol{v}_{2x}(\boldsymbol{r}_1,\omega)$.

值得说明的是,互易原理对非均匀介质、固体中声场及流-固相互作用系统都成立(但形式有可能不同). 事实上,这是线性物理系统的基本性质. 然而,当空间存在外场时(例如,考虑声波在运动介质中的传播,流速可看作外场),外场破坏了系统的空间或时间对称性(从物理上讲). 而从数学上讲. 由于波动算子没有了 Hermite 对称性,表达互易原

理的方程(1.1.41b)已不成立,而需更复杂的方程表示互易原理,详细见第 8 章讨论.

1.1.6 波动方程的空间变换不变性

设存在两个空间:虚拟空间(称为**虚空间** V')和真实的物理空间(称为**实空间** V).虚空间 V'中的密度和绝热压缩系数分别为常量 ρ_0'和 κ_s'(与声速的关系为 $\kappa_s'=1/\rho_0'c_0'^2$),虚空间 V'为平直空间,声线(见第 7 章讨论)在虚空间 V'中为直线 L',而实空间 V 由虚空间 V'压缩和拉伸而来,声线变形为曲线 C. 设两个空间的直角坐标分别为 $\boldsymbol{x}=(x_1,x_2,x_3)$和 $\boldsymbol{x}'=(x_1',x_2',x_3')$,$V$ 和 V'之间要求满足一一映射关系:

$$\begin{aligned}&x_1=x_1(x_1',x_2',x_3'),\quad x_2=x_2(x_1',x_2',x_3'),\quad x_3=x_3(x_1',x_2',x_3')\\&x_1'=x_1'(x_1,x_2,x_3),\quad x_2'=x_2'(x_1,x_2,x_3),\quad x_3'=x_3'(x_1,x_2,x_3)\end{aligned}\tag{1.1.42a}$$

位移矢量的微分元映射关系为

$$\begin{bmatrix}\mathrm{d}x_1\\\mathrm{d}x_2\\\mathrm{d}x_3\end{bmatrix}=\boldsymbol{A}\begin{bmatrix}\mathrm{d}x_1'\\\mathrm{d}x_2'\\\mathrm{d}x_3'\end{bmatrix},\quad\begin{bmatrix}\mathrm{d}x_1'\\\mathrm{d}x_2'\\\mathrm{d}x_3'\end{bmatrix}=\boldsymbol{B}\begin{bmatrix}\mathrm{d}x_1\\\mathrm{d}x_2\\\mathrm{d}x_3\end{bmatrix}\tag{1.1.42b}$$

其中,映射矩阵为

$$\boldsymbol{A}=\begin{bmatrix}\dfrac{\partial x_1}{\partial x_1'}&\dfrac{\partial x_1}{\partial x_2'}&\dfrac{\partial x_1}{\partial x_3'}\\\dfrac{\partial x_2}{\partial x_1'}&\dfrac{\partial x_2}{\partial x_2'}&\dfrac{\partial x_2}{\partial x_3'}\\\dfrac{\partial x_3}{\partial x_1'}&\dfrac{\partial x_3}{\partial x_2'}&\dfrac{\partial x_3}{\partial x_3'}\end{bmatrix},\quad\boldsymbol{B}=\begin{bmatrix}\dfrac{\partial x_1'}{\partial x_1}&\dfrac{\partial x_1'}{\partial x_2}&\dfrac{\partial x_1'}{\partial x_3}\\\dfrac{\partial x_2'}{\partial x_1}&\dfrac{\partial x_2'}{\partial x_2}&\dfrac{\partial x_2'}{\partial x_3}\\\dfrac{\partial x_3'}{\partial x_1}&\dfrac{\partial x_3'}{\partial x_2}&\dfrac{\partial x_3'}{\partial x_3}\end{bmatrix}\tag{1.1.42c}$$

由方程(1.1.42b),显然有关系:$\boldsymbol{B}=\boldsymbol{A}^{-1}$和 $\boldsymbol{A}=\boldsymbol{B}^{-1}$,即映射矩阵 $\boldsymbol{A}$ 和 $\boldsymbol{B}$ 互逆. 映射的 Jacobi 行列式 $J=\det(\boldsymbol{A})=1/\det(\boldsymbol{B})\neq0$.

映射方程(1.1.42a)把虚空间 V'中的直线 L'映射为实空间 V 中的曲线 C. 我们的问题是:在映射方程(1.1.42a)下:① 实空间 V 中的材料参量应该如何分布? ② 实空间 V 中的波动方程变换成什么形式? 由方程(1.1.26),虚空间 V'中频域声波方程为(注意:下列方程中"′"表示虚空间 V'中的物理量和作用算子)

$$\mathrm{i}\omega\kappa_s'p'=\nabla'\cdot\boldsymbol{v}',\quad \mathrm{i}\omega\rho_0'\boldsymbol{v}'=\nabla'p'\tag{1.1.43a}$$

消去速度场,波动方程可以写成算子矩阵的形式

$$\nabla'\cdot(\boldsymbol{\rho}'^{-1}\cdot\nabla'p')+\omega^2\kappa_s'p'=0\tag{1.1.43b}$$

其中,$\boldsymbol{\rho}'^{-1}=\mathrm{diag}(1/\rho_0',1/\rho_0',1/\rho_0')$是虚空间 V'中的标量密度的张量形式.

在导出实空间 V 的波动方程和材料参量前，介绍一个重要的关系，即

$$\sum_{i=1}^{3}\frac{\partial}{\partial x_i}(J^{-1}A_{ij})=0\quad(j=1,2,3)\tag{1.1.44a}$$

其中，$A_{ij}=\partial x_i/\partial x_j'$ 是矩阵 $\boldsymbol{A}$ 的元.

证明：由 $\boldsymbol{A}=\boldsymbol{B}^{-1}$，而逆矩阵 $\boldsymbol{B}^{-1}$ 可通过 $\boldsymbol{B}$ 的伴随矩阵 $\boldsymbol{G}$ 求出：

$$\boldsymbol{A}=\boldsymbol{B}^{-1}=\frac{\boldsymbol{G}}{\det(\boldsymbol{B})}=\frac{1}{\det(\boldsymbol{B})}[G(i,j)]\tag{1.1.44b}$$

其中，伴随矩阵 $\boldsymbol{G}$ 的第 ij 个元 $G(i,j)$ 是矩阵 $\boldsymbol{B}$ 的第 ji 个元的代数余子式. 从上式的每个元相等得到

$$J^{-1}A_{ij}=G(i,j)\quad(i,j=1,2,3)\tag{1.1.44c}$$

不难由代数余子式的表达式直接计算证明

$$\sum_{i=1}^{3}\frac{\partial(J^{-1}A_{ij})}{\partial x_i}=\sum_{i=1}^{3}\frac{\partial G(i,j)}{\partial x_i}=0\quad(j=1,2,3)\tag{1.1.44d}$$

于是，方程(1.1.44a)得证. 方程(1.1.44a)乘以 v_i' 且相加得到

$$\sum_{i,j=1}^{3}v'_j\frac{\partial}{\partial x_i}(J^{-1}A_{ij})=0\tag{1.1.44e}$$

首先考虑方程(1.1.43a)中梯度算子的变换

$$\nabla'p'=\sum_{j=1}^{3}\frac{\partial p'}{\partial x'_j}\boldsymbol{e}'_j=\sum_{i,j=1}^{3}\frac{\partial x_i}{\partial x'_j}\frac{\partial p'}{\partial x_i}\boldsymbol{e}'_j=\boldsymbol{A}^{\mathrm{t}}\cdot\nabla p'=\boldsymbol{A}^{\mathrm{t}}\cdot\nabla p\tag{1.1.45a}$$

其中，$\boldsymbol{e}_j'(j=1,2,3)$ 是虚空间 V' 中的坐标方向单位矢量，$\boldsymbol{A}^{\mathrm{t}}$ 为 $\boldsymbol{A}$ 的转置矩阵，∇ 是实空间 V 中的梯度算子. 上式中，我们假定在虚空间和实空间中，声压是相同的，即 $p=p'$（注意：声压是实验中的待测物理量，要求在两个空间中声压必须相同）. 因此，梯度算子的变换比较简单. 其次考虑方程(1.1.43a)中散度算子的变换

$$\nabla'\cdot\boldsymbol{v}'=\sum_{j=1}^{3}\frac{\partial v_j'}{\partial x'_j}=\sum_{i,j=1}^{3}\frac{\partial x_i}{\partial x'_j}\frac{\partial v_j'}{\partial x_i}=\sum_{i,j=1}^{3}A_{ij}\frac{\partial v_j'}{\partial x_i}\tag{1.1.45b}$$

利用方程(1.1.44e)，上式简化成

$$\begin{aligned}\nabla'\cdot\boldsymbol{v}'&=J\sum_{i,j=1}^{3}\left[\frac{A_{ij}}{J}\frac{\partial v_j'}{\partial x_i}+v_j'\frac{\partial}{\partial x_i}\left(\frac{A_{ij}}{J}\right)\right]\\&=J\sum_{i=1}^{3}\frac{\partial}{\partial x_i}\left(\frac{1}{J}\sum_{j=1}^{3}A_{ij}v_j'\right)=J\nabla\cdot\left(\frac{\boldsymbol{A}\cdot\boldsymbol{v}'}{J}\right)\end{aligned}\tag{1.1.45c}$$

其中，$\boldsymbol{A}\cdot\boldsymbol{v}'$ 为矢量

$$
\boldsymbol{A}\cdot\boldsymbol{v}'=\begin{bmatrix}\dfrac{\partial x_1}{\partial x_1'} & \dfrac{\partial x_1}{\partial x_2'} & \dfrac{\partial x_1}{\partial x_3'}\\ \dfrac{\partial x_2}{\partial x_1'} & \dfrac{\partial x_2}{\partial x_2'} & \dfrac{\partial x_2}{\partial x_3'}\\ \dfrac{\partial x_3}{\partial x_1'} & \dfrac{\partial x_3}{\partial x_2'} & \dfrac{\partial x_3}{\partial x_3'}\end{bmatrix}\begin{bmatrix}v_1'\\ v_2'\\ v_3'\end{bmatrix} \tag{1.1.45d}
$$

从方程(1.1.45c)可知,实空间 V 中速度矢量为 $\boldsymbol{v}\equiv J^{-1}\boldsymbol{A}\cdot\boldsymbol{v}'$,即 $\boldsymbol{v}'=J\boldsymbol{A}^{-1}\cdot\boldsymbol{v}$. 因此,在从虚空间 V'映射到实空间 V 的过程中,声压场保持不变,但速度场通过映射而缩放(注意:这里区别于同一个空间的曲线坐标变换). 于是,方程(1.1.43a)在实空间中变成

$$
\mathrm{i}\omega\kappa_s' p=J\nabla\cdot\boldsymbol{v},\quad \mathrm{i}\omega\rho_0' J\boldsymbol{A}^{-1}\cdot\boldsymbol{v}=\boldsymbol{A}^{\mathrm{t}}\cdot\nabla p \tag{1.1.46a}
$$

或者改写成

$$
\mathrm{i}\omega\kappa_s p=\nabla\cdot\boldsymbol{v},\quad \mathrm{i}\omega\boldsymbol{v}=\boldsymbol{\rho}^{-1}\nabla p \tag{1.1.46b}
$$

其中,$\kappa_s\equiv\kappa_s'/J$ 是实空间 V 中的绝热压缩系数分布,$\boldsymbol{\rho}^{-1}\equiv\boldsymbol{A}\boldsymbol{\rho}'^{-1}\boldsymbol{A}^{\mathrm{t}}/J=\boldsymbol{A}\boldsymbol{\rho}'^{-1}\boldsymbol{A}^{\mathrm{t}}/\det(\boldsymbol{A})$称为**密度倒数张量**. 上式消去速度场得到实空间 V 中的波动方程:

$$
\nabla\cdot(\boldsymbol{\rho}^{-1}\cdot\nabla p)+\omega^2\kappa_s p=0 \tag{1.1.46c}
$$

比较上式与方程(1.1.43b),显然,虚空间 V'和实空间 V 的声波方程有相同的形式,这一性质称为声波方程的**空间变换不变性**. 因此,当实空间 V 中的绝热压缩系数和密度倒数张量分布分别为 κ_s和 $\boldsymbol{\rho}^{-1}$时,声线沿曲线 C 传播而不产生散射波(见第 3 章讨论). 利用这一性质,在实空间中设计不同的密度倒数张量和绝热压缩系数分布,可实现对声波的任意调控,如无反射的弯曲波导和声隐身,具体讨论见参考书目 36,这一研究方向称为"**变换声学**(transformation acoustics)".

值得指出的是:① 由实空间 V 的声波方程(1.1.46c),要求密度倒数是各向异性的,这一性质在天然的声学材料中是不存在的,只有在声人工结构中才能实现,在长波近似下,有效密度倒数是各向异性的(见参考文献 11);② 这里的空间变换是两个空间(即虚空间 V'和实空间 V)之间的变换,本质上区别于同一空间的不同曲线坐标变换(见参考文献 11);③ 我们仅仅讨论了用直角坐标表示的空间变换关系,对正交曲线坐标表示的空间变换,方程(1.1.46c)仍然成立,但是变换矩阵的形式不同,见习题 1.10 和 1.11.

1.2 行波解和平面波展开

当声波遇到不同性质的介质(或者界面)时,将引起声波的散射(或者反射,见 1.3 节

讨论),空间的声场将变得非常复杂. 一种比较简单但理想化的情况是:声源向无限的开空间辐射声波,声传播的路径上没有不同的介质或者界面,一直向前传播,这样的波称为**行波**. 实际上,无限大的开空间是不存在的,只要声波波长远小于空间线度(或者时域脉冲宽度远小于脉冲从声源到边界的传播时间),而且观察点(即测量点)远离边界,则该空间可看成是无限大的开空间. 开空间中最简单的行波是平面波. 更为重要的是,平面波是无限大空间上平方可积函数的基函数,或者简单地说,就是三维 Fourier 变换的核函数. 因此,任意空间波形都可以展开为平面波,这一展开技术在求解波动方程时是行之有效的方法. 本节特别感兴趣的是球面或柱面行波用平面波展开的表达式.

1.2.1 直角坐标中的平面行波

我们寻求三维声波方程

$$\left(\frac{\partial^2}{\partial x^2}+\frac{\partial^2}{\partial y^2}+\frac{\partial^2}{\partial z^2}\right)p-\frac{1}{c_0^2}\frac{\partial^2 p}{\partial t^2}=0 \tag{1.2.1a}$$

的平面行波解,令 $\xi=\boldsymbol{n}\cdot\boldsymbol{r}-c_0t$,$\eta=\boldsymbol{n}\cdot\boldsymbol{r}+c_0t$,其中单位矢量 $\boldsymbol{n}=(\cos\alpha,\cos\beta,\cos\gamma)$,$\alpha$、$\beta$ 和 γ 分别为 $\boldsymbol{n}$ 与 x、y 和 z 轴的夹角,满足关系

$$\cos^2\alpha+\cos^2\beta+\cos^2\gamma=1 \tag{1.2.1b}$$

利用复合函数求导关系,把(ξ,η)代入方程(1.2.1a)并利用上式得到$\partial^2 p/\partial\xi\partial\eta=0$. 因此,三维声波方程(1.2.1a)的平面行波解的一般形式为

$$p(\boldsymbol{r},t)=f(\xi)+g(\eta)=f(\boldsymbol{n}\cdot\boldsymbol{r}-c_0t)+g(\boldsymbol{n}\cdot\boldsymbol{r}+c_0t) \tag{1.2.2a}$$

显然,对不同的时刻 $t=t_j(j=1,2,3,\cdots)$,等值面为 $\boldsymbol{n}\cdot\boldsymbol{r}\pm c_0t_j=$ 常量,即 $\boldsymbol{n}\cdot\boldsymbol{r}=$ 常量 $\mp c_0t_j$. 故等值面是法向为 $\boldsymbol{n}$ 的一系列平面,该平面以速度 $\mp c_0$ 向 $\boldsymbol{n}$(取负)或者向$-\boldsymbol{n}$(取正)传播,故称为**平面波**,即 $f(\boldsymbol{n}\cdot\boldsymbol{r}-c_0t)$ 和 $g(\boldsymbol{n}\cdot\boldsymbol{r}+c_0t)$ 分别表示沿 $\boldsymbol{n}$ 方向和$-\boldsymbol{n}$ 方向传播的波. 对等值面方程($\boldsymbol{n}\cdot\boldsymbol{r}\pm c_0t=$常量)两边求时间导数得到

$$\frac{\mathrm{d}x}{\mathrm{d}t}\cos\alpha+\frac{\mathrm{d}y}{\mathrm{d}t}\cos\beta+\frac{\mathrm{d}z}{\mathrm{d}t}\cos\gamma=\mp c_0 \tag{1.2.2b}$$

而平面的运动速度为 $\boldsymbol{u}=(\mathrm{d}x/\mathrm{d}t,\mathrm{d}y/\mathrm{d}t,\mathrm{d}z/\mathrm{d}t)$,故上式可写成 $\boldsymbol{u}\cdot\boldsymbol{n}=u=\mp c_0$,因此,平面运动速度在平面法向的投影即为声速,而平面运动速度方向即为平面法向,故等值平面运动的速度即为声速.

单频平面波 取 $p(\boldsymbol{r},t)$ 的形式为

$$p(\boldsymbol{r},t)=p_0\exp\left[\mathrm{i}\frac{\omega}{c_0}(\boldsymbol{n}\cdot\boldsymbol{r}\pm c_0t)\right]=p_0\exp[\mathrm{i}(\boldsymbol{k}\cdot\boldsymbol{r}\pm\omega t)] \tag{1.2.3}$$

就得到三维单频平面波. 上式中 $\boldsymbol{k}=\boldsymbol{n}\omega/c_0=(k_x,k_y,k_z)$ 称为**波矢量**,简称**波矢**,$k=\omega/c_0=$

$|\boldsymbol{k}|=\sqrt{k_x^2+k_y^2+k_z^2}$ 称为**波数**.

声阻抗率 由方程 $\rho_0\partial\boldsymbol{v}/\partial t=-\nabla p$,对单频平面波得到

$$\boldsymbol{v}(\boldsymbol{r},t)=-\frac{1}{\rho_0}\int\nabla p\mathrm{d}t=\mp\frac{p(\boldsymbol{r},t)}{\rho_0c_0}\boldsymbol{n} \tag{1.2.4a}$$

可见,流体元速度方向与平面波的法向一致,它们的比值为

$$z_{\mathrm{n}}\equiv\frac{p(\boldsymbol{r},t)}{\boldsymbol{v}_{\mathrm{n}}(\boldsymbol{r},t)}=\mp\rho_0c_0\equiv\mp z_0 \tag{1.2.4b}$$

称为**声阻抗率**,而 $z_0=\rho_0c_0$ 与波的传播方向无关,称为介质的**特性声阻抗率**. 上式中"∓"号表明了波传播的方向(负号和正号分别对应声波向 $-\boldsymbol{n}$ 和 $+\boldsymbol{n}$ 传播),可见声阻抗率与波传播的方向有关. 注意:① 空间一点的声阻抗率反映了声压场与速度场的相位关系,但流体元速度是一个矢量,只有当声压场的传播方向与速度场的方向一致时,声阻抗率的定义才有意义;② 而界面的法向声阻抗率定义总是有意义的.

能量密度 平面波的能量密度为(注意,能量密度是非线性的,故声压和速度必须取实部)

$$w(\boldsymbol{r},t)=\frac{1}{2}\left[\rho_0(\mathrm{Re}\ \boldsymbol{v})^2+\frac{(\mathrm{Re}\ p)^2}{\rho_0c_0^2}\right]=\frac{|p_0|^2}{\rho_0c_0^2}\cos^2[(\boldsymbol{k}\cdot\boldsymbol{r}\pm\omega t)] \tag{1.2.5a}$$

在实际问题中,我们更感兴趣的是在一段时间内的平均值. 对圆频率为 ω、周期为 $T=2\pi/\omega$ 的简谐波,在一个周期内平均已足够了,时间平均后的能量密度为

$$\bar{\varepsilon}=\frac{1}{T}\int_0^T w(\boldsymbol{r},t)\mathrm{d}t=\frac{|p_0|^2}{2\rho_0c_0^2}=\frac{p_{\mathrm{rms}}^2}{\rho_0c_0^2} \tag{1.2.5b}$$

其中,p_{rms} 是声压的均方平均 $p_{\mathrm{rms}}=|p_0|/\sqrt{2}$.

声能流矢量 声能流矢量(注意,能流矢量是双线性的,故声压和速度必须取实部)为

$$\boldsymbol{I}=\mathrm{Re}(p)\mathrm{Re}(\boldsymbol{v})=\mp\frac{|p_0|^2}{2\rho_0c_0}\{1+\cos[2(\boldsymbol{k}\cdot\boldsymbol{r}\pm\omega t)]\}\boldsymbol{n} \tag{1.2.6a}$$

上式已假定 p_0 是实的(并不失一般性). 尽管声能流矢量随时间和空间交流变化,但存在一个直流分量,表明声能流确实沿 $+\boldsymbol{n}$(或者 $-\boldsymbol{n}$)方向传播. 在一个周期内平均已足够了,有

$$\bar{\boldsymbol{I}}=\frac{1}{T}\int_0^T\mathrm{Re}(p)\mathrm{Re}(\boldsymbol{v})\mathrm{d}t=\mp\frac{|p_0|^2}{2\rho_0c_0}\boldsymbol{n}=\mp\frac{p_{\mathrm{rms}}^2}{\rho_0c_0}\boldsymbol{n} \tag{1.2.6b}$$

其中,$\bar{\boldsymbol{I}}$ 为**声强**. 需要指出的是:声强为矢量,故其不仅表征声场的强度,且表征声波的传播方向. 而空间固定一点的声压是标量,不能反映声波的传播方向. 由方程(1.2.5b)和方程(1.2.6b),平面波的声强矢量与能量密度关系为 $\bar{\boldsymbol{I}}=\mp c_0\bar{\varepsilon}\boldsymbol{n}$(注意:在扩散场中,声强 $\bar{I}$ 与

声能量密度 $\bar{\varepsilon}$ 的关系为 $4\bar{I}=c_0\bar{\varepsilon}$,在扩散场中讨论声强的矢量特性没有意义,见 5.2.2 小节).

线性化条件 对平面行波,近似条件为 $|\boldsymbol{v}| \ll c_0$ 或 $|p| \ll \rho_0 c_0^2$. 对一般的声波,条件总是满足的. 例如:人大声说话时的声压约为 $|p| = 0.1$ Pa,那么

$$|\boldsymbol{v}| = \frac{|p|}{z_0} \sim 2.5\times10^{-4}\ \text{m/s} \ll c_0 \tag{1.2.7}$$

注意:流体元振动速度与声速完全是两回事,前者表示流体元在平衡点附近作振动的速度,而后者是振动传播的速度.

质点的位移 在流体运动的 Euler 描述中,我们较少关心流体的位移场,为了有一个数量级的概念,仍然考虑空气中 $|p| = 0.1$ Pa 的声压,在频率 $f=1\,000$ Hz 时,质点的位移约为

$$|\boldsymbol{\xi}| = \frac{|p|}{2\pi z_0 f} \sim 4\times10^{-8}\ \text{m} \sim 4\ \text{nm} \tag{1.2.8}$$

可见,流体元的位移是很小的. 注意:对同样的声压,位移与频率成反比,故低频时,位移较大,比如我们甚至能观察到扬声器的振动.

声速 声速(也称为**等熵声速**)为 $c_0=\sqrt{(\mathrm{d}P/\mathrm{d}\rho)_{s,0}}$. 对理想气体,绝热状态方程为 $PV^\gamma = P_0V_0^\gamma$,即 $P/\rho^\gamma = P_0/\rho_0^\gamma$,因此声速为 $c_0=\sqrt{\gamma P_0/\rho_0}$,其中 $\gamma = c_P/c_V$ 为比定压热容与比定容热容之比. 对单原子理想气体(如氦气),有 $\gamma = 5/3$;对双原子理想气体(如氢气),有 $\gamma = 7/5 = 1.4$;对多原子理想气体,有 $\gamma = 4/3$. 对空气,有 $\gamma = 1.402$. 在标准大气压 $P_0 = 1.013\times10^5$ Pa 下,当温度为 0 ℃时,空气的密度 $\rho_0 = 1.293\ \text{kg/m}^3$,计算得到空气中的声速 $c_0(0\ ℃) = 331.6$ m/s. 利用理想气体物态方程 $PV = mRT/M = Nk_{\mathrm{B}}T$(其中 P、V、T 和 N 分别为质量为 m 的空气的压强、体积、绝对温度和分子数,$k_{\mathrm{B}} \approx 1.38\times10^{-23}$ J/K 为 Boltzmann 常量,$M = 29\times10^{-3}$ kg/mol 为空气的物质的量,$R = 8.31$ J/K · mol 为摩尔气体常量),空气中声速与温度的关系为

$$c_0 = \sqrt{\frac{\gamma RT}{M}} = \sqrt{\frac{\gamma R}{M}(273+t)} \approx 331.6+0.6t\ (\text{SI 单位}) \tag{1.2.9}$$

其中,t 为摄氏温度. 例如,$t = 20$ ℃时,声速 $c_0(20\ ℃) = 344$ m/s,密度 $\rho_0 = 1.21\ \text{kg/m}^3$,故空气的特性阻抗率为 $\rho_0 c_0 \approx 415\ \text{N}\cdot\text{s/m}^3$. 注意到气体分子的能量均分定理 $k_{\mathrm{B}}T = m_0\langle v^2\rangle/3$(其中 m_0 是气体分子的质量),声速与气体分子运动的均方平均速度 $v_{\text{平均}} \equiv \sqrt{\langle v^2\rangle}$ 的关系为

$$c_0 = \sqrt{\frac{\gamma k_{\mathrm{B}}T}{m_0}} = \sqrt{\frac{\gamma\langle v^2\rangle}{3}} = \sqrt{\frac{\gamma}{3}}\,v_{\text{平均}} \tag{1.2.10}$$

可见,声速与气体分子运动的均方平均速度大致在一个量级. 对流体介质,不可能写出绝热方程. 这时通常用介质的绝热压缩系数

$$\kappa_s = -\frac{1}{V}\left(\frac{dV}{dP}\right)_s = \frac{1}{\rho}\left(\frac{d\rho}{dP}\right)_s \tag{1.2.11}$$

来表达声速 $c_0 = 1/\sqrt{\kappa_s\rho_0}$. 对温度 $t=20$ ℃的水,$\rho_0 = 998\ \text{kg/m}^3$,$c_0 \approx 1\ 487\ \text{m/s}$,故水的特性阻抗率为 $\rho_0 c_0 \approx 1.48\times10^6\ \text{N}\cdot\text{s/m}^3$. 当水温在 0~20 ℃,压力在 1~100 atm ($10^5 \sim 10^7$ Pa)时,水中声速的经验公式为

$$c_0 = 1\ 447 + 4.0(t-10) + 1.6\times10^{-6}P_0 (\text{SI 单位}) \tag{1.2.12}$$

其中,t 的单位为℃. 在理论估算中,经常取 $c_0 \approx 1\ 500$ m/s,这就可以得到较高的精度.

注意:在海水中,声速还与海水中盐的含量有关,设盐浓度(salinity)为 S(g/kg) (每 kg 海水中所含固体物质的质量),当 S 约为 35 g/kg 时(99.5%的海水的盐度在 33~37 g/kg),海水中声速的经验公式为

$$c_0 = 1\ 490 + 3.6(t-10) + 1.6\times10^{-6}P_0 + 1.3(S-35) \tag{1.2.13}$$

式中 c_0 的单位为 m/s,t 的单位为℃,P_0 的单位为 Pa,S 的单位为 g/kg.

1.2.2 角谱展开和隐失波

忽略时谐变化部分,把平面波解写成

$$p(x,y,z,\omega) = A\exp[\mathrm{i}(k_x x + k_y y + k_z z)] \tag{1.2.14a}$$

必须注意的是:上式对任意的 k_x、k_y 和 k_z 都成立,只要满足 $k_x^2+k_y^2+k_z^2=(\omega/c_0)^2$. 即使 k_x 和 k_y 取得足够大,使

$$k_z = \pm\sqrt{\frac{\omega^2}{c_0^2}-k_x^2-k_y^2} = \pm\mathrm{i}\sqrt{k_x^2+k_y^2-\frac{\omega^2}{c_0^2}} = \pm\mathrm{i}\gamma \tag{1.2.14b}$$

为纯虚数,方程(1.2.14a)仍然是波动方程的解. 根据叠加原理,方程(1.2.14a)的积分仍然是波动方程的解

$$p(x,y,z,\omega) = \iint A(k_x,k_y,\omega)\exp[\mathrm{i}(k_x x + k_y y \pm \beta_z z)]\,dk_x dk_y \tag{1.2.15}$$

其中,令 $k_z = \pm\sqrt{\omega^2/c_0^2-k_x^2-k_y^2} \equiv \pm\beta_z$. 上式相当于把任意声压用平面波展开.

注意:因为 $k_x^2+k_y^2+k_z^2=k^2=\omega^2/c_0^2$,$(k_x,k_y,k_z)$中只有两个是独立的,取哪两个作为积分变量由具体问题决定.

角谱展开 我们的问题是:已知平面 $z=z_0$ 上的声压分布 $p(x,y,z_0,\omega)$,求空间任意一点的声压 $p(x,y,z,\omega)$,即解 Helmholtz 方程的下列边值问题:

$$\left(\frac{\partial^2}{\partial x^2}+\frac{\partial^2}{\partial y^2}+\frac{\partial^2}{\partial z^2}+\frac{\omega^2}{c_0^2}\right)p=0$$

$$p(x,y,z,\omega)\mid_{z=z_0}=p(x,y,z_0,\omega) \tag{1.2.16a}$$

其中,变量范围为$-\infty<(x,y)<\infty$,而$z>z_0$或者$z<z_0$. 根据方程(1.2.15),有

$$p(x,y,z_0,\omega)=\iint A(k_x,k_y,\omega)\mathrm{e}^{\pm \mathrm{i}\beta_z z_0}\exp[\mathrm{i}(k_x x+k_y y)]\mathrm{d}k_x\mathrm{d}k_y \tag{1.2.16b}$$

于是

$$A(k_x,k_y,\omega)=p(k_x,k_y,z_0,\omega)\mathrm{e}^{\mp \mathrm{i}\beta_z z_0} \tag{1.2.16c}$$

其中,平面$z=z_0$上声压的空间谱为

$$p(k_x,k_y,z_0,\omega)\equiv\frac{1}{(2\pi)^2}\iint p(x,y,z_0,\omega)\exp[-\mathrm{i}(k_x x+k_y y)]\mathrm{d}x\mathrm{d}y \tag{1.2.16d}$$

将方程(1.2.16c)代入方程(1.2.15)得到空间任意一点的声压为

$$p(x,y,z,\omega)=\iint p(k_x,k_y,z_0,\omega)\mathrm{e}^{\pm \mathrm{i}\beta_z(z-z_0)}\exp[\mathrm{i}(k_x x+k_y y)]\mathrm{d}k_x\mathrm{d}k_y \tag{1.2.17a}$$

因子$\exp[\pm\mathrm{i}\beta_z(z-z_0)]$相当于把$z=z_0$平面上的谱$p(k_x,k_y,z_0,\omega)$传播到任意平面上.符号“±”的讨论:显然,在以$k_0=\omega/c_0$为半径的圆外,$\beta_z^2=k_0^2-(k_x^2+k_y^2)<0$,因此,当$z-z_0>0$时,取“+”号;否则,当$z-z_0\to\infty$时,出现指数增长,而这是非物理的;同理,如果$z-z_0<0$,取“-”号.因此,方程(1.2.17a)可以统一写成

$$p(x,y,z,\omega)=\iint p(k_x,k_y,z_0,\omega)\exp[\mathrm{i}(k_x x+k_y y+\beta_z|z-z_0|)]\mathrm{d}k_x\mathrm{d}k_y \tag{1.2.17b}$$

上式把空间任意一点的声压用$z=z_0$平面上的谱$p(k_x,k_y,z_0,\omega)$表示,称为**角谱展开**,$p(k_x,k_y,z_0,\omega)$称为**角谱**(angular spectrum,不同方向的空间谱,故称为**角谱**).

隐失波　方程(1.2.17a)中的二重积分可分成两部分:半径ω/c_0的圆内和圆外. 圆外部分为

$$p_{圆外}(x,y,z,\omega)=\iint_{圆外}p(k_x,k_y,z_0,\omega)\mathrm{e}^{-\gamma|z-z_0|}\exp[\mathrm{i}(k_x x+k_y y)]\mathrm{d}k_x\mathrm{d}k_y \tag{1.2.18}$$

式中令$\beta_z=\sqrt{k_0^2-k_x^2-k_y^2}=\mathrm{i}\sqrt{k_x^2+k_y^2-k_0^2}\equiv\mathrm{i}\gamma$. 显然,这部分的贡献随$z$衰减——称为**隐失波**(evanescent wave).

注意:在远离平面$z=z_0$处,隐失波很快衰减,故测量隐失波是困难的,如果希望通过测量空间的声压来反演平面$z=z_0$上的声压分布,则必须进行近场测量,远场测量只能反演声压分布的“粗”结构(空间谱的低频部分).

1.2.3 有源问题和三维 Green 函数

考虑无限空间中由声源$\mathfrak{F}(\boldsymbol{r},t)$激发的声场,声场满足

$$\frac{1}{c_0^2}\frac{\partial^2 p}{\partial t^2}-\nabla^2 p=\Im(\boldsymbol{r},t) \tag{1.2.19a}$$

我们把空间声场用平面波来展开,即表示为

$$p(\boldsymbol{r},t)=\int q(\boldsymbol{k},t)\exp(\mathrm{i}\boldsymbol{k}\cdot\boldsymbol{r})\,\mathrm{d}^3\boldsymbol{k} \tag{1.2.19b}$$

代入方程(1.2.19a),有

$$\iint\left[\frac{1}{c_0^2}\frac{\mathrm{d}^2 q(\boldsymbol{k},t)}{\mathrm{d}t^2}+k^2 q(\boldsymbol{k},t)\right]\exp(\mathrm{i}\boldsymbol{k}\cdot\boldsymbol{r})\,\mathrm{d}^3\boldsymbol{k}=\Im(\boldsymbol{r},t) \tag{1.2.19c}$$

因此 $q(\boldsymbol{k},t)$ 满足的方程为

$$\frac{1}{c_0^2}\frac{\mathrm{d}^2 q(\boldsymbol{k},t)}{\mathrm{d}t^2}+k^2 q(\boldsymbol{k},t)=\Im(\boldsymbol{k},t) \tag{1.2.20a}$$

其中,$\Im(\boldsymbol{k},t)$ 为 $\Im(\boldsymbol{r},t)$ 的空间谱,有

$$\Im(\boldsymbol{k},t)=\frac{1}{(2\pi)^3}\int\Im(\boldsymbol{r},t)\exp(-\mathrm{i}\boldsymbol{k}\cdot\boldsymbol{r})\,\mathrm{d}V \tag{1.2.20b}$$

方程(1.2.20a)的特解(零初始条件)为

$$q(\boldsymbol{k},t)=\frac{c_0}{k}\int_0^t\Im(\boldsymbol{k},\tau)\sin[c_0 k(t-\tau)]\,\mathrm{d}\tau \tag{1.2.20c}$$

因此,将上式代入方程(1.2.19b)得到空间声场分布

$$p(\boldsymbol{r},t)=\int_0^\infty\int\Im(\boldsymbol{r}',\tau)\mathrm{H}(t-\tau)G(\boldsymbol{r}-\boldsymbol{r}',t-\tau)\,\mathrm{d}V'\mathrm{d}\tau \tag{1.2.21a}$$

其中,$\mathrm{H}(t-\tau)$ 为 Heaviside 函数. 在 $\boldsymbol{k}$ 空间有积分

$$\begin{aligned}G(\boldsymbol{r}-\boldsymbol{r}',t-\tau)&\equiv\frac{1}{(2\pi)^3}\int\frac{c_0\sin[c_0 k(t-\tau)]}{k}\exp[\mathrm{i}\boldsymbol{k}\cdot(\boldsymbol{r}-\boldsymbol{r}')]\,\mathrm{d}^3\boldsymbol{k}\\&=\frac{1}{4\pi|\boldsymbol{r}-\boldsymbol{r}'|}\delta\left[t-\left(\tau+\frac{|\boldsymbol{r}-\boldsymbol{r}'|}{c_0}\right)\right]\end{aligned} \tag{1.2.21b}$$

上式的物理意义很明显:$G(\boldsymbol{r}-\boldsymbol{r}',t-\tau)$ 表示位于 $\boldsymbol{r}'$ 的点源,在 τ 时刻发出一个 $\delta(t-\tau)$ 脉冲产生的声场,故满足方程

$$\frac{1}{c_0^2}\frac{\partial^2 G}{\partial t^2}-\nabla^2 G=\delta(\boldsymbol{r},\boldsymbol{r}')\delta(t-\tau) \tag{1.2.21c}$$

其中,$\delta(t)$ 是 Dirac δ 函数. 因此,称 $G(\boldsymbol{r}-\boldsymbol{r}',t-\tau)$ 为方程(1.2.19a)的**含时 Green 函数**. 把方程(1.2.21b)代入方程(1.2.21a)得到

$$p(\boldsymbol{r},t)=\frac{1}{4\pi}\int\frac{1}{|\boldsymbol{r}-\boldsymbol{r}'|}\Im\left(\boldsymbol{r}',t-\frac{|\boldsymbol{r}-\boldsymbol{r}'|}{c_0}\right)\mathrm{d}V' \tag{1.2.22}$$

上式表明:$\boldsymbol{r}$ 点、t 时刻的声场 $p(\boldsymbol{r},t)$ 来自于 $\boldsymbol{r}'$ 点较早时刻源的贡献,$t_R\equiv t-|\boldsymbol{r}-\boldsymbol{r}'|/c_0$ 称为**推迟时间**. 注意:三维含时 Green 函数的量纲为 $L^{-1}T^{-1}$.

频域 Green 函数 求方程(1.2.22)的 Fourier 变换,可以得到频域解

$$p(\boldsymbol{r},\omega)=\frac{1}{8\pi^2}\int\left[\int_{-\infty}^{\infty}\frac{1}{|\boldsymbol{r}-\boldsymbol{r}'|}\Im\left(\boldsymbol{r}',t-\frac{|\boldsymbol{r}-\boldsymbol{r}'|}{c_0}\right)\exp(\mathrm{i}\omega t)\,\mathrm{d}t\right]\mathrm{d}V' \tag{1.2.23a}$$

令 $t'=t-|\boldsymbol{r}-\boldsymbol{r}'|/c_0$,上式变成

$$p(\boldsymbol{r},\omega)=\int\Im(\boldsymbol{r}',\omega)\frac{\exp(\mathrm{i}k_0|\boldsymbol{r}-\boldsymbol{r}'|)}{4\pi|\boldsymbol{r}-\boldsymbol{r}'|}\mathrm{d}V' \tag{1.2.23b}$$

其中,$\Im(\boldsymbol{r}',\omega)$ 为频谱,有

$$\Im(\boldsymbol{r}',\omega)\equiv\frac{1}{2\pi}\int_{-\infty}^{\infty}\Im(\boldsymbol{r}',t')\exp(\mathrm{i}\omega t')\,\mathrm{d}t' \tag{1.2.23c}$$

当 $\Im(\boldsymbol{r}',\omega)=\delta(\boldsymbol{r}'-\boldsymbol{r}_0)$ 时,由方程(1.2.23b),有

$$p(\boldsymbol{r},\omega)=\frac{\exp(\mathrm{i}k_0|\boldsymbol{r}-\boldsymbol{r}_0|)}{4\pi|\boldsymbol{r}-\boldsymbol{r}_0|}\equiv g(|\boldsymbol{r}-\boldsymbol{r}_0|) \tag{1.2.24a}$$

显然,$g(|\boldsymbol{r}-\boldsymbol{r}_0|)$ 满足 Helmholtz 波动方程

$$\nabla^2 g+k_0^2 g=-\delta(\boldsymbol{r}-\boldsymbol{r}') \tag{1.2.24b}$$

故称 $g(|\boldsymbol{r}-\boldsymbol{r}_0|)$ 为**自由空间的单频 Green 函数**,或者简称为**频域 Green 函数**.

1.2.4 球面行波和 Weyl 公式

在球坐标 (r,θ,φ) 中,声波方程为

$$\nabla^2 p-\frac{1}{c_0^2}\frac{\partial^2 p}{\partial t^2}=0 \tag{1.2.25a}$$

其中,球坐标中 Laplace 算子为

$$\nabla^2\equiv\frac{1}{r^2}\frac{\partial}{\partial r}\left(r^2\frac{\partial}{\partial r}\right)+\frac{1}{r^2\sin\theta}\frac{\partial}{\partial\theta}\left(\sin\theta\frac{\partial}{\partial\theta}\right)+\frac{1}{r^2\sin^2\theta}\frac{\partial^2}{\partial\varphi^2} \tag{1.2.25b}$$

设 $p(r,\theta,\varphi,t)=p(r,t)$ 与极角 θ 和方位角 φ 无关(与极角和方位角有关的一般情况见 2.3 节讨论),方程(1.2.25a)简化为

$$\frac{1}{r^2}\frac{\partial}{\partial r}\left(r^2\frac{\partial p}{\partial r}\right)-\frac{1}{c_0^2}\frac{\partial^2 p}{\partial t^2}=0 \tag{1.2.26a}$$

令变换 $p(r,t)=\psi(r,t)/r$,代入上式得到一维波动方程

$$\frac{\partial^2\psi}{\partial r^2}-\frac{1}{c_0^2}\frac{\partial^2\psi}{\partial t^2}=0 \tag{1.2.26b}$$

故方程(1.2.26a)的行波解为

$$p(r,t)=\frac{1}{r}[f(r-c_0t)+g(r+c_0t)] \tag{1.2.26c}$$

显然,等值面方程为 $r\pm c_0t=$常量. 对固定的时间 $t_j(j=1,2,3,\cdots)$,$r=$常量$\mp c_0t_j$是三维空间一系列球面方程,故这样的波称为**球面波**. 当取"+"号时,球面半径随时间增加而变大,因此 $f(r-c_0t)/r$ 表示由原点向外传播的扩散波;反之,当取"−"号时,球面半径随时间增加而变小,故 $g(r+c_0t)/r$ 表示由远处向原点传播的会聚波.

单频球面行波 取 $p(r,t)$ 的形式

$$p(r,t)=\frac{A}{r}\exp\left[\mathrm{i}\frac{\omega}{c_0}(r\pm c_0t)\right]=\frac{A}{r}\exp[\mathrm{i}(k_0r\pm\omega t)] \tag{1.2.27a}$$

其中,A 是有量纲常量,$k_0=\omega/c_0$. 上式称为**单频球面波**. 流体元的速度为

$$\boldsymbol{v}(r,t)=\mp\frac{1}{\mathrm{i}\rho_0\omega}\frac{\partial p}{\partial r}\boldsymbol{e}_r=\mp\frac{1}{\rho_0c_0}\left(1+\frac{\mathrm{i}}{k_0r}\right)p(r,t)\boldsymbol{e}_r \tag{1.2.27b}$$

其中,$\boldsymbol{e}_r$为径向单位矢量. 可见,流体元速度只有径向分量,但速度与声压存在相位差,只有在远场,声压与速度同相.

声阻抗率 显然单频球面波的声阻抗率为

$$z_n=\frac{p(r,t)}{v_r(r,t)}=\mp\rho_0c_0\frac{k_0r}{k_0r+\mathrm{i}} \tag{1.2.28}$$

远场 $k_0r\gg1$,$z_n\approx\mp\rho_0c_0$,与平面波类似. 比较上式与方程(1.2.4b)可知,声阻抗率不仅与声波传播方向有关,而且与声波波型也有关.

能流矢量 声能流矢量为

$$\boldsymbol{I}=\mathrm{Re}(p)\mathrm{Re}(\boldsymbol{v})=\mp\frac{|A|^2}{\rho_0c_0r^2}\left\{\cos^2(k_0r\pm\omega t)-\frac{1}{2k_0r}\sin[2(k_0r\pm\omega t)]\right\}\boldsymbol{e}_r \tag{1.2.29a}$$

分两种情况讨论:① 远场 $k_0r\gg1$

$$\boldsymbol{I}\approx\mp\frac{|A|^2}{\rho_0c_0r^2}\cos^2(k_0r\pm\omega t)\boldsymbol{e}_r \tag{1.2.29b}$$

② 近场 $k_0r\ll1$

$$\boldsymbol{I}\approx\pm\frac{|A|^2}{\rho_0c_0r^2}\cdot\frac{1}{2k_0r}\sin[2(k_0r\pm\omega t)]\boldsymbol{e}_r \tag{1.2.29c}$$

由以上两式可看出:在远场,能流矢量存在直流项,其时间平均为

$$\bar{\boldsymbol{I}}\approx\mp\frac{|A|^2}{2\rho_0c_0r^2}\boldsymbol{e}_r=\mp\frac{p_{\mathrm{rms}}^2}{\rho_0c_0}\boldsymbol{e}_r \tag{1.2.29d}$$

其中,$p_{\mathrm{rms}}^2\equiv|A|/\sqrt{2}r$. 而对近场能流矢量作时间平均 $\bar{\boldsymbol{I}}\approx0$. 但是,如果直接对方程(1.2.29a)

作时间平均,远场和近场的平均能流矢量都由方程(1.2.29d)表示. 可见,方程(1.2.29a)右边第二项并不向外辐射声能量.

声功率 声强 $\bar{\boldsymbol{I}}$ 为单位时间内、通过单位面积的声能量. 因此,通过半径为 r 的球面 S 的声能量为

$$\overline{W}=\int_S \bar{\boldsymbol{I}}\cdot\boldsymbol{n}\mathrm{d}S\approx\mp\frac{|A|^2}{2\rho_0c_0}\int_0^{\pi}\sin\theta\mathrm{d}\theta\int_0^{2\pi}\mathrm{d}\varphi=\mp 4\pi\frac{|A|^2}{2\rho_0c_0}\tag{1.2.30}$$

称为**声功率**. 可见声功率与球面半径无关. 特别要注意的是:在球坐标中,面积元为 $\mathrm{d}S=r^2\sin\theta\mathrm{d}\theta\mathrm{d}\varphi$,出现半径 r 的平方,为了保证声功率与半径 r 无关,声压随距离必须是 $1/r$ 衰减的.

球面波用平面波展开 首先考虑简单的球面波

$$p(\boldsymbol{r},\omega)=\frac{1}{4\pi|\boldsymbol{r}|}\exp(\mathrm{i}k_0|\boldsymbol{r}|)\tag{1.2.31a}$$

由方程(1.2.24b)可知,$p(\boldsymbol{r},\omega)$ 在直角坐标中满足非齐次波动方程

$$\left(\frac{\partial^2}{\partial x^2}+\frac{\partial^2}{\partial y^2}+\frac{\partial^2}{\partial z^2}+k_0^2\right)p(x,y,z,\omega)=-\delta(x)\delta(y)\delta(z)\tag{1.2.31b}$$

为了把球面波用平面波展开,令上式的解为平面波展开形式

$$p(x,y,z,\omega)=\int_{-\infty}^{\infty}\int_{-\infty}^{\infty}A(k_x,k_y,z)\exp[\mathrm{i}(k_xx+k_yy)]\mathrm{d}k_x\mathrm{d}k_y\tag{1.2.32a}$$

代入方程(1.2.31b)得到

$$\begin{aligned}&\int_{-\infty}^{\infty}\int_{-\infty}^{\infty}\left\{[k_0^2-(k_x^2+k_y^2)]A(k_x,k_y,z)+\frac{\mathrm{d}^2A(k_x,k_y,z)}{\mathrm{d}z^2}\right\}\mathrm{e}^{\mathrm{i}(k_xx+k_yy)}\mathrm{d}k_x\mathrm{d}k_y\\&=-\frac{1}{(2\pi)^2}\int_{-\infty}^{\infty}\int_{-\infty}^{\infty}\mathrm{e}^{\mathrm{i}(k_xx+k_yy)}\mathrm{d}k_x\mathrm{d}k_y\delta(z)\end{aligned}\tag{1.2.32b}$$

故 $A(k_x,k_y,z)$ 满足的方程为

$$\frac{\mathrm{d}^2A(k_x,k_y,z)}{\mathrm{d}z^2}+\xi^2A(k_x,k_y,z)=-\frac{1}{(2\pi)^2}\delta(z)\tag{1.2.33a}$$

其中,$\xi\equiv\sqrt{k_0^2-(k_x^2+k_y^2)}$. 设上式的解可表示为

$$A(k_x,k_y,z)=\begin{cases}A\exp(+\mathrm{i}\xi z) & (z>0)\\ B\exp(-\mathrm{i}\xi z) & (z<0)\end{cases}\tag{1.2.33b}$$

显然,上式中 $z>0$ 为向上传播的平面波,而 $z<0$ 为向下传播的平面波. 决定系数 A 和 B 的连接条件为

$$\begin{aligned}&A(k_x,k_y,z)\big|_{z=0+}=A(k_x,k_y,z)\big|_{z=0-}\\&\left.\frac{\mathrm{d}A(k_x,k_y,z)}{\mathrm{d}z}\right|_{z=0+}-\left.\frac{\mathrm{d}A(k_x,k_y,z)}{\mathrm{d}z}\right|_{z=0-}=-\frac{1}{(2\pi)^2}\end{aligned}\tag{1.2.33c}$$

即 $A=B=\mathrm{i}/(8\pi^2\xi)$，代入方程(1.2.33b)，有

$$A(k_x,k_y,z)=\frac{\mathrm{i}}{8\pi^2\xi}\exp(\mathrm{i}\xi|z|) \tag{1.2.34a}$$

再代入方程(1.2.32a)，有

$$p(x,y,z,\omega)=\frac{\mathrm{i}}{8\pi^2}\int_{-\infty}^{\infty}\int_{-\infty}^{\infty}\frac{1}{\xi}\exp[\mathrm{i}(k_x x+k_y y+\xi|z|)]\mathrm{d}k_x\mathrm{d}k_y \tag{1.2.34b}$$

由方程(1.2.31b)解的唯一性，方程(1.2.31a)与上式右边应该相等，则有

$$\frac{\exp(\mathrm{i}k_0|\boldsymbol{r}|)}{4\pi|\boldsymbol{r}|}=\frac{\mathrm{i}}{8\pi^2}\int_{-\infty}^{\infty}\int_{-\infty}^{\infty}\frac{1}{\xi}\exp[\mathrm{i}(k_x x+k_y y+\xi|z|)]\mathrm{d}k_x\mathrm{d}k_y \tag{1.2.35a}$$

上式就是球面波用平面波展开的公式，称为 **Weyl 公式**. 当上式中点 (x,y,z) 到原点的距离 $|\boldsymbol{r}|=\sqrt{x^2+y^2+z^2}$ 改为任意两点 (x,y,z) 和 (x',y',z') 的距离 $|\boldsymbol{r}-\boldsymbol{r}'|$，展开式改为

$$\frac{\exp(\mathrm{i}k_0|\boldsymbol{r}-\boldsymbol{r}'|)}{4\pi|\boldsymbol{r}-\boldsymbol{r}'|}=\frac{\mathrm{i}}{8\pi^2}\iint\frac{1}{\xi}\mathrm{e}^{\mathrm{i}[\boldsymbol{k}_\rho\cdot(\boldsymbol{\rho}-\boldsymbol{\rho}')+\xi|z-z'|]}\mathrm{d}^2\boldsymbol{k}_\rho \tag{1.2.35b}$$

其中，$\boldsymbol{k}_\rho=(k_x,k_y)$，$\boldsymbol{\rho}=(x,y)$ 以及 $\boldsymbol{\rho}'=(x',y')$. 在第 2 章中，我们还将导出球面波用球函数和柱函数展开的公式，这些展开公式在讨论平面、球面和柱面界面的声反射或散射时非常有用.

1.2.5　柱面行波和二维 Green 函数

在柱坐标 (r,φ,z) 中，声波方程为

$$\left[\frac{1}{\rho}\frac{\partial}{\partial\rho}\left(\rho\frac{\partial}{\partial\rho}\right)+\frac{1}{\rho^2}\frac{\partial^2}{\partial\varphi^2}+\frac{\partial^2}{\partial z^2}\right]p-\frac{1}{c_0^2}\frac{\partial^2 p}{\partial t^2}=0 \tag{1.2.36a}$$

设 $p(\rho,\varphi,z,t)=p(\rho,t)$ 与方位角 φ 和 z 无关（与方位角 φ 和 z 有关的一般情况见 2.4 节讨论），上式简化为

$$\frac{1}{\rho}\frac{\partial}{\partial\rho}\left(\rho\frac{\partial p}{\partial\rho}\right)-\frac{1}{c_0^2}\frac{\partial^2 p}{\partial t^2}=0 \tag{1.2.36b}$$

因在柱坐标系中，柱面面元为 $\mathrm{d}S=\rho\mathrm{d}\varphi\mathrm{d}z$，由此提示我们，柱面波应该随 $1/\sqrt{\rho}$ 衰减. 为此作变换 $p(\rho,t)=\psi(\rho,t)/\sqrt{\rho}$ 代入上式得

$$\frac{\partial^2\psi}{\partial\rho^2}+\frac{1}{4\rho^{5/2}}\psi-\frac{1}{c_0^2}\frac{\partial^2\psi}{\partial t^2}=0 \tag{1.2.36c}$$

比较方程(1.2.26b)，上式要复杂得多，增加了一项变系数项. 因此，我们不可能得到如方程(1.2.26c)那样简单的柱面行波. 但是，在远场 $\rho\to\infty$，忽略上式中间一项得到

$$\frac{\partial^2\psi}{\partial\rho^2}-\frac{1}{c_0^2}\frac{\partial^2\psi}{\partial t^2}\approx 0 \tag{1.2.37a}$$

此时,存在简单的柱面行波

$$p(\rho,t)=\frac{\psi(\rho,t)}{\sqrt{\rho}}=\lim_{\rho\to\infty}\frac{1}{\sqrt{\rho}}[f(\rho-c_0t)+g(\rho+c_0t)] \tag{1.2.37b}$$

为何在二维情况下,近场(即 z 轴附近)不存在如上式所表示的简单行波解呢?事实上,球面行波解,即方程(1.2.26c)的第一项 $f(r-c_0t)/r$ 表示原点存在点源 $4\pi\delta(\boldsymbol{r})f(t)$ 时向外辐射的声波. 而在二维情况下,实际上是求 z 轴上存在无限长线源时向外辐射的声波,无限长线源可看成一系列点源的叠加. 显然,z 轴上位于 $(0,0,z)$ 处 $\mathrm{d}z$ 段源 $f(t)$ 在 Oxy 平面某点 $Q(x,y)$ 处产生的声场为

$$\mathrm{d}p=\frac{\mathrm{d}z}{\sqrt{\rho^2+z^2}}f(\sqrt{\rho^2+z^2}-c_0t) \tag{1.2.38a}$$

为了简单,设 $f(t)=B\delta(t)$(其中 B 为有量纲常量),代入上式得

$$p(\rho,t)=\int_{-\infty}^{\infty}\frac{B}{\sqrt{\rho^2+z^2}}\delta(\sqrt{\rho^2+z^2}-c_0t)\,\mathrm{d}z \tag{1.2.38b}$$

利用 Dirac δ 函数的性质

$$\delta[g(z)]=\sum_n\frac{1}{|g'(z_n)|}\delta(z-z_n) \tag{1.2.38c}$$

其中,z_n 是 $g(z)=0$ 的第 n 个实根. 当 $g(z)=\sqrt{\rho^2+z^2}-c_0t=0$ 时,只有两个根,它们为 $z_\pm=\pm\sqrt{c_0^2t^2-\rho^2}$. 当 $c_0t<\rho$ 时,方程 $g(z)=0$ 不存在实根,故式(1.2.38b)的积分为零;当 $c_0t>\rho$ 时,两个根 $z_\pm$ 为实的,不难求得式(1.2.38b)的积分. 于是有

$$p(\rho,t)=\begin{cases}\dfrac{2B/c_0}{\sqrt{t^2-\rho^2/c_0^2}} & (t>\rho/c_0)\\ 0 & (t<\rho/c_0)\end{cases} \tag{1.2.38d}$$

可见,上式完全不同于三维情况,即方程(1.2.21b)的情况.

二维 Green 函数 将上式乘以 $c_0/4\pi B$ 后就是二维含时 Green 函数

$$G_{2\mathrm{D}}(\boldsymbol{\rho},\boldsymbol{\rho}',t,\tau)=\begin{cases}\dfrac{1}{2\pi\sqrt{(t-\tau)^2-|\boldsymbol{\rho}-\boldsymbol{\rho}'|^2/c_0^2}} & (t-\tau>|\boldsymbol{\rho}-\boldsymbol{\rho}'|/c_0)\\ 0 & (t-\tau<|\boldsymbol{\rho}-\boldsymbol{\rho}'|/c_0)\end{cases} \tag{1.2.39}$$

上式与三维含时 Green 函数[即方程(1.2.21b)]不同的是:三维 Green 函数只有当 $t=\tau+|\boldsymbol{r}-\boldsymbol{r}'|/c_0$ 时,$\boldsymbol{r}$ 点的声场才不为零;而在二维情况,只要 $t>\tau+|\boldsymbol{\rho}-\boldsymbol{\rho}'|/c_0$ 后,声场就不为零,因为在二维情况下,点源实际上是三维情况下的线源,离 $\boldsymbol{r}$ 点最近的点源与其距离为 $|\boldsymbol{\rho}-$

$\boldsymbol{\rho}'|$，该点源产生的声波到达后，其他位置的点源产生的声波也不断到达 $\boldsymbol{r}$ 点. 二维频域的 Green 函数可由 $G_{2D}(\boldsymbol{\rho},\boldsymbol{\rho}',t,0)$ 的 Fourier 变换得到

$$
\begin{aligned}
g_{2D}(|\boldsymbol{\rho}-\boldsymbol{\rho}'|) &= \int_{-\infty}^{\infty} G_{2D}(\boldsymbol{\rho},\boldsymbol{\rho}',t,0)\mathrm{e}^{\mathrm{i}\omega t}\mathrm{d}t \\
&= \int_{|\boldsymbol{\rho}-\boldsymbol{\rho}'|/c_0}^{\infty} \frac{1}{2\pi\sqrt{t^2-|\boldsymbol{\rho}-\boldsymbol{\rho}'|^2/c_0^2}}\mathrm{e}^{\mathrm{i}\omega t}\mathrm{d}t
\end{aligned}
\tag{1.2.40a}
$$

完成以上积分得到(见参考书 11)

$$
g_{2D}(|\boldsymbol{\rho}-\boldsymbol{\rho}'|) = \frac{\mathrm{i}}{4}\mathrm{H}_0^{(1)}(k_0|\boldsymbol{\rho}-\boldsymbol{\rho}'|) \tag{1.2.40b}
$$

其中，$\mathrm{H}_0^{(1)}(x)$ 是第一类零阶 Hankel 函数.

单频柱面行波 在远场条件下，取 $p(\rho,t)$ 的形式为

$$
p(\rho,t) \approx \frac{C}{\sqrt{\rho}}\exp\left[\mathrm{i}\frac{\omega}{c_0}(\rho \pm c_0 t)\right] = \frac{C}{\sqrt{\rho}}\exp[\mathrm{i}(k_0\rho \pm \omega t)] \tag{1.2.41a}
$$

其中，C 为有量纲常量，$k_0=\omega/c_0$. 上式称为**单频柱面波**. 流体元的速度为

$$
\boldsymbol{v}(\rho,t) \approx \mp\frac{1}{\mathrm{i}\rho_0\omega}\frac{\partial p}{\partial\rho}\boldsymbol{e}_\rho \approx \mp\frac{1}{\rho_0 c_0}p(\rho,t)\boldsymbol{e}_\rho \tag{1.2.41b}
$$

其中，$\boldsymbol{e}_\rho$ 是径向单位矢量. 可见，在远场条件下，流体元速度只有径向分量.

声阻抗率 显然，单频柱面波的声阻抗率为(远场条件下)

$$
z_{\mathrm{n}} = \frac{p(\rho,t)}{v_\rho(\rho,t)} \approx \mp\rho_0 c_0 \tag{1.2.41c}
$$

即在远场条件下与平面波类似.

能流矢量 声能流矢量为

$$
\boldsymbol{I} = \mathrm{Re}(p)\mathrm{Re}(\boldsymbol{v}) \approx \mp\frac{|C|^2}{\rho_0 c_0 \rho}\cos^2(k_0\rho \pm \omega t)\boldsymbol{e}_\rho \tag{1.2.42a}
$$

时间平均为

$$
\overline{\boldsymbol{I}} \approx \mp\frac{|C|^2}{2\rho_0 c_0 \rho}\boldsymbol{e}_\rho = \mp\frac{p_{\mathrm{rms}}^2}{\rho_0 c_0}\boldsymbol{e}_\rho \tag{1.2.42b}
$$

其中，$p_{\mathrm{rms}} \equiv |C|/\sqrt{2\rho}$.

声功率 通过半径为 ρ、单位长度柱面 S 的声能量，即声功率 $\overline{W}$ 为

$$
\overline{W} = \int_S \overline{\boldsymbol{I}}\cdot\boldsymbol{n}\mathrm{d}S \approx \mp\frac{|C|^2}{2\rho_0 c_0}\int_0^{2\pi}\mathrm{d}\varphi = \mp 2\pi\frac{|C|^2}{2\rho_0 c_0} \tag{1.2.43}
$$

可见声功率与柱面半径无关. 同样要注意的是，在柱坐标中，面积元为 $\mathrm{d}S=\rho\mathrm{d}z\mathrm{d}\varphi$(对单位长度 $\mathrm{d}z=1$)，出现半径 ρ 的一次方，为了保证声功率与半径 ρ 无关，在远场条件下，声压随

距离必须是以 $1/\sqrt{\rho}$ 衰减的.

柱面波用平面波展开 与球坐标情况类似,首先考虑位于原点、沿 z 方向无限长的线源发出的声波

$$p(\boldsymbol{\rho},\omega)=g_{2D}(|\boldsymbol{\rho}|)=\frac{\mathrm{i}}{4}\mathrm{H}_0^{(1)}(k_0|\boldsymbol{\rho}|) \tag{1.2.44a}$$

在平面直角坐标内满足的非齐次波动方程为

$$\left(\frac{\partial^2}{\partial x^2}+\frac{\partial^2}{\partial y^2}+k_0^2\right)p(x,y,\omega)=-\delta(x)\delta(y) \tag{1.2.44b}$$

另一方面,用平面展开法,设上式的解为

$$p(x,y,\omega)=\int_{-\infty}^{\infty}\int_{-\infty}^{\infty}A(k_x,k_y,\omega)\exp[\mathrm{i}(k_x x+k_y y)]\mathrm{d}k_x\mathrm{d}k_y \tag{1.2.45a}$$

代入方程

$$\begin{aligned}&\int_{-\infty}^{\infty}\int_{-\infty}^{\infty}[k_0^2-(k_x^2+k_y^2)]A(k_x,k_y,\omega)\exp[\mathrm{i}(k_x x+k_y y)]\mathrm{d}k_x\mathrm{d}k_y\\&=-\frac{1}{(2\pi)^2}\int_{-\infty}^{\infty}\int_{-\infty}^{\infty}\exp[\mathrm{i}(k_x x+k_y y)]\mathrm{d}k_x\mathrm{d}k_y\end{aligned} \tag{1.2.45b}$$

因此,有

$$A(k_x,k_y,\omega)=-\frac{1}{(2\pi)^2}\cdot\frac{1}{k_0^2-(k_x^2+k_y^2)} \tag{1.2.45c}$$

代入方程(1.2.45a),得

$$p(x,y,\omega)=-\frac{1}{(2\pi)^2}\int_{-\infty}^{\infty}\int_{-\infty}^{\infty}\frac{\exp[\mathrm{i}(k_x x+k_y y)]}{k_0^2-(k_x^2+k_y^2)}\mathrm{d}k_x\mathrm{d}k_y \tag{1.2.46a}$$

由方程(1.2.44b)解的唯一性和方程(1.2.44a)得到

$$\mathrm{H}_0^{(1)}(k_0\rho)=\frac{\mathrm{i}}{\pi^2}\int_{-\infty}^{\infty}\int_{-\infty}^{\infty}\frac{\exp[\mathrm{i}(k_x x+k_y y)]}{k_0^2-(k_x^2+k_y^2)}\mathrm{d}k_x\mathrm{d}k_y \tag{1.2.46b}$$

上式就是用平面波展开的柱面波形式. 进一步,可以把上式的一个积分求出,如对 k_y 的积分,注意到

$$I(k_x)\equiv\int_{-\infty}^{\infty}\frac{\exp(\mathrm{i}k_y y)\,\mathrm{d}k_y}{(k_0^2-k_x^2)-k_y^2}=\frac{\pi}{\mathrm{i}}\cdot\frac{\exp(\mathrm{i}\gamma|y|)}{\gamma} \tag{1.2.47a}$$

其中,$\gamma=\sqrt{k_0^2-k_x^2}$. 方程(1.2.46b)变成

$$\mathrm{H}_0^{(1)}(k_0\rho)=\frac{1}{\pi}\int_{-\infty}^{\infty}\frac{\exp[\mathrm{i}(k_x x+\gamma|y|)]}{\gamma}\mathrm{d}k_x \tag{1.2.47b}$$

显然,当上式中点 (x,y) 到原点的距离 $\rho=\sqrt{x^2+y^2}$ 改为任意二点 (x,y) 和 (x',y') 的距离

$|\boldsymbol{\rho}-\boldsymbol{\rho}'|$时,展开式为

$$\mathrm{H}_0^{(1)}(k_0|\boldsymbol{\rho}-\boldsymbol{\rho}'|)=\frac{1}{\pi}\int_{-\infty}^{\infty}\frac{\exp\{\mathrm{i}[k_x(x-x')+\gamma|y-y'|]\}}{\gamma}\mathrm{d}k_x \tag{1.2.47c}$$

1.3 平面界面上声波的反射和透射

声波在传播途中遇到平面界面的反射是常见的情况. 所谓平面界面是指平面两侧的介质具有不同的声学特性,如空气与水的界面. 严格意义上的无限大平面是不存在的,满足以下条件的实际问题可近似为无限大平面的情况:① 只要反射物的横向(切向)几何线度比声波波长大得多;② 纵向(法向)几何线度远远小于声波波长,则这样的几何面可近似为平面. 当声波遇到平面界面时,一部分能量反射回来,而另一部分能量透射到平面的另一个侧面. 能量反射或透射的比率由平面两侧的声学性质决定. 必须指出的是,对单频的稳态声波,多层平面声学系统的反射和透射特性是由整个系统的特性决定的,与每一层介质的声阻抗率有关. 本节主要讨论稳态波在平面界面上的反射和透射,而实际上:① 得到单一频率的波是困难的;② 实验中,只有在管道中才能得到纯平面波(见第 4 章). 因此,我们将进一步讨论瞬态波和有限宽波束声波的反射和透射. 最后,在 1.3.5 小节中介绍近年发展起来的热点课题,即声人工表面结构和广义 Snell 定律.

1.3.1 介质平面上声波的反射和透射

如图 1.3.1 所示,设密度和声速分别为 ρ_0 和 c_0 的介质 0 与密度和声速分别为 ρ_1 和 c_1 的介质 1 由界面 $z=0$ 分开. 考虑一般的入射波 $p_i(x,y,z,\omega)$,设在参考平面 $z=z_0<0$ 上,入射波的分布已知为 $p_i(x,y,z_0,\omega)$,则由角谱展开方程(1.2.17b),有

$$p_i(x,y,z,\omega)=\iint p_i(k_x,k_y,z_0)\exp[\mathrm{i}(k_x x+k_y y+\beta_z^0|z-z_0|]\mathrm{d}k_x\mathrm{d}k_y \tag{1.3.1a}$$

其中,$p_i(k_x,k_y,z_0)$是 $p_i(x,y,z_0,\omega)$的角谱,有

$$p_i(k_x,k_y,z_0)=\frac{1}{(2\pi)^2}\iint p_i(x,y,z_0,\omega)\exp[-\mathrm{i}(k_x x+k_y y)]\mathrm{d}x\mathrm{d}y \tag{1.3.1b}$$

注意:在区域($z_0<z<0$)中,$|z-z_0|=z-z_0$,而在区域($-\infty<z<z_0$)中,$|z-z_0|=z_0-z$. 为了应用界面 $z=0$ 的边界条件,在区域($z_0<z<0$)中,取入射波为

$$p_i(x,y,z,\omega)=\iint p_i(k_x,k_y,z_0)\exp\{\mathrm{i}[k_x x+k_y y+\beta_z^0(z-z_0)]\}\mathrm{d}k_x\mathrm{d}k_y \tag{1.3.1c}$$

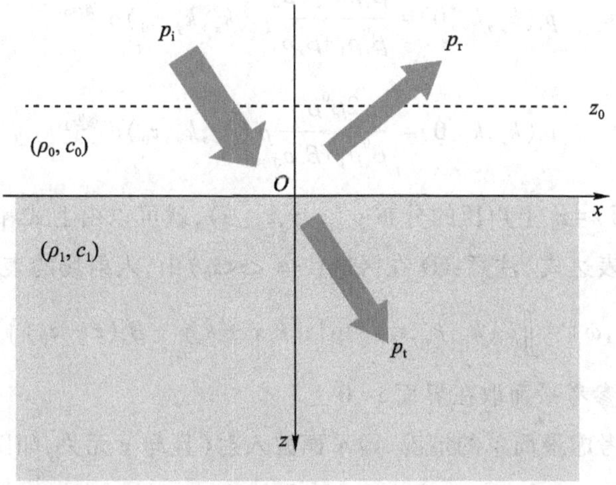

图 1.3.1　两种不同的介质,分界面为 $z=0$ 平面

设反射波和透射波在界面 $z=0$ 的分布分别为 $p_r(x,y,0,\omega)$ 和 $p_t(x,y,0,\omega)$,则反射波和透射波可分别表示成

$$p_r(x,y,z,\omega)=\iint p_r(k_x,k_y,0)\exp[i(k_x x+k_y y-\beta_z^0 z)]dk_x dk_y$$
$$p_t(x,y,z,\omega)=\iint p_t(k_x,k_y,0)\exp[i(k_x x+k_y y+\beta_z^1 z)]dk_x dk_y \tag{1.3.1d}$$

其中,$\beta_z^j=\sqrt{k_j^2-(k_x^2+k_y^2)}$ $(k_j=\omega/c_j,j=0,1)$,$p_r(k_x,k_y,0)$ 和 $p_t(k_x,k_y,0)$ 分别是 $p_r(x,y,0,\omega)$ 和 $p_t(x,y,0,\omega)$ 的角谱. 注意:$p_i(x,y,z_0,\omega)$ 是已知量,而 $p_r(x,y,0,\omega)$ 和 $p_t(x,y,0,\omega)$ 待求. 由方程(1.3.1c)和方程(1.3.1d)得到入射波、反射波和透射波沿 z 方向的速度分量为

$$v_{iz}(x,y,z,\omega)=\frac{1}{\rho_0\omega}\iint\beta_z^0 p_i(k_x,k_y,z_0)\exp\{i[k_x x+k_y y+\beta_z^0(z-z_0)]\}dk_x dk_y$$
$$v_{rz}(x,y,z,\omega)=-\frac{1}{\rho_0\omega}\iint\beta_z^0 p_r(k_x,k_y,0)\exp[i(k_x x+k_y y-\beta_z^0 z)]dk_x dk_y \tag{1.3.2a}$$
$$v_{tz}(x,y,z,\omega)=\frac{1}{\rho_1\omega}\iint\beta_z^1 p_t(k_x,k_y,0)\exp[i(k_x x+k_y y+\beta_z^1 z)]dk_x dk_y$$

由界面 $z=0$ 上的声压和法向速度连续得到

$$p_i(k_x,k_y,z_0)e^{-i\beta_z^0 z_0}+p_r(k_x,k_y,0)=p_t(k_x,k_y,0)$$
$$\frac{\beta_z^0}{\rho_0}[p_i(k_x,k_y,z_0)e^{-i\beta_z^0 z_0}-p_r(k_x,k_y,0)]=\frac{\beta_z^1}{\rho_1}p_t(k_x,k_y,0) \tag{1.3.2b}$$

于是,不难得到

$$p_r(k_x,k_y,0)=\frac{\beta_z^0\rho_1-\beta_z^1\rho_0}{\beta_z^0\rho_1+\beta_z^1\rho_0}p_i(k_x,k_y,z_0)\mathrm{e}^{-\mathrm{i}\beta_z^0 z_0}$$

$$p_t(k_x,k_y,0)=\frac{2\beta_z^0\rho_1}{\beta_z^0\rho_1+\beta_z^1\rho_0}p_i(k_x,k_y,z_0)\mathrm{e}^{-\mathrm{i}\beta_z^0 z_0} \tag{1.3.2c}$$

因此，一旦给出界面 $z=z_0$ 上声压的分布 $p_i(x,y,z_0,\omega)$，就可以由上式和方程(1.3.1d)求出反射波和透射波的表达式. 注意：① 在区域($-\infty<z<z_0$)中，入射场的表达式为

$$p_i(x,y,z,\omega)=\iint p_i(k_x,k_y,z_0)\exp\{\mathrm{i}[k_x x+k_y y-\beta_z^0(z-z_0)]\}\mathrm{d}k_x\mathrm{d}k_y \tag{1.3.2d}$$

② 一般取 $z_0=0$，即参考平面取在界面 $z=0$ 上.

平面波入射　考虑最简单的情况，即平面波入射(且与 y 无关，如图 1.3.2 所示)：

$$p_i(x,y,z,\omega)=p_{0i}\exp[\mathrm{i}k_0(x\sin\theta_i+z\cos\theta_i)] \tag{1.3.3a}$$

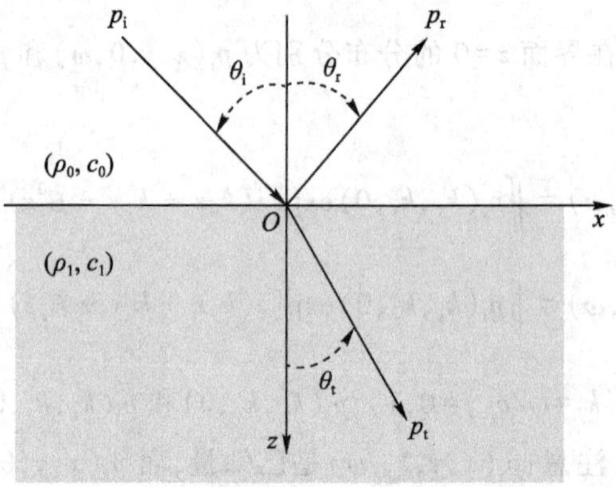

图 1.3.2　两种不同的介质，分界面为 $z=0$ 平面.

显然(取参考平面 $z_0=0$)有

$$p_i(k_x,k_y,0)=\frac{p_{0i}}{(2\pi)^2}\iint\exp(\mathrm{i}k_0x\sin\theta_i)\exp[-\mathrm{i}(k_x x+k_y y)]\mathrm{d}x\mathrm{d}y \tag{1.3.3b}$$

$$=p_{0i}\delta(k_x-k_0\sin\theta_i)\delta(k_y)$$

由方程(1.3.1d)和方程(1.3.2c)得到

$$p_r(x,y,z,\omega)=r_p p_{0i}\exp[\mathrm{i}k_0(x\sin\theta_i-z\cos\theta_i z)]$$

$$p_t(x,y,z,\omega)=t_p p_{0i}\exp\left[\mathrm{i}\left(k_0x\sin\theta_i+z\sqrt{k_1^2-k_0^2\sin^2\theta_i}\right)\right] \tag{1.3.3c}$$

式中，声压反射系数 r_p 和透射系数 t_p 分别为

$$r_p\equiv\frac{m\cos\theta_i-\sqrt{n^2-\sin^2\theta_i}}{m\cos\theta_i+\sqrt{n^2-\sin^2\theta_i}},\quad t_p\equiv\frac{2m\cos\theta_i}{m\cos\theta_i+\sqrt{n^2-\sin^2\theta_i}} \tag{1.3.3d}$$

其中，$m\equiv\rho_1/\rho_0$，$n\equiv c_0/c_1$(称为**折射率**). 如图 1.3.2 所示，引进反射角 θ_r 和透射角 θ_t，显然

有 **Snell** 定律

$$\theta_i = \theta_r, \quad \frac{\sin\theta_i}{c_0} = \frac{\sin\theta_t}{c_1} \tag{1.3.3e}$$

临界角 由于当 $0<\theta<\pi/2$ 时，$\sin\theta$ 是单调的增函数，由 Snell 定律可知，当 $c_0>c_1$ 时，入射角大于透射角：$\theta_i>\theta_t$；反之，当 $c_0<c_1$ 时，透射角大于入射角：$\theta_t>\theta_i$. 可以想象：当入射角从零度增加时，透射角也从零度增加而且保持大于入射角，当入射角增加到某一个角度时，透射角恰好为 $\theta_t=\pi/2$，这时的反射系数为 $r_p=1$，即发生全反射，这样的入射角称为**临界角**，临界角 θ_{ic} 满足：$\sin\theta_{ic}=c_0/c_1$. 由于 $k_{1z}\equiv k_1\cos\theta_t=0$，透射波 $p_t(x,y,z,\omega)=2p_{0i}\exp(ik_1x)$ 沿界面传播. 注意：以临界角入射时，声压透射系数 $t_p=2$，似乎是不合理的结果. 其实这一结果可以根据声波斜入射时界面的能量关系进行解释，不难证明，此时透射的声能量为零（见习题 1.15）.

当入射角从临界角 θ_{ic} 进一步增加时，$\sin\theta_i>c_0/c_1$ 或者 $(c_1/c_0)\sin\theta_i>1$，因此，透射波在 z 方向的波数

$$k_{1z}\equiv k_1\cos\theta_t=\pm k_1\sqrt{1-\sin^2\theta_t}=\pm ik_1\sqrt{\left(\frac{c_1}{c_0}\sin\theta_i\right)^2-1}\equiv\pm i\alpha_1 \tag{1.3.4a}$$

为虚数. 注意：上式中“±”号的选择原则是保证隐失波不发散. 透射系数为复数，有

$$t_p=\frac{2\rho_1c_1\cos\theta_i}{\rho_1c_1\cos\theta_i+i\rho_0c_0\sqrt{(c_1/c_0)^2\sin^2\theta_i-1}}\equiv|t_p|e^{i\varphi_t} \tag{1.3.4b}$$

其中，φ_t 是透射系数 t_p 的相角. 透射波声压场的实数形式为

$$\begin{aligned}p_t(x,z,t)&=|t_p|p_{0i}\mathrm{Re}\{e^{i\varphi_t}\exp[i(k_{1x}x+k_{1z}z-\omega t)]\}\\&=|t_p|p_{0i}e^{-\alpha_1z}\cos(k_{1x}x-\omega t+\varphi_t)\end{aligned} \tag{1.3.4c}$$

其中，$k_{1x}=k_0\sin\theta_i$ 为 x 方向的波数（与入射波相同），上式已假定入射声压的振幅 p_{0i} 为实数（不失一般性）. 故此时的透射波为 z 方向的隐失波，相应的速度场为

$$\begin{aligned}v_{tx}(x,z,t)&=-\frac{1}{\rho_1}\int\frac{\partial p_t(x,z,t)}{\partial x}dt=\frac{k_{1x}}{\rho_1\omega}|t_p|p_{0i}e^{-\alpha_1z}\cos(k_{1x}x-\omega t+\varphi_t)\\v_{tz}(x,z,t)&=-\frac{1}{\rho_1}\int\frac{\partial p_t(x,z,t)}{\partial z}dt=-\frac{\alpha_1}{\rho_1\omega}|t_p|p_{0i}e^{-\alpha_1z}\sin(k_{1x}x-\omega t+\varphi_t)\end{aligned} \tag{1.3.4d}$$

可见，质点运动的轨迹为一个椭圆，其长、短轴随 z 指数衰减（如图 1.3.3 所示），由上式，透射波在 x 方向的相速度为 $c_p=\omega/k_{1x}=c_0/\sin\theta_i>c_0$. 此时 $k_{1x}=\sqrt{k_1^2-k_{1z}^2}=\sqrt{k_1^2+\alpha_1^2}>k_1$，$c_p<\omega/k_1=c_1$，故 $c_0<c_p<c_1$. 透射的隐失波能流矢量为

$$\boldsymbol{I}_t=p_tv_{tx}\boldsymbol{e}_x+p_tv_{tz}\boldsymbol{e}_z=\frac{|t_p|^2p_{0i}^2}{\rho_1\omega}e^{-2\alpha_1z}\left[\boldsymbol{e}_xk_{1x}\cos^2\Phi-\boldsymbol{e}_z\frac{\alpha_1}{2}\sin(2\Phi)\right] \tag{1.3.5a}$$

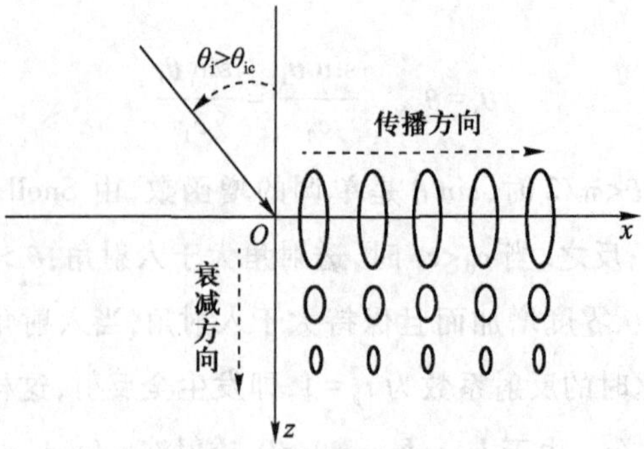

图 1.3.3　入射角大于临界角时，透射波为隐失波

其中，为了方便定义 $\Phi\equiv k_{1x}x-\omega t+\varphi_t$. 故平均能流只有 x 方向分量

$$\bar{\boldsymbol{I}}_t=k_{1x}\frac{|t_p|^2p_{0i}^2}{2\rho_1\omega}e^{-2\alpha_1 z}\boldsymbol{e}_x \tag{1.3.5b}$$

隐失波的能量密度为

$$\varepsilon_t=\frac{1}{2}\rho_1 v_t^2+\frac{1}{2}\frac{p_t^2}{\rho_1 c_1^2}=\frac{1}{2\rho_1}|t_p|^2p_{0i}^2e^{-2\alpha_1 z}\times\left[\left(\frac{k_{1x}^2}{\omega^2}+\frac{1}{c_1^2}\right)\cos^2\Phi+\frac{\alpha_1^2}{\omega^2}\sin^2\Phi\right] \tag{1.3.5c}$$

平均能量密度为

$$\bar{\varepsilon}_t=\frac{|t_p|^2p_{0i}^2}{4\rho_1\omega^2}e^{-2\alpha_1 z}(k_1^2+k_{1x}^2+\alpha_1^2)=\frac{k_{1x}^2|t_p|^2p_{0i}^2}{2\rho_1\omega^2}e^{-2\alpha_1 z} \tag{1.3.5d}$$

因此，由方程(1.3.5b)和上式得到能流速度 $\boldsymbol{c}_g=\bar{\boldsymbol{I}}_t/\bar{\varepsilon}_t=(\omega/k_{1x})\boldsymbol{e}_x=(c_0/\sin\theta_i)\boldsymbol{e}_x$，可见隐失波的能流速度等于相速度.

1.3.2　Gauss 束的反射和包络位移

入射波　设入射到界面($z=0$)的稳态波有一定的宽度，如图 1.3.4 所示，我们用包络函数 $\Phi_i(x,z)$ 来描述(为了简单，仍然设问题与 y 轴无关)：

$$p_i(x,y,z,\omega)=\Phi_i(x,z)\exp[ik_0(x\sin\theta_0+z\cos\theta_0)] \tag{1.3.6a}$$

注意：包络函数 $\Phi_i(x,z)$ 的选择不是任意的，一定要保证 $p_i(x,y,z,\omega)$ 满足 Helmholtz 方程. 在参考界面 $z=0$ 上，入射场为 $p_i(x,y,0,\omega)=\Phi_i(x,0)\exp(ik_0x\sin\theta_0)$，选择包络函数 $\Phi_i(x,0)$ 为 Gauss 函数，有

$$\Phi_i(x,0)=p_{0i}\exp(-W^2x^2) \tag{1.3.6b}$$

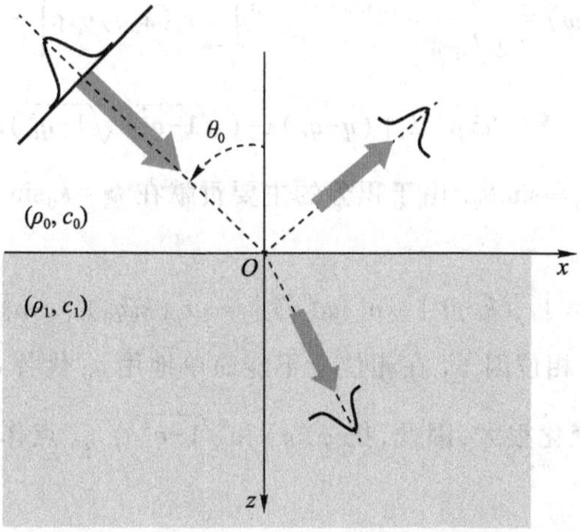

图 1.3.4　入射 Gauss 束的反射和透射

其中,常量 W 表征 Gauss 束的宽度,例如,当 $W\to 0$ 时,方程(1.3.7a)表示 θ_0 方向入射的平面波. 注意:尽管包络函数 $\Phi_i(x,z)$ 的选择不是任意的,但 $\Phi_i(x,0)$ 的选择有一定的任意性. 因此,在界面 $z=0$ 上,入射波的角谱为

$$\begin{aligned} p_i(k_x,k_y,0) &= \frac{1}{(2\pi)^2}\iint \Phi_i(x,0)\exp(ik_0 x\sin\theta_0)\exp[-i(k_x x+k_y y)]\,dx\,dy \\ &= \frac{p_{0i}}{2\sqrt{\pi}W}\exp\left[-\frac{(k_x-k_0\sin\theta_0)^2}{4W^2}\right]\delta(k_y) \end{aligned} \tag{1.3.7}$$

把上式代入方程(1.3.1a)和方程(1.3.1d)的第一式得到入射波和反射波分别为

$$\begin{aligned} p_i(x,y,z,\omega) &= \frac{p_{0i}}{2\sqrt{\pi}W}\int_{-\infty}^{\infty}\exp\left[-\frac{(k_x-k_0\sin\theta_0)^2}{4W^2}\right] \\ &\quad\times\exp[i(k_x x+\sqrt{k_0^2-k_x^2}\,z)]\,dk_x \\ p_r(x,y,z,\omega) &= \frac{p_{0i}}{2\sqrt{\pi}W}\int_{-\infty}^{\infty} r_p(k_x)\exp\left[-\frac{(k_x-k_0\sin\theta_0)^2}{4W^2}\right] \\ &\quad\times\exp[i(k_x x-\sqrt{k_0^2-k_x^2}\,z)]\,dk_x \end{aligned} \tag{1.3.8a}$$

其中,取参考平面 $z_0=0$,反射系数为

$$r_p(k_x)=\frac{m\sqrt{k_0^2-k_x^2}-\sqrt{k_1^2-k_x^2}}{m\sqrt{k_0^2-k_x^2}+\sqrt{k_1^2-k_x^2}} \tag{1.3.8b}$$

反射波的包络位移　严格求出方程(1.3.8a)中的积分很困难,但对 Gauss 束,积分的主要贡献在 $k_x=k_0\sin\theta_0$ 附近,为此把反射波乘以和除以相同的传播因子 $e^{ik_0(x\sin\theta_0-z\cos\theta_0)}$ 后,改写成

$$p_{\mathrm{r}}(x,y,z,\omega)=\frac{p_{0\mathrm{i}}k_0}{2\sqrt{\pi}W}\mathrm{e}^{\mathrm{i}k_0(x\sin\theta_0-z\cos\theta_0)}\int_{-\infty}^{\infty}r_p(k_0q)\exp\left[-\frac{k_0^2(q-q_0)^2}{4W^2}\right]\tag{1.3.9a}$$

$$\times\exp\{\mathrm{i}k_0[(q-q_0)x-(\sqrt{1-q^2}-\sqrt{1-q_0^2})z]\}\mathrm{d}q$$

其中,已令 $k_x\equiv k_0q$ 和 $q_0\equiv\sin\theta_0$. 由于积分的主要贡献在 $k_x=k_0\sin\theta_0$ 附近,积分中因子近似为

$$r_p(k_0q)\equiv|r_p(k_0q)|\exp[\mathrm{i}\varphi(q)]\approx|r_p(k_0q_0)|\exp[\mathrm{i}\varphi(q)]\tag{1.3.9b}$$

其中,$\varphi(q)$ 是 $r_p(k_0q)$ 的相位因子. 在相位上不能简单地用 q_0 代替 q,因为尽管 q 只有小的变化,但相位 k_0q 可能变化很大,因此,把 $\varphi(q)$ 和 $\sqrt{1-q^2}$ 在 q_0 点作展开,并取级数的前两项得到

$$\begin{aligned}&\varphi(q)\approx\varphi(q_0)+\varphi'(q_0)(q-q_0)+\cdots\\&\sqrt{1-q^2}\approx\sqrt{1-q_0^2}-\tan\theta_0(q-q_0)+\cdots\end{aligned}\tag{1.3.9c}$$

于是,方程(1.3.9a)近似为

$$p_{\mathrm{r}}(x,y,z,\omega)\approx\frac{p_{0\mathrm{i}}k_0|r_p(k_0q_0)|}{2\sqrt{\pi}W}\mathrm{e}^{\mathrm{i}k_0(x\sin\theta_0-z\cos\theta_0)}\int_{-\infty}^{\infty}\exp\left[-\frac{k_0^2(q-q_0)^2}{4W^2}\right]\tag{1.3.10a}$$

$$\times\exp\left\{\mathrm{i}k_0(q-q_0)\left[x+\frac{\varphi'(q_0)}{k_0}+z\tan\theta_0\right]\right\}\mathrm{d}q$$

由上式不难得到界面($z=0$)上的反射波分布为

$$p_{\mathrm{r}}(x,y,0,\omega)\approx p_{0\mathrm{i}}|r_p(k_0q_0)|\mathrm{e}^{\mathrm{i}k_0x\sin\theta_0}\exp\left\{-W^2\left[x+\frac{\varphi'(q_0)}{k_0}\right]^2\right\}\tag{1.3.10b}$$

而入射场分布为:$p_{\mathrm{i}}(x,y,0,\omega)=p_{0\mathrm{i}}\exp(-W^2x^2)\exp(\mathrm{i}k_0x\sin\theta_0)$. 显然,反射波包络仍然为 Gauss 函数,而且与入射波形状相同,但反射波包络有一个位移:

$$\Delta(\theta_0)\equiv-\frac{1}{k_0}\frac{\mathrm{d}\varphi}{\mathrm{d}q}\bigg|_{q=q_0}=-\frac{1}{k_0\cos\theta_0}\frac{\mathrm{d}\varphi}{\mathrm{d}\theta}\bigg|_{\theta=\theta_0}\tag{1.3.10c}$$

值得指出的是,当入射角 θ_0 小于临界角时,反射系数是实数,即 $\varphi(q)=0$,故包络位移为零,只有当入射角 θ_0 大于临界角时,才有包络位移. 对透射波,讨论与上述类似(见参考书 11).

1.3.3 球面波的反射和侧面波

如图 1.3.5 所示,设入射波由位于 z 轴上 $\boldsymbol{r}_S=(0,0,-l)$ ($l>0$) 的点声源 S 产生,由方程(1.2.35b)可知,入射波为

$$p_{\rm i}(x,y,z,\omega)=A\frac{\exp(\mathrm{i}k_0|\boldsymbol{r}-\boldsymbol{r}_S|)}{4\pi|\boldsymbol{r}-\boldsymbol{r}_S|}=\frac{\mathrm{i}A}{8\pi^2}\iint\frac{1}{\beta_z^0}\mathrm{e}^{\mathrm{i}[k_xx+k_yy+\beta_z^0|z+l|]}\mathrm{d}k_x\mathrm{d}k_y \quad (1.3.11\mathrm{a})$$

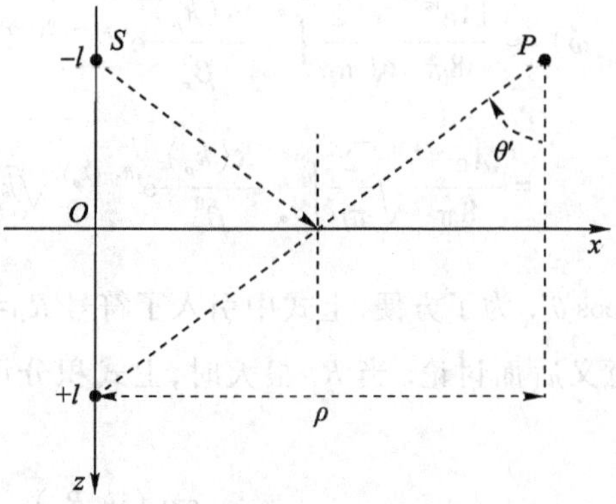

图 1.3.5　平面前点声源位于 z 轴

其中，A 为有量纲常量. 显然，在参考平面 $z=0$ 上，入射波的角谱为

$$p_{\rm i}(k_x,k_y,0)=\frac{\mathrm{i}A}{8\pi^2\beta_z^0}\exp(\mathrm{i}\beta_z^0 l) \quad (1.3.11\mathrm{b})$$

由方程(1.3.2c)可以得到反射波和透射波的角谱，下面仅讨论反射波：

$$p_{\rm r}(k_x,k_y,0)=\frac{\mathrm{i}A}{8\pi^2}\frac{R(k_x,k_y)}{\beta_z^0}\exp(\mathrm{i}\beta_z^0 l) \quad (1.3.11\mathrm{c})$$

其中，为了方便，定义

$$R(k_x,k_y)\equiv\frac{\beta_z^0\rho_1-\beta_z^1\rho_0}{\beta_z^0\rho_1+\beta_z^1\rho_0} \quad (1.3.11\mathrm{d})$$

将方程(1.3.11c)代入方程(1.3.1d)的第一式得到反射波为

$$p_{\rm r}(x,y,z,\omega)=\frac{\mathrm{i}A}{8\pi^2}\iint\frac{R(k_x,k_y)}{\beta_z^0}\cdot\exp[\mathrm{i}(k_xx+k_yy+\beta_z^0(l-z))]\mathrm{d}k_x\mathrm{d}k_y \quad (1.3.12\mathrm{a})$$

由于点声源位于 z 轴上，声场关于 z 轴对称，在柱坐标中讨论更方便，反射场可以表示为

$$p_{\rm r}(\rho,z,\omega)=\frac{\mathrm{i}A}{8\pi^2}\int_0^\infty\frac{R(k_\rho)}{\beta_z^0}\mathrm{e}^{\mathrm{i}\beta_z^0(l-z)}k_\rho\mathrm{d}k_\rho\cdot\int_0^{2\pi}\mathrm{e}^{\mathrm{i}k_\rho\rho\cos(\varphi-\varphi_k)}\mathrm{d}\varphi_k \quad (1.3.12\mathrm{b})$$

注意：在柱坐标中，$\beta_z^j=\sqrt{k_j^2-k_\rho^2}$，$R(k_x,k_y)$ 仅是 k_ρ 的函数，故用 $R(k_\rho)$ 表示. 利用 Bessel 函数的积分关系和函数关系 $2\mathrm{J}_0(\lambda\rho)=\mathrm{H}_0^{(1)}(\lambda\rho)-\mathrm{H}_0^{(1)}(\lambda\rho\mathrm{e}^{\mathrm{i}\pi})$，方程(1.3.12b)简化为

$$p_{\rm r}(\rho,z,\omega)=\frac{\mathrm{i}A}{8\pi}\int_{-\infty}^{\infty}\frac{R(k_\rho)}{\beta_z^0}\mathrm{e}^{\mathrm{i}\beta_z^0(l-z)}\mathrm{H}_0^{(1)}(k_\rho\rho)k_\rho\mathrm{d}k_\rho \quad (1.3.12\mathrm{c})$$

完成上式中的积分比较困难，只有在远场近似下，才能得到比较简单的解析形式.

远场近似 在远场近似下，利用 $\mathrm{H}_0^{(1)}(k_\rho\rho)$ 的渐近展开公式，上式近似为

$$
\begin{aligned}
p_{\mathrm{r}}(\rho,z,\omega) &\approx \frac{\mathrm{i}A\mathrm{e}^{\mathrm{i}\pi/4}}{8\pi}\sqrt{\frac{2}{\pi\rho}}\int_{-\infty}^{\infty}\frac{R(k_\rho)}{\beta_z^0}\mathrm{e}^{\mathrm{i}[k_\rho\rho+\beta_z^0(l-z)]}\sqrt{k_\rho}\,\mathrm{d}k_\rho \\
&= \frac{\mathrm{i}A\mathrm{e}^{\mathrm{i}\pi/4}}{8\pi}\sqrt{\frac{2}{\pi\rho}}\int_{-\infty}^{\infty}\frac{R(k_\rho)}{\beta_z^0}\mathrm{e}^{\mathrm{i}R_1g(k_\rho)}\sqrt{k_\rho}\,\mathrm{d}k_\rho
\end{aligned} \tag{1.3.13a}
$$

其中，$g(k_\rho)\equiv k_\rho\sin\theta'+\beta_z^0\cos\theta'$. 为了方便，上式中引入了符号 $R_1=\sqrt{\rho^2+(l-z)^2}$，$\rho=R_1\sin\theta'$ 和 $l-z=R_1\cos\theta'$，其几何意义后面讨论. 当 R_1 很大时，上式积分可用驻相法完成（见参考书 11），有

$$
p_{\mathrm{r}}(\rho,z,\omega)\approx AR(k_0\sin\theta')\frac{\exp(\mathrm{i}k_0R_1)}{4\pi R_1} \tag{1.3.13b}
$$

其中，为了方便，定义

$$
R(k_0\sin\theta')\equiv\frac{(\rho_1/\rho_0)\cos\theta'-\sqrt{c_0^2/c_1^2-\sin^2\theta'}}{(\rho_1/\rho_0)\cos\theta'+\sqrt{c_0^2/c_1^2-\sin^2\theta'}} \tag{1.3.13c}
$$

对刚性边界条件 $\rho_1/\rho_0\to\infty$，上式近似为 $R(k_0\sin\theta')=1$；对压力释放边界条件 $c_0^2/c_1^2\to\infty$，则 $R(k_0\sin\theta')=-1$. 下面分析 R_1 和 θ' 的意义：显然，R_1 是观察点 $P(\rho,z)$（注意：$z<0$，$l-z>0$）到镜像源点 $(0,0,l)$ 的距离，如图 1.3.5 所示，θ' 为镜像点到观察点连线与 z 轴的夹角. 因此，在远场近似下，$p_{\mathrm{r}}(\rho,z,\omega)$ 实际上是声波在界面上的镜面反射，而 $R(k_0\sin\theta')$ 是反射系数.

侧面波（lateral wave） 当 $c_1>c_0$ 时，如图 1.3.6 所示，接收点 P 不仅接收到由界面上反射来的声波（当然还有由声源 S 直达 P 点的声波），而且还接收到沿路径 $SA-AB-BP$（其中 A 点和 B 点接近平面，但在下半平面介质中）传播的"**侧面波**". 我们首先讨论其形成的机理：由方程(1.2.35b)可知，球面波可分解成不同方向平面波的叠加（称为球面波分解），其中必定包含入射角大于和等于临界角 θ_c 的平面波，这部分平面波引起的透射波为 z 方向的隐失波，沿界面传播. 隐失波在沿界面传播过程中又以临界角 θ_c 折回平面上方介质，到达接收点 P，从而形成所谓"侧面波". 侧面波的存在已得到实验的证明，并且得到了实用，例如在石油勘探技术中通过测量侧面波的声速来探测油井壁的地质特性.

侧面波的形成也可以用几何声学中的 Fermat 原理（见第 7 章）得到解释，由 Fermat 原理，声线由 S 点发出经平面上 Q 点反射而到达 P 点是最捷路径，从而得到反射定律. 然而，当 $c_1>c_0$ 时，还有一条最捷路径：声波按临界角 $\theta_A\equiv\theta_c$ 入射界面 A 点，进入下半平面后以更高的声速 c_1 沿界面传播到达 B 点，在 B 点又以与界面法向成 $\theta_P\equiv\theta_c$ 的角度传播到 P 点. 尽管路径 SA—AB—BP 比 SQP（经平面反射）的路径更长，但传播时间却更短. 在脉冲

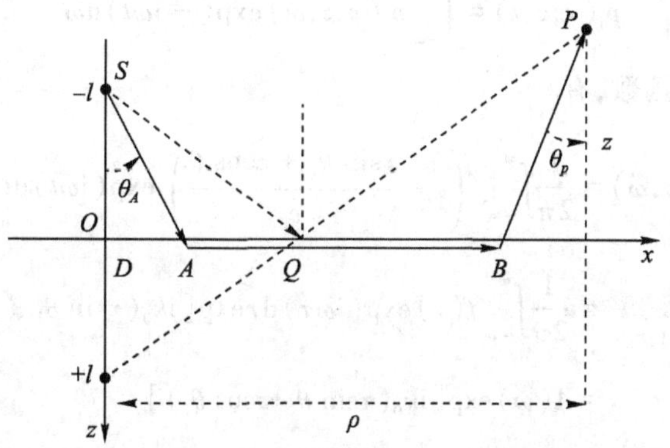

图 1.3.6　平面前点源的反射:侧面波

波情况下,侧面波要比通常的反射波更早到达接收点. 如果$\rho \gg (z+l)$,侧面波不仅早于反射波甚至早于直达波(传播路径为 SP)到达接收点,故称为"头波"或者"首波"(head wave). 关于侧面波的具体计算见参考书 11,这里仅指出其基本性质:① 侧面波只有在距声源不很远处才需要考虑;② 在 D 点到 A 点间(见图 1.3.6),分解的平面波入射方向小于临界角 θ_c,属于正常的透射波,不存在侧面波,亦即在距离声源很近处,没有侧面波;③ 侧面波振幅正比于 $1/\omega$,故侧面波在高频时很小,而直达波和镜面反射波与频率无关. 下面来证明 $\theta_A=\theta_P=\theta_c$ 确实成立. 设 A 点、B 点和 P 点的坐标分别为$(x_A,0)$、$(x_B,0)$和(x_P,z_P),声线沿路径 $SA—AB—BP$ 的时间为

$$T \equiv \frac{\sqrt{x_A^2+l^2}}{c_0}+\frac{x_B-x_A}{c_1}+\frac{\sqrt{(x_P-x_B)^2+z_P^2}}{c_0} \tag{1.3.14a}$$

由 Fermat 原理,A 点和 B 点的坐标必须使 T 极小,即

$$\frac{\partial T}{\partial x_A}=\frac{x_A}{c_0\sqrt{x_A^2+l^2}}-\frac{1}{c_1}=0$$
$$\frac{\partial T}{\partial x_B}=\frac{1}{c_1}-\frac{x_P-x_B}{c_0\sqrt{(x_P-x_B)^2+z_P^2}}=0 \tag{1.3.14b}$$

由图 1.3.6 所示的几何关系,显然 $\sin\theta_A=c_0/c_1$ 和 $\sin\theta_P=c_0/c_1$,即 $\theta_A=\theta_P=\theta_c$.

1.3.4　瞬态平面波的反射和透射

如图 1.3.2 所示,设入射波是瞬态平面波(为了简单,仍然设问题与 y 轴无关):

$$p_i(x,z,t)=f\left(t-\frac{x\sin\theta_i+z\cos\theta_i}{c_0}\right) \tag{1.3.15a}$$

利用 Fourier 变换,上式可展开为稳态平面波的积分:

$$p_i(x,z,t)=\int_{-\infty}^{\infty}p_i(x,z,\omega)\exp(-i\omega t)d\omega \tag{1.3.15b}$$

式中，$p_i(x,z,\omega)$为谱函数，有

$$\begin{aligned}p_i(x,z,\omega)&=\frac{1}{2\pi}\int_{-\infty}^{\infty}f\left(t-\frac{x\sin\theta_i+z\cos\theta_i}{c_0}\right)\exp(i\omega t)dt\\&=\frac{1}{2\pi}\int_{-\infty}^{\infty}f(\tau)\exp(i\omega\tau)d\tau\exp[ik_0(x\sin\theta_i+z\cos\theta_i)]\\&=A(\omega)\exp[ik_0(x\sin\theta_i+z\cos\theta_i)]\end{aligned} \tag{1.3.15c}$$

其中，为了方便，定义

$$A(\omega)\equiv\frac{1}{2\pi}\int_{-\infty}^{\infty}f(\tau)\exp(i\omega\tau)d\tau \tag{1.3.15d}$$

把方程(1.3.15c)代入方程(1.3.15b)，入射脉冲可表示为

$$p_i(x,z,t)=\int_{-\infty}^{\infty}A(\omega)\exp\left[i\frac{\omega}{c_0}(x\sin\theta_i+z\cos\theta_i)\right]\exp(-i\omega t)d\omega \tag{1.3.16a}$$

必须注意的是：Fourier 积分的基函数 $\exp(-i\omega t)$的完备性要求包括负频率部分，但是负的频率没有物理意义，上式通过积分变换得到

$$\begin{aligned}p_i(x,z,t)=&\left\{\int_0^{\infty}A^*(-\omega)\exp\left[i\frac{\omega}{c_0}(x\sin\theta_i+z\cos\theta_i)\right]\exp(-i\omega t)d\omega\right\}^*\\&+\int_0^{\infty}A(\omega)\exp\left[i\frac{\omega}{c_0}(x\sin\theta_i+z\cos\theta_i)\right]\exp(-i\omega t)d\omega\end{aligned} \tag{1.3.16b}$$

为了保证 $p_i(x,z,t)$是实数，要求满足：$A(\omega)=A^*(-\omega)$（即实部是偶函数，虚部是奇函数）. 于是，有

$$p_i(x,z,t)=2\mathrm{Re}\int_0^{\infty}A(\omega)\exp\left[i\frac{\omega}{c_0}(x\sin\theta_i+z\cos\theta_i)\right]\exp(-i\omega t)d\omega \tag{1.3.16c}$$

显然，方程(1.3.16a)表示一系列不同频率、由相同方向(θ_i)入射的稳态平面波的叠加. 由方程(1.3.3c)可知，相应的反射波和透射波分别为

$$\begin{aligned}p_r(x,z,t)&=\int_{-\infty}^{\infty}B(\omega)\exp\left[i\frac{\omega}{c_0}(x\sin\theta_i-z\cos\theta_i)\right]\exp(-i\omega t)d\omega\\p_t(x,z,t)&=\int_{-\infty}^{\infty}C(\omega)\exp\left[i\frac{\omega}{c_1}(x\sin\theta_i+z\cos\theta_i)\right]\exp(-i\omega t)d\omega\end{aligned} \tag{1.3.17a}$$

其中，反射波和透射波振幅分别为

$$B(\omega)=r_pA(\omega),\quad C(\omega)=t_pA(\omega) \tag{1.3.17b}$$

反射系数 r_p 和透射系数 t_p 由方程(1.3.3d)决定. 同样,为了保证 $p_r(x,z,t)$ 和 $p_t(x,z,t)$ 是实数,$B(\omega)$ 和 $C(\omega)$ 也必须满足条件:$B(\omega)=B^*(-\omega)$ 以及 $C(\omega)=C^*(-\omega)$(即实部是偶函数,虚部是奇函数). 具体分两种情况讨论.

入射角小于临界角 当入射角 θ_i 小于临界角 $\theta_{ic}=\arcsin(c_0/c_1)$ 时(临界角不存在时也相当于这种情况),反射系数 r_p 和透射系数 t_p 都是实常量,若 $A(\omega)=A^*(-\omega)$,必定有 $B(\omega)=B^*(-\omega)$ 以及 $C(\omega)=C^*(-\omega)$. 因为 r_p 和 t_p 与频率无关(一个界面情况,如果存在两个界面,反射和透射系数与频率的关系较复杂),可以移出方程(1.3.16a)中的积分号,于是有

$$p_r(x,z,t)=r_p f\left(t-\frac{x\sin\theta_i-z\cos\theta_i}{c_0}\right)$$
$$p_t(x,z,t)=t_p f\left(t-\frac{x\sin\theta_i+z\cos\theta_i}{c_1}\right) \tag{1.3.18a}$$

可见:当入射角 θ_i 小于临界角时(或者不存在临界角时),反射波和透射波相当简单,而且保持入射波的波形.

入射角大于临界角 当入射角 θ_i 大于临界角 $\theta_{ic}=\arcsin(c_0/c_1)$ 时,由方程(1.3.3d)可知

$$r_p=\frac{\rho_1c_1\cos\theta_i-\mathrm{i}\rho_0c_0\sqrt{[(c_1/c_0)\sin\theta_i]^2-1}}{\rho_1c_1\cos\theta_i+\mathrm{i}\rho_0c_0\sqrt{[(c_1/c_0)\sin\theta_i]^2-1}}\equiv a+\mathrm{i}b \tag{1.3.18b}$$

其中,为了方便,定义了

$$a\equiv\frac{m^2\cos^2\theta_i-s^2}{m^2\cos^2\theta_i+s^2},\quad b\equiv-\frac{2ms\cos\theta_i}{m^2\cos^2\theta_i+s^2} \tag{1.3.18c}$$

其中,$s\equiv\sqrt{\sin^2\theta_i-n^2}\geqslant 0$,$m\equiv\rho_1/\rho_0$ 和 $n\equiv c_0/c_1$. 尽管反射系数 r_p 也与频率无关,但此时是复常量,不可能满足关系 $B(\omega)=B^*(-\omega)$. 注意到方程(1.3.18b)表示的反射系数 r_p 是在 $\omega>0$ 情况下得到的,我们无法得到 $\omega<0$ 时的反射系数 r_p,只能通过条件 $B(\omega)=B^*(-\omega)$,把 r_p 延拓到 $\omega<0$ 区域. 显然,由 $B(\omega)=B^*(-\omega)$ 和 $A(\omega)=A^*(-\omega)$,要求反射系数 r_p 也满足 $r_p(-\omega)=r_p^*(\omega)$,即延拓成:反射系数 r_p 的实部是关于 $\omega=0$ 对称的(偶函数),虚部是关于 $\omega=0$ 反对称的(奇函数):

$$\mathrm{Re}[r_p(-\omega)]=\mathrm{Re}[r_p(\omega)]$$
$$\mathrm{Im}[r_p(-\omega)]=-\mathrm{Im}[r_p(\omega)] \tag{1.3.18d}$$

由于 $\mathrm{Im}[B(-\omega)]=-\mathrm{Im}[B(\omega)]$,方程(1.3.16a)中 $B(\omega)$ 的虚部部分积分(实部部分无需变化,因为 $\mathrm{Re}[r_p(\omega)]$ 延拓到负频率时不变化)为

$$\int_{-\infty}^{\infty}\mathrm{Im}[B(\omega)]\exp(-\mathrm{i}\omega\xi)\mathrm{d}\omega=-2\mathrm{i}\int_{0}^{\infty}\mathrm{Im}[B(\omega)]\sin(\omega\xi)\mathrm{d}\omega \tag{1.3.19a}$$

于是，方程(1.3.16a)的第一式变成

$$p_{\mathrm{r}}(x,z,t)=\int_{-\infty}^{\infty}\mathrm{Re}[B(\omega)]\exp(-\mathrm{i}\omega\xi)\mathrm{d}\omega+2\int_{0}^{\infty}\mathrm{Im}[B(\omega)]\sin(\omega\xi)\mathrm{d}\omega \tag{1.3.19b}$$

其中，$\xi\equiv t-(\sin\theta_{\mathrm{i}}x-\cos\theta_{\mathrm{i}}z)/c_0$. 注意，上式的积分中 $\mathrm{Re}[B(\omega)]$是偶函数，在 $\omega=0$ 点连续，而 $\mathrm{Im}[B(\omega)]$是奇函数，在 $\omega=0$ 点不连续. 对透射波，由方程(1.3.3d)的第二式有

$$t_p=\frac{2\rho_1c_1\cos\theta_{\mathrm{i}}}{\rho_1c_1\cos\theta_{\mathrm{i}}+\mathrm{i}\rho_0c_0\sqrt{[(c_1/c_0)\sin\theta_{\mathrm{i}}]^2-1}}=(a+1)+\mathrm{i}b \tag{1.3.20a}$$

式中，a 和 b 由方程(1.3.18c)决定. 与方程(1.3.19b)类似，我们得到透射波的表达式

$$p_{\mathrm{t}}(x,z,t)=\int_{-\infty}^{\infty}\mathrm{Re}[C(\omega)]\exp(-\mathrm{i}\omega\eta)\mathrm{d}\omega+2\int_{0}^{\infty}\mathrm{Im}[C(\omega)]\sin(\omega\eta)\mathrm{d}\omega \tag{1.3.20b}$$

其中，为了方便，定义

$$\eta\equiv t-\frac{x\sin\theta_{\mathrm{t}}+z\cos\theta_{\mathrm{t}}}{c_1}=\begin{cases}t-\dfrac{x\sin\theta_{\mathrm{i}}}{c_0}-\mathrm{i}\dfrac{s}{c_0}z & (\omega>0)\\[2ex] t-\dfrac{x\sin\theta_{\mathrm{i}}}{c_0}+\mathrm{i}\dfrac{s}{c_0}z & (\omega<0)\end{cases} \tag{1.3.20c}$$

上式中区分 $\omega>0$ 或者 $\omega<0$ 是为了保证当 $\omega<0$ 时，不出现指数发散项(注意：透射波位于 $z>0$区域)，故对方程(1.3.4a)的"±"号作了这样的选择. 作为例子，考虑具有下列形式的瞬态波：

$$f(t)=\frac{A\sigma}{\sigma^2+t^2} \tag{1.3.21a}$$

式中，A 是振幅常量，$\sigma>0$ 表征脉冲宽度. 由方程(1.3.15d)，入射波的频谱为

$$A(\omega)\equiv\frac{A\sigma}{2\pi}\int_{-\infty}^{\infty}\frac{\exp(\mathrm{i}\omega\tau)}{\sigma^2+\tau^2}\mathrm{d}\tau \tag{1.3.21b}$$

上式积分可以由复变函数积分方法完成，注意：当 $\omega>0$ 时，取上半平面的积分围道，围道内存在一个一阶极点 $\tau_+=\mathrm{i}\sigma$；而当 $\omega<0$ 时，取下半平面的积分围道，围道内存在一个一阶极点 $\tau_-=-\mathrm{i}\sigma$，于是有

$$A(\omega)=\frac{1}{2}A\exp(-|\omega|\sigma) \tag{1.3.21c}$$

入射脉冲为

$$p_{\mathrm{i}}(x,z,t)=\frac{A\sigma}{\sigma^2+[t-(x\sin\theta_{\mathrm{i}}+z\cos\theta_{\mathrm{i}})/c_0]^2} \tag{1.3.22a}$$

当入射角 θ_{i}小于临界角时,反射和透射脉冲分别为

$$p_{\mathrm{r}}(x,z,t)=\frac{r_pA\sigma}{\sigma^2+[t-(x\sin\theta_{\mathrm{i}}-z\cos\theta_{\mathrm{i}})/c_0]^2}$$

$$p_{\mathrm{t}}(x,z,t)=\frac{t_pA\sigma}{\sigma^2+[t-(x\sin\theta_{\mathrm{t}}+z\cos\theta_{\mathrm{t}})/c_1]^2} \tag{1.3.22b}$$

其中,反射系数 r_p和透射系数 t_p由方程(1.3.3d)决定.

当入射角 θ_{i}大于临界角时,反射脉冲由方程(1.3.19b)决定,注意到方程(1.3.18a):

$$\mathrm{Re}[B(\omega)]=\frac{1}{2}aA\exp(-|\omega|\tau),\quad \mathrm{Im}[B(\omega)]=\frac{1}{2}bA\exp(-|\omega|\tau) \tag{1.3.23a}$$

代入方程(1.3.19b)得到

$$p_{\mathrm{r}}(x,z,t)=\frac{1}{2}aA\int_{-\infty}^{\infty}\mathrm{e}^{-|\omega|\sigma-\mathrm{i}\omega\xi}\mathrm{d}\omega+bA\int_0^{\infty}\mathrm{e}^{-|\omega|\sigma}\sin(\omega\xi)\mathrm{d}\omega \tag{1.3.23b}$$

完成积分后得到

$$p_{\mathrm{r}}(x,z,t)=\frac{aA\sigma}{\sigma^2+(t-t_R)^2}+\frac{bA(t-t_R)}{\sigma^2+(t-t_R)^2} \tag{1.3.23c}$$

其中,$t_R\equiv(x\sin\theta_{\mathrm{i}}-z\cos\theta_{\mathrm{i}})/c_0$ 为延时. 可见,反射波由两部分构成:第一项与入射波形状一样,而第二项是由反射系数 r_p的虚部引起的. 当 $\tau\to0$ 时,上式简化成

$$p_{\mathrm{r}}(x,z,t)=\pi aA\delta(t-t_R)+\frac{bA}{t-t_R} \tag{1.3.23d}$$

有趣的是:上式第二项表明,在任何时刻,介质 0 中的反射波不为零,甚至在入射脉冲到达界面前,就已经存在声场. 这一结果似乎不符合因果关系. 其实不然,这是因为我们考虑的是波阵面无限大的平面波,它始终与界面存在接触点 T. 在接触点,入射波进入高速介质(在全反射条件下),形成高速传播的**侧面波**,又在 B 点折射进入低速介质,而这一过程早于入射脉冲到达 P 点,如图 1.3.7 所示. 如果我们考虑有限宽度的波束,就不会发生这一情况. 由方程(1.3.20b)和方程(1.3.20c)可知,介质 1 中的透射波为

$$\begin{aligned}p_{\mathrm{t}}(x,z,t)=&\frac{1}{2}(a+1)A\int_{-\infty}^{\infty}\exp\left[-|\omega|\left(\sigma+\frac{s}{c_0}z\right)+\mathrm{i}\omega g\right]\mathrm{d}\omega\\&+bA\int_0^{\infty}\exp\left[-\omega\left(\sigma+\frac{s}{c_0}z\right)\right]\sin(\omega g)\mathrm{d}\omega\end{aligned} \tag{1.3.24a}$$

其中,$g\equiv x\sin\theta_{\mathrm{i}}/c_0-t$. 完成上式积分后得到

$$p_{\mathrm{t}}(x,z,t)=A\frac{(a+1)(\tau+sz/c_0)-b[(x/c_0)\sin\theta_{\mathrm{i}}-t]}{(\tau+sz/c_0)^2+[(x/c_0)\sin\theta_{\mathrm{i}}-t]^2} \tag{1.3.24b}$$

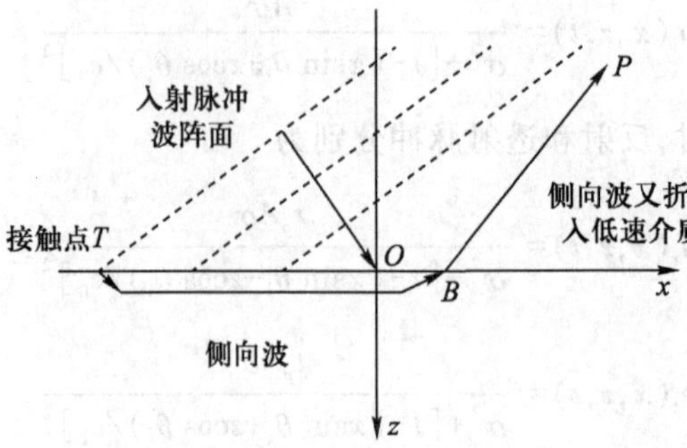

图 1.3.7　无限大平面波脉冲始终与界面有接触点,在高速介质中形成侧向波

当入射波为 Dirac δ 脉冲(即 $\sigma\to 0$),上式简化为

$$p_t(x,z,t)=A\frac{(a+1)sz/c_0-b[(x/c_0)\sin\theta_i-t]}{(sz/c_0)^2+[(x/c_0)\sin\theta_i-t]^2} \tag{1.3.24c}$$

可见:① 透射波形与入射脉冲波形已完全不同;② 透射波沿界面传播,等振幅面的传播速度为 $c=c_0/\sin\theta_i$;③ 在等振幅面 $(x/c_0)\sin\theta_i-t=0$ 上,$p_t(x,z,t)=Ac_0(a+1)/(sz)$,即幅度随 z 增加而下降,在界面($z=0$)上极大;当 $z\to\infty$ 时,$p_t(x,z,t)\approx Ac_0(a+1)/(sz)$,也是随 z 增加而下降.

1.3.5　人工结构表面及广义 Snell 定律

在以上的讨论中,我们假定分界面是纯平面且无限大,当平面波入射到这样完美的界面时,入射波、反射波和透射波必须遵循 Snell 定律. 然而,通过人工设计材料的界面,使反射波和透射波满足所谓的**广义 Snell 定律**,就可以达到控制反射波和透射波的目的,其基本原理叙述如下.

在材料的表面设计特殊的人工结构,使声波入射到表面后,形成的反射波或透射波有一个相位突变,而且这样的突变与位置有关. 表面人工结构的厚度一般远远小于波长,这样的表面称为**超表面**(metasurface,见参考文献 37). 如图 1.3.8 所示,设材料表面位于 $z=0$ 平面,则入射波经表面反射后(或透射波透过表面后)附加一个相位变化 $\Phi(x,y)$(二维)或者 $\Phi(x)$(一维). 我们根据 Fermat 原理(见第 7 章)来导出一维情况的反射角和透射角所满足的关系. Fermat 原理指出,声线从 A 点经反射面传播到 B 点(或者 C 点,见图 1.3.8)的真实路径使声程取极小. 从波动的观点来看,声程反映相位的变化,因此 Fermat 原理也可以陈述为:声线从 A 点经反射面传播到 B 点的真实路径使相位变化取极小. 设 A 点和 B 点的坐标分别为 (x_A,z_A) 和 (x_B,z_B),声线从 A 点发出后入射(入射角为 θ_i)到表面 O 点[坐标为 $(x,0)$],经反射(反射角为 θ_r)后到达 B 点,相位变化为

$$\psi_r(x)=\Phi(x)+k_0\sqrt{(x-x_A)^2+z_A^2}+k_0\sqrt{(x_B-x)^2+z_B^2} \tag{1.3.25a}$$

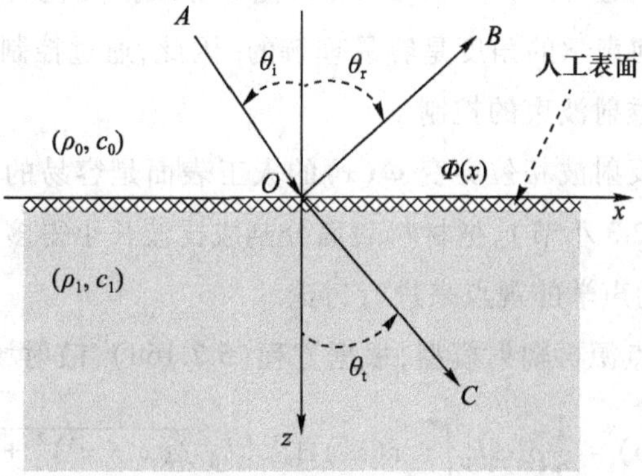

图 1.3.8 界面 $z=0$ 平面有一个相位突变

其中，$\Phi(x)$ 是声线在人工表面的相位突变. 于是，O 点坐标满足

$$\frac{\mathrm{d}\psi_r(x)}{\mathrm{d}x}=\frac{\mathrm{d}\Phi(x)}{\mathrm{d}x}+\frac{k_0(x-x_A)}{\sqrt{(x-x_A)^2+z_A^2}}-\frac{k_0(x_B-x)}{\sqrt{(x_B-x)^2+z_B^2}}=0 \tag{1.3.25b}$$

即

$$\frac{\mathrm{d}\Phi(x)}{\mathrm{d}x}+k_0(\sin\theta_i-\sin\theta_r)=0 \tag{1.3.25c}$$

因此，入射角 θ_i 和反射角 θ_r 满足所谓**广义 Snell 定律**：

$$\sin\theta_r-\sin\theta_i=\frac{\lambda_0}{2\pi}\frac{\mathrm{d}\Phi(x)}{\mathrm{d}x} \tag{1.3.25d}$$

其中，$\lambda_0=c_0/f$ 为入射介质中的波长. 对透射波，相位变化为

$$\psi_t(x)=\Phi(x)+\frac{2\pi}{\lambda_0}\sqrt{(x-x_A)^2+z_A^2}+\frac{2\pi}{\lambda_1}\sqrt{(x_C-x)^2+z_C^2} \tag{1.3.26a}$$

其中，(x_C,z_C) 为 C 点坐标，$\lambda_1=c_1/f$ 为透射介质中的波长. 于是，入射角 θ_i 和透射角 θ_t 满足

$$\frac{\mathrm{d}\psi_t(x)}{\mathrm{d}x}=\frac{\mathrm{d}\Phi(x)}{\mathrm{d}x}+\frac{2\pi}{\lambda_0}\sin\theta_i-\frac{2\pi}{\lambda_1}\sin\theta_t=0 \tag{1.3.26b}$$

即

$$\frac{1}{\lambda_1}\sin\theta_t-\frac{1}{\lambda_0}\sin\theta_i=\frac{1}{2\pi}\frac{\mathrm{d}\Phi(x)}{\mathrm{d}x} \tag{1.3.27a}$$

当 $\Phi(x)$ 与 x 无关时，上式和方程(1.3.25d)给出普通的 Snell 定律；当 $\Phi(x)$ 随 x 线性变化[设 $\Phi(x)=\beta x$]时，上式和方程(1.3.25d)简化为

$$\sin\theta_r-\sin\theta_i=\frac{\lambda_0}{2\pi}\beta,\quad \frac{1}{\lambda_1}\sin\theta_t-\frac{1}{\lambda_0}\sin\theta_i=\frac{1}{2\pi}\beta \tag{1.3.27b}$$

因此，反射波(或透射波)有固定的反射角(或透射角). 注意：对广义 Snell 定律，当入射角

为 θ_i 和 $-\theta_i$ 时，反射角（或透射角）不同；当 $\Phi(x)$ 随 x 非线性变化时，反射角和透射角与位置坐标 x 有关，这从几何声学的角度是容易理解的. 因此，通过控制 $\Phi(x)$ 随 x 的非线性变化，可以实现对反射或透射波束的控制.

在声学中，设计对反射波相位突变 $\Phi(x)$ 的人工表面是容易的，最简单的方法是仿照 Schroeder 扩散体（见 5.2.3 小节），把材料表面分割成比波长小得多的空气窄井（二维为条状井）. 下面我们从波动声学的观点来进行讨论.

考虑 5.2.3 小节的点源再辐射模型，根据方程（5.2.16d），散射场满足

$$p_s(x,z,\omega)=\frac{1}{2}\rho_0c_0k_0\int_{-\infty}^{\infty}v(x')\mathrm{H}_0^{(1)}\left[k_0\sqrt{(x-x')^2+z^2}\right]\mathrm{d}x' \tag{1.3.28a}$$

其中，$v(x')$ 是材料表面的法向振动速度的分布. 利用 Hankel 函数的展开式得到远场散射波为

$$p_s(x,z,\omega)=\frac{1}{2}\rho_0c_0k_0\sqrt{\frac{2}{\pi k_0\rho}}\mathrm{e}^{\mathrm{i}(k_0\rho-\pi/4)}\int_{-\infty}^{\infty}v(x')\exp(-\mathrm{i}k_0x'\sin\alpha)\mathrm{d}x' \tag{1.3.28b}$$

其中，$\rho=\sqrt{x^2+z^2}$ 是观察点 $r=(x,z)$ 到坐标原点的距离，α 是观察点矢径与表面法向的夹角. 设入射场为沿 θ_i 方向传播的平面波［注意：图 1.3.8 与图 5.2.3(a) 的 z 方向相反；此外，5.2.3 小节仅考虑垂直入射］，有

$$p_i(\boldsymbol{r},\omega)=p_{0i}\exp[\mathrm{i}k_0(x\sin\theta_i+z\cos\theta_i)] \tag{1.3.29a}$$

则激发的窄井表面（$z=0$）空气振动速度应该为

$$v(x)=|v(x)|\mathrm{e}^{\mathrm{i}k_0x\sin\theta_i}\exp[\mathrm{i}\phi(x)] \tag{1.3.29b}$$

其中，$\phi(x)$ 是声波在空气窄井中来回一次引起的相位差，与井深度 $d(x)$ 的关系为

$$\phi(x)=2k_0d(x)=\begin{cases}\phi_n & (x\in\text{第 } n \text{ 个井口})\\ 0 & (x\in\text{刚性处})\end{cases} \tag{1.3.29c}$$

将方程（1.3.29b）代入方程（1.3.28b）得到

$$p_s(x,z,\omega)=\frac{1}{2}\rho_0c_0k_0\sqrt{\frac{2}{\pi k_0\rho}}\mathrm{e}^{\mathrm{i}(k_0\rho-\pi/4)}\int_{-\infty}^{\infty}|v(x')|\mathrm{e}^{-\mathrm{i}k_0x'(\sin\alpha-\sin\theta_i)+\mathrm{i}\phi(x')}\mathrm{d}x' \tag{1.3.30a}$$

当每个窄井宽度相同为 w 并且远小于波长时，井口的速度近似为常量 $|v_0|$，即

$$|v(x)|=\begin{cases}|v_0| & (x\in\text{第 } n \text{ 个井口})\\ 0 & (x\in\text{刚性处})\end{cases} \tag{1.3.30b}$$

于是，方程（1.3.30a）近似为

$$p_s(x,z,\omega)\approx\frac{1}{2}\rho_0c_0k_0w|v_0|\sqrt{\frac{2}{\pi k_0\rho}}\mathrm{e}^{\mathrm{i}(k_0\rho-\pi/4)}\sum_{n=0}^{N-1}\mathrm{e}^{-\mathrm{i}k_0x_n(\sin\alpha-\sin\theta_i)+\mathrm{i}\phi_n(x_n)} \tag{1.3.30c}$$

其中，N 为窄井个数，$x_n=nw(n=0,1,\cdots,N-1)$ 为第 n 个窄井中心的坐标. 当窄井深度 d_n

离散线性变化时(即 $d_n\equiv gx_n, g>0$), $\phi_n(x_n)=2k_0d_n=2k_0gx_n\equiv\beta x_n$,上式简化成

$$p_s(x,z,\omega)\approx\frac{1}{2}\rho_0c_0k_0w\mid v_0\mid\sqrt{\frac{2}{\pi k_0\rho}}\mathrm{e}^{\mathrm{i}(k_0\rho-\pi/4)}\sum_{n=0}^{N-1}\mathrm{e}^{-\mathrm{i}[k_0(\sin\alpha-\sin\theta_\mathrm{i})-\beta]x_n}\tag{1.3.31a}$$

上式的角度求和部分变成

$$D_N(\alpha,\theta_\mathrm{i})\equiv\frac{1}{N}\mathrm{e}^{-\mathrm{i}\Phi}\frac{\sin\{[k_0(\sin\alpha-\sin\theta_\mathrm{i})-\beta]Nw/2\}}{\sin\{[k_0(\sin\alpha-\sin\theta_\mathrm{i})-\beta]w/2\}}\tag{1.3.31b}$$

其中,为了方便,定义 $\Phi\equiv(N-1)w[k_0(\sin\alpha-\sin\theta_\mathrm{i})-\beta]/2$. 显然,上式的主极大出现在 $k_0(\sin\alpha-\sin\theta_\mathrm{i})-\beta=0$ 方向,意味着散射波集中的 α 方向满足

$$\sin\alpha-\sin\theta_\mathrm{i}=\frac{\lambda_0}{2\pi}\beta\tag{1.3.31c}$$

上式恰好是方程(1.3.27b)的第一式. 因此,表面相位突变 $\Phi(x)$ 就是声波在窄井中来回传播引起的相位差. 把 $\beta=2k_0g$ 代入上式得到反射角满足的方程:

$$\alpha=\arcsin[\sin\theta_\mathrm{i}+2g]\tag{1.3.31d}$$

有趣的是,上式与入射波的频率无关,因此,窄井对声波的操控有较好的宽带效果.

注意: ① 在实际问题中,窄井宽度不能太小,否则必须考虑窄井的声吸收,这个条件给出了高频限制;另一方面,井的深度也不是任意的,声波在井中来回必须产生 2π 范围内的相位差,这个条件给出了低频限制;② 以上讨论的是远场特性,在近场,声场分布满足

$$p_s(x,z,\omega)=\frac{1}{2}\rho_0c_0k_0w\mid v_0\mid\sum_{n=0}^{N-1}\exp(\mathrm{i}\phi_n)\mathrm{H}_0^{(1)}(k_0\rho_n)\tag{1.3.32}$$

其中,ρ_n是第 n 个井表面到观察点的距离;③当 $\phi(x')$ 非线性变化时,方程(1.3.30a)的积分或者方程(1.3.30c)的求和只能采用数值计算.

1.4 离散分层介质和周期分层结构

为了控制声波的传播(例如隔声),在声学工程和技术中经常使用离散分层的介质系统. 最简单的例子是双层玻璃的隔声窗,其效果远优于单层玻璃窗. 双层玻璃窗的目的是隔声,而在 B 超或工业无损探伤中使用耦合剂的目的是增强透声. 如果把离散分层介质构成周期结构,声波在其中的传播又呈现更为丰富的现象,例如能带特征,便可在一个较宽的频带内实现隔离声波的目的.

1.4.1 *N* 层结构的传递矩阵法

如图 1.4.1 所示,厚度为 $L=L_N$ 的介质分成 N 层,第 j 层的密度和声速分别为 ρ_j 和

$c_j(j=1,2,\cdots,N)$. 在 $z<0$ 的半无限介质(密度和声速分别为 ρ_0 和 c_0)传播的平面波 p_0^+ 以角度 θ_0 斜入射到介质表面(第 1 层的前表面),反射波为 p_0^-. 一部分能量经 N 层介质后以角度 θ_{N+1} 透射到 $z>L$ 的半无限介质(密度和声速分别为 ρ_{N+1} 和 c_{N+1},注意:在隔声问题中,与 ρ_0 和 c_0 相同,而在透声问题中,则与 ρ_0 和 c_0 不同),透射波为 p_{N+1}^+. 为了求声压反射系数 $r_p\equiv p_0^-(\omega)/p_0^+(\omega)$ 和透射系数 $t_p\equiv p_{N+1}^+(\omega)/p_0^+(\omega)$,考虑第 $j-1$ 和第 j 层介质中的声波,每一层中的声波由两个斜向传播的平面波叠加而成:① 传播波矢量在 z 轴方向的投影大于零的 p_{j-1}^+ 和 p_j^+;② 传播波矢量在 z 轴方向的投影小于零的 p_{j-1}^- 和 p_j^-.

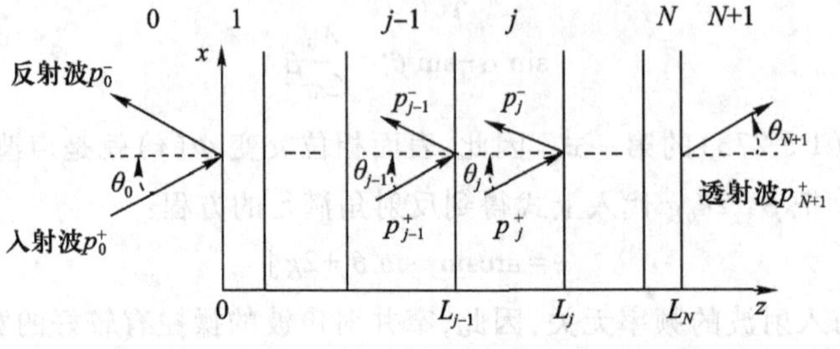

图 1.4.1 N 层介质中声波的入射、反射和透射

根据 1.3.1 小节的分析,第 j 层的入射角 θ_j 就是第 $j-1$ 层透射到第 j 层的透射波的透射角(图 1.4.1 中未画出),故由 Snell 定律可知

$$\frac{\sin\theta_{j-1}}{c_{j-1}}=\frac{\sin\theta_j}{c_j} \tag{1.4.1a}$$

根据上式,可以从入射角 θ_0 递推出 $(\theta_1,\cdots,\theta_j,\cdots,\theta_{N+1})$. 第 $j-1$ 和第 j 层介质中的声压场可以写成

$$\begin{aligned}
p_{j-1}^+(x,z,\omega)&=p_{j-1}^+(\omega)\exp\{\mathrm{i}k_{j-1}[x\sin\theta_{j-1}+(z-L_{j-1})\cos\theta_{j-1}]\}\\
p_{j-1}^-(x,z,\omega)&=p_{j-1}^-(\omega)\exp\{\mathrm{i}k_{j-1}[x\sin\theta_{j-1}-(z-L_{j-1})\cos\theta_{j-1}]\}\\
p_j^+(x,z,\omega)&=p_j^+(\omega)\exp\{\mathrm{i}k_j[x\sin\theta_j+(z-L_j)\cos\theta_j]\}\\
p_j^-(x,z,\omega)&=p_j^-(\omega)\exp\{\mathrm{i}k_j[x\sin\theta_j-(z-L_j)\cos\theta_j]\}
\end{aligned} \tag{1.4.1b}$$

其中,波数 $k_{j-1}=\omega/c_{j-1}$,$k_j=\omega/c_j$. 注意:由于

$$k_j\cos\theta_j=k_j\sqrt{1-\sin^2\theta_j}=k_j\sqrt{1-\left(\frac{c_j}{c_{j-1}}\sin\theta_{j-1}\right)^2} \tag{1.4.1c}$$

因此,当 $c_j\sin\theta_{j-1}<c_{j-1}$ 时,在第 j 层介质中是两个斜向传播的平面波叠加;而当 $c_j\sin\theta_{j-1}>c_{j-1}$ [入射角 θ_{j-1} 大于临界角 $\theta_{j-1}^c=\arcsin(c_{j-1}/c_j)$]时,在第 j 层介质中是随 z 指数衰减和增加的两个非均匀平面波的叠加. 不难得到第 $j-1$ 和第 j 层介质中的速度场的 z 分量为

$$v_{j-1}^{z+}(x,z,\omega)=\frac{\cos\theta_{j-1}}{(\rho c)_{j-1}}p_{j-1}^{+}(x,z,\omega),\quad v_{j-1}^{z-}(x,z,\omega)=-\frac{\cos\theta_{j-1}}{(\rho c)_{j-1}}p_{j-1}^{-}(x,z,\omega)$$
$$v_{j}^{z+}(x,z,\omega)=\frac{\cos\theta_{j}}{(\rho c)_{j}}p_{j}^{+}(x,z,\omega),\quad v_{j}^{z-}(x,z,\omega)=-\frac{\cos\theta_{j}}{(\rho c)_{j}}p_{j}^{-}(x,z,\omega)\tag{1.4.1d}$$

其中,为了方便,令$(\rho c)_{j-1}\equiv\rho_{j-1}c_{j-1}$和$(\rho c)_j\equiv\rho_j c_j$. 由界面$z=L_{j-1}$的声压和$z$方向的速度连续条件得到

$$p_{j-1}^{+}(\omega)+p_{j-1}^{-}(\omega)=p_j^{+}(\omega)E_j^{-1}+p_j^{-}(\omega)E_j$$
$$\frac{1}{z_{j-1}}[p_{j-1}^{+}(\omega)-p_{j-1}^{-}(\omega)]=\frac{1}{z_j}[p_j^{+}(\omega)E_j^{-1}-p_j^{-}(\omega)E_j]\tag{1.4.2a}$$

其中,$d_j\equiv L_j-L_{j-1}$为第j层的厚度,$E_j\equiv e^{ik_jd_j\cos\theta_j}$,$z_{j-1}\equiv(\rho c)_{j-1}/\cos\theta_{j-1}$,$z_j\equiv(\rho c)_j/\cos\theta_j$. 根据方程(1.4.2a)不难得到

$$p_{j-1}^{+}(\omega)=\frac{1}{2}\left(1+\frac{z_{j-1}}{z_j}\right)E_j^{-1}p_j^{+}(\omega)+\frac{1}{2}\left(1-\frac{z_{j-1}}{z_j}\right)E_jp_j^{-}(\omega)$$
$$p_{j-1}^{-}(\omega)=\frac{1}{2}\left(1-\frac{z_{j-1}}{z_j}\right)E_j^{-1}p_j^{+}(\omega)+\frac{1}{2}\left(1+\frac{z_{j-1}}{z_j}\right)E_jp_j^{-}(\omega)\tag{1.4.2b}$$

写成矩阵的形式,有

$$\begin{bmatrix}p_{j-1}^{+}(\omega)\\p_{j-1}^{-}(\omega)\end{bmatrix}=\boldsymbol{M}_j\begin{bmatrix}p_j^{+}(\omega)\\p_j^{-}(\omega)\end{bmatrix}\tag{1.4.2c}$$

其中,$\boldsymbol{M}_j$称为**传递矩阵**(2×2 矩阵),其 4 个矩阵元分别为

$$(m_{11})_j\equiv\frac{1}{2}\left(1+\frac{z_{j-1}}{z_j}\right)E_j^{-1},\quad(m_{12})_j\equiv\frac{1}{2}\left(1-\frac{z_{j-1}}{z_j}\right)E_j$$
$$(m_{21})_j\equiv\frac{1}{2}\left(1-\frac{z_{j-1}}{z_j}\right)E_j^{-1},\quad(m_{22})_j\equiv\frac{1}{2}\left(1+\frac{z_{j-1}}{z_j}\right)E_j\tag{1.4.2d}$$

对矩阵方程(1.4.2c)作递推运算得到

$$\begin{bmatrix}p_0^{+}(\omega)\\p_0^{-}(\omega)\end{bmatrix}=\boldsymbol{M}_1\begin{bmatrix}p_1^{+}(\omega)\\p_1^{-}(\omega)\end{bmatrix}=\boldsymbol{M}_1\boldsymbol{M}_2\begin{bmatrix}p_2^{+}(\omega)\\p_2^{-}(\omega)\end{bmatrix}=\cdots=\boldsymbol{M}_1\boldsymbol{M}_2\cdots\boldsymbol{M}_N\begin{bmatrix}p_N^{+}(\omega)\\p_N^{-}(\omega)\end{bmatrix}\tag{1.4.3a}$$

即

$$\begin{bmatrix}p_0^{+}(\omega)\\p_0^{-}(\omega)\end{bmatrix}=\boldsymbol{M}\begin{bmatrix}p_N^{+}(\omega)\\p_N^{-}(\omega)\end{bmatrix}\tag{1.4.3b}$$

其中,$\boldsymbol{M}=\boldsymbol{M}_1\boldsymbol{M}_2\cdots\boldsymbol{M}_N$为$N$个 2×2 的矩阵连乘,仍然为 2×2 矩阵. 当$j=N+1$时,因在$z>L_N$的半无限介质中不存在反射波,递推关系式(1.4.3b)已不成立了,必须单独讨论. 设第N

和第 $N+1$ 层介质中的声压场为

$$
\begin{aligned}
p_N^+(x,z,\omega)&=p_N^+(\omega)\exp\{\mathrm{i}k_N[x\sin\theta_N+(z-L_N)\cos\theta_N]\}\\
p_N^-(x,z,\omega)&=p_N^-(\omega)\exp\{\mathrm{i}k_N[x\sin\theta_N-(z-L_N)\cos\theta_N]\}\\
p_{N+1}^+(x,z,\omega)&=p_{N+1}^+(\omega)\exp\{\mathrm{i}k_{N+1}[x\sin\theta_{N+1}+(z-L_N)\cos\theta_{N+1}]\}
\end{aligned}
\tag{1.4.4a}
$$

其中,θ_{N+1}由式 $\sin\theta_{N+1}=(c_{N+1}/c_N)\sin\theta_N$决定,即 $\cos\theta_{N+1}=\sqrt{1-(c_{N+1}/c_N)^2\sin^2\theta_N}$. 由界面 $z=L_N$的声压和 z 方向的速度连续条件不难得到

$$
\begin{bmatrix} p_N^+(\omega)\\ p_N^-(\omega)\end{bmatrix}=\begin{bmatrix}(m_{11})_{N+1}\\(m_{21})_{N+1}\end{bmatrix}p_{N+1}^+(\omega)
\tag{1.4.4b}
$$

其中,为了方便,定义

$$
(m_{11})_{N+1}\equiv\frac{1}{2}\left(1+\frac{z_N}{z_{N+1}}\right),\quad (m_{21})_{N+1}\equiv\frac{1}{2}\left(1-\frac{z_N}{z_{N+1}}\right)
\tag{1.4.4c}
$$

把方程(1.4.4b)代入方程(1.4.3b),有

$$
\begin{bmatrix} p_0^+(\omega)\\ p_0^-(\omega)\end{bmatrix}=\boldsymbol{M}\begin{bmatrix}(m_{11})_{N+1}\\(m_{21})_{N+1}\end{bmatrix}p_{N+1}^+(\omega)
\tag{1.4.4d}
$$

设矩阵 $\boldsymbol{M}$ 的 4 个元为 M_{11}、M_{12}、M_{21}和 M_{22},则由上式得到

$$
\begin{aligned}
p_0^+(\omega)&=[M_{11}(m_{11})_{N+1}+M_{12}(m_{21})_{N+1}]p_{N+1}^+(\omega)\\
p_0^-(\omega)&=[M_{21}(m_{11})_{N+1}+M_{22}(m_{21})_{N+1}]p_{N+1}^+(\omega)
\end{aligned}
\tag{1.4.5a}
$$

于是得到 N 层介质的声压透射系数和反射系数为

$$
\begin{aligned}
t_p&\equiv\frac{p_{N+1}^+(\omega)}{p_0^+(\omega)}=\frac{1}{M_{11}(m_{11})_{N+1}+M_{12}(m_{21})_{N+1}}\\
r_p&\equiv\frac{p_0^-(\omega)}{p_0^+(\omega)}=\frac{M_{21}(m_{11})_{N+1}+M_{22}(m_{21})_{N+1}}{M_{11}(m_{11})_{N+1}+M_{12}(m_{21})_{N+1}}
\end{aligned}
\tag{1.4.5b}
$$

考虑简单的三层结构($N=1$),不难得到

$$
\begin{aligned}
&(m_{11})_2\equiv\frac{1}{2}\left(1+\frac{z_1}{z_2}\right),\quad (m_{21})_2\equiv\frac{1}{2}\left(1-\frac{z_1}{z_2}\right)\\
&M_{11}=\frac{1}{2}\left(1+\frac{z_0}{z_1}\right)E_1^{-1},\quad M_{12}=\frac{1}{2}\left(1-\frac{z_0}{z_1}\right)E_1
\end{aligned}
\tag{1.4.6a}
$$

其中,$E_1=\mathrm{e}^{\mathrm{i}k_1d_1\cos\theta_1}$. 因此,声压透射系数 $t_p=p_2^+(\omega)/p_0^+(\omega)$为

$$
\begin{aligned}
t_p&=\frac{1}{M_{11}(m_{11})_2+M_{12}(m_{21})_2}\\
&=\frac{4}{(1+z_0/z_1)(1+z_1/z_2)E_1^{-1}+(1-z_0/z_1)(1-z_1/z_2)E_1}
\end{aligned}
\tag{1.4.6b}
$$

1.4.2 N 层结构的阻抗率传递法

注意到透射系数关系

$$t_p=\frac{p_{N+1}^{+}(\omega)}{p_0^{+}(\omega)}=\frac{p_{N+1}^{+}(\omega)}{p_N^{+}(\omega)}\cdot\frac{p_N^{+}(\omega)}{p_{N-1}^{+}(\omega)}\cdots\frac{p_1^{+}(\omega)}{p_0^{+}(\omega)}=\frac{p_{N+1}^{+}(\omega)}{p_N^{+}(\omega)}\prod_{j=1}^{N}\frac{p_j^{+}(\omega)}{p_{j-1}^{+}(\omega)} \tag{1.4.7a}$$

其中，$p_j^{+}(\omega)/p_{j-1}^{+}(\omega)\equiv t_{j-1}(\omega)$为界面 $z=L_{j-1}(j=1,2,\cdots,N)$的透射系数. 注意：在界面 $z=L_N$上，透射系数 $p_{N+1}^{+}(\omega)/p_N^{+}(\omega)$必须单独导出. 下面分 4 步讨论.

(1) 透射系数 $p_{N+1}^{+}(\omega)/p_N^{+}(\omega)$：界面 $z=L_N$上声压和 z 方向的速度连续，根据方程(1.4.4a)可得

$$\begin{aligned}&p_N^{+}(\omega)+p_N^{-}(\omega)=p_{N+1}^{+}(\omega)\\&\frac{1}{z_N}[p_N^{+}(\omega)-p_N^{-}(\omega)]=\frac{1}{z_{N+1}}p_{N+1}^{+}(\omega)\end{aligned} \tag{1.4.7b}$$

从而

$$\frac{p_{N+1}^{+}(\omega)}{p_N^{+}(\omega)}=\frac{2z_{N+1}}{z_N+z_{N+1}} \tag{1.4.7c}$$

(2) 用界面阻抗率表示 $t_{j-1}(\omega)$：仍然考虑图 1.4.1 中的第 $j-1$ 和第 j 层介质，设在界面 $z=L_{j-1}$上的声阻抗率为 Z_{j-1}[注意：界面阻抗率 Z_{j-1}包含了界面后区域($z>L_{j-1}$)的介质特性，因此必须由第 $N+1$ 层介质递推而来]. 界面 $z=L_{j-1}$的声阻抗率为

$$Z_{j-1}=\frac{p_{j-1}^{+}(\omega)+p_{j-1}^{-}(\omega)}{[p_{j-1}^{+}(\omega)-p_{j-1}^{-}(\omega)]/z_{j-1}} \tag{1.4.8a}$$

由上式得到

$$p_{j-1}^{-}(\omega)=\frac{Z_{j-1}-z_{j-1}}{Z_{j-1}+z_{j-1}}p_{j-1}^{+}(\omega) \tag{1.4.8b}$$

代入方程(1.4.2a)后不难得到

$$t_{j-1}(\omega)=\frac{p_j^{+}(\omega)}{p_{j-1}^{+}(\omega)}=\frac{Z_{j-1}+z_j}{Z_{j-1}+z_{j-1}}E_j \tag{1.4.8c}$$

其中，$E_j\equiv e^{ik_jd_j\cos\theta_j}$. 将上式代入方程(1.4.7a)，我们得到 N 层介质的透射系数为

$$t_p=\frac{p_{N+1}^{+}(\omega)}{p_0^{+}(\omega)}=\frac{2z_{N+1}}{z_N+z_{N+1}}\prod_{j=1}^{N}\frac{Z_{j-1}+z_j}{Z_{j-1}+z_{j-1}}E_j \tag{1.4.8d}$$

(3) 阻抗率传递公式：设界面 $z=L_j$的声阻抗率为 Z_j，则

$$Z_j=\frac{p_j^{+}(\omega)+p_j^{-}(\omega)}{[p_j^{+}(\omega)-p_j^{-}(\omega)]/z_j} \tag{1.4.9a}$$

另一方面，由方程(1.4.8a)和方程(1.4.2a)可知

$$Z_{j-1}=\frac{p_j^+(\omega)E_j^{-1}+p_j^-(\omega)E_j}{[p_j^+(\omega)E_j^{-1}-p_j^-(\omega)E_j]/z_j} \tag{1.4.9b}$$

结合上式和方程(1.4.9a)消去系数 $p_j^-(\omega)/p_j^+(\omega)$ 得到界面**阻抗率传递公式**：

$$Z_{j-1}=z_j\frac{Z_j-\mathrm{i}z_j\tan(k_jd_j\cos\theta_j)}{z_j-\mathrm{i}Z_j\tan(k_jd_j\cos\theta_j)} \tag{1.4.9c}$$

如果已知 $z=L_N$ 的界面阻抗率 Z_N，就可以由上式递推出 $Z_{N-1},Z_{N-2},\cdots,Z_0$.

(4) $z=L_N$ 界面的声阻抗率：事实上，在 $z>L_N$ 区域没有反射波，由方程(1.4.4a)的第三式可知

$$Z_N=\left.\frac{p_{N+1}^+(x,z,\omega)}{v_{N+1}^{z+}(x,z,\omega)}\right|_{z=L_N}=\frac{\rho_{N+1}c_{N+1}}{\cos\theta_{N+1}}=\frac{\rho_{N+1}c_{N+1}}{\sqrt{1-(c_{N+1}/c_N)^2\sin^2\theta_N}}=z_{N+1} \tag{1.4.10}$$

对三层结构($N=1$)，声压透射系数为

$$t_p=\frac{p_2^+(\omega)}{p_0^+(\omega)}=\frac{2z_2}{z_1+z_2}\frac{Z_0+z_1}{Z_0+z_0}E_1 \tag{1.4.11a}$$

其中，$E_1=\mathrm{e}^{\mathrm{i}k_1d_1\cos\theta_1}$，$Z_0$ 是 $z=0$ 处界面的声阻抗率：

$$Z_0=z_1\frac{Z_1-\mathrm{i}z_1\tan(k_1d_1\cos\theta_1)}{z_1-\mathrm{i}Z_1\tan(k_1d_1\cos\theta_1)} \tag{1.4.11b}$$

式中，Z_1 是 $z=d_1$ 处界面的声阻抗率：

$$Z_1=\frac{\rho_2c_2}{\sqrt{1-(c_2/c_1)^2\sin^2\theta_1}}\equiv z_2 \tag{1.4.11c}$$

把上式和方程(1.4.11b)代入方程(1.4.11a)得到声压透射系数为

$$t_p=\frac{4}{(1+z_0/z_1)(1+z_1/z_2)E_1^{-1}+(1-z_0/z_1)(1-z_1/z_2)E_1} \tag{1.4.11d}$$

上式与方程(1.4.6b)完全一致.

1.4.3 周期分层结构与能带特性

Bloch 定理 在一维周期结构中，由于系统的平移对称性，声场必须满足 Bloch 定理

$$p(z+d,\omega)=\mathrm{e}^{\mathrm{i}kd}p(z,\omega) \tag{1.4.12a}$$

其中，d 为周期，k 称为 **Bloch 波数**，是一个待定的参量. Bloch 定理表明，在无限的周期介质中，z 点的声场 $p(z,\omega)$ 与平移一个周期 d 后的相应点 $z+d$ 的场 $p(z+d,\omega)$ 间至多差一个相位因子. 在声学中，Bloch 定理可以这样简单理解：由于平移对称性，显然要求 z 点与 $z+d$

点具有相同的声能量,即 $|p(z+d,\omega)|^2=|p(z,\omega)|^2$,故 $p(z,\omega)$ 与 $p(z+d,\omega)$ 最多差一个相位因子,必须满足方程(1.4.12a).在周期结构中,声场可以写成形式

$$p(z,\omega)=e^{ikz}u_k(z,\omega) \tag{1.4.12b}$$

其中,$u_k(z,\omega)$ 是周期函数,即 $u_k(z+d,\omega)=u_k(z,\omega)$. 事实上

$$\begin{aligned}p(z+d,\omega)&=e^{ik(z+d)}u_k(z+d,\omega)=e^{ikd}[e^{ikz}u_k(z+d,\omega)]\\&=e^{ikd}[e^{ikz}u_k(z,\omega)]=e^{ikd}p(z,\omega)\end{aligned} \tag{1.4.12c}$$

因此,方程(1.4.12b)满足 Bloch 定理. 由方程(1.4.12b)可见,周期结构中的声波场是一个调幅平面波,Bloch 波数 k 就是平面波传播的波数,波数 k 与频率 ω 的关系就是通常的**色散关系**.

如图 1.4.2 所示,考虑由密度和声速分别为 $(\rho_{j-1},c_{j-1})=(\rho_1,c_1)$ 和 $(\rho_j,c_j)=(\rho_2,c_2)$ 两种材料组成的层状周期结构,两种材料的厚度分别为 $d_1\equiv d_{j-1}=L_{j-1}-L_{j-2}$ 和 $d_2\equiv d_j=L_j-L_{j-1}$,周期为 $d=d_1+d_2$(注意:一个周期单元为 d_1+d_2). 设声波仅沿 $\pm z$ 方向传播(注意:仅考虑沿 $\pm z$ 方向传播的声波时,两种材料可以是固体),在第 $j-1$ 层和第 j 层,则由方程(1.4.2c)可知,声场传递关系为

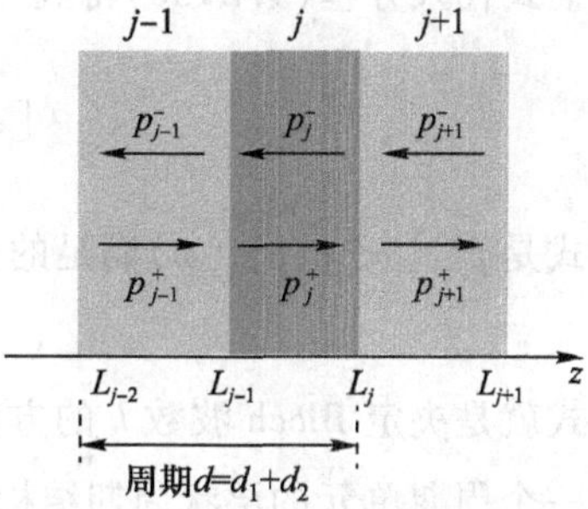

图 1.4.2 周期层状介质中的入射波和反射波

$$\begin{bmatrix}p_{j-1}^+(\omega)\\p_{j-1}^-(\omega)\end{bmatrix}=\boldsymbol{M}_j\begin{bmatrix}p_j^+(\omega)\\p_j^-(\omega)\end{bmatrix} \tag{1.4.13a}$$

其中,传递矩阵 $\boldsymbol{M}_j$ 的 4 个矩阵元分别为

$$\begin{aligned}(m_{11})_j&=\frac{1}{2}\left(1+\frac{z_1}{z_2}\right)E_2^{-1},\quad (m_{12})_j=\frac{1}{2}\left(1-\frac{z_1}{z_2}\right)E_2\\(m_{21})_j&=\frac{1}{2}\left(1-\frac{z_1}{z_2}\right)E_2^{-1},\quad (m_{22})_j=\frac{1}{2}\left(1+\frac{z_1}{z_2}\right)E_2\end{aligned} \tag{1.4.13b}$$

其中,$k_2\equiv k_j=\omega/c_2$,$E_2=e^{ik_2d_2}$,$z_1\equiv z_{j-1}=\rho_1c_1$,$z_2\equiv z_j=\rho_2c_2$. 再利用方程(1.4.2c)得到第 $j-1$ 层与第 $j+1$ 层的声场传递关系为

$$\begin{bmatrix}p_{j-1}^+(\omega)\\p_{j-1}^-(\omega)\end{bmatrix}=\boldsymbol{M}_j\boldsymbol{M}_{j+1}\begin{bmatrix}p_{j+1}^+(\omega)\\p_{j+1}^-(\omega)\end{bmatrix} \tag{1.4.13c}$$

注意到第 $j+1$ 层与第 $j-1$ 层材料性质相同,并有 $d_1=L_{j-1}-L_{j-2}=L_{j+1}-L_j$,于是传递矩阵 $\boldsymbol{M}_{j+1}$ 的 4 个矩阵元分别为

$$\begin{aligned}(m_{11})_{j+1}&=\frac{1}{2}\left(1+\frac{z_2}{z_1}\right)E_1^{-1},\quad (m_{12})_{j+1}=\frac{1}{2}\left(1-\frac{z_2}{z_1}\right)E_1\\(m_{21})_{j+1}&=\frac{1}{2}\left(1-\frac{z_2}{z_1}\right)E_1^{-1},\quad (m_{22})_{j+1}=\frac{1}{2}\left(1+\frac{z_2}{z_1}\right)E_1\end{aligned} \tag{1.4.13d}$$

其中,波数 $k_1=\omega/c_1$ 和 $E_1=\mathrm{e}^{\mathrm{i}k_1d_1}$. 另一方面,根据 Bloch 定理,第 $j+1$ 与第 $j-1$ 层的声场存在关系:

$$p_{j+1}(z,\omega)=\mathrm{e}^{\mathrm{i}kd}p_{j-1}(z-d,\omega)\quad(L_j<z<L_{j+1})\tag{1.4.14a}$$

即[注意关系:$z-d-L_{j-1}=z-(d+L_{j-1})=z-L_{j+1}$]

$$\begin{aligned}&p_{j+1}^{+}(\omega)\mathrm{e}^{\mathrm{i}k_1(z-L_{j+1})}+p_{j+1}^{-}(\omega)\mathrm{e}^{-\mathrm{i}k_1(z-L_{j+1})}\\&=\mathrm{e}^{\mathrm{i}kd}[p_{j-1}^{+}(\omega)\mathrm{e}^{\mathrm{i}k_1(z-L_{j+1})}+p_{j-1}^{-}(\omega)\mathrm{e}^{-\mathrm{i}k_1(z-L_{j+1})}]\end{aligned}\tag{1.4.14b}$$

由 z 的任意性,显然存在关系

$$\begin{bmatrix}p_{j+1}^{+}(\omega)\\p_{j+1}^{-}(\omega)\end{bmatrix}=\mathrm{e}^{\mathrm{i}kd}\begin{bmatrix}p_{j-1}^{+}(\omega)\\p_{j-1}^{-}(\omega)\end{bmatrix}\tag{1.4.14c}$$

将上式代入方程(1.4.13c)得到

$$[\mathrm{e}^{\mathrm{i}kd}\boldsymbol{M}_j\boldsymbol{M}_{j+1}-\boldsymbol{I}]\begin{bmatrix}p_{j-1}^{+}(\omega)\\p_{j-1}^{-}(\omega)\end{bmatrix}=0\tag{1.4.15a}$$

上式是 $p_{j-1}^{+}(\omega)$ 和 $p_{j-1}^{-}(\omega)$ 满足的齐次线性代数方程,存在非零解的条件是

$$\det[\mathrm{e}^{\mathrm{i}kd}\boldsymbol{M}_j\boldsymbol{M}_{j+1}-\boldsymbol{I}]=0\tag{1.4.15b}$$

上式就是决定 Bloch 波数 k 的方程. 经过繁复的计算(作为习题),我们得到由两种材料构成一个周期单元的层状周期结构中 Bloch 波数 k 满足的方程

$$\cos[k(d_1+d_2)]=\cos(k_1d_1)\cos(k_2d_2)-\frac{1}{2}\left(\frac{z_1}{z_2}+\frac{z_2}{z_1}\right)\sin(k_1d_1)\sin(k_2d_2)\tag{1.4.15c}$$

为了看清楚 k 的意义,下面我们考察特殊情况.

声阻抗率相同 即 $z_1=z_2$(注意:声阻抗率相等并不意味材料相同),上式简化为

$$\cos[k(d_1+d_2)]=\cos(k_1d_1+k_2d_2)\tag{1.4.16a}$$

即 $k=\dfrac{\omega}{\bar{c}}$ 为线性色散关系,其中,有效声速 $\bar{c}$ 满足“并联”公式

$$\frac{1}{\bar{c}}\equiv\frac{f}{c_1}+\frac{1-f}{c_2},\quad f\equiv\frac{d_1}{d_1+d_2}\tag{1.4.16b}$$

式中,f 是材料 1 的占有比. 进一步,若 $c_1=c_2=c_0$,则 $k=\omega/c_0$,即 Bloch 波数 k 就是通常意义的波数.

低频近似 利用三角函数的展开关系,方程(1.4.15c)简化成

$$1-\frac{1}{2}k^2(d_1+d_2)^2\approx\left(1-\frac{1}{2}k_1^2d_1^2\right)\left(1-\frac{1}{2}k_2^2d_2^2\right)-\frac{1}{2}\left(\frac{z_1}{z_2}+\frac{z_2}{z_1}\right)(k_1d_1)(k_2d_2)\tag{1.4.17a}$$

整理后得到线性色散关系 $k^2\approx\dfrac{\omega^2}{\bar{c}^2}$,其中有效声速为

$$\frac{1}{\bar{c}^2} \equiv \frac{f^2}{c_1^2} + \frac{(1-f)^2}{c_2^2} + \left(\frac{z_1}{z_2} + \frac{z_2}{z_1}\right)\frac{f(1-f)}{c_1 c_2} \tag{1.4.17b}$$

上式用材料的绝热压缩系数 κ_s 表示(注意:关系 $1/c^2 = \rho\kappa_s$):

$$\frac{1}{\bar{c}^2} = [\rho_1 f + \rho_2(1-f)][\kappa_{s1} f + \kappa_{s2}(1-f)] \tag{1.4.17c}$$

因此,低频等效密度和绝热压缩系数近似满足“串联”公式,即

$$\bar{\rho} \equiv \rho_1 f + \rho_2(1-f); \quad \bar{\kappa}_s = \kappa_{s1} f + \kappa_{s2}(1-f) \tag{1.4.17d}$$

注意:① 如果两种材料都是固体,因 $c^2 = E/\rho$(其中 E 为弹性模量),由方程(1.4.17b)有

$$\frac{1}{\bar{c}^2} = [\rho_1 f + \rho_2(1-f)]\left[\frac{f}{E_1} + \frac{(1-f)}{E_2}\right] \tag{1.4.18a}$$

所以低频等效密度近似仍然满足串联公式,但弹性模量近似满足“并联”公式:

$$\bar{\rho} = [\rho_1 f + \rho_2(1-f)], \quad \frac{1}{\bar{E}} = \frac{f}{E_1} + \frac{(1-f)}{E_2} \tag{1.4.18b}$$

② 如果一种材料是流体(例如材料 1),另外一种材料是固体(例如材料 2),则有

$$\frac{1}{\bar{c}^2} = [\rho_1 f + \rho_2(1-f)]\left[\kappa_{s1} f + \frac{(1-f)}{E_2}\right] \tag{1.4.18c}$$

能带结构 对一般情况,必须严格求解方程(1.4.15c).由于 Bloch 波数 k 必须是实数,否则相应的 Bloch 波不能在周期介质中传播,因此要求 $|\cos(kd)| \leqslant 1$. 方程(1.4.15c)是频率的函数,只有频率满足条件 $|\cos(kd)| \leqslant 1$ 的波才能在周期介质中传播,数值计算表明,并不是所有的频率都满足 $|\cos(kd)| \leqslant 1$,满足该条件的频率形成带状结构,称为**通带**,反之则称为**禁带**. 图 1.4.3 计算了水(材料 1)-玻璃(材料 2)周期系统的能带结构,参量为:$\rho_1 = 998\ \text{kg/m}^3$, $c_1 = 1\ 483\ \text{m/s}$, $c_2 = 5\ 784\ \text{m/s}$, $\rho_2 = 2\ 767\ \text{kg/m}^3$,以及 $d_1 = d_2 = 10^{-4}\ \text{m}$.

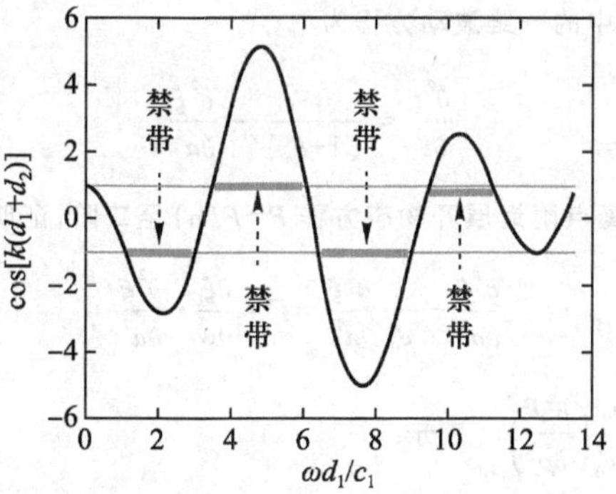

图 1.4.3 周期结构的能带图,在研究的频率范围内有 4 条禁带

事实上,只要排列有限个周期,禁带特性就非常明显了,图 1.4.4 是水中排列 3 层玻璃(即 3 个周期单元)的透射系数[由阻抗率传递法公式(1.4.8d)计算得到,参量与图 1.4.3

相同]，由图 1.4.3 和图 1.4.4 比较可见，在同样的频率范围内，图 1.4.3 中出现禁带的位置与图 1.4.4 中透射系数极小（几乎为零）的位置是相同的.

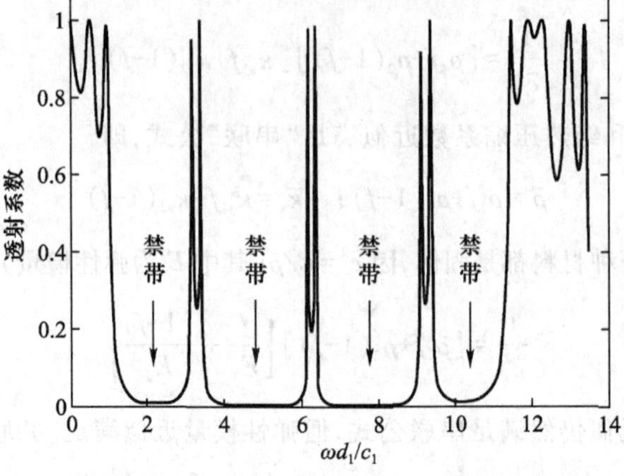

图 1.4.4　仅有 3 个周期的透射系数

习题

1.1　在一维情况下，写出 Lagrange 坐标中的质量守恒方程和运动方程，并证明在等熵条件下，一维波动方程为

$$\frac{\partial^2 \xi}{\partial t^2}=\frac{\mathrm{d}P(\rho)}{\mathrm{d}\rho}\left(1+\frac{\partial \xi}{\partial a}\right)^{-2}\frac{\partial^2 \xi}{\partial a^2}$$

1.2　对理想气体的绝热过程，过程方程为 $P/\rho^{\gamma}=P_0/\rho_0^{\gamma}$（其中 P_0 和 ρ_0 分别为平衡时的压强和密度，γ 为比热比），证明 Lagrange 坐标中的一维波动方程为

$$\frac{\partial^2 \xi}{\partial t^2}=\frac{c_0^2}{(1+\xi_a)^{\gamma+1}}\frac{\partial^2 \xi}{\partial a^2}$$

1.3　对一般的流体，在平衡点附近展开物态方程 $P=P(\rho)$ 至二阶，证明一维非线性波动方程为

$$\frac{\partial^2 \xi}{\partial a^2}-\frac{1}{c_0^2}\frac{\partial^2 \xi}{\partial t^2}=\Gamma\cdot\frac{\partial \xi}{\partial a}\cdot\frac{\partial^2 \xi}{\partial a^2}$$

其中，Γ 由非线性参量 $\beta\equiv 1+\dfrac{\rho_0}{2c_0^2}\left(\dfrac{\partial^2 P}{\partial \rho^2}\right)_{s,0}$ 表示.

1.4　取流体中跟随流体运动的一小体积，由于流体的膨胀和压缩，流体的体积和包围流体的面积都是时间的函数，即 $V(t)$ 和 $S(t)$. 此时，其质量守恒、动量守恒和能量守恒方程分别为

$$\frac{\mathrm{d}}{\mathrm{d}t}\int_{V(t)}\rho\mathrm{d}V=0,\quad \frac{\mathrm{d}}{\mathrm{d}t}\int_{V(t)}\rho\boldsymbol{v}\mathrm{d}V=-\int_{S(t)}P\mathrm{d}\boldsymbol{S}$$

$$\frac{\mathrm{d}}{\mathrm{d}t}\int_{V(t)}\rho\varepsilon\mathrm{d}V = \int_{S(t)}P\boldsymbol{v}\cdot\mathrm{d}\boldsymbol{S}$$

由此导出三个守恒方程的微分形式，以及质量流矢量、能量流矢量和动量流张量的表达式.

1.5 在线性化条件下，导出速度场和密度场满足的有源波动方程.

1.6 流体元的能量密度为$\rho\varepsilon=\rho(u+v^2/2)$，证明存在声波后能量密度的变化为

$$\delta(\rho\varepsilon)=\left(u_0+\frac{P_0}{\rho_0}\right)\frac{1}{c_0^2}p'+\frac{1}{2}\left(\frac{1}{\rho_0c_0^2}p'^2+\rho_0v'^2\right)$$

上式第一项正比于p'，时间平均为零，而第二项就是声能量密度.

1.7 声场的 Hamilton 作用量为$S\equiv\int_{t_0}^{t_1}\int_V\ell\mathrm{d}V\mathrm{d}t$，证明 Lagrange 密度函数$\ell$可用速度势表示为

$$\ell\approx\frac{1}{2}\rho_0(\nabla\Phi)^2-\frac{\rho_0}{2c_0^2}\left(\frac{\partial\Phi}{\partial t}\right)^2+\frac{P_0}{c_0^2}\frac{\partial\Phi}{\partial t}$$

由 Hamilton 原理$\delta S=0$导出声波方程.

1.8 设二维实空间V与虚空间V'之间存在一一映射关系：

$$x_1=x_1(x_1',x_2'),\quad x_2=x_2(x_1',x_2')$$

证明：

$$\sum_{j=1}^{2}\frac{\partial}{\partial x_j}\left(J^{-1}\frac{\partial x_j}{\partial x_i'}\right)=0\quad(i=1,2)$$

1.9 对二维极坐标，虚空间V'和实空间V的映射关系为

$$\rho=\rho(\rho',\varphi'),\quad\varphi=\varphi(\rho',\varphi')$$

(1) 证明映射矩阵为

$$\boldsymbol{A}=\begin{bmatrix}\dfrac{\partial\rho}{\partial\rho'} & \dfrac{1}{\rho'}\dfrac{\partial\rho}{\partial\varphi'}\\[2ex] \rho\dfrac{\partial\varphi}{\partial\rho'} & \dfrac{\rho}{\rho'}\dfrac{\partial\varphi}{\partial\varphi'}\end{bmatrix}$$

(2) 利用$\boldsymbol{A}=(\boldsymbol{A}^{-1})^{-1}$($\boldsymbol{A}^{-1}$的逆矩阵可以通过它的伴随矩阵求得)，证明：

$$\frac{1}{\rho}\frac{\partial}{\partial\rho}\left(\rho\frac{J^{-1}}{\rho'}A_{11}\right)+\frac{1}{\rho}\frac{\partial}{\partial\varphi}\left(\frac{J^{-1}}{\rho'}A_{21}\right)=0$$

$$\frac{1}{\rho}\frac{\partial}{\partial\rho}(\rho A_{12})+\frac{1}{\rho}\frac{\partial A_{22}}{\partial\varphi}=0$$

(3) 根据(2)证明，在极坐标下有

$$\nabla\cdot\boldsymbol{v}'=J\nabla\cdot(J^{-1}\boldsymbol{A}\cdot\boldsymbol{v})$$

1.10 对圆柱坐标，虚空间V'和实空间V的映射关系为

$$\rho=\rho(\rho',\varphi',z'),\quad\varphi=\varphi(\rho',\varphi',z'),\quad z=z(\rho',\varphi',z')$$

求位移矢量的微分元映射关系，由此证明映射矩阵为

$$\boldsymbol{A}\equiv\begin{bmatrix}\dfrac{\partial\rho}{\partial\rho'} & \dfrac{1}{\rho'}\dfrac{\partial\rho}{\partial\varphi'} & \dfrac{\partial\rho}{\partial z'}\\[2ex] \rho\dfrac{\partial\varphi}{\partial\rho'} & \dfrac{\rho}{\rho'}\dfrac{\partial\varphi}{\partial\varphi'} & \rho\dfrac{\partial\varphi}{\partial z'}\\[2ex] \dfrac{\partial z}{\partial\rho'} & \dfrac{1}{\rho'}\dfrac{\partial z}{\partial\varphi'} & \dfrac{\partial z}{\partial z'}\end{bmatrix}$$

1.11 对球坐标,虚空间 V'和实空间 V 的映射关系为

$$r=r(r',\theta',\varphi'),\quad \theta=\theta(r',\theta',\varphi'),\quad \varphi=\varphi(r',\theta',\varphi')$$

求位移矢量的微分元映射关系,由此证明映射矩阵为

$$\boldsymbol{A}\equiv\begin{bmatrix}\dfrac{\partial r}{\partial r'} & \dfrac{1}{r'}\dfrac{\partial r}{\partial\theta'} & \dfrac{1}{r'\sin\theta'}\dfrac{\partial r}{\partial\varphi'}\\ r\dfrac{\partial\theta}{\partial r'} & \dfrac{r}{r'}\dfrac{\partial\theta}{\partial\theta'} & \dfrac{r}{r'\sin\theta'}\dfrac{\partial\theta}{\partial\varphi'}\\ r\sin\theta\dfrac{\partial\varphi}{\partial r'} & \dfrac{r\sin\theta}{r'}\dfrac{\partial\varphi}{\partial\theta'} & \dfrac{r\sin\theta}{r'\sin\theta'}\dfrac{\partial\varphi}{\partial\varphi'}\end{bmatrix}$$

1.12 对任意瞬态声场的空间部分作平面波展开:

$$p(\boldsymbol{r},t)=\int q(\boldsymbol{k},t)\exp(\mathrm{i}\boldsymbol{k}\cdot\boldsymbol{r})\,\mathrm{d}^3\boldsymbol{k}$$

证明声场总能量为

$$E(t)=\frac{1}{2\rho_0c_0^2}\int\left[\frac{1}{c_0^2\,|\boldsymbol{k}|^2}|\dot{\tilde{q}}(\boldsymbol{k},t)|^2+|\tilde{q}(\boldsymbol{k},t)|^2\right]\mathrm{d}^3\boldsymbol{k}$$

其中,$\tilde{q}(\boldsymbol{k},t)\equiv(2\pi)^{3/2}q(\boldsymbol{k},t)$. 上式表明,声场总能量是各个平面波能量的叠加,每个平面波是相互独立的.

1.13 设 $\boldsymbol{k}=(k_x,k_y,k_z)=\boldsymbol{k}_R+\mathrm{i}\boldsymbol{k}_I$为复波矢量,证明:

$$(\boldsymbol{k}_R\cdot\boldsymbol{k}_R-\boldsymbol{k}_I\cdot\boldsymbol{k}_I)=\left(\frac{\omega}{c_0}\right)^2,\qquad \boldsymbol{k}_R\cdot\boldsymbol{k}_I=0$$

即要求 $\boldsymbol{k}_R$与 $\boldsymbol{k}_I$垂直.

1.14 参考图 1.3.2,当平面波入射到界面时,证明界面法向声阻抗率为

$$z_{\mathrm{n}}=\frac{\rho_1c_1}{\cos\theta_{\mathrm{t}}}=\frac{\rho_1c_1}{\sqrt{1-(c_1/c_0)^2\sin^2\theta_{\mathrm{i}}}}$$

由上式可见,界面法向声阻抗率一般与入射角或透射角有关,不能看作局部反应界面,但当 $c_0\gg c_1$ 时,$z_{\mathrm{n}}\approx\rho_1c_1$ 为常量,故界面可视为局部反应界面. 此时,$\theta_{\mathrm{t}}\approx0$,即垂直透射时,界面可视为局部反应界面.

1.15 证明平面声波斜入射到界面时,反射声能量和透射声能量满足守恒关系,由此说明:当入射角为临界时,尽管声压透射系数 $t_p=2$,但透射声能量为零.

1.16 如果 $n\equiv c_0/c_1\ll1$ 和 $m\equiv\rho_1/\rho_0\ll1$,并且保持 $m/n\equiv\rho_1c_1/\rho_0c_0\approx1$,这样的材料称为**近零折射率材料**(见参考文献 38),一般只有在人工材料中才能实现. 这表明当 $n\equiv c_0/c_1\ll1$ 时,只要 $\theta_{\mathrm{i}}\neq0$,则有 $r_p\approx-1$ 和 $t_p\approx0$,声波遇到这样的界面时,透射系数近似为零,将发生类全反射(但是相位相反),而且这一性质与入射角无关(只要入射角足够大). 画出 r_p和 t_p随 θ_{i}的变化,计算中取 $m=n=1/100$.

1.17 参考图 1.3.2,但平面界面改为比阻抗率为 $\beta(\omega)=\sigma(\omega)+\mathrm{i}\delta(\omega)$ 的阻抗界面,当平面波入射时,证明声压反射系数为

$$r_p=\frac{\cos\theta_{\mathrm{i}}-\beta(\omega)}{\cos\theta_{\mathrm{i}}+\beta(\omega)}$$

定义阻抗平面的吸声系数为 $\alpha(\omega,\theta_{\mathrm{i}})=1-|r_p|^2$,证明:

$$\alpha(\omega,\theta_{\mathrm{i}})=\frac{4\sigma(\omega)\cos\theta_{\mathrm{i}}}{[\cos\theta_{\mathrm{i}}+\sigma(\omega)]^2+\delta^2(\omega)}$$

当 $\theta_i=0$ 时，求垂直入射的吸声系数.

1.18 考虑单层墙的隔声问题，设墙面密度为 $\rho_{墙}$. 求声波垂直墙面入射时的隔声量. 证明在重墙条件下，低频声波的隔声量为［隔声量定义为 $TL=10\log(1/t_I)$，t_I 是声强透射系数］

$$TL\approx 20\log\left(\frac{\omega\rho_{墙}}{2\rho_0c_0}\right)\approx -42+20\log\ f+20\log\ \rho_{墙}\ (\mathrm{dB})$$

1.19 考虑双层墙的隔声问题，设两墙相距 D，中间层为空气，墙面密度为 $\rho_{墙}$. 当入射声波频率较低时，可忽略墙的厚度，求声波垂直墙面入射时的隔声量. 证明在重墙条件下，低频声波的隔声量为［隔声量定义为 $TL=10\log(1/t_I)$，t_I 是声强透射系数］

$$TL\approx 20\log\left(\frac{\omega\rho_{墙}}{\rho_0c_0}\right)+20\log\left(\frac{\omega\rho_{墙}}{2\rho_0c_0}k_0D\right)$$

如果考虑两墙的厚度相同且为 L，密度为 ρ，利用阻抗率传递法求声波垂直墙面入射时的隔声量，数值计算隔声量随 k_0D 的变化，讨论两墙相距 D 是否存在最佳值.

第二章
无限空间中声波的辐射

声源是把其他能量形式(振动能、电磁能、热能等)转化成声能的系统,主要有两种形式:体源和面源;从辐射的声波特征来看,声源又可分为单极子源、偶极子源和多极子源等. 体源又可以分为三种,即振荡的质量源、热源和力源. 面源一般为振动的固体表面,这一振动表面可作为边界条件来处理. 另一方面,流体的剧烈运动(如湍流运动)也可以产生声波,我们将在第 8 章讨论. 研究声波的辐射主要有两个方面:给定一个声源,它的声辐射特性如何? 所谓辐射特性主要指频率特性和辐射的方向性. 另一方面,一般声辐射由固体的振动产生,那么辐射的声场反过来必定对声源的振动产生影响,这种影响如何刻画? 实际的声源或者振动体有各种形状,例如扬声器的振膜、各种机器振动,严格求各种形状的声源辐射的声场是困难的,因此在理论处理时往往把它们理想化,即在一定条件下把它们近似为平面、球面或者柱面声源,这样既避免了复杂的数学运算,又可以揭示声辐射的基本规律.

2.1 多极子展开和相控阵

由叠加原理可知,一个复杂的声源可以看成多个点源叠加(求和或者积分)而成,故首先研究理想化点声源辐射的声场是十分必要的. 另一方面,在声波频率较低(即声波波长远大于声源的几何线度)及测量点距离声源较远时,声源可看作点声源或者点声源的组合. 一个典型的例子是,低频段音箱中的扬声器就可以看作点声源辐射;而裸扬声器可近似为两个反相点源(即偶极子)的辐射. 事实上,当测量点远离声源时,任意声源的辐射都可以表示成点源或点源组合辐射的叠加,即作多极展开.

2.1.1 脉动球和单极子声源

考虑位于坐标原点、半径为 $r=a$ 的脉动球产生的声辐射(如图 2.1.1 所示). 设球表面的法向振动速度为 $u_r(t)=U(t)$,由于球表面的振动,引起附近流体的振动,于是产生声波并向外辐射. 由于法向振动速度与极角和方位角无关,如果采用势函数 $\Phi(r,t)$,则在球坐标中波动方程简化为

$$\frac{1}{r^2}\frac{\partial}{\partial r}\left(r^2\frac{\partial\Phi}{\partial r}\right)-\frac{1}{c_0^2}\frac{\partial^2\Phi}{\partial t^2}=0 \qquad (2.1.1\text{a})$$

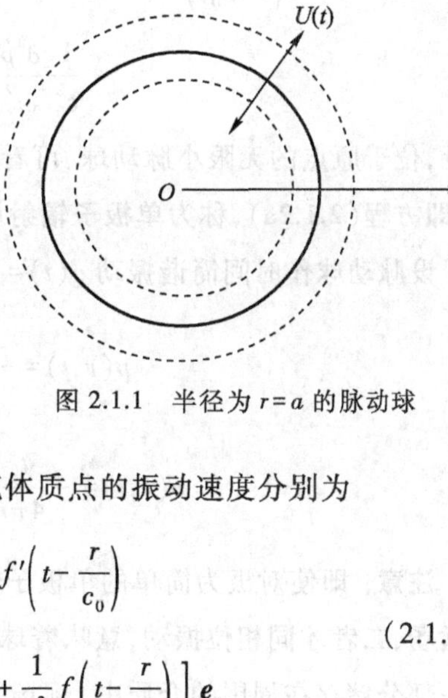

图 2.1.1　半径为 $r=a$ 的脉动球

根据 1.2.4 小节可知,行波解为

$$\Phi(r,t)=\frac{1}{r}\left[f\left(t-\frac{r}{c_0}\right)+g\left(t+\frac{r}{c_0}\right)\right] \qquad (2.1.1\text{b})$$

注意到脉动球向外辐射声波,故取 $g\equiv 0$. 声压场和流体质点的振动速度分别为

$$\begin{aligned} p(r,t)&=-\rho_0\frac{\partial\Phi}{\partial t}=-\rho_0\frac{1}{r}f'\left(t-\frac{r}{c_0}\right)\\ \boldsymbol{v}(r,t)&=\frac{\partial\Phi}{\partial r}\boldsymbol{e}_r=-\left[\frac{1}{c_0r}f'\left(t-\frac{r}{c_0}\right)+\frac{1}{r^2}f\left(t-\frac{r}{c_0}\right)\right]\boldsymbol{e}_r \end{aligned} \qquad (2.1.1\text{c})$$

其中,$f'=\mathrm{d}f(\xi)/\mathrm{d}\xi$ 表示对变量 ξ 求导. 在球表面 $r=a$ 处,流体质点的径向振动速度与球表面的法向振动速度相等,即 $u_r(t)=v_r(r,t)\mid_{r=a}$. 于是可以得到

$$q(t)=-4\pi\left[\frac{a}{c_0}f'\left(t-\frac{a}{c_0}\right)+f\left(t-\frac{a}{c_0}\right)\right] \qquad (2.1.1\text{d})$$

其中,$q(t)\equiv 4\pi a^2 U(t)$,因 $4\pi a^2$ 是球的表面积,故 $q(t)$ 表示球排开的流体体积流量.

单极子声源 我们来考察 $a/c_0\to 0$ 的情况,即假定球足够小,而保持 $q(t)\equiv 4\pi a^2 U(t)$ 为常量,那么方程(2.1.1d)右边第一项可忽略,于是,$f(t)=-q(t)/4\pi$.说明:a/c_0 的量纲为时间,a/c_0 足够小,实际上是指方程(2.1.1d)右边第一项远比第二项小,设声场变化的特征时间为 τ,那么要求 $a/c_0\tau\ll 1$,对简谐振动,τ 可取为周期,$c_0\tau$ 等于波长 λ,故要求 $a/\lambda\ll 1$,也就是低频情况.由方程(2.1.1c)得到声压和速度分布分别为

$$p(r,t)=\frac{\rho_0}{4\pi r}\dot{q}\left(t-\frac{r}{c_0}\right)$$
$$\boldsymbol{v}(r,t)=\frac{1}{4\pi r}\left[\frac{1}{c_0}\dot{q}\left(t-\frac{r}{c_0}\right)+\frac{1}{r}q\left(t-\frac{r}{c_0}\right)\right]\boldsymbol{e}_r \tag{2.1.2a}$$

我们从齐次方程(2.1.1a)入手,把脉动球的振动作为边界条件来处理,然后取 $a\to 0$ 极限,求得了无限小脉动球的声辐射.反过来,声场表达式(2.1.2a)满足什么样的方程呢?不难得到

$$\frac{1}{c_0^2}\frac{\partial^2 p}{\partial t^2}-\nabla^2 p=\rho_0\dot{q}\left(t-\frac{r}{c_0}\right)\nabla^2\left(-\frac{1}{4\pi r}\right) \tag{2.1.2b}$$

利用微分关系 $\nabla^2\left(-\dfrac{1}{4\pi r}\right)=\delta(\boldsymbol{r})$,上式简化成

$$\frac{1}{c_0^2}\frac{\partial^2 p}{\partial t^2}-\nabla^2 p=\rho_0\frac{\mathrm{d}q(t)}{\mathrm{d}t}\delta(\boldsymbol{r}) \tag{2.1.2c}$$

可见,位于原点的无限小脉动球,可看作位于原点的点质量源,称为**单极子声源**,它的辐射场,即方程(2.1.2a),称为**单极子辐射场**.

设脉动球作时间简谐振动 $q(t)=q_0\exp(-\mathrm{i}\omega t)$,则由方程(2.1.2a)可知

$$p(r,t)=-\mathrm{i}\omega\frac{\rho_0 q_0}{4\pi r}\exp\left[-\mathrm{i}\omega\left(t-\frac{r}{c_0}\right)\right]$$
$$\boldsymbol{v}(r,t)=-\frac{q_0}{4\pi r}\left(\frac{\mathrm{i}\omega}{c_0}-\frac{1}{r}\right)\exp\left[-\mathrm{i}\omega\left(t-\frac{r}{c_0}\right)\right]\boldsymbol{e}_r \tag{2.1.3a}$$

注意:即使对极为简单的单极子辐射场,近场的声压场与速度场也不是同相的,只有在远场,二者才同相位振动,意味着球脉动的振动能量不可能完全转化为声辐射能量,总有一部分储存在周围的介质中.远场平均声强和平均声功率分别为

$$\boldsymbol{I}_{\mathrm{av}}=\frac{1}{2}\frac{\rho_0 c_0 q_0^2}{(4\pi)^2 a^2|\boldsymbol{r}|^2}(k_0 a)^2\boldsymbol{e}_r,\quad P_{\mathrm{av}}=\frac{1}{2}\frac{\rho_0 c_0 q_0^2}{4\pi a^2}(k_0 a)^2 \tag{2.1.3b}$$

显然,单极子辐射的两个基本特征是:① 声场与方向无关,辐射是全向的;② 声强和声功率正比于频率的平方.

2.1.2 横向振动球和偶极子声源

考虑位于坐标原点、半径为 $r=a$ 的刚性球(如图 2.1.2 所示),设球作 z 方向的横向振动,$\boldsymbol{u}(t)=U(t)\boldsymbol{e}_z$,由于球振动,引起附近流体的振动,于是产生声波并向外辐射. 利用直角坐标与球坐标单位矢量的关系 $\boldsymbol{e}_z=\boldsymbol{e}_r\cos\theta-\sin\theta\boldsymbol{e}_\theta$,可见球表面的径向速度为

$$u_r(a,\theta,t)=\boldsymbol{u}(t)\cdot\boldsymbol{e}_r=U(t)\cos\theta \tag{2.1.4a}$$

注意:在理想流体情况下,球振动的切向速度不影响声场,考虑流体黏性的情况见第 6 章讨论. 由于径向速度与极角有关,而与方位角无关,势函数也应该与方位角无关,$\Phi=\Phi(r,\theta,t)$,并且满足

$$\frac{1}{r^2}\frac{\partial}{\partial r}\left(r^2\frac{\partial\Phi}{\partial r}\right)+\frac{1}{r^2\sin\theta}\frac{\partial}{\partial\theta}\left(\sin\theta\frac{\partial\Phi}{\partial\theta}\right)-\frac{1}{c_0^2}\frac{\partial^2\Phi}{\partial t^2}=0 \tag{2.1.4b}$$

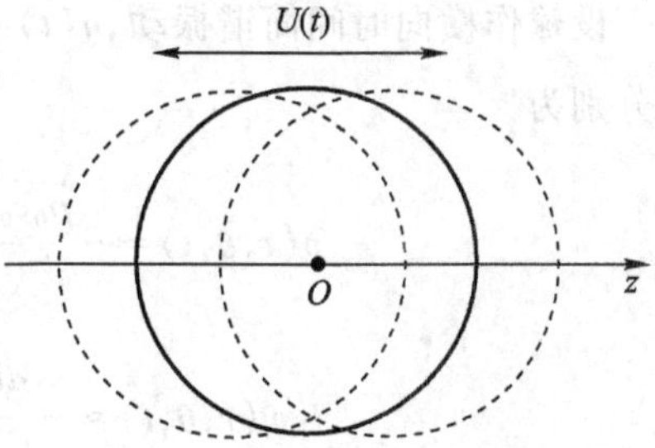

图 2.1.2　横向振动刚性球

在时域中求解上式较复杂,我们来构造满足边界条件方程(2.1.4a)的解. 注意到:① 函数 $f(t-r/c_0)/r$ 必定是上式的一个解,但不可能满足边界条件方程(2.1.4a),因为方程(2.1.4a)中出现了 $\cos\theta$;② 波动方程(2.1.4b)是线性齐次方程,它的任意解的偏导数也是它的解;③ 由于 $r^2=x^2+y^2+z^2$,$\partial r/\partial z=z/r=\cos\theta$,即如果对解 $f(t-r/c_0)/r$ 求偏导数 $\partial/\partial z$,就有可能满足边界条件式(2.1.4a).因此,我们构造方程(2.1.4b)的解如下:

$$\Phi(r,\theta,t)=\frac{\partial}{\partial z}\left[\frac{1}{r}f\left(t-\frac{r}{c_0}\right)\right] \tag{2.1.5a}$$

于是,声压场和径向速度场分别为(注意:切向速度 v_θ 不为零,但在理想流体情况下可不考虑)

$$\begin{aligned}p(r,t)&=-\rho_0\left[-\frac{1}{r^2}f'\left(t-\frac{r}{c_0}\right)-\frac{1}{c_0r}f''\left(t-\frac{r}{c_0}\right)\right]\cos\theta\\ v_r(r,\theta,t)&=\left[\frac{2}{r^3}f\left(t-\frac{r}{c_0}\right)+\frac{2}{c_0r^2}f'\left(t-\frac{r}{c_0}\right)+\frac{1}{c_0^2r}f''\left(t-\frac{r}{c_0}\right)\right]\cos\theta\end{aligned} \tag{2.1.5b}$$

由方程(2.1.4a)得到

$$q(t)=2f\left(t-\frac{a}{c_0}\right)+\frac{2a}{c_0}f'\left(t-\frac{a}{c_0}\right)+\frac{a^2}{c_0^2}f''\left(t-\frac{a}{c_0}\right) \tag{2.1.5c}$$

其中,$q(t)\equiv a^3U(t)$(注意:与脉动球情况的区别).

偶极子声辐射　与讨论单极子类似,方程(2.1.5c)中取 $a/c_0\to0$,那么 $f(t)=q(t)/2$.因此,速度势和声压分别为

$$\Phi(r,\theta,t)=-\left[\frac{1}{r}q\left(t-\frac{r}{c_0}\right)+\frac{1}{c_0}\dot{q}\left(t-\frac{r}{c_0}\right)\right]\frac{\cos\theta}{2r}$$

$$p(r,\theta,t)=\rho_0\left[\frac{1}{r}\dot{q}\left(t-\frac{r}{c_0}\right)+\frac{1}{c_0}\ddot{q}\left(t-\frac{r}{c_0}\right)\right]\frac{\cos\theta}{2r} \tag{2.1.6}$$

上两式表示的声场称为**偶极子辐射场**. 在近场条件下,上式右边第一项远大于第二项,$p\sim 1/r^2$,声能量不能向外辐射;在远场条件下,上式第二项远大于第一项,$p\sim 1/r$,声能量能脱离源向外辐射,是我们感兴趣的项.

设球作横向时间简谐振动,$q(t)=a^3U_0\exp(-\mathrm{i}\omega t)$,偶极子辐射场的远场声压和径向速度分别为

$$p(r,\theta,t)\approx-\frac{\rho_0c_0aU_0(k_0a)^2}{2r}\exp\left[-\mathrm{i}\omega\left(t-\frac{r}{c_0}\right)\right]\cos\theta$$

$$v_r(r,\theta,t)\approx-\frac{aU_0(k_0a)^2}{2r}\exp\left[-\mathrm{i}\omega\left(t-\frac{r}{c_0}\right)\right]\cos\theta \tag{2.1.7a}$$

由上式可见:声场与极角有关,在横向振动方向($\theta=0$),声压极大,而在垂直于横向振动的方向($\theta=\pi$),声压为零,这是偶极子辐射场与脉动球辐射的主要区别之一. 远场平均声强的径向部分和平均声功率分别为

$$I_{\mathrm{av}}=\frac{1}{2}\mathrm{Re}(pv_r^*)\approx\rho_0c_0\pi a^2U_0^2(k_0a)^4\frac{\cos^2\theta}{8\pi r^2}$$

$$P_{\mathrm{av}}=\iint_S I_{\mathrm{av}}\mathrm{d}S=\frac{\pi}{6}\rho_0c_0a^2U_0^2(k_0a)^4 \tag{2.1.7b}$$

显然,偶极子辐射的声强和声功率正比于频率的四次方. 比较上式与方程(2.1.3b)可知,在低频率情况下,脉动球声辐射功率远远大于作横向振动的刚性球.

从方程(2.1.6)也可以导出声压所满足的非齐次方程,但比较繁复,我们还是用构造的方法. 因为

$$p(r,\theta,t)=-2\pi\frac{\partial}{\partial z}\left[\frac{\rho_0}{4\pi r}\dot{q}\left(t-\frac{r}{c_0}\right)\right]\equiv-2\pi\frac{\partial}{\partial z}[p_1] \tag{2.1.8a}$$

而上式方括号内的函数满足方程

$$\frac{1}{c_0^2}\frac{\partial^2p_1}{\partial t^2}-\nabla^2p_1=\rho_0\frac{\mathrm{d}q(t)}{\mathrm{d}t}\delta(r) \tag{2.1.8b}$$

上式对 z 求偏导并乘以(-2π)得到 p 满足的非齐次方程:

$$\frac{1}{c_0^2}\frac{\partial^2p}{\partial t^2}-\nabla^2p=-\rho_0\frac{\partial}{\partial z}[\dot{D}(t)\delta(\boldsymbol{r})] \tag{2.1.8c}$$

其中,$D(t)\equiv 2\pi a^3U(t)$称为**偶极子强度**. 显然,如果刚性球的横向振动$\boldsymbol{u}(t)=\boldsymbol{U}(t)$有三个分量,上式可以推广到

$$\frac{1}{c_0^2}\frac{\partial^2 p}{\partial t^2}-\nabla^2 p=-\rho_0\nabla\cdot[\dot{\boldsymbol{D}}(t)\delta(\boldsymbol{r})] \tag{2.1.9a}$$

其中,偶极子强度为$\boldsymbol{D}(t)\equiv 2\pi a^3\boldsymbol{U}(t)$. 注意:由于$\dot{\boldsymbol{D}}(t)$与空间无关,故$\nabla\cdot[\dot{\boldsymbol{D}}(t)\delta(\boldsymbol{r})]=\dot{\boldsymbol{D}}(t)\cdot\nabla\delta(\boldsymbol{r})$. 对照波动方程(1.1.15b)可知:横向振动的刚性球相当于强度为$2\pi a^3\dot{\boldsymbol{U}}(t)$、位于原点的点力源,称为**偶极子声源**. 为了求解方程(2.1.9a),引进矢量场$\boldsymbol{A}(\boldsymbol{r},t)=(A_1,A_2,A_3)$,满足关系:

$$p(\boldsymbol{r},t)=\nabla\cdot\boldsymbol{A}(\boldsymbol{r},t)=\sum_{j=1}^{3}\frac{\partial A_j}{\partial x_j} \tag{2.1.9b}$$

则矢量场满足方程($j=1,2,3$):

$$\frac{1}{c_0^2}\frac{\partial^2 A_j(\boldsymbol{r},t)}{\partial t^2}-\nabla^2 A_j(\boldsymbol{r},t)=-\rho_0\dot{D}_j(t)\delta(\boldsymbol{r}) \tag{2.1.9c}$$

由 Green 函数[方程(1.2.22)]得到

$$A_j(\boldsymbol{r},t)=-\frac{\rho_0}{4\pi}\int\frac{1}{|\boldsymbol{r}-\boldsymbol{r}'|}\dot{D}_j\left(t-\frac{|\boldsymbol{r}-\boldsymbol{r}'|}{c_0}\right)\delta(\boldsymbol{r}')\mathrm{d}V' \tag{2.1.10a}$$

$$=-\frac{\rho_0}{4\pi}\frac{1}{|\boldsymbol{r}|}\dot{D}_j\left(t-\frac{|\boldsymbol{r}|}{c_0}\right)$$

因此,三维偶极子产生的声场为

$$p(\boldsymbol{r},t)=-\frac{\rho_0}{4\pi}\nabla\cdot\left[\frac{1}{|\boldsymbol{r}|}\dot{\boldsymbol{D}}\left(t-\frac{|\boldsymbol{r}|}{c_0}\right)\right]=-\frac{\rho_0}{4\pi}\frac{\partial}{\partial x_j}\left[\frac{1}{|\boldsymbol{r}|}\dot{D}_j\left(t-\frac{|\boldsymbol{r}|}{c_0}\right)\right] \tag{2.1.10b}$$

在远场条件下,上式近似为

$$p(\boldsymbol{r},t)\approx-\frac{\rho_0}{4\pi}\frac{1}{|\boldsymbol{r}|}\sum_{j=1}^{3}\frac{\partial}{\partial x_j}\dot{D}_j\left(t-\frac{|\boldsymbol{r}|}{c_0}\right)=\frac{\rho_0}{4\pi c_0}\frac{1}{|\boldsymbol{r}|}\sum_{j=1}^{3}\ddot{D}_j\left(t-\frac{|\boldsymbol{r}|}{c_0}\right)\frac{x_j}{|\boldsymbol{r}|} \tag{2.1.10c}$$

注意:偶极子辐射场也可由位于原点附近的两个振动相位相反的脉动球组成. 设两个脉动球分别位于$\boldsymbol{r}_1'=\Delta\boldsymbol{r}/2$(正脉动球)和$\boldsymbol{r}_2'=-\Delta\boldsymbol{r}/2$(负脉动球)处,由方程(2.1.2c),两个无限靠近的脉动球相当于存在声源:

$$\dot{q}(t)\lim_{\Delta r/2\to 0}\left[\delta\left(\boldsymbol{r}-\frac{\Delta\boldsymbol{r}}{2}\right)-\delta\left(\boldsymbol{r}+\frac{\Delta\boldsymbol{r}}{2}\right)\right]=-\dot{\boldsymbol{D}}(t)\cdot\nabla\delta(\boldsymbol{r})=-\nabla\cdot[\dot{\boldsymbol{D}}(t)\delta(\boldsymbol{r})] \tag{2.1.11}$$

其中,偶极子强度为$\boldsymbol{D}(t)\equiv q(t)\Delta\boldsymbol{r}$(由负脉动球指向正脉动球).

2.1.3 纵向和横向四极子声辐射

两个无限接近的反相偶极子组成的声辐射系统称为**四极子系统**. 设偶极子的矢量为 $\boldsymbol{D}(t)=D(t)\boldsymbol{d}$,其中 $\boldsymbol{d}$ 为偶极子方向的单位矢量(由负脉动球指向正脉动球). 两个偶极子相距 $\boldsymbol{l}=\Delta\boldsymbol{r}$(负偶极子指向正偶极子),一个位于 $\boldsymbol{r}+\Delta\boldsymbol{r}/2$,另一个位于 $\boldsymbol{r}-\Delta\boldsymbol{r}/2$,根据方程(2.1.11)可知,四极子系统的声源为

$$\lim_{\Delta r/2\to 0}\dot{\boldsymbol{D}}(t)\cdot\nabla\left[\delta\left(\boldsymbol{r}-\frac{\Delta\boldsymbol{r}}{2}\right)-\delta\left(\boldsymbol{r}+\frac{\Delta\boldsymbol{r}}{2}\right)\right]=-\dot{D}(t)(\boldsymbol{d}\cdot\nabla)(\boldsymbol{l}\cdot\nabla)\delta(\boldsymbol{r}) \tag{2.1.12a}$$

或者写成分量形式:

$$\dot{D}(t)(\boldsymbol{d}\cdot\nabla)(\boldsymbol{l}\cdot\nabla)\delta(\boldsymbol{r})=d_i l_j\dot{D}(t)\frac{\partial^2\delta(\boldsymbol{r})}{\partial x_i\partial x_j} \tag{2.1.12b}$$

因此,四极子系统的声波方程为

$$\frac{1}{c_0^2}\frac{\partial^2 p}{\partial t^2}-\nabla^2 p=-\rho_0 d_i l_j\dot{D}(t)\frac{\partial^2\delta(\boldsymbol{r})}{\partial x_i\partial x_j} \tag{2.1.12c}$$

引进张量场 $T_{ij}(\boldsymbol{r},t)(i,j=1,2,3)$,有

$$p(\boldsymbol{r},t)=\sum_{i,j=1}^{3}\frac{\partial^2 T_{ij}(\boldsymbol{r},t)}{\partial x_i\partial x_j} \tag{2.1.13a}$$

其中,张量场满足方程:

$$\frac{1}{c_0^2}\frac{\partial^2 T_{ij}(\boldsymbol{r},t)}{\partial t^2}-\nabla^2 T_{ij}(\boldsymbol{r},t)=-\rho_0 d_i l_j\dot{D}(t)\delta(\boldsymbol{r}) \tag{2.1.13b}$$

与方程(2.1.10a)类似,由 Green 函数[方程(1.2.22)]得到

$$\begin{aligned}T_{ij}(\boldsymbol{r},t)&=-\frac{\rho_0}{4\pi}d_i l_j\int\frac{1}{|\boldsymbol{r}-\boldsymbol{r}'|}\dot{D}\left(t-\frac{|\boldsymbol{r}-\boldsymbol{r}'|}{c_0}\right)\delta(\boldsymbol{r}')\mathrm{d}V'\\&=-\frac{\rho_0}{4\pi}d_i l_j\frac{1}{|\boldsymbol{r}|}\dot{D}\left(t-\frac{|\boldsymbol{r}|}{c_0}\right)\end{aligned} \tag{2.1.13c}$$

于是,任意四极子系统的声场为

$$\begin{aligned}p(\boldsymbol{r},t)&=-\frac{\rho_0}{4\pi}\sum_{i,j=1}^{3}d_i l_j\frac{\partial^2}{\partial x_i\partial x_j}\frac{1}{|\boldsymbol{r}|}\dot{D}\left(t-\frac{|\boldsymbol{r}|}{c_0}\right)\\&=-\frac{\rho_0}{4\pi}(\boldsymbol{l}\cdot\nabla)(\boldsymbol{d}\cdot\nabla)\frac{1}{|\boldsymbol{r}|}\dot{D}\left(t-\frac{|\boldsymbol{r}|}{c_0}\right)\end{aligned} \tag{2.1.13d}$$

讨论两个简单情况.

（1）纵向四极子，如图 2.1.3(a)所示，$\boldsymbol{d}$ 和 $\boldsymbol{l}$ 平行，设为 z 方向，则

$$p(\boldsymbol{r},t)=-\frac{\rho_0 l}{4\pi}\frac{\partial^2}{\partial z^2}\left[\frac{1}{|\boldsymbol{r}|}\dot{D}\left(t-\frac{|\boldsymbol{r}|}{c_0}\right)\right] \tag{2.1.14a}$$

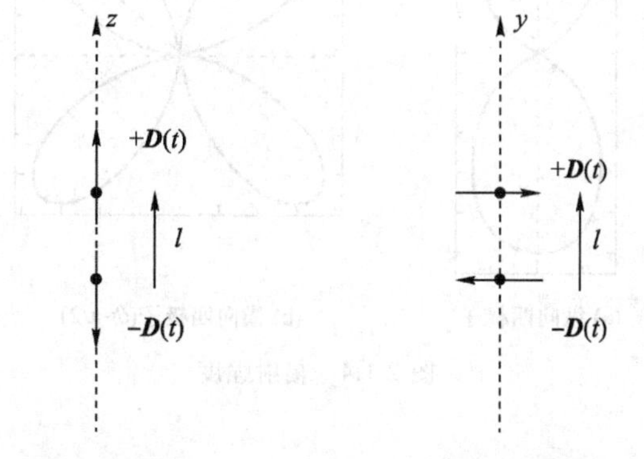

(a)纵向四极子　　(b)横向四极子

图 2.1.3

设时间简谐振动 $D(t)=D_0\exp(-\mathrm{i}\omega t)$，代入上式且考虑远场近似：

$$p(\boldsymbol{r},t)\approx\mathrm{i}\frac{\rho_0 c_0 k_0^3 D_0 l}{4\pi|\boldsymbol{r}|}\cos^2\theta\exp\left[-\mathrm{i}\omega\left(t-\frac{|\boldsymbol{r}|}{c_0}\right)\right] \tag{2.1.14b}$$

径向平均声强为

$$I_{\mathrm{av}}=\frac{1}{2}\mathrm{Re}(pv_r^*)\approx\frac{\rho_0 c_0 k_0^6(D_0 l)^2}{2(4\pi)^2|\boldsymbol{r}|^2}\cos^4\theta \tag{2.1.14c}$$

（2）横向四极子，如图 2.1.3(b)所示，$\boldsymbol{d}$ 和 $\boldsymbol{l}$ 垂直，设 $\boldsymbol{d}$ 和 $\boldsymbol{l}$ 的方向分别为 x 和 y 方向，方程(2.1.13d)简化为

$$p(\boldsymbol{r},t)=\frac{\rho_0 l}{4\pi}\frac{\partial^2}{\partial x\partial y}\left[\frac{1}{|\boldsymbol{r}|}\dot{D}\left(t-\frac{|\boldsymbol{r}|}{c_0}\right)\right] \tag{2.1.15a}$$

设时间简谐振动 $D(t)=D_0\exp(-\mathrm{i}\omega t)$，代入上式且考虑远场近似

$$p(\boldsymbol{r},t)\approx\mathrm{i}\frac{\rho_0 c_0 k_0^3 D_0 l}{8\pi|\boldsymbol{r}|}\sin^2\theta\sin(2\varphi)\exp\left[-\mathrm{i}\omega\left(t-\frac{|\boldsymbol{r}|}{c_0}\right)\right] \tag{2.1.15b}$$

径向平均声强为

$$I_{\mathrm{av}}=\frac{1}{2}\mathrm{Re}(pv_r^*)\approx\frac{\rho_0 c_0 k_0^6(D_0 l)^2}{8(4\pi)^2|\boldsymbol{r}|^2}\sin^4\theta\sin^2(2\varphi) \tag{2.1.15c}$$

纵向和横向四极子的辐射方向如图 2.1.4 所示，其中图 2.1.4(b)是 Oxy 平面内($\theta=\pi/2$)的辐射方向图. 由方程(2.1.14c)和上式，纵向和横向四极子辐射的声强和声功率正比于频率的 6 次方. 注意：在低频条件下，单极子和偶极子的辐射功率分别与频率的 2 次和 4 次方成正比.

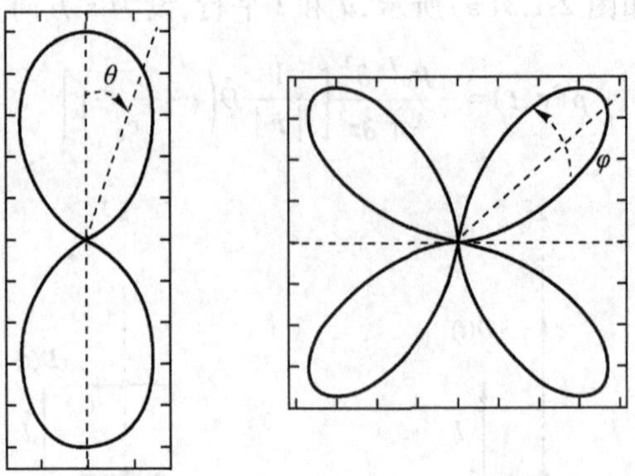

(a) 纵向四极子　　(b) 横向四极子($\theta=\pi/2$)

图 2.1.4　辐射强度

2.1.4　小区域体源和面源的辐射

小区域体源　对任意的体源分布，声场由方程(1.2.22)决定，有

$$p(\boldsymbol{r},t)=\frac{1}{4\pi}\int\frac{1}{|\boldsymbol{r}-\boldsymbol{r}'|}\Im(\boldsymbol{r}',t_R)\mathrm{d}V' \tag{2.1.16a}$$

式中，用 $t_R=t-|\boldsymbol{r}-\boldsymbol{r}'|/c_0$ 表示推迟时间. 如果声源位于原点附近的小区域，且考虑远场的声压分布：$|\boldsymbol{r}|\gg|\boldsymbol{r}'|$，上式可利用 Taylor 展开，有

$$f(\boldsymbol{r}-\boldsymbol{r}')=f(\boldsymbol{r})-\sum_{i=1}^{3}x_i'\frac{\partial f(\boldsymbol{r})}{\partial x_i}+\frac{1}{2}\sum_{i,j=1}^{3}x_i'x_j'\frac{\partial^2 f(\boldsymbol{r})}{\partial x_i\partial x_j}+\cdots \tag{2.1.16b}$$

代入式(2.1.16a)得到

$$p(\boldsymbol{r},t)=p_{\mathrm{s}}(\boldsymbol{r},t)+p_{\mathrm{d}}(\boldsymbol{r},t)+p_{\mathrm{q}}(\boldsymbol{r},t)+\cdots \tag{2.1.17a}$$

其中，为了方便，定义

$$p_{\mathrm{s}}(\boldsymbol{r},t)\equiv\frac{1}{4\pi|\boldsymbol{r}|}Q\left(t-\frac{|\boldsymbol{r}|}{c_0}\right),\quad Q(t)\equiv\int\Im(\boldsymbol{r}',t)\mathrm{d}V' \tag{2.1.17b}$$

$$p_{\mathrm{d}}(\boldsymbol{r},t)\equiv-\frac{1}{4\pi}\sum_{i=1}^{3}\frac{\partial}{\partial x_i}\frac{1}{|\boldsymbol{r}|}D_i\left(t-\frac{|\boldsymbol{r}|}{c_0}\right),\quad D_i(t)\equiv\int x_i'\Im(\boldsymbol{r}',t)\mathrm{d}V' \tag{2.1.17c}$$

$$p_{\mathrm{q}}(\boldsymbol{r},t)\equiv\frac{1}{8\pi}\sum_{i,j=1}^{3}\frac{\partial^2}{\partial x_i\partial x_j}\frac{1}{|\boldsymbol{r}|}Q_{ij}\left(t-\frac{|\boldsymbol{r}|}{c_0}\right),\quad Q_{ij}(t)\equiv\int x_i'x_j'\Im(\boldsymbol{r}',t)\mathrm{d}V' \tag{2.1.17d}$$

对照方程(2.1.2a)、方程(2.1.10b)和方程(2.1.13d)，显然 p_{s}、p_{d} 和 p_{q} 分别对应于单极子、偶极子和四极子的声场，Q、D_i 和 Q_{ij} 分别对应于声源的单极矩(平均值)、偶极矩(一阶矩)和四极矩(二阶矩)，它们分别是标量、矢量和张量. 利用 $\Im(\boldsymbol{r},t)=\rho_0\partial q/\partial t-\rho_0\nabla\cdot\boldsymbol{f}$，显然有

$$Q(t)=\rho_0\frac{\partial}{\partial t}\int q\mathrm{d}V'-\rho_0\int_S\boldsymbol{f}\cdot\boldsymbol{n}'\mathrm{d}S'=\rho_0\frac{\partial}{\partial t}\int q\mathrm{d}V' \tag{2.1.18a}$$

其中,S 是包围小区域的任意闭合曲面,在曲面上 $\boldsymbol{f}=0$,故上式中面积分为零,也就是说,单极矩是由质量源的时间变化产生的,如果小区域是封闭的,没有质量流进和流出,那么 $Q(t)=0$,即没有单极子辐射. 对偶极矩有同样关系:

$$D_i(t)=\rho_0\frac{\partial}{\partial t}\int x_i'q(\boldsymbol{r}',t)\,\mathrm{d}V'-\rho_0\int x_i'\nabla'\cdot\boldsymbol{f}\mathrm{d}V'=\rho_0\int\boldsymbol{f}\cdot\boldsymbol{e}_i\mathrm{d}V' \tag{2.1.18b}$$

上式中,我们假定质量源 $q(\boldsymbol{r}',t)$ 产生的矩 $x_i'q(\boldsymbol{r}',t)$ 的体积分为零. 注意:上式推导过程中,利用了 $x_i'\nabla'\cdot\boldsymbol{f}=\nabla'\cdot(x_i'\boldsymbol{f})-\boldsymbol{f}\cdot\boldsymbol{e}_i$ 以及

$$\begin{aligned}\int x_i'\nabla'\cdot\boldsymbol{f}\mathrm{d}V'&=\int[\nabla'\cdot(x_i'\boldsymbol{f})-\boldsymbol{f}\cdot\nabla'x_i']\mathrm{d}V'\\&=\int_S x_i'\boldsymbol{f}\cdot\boldsymbol{n}'\mathrm{d}S'-\int\boldsymbol{f}\cdot\boldsymbol{e}_i\mathrm{d}V'=-\int\boldsymbol{f}\cdot\boldsymbol{e}_i\mathrm{d}V'\end{aligned} \tag{2.1.18c}$$

由牛顿第二定律,力源的作用是引起动量 $\boldsymbol{p}=\rho\boldsymbol{v}$ 的变化,故由方程(2.1.18b)得到

$$D_i(t)\sim\frac{\partial}{\partial t}\int\boldsymbol{p}\cdot\boldsymbol{e}_i\mathrm{d}V'\sim\frac{\partial}{\partial t}\int p_i\mathrm{d}V' \tag{2.1.18d}$$

因此,偶极矩是由小区域的动量时间变化而产生的. 如果小区域封闭,没有动量流进和流出,那么 $D_i(t)=0$,即没有偶极子辐射. 对一个孤立的区域,没有质量和动量的流进、流出,那么必须考虑四极矩辐射. 利用 $x_i'x_j'\nabla'\cdot\boldsymbol{f}=\nabla'\cdot(x_i'x_j'\boldsymbol{f})-\boldsymbol{f}\cdot\nabla'(x_i'x_j')$,容易得到

$$Q_{ij}(t)=\rho_0\frac{\partial}{\partial t}\int x_i'x_j'q(\boldsymbol{r}',t)\,\mathrm{d}V'+\rho_0\frac{\partial}{\partial t}\int(p_ix_j'+x_i'p_j)\,\mathrm{d}V' \tag{2.1.18e}$$

如果假定质量源 $q(\boldsymbol{r}',t)$ 产生的二阶矩 $x_i'x_j'q(\boldsymbol{r}',t)$ 的体积分为零,则四极矩是由小区域的动量矩(即角动量,对应于孤立区域流体的转动或者涡旋,力源为黏性力,见第 6 章)的时间变化产生的.

显然,空间声场的三部分分别对应于单极子(由质量源产生)、偶极子(由力源产生)和四极子(由张量源产生,详细讨论见 8.4.1 小节). 这一结论是针对小区域体源得到的,所谓小区域,也就是源的线度 a 远小于声波波长 λ,即 $a\ll\lambda$;当源的线度较大($a\sim\lambda$)时,质量源不仅仅产生单极辐射,也产生偶极以上多极辐射,而力源不仅仅产生偶极辐射,也产生四极以上多极辐射,见 2.3.4 小节讨论.

小区域面源 如图 2.1.5 所示,设面源位于坐标原点附近的小区域 G 内,G 的边界面 S 以法向速度

$$v_{\mathrm{n}}(\boldsymbol{r},t)=v_{\mathrm{n}}(\boldsymbol{r},\omega)\exp(-\mathrm{i}\omega t)\quad(\boldsymbol{r}\in S) \tag{2.1.19}$$

作简谐振动.

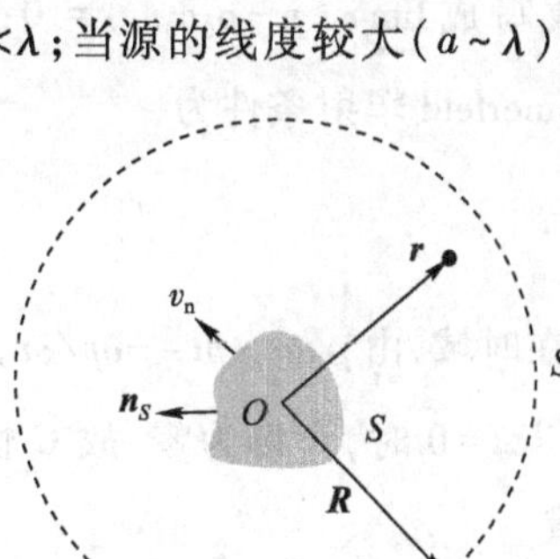

图 2.1.5 面源位于坐标原点附近

Kirchhoff-Helmholtz 积分定理 利用矢量恒等式

$$g(\nabla^2+k_0^2)p-p(\nabla^2+k_0^2)g=\nabla\cdot(g\nabla p-p\nabla g) \tag{2.1.20a}$$

取半径为 R 的大球，大球面 S_R 与边界面 S 包围的体积为 V，在 V 内对上式作体积分并使用 Gauss 定理，有

$$\int_V [g(\nabla^2+k_0^2)p - p(\nabla^2+k_0^2)g]\mathrm{d}V = \int_{S+S_R}(g\nabla p - p\nabla g)\cdot \boldsymbol{n}\mathrm{d}S \quad (2.1.20\mathrm{b})$$

上式中，g 和 p 是满足一定微分条件的任意函数，$\boldsymbol{n}$ 是 $S+S_R$ 的外法向单位矢量. 取 p 为声压，并且假定在 V 内不存在其他体源，满足齐次 Helmholtz 方程 $(\nabla^2+k_0^2)p=0$；取 g 为自由空间的 Green 函数，即方程(1.2.24)的形式. 因此得到

$$p(\boldsymbol{r}',\omega) = -\int_S (g\nabla p - p\nabla g)\cdot \boldsymbol{n}_S\mathrm{d}S + I_R \quad (2.1.20\mathrm{c})$$

上式右边加负号是因为现在 $\boldsymbol{n}_S$ 是指边界面 S 的法向，在 S 面上 $\boldsymbol{n}=-\boldsymbol{n}_S$. 式中

$$I_R = \iint_{S_R}(g\nabla p - p\nabla g)\cdot \boldsymbol{n}\mathrm{d}S \quad (2.1.20\mathrm{d})$$

是大球面上的积分. 作运算

$$\nabla g(R) = \frac{\partial g(R)}{\partial R}\nabla R = \frac{\mathrm{i}k_0R-1}{R}g(|\boldsymbol{r}-\boldsymbol{r}'|)\boldsymbol{e}_R \quad (2.1.21\mathrm{a})$$

其中，$R=|\boldsymbol{r}-\boldsymbol{r}'|$，$\boldsymbol{e}_R=\boldsymbol{R}/R$ 是 $\boldsymbol{R}=\boldsymbol{r}-\boldsymbol{r}'$ 方向的单位矢量. 在大球面 S_R 上，$|\boldsymbol{r}|\to\infty$，而 $|\boldsymbol{r}'|$ 总是有限，因此 $\boldsymbol{R}/R\approx e_r=\boldsymbol{n}$ 和 $R\approx|\boldsymbol{r}|=r$，故有

$$I_R = \lim_{R\to\infty}\int_{S_R}\left(\frac{\partial p}{\partial r} - \mathrm{i}k_0 p\right)g\mathrm{d}S \quad (2.1.21\mathrm{b})$$

注意：在球坐标中 $\mathrm{d}S\sim r^2\mathrm{d}r$ 以及 $g\sim 1/r$，若要求

$$\lim_{r\to\infty} r\left(\frac{\partial p}{\partial r} - \mathrm{i}k_0 p\right) = 0 \quad (2.1.21\mathrm{c})$$

则 $I_R\to 0$. 上式称为 **Sommerfeld 辐射条件**. 注意：① 在频率域内，由 $\mathrm{i}\omega\rho_0 v_r=\partial p/\partial r$，上式也可改写成 $\lim\limits_{r\to\infty} r(p-\rho_0 c_0 v_r)=0$；② 根据频域与时域的变换关系：$-\mathrm{i}\omega\leftrightarrow\partial/\partial t$，时域的 Sommerfeld 辐射条件为

$$\lim_{r\to\infty} r\left(\frac{\partial p}{\partial r} + \frac{1}{c_0}\frac{\partial p}{\partial t}\right) = 0 \quad (2.1.21\mathrm{d})$$

③ 在时域，由 $\rho_0\partial v_r/\partial t=-\partial p/\partial r$，上式变成 $\lim\limits_{r\to\infty} r(p-\rho_0 c_0 v_r)=C$，其中 C 是与时间无关的常量，当 $t=0$ 时，声场为零，故 C 恒等于零. 因此，在时域或频域，Sommerfeld 辐射条件可以写成

$$\lim_{r\to\infty} r(p-\rho_0 c_0 v_r) = 0 \quad (2.1.21\mathrm{e})$$

设声压满足 Sommerfeld 辐射条件，则由方程(2.1.20c)可知

$$p(\boldsymbol{r}',\omega) = -\int_S (g\nabla p - p\nabla g)\cdot \boldsymbol{n}_S\mathrm{d}S \quad (2.1.22\mathrm{a})$$

由于 Green 函数的对称性:$g(|\boldsymbol{r}-\boldsymbol{r}'|)=g(|\boldsymbol{r}'-\boldsymbol{r}|)$,上式变量对调 $\boldsymbol{r}$ 与 $\boldsymbol{r}'$,得到

$$p(\boldsymbol{r},\omega)=-\int_S[g(|\boldsymbol{r}-\boldsymbol{r}'|)\nabla' p(\boldsymbol{r}',\omega)-p(\boldsymbol{r}',\omega)\nabla' g(|\boldsymbol{r}-\boldsymbol{r}'|)]\cdot\boldsymbol{n}'_S\mathrm{d}S' \tag{2.1.22b}$$

注意:$\nabla p=\mathrm{i}\rho_0\omega\boldsymbol{v}$,故在边界面上有$\nabla' p\cdot\boldsymbol{n}'_S=\mathrm{i}\rho_0\omega\boldsymbol{v}\cdot\boldsymbol{n}'_S=\mathrm{i}\rho_0\omega v_\mathrm{n}$. 因此

$$\begin{aligned}p(\boldsymbol{r},\omega)=&\rho_0\int_S g(|\boldsymbol{r}-\boldsymbol{r}'|)(-\mathrm{i}\omega)v_\mathrm{n}(\boldsymbol{r},\omega)\mathrm{d}S'\\&+\int_S p(\boldsymbol{r}',\omega)\nabla' g(|\boldsymbol{r}-\boldsymbol{r}'|)\cdot\boldsymbol{n}'_S\mathrm{d}S'\end{aligned} \tag{2.1.23a}$$

必须说明的是:在 S 上,我们仅给出了法向速度 $v_\mathrm{n}(\boldsymbol{r},\omega)$,而没有给出声压 $p(\boldsymbol{r}',\omega)$,因此,上式是关于声压 $p(\boldsymbol{r},\omega)$ 的一个积分方程. 利用$\nabla' g=-\nabla g$,上式变化为

$$\begin{aligned}p(\boldsymbol{r},\omega)=&\rho_0\int_S g(|\boldsymbol{r}-\boldsymbol{r}'|)(-\mathrm{i}\omega)v_\mathrm{n}(\boldsymbol{r}',\omega)\mathrm{d}S'\\&+\frac{1}{c_0}\int_S\left(-\mathrm{i}\omega+\frac{c_0}{R}\right)p(\boldsymbol{r}',\omega)g(|\boldsymbol{r}-\boldsymbol{r}'|)\boldsymbol{e}_R\cdot\boldsymbol{n}'_S\mathrm{d}S'\end{aligned} \tag{2.1.23b}$$

注意到频域与时域的变换关系:$-\mathrm{i}\omega\leftrightarrow\partial/\partial t$,立即得到时域方程

$$\begin{aligned}p(\boldsymbol{r},t)=&\frac{\rho_0}{4\pi}\int_S\frac{\dot{v}_\mathrm{n}(\boldsymbol{r}',t-R/c_0)}{R}\mathrm{d}S'\\&+\frac{1}{4\pi c_0}\int_S\left(\frac{\partial}{\partial t}+\frac{c_0}{R}\right)\frac{p(\boldsymbol{r}',t-R/c_0)}{R}\boldsymbol{e}_R\cdot\boldsymbol{n}'_S\mathrm{d}S'\end{aligned} \tag{2.1.23c}$$

Kirchhoff-Helmholtz 积分的多极展开 利用方程(2.1.16b),上式变成

$$\begin{aligned}p(\boldsymbol{r},t)=&\frac{1}{4\pi|\boldsymbol{r}|}S\left(t-\frac{|\boldsymbol{r}|}{c_0}\right)-\nabla\cdot\frac{1}{4\pi|\boldsymbol{r}|}\boldsymbol{D}\left(t-\frac{|\boldsymbol{r}|}{c_0}\right)\\&+\sum_{i,j=1}^{3}\frac{\partial^2}{\partial x_i\partial x_j}\frac{1}{4\pi|\boldsymbol{r}|}Q_{ij}\left(t-\frac{|\boldsymbol{r}|}{c_0}\right)+\cdots\end{aligned} \tag{2.1.24a}$$

其中,对应的单极矩、偶极矩和四极矩分别为

$$\begin{aligned}S(t)&=\rho_0\int_S\dot{v}_\mathrm{n}(\boldsymbol{r}',t)\mathrm{d}S'\equiv\rho_0\dot{Q}(t)\\\boldsymbol{D}(t)&=\int_S[\rho_0\boldsymbol{r}'\dot{v}_\mathrm{n}(\boldsymbol{r}',t)+\boldsymbol{n}'_S p(\boldsymbol{r}',t)]\mathrm{d}S'\\Q_{ij}(t)&=\frac{1}{2}\int_S[\rho_0x'_ix'_j\dot{v}_\mathrm{n}(\boldsymbol{r}',t)+(n'_{Sj}x'_i+n_{Si}x'_j)p(\boldsymbol{r}',t)]\mathrm{d}S'\end{aligned} \tag{2.1.24b}$$

得到式(2.1.24a),已利用了微分关系

$$\left(\frac{\partial}{\partial t}+\frac{c_0}{R}\right)\frac{p(\boldsymbol{r}',t-R/c_0)}{R}\boldsymbol{e}_R=-c_0\nabla\frac{p(\boldsymbol{r}',t-R/c_0)}{R} \tag{2.1.24c}$$

对一个复杂的振动体,如果单极矩和偶极矩为零,必须考虑四极矩引起的声辐射,具体例子见 2.3 节讨论.

2.1.5 声束聚集和 Airy 声束

如图 2.1.6 所示,由 N 个点声源组成的二维线阵,每个点声源的相位补偿为 $\phi_j(j=1,2,\cdots,N)$,则 (x,z) 平面上任意一点的总声压分布为

$$p(x,z,\omega)=\sum_{j=1}^{N}A_j\exp(-\mathrm{i}\phi_j)\mathrm{H}_0^{(1)}(k_0\rho_j) \tag{2.1.25a}$$

其中,$\rho_j=\sqrt{(x-x_j^2)+z^2}$ 是位于 $(x_j,0)$ 的第 j 个声源到观测点 (x,z) 的距离. 注意:① 为了声场的绘图方便,仅考虑二维声场情况;② 二维点源实际上是平行于 y 轴的线源;③ 为了便于扩展到三维情况,我们把点源阵置于 x 轴上,三维情况则是 Oxy 平面内的面阵. 通过控制阵列中各个单元的相位补偿,可生成各种特殊形式的声束.

声双曲透镜聚焦 如果我们希望在 (x_f,z_f) 附近形成聚焦区域,则位于 x 轴的各个点声源辐射的声波应该同相位到达焦点 (x_f,z_f),声程差引起的相位差可以通过变化 $\phi_j(j=1,2,\cdots,N)$ 来补偿. 位于原点 $(0,0)$ 和位于 $(0,x_j)$ 的第 j 个声源辐射的声波,到达 (x_f,z_f) 的相位变化分别为 $k_0\sqrt{x_f^2+z_f^2}$ 和 $k_0\sqrt{(x_j-x_f)^2+z_f^2}$,因此第 j 个声源的相位差补偿为(参考图 2.1.6)

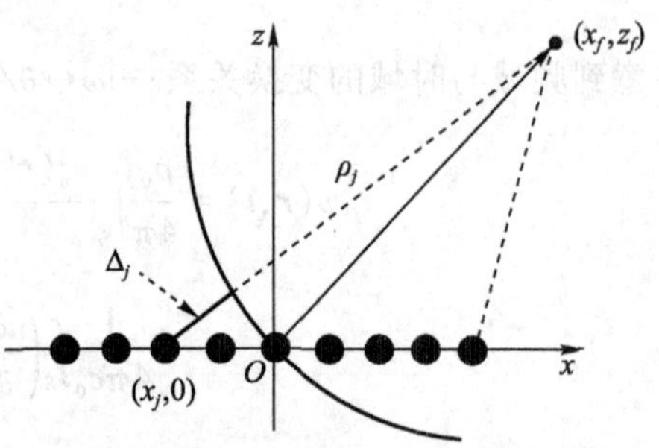

图 2.1.6 通过线阵聚焦波束,在任意点 (x_f,z_f) 附近形成聚焦区

$$\phi_j=k_0(\Delta_j-\Delta_0)=k_0\left[\sqrt{(x_j-x_f)^2+z_f^2}-\sqrt{x_f^2+z_f^2}\right] \tag{2.1.25b}$$

假定每个点源强度相同,则 $A_1=A_2=\cdots=A_N\equiv A$(常量). 注意到 $k_0=2\pi/\lambda$,对 ϕ_j 和 $k_0\rho_j$ 进行无量纲化处理后得到

$$k_0\rho_j=2\pi\sqrt{\left(\frac{x-x_j}{\lambda}\right)^2+\left(\frac{z}{\lambda}\right)^2}$$
$$\phi_j=2\pi\left[\sqrt{\left(\frac{x_j-x_f}{\lambda}\right)^2+\left(\frac{z_f}{\lambda}\right)^2}-\sqrt{\left(\frac{x_f}{\lambda}\right)^2+\left(\frac{z_f}{\lambda}\right)^2}\right] \tag{2.1.25c}$$

图 2.1.7 是根据方程(2.1.25a)、方程(2.1.25b)和方程(2.1.25c)计算的声压 $|p(x,z,\omega)|$ 分布,计算中取点源数 $N=40$,源间距 $l=0.1\lambda$,频率 $f=1\ 250$ Hz,声速 $c_0=343$ m/s.

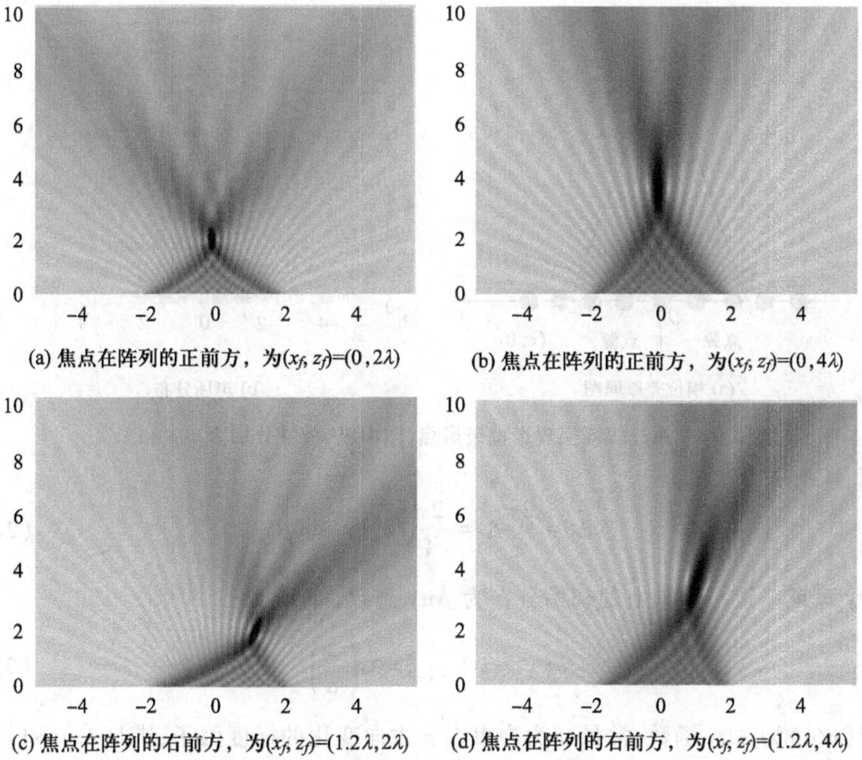

(a) 焦点在阵列的正前方，为$(x_f, z_f)=(0, 2\lambda)$ (b) 焦点在阵列的正前方，为$(x_f, z_f)=(0, 4\lambda)$

(c) 焦点在阵列的右前方，为$(x_f, z_f)=(1.2\lambda, 2\lambda)$ (d) 焦点在阵列的右前方，为$(x_f, z_f)=(1.2\lambda, 4\lambda)$

图 2.1.7　声透镜聚焦声场图,图中纵、横轴分别为 z/λ 和 x/λ

注意：如果考虑位于 Oxy 平面的面阵,焦点位置为(x_f, y_f, z_f),则位于(x_j, y_j)的面阵元的相位差补偿为

$$\phi_j = k_0\left[\sqrt{(x_j-x_f)^2+(y_j-y_f)^2+z_f^2}-\sqrt{x_f^2+y_f^2+z_f^2}\right] \quad (2.1.25\text{d})$$

表示三维空间(x_j, y_j, ϕ_j)上的双曲面,故以上的聚焦方法也称为**双曲透镜聚焦**.

声棱镜聚焦　根据光学中轴锥镜(axicon)的原理,为了用 x 轴上的直线阵模拟棱镜的斜边,如图 2.1.8(a)所示,相位差补偿 ϕ_j 为

$$\phi_j = \frac{2\pi}{\lambda}\Delta_j = \frac{2\pi}{\lambda}|x_j|\sin\beta \quad (j=1,2,\cdots,N) \quad (2.1.26\text{a})$$

其中,β 称为棱镜的**基角**. 图 2.1.8(b)画出了声压$|p(x,z,\omega)|$的分布,计算参量与图 2.1.7 相同,基角取 $\beta=0.08\pi/2$. 比较图 2.1.7 可见,声棱镜聚焦能实现较长的带状区域聚焦,大大降低了带状区域内声波的衍射和声束的扩散.

注意：① 基角不能太大,否则两个棱边上辐射的声波就不能在较长的带状区域内有效地干涉,而是分成两列声束;也不能太小,否则相位差补偿就不起作用了;② 真正的光学轴锥镜是三维的,可实现横向的非衍射 Bessel 光束,如果我们考虑面阵,也能实现非衍射 Bessel 声束,在简单的一维线阵情况,仅仅通过方程(2.1.26a)的相位差补偿是不可能的;③ 对位于 Oxy 平面的面阵(i,j),相位差补偿 ϕ_{ij} 为

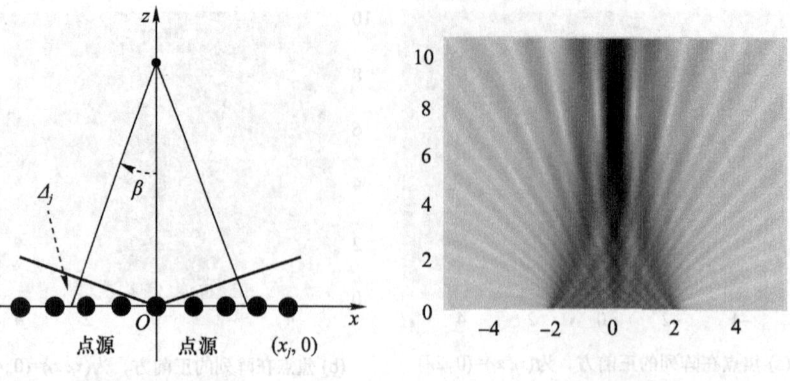

图 2.1.8　通过线阵实现声棱镜聚焦，图中纵、横轴分别为 z/λ 和 x/λ

$$\phi_{ij}=\frac{2\pi}{\lambda}\Delta_{ij}=\frac{2\pi}{\lambda}\sqrt{x_i^2+y_j^2}\sin\beta \tag{2.1.26b}$$

Airy 声束　设在 x 轴上的初始分布为 Airy 函数，即

$$p(x,z,\omega)\mid_{z=0}=\mathrm{Ai}\left(\frac{x}{a}\right) \tag{2.1.27a}$$

其中，$\mathrm{Ai}(x/a)$ 为 Airy 函数，常量 a 为声束在 x 方向变化的标度因子，满足 $k_0a\gg1$. 容易证明，在抛物近似下，空间声场分布为（见习题 2.3）

$$p(x,z,\omega)\approx\mathrm{Ai}\left(x'-\frac{z'^2}{4}\right)\exp\left[\frac{\mathrm{i}}{2}\left(x'z'-\frac{z'^3}{6}\right)\right]\exp(\mathrm{i}k_0z) \tag{2.1.27b}$$

其中，有 $x'=x/a$ 和 $z'=z/k_0a^2$. 上式的意义是明显的，即如果声场在 $z=0$（x 轴上）是 Airy 函数分布，那么在 $z'>0$ 区域仍然保持 Airy 函数分布，它不因传播而扩散，为**非衍射声束**（见2.4.4小节讨论），或者 **Airy 声束**（见参考文献 39 和 40）.

数值分析　仍然以二维为例，设 $N=81$，源间距 $l=0.2\lambda$，频率 $f=1\ 250$ Hz，以及声速 $c_0=343$ m/s. 在声源区，Airy 函数的分布如图 2.1.9 所示. 为了在 x 轴上生成边界条件，即使 Airy 函数分布 $p(x,z,\omega)\mid_{z=0}=\mathrm{Ai}(x/a)$，我们假定线阵的每个源以 Airy 函数调制（注意：包括相位和振幅的调制，而不仅仅是相位调制），那么方程（2.1.25a）修改为

$$p(x,z,\omega)=\sum_{j=1}^{N}\mathrm{Ai}\left(\frac{x_j}{a}\right)\mathrm{H}_0^{(1)}(k_0\rho_j) \tag{2.1.28}$$

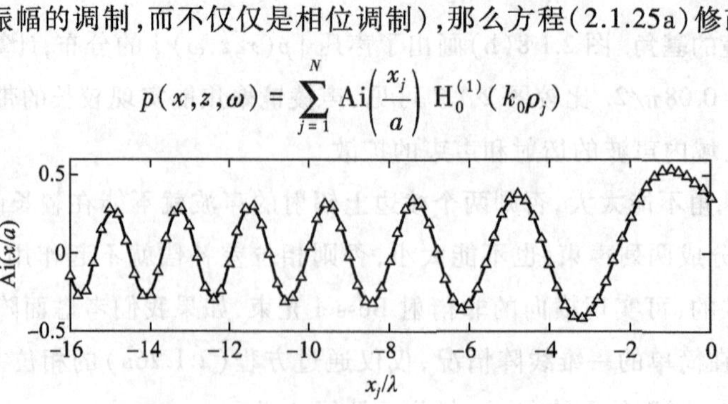

图 2.1.9　声源区的 Airy 分布（取 $a=1$）

其中,$\rho_j=\sqrt{(x-x_j^2)+z^2}$,标度因子取 $a=1$. 根据上式计算的声压 $|p(x,z,\omega)|$ 分布如图 2.1.10(a) 所示,图 2.1.10(b)分别画出了 $z_1=5\lambda$, $z_2=75\lambda$ 和 $z_3=125\lambda$ 三个位置上的声压幅值. 从图 2.1.10 可知,声压 $|p(x,z,\omega)|$ 分布与 Airy 函数分布非常相近.

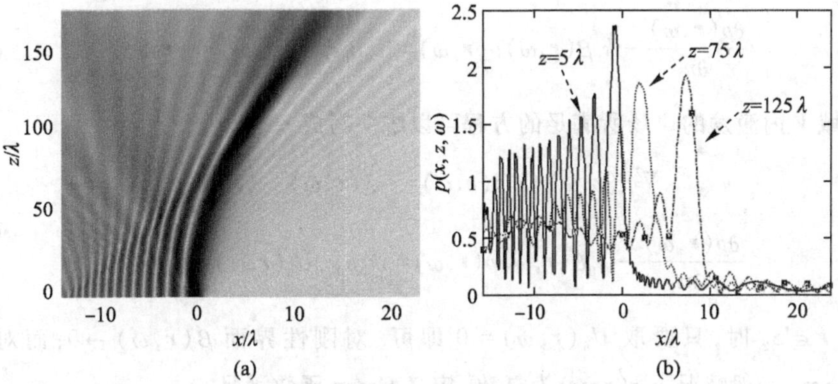

图 2.1.10 声源 Airy 分布产生的场

2.2 平面声源的辐射

边界面的存在对声源辐射的声功率以及空间声场的分布有着很大的影响. 一个典型的例子是房间中的声激发问题:为了提高辐射功率且得到尽可能均匀的空间声场,我们往往把扬声器系统放在墙壁的顶角. 界面对声辐射功率的影响是不难理解的:由于界面的存在,改变了空间声场的分布以及声源表面的声压分布,从而改变了辐射阻抗,直接导致了辐射声功率的变化. 本节讨论无限大平面上振动声源辐射的声场分布,以及平面的存在对声源辐射声场的影响.

2.2.1 声场的 Green 函数表示

如图 2.2.1 所示,设:① 界面 S 包围的区域 V 中存在体源 $\Im(\boldsymbol{r},\omega)$;② 界面 S 的比阻抗率为 $\beta(\boldsymbol{r},\omega)$;③ 界面 S 分成两个部分,即 $S=S_1+S_2$, S_2 部分由于比阻抗率 $\beta(\boldsymbol{r},\omega)\neq 0$ 而不断吸收声能量,表面声压 $p(\boldsymbol{r},\omega)$ 与振动速度 $v_n(\boldsymbol{r},\omega)$[由声压 $p(\boldsymbol{r},\omega)$引起的表面流体元的速度]的关系为 $z_n(\boldsymbol{r},\omega)=p(\boldsymbol{r},\omega)/v_n(\boldsymbol{r},\omega)$,即

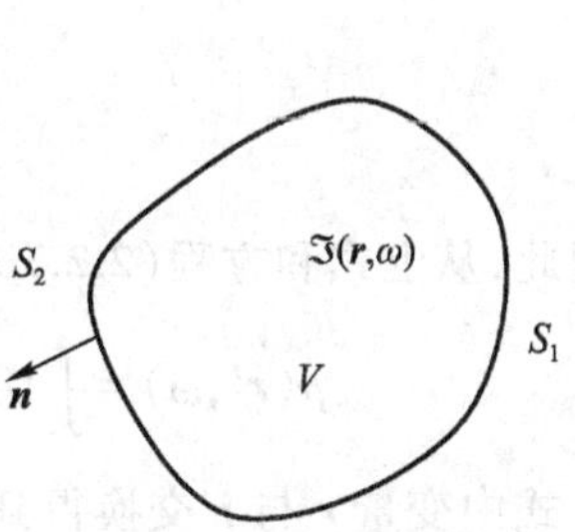

图 2.2.1 闭区域 V 中的声场由表面 S_1 的振动和体源产生

$$\frac{\partial p(\boldsymbol{r},\omega)}{\partial n}-\mathrm{i}k_0\beta(\boldsymbol{r},\omega)p(\boldsymbol{r},\omega)=0 \quad (\boldsymbol{r}\in S_2) \tag{2.2.1a}$$

但 S_1 部分具有振动速度 $U_{\mathrm{n}}(\boldsymbol{r},\omega)$(外力激发的界面振动速度)且不断向区域 V 辐射声能量,于是,在 S_1 部分声压应该满足 $z_{\mathrm{n}}(\boldsymbol{r},\omega)=p(\boldsymbol{r},\omega)/[v_{\mathrm{n}}(\boldsymbol{r},\omega)-U_{\mathrm{n}}(\boldsymbol{r},\omega)]$,即

$$\frac{\partial p(\boldsymbol{r},\omega)}{\partial n}-\mathrm{i}k_0\beta(\boldsymbol{r},\omega)p(\boldsymbol{r},\omega)=\mathrm{i}k_0\rho_0c_0U_{\mathrm{n}}(\boldsymbol{r},\omega) \quad (\boldsymbol{r}\in S_1) \tag{2.2.1b}$$

因此,区域 V 内激发的声场所满足的方程可以统一写成

$$\begin{gathered}\nabla^2p(\boldsymbol{r},\omega)+k_0^2p(\boldsymbol{r},\omega)=-\Im(\boldsymbol{r},\omega) \quad (\boldsymbol{r}\in V)\\ \frac{\partial p(\boldsymbol{r},\omega)}{\partial n}-\mathrm{i}k_0\beta(\boldsymbol{r},\omega)p(\boldsymbol{r},\omega)=\mathrm{i}k_0\rho_0c_0U_{\mathrm{n}}(\boldsymbol{r},\omega) \quad (\boldsymbol{r}\in S)\end{gathered} \tag{2.2.2a}$$

其中,当 $\boldsymbol{r}\in S_2$ 时,只要取 $U_{\mathrm{n}}(\boldsymbol{r},\omega)=0$ 即可. 对刚性界面 $\beta(\boldsymbol{r},\omega)\to0$;而对软界面 $\beta(\boldsymbol{r},\omega)\to\infty$,一般情况下 $z(\boldsymbol{r},\omega)$ 为复数. 定义 Green 函数满足

$$\begin{gathered}\nabla^2G(\boldsymbol{r},\boldsymbol{r}')+k_0^2G(\boldsymbol{r},\boldsymbol{r}')=-\delta(\boldsymbol{r},\boldsymbol{r}') \quad (\boldsymbol{r},\boldsymbol{r}'\in V)\\ \frac{\partial G(\boldsymbol{r},\boldsymbol{r}')}{\partial n}-\mathrm{i}k_0\beta(\boldsymbol{r},\omega)G(\boldsymbol{r},\boldsymbol{r}')=0 \quad (\boldsymbol{r}\in S;\boldsymbol{r}'\in V)\end{gathered} \tag{2.2.2b}$$

由 Green 公式,仿照方程(2.1.20b),我们得到

$$\int_V[G(\nabla^2+k_0^2)p-p(\nabla^2+k_0^2)G]\mathrm{d}V=\int_S\left(G\frac{\partial p}{\partial n}-p\frac{\partial G}{\partial n}\right)\mathrm{d}S \tag{2.2.3a}$$

利用方程(2.2.2a)和方程(2.2.2b)的第一式得到

$$\begin{aligned}p(\boldsymbol{r}',\omega)=&\int_VG(\boldsymbol{r},\boldsymbol{r}')\Im(\boldsymbol{r},\omega)\mathrm{d}V\\ &+\int_S\left[G(\boldsymbol{r},\boldsymbol{r}')\frac{\partial p(\boldsymbol{r},\omega)}{\partial n}-p(\boldsymbol{r},\omega)\frac{\partial G(\boldsymbol{r},\boldsymbol{r}')}{\partial n}\right]\mathrm{d}S\end{aligned} \tag{2.2.3b}$$

把面积分分成两部分:

$$\begin{aligned}\int_S\left(G\frac{\partial p}{\partial n}-p\frac{\partial G}{\partial n}\right)\mathrm{d}S&=\int_{S_2}\left(G\frac{\partial p}{\partial n}-p\frac{\partial G}{\partial n}\right)\mathrm{d}S_2+\int_{S_1}\left(G\frac{\partial p}{\partial n}-p\frac{\partial G}{\partial n}\right)\mathrm{d}S_1\\ &=\mathrm{i}k_0\rho_0c_0\int_{S_1}G(\boldsymbol{r},\boldsymbol{r}')U_{\mathrm{n}}(\boldsymbol{r},\omega)\mathrm{d}S_1\end{aligned} \tag{2.2.3c}$$

因此,从上式和方程(2.2.3b)得到

$$p(\boldsymbol{r}',\omega)=\int_VG(\boldsymbol{r},\boldsymbol{r}')\Im(\boldsymbol{r},\omega)\mathrm{d}V+\mathrm{i}\rho_0c_0k_0\int_{S_1}G(\boldsymbol{r},\boldsymbol{r}')U_{\mathrm{n}}(\boldsymbol{r},\omega)\mathrm{d}S_1 \tag{2.2.4a}$$

上式中变量 $\boldsymbol{r}$ 与 $\boldsymbol{r}'$ 交换得到

$$p(\boldsymbol{r},\omega)=\int_VG(\boldsymbol{r}',\boldsymbol{r})\Im(\boldsymbol{r}',\omega)\mathrm{d}V'+\mathrm{i}\rho_0c_0k_0\int_{S_1}G(\boldsymbol{r}',\boldsymbol{r})U_{\mathrm{n}}(\boldsymbol{r}',\omega)\mathrm{d}S_1' \tag{2.2.4b}$$

但是 $G(\boldsymbol{r}',\boldsymbol{r})$ 中第二个量 $\boldsymbol{r}$ 在 Green 函数[方程(2.2.2b)]中的定义是常量. 因此,上式作为方程(2.2.2a)的一般解仍然是不适合的. 下面讨论 Green 函数的一个基本性质,即 Green 函数的对称性.

Green 函数的对称性 设 $G(\boldsymbol{r},\boldsymbol{r}_1)$ 和 $G(\boldsymbol{r},\boldsymbol{r}_2)$ 分别满足

$$\begin{aligned}&\nabla^2 G(\boldsymbol{r},\boldsymbol{r}_1)+k_0^2 G(\boldsymbol{r},\boldsymbol{r}_1)=-\delta(\boldsymbol{r},\boldsymbol{r}_1)\\&\nabla^2 G(\boldsymbol{r},\boldsymbol{r}_2)+k_0^2 G(\boldsymbol{r},\boldsymbol{r}_2)=-\delta(\boldsymbol{r},\boldsymbol{r}_2)\end{aligned} \tag{2.2.5a}$$

根据 Green 公式可知

$$\begin{aligned}&\int_V [G(\boldsymbol{r},\boldsymbol{r}_1)(\nabla^2+k_0^2)G(\boldsymbol{r},\boldsymbol{r}_2)-G(\boldsymbol{r},\boldsymbol{r}_2)(\nabla^2+k_0^2)G(\boldsymbol{r},\boldsymbol{r}_1)]\,\mathrm{d}V\\&=\int_S\left[G(\boldsymbol{r},\boldsymbol{r}_1)\frac{\partial G(\boldsymbol{r},\boldsymbol{r}_2)}{\partial n}-G(\boldsymbol{r},\boldsymbol{r}_2)\frac{\partial G(\boldsymbol{r},\boldsymbol{r}_1)}{\partial n}\right]\mathrm{d}S\end{aligned} \tag{2.2.5b}$$

把方程(2.2.5a)以及 $G(\boldsymbol{r},\boldsymbol{r}_1)$ 和 $G(\boldsymbol{r},\boldsymbol{r}_2)$ 满足的边界条件代入上式得到

$$G(\boldsymbol{r}_1,\boldsymbol{r}_2)-G(\boldsymbol{r}_2,\boldsymbol{r}_1)=\int_S\left[G(\boldsymbol{r},\boldsymbol{r}_1)\frac{\partial G(\boldsymbol{r},\boldsymbol{r}_2)}{\partial n}-G(\boldsymbol{r},\boldsymbol{r}_2)\frac{\partial G(\boldsymbol{r},\boldsymbol{r}_1)}{\partial n}\right]\mathrm{d}S=0 \tag{2.2.5c}$$

即 $G(\boldsymbol{r}_2,\boldsymbol{r}_1)=G(\boldsymbol{r}_1,\boldsymbol{r}_2)$. Green 函数对称性的物理意义是很明确的:$G(\boldsymbol{r}_2,\boldsymbol{r}_1)$ 表示 $\boldsymbol{r}_1$ 处的点源在 $\boldsymbol{r}_2$ 处产生的场;而 $G(\boldsymbol{r}_1,\boldsymbol{r}_2)$ 表示 $\boldsymbol{r}_2$ 处的点源在 $\boldsymbol{r}_1$ 处产生的场,二者相等. 因此,Green 函数的对称性是互易原理的另一种表示方式.

说明:在阻抗边界条件下,由于 $\nabla^2+k_0^2$ 不是 Hermite 对称的算子(见第 4 和第 5 章讨论),由方程(2.2.2b)定义的 Green 函数没有共轭对称性,即 $G^*(\boldsymbol{r}_2,\boldsymbol{r}_1)\neq G(\boldsymbol{r}_1,\boldsymbol{r}_2)$,如果要求共轭对称性,则 Green 函数必须由共轭算子(包括边界条件)定义为

$$\begin{aligned}&\nabla^2 G^+(\boldsymbol{r},\boldsymbol{r}')+(k_0^2)^* G^+(\boldsymbol{r},\boldsymbol{r}')=-\delta(\boldsymbol{r},\boldsymbol{r}')\quad(\boldsymbol{r},\boldsymbol{r}'\in V)\\&\frac{\partial G^+(\boldsymbol{r},\boldsymbol{r}')}{\partial n}+\mathrm{i}k_0\beta^*(\boldsymbol{r},\omega)G^+(\boldsymbol{r},\boldsymbol{r}')=0\quad(\boldsymbol{r}\in S,\quad \boldsymbol{r}'\in V)\end{aligned} \tag{2.2.6}$$

相应地,方程(2.2.3a)中的 G 应该用 $(G^+)^*$ 代替. 但由方程(2.2.2b)和方程(2.2.6),当 k_0 是实数时(即不考虑介质的损耗),显然存在关系:$(G^+)^*=G$. 在刚性边界条件下,Green 函数的对称性是指共轭对称性:$G^*(\boldsymbol{r}_2,\boldsymbol{r}_1)=G(\boldsymbol{r}_1,\boldsymbol{r}_2)$;而在阻抗边界条件下,Green 函数的对称性是指:$G^+(\boldsymbol{r}_2,\boldsymbol{r}_1)=G^*(\boldsymbol{r}_1,\boldsymbol{r}_2)$,即 $G(\boldsymbol{r}_2,\boldsymbol{r}_1)=G(\boldsymbol{r}_1,\boldsymbol{r}_2)$. 因此,当 k_0 为实数时,方程(2.2.3a)和方程(2.2.5b)是正确的. 进一步讨论见参考书目 5.

利用 Green 函数的对称性 $G(\boldsymbol{r}',\boldsymbol{r})=G(\boldsymbol{r},\boldsymbol{r}')$,由方程(2.2.3b)和方程(2.2.4b)得到

$$\begin{aligned}p(\boldsymbol{r},\omega)&=\int_V G(\boldsymbol{r},\boldsymbol{r}')\mathfrak{F}(\boldsymbol{r}',\omega)\,\mathrm{d}V'\\&\quad+\int_S\left[G(\boldsymbol{r},\boldsymbol{r}')\frac{\partial p(\boldsymbol{r}',\omega)}{\partial n'}-p(\boldsymbol{r}',\omega)\frac{\partial G(\boldsymbol{r},\boldsymbol{r}')}{\partial n'}\right]\mathrm{d}S'\end{aligned} \tag{2.2.7a}$$

以及

$$p(\boldsymbol{r},\omega)=\int_V G(\boldsymbol{r},\boldsymbol{r}')\mathfrak{J}(\boldsymbol{r}',\omega)\mathrm{d}V'+\mathrm{i}\rho_0c_0k_0\iint_{S_1}G(\boldsymbol{r},\boldsymbol{r}')U_{\mathrm{n}}(\boldsymbol{r}',\omega)\mathrm{d}S_1' \tag{2.2.7b}$$

上式的物理意义是明确的:第一和第二项分别表示体源和面源在 $\boldsymbol{r}$ 处产生的声场. 特别要注意的是:方程(2.1.23a)仍然不是声波方程的解,而是积分方程;但方程(2.2.7b)是方程(2.2.2a)的唯一解. 因为在这里要求 Green 函数满足方程(2.2.2b)中的齐次边界条件,而方程(2.1.23a)中的 Green 函数 g 为自由空间的 Green 函数. 原则上,只要知道 Green 函数,就能由方程(2.2.7b)得到空间的声场. 然而,尽管方程(2.2.2b)的边界条件是齐次的,但求解仍然十分困难,只有在几种简单的情况下,才能求出解析形式的表达式,下面以均匀的平面界面为例求解.

2.2.2 阻抗障板上的活塞辐射

如图 2.2.2(a)所示,阻抗平面位于 Oxy 平面,注意到方程(2.2.7b)是对有限空间 V 的声辐射推导而得到,而我们讨论的问题的定义域是上半空间,不能直接利用. 为此,作有限空间 V 为:半径为 R 的足够大的半球 V_R,半球球面为 S_R,半球底面 S_{d} 在阻抗平面上,球心为原点,底面覆盖面源 $U_{\mathrm{n}}(\boldsymbol{r},\omega)\neq 0$ 区域,且包含体源 $\mathfrak{J}(\boldsymbol{r},\omega)$ 和观测点 $\boldsymbol{r}$,如图 2.2.2(b)所示. 于是,在半球 V_R 内方程(2.2.7a)成立,即

$$\begin{aligned}p(\boldsymbol{r},\omega)=&\int_{V_R}G(\boldsymbol{r},\boldsymbol{r}')\mathfrak{J}(\boldsymbol{r}',\omega)\mathrm{d}V'+\mathrm{i}\rho_0c_0k_0\int_{S_{\mathrm{d}}}G(\boldsymbol{r},\boldsymbol{r}')U_{\mathrm{n}}(\boldsymbol{r}',\omega)\big|_{z'=0}\mathrm{d}S_{\mathrm{d}}'\\&+\int_{S_R}\left[G(\boldsymbol{r},\boldsymbol{r}')\frac{\partial p(\boldsymbol{r}',\omega)}{\partial n'}-p(\boldsymbol{r}',\omega)\frac{\partial G(\boldsymbol{r},\boldsymbol{r}')}{\partial n'}\right]\mathrm{d}S_R'\quad(\boldsymbol{r}\in V_R)\end{aligned} \tag{2.2.8a}$$

其中,$U_{\mathrm{n}}(\boldsymbol{r},\omega)$ 是阻抗平面上的振动面源. 上式右边第三项积分在半球面上进行. 当半球半径趋向无限大(即 $R\to\infty$),且面源 $U_{\mathrm{n}}(\boldsymbol{r},\omega)$ 和体源 $\mathfrak{J}(\boldsymbol{r},\omega)$ 的考察局限在有限区域内,则说明方程(2.2.8a)右边第三项趋向零. 事实上,当 $R\equiv|\boldsymbol{r}-\boldsymbol{r}'|\to\infty$ 时,$\partial G(\boldsymbol{r},\boldsymbol{r}')/\partial n'\to\partial G(\boldsymbol{r},\boldsymbol{r}')/\partial R\to \mathrm{i}k_0G(\boldsymbol{r},\boldsymbol{r}')\to \mathrm{i}k_0/R$,于是,有

$$\begin{aligned}&\lim_{R\to\infty}\int_{S_R}\left[G(\boldsymbol{r},\boldsymbol{r}')\frac{\partial p(\boldsymbol{r}',\omega)}{\partial n'}-p(\boldsymbol{r}',\omega)\frac{\partial G(\boldsymbol{r},\boldsymbol{r}')}{\partial n'}\right]\mathrm{d}S_R'\\&\to\int_{\Omega_R}\left[G(\boldsymbol{r},\boldsymbol{r}')\frac{\partial p(\boldsymbol{r}',\omega)}{\partial n'}-p(\boldsymbol{r}',\omega)\frac{\partial G(\boldsymbol{r},\boldsymbol{r}')}{\partial n'}\right]R^2\mathrm{d}\Omega_R'\\&\to\int_{\Omega_R}G(\boldsymbol{r},\boldsymbol{r}')\left[\frac{\partial p(\boldsymbol{r}',\omega)}{\partial R}-\mathrm{i}k_0p(\boldsymbol{r}',\omega)\right]R^2\mathrm{d}\Omega_R'\to 0\end{aligned} \tag{2.2.8b}$$

因此,由 Sommerfeld 辐射条件,即当 $R\to\infty$ 时,方程(2.2.8a)右边第三项趋向零. 注意到,在图 2.2.2(a)所示的平面表面上,区域的外法向沿 $-z$ 方向即 $\boldsymbol{n}=(0,0,-1)$,$U_{\mathrm{n}}(\boldsymbol{r},\omega)=$

$\boldsymbol{U}\cdot\boldsymbol{n}=-U_0(\boldsymbol{r},\omega)$[其中 $U_0(\boldsymbol{r},\omega)$是平面振动的 z 方向分量]. 因此,由方程(2.2.8a)可知,空间一点 $\boldsymbol{r}$ 的声压为

$$p(\boldsymbol{r},\omega)=\int_V G(\boldsymbol{r},\boldsymbol{r}')\mathfrak{J}(\boldsymbol{r}',\omega)\,\mathrm{d}V'-\mathrm{i}\rho_0c_0k_0\int_{S_\mathrm{d}}G(\boldsymbol{r},\boldsymbol{r}')U_0(\boldsymbol{r}',\omega)\big|_{z'=0}\mathrm{d}S'_\mathrm{d}\quad(2.2.9\mathrm{a})$$

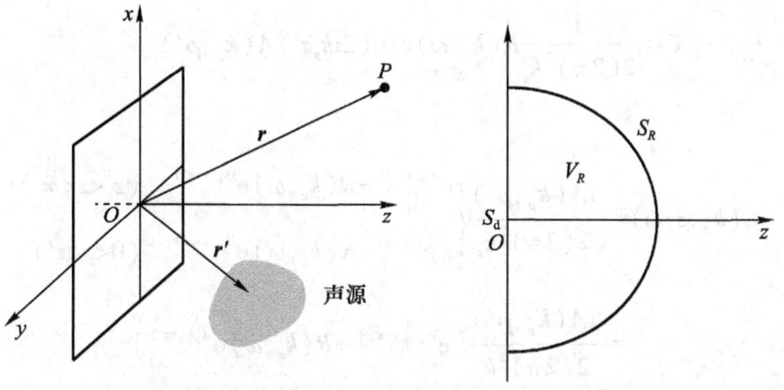

(a) 阻抗平面前声源　　(b) 半径为R的足够大的半球(仅仅画出平面图)

图 2.2.2

其中,Green 函数满足(注意:在图 2.2.2 所示情况下,$\partial/\partial n=\boldsymbol{n}\cdot\nabla=-\partial/\partial z$)

$$\begin{gathered}\nabla^2G(\boldsymbol{r},\boldsymbol{r}')+k_0^2G(\boldsymbol{r},\boldsymbol{r}')=-\delta(\boldsymbol{r},\boldsymbol{r}')\quad(z,z'>0)\\ \left[\frac{\partial G(\boldsymbol{r},\boldsymbol{r}')}{\partial z}+\mathrm{i}k_0\beta(\boldsymbol{r},\omega)G(\boldsymbol{r},\boldsymbol{r}')\right]_{z=0}=0\end{gathered}\quad(2.2.9\mathrm{b})$$

为了求解上式,设声阻抗与空间坐标无关,$\beta(\boldsymbol{r},\omega)=\beta(\omega)$(如果有关,则得不到解析形式解,见 2.2.3 小节),考虑到 Oxy 平面无限大,作二维 Fourier 变换,得

$$G(\boldsymbol{r},\boldsymbol{r}')=\iint G(\boldsymbol{k}_\rho,z,\omega)\exp(\mathrm{i}\boldsymbol{k}_\rho\cdot\boldsymbol{\rho})\,\mathrm{d}^2\boldsymbol{k}_\rho\quad(2.2.10\mathrm{a})$$

其中,有 $\boldsymbol{k}_\rho=(k_x,k_y)$和 $\boldsymbol{\rho}=(x,y)$. 将上式代入方程(2.2.9b)得到

$$\begin{gathered}\frac{\mathrm{d}^2G(\boldsymbol{k}_\rho,z,\omega)}{\mathrm{d}z^2}+k_z^2G(\boldsymbol{k}_\rho,z,\omega)=-\frac{1}{(2\pi)^2}\Lambda(\boldsymbol{k}_\rho,\boldsymbol{\rho}')\delta(z-z')\\ \left[\frac{\mathrm{d}G(\boldsymbol{k}_\rho,z,\omega)}{\mathrm{d}z}+\mathrm{i}\frac{\omega}{c_0}\beta(\omega)G(\boldsymbol{k}_\rho,z,\omega)\right]\bigg|_{z=0}=0\end{gathered}\quad(2.2.10\mathrm{b})$$

其中,$\Lambda(\boldsymbol{k}_\rho,\boldsymbol{\rho})\equiv\exp(-\mathrm{i}\boldsymbol{k}_\rho\cdot\boldsymbol{\rho})$和 $k_z^2=k_0^2-k_\rho^2$. 取解的形式为

$$G(\boldsymbol{k}_\rho,z,\omega)=\begin{cases}A\mathrm{e}^{\mathrm{i}k_z(z-z')} & (z'<z<\infty)\\ B\mathrm{e}^{\mathrm{i}k_z(z'-z)}+C\mathrm{e}^{-\mathrm{i}k_z(z'-z)} & (0<z<z')\end{cases}\quad(2.2.10\mathrm{c})$$

其中,系数 A、B 和 C 由 $z=z'$处的连接条件和 $z=0$ 的边界条件决定,不难得到

$$A=\frac{\mathrm{i}}{2(2\pi)^2k_z}[1+R(k_z,\omega)\exp(2\mathrm{i}k_zz')]\Lambda(\boldsymbol{k}_\rho,\boldsymbol{\rho}')$$

$$B=\frac{\mathrm{i}}{2(2\pi)^2k_z}\Lambda(\boldsymbol{k}_\rho,\boldsymbol{\rho}') \tag{2.2.11a}$$

$$C=\frac{\mathrm{i}}{2(2\pi)^2k_z}R(k_z,\omega)\exp(2\mathrm{i}k_zz')\Lambda(\boldsymbol{k}_\rho,\boldsymbol{\rho}')$$

以及

$$\begin{aligned}G(\boldsymbol{k}_\rho,z,\omega)&=\frac{\mathrm{i}\Lambda(\boldsymbol{k}_\rho,\boldsymbol{\rho}')}{2(2\pi)^2k_z}\begin{cases}\mathrm{e}^{\mathrm{i}k_z(z-z')}+R(k_z,\omega)\,\mathrm{e}^{\mathrm{i}k_z(z+z')} & (z'<z<\infty)\\ \mathrm{e}^{\mathrm{i}k_z(z'-z)}+R(k_z,\omega)\,\mathrm{e}^{\mathrm{i}k_z(z+z')} & (0<z<z')\end{cases}\\&=\frac{\mathrm{i}\Lambda(\boldsymbol{k}_\rho,\boldsymbol{\rho}')}{2(2\pi)^2k_z}[\mathrm{e}^{\mathrm{i}k_z|z-z'|}+R(k_z,\omega)\,\mathrm{e}^{\mathrm{i}k_z(z+z')}]\end{aligned} \tag{2.2.11b}$$

其中,为了方便定义

$$R(k_z,\omega)\equiv\frac{k_z-\omega\beta(\omega)/c_0}{k_z+\omega\beta(\omega)/c_0} \tag{2.2.11c}$$

将方程(2.2.11b)代入方程(2.2.10a)得到 Green 函数

$$G(\boldsymbol{r},\boldsymbol{r}')=\frac{\mathrm{i}}{2(2\pi)^2}\iint[\mathrm{e}^{\mathrm{i}k_z|z-z'|}+R(k_z,\omega)\,\mathrm{e}^{\mathrm{i}k_z(z+z')}]\frac{\Lambda^*(\boldsymbol{k}_\rho,\boldsymbol{\rho}-\boldsymbol{\rho}')}{k_z}\mathrm{d}^2\boldsymbol{k}_\rho \tag{2.2.12a}$$

显然,上式中积分的第二项源于阻抗表面的反射. 由点源产生声场的角谱展开,即得方程(1.2.35b),上式可以写成

$$G(\boldsymbol{r},\boldsymbol{r}')=\frac{\mathrm{e}^{\mathrm{i}k_0|\boldsymbol{r}-\boldsymbol{r}'|}}{4\pi|\boldsymbol{r}-\boldsymbol{r}'|}+\frac{\mathrm{i}}{2(2\pi)^2}\iint R(k_z,\omega)\,\mathrm{e}^{\mathrm{i}k_z(z+z')}\Lambda^*(\boldsymbol{k}_\rho,\boldsymbol{\rho}-\boldsymbol{\rho}')\frac{\mathrm{d}^2\boldsymbol{k}_\rho}{k_z} \tag{2.2.12b}$$

两个特殊的情况是刚性界面[$\beta(\omega)=0$ 和 $R(k_z,\omega)=+1$]和压力释放界面[$\beta(\omega)\to\infty$ 和 $R(k_z,\omega)=-1$],于是("+"号和"-"号分别对应于刚性界面和压力释放界面)有

$$G(\boldsymbol{r},\boldsymbol{r}')=\frac{\exp(\mathrm{i}k_0|\boldsymbol{r}-\boldsymbol{r}'|)}{4\pi|\boldsymbol{r}-\boldsymbol{r}'|}\pm\frac{\exp(\mathrm{i}k_0|\boldsymbol{r}-\boldsymbol{r}''|)}{4\pi|\boldsymbol{r}-\boldsymbol{r}''|} \tag{2.2.12c}$$

其中,$\boldsymbol{r}''=(x',y',-z')$是镜像点的位置. 对一般的阻抗平面,严格求出上式的积分是困难的. 但当测量点 $\boldsymbol{r}$ 远离界面(一个波长以上),可以取近似 $k_z=\sqrt{k_0^2-k_\rho^2}\approx k_0\cos\theta'$,而$\cos\theta'\approx(z-z')/|\boldsymbol{r}-\boldsymbol{r}'|$ 近似为常量,于是

$$R(k_z,\omega)\approx\frac{k_0\cos\theta'-\omega\beta(\omega)/c_0}{k_0\cos\theta'+\omega\beta(\omega)/c_0}=\frac{\cos\theta'-\beta(\omega)}{\cos\theta'+\beta(\omega)}\equiv R(\theta',\omega)\approx\text{常量} \tag{2.2.13a}$$

其中，θ'是镜像点到观察点连线与平面法向的夹角(见图 2.2.3). 于是由方程(2.2.12b)可知

$$G(\boldsymbol{r},\boldsymbol{r}')\approx\frac{\exp(\mathrm{i}k_0\,|\boldsymbol{r}-\boldsymbol{r}'|)}{4\pi\,|\boldsymbol{r}-\boldsymbol{r}'|}+R(\theta',\omega)\cdot\frac{\exp(\mathrm{i}k_0\,|\boldsymbol{r}-\boldsymbol{r}''|)}{4\pi\,|\boldsymbol{r}-\boldsymbol{r}''|}\tag{2.2.13b}$$

上式的物理意义很明显：入射到界面 Q 点(如图 2.2.3 所示)的声波所具有的反射系数可近似为 $R(\theta',\omega)$. 从几何声学的观点来看，只有入射到 Q 点的声线，经过界面反射才能到达 P 点. 因此，方程(2.2.12b)积分的主要贡献来自于 θ'附近，故 $R(\theta',\omega)$可近似为常量. 但当测量点 $\boldsymbol{r}$ 过于接近界面(一个波长以内)，用 $k_0\cos\theta'$来近似 k_z就有问题了. 本质上，界面的作用不能仅仅用反射系数来表征.

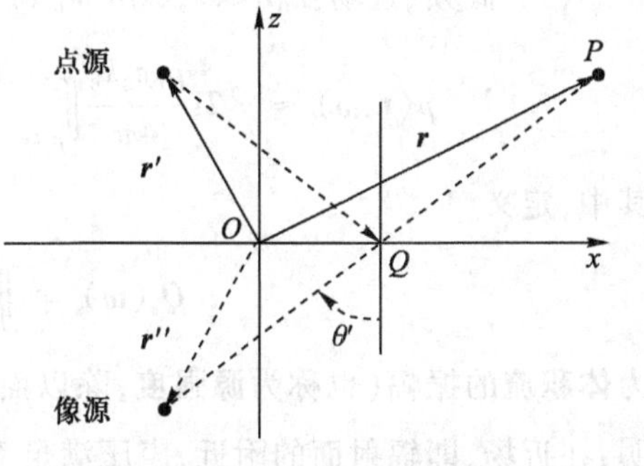

图 2.2.3　阻抗平面前点声源

活塞辐射　对阻抗障板上的活塞辐射场，其边界条件为

$$\left[\frac{\partial p}{\partial z}+\mathrm{i}k_0\beta(\omega)p\right]_{z=0}=\mathrm{i}\rho_0c_0k_0\begin{cases}0 & (x,y)\notin S_1\\ U_0(x,y,\omega) & (x,y)\notin S_1\end{cases}\tag{2.2.14a}$$

由方程(2.2.9a)，空间一点 $P(z>0)$的声压为

$$p(\boldsymbol{r},\omega)=-\,\mathrm{i}\rho_0c_0k_0\iint_{S_1}G(\boldsymbol{r},\boldsymbol{r}')\,|_{z'=0}U_0(x',y',\omega)\,\mathrm{d}x'\mathrm{d}y'\tag{2.2.14b}$$

在平面上 $z'=0$，$R\equiv|\boldsymbol{r}-\boldsymbol{r}'|_{z'=0}=\sqrt{(x-x')^2+(y-y')+z^2}=|\boldsymbol{r}-\boldsymbol{r}''|_{z'=0}$和 $\cos\theta'\approx z/R$，方程(2.2.13b)简化为

$$G(\boldsymbol{r},\boldsymbol{r}')\,|_{z'=0}\approx\frac{\mathrm{e}^{\mathrm{i}k_0R}}{4\pi R}+\frac{\cos\theta'-\beta(\omega)}{\cos\theta'+\beta(\omega)}\cdot\frac{\mathrm{e}^{\mathrm{i}k_0R}}{4\pi R}=\frac{2\cos\theta'}{\cos\theta'+\beta(\omega)}\cdot\frac{\mathrm{e}^{\mathrm{i}k_0R}}{4\pi R}\tag{2.2.14c}$$

其中，R 是空间测量点(x,y,z)到活塞面源点$(x',y',0)$的距离. 将上式代入方程(2.2.14b)得到

$$p(\boldsymbol{r},\omega)=-\,2\mathrm{i}\frac{\rho_0c_0k_0}{4\pi}\iint_{S_1}\frac{U_0(x',y',\omega)\cos\theta'}{\cos\theta'+\beta(\omega)}\cdot\frac{\exp(\mathrm{i}k_0R)}{R}\mathrm{d}x'\mathrm{d}y'\tag{2.2.15a}$$

在远场条件下，$\cos\theta'\approx z/|\boldsymbol{r}|=\cos\theta$，上式简化为

$$p(\boldsymbol{r},\omega)\approx-2\mathrm{i}\rho_0c_0k_0\frac{\mathrm{e}^{\mathrm{i}k_0|\boldsymbol{r}|}}{4\pi\,|\boldsymbol{r}|}\cdot\frac{\cos\theta}{\cos\theta+\beta(\omega)}$$

$$\times\iint_{S_1}U_0(x',y',\omega)\exp\left[-\,\mathrm{i}\frac{k_0}{|\boldsymbol{r}|}(xx'+yy')\right]\mathrm{d}x'\mathrm{d}y'\tag{2.2.15b}$$

可见，远场声压是活塞面振动速度的 Fourier 变换. 对刚性障板 $\beta(\omega)\to0$，方程(2.2.15a)

化为

$$p(\boldsymbol{r},\omega)=-2\mathrm{i}\frac{\rho_0c_0k_0}{4\pi}\iint_{S_1}U_0(x',y',\omega)\cdot\frac{\exp(\mathrm{i}k_0R)}{R}\mathrm{d}x'\mathrm{d}y' \tag{2.2.16a}$$

上式称为 **Rayleigh 积分**,下面分别就几种情况讨论 Rayleigh 积分.

(1) 低频、近场:$k_0R\ll 1$,$\exp(\mathrm{i}k_0R)\approx 1+\mathrm{i}k_0R$,代入上式得到

$$p(\boldsymbol{r},\omega)\approx -2\mathrm{i}\frac{\rho_0c_0k_0}{4\pi}\iint_{\rho<a}\frac{U_0(x',y',\omega)}{R}\mathrm{d}x'\mathrm{d}y'+2\frac{\rho_0c_0k_0^2}{4\pi}Q_{\mathrm{s}}(\omega) \tag{2.2.16b}$$

其中,定义

$$Q_{\mathrm{s}}(\omega)\equiv\iint_{S_1}U_0(x',y',\omega)\,\mathrm{d}x'\mathrm{d}y' \tag{2.2.16c}$$

为**体积流**的振幅(也称为**源强度**,除以面积后就是平均速度). 方程(2.2.16b)的第一项表明:在近场,即辐射面的附近,声压满足 Laplace 方程,而第二项与空间坐标 $\boldsymbol{r}$ 无关,不代表声的辐射.

(2) 低频、远场:$k_0a\ll 1$(保证可作多极展开)和 $k_0R\gg 1$,利用方程(2.1.16b),有

$$p(\boldsymbol{r},\omega)\approx -2\mathrm{i}\rho_0c_0k_0\left[Q_{\mathrm{s}}(\omega)+\sum_{i=1}^{2}D_i\frac{\partial}{\partial x_i}+\sum_{i,j=1}^{2}Q_{ij}\frac{\partial^2}{\partial x_i\partial x_j}+\cdots\right]\frac{\mathrm{e}^{\mathrm{i}k_0|\boldsymbol{r}|}}{4\pi|\boldsymbol{r}|} \tag{2.2.17a}$$

其中,D_i和 Q_{ij}分别为偶极矩和四极矩强度(注意:$x_1'\equiv x'$和 $x_2'\equiv y'$),即

$$D_i=\iint_{S_1}x_i'U_0(x',y',\omega)\,\mathrm{d}x'\mathrm{d}y'\quad(i=1,2)$$
$$Q_{ij}=\frac{1}{2}\iint_{S_1}x_i'x_j'U_0(x',y',\omega)\,\mathrm{d}x'\mathrm{d}y'\quad(i,j=1,2) \tag{2.2.17b}$$

设活塞振动速度与位置无关,$U_0(x',y',\omega)=U_0(\omega)$,则 $Q_{\mathrm{s}}(\omega)=S_1U_0(\omega)$(其中 S_1 是振动不为零的区域的面积),$D_x=D_y=0$,方程(2.2.17a)中第一项单极辐射是主要的. 事实上,只要 $Q_{\mathrm{s}}(\omega)\neq 0$,单极辐射总是主要的.

(3) 远场:由方程(2.2.15b)可知

$$p(\boldsymbol{r},\omega)\approx -2\mathrm{i}\rho_0c_0k_0\frac{\mathrm{e}^{\mathrm{i}k_0|\boldsymbol{r}|}}{4\pi|\boldsymbol{r}|}\iint_{S_1}U_0(x',y',\omega)\exp\left[-\mathrm{i}\frac{k_0}{|\boldsymbol{r}|}(xx'+yy')\right]\mathrm{d}x'\mathrm{d}y' \tag{2.2.18a}$$

在球坐标下,有

$$p(r,\theta,\varphi,\omega)\approx -2\mathrm{i}\rho_0c_0k_0\frac{\exp(\mathrm{i}k_0|\boldsymbol{r}|)}{4\pi|\boldsymbol{r}|}f(\theta,\varphi) \tag{2.2.18b}$$

其中,方向因子为

$$f(\theta,\varphi)\equiv\iint_{S_1}U_0(\rho'\cos\varphi',\rho'\sin\varphi',\omega)\,\mathrm{e}^{-\mathrm{i}k_0\rho'\sin\theta\cos(\varphi-\varphi')}\rho'\mathrm{d}\rho'\mathrm{d}\varphi' \tag{2.2.18c}$$

以圆形刚性活塞为例,设活塞面为半径为 a 的圆,振动速度与位置无关,$U_0(x',y',\omega)=U_0(\omega)$,方向因子为

$$f(\theta,\varphi)=2\pi a^2U_0(\omega)\frac{\mathrm{J}_1(k_0a\sin\theta)}{k_0a\sin\theta} \tag{2.2.19a}$$

远场平均声强为

$$I_r(r,\theta)=\frac{|p|^2}{2\rho_0c_0}=I_r(r,0)D^2(\theta) \tag{2.2.19b}$$

其中,定义

$$I_r(r,0)\equiv\frac{1}{8}\rho_0c_0U_0^2(\omega)(k_0a)^2\frac{a^2}{|\boldsymbol{r}|^2},\quad D(\theta)\equiv\left|\frac{2\mathrm{J}_1(k_0a\sin\theta)}{k_0a\sin\theta}\right| \tag{2.2.19c}$$

分别是 $\theta=0$ 方向的平均声强和方向因子. 图 2.2.4 画出了不同频率的方向因子 $D(\theta)$. 当 $k_0a\ll1$(低频)时,利用近似关系 $\mathrm{J}_1(x)\approx x/2$,$I_r(r,\theta)/I_r(r,0)\approx1$,辐射与方向无关;随着频率增高或者活塞面增大(即 k_0a 变大),指向性越来越尖锐;当 k_0a 值超过 $\mathrm{J}_1(x)$的第一个零点 3.83 以后,辐射开始具有更复杂的指向性,第一个零点对应的角度为

$$\theta_{10}\equiv\arcsin\frac{3.83}{k_0a}=\arcsin\left(0.61\frac{\lambda}{a}\right) \tag{2.2.19d}$$

可见,对同一频率的声波,要获得较好的指向性,必须增大辐射面的半径. 事实上,这一结论具有普遍性,即声源的辐射面越大,指向性越好.

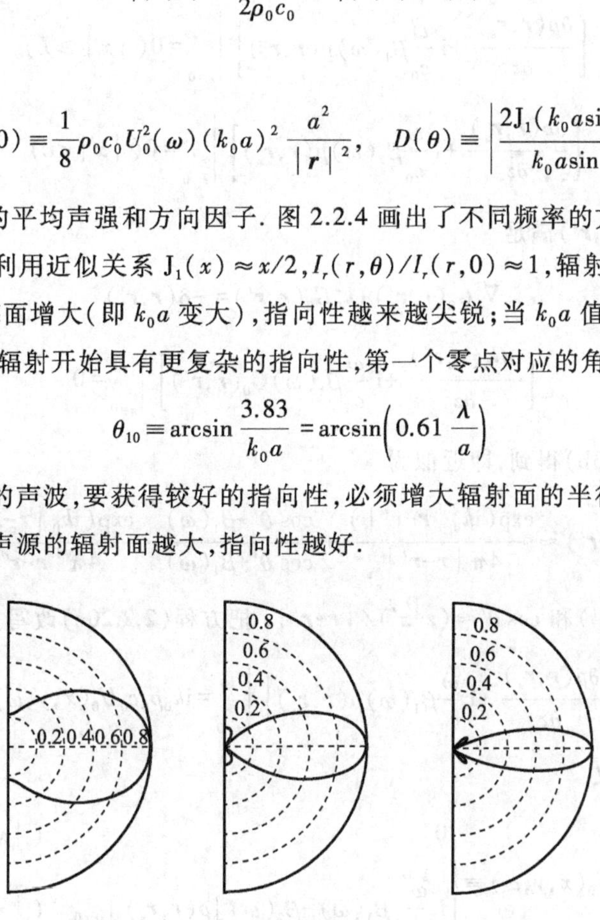

(a) $k_0a=3$　(b) $k_0a=5$　(c) $k_0a=8$

图 2.2.4　不同频率的活塞辐射方向图

2.2.3　非均匀阻抗平面

以上我们假定 Oxy 平面的声阻抗与 x 和 y 无关,稍许复杂的例子是非均匀阻抗的表

面情况，设$\beta(\boldsymbol{r},\omega)$仅是$x$的函数：

$$\beta(\boldsymbol{r},\omega)=\begin{cases}\beta_1(\omega) & (|x|\geqslant L)\\ \beta_2(\omega) & (|x|<L)\end{cases} \tag{2.2.20a}$$

即声阻抗在Oxy平面上有一条宽度为$2L$的带状不均匀区. 这一模型可以模拟高速公路上空的声辐射问题. 设位于$\boldsymbol{r}_s=(x_s,y_s,z_s)$的点声源（强度为$Q_0$）产生的场满足

$$\nabla^2 p(\boldsymbol{r},\boldsymbol{r}_s)+k_0^2 p(\boldsymbol{r},\boldsymbol{r}_s)=-Q_0\delta(\boldsymbol{r},\boldsymbol{r}_s)\quad (z,z_s>0) \tag{2.2.20b}$$

以及边界条件为

$$\begin{aligned}&\left[\frac{\partial p(\boldsymbol{r},\boldsymbol{r}_s)}{\partial z}+\mathrm{i}\frac{\omega}{c_0}\beta_1(\omega)p(\boldsymbol{r},\boldsymbol{r}_s)\right]\Bigg|_{z=0}=0\ (|x|\geqslant L)\\ &\left[\frac{\partial p(\boldsymbol{r},\boldsymbol{r}_s)}{\partial z}+\mathrm{i}\frac{\omega}{c_0}\beta_2(\omega)p(\boldsymbol{r},\boldsymbol{r}_s)\right]\Bigg|_{z=0}=0\ (|x|<L)\end{aligned} \tag{2.2.20c}$$

取 Green 函数$G_0(\boldsymbol{r},\boldsymbol{r}')$满足

$$\begin{aligned}&\nabla^2 G_0(\boldsymbol{r},\boldsymbol{r}')+k_0^2 G_0(\boldsymbol{r},\boldsymbol{r}')=-\delta(\boldsymbol{r},\boldsymbol{r}')\\ &\left[\frac{\partial G_0(\boldsymbol{r},\boldsymbol{r}')}{\partial z}+\mathrm{i}\frac{\omega}{c_0}\beta_1(\omega)G_0(\boldsymbol{r},\boldsymbol{r}')\right]\Bigg|_{z=0}=0\end{aligned} \tag{2.2.21a}$$

其解由方程 (2.2.13b)得到，即近似为

$$G_0(\boldsymbol{r},\boldsymbol{r}')\approx\frac{\exp(\mathrm{i}k_0|\boldsymbol{r}-\boldsymbol{r}'|)}{4\pi|\boldsymbol{r}-\boldsymbol{r}'|}+\frac{\cos\theta'-\beta_1(\omega)}{\cos\theta'+\beta_1(\omega)}\cdot\frac{\exp(\mathrm{i}k_0|\boldsymbol{r}-\boldsymbol{r}''|)}{4\pi|\boldsymbol{r}-\boldsymbol{r}''|} \tag{2.2.21b}$$

其中，$\boldsymbol{r}''=(x',y',-z')$和$\cos\theta'\approx(z-z')/|\boldsymbol{r}-\boldsymbol{r}'|$. 把方程(2.2.20c)改写成

$$\left[\frac{\partial p(\boldsymbol{r},\boldsymbol{r}_s)}{\partial z}+\mathrm{i}\frac{\omega}{c_0}\beta_1(\omega)p(\boldsymbol{r},\boldsymbol{r}_s)\right]\Bigg|_{z=0}=\mathrm{i}k_0\rho_0c_0U_0(x,y,\omega) \tag{2.2.22a}$$

其中，为了方便定义

$$\mathrm{i}k_0\rho_0c_0U_0(x,y,\omega)\equiv\begin{cases}0 & (|x|\geqslant L)\\ \mathrm{i}\dfrac{\omega}{c_0}[\beta_1(\omega)-\beta_2(\omega)]p(\boldsymbol{r},\boldsymbol{r}_s)|_{z=0} & (|x|<L)\end{cases} \tag{2.2.22b}$$

直接由方程(2.2.9a)得到[令$\mathfrak{J}(\boldsymbol{r},\omega)=Q_0\delta(\boldsymbol{r},\boldsymbol{r}_s)$]上半空间的声场：

$$\begin{aligned}p(\boldsymbol{r},\boldsymbol{r}_s)=&Q_0G_0(\boldsymbol{r},\boldsymbol{r}_s)-\mathrm{i}\frac{\omega}{c_0}[\beta_1(\omega)-\beta_2(\omega)]\\ &\times\iint_{|x'|<L}G_0(\boldsymbol{r},\boldsymbol{r}')|_{z'=0}\ p(x',y',0,\boldsymbol{r}_s)\mathrm{d}x'\mathrm{d}y'\end{aligned} \tag{2.2.23a}$$

其中，面积分在带状区内进行. 取$\boldsymbol{r}$为带状区内的点：$\boldsymbol{r}=(x,y,0)$，上式变成

$$\frac{1}{2}p(x,y,0,\boldsymbol{r}_s)=Q_0G_0(x,y,0,\boldsymbol{r}_s)-\mathrm{i}\frac{\omega}{c_0}[\beta_1(\omega)-\beta_2(\omega)] \tag{2.2.23b}$$
$$\times\iint_{|x|<L}G_0(x,y,0;x',y',0)p(x',y',0,\boldsymbol{r}_s)\mathrm{d}x'\mathrm{d}y'$$

得到上式,利用了方程(3.2.4b)(特别要注意的是上式左边多了个 1/2). 在界面上取值时,上式是关于 $p(x,y,0,\boldsymbol{r}_s)$ 的第二类 Fredholm 积分方程,一旦求得带状区内的声压,即 $p(x,y,0,\boldsymbol{r}_s)$,由方程(2.2.23a)可以得到整个上半空间的声场. 注意:$p(\boldsymbol{r},\boldsymbol{r}_s)$ 实际上是存在带状不均匀区域时的 Green 函数. 积分方程(2.2.23b)的求解只能通过数值计算进行,我们不进一步讨论.

2.2.4 平面源辐射场的柱函数表示

方程(2.2.9a)给出了存在平面界面情况的积分解,其优点正如 2.2.3 小节所示,对非均匀的平面,我们可以把求解微分方程问题转化成求解积分方程,以便于数值求解. 事实上,对于均匀的平面,直接可以从积分变换方法得到简洁的解,而无须引进 Green 函数. 设固体表面(Oxy 平面)以法向(z 方向)速度 $U_0(x,y,\omega)$ 振动,求上半空间($z>0$)的声场分布:

$$\nabla^2 p(x,y,z,\omega)+k_0^2p(x,y,z,\omega)=0 \quad (z>0)$$
$$\left.\frac{\partial p}{\partial z}\right|_{z=0}=\mathrm{i}k_0\rho_0c_0U_0(x,y,\omega) \tag{2.2.24a}$$

因 Oxy 平面方向无限,作 Fourier 变换,有

$$p(x,y,z,\omega)=\iint p(k_x,k_y,z,\omega)\exp[\mathrm{i}(k_xx+k_yy)]\mathrm{d}k_x\mathrm{d}k_y \tag{2.2.24b}$$

代入方程(2.2.24a)得到

$$\frac{\mathrm{d}^2p(k_x,k_y,z,\omega)}{\mathrm{d}z^2}+k_z^2p(k_x,k_y,z,\omega)=0 \quad (z>0)$$
$$\left.\frac{\mathrm{d}p(k_x,k_y,z,\omega)}{\mathrm{d}z}\right|_{z=0}=\mathrm{i}k_0\rho_0c_0U_0(k_x,k_y,\omega) \tag{2.2.25a}$$

其中,z 方向的波数为 $k_z\equiv\sqrt{k_0^2-k_x^2-k_y^2}$. 为了方便,定义

$$U_0(k_x,k_y,\omega)\equiv\frac{1}{(2\pi)^2}\iint U_0(x,y,\omega)\exp[-\mathrm{i}(k_xx+k_yy)]\mathrm{d}x\mathrm{d}y \tag{2.2.25b}$$

取方程(2.2.25a)中向$+z$方向传播的波,即

$$p(k_x,k_y,z,\omega)=p(k_x,k_y,\omega)\exp(\mathrm{i}k_zz) \tag{2.2.26a}$$

代入边界条件得到

$$p(k_x,k_y,\omega)=\frac{\rho_0\omega}{k_z}U_0(k_x,k_y,\omega) \tag{2.2.26b}$$

把上式和方程(2.2.26a)代入方程(2.2.24b)得到声场的积分形式解为

$$p(x,y,z,\omega)=\rho_0\omega\iint U_0(x',y',\omega)G(x-x',y-y',z)\mathrm{d}x'\mathrm{d}y' \tag{2.2.27a}$$

其中,为了方便,定义

$$G(x-x',y-y',z)\equiv\frac{1}{(2\pi)^2}\iint\frac{\exp(\mathrm{i}k_z z)}{k_z}\mathrm{e}^{\mathrm{i}[k_x(x-x')+k_y(y-y')]}\mathrm{d}k_x\mathrm{d}k_y \tag{2.2.27b}$$

利用 Weyl 公式(1.2.35b)不难证明,上两式结果与方程(2.2.16a)是一致的. 下面讨论三个简单情况.

(1) 无限大板均匀振动:$U_0(x,y,\omega)=U_0(\omega)$. 由方程(2.2.27a)不难得到

$$p(x,y,z,\omega)=\rho_0c_0U_0(\omega)\exp(\mathrm{i}k_0z) \tag{2.2.28a}$$

(2) 对称振动:$U_0(x,y,\omega)=U_0(\rho,\omega)$. 在柱坐标中:$x=\rho\cos\varphi$;$y=\rho\sin\varphi$;$k_x=k_\rho\cos\psi$;$k_y=k_\rho\sin\psi$. 方程(2.2.27a)和方程(2.2.27b)给出

$$p(\rho,z,\omega)=\rho_0\omega\int_0^\infty U_0(\rho',\omega)G(\rho',\rho)\rho'\mathrm{d}\rho' \tag{2.2.28b}$$

其中,为了方便,定义

$$G(\rho,\rho')\equiv\int_0^\infty\frac{\mathrm{e}^{\mathrm{i}\sqrt{k_0^2-k_\rho^2}z}}{\sqrt{k_0^2-k_\rho^2}}\mathrm{J}_0(k_\rho\rho)\mathrm{J}_0(k_\rho\rho')k_\rho\mathrm{d}k_\rho \tag{2.2.28c}$$

注意:当 $U_0(\rho,\omega)=U_0(\omega)$ 时,有

$$p(\rho,z,\omega)=\rho_0\omega U_0(\omega)\int_0^\infty\left[\int_0^\infty\mathrm{J}_0(k_\rho\rho')\rho'\mathrm{d}\rho'\right]\frac{\mathrm{e}^{\mathrm{i}\sqrt{k_0^2-k_\rho^2}z}}{\sqrt{k_0^2-k_\rho^2}}\mathrm{J}_0(k_\rho\rho)k_\rho\mathrm{d}k_\rho \tag{2.2.28d}$$

利用 $\int_0^\infty\mathrm{J}_0(a\rho')\mathrm{J}_0(b\rho')\rho'\mathrm{d}\rho'=\delta(a-b)/a$, 取 $b=0$ 和 $a=k_\rho$, $\int_0^\infty\mathrm{J}_0(k_\rho\rho')\rho'\mathrm{d}\rho'=\delta(k_\rho)/k_\rho$, 代入上式得到 $p(\rho,z,\omega)=\rho_0c_0U_0(\omega)\mathrm{e}^{\mathrm{i}k_0z}$, 与方程(2.2.28a)一致.

(3) 无限大障板上的圆形刚性活塞:振动速度分布为 $U_0(\rho,\omega)=U_0(\omega)\ (\rho\leqslant a)$. 由方程(2.2.28b)和方程(2.2.28c)可知

$$p(\rho,z,\omega)=\rho_0c_0k_0aU_0(\omega)\int_0^\infty\frac{\mathrm{J}_1(k_\rho a)\mathrm{J}_0(k_\rho\rho)}{\sqrt{k_0^2-k_\rho^2}}\mathrm{e}^{\mathrm{i}\sqrt{k_0^2-k_\rho^2}z}\mathrm{d}k_\rho \tag{2.2.29a}$$

上式是用柱函数表示的无限大障板上圆形活塞辐射的声场,利用展开公式(2.4.5c),可直接从 Rayleigh 积分(2.2.16a)推导得到.

下面利用方程(2.2.29a)讨论圆形刚性活塞激发声场的若干特征.

（1）活塞面上的场分布（$\rho\leqslant a$）

$$p(\rho,z,\omega)\big|_{z=0}=\rho_0c_0k_0aU_0(\omega)\left[\Re_R(\rho,\omega)-\mathrm{i}\Re_I(\rho,\omega)\right] \tag{2.2.29b}$$

其中，为了方便，定义

$$\Re_R(\rho,\omega)\equiv\int_0^{k_0}\frac{\mathrm{J}_1(k_\rho a)\mathrm{J}_0(k_\rho\rho)}{\sqrt{k_0^2-k_\rho^2}}\mathrm{d}k_\rho,\quad \Re_I(\rho,\omega)\equiv\int_{k_0}^{\infty}\frac{\mathrm{J}_1(k_\rho a)\mathrm{J}_0(k_\rho\rho)}{\sqrt{k_\rho^2-k_0^2}}\mathrm{d}k_\rho$$

显然，活塞表面的声场颇为复杂，与变量 ρ 有关，上式的虚部表明，声压与振动速度存在相位差.

（2）力辐射阻抗，刚性活塞面上受到的声场的反作用力和力辐射阻抗分别为

$$\begin{gathered}F_{\mathrm{r}}=2\pi\int_0^a p(\rho,z,\omega)\big|_{z=0}\rho\mathrm{d}\rho=\pi a^2\rho_0c_0U_0(\omega)\left[R_1(2k_0a)-\mathrm{i}X_1(2k_0a)\right]\\ Z_{\mathrm{r}}=\frac{F_{\mathrm{r}}}{U_0}=\pi a^2\rho_0c_0\left[R_1(2k_0a)-\mathrm{i}X_1(2k_0a)\right]\end{gathered} \tag{2.2.29c}$$

其中，$R_1(2k_0a)$ 和 $X_1(2k_0a)$ 分别称为阻函数和抗函数（数值计算结果如图 2.2.5 所示），有

$$\begin{gathered}R_1(2k_0a)\equiv2k_0\int_0^{k_0}\frac{\mathrm{J}_1^2(k_\rho a)}{k_\rho\sqrt{k_0^2-k_\rho^2}}\mathrm{d}k_\rho=2\int_0^{\pi/2}\frac{\mathrm{J}_1^2(k_0a\sin\theta)}{\sin\theta}\mathrm{d}\theta\\ X_1(2k_0a)\equiv2k_0\int_{k_0}^{\infty}\frac{\mathrm{J}_1^2(k_\rho a)}{k_\rho\sqrt{k_\rho^2-k_0^2}}\mathrm{d}k_\rho=2\int_{k_0}^{\infty}\frac{\mathrm{J}_1^2(k_0a\cosh\alpha)}{\cosh\alpha}\mathrm{d}\alpha\end{gathered} \tag{2.2.29d}$$

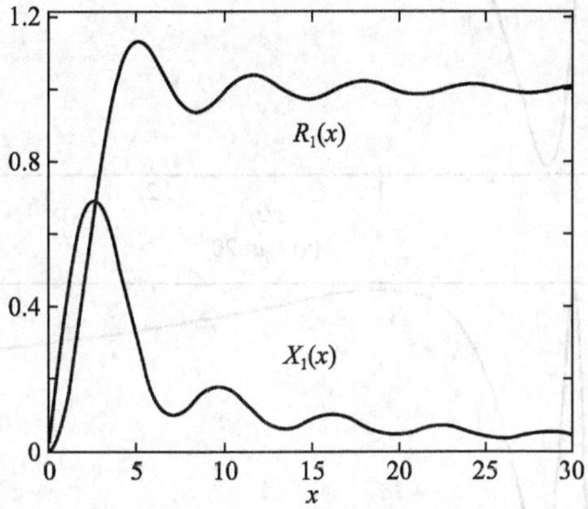

图 2.2.5　阻函数 $R_1(x)$ 和抗函数 $X_1(x)$ 随 x 的变化

（3）轴上一点的场，在 z 轴上，$\rho=0$. 因此，轴上一点的场为

$$p(\rho,z,\omega)\big|_{\rho=0}=\rho_0c_0k_0aU_0(\omega)\int_0^{\infty}\frac{\mathrm{J}_1(k_\rho a)}{\sqrt{k_0^2-k_\rho^2}}\mathrm{e}^{\mathrm{i}\sqrt{k_0^2-k_\rho^2}z}\mathrm{d}k_\rho \tag{2.2.30a}$$

上式完成积分后得到(见参考书 11)

$$p(\rho,z,\omega)\big|_{\rho=0}=-2\mathrm{i}\rho_0c_0U_0(\omega)\sin\left[\frac{k_0}{2}(\sqrt{a^2+z^2}-z)\right] \times\exp\left[\mathrm{i}\frac{k_0}{2}(\sqrt{a^2+z^2}-z)\right] \tag{2.2.30b}$$

可见:轴上一点的声压大小由 $\sin[k_0(H-z)/2]$决定(其中 $H=\sqrt{a^2+z^2}$ 是 z 轴上一点到活塞边缘的距离). 讨论:① 在接近活塞面时,声压值存在极大值和极小值,取极小值的条件为 $k_0(H-z)/2=n\pi(n=1,2,\cdots)$,即

$$z_{\min}=\left[\left(\frac{a}{\lambda}\right)^2-n^2\right]\frac{\lambda}{2n} \tag{2.2.30c}$$

上式要求 $n<a/\lambda$,因此极小值只有有限个. 在低频条件下,$\lambda>a$,不存在极小;频率越高,a/λ越大,存在的极小越多,如图 2.2.6 所示,在高频情况下,近场的声压更复杂;② 当 z 较大时,有

$$\sin\left[\frac{k_0}{2}(\sqrt{a^2+z^2}-z)\right]\approx\frac{\pi}{2}\frac{z_c}{z} \tag{2.2.30d}$$

其中,$z_c=a^2/\lambda$ 称为**临界距离**,当 $z>z_c$时,声压 $p(0,z,\omega)\sim1/z$,即像球面波一样,由 $z=z_c$处的极大随距离成反比衰减.

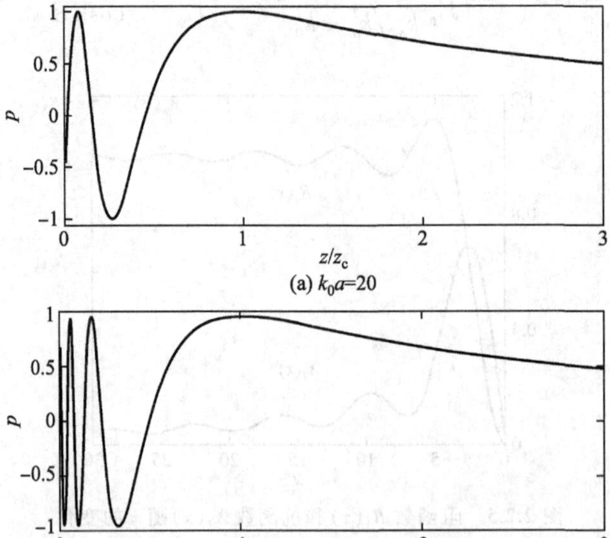

(a) $k_0a=20$

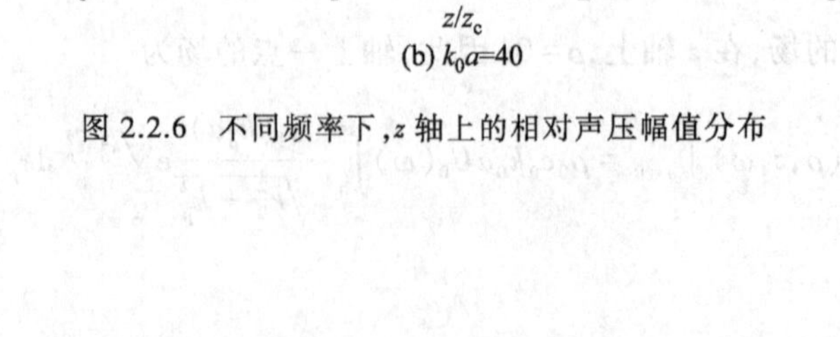

(b) $k_0a=40$

图 2.2.6　不同频率下,z 轴上的相对声压幅值分布

2.3 球状声源的辐射

在 2.1 节中,我们介绍了作简单的径向脉动或者横向振动的球辐射的声场,那么,当球的表面法向速度与极角和方位角有较复杂的关系时,声场分布又如何?另一方面,在多极子展开中,我们求得了远场的声场,而在实际问题中,远场条件往往很难满足,或者不得不求近场的声压. 研究球状声源的意义还在于:实际复杂形状的声源往往可以用球这样简单几何形状的声源来代替,分析其基本的性质,以便得到普遍的规律. 另外值得指出的一点是:平面波和柱面波都扩展到无限空间,即总声能量无限大,故严格意义上的平面波和柱面波实际上是不存在的(只有在管道中才能产生平面波,见第 4 章讨论),而球面波能量有限,是我们经常遇到的波动形式.

2.3.1 球面振动向无限空间的辐射

单频稳态声场满足的 Helmholtz 方程为

$$\nabla^2 p(r,\theta,\varphi,\omega)+k_0^2 p(r,\theta,\varphi,\omega)=0 \tag{2.3.1a}$$

其中,$k_0=\omega/c_0$,球坐标中的 Laplace 算子为

$$\nabla^2\equiv\frac{1}{r^2}\frac{\partial}{\partial r}\left(r^2\frac{\partial}{\partial r}\right)+\frac{1}{r^2\sin\theta}\frac{\partial}{\partial\theta}\left(\sin\theta\frac{\partial}{\partial\theta}\right)+\frac{1}{r^2\sin^2\theta}\frac{\partial^2}{\partial\varphi^2} \tag{2.3.1b}$$

设球面径向速度可表示为[考虑频率为 ω 的稳态振动,忽略时间因子 $\exp(-\mathrm{i}\omega t)$]

$$u_r(a,\theta,\varphi,\omega)=U_0(\theta,\varphi,\omega) \tag{2.3.2a}$$

满足 Sommerfeld 辐射条件的单频声场为

$$\begin{gathered}p(r,\theta,\varphi,\omega)=\sum_{l=0}^{\infty}\sum_{m=-l}^{l}A_{lm}\mathrm{h}_l^{(1)}(k_0 r)\mathrm{Y}_{lm}(\theta,\varphi)\\ v_r(r,\theta,\varphi,\omega)=\frac{1}{\mathrm{i}\rho_0 c_0}\sum_{l=0}^{\infty}\sum_{m=-l}^{l}A_{lm}\frac{\mathrm{dh}_l^{(1)}(k_0 r)}{\mathrm{d}(k_0 r)}\mathrm{Y}_{lm}(\theta,\varphi)\end{gathered} \tag{2.3.2b}$$

其中,$\mathrm{h}_l^{(1)}(k_0 r)$和 $\mathrm{Y}_{lm}(\theta,\varphi)$分别为球 Hankel 函数和归一化球谐函数. 由球面边界条件,即球面上径向速度相等得到

$$\frac{1}{\mathrm{i}\rho_0 c_0}\sum_{l=0}^{\infty}\sum_{m=-l}^{l}A_{lm}\left[\frac{\mathrm{dh}_l^{(1)}(k_0 r)}{\mathrm{d}(k_0 r)}\right]_{r=a}\mathrm{Y}_{lm}(\theta,\varphi)=U_0(\theta,\varphi,\omega) \tag{2.3.3a}$$

根据归一化球谐函数 $\mathrm{Y}_{lm}(\theta,\varphi)$的完备性,容易得到

$$A_{lm}=\mathrm{i}\sqrt{4\pi}\rho_0c_0U_{lm}\left[\frac{\mathrm{dh}_l^{(1)}(k_0r)}{\mathrm{d}(k_0r)}\right]_{r=a}^{-1}$$

$$U_{lm}\equiv\frac{1}{\sqrt{4\pi}}\int_0^{2\pi}\int_0^{\pi}U_0(\theta,\varphi)\mathrm{Y}_{lm}^*(\theta,\varphi)\sin\theta\mathrm{d}\theta\mathrm{d}\varphi \tag{2.3.3b}$$

代入方程(2.3.2b)得到

$$p(r,\theta,\varphi,\omega)=\mathrm{i}\sqrt{4\pi}\rho_0c_0\sum_{l=0}^{\infty}\sum_{m=-l}^{l}U_{lm}\left[\frac{\mathrm{dh}_l^{(1)}(k_0r)}{\mathrm{d}(k_0r)}\right]_{r=a}^{-1}\mathrm{h}_l^{(1)}(k_0r)\mathrm{Y}_{lm}(\theta,\varphi)$$

$$v_r(r,\theta,\varphi,\omega)=\sqrt{4\pi}\sum_{l=0}^{\infty}\sum_{m=-l}^{l}U_{lm}\left[\frac{\mathrm{dh}_l^{(1)}(k_0r)}{\mathrm{d}(k_0r)}\right]_{r=a}^{-1}\frac{\mathrm{dh}_l^{(1)}(k_0r)}{\mathrm{d}(k_0r)}\mathrm{Y}_{lm}(\theta,\varphi) \tag{2.3.3c}$$

对不同情况的讨论如下.

(1) 低频：$k_0a\ll1$，利用球 Hankel 函数的近似关系，有

$$\mathrm{h}_l^{(1)}(x)\approx-\mathrm{i}\frac{(2l-1)!!}{x^{l+1}},\quad \frac{\mathrm{dh}_l^{(1)}(x)}{\mathrm{d}x}\approx\mathrm{i}\frac{(2l-1)!!\ (l+1)}{x^{l+2}} \tag{2.3.4a}$$

可见 $A_{lm}\sim(k_0a)^{l+2}$，方程(2.3.3c)中第一项正比于$(k_0a)^2$，仅须考虑 $l=0$ 和 $m=0$ 项：

$$A_{00}\approx\rho_0c_0(k_0a)^2\sqrt{\frac{1}{4\pi}}\int_0^{2\pi}\int_0^{\pi}U_0(\theta,\varphi)\sin\theta\mathrm{d}\theta\mathrm{d}\varphi=\rho_0c_0(k_0a)^2\sqrt{4\pi}\,\overline{U}_0 \tag{2.3.4b}$$

其中，球面平均速度为

$$\overline{U}_0\equiv U_{00}=\frac{1}{4\pi}\int_0^{2\pi}\int_0^{\pi}U_0(\theta,\varphi)\sin\theta\mathrm{d}\theta\mathrm{d}\varphi \tag{2.3.4c}$$

于是，可以得到声压和径向速度分布为

$$p(r,\theta,\varphi,\omega)\approx A_{00}\mathrm{h}_0^{(1)}(k_0r)\mathrm{Y}_{00}(\theta,\varphi)=\rho_0c_0(k_0a)^2\overline{U}_0\mathrm{h}_0^{(1)}(k_0r)$$

$$v_r(r,\theta,\varphi,\omega)\approx\frac{A_{00}}{\mathrm{i}\rho_0c_0}\frac{\mathrm{dh}_0^{(1)}(k_0r)}{\mathrm{d}(k_0r)}\mathrm{Y}_{00}(\theta,\varphi)=-\mathrm{i}(k_0a)^2\overline{U}_0\frac{\mathrm{dh}_0^{(1)}(k_0r)}{\mathrm{d}(k_0r)} \tag{2.3.4d}$$

(2) 低频、远场：$k_0a\ll1$ 和 $k_0r\gg1$，利用球 Hankel 函数的渐近关系：

$$\mathrm{h}_l^{(1)}(x)\approx-\frac{\mathrm{i}}{x}\exp\left[\mathrm{i}\left(x-\frac{l\pi}{2}\right)\right]\quad(x\to\infty) \tag{2.3.5a}$$

将其代入方程(2.3.4d)得到低频、远场的声压和径向速度分布为

$$p(r,\theta,\varphi,\omega)\approx-4\pi\mathrm{i}\rho_0c_0k_0a^2\overline{U}_0\frac{1}{4\pi r}\exp(\mathrm{i}k_0r)$$

$$v_r(r,\theta,\varphi,\omega)\approx-4\pi\mathrm{i}k_0a^2\overline{U}_0\frac{1}{4\pi r}\exp(\mathrm{i}k_0r) \tag{2.3.5b}$$

远场平均声强和辐射功率分别为

$$\overline{I}_r \approx 2\pi\rho_0 c_0 a^2 \overline{U}_0^2 \frac{(k_0 a)^2}{4\pi r^2}, \quad \overline{P} \approx 2\pi\rho_0 c_0 a^2 \overline{U}_0^2 (k_0 a)^2 \tag{2.3.5c}$$

上式说明，不管球面作多复杂的振动，只要平均振动速度不为零，在低频条件下，相当于以平均振动速度作脉动，其远场辐射与方向无关，为单极子声场.

(3) 一般频率、远场：$k_0 r \gg 1$，利用球 Hankel 函数的渐近公式(2.3.5a)，可以得到远场声压和径向速度分布为

$$\begin{aligned} p(r,\theta,\varphi,\omega) &\approx -\frac{\mathrm{i}}{k_0 r}\exp(\mathrm{i}k_0 r)\sum_{l=0}^{\infty}\sum_{m=-l}^{l}\mathrm{e}^{-\mathrm{i}l\pi/2}A_{lm}\mathrm{Y}_{lm}(\theta,\varphi) \\ v_r(r,\theta,\varphi,\omega) &\approx \frac{1}{\mathrm{i}\omega\rho_0 r}\exp(\mathrm{i}k_0 r)\sum_{l=0}^{\infty}\sum_{m=-l}^{l}\mathrm{e}^{-\mathrm{i}l\pi/2}A_{lm}\mathrm{Y}_{lm}(\theta,\varphi) \end{aligned} \tag{2.3.6a}$$

为了讨论方便，把声压分布的前几项写出：

$$p(r,\theta,\varphi,\omega) \approx -\frac{\mathrm{i}}{k_0 r}\exp(\mathrm{i}k_0 r)[F_{\mathrm{s}}(\theta,\varphi)+F_{\mathrm{d}}(\theta,\varphi)+F_{\mathrm{q}}(\theta,\varphi)+\cdots] \tag{2.3.6b}$$

其中，为了方便，定义

$$\begin{aligned} F_{\mathrm{s}}(\theta,\varphi) &\equiv \sqrt{\frac{1}{4\pi}}A_{00} \\ F_{\mathrm{d}}(\theta,\varphi) &\equiv -\mathrm{i}[A_{10}\mathrm{Y}_{10}(\theta,\varphi)+A_{11}\mathrm{Y}_{11}(\theta,\varphi)+A_{1-1}\mathrm{Y}_{1-1}(\theta,\varphi)] \\ F_{\mathrm{q}}(\theta,\varphi) &\equiv -[A_{22}\mathrm{Y}_{22}(\theta,\varphi)+A_{2-2}\mathrm{Y}_{2-2}(\theta,\varphi) \\ &\quad +A_{21}\mathrm{Y}_{21}(\theta,\varphi)+A_{2-1}\mathrm{Y}_{2-1}(\theta,\varphi)+A_{20}\mathrm{Y}_{20}(\theta,\varphi)] \\ &\cdots\cdots \end{aligned} \tag{2.3.6c}$$

上式讨论如下.

(1) 显然，$F_{\mathrm{s}}(\theta,\varphi)$ 与角度无关，相当于单极子产生的声场.

(2) $F_{\mathrm{d}}(\theta,\varphi)$ 中第一项为

$$\mathrm{Y}_{10}(\theta,\varphi)=\sqrt{\frac{3}{4\pi}}\mathrm{P}_1^0(\cos\theta)=\sqrt{\frac{3}{4\pi}}\cos\theta \tag{2.3.7a}$$

声压正比于 $\cos\theta$，故相当于 z 轴上偶极子产生的声场；$F_{\mathrm{d}}(\theta,\varphi)$ 中第二、三项为

$$\mathrm{Y}_{1\pm1}(\theta,\varphi)=-\sqrt{\frac{3}{8\pi}}\sin\theta\exp(\pm\mathrm{i}\varphi) \tag{2.3.7b}$$

因此有

$$A_{11}\mathrm{Y}_{11}(\theta,\varphi)+A_{1-1}\mathrm{Y}_{1-1}(\theta,\varphi)=-\sqrt{\frac{3}{8\pi}}\left[(A_{1-1}+A_{11})\frac{x}{r}+\mathrm{i}(A_{11}-A_{1-1})\frac{y}{r}\right] \tag{2.3.7c}$$

显然，上式相当于 x 和 y 轴上的偶极子产生的声场组合. 因此 $l=1$ 表示偶极子辐射产生的声场.

(3) $F_q(\theta,\varphi)$中，有

$$
\begin{aligned}
\mathrm{Y}_{2\pm2}(\theta,\varphi) &= \sqrt{\frac{15}{32\pi}}\sin^2\theta\exp(\pm 2\mathrm{i}\varphi) \\
\mathrm{Y}_{2\pm1}(\theta,\varphi) &= -\sqrt{\frac{15}{8\pi}}\sin\theta\cos\theta\exp(\pm\mathrm{i}\varphi) \\
\mathrm{Y}_{20}(\theta,\varphi) &= \sqrt{\frac{5}{16\pi}}(3\cos^2\theta-1)
\end{aligned}
\tag{2.3.8}
$$

因此，$F_q(\theta,\varphi)$相当于四极子产生的声场组合，故 $l=2$ 表示四极子产生的声场. 余以此类推. 远场平均声强为

$$
\overline{I}_r(\theta,\varphi) \approx \frac{c_0}{2\omega^2\rho_0 r^2}\cdot \mathrm{Re}\sum_{l,l'=0}^{\infty}\sum_{m,m'=-l,-l'}^{l,l'} \mathrm{e}^{\mathrm{i}(l'-l)\pi/2}A_{lm}A_{l'm'}^{*}\mathrm{Y}_{lm}(\theta,\varphi)\mathrm{Y}_{l'm'}^{*}(\theta,\varphi) \tag{2.3.9a}
$$

平均声功率为

$$
\overline{P} = \int_r \overline{I}_r(\theta,\varphi)\,\mathrm{d}S = \frac{c_0}{2\omega^2\rho_0}\sum_{l=0}^{\infty}\sum_{m=-l}^{l}|A_{lm}|^2 \tag{2.3.9b}
$$

如果球面上的平均速度为零($\overline{U}_0=0$)，则单极辐射为零，必须考虑偶极辐射；如果偶极辐射也为零，则必须考虑四极辐射，以此类推. 一个实际的例子是裸扬声器，振膜的前后相当于振动速度反向，可以简单近似为

$$
U_0(\theta,\varphi,\omega) = \begin{cases} +U_0 & \left(-\dfrac{\pi}{2}<\varphi<\dfrac{\pi}{2}\right) \\ -U_0 & \left(\dfrac{\pi}{2}<\varphi<\dfrac{3\pi}{2}\right) \end{cases} \tag{2.3.10a}
$$

于是，$\overline{U}_0=0$，故单极辐射为零. 另一方面，把上式代入方程(2.3.3b)，容易得到

$$
A_{10}=0,\quad A_{1+1}=A_{1-1}=-\rho_0 c_0 U_0\sqrt{\frac{3\pi}{8}}(k_0 a)^3 \tag{2.3.10b}
$$

不难得到偶极辐射的功率为

$$
\overline{P}_{\mathrm{d}} = \frac{c_0}{2\omega^2\rho_0}(|A_{1-1}|^2+|A_{1+1}|^2) = \frac{3}{8}\rho_0 c_0 \pi a^2 U_0^2 (k_0 a)^4 \tag{2.3.10c}
$$

故裸扬声器是偶极辐射. 注意到在低频时，$A_{lm}\sim(k_0 a)^{l+2}$，单极辐射功率[正比于$(k_0 a)^2$]远大于偶极辐射[正比于$(k_0 a)^4$]或者四极辐射，故为了提高辐射效率，在裸扬声器上外加一个音箱，使$\overline{U}_0\neq 0$而存在单极辐射.

如果设球面速度分布为(敲响的大钟就可以用下式近似)

$$U_0(\theta,\varphi,\omega)=\begin{cases}+U_0 & \left(0<\varphi<\dfrac{\pi}{2}\right)\\ -U_0 & \left(\dfrac{\pi}{2}<\varphi<\pi\right)\\ +U_0 & \left(\pi<\varphi<\dfrac{3\pi}{2}\right)\\ -U_0 & \left(\dfrac{3\pi}{2}<\varphi<2\pi\right)\end{cases} \tag{2.3.11a}$$

不难验证 $A_{00}=A_{10}=A_{1+1}=A_{1-1}=0$，即单极辐射和偶极辐射都为零. 对于四极子，显然 $A_{20}=A_{2\pm1}=0$，而系数 $A_{2\pm2}$ 在低频近似下为

$$A_{2\pm2}=\pm\sqrt{\frac{15}{8\pi}}\rho_0c_0U_0\left[\frac{\mathrm{dh}_2^{(1)}(k_0r)}{\mathrm{d}(k_0r)}\right]_{r=a}^{-1}\sim\rho_0c_0U_0(k_0a)^4 \tag{2.3.11b}$$

因此，四极辐射功率为

$$\overline{P}_{\mathrm{q}}=\frac{c_0}{2\omega^2\rho_0}(|A_{2-2}|^2+|A_{2+2}|^2)\sim\rho_0c_0a^2U_0^2(k_0a)^6 \tag{2.3.11c}$$

比较上式与方程(2.3.5c)和方程(2.3.10c)，在低频近似下，单极辐射、偶极辐射和四极辐射与频率的关系分别为 2 次方、4 次方和 6 次方，这与 2.1 节的结论是一致的.

2.3.2 球面上的点源辐射

设强度为 $U_0(\omega)$ 的点源位于刚性球面 (θ_s,φ_s) 处，球面速度可表示为

$$u_r(a,\theta,\varphi,\omega)=\frac{U_0(\omega)}{\sin\theta}\delta(\theta,\theta_s)\delta(\varphi,\varphi_s) \tag{2.3.12a}$$

由方程(2.3.3b)，有

$$A_{lm}=\mathrm{i}\rho_0c_0U_0(\omega)\left[\frac{\mathrm{dh}_l^{(1)}(k_0r)}{\mathrm{d}(k_0r)}\right]_{r=a}^{-1}\int_0^{2\pi}\int_0^{\pi}\delta(\theta,\theta_s)\delta(\varphi,\varphi_s)\mathrm{Y}_{lm}^*(\theta,\varphi)\,\mathrm{d}\theta\mathrm{d}\varphi \tag{2.3.12b}$$

即

$$A_{lm}=\mathrm{i}\rho_0c_0U_0(\omega)\left[\frac{\mathrm{dh}_l^{(1)}(k_0r)}{\mathrm{d}(k_0r)}\right]_{r=a}^{-1}\cdot\mathrm{Y}_{lm}^*(\theta_s,\varphi_s) \tag{2.3.12c}$$

当点源位于北极时（关于 z 轴对称），$\theta_s=0$（φ_s 任意），因 $\mathrm{Y}_{lm}^*(0,\varphi_s)=0\ (m\neq0)$，故只有 A_{l0} 非零，有

$$A_{l0}=\mathrm{i}\rho_0c_0U_0(\omega)\sqrt{\frac{2l+1}{4\pi}}\left[\frac{\mathrm{dh}_l^{(1)}(k_0r)}{\mathrm{d}(k_0r)}\right]_{r=a}^{-1} \tag{2.3.12d}$$

于是,空间声场及远场近似为

$$p(r,\theta,\omega)=\mathrm{i}\frac{\rho_0c_0U_0(\omega)}{4\pi}\sum_{l=0}^{\infty}(2l+1)\left[\frac{\mathrm{dh}_l^{(1)}(k_0r)}{\mathrm{d}(k_0r)}\right]_{r=a}^{-1}\mathrm{h}_l^{(1)}(k_0r)\mathrm{P}_l(\cos\theta)$$

$$\approx\frac{\rho_0c_0U_0(\omega)}{4\pi k_0r}\exp(\mathrm{i}k_0r)\psi(\theta)$$

$$v_r(r,\theta,\omega)=\frac{U_0(\omega)}{4\pi}\sum_{l=0}^{\infty}(2l+1)\left[\frac{\mathrm{dh}_l^{(1)}(k_0r)}{\mathrm{d}(k_0r)}\right]_{r=a}^{-1}\frac{\mathrm{dh}_l^{(1)}(k_0r)}{\mathrm{d}(k_0r)}\mathrm{P}_l(\cos\theta)$$

$$\approx\frac{U_0(\omega)}{4\pi k_0r}\exp(\mathrm{i}k_0r)\psi(\theta) \tag{2.3.13a}$$

其中,$\psi(\theta)$定义为

$$\psi(\theta)\equiv\sum_{l=0}^{\infty}(2l+1)\left[\frac{\mathrm{dh}_l^{(1)}(k_0r)}{\mathrm{d}(k_0r)}\right]_{r=a}^{-1}\mathrm{e}^{-\mathrm{i}l\pi/2}\mathrm{P}_l(\cos\theta) \tag{2.3.13b}$$

远场平均声强为

$$\bar{I}_r(r,\theta)=\frac{1}{2}\mathrm{Re}(pv_r^*)\approx\frac{\rho_0c_0(U_0a)^2}{4\pi r^2}D(\theta) \tag{2.3.13c}$$

其中,$D(\theta)$为点源辐射的方向性因子,有

$$D(\theta)\equiv\frac{1}{8\pi(k_0a)^2}|\psi(\theta)|^2 \tag{2.3.13d}$$

图 2.3.1 给出了不同频率的方向性因子曲线(注意纵轴的尺度变化). 由图 2.3.1 可知,在频率较低时,辐射基本是全向的;当频率升高,辐射呈现复杂的方向性. 球面上的点源辐射模型可以模拟人的讲话,刚性球相当于人头,而人的嘴巴相当于点源. 特别有意义的是,根据互易原理,图 2.3.1 的方向因子图也是人耳(或者球形麦克风)对声波接收的方向图.

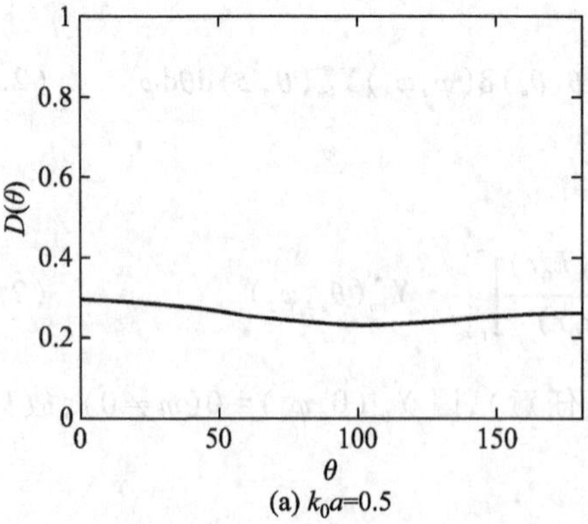

(a) $k_0a=0.5$

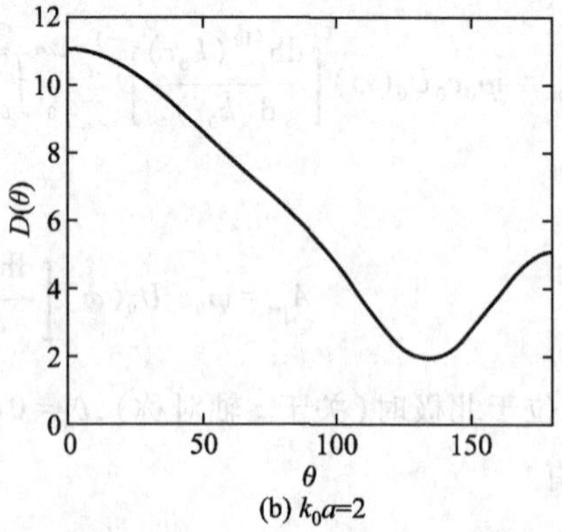

(b) $k_0a=2$

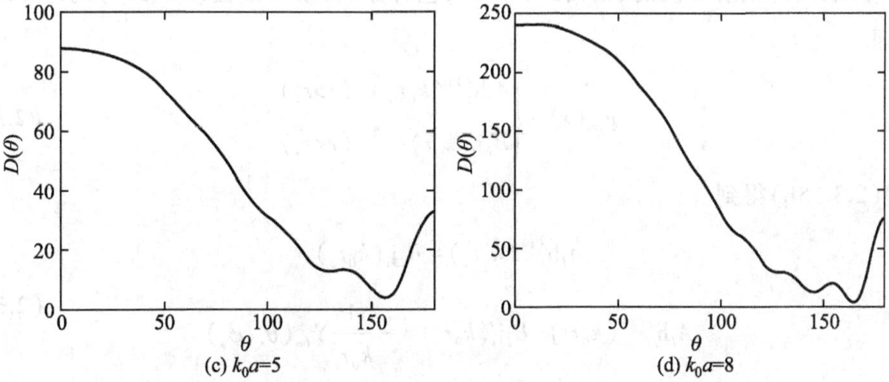

图 2.3.1　不同频率的方向性因子曲线图：横轴为 θ/度，纵轴为 $D(\theta)$

2.3.3　点源声场的球函数展开

在球坐标中，位于 $\boldsymbol{r}_s=(r_s,\theta_s,\varphi_s)$ 处点源产生的声场，即三维自由空间的 Green 函数满足方程

$$\nabla^2 g(\boldsymbol{r},\boldsymbol{r}_s)+k_0^2 g(\boldsymbol{r},\boldsymbol{r}_s)=-\frac{1}{r^2\sin\theta}\delta(r-r_s)\delta(\theta-\theta_s)\delta(\varphi-\varphi_s) \tag{2.3.14a}$$

我们分两步求 Green 函数.

（1）利用 $\mathrm{Y}_{lm}(\theta,\varphi)$ 的完备性，作展开

$$g(\boldsymbol{r},\boldsymbol{r}_s)=\sum_{l=0}^{\infty}\sum_{m=-l}^{l} g_{lm}(r)\mathrm{Y}_{lm}(\theta,\varphi) \tag{2.3.14b}$$

代入方程(2.3.14a)得到

$$\begin{aligned}&\sum_{l=0}^{\infty}\sum_{m=-l}^{l}\left[\frac{1}{r^2}\frac{\mathrm{d}}{\mathrm{d}r}\left(r^2\frac{\mathrm{d}}{\mathrm{d}r}\right)+k_0^2-\frac{l(l+1)}{r^2}\right]g_{lm}(r)\mathrm{Y}_{lm}(\theta,\varphi)\\&=-\frac{1}{r^2\sin\theta}\delta(r-r_s)\delta(\theta-\theta_s)\delta(\varphi-\varphi_s)\end{aligned} \tag{2.3.14c}$$

利用 $\mathrm{Y}_{lm}(\theta,\varphi)$ 的正交性得到

$$\left[\frac{1}{r^2}\frac{\mathrm{d}}{\mathrm{d}r}\left(r^2\frac{\mathrm{d}}{\mathrm{d}r}\right)+k_0^2-\frac{l(l+1)}{r^2}\right]g_{lm}(r)=-\frac{1}{r^2}\delta(r-r_s)\mathrm{Y}_{lm}^*(\theta_s,\varphi_s) \tag{2.3.15a}$$

（2）显然，$r=r_s$ 点是函数 $g_{lm}(r)$ 的奇点，必须满足连接条件：

$$\begin{aligned}&g_{lm}(r)\big|_{r=r_s+\varepsilon}=g_{lm}(r)\big|_{r=r_s-\varepsilon}\\&\left.\frac{\mathrm{d}g_{lm}(r)}{\mathrm{d}r}\right|_{r=r_s+\varepsilon}-\left.\frac{\mathrm{d}g_{lm}(r)}{\mathrm{d}r}\right|_{r=r_s-\varepsilon}=-\frac{1}{r_s^2}\mathrm{Y}_{lm}^*(\theta_s,\varphi_s)\end{aligned} \tag{2.3.15b}$$

当 $r>r_s$ 时,取向外辐射形式的解,而当 $r<r_s$ 时,包含原点,故取方程(2.3.15a)的球 Bessel 函数解,即

$$g_{lm}(r)=\begin{cases}A_l \mathrm{h}_l^{(1)}(k_0 r) & (r>r_s)\\ B_l \mathrm{j}_l(k_0 r) & (r<r_s)\end{cases} \tag{2.3.15c}$$

由方程(2.3.15b)得到

$$\begin{aligned}&A_l \mathrm{h}_l^{(1)}(k_0 r_s)=B_l \mathrm{j}_l(k_0 r_s)\\ &A_l \mathrm{h}_l'^{(1)}(k_0 r_s)-B_l \mathrm{j}_l'(k_0 r_s)=-\frac{1}{k_0 r_s^2}\mathrm{Y}_{lm}^*(\theta_s,\varphi_s)\end{aligned} \tag{2.3.15d}$$

因此有

$$A_l=-\frac{\mathrm{j}_l(k_0 r_s)\mathrm{Y}_{lm}^*(\theta_s,\varphi_s)}{k_0 r_s^2[\mathrm{j}_l(k_0 r_s)\mathrm{h}_l'^{(1)}(k_0 r_s)-\mathrm{h}_l^{(1)}(k_0 r_s)\mathrm{j}_l'(k_0 r_s)]} \tag{2.3.16a}$$

$$B_l=-\frac{\mathrm{h}_l^{(1)}(k_0 r_s)\mathrm{Y}_{lm}^*(\theta_s,\varphi_s)}{k_0 r_s^2[\mathrm{j}_l(k_0 r_s)\mathrm{h}_l'^{(1)}(k_0 r_s)-\mathrm{h}_l^{(1)}(k_0 r_s)\mathrm{j}_l'(k_0 r_s)]} \tag{2.3.16b}$$

而球 Bessel 函数和球 Hankel 函数都是球 Bessel 方程的解,不难证明

$$(k_0 r_s)^2[\mathrm{j}_l(k_0 r_s)\mathrm{h}_l'^{(1)}(k_0 r_s)-\mathrm{h}_l^{(1)}(k_0 r_s)\mathrm{j}_l'(k_0 r_s)]=\mathrm{i} \tag{2.3.16c}$$

最后得到

$$g_{lm}(r)=\mathrm{i}k_0\begin{cases}\mathrm{h}_l^{(1)}(k_0 r)\mathrm{j}_l(k_0 r_s)\mathrm{Y}_{lm}^*(\theta_s,\varphi_s) & (r>r_s)\\ \mathrm{j}_l(k_0 r)\mathrm{h}_l^{(1)}(k_0 r_s)\mathrm{Y}_{lm}^*(\theta_s,\varphi_s) & (r<r_s)\end{cases} \tag{2.3.16d}$$

代入方程(2.3.14b)得到

$$g(\boldsymbol{r},\boldsymbol{r}_s)=\mathrm{i}k_0\sum_{l=0}^{\infty}\sum_{m=-l}^{l}\mathrm{Y}_{lm}(\theta,\varphi)\mathrm{Y}_{lm}^*(\theta_s,\varphi_s)\begin{cases}\mathrm{h}_l^{(1)}(k_0 r)\mathrm{j}_l(k_0 r_s) & (r>r_s)\\ \mathrm{j}_l(k_0 r)\mathrm{h}_l^{(1)}(k_0 r_s) & (r<r_s)\end{cases} \tag{2.3.17a}$$

上式就是三维无限大空间的 Green 函数在球坐标中的表示,因此也有展开关系

$$\frac{\mathrm{e}^{\mathrm{i}k_0|\boldsymbol{r}-\boldsymbol{r}_s|}}{4\pi|\boldsymbol{r}-\boldsymbol{r}_s|}=\mathrm{i}k_0\sum_{l=0}^{\infty}\sum_{m=-l}^{l}\mathrm{Y}_{lm}(\theta,\varphi)\mathrm{Y}_{lm}^*(\theta_s,\varphi_s)\begin{cases}\mathrm{h}_l^{(1)}(k_0 r)\mathrm{j}_l(k_0 r_s) & (r>r_s)\\ \mathrm{j}_l(k_0 r)\mathrm{h}_l^{(1)}(k_0 r_s) & (r<r_s)\end{cases} \tag{2.3.17b}$$

如果取 $\boldsymbol{r}_s=0$,那么 $\mathrm{j}_0(k_0 r_s)=1$,$\mathrm{j}_l(k_0 r_s)=0(l\geqslant 1)$,以及 $\mathrm{Y}_{00}(\theta,\varphi)=1/\sqrt{4\pi}$,由上式可知

$$\frac{\mathrm{e}^{\mathrm{i}k_0|\boldsymbol{r}|}}{4\pi|\boldsymbol{r}|}=\frac{\mathrm{i}k_0}{4\pi}\mathrm{h}_0^{(1)}(k_0 r) \tag{2.3.17c}$$

注意到 $\mathrm{h}_0^{(1)}(x)=-\mathrm{i}\mathrm{e}^{\mathrm{i}x}/x$,上式是一个恒等式.

平面波展开公式　由方程(2.3.17b)可以得到平面展开公式,如果$|\boldsymbol{r}|\ll|\boldsymbol{r}_s|$,即点源离原点足够远,则方程(2.3.17b)的指数可取近似:

$$|\boldsymbol{r}-\boldsymbol{r}_s|\approx\sqrt{|\boldsymbol{r}|^2+|\boldsymbol{r}_s|^2-2\boldsymbol{r}\cdot\boldsymbol{r}_s}\approx\sqrt{|\boldsymbol{r}_s|^2-2\boldsymbol{r}\cdot\boldsymbol{r}_s}\approx|\boldsymbol{r}_s|-\boldsymbol{e}_i\cdot\boldsymbol{r}\tag{2.3.18a}$$

其中,$\boldsymbol{e}_i\equiv-\boldsymbol{r}_s/|\boldsymbol{r}_s|$. 因此,方程(2.3.17b)的左式近似为

$$\frac{e^{ik_0|\boldsymbol{r}-\boldsymbol{r}_s|}}{4\pi|\boldsymbol{r}-\boldsymbol{r}_s|}\approx\frac{e^{ik_0|\boldsymbol{r}_s|}}{4\pi|\boldsymbol{r}_s|}\exp(ik_0\boldsymbol{e}_i\cdot\boldsymbol{r})\tag{2.3.18b}$$

因此,点源辐射可以看作$\boldsymbol{e}_i$方向入射的平面波. 当$|\boldsymbol{r}|\ll|\boldsymbol{r}_s|$时,利用球 Hankel 函数的展开关系:

$$\mathrm{h}_l^{(1)}(k_0r_s)\approx-\frac{\mathrm{i}}{k_0r_s}\exp\left[\mathrm{i}\left(k_0r_s-\frac{l\pi}{2}\right)\right]\tag{2.3.18c}$$

把以上两式代入方程(2.3.17b)(取$r<r_s$)得到

$$\exp(\mathrm{i}k_0\boldsymbol{e}_i\cdot\boldsymbol{r})=4\pi\sum_{l=0}^{\infty}\sum_{m=-l}^{l}(-\mathrm{i})^l\mathrm{j}_l(k_0r)\mathrm{Y}_{lm}(\theta,\varphi)\mathrm{Y}_{lm}^*(\pi-\theta_i,\pi+\varphi_i)\tag{2.3.19a}$$

其中,(θ_i,φ_i)是入射平面波方向$\boldsymbol{e}_i$的极角和方位角. 注意:因为$\boldsymbol{e}_i\equiv-\boldsymbol{r}_s/|\boldsymbol{r}_s|$,入射平面波方向$\boldsymbol{e}_i$是点源位置矢量方向的镜面反演,在球坐标中$(\theta_s,\varphi_s)=(\pi-\theta_i,\pi+\varphi_i)$. 当点源位于$\boldsymbol{r}_s=(x_s,y_s,z_s)=(0,0,-L)(L>0)$(其中,$r_s=L\gg r,\theta_s=\pi$,而$\varphi_s$任意)时,产生$z$轴方向传播的平面波(即$\theta_i=0$),上式简化成熟知的展开公式:

$$\exp(\mathrm{i}k_0z)=\sum_{l=0}^{\infty}\mathrm{i}^l(2l+1)\mathrm{j}_l(k_0r)\mathrm{P}_l(\cos\theta)\tag{2.3.19b}$$

2.3.4　球坐标中的多极展开

考虑原点附近、在半径为a的球内体源产生的辐射,单频声场满足

$$\nabla^2p(\boldsymbol{r},\omega)+k_0^2p(\boldsymbol{r},\omega)=-\Im(\boldsymbol{r},\omega)\tag{2.3.20a}$$

其中,源项为$\Im(\boldsymbol{r},\omega)\equiv-\mathrm{i}\rho_0\omega q(\boldsymbol{r},\omega)-\rho_0\nabla\cdot\boldsymbol{f}(\boldsymbol{r},\omega)$. 由方程(1.2.23b)和方程(2.3.17b),体源外观察点(r,θ,φ)的声场为

$$p(r,\theta,\varphi,\omega)=-\mathrm{i}k_0\rho_0\sum_{l=0}^{\infty}\sum_{m=-l}^{l}\mathrm{Y}_{lm}(\theta,\varphi)\mathrm{h}_l^{(1)}(k_0r)(q_{lm}+f_{lm})\tag{2.3.20b}$$

其中,为了方便,定义

$$\begin{aligned}q_{lm}&\equiv\mathrm{i}\omega\int_{r'<a}q(\boldsymbol{r}',\omega)\mathrm{Y}_{lm}^*(\theta',\varphi')\mathrm{j}_l(k_0r')\mathrm{d}V'\\f_{lm}&\equiv\int_{r'<a}\nabla'\cdot\boldsymbol{f}(\boldsymbol{r}',\omega)\mathrm{Y}_{lm}^*(\theta',\varphi')\mathrm{j}_l(k_0r')\mathrm{d}V'\end{aligned}\tag{2.3.20c}$$

其中,体积元$\mathrm{d}V'=r'^2\sin\theta'\mathrm{d}r'\mathrm{d}\theta'\mathrm{d}\varphi'$. 注意:与 2.1 节的多极展开不同,在 2.1 节中,假定源

区域 $a\ll\lambda$，得到的结论是：质量源、力源和张量源分别对应于单极子、偶极子和四极子的声场；而方程(2.3.20b)没有 $a\ll\lambda$ 这个要求. 讨论如下.

(1) 质量源的第一项 q_{00} 产生的场与角度无关，为单极子辐射场. 当质量源球对称，即 $q(\boldsymbol{r}',\omega)=q(r',\omega)$，那么 $q_{lm}=0(l,m\neq0)$，只有单极辐射. 但如果质量源非球对称，则 $q_{lm}\neq 0(l,m\neq0)$，那么存在多极辐射，辐射强度可利用下式进行估计：

$$q_{lm}\sim \mathrm{i}\frac{(k_0a)^l\omega}{(2l+1)!!}\int_{r'<a}q(\boldsymbol{r}',\omega)\mathrm{Y}_{lm}^*(\theta',\varphi')\mathrm{d}V' \tag{2.3.21a}$$

即正比于 $(k_0a)^l$，当源区域 $a\ll\lambda$ 时，质量源产生的多极辐射可忽略. 但当 $a\sim\lambda$ 时，质量源不仅仅产生单极辐射，也产生偶极以上的多极辐射.

(2) 利用 Gauss 定理，有

$$\begin{aligned}f_{lm}&=\int_{r'<a}\{\nabla'\cdot[\boldsymbol{f}(\boldsymbol{r}',\omega)\mathrm{Y}_{lm}^*(\theta',\varphi')\mathrm{j}_l(k_0r')]\\&\quad-\boldsymbol{f}(\boldsymbol{r}',\omega)\cdot\nabla'[\mathrm{Y}_{lm}^*(\theta',\varphi')\mathrm{j}_l(k_0r')]\}\mathrm{d}V'\\&=-\int_{r'<a}\boldsymbol{f}(\boldsymbol{r}',\omega)\cdot\nabla'[\mathrm{Y}_{lm}^*(\theta',\varphi')\mathrm{j}_l(k_0r')]\mathrm{d}V'\end{aligned} \tag{2.3.21b}$$

上式假定源区域在半径为 a 的球内，球面积分为零. 第一项为

$$\begin{aligned}f_{00}&\sim-\int_{r'<a}\mathrm{j}'_0(k_0r')\boldsymbol{f}(\boldsymbol{r}',\omega)\cdot\nabla'r'\mathrm{d}V'\\&=-\int_{r'<a}\mathrm{j}'_0(k_0r')\frac{\boldsymbol{r}'\cdot\boldsymbol{f}(\boldsymbol{r}',\omega)}{r'}\mathrm{d}V'\end{aligned} \tag{2.3.21c}$$

为偶极辐射，而其他项为更高级辐射. 因此，当 $a\sim\lambda$ 时，力源不仅仅产生偶极辐射，也产生四极以上多极辐射.

2.4 柱坐标中的声场

当声源的辐射面具有柱状对称性时，利用柱坐标求解声场分布是十分方便的. 实际问题中的许多声源也可以用柱对称声源来近似，例如水下潜艇、飞机机身都具有圆柱对称性，在研究圆形管道系统的声传播和噪声控制时，柱坐标更是常用的坐标系. 另外，如果向某个方向(例如 z 方向)辐射声波，z 轴对称的声源位于 Oxy 平面，此时用柱坐标表达声场最方便. 本节首先介绍点源辐射的柱函数表示方法，但是我们更关心的是在柱坐标中，特殊形式声场的产生，特别是螺旋波模式、有限束超声场和非衍射声束.

2.4.1 点源声场的柱函数展开

设单位强度的点源位于 $\boldsymbol{r}_s=(\rho_s,\varphi_s,z_s)$，辐射的声场（即 Green 函数）满足

$$\left[\frac{1}{\rho}\frac{\partial}{\partial\rho}\left(\rho\frac{\partial}{\partial\rho}\right)+\frac{1}{\rho^2}\frac{\partial^2}{\partial\varphi^2}+\frac{\partial^2}{\partial z^2}+k_0^2\right]g=-\delta(\boldsymbol{r},\boldsymbol{r}_s) \tag{2.4.1a}$$

其中，柱坐标中 Dirac δ 函数的表示为

$$\delta(\boldsymbol{r},\boldsymbol{r}_s)=\frac{1}{\rho}\delta(\rho-\rho_s)\delta(\varphi-\varphi_s)\delta(z-z_s) \tag{2.4.1b}$$

利用 $\Phi(\varphi)=\Phi_0\exp(\mathrm{i}m\varphi)$ 的完备性，对角度方向作 Fourier 展开，而对径向作 Hankel 变换，有

$$g(\boldsymbol{r},\boldsymbol{r}_s)=\sum_{m=-\infty}^{\infty}\int_0^{\infty}g_m(\lambda,z)\mathrm{J}_m(\lambda\rho)\lambda\mathrm{d}\lambda\exp(\mathrm{i}m\varphi) \tag{2.4.1c}$$

其中，$\mathrm{J}_m(x)$ 是 m 阶 Bessel 函数，将上式代入方程(2.4.1a)得到

$$\sum_{m=-\infty}^{\infty}\int_0^{\infty}\left[\frac{\mathrm{d}^2}{\mathrm{d}z^2}+(k_0^2-\lambda^2)\right]g_m(\lambda,z)\mathrm{J}_m(\lambda\rho)\lambda\mathrm{d}\lambda\exp(\mathrm{i}m\varphi)=-\delta(\boldsymbol{r},\boldsymbol{r}_s) \tag{2.4.2a}$$

因此，由逆 Hankel 变换和 Fourier 积分得到

$$\left[\frac{\mathrm{d}^2}{\mathrm{d}z^2}+(k_0^2-\lambda^2)\right]g_m(\lambda,z)=-\frac{1}{2\pi}\delta(z-z_s)\mathrm{J}_m(\lambda\rho_s)\mathrm{e}^{-\mathrm{i}m\varphi_s} \tag{2.4.2b}$$

显然 $z=z_s$ 点是函数 $g_m(\lambda,z)$ 的奇点，必须满足连接条件：

$$g_m(\lambda,z)\big|_{z=z_s+\varepsilon}=g_m(\lambda,z)\big|_{z=z_s-\varepsilon}$$

$$\left.\frac{\mathrm{d}g_m(\lambda,z)}{\mathrm{d}z}\right|_{z=z_s+\varepsilon}-\left.\frac{\mathrm{d}g_m(\lambda,z)}{\mathrm{d}z}\right|_{z=z_s-\varepsilon}=-\frac{1}{2\pi}\mathrm{J}_m(\lambda\rho_s)\mathrm{e}^{-\mathrm{i}m\varphi_s} \tag{2.4.3a}$$

构造方程(2.4.2b)的解为

$$g_m(\lambda,z)=\begin{cases}A_m\exp[\mathrm{i}\sigma(z-z_s)] & (z>z_s)\\ B_m\exp[\mathrm{i}\sigma(z_s-z)] & (z<z_s)\end{cases} \tag{2.4.3b}$$

式中 $\sigma=\sqrt{k_0^2-\lambda^2}$（当 $k_0>\lambda$ 时）或者 $\sigma=\mathrm{i}\sqrt{\lambda^2-k_0^2}$（当 $k_0<\lambda$ 时）. 由连接条件得到 $A_m=B_m=-\mathrm{J}_m(\lambda\rho_s)\exp(-\mathrm{i}m\varphi_s)/4\pi\mathrm{i}\sigma$. 于是得到

$$g_m(\lambda,z)=-\frac{1}{4\pi\mathrm{i}\sigma}\mathrm{J}_m(\lambda\rho_s)\exp(-\mathrm{i}m\varphi_s)\exp(\mathrm{i}\sigma|z-z_s|) \tag{2.4.4a}$$

代入方程(2.4.1c)，有

$$g(\boldsymbol{r},\boldsymbol{r}_s)=\frac{\mathrm{i}}{4\pi}\sum_{m=-\infty}^{\infty}\left[\int_0^{\infty}\frac{1}{\sigma}\mathrm{J}_m(\lambda\rho_s)\mathrm{J}_m(\lambda\rho)\mathrm{e}^{\mathrm{i}\sigma|z-z_s|}\lambda\mathrm{d}\lambda\right]\mathrm{e}^{\mathrm{i}m(\varphi-\varphi_s)} \tag{2.4.4b}$$

由于积分区间无穷大，当 $\lambda>k_0$ 时，$e^{-\sqrt{\lambda^2-k_0^2}|z-z_s|}$ 随 $|z-z_s|$ 指数衰减. 上式就是三维无限大空间的 Green 函数在柱坐标中的表示，因此也有展开关系：

$$\frac{\exp(ik_0R)}{4\pi R}=\frac{i}{4\pi}\sum_{m=-\infty}^{\infty}\left[\int_0^{\infty}\frac{1}{\sigma}J_m(\lambda\rho_s)J_m(\lambda\rho)e^{i\sigma|z-z_s|}\lambda d\lambda\right]e^{im(\varphi-\varphi_s)} \tag{2.4.4c}$$

其中，$R=|\boldsymbol{r}-\boldsymbol{r}_s|$. 上式用柱函数的展开来表示自由空间的 Green 函数，即点源产生的场，当声学问题既涉及柱对称性（在柱坐标中讨论问题），又涉及点源辐射时，这样的展开是非常有用的. 两个特殊的情况是：① 当 $\boldsymbol{r}_s=(0,0,z_s)$ 时，即点声源在 z 轴上，$\rho_s=0$（φ_s 任意），空间任意点 $\boldsymbol{r}=(x,y,z)$ 的场有

$$\frac{\exp(ik_0R)}{4\pi R}=\frac{i}{4\pi}\int_0^{\infty}\frac{1}{\sigma}J_0(\lambda\rho)e^{i\sigma|z-z_s|}\lambda d\lambda \tag{2.4.5a}$$

其中，$R=\sqrt{\rho^2+(z-z_s)^2}$. 利用函数关系 $2J_0(\lambda\rho)=H_0^{(1)}(\lambda\rho)-H_0^{(1)}(\lambda\rho e^{i\pi})$，上式变成

$$\frac{\exp(ik_0R)}{4\pi R}=\frac{i}{8\pi}\int_{-\infty}^{\infty}\frac{1}{\sigma}H_0^{(1)}(\lambda\rho)e^{i\sigma|z-z_s|}\lambda d\lambda \tag{2.4.5b}$$

② 当 $\boldsymbol{r}_s=(x_s,y_s,0)$ 时，即点源在平面 $z_s=0$ 上，空间任意点 $\boldsymbol{r}=(x,y,z)$ 的场有

$$\frac{\exp(ik_0R)}{4\pi R}=\frac{i}{4\pi}\sum_{m=-\infty}^{\infty}\left[\int_0^{\infty}\frac{1}{\sigma}J_m(\lambda\rho_s)J_m(\lambda\rho)e^{i\sigma|z|}\lambda d\lambda\right]e^{im(\varphi-\varphi_s)} \tag{2.4.5c}$$

其中，$R=\sqrt{(x-x_s)^2+(y-y_s)^2+z^2}$. 注意：由于当 $\lambda>k_0$ 或者 $\lambda<-k_0$ 时，$\sigma=i\sqrt{\lambda^2-k_0^2}\equiv i\gamma$ 是虚数，上式积分中 $\lambda\in(k_0,-k_0)$ 部分是传播波，而 $\lambda\in(-\infty,-k_0)$ 和 $\lambda\in(k_0,\infty)$ 部分是 $z=z_s$ 平面方向的隐失波.

在散射问题中，方程（2.4.4c）的展开形式适用于 z 方向存在不连续界面的情况. 如果实际问题中存在径向不连续的界面，方程（2.4.4c）的展开形式就不适合了. 因此，有必要介绍点源声场柱函数展开的另一种形式. 事实上，方程（2.4.1c）也可以先对变量 z 作 Fourier 积分，即令

$$g(\boldsymbol{r},\boldsymbol{r}_s)=\sum_{m=-\infty}^{\infty}\int_{-\infty}^{\infty}g_m(\rho,k_z)\exp(ik_zz)dk_z\exp(im\varphi) \tag{2.4.6a}$$

代入方程（2.4.1a）得到

$$\left[\frac{1}{\rho}\frac{d}{d\rho}\left(\rho\frac{d}{d\rho}\right)+\left(k_\rho^2-\frac{m^2}{\rho^2}\right)\right]g_m(\rho,k_z)=-\frac{1}{(2\pi)^2\rho}\delta(\rho-\rho_s)e^{-i(m\varphi_s+k_zz_s)} \tag{2.4.6b}$$

其中，$k_\rho^2\equiv k_0^2-k_z^2$. 通过得到方程（2.4.4a）类似的过程，我们得到

$$g_m(\rho,k_z)=\frac{i}{8\pi}\exp[-i(m\varphi_s+k_zz_s)]\cdot\begin{cases}J_m(k_\rho\rho_s)H_m^{(1)}(k_\rho\rho) & (\rho_s<\rho)\\ H_m^{(1)}(k_\rho\rho_s)J_m(k_\rho\rho) & (\rho<\rho_s)\end{cases} \tag{2.4.6c}$$

代入方程（2.4.6a）得到

$$\frac{\exp(\mathrm{i}k_0 R)}{4\pi R}=\frac{\mathrm{i}}{8\pi}\sum_{m=-\infty}^{\infty}\int_{-\infty}^{\infty}\exp[\mathrm{i}k_z(z-z_s)]\mathrm{d}k_z \mathrm{e}^{\mathrm{i}m(\varphi-\varphi_s)}$$

$$\times\begin{cases}\mathrm{J}_m(k_\rho\rho_s)\mathrm{H}_m^{(1)}(k_\rho\rho) & (\rho_s<\rho)\\ \mathrm{H}_m^{(1)}(k_\rho\rho_s)\mathrm{J}_m(k_\rho\rho) & (\rho<\rho_s)\end{cases} \tag{2.4.6d}$$

其中,$R=|\boldsymbol{r}-\boldsymbol{r}_s|$. 由于当 $k_z>k_0$ 或者 $k_z<-k_0$ 时,$k_\rho=\mathrm{i}\sqrt{k_z^2-k_0^2}\equiv\mathrm{i}\kappa_\rho$ 是虚数,上式积分中 $k_z\in(k_0,-k_0)$ 部分是传播波,而 $k_z\in(-\infty,-k_0)$ 和 $k_z\in(k_0,\infty)$ 部分是 $\rho=\rho_s$ 柱面方向的隐失波. 注意:$\mathrm{H}_m^{(1)}(\mathrm{i}\kappa_\rho\rho)\sim\mathrm{K}_m(\kappa_\rho\rho)$[其中 $\mathrm{K}_m(x)$ 是第二类虚宗量 Bessel 函数]. 由方程(2.4.6d)可以推得方程(2.4.4c). 事实上,通过积分变量变换 $k_\rho^2=k_0^2-k_z^2$,方程(2.4.6d)变成

$$\frac{\exp(\mathrm{i}k_0 R)}{4\pi R}=\frac{\mathrm{i}}{8\pi}\sum_{m=-\infty}^{\infty}\mathrm{e}^{\mathrm{i}m(\varphi-\varphi_s)}\int_0^{\infty}\frac{k_\rho}{\sigma}\exp[\mathrm{i}\sigma|z-z_s|]\mathrm{d}k_\rho$$

$$\times\begin{cases}[\mathrm{H}_m^{(1)}(k_\rho\rho)-(-1)^m\mathrm{H}_m^{(1)}(\mathrm{e}^{\mathrm{i}\pi}k_\rho\rho)]\mathrm{J}_m(k_\rho\rho_s) & (\rho>\rho_s)\\ [\mathrm{H}_m^{(1)}(k_\rho\rho_s)-(-1)^m\mathrm{H}_m^{(1)}(\mathrm{e}^{\mathrm{i}\pi}k_\rho\rho_s)]\mathrm{J}_m(k_\rho\rho) & (\rho<\rho_s)\end{cases} \tag{2.4.6e}$$

利用关系 $2\mathrm{J}_m(z)=\mathrm{H}_m^{(1)}(z)-(-1)^m\mathrm{H}_m^{(1)}(z\mathrm{e}^{\mathrm{i}\pi})$,上式即为方程(2.4.4c).

2.4.2 螺旋波模式及其生成

在柱坐标中,声压场的分离变量解为

$$p(\rho,\varphi,z,t)=\sum_{m=-\infty}^{\infty}\int_{-\infty}^{\infty}A_m(k_z)Z_m(k_\rho\rho)\exp[\mathrm{i}(k_z z+m\varphi-\omega t)]\mathrm{d}k_z \tag{2.4.7a}$$

其中,径向波数 k_ρ 与轴向波数 k_z 满足关系 $k_\rho^2+k_z^2=k_0^2$,$Z_m(k_\rho\rho)$ 是根据具体的物理问题选择的柱函数,例如,如果区域包括 $\rho=0$(z 轴),只能选 Bessel 函数 $\mathrm{J}_m(k_\rho\rho)$;如果要求声场满足 Sommerfeld 辐射条件,则只能选第一类 Hankel 函数 $\mathrm{H}_m^{(1)}(k_\rho\rho)$. 由方程(2.4.7a),在固定的圆柱面 $\rho=\rho_0$ 上,等相位面方程为 $k_z z+m\varphi-\omega t=$ 常量. 因此,对固定的时间,等相位曲线是柱面 $\rho=\rho_0$ 上的螺旋线,声波相位绕 z 轴旋转的角速度为

$$\Omega_\varphi=\left.\frac{\partial\varphi}{\partial t}\right|_z=\frac{\omega}{m}\quad(m\neq 0) \tag{2.4.7b}$$

故 $m\neq0$ 的模式也称为**螺旋模式**,如果激发的声场关于 z 轴对称,则不存在螺旋模式. 由方程(2.4.7a),速度场的切向分量为

$$v_\varphi(\rho,\varphi,z,t)=\frac{1}{\mathrm{i}\rho_0\omega}\cdot\frac{1}{\rho}\sum \mathrm{i}mA_m(k_z)Z_m(k_\rho\rho)\exp[\mathrm{i}(k_z z+m\varphi-\omega t)] \tag{2.4.7c}$$

因此,螺旋波模式携带有 z 方向的角动量. 在远场近似下,$v_\varphi\sim\rho^{-3/2}$,螺旋模式携带的角动

量几乎为零而可忽略不计，声波携带的主要是径向和轴向的线动量. 但是在近场，螺旋模式携带的角动量是非常有意义的，可以用来控制微粒的旋转或者扩展水声通信的信道(见参考文献 41、42 和 43). 注意：在理想流体中，线性声场是无旋的(故速度场线不可能形成闭合的漩涡线)，微粒必须吸收声能量才能旋转.

螺旋波的生成　实际问题中，我们必须产生可控的螺旋波声场，也就是说，要求方程(2.4.7a)中关于 m 的求和只有第 l 项存在，这样的螺旋波声场称为 l 阶场. 在实验中，产生螺旋波声场的主要方法是相控阵法. 如图 2.4.1 所示，考虑位于平面 $z=0$ 的刚性障板上的 N 个相同的单极子点声源(图中仅画了 8 个)，它们均匀分布在半径为 a 的圆上，每个声源的相位差为 Δ. 当声源的线度远小于声波波长时，可以假定单极子点声源是刚性活塞振动源，于是边界条件可以近似写成

$$-\frac{1}{\mathrm{i}\rho_0\omega}\frac{\partial p}{\partial z}\bigg|_{z=0}=v_z(\rho,\varphi,z,\omega)\big|_{z=0}=v_0\sum_{n=1}^{N}\frac{\delta(\rho-a)\delta(\varphi-\varphi_n)}{\rho}\exp(\mathrm{i}\psi_n) \tag{2.4.8a}$$

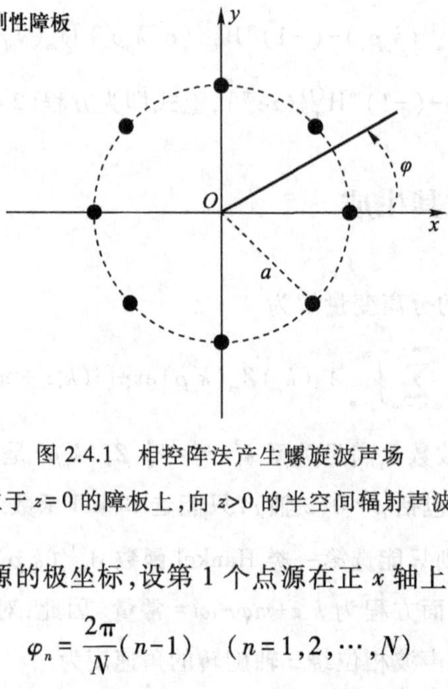

图 2.4.1　相控阵法产生螺旋波声场

N 个单极子声源位于 $z=0$ 的障板上，向 $z>0$ 的半空间辐射声波(仅给出平面图)

其中，(a,φ_n) 是第 n 个点源的极坐标，设第 1 个点源在正 x 轴上，即 $(a,\varphi_1)=(a,0)$，则有

$$\varphi_n=\frac{2\pi}{N}(n-1)\quad(n=1,2,\cdots,N) \tag{2.4.8b}$$

设 ψ_n 是第 n 个点源的相位，取第 1 个点源的相位为参考点($\psi_1=0$)，则

$$\psi_n=(n-1)\Delta\quad(n=1,2,\cdots,N) \tag{2.4.8c}$$

于是，在柱坐标中，空间中一点$(\rho,\varphi,z>0)$的声场可以表示成

$$p(\rho,\varphi,z,\omega)=\sum_{m=-\infty}^{\infty}\int_0^{\infty}A_m(k_\rho)\mathrm{J}_m(k_\rho\rho)\exp(\mathrm{i}\sigma z)k_\rho\mathrm{d}k_\rho\exp(\mathrm{i}m\varphi) \tag{2.4.9a}$$

其中，$\sigma\equiv\sqrt{k_0^2-k_\rho^2}$. 利用边界条件方程(2.4.8a)，展开系数满足

$$-\frac{1}{\rho_0 c_0}\sum_{m=-\infty}^{\infty}\int_0^{\infty}\frac{\sigma}{k_0}A_m(k_\rho)\mathrm{J}_m(k_\rho\rho)k_\rho\mathrm{d}k_\rho\exp(\mathrm{i}m\varphi) \tag{2.4.9b}$$

$$=v_0\sum_{n=1}^{N}\frac{\delta(\rho-a)\delta(\varphi-\varphi_n)}{\rho}\exp(\mathrm{i}\psi_n)$$

故容易得到

$$A_m(k_\rho)=-\frac{\rho_0 c_0 k_0 v_0}{2\pi\sigma}\mathrm{J}_m(k_\rho a)\sum_{n=1}^{N}\mathrm{e}^{\mathrm{i}(\psi_n-m\varphi_n)} \tag{2.4.9c}$$

代入方程(2.4.9a),有

$$p(\rho,\varphi,z,\omega)=-\frac{\rho_0 c_0 k_0 v_0}{2\pi}\sum_{m=-\infty}^{\infty}I_m p_m(\rho,z,\omega)\mathrm{e}^{\mathrm{i}m\varphi} \tag{2.4.10a}$$

其中,为了方便,定义

$$I_m\equiv\sum_{n=1}^{N}\mathrm{e}^{\mathrm{i}(\psi_n-m\varphi_n)},\quad p_m(\rho,z,\omega)\equiv\int_0^{\infty}\frac{1}{\sigma}\mathrm{J}_m(k_\rho\rho)\mathrm{J}_m(k_\rho a)\mathrm{e}^{\mathrm{i}\sigma z}k_\rho\mathrm{d}k_\rho \tag{2.4.10b}$$

由方程(2.4.8b)和(2.4.8c),不难得到

$$I_m=\sum_{n=1}^{N}\mathrm{e}^{\mathrm{i}\Delta'(n-1)}=\frac{1-\mathrm{e}^{\mathrm{i}N\Delta'}}{1-\mathrm{e}^{\mathrm{i}\Delta'}}=\mathrm{e}^{\mathrm{i}(N-1)\Delta'/2}\frac{\sin(N\Delta'/2)}{\sin(\Delta'/2)} \tag{2.4.11a}$$

其中,$\Delta'\equiv\Delta-2\pi m/N$. 函数$|I_m|$随$\Delta'/2$的变化如图 2.4.2 所示,当$\Delta'/2=0$时,$|I_m|$出现极大峰,方程(2.4.10a)中的求和主要由极大峰贡献,即$\Delta-2\pi m/N=0$或者满足$m=N\Delta/2\pi\equiv l$的项贡献极大,于是,方程(2.4.10a)可近似成l阶螺旋波场:

$$p(\rho,\varphi,z,\omega)\approx-\frac{\rho_0 c_0 k_0 v_0}{2\pi}I_l p_l(\rho,z,\omega)\mathrm{e}^{\mathrm{i}l\varphi} \tag{2.4.11b}$$

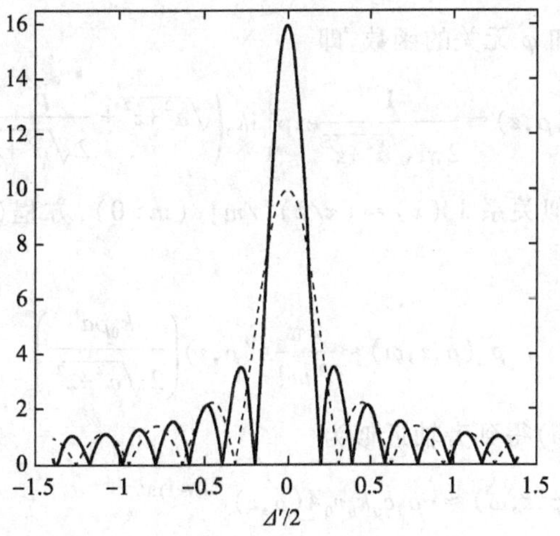

图 2.4.2　函数$|I_m|$随$\Delta'/2$的变化,实线:$N=16$;虚线:$N=10$

如图 2.4.2 所示，N 越大，极大峰越尖锐，上式近似得越好. 由于 $l=N\Delta/2\pi$ 是整数，故总的相位差 $N\Delta$ 只能是 2π 的整数倍，才能形成单一阶数的螺旋波场，否则方程(2.4.10a)中对 m 的求和必须保留若干项.

旁轴近似 因为螺旋波只在 z 轴附近起作用，而由方程(2.4.10a)直接导出 z 轴附近的近似解是困难的. 注意到方程(2.4.4c)，取 $(\rho_s,\varphi_s,z_s)=(a,0,0)$（即第 1 个点源的位置），则

$$\frac{\exp(\mathrm{i}k_0R)}{4\pi R}=\frac{\mathrm{i}}{4\pi}\sum_{m=-\infty}^{\infty}p_m(\rho,z,\omega)\mathrm{e}^{\mathrm{i}m\varphi} \tag{2.4.12a}$$

其中，$R=\sqrt{\rho^2+a^2+z^2-2\rho a\cos\varphi}$ 是点 $(\rho_s,\varphi_s,z_s)=(a,0,0)$ 到任意观测点 (ρ,φ,z) 的距离. 于是，由方程(2.4.12a)得到

$$p_m(\rho,z,\omega)=\int_0^{2\pi}\frac{\exp(\mathrm{i}k_0R)}{2\pi\mathrm{i}R}\mathrm{e}^{-\mathrm{i}m\varphi}\mathrm{d}\varphi \tag{2.4.12b}$$

在旁轴近似下，即 $\rho^2\ll a^2+z^2$ 和 $\rho\ll(a^2+z^2)/2a$，把近似关系

$$R\approx\sqrt{a^2+z^2}\left\{1+\frac{1}{2(a^2+z^2)}(\rho^2-2\rho a\cos\varphi)\right\} \tag{2.4.13a}$$

代入方程(2.4.12b)（注意：分母中取近似 $R\approx\sqrt{a^2+z^2}$），有

$$\begin{aligned}p_m(\rho,z,\omega)&\approx A(\rho,z)\int_0^{2\pi}\exp\left(-\frac{\mathrm{i}k_0\rho a}{\sqrt{a^2+z^2}}\cos\varphi\right)\mathrm{e}^{-\mathrm{i}m\varphi}\mathrm{d}\varphi\\&=\frac{2\pi}{\mathrm{i}^m}A(\rho,z)\mathrm{J}_m\left(\frac{k_0\rho a}{\sqrt{a^2+z^2}}\right)\end{aligned} \tag{2.4.13b}$$

其中，$A(\rho,z)$ 是与 m 和 φ 无关的函数，即

$$A(\rho,z)\equiv\frac{1}{2\pi\mathrm{i}\sqrt{a^2+z^2}}\exp\left[\mathrm{i}k_0\left(\sqrt{a^2+z^2}+\frac{\rho^2}{2\sqrt{a^2+z^2}}\right)\right] \tag{2.4.13c}$$

利用 Bessel 函数的近似关系 $\mathrm{J}_m(x)\approx(x/2)^m/m!\ (m>0)$，方程(2.4.13b)可以进一步近似为

$$p_m(\rho,z,\omega)\approx\frac{2\pi}{\mathrm{i}^m m!}A(\rho,z)\left(\frac{k_0\rho a}{2\sqrt{a^2+z^2}}\right)^m \tag{2.4.14a}$$

上式代入方程(2.4.10a)得到旁轴近似为

$$\begin{aligned}p(\rho,\varphi,z,\omega)\approx&-\rho_0c_0k_0v_0A(\rho,z)\mathrm{e}^{\mathrm{i}(N-1)\Delta'/2}\\&\times\sum_{m=-\infty}^{\infty}\frac{1}{\mathrm{i}^m m!}\frac{\sin(N\Delta'/2)}{\sin(\Delta'/2)}\cdot\left(\frac{k_0\rho a}{2\sqrt{a^2+z^2}}\right)^m\mathrm{e}^{\mathrm{i}m\varphi}\end{aligned} \tag{2.4.14b}$$

对上式的讨论与严格解类似,不再重复.

2.4.3　有限束超声场和抛物近似

从 2.2 节可见,无限大刚性障板上活塞辐射的声场非常复杂,表现为:① 近场变化剧烈;② 远场指向性存在旁瓣. 而在超声检测中,声换能器一般是圆形活塞型的,复杂的声场对实际的检测是不利的. 因此,能否设计活塞面上的振动形式,克服刚性活塞辐射的上述缺点? 另一方面,衍射和色散(与介质特性有关)是波动(包括电磁波)的基本特性. 由于衍射,波在空间传播的过程中,波束将在空间域展宽,会影响检测过程的横向空间分辨率;而由于色散,波脉冲将在时间域展宽,会影响检测过程的时间分辨率. 我们知道,空间声场必须满足波动方程或者 Helmholtz 方程,那么其是否存在无衍射(即在波传播过程中,波束不扩散形式)的解呢? 如果存在,如何实现?

下面我们分析高频近似下的空间声场分布. 设速度分布 $U_0(x,y,\omega)=U_0(\rho,\omega)$ 仅在有限区域 $\rho\leqslant a$ 内非零,且频率较高 $k_0a\gg1$. 注意到,频率较高时,活塞辐射的声场特性提示我们,声波主要在 z 轴附近区域向 z 方向传播. 因此,我们把随 z 快速变化的因子 $\exp(\mathrm{i}k_0z)$ 分离开,令解的形式为

$$p(\rho,z,\omega)=\Phi(\rho,z,\omega)\exp(\mathrm{i}k_0z)\tag{2.4.15a}$$

代入柱坐标中的波动方程

$$\left[\frac{1}{\rho}\frac{\partial}{\partial\rho}\left(\rho\frac{\partial}{\partial\rho}\right)+\frac{\partial^2}{\partial z^2}+k_0^2\right]p=0\tag{2.4.15b}$$

得到

$$\frac{1}{\rho}\frac{\partial}{\partial\rho}\left[\rho\frac{\partial\Phi(\rho,z,\omega)}{\partial\rho}\right]+\frac{\partial^2\Phi(\rho,z,\omega)}{\partial z^2}+2\mathrm{i}k_0\frac{\partial\Phi(\rho,z,\omega)}{\partial z}=0\tag{2.4.15c}$$

为了分析上式中各项的大小,引入量纲为 1 的坐标 $\xi\equiv\rho/a$ 和 $\sigma\equiv z/z_0$,其中 $z_0\equiv k_0a^2/2$,z_0 与活塞辐射的临界距离 $z_c\equiv a^2/\lambda$ 的关系为 $z_0=\pi z_c$. 于是方程(2.4.15c)变成

$$\frac{1}{\xi}\frac{\partial}{\partial\xi}\left[\xi\frac{\partial\Phi(\xi,\sigma,\omega)}{\partial\xi}\right]+\frac{4}{(k_0a)^2}\frac{\partial^2\Phi(\xi,\sigma,\omega)}{\partial\sigma^2}+4\mathrm{i}\frac{\partial\Phi(\xi,\sigma,\omega)}{\partial\sigma}=0\tag{2.4.16a}$$

注意:上式仍然是严格的. 由于 $p(\rho,z,\omega)$ 的快速变化因子 $\exp(\mathrm{i}k_0z)$ 已分离,$\Phi(\rho,z,\omega)$ 随 z 的变化较缓慢,上式中第二项的二阶导数应该小于第三项的一阶导数,故当 $k_0a\gg1$ 时,我们可以忽略上式中的第二项,于是

$$\frac{1}{\xi}\frac{\partial}{\partial\xi}\left[\xi\frac{\partial\Phi(\xi,\sigma,\omega)}{\partial\xi}\right]+4\mathrm{i}\frac{\partial\Phi(\xi,\sigma,\omega)}{\partial\sigma}\approx0\tag{2.4.16b}$$

该方程成立的条件:① 近轴近似;② 高频近似. 显然方程(2.4.15b)是椭圆型的,而上式是抛物型的,故称为**抛物近似**(parabola approximation),它描写了高频条件下、z 轴附近区域

声场的空间变化. 方程(2.4.16b)的求解是不困难的,利用 Hankel 变换,有

$$\Phi(\xi,\sigma,\omega)=\int_0^\infty \Psi(k_\xi,\sigma,\omega)\mathrm{J}_0(k_\xi\xi)k_\xi\mathrm{d}k_\xi$$

$$\Psi(k_\xi,\sigma,\omega)=\int_0^\infty \Phi(\xi,\sigma,\omega)\mathrm{J}_0(k_\xi\xi)\xi\mathrm{d}\xi \tag{2.4.17a}$$

代入方程(2.4.16b)得到

$$-k_\xi^2\Psi(k_\xi,\sigma,\omega)+4\mathrm{i}\frac{\mathrm{d}\Psi(k_\xi,\sigma,\omega)}{\mathrm{d}\sigma}\approx 0 \tag{2.4.17b}$$

上式的解为

$$\Psi(k_\xi,\sigma,\omega)=A(k_\xi,\omega)\exp\left(-\mathrm{i}\frac{k_\xi^2\sigma}{4}\right) \tag{2.4.17c}$$

其中,系数 $A(k_\xi,\omega)$ 由边界条件决定,即

$$\frac{1}{\mathrm{i}\rho_0\omega}\left[\frac{1}{z_0}\frac{\partial\Phi(\xi,\sigma,\omega)}{\partial\sigma}+\mathrm{i}k_0\Phi(\xi,\sigma,\omega)\right]_{\sigma=0}=U_0(a\xi,\omega) \tag{2.4.18a}$$

把方程(2.4.17a)和方程(2.4.17c)代入上式得到

$$A(k_\xi,\omega)=\frac{\rho_0c_0}{1-k_\xi^2/2(k_0a)^2}\int_0^\infty U_0(a\xi,\omega)\mathrm{J}_0(k_\xi\xi)\xi\mathrm{d}\xi \tag{2.4.18b}$$

当 $k_0a\gg 1$ 时,将上式分母作近似 $1-k_\xi^2/2(k_0a)^2\approx 1$,即声压对 z 的导数主要是由快变化项引起的. 于是,结合以上诸式得到声压的分布:

$$p(\xi,\sigma,\omega)=\rho_0c_0\exp(\mathrm{i}k_0z)\int_0^\infty U_0(a\xi',\omega)\xi'\mathrm{d}\xi'$$

$$\times\int_0^\infty \exp\left(-\mathrm{i}\frac{k_\xi^2}{4}\sigma\right)\mathrm{J}_0(k_\xi\xi)\mathrm{J}_0(k_\xi\xi')k_\xi\mathrm{d}k_\xi \tag{2.4.19a}$$

利用 Bessel 函数的积分关系,有

$$\int_0^\infty \mathrm{e}^{-Q^2x^2}\mathrm{J}_0(\alpha x)\mathrm{J}_0(\beta x)x\mathrm{d}x=\frac{1}{2Q^2}\exp\left(-\frac{\alpha^2+\beta^2}{4Q^2}\right)\mathrm{J}_0\left(\mathrm{i}\frac{\alpha\beta}{2Q^2}\right) \tag{2.4.19b}$$

方程(2.4.19a)简化成

$$p(\xi,\sigma,\omega)=-\frac{2\mathrm{i}\rho_0c_0}{\sigma}\exp\left[\mathrm{i}\left(k_0z+\frac{\xi^2}{\sigma}\right)\right]$$

$$\times\int_0^\infty U_0(a\xi',\omega)\exp\left(\mathrm{i}\frac{\xi'^2}{\sigma}\right)\mathrm{J}_0\left(\frac{2\xi\xi'}{\sigma}\right)\xi'\mathrm{d}\xi' \tag{2.4.19c}$$

注意:对一般的振动速度分布 $U_0(\rho,\omega)$,上式中的积分也只能通过数值计算得到,但该积分比较简单.下面考虑几种典型形式的声场.

刚性活塞辐射超声场 对刚性的活塞振动,表面法向振动速度为

$$U_0(a\xi,\omega)=\begin{cases}U_0(\omega) & (\xi\leqslant 1)\\ 0 & (\xi>1)\end{cases}\tag{2.4.20a}$$

代入方程(2.4.19c),有

$$p(\xi,\sigma,\omega)=\frac{2\rho_0c_0U_0(\omega)}{\mathrm{i}\sigma}\mathrm{e}^{\mathrm{i}(k_0z+\xi^2/\sigma)}\int_0^1\exp\left(\mathrm{i}\frac{\xi'^2}{\sigma}\right)\mathrm{J}_0\left(\frac{2\xi\xi'}{\sigma}\right)\xi'\mathrm{d}\xi'\tag{2.4.20b}$$

取 $\xi=0$,则得到 z 轴上一点的声压:

$$p(0,\sigma,\omega)=\frac{2\rho_0c_0U_0(\omega)}{\mathrm{i}\sigma}\exp(\mathrm{i}k_0z)\int_0^1\exp\left(\mathrm{i}\frac{\xi'^2}{\sigma}\right)\xi'\mathrm{d}\xi'\tag{2.4.20c}$$

$$=-2\mathrm{i}\rho_0c_0U_0(\omega)\exp(\mathrm{i}k_0z)\sin\left(\frac{1}{2\sigma}\right)\exp\left(\frac{\mathrm{i}}{2\sigma}\right)$$

上式与方程(2.2.30b)相比,当 $z\gg 2a$ 时,结果完全一致. 方程(2.2.30b)是严格的,由此也说明,必须离声源较远,方程(2.4.19c)才成立. 取 $\sigma\gg 1$(远场),$\exp(\mathrm{i}\xi'^2/\sigma)\approx 1$,则方程(2.4.20b)给出

$$p(\xi,\sigma,\omega)=\frac{2\rho_0c_0U_0(\omega)}{\mathrm{i}\sigma}\exp\left[\mathrm{i}\left(k_0z+\frac{\xi^2}{\sigma}\right)\right]\int_0^1\mathrm{J}_0\left(\frac{2\xi\xi'}{\sigma}\right)\xi'\mathrm{d}\xi'\tag{2.4.20d}$$

$$=\frac{2\rho_0c_0U_0(\omega)}{\mathrm{i}\sigma}\exp\left[\mathrm{i}\left(k_0z+\frac{\xi^2}{\sigma}\right)\right]\frac{\mathrm{J}_1(2\xi/\sigma)}{2\xi/\sigma}$$

由于上式仅在 z 轴附近成立,故 $\rho/z\ll 1$, $\sin\theta\approx\rho/z$, $z\approx r$,取这些近似后,上式与方程(2.2.18b)和方程(2.2.19a)给出的结果完全一致. 注意:当 $\xi>1$ 时,$U_0(a\xi,\omega)=0$,意味着 $\rho>a$ 区域存在刚性障板,而这是理想化的要求,一般只要 $k_0a\gg 1$,那么在求 z 轴附近的声场时,可以假定 $\rho>a$ 区域存在刚性障板. 下面的讨论也同样可以应用这一近似.

Gauss 函数型超声场 假定设计声源的振动速度分布为 Gauss 函数

$$U_0(\xi,\omega)=U_0(\omega)\exp(-b\xi^2)\tag{2.4.21a}$$

其中,b 称为声源的 Gauss 系数. 声源总是有限的(半径为 a),但 $b\gg 1$,故可以把上式中的 ξ 延拓到无限. 于是,把上式代入方程(2.4.19c)得到

$$p(\xi,\sigma,\omega)=-\frac{2\mathrm{i}\rho_0c_0U_0(\omega)}{\sigma}\mathrm{e}^{\mathrm{i}(k_0z+\xi^2/\sigma)}\int_0^\infty\mathrm{e}^{(-b+\mathrm{i}/\sigma)\xi'^2}\mathrm{J}_0\left(\frac{2\xi\xi'}{\sigma}\right)\xi'\mathrm{d}\xi'\tag{2.4.21b}$$

$$=\frac{\rho_0c_0U_0(\omega)}{\sqrt{1+b^2\sigma^2}}\exp\left(-\frac{b\xi^2}{1+b^2\sigma^2}\right)\exp[\mathrm{i}(k_0z+\gamma)]$$

其中,为了方便,定义 $\gamma\equiv b^2\xi^2\sigma/(1+b^2\sigma^2)+\arctan(-b\sigma)$. 由上式可知,声场具有一个重要特点,其声压振幅在 ξ 方向(即 ρ 方向)分布始终遵循 Gauss 函数规律,不像刚性活塞辐射的声场,在近场具有空间的不均匀性而在远场具有旁瓣辐射. 但是,随着传播距离的增加

（即 z 变大），由于衍射效应，Gauss 函数的半宽度增加.

Bessel 函数型超声场 假定设计声源的振动速度分布为 Bessel 函数

$$U_0(\xi,\omega)=U_0(\omega)\mathrm{J}_0(\alpha\xi) \tag{2.4.22a}$$

其中，常量 $\alpha\gg1$，同样可以把上式中的 ξ 延拓到无限. 代入方程（2.4.19c），有

$$p(\xi,\sigma,\omega)=\rho_0c_0U_0(\omega)\exp(\mathrm{i}k_0z)\exp\left(-\mathrm{i}\frac{1}{4}\alpha^2\sigma\right)\mathrm{J}_0(\alpha\xi) \tag{2.4.22b}$$

可见，超声场的声压振幅分布与声源一样满足 Bessel 函数规律，而且这一分布不随传播距离 z 的变化而变化，这一奇特声场也称为**非衍射声场**. 我们在 2.1.5 小节中介绍的 Airy 声束就是非衍射声束.

2.4.4 非衍射波束

在柱坐标下，声波满足方程

$$\left[\frac{1}{\rho}\frac{\partial}{\partial\rho}\left(\rho\frac{\partial}{\partial\rho}\right)+\frac{1}{\rho^2}\frac{\partial^2}{\partial\varphi^2}+\frac{\partial^2}{\partial z^2}\right]p-\frac{1}{c_0^2}\frac{\partial^2p}{\partial t^2}=0 \tag{2.4.23a}$$

假定声束（或者声脉冲）向 z 方向传播，声压与 ρ 的关系给出了波束的变化. 例如在 Bessel 函数型超声场中，波束的横向变化始终按照 Bessel 函数规律变化，即方程（2.4.22b），与传播距离 z 无关，因此我们称 Bessel 型声束为非衍射波束；而在 Gauss 型声场中，由方程（2.4.21b）可知，随着传播距离的增加（即 z 变大），Gauss 波束的宽度越来越大，这正是声波衍射的效果，因此 Gauss 波束不是非衍射声束.

设声束在 Δt 时间内沿 z 方向传播距离为 Δz_0，波束传播的速度为 V（不一定是声速 c_0），那么 $\Delta t=\Delta z_0/V$. 如果声束是非衍射的，即声压振幅在横向（ρ 方向）保持不变，$p(\rho,\varphi,z,t)$ 应该满足关系

$$p(\rho,\varphi,z,t)=p\left(\rho,\varphi,z+\Delta z_0,t+\frac{\Delta z_0}{V}\right) \tag{2.4.23b}$$

另一方面，对 $p(\rho,\varphi,z,t)$ 作变换：① 对角度 φ 变量作 Fourier 级数展开；② 对 z 和时间 t 变量作 Fourier 积分展开；③ 对 ρ 变量作 Hankel 变换展开，则有

$$\begin{aligned}p(\rho,\varphi,z,t)=&\sum_{m=-\infty}^{\infty}\int_0^{\infty}k_\rho\mathrm{d}k_\rho\int_{-\infty}^{\infty}\mathrm{d}k_z\int_{-\infty}^{\infty}\mathrm{d}\omega A_m(k_\rho,k_z,\omega)\mathrm{J}_m(k_\rho\rho)\\&\times\exp[\mathrm{i}(k_zz+m\varphi-\omega t)]\end{aligned} \tag{2.4.23c}$$

将方程（2.4.23b）代入上式，显然要求

$$\exp\left[\mathrm{i}\left(k_z\Delta z_0-\omega\frac{\Delta z_0}{V}\right)\right]=1 \tag{2.4.24a}$$

即

$$\omega = Vk_z + 2n\pi\frac{V}{\Delta z_0} \quad (n=0,\pm1,\pm2,\cdots) \tag{2.4.24b}$$

这就是 $p(\rho,\varphi,z,t)$ 为非衍射声场的约束条件. 另外,方程(2.4.23c)必须满足波动方程(2.4.23a),要求 $k_\rho^2=\omega^2/c_0^2-k_z^2$,也就是说,如果方程(2.4.23c)满足波动方程(2.4.23a),那么该式必须成立. 因此,$A_m(k_\rho,k_z,\omega)$ 可以写成

$$A_m(k_\rho,k_z,\omega) = B_m(k_z,\omega)\delta\left(k_\rho^2-\frac{\omega^2}{c_0^2}+k_z^2\right) \tag{2.4.25a}$$

其中,$B_m(k_z,\omega)$ 是任意函数. 将上式代入方程(2.4.23c)得到

$$p(\rho,\varphi,z,t) = \sum_{m=-\infty}^{\infty}\int_0^\infty \mathrm{d}\omega\int_{-\omega/c_0}^{\omega/c_0}\mathrm{d}k_z B_m(k_z,\omega)\mathrm{J}_m\left(\rho\sqrt{\frac{\omega^2}{c_0^2}-k_z^2}\right) \times\exp[\mathrm{i}(k_z z+m\varphi-\omega t)] \tag{2.4.25b}$$

上式推导过程中,利用了关系

$$\delta\left(k_\rho^2-\frac{\omega^2}{c_0^2}+k_z^2\right) = \frac{1}{2k_\rho}\left[\delta\left(k_\rho-\sqrt{\frac{\omega^2}{c_0^2}-k_z^2}\right)+\delta\left(k_\rho+\sqrt{\frac{\omega^2}{c_0^2}-k_z^2}\right)\right] \tag{2.4.25c}$$

注意: ① 方程(2.4.23c)的诸积分可看成线性叠加,我们无需求积分的逆变换,因而方程(2.4.25b)中仅考虑正频率部分的积分就可以了;② 当 $k_z^2>\omega^2/c_0^2$ 时,方程(2.4.25b)中 Bessel 函数的宗量为虚数,其值随 ρ 指数发散,因而对 k_z 的积分也限制在区域 $k_z\in(-\omega/c_0,\omega/c_0)$.

为简便计,考虑轴对称情况,取 $m=0$,方程(2.4.25b)简化成

$$p(\rho,z,t) = \int_0^\infty \mathrm{d}\omega\int_{-\omega/c_0}^{\omega/c_0}\mathrm{d}k_z B(k_z,\omega)\mathrm{J}_0\left(\rho\sqrt{\frac{\omega^2}{c_0^2}-k_z^2}\right)\exp[\mathrm{i}(k_z z-\omega t)] \tag{2.4.26a}$$

其中,$B(k_z,\omega)\equiv B_0(k_z,\omega)$. 作积分变换:

$$\alpha=\frac{1}{2V}(\omega+Vk_z), \quad \beta=\frac{1}{2V}(\omega-Vk_z) \tag{2.4.26b}$$

或者 $\omega=V(\alpha+\beta)$,$k_z=\alpha-\beta$,代入方程(2.4.26a),有

$$p(\rho,z,t) = \int_0^\infty\int_0^\infty B(\alpha,\beta)\mathrm{d}\beta\mathrm{d}\alpha\cdot\exp[\mathrm{i}\alpha(z-Vt)]\cdot\exp[-\mathrm{i}\beta(z+Vt)] \times\mathrm{J}_0\left[\rho\sqrt{\left(\frac{V^2}{c_0^2}-1\right)(\alpha^2+\beta^2)+2\left(\frac{V^2}{c_0^2}+1\right)\alpha\beta}\right] \tag{2.4.27a}$$

得到上式,忽略了二重积分变换过程中出现的常量[归入系数 $B(\alpha,\beta)$ 中即可]. 为了保证方程(2.4.26a)中的 $p(\rho,z,t)$ 描写非衍射声场,ω 和 k_z 还必须满足方程(2.4.24b),即 $\beta=b_n/2$(其中 $b_n\equiv2n\pi/\Delta z_0$). 因此,必须取

$$B(\alpha,\beta)=S(\alpha)\delta\left(\beta-\frac{b_n}{2}\right) \tag{2.4.27b}$$

将上式代入方程(2.4.27a),有

$$p(\rho,z,t)=\mathrm{e}^{-\mathrm{i}b_n(z+Vt)/2}\cdot\int_0^\infty S(\alpha)\mathrm{d}\alpha\cdot\mathrm{e}^{\mathrm{i}\alpha(z-Vt)} \tag{2.4.27c}$$
$$\times \mathrm{J}_0\left[\rho\sqrt{\left(\frac{V^2}{c_0^2}-1\right)\left(\alpha^2+\frac{b_n^2}{4}\right)+b_n\left(\frac{V^2}{c_0^2}+1\right)\alpha}\right]$$

上式代表轴对称情况下的非衍射波束,但指数因子 $\exp[-\mathrm{i}b_n(z+Vt)/2]$ 代表 $-z$ 方向传播的波,故非衍射波束受到一个沿 $-z$ 方向传播波的调制. 下面讨论两种简单的情况.

(1) $b_n=0$(只要取 $n=0$),且 $V>c_0$,上式变成

$$p(\rho,z,t)=\int_0^\infty S(\alpha)\mathrm{e}^{\mathrm{i}\alpha(z-Vt)}\mathrm{J}_0(\rho\gamma\alpha)\mathrm{d}\alpha \tag{2.4.28a}$$

其中,$\gamma\equiv\sqrt{V^2/c_0^2-1}$. 当 $V>c_0$ 时,上式中 Bessel 函数宗量为实数,积分可理解为 Bessel 型声场的线性叠加. 最简单的例子是取 $S(\alpha)=aV\exp(-aV\alpha)$(其中 a 是常量),代入方程(2.4.28a)得到

$$p(\rho,z,t)=aV\int_0^\infty \exp[-\alpha(aV-\mathrm{i}\xi)]\mathrm{J}_0(\rho\gamma\alpha)\mathrm{d}\alpha \tag{2.4.28b}$$
$$=\frac{aV}{\sqrt{(aV-\mathrm{i}\xi)^2+\gamma^2\rho^2}}\equiv X$$

其中,$\xi\equiv z-Vt$. 图 2.4.3 给出了 $p(\rho,z,t)$ 的实部,由图 2.4.3 可见,场的空间分布像字母“X”,故这样的非衍射波称为 **X 波**,由上式表示的 X 波也称为**经典 X 波**. 容易证明,方程(2.4.28b)确实满足波动方程(作为习题).

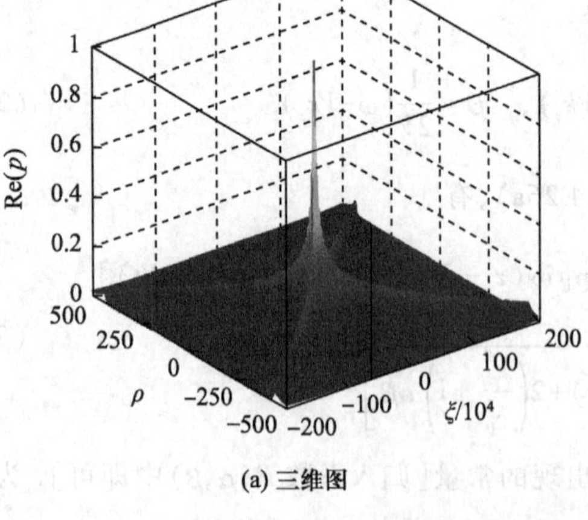

(a) 三维图

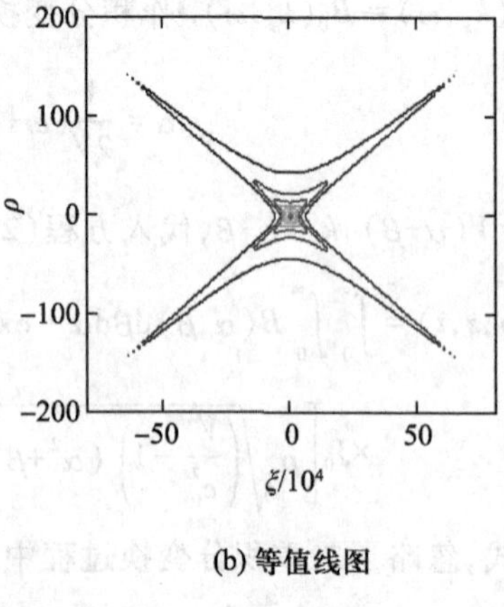

(b) 等值线图

图 2.4.3 经典 X 波

注意：① 当 $V=c_0$ 时，方程(2.4.28a)简化成一般平面波的叠加，平面波当然是非衍射的，且是平凡的；② 当 $V<c_0$ 时，方程(2.4.28a)中 Bessel 函数宗量为虚数，随径向 ρ 增长指数发散，故此时不能假定 b_n 为零. 因此，当 $b_n=0$ 时，我们假定 $V>c_0$.

我们可以通过方程(2.4.28a)，选择 $S(\alpha)$ 生成多种形式的 X 波，例如，选取 $S(\alpha)=\mathrm{J}_0(2\sqrt{q\alpha})\exp(-aV\alpha)$（$V>c_0$，$q$ 是任意大于零的实数），代入方程(2.4.28a)得到 X 波：

$$p(\rho,z,t)=\int_0^\infty \mathrm{J}_0(2d\sqrt{\alpha})\mathrm{J}_0(\rho\gamma\alpha)\exp[-\alpha\beta(z,t)]\mathrm{d}\alpha \tag{2.4.29a}$$

其中，$\beta(z,t)\equiv aV-\mathrm{i}(z-Vt)$. 完成 Bessel 函数的积分后得到

$$p(\rho,z,t)=\frac{1}{\sqrt{\beta^2(z,t)+\gamma^2\rho^2}}\mathrm{J}_0\left[\frac{\gamma\rho q}{\beta^2(z,t)+\gamma^2\rho^2}\right]\exp\left[-\frac{q\beta(z,t)}{\beta^2(z,t)+\gamma^2\rho^2}\right] \tag{2.4.29b}$$

由于波动方程是齐次的线性方程，故上式乘权重函数 $\psi(q)$ 且对任意常量 q 积分后仍然是齐次波动方程的解，取 $\psi(q)=\mathrm{J}_0(2\sqrt{\delta q})$（$\delta>0$ 为常量），则

$$\begin{aligned}p'(\rho,z,t)=&\frac{1}{\sqrt{\beta^2(z,t)+\gamma^2\rho^2}}\int_0^\infty \mathrm{J}_0(2\sqrt{\delta q})\mathrm{J}_0\left[\frac{\gamma\rho q}{\beta^2(z,t)+\gamma^2\rho^2}\right]\\&\times\exp\left[-\frac{\beta(z,t)q}{\beta^2(z,t)+\gamma^2\rho^2}\right]\mathrm{d}q=\mathrm{J}_0(\gamma\delta\rho)\mathrm{e}^{-aV\delta}\exp[\mathrm{i}\delta(z-Vt)]\end{aligned} \tag{2.4.29c}$$

显然，这就是 Bessel 束. 反过来说明，由 X 波的叠加也可以形成 Bessel 束.

(2) $b_n>0$，且 $V=c_0$，方程(2.4.27c)简化成

$$p(\rho,z,t)=\mathrm{e}^{-\mathrm{i}b_n(z+c_0t)/2}\cdot\int_0^\infty S(\alpha)\mathrm{e}^{\mathrm{i}\alpha(z-c_0t)}\mathrm{J}_0(\rho\sqrt{2b_n\alpha})\mathrm{d}\alpha \tag{2.4.30a}$$

从上式，我们可以得到一系列等声速（$V=c_0$）传播的非衍射波. 例如，取 $S(\alpha)=aV\exp(-aV\alpha)$，代入上式得到非衍射声束

$$\begin{aligned}p(\rho,z,t)&=aV\mathrm{e}^{-\mathrm{i}b_n(z+c_0t)/2}\cdot\int_0^\infty\exp[-\alpha(aV-\mathrm{i}\xi)]\mathrm{J}_0(\rho\sqrt{2b_n\alpha})\mathrm{d}\alpha\\&=2aV\mathrm{e}^{-\mathrm{i}b_n(z+c_0t)/2}\cdot\int_0^\infty\exp[-\sigma^2(aV-\mathrm{i}\xi)]\mathrm{J}_0(\sigma\rho\sqrt{2b_n})\sigma\mathrm{d}\sigma\\&=aV\mathrm{e}^{-\mathrm{i}b_n(z+c_0t)/2}\frac{1}{aV-\mathrm{i}\xi}\exp\left[-\frac{b_n\rho^2}{2(aV-\mathrm{i}\xi)}\right]\end{aligned} \tag{2.4.30b}$$

最后必须指出的是，尽管我们证明并且找到了波动方程的各种非衍射波束的形式解，但在实验上实现它是困难的，由于非衍射波束在超声无损检测、超声医学成像等方面有潜在的应用，其研究方兴未艾，实验上也取得了重要进展，见参考书 32.

习题

2.1 求脉动球和横向振动球的辐射阻抗，证明它们的低频同振质量分别为 $m_r \approx 3m_0$ 和 $m_r \approx m_0/2$，其中 m_0 为相同体积球体占有的空气质量.

2.2 证明在二维情况下，Sommerfeld 辐射条件为

$$\lim_{\rho\to\infty}\sqrt{\rho}\left(\frac{\partial p}{\partial \rho}-\mathrm{i}k_0 p\right)=0$$

2.3 设二维声场满足边界条件 $p(x,z,\omega)\big|_{z=0}=\mathrm{Ai}(x/a)$，其中 a 为满足 $k_0 a \gg 1$ 的常量，$\mathrm{Ai}(x')$ 为 Airy 函数. 证明在抛物近似下，空间声场分布为

$$p(x,z,\omega)\approx \mathrm{Ai}\left(x'-\frac{z'^2}{4}\right)\exp\left[\frac{\mathrm{i}}{2}\left(x'z'-\frac{z'^3}{6}\right)\right]\exp(\mathrm{i}k_0 z)\quad (z>0)$$

其中，$x'=x/a$ 和 $z'=z/k_0a^2$.

2.4 考虑能量有限的 Airy 函数分布，设二维声场满足边界条件 $p(x,z,\omega)\big|_{z=0}=\mathrm{Ai}(x')\exp(\alpha x')$，其中 $x'=x/a$，衰减因子 $\alpha>0$，保证当 $x'\to-\infty$ 时，$|p(x',0,\omega)|\to 0$ 足够快. 证明在抛物近似下，空间声场分布为

$$p(x,z,\omega)=\Phi(x',z',\omega)\exp(\mathrm{i}k_0 z)\quad (z>0)$$

$$\Phi(x',z',\omega)=\mathrm{Ai}\left(x'-\frac{z'^2}{4}+\mathrm{i}\alpha z'\right)\mathrm{e}^{\alpha x'-\alpha z'^2/2}\exp\left[\frac{\mathrm{i}}{2}\left(\alpha^2 z'+x'z'-\frac{z'^3}{6}\right)\right]$$

其中 $z'=z/k_0a^2$. 由此可见，对边界为能量有限的 Airy 函数分布，在传播过程中仍然保持 Airy 函数分布.

2.5 设面阵位于 Oxy 平面，向 $z>0$ 的上半空间辐射声波，在抛物近似下，声场可以近似表示为 $p(x,y,z,\omega)\approx\Phi(x,y,z,\omega)\exp(\mathrm{i}k_0 z)$，求 $\Phi(x,y,z,\omega)$ 满足的方程. 设边界条件为 $\Phi(x',y',z,\omega)\big|_{z=0}=\mathrm{Ai}(x')\mathrm{Ai}(y')\exp(\alpha x')\exp(\beta y')$，其中 $x'=x/a$ 和 $y'=y/b$. 证明在抛物近似下，空间声场分布为 $(z>0)$

$$\Phi(x',y',z,\omega)=\mathrm{Ai}\left(x'-\frac{z_x'^2}{4}+\mathrm{i}\alpha z_x'\right)\exp\left[\alpha x'-\alpha\frac{z_x'^2}{2}+\frac{\mathrm{i}}{2}\left(\alpha^2 z_x'+x'z_x'-\frac{z_x'^3}{6}\right)\right]$$

$$\times\mathrm{Ai}\left(y'-\frac{z_y'^2}{4}+\mathrm{i}\beta z_y'\right)\exp\left[\beta y'-\beta\frac{z_y'^2}{2}+\frac{\mathrm{i}}{2}\left(\beta^2 z_y'+y'z_y'-\frac{z_y'^3}{6}\right)\right]$$

其中，$z_x'\equiv z/k_0a^2$ 和 $z_y'=z/k_0b^2$.

2.6 在低频近似下（$2k_0a\ll 1$），证明无限大刚性障板上活塞辐射的力辐射阻和力辐射抗分别为

$$R_r(\omega)\approx\frac{\rho_0 c_0 k_0^2}{2\pi}(\pi a^2)^2,\quad X_r(\omega)\approx\rho_0 c_0\pi a^2\left(\frac{8}{3\pi}k_0 a\right)$$

求相应的同振质量和辐射声功率.

2.7 设无限大刚性障板上活塞振动速度的分布具有幂次分布的形式：

$$v_z(\rho,\omega)=\begin{cases}U_0\left(1-\dfrac{\rho^2}{a^2}\right)^n & (\rho\leqslant a)\\ 0 & (\rho>a)\end{cases}$$

求归一化方向因子.

2.8 设无限大刚性障板上刚性活塞面为$(-l_x, l_x)\times(-l_y, l_y)$的长方形,求远场声压分布.

2.9 考虑球面上的活塞辐射,设活塞位于刚性球北极,当活塞不是很大时,可近似表示球面的径向速度为

$$u_r(a,\theta,\omega)=\begin{cases}U_0(\omega) & (0\leqslant\theta\leqslant\Delta)\\ 0 & (\Delta\leqslant\theta\leqslant\pi)\end{cases}$$

求辐射声场以及低频近似.

2.10 设空间存在半径为a的刚性球,球心位于原点,求存在刚性球后,球外空间一点$\boldsymbol{r}_s$处的点质量源产生的声场分布. 如果球体表面不是刚性的,而是阻抗型的,求声场分布.

2.11 考虑圆柱体母线振动的辐射,设无限长柱体表面的径向速度为

$$U_0(a,\varphi,\omega)=\begin{cases}U_0(\omega) & \left(-\dfrac{\Delta}{2}<\varphi<\dfrac{\Delta}{2}\right)\\ 0 & \left(\Delta<\varphi<2\pi-\dfrac{\Delta}{2}\right)\end{cases}$$

当$\Delta\to 0$,但$\lim\limits_{\Delta\to 0}(U_0\Delta)=$有限时,上式可以等效成圆柱的一条母线振动. 讨论母线振动的辐射场以及低频近似.

2.12 设无限长柱面的法向速度为

$$u_\rho(a,\varphi,z,\omega)=\begin{cases}U_0(\omega) & \left(|z|<\dfrac{d}{2};\ |\varphi|<\dfrac{\Delta}{2}\right)\\ 0 & (\text{其他})\end{cases}$$

求辐射场以及低频近似.

2.13 无限长圆柱面的声压分布为$p(\rho,\varphi,z,\omega)\big|_{\rho=a}=p(a,\varphi,z,\omega)$,求空间$(\rho>a)$激发的声压场和速度场分布,以及声辐射功率.

2.14 无限长圆柱面的法向速度为$u_\rho(a,\varphi,z,\omega)$,求空间$(\rho>a)$激发的声压场和速度场分布,以及声辐射功率.

2.15 设空间存在半径为a的无限长刚性圆柱体,圆柱中心位于z轴,求存在刚性柱后,柱外空间一点$\boldsymbol{r}_s$处的点质量源产生的声场分布.

2.16 在二维情况下,求位于$\boldsymbol{r}_s=(\rho_s,\varphi_s)$处的点质量源产生的声场分布,从而证明展开关系

$$\mathrm{H}_0^{(1)}(k_0|\boldsymbol{r}-\boldsymbol{r}_s|)=\sum_{m=-\infty}^{\infty}\mathrm{e}^{\mathrm{i}m(\varphi-\varphi_s)}\begin{cases}\mathrm{J}_m(k_0\rho_s)\mathrm{H}_m^{(1)}(k_0\rho) & (\rho_s<\rho)\\ \mathrm{H}_m^{(1)}(k_0\rho_s)\mathrm{J}_m(k_0\rho) & (\rho<\rho_s)\end{cases}$$

当$\rho\ll\rho_s$时,导出平面波展开公式.

第三章
声波的散射和衍射

当空间传播的声波(称为入射波)遇到密度或声速不同的区域(称为**缺陷**)时,声波将改变原来传播的路径,向其他方向偏转,这种现象称为声波的**散射**. 散射波定义为实际空间声场与入射波(它是缺陷不存在时的空间声场)之差. 最简单的例子是流体介质中的一列平面波入射到刚性固体球的情形:空间声场由两部分组成,即入射平面波和散射波,后者是以球为中心向所有方向扩散的球面波,散射波与入射平面波叠加形成畸变的空间声场. 对任意形状的缺陷,严格求解波(包括声波和电磁波)的散射问题是困难的,只有几种规则形状的缺陷,散射波能够严格求解,如无限长圆柱状(利用柱坐标)和球状(利用球坐标)缺陷,然而声波散射是声学检测的基础. 另一方面,在声场的测量过程中,也必须考虑声波的散射:在待测量的声场中放置传声器,而传声器对入射波的散射又改变了空间声场,实际测量到的是入射波与散射波的叠加,必须考虑传声器的散射影响,作一定的修正. 本章讨论声波散射的基本特征.

3.1 刚性和介质球体的散射

无限长圆柱体和球体的散射是能够严格求解析解的最简单情况,特别是球体的散射,其研究更有实际意义. 当然,在现实中完美的球体是不存在的. 但是,我们可以把散射体作初步的近似,在零级近似下,用球体代替散射体,分析其对入射声波散射所呈现的基本规律,如散射体线度与入射波频率的关系等. 当然,对裂缝和尖角形的缺陷,用球体来近似是不适当的,我们在 3.4 节作专门的讨论.

3.1.1 介质球体对任意入射波的散射

考虑均匀介质(ρ_0, c_0)中存在半径为 a、密度和声速分别为(ρ_e, c_e)的介质球体,球心为坐标原点,如图 3.1.1 所示. 对任意的入射波,必须满足波动方程,故在球坐标中声压和流速总可表示为(在理想介质假定下,速度场的角度方向分量 $v_{i\theta}$和 $v_{i\varphi}$无需写出)

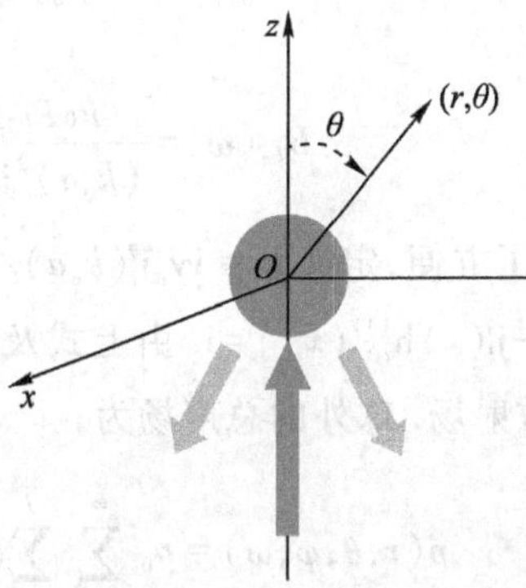

图 3.1.1 散射球位于原点,入射束沿 z 方向传播

$$p_i(r,\theta,\varphi,\omega) = p_{0i}\sum_{l=0}^{\infty}\sum_{m=-l}^{l} p_{lm}(\omega)\mathrm{j}_l(k_0 r)\mathrm{Y}_{lm}(\theta,\varphi)$$

$$v_{ir}(r,\theta,\varphi,\omega) = \frac{p_{0i}}{\mathrm{i}\rho_0 c_0}\sum_{l=0}^{\infty}\sum_{m=-l}^{l} p_{lm}(\omega)\frac{\mathrm{dj}_l(k_0 r)}{\mathrm{d}(k_0 r)}\mathrm{Y}_{lm}(\theta,\varphi) \tag{3.1.1a}$$

其中,$p_{lm}(\omega)$称为**偏波系数**. 注意:入射波是散射体不存在时波动方程的解,因此在原点,入射波必须有限,故不包含 $n_l(k_0 r)$. 球内的声波具有驻波形式:

$$p_e(r,\theta,\varphi,\omega) = \sum_{l=0}^{\infty}\sum_{m=-l}^{l} B_{lm}(\omega)\mathrm{j}_l(k_e r)\mathrm{Y}_{lm}(\theta,\varphi)$$

$$v_{er}(r,\theta,\varphi,\omega) = \frac{1}{\mathrm{i}\rho_e c_e}\sum_{l=0}^{\infty}\sum_{m=-l}^{l} B_{lm}(\omega)\frac{\mathrm{dj}_l(k_e r)}{\mathrm{d}(k_e r)}\mathrm{Y}_{lm}(\theta,\varphi) \tag{3.1.1b}$$

其中,$k_e = \omega/c_e$ 是球内声波波数. 球外的散射波可表示为

$$p_{\mathrm{s}}(r,\theta,\varphi,\omega)=\sum_{l=0}^{\infty}\sum_{m=-l}^{l}A_{lm}(\omega)\mathrm{h}_l^{(1)}(k_0r)\mathrm{Y}_{lm}(\theta,\varphi)$$

$$v_{\mathrm{sr}}(r,\theta,\varphi,\omega)=\frac{1}{\mathrm{i}\rho_0c_0}\sum_{l=0}^{\infty}\sum_{m=-l}^{l}A_{lm}(\omega)\frac{\mathrm{dh}_l^{(1)}(k_0r)}{\mathrm{d}(k_0r)}\mathrm{Y}_{lm}(\theta,\varphi) \tag{3.1.1c}$$

球面上的边界条件是声压和法向速度连续：

$$p\big|_{r=a}=p_{\mathrm{e}}\big|_{r=a}$$

$$\left.\frac{1}{\mathrm{i}\rho_0\omega}\frac{\partial p}{\partial r}\right|_{r=a}=\left.\frac{1}{\mathrm{i}\rho_{\mathrm{e}}\omega}\frac{\partial p_{\mathrm{e}}}{\partial r}\right|_{r=a} \tag{3.1.1d}$$

其中，$p=p_{\mathrm{i}}+p_{\mathrm{s}}$ 是球外的总声压，包括入射波和散射波. 把方程(3.1.1a)、方程(3.1.1b)和方程(3.1.1c)代入上式得到

$$B_{lm}(\omega)\mathrm{j}_l(k_{\mathrm{e}}a)-A_{lm}(\omega)\mathrm{h}_l^{(1)}(k_0a)=p_{0\mathrm{i}}p_{lm}(\omega)\mathrm{j}_l(k_0a)$$

$$\gamma_{\mathrm{e}}B_{lm}(\omega)\mathrm{j}_l'(k_{\mathrm{e}}a)-A_{lm}(\omega)\mathrm{h}_l'^{(1)}(k_0a)=p_{0\mathrm{i}}p_{lm}(\omega)\mathrm{j}_l'(k_0a) \tag{3.1.2a}$$

其中，$\gamma_{\mathrm{e}}\equiv\rho_0c_0/\rho_{\mathrm{e}}c_{\mathrm{e}}$ 为球外与球内介质的声阻抗率之比. 从上式不难得到

$$A_{lm}(\omega)=-p_{0\mathrm{i}}p_{lm}(\omega)\cdot\frac{\mathrm{j}_l'(k_0a)+\mathrm{i}\beta_l\mathrm{j}_l(k_0a)}{\mathrm{h}_l'^{(1)}(k_0a)+\mathrm{i}\beta_l\mathrm{h}_l^{(1)}(k_0a)}$$

$$B_{lm}(\omega)=\frac{p_{0\mathrm{i}}p_{lm}(\omega)}{(k_0a)^2\mathrm{j}_l(k_{\mathrm{e}}a)}\cdot\frac{i}{\mathrm{h}_l'^{(1)}(k_0a)+\mathrm{i}\beta_l\mathrm{h}_l^{(1)}(k_0a)} \tag{3.1.2b}$$

其中，为了方便，定义 $\beta_l\equiv\mathrm{i}\gamma_{\mathrm{e}}\mathrm{j}_l'(k_{\mathrm{e}}a)/\mathrm{j}_l(k_{\mathrm{e}}a)$. 注意：得到以上方程，利用了关系：$x^2\left[\mathrm{j}_l(x)\mathrm{h}_l'^{(1)}(x)-\mathrm{j}_l'(x)\mathrm{h}_l^{(1)}(x)\right]=\mathrm{i}$. 由上式及方程(3.1.1b)和方程(3.1.1c)，不难得到球内驻波场和球外散射场. 球外的总声场为

$$p(r,\theta,\varphi,\omega)=p_{0\mathrm{i}}\sum_{l=0}^{\infty}\sum_{m=-l}^{l}p_{lm}(\omega)\mathrm{Y}_{lm}(\theta,\varphi)\times\left[\mathrm{j}_l(k_0r)-\frac{\mathrm{j}'_l(k_0a)+\mathrm{i}\beta_l\mathrm{j}_l(k_0a)}{\mathrm{h}_l'^{(1)}(k_0a)+\mathrm{i}\beta_l\mathrm{h}_l^{(1)}(k_0a)}\mathrm{h}_l^{(1)}(k_0r)\right] \tag{3.1.3}$$

因此，问题的关键是求入射波的偏波系数，由入射波的形式，可以求得偏波系数. 最简单的入射波是平面波，我们将在 3.1.2—3.1.4 小节详细讨论. 下面分析两种典型的入射波.

球面波入射 考虑球面波由位于 $\boldsymbol{r}_{\mathrm{s}}\equiv(r_{\mathrm{s}},\theta_{\mathrm{s}},\varphi_{\mathrm{s}})$ 的单极点源[频率为 ω，强度为 $q_0(\omega)$]发出，单极点源产生的入射波为

$$p_{\mathrm{i}}(r,\theta,\varphi,\omega)=\mathrm{i}q_0(\omega)\rho_0c_0k_0\frac{\exp(\mathrm{i}k_0|\boldsymbol{r}-\boldsymbol{r}_{\mathrm{s}}|)}{4\pi|\boldsymbol{r}-\boldsymbol{r}_{\mathrm{s}}|} \tag{3.1.4a}$$

首先考虑：① $r<r_{\mathrm{s}}$ 情况，由式(2.3.17b)，入射声场可写成

$$p_{\mathrm{i}}(r,\theta,\varphi,\omega)=-q_0(\omega)\rho_0c_0k_0^2\sum_{l=0}^{\infty}\sum_{m=-l}^{l}\mathrm{h}_l^{(1)}(k_0r_{\mathrm{s}})\mathrm{Y}_{lm}^*(\theta_{\mathrm{s}},\varphi_{\mathrm{s}})\mathrm{j}_l(k_0r)\mathrm{Y}_{lm}(\theta,\varphi) \tag{3.1.4b}$$

上式比较方程(3.1.1a),显然偏波系数满足

$$p_{0i}p_{lm}(\omega)=-q_0(\omega)\rho_0c_0k_0^2\mathrm{h}_l^{(1)}(k_0r_s)\mathrm{Y}_{lm}^*(\theta_s,\varphi_s) \tag{3.1.4c}$$

代入方程(3.1.3)不难得到区域 $r<r_s$ 的总声场:

$$p(r,\theta,\varphi,\omega)=-q_0(\omega)\rho_0c_0k_0^2\sum_{l=0}^{\infty}\sum_{m=-l}^{l}\mathrm{h}_l^{(1)}(k_0r_s)\Im_l(k_0r)\mathrm{Y}_{lm}^*(\theta_s,\varphi_s)\mathrm{Y}_{lm}(\theta,\varphi) \tag{3.1.5a}$$

其中,为了方便,定义

$$\Im_l(k_0r)\equiv\mathrm{j}_l(k_0r)-\frac{\mathrm{j}_l'(k_0a)+\mathrm{i}\beta_l\mathrm{j}_l(k_0a)}{\mathrm{h}_l'^{(1)}(k_0a)+\mathrm{i}\beta_l\mathrm{h}_l^{(1)}(k_0a)}\mathrm{h}_l^{(1)}(k_0r) \tag{3.1.5b}$$

其次考虑:② $r>r_s$ 区域,根据方程(2.3.17b),入射场表示为

$$p_i(r,\theta,\varphi,\omega)=-q_0(\omega)\rho_0c_0k_0^2\sum_{l=0}^{\infty}\sum_{m=-l}^{l}\mathrm{j}_l(k_0r_s)\mathrm{h}_l^{(1)}(k_0r)\mathrm{Y}_{lm}^*(\theta_s,\varphi_s)\mathrm{Y}_{lm}(\theta,\varphi) \tag{3.1.6a}$$

显然,上式不具有方程(3.1.1a)的第一式形式. 设散射场为

$$p_s(r,\theta,\varphi,\omega)=\sum_{l=0}^{\infty}\sum_{m=-l}^{l}C_{lm}(\omega)\mathrm{h}_l^{(1)}(k_0r)\mathrm{Y}_{lm}(\theta,\varphi) \tag{3.1.6b}$$

其中,系数 $C_{lm}(\omega)$ 由 $r=r_s$ 处的声压连续条件给出:

$$p(r,\theta,\varphi,\omega)\big|_{r=r_s+\varepsilon}=p(r,\theta,\varphi,\omega)\big|_{r=r_s-\varepsilon} \tag{3.1.6c}$$

把方程(3.1.5a)、方程(3.1.6a)和方程(3.1.6b)代入上式得到

$$C_{lm}(\omega)=q_0(\omega)\rho_0c_0k_0^2\left[\frac{\mathrm{j}_l'(k_0a)+\mathrm{i}\beta_l\mathrm{j}_l(k_0a)}{\mathrm{h}_l'^{(1)}(k_0a)+\mathrm{i}\beta_l\mathrm{h}_l^{(1)}(k_0a)}\mathrm{h}_l^{(1)}(k_0r_s)\right]\mathrm{Y}_{lm}^*(\theta_s,\varphi_s) \tag{3.1.7a}$$

故区域 $r>r_s$ 的总声场为

$$p(r,\theta,\varphi,\omega)=-q_0(\omega)\rho_0c_0k_0^2\sum_{l=0}^{\infty}\sum_{m=-l}^{l}\Im_l(k_0r_s)\mathrm{Y}_{lm}^*(\theta_s,\varphi_s)\mathrm{h}_l^{(1)}(k_0r)\mathrm{Y}_{lm}(\theta,\varphi) \tag{3.1.7b}$$

上式和方程(3.1.5a)可以合写成

$$p(r,\theta,\varphi,\omega)=-q_0(\omega)\rho_0c_0k_0^2\sum_{l=0}^{\infty}\sum_{m=-l}^{l}\mathrm{Y}_{lm}^*(\theta_s,\varphi_s)\mathrm{Y}_{lm}(\theta,\varphi)\times\begin{cases}\Im_l(k_0r)\mathrm{h}_l^{(1)}(k_0r_s) & (r<r_s)\\ \Im_l(k_0r_s)\mathrm{h}_l^{(1)}(k_0r) & (r_s<r)\end{cases} \tag{3.1.7c}$$

注意:讨论散射球附近声场分布时,用 $r<r_s$ 的形式解,而在讨论远场分布时必须用 $r_s<r$的形式解. 设点源位于 z 轴,即 $\boldsymbol{r}_s\equiv(z_s,0,\varphi_s)$(其中 φ_s 任意),则只有当 $m=0$ 时,$\mathrm{Y}_{lm}^*(0,\varphi_s)\neq0$,于是有

$$p(r,\theta,\varphi,\omega)=-\frac{q_0(\omega)\rho_0c_0k_0^2}{4\pi}\sum_{l=0}^{\infty}(2l+1)\mathrm{P}_l(\cos\theta)$$

$$\times\begin{cases}\mathfrak{J}_l(k_0r)\mathrm{h}_l^{(1)}(k_0z_s) & (r<z_s)\\ \mathfrak{J}_l(k_0z_s)\mathrm{h}_l^{(1)}(k_0r) & (z_s<r)\end{cases} \tag{3.1.7d}$$

显然,散射场与极角 φ 无关,关于 z 轴对称. 球体对球面波的散射在研究工作中是经常遇到的实际问题,例如,在模拟人工头对近场声波(声源离人工头较近)的散射时,作为第一步近似,可以把人工头近似为球体.

Gauss 束入射 如图 3.1.2 所示,设沿 z 方向传播的 Gauss 声束,在 $z=z_0=-L(L>0)$ 平面上,Gauss 束的分布为

$$p_{\mathrm{i}}(x,y,-L)=p_{0\mathrm{i}}\exp\left[-\frac{(x-x_0)^2+(y-y_0)^2}{W^2}\right] \tag{3.1.8a}$$

其中,W 为束宽. 注意:平面 $z=-L$ 可理解为声换能器的辐射面.

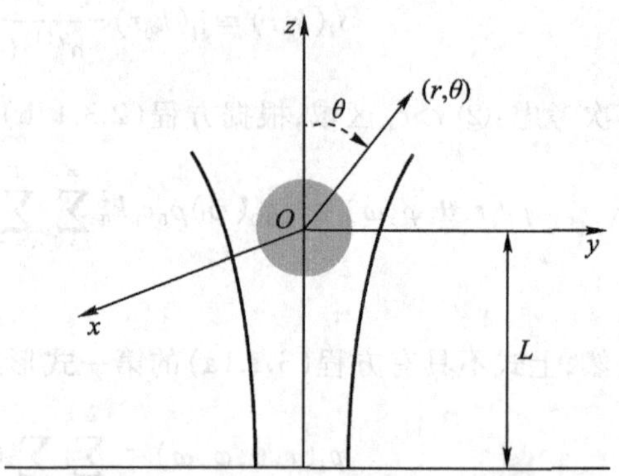

图 3.1.2 入射 Gauss 束沿 z 方向传播

由角谱展开方程(1.2.17a),区域 $z>-L$ 的声场可表示为

$$p_{\mathrm{i}}(x,y,z)=\iint p_{\mathrm{i}}(k_x,k_y,-L)\exp[\mathrm{i}(k_xx+k_yy+\beta_z(L+z)]\mathrm{d}k_x\mathrm{d}k_y \tag{3.1.8b}$$

其中,$\beta_z=\sqrt{k_0^2-(k_x^2+k_y^2)}$,$p_{\mathrm{i}}(k_x,k_y,-L)$ 是 $p_{\mathrm{i}}(x,y,-L)$ 的角谱,有

$$\begin{aligned}p_{\mathrm{i}}(k_x,k_y,-L)&=\frac{1}{(2\pi)^2}\iint p_{\mathrm{i}}(x,y,-L)\exp[-\mathrm{i}(k_xx+k_yy)]\mathrm{d}x\mathrm{d}y\\&=\frac{p_{0\mathrm{i}}W^2}{4\pi}\exp\left[-\frac{W^2}{4}(k_x^2+k_y^2)-\mathrm{i}(k_xx_0+k_yy_0)\right]\end{aligned} \tag{3.1.8c}$$

代入方程(3.1.8b),有

$$p_{\mathrm{i}}(x,y,z)=\frac{p_{0\mathrm{i}}W^2k_0^2}{4\pi}\int_{-\infty}^{\infty}\int_{-\infty}^{\infty}\exp\left[-\frac{W^2k_0^2}{4}(q_x^2+q_y^2)+\mathrm{i}k_0F\right]\mathrm{d}q_x\mathrm{d}q_y \tag{3.1.9a}$$

其中,已取归一化变换 $q_x=k_x/k_0$ 和 $q_y=k_y/k_0$,为了方便,定义函数

$$F\equiv q_x(x-x_0)+q_y(y-y_0)+\sqrt{1-(q_x^2+q_y^2)}\,(L+z) \tag{3.1.9b}$$

方程(3.1.9a)的积分可以分两个区域:单位圆内 $q_x^2+q_y^2\leqslant1$ 和单位圆外 $q_x^2+q_y^2>1$,当平面 $z=-L$ 距离散射球体一个波长以上时,可以忽略单位圆外的积分贡献. 在球坐标中,有 $x=r\sin\theta\cos\varphi$、$y=r\sin\theta\sin\varphi$ 和 $z=r\cos\theta$,并且令 $q_x=q\cos\varphi$、$q_y=q\sin\varphi$,以及 $q=\sin\theta'$,则

$$F_1\equiv q_xx+q_yy+\sqrt{1-q_x^2-q_y^2}\,z=r\cos\gamma \tag{3.1.9c}$$

其中，$\cos\gamma\equiv\cos\theta'\cos\theta+\sin\theta\sin\theta'\cos(\varphi-\phi)$. 于是有

$$\exp(\mathrm{i}k_0F_1)\equiv\exp(\mathrm{i}k_0r\cos\gamma)=\sum_{l=0}^{\infty}(2l+1)\mathrm{i}^l\mathrm{j}_l(k_0r)\mathrm{P}_l(\cos\gamma)\tag{3.1.9d}$$

利用 Legendre 函数的加法公式：

$$\mathrm{P}_l(\cos\gamma)=\frac{4\pi}{2l+1}\sum_{m=-l}^{l}\mathrm{Y}^*_{ml}(\theta',\phi)\mathrm{Y}_{ml}(\theta,\varphi)\tag{3.1.10}$$

方程(3.1.9d)可以改写成

$$\exp(\mathrm{i}k_0F_1)=\exp(\mathrm{i}k_0r\cos\gamma)=4\pi\sum_{l=0}^{\infty}\sum_{m=-l}^{l}\mathrm{i}^l\mathrm{Y}^*_{ml}(\theta',\phi)\mathrm{j}_l(k_0r)\mathrm{Y}_{ml}(\theta,\varphi)\tag{3.1.11a}$$

上式代入方程(3.1.9d)和方程(3.1.9a)得到

$$p_\mathrm{i}(r,\theta,\varphi)=p_{0\mathrm{i}}\sum_{l=0}^{\infty}\sum_{m=-l}^{l}p_{lm}(\omega)\mathrm{j}_l(k_0r)\mathrm{Y}_{ml}(\theta,\varphi)\tag{3.1.11b}$$

其中，偏波系数为

$$p_{lm}(\omega)\equiv W^2k_0^2\mathrm{i}^l\iint_{q\leqslant1}\exp\left(-\frac{W^2k_0^2q^2}{4}+\mathrm{i}k_0F_2\right)\mathrm{Y}^*_{ml}(\theta',\phi)q\mathrm{d}q\mathrm{d}\phi\tag{3.1.11c}$$

其中，$\theta'=\arcsin q$ 以及

$$\exp(\mathrm{i}k_0F_2)=\exp[-\mathrm{i}k_0(qx_0\cos\phi+qy_0\sin\phi-\sqrt{1-q^2}L)]\tag{3.1.11d}$$

一旦求出偏波系数 p_{lm} 就可以由方程(3.1.2b)求散射波系数 A_{lm}. 如果入射场关于 z 轴对称，则 $x_0=y_0=0$，$\exp(\mathrm{i}k_0F_2)=\exp(\mathrm{i}k_0\sqrt{1-q^2}L)$，由方程(3.1.11c)中关于 ϕ 的积分可得到

$$p_{l0}(\omega)=2\pi W^2k_0^2\mathrm{i}^l\sqrt{\frac{(2l+1)}{4\pi}}\int_0^1\exp\left(-\frac{W^2k_0^2q^2}{4}+\mathrm{i}k_0\sqrt{1-q^2}L\right)\mathrm{P}_l(\cos\theta')q\mathrm{d}q\tag{3.1.12a}$$

而 $p_{lm}(\omega)=0(m\neq0)$. 于是，z 轴对称的入射波为

$$p_\mathrm{i}(r,\theta,\varphi)=p_{0\mathrm{i}}\sum_{l=0}^{\infty}\sum_{m=-l}^{l}A_l(\omega)(2l+1)\mathrm{i}^l\mathrm{j}_l(k_0r)\mathrm{P}_l(\cos\theta)\tag{3.1.12b}$$

其中，为了方便，定义

$$A_l(\omega)\equiv\frac{1}{2}W^2k_0^2\int_0^1\exp\left(-\frac{W^2k_0^2q^2}{4}+\mathrm{i}k_0\sqrt{1-q^2}L\right)\mathrm{P}_l(\cos\theta')q\mathrm{d}q\tag{3.1.12c}$$

注意：当 $W\to\infty$ 时，Gauss 声束应该趋向平面波. 事实上，当 $W\to\infty$ 时，上式积分的主要贡献来自于 $q=0$ 点附近，于是 $\theta'=\arcsin q\approx0$ 和 $\mathrm{P}_l(\cos\theta')\approx\mathrm{P}_l(1)=1$，即

$$A_l(\omega)\approx\frac{1}{2}W^2k_0^2\exp(\mathrm{i}k_0L)\int_0^1\exp\left(-\frac{W^2k_0^2q^2}{4}\right)q\mathrm{d}q=\exp(\mathrm{i}k_0L)\tag{3.1.12d}$$

代入方程(3.1.12b)就得到了平面波在球坐标中的展开表达式.

3.1.2 刚性球体对平面波的散射

对刚性球,有 $\rho_e \gg \rho_0$ 和 $c_e \gg c_0$,取 $\beta_l=0$,散射场简化成

$$p_s(r,\theta,\varphi,\omega) = -p_{0i}\sum_{l=0}^{\infty}\sum_{m=-l}^{l}p_{lm}(\omega)\frac{j'_l(k_0a)}{h_l'^{(1)}(k_0a)}h_l^{(1)}(k_0r)Y_{lm}(\theta,\varphi)$$

$$v_{sr}(r,\theta,\varphi,\omega) = i\frac{p_{0i}}{\rho_0c_0}\sum_{l=0}^{\infty}\sum_{m=-l}^{l}p_{lm}(\omega)\cdot\frac{j'_l(k_0a)}{h_l'^{(1)}(k_0a)}\frac{dh_l^{(1)}(k_0r)}{d(k_0r)}Y_{lm}(\theta,\varphi) \tag{3.1.13a}$$

注意: 当 $\beta_l=0$ 时,球内的声压场为

$$p_e(r,\theta,\varphi,\omega) = \frac{p_{0i}}{(k_0a)^2}\sum_{l=0}^{\infty}\sum_{m=-l}^{l}\frac{p_{lm}(\omega)}{j_l(k_ea)}\cdot\frac{i}{h_l'^{(1)}(k_0a)}j_l(k_er)Y_{lm}(\theta,\varphi) \tag{3.1.13b}$$

对刚性球,$c_e\to\infty$,故 $k_e=\omega/c_e\to 0$,利用近似关系 $j_l(k_er)\to(k_er)^l/(2l+1)!!$,上式近似为

$$p_e(r,\theta,\varphi,\omega) \approx i\frac{p_{0i}}{(k_0a)^2}\sum_{l=0}^{\infty}\sum_{m=-l}^{l}\frac{p_{lm}(\omega)}{h_l'^{(1)}(k_0a)}\left(\frac{r}{a}\right)^l Y_{lm}(\theta,\varphi) \tag{3.1.13c}$$

显然,上式不表示声波场,而是球内的压力场分布. 注意:由于 $x\to 0$ 时,有 $j_0(x)\approx 1-x^2/6$ 和 $j_0'(x)\approx -x/3$,故

$$\beta_0 = i\gamma_e\frac{j_0'(k_ea)}{j_0(k_ea)} \approx -\frac{i}{3}\frac{\rho_0c_0}{\rho_ec_e}(k_ea) \tag{3.1.14a}$$

当频率较低时,容易满足近似 $\beta_0\approx 0$; 而对 $l>0$ 的项,有 $j_l(x)\to x^l/(2l+1)!!$ 和 $j_l'(x)\approx lx^{l-1}/(2l+1)!!$,故

$$\beta_l = i\gamma_e\frac{j_l'(k_ea)}{j_l(k_ea)} \approx i\frac{\rho_0c_0}{\rho_ec_e}\frac{l}{k_ea} \tag{3.1.14b}$$

显然,当频率较高时,容易满足近似 $\beta_l\approx 0$. 对空气中的水滴(或固体球体),$\rho_0c_0/\rho_ec_e\sim 2.8\times 10^{-4}$,在 $0.01<k_ea<100$ 的范围内,都可以认为 $\beta_0\approx 0$ 和 $\beta_l\approx 0(l>0)$; 但对水中的固体球,例如钢球,$\rho_0c_0/\rho_ec_e\sim 3\times 10^{-2}$,当 $k_ea\sim 1$ 时,仍然可以认为 $\beta_0\approx 0$ 和 $\beta_l\approx 0(l>0)$,但对高频或者低频,刚性近似就不合适了.

考虑 z 方向传播的平面波,入射波为

$$p_i(r,\theta,\omega) = p_{0i}\exp(ik_0z) = p_{0i}\sum_{l=0}^{\infty}(2l+1)i^lP_l(\cos\theta)j_l(k_0r) \tag{3.1.15a}$$

比较上式与方程(3.1.1a),偏波系数为

$$p_{l0} = (2l+1)i^l\sqrt{\frac{4\pi}{2l+1}}p_{0i}(m=0),\quad p_{lm}=0(m\neq 0) \tag{3.1.15b}$$

上式代入方程(3.1.13a)得到散射场:

$$p_s(r,\theta,\omega) = -p_{0i}\sum_{l=0}^{\infty}(2l+1)\mathrm{i}^l\frac{\mathrm{j}'_l(k_0a)}{\mathrm{h}'^{(1)}_l(k_0a)}\cdot \mathrm{h}^{(1)}_l(k_0r)\mathrm{P}_l(\cos\theta)$$

$$v_{sr}(r,\theta,\omega) = \mathrm{i}\frac{p_{0i}}{\rho_0c_0}\sum_{l=0}^{\infty}(2l+1)\mathrm{i}^l\frac{\mathrm{j}'_l(k_0a)}{\mathrm{h}'^{(1)}_l(k_0a)}\cdot\frac{\mathrm{dh}^{(1)}_l(k_0r)}{\mathrm{d}(k_0r)}\mathrm{P}_l(\cos\theta) \tag{3.1.16a}$$

利用球 Hankel 函数的渐近表达式,我们得到远场声场为

$$p_s(r,\theta,\omega)\approx \mathrm{i}\frac{p_{0i}(\omega)}{k_0r}\exp(\mathrm{i}k_0r)\psi_s(\theta,\omega)$$

$$v_{sr}(r,\theta,\omega)\approx -\frac{p_{0i}(\omega)}{\mathrm{i}\rho_0c_0k_0r}\exp(\mathrm{i}k_0r)\psi_s(\theta,\omega) \tag{3.1.16b}$$

其中,方向性因子定义为

$$\psi_s(\theta,\omega)\equiv\sum_{l=0}^{\infty}(2l+1)\frac{\mathrm{j}'_l(k_0a)}{\mathrm{h}'^{(1)}_l(k_0a)}\mathrm{P}_l(\cos\theta) \tag{3.1.16c}$$

远场散射声强为

$$I_s(r,\theta,\omega)=\frac{1}{2}\mathrm{Re}(p_s^*v_{sr})=\frac{I_{0i}}{(k_0r)^2}|\psi_s(\theta,\omega)|^2 \tag{3.1.17a}$$

其中,$I_{0i}\equiv|p_{0i}|^2/2\rho_0c_0$ 是入射波的声强. 注意:总的声强应该为

$$\begin{aligned}\boldsymbol{I}&=\frac{1}{2}\mathrm{Re}(p^*\boldsymbol{v})=\frac{1}{2}\mathrm{Re}[(p_i^*+p_s^*)(\boldsymbol{v}_i+\boldsymbol{v}_s)]\\&=\frac{1}{2}\mathrm{Re}(p_i^*\boldsymbol{v}_i)+\frac{1}{2}\mathrm{Re}(p_s^*\boldsymbol{v}_s)+\frac{1}{2}\mathrm{Re}(p_i^*\boldsymbol{v}_s)+\frac{1}{2}\mathrm{Re}(p_s^*\boldsymbol{v}_i)\end{aligned} \tag{3.1.17b}$$

显然,第一、第二项分别是入射波和散射波的声强,第三、第四项为交叉项,为了表征散射强度,我们仅讨论散射波的远场声强,因为扩展到整个空间的平面波是不存在的,在足够远的远场,可以假定入射场为零.

Rayleigh 散射 当 $k_0a\ll1$ 时,利用球 Bessel 函数和球 Hankel 函数的表达式:$\mathrm{j}_0(x)\approx1-x^2/6$ 和 $\mathrm{j}_1(x)=x/3$,以及 $\mathrm{h}_0^{(1)}(x)\approx-\mathrm{i}/x$ 和 $\mathrm{h}_1^{(1)}(x)\approx-\mathrm{i}/x^2$,容易得到

$$\begin{aligned}\psi_s(\theta,\omega)&\approx\frac{\mathrm{j}'_0(k_0a)}{\mathrm{h}'^{(1)}_0(k_0a)}+3\frac{\mathrm{j}'_1(k_0a)}{\mathrm{h}'^{(1)}_1(k_0a)}\cos\theta\\&\approx-\frac{(k_0a)^3}{3\mathrm{i}}+\frac{(k_0a)^3}{2\mathrm{i}}\cos\theta=-\frac{(k_0a)^3}{3\mathrm{i}}\left(1-\frac{3}{2}\cos\theta\right)\end{aligned} \tag{3.1.18a}$$

故远场散射声强的分布为

$$I_s(r,\theta,\omega)\approx I_{0i}\frac{\omega^4a^6}{9c_0^4r^2}\left(1-\frac{3}{2}\cos\theta\right)^2 \tag{3.1.18b}$$

球体的散射功率为

$$P_s(\omega)=\int_0^{2\pi}\int_0^{\pi}I_s(r,\theta,\omega)\cdot r^2\sin\theta\mathrm{d}\theta\mathrm{d}\varphi\approx I_{0i}\frac{7\pi\omega^4a^6}{9c_0^4} \tag{3.1.18c}$$

上式表明，球的散射功率与频率的 4 次方成正比，这是低频散射的基本特征，称为 **Rayleigh 散射**.

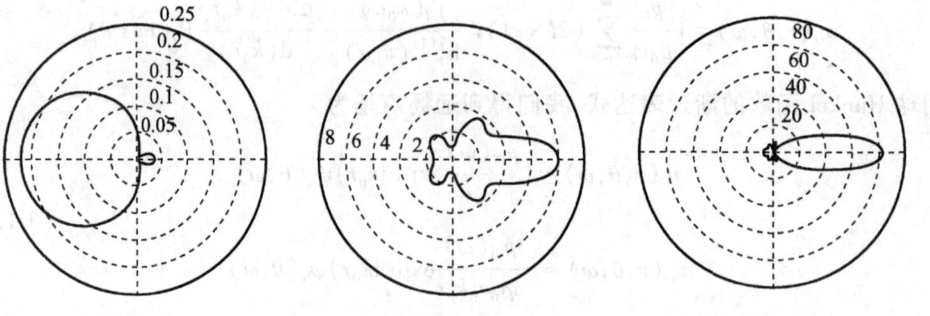

(a) $k_0a=1$ (b) $k_0a=3$ (c) $k_0a=5$

图 3.1.3 球体散射方向图 $|\psi_s(\theta,\omega)|^2$ 随 θ 的变化

对于高频散射($k_0a>>1$)，从几何声学观点看，球体前后的声场完全不同：在球体前(迎着入射波的面)区域，总声场(由入射波与反射波叠加而成)不为零，而在球体后形成阴影区，在阴影区内总声场近似为零. 因此，如果把声场表示为 $p=p_i+p_s$，那么散射波在阴影区内应该与入射波相互抵消，要求级数，即方程(3.1.16a)，在阴影区内收敛到 $-p_i$，故必须保留级数中足够多的项. 特别是，如果把球 Bessel 函数和球 Neumann 函数的渐近表达式代入方程(3.1.16a)，得到的无限级数并不收敛. 事实上，由于 k_0a 和 l 都足够大，必须利用大阶数、大宗量球 Bessel 函数的展开. 故从低频到高频，不能简单地由方程(3.1.16a)作渐近展开得到近似表达式，问题变得相当复杂. 讨论高频近似的方法为衍射几何声学理论(Geometrical Theory of Diffraction, GTD)，这里不进一步讨论，仅画出了几个 k_0a 情况的散射波方向图，即 $|\psi_s(\theta,\omega)|^2$ 随 θ 的变化，如图 3.1.3 所示，由图可见，随着频率增加(k_0a 变大)，散射波以入射方向($\theta=0$，即球体的后面)为极大，该散射波与入射波反相叠加后形成阴影区.

球面上 $\theta=\pi$ 点的总声压 球面上($r=a$)迎着入射波面一点($\theta=\pi$)的总声压为

$$p(r,\theta,\omega)\big|_{r=a;\theta=\pi}=p_{0i}(\omega)\sum_{l=0}^{\infty}(2l+1)\mathrm{i}^l\left[\mathrm{j}_l(k_0a)-\frac{\mathrm{j}_l'(k_0a)}{\mathrm{h}_l'^{(1)}(k_0a)}\mathrm{h}_l^{(1)}(k_0a)\right]\mathrm{P}_l(\cos\pi)$$

(3.1.19)

数值计算结果如图 3.1.4 所示. 该结果对声压测量有重要意义：假定测量传声器是半径为 a 的球状传声器，那么当 $k_0a<<1$ 时，测量的声压值与入射平面波的声压大致相等；但当 $k_0a\sim1$ 时，测量值已偏离“真”值；当 $k_0a>>1$ 时，测量值是“真”值的二倍. 故对高频测量必须有一个校正值.

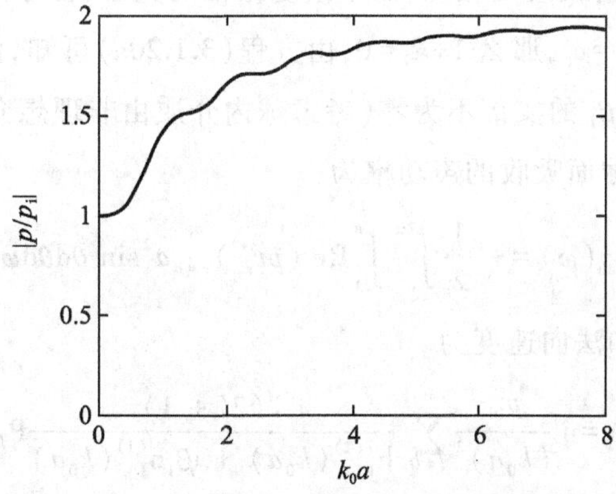

图 3.1.4 球面上 $\theta=\pi$ 点的声压有效值随频率的变化

3.1.3 介质球体对平面波的散射

由方程(3.1.15b)和方程(3.1.3),球外的总声场为

$$p(r,\theta,\omega)=p_{0i}\sum_{l=0}^{\infty}(2l+1)\mathrm{i}^l\mathrm{P}_l(\cos\theta)$$
$$\times\left[\mathrm{j}_l(k_0r)-\frac{\mathrm{j}'_l(k_0a)+\mathrm{i}\beta_l\mathrm{j}_l(k_0a)}{\mathrm{h}_l'^{(1)}(k_0a)+\mathrm{i}\beta_l\mathrm{h}_l^{(1)}(k_0a)}\mathrm{h}_l^{(1)}(k_0r)\right] \quad (3.1.20\mathrm{a})$$
$$=p_{0i}\sum_{l=0}^{\infty}(2l+1)\mathrm{i}^l\mathrm{P}_l(\cos\theta)\left[\mathrm{j}_l(k_0r)-\frac{1}{2}(1+R_l)\mathrm{h}_l^{(1)}(k_0r)\right]$$

其中,系数 R_l 定义为

$$1+R_l\equiv2\frac{\mathrm{j}'_l(k_0a)+\mathrm{i}\beta_l\mathrm{j}_l(k_0a)}{\mathrm{h}_l'^{(1)}(k_0a)+\mathrm{i}\beta_l\mathrm{h}_l^{(1)}(k_0a)},\quad R_l=\frac{\mathrm{h}_l'^{(1)*}(k_0a)+\mathrm{i}\beta_l\mathrm{h}_l^{(1)*}(k_0a)}{\mathrm{h}_l'^{(1)}(k_0a)+\mathrm{i}\beta_l\mathrm{h}_l^{(1)}(k_0a)} \quad (3.1.20\mathrm{b})$$

为了进一步分析以上两式的意义,把方程(3.1.20a)作渐近展开,远场总声场为

$$p(r,\theta,\omega)\approx\mathrm{i}\frac{p_{0i}}{2k_0r}\sum_{l=0}^{\infty}(2l+1)\mathrm{P}_l(\cos\theta)[(-1)^l\exp(-\mathrm{i}k_0r)+R_l\exp(\mathrm{i}k_0r)]$$
$$(3.1.20\mathrm{c})$$

故远场声波由两部分组成:一系列向原点会聚的球面波(上式中括号内的第一项)和一系列由原点向外发散的球面波(称为**偏波**).上式表明,会聚偏波与散射球面无关,而发散偏波相当于由入射的会聚偏波经球面的反射而形成,反射系数为 R_l. 当 β_l 是纯虚数时[注意:$\beta_l=\mathrm{i}\gamma_e\mathrm{j}'_l(k_ea)/\mathrm{j}_l(k_ea)$,如果不考虑球内介质的黏性和热传导,$k_e$ 是实数,那么 β_l 就是纯虚数],偏波反射系数为

$$R_l=\frac{[\mathrm{h}_l'^{(1)}(k_0a)-\mathrm{Im}(\beta_l)\mathrm{h}_l^{(1)}(k_0a)]^*}{\mathrm{h}_l'^{(1)}(k_0a)-\mathrm{Im}(\beta_l)\mathrm{h}_l^{(1)}(k_0a)},\quad |R_l|=1 \quad (3.1.20\mathrm{d})$$

故入射偏波经球面的反射仅改变相位,而不改变振幅的大小,在球面反射过程中没有能量损失;如果有 $\gamma_e=1$ 和 $c_e=c_0$,那么 $1+R_l=0$,由方程(3.1.20a)可知,没有波的散射.

球面吸收功率 当 β_l 的实部不为零(考虑球内介质由非理想介质构成,k_e 为复数,见第 6 章讨论),$|R_l|<1$,球面吸收的声功率为

$$P_{ab}(\omega)=-\frac{1}{2}\int_0^{2\pi}\int_0^{\pi}\mathrm{Re}\,(pv_r^*)_{r=a}a^2\sin\theta\mathrm{d}\theta\mathrm{d}\varphi \tag{3.1.21a}$$

其中,球面上的总声压和法向速度为

$$\begin{gathered}p(a,\theta,\omega)=\mathrm{i}\frac{p_{0i}}{(k_0a)^2}\sum_{l=0}^{\infty}\frac{\mathrm{i}^l(2l+1)}{\mathrm{h}_l'^{(1)}(k_0a)+\mathrm{i}\beta_l\mathrm{h}_l^{(1)}(k_0a)}\mathrm{P}_l(\cos\theta)\\ v_r(a,\theta,\omega)=\frac{p_{0i}}{\mathrm{i}\rho_0c_0\,(k_0a)^2}\sum_{l=0}^{\infty}\frac{\mathrm{i}^l(2l+1)\beta_l}{\mathrm{h}_l'^{(1)}(k_0a)+\mathrm{i}\beta_l\mathrm{h}_l^{(1)}(k_0a)}\mathrm{P}_l(\cos\theta)\end{gathered} \tag{3.1.21b}$$

得到上式利用了关系:$x^2[\mathrm{j}_l(x)\mathrm{h}_l'(x)-\mathrm{j}_l'(x)\mathrm{h}_l(x)]=\mathrm{i}$. 将上式代入方程(3.1.21a)得到

$$\begin{aligned}P_{ab}(\omega)&=-\frac{1}{2}\int_0^{2\pi}\int_0^{\pi}\mathrm{Re}\,(pv_r^*)_{r=a}\cdot a^2\sin\theta\mathrm{d}\theta\mathrm{d}\varphi\\ &=\frac{2\pi a^2|p_{0i}|^2}{\rho_0c_0\,(k_0a)^4}\sum_{l=0}^{\infty}\frac{(2l+1)\mathrm{Re}(\beta_l)}{|\mathrm{h}_l'^{(1)}(k_0a)+\mathrm{i}\beta_l\mathrm{h}_l^{(1)}(k_0a)|^2}\end{aligned} \tag{3.1.22a}$$

注意到:$x^2[\mathrm{h}_l^{(1)*}(x)\mathrm{h}_l'^{(1)}(x)-\mathrm{h}_l^{(1)}(x)\mathrm{h}_l'^{(1)*}(x)]=2\mathrm{i}$ 以及

$$1-|R_l|^2=\frac{4}{(k_0a)^2|\mathrm{h}_l'^{(1)}(k_0a)+\mathrm{i}\beta_l\mathrm{h}_l^{(1)}(k_0a)|^2}\mathrm{Re}(\beta_l) \tag{3.1.22b}$$

方程(3.1.22a)可改变形式,即

$$P_{ab}(\omega)=I_{0i}\frac{\pi}{2k_0^2}\sum_{l=0}^{\infty}(2l+1)(1-|R_l|^2) \tag{3.1.22c}$$

显然,当球内为理想介质时,$P_{ab}(\omega)=0$,即球面上没有能量吸收.

散射功率 散射波的远场表达式为

$$\begin{gathered}p_s(r,\theta,\omega)\approx\mathrm{i}\frac{p_{0i}}{k_0r}\exp(\mathrm{i}k_0r)\Psi_s(\theta,\omega)\\ v_{sr}(r,\theta,\omega)\approx\frac{\mathrm{i}}{\rho_0c_0}\frac{p_{0i}}{k_0r}\exp(\mathrm{i}k_0r)\Psi_s(\theta,\omega)\end{gathered} \tag{3.1.23a}$$

其中,方向因子为

$$\Psi_s(\theta,\omega)\equiv\sum_{l=0}^{\infty}(2l+1)\frac{\mathrm{j}_l'(k_0a)+\mathrm{i}\beta_l\mathrm{j}_l(k_0a)}{\mathrm{h}_l'^{(1)}(k_0a)+\mathrm{i}\beta_l\mathrm{h}_l^{(1)}(k_0a)}\mathrm{P}_l(\cos\theta) \tag{3.1.23b}$$

远场散射声强为

$$I_s(r,\theta,\omega)=\frac{1}{2}\mathrm{Re}(p_s^*v_{sr})=\frac{I_{0i}}{(k_0r)^2}|\Psi_s(\theta,\omega)|^2 \tag{3.1.23c}$$

球体的散射功率为

$$P_s(\omega)=\int_0^{2\pi}\int_0^{\pi}I_s(r,\theta,\omega)\cdot r^2\sin\theta\mathrm{d}\theta\mathrm{d}\varphi=\frac{\pi I_{0i}}{k_0^2}\sum_{l=0}^{\infty}(2l+1)\left|1+R_l\right|^2 \tag{3.1.23d}$$

因此,入射波损失的总声功率为

$$P_{\text{loss}}=P_{\text{ab}}(\omega)+P_s(\omega) \tag{3.1.24}$$

低频近似　当 $k_0a\ll1$ 和 $|k_ea|\ll1$ 时,有

$$\beta_0=\mathrm{i}\gamma_e\frac{\mathrm{j}_0'(k_ea)}{\mathrm{j}_0(k_ea)}\approx-\frac{1}{3}\mathrm{i}\gamma_ek_ea,\quad \beta_1=\mathrm{i}\gamma_e\frac{\mathrm{j}_1'(k_ea)}{\mathrm{j}_1(k_ea)}\approx\mathrm{i}\frac{\gamma_e}{k_ea} \tag{3.1.25a}$$

代入方程(3.1.23b)并保留前两项:

$$\Psi_s(\theta,\omega)\approx-\frac{(k_0a)^3}{3\mathrm{i}}\left[\frac{\kappa_0-\kappa_e}{\kappa_0}-\frac{3(\rho_e-\rho_0)}{2\rho_e+\rho_0}\cos\theta\right] \tag{3.1.25b}$$

其中,κ_0 和 κ_e 分别是球外介质与球内介质的压缩系数. 上式与方程(3.1.18a)比较,当 $\kappa_e\to0$(不可压缩,即刚性)和 $\rho_e\gg\rho_0$ 时,两者一致. 其他低频的近似表达式如下所列.

(1) 散射功率

$$P_s(\omega)\approx\frac{4\pi I_{0i}}{9}\frac{\omega^4a^6}{c_0^4}\left[\left(\frac{\kappa_0-\kappa_e}{\kappa_0}\right)^2+\frac{1}{3}\left(\frac{3\rho_e-3\rho_0}{2\rho_e+\rho_0}\right)^2\right] \tag{3.1.26a}$$

注意: 低频散射功率仍然保持 Rayleigh 散射的基本特征.

(2) 球面声压,展开到 $(k_0a)^2$,有

$$p(a,\theta,\omega)\approx p_{0i}\left[1-\frac{(k_0a)^2}{6}-\frac{1}{3}(k_0a)^2\left(1-\frac{\kappa_e}{\kappa_0}\right)+\frac{3\mathrm{i}(k_0a)/2}{1+\rho_0/2\rho_e}\mathrm{P}_1(\cos\theta)\right] \tag{3.1.26b}$$

(3) 球外散射波的系数为

$$A_0(\omega)\approx-\mathrm{i}\frac{(k_0a)^3}{3}\frac{(\kappa_0-\kappa_e)}{\kappa_0}p_{0i},\quad A_1(\omega)\approx-(k_0a)^3\frac{(\rho_e-\rho_0)}{2\rho_e+\rho_0}p_{0i} \tag{3.1.26c}$$

方程(3.1.26b)表明:① 在低频近似下,压缩系数的差引起的散射场相当于单极辐射,与方向无关. 这是容易理解的:入射声波所引起的介质球的压缩和膨胀,在低频近似下各个方向相同,因而散射波相当于脉动球的再辐射,故相当于单极辐射. 而密度差引起的散射场相当于偶极辐射,事实上,由方程(3.3.8b)(见 3.3.1 小节讨论)可知,密度的分布对散射而言,相当于一个偶极力源;② 在低频条件下[忽略 $(k_0a)^2$ 项],球面声压主要取决于比值 ρ_0/ρ_e,当 ρ_0/ρ_e 较小时(例如空气中的水滴或者固体球),就可以把散射球视为刚性球,但对液体中的液体球,$\rho_e\sim\rho_0$,修正是必须的.

3.1.4　水中气泡的散射和共振散射

当散射球相对于外部介质较"硬"(即 $\rho_e>\rho_0$ 和 $\kappa_e<\kappa_0$)时,方程(3.1.25b)和方程

(3.1.26a)成立,如空气中水滴的散射.然而,当散射球足够“软”(即 $\rho_0 \gg \rho_e$ 和 $\kappa_e \gg \kappa_0$),低频近似展开中必须保留相关的项.典型的例子是水中气泡对声波的散射,水的密度 $\rho_0 \equiv \rho_w$ 远大于气泡中气体的密度 $\rho_e \equiv \rho_b$,而气泡中气体的压缩系数 $\kappa_e \equiv \kappa_b$ 远大于水的压缩系数 $\kappa_0 \equiv \kappa_w$.

当 $k_0 a \ll 1$ 和 $k_e a \ll 1$ 时,方程(3.1.23b)的第一、第二项可近似为

$$\frac{j_0'(k_0a)+i\beta_0 j_0(k_0a)}{h_0'^{(1)}(k_0a)+i\beta_0 h_0^{(1)}(k_0a)} \approx -\frac{1}{3}\cdot\frac{(k_0a)^3(\kappa_0-\kappa_e)/\kappa_0}{[1-(k_0a)^2\kappa_e/3\kappa_0]i+(k_0a)^3\kappa_e/3\kappa_0}$$
$$\frac{j_1'(k_0a)+i\beta_1 j_1(k_0a)}{h_1'^{(1)}(k_0a)+i\beta_1 h_1^{(1)}(k_0a)} \approx \frac{(k_0a)^3}{3i}\cdot\frac{(\rho_e-\rho_0)}{2\rho_e+\rho_0} \tag{3.1.27a}$$

当 $\kappa_e < \kappa_0$ 时,$1-(k_0a)^2\kappa_e/3\kappa_0 \approx 1$,即可得到方程(3.1.25b)和方程(3.1.26a);但如果 $\kappa_e \gg \kappa_0$,方程(3.1.27a)第一式中分母 $[1-(k_0a)^2\kappa_e/3\kappa_0]i$ 就不能近似为 i.这正是气泡散射发生共振的原因.显然,共振条件为 $1-(k_0a)^2\kappa_e/3\kappa_0=0$,故共振频率为

$$\omega_R \equiv \frac{c_0}{a}\sqrt{\frac{3\kappa_0}{\kappa_e}} = \frac{1}{a}\sqrt{\frac{3\rho_b c_b^2}{\rho_w}} \tag{3.1.27b}$$

把方程(3.1.27a)代入方程(3.1.23b)和方程(3.1.23d)得到方向因子:

$$\Psi_s(\theta,\omega) \approx -\frac{1}{3}\frac{(k_0a)^3(\kappa_0-\kappa_e)/\kappa_0}{[1-(k_0a)^2\kappa_e/3\kappa_0]i+(k_0a)^3\kappa_e/3\kappa_0} + \frac{(k_0a)^3}{3i}\frac{3(\rho_e-\rho_0)}{2\rho_e+\rho_0}\cos\theta \tag{3.1.28a}$$

以及散射功率:

$$P_s(\omega) \approx \left\{\frac{(\kappa_0-\kappa_e)^2/\kappa_0^2}{[1-(k_0a)^2\kappa_e/3\kappa_0]^2+[(k_0a)^3\kappa_e/3\kappa_0]^2} + 3\left(\frac{\rho_e-\rho_0}{2\rho_e+\rho_0}\right)^2\right\}\frac{4\pi I_{0i}\omega^4 a^6}{9c_0^4} \tag{3.1.28b}$$

注意到 $\kappa_e \gg \kappa_0$ 和 $\rho_e \ll \rho_0$,方向性因子近似为

$$\Psi_s(\theta,\omega) \approx \begin{cases} i(k_0a)^3\dfrac{\kappa_e}{3\kappa_0} & (\omega \ll \omega_R) \\ 1 & (\omega = \omega_R) \\ i(k_0a) & (\omega \gg \omega_R) \end{cases} \tag{3.1.28c}$$

故气泡的声散射几乎是全向的.由方程(3.1.27b)得到 $\kappa_e/3\kappa_0 = (\omega_R a/c_0)^{-2}$,代入方程(3.1.28b),有

$$P_s(\omega) \approx \left\{\frac{(\kappa_0-\kappa_e)^2/\kappa_0^2}{[1-(\omega/\omega_R)^2]^2+[(k_0a)^3\kappa_e/3\kappa_0]^2} + 3\left(\frac{\rho_e-\rho_0}{2\rho_e+\rho_0}\right)^2\right\} \times \frac{4\pi a^2 I_{0i}\omega^4 a^4}{9c_0^4} \tag{3.1.28d}$$

上式讨论如下.

(1) 当 $\omega=\omega_R$ 时, $1-(\omega/\omega_R)^2=0$, 上式中的第一项分母必须保留 $(k_0a)^3$, 即

$$P_s(\omega)\approx\left\{\frac{(\kappa_e/\kappa_0)^2}{[(k_0a)^3\kappa_e/3\kappa_0]^2}+3\right\}\frac{4\pi a^2I_{0i}\omega^4a^4}{9c_0^4} \tag{3.1.29}$$

因为当 $\omega=\omega_R$ 时, $1-(k_0a)^2\kappa_e/3\kappa_0=0$, 故 $(k_0a)^2=3\kappa_0/\kappa_e\ll 1$ 仍然成立, 因此 $P_s(\omega)\approx 4\pi a^2I_{0i}/(k_0a)^2$.

(2) 当 $\omega\ll\omega_R$ 或 $\omega\gg\omega_R$ 时, 注意到低频条件 $(k_0a)^2\ll 1$ 仍然成立, 但 $1-(\omega/\omega_R)^2\neq 0$, 故方程(3.1.28d)的分母上只须保留 $(k_0a)^2$, 而略去 $(k_0a)^3$, 故有

$$P_s(\omega)\approx\left\{\frac{(\kappa_0-\kappa_e)^2/\kappa_0^2}{[1-(\omega/\omega_R)^2]^2}+3\right\}\frac{4\pi a^2\omega^4a^4}{9c_0^4}I_{0i} \tag{3.1.30}$$

当 $\omega\ll\omega_R$ 时, $1-(\omega/\omega_R)^2\approx 1$, 故 $P_s(\omega)\approx 4\pi a^2I_{0i}(k_0a)^4\kappa_e^2/(9\kappa_0^2)$. 当 $\omega\gg\omega_R$ 时, $1-(\omega/\omega_R)^2\approx-(\omega/\omega_R)^2=-(k_0a)^2\kappa_e/3\kappa_0$, 故 $P_s(\omega)\approx 4\pi I_{0i}a^2$.

最后, 我们得到散射功率的近似:

$$P_s(\omega)\approx 4\pi a^2I_{0i}\begin{cases}\dfrac{(k_0a)^4}{(\kappa_e/3\kappa_0)^2} & (\omega\ll\omega_R)\\[2ex] \dfrac{1}{(k_0a)^2} & (\omega=\omega_R)\\[2ex] 1 & (\omega\gg\omega_R)\end{cases} \tag{3.1.31}$$

比较上式与方程(3.1.18c), 由于 $\kappa_e\gg\kappa_0$, 即使在 $\omega\ll\omega_R$ 区域, 气泡的散射功率远大于刚性球的散射功率; 由于 $k_0a\ll 1$, 当 $\omega=\omega_R$ 时, 散射功率很大.

共振频率估计 设气泡中的气体是空气, 则当温度为 20 ℃时, 密度 $\rho_b\approx 1.21\ \mathrm{kg/m^3}$, 声速 $c_b\approx 344\ \mathrm{m/s}$, 而水的密度 $\rho_w\approx 0.988\times 10^3\ \mathrm{kg/m^3}$, 代入方程(3.1.27b)得到(取 $a=10\ \mu\mathrm{m}$)

$$f_R\approx\frac{c_b}{2\pi a}\sqrt{\frac{3\rho_b}{\rho_w}}\approx 3.3\times 10^5\ \mathrm{Hz} \tag{3.1.32}$$

由于 $c_b\ll c_w$, 故低频条件为 $k_ea\ll 1$, 即要求 $f\ll c_b/(2\pi a)\sim 5.47\ \mathrm{MHz}\sim 16f_R$. 如果入射声波频率恰好为共振频率 $f=f_R$, 那么 $k_ea\approx 1/16$, 可认为满足条件 $k_ea\ll 1$; 即使 $f=4f_R$, $k_ea\approx 1/4$, 以上讨论也有一定的适用性.

表面张力的影响 设气泡内的气体是理想气体, 那么 $\rho_bc_b^2=\gamma P_0$(其中 P_0 是气泡位置处的静压强, 如果气泡在水面附近, P_0 近似为大气压, 否则要计及水的静压强), 方程(3.1.27b)也可以写成 $\omega_R=\sqrt{3\gamma P_0/(\rho_wa^2)}$. 当考虑到气泡表面张力的影响时, 共振频率的表达式比较复杂, 而不是简单地用 $P_0+2\sigma/a$(其中 σ 为气泡的表面张力系数)代替上式中的 P_0. 但可大致估计: 取水中气泡的表面张力系数 $\sigma\approx 7.2\times 10^{-2}\ \mathrm{N/m}$(20 ℃), 当 $a\geqslant$

10 μm 时,气泡的表面张力为 $2\sigma/a \leqslant 1.4\times10^4$ Pa,而大气压 $P_0 \approx 10^5$ Pa,可见,对半径在 10 μm 以上的大气泡,表面张力的影响可忽略;但对小气泡($a<10$ μm),不得不考虑表面张力对共振频率的影响.

3.2 任意形状散射体的散射

当散射体具有任意形状时,利用边界条件决定系数是困难的. 此时我们一般把散射的微分方程形式转化成便于数值计算的积分方程. 对刚性或"柔软"的空穴散射体,由于声波不能进入散射体,我们可以利用 **Kirchhoff 积分公式**,建立空间一点的总声场与散射体表面总声场(或声场的法向导数)的积分关系,得到相应的积分方程,从而利用离散化数值方法求得散射场的近似解,这种近似方法称为**边界元近似**.

3.2.1 Kirchhoff 积分公式

散射场 如图 3.2.1 所示,设散射体 G 的表面为 S. 入射波和散射波分别为 $p_{\mathrm{i}}(\boldsymbol{r},\omega)$ 和 $p_{\mathrm{s}}(\boldsymbol{r},\omega)$,总声场为 $p(\boldsymbol{r},\omega)=p_{\mathrm{i}}(\boldsymbol{r},\omega)+p_{\mathrm{s}}(\boldsymbol{r},\omega)$. 由于散射场 $p_{\mathrm{s}}(\boldsymbol{r},\omega)$ 满足 Sommerfeld 辐射条件,即满足方程(2.1.21c),故方程(2.1.22a)对散射场也成立,即(用散射体表面法向表示)

$$p_{\mathrm{s}}(\boldsymbol{r},\omega)=\int_S\left[p_{\mathrm{s}}(\boldsymbol{r}',\omega)\frac{\partial g(|\boldsymbol{r}-\boldsymbol{r}'|)}{\partial n_S'}-g(|\boldsymbol{r}-\boldsymbol{r}'|)\frac{\partial p_{\mathrm{s}}(\boldsymbol{r}',\omega)}{\partial n_S'}\right]\mathrm{d}S' \tag{3.2.1}$$

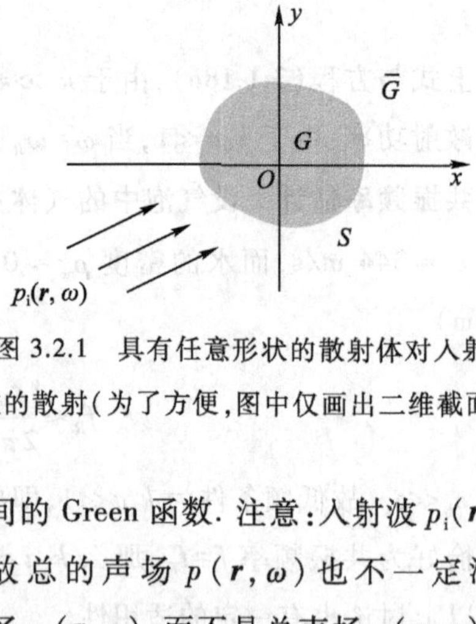

图 3.2.1 具有任意形状的散射体对入射波的散射(为了方便,图中仅画出二维截面)

其中,$\boldsymbol{n}_S'$是曲面 S 的外法向,$g(|\boldsymbol{r}-\boldsymbol{r}'|)$为无限大空间的 Green 函数. 注意:入射波 $p_{\mathrm{i}}(\boldsymbol{r},\omega)$ 不一定满足 Sommerfeld 辐射条件(如平面波),故总的声场 $p(\boldsymbol{r},\omega)$ 也不一定满足 Sommerfeld 辐射条件,方程(2.1.21c)中只能是散射场 $p_{\mathrm{s}}(\boldsymbol{r},\omega)$,而不是总声场 $p(\boldsymbol{r},\omega)$. 这里与 2.1.4 小节的区别是:2.1.4 小节的声场是有限的面源产生的,在无限远处满足 Sommerfeld 辐射条件,而这里的总声场包含入射波(如平面波),一般不满足 Sommerfeld 辐射条件.

入射场 由于入射波 $p_{\mathrm{i}}(\boldsymbol{r},\omega)$ 在整个空间都满足齐次波动方程(对入射波而言,不存在散射体,例如平面波入射),空间声场中任意取 S 面包围的体积 G(也可以与散射体占有

的体积不一致)，在体积 G 内使用 Green 公式

$$\begin{aligned}&\int_G[p_{\mathrm{i}}(\boldsymbol{r}',\omega)\nabla'^2g(|\boldsymbol{r}-\boldsymbol{r}'|)-g(|\boldsymbol{r}-\boldsymbol{r}'|)\nabla'^2p_{\mathrm{i}}(\boldsymbol{r}',\omega)]\mathrm{d}V'\\&=\int_S\left[p_{\mathrm{i}}(\boldsymbol{r}',\omega)\frac{\partial g(|\boldsymbol{r}-\boldsymbol{r}'|)}{\partial n_S'}-g(|\boldsymbol{r}-\boldsymbol{r}'|)\frac{\partial p_{\mathrm{i}}(\boldsymbol{r}',\omega)}{\partial n_S'}\right]\mathrm{d}S'\end{aligned}\tag{3.2.2a}$$

如果观测点 $\boldsymbol{r}$ 在积分区域 G 之外，$\boldsymbol{r}'\neq\boldsymbol{r}$，故$\nabla'^2g(|\boldsymbol{r}-\boldsymbol{r}'|)+k_0^2g(|\boldsymbol{r}-\boldsymbol{r}'|)=0$，于是方程(3.2.2a)给出

$$0=\int_S\left[p_{\mathrm{i}}(\boldsymbol{r}',\omega)\frac{\partial g(|\boldsymbol{r}-\boldsymbol{r}'|)}{\partial n_S'}-g(|\boldsymbol{r}-\boldsymbol{r}'|)\frac{\partial p_{\mathrm{i}}(\boldsymbol{r}',\omega)}{\partial n_S'}\right]\mathrm{d}S'\tag{3.2.2b}$$

上式与方程(3.2.1a)相加，且注意到$p(\boldsymbol{r},\omega)=p_{\mathrm{i}}(\boldsymbol{r},\omega)+p_{\mathrm{s}}(\boldsymbol{r},\omega)$，我们得到

$$p(\boldsymbol{r},\omega)=p_{\mathrm{i}}(\boldsymbol{r},\omega)+\int_S\left[p(\boldsymbol{r}',\omega)\frac{\partial g(|\boldsymbol{r}-\boldsymbol{r}'|)}{\partial n_S'}-g(|\boldsymbol{r}-\boldsymbol{r}'|)\frac{\partial p(\boldsymbol{r}',\omega)}{\partial n_S'}\right]\mathrm{d}S'\tag{3.2.2c}$$

式中，$\boldsymbol{r}\in\overline{G}$，即观测点 $\boldsymbol{r}$ 在散射体之外. 上式是关于总场 $p(\boldsymbol{r},\omega)$ 的积分方程，然而，为了求空间中一点 $\boldsymbol{r}$ 的场，必须知道散射体表面的总场及其法向导数. 但当上式中 $\boldsymbol{r}$ 在散射体表面取值 $\boldsymbol{r}_S$ 时，因为积分变量 $\boldsymbol{r}'$遍及整个散射体表面，当 $\boldsymbol{r}'=\boldsymbol{r}_S$ 时，$g(|\boldsymbol{r}-\boldsymbol{r}'|)$及其法向导数发散，故方程(3.2.2c)不再成立，必须单独考虑，具体方法如下.

Kirchhoff 积分公式 如图 3.2.2 所示，当观测点 $\boldsymbol{r}$ 由区域 G 外趋近 S 面上的点 $\boldsymbol{r}_S$ 时，如果点 $\boldsymbol{r}_S$ 不在边界的尖角点上，我们可以用球心位于 $\boldsymbol{r}_S$、半径为 ε 的半球包围点 $\boldsymbol{r}_S$，那么，在区域 $\boldsymbol{r}\in\overline{G}+\varepsilon$ 内，$\boldsymbol{r}'\neq\boldsymbol{r}_S$，故方程(3.2.2c)仍然成立，有

$$\begin{aligned}p(\boldsymbol{r}_S,\omega)=p_{\mathrm{i}}(\boldsymbol{r}_S,\omega)+\int_\Sigma\Big[p(\boldsymbol{r}',\omega)&\frac{\partial g(|\boldsymbol{r}_S-\boldsymbol{r}'|)}{\partial n_\Sigma'}\\&-g(|\boldsymbol{r}_S-\boldsymbol{r}'|)\frac{\partial p(\boldsymbol{r}',\omega)}{\partial n_\Sigma'}\Big]\mathrm{d}\Sigma'\end{aligned}\tag{3.2.3a}$$

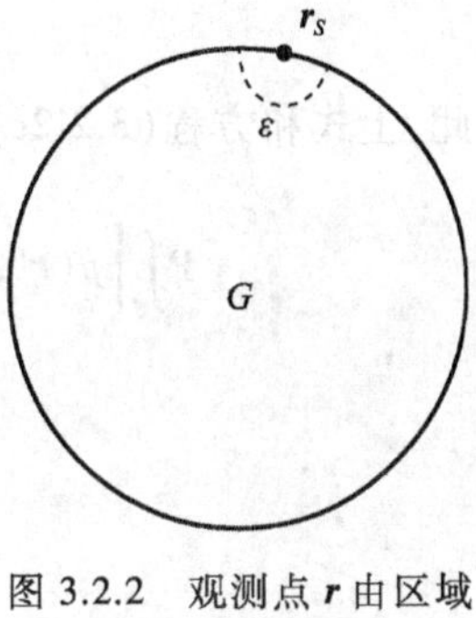

图 3.2.2 观测点 $\boldsymbol{r}$ 由区域 G 外趋近 S 面上的点 $\boldsymbol{r}_S$

其中，$\boldsymbol{\Sigma}$ 是区域 $\overline{G}+\varepsilon$ 的边界面. 当 $\varepsilon\to0$ 时，上式取极限，有

$$\begin{aligned}p(\boldsymbol{r}_S,\omega)=p_{\mathrm{i}}(\boldsymbol{r}_S,\omega)&+\mathrm{P}\int_S\left[p(\boldsymbol{r}',\omega)\frac{\partial g(|\boldsymbol{r}_S-\boldsymbol{r}'|)}{\partial n_S'}-g(|\boldsymbol{r}_S-\boldsymbol{r}'|)\frac{\partial p(\boldsymbol{r}',\omega)}{\partial n_S'}\right]\mathrm{d}S'\\&+\lim_{\varepsilon\to0}\int_\varepsilon\left[p(\boldsymbol{r}',\omega)\frac{\partial g(|\boldsymbol{r}_S-\boldsymbol{r}'|)}{\partial n_\varepsilon'}-g(|\boldsymbol{r}_S-\boldsymbol{r}'|)\frac{\partial p(\boldsymbol{r}',\omega)}{\partial n_\varepsilon'}\right]\mathrm{d}S'\end{aligned}\tag{3.2.3b}$$

其中，第一个积分为主值积分，由积分号前符号“P”表示. 第二个积分在半球面上进行，可作近似：

$$\frac{\partial g(|\boldsymbol{r}_S-\boldsymbol{r}'|)}{\partial n'_\varepsilon}=-\boldsymbol{e}_R\cdot\nabla' g(R)=-\frac{\mathrm{d}g(R)}{\mathrm{d}R}(\boldsymbol{e}_R\cdot\nabla' R)$$

$$=-\boldsymbol{e}_R\cdot\boldsymbol{e}_R\frac{\mathrm{i}k_0R-1}{R}g(R)=-\frac{\mathrm{i}k_0\varepsilon-1}{4\pi\varepsilon^2}\exp(\mathrm{i}k_0\varepsilon) \tag{3.2.3c}$$

其中,$R=|\boldsymbol{r}_S-\boldsymbol{r}'|=\varepsilon$,$\boldsymbol{e}_R=(\boldsymbol{r}'-\boldsymbol{r}_S)/R$ 是半球面的法向单位矢量(注意:半球表面法向 $\boldsymbol{n}'_\varepsilon$ 与 $\boldsymbol{e}_R$ 相反,故上式增加一个负号),于是有

$$\begin{aligned}&\lim_{\varepsilon\to0}\int_\varepsilon\left[p(\boldsymbol{r}',\omega)\frac{\partial g(|\boldsymbol{r}-\boldsymbol{r}'|)}{\partial n'_\varepsilon}-g(|\boldsymbol{r}-\boldsymbol{r}'|)\frac{\partial p(\boldsymbol{r}',\omega)}{\partial n'_\varepsilon}\right]\mathrm{d}S'\\&=\lim_{\varepsilon\to0}\left[-p(\boldsymbol{r}_S+\boldsymbol{\varepsilon},\omega)\frac{\mathrm{i}k_0\varepsilon-1}{4\pi\varepsilon^2}\exp(\mathrm{i}k_0\varepsilon)-\frac{1}{4\pi\varepsilon}\exp(\mathrm{i}k_0\varepsilon)\frac{\partial p(\boldsymbol{r}_S+\boldsymbol{\varepsilon},\omega)}{\partial R}\right]2\pi\varepsilon^2\\&=\frac{1}{2}p(\boldsymbol{r}_S,\omega)-\lim_{\varepsilon\to0}\frac{\varepsilon}{2}\frac{\partial p(\boldsymbol{r}_S,\omega)}{\partial R}=\frac{1}{2}p(\boldsymbol{r}_S,\omega)\end{aligned} \tag{3.2.3d}$$

其中,$\boldsymbol{\varepsilon}\equiv\boldsymbol{r}'-\boldsymbol{r}_S$ 是半球上的矢量. 将上式代入方程(3.2.3b)得到

$$\begin{aligned}&\mathrm{P}\int_S\left[p(\boldsymbol{r}',\omega)\frac{\partial g(|\boldsymbol{r}_S-\boldsymbol{r}'|)}{\partial n'_S}-g(|\boldsymbol{r}_S-\boldsymbol{r}'|)\frac{\partial p(\boldsymbol{r}',\omega)}{\partial n'_S}\right]\mathrm{d}S'\\&=-p_\mathrm{i}(\boldsymbol{r}_S,\omega)+\frac{1}{2}p(\boldsymbol{r}_S,\omega)\end{aligned} \tag{3.2.4a}$$

因此,上式和方程(3.2.2c)可以统一写成

$$\begin{aligned}&\mathrm{P}\int_S\left[p(\boldsymbol{r}',\omega)\frac{\partial g(|\boldsymbol{r}-\boldsymbol{r}'|)}{\partial n'_S}-g(|\boldsymbol{r}-\boldsymbol{r}'|)\frac{\partial p(\boldsymbol{r}',\omega)}{\partial n'_S}\right]\mathrm{d}S'\\&=-p_\mathrm{i}(\boldsymbol{r},\omega)+\begin{cases}p(\boldsymbol{r},\omega) & (\boldsymbol{r}\in\overline{G})\\ \dfrac{1}{2}p(\boldsymbol{r},\omega) & (\boldsymbol{r}\in S)\end{cases}\end{aligned} \tag{3.2.4b}$$

上式称为散射问题的 **Kirchhoff 积分公式**. 注意:当点 $\boldsymbol{r}_S$ 恰好位于边界面 S 的尖角点时,上式必须作一定的修正(见习题 3.7),在实际的计算中,可以避免选择尖角点作为计算的节点,故在以后的讨论中,我们假定边界面是光滑的.

二维问题 对二维散射问题,方程(3.2.4b)仍然成立,但 $g(|\boldsymbol{r}-\boldsymbol{r}'|)$ 换成二维无限大空间的 Green 函数 $g_{2D}(|\boldsymbol{r}-\boldsymbol{r}'|)=(\mathrm{i}/4)H_0^{(1)}(k_0|\boldsymbol{r}-\boldsymbol{r}'|)$(见习题 3.6).

3.2.2 散射的积分方程方法

为了结合散射体表面的边界条件,必须给出散射体表面的法向导数. 对方程(3.2.2c)

简单微分可以得到

$$\frac{\partial}{\partial n}\int_S\left[p(\boldsymbol{r}',\omega)\frac{\partial g(|\boldsymbol{r}-\boldsymbol{r}'|)}{\partial n_S'}-g(|\boldsymbol{r}-\boldsymbol{r}'|)\frac{\partial p(\boldsymbol{r}',\omega)}{\partial n_S'}\right]\mathrm{d}S'$$
$$=\frac{\partial p(\boldsymbol{r},\omega)}{\partial n}-\frac{\partial p_{\mathrm{i}}(\boldsymbol{r},\omega)}{\partial n}\quad(\boldsymbol{r}\in\overline{G})\tag{3.2.5a}$$

其中,方向导数理解为$\partial/\partial n=\boldsymbol{n}\cdot\nabla$. 当观测点$\boldsymbol{r}$接近表面$S$时,$g(|\boldsymbol{r}-\boldsymbol{r}'|)$存在奇性. 仿照得到方程(3.2.4a)的过程,当$\boldsymbol{r}\to\boldsymbol{r}_S$时,上式修改为(为了方便,以后的公式忽略积分主值符号"P")

$$\frac{\partial}{\partial n_S}\int_S\left[\mathrm{p}(\boldsymbol{r}',\omega)\frac{\partial g(|\boldsymbol{r}-\boldsymbol{r}'|)}{\partial n_S'}-g(|\boldsymbol{r}-\boldsymbol{r}'|)\frac{\partial p(\boldsymbol{r}',\omega)}{\partial n_S'}\right]\mathrm{d}S'$$
$$=\frac{1}{2}\frac{\partial p(\boldsymbol{r},\omega)}{\partial n_S}-\frac{\partial p_{\mathrm{i}}(\boldsymbol{r},\omega)}{\partial n_S}\quad(\boldsymbol{r}\in S)\tag{3.2.5b}$$

式中先求法向导数$\partial/\partial n$,然后在S上取值. 注意:上式不能简单地理解为对方程(3.2.4a)微分得到,因为方程(3.2.4a)中的变量$\boldsymbol{r}$已经在S上取值,不能再进行微分运算得到法向导数,而是直接对方程(3.2.5a),仿照得到方程(3.2.4a)的过程求极限而得.

为了简单,设散射体是刚性或"柔软"的空穴,在散射体表面满足边界条件

$$\left.\frac{\partial p(\boldsymbol{r},\omega)}{\partial n}\right|_{\boldsymbol{r}\in S}=0\ \text{(刚性)},\quad p(\boldsymbol{r},\omega)\big|_{\boldsymbol{r}\in S}=0\ \text{(空穴)}\tag{3.2.6}$$

对刚性散射体,上式的第一个方程代入方程(3.2.5b)和方程(3.2.4a)得到

$$-\frac{\partial p_{\mathrm{i}}(\boldsymbol{r},\omega)}{\partial n_S}=\frac{\partial}{\partial n_S}\int_S p(\boldsymbol{r}',\omega)\frac{\partial g(|\boldsymbol{r}-\boldsymbol{r}'|)}{\partial n_S'}\mathrm{d}S'\quad(\boldsymbol{r}\in S)\tag{3.2.7a}$$

$$p_{\mathrm{i}}(\boldsymbol{r},\omega)=\frac{1}{2}p(\boldsymbol{r},\omega)-\int_S p(\boldsymbol{r}',\omega)\frac{\partial g(|\boldsymbol{r}-\boldsymbol{r}'|)}{\partial n_S'}\mathrm{d}S'\quad(\boldsymbol{r}\in S)\tag{3.2.7b}$$

注意:这两个方程不独立,只要确定其中一个就能够决定散射体表面的声压. 对空穴散射体,将方程(3.2.6)的第二式代入方程(3.2.5b)和方程(3.2.4a)得到

$$p_{\mathrm{i}}(\boldsymbol{r},\omega)=\int_S g(|\boldsymbol{r}-\boldsymbol{r}'|)\frac{\partial p(\boldsymbol{r}',\omega)}{\partial n_S'}\mathrm{d}S'\quad(\boldsymbol{r}\in S)\tag{3.2.8a}$$

$$\frac{\partial p_{\mathrm{i}}(\boldsymbol{r},\omega)}{\partial n_S}=\frac{1}{2}\frac{\partial p(\boldsymbol{r},\omega)}{\partial n_S}+\frac{\partial}{\partial n_S}\int_S g(|\boldsymbol{r}-\boldsymbol{r}'|)\frac{\partial p(\boldsymbol{r}',\omega)}{\partial n_S'}\mathrm{d}S'\quad(\boldsymbol{r}\in S)\tag{3.2.8b}$$

与刚性情况相同,这两个方程不独立,只要确定其中一个就能够决定散射体表面的声压法向导数.

显然,以上两组方程都是积分方程,由于方程的积分核$g(|\boldsymbol{r}-\boldsymbol{r}'|)$和$\partial g(|\boldsymbol{r}-\boldsymbol{r}'|)/\partial n_S'$在$\boldsymbol{r}=\boldsymbol{r}'$处存在奇性,对任意表面$S$还不能使用一般解析方法求解,只能用数值计算方法,即**边界元近似**(见主要参考书5). 注意:从积分方程的角度,三维Green函数$g(|\boldsymbol{r}-\boldsymbol{r}'|)$的奇性为$g(|\boldsymbol{r}-\boldsymbol{r}'|)\sim 1/|\boldsymbol{r}-\boldsymbol{r}'|$,故$\partial g(|\boldsymbol{r}-\boldsymbol{r}'|)/\partial n_S'\sim 1/|\boldsymbol{r}-\boldsymbol{r}'|^{\alpha}(\alpha<3)$. 因此,方程(3.2.7b)是

弱奇异积分方程；但是$\partial^2 g(|\boldsymbol{r}-\boldsymbol{r}'|)/\partial n_S'\partial n_S \sim 1/|\boldsymbol{r}-\boldsymbol{r}'|^{\beta}(\beta>3)$，故方程(3.2.7a)是奇异或者超奇性积分方程，在利用边界元近似方法求积分时比较困难.

下面我们利用积分方程(3.2.7a)来讨论刚性球体的散射. 入射波和 Green 函数分别由方程(3.1.15a)和方程(2.3.17b)表示，于是有

$$\left.\frac{\partial p_{\mathrm{i}}(r,\theta,\omega)}{\partial r}\right|_{r=a} = k_0 p_{0\mathrm{i}}\sum_{l=0}^{\infty}(2l+1)\mathrm{i}^l \mathrm{P}_l(\cos\theta)\frac{\mathrm{d}\mathrm{j}_l(k_0 a)}{\mathrm{d}(k_0 a)} \tag{3.2.9a}$$

$$\left.\frac{\partial g(|\boldsymbol{r}-\boldsymbol{r}'|)}{\partial r'}\right|_{r=r'=a} = \mathrm{i}k_0^2\sum_{l=0}^{\infty}\sum_{m=-l}^{l}\mathrm{Y}_{lm}(\theta,\varphi)\mathrm{Y}_{lm}^*(\theta',\varphi')\mathrm{h}_l^{(1)}(k_0 a)\frac{\mathrm{d}\mathrm{j}_l(k_0 a)}{\mathrm{d}(k_0 a)} \tag{3.2.9b}$$

得到上两式已注意到$\partial/\partial n_S' = \boldsymbol{e}_r\cdot\nabla' = \partial/\partial r'$和$\partial/\partial n_S = \boldsymbol{e}_r\cdot\nabla = \partial/\partial r$. 由于对称性，总声场与$\varphi$无关，在球面上可展开成

$$p(\boldsymbol{r}',\omega)|_{r'=a} = \sum_{n=0}^{\infty}B_n P_n(\cos\theta') \tag{3.2.10a}$$

把以上三式代入方程(3.2.7a)得到(作为习题，注意在半径为a的球面上，$\mathrm{d}S' = a^2\sin\theta'\mathrm{d}\theta'\mathrm{d}\varphi'$)

$$p_{0\mathrm{i}}\sum_{n=0}^{\infty}(2n+1)\mathrm{i}^{n+1}\mathrm{j}_n'(k_0 a)\mathrm{P}_n(\cos\theta) = k_0^2 a^2\sum_{n=0}^{\infty}B_n\mathrm{h}_n'^{(1)}(k_0 a)\mathrm{j}_n'(k_0 a)\mathrm{P}_n(\cos\theta) \tag{3.2.10b}$$

其中，特殊函数的导数定义为$\mathrm{h}_n'^{(1)}(k_0 a) = [\mathrm{d}\mathrm{h}_n^{(1)}(k_0 r)/\mathrm{d}(k_0 r)]_{r=a}$等. 由$\mathrm{P}_n(\cos\theta)$的正交性，从方程(3.2.10b)得到$p_{0\mathrm{i}}(2n+1)\mathrm{i}^{n+1} = k_0^2 a^2 B_n \mathrm{h}_n'^{(1)}(k_0 a)$. 因此

$$B_n = \frac{(2n+1)\mathrm{i}^{n+1}p_{0\mathrm{i}}}{k_0^2 a^2\mathrm{h}_n'^{(1)}(k_0 a)} \tag{3.2.11a}$$

进一步，把上式代入方程(3.2.10a)得到球面上的声压$p(\boldsymbol{r}',\omega)|_{r'=a}$，然后再代入方程(3.2.2c)得到散射场为(作为习题，注意刚性条件)

$$\begin{aligned} p_{\mathrm{s}}(\boldsymbol{r},\omega) &= \int_S p(\boldsymbol{r}',\omega)\frac{\partial g(|\boldsymbol{r}-\boldsymbol{r}'|)}{\partial n_S'}\mathrm{d}S' \\ &= -p_{0\mathrm{i}}\sum_{l=0}^{\infty}(2l+1)\mathrm{i}^l\frac{\mathrm{j}_l'(k_0 a)}{\mathrm{h}_l'^{(1)}(k_0 a)}\mathrm{h}_l^{(1)}(k_0 r)\mathrm{P}_l(\cos\theta) \end{aligned} \tag{3.2.11b}$$

上式与方程(3.1.16a)是完全一致的. 由此可见，在用积分方程方法求散射场时，过程比较复杂，优点是对复杂形状的散射体，积分方程方法比较适合数值计算(见参考书6). 对无限长圆柱体，讨论是类似的(见习题3.9).

3.2.3 可穿透散射体的散射

当散射体介质的密度和声速与背景差别不大时，必须考虑声波透入散射体的情况. 仍

然考虑图 3.2.1 情况,设散射体的密度和声速分别为 ρ_e 和 c_e,在散射体 G 内空间一点 $\boldsymbol{r}\in G$ 的声压为

$$p_e(\boldsymbol{r},\omega)=\int_S\left[p_e(\boldsymbol{r}',\omega)\frac{\partial g_e(|\boldsymbol{r}-\boldsymbol{r}'|)}{\partial m'_S}-g_e(|\boldsymbol{r}-\boldsymbol{r}'|)\frac{\partial p_e(\boldsymbol{r}',\omega)}{\partial m'_S}\right]\mathrm{d}S' \tag{3.2.12a}$$

其中,下标"e"表示散射体 G 内部的量,$\boldsymbol{m}_S$ 是边界的法向矢量(对散射体 G 内的区域而言,边界面的法向 $\boldsymbol{m}_S$ 指向散射体内部,即 $\boldsymbol{m}_S=-\boldsymbol{n}_S$),Green 函数为

$$g_e(|\boldsymbol{r}-\boldsymbol{r}'|)=\frac{\exp(\mathrm{i}k_e|\boldsymbol{r}-\boldsymbol{r}'|)}{4\pi|\boldsymbol{r}-\boldsymbol{r}'|} \tag{3.2.12b}$$

上式中 $k_e=\omega/c_e$ 为散射体 G 内的声波波数. 与方程(3.2.4a)和方程(3.2.5b)类似,当 $\boldsymbol{r}$ 由内部区域趋向边界点 $\boldsymbol{r}_S$ 时,有

$$\frac{1}{2}p_e(\boldsymbol{r}_S,\omega)=\int_S\left[p_e(\boldsymbol{r}',\omega)\frac{\partial g_e(|\boldsymbol{r}_S-\boldsymbol{r}'|)}{\partial m'_S}-g_e(|\boldsymbol{r}_S-\boldsymbol{r}'|)\frac{\partial p_e(\boldsymbol{r}',\omega)}{\partial m'_S}\right]\mathrm{d}S' \tag{3.2.13a}$$

以及

$$\frac{1}{2}\frac{\partial p_e(\boldsymbol{r}_S,\omega)}{\partial m_S}=\frac{\partial}{\partial m_S}\int_S\left[p_e(\boldsymbol{r}',\omega)\frac{\partial g_e(|\boldsymbol{r}_S-\boldsymbol{r}'|)}{\partial m'_S}-g_e(|\boldsymbol{r}-\boldsymbol{r}'|)\frac{\partial p_e(\boldsymbol{r}',\omega)}{\partial m'_S}\right]\mathrm{d}S' \tag{3.2.13b}$$

另一方面,对散射体 G 的外部区域 $\boldsymbol{r}\in\overline{G}$,方程(3.2.4b)和方程(3.2.5b)仍然成立. 界面 S 上的声压和法向速度连续条件为

$$p(\boldsymbol{r},\omega)\big|_{\boldsymbol{r}=\boldsymbol{r}_S}=p_e(\boldsymbol{r},\omega)\big|_{\boldsymbol{r}=\boldsymbol{r}_S}$$
$$\frac{1}{\mathrm{i}\rho_0\omega}\frac{\partial p(\boldsymbol{r},\omega)}{\partial n}\bigg|_{\boldsymbol{r}=\boldsymbol{r}_S}=\frac{1}{\mathrm{i}\rho_e\omega}\frac{\partial p_e(\boldsymbol{r},\omega)}{\partial n}\bigg|_{\boldsymbol{r}=\boldsymbol{r}_S} \tag{3.2.14a}$$

由上式以及方程(3.2.4a)和方程(3.2.13a)得到

$$p_i(\boldsymbol{r}_S,\omega)+\int_S\left[p(\boldsymbol{r}',\omega)\frac{\partial\tilde{g}(|\boldsymbol{r}_S-\boldsymbol{r}'|)}{\partial n'_S}-\tilde{q}_1(|\boldsymbol{r}_S-\boldsymbol{r}'|)\frac{\partial p(\boldsymbol{r}',\omega)}{\partial n'_S}\right]\mathrm{d}S'=0 \tag{3.2.14b}$$

其中,为了方便,定义

$$\tilde{g}(|\boldsymbol{r}_S-\boldsymbol{r}'|)\equiv g(|\boldsymbol{r}_S-\boldsymbol{r}'|)+g_e(|\boldsymbol{r}_S-\boldsymbol{r}'|)$$
$$\tilde{q}_1(|\boldsymbol{r}_S-\boldsymbol{r}'|)\equiv g(|\boldsymbol{r}_S-\boldsymbol{r}'|)+\frac{\rho_e}{\rho_0}g_e(|\boldsymbol{r}_S-\boldsymbol{r}'|) \tag{3.2.14c}$$

而由方程(3.2.5b)、(3.2.13b)和(3.2.14a)得到

$$\frac{\partial}{\partial n_S}\int_S\left[p(\boldsymbol{r}',\omega)\frac{\partial\tilde{q}_2(|\boldsymbol{r}_S-\boldsymbol{r}'|)}{\partial n'_S}-\tilde{g}(|\boldsymbol{r}-\boldsymbol{r}'|)\frac{\partial p(\boldsymbol{r}',\omega)}{\partial n'_S}\right]\mathrm{d}S'=-\frac{\partial p_{\mathrm{i}}(\boldsymbol{r}_S,\omega)}{\partial n_S}\tag{3.2.15a}$$

其中，为了方便，定义

$$\tilde{q}_2(|\boldsymbol{r}_S-\boldsymbol{r}'|)\equiv g(|\boldsymbol{r}_S-\boldsymbol{r}'|)+\frac{\rho_0}{\rho_{\mathrm{e}}}g_{\mathrm{e}}(|\boldsymbol{r}_S-\boldsymbol{r}'|)\tag{3.2.15b}$$

方程(3.2.14b)和方程(3.2.15a)是联立的积分方程，决定散射面上的声压 $p(\boldsymbol{r},\omega)$ 及其法向导数$\partial p(\boldsymbol{r},\omega)/\partial n_S$，一旦求得这两个参量，则空间一点 $\boldsymbol{r}\in\overline{G}$(散射体外)或 $\boldsymbol{r}\in G$(散射体内)的情况可分别由方程(3.2.2c)和方程(3.2.12a)决定.

下面分析三个特殊情况.

(1) 刚性散射体，即 $\rho_{\mathrm{e}}\gg\rho_0$，忽略方程(3.2.14b)中不包含 ρ_{e}/ρ_0 的项，近似为

$$\int_S\left[g_{\mathrm{e}}(|\boldsymbol{r}_S-\boldsymbol{r}'|)\frac{\rho_{\mathrm{e}}}{\rho_0}\frac{\partial p(\boldsymbol{r}',\omega)}{\partial n'_S}\right]\mathrm{d}S'\approx 0\tag{3.2.16a}$$

当 $\rho_{\mathrm{e}}/\rho_0\to\infty$ 时，由散射体的任意性，必须要求

$$\left.\frac{\partial p(\boldsymbol{r}',\omega)}{\partial n'_S}\right|_S=0\tag{3.2.16b}$$

上式即为刚性条件. 把上式代入方程(3.2.15a)，近似得到

$$\frac{\partial}{\partial n_S}\int_S p(\boldsymbol{r}',\omega)\frac{\partial g(|\boldsymbol{r}_S-\boldsymbol{r}'|)}{\partial n'_S}\mathrm{d}S'=-\frac{\partial p_{\mathrm{i}}(\boldsymbol{r}_S,\omega)}{\partial n_S}\tag{3.2.16c}$$

与方程(3.2.7a)一致.

(2) 空穴散射体，即 $\rho_{\mathrm{e}}\ll\rho_0$，忽略方程(3.2.15a)中不包含 ρ_0/ρ_{e} 的项，近似为

$$\frac{\partial}{\partial n_S}\int_S\frac{\rho_0}{\rho_{\mathrm{e}}}p(\boldsymbol{r}',\omega)\frac{\partial g_{\mathrm{e}}(|\boldsymbol{r}_S-\boldsymbol{r}'|)}{\partial n'_S}\mathrm{d}S'\approx 0\tag{3.2.17a}$$

当 $\rho_0/\rho_{\mathrm{e}}\to\infty$ 时，由散射体的任意性，必须要求 $p(\boldsymbol{r}',\omega)|_S=0$，即散射体表面满足压力释放条件. 把 $p(\boldsymbol{r}',\omega)|_S=0$ 代入方程(3.2.14b)得到近似方程

$$p_{\mathrm{i}}(\boldsymbol{r}_S,\omega)=\int_S g(|\boldsymbol{r}_S-\boldsymbol{r}'|)\frac{\partial p(\boldsymbol{r}',\omega)}{\partial n'_S}\mathrm{d}S'\tag{3.2.17b}$$

上式与方程(3.2.8a)一致.

(3) 不存在散射体，即 $\rho_{\mathrm{e}}=\rho_0$ 和 $c_{\mathrm{e}}=c_0$，方程(3.2.14b)和(3.2.15a)简化为

$$\frac{1}{2}p_{\mathrm{i}}(\boldsymbol{r}_S,\omega)+\int_S\left[p(\boldsymbol{r}',\omega)\frac{\partial g(|\boldsymbol{r}_S-\boldsymbol{r}'|)}{\partial n'_S}-g(|\boldsymbol{r}_S-\boldsymbol{r}'|)\frac{\partial p(\boldsymbol{r}',\omega)}{\partial n'_S}\right]\mathrm{d}S'=0\tag{3.2.18a}$$

$$\frac{\partial}{\partial n_S}\int_S\left[p(\boldsymbol{r}',\omega)\frac{\partial g(|\boldsymbol{r}_S-\boldsymbol{r}'|)}{\partial n'_S}-g(|\boldsymbol{r}-\boldsymbol{r}'|)\frac{\partial p(\boldsymbol{r}',\omega)}{\partial n'_S}\right]\mathrm{d}S'=-\frac{1}{2}\frac{\partial p_{\mathrm{i}}(\boldsymbol{r}_S,\omega)}{\partial n_S}\tag{3.2.18b}$$

当不存在散射体时，总声场等于入射场，即 $p(\boldsymbol{r},\omega)=p_{\rm i}(\boldsymbol{r},\omega)$，代入方程（3.2.4a）和方程（3.2.5b）得到等式

$$\frac{1}{2}p_{\rm i}(\boldsymbol{r}_S,\omega)+\int_S\left[p_{\rm i}(\boldsymbol{r}',\omega)\frac{\partial g(|\boldsymbol{r}_S-\boldsymbol{r}'|)}{\partial n'_S}-g(|\boldsymbol{r}_S-\boldsymbol{r}'|)\frac{\partial p_{\rm i}(\boldsymbol{r}',\omega)}{\partial n'_S}\right]{\rm d}S'=0 \tag{3.2.18c}$$

$$\frac{\partial}{\partial n_S}\int_S\left[p_{\rm i}(\boldsymbol{r}',\omega)\frac{\partial g(|\boldsymbol{r}_S-\boldsymbol{r}'|)}{\partial n'_S}-g(|\boldsymbol{r}_S-\boldsymbol{r}'|)\frac{\partial p_{\rm i}(\boldsymbol{r}',\omega)}{\partial n'_S}\right]{\rm d}S'=-\frac{1}{2}\frac{\partial p_{\rm i}(\boldsymbol{r}_S,\omega)}{\partial n_S} \tag{3.2.18d}$$

以上两式实际上是入射场所满足的 Kirchhoff 积分公式. 通过比较以上四个方程，积分方程（3.2.18a）和方程（3.2.18b）的解为 $p(\boldsymbol{r},\omega)=p_{\rm i}(\boldsymbol{r},\omega)$，即总声场等于入射场，散射场为零.

为了进一步验证方程（3.2.14b）和方程（3.2.15a），考虑球心位于原点、半径为 a 的球区域对平面波的散射，平面波传播方向为 z 轴方向. 由方程（3.1.15a）可知，入射平面波为

$$p_{\rm i}(r,\theta,\omega)=p_{0{\rm i}}\sum_{l=0}^{\infty}(2l+1){\rm i}^l{\rm P}_l(\cos\theta){\rm j}_l(k_0r) \tag{3.2.19a}$$

由方程（2.3.17b）可知，球外和球内的 Green 函数用球函数可分别表示为

$$\begin{aligned}g(|\boldsymbol{r}-\boldsymbol{r}'|)&={\rm i}k_0\sum_{l=0}^{\infty}\sum_{m=-l}^{l}{\rm Y}_{lm}(\theta,\varphi){\rm Y}^*_{lm}(\theta',\varphi'){\rm h}^{(1)}_l(k_0r){\rm j}_l(k_0r')\\ g_{\rm e}(|\boldsymbol{r}-\boldsymbol{r}'|)&={\rm i}k_{\rm e}\sum_{l=0}^{\infty}\sum_{m=-l}^{l}{\rm Y}_{lm}(\theta,\varphi){\rm Y}^*_{lm}(\theta',\varphi'){\rm j}_l(k_{\rm e}r){\rm h}^{(1)}_l(k_{\rm e}r')\end{aligned} \tag{3.2.19b}$$

注意： 球面上 $r'=a$，故对球外区域，取方程（2.3.17b）中 $r>r'$ 的解；对球内区域，取方程（2.3.17b）中 $r<r'$ 的解. 不难得到

$$\left.\frac{\partial\tilde g(|\boldsymbol{r}_S-\boldsymbol{r}'|)}{\partial r'}\right|_{r_s=r'=a}={\rm i}\sum_{l=0}^{\infty}\sum_{m=-l}^{l}{\rm Y}_{lm}(\theta,\varphi){\rm Y}^*_{lm}(\theta',\varphi')\times[k_0^2{\rm h}^{(1)}_l(k_0a){\rm j}'_l(k_0a)+k_{\rm e}^2{\rm j}_l(k_{\rm e}a){\rm h}'^{(1)}_l(k_{\rm e}a)]$$

$$\tilde q_1(|\boldsymbol{r}_S-\boldsymbol{r}'|)|_{r_s=r'=a}={\rm i}\sum_{l=0}^{\infty}\sum_{m=-l}^{l}{\rm Y}_{lm}(\theta,\varphi){\rm Y}^*_{lm}(\theta',\varphi')\times\left[k_0{\rm h}^{(1)}_l(k_0a){\rm j}_l(k_0a)+\frac{\rho_{\rm e}}{\rho_0}k_{\rm e}{\rm j}_l(k_{\rm e}a){\rm h}^{(1)}_l(k_{\rm e}a)\right]$$

设积分方程（3.2.14b）的解为

$$p(\boldsymbol{r}',\omega)|_{r'=a}=\sum_{n=0}^{\infty}B_n{\rm P}_n(\cos\theta'),\quad \left.\frac{\partial p(\boldsymbol{r}',\omega)}{\partial n'_S}\right|_{r'=a}=\sum_{n=0}^{\infty}C_n{\rm P}_n(\cos\theta') \tag{3.2.19c}$$

把以上诸式代入积分方程（3.2.14b），整理后得到

$$-a_{11}B_l+a_{12}C_l=-p_{0i}a^{-2}(2l+1)\mathrm{i}^{l+1}\mathrm{j}_l(k_0a) \tag{3.2.20a}$$

其中,为了方便,定义

$$\begin{aligned} a_{11} &\equiv k_0^2\mathrm{h}_l^{(1)}(k_0a)\mathrm{j}_l'(k_0a)+k_e^2\mathrm{j}_l(k_ea)\mathrm{h}_l'^{(1)}(k_ea) \\ a_{12} &\equiv k_0\mathrm{h}_l^{(1)}(k_0a)\mathrm{j}_l(k_0a)+\frac{\rho_e}{\rho_0}k_e\mathrm{h}_l^{(1)}(k_ea)\mathrm{j}_l(k_ea) \end{aligned} \tag{3.2.20b}$$

另一方面,不难得到

$$\left.\frac{\partial^2\tilde{q}_2(|\boldsymbol{r}_S-\boldsymbol{r}'|)}{\partial r_S\partial r'}\right|_{r_S=r'=a}=\mathrm{i}\sum_{l=0}^{\infty}\sum_{m=-l}^{l}\mathrm{Y}_{lm}(\theta,\varphi)\mathrm{Y}_{lm}^*(\theta',\varphi')$$

$$\times\left[k_0^3\mathrm{h}_l'^{(1)}(k_0a)\mathrm{j}_l'(k_0a)+\frac{\rho_0}{\rho_e}k_e^3\mathrm{j}_l'(k_ea)\mathrm{h}_l'^{(1)}(k_ea)\right]$$

把上式代入积分方程(3.2.15a),整理后得到

$$-a_{21}B_l+a_{22}C_l=-k_0a^{-2}p_{0i}(2l+1)\mathrm{i}^{l+1}\mathrm{j}_l'(k_0a) \tag{3.2.21a}$$

其中,为了方便,定义

$$\begin{aligned} a_{21} &\equiv k_0^3\mathrm{h}_l'^{(1)}(k_0a)\mathrm{j}_l'(k_0a)+\frac{\rho_0}{\rho_e}k_e^3\mathrm{h}_l'^{(1)}(k_ea)\mathrm{j}_l'(k_ea) \\ a_{22} &\equiv k_0^2\mathrm{h}_l'^{(1)}(k_0a)\mathrm{j}_l(k_0a)+k_e^2\mathrm{h}_l^{(1)}(k_ea)\mathrm{j}_l'(k_ea) \end{aligned} \tag{3.2.21b}$$

联立方程(3.2.20a)和方程(3.2.21a)得到系数

$$\begin{aligned} B_l &= \frac{p_{0i}(2l+1)\mathrm{i}^{l+1}}{(k_0a)^2[\mathrm{h}_l'^{(1)}(k_0a)+\mathrm{i}\beta_l\mathrm{h}_l^{(1)}(k_0a)]} \\ C_l &= -\mathrm{i}\frac{p_{0i}(2l+1)\mathrm{i}^{l+1}k_0\beta_l}{(k_0a)^2[\mathrm{h}_l'^{(1)}(k_0a)+\mathrm{i}\beta_l\mathrm{h}_l^{(1)}(k_0a)]} \end{aligned} \tag{3.2.22a}$$

其中,$\beta_l\equiv \mathrm{i}\gamma_e\mathrm{j}_l'(k_ea)/\mathrm{j}_l(k_ea)$ 和 $\gamma_e\equiv\rho_0c_0/\rho_ec_e$. 注意,得到上式,利用了球 Bessel 函数关系:$x^2[\mathrm{j}_l(x)\mathrm{h}_l'^{(1)}(x)-\mathrm{j}_l'(x)\mathrm{h}_l^{(1)}(x)]=\mathrm{i}$. 把方程(3.2.22a)代入方程(3.2.19c),然后再代入方程(3.2.2c),得到空间一点 $\boldsymbol{r}\in\overline{G}$ 的声场:

$$\begin{aligned} p(\boldsymbol{r},\omega) &= p_i(\boldsymbol{r},\omega)+\mathrm{i}k_0a^2\sum_{l=0}^{\infty}\mathrm{P}_l(\cos\theta)[B_lk_0\mathrm{j}'_l(k_0a)-C_l\mathrm{j}_l(k_0a)]\mathrm{h}_l^{(1)}(k_0r) \\ &= p_{0i}\sum_{l=0}^{\infty}(2l+1)\mathrm{i}^l\mathrm{P}_l(\cos\theta)\left[\mathrm{j}_l(k_0r)-\frac{\mathrm{j}_l'(k_0a)+\mathrm{i}\beta_l\mathrm{j}_l(k_0a)}{\mathrm{h}_l'^{(1)}(k_0a)+\mathrm{i}\beta_l\mathrm{h}_l^{(1)}(k_0a)}\mathrm{h}_l^{(1)}(k_0r)\right] \end{aligned} \tag{3.2.22b}$$

上式与方程(3.1.20a)的结果完全一致.

3.2.4 表面散射和声景的设计

设空间内存在无限大刚性平面 D(如刚性地面),平面的某个区域 A 有起伏,如图 3.2.3 所示. 当声源发出入射波,空间声场包括三个部分:入射波、刚性平面的镜面反射和起伏区 A 的散射波对. 对这样的散射问题,不能直接应用方程(3.2.4b). 空间声场满足方程 $\nabla^2 p(\boldsymbol{r},\omega)+k_0^2 p(\boldsymbol{r},\omega)\equiv -\Im(\boldsymbol{r},\omega)\,(z>0)$,以及边界条件:

$$\left.\frac{\partial p(\boldsymbol{r},\omega)}{\partial z}\right|_D=0\text{(刚性平面 }D\text{)},\quad \left.\frac{\partial p(\boldsymbol{r},\omega)}{\partial n}\right|_A=0\text{(区域 }A\text{ 表面)}\tag{3.2.23a}$$

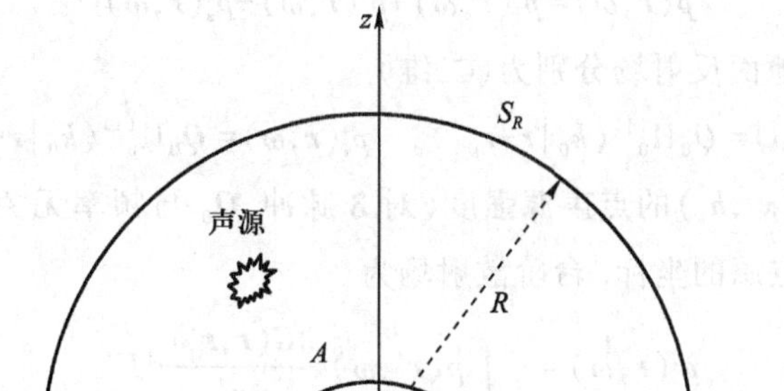

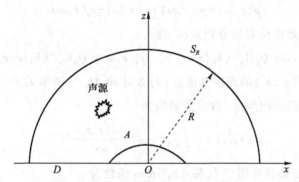

图 3.2.3 半径为 R 的大球包围刚性平面上的起伏区 A 和声源

其中,为了方便,假定起伏区域 A 的表面也是刚性的. 如图 3.2.3 所示,取半径为 R 的大半球,半球底面由刚性平面和起伏区域 A 的表面组成,在半球内利用方程(2.2.7a),有

$$\begin{aligned}p(\boldsymbol{r},\omega)&=\int_{V_R}G(\boldsymbol{r},\boldsymbol{r}')\Im(\boldsymbol{r}',\omega)\,\mathrm{d}V'\\&\quad+\int_{D+A+S_R}\left[G(\boldsymbol{r},\boldsymbol{r}')\frac{\partial p(\boldsymbol{r}',\omega)}{\partial n'}-p(\boldsymbol{r}',\omega)\frac{\partial G(\boldsymbol{r},\boldsymbol{r}')}{\partial n'}\right]\mathrm{d}S'\end{aligned}\tag{3.2.23b}$$

其中,Green 函数满足刚性平面边界条件 $\left.\frac{\partial G(\boldsymbol{r},\boldsymbol{r}')}{\partial z}\right|_{z=0}=0$. 由镜像法:$G(\boldsymbol{r},\boldsymbol{r}')=g(|\boldsymbol{r}-\boldsymbol{r}'|)+g(|\boldsymbol{r}-\boldsymbol{r}''|)$,其中 $\boldsymbol{r}''=(x',y',-z')$ 是镜像源的坐标,$g''(|\boldsymbol{r}-\boldsymbol{r}'|)$ 是自由空间的 Green 函数. 利用 Sommerfeld 辐射条件(注意:这里的入射波由局域的体源产生,故总声场满足 Sommerfeld 辐射条件),当 $R\to\infty$ 时,上式在半球面 S_R 上的面积分为零,而在刚性地面和起伏区域 A 的表面上,$\left.\frac{\partial p(\boldsymbol{r},\omega)}{\partial z}\right|_D=\left.\frac{\partial G(\boldsymbol{r},\boldsymbol{r}')}{\partial z}\right|_{z=0}=\left.\frac{\partial p(\boldsymbol{r},\omega)}{\partial n}\right|_A=0$,于是,方程(3.2.23b)简化成

$$p(\boldsymbol{r},\omega)=p_{\mathrm{i}}(\boldsymbol{r},\omega)+p_{\mathrm{r}}(\boldsymbol{r},\omega)-\int_A p(\boldsymbol{r}',\omega)\frac{\partial G(\boldsymbol{r},\boldsymbol{r}')}{\partial n'}\mathrm{d}S'\tag{3.2.23c}$$

其中,$p_{\mathrm{i}}(\boldsymbol{r},\omega)\equiv\int g(|\boldsymbol{r}-\boldsymbol{r}'|)\Im(\boldsymbol{r}',\omega)\,\mathrm{d}V'$ 和 $p_{\mathrm{r}}(\boldsymbol{r},\omega)\equiv\int g(|\boldsymbol{r}-\boldsymbol{r}''|)\Im(\boldsymbol{r}',\omega)\,\mathrm{d}V'$ 分别

是声源发出的入射波和镜面的反射波.

考虑一个有趣的具体物理问题,如图 3.2.4 所示,高度为 h_s 的点声源发出一个声脉冲(如爆竹爆炸声,可看作为 Dirac δ 脉冲,其频谱为常量),高度为 h_r 的观察者除接收到直达声外,还有经过地面反射的声波和经过台阶(置于刚性地面)的散射声. 有趣的是,散射声与直达声具有完全不同的频率特征,可模拟不同的声音. 注意:图 3.2.4 中,我们给出的是直角三角形台阶的两条直边,这是为了模拟自然景观中斜坡上的真实的台阶,h 和 l 就是真实台阶的高度和宽度(在二维情况,长度为无限). 显然,台阶反射对不同频率成分的声波具有不同的反射特性. 为了简单,仅考虑二维问题,此时,声源为平行于 y 轴的线源. 由方程(3.2.23c)可知,上半空间($z>0$)任一点的声场为

$$p(\boldsymbol{r},\omega)=p_i(\boldsymbol{r},\omega)+p_r(\boldsymbol{r},\omega)+p_s(\boldsymbol{r},\omega) \tag{3.2.24a}$$

其中,入射场和刚性地面反射场分别为(二维)

$$p_i(\boldsymbol{r},\omega)=Q_0\mathrm{H}_0^{(1)}(k_0|\boldsymbol{r}-\boldsymbol{r}_s|),\quad p_r(\boldsymbol{r},\omega)=Q_0\mathrm{H}_0^{(1)}(k_0|\boldsymbol{r}-\boldsymbol{r}_s'|) \tag{3.2.24b}$$

其中,Q_0 是位于 $\boldsymbol{r}_s=(x_s,h_s)$ 的点声源强度(对 δ 脉冲,Q_0 与频率无关,计算中取 $Q_0=1$),$\boldsymbol{r}_s'=(x_s,-h_s)$ 是镜像点源的坐标. 台阶散射场为

$$p_s(\boldsymbol{r},\omega)=-\int_\Gamma p(\boldsymbol{r}',\omega)\frac{\partial G(\boldsymbol{r},\boldsymbol{r}')}{\partial n'}\mathrm{d}\Gamma' \tag{3.2.24c}$$

其中,Γ 表示台阶(二维情况用 Γ 代替 A),Green 函数为

$$G(\boldsymbol{r},\boldsymbol{r}')=\frac{\mathrm{i}}{4}\mathrm{H}_0^{(1)}(k_0|\boldsymbol{r}-\boldsymbol{r}'|)+\frac{\mathrm{i}}{4}\mathrm{H}_0^{(1)}(k_0|\boldsymbol{r}-\boldsymbol{r}''|) \tag{3.2.24d}$$

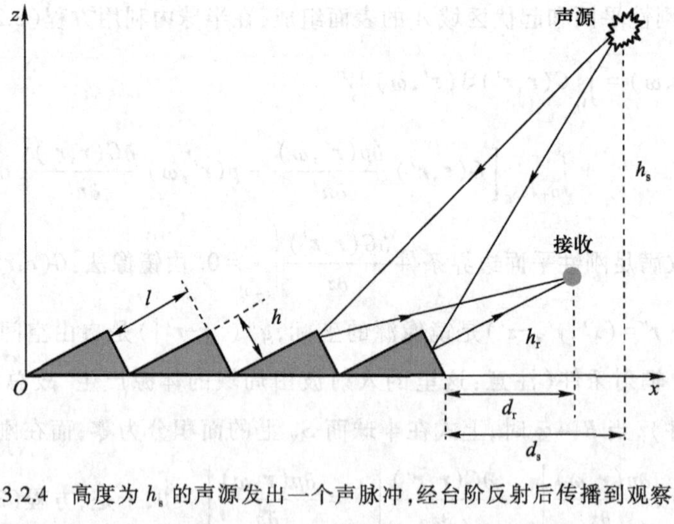

图 3.2.4　高度为 h_s 的声源发出一个声脉冲,经台阶反射后传播到观察者,设台阶为直角三角形,两条直角边分别为 l 和 h,观察者和声源距台阶 x 方向的距离分别为 d_r 和 d_s,台阶置于刚性地面

设 $z=\xi(x)$ 是台阶的高度分布,曲线 $F(x,z)=\xi(x)-z=0$ 的法向单位矢量为

$$\boldsymbol{n}=(n_x,n_z)=\frac{1}{\sqrt{F_x^2+F_z^2}}\left(\frac{\partial F}{\partial x},\frac{\partial F}{\partial z}\right)=\frac{1}{\sqrt{1+\xi_x^2}}\left(\frac{\partial \xi}{\partial x},-1\right) \tag{3.2.25a}$$

故曲线的法向导数为

$$\frac{\partial}{\partial n}=\boldsymbol{n}\cdot\nabla=n_x\frac{\partial}{\partial x}+n_z\frac{\partial}{\partial z}=\frac{1}{\sqrt{1+\xi_x^2}}\left(-\frac{\partial}{\partial z}+\frac{\partial \xi}{\partial x}\frac{\partial}{\partial x}\right) \tag{3.2.25b}$$

法向 $\boldsymbol{n}$ 的线元 $\mathrm{d}\Gamma$ 在 x 轴上的投影为 $\mathrm{d}x=-\boldsymbol{n}\cdot\boldsymbol{e}_z\mathrm{d}\Gamma$，即 $\mathrm{d}\Gamma=\sqrt{1+\xi_x^2}\,\mathrm{d}x$. 注意：$\boldsymbol{n}$ 是区域边界面的法向，在 z 轴上的投影为负，故增加一个负号. 于是，方程(3.2.24c)可以写成

$$p_s(x,z,\omega)=\int_0^{L_0}p[x',\xi(x'),\omega]\left(\frac{\partial G}{\partial z'}-\frac{\partial \xi}{\partial x'}\frac{\partial G}{\partial x'}\right)_{z'=\xi(x')}\mathrm{d}x' \tag{3.2.26a}$$

其中，$G\equiv G(x,z\mid x',z')$，L_0 是台阶的总长度. 上式表明，一旦知道了台阶表面的声场$p[x',\xi(x'),\omega]$，就可以得到空间任意一点(x,z)的声场分布 $p_s(x,z,\omega)$. 由方程(3.2.4a)，在台阶表面，$p[x',\xi(x'),\omega]$满足积分方程：

$$\begin{aligned}\frac{1}{2}p[x,\xi(x),\omega]&=p_i[x,\xi(x),\omega]+p_r[x,\xi(x),\omega]\\&+\int_0^{L_0}p[x',\xi(x'),\omega]\left(\frac{\partial G}{\partial z'}-\frac{\partial \xi}{\partial x'}\frac{\partial G}{\partial x'}\right)_{z'=\xi(x')}\mathrm{d}x'\end{aligned} \tag{3.2.26b}$$

其中，x 在台阶上取值，即 $x\in(0,L_0)$. 台阶高度 $\xi(x)$可表示为(对第 1 个台阶)

$$\xi(x)=\begin{cases}\dfrac{h}{l}x & (0<x\leqslant D)\\[2ex] -\dfrac{l}{h}(x-L) & (D<x\leqslant L)\end{cases} \tag{3.2.26c}$$

其中，有 $L=\sqrt{h^2+l^2}$(台阶在 x 方向的长度)和 $D=l^2/L$，其他台阶是上式的平移.

数值计算 数值计算中，把台阶区域离散化为 M 个节点：$(x_1,x_2,\cdots,x_j,\cdots,x_M)$，离散步长为 $\Delta_j=x_{j+1}-x_j$，于是积分方程(3.2.26b)可以离散化为

$$\begin{aligned}&\sum_{j=1}^{M}p(x_j)\left[\frac{\partial G}{\partial y}(x_i\mid x_j)-\frac{\partial \xi}{\partial x}(x_j)\frac{\partial G}{\partial x}(x_i\mid x_j)\right]\Delta_j\\&=\frac{1}{2}p(x_i)-p_i(x_i)-p_r(x_i)\quad(i=1,2,\cdots,M)\end{aligned} \tag{3.2.27a}$$

其中，为了方便，令

$$\begin{aligned}&p(x_i)\equiv p[x_i,\xi(x_i),\omega],\quad p_i(x_i)\equiv p_i[x_i,\xi(x_i),\omega]\\&p_r(x_i)\equiv p_r[x_i,\xi(x_i),\omega],\quad \frac{\partial \xi}{\partial x}(x_j)\equiv\left.\frac{\partial \xi(x)}{\partial x}\right|_{x=x_j}\end{aligned} \tag{3.2.27b}$$

以及

$$\frac{\partial G}{\partial y}(x_i \mid x_j) \equiv \left.\frac{\partial G[x_i, \xi(x_i) \mid x_j, z]}{\partial z}\right|_{z=\xi(x_j)}$$

$$\frac{\partial G}{\partial x}(x_i \mid x_j) \equiv \left.\frac{\partial G[x_i, \xi(x_i) \mid x, \xi(x_j)]}{\partial x}\right|_{x=x_j} \tag{3.2.27c}$$

注意：在具体的离散过程中，只要避免取点在台阶的顶角点和连接点，则方程(3.2.26b)成立，否则必须作一定的修正(见参考书 11)．方程(3.2.27a)写成矩阵的形式为

$$\frac{1}{2}\boldsymbol{P}-\boldsymbol{P}_{\mathrm{i}}-\boldsymbol{P}_{\mathrm{r}}=\boldsymbol{A}\boldsymbol{P} \tag{3.2.28a}$$

其中，$\boldsymbol{P}$、$\boldsymbol{P}_{\mathrm{i}}$ 和 $\boldsymbol{P}_{\mathrm{r}}$ 分别是以 $p(x_i)$、$p_{\mathrm{i}}(x_i)$ 和 $p_{\mathrm{r}}(x_i)$ 为矩阵元的 $M\times1$ 列矩阵，$\boldsymbol{A}$ 是下列 $M\times M$ 方阵：

$$(\boldsymbol{A})_{ij} \equiv \left[\frac{\partial G}{\partial y}(x_i \mid x_j) - \frac{\partial \xi}{\partial x}(x_j)\frac{\partial G}{\partial x}(x_i \mid x_j)\right]\Delta_j \tag{3.2.28b}$$

于是，可以得到方程(3.2.28a)的解为

$$\boldsymbol{P}=2\,(\boldsymbol{I}-2\boldsymbol{A})^{-1}(\boldsymbol{P}_{\mathrm{i}}+\boldsymbol{P}_{\mathrm{r}}) \tag{3.2.28c}$$

一旦得到台阶面上声压的值，由方程(3.2.26a)得到空间任意一点的散射场为

$$p_{\mathrm{s}}(x,z,\omega)=\sum_{j=1}^{M} p(x_j)\Delta_j\left[\frac{\partial G(x,z \mid x_j,z')}{\partial z'}-\frac{\partial \xi(x')}{\partial x'}\frac{\partial G[x,z \mid x',\xi(x_j)]}{\partial x'}\right]_{x'=x_j;\,z'=\xi(x_j)} \tag{3.2.28d}$$

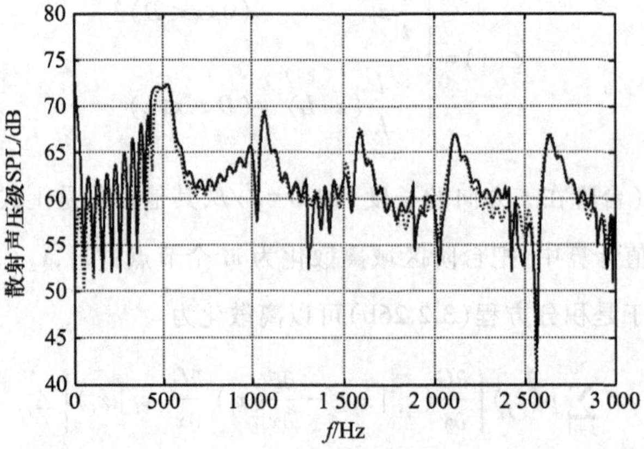

图 3.2.5　观察点的频率响应，虚线是商用软件计算得到的计算结果

取$(x,z)=(L_0+d_{\mathrm{r}},h_{\mathrm{r}})$就可以得到观察点的接收声压值．图 3.2.5 给出了观察点的频率响应，计算中取 10 个台阶，台阶参数为 $h=0.125$ m 和 $l=0.315$ m，台阶总长度为 $L_0=10\sqrt{l^2+h^2}\approx3.39$ m，脉冲点声源和观察点的位置分别为$(d_{\mathrm{s}},h_{\mathrm{s}})=(5.5\text{ m},2.0\text{ m})$和$(d_{\mathrm{r}},h_{\mathrm{r}})=(2.0\text{ m},1.0\text{ m})$．从图 3.2.5 可见，台阶的散射具有空间滤波的作用，通常中心频率位于$f_0\approx534$ Hz 以及其谐波位置．取声速度 $c_0=340$ m/s，则 f_0 对应的波长为 $\lambda_0=c_0/f_0\approx$

0.64 m,显然大于台阶的线度(每个台阶长度 $L\approx0.339$ m). 由于台阶的空间滤波作用,可设计需要高度和宽度的台阶,调控观测点的散射声,使观察点接收到不同的、需要的声音. 与风景点设计类似,这种调控声音的设计称为“声景”设计. 计算表明,对不同形状(正弦或者其他形状)的台阶,中心频率 f_0 主要由台阶的周期决定,f_0 对应波长大约为周期的 2 倍,台阶的形状和高度仅仅影响中心频率 f_0 及谐波的振幅. 因此,空间滤波作用实质上是声波与表面周期结构的相互作用引起的. 详细的计算见参考文献 44 和 45.

3.3 非均匀区域的散射

在 3.1 和 3.2 节中,我们主要讨论了均匀介质中存在一个缺陷(当存在多个缺陷时,必须考虑多重散射)时的声散射特性,缺陷本身是均匀介质,而缺陷与周围介质有明显的分界面. 在分界面上,声压和法向速度必须连续(声压的法向导数不连续). 事实上,当声波入射到一个非均匀介质区域(密度和压缩系数与空间坐标有关),也将引起声波的散射,从而导致入射方向声压的衰减. 简单的例子是大气中湍流区域对声波的散射. 值得一提的是,非均匀区与周围均匀区的密度必须是连续变化的,否则在不连续的边界就形成界面,将引起强烈的声散射.

3.3.1 非均匀区域的声波方程

设不均匀散射区的密度、压缩系数和声速分别为 $\rho_e(\boldsymbol{r})$、$\kappa_e(\boldsymbol{r})$ 和 $c_e(\boldsymbol{r})=1/\sqrt{\rho_e(\boldsymbol{r})\kappa_e(\boldsymbol{r})}$,它们是空间位置的函数. 周围均匀介质的密度、压缩系数和声速分别为 ρ_0、κ_0 和 $c_0=1/\sqrt{\rho_0\kappa_0}$. 首先,我们来导出非均匀散射区的波动方程.

质量守恒方程 显然,质量守恒方程仍然成立,即

$$\frac{\partial\rho}{\partial t}+\nabla\cdot(\rho\boldsymbol{v})=\rho q \tag{3.3.1a}$$

令 $\rho(\boldsymbol{r},t)=\rho_e(\boldsymbol{r})+\rho'(\boldsymbol{r},t)$ 和 $\boldsymbol{v}(\boldsymbol{r},t)=\boldsymbol{v}_e(\boldsymbol{r})+\boldsymbol{v}'(\boldsymbol{r},t)=\boldsymbol{v}'(\boldsymbol{r},t)$[设平衡时,流体静止,即 $\boldsymbol{v}_e(\boldsymbol{r})\equiv0$,对运动介质情况,见第 8 章],上式的线性化形式为

$$\frac{\partial\rho'}{\partial t}+\rho_e\nabla\cdot\boldsymbol{v}'+\boldsymbol{v}'\cdot\nabla\rho_e\approx\rho_e q \tag{3.3.1b}$$

运动方程 线性化运动方程仍然为

$$\rho_e\frac{\partial\boldsymbol{v}'}{\partial t}\approx-\nabla p'-\nabla P_0+\rho_e(\boldsymbol{g}+\boldsymbol{f}) \tag{3.3.1c}$$

其中，$\boldsymbol{g}$ 是维持静压 $P_0=P_0(\boldsymbol{r})$ 分布的外力（例如重力），$\boldsymbol{f}$ 是激发声波的力源，以及 $p'(\boldsymbol{r},t)=P(\boldsymbol{r},t)-P_0(\boldsymbol{r})$. 因为假定 $P_0=P_0(\boldsymbol{r})$ 与时间无关，注意到不存在声波时 $\boldsymbol{v}'=0, p'=0$，以及 $\boldsymbol{f}=0$，于是由方程（3.3.1c）得到 $\nabla P_0=\rho_e\boldsymbol{g}$. 一般在小尺度范围内，可忽略重力对声传播的影响，即取 $\boldsymbol{g}\approx\boldsymbol{0}$（注意：如果考虑大尺度范围，如大气中的声传播，重力的影响不可忽略），那么由方程（3.3.1c）得到

$$\rho_e\frac{\partial\boldsymbol{v}'}{\partial t}\approx-\nabla p'+\rho_e\boldsymbol{f} \tag{3.3.1d}$$

熵守恒方程 在准静态条件下，理想流体在运动中保持流体元的熵不随时间变化，是一个等熵过程，在不存在热源的情况下，方程 $\mathrm{d}s/\mathrm{d}t=0$ 仍然成立，或者写成

$$\frac{\mathrm{d}s}{\mathrm{d}t}=\frac{\partial s}{\partial t}+\boldsymbol{v}\cdot\nabla s=0 \tag{3.3.2}$$

将物态方程 $P=P(\rho,s)$ 对时间求全导数得到

$$\frac{\mathrm{d}P}{\mathrm{d}t}=\left(\frac{\partial P}{\partial\rho}\right)_s\frac{\mathrm{d}\rho}{\mathrm{d}t}+\left(\frac{\partial P}{\partial s}\right)_\rho\frac{\mathrm{d}s}{\mathrm{d}t} \tag{3.3.3a}$$

注意：上式是复合函数求导，而非在平衡点附近展开. 利用方程（3.3.2）得到

$$\frac{\mathrm{d}P}{\mathrm{d}t}=c_e^2\frac{\mathrm{d}\rho}{\mathrm{d}t}=c_e^2\left(\frac{\partial\rho}{\partial t}+\boldsymbol{v}\cdot\nabla\rho\right)=\frac{\partial P}{\partial t}+\boldsymbol{v}\cdot\nabla P \tag{3.3.3b}$$

上式的线性化方程为

$$c_e^2\left(\frac{\partial\rho'}{\partial t}+\boldsymbol{v}'\cdot\nabla\rho_e\right)\approx\frac{\partial p'}{\partial t}+\boldsymbol{v}'\cdot\nabla P_0 \tag{3.3.3c}$$

如果忽略重力的非均匀性对声传播的影响，上式简化成

$$\frac{\partial p'}{\partial t}\approx c_e^2\left(\frac{\partial\rho'}{\partial t}+\boldsymbol{v}'\cdot\nabla\rho_e\right) \tag{3.3.3d}$$

上式就是代替均匀介质中物态方程 $p'\approx c_e^2\rho'$ 的新方程，该方程由物态方程 $P=P(\rho,s)$ 和熵守恒方程 $\mathrm{d}s/\mathrm{d}t=0$ 得到.

方程（3.3.1b）、方程（3.3.1d）和方程（3.3.3d）就是决定非均匀介质中声波方程的三个基本方程. 把方程（3.3.1b）代入方程（3.3.3d）得到

$$\frac{1}{\rho_e c_e^2}\frac{\partial p'}{\partial t}+\nabla\cdot\boldsymbol{v}'\approx q \tag{3.3.4a}$$

上式结合方程（3.3.1d）消去 $\boldsymbol{v}'$ 得到关于声压的方程

$$\frac{\partial}{\partial t}\left(\frac{1}{\rho_e c_e^2}\frac{\partial p'}{\partial t}\right)-\nabla\cdot\left(\frac{1}{\rho_e}\nabla p'\right)\approx\frac{\partial q}{\partial t}-\nabla\cdot\boldsymbol{f} \tag{3.3.4b}$$

或者写成

$$\nabla^2 p-\frac{1}{c_e^2}\frac{\partial^2 p}{\partial t^2}\approx\nabla\ln\rho_e\cdot\nabla p-\rho_e\left(\frac{\partial q}{\partial t}-\nabla\cdot\boldsymbol{f}\right) \tag{3.3.4c}$$

这就是非均匀介质中的声波方程(已去掉上标“′”). 注意:上式表明,密度 $\rho_e(\boldsymbol{r})$ 随空间应该是连续变化的,否则在界面上就会出现 Dirac δ 函数,引起声波在界面上的强烈反射,此时必须像 3.2 节那样分区域讨论问题,把不连续的面作为边界处理. 但把微分方程(3.3.4b)转化成积分方程后,就能处理这个问题,见 3.3.2 小节讨论.

速度场声波方程 如果方程(3.3.4a)和方程(3.3.1d)结合消去 p' 就得到用速度场表示的声波方程

$$\rho_e \frac{\partial^2 \boldsymbol{v}'}{\partial t^2} = \nabla\left(\frac{1}{\kappa_e}\nabla \cdot \boldsymbol{v}'\right) - \nabla\left(\frac{q}{\kappa_e}\right) + \rho_e \frac{\partial \boldsymbol{f}}{\partial t} \tag{3.3.5}$$

其中,$\kappa_e = 1/\rho_e c_e^2$ 为流体压缩系数. 注意:上式与方程(3.3.4b)比较,如果采用声压场为变量,密度 $\rho_e(\boldsymbol{r})$ 出现在导数中,而如果采用速度场为变量,则导数中包含压缩系数 $\kappa_e(\boldsymbol{r})$.

密度缓变情况 当密度随空间的变化比较缓慢时(例如,海洋中的声传播就可以取这种近似),令 $\tilde{p}(\boldsymbol{r},t) = p(\boldsymbol{r},t)/\sqrt{\rho_e(\boldsymbol{r})}$,代入方程(3.3.4c)(忽略源项)得到

$$\nabla^2 \tilde{p} - \frac{1}{c_e^2}\frac{\partial^2 \tilde{p}}{\partial t^2} = \frac{\tilde{p}}{2}\left[\frac{3}{2}(\nabla \ln \rho_e)^2 - \frac{\nabla^2 \rho_e}{\rho_e}\right] \tag{3.3.6a}$$

忽略密度变化的二级量 $\nabla^2 \rho_e$ 和 $(\nabla \ln \rho_e)^2$ 得到时域和频域方程分别为

$$\nabla^2 \tilde{p} - \frac{n^2(\boldsymbol{r})}{c_0^2}\frac{\partial^2 \tilde{p}}{\partial t^2} \approx 0, \quad \nabla^2 \tilde{p}(\boldsymbol{r},\omega) + k_0^2 n^2(\boldsymbol{r})\tilde{p}(\boldsymbol{r},\omega) = 0 \tag{3.3.6b}$$

其中,$n(\boldsymbol{r}) = c_0/c_e(\boldsymbol{r})$ 称为介质的**折射率**,c_0 是某一参考点的声速. 上式说明,密度变化主要对声压的振幅变化有影响. 写成散射形式有

$$\nabla^2 \tilde{p}(\boldsymbol{r},\omega) + k_0^2 \tilde{p}(\boldsymbol{r},\omega) = k_0^2 Q(\boldsymbol{r})\tilde{p}(\boldsymbol{r},\omega) \tag{3.3.6c}$$

其中,函数 $Q(\boldsymbol{r}) \equiv 1 - c_0^2/c_e^2(\boldsymbol{r}) = 1 - n^2(\boldsymbol{r})$ 表征由于声速的空间变化而引起的非均匀特性,而密度空间变化可归入声压振幅的变化,即 $\tilde{p}(\boldsymbol{r},t) = p(\boldsymbol{r},t)/\sqrt{\rho_e(\boldsymbol{r})}$.

散射形式方程 设非均匀区域 V 的外部为均匀介质,其密度、压缩系数和声速分别为 ρ_0、κ_0 和 $c_0 = 1/\sqrt{\rho_0 \kappa_0}$. 注意有 $\rho_0 c_0^2 = 1/\kappa_0$ 和 $\rho_e c_e^2 = 1/\kappa_e$,非均匀区内、外的波动方程分别为(无源情况)

$$\nabla \cdot \left(\frac{1}{\rho_e}\nabla p\right) \approx \kappa_e \frac{\partial^2 p}{\partial t^2}, \quad \nabla \cdot \left(\frac{1}{\rho_0}\nabla p\right) - \kappa_0 \frac{\partial^2 p}{\partial t^2} \approx 0 \tag{3.3.7a}$$

第一个方程两边减第二个方程左边部分得到

$$\nabla \cdot \left(\frac{1}{\rho_e}\nabla p\right) - \frac{1}{\rho_0}\nabla^2 p + \kappa_0 \frac{\partial^2 p}{\partial t^2} \approx \kappa_e \frac{\partial^2 p}{\partial t^2} - \frac{1}{\rho_0}\nabla^2 p + \kappa_0 \frac{\partial^2 p}{\partial t^2} \tag{3.3.7b}$$

两边同乘 ρ_0 得到非均匀区内、外部统一的方程

$$\nabla^2 p - \frac{1}{c_0^2}\frac{\partial^2 p}{\partial t^2} \approx \gamma_\kappa(\boldsymbol{r})\frac{1}{c_0^2}\frac{\partial^2 p}{\partial t^2} + \nabla \cdot [\gamma_\rho(\boldsymbol{r})\nabla p] \tag{3.3.7c}$$

其中,$\gamma_\kappa(\boldsymbol{r})$ 和 $\gamma_\rho(\boldsymbol{r})$ 分别为表征密度和压缩系数不均匀的参数[注意:$\rho_e(\boldsymbol{r})$ 出现在 $\gamma_\rho(\boldsymbol{r})$

的分母上，而 $\kappa_e(\boldsymbol{r})$ 出现在 $\gamma_\kappa(\boldsymbol{r})$ 的分子上，意义见 3.3.2 小节和 3.3.4 小节讨论]：

$$\gamma_\kappa(\boldsymbol{r}) \equiv \begin{cases} \dfrac{\kappa_e(\boldsymbol{r})-\kappa_0}{\kappa_0} & (V\text{内部}) \\ 0 & (V\text{外部}) \end{cases}, \quad \gamma_\rho(\boldsymbol{r}) \equiv \begin{cases} \dfrac{\rho_e(\boldsymbol{r})-\rho_0}{\rho_e(\boldsymbol{r})} & (V\text{内部}) \\ 0 & (V\text{外部}) \end{cases} \tag{3.3.7d}$$

在频率域，方程(3.3.7c)变成简单的形式

$$\nabla^2 p(\boldsymbol{r},\omega)+k_0^2 p(\boldsymbol{r},\omega) \equiv -\Im(\boldsymbol{r},\omega) \tag{3.3.8a}$$

其中，为了方便，令

$$\Im(\boldsymbol{r},\omega) \equiv k_0^2\gamma_\kappa(\boldsymbol{r})p(\boldsymbol{r},\omega)-\nabla\cdot[\gamma_\rho(\boldsymbol{r})\nabla p(\boldsymbol{r},\omega)] \tag{3.3.8b}$$

上式表明，$\gamma_\kappa(\boldsymbol{r})$ 和 $\gamma_\rho(\boldsymbol{r})$ 引起的散射分别类似于单极辐射和偶极辐射.

能量关系　对方程(3.3.1b)两边同乘标量 p'/ρ_e，而对方程(3.3.1d)两边点乘矢量 $\boldsymbol{v}'$，并且把所得两式相加得到

$$\frac{p'}{\rho_e}\frac{\partial\rho'}{\partial t}+\frac{\partial}{\partial t}\left(\frac{1}{2}\rho_e\boldsymbol{v}'^2\right)+\nabla\cdot\boldsymbol{I}_e+\frac{p'}{\rho_e}\boldsymbol{v}'\cdot\nabla\rho_e=\rho_e\boldsymbol{v}'\cdot\boldsymbol{f}+p'q \tag{3.3.9a}$$

其中，$\boldsymbol{I}_e \equiv p'\boldsymbol{v}'$ 为声能流矢量. 利用方程(3.3.3d)，有

$$\frac{p'}{\rho_e}\frac{\partial\rho'}{\partial t}=\frac{1}{2\rho_e c_e^2}\frac{\partial p'^2}{\partial t}-\frac{p'}{\rho_e}\boldsymbol{v}'\cdot\nabla\rho_e \tag{3.3.9b}$$

代入方程(3.3.9a)得到

$$\frac{\partial w_e}{\partial t}+\nabla\cdot\boldsymbol{I}_e=\rho_e\boldsymbol{v}'\cdot\boldsymbol{f}+p'q \tag{3.3.9c}$$

其中，w_e 为声能量密度

$$w_e \equiv \frac{p'^2}{2\rho_e c_e^2}+\frac{1}{2}\rho_e\boldsymbol{v}'^2 \tag{3.3.9d}$$

可见，对稳态的非均匀介质，声能流矢量和能量密度与均匀介质相同.

顺便指出，在频率域上，方程(3.3.1d)和方程(3.3.4a)与方程(1.1.38a)类似，故通过与 1.1.5 小节类似的方法，不难证明对非均匀介质，互易原理仍然成立.

3.3.2　Lippmann-Schwinger 积分方程

如图 3.3.1 所示，以不均匀散射区为中心，作半径为 R 的大球(球面为 S)，在大球内使用 Green 公式和方程(3.3.8a)得到[注意：与 3.2.1 小节不同，这里的积分面仅仅是大球球面，因为方程(3.3.8a)中非均匀项是作为源项 $\Im(\boldsymbol{r},\omega)$ 出现的]

$$\begin{aligned} p(\boldsymbol{r},\omega) &= \int_V g(\boldsymbol{r},\boldsymbol{r}')\Im(\boldsymbol{r}',\omega)\,\mathrm{d}V' \\ &\quad+\int_S\left[g(\boldsymbol{r},\boldsymbol{r}')\frac{\partial p(\boldsymbol{r}',\omega)}{\partial n'}-p(\boldsymbol{r}',\omega)\frac{\partial g(\boldsymbol{r},\boldsymbol{r}')}{\partial n'}\right]\mathrm{d}S' \end{aligned} \tag{3.3.10a}$$

其中，$g(\boldsymbol{r},\boldsymbol{r}')$为无界空间的 Green 函数. 在散射问题中，当取 $R\to\infty$ 时，上式的面积分部分不能取为零，它表示从无限远处入射的声波 $p_{\mathrm{i}}(\boldsymbol{r},\omega)$，由方程(3.3.8b)可知

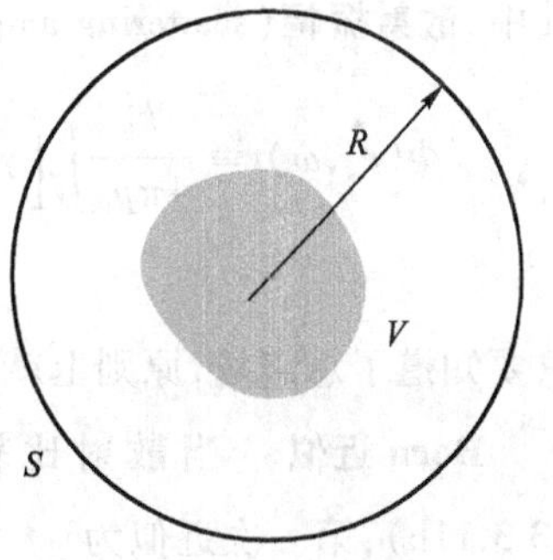

图 3.3.1 以不均匀散射区为中心，作半径为 R 的大球

$$p(\boldsymbol{r},\omega)=p_{\mathrm{i}}(\boldsymbol{r},\omega)+k_0^2\int_V\gamma_\kappa(\boldsymbol{r}')p(\boldsymbol{r}',\omega)g(\boldsymbol{r},\boldsymbol{r}')\mathrm{d}V'$$
$$-\int_V g(\boldsymbol{r},\boldsymbol{r}')\nabla'\cdot[\gamma_\rho(\boldsymbol{r}')\nabla'p(\boldsymbol{r}',\omega)]\mathrm{d}V' \tag{3.3.10b}$$

利用矢量恒等式 $g\nabla'\cdot(\gamma_\rho\nabla'p)=\nabla'\cdot(g\gamma_\rho\nabla'p)-\gamma_\rho\nabla'p\cdot\nabla'g$ 和 Gauss 定理，上式变为

$$p(\boldsymbol{r},\omega)=p_{\mathrm{i}}(\boldsymbol{r},\omega)-\int_{S_V}\gamma_\rho(\boldsymbol{r}')g(\boldsymbol{r},\boldsymbol{r}')\nabla'p(\boldsymbol{r}',\omega)\cdot\boldsymbol{n}'\mathrm{d}S'$$
$$+\int_V[k_0^2\gamma_\kappa(\boldsymbol{r}')p(\boldsymbol{r}',\omega)g(\boldsymbol{r},\boldsymbol{r}')+\gamma_\rho(\boldsymbol{r}')\nabla'p(\boldsymbol{r}',\omega)\cdot\nabla'g(\boldsymbol{r},\boldsymbol{r}')]\mathrm{d}V' \tag{3.3.11a}$$

其中，S_V 是包含不均匀散射区域的表面，其法向为 $\boldsymbol{n}'$. 如果 $\gamma_\rho(\boldsymbol{r}')$在 S_V 上为零[因而也要求，当 $\boldsymbol{r}$ 由散射区域内部趋近边界面 S_V 时，$\gamma_\rho(\boldsymbol{r}')\to 0$]，则上式简化为

$$p(\boldsymbol{r},\omega)=p_{\mathrm{i}}(\boldsymbol{r},\omega)+k_0^2\int_V\gamma_\kappa(\boldsymbol{r}')p(\boldsymbol{r}',\omega)g(\boldsymbol{r},\boldsymbol{r}')\mathrm{d}V'$$
$$+\int_V\gamma_\rho(\boldsymbol{r}')\nabla'p(\boldsymbol{r}',\omega)\cdot\nabla'g(\boldsymbol{r},\boldsymbol{r}')\mathrm{d}V' \tag{3.3.11b}$$

上式称为 **Lippmann-Schwinger 积分方程**. 其物理意义很明显：积分项表示不均匀区域对入射波 $p_{\mathrm{i}}(\boldsymbol{r},\omega)$的散射，第一、第二项分别表示压缩系数和密度不均匀引起的声波散射. 必须注意的是，积分号中的 $p(\boldsymbol{r}',\omega)$就是待求的声压，故上式是第二类积分方程，严格求解十分困难.

远场近似 设非均匀区域在半径为 a 的球内，当 $r\gg a$ 时，$|\boldsymbol{r}-\boldsymbol{r}'|\approx|\boldsymbol{r}|-\boldsymbol{e}_{\mathrm{s}}\cdot\boldsymbol{r}'$，其中 $\boldsymbol{e}_{\mathrm{s}}=\boldsymbol{r}/|\boldsymbol{r}|$为原点到观察点 $\boldsymbol{r}$ 的单位矢量. 无界空间的 Green 函数和它的梯度的近似表达式为

$$g(\boldsymbol{r},\boldsymbol{r}')\approx\frac{\mathrm{e}^{\mathrm{i}k_0|\boldsymbol{r}|}}{4\pi|\boldsymbol{r}|}\exp(-\mathrm{i}k_0\boldsymbol{e}_{\mathrm{s}}\cdot\boldsymbol{r}')$$
$$\nabla'g(\boldsymbol{r},\boldsymbol{r}')\approx-\mathrm{i}k_0\boldsymbol{e}_{\mathrm{s}}\frac{\mathrm{e}^{\mathrm{i}k_0|\boldsymbol{r}|}}{4\pi|\boldsymbol{r}|}\exp(-\mathrm{i}k_0\boldsymbol{e}_{\mathrm{s}}\cdot\boldsymbol{r}') \tag{3.3.12a}$$

设入射波为 $\boldsymbol{k}_0$ 方向传播的平面波 $p_{\mathrm{i}}(\boldsymbol{r},\omega)=p_{0\mathrm{i}}\exp(\mathrm{i}\boldsymbol{k}_0\cdot\boldsymbol{r})$，根据方程(3.3.11b)和上式可得

$$p(\boldsymbol{r},\omega)\approx p_{0\mathrm{i}}\exp(\mathrm{i}\boldsymbol{k}_0\cdot\boldsymbol{r})+p_{0\mathrm{i}}\frac{\mathrm{e}^{\mathrm{i}k_0|\boldsymbol{r}|}}{|\boldsymbol{r}|}\Phi(\boldsymbol{e}_{\mathrm{s}},\omega) \tag{3.3.12b}$$

其中,**散射振幅**(scattering amplitude)$\Phi(\boldsymbol{e}_s,\omega)$定义为

$$\Phi(\boldsymbol{e}_s,\omega)\equiv\frac{k_0^2}{4\pi p_{0i}}\int_V\left[\gamma_\kappa(\boldsymbol{r}')p(\boldsymbol{r}',\omega)-\frac{\mathrm{i}}{k_0}\gamma_\rho(\boldsymbol{r}')\boldsymbol{e}_s\cdot\nabla'p(\boldsymbol{r}',\omega)\right]\mathrm{e}^{-\mathrm{i}k_0\boldsymbol{e}_s\cdot\boldsymbol{r}'}\mathrm{d}V' \tag{3.3.12c}$$

只要知道了总声场,原则上就可以求散射振幅.

Born 近似　当散射比较“弱”(意义后面讨论),我们可以用迭代法求解方程(3.3.11b),第一次近似为

$$p(\boldsymbol{r},\omega)\approx p_i(\boldsymbol{r},\omega)+p_1(\boldsymbol{r},\omega) \tag{3.3.13a}$$

其中,$p_1(\boldsymbol{r},\omega)\equiv\int_V\Im_1(\boldsymbol{r},\boldsymbol{r}')\mathrm{d}V'$,以及

$$\Im_1(\boldsymbol{r},\boldsymbol{r}')\equiv k_0^2\gamma_\kappa(\boldsymbol{r}')p_i(\boldsymbol{r}',\omega)g(\boldsymbol{r},\boldsymbol{r}')+\gamma_\rho(\boldsymbol{r}')\nabla'p_i(\boldsymbol{r}',\omega)\cdot\nabla'g(\boldsymbol{r},\boldsymbol{r}') \tag{3.3.13b}$$

第二次近似为

$$p(\boldsymbol{r},\omega)\approx p_i(\boldsymbol{r},\omega)+p_1(\boldsymbol{r},\omega)+p_2(\boldsymbol{r},\omega) \tag{3.3.14a}$$

其中,$p_2(\boldsymbol{r},\omega)\equiv\int_V\Im_2(\boldsymbol{r},\boldsymbol{r}')\mathrm{d}V'$,以及

$$\Im_2(\boldsymbol{r},\boldsymbol{r}')\equiv k_0^2\gamma_\kappa(\boldsymbol{r}')p_1(\boldsymbol{r},\omega)g(\boldsymbol{r},\boldsymbol{r}')+\gamma_\rho(\boldsymbol{r}')\nabla'p_1(\boldsymbol{r},\omega)\cdot\nabla'g(\boldsymbol{r},\boldsymbol{r}') \tag{3.3.14b}$$

第 N 次近似为

$$p(\boldsymbol{r},\omega)\approx p_i(\boldsymbol{r},\omega)+\sum_{j=1}^{N}p_j(\boldsymbol{r},\omega) \tag{3.3.15a}$$

其中,$p_j(\boldsymbol{r},\omega)\equiv\int_V\Im_j(\boldsymbol{r},\boldsymbol{r}')\mathrm{d}V'$,以及

$$\Im_j(\boldsymbol{r},\boldsymbol{r}')\equiv k_0^2\gamma_\kappa(\boldsymbol{r}')p_{j-1}(\boldsymbol{r}',\omega)g(\boldsymbol{r},\boldsymbol{r}')+\gamma_\rho(\boldsymbol{r}')\nabla'p_{j-1}(\boldsymbol{r}',\omega)\cdot\nabla'g(\boldsymbol{r},\boldsymbol{r}') \tag{3.3.15b}$$

当 $N\to\infty$ 时,由 $(p_1,p_2,\cdots,p_N,\cdots)$ 形成的级数称为 **Born 级数**. 讨论 Born 级数的收敛条件在数学上是十分困难的,仅仅指出,当满足下列两个条件时,Born 级数有较好的收敛性:① 频率足够低,即 $(k_0a)^2\ll1$,因为迭代方程正比于 k_0^2;② $\|\gamma_\kappa(\boldsymbol{r})\|\ll1$ 和 $\|\gamma_\rho(\boldsymbol{r})\|\ll1$. 这两个条件也可以合成

$$(k_0a)^2\cdot\max\{\|\gamma_\kappa\|,\|\gamma_\rho\|\}\ll1 \tag{3.3.15c}$$

上式仅仅是充分条件,而非必要条件. 这里 $\|\gamma_\kappa(\boldsymbol{r})\|$ 或 $\|\gamma_\rho(\boldsymbol{r})\|$ 为不均匀区的均方平均

$$\|\gamma_{\kappa,\rho}\|=\sqrt{\int_V\gamma_{\kappa,\rho}^2(\boldsymbol{r})\mathrm{d}V} \tag{3.3.15d}$$

如果取 Born 级数的第一项,即方程(3.3.13a),称为 **Born 近似**. 在 Born 近似下,散射振幅的近似相当简单,由方程(3.3.12c)可知

$$\Phi(\boldsymbol{e}_s,\omega)\approx\frac{k_0^2}{4\pi p_{0i}}\int_V\left[\gamma_\kappa(\boldsymbol{r}')p_i(\boldsymbol{r}',\omega)-\frac{i}{k_0}\gamma_\rho(\boldsymbol{r}')\boldsymbol{e}_s\cdot\nabla' p_i(\boldsymbol{r}',\omega)\right]e^{-ik_0\boldsymbol{e}_s\cdot\boldsymbol{r}'}dV'$$

$$=\frac{k_0^2}{4\pi}\int_V[\gamma_\kappa(\boldsymbol{r}')+\gamma_\rho(\boldsymbol{r}')\boldsymbol{e}_s\cdot\boldsymbol{e}_i]\exp[-ik_0(\boldsymbol{e}_s-\boldsymbol{e}_i)\cdot\boldsymbol{r}']dV' \tag{3.3.16a}$$

其中，$\boldsymbol{e}_i=\boldsymbol{k}_0/k_0$ 为入射波方向的单位矢量. 设入射波方向 $\boldsymbol{e}_i$ 与 $\boldsymbol{e}_s$ 的夹角为 θ（取 $\boldsymbol{e}_i$ 为 z 轴方向，θ 就是球坐标中的极角），则上式可表示为

$$\Phi(\boldsymbol{e},\omega)\approx\frac{k_0^2}{4\pi}\int_V[\gamma_\kappa(\boldsymbol{r}')+\gamma_\rho(\boldsymbol{r}')\cos\theta]\exp(-ik_0\boldsymbol{e}\cdot\boldsymbol{r}')dV'$$

$$\approx 2\pi^2k_0^2[\Gamma_\kappa(k_0\boldsymbol{e})+\Gamma_\rho(k_0\boldsymbol{e})\cos\theta] \tag{3.3.16b}$$

其中，$\boldsymbol{e}\equiv\boldsymbol{e}_s-\boldsymbol{e}_i$，$\Gamma_\kappa(k_0\boldsymbol{e})$ 和 $\Gamma_\rho(k_0\boldsymbol{e})$ 分别是 $\gamma_\kappa(\boldsymbol{r})$ 和 $\gamma_\rho(\boldsymbol{r})$ 的三维空间 Fourier 变换，$\Gamma_\kappa(\boldsymbol{K})$ 和 $\Gamma_\rho(\boldsymbol{K})$ 在 $\boldsymbol{K}$ 空间球面 $|\boldsymbol{K}|^2=k_0^2$ 上的值为

$$\Gamma_\kappa(\boldsymbol{K})\equiv\frac{1}{(2\pi)^3}\int_V\gamma_\kappa(\boldsymbol{r}')\exp(-i\boldsymbol{K}\cdot\boldsymbol{r}')dV'$$

$$\Gamma_\rho(\boldsymbol{K})\equiv\frac{1}{(2\pi)^3}\int_V\gamma_\rho(\boldsymbol{r}')\exp(-i\boldsymbol{K}\cdot\boldsymbol{r}')dV' \tag{3.3.16c}$$

一个特殊情况是：$\gamma_\kappa(r)$ 和 $\gamma_\rho(r)$ 仅仅是 r 的函数，即散射体是球对称的，方程（3.3.16a）给出

$$\Phi(\boldsymbol{e},\omega)\approx\frac{k_0^2}{4\pi}\int_0^{2\pi}\int_0^{\pi}\int_0^{a}[\gamma_\kappa(r')+\gamma_\rho(r')\cos\theta]e^{-ik_0\boldsymbol{e}\cdot\boldsymbol{r}'}r'^2\sin\theta' dr'd\theta'd\varphi' \tag{3.3.17a}$$

注意到在积分过程中，$\boldsymbol{e}$ 是常矢量，取 $\boldsymbol{e}$ 方向为 z' 轴方向，那么 $\boldsymbol{e}\cdot\boldsymbol{r}'=|\boldsymbol{e}|r'\cos\theta'$，代入上式，有

$$\Phi(\boldsymbol{e},\omega)\approx\frac{k_0}{|\boldsymbol{e}|}(\tilde{\Gamma}_\kappa+\tilde{\Gamma}_\rho\cos\theta) \tag{3.3.17b}$$

其中，$|\boldsymbol{e}|=|\boldsymbol{e}_s-\boldsymbol{e}_i|=2\sin(\theta/2)$，以及

$$\tilde{\Gamma}_\kappa\equiv\int_0^a\gamma_\kappa(r')\sin(k_0|\boldsymbol{e}|r')r'dr',\quad \tilde{\Gamma}_\rho\equiv\int_0^a\gamma_\rho(r')\sin(k_0|\boldsymbol{e}|r')r'dr' \tag{3.3.18a}$$

因为 $(k_0a)^2\ll1$，故 $k_0|\boldsymbol{e}|a\ll1$，可取近似 $\sin(k_0|\boldsymbol{e}|r')\approx k_0|\boldsymbol{e}|r'$，上式简化为

$$\tilde{\Gamma}_\kappa=\frac{1}{3}a^3k_0|\boldsymbol{e}|\left\langle\frac{\kappa_e-\kappa_0}{\kappa_0}\right\rangle,\quad \tilde{\Gamma}_\rho=\frac{1}{3}a^3k_0|\boldsymbol{e}|\left\langle\frac{\rho_e-\rho_0}{\rho_e}\right\rangle \tag{3.3.18b}$$

其中，为了方便，定义

$$\left\langle\frac{\kappa_e-\kappa_0}{\kappa_0}\right\rangle\equiv\frac{1}{4\pi a^3/3}\int_0^a\gamma_\kappa(r')4\pi r'^2dr'$$

$$\left\langle\frac{\rho_e-\rho_0}{\rho_e}\right\rangle\equiv\frac{1}{4\pi a^3/3}\int_0^a\gamma_\rho(r')4\pi r'^2dr' \tag{3.3.18c}$$

为球内平均. 把方程(3.3.18b)代入方程(3.3.17b)得到

$$\Phi(\boldsymbol{e},\omega) \approx -\frac{1}{3}a^3k_0^2\left(\left\langle\frac{\kappa_0-\kappa_e}{\kappa_0}\right\rangle-\left\langle\frac{\rho_e-\rho_0}{\rho_e}\right\rangle\cos\theta\right) \tag{3.3.18d}$$

上式与方程(3.1.25b)的散射因子相比具有相似的形式(散射振幅 Φ 与散射因子 Ψ_s 相差因子 k_0/i). 注意:如果把方程(3.3.18c)改写成

$$\langle\kappa_e\rangle = \frac{1}{4\pi a^3/3}\int_0^a \kappa_e(r')4\pi r'^2\mathrm{d}r'$$
$$\left\langle\frac{1}{\rho_e}\right\rangle = \frac{1}{4\pi a^3/3}\int_0^a \frac{1}{\rho_e(r')}4\pi r'^2\mathrm{d}r' \tag{3.3.19}$$

容易看出:等效压缩系数 $\bar{\kappa}_e \equiv \langle\kappa_e\rangle$ 相当于串联,而等效密度 $\bar{\rho}_e \equiv 1/\langle 1/\rho_e\rangle$ 相当于并联.

3.3.3 非稳态不均匀区的散射

设 $\rho_e=\rho_e(\boldsymbol{r},t)$, $c_e=c_e(\boldsymbol{r},t)$, $P_0=P_0(\boldsymbol{r},t)$,当不存在声波时,质量守恒方程、运动方程和物态方程[即方程(3.3.3b)]分别为

$$\frac{\partial\rho_e}{\partial t}+\nabla\cdot(\rho_e\boldsymbol{v}_e)\approx\rho_e q_e,\quad \rho_e\frac{\partial\boldsymbol{v}_e}{\partial t}\approx-\nabla P_0+\rho_e\boldsymbol{f}_e$$
$$\frac{\partial P_0}{\partial t}+\boldsymbol{v}_e\cdot\nabla P_0\approx c_e^2\left(\frac{\partial\rho_e}{\partial t}+\boldsymbol{v}_e\cdot\nabla\rho_e\right) \tag{3.3.20a}$$

其中,q_e 和 $\boldsymbol{f}_e$ 分别是产生非稳态分布的质量源和外力源. 注意:密度非稳态分布的存在条件是:背景流 $\boldsymbol{v}_e\neq0$(例如湍流速度场)或者非稳态质量源 $q_e\neq0$,由于假定 $\boldsymbol{v}_e\equiv0$(运动介质情况见第 8 章讨论),则 $q_e\neq0$,否则,由方程(3.3.20a)的第一式,ρ_e 就与时间无关.

当存在声波时,令 $\rho=\rho_e(\boldsymbol{r},t)+\rho'(\boldsymbol{r},t)$, $\boldsymbol{v}=\boldsymbol{v}'(\boldsymbol{r},t)$ 和 $P=P_0(\boldsymbol{r},t)+p'(\boldsymbol{r},t)$,利用方程(3.3.20a),线性化质量守恒方程、运动方程和物态方程分别简化为

$$\frac{\partial\rho'}{\partial t}+\rho_e\nabla\cdot\boldsymbol{v}'+\boldsymbol{v}'\cdot\nabla\rho_e\approx\rho_e q,\quad \rho_e\frac{\partial\boldsymbol{v}'}{\partial t}\approx-\nabla p'+\rho_e\boldsymbol{f}$$
$$\frac{\partial p'}{\partial t}\approx c_e^2\left(\frac{\partial\rho'}{\partial t}+\boldsymbol{v}'\cdot\nabla\rho_e\right) \tag{3.3.20b}$$

得到以上方程,利用了:① 假定 $\boldsymbol{v}_e\equiv0$;② 忽略重力的空间非均匀性 ∇P_0 对声传播的影响. 上式消去密度场 ρ' 变化成

$$\frac{1}{\rho_e c_e^2}\frac{\partial p'}{\partial t}+\nabla\cdot\boldsymbol{v}'\approx q,\quad \frac{\partial\boldsymbol{v}'}{\partial t}\approx-\frac{1}{\rho_e}\nabla p'+\boldsymbol{f} \tag{3.3.20c}$$

注意:尽管上两式与方程(3.3.1d)和方程(3.3.4a)类似,但因为 ρ_e 和 $\kappa_e=1/\rho_e c_e^2$ 是时间的函数,不能在频域上讨论,故对非稳态介质,互易原理不成立.

方程(3.3.20c)消去速度场 $\boldsymbol{v}'$得到非稳态不均匀介质中的波动方程：

$$\frac{\partial}{\partial t}\left(\kappa_{\mathrm{e}}\frac{\partial p'}{\partial t}\right)-\nabla\cdot\left(\frac{1}{\rho_{\mathrm{e}}}\nabla p'\right)\approx\frac{\partial q}{\partial t}-\nabla\cdot\boldsymbol{f} \tag{3.3.20d}$$

忽略声源项(取 $q=0$ 和 $\boldsymbol{f}=0$)，散射形式的方程应该修改为

$$\nabla^2 p-\frac{1}{c_0^2}\frac{\partial^2 p}{\partial t^2}\approx\frac{1}{c_0^2}\frac{\partial}{\partial t}\left[\gamma_\kappa(\boldsymbol{r},t)\frac{\partial p}{\partial t}\right]+\nabla\cdot[\gamma_\rho(\boldsymbol{r},t)\nabla p] \tag{3.3.20e}$$

由于密度和压缩系数随时间变化，必须直接用时域方程来讨论散射问题，因为对上式作时域 Fourier 变换时，所得方程包含 $\gamma_{\kappa,\rho}(\boldsymbol{r},\omega)$ 与 $p(\boldsymbol{r},\omega)$ 的卷积. 假定入射波为单频平面波

$$p_{\mathrm{i}}(\boldsymbol{r},t)=A\exp[\mathrm{i}(\boldsymbol{k}_{\mathrm{i}}\cdot\boldsymbol{r}-\omega_{\mathrm{i}}t)]\quad(k_{\mathrm{i}}=\omega_{\mathrm{i}}/c_0) \tag{3.3.21a}$$

由方程(1.2.23a)，微分方程(3.3.20e)化成积分方程：

$$p(\boldsymbol{r},t)=A\exp[\mathrm{i}(\boldsymbol{k}_{\mathrm{i}}\cdot\boldsymbol{r}-\omega_{\mathrm{i}}t)]+\frac{1}{4\pi}\int_V\frac{1}{|\boldsymbol{r}-\boldsymbol{r}'|}\Im(\boldsymbol{r}',t_R)\,\mathrm{d}V' \tag{3.3.21b}$$

其中，推迟时间 $t_R\equiv t-|\boldsymbol{r}-\boldsymbol{r}'|/c_0$，源分布为

$$\Im(\boldsymbol{r},t)\equiv-\frac{1}{c_0^2}\frac{\partial}{\partial t}\left[\gamma_\kappa(\boldsymbol{r},t)\frac{\partial p}{\partial t}\right]-\nabla\cdot[\gamma_\rho(\boldsymbol{r},t)\nabla p] \tag{3.3.21c}$$

设非均匀区对入射波的散射强度足够弱，满足 Born 近似的条件. 下面分别讨论两项的贡献.

压缩系数时空变化对散射的贡献 首先考虑上式的第一项，即压缩率变化对声散射的贡献. 在 Born 近似下，压缩率变化导致的声散射为

$$\begin{aligned}p_\kappa(\boldsymbol{r},t)&\equiv-\frac{1}{4\pi c_0^2}\int_V\frac{1}{|\boldsymbol{r}-\boldsymbol{r}'|}\frac{\partial}{\partial t}\left[\gamma_\kappa(\boldsymbol{r}',t)\frac{\partial p_{\mathrm{i}}(\boldsymbol{r}',t)}{\partial t}\right]_{t=t_R}\mathrm{d}V'\\&=\frac{A}{4\pi c_0^2}\int_V\frac{\mathrm{e}^{\mathrm{i}(\boldsymbol{k}_{\mathrm{i}}\cdot\boldsymbol{r}'-\omega_{\mathrm{i}}t_R)}}{|\boldsymbol{r}-\boldsymbol{r}'|}\left[\mathrm{i}\omega_{\mathrm{i}}\frac{\partial\gamma_\kappa(\boldsymbol{r}',t)}{\partial t}+\omega_{\mathrm{i}}^2\gamma_\kappa(\boldsymbol{r}',t)\right]_{t=t_R}\mathrm{d}V'\end{aligned} \tag{3.3.22a}$$

远场近似为

$$p_\kappa(\boldsymbol{r},t)\approx\frac{A\mathrm{e}^{\mathrm{i}k_{\mathrm{i}}|\boldsymbol{r}|}}{4\pi|\boldsymbol{r}|}\int_V\left[\mathrm{i}\frac{\omega_{\mathrm{i}}}{c_0^2}\frac{\partial\gamma_\kappa(\boldsymbol{r}',t)}{\partial t}+k_{\mathrm{i}}^2\gamma_\kappa(\boldsymbol{r}',t)\right]_{t=t_R}\mathrm{e}^{\mathrm{i}k_{\mathrm{i}}(\boldsymbol{e}_{\mathrm{i}}-\boldsymbol{e}_{\mathrm{s}})\cdot\boldsymbol{r}'-\mathrm{i}\omega_{\mathrm{i}}t}\mathrm{d}V' \tag{3.3.22b}$$

其中，推迟时间的远场近似为

$$t_R=t-\frac{|\boldsymbol{r}-\boldsymbol{r}'|}{c_0}\approx t-\frac{|\boldsymbol{r}|}{c_0}+\frac{\boldsymbol{e}_{\mathrm{s}}\cdot\boldsymbol{r}'}{c_0} \tag{3.3.22c}$$

$p_\kappa(\boldsymbol{r},t)$的谱分布为方程(3.3.22b)的时域 Fourier 变换

$$\begin{aligned}p_\kappa(\boldsymbol{r},\omega)\approx{}&\frac{A\mathrm{e}^{\mathrm{i}k_{\mathrm{i}}|\boldsymbol{r}|}}{8\pi^2|\boldsymbol{r}|}\int_{-\infty}^{\infty}\int_V\left[\mathrm{i}\frac{\omega_{\mathrm{i}}}{c_0^2}\frac{\partial\gamma_\kappa(\boldsymbol{r}',t)}{\partial t}+k_{\mathrm{i}}^2\gamma_\kappa(\boldsymbol{r}',t)\right]_{t=t_R}\\&\times\exp[\mathrm{i}k_{\mathrm{i}}(\boldsymbol{e}_{\mathrm{i}}-\boldsymbol{e}_{\mathrm{s}})\cdot\boldsymbol{r}'+\mathrm{i}(\omega-\omega_{\mathrm{i}})t]\,\mathrm{d}V'\mathrm{d}t\end{aligned} \tag{3.3.23a}$$

对时间积分变量作变换

$$t=t'+\frac{|\boldsymbol{r}|}{c_0}-\frac{\boldsymbol{e}_s\cdot\boldsymbol{r}'}{c_0} \tag{3.3.23b}$$

方程(3.3. 23a)变成

$$\begin{aligned}p_\kappa(\boldsymbol{r},\omega) &\approx \frac{A\mathrm{e}^{\mathrm{i}\omega|\boldsymbol{r}|/c_0}}{8\pi^2|\boldsymbol{r}|}\int_{-\infty}^{\infty}\int_V\left[\mathrm{i}\frac{\omega_\mathrm{i}}{c_0^2}\frac{\partial\gamma_\kappa(\boldsymbol{r}',t')}{\partial t'}+k_\mathrm{i}^2\gamma_\kappa(\boldsymbol{r}',t')\right]\\ &\quad\times\exp\left[-\mathrm{i}\left(\frac{\omega}{c_0}\boldsymbol{e}_s-k_\mathrm{i}\boldsymbol{e}_\mathrm{i}\right)\cdot\boldsymbol{r}'+\mathrm{i}(\omega-\omega_\mathrm{i})t'\right]\mathrm{d}V'\mathrm{d}t'\end{aligned} \tag{3.3.23c}$$

注意到关系

$$\int_{-\infty}^{\infty}\frac{\partial\gamma_\kappa(\boldsymbol{r}',t')}{\partial t'}\mathrm{e}^{\mathrm{i}(\omega-\omega_\mathrm{i})t'}\mathrm{d}t'=-\mathrm{i}(\omega-\omega_\mathrm{i})\int_{-\infty}^{\infty}\gamma_\kappa(\boldsymbol{r}',t')\mathrm{e}^{\mathrm{i}(\omega-\omega_\mathrm{i})t'}\mathrm{d}t' \tag{3.3.23d}$$

方程(3.3.23c)变成

$$p_\kappa(\boldsymbol{r},\omega)\approx\frac{2\pi^2k_\mathrm{i}^2A}{|\boldsymbol{r}|}\exp\left(\mathrm{i}\frac{\omega}{c_0}|\boldsymbol{r}|\right)\cdot\frac{\omega}{\omega_\mathrm{i}}\Gamma_\kappa\left(\frac{\omega}{c_0}\boldsymbol{e}_s-k_\mathrm{i}\boldsymbol{e}_\mathrm{i},\omega-\omega_\mathrm{i}\right) \tag{3.3.24a}$$

函数 $\Gamma_\kappa(\boldsymbol{K},\omega)$ 是 $\gamma_\kappa(\boldsymbol{r},t)$ 的 4 维时空 Fourier 变换:

$$\Gamma_\kappa(\boldsymbol{K},\omega)=\frac{1}{(2\pi)^4}\int_{-\infty}^{\infty}\int_V\gamma_\kappa(\boldsymbol{r}',t')\exp(-\mathrm{i}\boldsymbol{K}\cdot\boldsymbol{r}'+\mathrm{i}\omega t')\mathrm{d}V'\mathrm{d}t' \tag{3.3.24b}$$

方程(3.3.24a)表明,对非稳态散射,散射波包含新的频率分量.

密度时空变化对散射的贡献 考虑 $\Im(\boldsymbol{r},t)$ 的第二项,在 Born 近似下有

$$p_\rho(\boldsymbol{r},t)\equiv\frac{1}{4\pi}\int\frac{1}{|\boldsymbol{r}-\boldsymbol{r}'|}[k_\mathrm{i}^2\gamma_\rho(\boldsymbol{r}',t_R)-\mathrm{i}\boldsymbol{k}_\mathrm{i}\cdot\nabla'\gamma_\rho(\boldsymbol{r}',t_R)]p_\mathrm{i}(\boldsymbol{r}',t_R)\mathrm{d}V' \tag{3.3.25a}$$

得到上式利用了关系

$$\begin{aligned}\nabla\cdot[\gamma_\rho(\boldsymbol{r},t)\nabla p]&\approx\nabla\cdot[\gamma_\rho(\boldsymbol{r},t)\nabla p_\mathrm{i}]=\gamma_\rho(\boldsymbol{r},t)\nabla^2p_\mathrm{i}+\nabla\gamma_\rho(\boldsymbol{r},t)\cdot\nabla p_\mathrm{i}\\&=[-k_\mathrm{i}^2\gamma_\rho(\boldsymbol{r},t)+\mathrm{i}\boldsymbol{k}_\mathrm{i}\cdot\nabla\gamma_\rho(\boldsymbol{r},t)]p_\mathrm{i}(\boldsymbol{r},t)\end{aligned} \tag{3.3.25b}$$

与方程(3.3.22b)类似,远场散射声压为

$$\begin{aligned}p_\rho(\boldsymbol{r},t)&\approx\frac{A}{4\pi}\int_V\frac{1}{|\boldsymbol{r}-\boldsymbol{r}'|}[k_\mathrm{i}^2\gamma_\rho(\boldsymbol{r}',t_R)-\mathrm{i}\boldsymbol{k}_\mathrm{i}\cdot\nabla'\gamma_\rho(\boldsymbol{r}',t_R)]\mathrm{e}^{\mathrm{i}(\boldsymbol{k}_\mathrm{i}\cdot\boldsymbol{r}'-\omega_\mathrm{i}t_R)}\mathrm{d}V'\\&\approx\frac{A\mathrm{e}^{\mathrm{i}k_\mathrm{i}|\boldsymbol{r}|}}{4\pi|\boldsymbol{r}|}\int_V[k_\mathrm{i}^2\gamma_\rho(\boldsymbol{r}',t_R)-\mathrm{i}\boldsymbol{k}_\mathrm{i}\cdot\nabla'\gamma_\rho(\boldsymbol{r}',t_R)]\mathrm{e}^{\mathrm{i}k_\mathrm{i}(\boldsymbol{e}_\mathrm{i}-\boldsymbol{e}_s)\cdot\boldsymbol{r}'-\mathrm{i}\omega_\mathrm{i}t}\mathrm{d}V'\end{aligned} \tag{3.3.26a}$$

散射波的频谱为

$$\begin{aligned}p_\rho(\boldsymbol{r},\omega)&\approx\frac{A\mathrm{e}^{\mathrm{i}k_\mathrm{i}|\boldsymbol{r}|}}{8\pi^2|\boldsymbol{r}|}\int_{-\infty}^{\infty}\int_V[k_\mathrm{i}^2\gamma_\rho(\boldsymbol{r}',t_R)-\mathrm{i}\boldsymbol{k}_\mathrm{i}\cdot\nabla'\gamma_\rho(\boldsymbol{r}',t_R)]\\&\quad\times\exp[\mathrm{i}k_\mathrm{i}(\boldsymbol{e}_\mathrm{i}-\boldsymbol{e}_s)\cdot\boldsymbol{r}'+\mathrm{i}(\omega-\omega_\mathrm{i})t]\mathrm{d}V'\mathrm{d}t\end{aligned} \tag{3.3.26b}$$

利用方程(2.4.23b),上式变成

$$p_\rho(\boldsymbol{r},\omega) \approx \frac{A\exp(\mathrm{i}\omega|\boldsymbol{r}|/c_0)}{8\pi^2|\boldsymbol{r}|}\int_{-\infty}^{\infty}\int_V [k_\mathrm{i}^2\gamma_\rho(\boldsymbol{r}',t') - \mathrm{i}\boldsymbol{k}_\mathrm{i}\cdot\nabla'\gamma_\rho(\boldsymbol{r}',t')]$$

$$\times \exp\left[-\mathrm{i}\left(\frac{\omega}{c_0}\boldsymbol{e}_\mathrm{s} - k_\mathrm{i}\boldsymbol{e}_\mathrm{i}\right)\cdot\boldsymbol{r}' + \mathrm{i}(\omega-\omega_\mathrm{i})t'\right]\mathrm{d}V'\mathrm{d}t' \tag{3.3.26c}$$

注意到积分关系

$$\int_V [\boldsymbol{k}_\mathrm{i}\cdot\nabla'\gamma_\rho(\boldsymbol{r}',t')]\mathrm{e}^{-\mathrm{i}\boldsymbol{K}\cdot\boldsymbol{r}'}\mathrm{d}V' = \mathrm{i}(\boldsymbol{k}_\mathrm{i}\cdot\boldsymbol{K})\int_V\gamma_\rho(\boldsymbol{r}',t')\mathrm{e}^{-\mathrm{i}\boldsymbol{K}\cdot\boldsymbol{r}'}\mathrm{d}V' \tag{3.3.26d}$$

方程(3.3.26c)变成

$$p_\rho(\boldsymbol{r},\omega) \approx \frac{2\pi^2 A}{|\boldsymbol{r}|}\mathrm{e}^{\mathrm{i}\omega|\boldsymbol{r}|/c_0}\left(\frac{\omega}{c_0}k_\mathrm{i}\boldsymbol{e}_\mathrm{s}\cdot\boldsymbol{e}_\mathrm{i}\right)\boldsymbol{\Gamma}_\rho\left(\frac{\omega}{c_0}\boldsymbol{e}_\mathrm{s}-k_\mathrm{i}\boldsymbol{e}_\mathrm{i},\omega-\omega_\mathrm{i}\right) \tag{3.3.26e}$$

函数 $\boldsymbol{\Gamma}_\rho(\boldsymbol{K},\omega)$ 与 $\boldsymbol{\Gamma}_\kappa(\boldsymbol{K},\omega)$ 类似,是 $\gamma_\rho(\boldsymbol{r},t)$ 的 4 维时空 Fourier 变换.

因此,如果给出密度和压缩系数随时空的分布,就能求出相应的远场散射场. 下面考虑一种特殊的时空分布

$$\gamma_\kappa(\boldsymbol{r},t)=\gamma_\kappa(\boldsymbol{r}-\boldsymbol{U}_0t),\quad \gamma_\rho(\boldsymbol{r},t)=\gamma_\rho(\boldsymbol{r}-\boldsymbol{U}_0t) \tag{3.3.27}$$

上式意味着:非均匀散射区以常速度 $\boldsymbol{U}_0$ 运动,在相对于散射区静止的参考系 S′内,密度和压缩系数处于稳态,即 $\gamma_\kappa(\boldsymbol{r}',t')=\gamma_\kappa(\boldsymbol{r}')$ 和 $\gamma_\rho(\boldsymbol{r}',t')=\gamma_\rho(\boldsymbol{r}')$. 参考系 S′的坐标$(x_1',x_2',x_3',t')$与相对于实验室静止的参考系 S 的坐标$(x_1,x_2,x_3,t)$之间的变换关系由 Galileo 变换给出,即 $x_j'=x_j-U_{0j}t'$ $(j=1,2,3)$;$t'=t$. 于是,在参考系 S 内,密度和压缩系数处于非稳态,由方程(3.3.27)表示. 注意:当非均匀散射区以常速度 $\boldsymbol{U}_0$ 运动时,原则上 $\boldsymbol{v}_\mathrm{e}=\boldsymbol{U}_0\neq0$,故方程(3.3.20d)不成立,应该严格导出运动非均匀散射区的波动方程,但当 Mach 数 $|\boldsymbol{U}_0|/c_0\ll1$ 时,可以忽略物质导数 $\mathrm{d}/\mathrm{d}t=\partial/\partial+\boldsymbol{U}_0\cdot\nabla$ 中的对流项(见习题 3.12 和第 8 章讨论),即 $\mathrm{d}/\mathrm{d}t\approx\partial/\partial t$,而对保留密度和压缩系数的非稳态形式[即方程(3.3.27)],方程(3.3.20d)近似成立. 由于散射体的运动速度远小于声速,我们在散射体经过坐标原点附近时分析问题(因而可以作远场展开),如图 3.3.2 所示. 由方程(3.3.24b)和方程(3.3.27),不难得到(其中 $j=\kappa,\rho$)

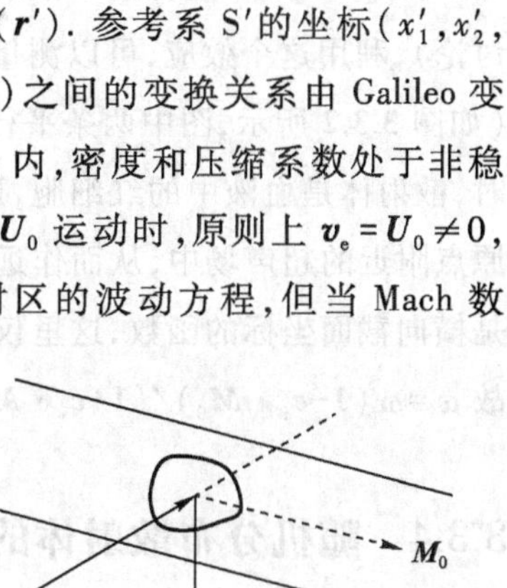

图 3.3.2　散射体经过坐标原点附近

$$\begin{aligned}\boldsymbol{\Gamma}_j(\boldsymbol{K},\omega) &= \frac{1}{(2\pi)^4}\int_{-\infty}^{\infty}\int_V\gamma_j(\boldsymbol{r}-\boldsymbol{U}_0t)\exp(-\mathrm{i}\boldsymbol{K}\cdot\boldsymbol{r}+\mathrm{i}\omega t)\mathrm{d}V\mathrm{d}t\\ &= \frac{1}{(2\pi)^4}\int_{-\infty}^{\infty}\int_V\gamma_j(\boldsymbol{r}')\exp[-\mathrm{i}\boldsymbol{K}\cdot\boldsymbol{r}'+\mathrm{i}(\omega t-\boldsymbol{U}_0t)]\mathrm{d}V'\mathrm{d}t\\ &= \frac{1}{(2\pi)^4}\int_V\gamma_j(\boldsymbol{r}')\exp(-\mathrm{i}\boldsymbol{K}\cdot\boldsymbol{r}')\mathrm{d}V'\int_{-\infty}^{\infty}\exp[\mathrm{i}(\omega-\boldsymbol{K}\cdot\boldsymbol{U}_0)t]\mathrm{d}t\\ &= \boldsymbol{\Gamma}_\rho(\boldsymbol{K})\delta(\omega-\boldsymbol{K}\cdot\boldsymbol{U}_0)\end{aligned} \tag{3.3.28a}$$

其中,$\Gamma_\kappa(\boldsymbol{K})$ 和 $\Gamma_\rho(\boldsymbol{K})$ 由方程(3.3.16c)给出. 注意:积分过程中先对体积积分,作变换 $\boldsymbol{r}-\boldsymbol{U}_0 t=\boldsymbol{r}'$,此时 t 可看作常量,或者看作四重积分变换 $\boldsymbol{r}'=\boldsymbol{r}-\boldsymbol{U}_0 t; t'=t$,变换的 Jacobi 行列式为 1. 将上式代入方程(3.3.24a)和方程(3.3.27)就可以得到散射场的频率分布,压缩率对声散射的贡献为(密度贡献类似,不重复写出)

$$p_\kappa(\boldsymbol{r},\omega)\approx\frac{2\pi^2 k_i^2 A}{|\boldsymbol{r}|}\exp\left(\mathrm{i}\frac{\omega}{c_0}|\boldsymbol{r}|\right)\cdot\frac{\omega}{\omega_i}\Gamma_\kappa\left(\frac{\omega}{c_0}\boldsymbol{e}_s-k_i\boldsymbol{e}_i\right)\times\delta\left[\left(\frac{\omega}{c_0}\boldsymbol{e}_s-k_i\boldsymbol{e}_i\right)\cdot\boldsymbol{U}_0-(\omega-\omega_i)\right]\tag{3.3.28b}$$

上式表明,当入射波的频率为 ω_i 时,远场散射波的频率满足

$$\left(\frac{\omega}{c_0}\boldsymbol{e}_s-k_i\boldsymbol{e}_i\right)\cdot\boldsymbol{U}_0-(\omega-\omega_i)=0\tag{3.3.28c}$$

即

$$\omega=\omega_i\frac{1-\boldsymbol{e}_i\cdot\boldsymbol{M}_0}{1-\boldsymbol{e}_s\cdot\boldsymbol{M}_0}\tag{3.3.28d}$$

其中,$\boldsymbol{M}_0=\boldsymbol{U}_0/c_0$. 这种由于散射体的运动而产生的频率变化称为 **Doppler 效应**(见第 8 章讨论),利用这个效应,可以测量散射体的运动速度,这是超声 Doppler 血流仪的基本原理(如图 3.3.2 所示,图中两条平行线模拟血管). 注意:① 利用超声 Doppler 测量血液流动时,散射体是血液中的红细胞,连续流过超声场,因此任何时刻都可以假定散射体在坐标原点附近的超声场中,从而作远场展开;② 实际的血液流动速度不可能是均匀速度,一定是横向截面坐标的函数,这里仅仅以简单的模型作分析;③ 当测量背向散射时,$\boldsymbol{e}_s=-\boldsymbol{e}_i$,故 $\omega=\omega_i(1-\boldsymbol{e}_i\cdot\boldsymbol{M}_0)/(1+\boldsymbol{e}_i\cdot\boldsymbol{M}_0)$.

3.3.4 随机分布散射体的散射

水中的气泡群或空气中的雾滴都可以看作随机分布的 N 个散射体. 当声波入射到这样的不均匀区域时,每个散射体产生散射**子波**(wavelet),这些散射子波作为入射波又被其他散射体散射……严格求出散射波场是非常困难的. 但在 Born 近似下,我们假定每个散射体的散射足够"弱",可以忽略散射子波的再散射,远场的总散射波可看作是每个散射子波的叠加. 这样的近似称为**单次散射近似**. 散射子波由两部分构成:相干部分和非相干部分. 相干部分相位相同,它们相干叠加,故产生的远场散射强度正比于 N^2,称为**相干散射**(coherent scattering);而非相干部分相位随机变化,它们的叠加就是简单的强度相加,故产生的远场散射强度正比于 N,称为**非相干散射**(incoherent scattering).

下面的讨论假定:① 每个散射体的散射足够"弱",并且散射体足够稀少(单次散射近似);② 非均匀区 R 的线度远小于波长 λ(低频近似条件);③ 测量点到非均匀区 R(包含

所有散射体)的距离远大于非均匀区 R 的线度和波长 λ(远场近似条件).

相干散射 当散射体周期分布时(例如晶格对 X 射线的 Bragg 散射),散射子波在某些方向有相同的相位,叠加后形成衍射束;但当散射体随机分布时,只有在入射波传播方向,散射子波相位一致,形成较强的散射波.这一较强的散射波又相干叠加到入射波上,改变入射波.就好像入射波通过了另一个具有不同密度和声速的区域.因此,作为近似的第一步,我们可以用**等效密度**和**等效压缩系数**来描述声波在非均匀区 R 中的传播.

假设:① 非均匀区 R 包含 N 个散射体;② 每个散射体都是球体,第 n 个球体的半径为 a_n,密度和压缩系数分别为 ρ_n 和 κ_n;③ 散射体之间的背景介质具有的密度和压缩系数分别为 ρ_0 和 κ_0.为了求出等效密度和等效声速,我们用平均值 $\overline{\gamma}_\kappa$ 和 $\overline{\gamma}_\rho$ 来代替积分方程(3.3.10b)中的 $\gamma_\kappa(\boldsymbol{r})$ 和 $\gamma_\rho(\boldsymbol{r})$.在第 n 个球体的球内,有 $\gamma_\kappa(\boldsymbol{r})=\kappa_n/\kappa_0-1$ 和 $\gamma_\rho(\boldsymbol{r})=1-\rho_0/\rho_n$,而在球体之间 $\gamma_\kappa(\boldsymbol{r})=\gamma_\rho(\boldsymbol{r})=0$,因此,平均值 $\overline{\gamma}_\kappa$ 和 $\overline{\gamma}_\rho$ 分别为

$$\overline{\gamma}_\kappa=\frac{1}{V}\sum_{n=1}^{N}\frac{4}{3}\pi a_n^3\left(\frac{\kappa_n}{\kappa_0}-1\right),\quad \overline{\gamma}_\rho=\frac{1}{V}\sum_{n=1}^{N}\frac{4}{3}\pi a_n^3\left(1-\frac{\rho_0}{\rho_n}\right)\tag{3.3.29a}$$

其中,V 为非均匀区域的体积.将上式代入方程(3.3.10b)得到

$$\begin{aligned}p(\boldsymbol{r},\omega)\approx{}&p_{\mathrm{i}}(\boldsymbol{r},\omega)+\overline{\gamma}_\kappa k_0^2\int_V p(\boldsymbol{r}',\omega)g(\boldsymbol{r},\boldsymbol{r}')\mathrm{d}V'\\&-\overline{\gamma}_\rho\int_V g(\boldsymbol{r},\boldsymbol{r}')\nabla'^2p(\boldsymbol{r}',\omega)\mathrm{d}V'\end{aligned}\tag{3.3.29b}$$

其中,$k_0=\omega/c_0=\sqrt{\rho_0\kappa_0}\,\omega$.上式是声波的积分方程形式,改写成微分形式为

$$\nabla^2p(\boldsymbol{r},\omega)+k_0^2p(\boldsymbol{r},\omega)\approx-k_0^2\overline{\gamma}_\kappa p(\boldsymbol{r},\omega)+\overline{\gamma}_\rho\nabla^2p(\boldsymbol{r},\omega)\tag{3.3.29c}$$

或者写成

$$\frac{1-\overline{\gamma}_\rho}{\rho_0}\nabla^2p(\boldsymbol{r},\omega)-\kappa_0(1+\overline{\gamma}_\kappa)\frac{\partial^2p(\boldsymbol{r},t)}{\partial t^2}\approx0\tag{3.3.29d}$$

因此,等效密度 ρ_R 和等效压缩系数 κ_R 分别为

$$\begin{aligned}\frac{1}{\rho_R}&\equiv\frac{1-\overline{\gamma}_\rho}{\rho_0}=\frac{1}{\rho_0}+\frac{1}{V}\sum_{n=1}^{N}\frac{4}{3}\pi a_n^3\left(\frac{1}{\rho_n}-\frac{1}{\rho_0}\right)\\\kappa_R&\equiv\kappa_0(1+\overline{\gamma}_\kappa)=\kappa_0+\frac{1}{V}\sum_{n=1}^{N}\frac{4}{3}\pi a_n^3(\kappa_n-\kappa_0)\end{aligned}\tag{3.3.30a}$$

如果每个球的密度和压缩系数相同($\rho_n\equiv\rho_{\mathrm{b}}$ 和 $\kappa_n\equiv\kappa_{\mathrm{b}}$),那么

$$\rho_R=\frac{\rho_0\rho_{\mathrm{b}}}{(1-f)\rho_{\mathrm{b}}+\rho_0f},\quad \kappa_R\equiv\kappa_0(1+\overline{\gamma}_\kappa)=(1-f)\kappa_0+f\kappa_{\mathrm{b}}\tag{3.3.30b}$$

其中,f 是散射体的体积占有比,有

$$f\equiv\frac{1}{V}\sum_{n=1}^{N}\frac{4}{3}\pi a_n^3\approx\frac{N}{V}\frac{4}{3}\pi a^3\tag{3.3.30c}$$

上式的第二个等式假定所有的球半径相同且为 a. 分析两个极端情况：① 背景介质的密度远远小于散射球的密度（如空气中的水滴散射，或者其他刚性散射体），即 $\rho_0 \ll \rho_b$，此时一般有 $\kappa_0 \gg \kappa_b$，故由方程（3.3.30b）可知，$\rho_R \approx \rho_0/(1-f)$ 和 $\kappa_R \approx (1-f)\kappa_0$，而有效声速 $c_R = 1/\sqrt{\rho_R \kappa_R} \approx 1/\sqrt{\rho_0 \kappa_0}$ 由背景介质的声速决定，该式可以外推到 $f \to 0$ 情况，其意义非常清楚；② 背景介质的密度远远大于散射球的密度（如水中空气泡的散射，或者其他软散射体），即 $\rho_0 \gg \rho_b$，此时一般有 $\kappa_0 \ll \kappa_b$，但是方程（3.3.30b）中第一式分母上取近似 $(1-f)\rho_b \ll \rho_0 f$ 需特别小心，因为当 $f \to 0$ 时，近似不再成立. 一旦 $f \neq 0$，则有 $\rho_R \approx \rho_b/f$ 和 $\kappa_R \approx f\kappa_b$，故有效声速 $c_R = 1/\sqrt{\rho_R \kappa_R} \approx 1/\sqrt{\rho_b \kappa_b}$ 由散射介质的声速决定. 设背景介质为水，散射体为空气泡时的等效声速满足

$$c_R^2 = \frac{1}{\rho_R \kappa_R} = \frac{(1-f)\rho_b + \rho_0 f}{(1-f)\rho_b c_0^{-2} + f\rho_0 c_b^{-2}} \tag{3.3.31}$$

当 $f=0$ 时，$c_R = c_0 = 1\,483$ m/s 为水中声速，但一旦 $f \neq 0$，$c_R \approx c_b = 344$ m/s 为空气泡中的声速，变化非常剧烈；然而，当背景介质为空气、散射体为水滴时，声速基本不变，主要由空气中声速决定. 由此可见，水中的气泡对声波的散射是非常强烈的，进一步的讨论见 3.3.5 小节和 9.3 节.

在等效介质近似下，入射波遇到包含多个散射体的非均匀区 R 的散射就可以等效成遇到密度为 ρ_R、压缩系数为 κ_R 的均匀区 R 的散射. 设散射区为半径为 R 的球体，由方程（3.1.26a），散射功率为

$$P_s(\omega) \approx \frac{4\pi I_{0i}}{9} \frac{\omega^4 R^6}{c_0^4} \left[\left(1 - \frac{\kappa_R}{\kappa_0}\right)^2 + 3\left(\frac{\rho_R - \rho_0}{2\rho_R + \rho_0}\right)^2 \right] \tag{3.3.32}$$

即散射功率正比于 $(\kappa_R - \kappa_0)^2$，而 $(\kappa_R - \kappa_0)$ 正比于 N，故散射功率正比于 N^2，而不是 N. 因为每个散射子波存在相位相同部分，这部分散射子波的叠加是相干叠加，故称为**相干散射**. 可见等效介质近似描述了随机分布散射体散射的相干部分.

在相干散射的讨论中，我们用平均值 $\bar{\gamma}_\kappa$ 和 $\bar{\gamma}_\rho$ 来代替 $\gamma_\kappa(\boldsymbol{r})$ 和 $\gamma_\rho(\boldsymbol{r})$，忽略了 $\gamma_\kappa(\boldsymbol{r})$ 和 $\gamma_\rho(\boldsymbol{r})$ 在平均值 $\bar{\gamma}_\kappa$ 和 $\bar{\gamma}_\rho$ 附近的涨落，考虑涨落后，$\gamma_\kappa(\boldsymbol{r})$ 和 $\gamma_\rho(\boldsymbol{r})$ 的表达式应该为

$$\gamma_\kappa(\boldsymbol{r}) = \bar{\gamma}_\kappa + \tilde{\gamma}_\kappa(\boldsymbol{r}), \quad \gamma_\rho(\boldsymbol{r}) = \bar{\gamma}_\rho + \tilde{\gamma}_\rho(\boldsymbol{r}) \tag{3.3.33}$$

至于涨落部分对入射声波的散射，可看作入射声波在等效介质（ρ_R 和 κ_R）中遇到空间随机的分布 $\tilde{\gamma}_\kappa(\boldsymbol{r})$ 和 $\tilde{\gamma}_\rho(\boldsymbol{r})$ 的散射. 研究表明：① 涨落引起的散射强度正比于 N，它表示散射子波相位的无规部分，这部分散射波的叠加是简单的强度相加，故称为**非相干散射**；② 非相干散射在入射波方向（$\theta=0$）的散射强度为零；③ 非相干散射强度正比于 $\omega a/c_0$ 的 6 次方，远小于相干散射强度（正比于 $\omega R/c_0$ 的 4 次方）.

以上讨论要求满足单次散射条件，即要求散射体的密度（N/V）足够小，每个散射子波的再散射可以忽略不计. 对相反的情况，我们不得不考虑每个散射子波在其他散射体上的

再散射，以及再散射波又作为入射波，在其他散射体上再散射，等等. 这样的散射称为**多重散射**(multiple scattering). 对随机分布散射体的多重散射，目前还没有严格解，而对散射体周期排列的结构，多重散射可以严格求解，但比较复杂，在 3.3.5 小节中，我们将专门介绍另外一种方法，即平面波展开法，用以分析周期结构中声波的传播特性.

3.3.5 周期结构中声波的散射

由本章前面各节的讨论可知，散射体的存在可改变声的传播方向，因此可以设计特殊形式的散射体结构，实现声传播的调控. 这样的结构称为**声人工结构**. 人工结构一般是周期性的，例如层状周期介质是最简单的形式(见 1.4 节讨论). 声人工结构的声学性质不仅仅由组成单元的性能决定，而且与结构的形式有密切关系. 当声波在这种周期结构中传播时，表现出丰富的波动现象，特别是存在波传播的禁带.

如图 3.3.3 所示，考虑简单的长方体周期结构，介质由不同声速和密度的两种材料组成，嵌入散射体以长方体周期排列(二维为长方形). 如果两种材料是不同流体，只要考虑标量声波方程即可；反之，如果两种材料是不同固体，需要考虑弹性波的散射问题. 另外一种可能的情况是，在流体(如空气)基底中周期性嵌入固体散射体，由于固体的特征声阻抗率远大于空气，固体可以看成刚体. 为了简单，我们假定两种材料为流体，基底和嵌入散射体的密度和压缩系数分别为(ρ_0,κ_0)和(ρ_e,κ_e)(如果嵌入体为刚体，只要取$\rho_e\to\infty$和$\kappa_e\to 0$).

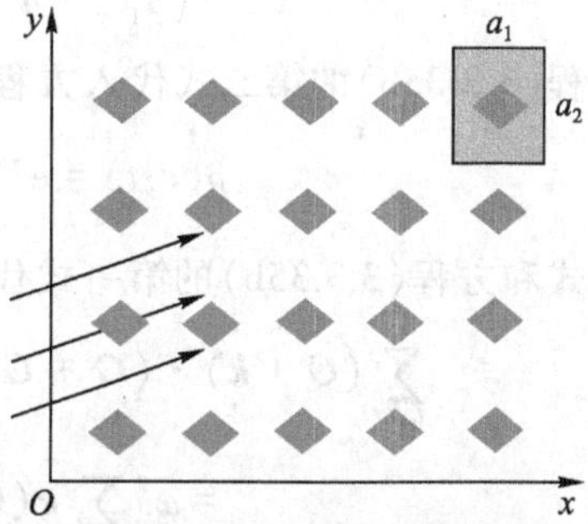

图 3.3.3　介质由不同密度和压缩系数的两种材料组成，图中仅画出一个二维截面

设$(\boldsymbol{e}_1,\boldsymbol{e}_2,\boldsymbol{e}_3)$分别是直角坐标$(x,y,z)$三个方向的单位矢量，$(a_1,a_2,a_3)$分别是$(\boldsymbol{e}_1,\boldsymbol{e}_2,\boldsymbol{e}_3)$方向的周期，则整个结构的压缩系数和密度分布是空间的周期函数，平移$\boldsymbol{R}_{mnl}=ma_1\boldsymbol{e}_1+na_2\boldsymbol{e}_2+la_3\boldsymbol{e}_3$$(m,n,l=0,\pm1,\pm2,\cdots)$后，密度和压缩系数相等，即满足

$$\rho(\boldsymbol{r})=\rho(\boldsymbol{r}+\boldsymbol{R}_{mnl}),\quad \kappa(\boldsymbol{r})=\kappa(\boldsymbol{r}+\boldsymbol{R}_{mnl}) \tag{3.3.34a}$$

当声波在周期结构中传播时，也必须满足 Bloch 定理(见 1.4.3 小节). 由方程(3.3.4b)，把整个周期结构看作非均匀介质，声波方程为

$$\kappa(\boldsymbol{r})\frac{\partial^2 p(\boldsymbol{r},t)}{\partial t^2}=\nabla\cdot\left[\frac{1}{\rho(\boldsymbol{r})}\nabla p(\boldsymbol{r},t)\right] \tag{3.3.34b}$$

如果介质均匀，即$\kappa(\boldsymbol{r})=\kappa_0=\kappa_e$(常量)和$\rho(\boldsymbol{r})=\rho_0=\rho_e$(常量)，从平面波解$\exp[\mathrm{i}(\boldsymbol{k}\cdot\boldsymbol{r}-\omega t)]$可以得到简单的线性色散关系$|\boldsymbol{k}|=\omega/c_0$. 然而，当$\kappa_0\neq\kappa_e$和$\rho_0\neq\rho_e$时，简单的平面波$\exp[\mathrm{i}(\boldsymbol{k}\cdot\boldsymbol{r}-\omega t)]$已不可能满足上式，因而也得不到简单的线性色散关系. 但可以设

想，此时的平面波应该修改为具有一个调幅因子的形式

$$p(\boldsymbol{r},t)=\exp[\mathrm{i}(\boldsymbol{k}\cdot\boldsymbol{r}-\omega t)]u_k(\boldsymbol{r}) \tag{3.3.35a}$$

其中，调幅因子具有空间周期性 $u_k(\boldsymbol{r})=u_k(\boldsymbol{r}+\boldsymbol{R}_{mnl})$. 上式就是二维或者三维形式的 Bloch 波，是方程(1.4.12b)的直接推广. 最简单且物理意义清晰的求色散关系 $\omega=\omega(\boldsymbol{k})$ 的方法是所谓**平面波展开法**，下面作简单介绍.

平面波展开法 我们来尝试方程(3.3.35a)形式的解能否满足方程(3.3.34b)，并给出有意义的色散关系 $\omega=\omega(\boldsymbol{k})$. 由于 $\kappa(\boldsymbol{r})$、$\rho(\boldsymbol{r})$ 以及 $u_k(\boldsymbol{r})$ 的空间周期性，它们可以展开成 Fourier 级数(即无限个平面波的叠加)：

$$g(\boldsymbol{r})=\sum_G g(\boldsymbol{G})\exp(\mathrm{i}\boldsymbol{G}\cdot\boldsymbol{r}),\quad u_k(\boldsymbol{r})=\sum_G u_k(\boldsymbol{G})\exp(\mathrm{i}\boldsymbol{G}\cdot\boldsymbol{r}) \tag{3.3.35b}$$

其中，$g(\boldsymbol{r})$ 分别表示 $\kappa(\boldsymbol{r})$ 和 $\rho^{-1}(\boldsymbol{r})$，$g(\boldsymbol{G})=\dfrac{1}{V}\displaystyle\int_V g(\boldsymbol{r})\exp(-\mathrm{i}\boldsymbol{G}\cdot\boldsymbol{r})\mathrm{d}V$ 是对应量在一个周期(称为**原胞**，$V=a_1a_2a_3$ 为原胞的体积)内的 Fourier 积分，$\boldsymbol{G}$ 称为**倒格子矢量**：

$$\boldsymbol{G}=2\pi\left(\frac{m}{a_1}\boldsymbol{e}_1+\frac{n}{a_2}\boldsymbol{e}_2+\frac{l}{a_3}\boldsymbol{e}_3\right)\quad(m,n,l=0,\pm1,\pm2,\cdots) \tag{3.3.35c}$$

把方程(3.3.35b)的第二式代入方程(3.3.35a)得到

$$p(\boldsymbol{r},t)=\mathrm{e}^{-\mathrm{i}\omega t}\sum_G u_k(\boldsymbol{G})\exp[\mathrm{i}(\boldsymbol{G}+\boldsymbol{k})\cdot\boldsymbol{r}] \tag{3.3.36a}$$

将上式和方程(3.3.35b)的第一式代入方程(3.3.34b)得到

$$\begin{aligned}&\sum_{G,G'}(\boldsymbol{G}+\boldsymbol{k})\cdot(\boldsymbol{G}+\boldsymbol{G}'+\boldsymbol{k})\rho^{-1}(\boldsymbol{G}')u_k(\boldsymbol{G})\exp[\mathrm{i}(\boldsymbol{G}+\boldsymbol{G}')\cdot\boldsymbol{r}]\\&=\omega^2\sum_{G,G'}\kappa(\boldsymbol{G}')u_k(\boldsymbol{G})\exp[\mathrm{i}(\boldsymbol{G}+\boldsymbol{G}')\cdot\boldsymbol{r}]\end{aligned} \tag{3.3.36b}$$

令 $\boldsymbol{G}''=\boldsymbol{G}'+\boldsymbol{G}$，上式变成

$$\begin{aligned}&\sum_{G''}\sum_G(\boldsymbol{G}+\boldsymbol{k})\cdot(\boldsymbol{G}''+\boldsymbol{k})\rho^{-1}(\boldsymbol{G}''-\boldsymbol{G})u_k(\boldsymbol{G})\exp(\mathrm{i}\boldsymbol{G}''\cdot\boldsymbol{r})\\&=\omega^2\sum_{G''}\sum_G\kappa(\boldsymbol{G}''-\boldsymbol{G})u_k(\boldsymbol{G})\exp(\mathrm{i}\boldsymbol{G}''\cdot\boldsymbol{r})\end{aligned} \tag{3.3.36c}$$

由 Fourier 级数的正交性，可得

$$\sum_G(\boldsymbol{G}+\boldsymbol{k})\cdot(\boldsymbol{G}''+\boldsymbol{k})\rho^{-1}(\boldsymbol{G}''-\boldsymbol{G})u_k(\boldsymbol{G})=\omega^2\sum_G\kappa(\boldsymbol{G}''-\boldsymbol{G})u_k(\boldsymbol{G}) \tag{3.3.37a}$$

其中，$\boldsymbol{G}''$的取值为

$$\boldsymbol{G}''=2\pi\left(\frac{m}{a_1}\boldsymbol{e}_1+\frac{n}{a_2}\boldsymbol{e}_2+\frac{l}{a_3}\boldsymbol{e}_3\right)\quad(m,n,l=0,\pm1,\pm2,\cdots) \tag{3.3.37b}$$

令 $M_{GG''}(\boldsymbol{k})\equiv(\boldsymbol{G}+\boldsymbol{k})\cdot(\boldsymbol{G}''+\boldsymbol{k})\rho^{-1}(\boldsymbol{G}''-\boldsymbol{G})$ 和 $N_{GG''}(\boldsymbol{k})\equiv\kappa(\boldsymbol{G}''-\boldsymbol{G})$，矩阵 $\boldsymbol{M}$ 和 $\boldsymbol{N}$ 分别以 $M_{GG''}(\boldsymbol{k})$ 和 $N_{GG''}(\boldsymbol{k})$ 为元，则方程(3.3.27a)可简写成矩阵形式

$$MU_k=\omega^2 NU_k,\quad N^{-1}MU_k=\omega^2 U_k \tag{3.3.37c}$$

其中，U_k是以 $u_k(G)$为元的列矢量，N^{-1}是 N 的逆矩阵. 显然，上式是关于 U_k的线性齐次方程，存在非零解的条件为系数行列式等于零：

$$\det[(N^{-1}M)_{GG''}-\omega^2\delta_{GG''}]=0 \tag{3.3.37d}$$

从而可以得到决定色散关系 $\omega=\omega(k)$ 的代数方程. 对于给定的 k，可以求得无限多个根 $\omega=\omega_n(k)\ (n=1,2,\cdots)$. 以波矢 k 为横坐标，频率 ω 为纵坐标，就可以构成所谓**能带图**（见图 3.3.5）. 数值计算表明，当两种介质的常量相差足够大，且周期（a_1,a_2,a_3）满足一定条件时，色散曲线上存在禁带，就像自然晶体中的电子能带一样，频率位于禁带内的声波不能通过周期介质（故周期介质也称为**声子晶体**）. 禁带的产生是由声波的相干散射形成的，这是波动的基本特性.

注意：积分 $g(G)$与散射体的具体形状有关. 考虑 $G=(0,0,0)$［即方程（3.3.35c）中 m、n、l 同时为零］情况，显然

$$\kappa(G=0)=f\kappa_e+(1-f)\kappa_0,\quad \rho^{-1}(G=0)=f\rho_e^{-1}+(1-f)\rho_0^{-1} \tag{3.3.38}$$

其中，$f=V_e/V$ 为一个原胞内散射体体积 V_e 与原胞体积 V 之比，称为**占有比**. 将上式与方程（3.3.30b）比较可知，$\kappa(G=0)$ 和 $\rho^{-1}(G=0)$ 实际上给出了散射体随机分布时的低频等效参量.

Brillouin 区　对给定的 n，在倒格子空间中（即 G 形成的格点空间），$\omega_n(k)$是波数 k 的周期函数，即 $\omega_n(k)=\omega_n(k+G)$. 因此，我们可以将 k 限制在倒格子空间的一个周期内取值，包含倒格子空间原点的第一个区域称为**第一 Brillouin 区**. 对二维正方形排列的周期结构（周期为 $d\equiv a_1=a_2$），其第一 Brillouin 区如图 3.3.4 所示，三个特征点 Γ、X 和 M 分别为：$k_\Gamma=(0,0)$，$k_X=(\pi/d,0)$ 和 $k_M=(\pi/d,\pi/d)$. 由于对称性，波矢量 k 在第一 Brillouin 区的三角形区 ΓXM 内的三条边扫描就可以表征色散关系$\omega=\omega_n(k)\ (n=1,2,\cdots)$.

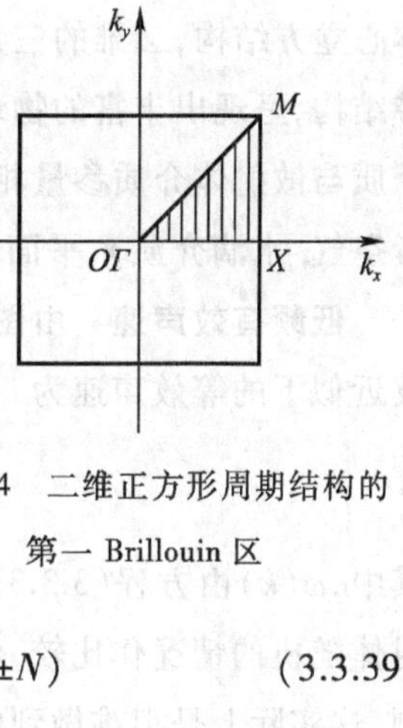

图 3.3.4　二维正方形周期结构的第一 Brillouin 区

在实际的数值计算中，方程（3.3.37a）中 G（以及 G''）只能取有限个，即

$$G=2\pi\left(\frac{m}{a}e_1+\frac{n}{a}e_2\right)\quad (m,n=0,\pm1,\pm2,\cdots,\pm N) \tag{3.3.39}$$

则 M 和 N 是$(2N+1)^2\times(2N+1)^2$ 的方阵. 例如，取 $N=10$，则方阵阶数为 441（即 441 个平面波）. 作为例子（见参考文献 46），图 3.3.5 给出了基底为空气，散射体为不锈钢圆柱体的正方形周期结构的能带图，由于不锈钢可以看成刚体，即 $\kappa_e\to0,\rho_e\to\infty$，于是，根据方程（3.3.38），有 $\bar{\kappa}\approx(1-f)\kappa_0$ 和 $\bar{\rho}^{-1}\approx(1-f)\rho_0^{-1}$. 从图 3.3.5（a）可见，当 $f=0.066$（对应于不锈钢圆柱直径为 2.9 cm）时，在频率 6.4 kHz 下，能带图上不存在**完全禁带**（即在第一

Brillouin 区内，所有传播方向和不同波数的声波都不能通过的频带，称为完全禁带，否则称为**部分禁带**)；而当 $f=0.55$（对应于不锈钢圆柱直径为 8.3 cm）时，能带图上存在两条完全禁带（禁带 Ⅰ：位于 2 kHz 附近；禁带 Ⅱ：位于 6.5 kHz 附近，见图 3.3.5(b) 的阴影区)，可见禁带的产生与占有比密切相关，当 f 较小时，散射波不足以抵消入射波而形成禁带.

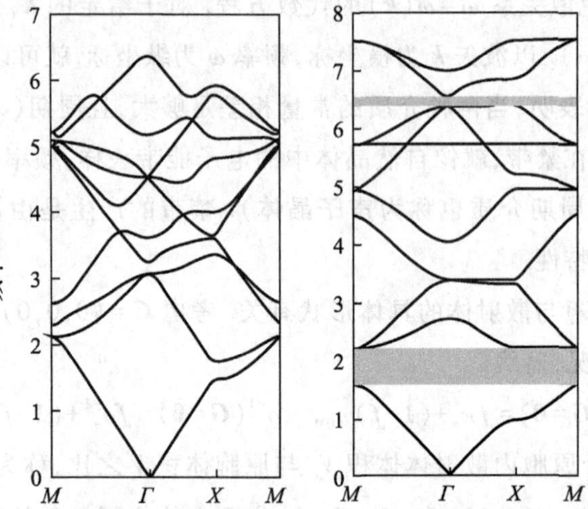

(a) 占有比 f=0.066　　(b) 占有比 f=0.55

图 3.3.5　二维正方形周期结构的能带图，周期 $d=10$ cm

值得指出的是：① 以上我们仅仅讨论了长方体或立方体（二维为长方形或正方形）周期排列结构的能带特性，像自然晶体一样，周期排列的方法有多种，如三维的面心立方和体心立方结构，二维的三角形和六角形（蜂窝）结构，等等. 这些不同的排列具有不同的能带结构，呈现出丰富的物理现象，对声波传播的调控具有十分重要的应用意义；② 当基底介质与散射体介质参量相差很大时（如图 3.3.5 的例子，以及下面讨论的水-气泡介质或者空气-水滴介质），平面波展开法的级数收敛较慢，需要计算近 1 000 个平面波.

低频有效声速　由图 3.3.5 可知，在 Γ 点附近，当 $k\to 0$ 时，$\omega\sim k$ 是线性关系. 定义长波近似下的等效声速为

$$C_{\text{eff}}=\lim_{k\to 0}\left(\frac{\omega}{k}\right) \tag{3.3.40}$$

其中，$\omega(\boldsymbol{k})$ 由方程(3.3.37d)决定，通过计算能带图，就可以求 C_{eff}. 为了与 3.3.4 小节中散射体随机的情况作比较，假定基底为水介质，空气泡为球形且以立方排列（而不是随机排列，这实际上是很难做到的），图 3.3.6 给出了由上式和方程(3.3.31)计算得到的有效声速随占有比 f 的变化关系（见参考文献 47），计算中取水的声速 $c_0=1\ 500$ m/s 和密度 $\rho_0=988$ kg/m^3；空气的声速 $c_e=330$ m/s 和密度 $\rho_e=1.2$ kg/m^3. 注意：① 占有比 f 的最大值为 $f=\pi/6\approx 0.524$；② 在三维立方体结构情况下（周期 $d=a_1=a_2=a_3$），有

$$\boldsymbol{G}=\frac{2\pi}{d}(m\boldsymbol{e}_1+n\boldsymbol{e}_2+l\boldsymbol{e}_3)\quad (m,n,l=0,\pm1,\pm2,\cdots,\pm N) \tag{3.3.41}$$

当散射体为半径为 a 的球时，$g(\boldsymbol{G}\neq\boldsymbol{0})$ 仅仅与比值 a/d 有关，而 a/d 可用占有比表示为 $a/d=(3f/4\pi)^{1/3}$，所以有效声速 C_{eff} 仅仅是占有比 f 的函数(各向异性可以忽略). 由图 3.3.6可见，当空气泡周期排列时，有效声速甚至低于空气中的声速，这一点与气泡随机分布情况是完全不同的. 对相反的情况，即基底为空气，散射体为水滴的情况，计算得到的有效声速随 f 的变化基本不变，由空气中声速决定，这一点与 3.3.4 小节的结论一致.

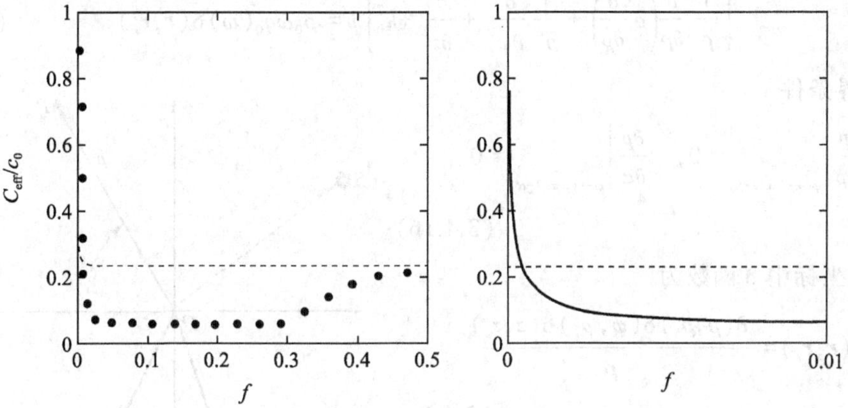

图 3.3.6　含周期排列气泡的水中有效声速随占有比 f 的变化关系("●"表示)，图中虚线是根据方程(3.3.31)的计算结果，右图是 f 很小时的放大，横线为气体声速

值得指出的是，对正方形(或者正方体)周期排列的结构，低频有效声速 C_{eff} 基本上是各向同性的. 然而，对较复杂的周期结构(例如长方形或者长方体)，低频有效声速 C_{eff} 与波矢量的方向有关，是各向异性的. 对固体材料组成的周期结构，即使是正方形(或者正方体)周期结构，低频有效速度也是各向异性的，其各向异性程度与弹性波的极化方向有关，见参考文献 48、49 和 50.

3.4　刚性楔和屏的声衍射

当声波频率甚高时，或者散射物的线度远远大于波长时(如 3.1 节中球的半径远大于入射波波长)，大量的声能量被散射物反射，在散射物前面和侧面形成"亮区"，而在散射物背后形成"阴影区"(几何声学近似). 但当声波频率不是足够高时，有一部分声波从散射物的侧面绕射到"阴影区"，这种现象称为**衍射**，声波波长越长(频率越低)，衍射效果越明显(即声波更容易绕射到散射物背后). 在"阴影区"的边缘(即"亮区"与"阴影区"交界处)，衍射波声场十分复杂，必须严格求解波动方程，或者使用衍射几何声学理论. 最典型的例子是楔形物或者屏的声衍射，在楔形物或者屏的边缘形成复杂的衍射声场.

3.4.1 刚性楔对声波的衍射

如图 3.4.1 所示，无限长（z 方向）刚性楔张角为 $\alpha+\beta$，顶角位于 z 轴. 设强度为 $q_0(\omega)$ 的点源位于 $S:\boldsymbol{r}_s=(\rho_s,\varphi_s,z_s)$，空间声场 $p=p(\rho,\varphi,z)$ 满足

$$\left[\frac{1}{\rho}\frac{\partial}{\partial\rho}\left(\rho\frac{\partial}{\partial\rho}\right)+\frac{1}{\rho^2}\frac{\partial^2}{\partial\varphi^2}+\frac{\partial^2}{\partial z^2}+k_0^2\right]p=\mathrm{i}\rho_0\omega q_0(\omega)\delta(\boldsymbol{r},\boldsymbol{r}_s) \tag{3.4.1a}$$

以及边界条件

$$\left.\frac{\partial p}{\partial\varphi}\right|_{\varphi\to-(\pi/2-\beta)}=0,\quad \left.\frac{\partial p}{\partial\varphi}\right|_{\varphi\to(3\pi/2-\alpha)}=0 \tag{3.4.1b}$$

其中，柱坐标中 δ 函数为

$$\delta(\boldsymbol{r},\boldsymbol{r}_s)=\frac{\delta(\rho,\rho_s)\delta(\varphi,\varphi_s)\delta(z,z_s)}{\rho} \tag{3.4.1c}$$

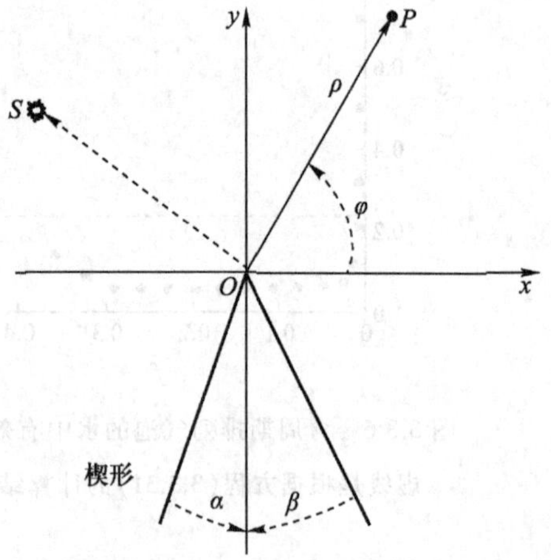

图 3.4.1 半无限刚性楔对入射波的衍射

我们首先讨论方位角方向的本征函数，如果问题涉及的区域包括 $\varphi\in[0,2\pi]$，φ 和 $\varphi+2\pi n$（n 是任意整数）表示平面上的同一点，要求 $\Phi(\varphi)$ 是周期为 2π 的周期函数，由周期性边界条件 $\Phi(\varphi)=\Phi(2\pi+\varphi)$，本征值是整数 m. 现在由于半无限刚性楔的存在，φ 只能从 $-(\pi/2-\beta)$ 变化到 $3\pi/2+\alpha$（不能越过刚性楔）. 方位角部分本征值问题为

$$\frac{\mathrm{d}^2\Phi(\varphi)}{\mathrm{d}\varphi^2}+\lambda^2\Phi(\varphi)=0$$
$$\left.\frac{\mathrm{d}\Phi(\varphi)}{\mathrm{d}\varphi}\right|_{\varphi\to-(\pi/2-\beta)}=0,\quad \left.\frac{\mathrm{d}\Phi(\varphi)}{\mathrm{d}\varphi}\right|_{\varphi\to(3\pi/2-\alpha)}=0 \tag{3.4.2a}$$

不难得到上述本征值问题的解为

$$\Phi_m(\varphi)=\cos\left[\frac{m}{2-(\alpha+\beta)/\pi}\left(\varphi-\frac{3\pi}{2}+\alpha\right)\right]$$
$$\lambda_m=\frac{m}{2-(\alpha+\beta)/\pi}\quad(m=0,1,2,3,\cdots) \tag{3.4.2b}$$

由于 z 方向不存在边界，故取方程(3.4.1a)的解为

$$p(\rho,\varphi,z)=\frac{1}{2\pi}\int_{-\infty}^{\infty}\sum_{m=0}^{\infty}A_m(\rho,k_z)\Phi_m(\varphi)\exp(\mathrm{i}k_z z)\mathrm{d}k_z \tag{3.4.3a}$$

代入方程(3.4.1a)得到

$$\frac{1}{\rho}\frac{\mathrm{d}}{\mathrm{d}\rho}\left[\rho\frac{\mathrm{d}A_m(\rho,k_z)}{\mathrm{d}\rho}\right]+\left[k_\rho^2-\frac{\nu^2(m)}{\rho^2}\right]A_m(\rho,k_z)$$
$$=\frac{\mathrm{i}\rho_0\omega q_0(\omega)\Phi_m(\varphi_s)}{\|\Phi_m\|^2}\exp(-\mathrm{i}k_z z_s)\frac{\delta(\rho,\rho_s)}{\rho}\tag{3.4.3b}$$

其中,$k_\rho^2=k_0^2-k_z^2$,Bessel 方程阶数为 $\nu(m)\equiv m/[2-(\alpha+\beta)/\pi]$. 取上式的解为

$$A_m(\rho,k_z)=\begin{cases}A_m\mathrm{J}_{\nu(m)}(k_\rho\rho) & (\rho<\rho_s)\\ B_m\mathrm{H}_{\nu(m)}^{(1)}(k_\rho\rho) & (\rho>\rho_s)\end{cases}\tag{3.4.3c}$$

其中,系数 A 和 B 由 $\rho=\rho_s$ 处的连接条件得到,即

$$\begin{aligned}&A_m\mathrm{J}_{\nu(m)}(k_\rho\rho_s)-B_m\mathrm{H}_{\nu(m)}^{(1)}(k_\rho\rho_s)=0\\&A_m\mathrm{J}'_{\nu(m)}(k_\rho\rho_s)-B_m\mathrm{H}'^{(1)}_{\nu(m)}(k_\rho\rho_s)=-\frac{\mathrm{i}\rho_0\omega q_0(\omega)\Phi_m(\varphi_s)}{k_\rho\rho_s\|\Phi_m\|^2}\exp(-\mathrm{i}k_z z_s)\end{aligned}\tag{3.4.3d}$$

于是,可以得到

$$\begin{aligned}A_m&=\frac{\pi\rho_0\omega q_0(\omega)\Phi_m(\varphi_s)}{2\|\Phi_m\|^2}\mathrm{H}_{\nu(m)}^{(1)}(k_\rho\rho_s)\exp(-\mathrm{i}k_z z_s)\\B_m&=\frac{\pi\rho_0\omega q_0(\omega)\Phi_m(\varphi_s)}{2\|\Phi_m\|^2}\mathrm{J}_{\nu(m)}(k_\rho\rho_s)\exp(-\mathrm{i}k_z z_s)\end{aligned}\tag{3.4.4a}$$

得到上式,利用了关系$(k_\rho\rho_s)[\mathrm{J}_{\nu(m)}(k_\rho\rho_s)\mathrm{H}'^{(1)}_{\nu(m)}(k_\rho\rho_s)-\mathrm{J}'_{\nu(m)}(k_\rho\rho_s)\mathrm{H}^{(1)}_{\nu(m)}(k_\rho\rho_s)]=2\mathrm{i}/\pi$. 最后代入方程(3.4.3a)得到空间声场为

$$p(\rho,\varphi,z)=\frac{\rho_0\omega q_0(\omega)}{4}\int_{-\infty}^{\infty}\sum_{m=0}^{\infty}\frac{\Phi_m(\varphi)\Phi_m(\varphi_s)}{\|\Phi_m\|^2}\exp[\mathrm{i}k_z(z-z_s)]\mathrm{d}k_z$$
$$\times\begin{cases}\mathrm{H}_{\nu(m)}^{(1)}(k_\rho\rho_s)\mathrm{J}_{\nu(m)}(k_\rho\rho) & (\rho<\rho_s)\\ \mathrm{J}_{\nu(m)}(k_\rho\rho_s)\mathrm{H}_{\nu(m)}^{(1)}(k_\rho\rho) & (\rho>\rho_s)\end{cases}\tag{3.4.4b}$$

特殊情况讨论如下.

(1) 当点声源位于楔的棱边时($\rho_s=0$ 和 φ_s 任意),注意到:$\Phi_0(\varphi)=1$ 和 $\nu(0)=0$, $\|\Phi_0\|^2=2\pi-(\alpha+\beta)$,方程(3.4.4b)简化成

$$p(\rho,\varphi,z)=\frac{\rho_0\omega q_0(\omega)}{8\pi[1-(\alpha+\beta)/2\pi]}\int_{-\infty}^{\infty}\mathrm{H}_0^{(1)}(k_\rho\rho)\exp[\mathrm{i}k_z(z-z_s)]\mathrm{d}k_z\tag{3.4.5a}$$

根据方程(2.4.6d),上式可写成

$$p(\rho,\varphi,z)=\frac{\mathrm{i}\rho_0\omega q_0(\omega)}{1-(\alpha+\beta)/2\pi}\cdot\frac{1}{4\pi R}\exp(\mathrm{i}k_0R)\tag{3.4.5b}$$

其中,R 为声源到测量点的距离:$R=\sqrt{x^2+y^2+(z-z_s)^2}$. 可见,即使是点声源,只要位于楔的棱边就没有衍射.

(2) 当 $\alpha=\beta\to\pi/2$ 时,方程(3.4.4b)简化为

$$p(\rho,\varphi,z)=\mathrm{i}\omega\rho_0 q_0(\omega)[g(\rho,\varphi,z|\rho_s,\varphi_s,z_s)+g(\rho,\varphi,z|\rho_s,-\varphi_s,z_s)] \tag{3.4.6a}$$

其中,$g(\rho,\varphi,z\mid\rho_s,\varphi_s,z_s)$ 是位于点 $\boldsymbol{r}_s=(\rho_s,\varphi_s,z_s)$ 的点源产生的场,有

$$g(\rho,\varphi,z\mid\rho_s,\varphi_s,z_s)\equiv\frac{\mathrm{i}}{8\pi}\int_{-\infty}^{\infty}\exp[\mathrm{i}k_z(z-z_s)]\mathrm{d}k_z\sum_{m=0}^{\infty}(2-\delta_{m0})\cos[m(\varphi-\varphi_s)]$$
$$\times\begin{cases}\mathrm{H}_m^{(1)}(k_\rho\rho_s)\mathrm{J}_m(k_\rho\rho)\,(\rho<\rho_s)\\ \mathrm{J}_m(k_\rho\rho_s)\mathrm{H}_m^{(1)}(k_\rho\rho)\,(\rho>\rho_s)\end{cases}=\frac{1}{4\pi|\boldsymbol{r}-\boldsymbol{r}_s|}\exp(\mathrm{i}k_0|\boldsymbol{r}-\boldsymbol{r}_s|) \tag{3.4.6b}$$

而 $g(\rho,\varphi,z\mid\rho_s,-\varphi_s,z_s)$ 是位于点 $\boldsymbol{r}'_s=(\rho_s,-\varphi_s,z_s)$ 的镜像点源产生的场,有

$$g(\rho,\varphi,z\mid\rho_s,-\varphi_s,z_s)\equiv\frac{\mathrm{i}}{8\pi}\int_{-\infty}^{\infty}\exp[\mathrm{i}k_z(z-z_s)]\mathrm{d}k_z\sum_{m=0}^{\infty}(2-\delta_{m0})\cos[m(\varphi+\varphi_s)]$$
$$\times\begin{cases}\mathrm{H}_m^{(1)}(k_\rho\rho_s)\mathrm{J}_m(k_\rho\rho)\,(\rho<\rho_s)\\ \mathrm{J}_m(k_\rho\rho_s)\mathrm{H}_m^{(1)}(k_\rho\rho)\,(\rho>\rho_s)\end{cases}=\frac{1}{4\pi|\boldsymbol{r}-\boldsymbol{r}'_s|}\exp(\mathrm{i}k_0|\boldsymbol{r}-\boldsymbol{r}'_s|) \tag{3.4.6c}$$

3.4.2 刚性屏对平面波的衍射

如图 3.4.2 所示,设刚性半无限大屏(屏的厚度远小于波长,可看作厚度为零)的直边位于 $x=y=0$(即与 z 轴重合),屏与 $-y$ 轴的夹角为 α. 为了简单,考虑二维平面波的衍射问题,入射平面波向 $-x$ 方向传播. 我们直接从方程(3.4.4b)得到问题的解. 注意到:① 二维问题实际上是三维线源激发的声场,故对方程(3.4.4b)中的 z_s 积分就得到二维解;② 图 3.4.2 的刚性屏是图 3.4.1 中取 $\beta=-\alpha$ 的特殊情况. 当 $\beta=-\alpha$ 时,$\nu(m)=m/2$,本征函数为

$$\Phi_{m/2}(\varphi)\equiv\cos\left[\frac{m}{2}\left(\varphi-\frac{3\pi}{2}+\alpha\right)\right]\quad(m=0,1,2,3,\cdots) \tag{3.4.7a}$$

注意到积分关系:$\int_{-\infty}^{\infty}\exp(-\mathrm{i}k_z z_s)\mathrm{d}z_s=2\pi\delta(k_z)$,位于 $\boldsymbol{\rho}_s=(\rho_s,\varphi_s)$ 的线源产生的场为

$$p(\rho,\varphi)\equiv\int_{-\infty}^{\infty}p(\rho,\varphi,z)\mathrm{d}z_s=\frac{\pi}{2}\rho_0\omega q_0(\omega)\sum_{m=0}^{\infty}\frac{\Phi_{m/2}(\varphi)\Phi_{m/2}(\varphi_s)}{\|\Phi_{m/2}\|^2}$$
$$\times\begin{cases}\mathrm{H}_{m/2}^{(1)}(k_0\rho_s)\mathrm{J}_{m/2}(k_0\rho)\,(\rho<\rho_s)\\ \mathrm{J}_{m/2}(k_0\rho_s)\mathrm{H}_{m/2}^{(1)}(k_0\rho)\,(\rho>\rho_s)\end{cases} \tag{3.4.7b}$$

在无限大空间中,位于 $\boldsymbol{\rho}_s=(\rho_s,\varphi_s)$ 的线源产生的场为

$$p_i(\rho,\varphi)=\frac{\rho_0\omega q_0(\omega)}{4}\mathrm{H}_0^{(1)}(k_0|\boldsymbol{\rho}-\boldsymbol{\rho}_s|) \tag{3.4.8a}$$

当 $\rho_s\gg\rho$ 时,线源产生的场(即入射波)可近似为平面波:

$$p_i(\rho,\varphi)\approx\frac{\rho_0\omega q_0(\omega)\mathrm{e}^{-\mathrm{i}\pi/4}}{4}\sqrt{\frac{2}{\pi k_0\rho_s}}\exp(\mathrm{i}k_0|\boldsymbol{\rho}-\boldsymbol{\rho}_s|)\approx p_{0i}\exp(-\mathrm{i}\boldsymbol{k}_i\cdot\boldsymbol{\rho})\quad(3.4.8\text{b})$$

其中,入射平面波波矢量和振幅分别为

$$\boldsymbol{k}_i\equiv k_0\left(\frac{x_s}{\rho_s},\frac{y_s}{\rho_s}\right),\quad p_{0i}\equiv\frac{\rho_0\omega q_0(\omega)}{4}\sqrt{\frac{2}{\pi k_0\rho_s}}\mathrm{e}^{\mathrm{i}(k_0\rho_s-\pi/4)}\quad(3.4.8\text{c})$$

如图 3.4.2 所示,设入射波为沿 $-x$ 方向传播的平面波,取 $y_s=0$,即 $\varphi_s=0$. 于是,在刚性半无限大屏后,空间总声场为[取方程(3.4.7b)中 $\rho<\rho_s$ 的解,且对 $\mathrm{H}^{(1)}_{m/2}(k_0\rho_s)$ 作大参量展开]

$$p(\rho,\varphi)=p_{0i}\sum_{m=0}^{\infty}\frac{2\pi\Phi_{m/2}(\varphi)\Phi_{m/2}(0)}{\|\Phi_{m/2}\|^2}\cdot\exp\left(-\mathrm{i}\frac{m\pi}{4}\right)\mathrm{J}_{m/2}(k_0\rho)\quad(3.4.9\text{a})$$

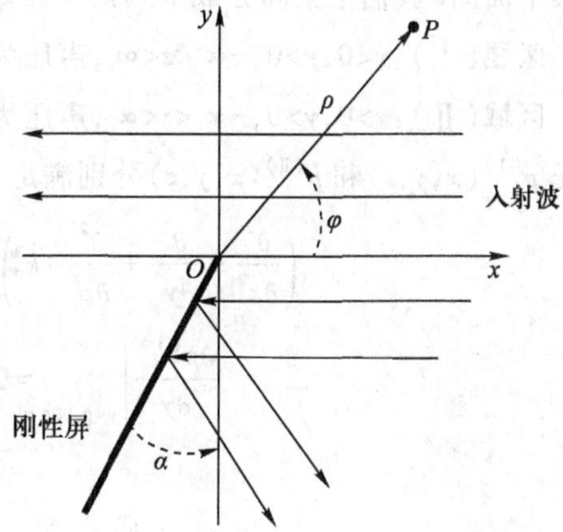

图 3.4.2　半无限刚性屏对平面入射波的衍射

注意到 $\|\Phi_{m/2}\|^2=2\pi/(2-\delta_{m0})$,上式简化为

$$p(\rho,\varphi)=p_{0i}\sum_{m=0}^{\infty}(2-\delta_{m0})(-\mathrm{i})^{m/2}\Phi_{m/2}(\varphi)\Phi_{m/2}(0)\mathrm{J}_{m/2}(k_0\rho)\quad(3.4.9\text{b})$$

图 3.4.3(b)给出了当 $\alpha=0$ 时,由上式计算得到的 $x=-l$ 直线上归一化声场的分布(取入射波振幅 $p_{0i}=1$),计算中取 $k_0l=50$. 由图 3.4.3(b)可见:在 $y/l<0$ 区,声场很小,仅只有衍射场;而在 $y/l>0$ 区,总声场振幅呈衰减振荡,当 y/l 较大时,声场振幅趋于入射场的振幅(常数 1). 可见,由于衍射效应,图 3.4.3(a)中第 4 象限区声场不为零.

注意:方程(3.4.9b)为空间总声场分布,散射场为 $p_s(\rho,\varphi)=p(\rho,\varphi)-p_i(\rho,\varphi)$. 当 $\alpha=\pi/2$ 时,厚度为零的屏与入射平面波平行,散射场应该为零. 容易证明,方程(3.4.9b)退化为沿 $-x$ 方向传播的平面入射波.

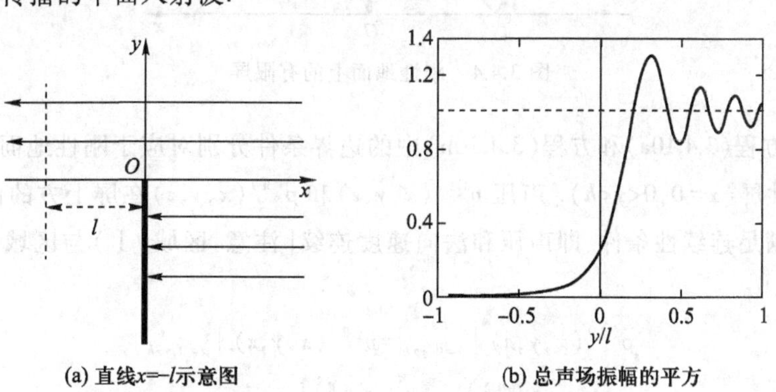

图 3.4.3　直线 $x=-l$ 上的空间声场分布

3.4.3 刚性地面上的有限屏

如图 3.4.4 所示,设高为 h 的刚性屏 B 位于刚性地面上,下棱边与 z 轴重合. 点声源 S 位于屏的左侧 $\boldsymbol{r}_s=(x_s,y_s,z_s)(x_s<0)$,测量点 P 位于屏的右侧 $\boldsymbol{r}=(x,y,z)$. 图 3.4.4 给出了二维平面图. 我们把空间分成下列两个区域来考虑

区域(Ⅰ):$x<0,y>0,-\infty<z<\infty$,声压为 $p^{(\mathrm{I})}(x,y,z)$;

区域(Ⅱ):$x>0,y>0,-\infty<z<\infty$,声压为 $p^{(\mathrm{II})}(x,y,z)$.

声压 $p^{(\mathrm{I})}(x,y,z)$ 和 $p^{(\mathrm{II})}(x,y,z)$ 分别满足

$$\left(\frac{\partial^2}{\partial x^2}+\frac{\partial^2}{\partial y^2}+\frac{\partial^2}{\partial z^2}+k_0^2\right)p^{(\mathrm{I})}=\mathrm{i}\rho_0\omega q_0(\omega)\delta(\boldsymbol{r},\boldsymbol{r}_s)$$
$$\left.\frac{\partial p^{(\mathrm{I})}}{\partial y}\right|_{y=0,x<0}=0,\quad \left.\frac{\partial p^{(\mathrm{I})}}{\partial x}\right|_{x=0,y<h}=0 \tag{3.4.10a}$$

和

$$\left(\frac{\partial^2}{\partial x^2}+\frac{\partial^2}{\partial y^2}+\frac{\partial^2}{\partial z^2}+k_0^2\right)p^{(\mathrm{II})}=0$$
$$\left.\frac{\partial p^{(\mathrm{II})}}{\partial y}\right|_{y=0,x>0}=0,\quad \left.\frac{\partial p^{(\mathrm{II})}}{\partial x}\right|_{x=0,y<h}=0 \tag{3.4.10b}$$

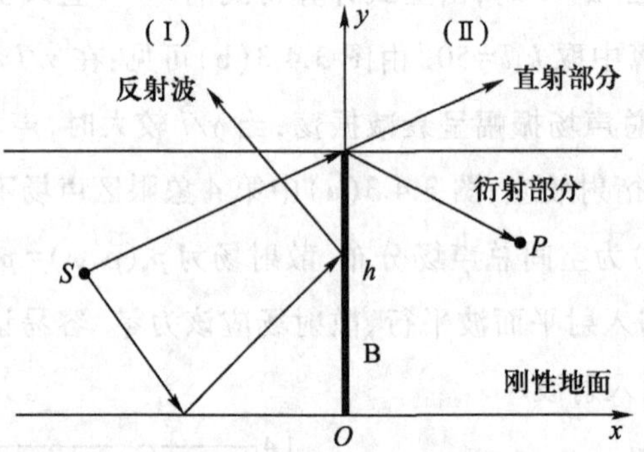

图 3.4.4 刚性地面上的有限屏

注意:方程(3.4.10a)和方程(3.4.10b)中的边界条件分别对应于刚性地面($y=0,-\infty<x<\infty$)和刚性屏($x=0,0<y<h$). 声压 $p^{(\mathrm{I})}(x,y,z)$ 和 $p^{(\mathrm{II})}(x,y,z)$ 在屏上方的面上($x=0,y>h$)还必须满足连续性条件,即声压和法向速度连续[注意:区域(Ⅰ)与区域(Ⅱ)的介质相同]

$$p^{(\mathrm{I})}(x,y,z)\big|_{x=0,y>h}=p^{(\mathrm{II})}(x,y,z)\big|_{x=0,y>h}$$
$$\left.\frac{\partial p^{(\mathrm{I})}}{\partial x}\right|_{x=0,y>h}=\left.\frac{\partial p^{(\mathrm{II})}}{\partial x}\right|_{x=0,y>h} \tag{3.4.11}$$

在区域(Ⅰ),取以原点为球心,半径为 R 的 1/4 大球 V^-,1/4 球的球面为 S_R,底面为刚性地面 D,侧面为刚性屏 B 和屏上方的平面 Σ 的一部分($x=0,y>h$),如图 3.4.5 所示. 在 1/4 球内,声压满足积分方程:

$$p^{(\mathrm{I})}(\boldsymbol{r})=p_{\mathrm{i}}(\boldsymbol{r})+\int_{S_R+\mathrm{D}+\mathrm{B}+\Sigma}\left[G(\boldsymbol{r},\boldsymbol{r}')\frac{\partial p^{(\mathrm{I})}(\boldsymbol{r}')}{\partial n'}-p^{(\mathrm{I})}(\boldsymbol{r}')\frac{\partial G(\boldsymbol{r},\boldsymbol{r}')}{\partial n'}\right]\mathrm{d}S' \quad (3.4.12)$$

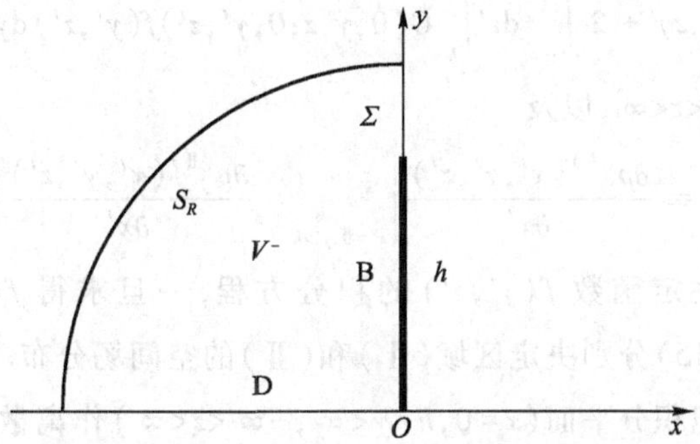

图 3.4.5　以原点为球心,半径为 R 的 1/4 大球 V^-(仅画出平面图)

其中,$G(\boldsymbol{r},\boldsymbol{r}')$ 为 Green 函数,$p_{\mathrm{i}}(\boldsymbol{r})$ 为涉及声源的体积分项,即

$$p_{\mathrm{i}}(\boldsymbol{r})\equiv \mathrm{i}\omega\rho_0 q_0(\omega)\int_{V^-}\delta(\boldsymbol{r}',\boldsymbol{r}_{\mathrm{s}})G(\boldsymbol{r},\boldsymbol{r}')\mathrm{d}V'=\mathrm{i}\rho_0\omega q_0(\omega)G(\boldsymbol{r},\boldsymbol{r}_{\mathrm{s}}) \quad (3.4.13\mathrm{a})$$

取 Green 函数在地面 D 以及 B+Σ 上满足刚性边界条件,即

$$\left.\frac{\partial G(\boldsymbol{r},\boldsymbol{r}')}{\partial y'}\right|_{\mathrm{D}}=\left.\frac{\partial G(\boldsymbol{r},\boldsymbol{r}')}{\partial x'}\right|_{\mathrm{B}}=\left.\frac{\partial G(\boldsymbol{r},\boldsymbol{r}')}{\partial x'}\right|_{\Sigma}=0 \quad (3.4.13\mathrm{b})$$

而在地面 D 和刚性屏 B 上,有

$$\left.\frac{\partial p(\boldsymbol{r}')}{\partial y'}\right|_{\mathrm{D}}=\left.\frac{\partial p(\boldsymbol{r}')}{\partial x'}\right|_{\mathrm{B}}=0 \quad (3.4.13\mathrm{c})$$

当 $R\to\infty$ 时,方程(3.4.12)中对球面 S_R 的面积分项为零(满足 Sommerfeld 辐射条件). 因此,最后得到

$$p^{(\mathrm{I})}(\boldsymbol{r})=p_{\mathrm{i}}(\boldsymbol{r})+\int_{-\infty}^{\infty}\mathrm{d}z'\int_h^{\infty}G(\boldsymbol{r};0,y',z')\left.\frac{\partial p^{(\mathrm{I})}(x',y',z')}{\partial x'}\right|_{x'=0}\mathrm{d}y' \quad (3.4.14\mathrm{a})$$

注意:在 Σ 面上,法向导数满足$[\partial p^{(\mathrm{I})}/\partial n']_{\Sigma}=[\partial p^{(\mathrm{I})}/\partial x']_{\Sigma}$(区域的外法向为 x 方向). 满足边界条件方程(3.4.13b)的 Green 函数 $G(\boldsymbol{r},\boldsymbol{r}')$ 可由镜像法得到

$$G(\boldsymbol{r},\boldsymbol{r}')=g(\boldsymbol{r},\boldsymbol{r}')+\sum_{j=1}^{3}g(\boldsymbol{r},\boldsymbol{r}_j') \quad (3.4.14\mathrm{b})$$

其中,$\boldsymbol{r}_j'(j=1,2,3)$ 为三个镜像点的位置:

$$\boldsymbol{r}_1'=(x',-y',z'),\quad \boldsymbol{r}_2'=(-x',y',z'),\quad \boldsymbol{r}_3'=(-x',-y',z') \quad (3.4.14\mathrm{c})$$

而 $g(\boldsymbol{r},\boldsymbol{r}')$ 为自由空间的 Green 函数.

对区域(Ⅱ),同样得到

$$p^{(\mathrm{II})}(\boldsymbol{r}) = -\int_{-\infty}^{\infty}\mathrm{d}z'\int_{h}^{\infty} G(\boldsymbol{r};0,y',z')\left.\frac{\partial p^{(\mathrm{II})}(x',y',z')}{\partial x'}\right|_{x'=0}\mathrm{d}y' \tag{3.4.15}$$

注意: ① 区域(Ⅱ)中不存在声源,体积分项为零;② 法向导数满足$[\partial p^{(\mathrm{II})}/\partial n']_{\Sigma}=-[\partial p^{(\mathrm{II})}/\partial x']_{\Sigma}$,即在$\boldsymbol{\Sigma}$上,区域(Ⅱ)的外法向为$-x$方向.

由连接条件式(3.4.11)得到

$$p_{\mathrm{i}}(0,y,z) + 2\int_{-\infty}^{\infty}\mathrm{d}z'\int_{h}^{\infty} G(0,y,z;0,y',z')f(y',z')\mathrm{d}y' = 0 \tag{3.4.16a}$$

其中,有$h<y<\infty$和$-\infty<z<\infty$,以及

$$f(y',z') \equiv \left.\frac{\partial p^{(\mathrm{I})}(x',y',z')}{\partial x'}\right|_{x'=0,y'>h} = \left.\frac{\partial p^{(\mathrm{II})}(x',y',z')}{\partial x'}\right|_{x'=0,y'>h} \tag{3.4.16b}$$

方程(3.4.16a)就是决定函数$f(y',z')$的积分方程,一旦求得$f(y',z')$,就可由方程(3.4.14a)和方程(3.4.15)分别决定区域(Ⅰ)和(Ⅱ)的空间场分布.

数值模拟 我们把积分平面($x=0,h<y<\infty,-\infty<z<\infty$)作离散化处理:① 不失一般性,设声源$S$位于$z=0$平面,即$\boldsymbol{r}_{\mathrm{s}}=(x_{\mathrm{s}},y_{\mathrm{s}},0)$,取足够大的长度$L$,把方程(3.4.16a)中的无限大区域($h<y<\infty,-\infty<z<\infty$)上的积分近似为足够大的有限区域($h<y<h+L,-L<z<L$)上的求和;② 把有限平面区域($h<y<h+L,-L<z<L$)分割成$N$个面积为$\Delta y_n\times\Delta z_n$的小矩形,其中心点坐标为$(y_n,z_n)$. 于是,积分方程(3.4.16a)可离散为代数方程:

$$2\sum_{n=1}^{N} G(0,y_m,z_m\,|\,0,y'_n,z'_n)f(y'_n,z'_n)\Delta y'_n\Delta z'_n = -\mathrm{i}\omega\rho_0 q_0(\omega)G(0,y_m,z_m;\boldsymbol{r}_{\mathrm{s}}) \tag{3.4.17a}$$

其中,$m=1,2,\cdots,N$. 注意:① 上式实际上是用中心点(y_n,z_n)的值$f(y_n,z_n)$代替小矩形$\Delta y_n\times\Delta z_n$上的积分,只有当小矩形$\Delta y_n\times\Delta z_n$上的值$f(y,z)$比较均匀时,这样的近似才有意义,故小矩形的边长必须远远小于波长;② 方程(3.4.17a)中,当$n=m$时,因为$(y_m,z_m)=(y'_n,z'_n)$,故$G(0,y_m,z_m;0,y'_n,z'_n)\to\infty$,为了避免这类奇性,当$n=m$时,我们取偏离中心点的一点$(y_m,z_m)=(y'_n+\Delta y'_n/2,z'_n+\Delta z'_n/2)$上的值近似代替,以避免无限大. 方程(3.4.17a)写成矩阵形式为

$$\boldsymbol{Ax}=\boldsymbol{b}q_0(\omega) \tag{3.4.17b}$$

其中,列矢量$\boldsymbol{x}=[x_1,x_2,\cdots,x_N]^{\mathrm{T}}$和$\boldsymbol{b}=[b_1,b_2,\cdots,b_N]^{\mathrm{T}}$以及矩阵$\boldsymbol{A}=[a_{nm}]_{N\times N}$的元分别为

$$\begin{aligned} &x_n=\Delta y'_n\Delta z'_n f(y'_n,z'_n) \quad (n=1,2,\cdots,N)\\ &b_n=-\frac{\mathrm{i}}{2}\omega\rho_0 G(0,y_n,z_n\,|\,\boldsymbol{r}_{\mathrm{s}}) \quad (n=1,2,\cdots,N)\\ &a_{mn}=G(0,y_m,z_m\,|\,0,y'_n,z'_n) \quad (n,m=1,2,\cdots,N)\end{aligned} \tag{3.4.17c}$$

一旦求得方程(3.4.17b)的解$\boldsymbol{x}=\boldsymbol{A}^{-1}\boldsymbol{b}q_0(\omega)$,则由方程(3.4.14a)和方程(3.4.15)可求得空间区域(Ⅰ)和区域(Ⅱ)的声压分布分别为

$$p^{(\mathrm{I})}(\boldsymbol{r}) \approx p_{\mathrm{i}}(\boldsymbol{r}) + \sum_{n=1}^{N} G(\boldsymbol{r};0,y'_n,z'_n)x_n$$
$$p^{(\mathrm{II})}(\boldsymbol{r}) \approx -\sum_{n=1}^{N} G(\boldsymbol{r};0,y'_n,z'_n)x_n \tag{3.4.17d}$$

在具体计算例子中,取声源强度 $A \equiv \mathrm{i}\omega\rho_0 q_0(\omega)/(4\pi) = 0.1$,屏高 $h = 1.0$ m,声源坐标 S:$(-0.8h,-0.5h,0)$,如图 3.4.6 所示. 此外,取 N 个小矩形为小正方形且边长相同,即 $d \equiv \Delta y_n = \Delta z_n$. 计算中,$d$ 和 L 是两个十分重要的参量,原则上要求 $d \ll \lambda$ 和 $L \gg \lambda$(其中 λ 为声波波长),但 d 过小或者 L 过大,则计算量大大增加,反之则影响计算精度.

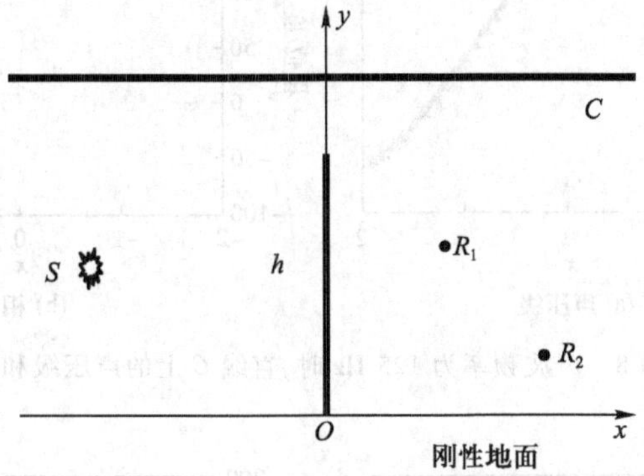

图 3.4.6 具体计算中的参量

屏高 $h = 1.0$ m;声源坐标 S:$(-0.8h,-0.5h,0)$;计算点 R_1:$(0.5h,0.8h,0)$,R_2:$(h,0.2h,0)$;计算线 C:$(-2h \leqslant x \leqslant +2h, y = 1.5h, z = 0)$

图 3.4.7 计算了当声波频率为 500 Hz 和 2 000 Hz 时,存在不同分割长度 d(固定积分长度 $L = 10\lambda$)和不同积分长度 L(固定分割长度 $d = 0.1\lambda$)时,R_1 点声压级 SPL(dB)的收敛情况,从图 3.4.7 可见:当取 $d = 0.1\lambda$ 和 $L = 10\lambda$ 时,R_1 点声压级有较好的收敛性,故以下的计算取这两个值.

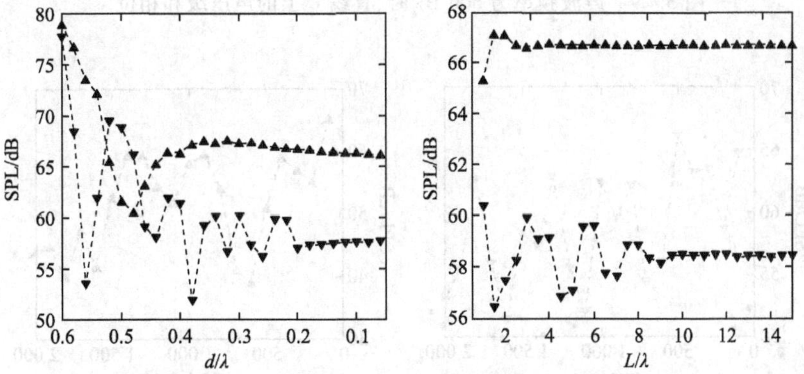

(a) 随分割长度d(固定积分长度$L=10\lambda$)的变化　(b) 随积分长度L(固定分割长度$d=0.1\lambda$)的变化

图 3.4.7 R_1 点的声压级

符号"▲"和"▼"分别表示对应 500 Hz 和 2 000 Hz 的数据

图 3.4.8 和图 3.4.9 分别表示声波频率为 125 Hz 和 500 Hz 时，直线 C 上的声压级和相位的变化，图中“▲”为根据方程(3.4.17d)计算的结果，而虚线是基于有限元方法(FEM)的商用软件包计算的结果. 结果表明，两种计算方法给出的结果基本一致，振幅和相位的偏差分别小于 1 dB 和 3.5%，但在图 3.4.9(a)中的“谷”点，偏差较大，可能的原因是，两种方法的离散化过程不同，但本方法的计算速度远远快于 FEM 方法. 图 3.4.10 给出了 R_1 和 R_2 点声压级随频率的变化. 本方法计算结果的详细讨论见参考文献 51.

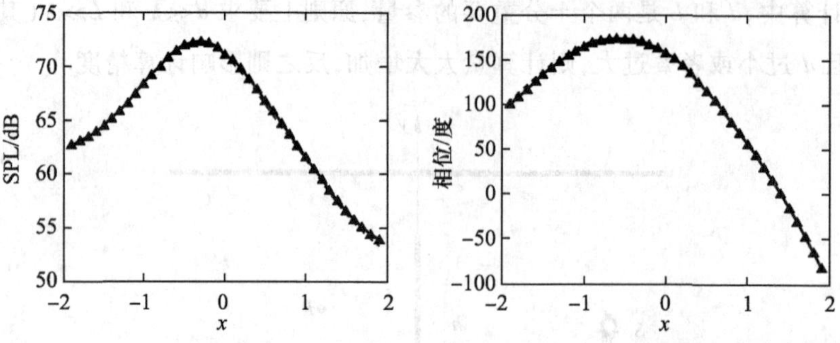

(a) 声压级　　(b) 相位

图 3.4.8　声波频率为 125 Hz 时，直线 C 上的声压级和相位

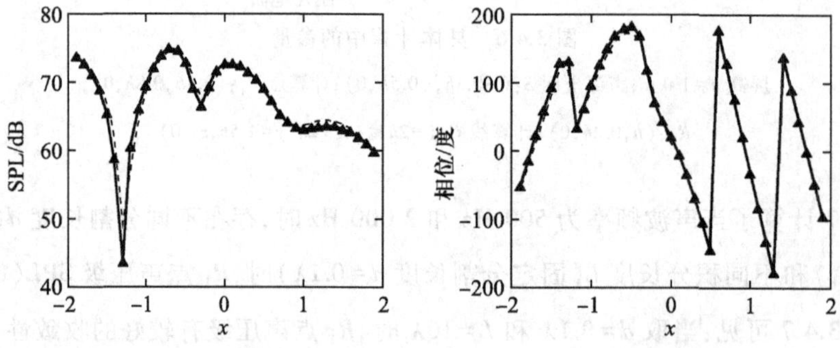

(a) 声压级　　(b) 相位

图 3.4.9　声波频率为 500 Hz 时，直线 C 上的声压级和相位

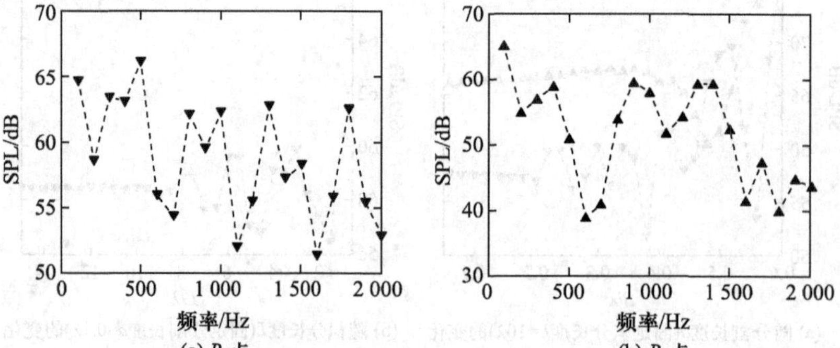

(a) R_1点　　(b) R_2点

图 3.4.10　区域(Ⅱ)中衍射波声压级随频率的变化

习题

3.1 设刚性球在沿 z 方向入射的平面声波和散射声波的作用下，在平衡点位置作振动，求散射场和球面上声压的低频近似. 分析球体密度大小对散射声场的影响.

3.2 设半径为 a 的固定刚性圆柱体长度方向与 z 轴平行，圆柱截面的圆心位于 Oxy 平面的原点. 平面波沿正 x 方向入射，求散射场的分布以及低频条件下远场散射声强的分布.

3.3 设刚性柱体不固定，在入射的平面声波和散射声波的作用下，在平衡点位置作振动，求散射场和声压的低频近似. 分析柱体密度大小对散射声场的影响.

3.4 设圆柱体的密度和声速分别为 ρ_e 和 c_e，平面波沿正 x 方向入射，求散射场的分布以及低频条件下远场散射声强的分布.

3.5 如果平面波入射方向为 $\boldsymbol{k}_0$，设 $\boldsymbol{k}_0$ 与 z 轴和 x 轴的夹角分别为 θ_0 和 φ_0，求刚性圆柱体的散射场分布以及低频条件下远场散射声强的分布.

3.6 证明在二维情况下，Kirchhoff 积分公式仍然成立.

3.7 如果边界存在尖角点，且当点 $\boldsymbol{r}_S$ 恰好位于边界面 S 的尖角点时，求二维和三维 Kirchhoff 积分公式的修正形式.

3.8 当不规则散射体满足阻抗边界条件时，即

$$\left[\frac{\partial p(\boldsymbol{r},\omega)}{\partial n_S}+\mathrm{i}k_0\beta p(\boldsymbol{r},\omega)\right]_S=0$$

求散射场的积分方程.

3.9 用积分方程方法求平面波入射时，无限长刚性柱体的散射，并且与题 3.2 的结果进行比较.

3.10 设空间声场 $p(\boldsymbol{r},\omega)$ 由局部体源 $\Im(\boldsymbol{r},\omega)$ 和面源 S_0［振动体 G_0 的表面法向振动速度为 $\boldsymbol{v}_n(\boldsymbol{r},\omega)$］产生，在源附近存在刚性散射体 G，其边界面为 S，求空间声场所满足的积分方程. 如果散射体 G 是空穴散射体，表面声压为零，求空间声场所满足的积分方程.

3.11 设空间存在 N 个不规则的散射体 $G_\mu(\mu=1,2,\cdots,N)$，密度和声速分别为 ρ_μ 和 c_μ，入射场为 $p_i(\boldsymbol{r})$. 求考虑多重散射后的积分方程.

3.12 设非稳态的非均匀介质区以恒定速度 $\boldsymbol{U}_0$ 运动，证明非均匀区中声波方程为

$$\frac{\mathrm{d}}{\mathrm{d}t}\left(\frac{1}{\rho_e c_e^2}\frac{\mathrm{d}p'}{\mathrm{d}t}\right)-\nabla\cdot\left(\frac{1}{\rho_e}\nabla p'\right)\approx\frac{\mathrm{d}q}{\mathrm{d}t}-\nabla\cdot\boldsymbol{f}$$

其中，$\mathrm{d}/\mathrm{d}t=\partial/\partial t+\boldsymbol{U}_0\cdot\nabla$ 是以 $\boldsymbol{U}_0$ 为速度的物质导数（建议参考第 8 章内容）.

3.13 考虑阻抗不均匀的表面引起的散射，设表面平行于 Oxy 平面，法向为 z 轴正方向. 平面比阻抗率 β 与 y 无关且其平均值为 β_0，在包含 Oxy 平面原点 O 的有限区域 A 内，$\beta(x,\omega)-\beta_0$ 不为零，而在 A 外，$\beta(x,\omega)=\beta_0$. 设入射波为与 y 无关的平面波，求上半空间散射声场所满足的积分方程和散射场的远场分布；假定区域 A 为宽度为 L 的长条，在 Born 近似下，求远场散射波.

3.14 设周期结构中的散射体分别为半径等于 a 的球和边长为 $2a$、$2b$ 和 $2c$ 的长方体，求 Fourier 积分

$g(\boldsymbol{G})$. 在二维情况下,散射体分别为半径为 a 的无限长圆柱体和边长为 $2a$ 和 $2b$ 的长方形,求 Fourier 积分 $g(\boldsymbol{G})$.

3.15 参考图 3.4.1,设二维线源位于 $S:(\rho_s,\varphi_s)$,求点 P 接收到的声波,当 $\alpha=\beta\to\pi/2$ 时,分析声场的特性. 当线声源位于楔的棱边时($\rho_s=0$ 和 φ_s 任意),求声场分布.

3.16 如图 3.16 所示,设无限大刚性楔形区的张角为 γ,三维线源位于 $S:(\rho_s,\varphi_s,z_s)$,求点 P 接收到的声波,分析当 $\gamma=\pi,\pi/2,\pi/3$ 时声场的性质.

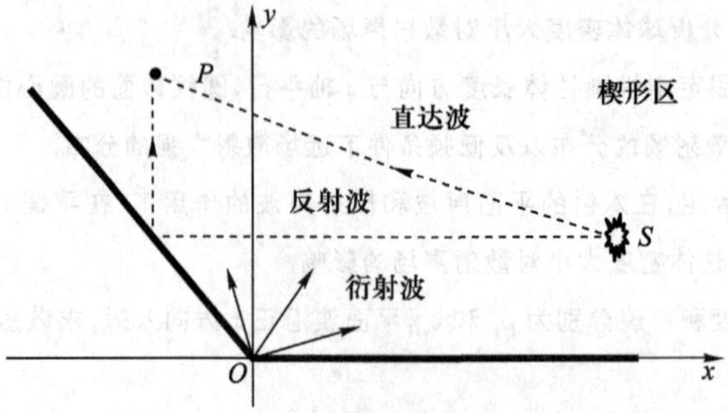

图 3.16 半无限刚性楔形区内的声场

第四章
管道中的声传播和激发

我们经常遇到声波在管道中的激发和传播问题，例如，许多发声器件本身就被做成管状（如号筒式扬声器）. 由于现代工业技术的发展，特别是大型强力风机、燃气轮机、喷气装置的使用，带来了日益严重的强噪声危害，消除或减弱由这些系统和设备的进、排气管道传播的强噪声，是目前的一个热点问题，即管道消声问题已成为管道传声研究的一个重要课题. 在前面诸小节中，我们假定已经存在一个平面波，但由第 2 章的讨论，声源在自由空间中只能激发振幅随距离衰减的球面波，而不可能获得真正的平面波. 研究表明，只有在管道中才有可能获得平面波，因此，管道已成为声学中一个重要的研究环境.

4.1 等截面波导中声波的传播

严格求解任意形状管道（弯曲的管道、变截面的管道）中的声传播是非常困难的，一般只能数值求解. 等截面的直管道是较为简单的情况，特别是当管道截面是矩形或者圆形时，我们能够给出波动方程的严格解. 等截面管道的简单之处在于：在截面方向形成本征值问题，存在正交、完备的本征函数系，故声场可以用函数系作展开，大大简化了问题的讨论.

4.1.1　刚性壁面的等截面波导

设波导壁是刚性的，截面用 S 表示，截面平行于 Oxy 平面，可用方程 $\Gamma:g(x,y)=0$ 表示，$+z$ 方向延至无限，声波由 $z=0$ 处进入波导，或者在 $z=0$ 处存在声源，向波导内 $z>0$ 的部分辐射声波(见 4.2 节讨论). 如果仅考虑声波在波导中的传播，声压满足方程

$$\left(\frac{\partial^2}{\partial x^2}+\frac{\partial^2}{\partial y^2}+\frac{\partial^2}{\partial z^2}+k_0^2\right)p=0 \tag{4.1.1a}$$

和刚性边界条件 $(\partial p/\partial n)\big|_\Gamma=0$. 由于壁面方程 $\Gamma:g(x,y)=0$ 与 z 无关，把分离变量解 $p(x,y,z,\omega)=\psi(x,y)Z(z)$ 代入方程(4.1.1a)得到

$$\left(\frac{\partial^2}{\partial x^2}+\frac{\partial^2}{\partial y^2}+k_{\mathrm{t}}^2\right)\psi(x,y)=0,\quad \left.\frac{\partial\psi(x,y)}{\partial n}\right|_\Gamma=0 \tag{4.1.1b}$$

以及

$$\frac{\mathrm{d}^2Z(z)}{\mathrm{d}z^2}+k_z^2Z(z)=0 \tag{4.1.1c}$$

其中，$k_{\mathrm{t}}^2=k_0^2-k_z^2$，下标“t”表示横截面，$k_z$ 是分离变量常量. 方程(4.1.1c)的解为

$$Z(z)=A\exp(-\mathrm{i}k_zz)+B\exp(\mathrm{i}k_zz) \tag{4.1.2}$$

由于 $z>0$，声波仅沿 $+z$ 方向传播，故取 $A\equiv0$[假定时间因子为 $\exp(-\mathrm{i}\omega t)$].

方程(4.1.1b)构成本征值问题，只有当 k_{t} 为一系列特定值 $k_{\mathrm{t}}=k_{\mathrm{t}\lambda}(\lambda=0,1,2,\cdots)$ 时，才有非零解 $\psi_\lambda(x,y,k_{\mathrm{t}\lambda})(\lambda=0,1,2,\cdots)$. 注意：指标 λ 表示一个指标集，对二维问题，有两个指标. ψ_λ 和 $k_{\mathrm{t}\lambda}$ 分别称为**简正模式**和**简正波数**(或者称 $\omega_\lambda\equiv c_0k_{\mathrm{t}\lambda}$ 为**简正频率**). 对刚性边界，简正模式 ψ_λ 和简正频率 ω_λ 的三个基本性质是：① 简正频率 ω_λ 是实数；② 简正模式 ψ_λ 相互正交；③ 简正系 $\{\psi_\lambda(x,y,k_{\mathrm{t}\lambda}),\lambda=0,1,2,\cdots\}$ 构成完备系.

证明：对在区域 S 内二次可微、在边界 Γ 上一次可微的任何函数 $u(x,y)$ 和 $v(x,y)$，由平面 Green 公式，存在积分关系：

$$\int_S(u\nabla^2v-v\nabla^2u)\mathrm{d}S=\int_\Gamma\left(u\frac{\partial v}{\partial n}-v\frac{\partial u}{\partial n}\right)\mathrm{d}\Gamma \tag{4.1.3a}$$

式中，∇^2 是二维 Laplace 算子. 取 $u=\psi_\lambda^*$ 和 $v=\psi_\mu$，在刚性边界条件下，边界积分为零，于是有

$$\int_S\psi_\lambda^*(-\nabla^2)\psi_\mu\mathrm{d}S=\int_S\psi_\mu(-\nabla^2)\psi_\lambda^*\mathrm{d}S \tag{4.1.3b}$$

故 Laplace 算子 $-\nabla^2$ 在刚性边界条件下是 **Hermite 对称算子**. 把方程(4.1.1b)代入上式得到

$$(k_{t\mu}^2 - k_{t\lambda}^{*2})\int_S \psi_\lambda^* \psi_\mu \mathrm{d}S = 0 \tag{4.1.3c}$$

当 $\lambda=\mu$ 时, $k_{t\mu}^2=(k_{t\mu}^2)^*$, 因此简正频率 ω_λ 是实数; 当 $\lambda\neq\mu$ 时, $k_{t\mu}^2\neq k_{t\lambda}^2$, 只有

$$\int_S \psi_\lambda^* \psi_\mu \mathrm{d}S = 0 \quad (\mu\neq\lambda) \tag{4.1.3d}$$

即简正模式 $\psi_\lambda(x,y,k_{t\lambda})$ 相互正交. 简正系 $\{\psi_\lambda(x,y,k_{t\lambda}),\lambda=0,1,2,\cdots\}$ 的完备性意味着: 对区域 S 内平方可积的函数 $f(x,y)$, 可作广义 Fourier 展开

$$f(x,y) \approx \sum_{\lambda=0}^{\infty} a_\lambda \psi_\lambda(x,y,k_{t\lambda}), \quad a_\lambda = \int_S f(x,y)\psi_\lambda^*(x,y,k_{t\lambda})\mathrm{d}S \tag{4.1.4a}$$

如果 $f(x,y)$ 在区域 S 内连续并且在边界上的法向导数为零, 方程(4.1.4a)的等号严格成立. 否则, 在边界上, 方程右边的级数并不收敛到真正的值. 得到上式, 已假定简正系 $\{\psi_\lambda(x,y,k_{t\lambda}),\lambda=0,1,2,\cdots\}$ 是正交、归一化的, 即满足

$$\int_S \psi_\lambda^* \psi_\mu \mathrm{d}S = \delta_{\lambda\mu} \tag{4.1.4b}$$

又利用矢量恒等式 $\nabla\psi_\lambda^*\cdot\nabla\psi_\mu=\nabla\cdot(\psi_\lambda^*\nabla\psi_\mu)-\psi_\lambda^*\nabla^2\psi_\mu$ 并两边同时积分得到关系式:

$$\int_S \nabla\psi_\lambda^*\cdot\nabla\psi_\mu \mathrm{d}S = k_{t\lambda}k_{t\mu}\int_S \psi_\lambda^*\psi_\mu \mathrm{d}S = k_{t\mu}^2\delta_{\lambda\mu} \tag{4.1.4c}$$

方程(4.1.4a)的证明, 即完备性的证明较为复杂, 这里不进一步展开.

因此, 波导中的声场可表示为

$$p(x,y,z,\omega)=\sum_{\lambda=0}^{\infty} A_\lambda \psi_\lambda(x,y,k_{t\lambda})\exp(\mathrm{i}\sqrt{k_0^2-k_{t\lambda}^2}\,z) \tag{4.1.5}$$

可见, 波导中的声场由各个简正模式 $\psi_\lambda(x,y,k_{t\lambda})$ 叠加而成, 系数 A_λ 由 $z=0$ 处的声源决定, 见 4.2 节讨论.

截止频率 由方程(4.1.5)可知, 声波在波导中传播的一个重要性质是存在截止频率: 对声源激发频率 ω 一定的声波, 当 $(\omega/c_0)^2-k_{t\lambda}^2<0$ 时, 简正模式 $\psi_\lambda(x,y,k_{t\lambda})$ 对声场的贡献随 z 指数衰减, 在离开声源一定距离后, 就可以忽略不计, 故称 $\omega_c\equiv k_{t\lambda}c_0$ 为简正模式 $\psi_\lambda(x,y,k_{t\lambda})$ 的**截止频率**. 当 $(\omega/c_0)^2-k_{t1}^2<0$ (k_{t1} 是最小的非零本征值)时, 波导中只能传播简正波数为 $k_{t0}=0$ 的声波, 这时 $p(x,y,z,\omega)\approx A_0\psi_0\exp(\mathrm{i}k_0 z)$ 与横向坐标 (x,y) 无关, 为一平面波, 称为**主波**. 注意: 当声压满足刚性边界条件时, $k_{t0}=0$ 总是一个本征值, 相应的本征函数为 $\psi_0=1/\sqrt{S}$, 其中 S 为波导截面面积; 反之, 如果界面是压力释放界面, 即 $p|_\Gamma=0$, 则不然.

相速度 由方程(4.1.5), 每个简正模式对声场的贡献为

$$p_\lambda(x,y,z,t)=A_\lambda\psi_\lambda(x,y,k_{t\lambda})\exp[\mathrm{i}(\sqrt{k_0^2-k_{t\lambda}^2}\,z-\omega t)] \tag{4.1.6a}$$

等相位面方程为：$\sqrt{k_0^2-k_{t\lambda}^2}z-\omega t=$常量，故相速度为

$$c_p=\frac{dz}{dt}=\frac{\omega}{\sqrt{k_0^2-k_{t\lambda}^2}}=\frac{c_0}{\sqrt{1-k_{t\lambda}^2/k_0^2}}>c_0 \tag{4.1.6b}$$

可见：① 相速度与频率有关，波导中的声波是频散波，这种频散不是由声波的耗散引起的（见第6章讨论），而是由几何结构（即波导面）对声波传播的约束引起的；② 波导中的相速度 c_p 大于自由空间的声速 c_0，而且当 $(\omega/c_0)^2-k_{t\lambda}^2=0$ 时，即在截止频率点，$c_p\to\infty$，此时，$p_\lambda(x,y,z,t)=A_\lambda\psi_\lambda(x,y,k_{t\lambda})e^{-i\omega t}$，该模式的声波仅在横向截面来回反射，形成驻波场，不向 z 方向传播.

群速度 能量传播的速度

$$c_g=\frac{d\omega}{dk_{z\lambda}}=\left(\frac{dk_{z\lambda}}{d\omega}\right)^{-1}=c_0\sqrt{1-\frac{k_{t\lambda}^2}{k_0^2}} \tag{4.1.6c}$$

称为**群速度**. 注意：① 在波导中，各个模式的相速度和群速度是不一样的；② 在截止频率点，尽管该模式 $c_p\to\infty$，但群速度为零（$c_g=0$），该模式不沿 z 方向传播.

能量密度 单位长度波导的时间平均能量为

$$\overline{E}=\frac{1}{4}\int_S\left(\rho_0|\boldsymbol{v}|^2+\frac{1}{\rho_0c_0^2}|p|^2\right)dS\equiv\overline{E}_d+\overline{E}_p \tag{4.1.7a}$$

其中，动能项为

$$\overline{E}_d=\frac{1}{4}\rho_0\int_S|\boldsymbol{v}|^2dS=\frac{1}{4\rho_0c_0^2}\sum_{\lambda=0}^{\infty}|A_\lambda|^2 \tag{4.1.7b}$$

得到上式，已利用了正交性关系方程(4.1.4b)和方程(4.1.4c)；势能为

$$\overline{E}_p=\frac{1}{4\rho_0c_0^2}\int_S|p|^2dS=\frac{1}{4\rho_0c_0^2}\sum_{\lambda=0}^{\infty}|A_\lambda|^2 \tag{4.1.7c}$$

可见，平均能量密度是每个模式能量之和. 在求 $\overline{E}_d$ 和 $\overline{E}_p$ 的过程中，我们假定 $(\omega/c_0)^2-k_{t\lambda}^2>0$，由于截止频率的存在，对一定的频率 ω，总存在 λ_c，当 $\lambda=\lambda_c$ 时，$(\omega/c_0)^2-k_{t\lambda}^2<0$. 因此，我们把方程(4.1.5)写成

$$\begin{aligned}p(x,y,z,\omega)=&\sum_{\lambda=0}^{\lambda_c}A_\lambda\psi_\lambda(x,y,k_{t\lambda})\exp(i\sqrt{k_0^2-k_{t\lambda}^2}z)\\&+\sum_{\lambda=\lambda_c+1}^{\infty}A_\lambda\psi_\lambda(x,y,k_{t\lambda})\exp(-\sqrt{k_{t\lambda}^2-k_0^2}z)\end{aligned} \tag{4.1.8a}$$

于是，动能和势能分别为

$$\overline{E}_d=\frac{1}{4\rho_0c_0^2}\sum_{\lambda=0}^{\lambda_c}|A_\lambda|^2+\frac{1}{4\omega^2\rho_0}\sum_{\lambda=\lambda_c+1}^{\infty}(2k_{t\lambda}^2-k_0^2)|A_\lambda|^2e^{-2\sqrt{k_{t\lambda}^2-k_0^2}z} \tag{4.1.8b}$$

$$\overline{E}_{\mathrm{p}}=\frac{1}{4\rho_0 c_0^2}\Big[\sum_{\lambda=0}^{\lambda_{\mathrm{c}}}|A_\lambda|^2+\sum_{\lambda=\lambda_{\mathrm{c}}+1}^{\infty}|A_\lambda|^2\mathrm{e}^{-2\sqrt{k_{\mathrm{t}\lambda}^2-(\omega/c_0)^2}z}\Big] \tag{4.1.8c}$$

可见,对 $\lambda>\lambda_{\mathrm{c}}$ 以上的模式,声能量主要集中在声源附近,当离声源距离足够大时,声场的能量密度为

$$\overline{E}=\sum_{\lambda=0}^{\lambda_{\mathrm{c}}}(\overline{E})_\lambda,\quad (\overline{E})_\lambda\equiv\frac{1}{2\rho_0 c_0^2}|A_\lambda|^2 \tag{4.1.8d}$$

其中,$(\overline{E})_\lambda$ 为模式 λ 的能量密度.

声能流通量 为了更清楚地认识群速度的含义,我们来计算通过波导截面的声能流通量(单位时间通过管道截面的声能量):

$$\boldsymbol{\Phi}_z=\int_S \boldsymbol{I}\cdot\mathrm{d}\boldsymbol{S}=\frac{1}{2}\int_S \mathrm{Re}(p\boldsymbol{v}_z^*)\,\mathrm{d}S \tag{4.1.9a}$$

由方程(4.1.8a)可知速度场的 z 方向分量为

$$\begin{aligned}\boldsymbol{v}_z(x,y,z,\omega)=&\frac{1}{\rho_0\omega}\sum_{\lambda=0}^{\lambda_{\mathrm{c}}}\sqrt{k_0^2-k_{\mathrm{t}\lambda}^2}A_\lambda\psi_\lambda(x,y,k_{\mathrm{t}\lambda})\mathrm{e}^{\mathrm{i}\sqrt{k_0^2-k_{\mathrm{t}\lambda}^2}z}\\&+\frac{\mathrm{i}}{\rho_0\omega}\sum_{\lambda=\lambda_{\mathrm{c}}+1}^{\infty}\sqrt{k_{\mathrm{t}\lambda}^2-k_0^2}A_\lambda\psi_\lambda(x,y,k_{\mathrm{t}\lambda})\mathrm{e}^{-\sqrt{k_{\mathrm{t}\lambda}^2-k_0^2}z}\end{aligned} \tag{4.1.9b}$$

把上式和方程(4.1.8a)代入方程(4.1.9a)得到

$$\boldsymbol{\Phi}_z=\sum_{\lambda=0}^{\lambda_{\mathrm{c}}}(\boldsymbol{\Phi}_z)_\lambda,\quad(\boldsymbol{\Phi}_z)_\lambda\equiv\frac{1}{2\rho_0 c_0}\sqrt{1-\frac{k_{\mathrm{t}\lambda}^2}{k_0^2}}|A_\lambda|^2 \tag{4.1.10}$$

可见:① 截止频率以上的隐失波对能流通量没有贡献;② 声能流通量是每个模式的声能流通量之和. 于是,模式 λ 携带的声能量传播速度为

$$c_{\mathrm{g}}\equiv\frac{(\boldsymbol{\Phi}_z)_\lambda}{(\overline{E})_\lambda}=c_0\sqrt{1-\frac{k_{\mathrm{t}\lambda}^2}{k_0^2}} \tag{4.1.11}$$

上式与方程(4.1.6c)完全一致. 可见,群速度确实是能量传播的速度.

4.1.2 阻抗壁面的等截面波导

考虑波导壁面是由局部反应材料组成的,声压满足方程和阻抗边界条件:

$$\begin{aligned}&\left(\frac{\partial^2}{\partial x^2}+\frac{\partial^2}{\partial y^2}+\frac{\partial^2}{\partial z^2}+k_0^2\right)p=0\\&\left[\frac{\partial p}{\partial n}-\mathrm{i}k_0\beta(x,y,z,\omega)p\right]\Big|_\Gamma=0\end{aligned} \tag{4.1.12a}$$

上式中我们特别写出了 β 的函数关系,如果 β 与 z 有关,我们就得不到简单的分离变量解,故设 β 与 z 无关:$\beta(x,y,z,\omega)=\beta(x,y,\omega)$. 把分离变量解 $p(x,y,z,\omega)=\Psi(x,y)Z(z)$

代入上式得到 $\Psi(x,y)$ 满足的齐次方程和边界条件:

$$\left(\frac{\partial^2}{\partial x^2}+\frac{\partial^2}{\partial y^2}+\kappa_t^2\right)\Psi(x,y)=0$$
$$\left.\left[\frac{\partial\Psi(x,y)}{\partial n}-\mathrm{i}k_0\beta(x,y,\omega)\Psi(x,y)\right]\right|_\Gamma=0 \tag{4.1.12b}$$

其中,$\kappa_t^2+k_z^2=k_0^2$,而 $Z(z)$ 的形式与方程(4.1.2)相同. 与方程(4.1.1b)的解类似,只有当 κ_t 为一系列特定值 $\kappa_t=\kappa_{t\lambda}(\lambda=0,1,\cdots)$ 时,上式才有非零解 $\Psi_\lambda(x,y,\kappa_{t\lambda})(\lambda=0,1,2,\cdots)$. 但是,必须指出的是,阻抗边界条件下定义的简正模式 $\Psi_\lambda(x,y,\kappa_{t\lambda})$ 和简正复波数 $\kappa_{t\lambda}$ 与外加激励频率 ω 有关,而不是系统固有的特性. 从这个意义上讲,在阻抗边界情况下,简正模式和简正频率是广义的. 更为重要的是:Laplace 算子 $-\nabla^2$ 在阻抗边界条件下是非 Hermite 对称的算子,简正频率一般是复数,而且简正模式 Ψ_λ 一般不正交. 但是,叠加原理仍然成立,仍可以把波导中的声场写成各个简正模式 $\Psi_\lambda(x,y,\kappa_{t\lambda})(\lambda=0,1,2,\cdots)$ 的叠加,即

$$p(x,y,z,\omega)=\sum_{\lambda=0}^{\infty}A_\lambda\Psi_\lambda(x,y,\kappa_{t\lambda})\exp(\mathrm{i}\sqrt{k_0^2-\kappa_{t\lambda}^2}z) \tag{4.1.13}$$

简正模式的一个重要的积分关系是 $\Psi_\lambda(x,y,\kappa_{t\lambda})$ 满足

$$\int_S\Psi_\lambda\Psi_\mu\mathrm{d}S=0\quad(\mu\neq\lambda) \tag{4.1.14a}$$

注意:上式不能称为正交性关系,根据两个函数的正交定义,在复数空间中,Ψ_μ 应该是复共轭,而 $\int_S\Psi_\lambda\Psi_\mu^*\mathrm{d}S\neq0(\mu\neq\lambda)$. 事实上,取 $u=\Psi_\lambda(x,y,\kappa_{t\lambda})$ 和 $v=\Psi_\mu(x,y,\kappa_{t\mu})$,由方程(4.1.3a)可知

$$\int_S(\Psi_\lambda\nabla^2\Psi_\mu-\Psi_\mu\nabla^2\Psi_\lambda)\mathrm{d}S=\int_\Gamma\left(\Psi_\lambda\frac{\partial\Psi_\mu}{\partial n}-\Psi_\mu\frac{\partial\Psi_\lambda}{\partial n}\right)\mathrm{d}\Gamma \tag{4.1.14b}$$

把方程(4.1.12b)代入上式左、右两边得到

$$(\kappa_\lambda^2-\kappa_\mu^2)\int_S\Psi_\lambda\Psi_\mu\mathrm{d}S=k_0\int_\Gamma\mathrm{i}\beta(\Psi_\lambda\Psi_\mu-\Psi_\mu\Psi_\lambda)\mathrm{d}\Gamma=0 \tag{4.1.14c}$$

当 $\lambda=\mu$ 时,上式自动满足;当 $\lambda\neq\mu$ 时,就得到方程(4.1.14a).

纯模式展开 为了求解方程(4.1.12b),我们可用刚性边界条件下的简正系 $\{\psi_\lambda(x,y,k_{t\lambda})\}$(下面称为**纯模式**)作近似展开

$$\Psi(x,y,\kappa_t)\approx\sum_{\lambda=0}^{\infty}b_\lambda\psi_\lambda(x,y,k_{t\lambda}) \tag{4.1.15a}$$

其中,展开系数为

$$b_\lambda=\int_S\Psi(x,y,\kappa_t)\psi_\lambda^*(x,y,k_{t\lambda})\mathrm{d}S \tag{4.1.15b}$$

考虑方程(4.1.3a),且取 $u=\Psi(x,y,\kappa_t)$ 和 $v=\psi_\mu^*(x,y,k_{t\mu})(\mu=0,1,2,\cdots)$

$$\int_S(\Psi\nabla_t^2\psi_\mu^*-\psi_\mu^*\nabla_t^2\Psi)\mathrm{d}S=\int_\Gamma\left(\Psi\frac{\partial\psi_\mu^*}{\partial n}-\psi_\mu^*\frac{\partial\Psi}{\partial n}\right)\mathrm{d}\Gamma \tag{4.1.16a}$$

由方程(4.1.1b)和方程(4.1.12b),上式给出

$$(\kappa_t^2 - k_{t\mu}^2) b_\mu = -\mathrm{i}k_0 \sum_{\lambda=0}^{\infty} b_\lambda \int_\Gamma \beta(x,y,\omega)\psi_\lambda \psi_\mu^* \mathrm{d}\Gamma \tag{4.1.16b}$$

令

$$\chi_{\lambda\mu} \equiv \mathrm{i}k_0 \int_\Gamma \beta(x,y,\omega)\psi_\lambda \psi_\mu^* \mathrm{d}\Gamma \tag{4.1.17a}$$

方程(4.1.16b)简化成

$$(\kappa_t^2 - k_{t\mu}^2) b_\mu = -\sum_{\lambda=0}^{\infty} \chi_{\lambda\mu} b_\lambda \quad (\mu = 0,1,2,\cdots) \tag{4.1.17b}$$

或者写成

$$\sum_{\lambda=0}^{\infty} [(\kappa_t^2 - k_{t\mu}^2)\delta_{\lambda\mu} + \chi_{\lambda\mu}] b_\lambda = 0 \quad (\mu = 0,1,2,\cdots) \tag{4.1.17c}$$

上式是关于$\{b_\lambda\}$的无穷联立的齐次线性代数方程,存在非零解的条件是系数行列式为零,于是可得到关于κ_t的代数方程:

$$\det[(\kappa_t^2 - k_{t\mu}^2)\delta_{\lambda\mu} + \chi_{\lambda\mu}] = 0 \tag{4.1.17d}$$

设该方程第$\gamma(\gamma=0,1,2,\cdots)$个根为$\kappa_{t\gamma}$,对每一个$\kappa_{t\gamma}$,可由方程(4.1.17c)得到一组$\{b_\lambda\}_\gamma$,一旦求得$\{b_\lambda\}_\gamma$的近似解,由方程(4.1.15a)就可得到简正系$\{\Psi_\lambda(x,y,\kappa_{t\lambda})\}$.

方程(4.1.17c)表明:阻抗边界条件下的简正模式可表示成纯模式的叠加,但每个纯模式是相互耦合的. 必须注意的是:我们用近似等号表示方程(4.1.15a)左、右两边相等的关系. 根据广义 Fourier 级数展开理论,在区域Γ的内部点(x_0,y_0),方程(4.1.15a)右边的无限级数收敛到真正的$\Psi(x_0,y_0,\kappa_t)$,而在区域Γ的边界上(即波导壁面上),右边的无限级数并不收敛到真正的$\Psi(x,y,\kappa_t)$,而是收敛到某个值. 事实上,在波导壁面上,方程(4.1.15a)右边的无限级数收敛速度很差,因为$\{\psi_\lambda(x,y,k_\lambda)\}$在波导壁面上的法向导数为零,当内部点$(x_0,y_0)$趋近波导壁面时,必须有无限多个无限小量,才能相加成一个有限量. 因此,在讨论某些涉及波导壁面的问题时,用纯模式系$\{\psi_\lambda(x,y,k_\lambda)\}$作展开就不合适了. 但对下面我们讨论的模式衰减问题,这样的展开是可行的.

一级近似 在边界刚性较大的情况下,纯模式的相互耦合较弱,可以取$\chi_{\lambda\mu}\approx 0(\lambda\neq\mu)$,而

$$\chi_{\lambda\lambda} = \mathrm{i}k_0 \int_\Gamma \beta(x,y,\omega)|\psi_\lambda|^2 \mathrm{d}\Gamma \neq 0 \tag{4.1.18a}$$

代入方程(4.1.17c)得到

$$[(\kappa_t^2 - k_{t\mu}^2) + \chi_{\mu\mu}] b_\mu \approx 0 \quad (\mu = 0,1,2,\cdots) \tag{4.1.18b}$$

因此

$$\kappa_{t\mu}^2 \equiv \kappa_t^2 \approx k_{t\mu}^2 - \chi_{\mu\mu} \quad (\mu = 0,1,2,\cdots) \tag{4.1.18c}$$

上式就是在阻抗边界条件下,简正波数的一级微扰解. 相应地,取$b_\mu\neq 0$,而其他$b_\lambda = 0$

$(\lambda \neq \mu)$,因此在一级近似下,简正模式不变:$\Psi_\lambda(x,y,\kappa_{t\lambda}) \approx \psi_\lambda(x,y,k_{t\lambda})$. 于是,波导中的声场可近似表达为

$$p(x,y,z,t) \approx \sum_{\lambda=0}^{\infty} A_\lambda \psi_\lambda(x,y,k_{t\lambda}) \exp[\mathrm{i}(\sqrt{k_0^2-\kappa_{t\lambda}^2}z-\omega t)] \tag{4.1.19a}$$

设$\beta(x,y,\omega)=\sigma(x,y,\omega)+\mathrm{i}\delta(x,y,\omega)$,方程(4.1.18a)变化成

$$\chi_{\lambda\lambda} \equiv \mathrm{i}k_0[\sigma_\lambda(\omega)+\mathrm{i}\delta_\lambda(\omega)] \tag{4.1.19b}$$

其中,为了方便定义

$$\sigma_\lambda \equiv \int_\Gamma \sigma(x,y,\omega)|\psi_\lambda|^2 \mathrm{d}\Gamma, \quad \delta_\lambda \equiv \int_\Gamma \delta(x,y,\omega)|\psi_\lambda|^2 \mathrm{d}\Gamma \tag{4.1.19c}$$

故复传播因子为

$$\sqrt{k_0^2-\kappa_{t\lambda}^2} \approx \sqrt{k_0^2-k_{t\lambda}^2+\chi_{\lambda\lambda}} \approx k_{z\lambda}+\mathrm{i}\alpha_\lambda \tag{4.1.20a}$$

其中,$k_{z\lambda}$为模式λ的z方向"有效"传播波数,而α_λ为衰减系数,有

$$k_{z\lambda} \equiv \sqrt{k_0^2-k_{t\lambda}^2}, \quad \alpha_\lambda \equiv \frac{k_0\sigma_\lambda(\omega)}{2\sqrt{k_0^2-k_{t\lambda}^2}} \tag{4.1.20b}$$

将以上两式代入方程(4.1.19a)得到

$$p(x,y,z,t) \approx \sum_{\lambda=0}^{\infty} A_\lambda \mathrm{e}^{-\alpha_\lambda z} \psi_\lambda(x,y,k_{t\lambda}) \exp[\mathrm{i}(k_{z\lambda}z-\omega t)] \tag{4.1.21a}$$

上式表明,在准刚性条件下,边界阻抗的主要作用是引进了模式的衰减,而模式形式和传播因子基本不变. 因而,也可以说,边界阻抗作为微扰是稳定的. 然而,在截止频率点$k_0^2-k_{t\lambda}^2=0$,方程(4.1.20b)不再成立,事实上,复传播因子为$\sqrt{k_0^2-\kappa_{t\lambda}^2} \approx \sqrt{\chi_{\lambda\lambda}} = \sqrt{|\chi_{\lambda\lambda}|}\,\mathrm{e}^{\mathrm{i}\frac{\phi_\lambda}{2}}$,其中$\tan\phi_\lambda=-\sigma_\lambda(\omega)/\delta_\lambda(\omega)$. 模式$\lambda$的$z$方向"有效"传播波数和衰减系数分别为$k_{z\lambda} \approx \sqrt{|\chi_{\lambda\lambda}|}\cos\dfrac{\phi_\lambda}{2}$和$\alpha_\lambda \approx \sqrt{|\chi_{\lambda\lambda}|}\sin\dfrac{\phi_\lambda}{2}$. 当$\beta \to 0$时,$k_{z\lambda} \to 0$和$\alpha_\lambda \to 0$,趋向刚性结果,故$k_{z\lambda}$和$\alpha_\lambda$都是小量且可忽略,可以认为声波在横向多次反射而不向z方向传播.

对主波($\lambda=0$和$k_{t0}=0$)的衰减系数$\alpha_0 \equiv \sigma_0(\omega)/2$,由方程(4.1.19c),有

$$\sigma_0 = \int_\Gamma \sigma(x,y,\omega)|\psi_0|^2 \mathrm{d}\Gamma = \frac{1}{S}\int_\Gamma \sigma(x,y,\omega)\mathrm{d}\Gamma = \frac{L}{S}\bar{\sigma} \tag{4.1.21b}$$

其中,L是管道截面的周长,$\bar{\sigma} \equiv \dfrac{1}{L}\displaystyle\int_\Gamma \sigma(x,y,\omega)\mathrm{d}\Gamma$是比阻抗率实部的周向平均. 显然,主波衰减系数$\alpha_0=\bar{\sigma}L/(2S)$与阻抗的阻部成正比,这是管道阻性消声器设计的基本原理. 值得指出的是,无论主波还是高次模式,其衰减系数都与L/S(即周长与面积之比)成正比. 对固定的周长,正方形的面积最大,而L/S最小,故在管道消声的设计中,尽量把管道设计成扁平形状,提高比值L/S.

4.1.3 刚性和阻抗壁面的矩形波导

设 Γ 为矩形:有 $x\in[0,l_x]$ 和 $y\in[0,l_y]$. 对刚性波导,方程(4.1.1b)简化为

$$\left(\frac{\partial^2}{\partial x^2}+\frac{\partial^2}{\partial y^2}+k_t^2\right)\psi(x,y)=0,\quad \left.\frac{\partial\psi}{\partial x}\right|_{x=0,l_x}=\left.\frac{\partial\psi}{\partial y}\right|_{y=0,l_y}=0 \tag{4.1.22a}$$

以上本征值问题的解为

$$\begin{gathered}\psi_{pq}(x,y,k_{pq})=\sqrt{\frac{\varepsilon_p\varepsilon_q}{S}}\cos\left(\frac{p\pi}{l_x}x\right)\cos\left(\frac{q\pi}{l_y}y\right)\\ k_{pq}^2=\left(\frac{p\pi}{l_x}\right)^2+\left(\frac{q\pi}{l_y}\right)^2\quad(p,q=0,1,2,\cdots)\end{gathered} \tag{4.1.22b}$$

其中,$\varepsilon_p=\varepsilon_q=1(p=0;q=0)$,而 $\varepsilon_p=\varepsilon_q=2(p\neq0;q\neq0)$. 注意:对矩形波导,$\lambda$ 表示两个指标(p,q). 截止频率由方程$(\omega/c_0)^2-k_1^2<0$ 决定,$k_1=\min[\pi/l_x,\pi/l_y]$. 故截止频率或者截止半波长为

$$f_c=\frac{c_0}{2\max[l_x,l_y]},\quad \frac{\lambda_c}{2}=\frac{c_0}{2f_c}=\max[l_x,l_y] \tag{4.1.23}$$

上式的物理意义非常明显:当声波的半波长大于波导的长边时,波导中只能传播$(p,q)=(0,0)$的平面波,或者**主波**. 如果 p 或者 q 有一个不为零,就称其为**高次模式**.

阻抗壁面 方程(4.1.22a)修改为

$$\left(\frac{\partial^2}{\partial x^2}+\frac{\partial^2}{\partial y^2}+\kappa^2\right)\Psi(x,y)=0 \tag{4.1.24a}$$

以及边界条件:

$$\begin{gathered}\left.\left[\frac{\partial\Psi}{\partial x}+\mathrm{i}k_0\beta_{x0}(\omega)\Psi\right]\right|_{x=0}=0,\quad \left.\left[\frac{\partial\Psi}{\partial x}-\mathrm{i}k_0\beta_{xl}(\omega)\Psi\right]\right|_{x=l_x}=0\\ \left.\left[\frac{\partial\Psi}{\partial y}+\mathrm{i}k_0\beta_{y0}(\omega)\Psi\right]\right|_{y=0}=0,\quad \left.\left[\frac{\partial\Psi}{\partial y}-\mathrm{i}k_0\beta_{yl}(\omega)\Psi\right]\right|_{y=l_y}=0\end{gathered} \tag{4.1.24b}$$

其中,$\kappa^2+k_z^2=k_0^2$. 注意:在 $x=0,l_x$ 两条直边上,区域的法向分别为$(n_x,n_y)=(-1,0)$和$(n_x,n_y)=(1,0)$,故边界条件中相差一个负号,对 y 方向的讨论类似,以后经常遇到类似的问题,不再说明. 方程(4.1.24b)已假定每个面的阻抗均匀,但 4 个面上各不相同,否则,无法得到解析形式的解. 显然,当所有的 β 都为零时,上式的解应该就是方程(4.1.22b),故取解的形式为

$$\Psi(x,y,\kappa)=A\cos(\kappa_x x+\delta_x)\cos(\kappa_y y+\delta_y) \tag{4.1.25}$$

其中,$\kappa^2=\kappa_x^2+\kappa_y^2$. 由 x 方向的边界条件得到

$$\kappa_x\tan(\delta_x)=\mathrm{i}k_0\beta_{x0}(\omega),\quad -\kappa_x\tan(\kappa_x l_x+\delta_x)=\mathrm{i}k_0\beta_{xl}(\omega) \tag{4.1.26a}$$

利用三角函数关系,从上式可推得

$$[k_0^2\beta_{xl}(\omega)\beta_{x0}(\omega)+\kappa_x^2]\tan(\kappa_x l_x)=-\mathrm{i}k_0\kappa_x[\beta_{x0}(\omega)+\beta_{xl}(\omega)] \tag{4.1.26b}$$

上式就是决定 x 方向的本征值 κ_x 和相位因子 δ_x 的超越方程.

在准刚性近似下:① 零级近似,有 $\tan(\delta_x)=0$ 和 $\tan(\kappa_x^0 l_x)=0$,故取 $\delta_x=0$ 以及 $\kappa_x^0=p\pi/l_x(p=0,1,2,\cdots)$;② 一级近似,令 $\kappa_x\approx\kappa_x^0+\varepsilon$,注意到有

$$\tan(\kappa_x^0 l_x+\varepsilon l_x)=\frac{\tan(\kappa_x^0 l_x)+\tan(\varepsilon l_x)}{1-\tan(\kappa_x^0 l_x)\tan(\varepsilon l_x)}=\tan(\varepsilon l_x)\approx\varepsilon l_x \tag{4.1.27a}$$

上式代入方程(4.1.26b)的第二式且忽略 2 级量 $\beta_{xl}(\omega)\beta_{x0}(\omega)$,得到

$$(\kappa_x^0+\varepsilon)\varepsilon l_x\approx-\mathrm{i}k_0[\beta_{x0}(\omega)+\beta_{xl}(\omega)] \tag{4.1.27b}$$

因此,当 $\kappa_x^0\neq0$ 时,上式可以忽略 ε^2 得到

$$\varepsilon\approx-\mathrm{i}\frac{k_0}{\kappa_x^0 l_x}[\beta_{x0}(\omega)+\beta_{xl}(\omega)] \tag{4.1.27c}$$

故

$$\kappa_x^2\approx(\kappa_x^0+\varepsilon)^2\approx(\kappa_x^0)^2-2\mathrm{i}\frac{k_0}{l_x}[\beta_{x0}(\omega)+\beta_{xl}(\omega)] \tag{4.1.28a}$$

当 $\kappa_x^0=0$(即 $p=0$)时,从方程(4.1.27b)得到 $\varepsilon^2\approx-\mathrm{i}k_0[\beta_{x0}(\omega)+\beta_{xl}(\omega)]/l_x$. 统一写成

$$\kappa_x^2\approx\left(\frac{p\pi}{l_x}\right)^2-\mathrm{i}\varepsilon_p\frac{k_0}{l_x}[\beta_{x0}(\omega)+\beta_{xl}(\omega)] \tag{4.1.28b}$$

其中,有 $\varepsilon_0=1$ 和 $\varepsilon_p=2(p\geqslant1)$. 由方程(4.1.26a)的第一式得到 $\delta_x\approx\mathrm{i}k_0\beta_{x0}(\omega)/\kappa_x$. 同理,由 y 方向的边界条件,我们可以得

$$\kappa_y^2\approx\left(\frac{q\pi}{l_y}\right)^2-\mathrm{i}\varepsilon_q\frac{k_0}{l_y}[\beta_{y0}(\omega)+\beta_{yl}(\omega)],\quad\delta_y\approx\mathrm{i}\frac{k_0\beta_{y0}(\omega)}{\kappa_y} \tag{4.1.28c}$$

最后,在准刚性近似下,我们得到复简正模式和复本征值分别为

$$\Psi_{pq}(x,y,\kappa_{pq})\approx\begin{cases}A_{pq}C_p(x)C_q(y) & (p,q\neq0)\\ A_{00} & (p=q=0)\end{cases} \tag{4.1.29a}$$

以及

$$\kappa_{pq}^2\approx\left(\frac{p\pi}{l_x}\right)^2+\left(\frac{q\pi}{l_y}\right)^2-\mathrm{i}\varepsilon_p\frac{k_0}{l_x}[\beta_{x0}(\omega)+\beta_{xl}(\omega)]$$
$$-\mathrm{i}\varepsilon_q\frac{k_0}{l_y}[\beta_{y0}(\omega)+\beta_{yl}(\omega)]\quad(p,q=0,1,2,\cdots) \tag{4.1.29b}$$

其中,为了方便定义函数

$$C_p(x)\equiv\cos\left[\frac{p\pi}{l_x}x+\mathrm{i}\frac{k_0l_x\beta_{x0}(\omega)}{p\pi}\right]\quad(p\neq0)$$
$$C_q(y)\equiv\cos\left[\frac{q\pi}{l_y}y+\mathrm{i}\frac{k_0l_y\beta_{y0}(\omega)}{q\pi}\right]\quad(q\neq0) \tag{4.1.29c}$$

注意：① 严格地，即使 $p=q=0$，简正模式 $\Psi_{00}(x,y,\kappa_{00})$ 也不为常量，而与坐标 (x,y) 有关，因为在非刚性边界条件下，常量不是本征值问题的解，真正严格的平面波是不存在的；② 方程(4.1.29a)中，当 $p=q=0$ 时，只有取零级近似，A_{00} 才是常量；③ 如果准刚性近似不成立，必须严格求解方程(4.1.26b).

4.1.4 刚性和阻抗壁面的圆形波导

设半无限长、刚性壁面的圆形(半径为 R)波导长度方向为 z 轴，截面圆心为 Oxy 平面的坐标原点，在柱坐标 (ρ,z,φ) 中，简正模式满足下列方程：

$$\left[\frac{1}{\rho}\frac{\partial}{\partial\rho}\left(\rho\frac{\partial}{\partial\rho}\right)+\frac{1}{\rho^2}\frac{\partial^2}{\partial\varphi^2}+k_t^2\right]\psi=0 \quad (\rho<R,0\leqslant\varphi\leqslant 2\pi) \tag{4.1.30a}$$

和刚性边界条件 $(\partial\psi/\partial\rho)\big|_{\rho=R}=0(0\leqslant\varphi\leqslant 2\pi)$. 上式的解为

$$\psi(\rho,\varphi,k_t)=\mathrm{J}_m(k_t\rho)\exp(\mathrm{i}m\varphi) \quad (m=0,\pm 1,\pm 2,\cdots) \tag{4.1.30b}$$

由刚性边界条件得到决定简正波数的方程：$\mathrm{J}'_m(k_tR)=0$，即

$$\mathrm{J}_1(k_tR)=0(m=0),\quad \mathrm{J}_{|m|-1}(k_tR)=\mathrm{J}_{|m|+1}(k_tR)(|m|\geqslant 1) \tag{4.1.30c}$$

对应于一定的 $|m|$，方程 $\mathrm{J}_1(x)=0$ 或 $\mathrm{J}_{|m|-1}(x)=\mathrm{J}_{|m|+1}(x)(|m|\geqslant 1)$ 存在一系列根，用指标 $\nu=0,1,2,\cdots$ 表示，即 $x_{|m|\nu}$，于是，简正波数为 $k_{t|m|\nu}=x_{|m|\nu}/R$. 前 12 个根($m=0,1,2$; $\nu=0,1,2,3$)分别为

$$\begin{gathered}[x_{00};x_{01};x_{02};x_{03}]=[0.00;3.83;7.02;10.17]\\ [x_{10};x_{11};x_{12};x_{13}]=[1.84;5.33;8.54;11.71]\\ [x_{20};x_{21};x_{22};x_{23}]=[3.05;6.71;9.97;13.17]\end{gathered} \tag{4.1.30d}$$

注意：最小的非零根由 $x_{10}\approx 1.84$ 给出，而不是 $x_{01}\approx 3.83$. 故平面波条件是

$$f<f_c=\frac{x_{10}}{2\pi R}c_0=\frac{1.84}{2\pi R}c_0 \tag{4.1.31a}$$

当然，如果声源是轴对称的，激发的声场与 φ 无关，则 $m\equiv 0$，此时最小的非零根就是 $x_{01}\approx 3.83$，平面波条件为

$$f<f_c=\frac{x_{01}}{2\pi R}c_0=\frac{3.83}{2\pi R}c_0 \tag{4.1.31b}$$

截止频率可提高约一倍. 简正模式为

$$\psi_{|m|\nu}(\rho,\varphi,k_{t|m|\nu})=\begin{cases}\mathrm{J}_m\left(\dfrac{x_{|m|\nu}}{R}\rho\right)\exp(\mathrm{i}m\varphi) & (m=\pm 1,\pm 2,\cdots;\nu=1,2,\cdots)\\ 1 & (m=\nu=0)\end{cases} \tag{4.1.32a}$$

注意：这个简正模式没有归一化，模的平方为

$$N^2_{|m|\nu}=\begin{cases}\pi R^2\left(1-\dfrac{m^2}{x^2_{|m|\nu}}\right)\left[\mathrm{J}_m(x_{|m|\nu})\right]^2 & (m,\nu\neq 0)\\ \pi R^2 & (m=\nu=0)\end{cases} \tag{4.1.32b}$$

于是，波导中总的声场可表示成各个模式(m,ν)的求和

$$p(\rho,z,\varphi,\omega)=\sum_{|m|,\nu=0}^{\infty}A_{m\nu}\mathrm{J}_m\left(\frac{x_{|m|\nu}}{R}\rho\right)\mathrm{e}^{\mathrm{i}m\varphi}\exp\left[\mathrm{i}\sqrt{k_0^2-\left(\frac{x_{|m|\nu}}{R}\right)^2}z\right] \tag{4.1.32c}$$

每个模式的相速度和群速度分别为

$$c_{\mathrm{p}}=\frac{\omega}{k_z}=\frac{c_0}{\sqrt{1-(x_{|m|\nu}/k_0R)^2}},\quad c_{\mathrm{g}}=\frac{1}{\partial k_z/\partial\omega}=c_0\sqrt{1-\left(\frac{x_{|m|\nu}}{k_0R}\right)^2} \tag{4.1.32d}$$

阻抗壁面 方程(4.1.30a)修改为

$$\left[\frac{1}{\rho}\frac{\partial}{\partial\rho}\left(\rho\frac{\partial}{\partial\rho}\right)+\frac{1}{\rho^2}\frac{\partial^2}{\partial\varphi^2}+\kappa_{\mathrm{t}}^2\right]\psi=0\quad(\rho<R,0\leqslant\varphi\leqslant 2\pi) \tag{4.1.33a}$$

和阻抗边界条件$(\partial\psi/\partial\rho+\mathrm{i}k_0\beta\psi)|_{\rho=R}=0(0\leqslant\varphi\leqslant 2\pi)$. 注意：区域的法向为$\boldsymbol{n}=\boldsymbol{e}_\rho$. 决定简正波数$\kappa_{\mathrm{t}}$的方程为

$$\left.\frac{\mathrm{dJ}_{|m|}(\kappa_{\mathrm{t}}\rho)}{\mathrm{d}\rho}\right|_{\rho=R}=\mathrm{i}k_0\beta\mathrm{J}_{|m|}(\kappa_{\mathrm{t}}R) \tag{4.1.33b}$$

注意：现在κ_{t}是复数. 设上述方程的解为$\kappa_{\mathrm{t}|m|\nu}(m=0,\pm1,\pm2,\cdots;\nu=0,1,2,\cdots)$. 考虑$\beta\to 0$时，$\kappa_{\mathrm{t}|m|\nu}=x_{|m|\nu}/R$，令$\kappa_{\mathrm{t}|m|\nu}R\approx x_{|m|\nu}+\varepsilon_{|m|\nu}$，其中$x_{|m|\nu}$满足方程$\mathrm{J}'_{|m|}(x_{|m|\nu})=0$. 对上式作展开且保留$\varepsilon_{|m|\nu}$的一阶量得到下列结果.

(1) 当$|m|=\nu=0$时，$x_{00}=0$，有

$$\kappa_{00}\mathrm{J}_0'(\kappa_{00}R)=\frac{1}{R}\varepsilon_{00}\mathrm{J}_0'(\varepsilon_{00})=\mathrm{i}k_0\beta\mathrm{J}_0(\varepsilon_{00}) \tag{4.1.34a}$$

利用 Bessel 函数的近似式$\mathrm{J}_0'(\varepsilon_{00})=-\mathrm{J}_1(\varepsilon_{00})\approx-\varepsilon_{00}/2$和$\mathrm{J}_0(\varepsilon_{00})\approx 1$，我们得到$\varepsilon_{00}^2\approx-2\mathrm{i}Rk_0\beta$. 因此，平面波模式(0,0)的声压为

$$p_{00}(\rho,z,\varphi,t)\approx A_{00}\mathrm{e}^{-(\sigma/R)z}\exp\left\{\mathrm{i}\left[\left(k_0+\frac{\delta}{R}\right)z-\omega t\right]\right\} \tag{4.1.34b}$$

可见，主波的衰减系数$\alpha_{00}\approx\sigma/R=\sigma L/2S$（其中截面面积$S=\pi R^2$，截面周长$L=2\pi R$），与方程(4.1.21b)的结果是一致的.

(2) 当$|m|\neq 0$或者$\nu\neq 0$，方程(4.1.33b)变为

$$\frac{x_{|m|\nu}+\varepsilon_{|m|\nu}}{R}\mathrm{J}'_{|m|}(x_{|m|\nu}+\varepsilon_{|m|\nu})=\mathrm{i}k_0\beta\mathrm{J}_{|m|}(x_{|m|\nu}+\varepsilon_{|m|\nu}) \tag{4.1.35}$$

注意到$(x_{|m|\nu}+\varepsilon_{|m|\nu})\mathrm{J}'_{|m|}(x_{|m|\nu}+\varepsilon_{|m|\nu})\approx x_{|m|\nu}[\mathrm{J}'_{|m|}(x_{|m|\nu})+\varepsilon_{|m|\nu}\mathrm{J}''_{|m|}(x_{|m|\nu})]=x_{|m|\nu}\varepsilon_{|m|\nu}\mathrm{J}''_{|m|}(x_{|m|\nu})$，代入上式得到$x_{|m|\nu}\varepsilon_{|m|\nu}\mathrm{J}''_{|m|}(x_{|m|\nu})\approx\mathrm{i}k_0R\beta\mathrm{J}_{|m|}(x_{|m|\nu})$. 另一方面，Bessel 函数满足 Bessel 方程，有

$$\kappa_{t|m|\nu}^{2}J''_{|m|}(\kappa_{t|m|\nu}\rho)+\frac{1}{\rho}\kappa_{t|m|\nu}J'_{|m|}(\kappa_{t|m|\nu}\rho)+\left(\kappa_{t|m|\nu}^{2}-\frac{m^{2}}{\rho^{2}}\right)J_{|m|}(\kappa_{t|m|\nu}\rho)=0 \tag{4.1.36a}$$

在 $\rho=R$ 点取值，且作近似 $\kappa_{t|m|\nu}\approx x_{|m|\nu}/R$ 得到

$$\frac{x_{|m|\nu}^{2}}{R^{2}}J''_{|m|}(x_{|m|\nu})\approx-\frac{1}{R^{2}}x_{|m|\nu}J'_{|m|}(x_{|m|\nu})-\left(\frac{x_{|m|\nu}^{2}}{R^{2}}-\frac{m^{2}}{R^{2}}\right)J_{|m|}(x_{|m|\nu}) \tag{4.1.36b}$$

注意到 $J'_{|m|}(x_{|m|\nu})=0$，因此

$$\frac{J''_{|m|}(x_{|m|\nu})}{J_{|m|}(x_{|m|\nu})}\approx-\left(1-\frac{m^{2}}{x_{|m|\nu}^{2}}\right) \tag{4.1.36c}$$

于是由方程 $x_{|m|\nu}\varepsilon_{|m|\nu}J''_{|m|}(x_{|m|\nu})\approx ik_0R\beta J_{|m|}(x_{|m|\nu})$ 得到

$$\varepsilon_{|m|\nu}\approx i\frac{k_0R\beta}{x_{|m|\nu}}\frac{J_{|m|}(x_{|m|\nu})}{J''_{|m|}(x_{|m|\nu})}\approx-i\frac{k_0R\beta}{x_{|m|\nu}}\cdot\frac{1}{1-m^{2}/x_{|m|\nu}^{2}} \tag{4.1.37a}$$

因此

$$(\kappa_{t|m|\nu})^{2}\approx\left(\frac{x_{|m|\nu}}{R}\right)^{2}-2i\frac{k_0\beta}{R}\cdot\frac{1}{1-m^{2}/x_{|m|\nu}^{2}} \tag{4.1.37b}$$

故模式 (m,ν) 的声压为

$$p_{m\nu}(\rho,z,\varphi,\omega)\approx A_{m\nu}e^{-\alpha_{|m|\nu}z}J_{m}\left(\frac{x_{|m|\nu}}{R}\rho\right)e^{im\varphi}\exp(ik_{|m|\nu z}z) \tag{4.1.38a}$$

其中，衰减系数和 z 方向的传播因子分别为

$$\alpha_{|m|\nu}\equiv\frac{k_0\sigma}{R}\frac{1}{(1-m^{2}/x_{|m|\nu}^{2})\sqrt{k_0^{2}-x_{|m|\nu}^{2}/R^{2}}},\quad k_{|m|\nu z}\equiv\sqrt{k_0^{2}-\left(\frac{x_{|m|\nu}}{R}\right)^{2}} \tag{4.1.38b}$$

与矩形波导情况相同，在截止频率点，上式的第一个方程不成立.

4.2 等截面波导中声波的激发

在 4.1 节中，我们假定声波已经产生，分析它在等截面管道中传播的基本特征. 本节讨论等截面管道中声波的激发. 与自由空间中不同，由于壁面的存在，管道中激发的声场相当复杂，截面可看作横向驻波场的叠加，而管道方向为传播的行波. 对瞬态激发问题，由于高次波的结构色散，波形在传播过程中不断加宽.

4.2.1 振动面激发的瞬态波形

首先考虑半无限长($z>0$)等截面刚性波导中频域激发的声场，在 $z=0$ 处存在振动面，

其 z 方向振动速度为 $U_0(x,y,\omega)\exp(-\mathrm{i}\omega t)$,故 $z=0$ 的边界条件为

$$v_z(x,y,z,\omega)\big|_{z=0}=\frac{1}{\mathrm{i}\rho_0\omega}\frac{\partial p}{\partial z}\bigg|_{z=0}=U_0(x,y,\omega) \tag{4.2.1a}$$

由方程(4.1.5)得到

$$\frac{1}{\rho_0\omega}\sum_{\lambda=0}^{\infty}A_\lambda\sqrt{(\omega/c_0)^2-k_{t\lambda}^2}\,\psi_\lambda(x,y,k_{t\lambda})=U_0(x,y,\omega) \tag{4.2.1b}$$

利用 $\psi_\lambda(x,y,k_{t\lambda})$ 的正交归一性,即方程(4.1.4b),得到

$$A_\lambda=\frac{\rho_0\omega B_\lambda(\omega)}{\sqrt{(\omega/c_0)^2-k_{t\lambda}^2}},\quad B_\lambda(\omega)\equiv\iint_S U_0(x,y,\omega)\psi_\lambda^*(x,y,k_{t\lambda})\,\mathrm{d}x\mathrm{d}y \tag{4.2.1c}$$

因此,波导中声场分布为

$$p(x,y,z,\omega)=\sum_{\lambda=0}^{\infty}\frac{\rho_0\omega B_\lambda(\omega)}{\sqrt{(\omega/c_0)^2-k_{t\lambda}^2}}\psi_\lambda(x,y,k_{t\lambda})\mathrm{e}^{\mathrm{i}\sqrt{(\omega/c_0)^2-k_{t\lambda}^2}z} \tag{4.2.2a}$$

上式中把主波、高次波和隐失波分开得到[注意到 $\psi_0(x,y,0)=1/\sqrt{S}$]

$$\begin{aligned}p(x,y,z,\omega)=&\rho_0c_0\overline{U}_0\exp\left(\mathrm{i}\frac{\omega}{c_0}z\right)+\rho_0\omega\sum_{\lambda=1}^{\lambda_c}\frac{B_\lambda(\omega)\psi_\lambda(x,y,k_{t\lambda})}{\sqrt{(\omega/c_0)^2-k_{t\lambda}^2}}\mathrm{e}^{\mathrm{i}\sqrt{(\omega/c_0)^2-k_{t\lambda}^2}z}\\&+\rho_0\omega\sum_{\lambda=\lambda_c+1}^{\infty}\frac{B_\lambda(\omega)\psi_\lambda(x,y,k_{t\lambda})}{\mathrm{i}\sqrt{k_{t\lambda}^2-(\omega/c_0)^2}}\mathrm{e}^{-\sqrt{k_{t\lambda}^2-(\omega/c_0)^2}z}\end{aligned} \tag{4.2.2b}$$

其中,$\bar{v}_0$ 是壁面振动的平均速度,$\overline{U}_0\equiv\dfrac{1}{S}\iint_S U_0(x,y,\omega)\,\mathrm{d}x\mathrm{d}y$. 因此,我们得到结论:① 平面波与振动面的平均速度成正比,也就是说,测量平面波只能给出振动面的平均速度;② 高次波与振动面的高阶谱分量[B_λ 可看作 $U_0(x,y,\omega)$ 的空间谱]有关,测量高次波,能给出振动面的较精细结构;③ 只有在声源的附近,才存在隐失波,而隐失波的 $\lambda>\lambda_c$,$B_\lambda(\omega)$ 包含声源的更精细振动结构,从这个意义上来讲,测量远场声压是无法知道声源的更精细振动结构的.

一个特殊情况是,振动体是刚性的活塞并且活塞的面积与管道截面面积相同,则有 $U_0(x,y,\omega)=U_0(\omega)$,利用正交性关系有

$$B_\lambda(\omega)=U_0(\omega)\iint_S\psi_\lambda^*(x,y,k_{t\lambda})\,\mathrm{d}x\mathrm{d}y=\sqrt{S}\,U_0(\omega)\begin{cases}1 & (\lambda=0)\\0 & (\lambda\neq0)\end{cases} \tag{4.2.3}$$

因此,在刚性壁面的波导中,刚性活塞振动仅激发平面波,而没有高次波. 物理图像可由图 4.2.1(a)看出:刚性活塞推动活塞面附近的空气质点运动形成平面波,由于壁面刚性而不吸收能量,平面波能保持向前传播.

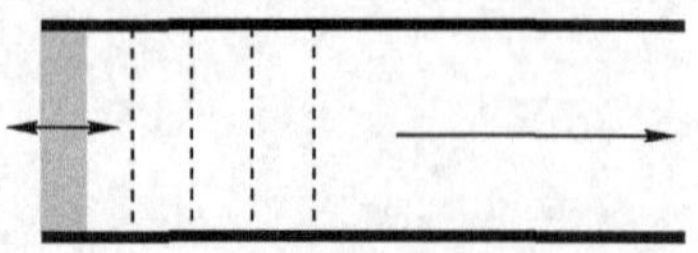

(a) 刚性壁面

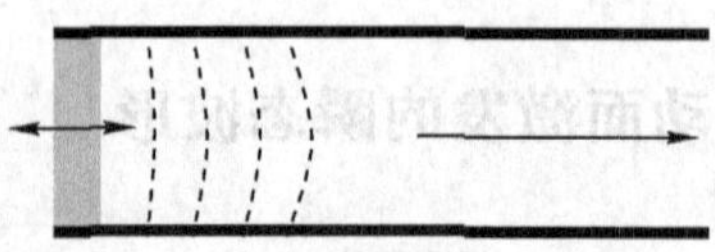

(b) 阻抗壁面

图 4.2.1 刚性活塞振动

力辐射阻抗　等面积刚性活塞表面受到的声场反作用力为

$$F_r(\omega) \equiv \int_S p\big|_{z=0}\mathrm{d}S = S\rho_0 c_0 U_0 \tag{4.2.4}$$

故 $Z_r(\omega)=S\rho_0c_0$. 可见,因为等面积刚性活塞在刚性壁面管道中仅激发平面波,故辐射阻抗只有实部并且与空气的声阻抗率 ρ_0c_0 成正比.

注意:根据以上讨论,等面积刚性活塞在刚性波导中只能激发平面波. 而对阻抗壁面的波导,即使是刚性活塞振动,也得不到纯的平面波,必然会激发高次模式. 如图 4.2.1(b)所示,当刚性活塞推动活塞面附近的空气质点运动形成平面波向前传播时,由于壁面不断吸收能量,波阵面不断变化,从而必将产生高次分量. 由方程(4.1.13)

$$p(x,y,z,\omega)=\sum_{\lambda=0}^{\infty}A_\lambda \Psi_\lambda(x,y,\kappa_{t\lambda})\exp\left[\mathrm{i}\sqrt{(\omega/c_0)^2-\kappa_{t\lambda}^2}\,z\right] \tag{4.2.5a}$$

和边界方程(4.2.1a)得到

$$\frac{1}{\rho_0\omega}\sum_{\lambda=0}^{\infty}A_\lambda\sqrt{(\omega/c_0)^2-\kappa_{t\lambda}^2}\,\Psi_\lambda(x,y,\kappa_{t\lambda})=U_0(x,y,\omega) \tag{4.2.5b}$$

上式两边同乘 $\Psi_\mu(x,y,\kappa_{t\mu})$ $(\mu=0,1,2,\cdots)$ 并积分,且利用方程(4.1.14a),得到

$$A_\mu=\frac{B_\mu\rho_0\omega}{\Theta_{\mu\mu}\sqrt{(\omega/c_0)^2-\kappa_{t\mu}^2}},\quad B_\mu\equiv\int_S U_0(x,y,\omega)\Psi_\mu(x,y,\kappa_{t\mu})\mathrm{d}S \tag{4.2.6}$$

其中,为了方便,定义 $\Theta_{\mu\mu}\equiv\int_S\Psi_\mu^2(x,y,\kappa_{t\mu})\mathrm{d}S$. 对刚性的活塞振动 $U_0(x,y,\omega)=U_0(\omega)$,但 $B_\mu\neq0$ $(\lambda\neq0)$,故必定存在高次模式. 例如矩形波导,即使简正模式取方程(4.1.29a)的近似表达式,容易验证 $B_{pq}\sim\beta_{x0}\beta_{y0}\neq0$ $(p,q>0)$. 必须注意的是:① 在这种情况下,高次模式的激发是不能忽略的,特别是当声源激发频率满足 $(\omega/c_0)^2-|\kappa_{pq}|^2\sim0$ 时,模式 (p,q) 达到共振状态,其幅值很大,可能影响平面波的测量;② 在准刚性近似下,$B_{pq}\sim\beta_{x0}\beta_{y0}$ $(p,q>0)$ 是二阶小量,如果忽略二阶小量,则 $B_{pq}\sim0$ $(p,q>0)$,即高次模式可忽略.

时域波形　设 $z=0$ 处的振动体产生一个 Dirac δ 脉冲:$U_0(x,y,t)=q_0U_0(x,y)\delta(t)$(其中 q_0 是有量纲常量),那么 $U_0(x,y,\omega)=q_0U_0(x,y)/2\pi$,对方程(4.2.2b)作 Fourier 变换得到时域波形(忽略截止频率以上的部分):

$$\begin{aligned}p(x,y,z,t)=&\frac{\rho_0c_0q_0\overline{U}_0}{2\pi}\int_{-\infty}^{\infty}\exp\left[\mathrm{i}\omega\left(\frac{z}{c_0}-t\right)\right]\mathrm{d}\omega\\&+\frac{\mathrm{i}q_0\rho_0c_0}{2\pi}\sum_{\lambda=1}^{\lambda_c}B_\lambda\psi_\lambda(x,y,k_{t\lambda})\frac{\mathrm{d}U_\lambda(t)}{\mathrm{d}t}\end{aligned} \tag{4.2.7a}$$

其中,为了方便,定义

$$\begin{gathered}B_\lambda\equiv\iint_S U_0(x,y)\psi_\lambda^*(x,y,k_{t\lambda})\mathrm{d}x\mathrm{d}y\quad(\lambda\neq0)\\U_\lambda(t)\equiv\int_{-\infty}^{\infty}\frac{1}{\sqrt{\omega^2-\omega_\lambda^2}}\exp\left[\mathrm{i}\left(\sqrt{\omega^2-\omega_\lambda^2}\,\frac{z}{c_0}-\omega t\right)\right]\mathrm{d}\omega\quad(\lambda\neq0)\end{gathered} \tag{4.2.7b}$$

利用积分关系：$\int_{-\infty}^{\infty}\exp(\mathrm{i}\omega t)\mathrm{d}\omega=2\pi\delta(t)$，方程(4.2.7a)给出主波部分

$$p_0(x,y,z,t)=q_0\rho_0c_0\overline{U}_0\delta\left(t-\frac{z}{c_0}\right) \tag{4.2.8}$$

故零阶模式(主波)仍然是一个 Dirac δ 脉冲的平面波. 对高阶模式 $\lambda\neq 0$,关键是求方程(4.2.7b)中的第二个积分. 利用方程(2.4.6d)(取 $\rho_s=0$ 和 $z_s=0$)，我们有关系

$$\frac{\exp(\mathrm{i}k_0R)}{4\pi R}=\frac{\mathrm{i}}{8\pi}\int_{-\infty}^{\infty}\mathrm{H}_0^{(1)}(k_\rho\rho)\exp(\mathrm{i}k_zz)\mathrm{d}k_z \tag{4.2.9a}$$

其中，$R=\sqrt{\rho^2+z^2}$ 和 $k_\rho=\sqrt{k_0^2-k_z^2}$. 作代换：$z\to\omega$ 和 $\rho\to\mathrm{i}\omega_\lambda$，那么 $R=\sqrt{\omega^2-\omega_\lambda^2}$；$k_z\to t$ 和 $k_0\to z/c_0$，于是 $k_\rho=\sqrt{(z/c_0)^2-t^2}$. 代入上式得到

$$\frac{\exp\left[\mathrm{i}\sqrt{\omega^2-\omega_\lambda^2}(z/c_0)\right]}{\sqrt{\omega^2-\omega_\lambda^2}}=\frac{\mathrm{i}}{2}\int_{-\infty}^{\infty}\mathrm{H}_0^{(1)}\left(\mathrm{i}\omega_\lambda\sqrt{\frac{z^2}{c_0^2}-t^2}\right)\exp(\mathrm{i}\omega t)\mathrm{d}t \tag{4.2.9b}$$

上式恰好是一个 Fourier 变换，逆变换为

$$\frac{\mathrm{i}}{2}\mathrm{H}_0^{(1)}\left(\mathrm{i}\omega_\lambda\sqrt{\frac{z^2}{c_0^2}-t^2}\right)=\frac{1}{2\pi}\int_{-\infty}^{\infty}\frac{\exp\left[\mathrm{i}\sqrt{\omega^2-\omega_\lambda^2}(z/c_0)\right]}{\sqrt{\omega^2-\omega_\lambda^2}}\mathrm{e}^{-\mathrm{i}\omega t}\mathrm{d}\omega \tag{4.2.10}$$

于是，我们求得了方程(4.2.7b)中的第二个积分：

$$U_\lambda(t)=\mathrm{i}\pi\mathrm{H}_0^{(1)}\left(\mathrm{i}\omega_\lambda\sqrt{\frac{z^2}{c_0^2}-t^2}\right) \tag{4.2.11}$$

讨论：① 当 $t<z/c_0$ 时，$U_\lambda(t)=2\mathrm{K}_0(\omega_\lambda\sqrt{z^2/c_0^2-t^2})$，如果取 $\psi_\lambda(x,y,k_\lambda)$ 为实函数[总可以这样做，因为如果 $\psi_\lambda(x,y,k_\lambda)$ 是复的，实部和虚部都是方程(4.1.1b)的解，故下面总假定它是实的]，那么由方程(4.2.7a)，声压的高次模式贡献(用 p_λ 表示)为纯虚数，$\mathrm{Re}(p_\lambda)=0$；② 当 $t>z/c_0$ 时，利用 $\mathrm{H}_0^{(1)}(\mathrm{e}^{\mathrm{i}\pi}x)=-\mathrm{J}_0(x)+\mathrm{i}\mathrm{N}_0(x)$，方程(4.2.11)改写成

$$U_\lambda(t)=\mathrm{i}\pi\left[-\mathrm{J}_0\left(\omega_\lambda\sqrt{t^2-\frac{z^2}{c_0^2}}\right)+\mathrm{i}\mathrm{N}_0\left(\omega_\lambda\sqrt{t^2-\frac{z^2}{c_0^2}}\right)\right] \tag{4.2.12}$$

由方程(4.2.7a)，高次模式的贡献为

$$\mathrm{Re}(p_\lambda)=-\frac{1}{2}q_0\rho_0c_0\omega_\lambda B_\lambda\mathrm{H}\left(t-\frac{z}{c_0}\right)\psi_\lambda(x,y,k_{t\lambda})\frac{t\mathrm{J}_1(\omega_\lambda\sqrt{t^2-z^2/c_0^2})}{\sqrt{t^2-z^2/c_0^2}} \tag{4.2.13}$$

其中，$\mathrm{H}(t)$ 为 Heaviside 阶跃函数. 因此，总的波形为

$$\begin{aligned}\mathrm{Re}(p)=&\frac{q_0\rho_0c_0\overline{U}_0}{S}\delta\left(t-\frac{z}{c_0}\right)-\frac{1}{2}q_0\rho_0c_0\pi\mathrm{H}\left(t-\frac{z}{c_0}\right)\\&\times\sum_{\lambda=1}^{\lambda_c}\omega_\lambda B_\lambda\psi_\lambda(x,y,k_{t\lambda})\frac{t\mathrm{J}_1(\omega_\lambda\sqrt{t^2-z^2/c_0^2})}{\sqrt{t^2-z^2/c_0^2}}\end{aligned} \tag{4.2.14}$$

对固定的 z,当足够长时间后

$$\frac{tJ_1(\omega_\lambda\sqrt{t^2-z^2/c_0^2})}{\sqrt{t^2-z^2/c_0^2}} \sim \frac{1}{\sqrt{\omega_\lambda t}}\cos\left(\omega_\lambda\sqrt{t^2-\frac{z^2}{c_0^2}}-\frac{3\pi}{4}\right) \tag{4.2.15}$$

因此,我们得到结论:① 时域波有明显的波前,对固定的 z,当 $t<z/c_0$ 时,声压为零;② 当 $t=z/c_0$ 时,平面波 Dirac δ 脉冲到达,然后随时间衰减振荡.

4.2.2 波导中点声源的激发

刚性波导 假定等截面波导无限长,点声源位于 (x_s,y_s,z_s),辐射声场 $p=p(x,y,z,\omega)$ 满足方程

$$\left(\frac{\partial^2}{\partial x^2}+\frac{\partial^2}{\partial y^2}+\frac{\partial^2}{\partial z^2}+k_0^2\right)p=-\delta(x,x_s)\delta(y,y_s)\delta(z,z_s) \tag{4.2.16}$$

由于截面 (x,y) 方向形成本征值问题,故在 (x,y) 方向作广义 Fourier 级数展开

$$p(x,y,z,\omega)=\sum_{\lambda=0}^{\infty}Z_\lambda(z)\psi_\lambda(x,y,k_{t\lambda}) \tag{4.2.17a}$$

因 $\psi_\lambda(x,y,k_\lambda)$ 满足刚性边界条件,故 $p(x,y,z,\omega)$ 也满足. 把上式代入方程(4.2.16)得到

$$\sum_{\lambda=0}^{\infty}\left[(k_0^2-k_{t\lambda}^2)Z_\lambda(z)+\frac{d^2Z_\lambda(z)}{dz^2}\right]\psi_\lambda(x,y,k_{t\lambda})=-\delta(x,x_s)\delta(y,y_s)\delta(z,z_s) \tag{4.2.17b}$$

利用简正模式 $\psi_\lambda(x,y,k_{t\lambda})$ 的正交归一性得到

$$\frac{d^2Z_\lambda(z)}{dz^2}+(k_0^2-k_{t\lambda}^2)Z_\lambda(z)=-\psi_\lambda^*(x_s,y_s,k_{t\lambda})\delta(z,z_s) \tag{4.2.17c}$$

取解的形式

$$Z_\lambda(z)=\begin{cases}A\exp[\mathrm{i}\sqrt{k_0^2-k_{t\lambda}^2}(z-z_s)] & (z>z_s)\\ B\exp[\mathrm{i}\sqrt{k_0^2-k_{t\lambda}^2}(z_s-z)] & (z_s>z)\end{cases} \tag{4.2.18a}$$

由函数 $Z_\lambda(z)$ 连续性条件和 $Z'_\lambda(z)$ 的跳跃条件,容易得到

$$A=B=-\frac{\psi_\lambda^*(x_s,y_s,k_{t\lambda})}{2\mathrm{i}\sqrt{k_0^2-k_{t\lambda}^2}} \tag{4.2.18b}$$

因此

$$Z_\lambda(z)=\frac{\mathrm{i}}{2}\frac{1}{\sqrt{k_0^2-k_{t\lambda}^2}}\exp(\mathrm{i}\sqrt{k_0^2-k_{t\lambda}^2}\,|z-z_s|)\psi_\lambda^*(x_s,y_s,k_{t\lambda}) \tag{4.2.18c}$$

故点声源产生的场(或者 Green 函数)为

$$p=\frac{\mathrm{i}}{2}\sum_{\lambda=0}^{\infty}\frac{1}{\sqrt{k_0^2-k_{t\lambda}^2}}\exp(\mathrm{i}\sqrt{k_0^2-k_{t\lambda}^2}\,|z-z_s|)\psi_\lambda^*(x_s,y_s,k_{t\lambda})\psi_\lambda(x,y,k_{t\lambda}) \tag{4.2.19}$$

脉动球的辐射阻抗 考虑无限小脉动球声源，其强度为$-\mathrm{i}\rho_0\omega q_0$（$q_0=4\pi a^2U_0$，$a$ 为脉动球半径，U_0 为脉动球表面的径向速度），它在管道中辐射的声场由上式给出

$$p(x,y,z,\omega)=\frac{1}{2}\rho_0\omega q_0\sum_{\lambda=0}^{\infty}\frac{1}{\sqrt{k_0^2-k_{t\lambda}^2}}\exp(\mathrm{i}\sqrt{k_0^2-k_{t\lambda}^2}\,|z-z_s|)\times\psi_\lambda^*(x_s,y_s,k_{t\lambda})\psi_\lambda(x,y,k_{t\lambda}) \tag{4.2.20a}$$

当脉动球半径 $a\ll\lambda$ 时，脉动球附近的声场近似为

$$p(x_s,y_s,z_s,\omega)=\frac{1}{2}\rho_0c_0q_0\sum_{\lambda=0}^{\infty}\frac{k_0}{\sqrt{k_0^2-k_{t\lambda}^2}}|\psi_\lambda(x_s,y_s,k_{t\lambda})|^2 \tag{4.2.20b}$$

于是，脉动球面受到的力为

$$F_r=4\pi a^2p(x_s,y_s,z_s,\omega)=\frac{1}{2}(4\pi a^2)^2\rho_0c_0U_0\sum_{\lambda=0}^{\infty}\frac{k_0}{\sqrt{k_0^2-k_{t\lambda}^2}}|\psi_\lambda(x_s,y_s,k_{t\lambda})|^2 \tag{4.2.20c}$$

故脉动小球的力辐射阻抗为

$$Z_r=\frac{F_r}{U_0}=\frac{(4\pi a^2)^2}{2S}\rho_0c_0+\frac{(4\pi a^2)^2\rho_0c_0}{2}\sum_{\lambda=1}^{\infty}\frac{k_0}{\sqrt{k_0^2-k_{t\lambda}^2}}|\psi_\lambda(x_s,y_s,k_{t\lambda})|^2 \tag{4.2.21a}$$

设 λ_c 为截止频率对应的简正频率，则上式给出力辐射阻和抗分别为（$Z_r=R_r-\mathrm{i}X_r$）

$$\begin{aligned}R_r&=\frac{(4\pi a^2)^2\rho_0c_0}{2S}+\frac{(4\pi a^2)^2\rho_0c_0}{2}\sum_{\lambda=1}^{\lambda_c}\frac{k_0}{\sqrt{k_0^2-k_{t\lambda}^2}}|\psi_\lambda(x_s,y_s,k_{t\lambda})|^2\\X_r&=\frac{(4\pi a^2)^2\rho_0c_0}{2}\sum_{\lambda=\lambda_c+1}^{\infty}\frac{k_0}{\sqrt{k_{t\lambda}^2-k_0^2}}|\psi_\lambda(x_s,y_s,k_{t\lambda})|^2\end{aligned} \tag{4.2.21b}$$

可见，隐失波模式提供了辐射抗的部分，表示能量只能局域在声源附近，而不能向管道的远处辐射.

时域波形 求方程(4.2.19)的 Fourier 积分

$$\begin{aligned}p(x,y,z,t)&=\int_{-\infty}^{\infty}p(x,y,z,\omega)\mathrm{e}^{-\mathrm{i}\omega t}\mathrm{d}\omega\\&=\frac{\mathrm{i}c_0}{2S}U_0(t)+\frac{\mathrm{i}c_0}{2}\sum_{\lambda=1}^{\infty}U_\lambda(t)\psi_\lambda^*(x_s,y_s,k_{t\lambda})\psi_\lambda(x,y,k_{t\lambda})\end{aligned} \tag{4.2.22a}$$

其中，第一个积分为阶跃函数：

$$U_0(t) \equiv \int_{-\infty}^{\infty} \frac{1}{\omega} \exp\left\{ \mathrm{i}\omega\left[\frac{|z-z_s|}{c_0} - t \right] \right\} \mathrm{d}\omega = -\mathrm{i}\iint_{-\infty}^{\infty} \exp\left\{ \mathrm{i}\omega\left[\frac{|z-z_s|}{c_0} - t \right] \right\} \mathrm{d}\omega \mathrm{d}t$$

$$= -2\pi\mathrm{i}\int \delta\left(t - \frac{|z-z_s|}{c_0} \right) \mathrm{d}t = -2\pi\mathrm{i}\mathrm{H}\left(t - \frac{|z-z_s|}{c_0} \right)$$

(4.2.22b)

方程(4.2.22a)中第二个积分 $U_\lambda(t)$ 即为方程(4.2.7b). 于是,由方程(4.2.12)可知

$$\mathrm{Re}[p(x,y,z,t)] = \frac{c_0\pi}{S}\mathrm{H}\left(t - \frac{|z-z_s|}{c_0} \right) + \frac{c_0\pi}{2}\mathrm{H}\left(t - \frac{|z-z_s|}{c_0} \right)$$

$$\times \sum_{\lambda=1}^{\infty} \mathrm{J}_0\left(\omega_\lambda \sqrt{t^2 - \frac{|z-z_s|^2}{c_0^2}} \right) \psi_\lambda^*(x_s,y_s,k_{t\lambda}) \psi_\lambda(x,y,k_{t\lambda})$$

(4.2.22c)

事实上,上式是源函数为 $-\delta(x,x_s)\delta(y,y_s)\delta(z,z_s)\delta(t)$ 时,含时波动方程的解,如果把源函数修改成 $-\delta(x,x_s)\delta(y,y_s)\delta(z,z_s)\delta(t-\tau)$,上式中 t 修改为 $t-\tau$,就得到刚性波导中的时域 Green 函数.

阻抗波导 波导中点声源位于 (x_s,y_s,z_s),辐射声场 $p=p(x,y,z,\omega)$ 满足方程

$$\left(\frac{\partial^2}{\partial x^2} + \frac{\partial^2}{\partial y^2} + \frac{\partial^2}{\partial z^2} + k_0^2 \right) p = -\delta(x,x_s)\delta(y,y_s)\delta(z,z_s)$$

(4.2.23a)

$$\left[\frac{\partial p}{\partial n} - \mathrm{i}k_0\beta(x,y,\omega)p \right]\bigg|_{\Gamma} = 0$$

如果我们仅分析波导内声波的衰减特性,而无需严格知道壁面的声场分布,也可用纯模式系 $\{\psi_\lambda(x,y,k_{t\lambda})\}$ 作广义 Fourier 级数展开

$$p(x,y,z,\omega) \cong \sum_{\lambda}^{\infty} Z_\lambda(z)\psi_\lambda(x,y,k_{t\lambda})$$

(4.2.23b)

$$Z_\lambda(z) = \int_S p(x,y,z,\omega)\psi_\lambda^*(x,y,k_{t\lambda})\mathrm{d}S$$

取 $u=p$ 和 $v=\psi_\lambda^*$,代入方程(4.1.3a)得到(其中 ∇_t^2 是二维 Laplace 算子)

$$\int_S (p\,\nabla_t^2\psi_\lambda^* - \psi_\lambda^*\,\nabla_t^2 p)\,\mathrm{d}S = \int_\Gamma \left(p\frac{\partial\psi_\lambda^*}{\partial n} - \psi_\lambda^*\frac{\partial p}{\partial n} \right) \mathrm{d}\Gamma \quad (4.2.23c)$$

注意到三维 Laplace 算子 $\nabla^2 p = \nabla_t^2 p + \dfrac{\partial^2 p}{\partial z^2}$,利用方程(4.2.23b)和方程(4.1.1b),上式给出

$$\frac{\mathrm{d}^2 Z_\lambda(z)}{\mathrm{d}z^2} + (k_0^2 - k_{t\lambda}^2 + \chi_{\lambda\lambda})Z_\lambda(z) + \sum_{\mu\neq\lambda}^{\infty} \chi_{\lambda\mu}Z_\mu(z) = -\psi_\lambda^*(x_s,y_s,k_{t\lambda})\delta(z,z_s)$$

(4.2.24a)

其中,$\chi_{\lambda\mu}$ 由方程(4.1.17a)表示. 故对阻抗壁面波导,当用纯模式 $\{\psi_\lambda\}$ 展开时,z 方向部分

满足无限联立的微分方程. 上式的求解过程如下.

第一步:求齐次方程的基本解

$$\frac{d^2Z_\lambda(z)}{dz^2}+(k_0^2-k_{t\lambda}^2+\chi_{\lambda\lambda})Z_\lambda(z)+\sum_{\mu\neq\lambda}^{\infty}\chi_{\lambda\mu}Z_\mu(z)=0 \tag{4.2.24b}$$

设上式的解具有形式:$Z_\lambda(z)=Z_{0\lambda}(\omega)e^{i\xi z}$,代入上式得到

$$\sum_{\mu=0}^{\infty}\{[\xi^2-(k_0^2-k_{t\lambda}^2+\chi_{\lambda\lambda})]\delta_{\lambda\mu}-\chi_{\lambda\mu}\}Z_{0\mu}(\omega)=0 \tag{4.2.24c}$$

存在非零解的条件是

$$\det\{[\xi^2-(k_0^2-k_{t\lambda}^2+\chi_{\lambda\lambda})]\delta_{\lambda\mu}-\chi_{\lambda\mu}\}=0 \tag{4.2.24d}$$

因此在壁面阻抗情况,z 方向部分仍然是指数形式,但传播因子 ξ 是复的(包含衰减部分). 设上式的解为 $\xi_\lambda(\lambda=0,1,2,\cdots)$,基本解为 $Z_\lambda(z)=Z_{0\lambda}e^{i\xi_\lambda z}$.

第二步:构造方程(4.2.24a)的解:

$$Z_\lambda(z)=\begin{cases}A_\lambda\exp[i\xi_\lambda(z-z_s)] & (z>z_s)\\ A_\lambda\exp[i\xi_\lambda(z_s-z)] & (z_s>z)\end{cases} \tag{4.2.25a}$$

其中,必须取 $\mathrm{Re}(\xi_\lambda)>0$ 和 $\mathrm{Im}(\xi_\lambda)>0$ 的根. 由函数 $Z_\lambda(z)$ 连续性条件和 $Z'_\lambda(z)$ 的跳跃条件,容易得到

$$Z_\lambda(z)=\frac{i}{2\xi_\lambda}\exp(i\xi_\lambda|z-z_s|)\psi_\lambda^*(x_s,y_s,k_{t\lambda}) \tag{4.2.25b}$$

因此,点声源在阻抗管道中辐射的声场为

$$p(x,y,z,\omega)=\frac{i}{2}\sum_{\lambda=0}^{\infty}\frac{1}{\xi_\lambda}\exp(i\xi_\lambda|z-z_s|)\psi_\lambda^*(x_s,y_s,k_{t\lambda})\psi_\lambda(x,y,k_{t\lambda}) \tag{4.2.26a}$$

讨论: ① 零级近似,如果 $\beta=0,\xi_\lambda\approx\sqrt{k_0^2-k_{t\lambda}^2}$ 为实数或虚数,上式与(4.2.19a)完全一致;② 一阶近似,在准刚性条件下,方程(4.2.25b)近似为

$$Z_\lambda(z)\approx\frac{i}{2}\frac{1}{\sqrt{k_0^2-k_{t\lambda}^2}}e^{-\alpha_\lambda|z-z_s|}\exp(ik_{z\lambda}|z-z_s|)\psi_\lambda^*(x_s,y_s,k_{t\lambda}) \tag{4.2.26b}$$

其中,传播波数 $k_{z\lambda}$ 和衰减系数 α_λ 由方程(4.1.20b)决定. 上式代入方程(4.2.26a)得到

$$p(x,y,z,\omega)\approx\frac{i}{2}\sum_{\lambda=0}^{\infty}\frac{\psi_\lambda^*(x_s,y_s,k_{t\lambda})\psi_\lambda(x,y,k_{t\lambda})}{\sqrt{k_0^2-k_{t\lambda}^2}}e^{-\alpha_\lambda|z-z_s|}\exp(ik_{z\lambda}|z-z_s|) \tag{4.2.26c}$$

上式包含了壁面阻抗对声波传播的主要影响,即衰减. 注意:α_λ 一般是频率的函数,在阻抗波导中讨论时域的解必须知道 α_λ 与频率的关系,与具体材料有关.

4.2.3 管道壁面振动激发的声场

在实际工程中,声换能器往往耦合在壁面上且向管道内辐射声波,这样的优点是不影

响管道内流体的流动. 如果考虑管道内流体的流动,见第 8 章讨论,本节仍不考虑流体流动. 闭合曲面 Σ 由两部分组成:① 管道的刚性壁面(假定除耦合声换能器部分振动外,管道的其余部分是刚性的);② 无限长管道两端的端面. 在闭合曲面 Σ 上作类似于方程(2.2.3a)的积分,由于假定管道无限长,声波存在一定的吸收,距声源处足够远距离处声压近似为零,故两端面对面积分的贡献为零,于是由方程(2.2.7b)[取体源为零 $\Im(\boldsymbol{r}',\omega)=0$]有

$$p(\boldsymbol{r},\omega)=\mathrm{i}\rho_0c_0k_0\int_{\Sigma_0}g(\boldsymbol{r},\boldsymbol{r}')U_{0\mathrm{n}}(\boldsymbol{r}',\omega)\mathrm{d}S' \tag{4.2.27a}$$

其中,Σ_0 为管道壁面耦合振动部分,法向振动速度为 $U_{0\mathrm{n}}(\boldsymbol{r}',\omega)$. Green 函数 $g(\boldsymbol{r},\boldsymbol{r}',\omega)$ 由方程(4.2.19)给出

$$g(\boldsymbol{r},\boldsymbol{r}')=\frac{\mathrm{i}}{2}\sum_{\lambda=0}^{\infty}\frac{1}{\sqrt{k_0^2-k_{\mathrm{t}\lambda}^2}}\mathrm{e}^{\mathrm{i}\sqrt{k_0^2-k_{\mathrm{t}\lambda}^2}\,|z-z'|}\psi_\lambda^*(x',y',k_{\mathrm{t}\lambda})\psi_\lambda(x,y,k_{\mathrm{t}\lambda}) \tag{4.2.27b}$$

对半径为 R 的圆形波导,设 Σ_0 为位于壁面 $\rho=R,\varphi'\in(0,\varphi_0)$ 和 $z'\in(0,b)$ 的部分,法向振动速度为常量 $U_{0\mathrm{n}}(\boldsymbol{r}',\omega)=U_0(\omega)$,Green 函数为

$$g(\rho,\varphi,z\,|\,\rho',\varphi',z')\approx\frac{\mathrm{i}}{2}\sum_{|m|,\nu=0}^{\infty}\frac{1}{N_{|m|\nu}^2\sqrt{k_0^2-k_{\mathrm{t}\lambda}^2}}\mathrm{e}^{\mathrm{i}k_{z\lambda}|z-z'|+\mathrm{i}m(\varphi-\varphi')}\times\mathrm{J}_m\left(\frac{x_{|m|\nu}}{R}\rho'\right)\mathrm{J}_m\left(\frac{x_{|m|\nu}}{R}\rho\right) \tag{4.2.27c}$$

其中,模的平方 $N_{|m|\nu}^2$ 由方程(4.1.32b)给出. 上式代入方程(4.2.27a)得到

$$p(\boldsymbol{r},\omega)=-\frac{1}{2}\rho_0c_0k_0RU_0(\omega)\sum_{|m|,\nu=0}^{\infty}\frac{\mathrm{J}_m(x_{|m|\nu})}{N_{|m|\nu}^2\sqrt{k_0^2-k_{\mathrm{t}|m|\nu}^2}}\exp(\mathrm{i}m\varphi)\times\mathrm{J}_m\left(\frac{x_{|m|\nu}}{R}\rho\right)\int_0^b\mathrm{e}^{\mathrm{i}k_{z|m|\nu}|z-z'|}\mathrm{d}z'\int_0^{\varphi_0}\mathrm{e}^{-\mathrm{i}m\varphi'}\mathrm{d}\varphi' \tag{4.2.28a}$$

完成积分后得到

$$p(\boldsymbol{r},\omega)=-\rho_0c_0\varphi_0k_0RU_0(\omega)\sum_{|m|,\nu=0}^{\infty}\frac{\mathrm{J}_m(x_{|m|\nu})\exp[\mathrm{i}m(\varphi-\varphi_0/2)]}{k_{z|m|\nu}N_{|m|\nu}^2\sqrt{k_0^2-k_{\mathrm{t}|m|\nu}^2}}\times\frac{2}{m\varphi_0}\sin\left(\frac{m\varphi_0}{2}\right)\sin\left(\frac{k_{z|m|\nu}b}{2}\right)\mathrm{J}_m\left(\frac{x_{|m|\nu}}{R}\rho\right)\mathrm{e}^{\mathrm{i}k_{z|m|\nu}|z-b/2|} \tag{4.2.28b}$$

上式中把平面波项分开,则得到

$$\begin{aligned}p(\boldsymbol{r},\omega)=&-\frac{\rho_0c_0\varphi_0U_0(\omega)}{\pi k_0R}\sin\left(\frac{k_0b}{2}\right)\exp(\mathrm{i}k_0|z-b/2|)\\&-\rho_0c_0\varphi_0k_0Rv_{0\mathrm{n}}(\omega)\sum_{|m|,\nu=1}^{\infty}\frac{\mathrm{J}_m(x_{|m|\nu})\exp[\mathrm{i}m(\varphi-\varphi_0/2)]}{k_{z|m|\nu}N_{|m|\nu}^2\sqrt{k_0^2-k_{\mathrm{t}|m|\nu}^2}}\\&\times\frac{2}{m\varphi_0}\sin\left(\frac{m\varphi_0}{2}\right)\sin\left(\frac{k_{z|m|\nu}b}{2}\right)\mathrm{J}_m\left(\frac{x_{|m|\nu}}{R}\rho\right)\mathrm{e}^{\mathrm{i}k_{z|m|\nu}|z-b/2|}\end{aligned} \tag{4.2.28c}$$

显然，当 $\varphi_0=2\pi$ 时，只激发平面波

$$p(\rho,\varphi,z,\omega)=\frac{2\rho_0c_0U_0(\omega)}{k_0R}\sin\left(\frac{k_0b}{2}\right)\exp(\mathrm{i}k_0|z-b/2|)\tag{4.2.28d}$$

如果不考虑声波的吸收，组成闭合曲面 Σ 的两端端面上的面积分就不为零，激发的声场只能通过数值方法给出.

4.2.4 有限长管道中的驻波

在以上的讨论中，我们假定管道的 $+z$ 方向无限，声波向 $+z$ 方向传播. 当管道有限长时，声波在管道的端面将产生反射而向 $-z$ 方向传播，二者干涉形成驻波. 考虑具体的问题：设刚性管道长 $L\gg\lambda$（否则管道就可以近似成腔体，见第 5 章讨论），在 $z=L$ 处的振动源为刚性活塞振动，边界条件为

$$v_z(x,y,z,\omega)\mid_{z=L}=\frac{1}{\mathrm{i}\omega\rho_0}\frac{\partial p}{\partial z}\bigg|_{z=L}=U_0(\omega)\tag{4.2.29a}$$

而在端面 $z=0$ 的阻抗边界条件为

$$\left[\frac{\partial p}{\partial z}+\mathrm{i}k_0\beta_0(x,y,\omega)p\right]\bigg|_{z=0}=0\tag{4.2.29b}$$

即端面 $z=0$ 的声阻抗率为 $z_n(x,y,\omega)=\rho_0c_0/\beta_0(x,y,\omega)$［注意：这里的 $\beta_0(x,y,\omega)$ 是管道端面 $z=0$ 上的比阻抗率，而方程（4.1.12a）中的 $\beta(x,y,\omega)\mid_\Gamma$ 是管壁面上的比阻抗率］. 注意：我们假定端面 $z=0$ 为阻抗边界（吸声材料），而刚性活塞源位于 $z=L$ 处，如图 4.2.2 所示. 于是，管道中声场表达式由方程（4.1.5）和方程（4.1.2）修改为驻波形式：

$$p(x,y,z,\omega)=\sum_{\lambda=0}^{\infty}\psi_\lambda(x,y,k_{t\lambda})\left(A_\lambda\mathrm{e}^{-\mathrm{i}\sqrt{k_0^2-k_{t\lambda}^2}z}+B_\lambda\mathrm{e}^{\mathrm{i}\sqrt{k_0^2-k_{t\lambda}^2}z}\right)\tag{4.2.29c}$$

代入方程（4.2.29a）和方程（4.2.29b）得到决定系数为 A_λ 和 B_λ 的方程，分两种情况讨论.

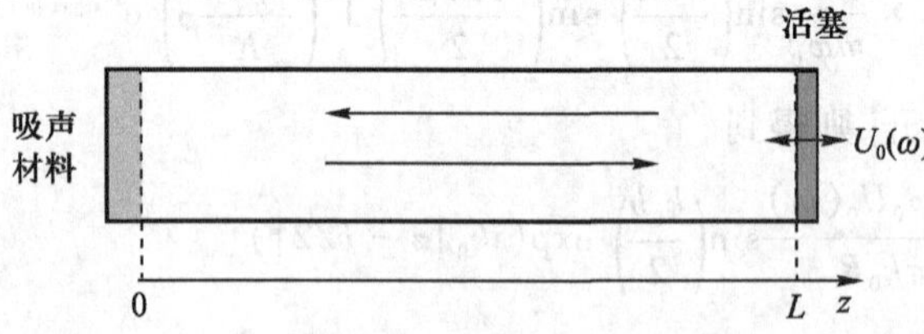

图 4.2.2 有限长管道中的驻波

（1）管道端面 $z=0$ 为均匀的阻抗材料，即 $\beta_0(x,y,\omega)=\beta_0(\omega)$. 于是，在刚性活塞激发条件下，不难得到系数 A_λ 和 B_λ 满足的方程：

$$(-k_{z\lambda}+k_0\beta_0)A_\lambda+(k_{z\lambda}+k_0\beta_0)B_\lambda=0$$

$$\frac{1}{\rho_0\omega}k_{z\lambda}(-A_\lambda e^{-ik_{z\lambda}L}+B_\lambda e^{ik_{z\lambda}L})=\sqrt{S}U_0(\omega)\delta_{0\lambda} \tag{4.2.30a}$$

其中，$k_{z\lambda}\equiv\sqrt{k_0^2-k_{t\lambda}^2}$. 显然，当 $\lambda\neq 0$ 时，$A_\lambda=B_\lambda=0$，而当 $\lambda=0$ 时，有

$$(-1+\beta_0)A_0+(1+\beta_0)B_0=0$$

$$-A_0 e^{-ik_0L}+B_0 e^{ik_0L}=\sqrt{S}\rho_0c_0U_0(\omega) \tag{4.2.30b}$$

因此

$$A_0=\frac{\rho_0c_0\sqrt{S}}{2}\frac{(1+\beta_0)U_0(\omega)}{\mathrm{i}\sin(k_0L)-\beta_0\cos(k_0L)},\quad B_0=\left(\frac{1-\beta_0}{1+\beta_0}\right)A_0 \tag{4.2.30c}$$

代入方程(4.2.29c)得到管道内的驻波声场：

$$p(x,y,z,\omega)=\frac{\rho_0c_0}{2}\frac{(1+\beta_0)U_0(\omega)}{\mathrm{i}\sin(k_0L)-\beta_0\cos(k_0L)}\left[e^{-ik_0z}+\left(\frac{1-\beta_0}{1+\beta_0}\right)e^{ik_0z}\right] \tag{4.2.30d}$$

注意：上式中 e^{-ik_0z}可看作入射到阻抗界面($z=0$)的单位平面波，而 e^{ik_0z}可看作由阻抗界面($z=0$)反射的平面波，声压反射系数为 $r_p\equiv(1-\beta_0)/(1+\beta_0)$.

(2) 管道端面 $z=0$ 为非均匀的阻抗材料，即 $\beta_0(x,y,\omega)$ 与 x 和 y 有关. 显然，由 $z=L$ 处的边界条件，即方程(4.2.29a)，我们仍然得到方程(4.2.30a)的第二式

$$\frac{1}{\omega\rho_0}k_{z\lambda}(-A_\lambda e^{-ik_{z\lambda}L}+B_\lambda e^{ik_{z\lambda}L})=\sqrt{S}U_0(\omega)\delta_{0\lambda} \tag{4.2.31a}$$

然而，另外一个方程比较复杂，把方程(4.2.29c)代入方程(4.2.29b)得到

$$\sum_{\lambda=0}^{\infty}\psi_\lambda(x,y,k_{t\lambda})\{[-k_{z\lambda}+k_0\beta_0(x,y,\omega)]A_\lambda+[k_{z\lambda}+k_0\beta_0(x,y,\omega)]B_\lambda\}=0 \tag{4.2.31b}$$

上式两边同乘 $\psi_\mu^*(x,y,k_{t\mu})(\mu=0,1,2,\cdots)$，在管道截面上积分，且利用正交性关系得到

$$k_{z\mu}(-A_\mu+B_\mu)+k_0\sum_{\lambda=0}^{\infty}\beta_0^{\lambda\mu}(A_\lambda+B_\lambda)=0 \tag{4.2.31c}$$

其中，为了方便定义

$$\beta_0^{\lambda\mu}\equiv\int_S\beta_0(x,y,\omega)\psi_\lambda(x,y,k_{t\lambda})\psi_\mu^*(x,y,k_{t\mu})\mathrm{d}S \tag{4.2.31d}$$

方程(4.2.31c)表明，由于阻抗材料的非均匀性，管道中不仅存在高次模式，而且所有的模式是相互耦合的，模式系数只能通过数值求解才能得到. 下面讨论近似方法.

当 $\mu=0$ 时，由方程(4.2.31c)和方程(4.2.31a)可知

$$(-1+\bar{\beta}_0)A_0+(1+\bar{\beta}_0)B_0=-\sum_{\lambda=1}^{\infty}\beta_0^{\lambda 0}(A_\lambda+B_\lambda)$$

$$-A_0e^{-ik_0L}+B_0e^{ik_0L}=\sqrt{S}\rho_0c_0U_0(\omega) \tag{4.2.32a}$$

其中，$\bar{\beta}_0$ 是端面 $z=0$ 的平均比阻抗率（注意：比阻抗率的平均意味声阻抗率的并联），有

$$\overline{\beta}_0 \equiv \beta_0^{00} = \frac{1}{S}\iint_S \beta_0(x,y,\omega)\,\mathrm{d}S \tag{4.2.32b}$$

显然,方程(4.2.32a)的左边与方程(4.2.30b)的左边类似,不过是用平均比阻抗率 $\overline{\beta}_0(\omega)$ 代替均匀的比阻抗率 $\beta_0(\omega)$. 这一点提醒我们,如果 $\beta_0(x,y,\omega)$ 的非均匀性不是太大,则零级近似可以忽略高次模式及其耦合,即近似取 $A_\lambda \approx B_\lambda \approx 0\ (\lambda>0)$,而 A_0 和 B_0 满足

$$\begin{aligned}&(-1+\overline{\beta}_0)A_0+(1+\overline{\beta}_0)B_0\approx 0\\&-A_0\mathrm{e}^{-\mathrm{i}k_0L}+B_0\mathrm{e}^{\mathrm{i}k_0L}=\sqrt{S}\rho_0c_0U_0(\omega)\end{aligned} \tag{4.2.32c}$$

即

$$A_0\approx\frac{\rho_0c_0\sqrt{S}}{2}\cdot\frac{(1+\overline{\beta}_0)U_0(\omega)}{\mathrm{i}\sin(k_0L)-\overline{\beta}_0\cos(k_0L)},\quad B_0\approx\left(\frac{1-\overline{\beta}_0}{1+\overline{\beta}_0}\right)A_0 \tag{4.2.32d}$$

当 $\mu\geqslant1$ 时,由方程(4.2.31c),高次模式近似满足

$$(-k_{z\mu}+k_0\beta_0^{\mu\mu})A_\mu+(k_{z\mu}+k_0\beta_0^{\mu\mu})B_\mu=-k_0\sum_{\lambda\neq\mu}^{\infty}\beta_0^{\lambda\mu}(A_\lambda+B_\lambda) \tag{4.2.33a}$$

注意到零级近似关系 $A_\lambda\approx0$ 和 $B_\lambda\approx0\ (\lambda>0)$,上式可以近似为

$$(-k_{z\mu}+k_0\beta_0^{\mu\mu})A_\mu+(k_{z\mu}+k_0\beta_0^{\mu\mu})B_\mu=-k_0\beta_0^{0\mu}(A_0+B_0) \tag{4.2.33b}$$

另一方面,当 $\mu\geqslant1$ 时,方程(4.2.31a)给出

$$-A_\mu\mathrm{e}^{-\mathrm{i}k_{z\mu}L}+B_\mu\mathrm{e}^{\mathrm{i}k_{z\mu}L}=0 \tag{4.2.33c}$$

结合以上两式,可以求得高次模式的系数为

$$A_\mu\approx\frac{1}{1+\overline{\beta}_0}\cdot\frac{\beta_0^{0\mu}A_0\mathrm{e}^{\mathrm{i}k_{z\mu}L}}{\mathrm{i}(k_{z\mu}/k_0)\sin(k_{z\mu}L)-\beta_0^{\mu\mu}\cos(k_{z\mu}L)},\quad B_\mu=A_\mu\mathrm{e}^{-2\mathrm{i}k_{z\mu}L} \tag{4.2.34a}$$

于是,管道中的声压场在一级近似下为

$$\begin{aligned}p(x,y,z,\omega)\approx&\frac{A_0}{\sqrt{S}}\left[\mathrm{e}^{-\mathrm{i}k_0z}+\left(\frac{1-\overline{\beta}_0}{1+\overline{\beta}_0}\right)\mathrm{e}^{\mathrm{i}k_0z}\right]\\&+\frac{2A_0}{(1+\overline{\beta}_0)}\sum_{\lambda=1}^{\infty}\frac{\beta_0^{0\lambda}\psi_\lambda(x,y,k_{t\lambda})\cos[k_{z\lambda}(L-z)]}{\mathrm{i}(k_{z\lambda}/k_0)\sin(k_{z\lambda}L)-\beta_0^{\lambda\lambda}\cos(k_{z\lambda}L)}\end{aligned} \tag{4.2.34b}$$

值得指出的是:以方程(4.2.32d)和方程(4.2.34a)作为初值,利用方程(4.2.32a)和方程(4.2.33a),可以通过迭代法求得更高级的项.

隐失波 方程(4.2.34b)中截止频率以上的模式部分的贡献为

$$p_{\mathrm{c}}(x,y,z,\omega)\equiv-\frac{2A_0}{(1+\overline{\beta}_0)}\sum_{\lambda>\lambda_{\mathrm{c}}}^{\infty}\frac{\beta_0^{0\lambda}\psi_\lambda(x,y,k_{t\lambda})\cosh[\kappa_{z\lambda}(L-z)]}{\mathrm{i}(\kappa_{z\lambda}/k_0)\sinh(\kappa_{z\lambda}L)+\beta_0^{\lambda\lambda}\cosh(\kappa_{z\lambda}L)} \tag{4.2.35a}$$

其中,$\kappa_{z\lambda}\equiv\sqrt{k_{t\lambda}^2-k_0^2}$. 当 $\lambda\to\infty$ 时,$\kappa_{z\lambda}\approx k_{t\lambda}\to\infty$,$\sinh(\kappa_{z\lambda}L)\approx\cosh(\kappa_{z\lambda}L)\to\mathrm{e}^{\kappa_{z\lambda}L}/2$,于是,大于本征值部分的隐失波趋向

$$\frac{\cosh[\kappa_{z\lambda}(L-z)]}{\mathrm{i}(\kappa_{z\lambda}/k_0)\sinh(\kappa_{z\lambda}L)+\beta_0^{\lambda}\cosh(\kappa_{z\lambda}L)} \to \frac{\beta_0^{0\lambda}\psi_\lambda(x,y,k_{t\lambda})\mathrm{e}^{-\kappa_{z\lambda}z}}{\mathrm{i}(\kappa_{z\lambda}/k_0)+\beta_0^{\lambda\lambda}} \tag{4.2.35b}$$

上式表明,隐失波仅仅存在于非均匀阻抗材料的表面附近.

4.3 突变截面波导的平面波近似

变截面管道包括:几何变化,即横截面面积随长度方向变化;物理参量变化,如壁面的比阻抗率随长度方向变化;更复杂的变化如分流型管道(例如习题 4.10). 当不同口径的管道连接在一起形成更长的管道时,我们称其为**突变截面管道**. 声波在这样的管道中传播时,就像遇到不均匀的介质,将引起波的反射和透射. 即使管道截面是突变的,得到声传播的严格解也是困难的. 然而,当声波频率在最小截止频率以下,高次模式仅存在于声源附近和截面突变处,我们可以用所谓**平面波近似**得到有意义的解.

4.3.1 平面波近似下的边界条件

如果声源激发频率在波导的最小截止频率以下,除声源和突变处的附近外,隐失波基本上可以忽略. 需要注意的是,在截面突变处,必定存在高次模式,否则突变处的连续性条件无法满足. 当接收点远离声源和突变处时,可推出截面突变处近似满足的连接条件.

首先考虑图 4.3.1 的波导,两段不同截面的波导通过一段缓慢变化的结区连接(图 4.3.4 的突变截面可作为特例),连接区长度 $\Delta l \ll \lambda$(声波波长). 为了一般性,假定左、右波导中流体的声学性质(特性声阻抗率)不同,分别为 $\rho_{10}c_{10}$ 和 $\rho_{20}c_{20}$. 如图 4.3.1 所示,作包含结区的体积 V,其边界面为 S_1+S_2+B, B 为波导面. 由频域质量守恒方程:$-\mathrm{i}\omega\rho'+\nabla\cdot(\rho_0\boldsymbol{v})=0$,两边作体积分,有

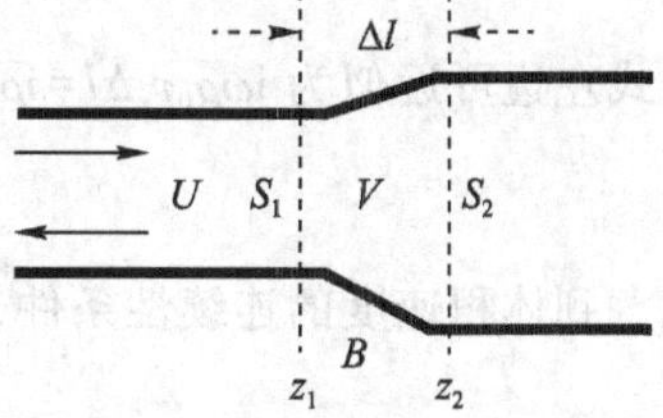

图 4.3.1 变截面波导的结区

$$\begin{aligned}
\mathrm{i}\omega\int_V \rho'\mathrm{d}V &= \int_V \nabla\cdot(\rho_0\boldsymbol{v})\mathrm{d}V = \int_{S_1+S_2+B}\rho_0\boldsymbol{v}\cdot\boldsymbol{n}\mathrm{d}S \\
&= \int_{S_1}\rho_{10}\boldsymbol{v}\cdot\boldsymbol{n}\mathrm{d}S + \int_{S_2}\rho_{20}\boldsymbol{v}\cdot\boldsymbol{n}\mathrm{d}S + \int_B \rho_0\boldsymbol{v}\cdot\boldsymbol{n}\mathrm{d}S \\
&\approx -\int_{S_1}\rho_{10}v_z\mathrm{d}S + \int_{S_2}\rho_{20}v_z\mathrm{d}S
\end{aligned} \tag{4.3.1a}$$

注意: ① 面 S_1 和 S_2 上的法向矢量相反;② 假定波导壁为刚性,波导面上法向速度为零. 注意到方程(4.3.1a)左边可近似为

$$i\omega\int_V \rho' \mathrm{d}V \approx i\omega\overline{\rho'}\cdot\overline{S}\Delta l = i\frac{\overline{p}}{\overline{c}_0\overline{\rho}_0}\overline{\rho}_0\cdot\overline{S}(\overline{k}_0\Delta l) \approx i\overline{\rho}_0\overline{v}\cdot\overline{S}(\overline{k}_0\Delta l) \tag{4.3.1b}$$

其中,$\overline{S}$ 为结区 Δl 的平均面积,$\overline{k}=\omega/\overline{c}_0$ 为平均波数(带一横的量表示结区相应量的平均值). 因此,有

$$\rho_{20}\int_{S_2} v_z \mathrm{d}S - \rho_{10}\int_{S_1} v_z \mathrm{d}S \approx i\overline{\rho}_0\overline{v}\cdot\overline{S}(\overline{k}_0\Delta l) \tag{4.3.1c}$$

而 $\overline{v}$ 与 v_z 为同一数量级,只要 $\overline{S}$ 与 S_1 和 S_2 也在同一数量级,那么当 $\overline{k}_0\Delta l \ll 1$,即低频时,上式右边近似为零,即

$$\rho_{20}\int_{S_2} v_z \mathrm{d}S \approx \rho_{10}\int_{S_1} v_z \mathrm{d}S \tag{4.3.1d}$$

如果进一步假定管中传播的是平面波,v_z 与 x 和 y 无关,那么

$$\rho_{20}S_2 v_z(z,\omega)\big|_{z_2} \approx \rho_{10}S_1 v_z(z,\omega)\big|_{z_1} \tag{4.3.1e}$$

即通过截面的质量流连续(动量守恒). 当 $\rho_{20}=\rho_{10}$ 时,$S_2 v_z(z,\omega)\big|_{z_2} \approx S_1 v_z(z,\omega)\big|_{z_1}$,即通过截面的体积速度连续. 当然,如果 $\overline{S} \gg S_1, S_2$,这个条件就不成立了,如图 4.3.2 所示,在结区存在一个"泡泡"状区域,这时该区域有"存储"体积速度的能力,体积速度就不连续了.

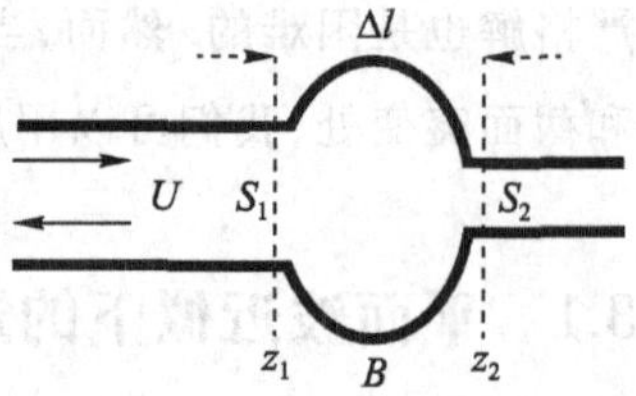

图 4.3.2　存在"泡泡"区域

对频域方程 $i\omega\rho_0\boldsymbol{v}=\nabla p$,在图 4.3.1 的体积 V 内,从 z_1 到 z_2 积分

$$i\omega\int_{z_1}^{z_2}\rho_0 v_z \mathrm{d}z = \int_{z_1}^{z_2}\frac{\partial p}{\partial z}\mathrm{d}z = p\big|_{z_2} - p\big|_{z_1} \tag{4.3.2a}$$

上式左边可近似为 $i\omega\overline{\rho}_0\overline{v}_z\Delta l = i\overline{\rho}_0\overline{c}_0(\overline{k}_0\Delta l)\overline{v}_z$,于是,有

$$i\overline{\rho}_0\overline{c}_0(\overline{k}_0\Delta l)\overline{v}_z \approx p\big|_{z_2} - p\big|_{z_1} \tag{4.3.2b}$$

注意到体积速度的连续性条件,存在数量级关系

$$\overline{S}\cdot\overline{v}_z \sim \frac{S_1}{\rho_{10}c_{10}}p\big|_{z_1} \sim \frac{S_2}{\rho_{20}c_{20}}p\big|_{z_2} \tag{4.3.2c}$$

上式结合方程(4.3.2b)得到

$$p\big|_{z_2} - p\big|_{z_1} \approx i\frac{\overline{\rho}_0\overline{c}_0}{\overline{S}}(\overline{k}_0\Delta l)\overline{S}\cdot\overline{v}_z \sim \begin{cases} i(\overline{k}_0\Delta l)\dfrac{S_1}{\overline{S}}\overline{p} \\ i(\overline{k}_0\Delta l)\dfrac{S_2}{\overline{S}}\overline{p} \end{cases} \tag{4.3.2d}$$

因此,只要 $\overline{S} \sim S_1, S_2$,在低频条件下,$p\big|_{z_2} \approx p\big|_{z_1}$,即声压连续. 除非 $\overline{S} \ll S_1, S_2$,如图 4.3.3 所示,结区是"瓶颈"区,由于截面积变得很小,为了满足体速度连续条件,流体很快加速,故

存在很大的压力梯度,压力连续条件不满足. 对图 4.3.4 所示的突变截面,结论同样成立,特别是当 $\Delta l\to 0$ 时,可以取 $z_2=z_1=z_0$(其中 z_0 是截面突变处的坐标).

必须注意的是:严格地,在截面突变处的连续条件应该是法向速度连续(截面上每个流体元的法向速度连续,相当于局部细致连续),只有在忽略高次波(隐失波)的情况下,才有体积速度连续方程(相当于宏观上等效成体积速度连续),此时速度 v_z 在 $z=0$ 处反而不连续了.

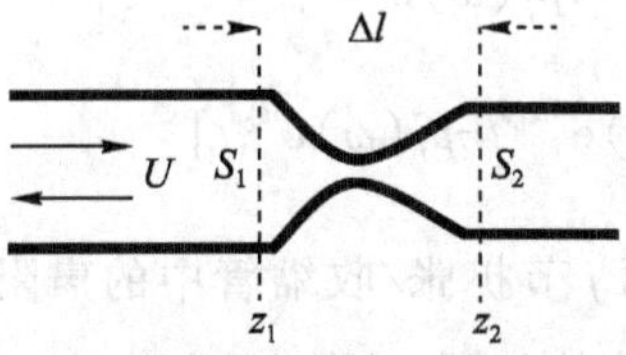

图 4.3.3 存在"瓶颈"区域

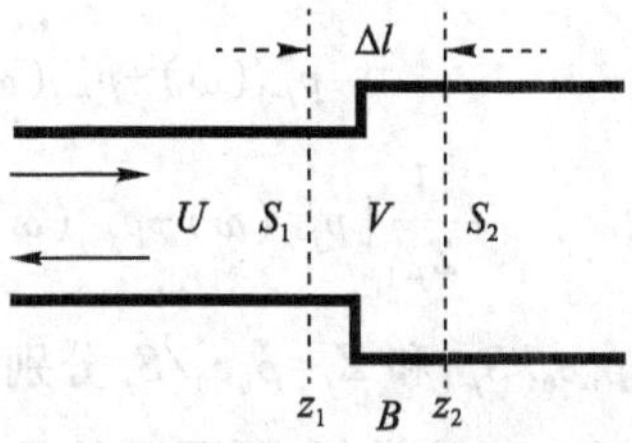

图 4.3.4 突变截面波导的连接区

定义管道的**声阻抗**(acoustic impedance)为 $Z_a=p/Sv_z=p/U$(其中,$U=Sv_z$ 为体积速度),则连续性方程可以写成声阻抗连续

$$Z_a\big|_{z=0+\varepsilon}=Z_a\big|_{z=0-\varepsilon} \tag{4.3.3}$$

4.3.2 具有 N 节扩张/收缩管的管道

传递矩阵法 如图 4.3.5 所示,在截面面积为 S_0 的无限长管道的 $z\in(0,L_N)$ 的区间,装有 N 节扩张/收缩的管道(假定所有的管道都满足平面波条件),第 j 个扩张/收缩管的长度和截面面积分别为 $(d_j\equiv L_j-L_{j-1},S_j)$ $(j=1,2,\cdots,N)$(其中取 $L_0=0$). 平面波由图 4.3.5 的左端($z<0$)入射至第 1 节扩张/收缩管,经过 N 节扩张/收缩管后由图 4.3.5 的右端($z>L_N$)透射. 与 1.4.1 小节类似,设第 $j-1$ 和第 j 节扩张/收缩管中的声压和体积速度分别为

$$\begin{aligned}
&p_{j-1}(z,\omega)=p_{j-1}^{+}(\omega)\exp[\mathrm{i}k_0(z-L_{j-1})]+p_{j-1}^{-}(\omega)\exp[-\mathrm{i}k_0(z-L_{j-1})]\\
&U_{j-1}(z,\omega)=\frac{S_{j-1}}{\rho_0c_0}\{p_{j-1}^{+}(\omega)\exp[\mathrm{i}k_0(z-L_{j-1})]-p_{j-1}^{-}(\omega)\exp[-\mathrm{i}k_0(z-L_{j-1})]\}\\
&p_j(z,\omega)=p_j^{+}(\omega)\exp[\mathrm{i}k_0(z-L_j)]+p_j^{-}(\omega)\exp[-\mathrm{i}k_0(z-L_j)]\\
&U_j(z,\omega)=\frac{S_j}{\rho_0c_0}\{p_j^{+}(\omega)\exp[\mathrm{i}k_0(z-L_j)]-p_j^{-}(\omega)\exp[-\mathrm{i}k_0(z-L_j)]\}
\end{aligned} \tag{4.3.4a}$$

由界面 $z=L_{j-1}$ 上声压和体速度连续得到

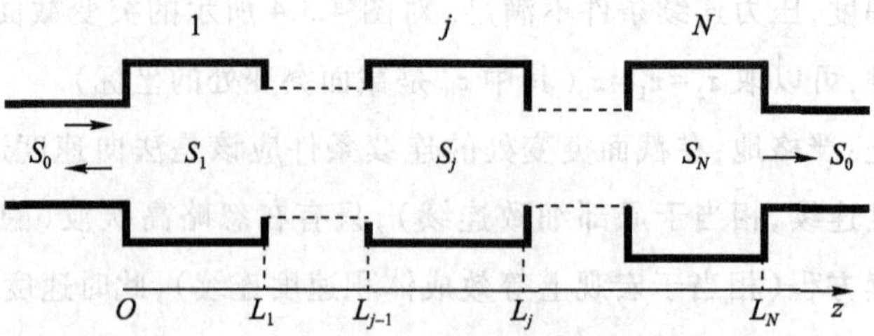

图 4.3.5　具有 N 节扩张管的波导

$$p_{j-1}^{+}(\omega)+p_{j-1}^{-}(\omega)=p_{j}^{+}(\omega)\mathrm{e}^{-\mathrm{i}k_0d_j}+p_{j}^{-}(\omega)\mathrm{e}^{\mathrm{i}k_0d_j}$$

$$\frac{1}{Z_{j-1}}[p_{j-1}^{+}(\omega)-p_{j-1}^{-}(\omega)]=\frac{1}{Z_j}[p_{j}^{+}(\omega)\mathrm{e}^{-\mathrm{i}k_0d_j}-p_{j}^{-}(\omega)\mathrm{e}^{\mathrm{i}k_0d_j}] \tag{4.3.4b}$$

其中，$Z_{j-1}=\rho_0c_0/S_{j-1}$ 和 $Z_j=\rho_0c_0/S_j$ 分别为第 $j-1$ 和第 j 节扩张/收缩管中的声阻抗. 显然，上式与方程(1.4.2a)类似，所不同的是：假定管道中流体相同，波数相同 $k_j=k_0$. 因此，由方程(1.4.5b)得到具有 N 节扩张/收缩管的声压反射系数和透射系数为

$$r_p\equiv\frac{p_0^{-}(\omega)}{p_0^{+}(\omega)}=\frac{M_{21}(m_{11})_{N+1}+M_{22}(m_{21})_{N+1}}{M_{11}(m_{11})_{N+1}+M_{12}(m_{21})_{N+1}}$$

$$t_p\equiv\frac{p_{N+1}^{+}(\omega)}{p_0^{+}(\omega)}=\frac{1}{M_{11}(m_{11})_{N+1}+M_{12}(m_{21})_{N+1}} \tag{4.3.4c}$$

其中，M_{11}、M_{12}、M_{21} 和 M_{22} 为矩阵 $\boldsymbol{M}=\boldsymbol{M}_1\boldsymbol{M}_2\cdots\boldsymbol{M}_N$ 的 4 个元，传递矩阵 $\boldsymbol{M}_j$（2×2 矩阵）的 4 个矩阵元分别为($j=1,2,\cdots,N$)

$$(m_{11})_j\equiv\frac{1}{2}\left(1+\frac{Z_{j-1}}{Z_j}\right)\mathrm{e}^{-\mathrm{i}k_0d_j},\quad (m_{12})_j\equiv\frac{1}{2}\left(1-\frac{Z_{j-1}}{Z_j}\right)\mathrm{e}^{\mathrm{i}k_0d_j}$$

$$(m_{21})_j\equiv\frac{1}{2}\left(1-\frac{Z_{j-1}}{Z_j}\right)\mathrm{e}^{-\mathrm{i}k_0d_j},\quad (m_{22})_j\equiv\frac{1}{2}\left(1+\frac{Z_{j-1}}{Z_j}\right)\mathrm{e}^{\mathrm{i}k_0d_j} \tag{4.3.4d}$$

当 $j=N+1$ 时，有

$$(m_{11})_{N+1}\equiv\frac{1}{2}\left(1+\frac{Z_N}{Z_{N+1}}\right),\quad (m_{21})_{N+1}\equiv\frac{1}{2}\left(1-\frac{Z_N}{Z_{N+1}}\right) \tag{4.3.4e}$$

如果区域 $z<0$ 与 $z>L_N$ 的管道截面相同且同为 S_0 时，$Z_{N+1}=Z_0=\rho_0c_0/S_0$.

考虑简单情况，取 $N=1$ 和 $j=1$. 由上式和方程(4.3.4d)(其中取 $d_1=l$)，有

$$M_{11}=(m_{11})_1=\frac{1}{2}(1+\sigma^{-1})\mathrm{e}^{-\mathrm{i}k_0l},\quad M_{12}=(m_{12})_1=\frac{1}{2}(1-\sigma^{-1})\mathrm{e}^{\mathrm{i}k_0l}$$

$$M_{21}=(m_{21})_1=\frac{1}{2}(1-\sigma^{-1})\mathrm{e}^{-\mathrm{i}k_0l},\quad M_{22}=(m_{22})_1=\frac{1}{2}(1+\sigma^{-1})\mathrm{e}^{\mathrm{i}k_0l} \tag{4.3.5a}$$

以及 $(m_{11})_2\equiv(1+\sigma)/2$；$(m_{21})_2\equiv(1-\sigma)/2$（其中 $\sigma\equiv S_0/S_1$）. 把以上诸式代入方程(4.3.4c)得到反射系数和透射系数：

$$r_p = \frac{M_{21}(m_{11})_2 + M_{22}(m_{21})_2}{M_{11}(m_{11})_2 + M_{12}(m_{21})_2} = \frac{\mathrm{i}(1/\sigma - \sigma)\sin(k_0 l)}{2\cos(k_0 l) - \mathrm{i}(\sigma + 1/\sigma)\sin(k_0 l)}$$

$$t_p = \frac{1}{M_{11}(m_{11})_2 + M_{12}(m_{21})_2} = \frac{2}{2\cos(k_0 l) - \mathrm{i}(\sigma + \sigma^{-1})\sin(k_0 l)} \tag{4.3.5b}$$

上式说明:无论管道是扩张或收缩,透射系数相同,而反射系数反相,但透射强度和反射强度不变.

阻抗传递法 方程(1.4.7a)仍然成立. 故总声压透射系数可以由方程(1.4.8d)修改得到

$$t_p = \frac{p_{N+1}^{+}(\omega)}{p_0^{+}(\omega)} = \frac{2Z_{N+1}}{Z_N + Z_{N+1}} \prod_{j=1}^{N} \frac{(Z_a)_{j-1} + Z_j}{(Z_a)_{j-1} + Z_{j-1}} \mathrm{e}^{\mathrm{i}k_0 d_j} \tag{4.3.6a}$$

其中,$(Z_a)_{j-1}$为界面 $z=L_{j-1}$的声阻抗

$$(Z_a)_{j-1} \equiv \left. \frac{p_{j-1}(z,\omega)}{U_{j-1}(z,\omega)} \right|_{z=L_{j-1}} \tag{4.3.6b}$$

满足声阻抗的递推公式

$$(Z_a)_{j-1} = Z_j \frac{(Z_a)_j - \mathrm{i}Z_j \tan(k_0 d_j)}{Z_j - \mathrm{i}(Z_a)_j \tan(k_0 d_j)} \tag{4.3.6c}$$

其中,$j=1,2,\cdots,N$. 由$(Z_a)_N = Z_{N+1}$可以递推出$(Z_a)_{N-1}, (Z_a)_{N-2}, \cdots, (Z_a)_0$. 在阻抗传递法中,容易得到反射系数为

$$r_p = \frac{p_0^{-}(\omega)}{p_0^{+}(\omega)} = \frac{(Z_a)_0 - Z_0}{(Z_a)_0 + Z_0} \tag{4.3.6d}$$

考虑简单情况($N=1$ 和 $j=1$),$(Z_a)_1 = Z_2 = \rho_0 c_0 / S_0 = Z_0$,代入方程(4.3.6c)得到(其中取 $d_1 = l$)

$$(Z_a)_0 = Z_1 \frac{(Z_a)_1 - \mathrm{i}Z_1 \tan(k_0 d_1)}{Z_1 - \mathrm{i}(Z_a)_1 \tan(k_0 d_1)} = Z_1 \frac{Z_0 - \mathrm{i}Z_1 \tan(k_0 l)}{Z_1 - \mathrm{i}Z_0 \tan(k_0 l)} \tag{4.3.7a}$$

上式代入方程(4.3.6a)得到

$$t_p = \frac{2Z_2}{Z_1 + Z_2} \cdot \frac{(Z_a)_0 + Z_1}{(Z_a)_0 + Z_0} \mathrm{e}^{\mathrm{i}k_0 l} = \frac{2}{2\cos(k_0 l) - \mathrm{i}(\sigma + \sigma^{-1})\sin(k_0 l)} \tag{4.3.7b}$$

把方程(4.3.7a)代入方程(4.3.6d)得到反射系数

$$r_p = \frac{\mathrm{i}(1/\sigma - \sigma)\sin(k_0 l)}{2\cos(k_0 l) - \mathrm{i}(\sigma + 1/\sigma)\sin(k_0 l)} \tag{4.3.7c}$$

上式和方程(4.3.7b)与方程(4.3.5b)的结果完全一样.

4.3.3 周期截面波导

无限长波导由周期截面的管道组成,如图 4.3.6 所示,为了简单,假定一个周期由扩张

管 S_1（长度为 $d_1=L_{j+1}-L_j$）和收缩管 S_2（长度为 $d_2=L_j-L_{j-1}$）组成，故周期为 $d_1+d_2=L_{j+1}-L_{j-1}$. 与方程（1.4.15c）的推导类似，我们得到周期截面波导中 Bloch 波数 k 满足的方程为

$$\cos[k(d_1+d_2)]=\cos(k_0d_1)\cos(k_0d_2)-\frac{1}{2}\left(\frac{S_1}{S_2}+\frac{S_2}{S_1}\right)\sin(k_0d_1)\sin(k_0d_2) \tag{4.3.8a}$$

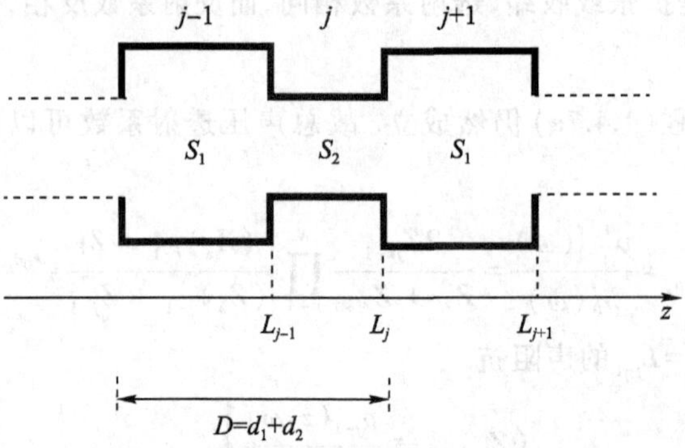

图 4.3.6　由截面面积分别为 S_1 和 S_2 的管道组成一个周期

低频近似　由上式得到与方程（1.4.17b）类似的等效声速 $\bar{c}\equiv\omega/k$ 满足

$$\frac{c_0^2}{\bar{c}^2}\approx f^2+(1-f)^2+\left(\frac{S_1}{S_2}+\frac{S_2}{S_1}\right)f(1-f) \tag{4.3.8b}$$

其中，占有比为 $f=d_1/(d_1+d_2)$.

能带结构　与 1.4.3 小节的讨论类似.

4.4　集中参数模型

为了改善管道的声传输性质，除插入扩张（收缩）管，或者使用其他形式分流外，还可以在管道中设计更多类型的子结构（如旁支开口、短管、一个或者多个 Helmholtz 共振腔）. 当然，我们可以建立整个管道系统的声波方程来讨论其声学传输特性，但这是非常困难的，也不现实. 注意到这些子结构的线度一般远小于声波波长，子结构内部的声压可认为处处相同，于是可以用**集中参数模型**（lumped parameter model）来描述其声学特性. 但主管道声波的传播仍然必须用声波方程描述.

4.4.1　典型子结构的集中参数模型

首先介绍一个描述管道声学特性的有用公式，即**声阻抗转移公式**，设管道面积为 S_d，

长为 l,尾端材料或者结构(如刚性材料或者开口)的声阻抗为 Z_e,管口($z=0$)一般连接在其他管道上,或者为声源,故必须求出管口($z=0$)的声阻抗 Z_0. 由于管道为有限长,尾端将反射声波,故有限长管道内将形成驻波. 在平面波近似下,设管道中声场为 $p(z,\omega)=A\exp(\mathrm{i}k_0z)+B\exp(-\mathrm{i}k_0z)$,于是,尾端边界条件给出为

$$Z_e=\left.\frac{p(z,\omega)}{U(z,\omega)}\right|_{z=l}=\frac{\rho_0c_0}{S_d}\frac{A\exp(\mathrm{i}k_0l)+B\exp(-\mathrm{i}k_0l)}{A\exp(\mathrm{i}k_0l)-B\exp(-\mathrm{i}k_0l)} \tag{4.4.1a}$$

而管口($z=0$)的声阻抗为

$$Z_0=\left.\frac{p(z,\omega)}{U(z,\omega)}\right|_{z=0}=\frac{\rho_0c_0}{S_d}\frac{A+B}{A-B}=\frac{\rho_0c_0}{S_d}\frac{1+B/A}{1-B/A} \tag{4.4.1b}$$

由方程(4.4.1a)得到 B/A,然后代入上式得到

$$Z_0=\frac{\rho_0c_0}{S_d}\cdot\frac{(S_d/\rho_0c_0)-\mathrm{i}Z_e^{-1}\tan(k_0l)}{Z_e^{-1}-\mathrm{i}(S_d/\rho_0c_0)\tan(k_0l)} \tag{4.4.1c}$$

上式称为**声阻抗转移公式**,由管尾端的声阻抗 Z_e 可以求出管口($z=0$)的声阻抗 Z_0.

旁支封闭短管和腔体 如图 4.4.1(a)所示,在主管道上旁支长度为 $l\ll\lambda$,面积为 S_d($\lambda\gg\sqrt{S_d}$,为了与主管道的面积 S 区别,这里用 S_d 表示旁支管的面积)的刚性封闭短管,利用方程(4.4.1c),$Z_e\to\infty$,不难得到管口($z=0$)的声阻抗 Z_0:

$$Z_0=\mathrm{i}\frac{\rho_0c_0}{S_d}\cdot\frac{1}{\tan(k_0l)}\approx-\frac{1}{\mathrm{i}\omega C_a} \tag{4.4.2a}$$

其中,$C_a\equiv V/(\rho_0c_0^2)$ 称为**声容**(acoustic capacitance),$V\equiv lS$ 为管的体积. 有意义的是:Z_0 仅与体积 V 有关,而与短管的长度和截面积无关(与形状无关),故这一结果可以推广到管道上旁支体积为 V 的腔体,如图 4.4.1(b)所示. 事实上,对体积为 V 的腔体,由质量守恒方程两边作体积分得到

$$-\frac{1}{\rho_0c_0^2}\int_V\frac{\partial p}{\partial t}\mathrm{d}V=\int_V\nabla\cdot\boldsymbol{v}\mathrm{d}V=\int_\Sigma\boldsymbol{v}\cdot\boldsymbol{n}\mathrm{d}S=\int_{S_d}\boldsymbol{v}\cdot\boldsymbol{n}\mathrm{d}S=-vS_d=-U \tag{4.4.2b}$$

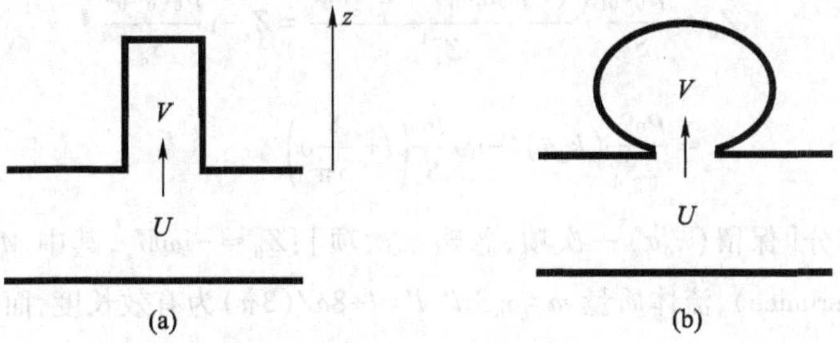

图 4.4.1 (a) 主管道上旁支长度为 l 的封闭短管;(b) 等效于体积为 V 的腔

其中,$\boldsymbol{\Sigma}$ 包括腔体 V 的内表面和腔体口的面积 S_d,注意:① 在腔体口,$\boldsymbol{n}$(腔体的法向,向腔体外)与 $\boldsymbol{v}$ 反向;② 腔体 V 的内表面上 $\boldsymbol{v}\cdot\boldsymbol{n}=0$(刚性壁). 上式在单频情况时简化为

$$\frac{\mathrm{i}\omega}{\rho_0 c_0^2}\int_V p\mathrm{d}V=-U \tag{4.4.2c}$$

由于假定腔体线度远小于波长,腔内声压为常量,故有

$$\frac{\mathrm{i}\omega p}{\rho_0 c_0^2}V=-U \quad 或者 \quad Z_0=\frac{p}{U}=-\frac{\rho_0 c_0^2}{\mathrm{i}\omega V} \tag{4.4.2d}$$

这一结果对任意形状的腔体都适用.

旁支开口短管 如图 4.4.2(a)所示,设旁支短管开口($z=l$)在无限大刚性障板上,当 $k_0\sqrt{S_\mathrm{d}/\pi}\ll 1$ 时(如果旁支短管不是圆形,用等效半径 $a\sim\sqrt{S_\mathrm{d}/\pi}$),开口($z=l$)处的声阻抗 $Z_\mathrm{e}=R_\mathrm{e}-\mathrm{i}X_\mathrm{e}$ 可由活塞辐射的力辐射阻抗 $Z_\mathrm{r}=R_\mathrm{r}-\mathrm{i}X_\mathrm{r}$ 求得,即 $Z_\mathrm{e}=Z_\mathrm{r}/S_\mathrm{d}^2$. 由方程(2.2.29c)和习题 2.6 可知,在低频条件下,有

$$R_\mathrm{e}\approx\frac{\rho_0 c_0 (k_0 a)^2}{2S_\mathrm{d}},\quad X_\mathrm{e}\approx\frac{8\rho_0 c_0}{3\pi S_\mathrm{d}}k_0 a \tag{4.4.3a}$$

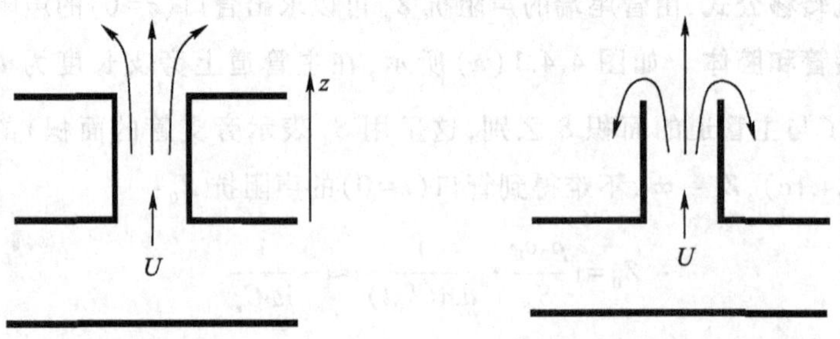

(a) 尾端在无限大障板上　　(b) 尾端为自由管口

图 4.4.2　主管道上旁支开口短管

利用方程(4.4.1c),管口($z=0$)的声阻抗 Z_0 为[注意:在低频条件 $k_0 a\ll 1$ 和 $k_0 l\ll 1$ 时,声阻抗转移公式分母上第一项 $Z_\mathrm{e}^{-1}\sim(S_\mathrm{d}/\rho_0 c_0)(k_0 a)^{-2}$,远大于第二项$(S/\rho_0 c_0)(k_0 l)$,故第二项可以忽略]

$$\begin{aligned}Z_0&\approx\frac{\rho_0 c_0}{S_\mathrm{d}}\cdot\frac{(S_\mathrm{d}/\rho_0 c_0)-\mathrm{i}Z_\mathrm{e}^{-1}k_0 l}{Z_\mathrm{e}^{-1}}=Z_\mathrm{e}-\mathrm{i}\frac{\rho_0 c_0 k_0 l}{S_\mathrm{d}}\\&\approx\frac{\rho_0 c_0}{2S_\mathrm{d}}(k_0 a)^2-\mathrm{i}\omega\frac{\rho_0}{S_\mathrm{d}}\left(l+\frac{8}{3\pi}a\right)\end{aligned} \tag{4.4.3b}$$

忽略阻的部分[保留$(k_0 a)$一次项,忽略二次项]:$Z_0\approx-\mathrm{i}\omega M_\mathrm{a}$,其中 $M_\mathrm{a}=m/S_\mathrm{d}^2$ 称为**声质量**(acoustic inertance),流体质量 $m=\rho_0 S_\mathrm{d} l'$,$l'=l+8a/(3\pi)$为有效长度,而 $\Delta l=8a/(3\pi)\approx 0.85a$ 为**管端修正**(见第 5 章讨论). 如果短管的尾端($z=l$)为自由开口,如图 4.4.2(b)所示,则问题较为复杂,严格求管口($z=0$)的声阻抗 Z_0 是困难的. 但近似计算和实验表明,如果管端修正改为 $\Delta l\approx 0.6a$,则管口($z=0$)声阻抗 $Z_0\approx-\mathrm{i}\omega\rho_0(l+\Delta l)/S$ 同样成立.

旁支 Helmholtz 共振腔 共振腔由两部分组成,即体积为 V 的腔体和长度为 l 的短管

(假定截面是半径为 a 的圆管,面积为 $S_d=\pi a^2$),如图 4.4.3 所示. 由方程(4.4.2d)可知,腔体 V 的口部($z=l$,见图 4.4.3)处的声阻抗为 $Z_e\approx -\rho_0 c_0^2/(i\omega V)$,这一声阻抗作为短管尾端的声阻抗,转移到管口($z=0$). 因此,利用方程(4.4.1c),管口($z=0$)的声阻抗为($k_0 l\ll 1$)

$$Z_0\approx\frac{\rho_0 c_0}{S_d}\cdot\frac{(S_d/\rho_0 c_0)-iZ_e^{-1}(k_0 l)}{Z_e^{-1}-i(S_d/\rho_0 c_0)(k_0 l)}\approx i\rho_0 c_0^2\cdot\frac{1-\omega^2 Vl/S_d c_0^2}{\omega(V+lS_d)} \tag{4.4.4a}$$

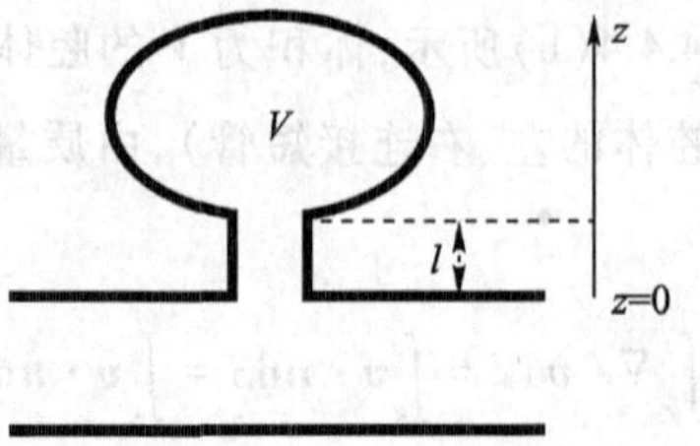

图 4.4.3　主管道上旁支 Helmholtz 共振腔:由短管和腔体两部分组成

当 $Z_0\to 0$ 时,得到 Helmholtz 共振腔的共振频率 $\omega_R=\sqrt{S_d c_0^2/Vl}$. 注意到短管内空气整体振动就像活塞,应该考虑其向外辐射声波而引起的管端修正. 短管的 $z=l$ 端的振动,向腔体内辐射的声波管端修正为 $\Delta l\approx 0.85a$(见 5.3 节讨论);而短管 $z=0$ 端如果连接管道,其振动向管道辐射声波,若近似看作无限大刚性障板上活塞向半空间辐射,也必须作 $\Delta l\approx 0.85a$ 的修正. 故管端修正近似为 $\Delta l\approx 2\times 0.85a=1.7a$(注意:如果截面不是半径为 a 的圆,则取近似 $a\approx\sqrt{S_d/\pi}$). 于是 Helmholtz 共振腔的共振频率应该为 $\omega_R=\sqrt{S_d c_0^2/Vl'}$(其中 $l'=l+\Delta l$). 方程(4.4.4a)可以改写成

$$Z_0\approx -\frac{1}{i\omega C_a}-i\omega M_a,\quad C_a\equiv\frac{V+lS_d}{\rho_0 c_0^2},\quad M_a\equiv\frac{m}{S_d^2(1+lS_d/V)} \tag{4.4.4b}$$

其中,$m=\rho_0 lS_d$ 是短管中空气的质量. 因此,主管道上旁支 Helmholtz 的共振腔相当于声容和声质量的串联.

两端连接的短管　如图 4.4.4(a)所示,长度为 l 的短管左、右两端连接其他声学系统(例如,习题 4.12 中,中间的短管连接两个腔体),如果 $k_0 l\ll 1$,“短管”内的流体在两边的压力差作用下作整体振动. 由 Euler 方程 $i\omega\rho_0\boldsymbol{v}=\nabla p$,在“短管”内作线积分得

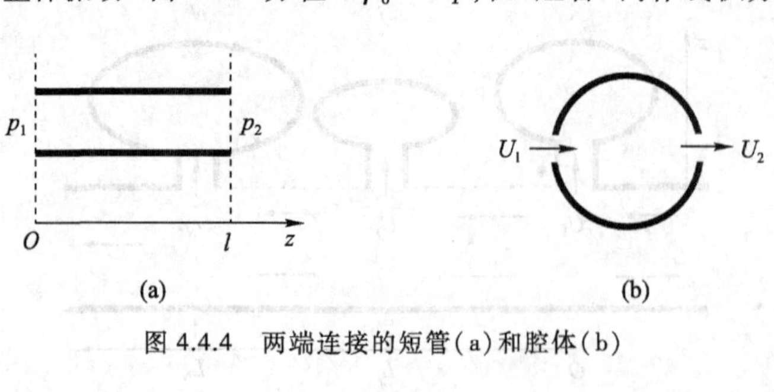

图 4.4.4　两端连接的短管(a)和腔体(b)

$$\mathrm{i}\omega\rho_0\int_0^l \boldsymbol{v}\cdot \mathrm{d}\boldsymbol{l}=\int_0^l \nabla p\cdot \mathrm{d}\boldsymbol{l} \tag{4.4.5a}$$

上式左边近似为 $\mathrm{i}\omega\rho_0 l v_{\mathrm{n}}=(\mathrm{i}\omega\rho_0 l/S_{\mathrm{d}})U$(其中 S_{d} 为"短管"的面积),右边近似为 p_2-p_1,即 $\mathrm{i}\omega\rho_0 l v_{\mathrm{n}}=(\mathrm{i}\omega\rho_0 l/S_{\mathrm{d}})U=p_2-p_1$,故声阻抗为 $Z_M=(p_1-p_2)/U=-\mathrm{i}\omega\rho_0 l/S_{\mathrm{d}}=-\mathrm{i}\omega M_{\mathrm{a}}$,其中声质量为 $M_{\mathrm{a}}=m/S_{\mathrm{d}}^2$,$M=\rho_0 l S_{\mathrm{d}}$ 为"短管"内流体的质量. 因此,两端连接的短管相当于串联一个声质量.

两端连接的腔体 如图 4.4.4(b)所示,体积为 V 的腔体,左、右开口连接其他声学系统(例如,习题 4.12 中,每个腔体的左、右连接短管),由质量守恒方程两边在腔体内作体积分,得

$$\frac{\mathrm{i}\omega}{\rho_0 c_0^2}\int_V p\mathrm{d}V=\int_V \nabla\cdot \boldsymbol{v}\mathrm{d}V=\int_S \boldsymbol{v}\cdot\boldsymbol{n}\mathrm{d}S=\int_S \boldsymbol{v}\cdot\boldsymbol{n}\mathrm{d}S=U_2-U_1 \tag{4.4.5b}$$

注意:上式与方程(4.4.2b)的区别,这里的腔体上有左右两个开口,左边开口的法向 $\boldsymbol{n}$ 与 $\boldsymbol{v}$ 方向相反,面积分为负;右边开口的法向 $\boldsymbol{n}$ 与 $\boldsymbol{v}$ 方向相同,故面积分为正. 由于假定腔体线度远小于波长,腔内声压为常量,故

$$-\frac{\mathrm{i}\omega V}{\rho_0 c_0^2}p=U_1-U_2 \tag{4.4.5c}$$

因此,声阻抗 $Z_{\mathrm{a}}\equiv p/(U_1-U_2)=-1/(\mathrm{i}\omega C_{\mathrm{a}})$,其中 $C_{\mathrm{a}}=V/(\rho c_0^2)$ 为声容.

4.4.2 具有 N 个旁支结构的管道

传递矩阵法 如图 4.4.5 所示,在截面面积为 S_0 的无限长管道[$z\in(0,L_N)$]的区间装有 N 个旁支结构(假定所有的旁支结构线度远小于波长,可用集中参数描述),第 j 个旁支结构位于 $L_j(j=1,2,\cdots,N)$. 注意:假定相邻旁支结构的距离 L_j-L_{j-1} 不一定远小于波长,故 L_j-L_{j-1} 不能用集中参数模型,而必须考虑平面波的传播. 平面波由图 4.4.5 的左端($z<0$)入射至第 1 个节旁支结构,经过 N 个旁支结构后由图 4.4.5 的右端($z>L_N$)透射. 考虑第 j 个旁支结构:设该旁支结构左区域($L_{j-1}<z<L_j$)和右区域($L_j<z<L_{j+1}$)的声压与体速度分别为

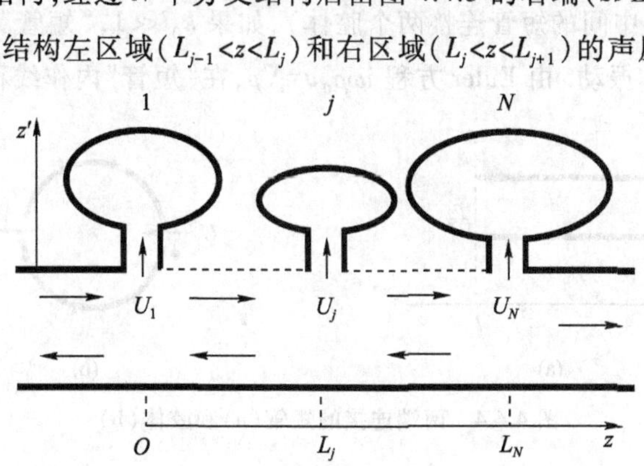

图 4.4.5 具有 N 个旁支结构的管道

$$p_{j-0}(z,\omega)=p_{j-0}^{+}\exp[\mathrm{i}k_0(z-L_j)]+p_{j-0}^{-}\exp[-\mathrm{i}k_0(z-L_j)]$$

$$U_{j-0}(z,\omega)=\frac{S}{\rho_0 c_0}\{p_{j-0}^{+}\exp[\mathrm{i}k_0(z-L_j)]-p_{j-0}^{-}\exp[-\mathrm{i}k_0(z-L_j)]\}\tag{4.4.6a}$$

其中 $L_{j-1}<z<L_j$，以及有

$$p_{j+0}(z,\omega)=p_{j+0}^{+}\exp[\mathrm{i}k_0(z-L_{j+1})]+p_{j+0}^{-}\exp[-\mathrm{i}k_0(z-L_{j+1})]$$

$$U_{j+0}(z,\omega)=\frac{S}{\rho_0 c_0}\{p_{j+0}^{+}\exp[\mathrm{i}k_0(z-L_{j+1})]-p_{j+0}^{-}\exp[-\mathrm{i}k_0(z-L_{j+1})]\}\tag{4.4.6b}$$

其中 $L_j<z<L_{j+1}$. 设第 j 个旁支结构口($z'=0$)的体速度和声压分别为 $U_j(z',\omega)\mid_{z'=0}$ 和 $p_j(z',\omega)\mid_{z'=0}$，则

$$\frac{p_j(z',\omega)\mid_{z'=0}}{U_j(z',\omega)\mid_{z'=0}}=(Z_{\mathrm{a}})_j\tag{4.4.7a}$$

其中，$(Z_{\mathrm{a}})_j$ 为第 j 个旁支结构口($z'=0$)的声阻抗. 在连接处($z=L_j, z'=0$)，声压和体积速度连续，于是有

$$p_{j-0}^{+}+p_{j-0}^{-}=p_{j+0}^{+}\mathrm{e}^{-\mathrm{i}k_0 d_j}+p_{j+0}^{-}\mathrm{e}^{\mathrm{i}k_0 d_j}=p_j(z',\omega)\mid_{z'=0}$$

$$\frac{S}{\rho_0 c_0}(p_{j-0}^{+}-p_{j-0}^{-})=U_j(z',\omega)\mid_{z'=0}+\frac{S}{\rho_0 c_0}[p_{j+0}^{+}\mathrm{e}^{-\mathrm{i}k_0 d_j}-p_{j+0}^{-}\mathrm{e}^{\mathrm{i}k_0 d_j}]\tag{4.4.7b}$$

其中，$d_j=L_{j+1}-L_j$ 是第 $j+1$ 个旁支结构口到第 j 个旁支结构口的距离. 由上式整理得到

$$\begin{bmatrix}p_{j-0}^{+}\\ p_{j-0}^{-}\end{bmatrix}=\boldsymbol{P}_j\begin{bmatrix}p_{j+0}^{+}\\ p_{j+0}^{-}\end{bmatrix}\tag{4.4.8a}$$

其中，传递矩阵 $\boldsymbol{P}_j$ 为

$$\boldsymbol{P}_j=\begin{bmatrix}\left[1+\dfrac{\rho_0 c_0}{2(Z_{\mathrm{a}})_j S}\right]\exp(-\mathrm{i}k_0 d_j) & \dfrac{\rho_0 c_0}{2(Z_{\mathrm{a}})_j S}\exp(\mathrm{i}k_0 d_j)\\ -\dfrac{\rho_0 c_0}{2(Z_{\mathrm{a}})_j S}\exp(-\mathrm{i}k_0 d_j) & \left[1-\dfrac{\rho_0 c_0}{2(Z_{\mathrm{a}})_j S}\right]\exp(\mathrm{i}k_0 d_j)\end{bmatrix}\tag{4.4.8b}$$

方程(4.4.8a)中取 $j=1$，并且重复传递得到

$$\begin{bmatrix}p_{1-0}^{+}\\ p_{1-0}^{-}\end{bmatrix}=\boldsymbol{P}_1\begin{bmatrix}p_{1+0}^{+}\\ p_{1+0}^{-}\end{bmatrix}=\boldsymbol{P}_1\boldsymbol{P}_2\begin{bmatrix}p_{2+0}^{+}\\ p_{2+0}^{-}\end{bmatrix}=\cdots=\boldsymbol{P}_1\boldsymbol{P}_2\cdots\boldsymbol{P}_N\begin{bmatrix}p_{N+0}^{+}\\ p_{N+0}^{-}\end{bmatrix}\tag{4.4.9a}$$

得到上式，利用了关系(即第 j 个旁支结构的左区域就是第 $j-1$ 个旁支结构的右区域)

$$\begin{bmatrix}p_{j-1+0}^{+}\\ p_{j-1+0}^{-}\end{bmatrix}=\begin{bmatrix}p_{j-0}^{+}\\ p_{j-0}^{-}\end{bmatrix}\tag{4.4.9b}$$

由于在 $z>L_N$ 区域不存在反射波，故 $p_{N+0}^{-}=0$，p_{N+0}^{+} 为透射波振幅；而 $z<0$ 区域为第一个旁支结构左边的区域，故 p_{1-0}^{+} 和 p_{1-0}^{-} 分别为入射波和反射波振幅. 于是方程(4.4.9a)给出反射系数和透射系数分别为

$$r_p \equiv \frac{\overset{-}{p}_{1-0}}{\overset{+}{p}_{1-0}} = \frac{(\boldsymbol{P})_{21}}{(\boldsymbol{P})_{11}}, \quad t_p \equiv \frac{\overset{+}{p}_{N+0}}{\overset{+}{p}_{1-0}} = \frac{1}{(\boldsymbol{P})_{11}} \tag{4.4.10}$$

其中，$\boldsymbol{P} \equiv \boldsymbol{P}_1 \boldsymbol{P}_2 \cdots \boldsymbol{P}_N$ 为总的传递矩阵，$(\boldsymbol{P})_{11}$ 和 $(\boldsymbol{P})_{21}$ 为 2×2 矩阵 $\boldsymbol{P}$ 第一列的两个元.

当 $N=1$ 时，取 $d_1=0$ 和 $(Z_{\mathrm{a}})_1 = Z_{\mathrm{a}}$，由方程(4.4.8b)，有

$$(\boldsymbol{P})_{11} = 1 + \frac{\rho_0 c_0}{2Z_{\mathrm{a}}S}, \quad (\boldsymbol{P})_{21} = -\frac{\rho_0 c_0}{2Z_{\mathrm{a}}S} \tag{4.4.11}$$

将上式代入方程(4.4.10)，得到仅有一个旁支结构时的反射系数和透射系数分别为

$$r_p = -\frac{\rho_0 c_0/2S}{Z_{\mathrm{a}} + \rho_0 c_0/2S}, \quad t_p = \frac{Z_{\mathrm{a}}}{Z_{\mathrm{a}} + \rho_0 c_0/2S} \tag{4.4.12}$$

4.4.3 周期旁支结构的管道

设无限长管道具有周期旁支结构(参看图 4.4.5)，其间距为 $d_j = L_{j+1} - L_j = d$(常量)，所有的旁支结构相同，即 $(Z_{\mathrm{a}})_j = Z_{\mathrm{b}}$(常量). 仍然考虑第 j 个旁支结构，其左、右区域的声场满足方程(4.4.8a). 在周期旁支条件下，Bloch 定理仍然成立，并在无限长周期旁支结构管道中修改为

$$p_{j+0}(z,\omega) = \mathrm{e}^{\mathrm{i}kd} p_{j-0}(z-d,\omega) \ (L_j < z < L_{j+1}) \tag{4.4.13a}$$

注意到 $L_{j+1} = d + L_j$，把方程(4.4.6a)和(4.4.6b)的第一式代入上式得($L_j < z < L_{j+1}$)

$$\overset{+}{p}_{j+0} \mathrm{e}^{\mathrm{i}k_0(z-L_{j+1})} + \overset{-}{p}_{j+0} \mathrm{e}^{-\mathrm{i}k_0(z-L_{j+1})} = \mathrm{e}^{\mathrm{i}kd} [\overset{+}{p}_{j-0} \mathrm{e}^{\mathrm{i}k_0(z-L_{j+1})} + \overset{-}{p}_{j-0} \mathrm{e}^{-\mathrm{i}k_0(z-L_{j+1})}] \tag{4.4.13b}$$

由 z 的任意性，上式给出

$$\begin{bmatrix} \overset{+}{p}_{j+0} \\ \overset{-}{p}_{j+0} \end{bmatrix} = \mathrm{e}^{\mathrm{i}kd} \begin{bmatrix} \overset{+}{p}_{j-0} \\ \overset{-}{p}_{j-0} \end{bmatrix} \tag{4.4.13c}$$

上式结合方程(4.4.8a)得到

$$(\mathrm{e}^{\mathrm{i}kd}\boldsymbol{P} - \boldsymbol{I}) \begin{bmatrix} \overset{+}{p}_{j+0} \\ \overset{-}{p}_{j+0} \end{bmatrix} = 0 \tag{4.4.14a}$$

其中，传递矩阵修改为

$$\boldsymbol{P} = \begin{bmatrix} \left(1 + \dfrac{\rho_0 c_0}{2Z_{\mathrm{b}}S}\right) \exp(-\mathrm{i}k_0 d) & \dfrac{\rho_0 c_0}{2Z_{\mathrm{b}}S} \exp(\mathrm{i}k_0 d) \\ -\dfrac{\rho_0 c_0}{2Z_{\mathrm{b}}S} \exp(-\mathrm{i}k_0 d) & \left(1 - \dfrac{\rho_0 c_0}{2Z_{\mathrm{b}}S}\right) \exp(\mathrm{i}k_0 d) \end{bmatrix} \tag{4.4.14b}$$

由方程(4.4.14a)存在非零解的条件，给出 Bloch 波数 k 满足的方程为

$$\det(\mathrm{e}^{\mathrm{i}kd}\boldsymbol{P} - \boldsymbol{I}) = 0 \tag{4.4.15a}$$

展开后得到

$$\cos(kd)=\cos(k_0d)-\frac{\mathrm{i}\rho_0c_0}{2Z_{\mathrm{b}}S}\sin(k_0d) \tag{4.4.15b}$$

上式就是 Bloch 波数 k 满足的方程，由于 k 必须是实数，声波才能在管道中传播，为了保证上式的解是实数，Z_{b} 必须是抗性的（即实部为零），如果 Z_{b} 的实部不为零，由于能量在每个旁支结构中的吸收，声波不能传播．又要求 $|\cos(kd)|\leqslant 1$，只有满足该条件的频率才能传播．下面分 3 种情况讨论．

（1）子结构为体积为 V 的腔体，由方程(4.4.2d)，$Z_{\mathrm{b}}=-\rho_0c_0^2/(\mathrm{i}\omega V)$，方程(4.4.15b)简化为

$$\cos(kd)=\cos(k_0d)-\frac{\omega V}{2c_0S}\sin(k_0d) \tag{4.4.16a}$$

图 4.4.6 给出了相应的能带图，计算中取 $V/(2Sd)=0.2$，在 $k_0d<20$ 的区域，存在 6 条明显的禁带，但仍然是低通的，低频不存在禁带．在低频条件下（$kd\ll 1$ 和 $k_0d\ll 1$，即声波波长远大于周期），方程(4.4.16a)近似为

$$1-\frac{1}{2}(kd)^2\approx 1-\frac{1}{2}(k_0d)^2-\frac{\omega V}{2c_0S}(k_0d) \tag{4.4.16b}$$

令 $k=\omega/\bar{c}$，则等效声速 $\bar{c}$ 满足关系 $\bar{c}\approx c_0/\sqrt{1+V/(Sd)}$．

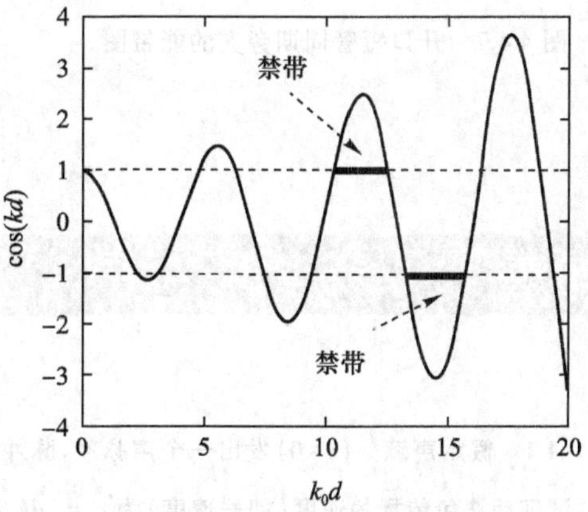

图 4.4.6　腔体周期旁支时的能带图

（2）子结构为开口短管，由方程(4.4.3b)，$Z_{\mathrm{a}}\approx -\mathrm{i}\omega\rho_0 l'/S_{\mathrm{d}}$，方程(4.4.15b)简化为

$$\cos(kd)=\cos(k_0d)+\frac{c_0S_{\mathrm{d}}}{2\omega l'S}\sin(k_0d) \tag{4.4.17}$$

图 4.4.7 给出了相应的能带图，计算中取 $dS_{\mathrm{d}}/(2l'S)=12$，在 $k_0d<20$ 的区域，存在 7 条明显的禁带，特别是第一条禁带出现在低频，故低频是禁通的．注意：由于低频是禁带位置，故讨论低频近似没有意义，事实上，在低频条件下，方程(4.4.17)简化为 $(kd)^2\approx(k_0d)^2-dS_{\mathrm{d}}/(l'S)$，当 $k_0d\ll 1$ 或者 $\omega\to 0$ 时，该式右边第二项大于第一项，故 k 是虚数．

（3）子结构为 Helmholtz 共振腔，由方程(4.4.4a)，$Z_{\mathrm{b}}\approx \mathrm{i}\rho_0c_0^2(1-\omega^2/\omega_R^2)/(V\omega)$（其中假定 $V\gg lS_{\mathrm{d}}$），方程(4.4.15b)简化为

$$\cos(kd)=\cos(k_0d)-\frac{\omega V/2c_0S}{1-\omega^2/\omega_R^2}\sin(k_0d) \tag{4.4.18}$$

其中，$\omega_R=\sqrt{S_{\mathrm{d}}c_0^2/(Vl')}$ 是单个 Helmholtz 共振腔的共振频率．图 4.4.8 给出了相应的能带图，计算中取 $V/(2Sd)=0.125$ 和 $Vl'/(d^2S_{\mathrm{d}})=0.025$，在 $k_0d<20$ 的区域，存在 5 条明显的禁带，特别是第一条禁带出现在共振频率附近，对应于 Helmholtz 共振腔产生的带阻，而其

他禁带是由周期结构的 Bragg 反射引起的.

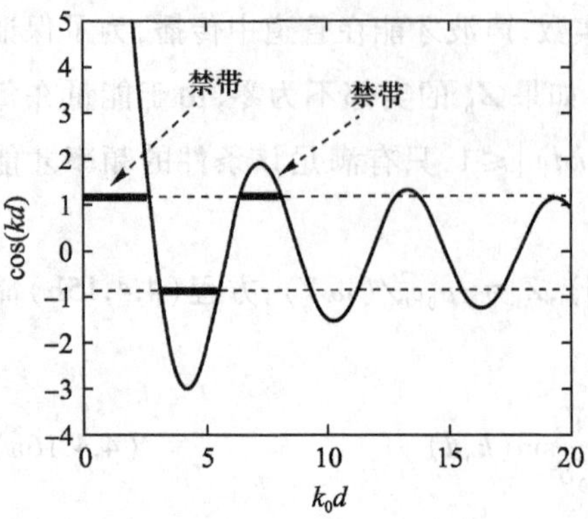

图 4.4.7 开口短管周期旁支的能带图

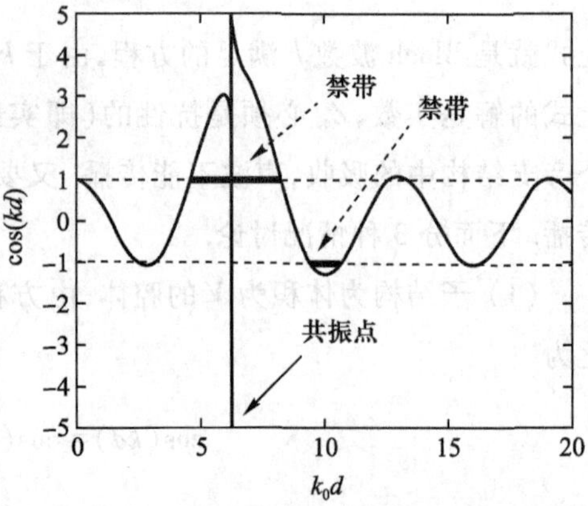

图 4.4.8 Helmholtz 共振腔周期旁支的能带图

习题

4.1 假定声源处($z=0$)发出一个声脉冲,脉冲的频谱以 ω_0 为中心,空间声场主要由 ω_0 附近区域贡献,试证明波包传播的速度(即群速度)为 $c_g=(\mathrm{d}k/\mathrm{d}\omega)^{-1}_{\omega=\omega_0}$,其中 $k=k(\omega)$ 为色散关系.

4.2 考虑刚性活塞面积小于管道截面面积的激发问题,活塞的面积 S_h 小于管道截面面积 S,其剩余部分($S-S_h$)假定是完全刚性的. 求等截面刚性壁面管道中的声场分布,说明当刚性活塞面积小于管道截面面积时,必然激发高价模式,除非激发频率在截止频率以下. 求辐射阻抗 $Z_r(\omega)$,说明频率在截止频率以下时,$Z_r(\omega)$ 是实数,声能量能够向外辐射;而频率在截止频率以上时,$Z_r(\omega)$ 是虚数,能量不能辐射出去.

4.3 考虑刚性壁面的等截面管道,设(x_s,y_s,z_s)处存在一个无限小脉动球,在管道中取两个截面:S_1:$z=z_1>z_s$ 和 S_2:$z=z_2<z_s$,则这两个截面上声强的面积分就是脉动球辐射的声功率,求声功率的表达式;由 $P_{av}=R_rU_0^2/2$,求脉动球的辐射阻抗,并讨论之.

4.4 设辐射声场的振动面 Σ_0 位于刚性壁面矩形管道的表面上,求管道中声场分布.

4.5 考虑半无限长等截面刚性管道,在 $z=0$ 处放置非均匀阻抗材料,假定在无限远处($z\to\infty$)入射一平面波到非均匀阻抗材料的表面,求管道内的声场分布,并说明隐失波只能存在于材料的表面附近.

4.6 如果声源激发频率在波导的最小截止频率以下,除声源和突变截面附近外,隐失波基本上可以忽略. 模式展开只需取零级项,由此证明:在突变截面处声压连续和体积速度连续.

4.7 如题图 4.7 所示,设波导左侧延伸至无限远处,右端位于无限大刚性障板上,当低频平面波由左边入射时,求右边半空间的声场分布.

4.8 考虑有限长管道,设管道面积为 S,长为 l,尾端($z=l$)为声阻抗为 Z_s 的吸声材料,在平面波近似

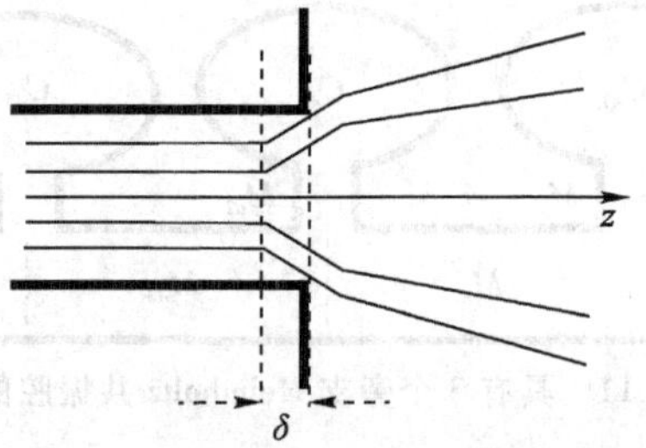

题图 4.7　波导右端变为无限大刚性障板上的活塞辐射

下，管口($z=0$)的声阻抗 Z_0 由声阻抗转移公式给出. 如果管尾端为刚性，试证明管口声阻抗是声容和声质量的串联. 如果忽略声质量，则得到方程(4.4.2a).

4.9　如题图 4.9 所示，考虑有限长 Y 型管道，在平面波近似下，证明管道口($z=-L$)的声阻抗为

$$Z_0=\frac{\rho_0c_0}{S_0}\frac{(S_0/\rho_0c_0)-\mathrm{i}(Z_1^{-1}+Z_2^{-1})\tan(k_0L)}{(Z_1^{-1}+Z_2^{-1})-\mathrm{i}(S_0/\rho_0c_0)\tan(k_0L)}$$

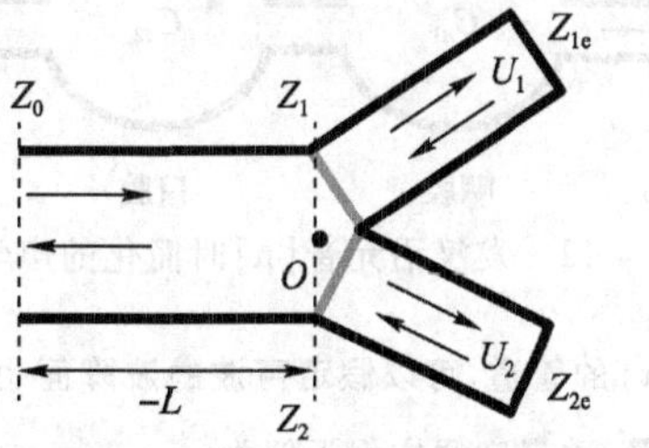

题图 4.9　有限长 Y 型管道

4.10　假定子结构与主管道连接处的声阻抗为 Z_a，设平面波由题图 4.10 所示的左侧入射，右侧透射，在平面波近似下，证明声压的反射系数和透射系数分别为

$$r_p\equiv-\frac{\rho_0c_0/2S}{Z_a+\rho_0c_0/2S},\quad t_p\equiv\frac{Z_a}{Z_a+\rho_0c_0/2S}$$

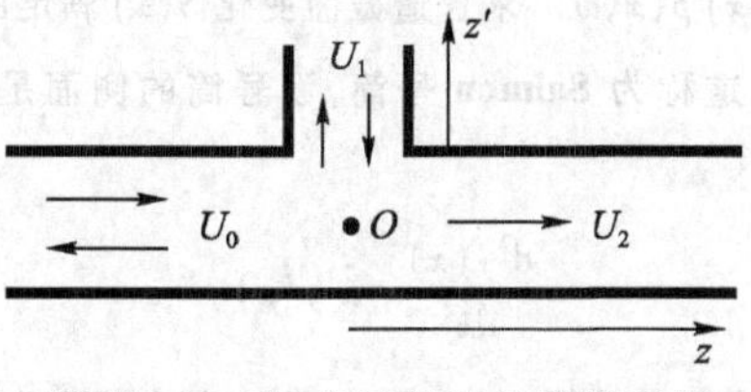

题图 4.10　具有子结构的管道系统

如果：① 子结构为体积 V 的腔体；② 子结构为开口在无限大刚性障板上且满足 $k_0\sqrt{S_d/\pi}\ll1$ 的短管；③ 子结构为 Helmholtz 共振腔，请分别求声强透射系数，并分析透射波的频率特征.

4.11　考虑题图 4.11 所示的声学系统，该系统有 3 个 Helmholtz 共振腔旁支在主管道上，且入口处到左边第一个 Helmholtz 共振腔的管道、出口处到右边第一个 Helmholtz 共振腔的管道以及两个 Helmholtz 共振腔之间的管道，其长度均小于波长(从入口处到出口处的距离可能大于波长)，相当于一系列短管. 画出该系统的等效电路.

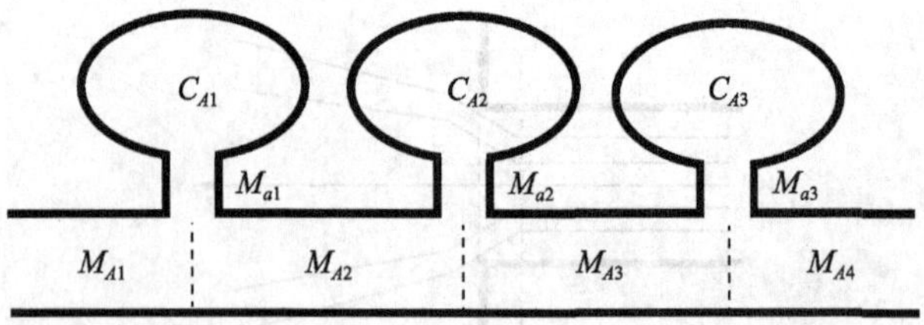

题图 4.11　具有 3 个旁支 Helmholtz 共振腔的管道

4.12　人在发音时，从肺部来的直流气流在喉头声门处被声带所调制，成为一串随时间周期变化的三角形波，此后当这股气流经过声门到口唇之间的声道时，实际上就是通过了一个声滤波系统. 舌位高度不一样，滤波器的尺寸就不一样，由口唇发出的声音也就不一样. 当发汉语元音[u]时，舌位后面部分比较高，舌头把声道分隔成两个腔体，即咽腔和口腔，成为一个双腔共振器，可简化为短管—腔体—短管—腔体—短管系统，如题图 4.12 所示，画出相应的等效电路.

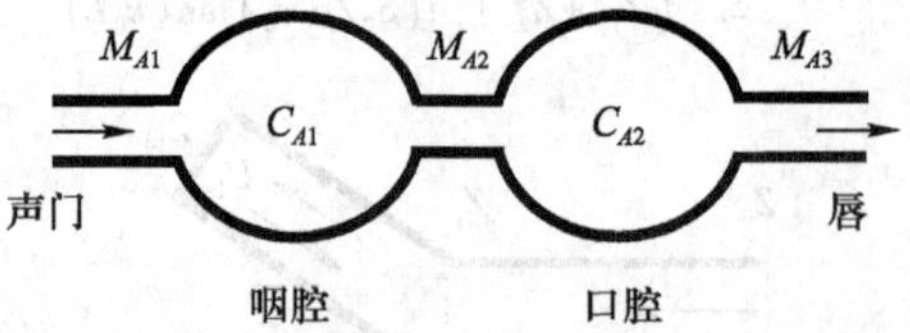

题图 4.12　发汉语元音[u]时简化的声学系统

4.13　考虑存在缓变截面 $S(x)$ 的管道，可以假定声波的波阵面也按管道的截面连续变化，由积分形式的质量、动量守恒方程，证明质量、动量守恒方程近似为

$$S(x)\frac{\partial\rho}{\partial t}\approx-\rho_0\frac{\partial(Sv)}{\partial x},\quad \rho_0\frac{\partial v}{\partial t}\approx-\frac{\partial p}{\partial x}$$

利用 $p=c_0^2\rho'$，证明声压场满足 **Webster 方程**：

$$\frac{1}{c_0^2}\frac{\partial^2 p}{\partial t^2}=\frac{\partial^2 p}{\partial x^2}+\frac{1}{S(x)}\frac{\mathrm{d}S(x)}{\mathrm{d}x}\frac{\partial p}{\partial x}$$

4.14　作变换 $\bar{p}(x,\omega)=\sqrt{S(x)}\,p(x,\omega)$，求管道截面变化 $S(x)$ 满足的微分方程，使 $\bar{p}(x,\omega)$ 满足一维常系数 Helmholtz 方程. 这样的管道称为 **Salmon 号筒**，设号筒的侧面是半径为 $y(x)$ 的旋转曲面，那么 $S(x)=\pi y^2(x)$，证明：

$$\frac{\mathrm{d}^2 y(x)}{\mathrm{d}x^2}=\alpha^2 y(x)$$

其中，α 称为**蜿展指数**，表示面积变化的快慢. 求 Salmon 号筒内的声场分布.

第五章 腔体中的声场

由于壁面的反射，有限空间（腔体）中的声场一般是驻波形式. 如果空间的几何形状不规则，则其中声场将非常复杂，必须采用近似方法来研究声场的特性. 采用何种近似方法与腔体的大小和声波的波长有关. 现今三种常用的方法是：甚低频$\sqrt[3]{V} \ll \lambda$（其中 V 是腔的体积，λ 是所考虑的波长）方法，腔体中的声场与空间坐标无关，为均匀声场；高频$\sqrt[3]{V} \gg \lambda$ 方法，几何声学适用，可用统计能量法研究声场的特性；低中频$\sqrt[3]{V} \sim (1/3 \sim 3)\lambda$ 方法，必须用简正模式理论来严格讨论.

5.1 简正模式理论

简正模式理论是求解有限空间中声场的基本方法. 简正模式的物理意义也非常明显，每个简正模式代表一个驻波模式，而每个简正模式的简正频率就是腔的共振频率,这是实验中可测量的物理量.声源在腔中激发各种简正模式,而腔内的总声场就是被激发的各个简正模式的叠加.

5.1.1 刚性壁面腔体的简正模式

如图 5.1.1 所示,设闭区域 V 的边界为刚性边界 S,边界的法向为 $\boldsymbol{n}$(与内壁的法向 $\boldsymbol{n}_S$ 相反).在频率域中,声波方程和边界条件满足

$$\nabla^2 p(\boldsymbol{r},\omega)+k_0^2 p(\boldsymbol{r},\omega)=-\Im(\boldsymbol{r},\omega),\quad \left.\frac{\partial p(\boldsymbol{r},\omega)}{\partial n}\right|_S=0 \tag{5.1.1a}$$

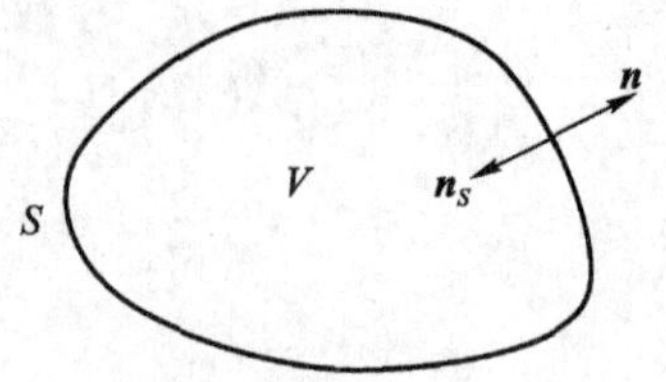

图 5.1.1 腔体 V:区域边界的法向 $\boldsymbol{n}$ 与内壁的法向 $\boldsymbol{n}_S$ 相反

其中,$k_0=\omega/c_0$ 是波数,$\Im(\boldsymbol{r},\omega)$ 是体源分布.为了求声场分布,我们首先求 V 内的简正模式 $\psi_\lambda(\boldsymbol{r},\omega_\lambda)$ 和简正频率 ω_λ,它们是下列齐次问题的非零解($k_\lambda=\omega_\lambda/c_0$):

$$\nabla^2 \psi_\lambda(\boldsymbol{r},\omega_\lambda)+k_\lambda^2 \psi_\lambda(\boldsymbol{r},\omega_\lambda)=0,\quad \left.\frac{\partial \psi_\lambda(\boldsymbol{r},\omega_\lambda)}{\partial n}\right|_S=0 \tag{5.1.1b}$$

与第 4 章中的二维波导情况类似,三维 Laplace 算子 $-\nabla^2$ 在刚性边界条件下是 Hermite 对称算子,即简正模式 $\psi_\lambda(\boldsymbol{r},\omega_\lambda)$ 和简正频率 ω_λ 同样具有三个基本性质:① 简正频率 ω_λ 是实数;② 简正模式 $\psi_\lambda(\boldsymbol{r},\omega_\lambda)$ 相互正交;③ 简正系 $\{\psi_\lambda(\boldsymbol{r},\omega_\lambda),\lambda=0,1,2,\cdots\}$ 构成完备系,即定义在 V 上的平方可积函数 $p(\boldsymbol{r},\omega)$ 可作广义 Fourier 级数展开,有

$$p(\boldsymbol{r},\omega)\approx\sum_{\lambda=0}^{\infty}a_\lambda\psi_\lambda(\boldsymbol{r},\omega_\lambda),\quad a_\lambda=\int_V p(\boldsymbol{r},\omega)\psi_\lambda^*(\boldsymbol{r},\omega_\lambda)\mathrm{d}V \tag{5.1.2a}$$

方程(4.1.4c)修改为

$$\int_V\nabla\psi_\lambda^*\cdot\nabla\psi_\mu\mathrm{d}V=k_\lambda k_\mu\int_V\psi_\lambda^*\psi_\mu\mathrm{d}V=k_\mu^2\delta_{\lambda\mu} \tag{5.1.2b}$$

对任意形状的腔体,简正模式 $\psi_\lambda(\boldsymbol{r},\omega_\lambda)$ 和简正频率 ω_λ 的求解是非常困难的,只有几种规则的腔体(长方体、柱体和球体)才能够求出其解析解.

考虑矩形腔 V:$[0<x<l_x;0<y<l_y;0<z<l_z]$,其界面为刚性,则归一化简正模式 $\psi_\lambda(x,y,z,\omega_\lambda)$ 和相应的简正频率 ω_λ(注意:λ 表示指标集 p、q、r,$p,q,r=0,1,2,\cdots$)为

$$\psi_{pqr}(x,y,z,\omega_{pqr})=\sqrt{\frac{\varepsilon_p\varepsilon_q\varepsilon_r}{V}}\cos\left(\frac{p\pi}{l_x}x\right)\cos\left(\frac{q\pi}{l_y}y\right)\cos\left(\frac{r\pi}{l_z}z\right)$$

$$\left(\frac{\omega_{pqr}}{c_0}\right)^2=k_{pqr}^2=\left(\frac{p\pi}{l_x}\right)^2+\left(\frac{q\pi}{l_y}\right)^2+\left(\frac{r\pi}{l_z}\right)^2 \tag{5.1.3a}$$

其中,$\varepsilon_p=\varepsilon_q=\varepsilon_r=1(p=q=r=0)$,$\varepsilon_p=\varepsilon_q=\varepsilon_r=2(p\neq0;q\neq0;r\neq0)$,$V=l_xl_yl_z$ 为矩形腔的体积.在波数(k_x,k_y,k_z)空间,如果以 π/l_x、π/l_y 和 π/l_y 分别为坐标 k_x、k_y 和 k_z 的单位,那么

简正频率对应于格点(p,q,r)，每个格点对应一个简正模式. 在给定的频率f内（或者波数$k=2\pi f/c_0$内），存在多少个格点是非常重要的. 当然，严格求出格点数是困难的，但当l_x、l_y和l_z足够大（远大于波长）时，格点(p,q,r)足够密，在$f\sim f+\Delta f$（或$\omega\sim\omega+\Delta\omega$）间隔内，简正模式数近似为$\Delta N=g(f)\Delta f=g(\omega)\Delta\omega$，其中，$g(f)$或$g(\omega)$称为**态密度**，当频率足够高（条件见5.2.1小节讨论）时，态密度可近似为

$$g(f)\approx\frac{4\pi f^2 V}{c_0^3},\quad g(\omega)\approx\frac{\omega^2 V}{2\pi^2 c_0^3} \tag{5.1.3b}$$

频域 Green 函数 对声场激发问题，把方程(5.1.2a)代入方程(5.1.1a)得到

$$\sum_{\lambda=0}^{\infty} a_\lambda[\nabla^2\psi_\lambda(\boldsymbol{r},\omega_\lambda)+k_0^2\psi_\lambda(\boldsymbol{r},\omega_\lambda)]=-\mathfrak{I}(\boldsymbol{r},\omega) \tag{5.1.4a}$$

由方程(5.1.1b)可知

$$\sum_{\lambda=0}^{\infty} a_\lambda(k_0^2-k_\lambda^2)\psi_\lambda(\boldsymbol{r},\omega_\lambda)=-\mathfrak{I}(\boldsymbol{r},\omega) \tag{5.1.4b}$$

利用$\psi_\lambda(\boldsymbol{r},\omega_\lambda)$的正交归一性，有

$$a_\lambda=\frac{1}{k_\lambda^2-k_0^2}\int_V\mathfrak{I}(\boldsymbol{r},\omega)\psi_\lambda^*(\boldsymbol{r},\omega_\lambda)\,\mathrm{d}V \tag{5.1.4c}$$

代入方程(5.1.2a)得到声场的空间分布为

$$\begin{aligned}p(\boldsymbol{r},\omega)&=\int_V\mathfrak{I}(\boldsymbol{r}',\omega)\left[\sum_{\lambda=0}^{\infty}\frac{1}{k_\lambda^2-k_0^2}\psi_\lambda^*(\boldsymbol{r}',\omega_\lambda)\psi_\lambda(\boldsymbol{r},\omega_\lambda)\right]\mathrm{d}V'\\&\equiv\int_V G_0(\boldsymbol{r},\boldsymbol{r}',\omega)\mathfrak{I}(\boldsymbol{r}',\omega)\,\mathrm{d}V'\end{aligned} \tag{5.1.5a}$$

其中，$G_0(\boldsymbol{r},\boldsymbol{r}',\omega)$定义为

$$G_0(\boldsymbol{r},\boldsymbol{r}',\omega)\equiv\sum_{\lambda=0}^{\infty}\frac{1}{k_\lambda^2-k_0^2}\psi_\lambda^*(\boldsymbol{r}',\omega_\lambda)\psi_\lambda(\boldsymbol{r},\omega_\lambda) \tag{5.1.5b}$$

显然，当$\mathfrak{I}(\boldsymbol{r},\omega)=\delta(\boldsymbol{r},\boldsymbol{r}')$时，方程

$$\nabla^2 G_0(\boldsymbol{r},\boldsymbol{r}',\omega)+k_0^2 G_0(\boldsymbol{r},\boldsymbol{r}',\omega)=-\delta(\boldsymbol{r},\boldsymbol{r}'),\quad \left.\frac{\partial G_0(\boldsymbol{r},\boldsymbol{r}',\omega)}{\partial n}\right|_S=0 \tag{5.1.5c}$$

的解就是$G_0(\boldsymbol{r},\boldsymbol{r}',\omega)$. 因此，方程(5.1.5b)就是 Green 函数$G_0(\boldsymbol{r},\boldsymbol{r}',\omega)$用简正模式展开的表达式.

时域 Green 函数 对瞬态问题（注意：在零初始条件中，声压的一阶导数由速度场的初始分布得到，见1.1.4小节讨论），有

$$\begin{gathered}\frac{1}{c_0^2}\frac{\partial^2 p(\boldsymbol{r},t)}{\partial t^2}-\nabla^2 p(\boldsymbol{r},t)=\mathfrak{I}(\boldsymbol{r},t)\quad(t>0)\\ \left.\frac{\partial p(\boldsymbol{r},t)}{\partial n}\right|_S=0,\quad p(\boldsymbol{r},t)=\left.\frac{\partial p(\boldsymbol{r},t)}{\partial t}\right|_{t=0}=0\end{gathered} \tag{5.1.6a}$$

方程(5.1.2a)的展开系数与时间有关，即

$$p(\boldsymbol{r},t)=\sum_{\lambda=0}^{\infty}a_\lambda(t)\psi_\lambda(\boldsymbol{r},\omega_\lambda) \tag{5.1.6b}$$

代入方程(5.1.6a)得

$$\sum_{\lambda=0}^{\infty}\left[k_\lambda^2 a_\lambda(t)+\frac{1}{c_0^2}\frac{\mathrm{d}^2 a_\lambda(t)}{\mathrm{d}t^2}\right]\psi_\lambda(\boldsymbol{r},\omega_\lambda)=\Im(\boldsymbol{r},t)$$

$$a_\lambda(t)=\left.\frac{\mathrm{d}a_\lambda(t)}{\mathrm{d}t}\right|_{t=0}=0 \tag{5.1.6c}$$

因此,展开系数满足

$$\frac{\mathrm{d}^2 a_\lambda(t)}{\mathrm{d}t^2}+\omega_\lambda^2 a_\lambda(t)=f_\lambda(t),\quad a_\lambda(t)=\left.\frac{\mathrm{d}a_\lambda(t)}{\mathrm{d}t}\right|_{t=0}=0 \tag{5.1.7a}$$

其中,为了方便,定义$f_\lambda(t)\equiv c_0^2\int_V \Im(\boldsymbol{r},t)\psi_\lambda^*(\boldsymbol{r},\omega_\lambda)\mathrm{d}V$. 容易求得

$$a_\lambda(t)=\frac{1}{\omega_\lambda}\int_0^t \sin[\omega_\lambda(t-\tau)]f_\lambda(\tau)\mathrm{d}\tau \tag{5.1.7b}$$

代入方程(5.1.6b)得到

$$p(\boldsymbol{r},t)=c_0^2\sum_{\lambda=1}^{\infty}\frac{\psi_\lambda(\boldsymbol{r},\omega_\lambda)}{\omega_\lambda}\int_0^t \sin[\omega_\lambda(t-\tau)]\int_V \Im(\boldsymbol{r}',\tau)\psi_\lambda^*(\boldsymbol{r}',\omega_\lambda)\mathrm{d}V'\mathrm{d}\tau$$

$$=\int_0^\infty\int_V \Im(\boldsymbol{r}',\tau)g(\boldsymbol{r},\boldsymbol{r}',t,\tau)\mathrm{d}V'\mathrm{d}\tau \tag{5.1.8a}$$

其中,定义函数

$$g(\boldsymbol{r},\boldsymbol{r}',t,\tau)\equiv c_0^2\mathrm{H}(t-\tau)\sum_{\lambda=1}^{\infty}\frac{1}{\omega_\lambda}\sin[\omega_\lambda(t-\tau)]\psi_\lambda(\boldsymbol{r},\omega_\lambda)\psi_\lambda^*(\boldsymbol{r}',\omega_\lambda) \tag{5.1.8b}$$

显然,当$\Im(\boldsymbol{r},t)=\delta(\boldsymbol{r},\boldsymbol{r}')\delta(t,t')$时,$g(\boldsymbol{r},\boldsymbol{r}',t,t')$满足方程:

$$\frac{1}{c_0^2}\frac{\partial^2 g(\boldsymbol{r},\boldsymbol{r}',t,t')}{\partial t^2}-\nabla^2 g(\boldsymbol{r},\boldsymbol{r}',t,t')=\delta(\boldsymbol{r},\boldsymbol{r}')\delta(t,t')\quad (t>0)$$

$$\left.\frac{\partial g(\boldsymbol{r},\boldsymbol{r}',t,t')}{\partial n}\right|_S=0,\quad g(\boldsymbol{r},\boldsymbol{r}',t,t')=\left.\frac{\partial g(\boldsymbol{r},\boldsymbol{r}',t,t')}{\partial t}\right|_{t=0}=0 \tag{5.1.8c}$$

故$g(\boldsymbol{r},\boldsymbol{r}',t,t')$为**时域 Green 函数**.

声场的总能量 为了简单,取$\Im(\boldsymbol{r},t)=\Im(\boldsymbol{r})\mathrm{d}\delta(t-0)/\mathrm{d}t$,即在$t=0$时刻,声源发出一个脉冲信号[注意体质量源为$\Im(\boldsymbol{r},t)=\rho_0\partial q(\boldsymbol{r},t)/\partial t$],于是由方程(5.1.8a)(注意:源项的偏导数可直接变换成解式的偏导数),得

$$p(\boldsymbol{r},t)=c_0^2\frac{\partial}{\partial t}\sum_{\lambda=1}^{\infty}\Im_\lambda(\omega_\lambda)\frac{\psi_\lambda(\boldsymbol{r},\omega_\lambda)}{\omega_\lambda}\int_0^t \sin[\omega_\lambda(t-\tau)]\delta(\tau-0)\mathrm{d}\tau$$

$$=c_0^2\sum_{\lambda=0}^{\infty}\Im_\lambda(\omega_\lambda)\psi_\lambda(\boldsymbol{r},\omega_\lambda)\cos(\omega_\lambda t)\quad (t>0) \tag{5.1.9a}$$

其中,$\Im_\lambda(\omega_\lambda)\equiv\int_V \Im(\boldsymbol{r}')\psi_\lambda^*(\boldsymbol{r}',\omega_\lambda)\mathrm{d}V'$. 相应的速度场为

$$\boldsymbol{v}(\boldsymbol{r},t)=-\frac{1}{\rho_0}\int\nabla p(\boldsymbol{r},t)\,\mathrm{d}t=-\frac{c_0^2}{\rho_0}\sum_{\lambda=0}^{\infty}\mathfrak{F}_\lambda(\omega_\lambda)\frac{\sin(\omega_\lambda t)}{\omega_\lambda}\nabla\psi_\lambda(\boldsymbol{r},\omega_\lambda)\tag{5.1.9b}$$

为了讨论简单(不失一般性),设简正模式是实函数,于是,声场总能量的时间平均为

$$\overline{E}=\frac{1}{2T}\int_0^T\int_V\left(\frac{p^2}{\rho_0c_0^2}+\rho_0\boldsymbol{v}^2\right)\mathrm{d}V\mathrm{d}t=\frac{c_0^2}{2\rho_0}\sum_{\lambda=0}^{\infty}\mathfrak{F}_\lambda^2\tag{5.1.9c}$$

其中,利用了 $\psi_\lambda(\boldsymbol{r},\omega_\lambda)$ 的正交性和方程(5.1.2c). 由上式可见,声场的总能量是每个简正模式的能量之和.

注意:在方程(5.1.1b)中,由于 $\psi_\lambda(\boldsymbol{r},\omega_\lambda)$ 满足 Neumann 边界条件,$\omega_0=0$ 和 $\psi_0(\boldsymbol{r},\omega_0)=1/\sqrt{V}$ 总是方程(5.1.1b)的一个解,对应于这个零简正频率的解,流体在腔体内作整体振动;而在波导中,零简正频率对应平面波. 当 $\lambda=0$ 时,方程(5.1.7b)变成

$$a_0(t)=\int_0^t(t-\tau)\lim_{\omega_0\to0}\frac{\sin[\omega_0(t-\tau)]}{\omega_0(t-\tau)}f_0(\tau)\mathrm{d}\tau=\int_0^t(t-\tau)f_0(\tau)\mathrm{d}\tau\tag{5.1.9d}$$

当 $t\to\infty$ 时,$a_0(t)\to\infty$,只有当 $f_0(\tau)\equiv0$,这一发散项才消失. 根据 $f_0(\tau)$ 的定义,要求 $f_0(t)\sim\int_V\mathfrak{F}(\boldsymbol{r},t)\mathrm{d}V=0$,即要求声源的空间平均为零,这样在数学上才自洽. 实际问题中,纯粹刚性的界面是不存在的.

5.1.2 阻抗壁面腔体的简正模式

声波方程和阻抗边界条件为

$$\nabla^2p(\boldsymbol{r},\omega)+k_0^2p(\boldsymbol{r},\omega)=-\mathfrak{F}(\boldsymbol{r},\omega)$$
$$\left[\frac{\partial p(\boldsymbol{r},\omega)}{\partial n}-\mathrm{i}k_0\beta(\boldsymbol{r},\omega)p(\boldsymbol{r},\omega)\right]_S=0\tag{5.1.10a}$$

同样,可以定义简正模式 $\Psi_\lambda(\boldsymbol{r},\Omega_\lambda)$ 和简正频率 Ω_λ 为下列齐次问题的非零解:

$$\nabla^2\Psi_\lambda+\left(\frac{\Omega_\lambda}{c_0}\right)^2\Psi_\lambda=0,\quad\left[\frac{\partial\Psi_\lambda}{\partial n}-\mathrm{i}k_0\beta(\boldsymbol{r},\omega)\Psi_\lambda\right]_S=0\tag{5.1.10b}$$

显然,当 $\beta(\boldsymbol{r},\omega)\to0$ 时,$\Psi_\lambda=\psi_\lambda$;$\Omega_\lambda=\omega_\lambda(\lambda=0,1,2,\cdots)$. 必须注意的是:在阻抗边界条件下,$\Omega_0=0$ 和 $\Psi_0(\boldsymbol{r},\omega_0)=1/\sqrt{V}$ 不可能是上式的解. 与二维情况一样,三维 Laplace 算子 $-\nabla^2$ 在阻抗边界条件下是非 Hermite 对称算子. 简正频率 Ω_λ 一般是复数,而且简正系也不构成正交系. 但我们仍然可以把声场写成各个简正模式 $\Psi_\lambda(\boldsymbol{r},\Omega_\lambda)$ 的叠加,有

$$p(\boldsymbol{r},\omega)=\sum_{\lambda=0}^{\infty}a_\lambda\Psi_\lambda(\boldsymbol{r},\Omega_\lambda)\tag{5.1.11a}$$

同样可以证明,方程(4.1.14a)也成立,即

$$\int_V\Psi_\lambda(\boldsymbol{r},\Omega_\lambda)\Psi_\mu(\boldsymbol{r},\Omega_\mu)\mathrm{d}V=0\quad(\mu\neq\lambda)\tag{5.1.11b}$$

把方程(5.1.11a)代入方程(5.1.10a)得到

$$\sum_{\lambda=0}^{\infty} a_{\lambda}\left[k_0^2-\left(\frac{\Omega_{\lambda}}{c_0}\right)^2\right]\Psi_{\lambda}(\boldsymbol{r},\Omega_{\lambda})=-\Im(\boldsymbol{r},\omega) \tag{5.1.11c}$$

上式两边乘 Ψ_{μ}(注意:不是 Ψ_{μ}^{*})并且积分,得

$$a_{\lambda}=-\frac{1}{N_{\lambda}^2[k_0^2-(\Omega_{\lambda}/c_0)^2]}\int_V \Im(\boldsymbol{r},\omega)\Psi_{\lambda}(\boldsymbol{r},\Omega_{\lambda})\mathrm{d}V \tag{5.1.11d}$$

其中,$N_{\lambda}^2\equiv\int_V \Psi_{\lambda}^2\mathrm{d}V$. 注意:$N_{\lambda}^2$ 不是 Ψ_{μ} 的模,而且有可能是复数.

对一般的房间而言,墙体的密度远大于空气密度,故墙体可近似为刚性,$\mathrm{i}k_0\beta(\boldsymbol{r},\omega)$ 可看作微扰,简正系可近似看作正交的完备系而作展开,从而求得阻抗边界情况下空间的声场. 但必须指出,这个微扰在实际问题中却是十分重要的,如房间的混响.

对阻抗型边界的腔体而言,即使腔体是规则的,如果 $\beta(\boldsymbol{r},\omega)$ 与空间有关,也难以求出解析解. 只有当规则腔体的比阻抗均匀时,求解析解才存在可能. 考虑阻抗边界的矩形腔 $V:[0<x<l_x;0<y<l_y;0<z<l_z]$,简正模式 $\Psi_{\lambda}(x,y,z,\Omega_{\lambda})$ 和简正频率 Ω_{λ} 满足方程:

$$\frac{\partial^2\Psi_{\lambda}}{\partial x^2}+\frac{\partial^2\Psi_{\lambda}}{\partial y^2}+\frac{\partial^2\Psi_{\lambda}}{\partial z^2}+\left(\frac{\Omega_{\lambda}}{c_0}\right)^2\Psi_{\lambda}=0 \tag{5.1.12a}$$

以及边界条件:

$$\begin{aligned}
&\left.\frac{\partial\Psi_{\lambda}}{\partial x}\right|_{x=0}+\mathrm{i}k_0\beta_{x0}\Psi_{\lambda}(0,y,z)=0,\quad \left.\frac{\partial\Psi_{\lambda}}{\partial x}\right|_{x=l_x}-\mathrm{i}k_0\beta_{xl}\Psi_{\lambda}(l_x,y,z)=0\\
&\left.\frac{\partial\Psi_{\lambda}}{\partial y}\right|_{y=0}+\mathrm{i}k_0\beta_{y0}\Psi_{\lambda}(x,0,z)=0,\quad \left.\frac{\partial\Psi_{\lambda}}{\partial y}\right|_{y=l_y}-\mathrm{i}k_0\beta_{yl}\Psi_{\lambda}(x,l_y,z)=0\\
&\left.\frac{\partial\Psi_{\lambda}}{\partial z}\right|_{z=0}+\mathrm{i}k_0\beta_{z0}\Psi_{\lambda}(x,y,0)=0,\quad \left.\frac{\partial\Psi_{\lambda}}{\partial z}\right|_{z=l_z}-\mathrm{i}k_0\beta_{zl}\Psi_{\lambda}(x,y,l_z)=0
\end{aligned} \tag{5.1.12b}$$

其中,假定每个面上的比阻抗率为常量(否则得不到解析解). 当每个面上的比阻抗率较小时(刚性时比阻抗为零),容易得到三维简正模式:

$$\Psi_{pqr}(x,y,z,\Omega_{pqr})\approx C_p(x)C_q(y)C_r(z) \tag{5.1.13a}$$

其中,函数 $C_p(x)$ 为

$$\begin{gathered}
C_p(x)=\sqrt{\frac{\varepsilon_p}{l_x}}\cos\left(\frac{\Omega_p}{c_0}x+\mathrm{i}\frac{k_0c_0\beta_{x0}}{\Omega_p}\right)\\
\left(\frac{\Omega_p}{c_0}\right)^2\approx\left(\frac{p\pi}{l_x}\right)^2-\mathrm{i}\varepsilon_p\frac{k_0}{l_x}(\beta_{x0}+\beta_{xl})
\end{gathered} \tag{5.1.13b}$$

$C_q(y)$ 和 $C_r(z)$ 的形式类似. 复简正频率为

$$\left(\frac{\Omega_{pqr}}{c_0}\right)^2\approx k_{pqr}^2-\mathrm{i}k_0\left[\frac{\varepsilon_p}{l_x}(\beta_{x0}+\beta_{xl})+\frac{\varepsilon_q}{l_y}(\beta_{y0}+\beta_{yl})+\frac{\varepsilon_r}{l_z}(\beta_{z0}+\beta_{zl})\right] \tag{5.1.13c}$$

下面,我们来分析边界阻抗对简正模式和简正频率的影响.

用纯模式展开求阻抗边界条件下的简正系 为了求解方程(5.1.10b),我们用刚性边界条件下的简正系$\{\psi_\mu(\boldsymbol{r},\omega_\mu),\mu=0,1,2,\cdots\}$作展开,有

$$\Psi_\lambda(\boldsymbol{r},\Omega_\lambda)=\sum_{\mu=0}^{\infty}b_\mu\psi_\mu(\boldsymbol{r},\omega_\mu),\quad b_\mu=\int_V\Psi_\lambda(\boldsymbol{r},\Omega_\lambda)\psi_\mu^*(\boldsymbol{r},\omega_\mu)\,\mathrm{d}V \tag{5.1.14}$$

在三维情况下,Green 公式修改为

$$\int_V(u\nabla^2v-v\nabla^2u)\,\mathrm{d}V=\int_S\left(u\frac{\partial v}{\partial n}-v\frac{\partial u}{\partial n}\right)\mathrm{d}S \tag{5.1.15a}$$

取$u=\Psi_\lambda(\boldsymbol{r},\Omega_\lambda)$和$v=\psi_\nu^*(\boldsymbol{r},\omega_\nu)(\nu=0,1,2,\cdots)$,由上式得到

$$\int_V(\Psi_\lambda\nabla^2\psi_\nu^*-\psi_\nu^*\nabla^2\Psi_\lambda)\,\mathrm{d}V=\int_S\left(\Psi_\lambda\frac{\partial\psi_\nu^*}{\partial n}-\psi_\nu^*\frac{\partial\Psi_\lambda}{\partial n}\right)\mathrm{d}S \tag{5.1.15b}$$

由方程(5.1.1b)和方程(5.1.10b),利用方程(5.1.14),上式给出:

$$\left[\left(\frac{\Omega_\lambda}{c_0}\right)^2-\left(\frac{\omega_\nu}{c_0}\right)^2\right]b_\nu=-\mathrm{i}k_0\sum_{\mu=0}^{\infty}b_\mu\int_S\beta(\boldsymbol{r},\omega)\psi_\mu\psi_\nu^*\,\mathrm{d}S \tag{5.1.15c}$$

令$\chi_{\mu\nu}\equiv\mathrm{i}k_0\iint_S\beta(\boldsymbol{r},\omega)\psi_\mu\psi_\nu^*\,\mathrm{d}S$,上式简化成

$$\left[\left(\frac{\Omega_\lambda}{c_0}\right)^2-\left(\frac{\omega_\nu}{c_0}\right)^2\right]b_\nu+\sum_{\mu=0}^{\infty}b_\mu\chi_{\mu\nu}=0\quad(\nu=0,1,2,\cdots) \tag{5.1.16a}$$

或者写成

$$\sum_{\mu=0}^{\infty}\left\{\left[\left(\frac{\Omega_\lambda}{c_0}\right)^2-\left(\frac{\omega_\mu}{c_0}\right)^2\right]\delta_{\mu\nu}+\chi_{\mu\nu}\right\}b_\mu=0\quad(\nu=0,1,2,\cdots) \tag{5.1.16b}$$

上式是关于$\{b_\mu\}$的无穷联立的齐次线性代数方程,其存在非零解的条件是系数行列式为零,于是可得到关于Ω_λ的代数方程为

$$\Delta(\Omega_\lambda)\equiv\det\left\{\left[\left(\frac{\Omega_\lambda}{c_0}\right)^2-\left(\frac{\omega_\mu}{c_0}\right)^2\right]\delta_{\mu\nu}+\chi_{\mu\nu}\right\}=0 \tag{5.1.16c}$$

设该方程第λ个根为$\Omega_\lambda(\lambda=0,1,2,\cdots)$,对每一个$\Omega_\lambda$,可由方程(5.1.16b)得到一组$\{b_\mu\}_\lambda$,一旦求得$\{b_\mu\}_\lambda$的近似解,代入方程(5.1.14)就可得到阻抗边界下的简正系$\{\Psi_\lambda(\boldsymbol{r},\Omega_\lambda),\lambda=0,1,2,\cdots\}$. 方程(5.1.16c)表明:阻抗边界条件下的简正模式可表示成纯模式的叠加,但纯模式是相互耦合的. 在边界刚性较大的情况下,纯模式的相互耦合较弱,可以取$\chi_{\mu\nu}\approx0(\mu\neq\nu)$,而

$$\chi_{\mu\mu}\equiv\mathrm{i}k_0\int_S\beta(\boldsymbol{r},\omega)\psi_\mu\psi_\mu^*\,\mathrm{d}S \tag{5.1.17a}$$

代入方程(5.1.16b)得到

$$\left[\left(\frac{\Omega_\lambda}{c_0}\right)^2-\left(\frac{\omega_\mu}{c_0}\right)^2+\chi_{\mu\mu}\right]b_\mu\approx0\quad(\mu=0,1,2,\cdots) \tag{5.1.17b}$$

因此有

$$\left(\frac{\Omega_\mu}{c_0}\right)^2 \approx \left(\frac{\omega_\mu}{c_0}\right)^2 - \chi_{\mu\mu} \quad (\mu=0,1,2,\cdots) \tag{5.1.17c}$$

5.1.3 阻抗壁面腔体中的频域解

事实上,阻抗边界情况下一般不用简正系$\{\Psi_\lambda(\boldsymbol{r},\Omega_\lambda),\lambda=1,2,3,\cdots\}$作展开求声场分布,因求解$\Psi_\lambda(\boldsymbol{r},\Omega_\lambda)$本身就非常困难. 我们直接对方程(5.1.10a)作纯模式展开,有

$$p(\boldsymbol{r},\omega) \approx \sum_{\lambda=0}^{\infty} c_\lambda \psi_\lambda(\boldsymbol{r},\omega_\lambda), \quad c_\lambda = \int_V p(\boldsymbol{r},\omega)\psi_\lambda^*(\boldsymbol{r},\omega_\lambda)\mathrm{d}V \tag{5.1.18}$$

取方程(5.1.15a)中$u=p(\boldsymbol{r},\omega)$和$v=\psi_\lambda^*(\boldsymbol{r},\omega_\lambda)$得到

$$\int_V (p\nabla^2\psi_\lambda^* - \psi_\lambda^*\nabla^2 p)\,\mathrm{d}V = \int_S \left(p\frac{\partial\psi_\lambda^*}{\partial n} - \psi_\lambda^*\frac{\partial p}{\partial n}\right)\mathrm{d}S \tag{5.1.19a}$$

利用方程(5.1.1b)和方程(5.1.10b),上式给出

$$(k_0^2 - k_\lambda^2)c_\lambda + \sum_{\mu=0}^{\infty} c_\mu \chi_{\mu\lambda} = -\int_V \psi_\lambda^*(\boldsymbol{r},\omega_\lambda)\mathfrak{I}(\boldsymbol{r},\omega)\mathrm{d}V \tag{5.1.19b}$$

上式同样表明:在阻抗边界条件下,区域V中的声场$p(\boldsymbol{r},\omega)$可表示成纯模式的叠加,但每个纯模式是相互耦合的. 值得指出的是,在刚性边界情况下,$\psi_\lambda(\boldsymbol{r},\omega_\lambda)$和声压$p(\boldsymbol{r},\omega)$同时满足刚性边界条件,方程(5.1.2a)可直接代入方程(5.1.1a),求导与无限求和可交换次序,得到方程(5.1.4a). 但是在阻抗边界情况下,声压$p(\boldsymbol{r},\omega)$与$\psi_\lambda(\boldsymbol{r},\omega_\lambda)$满足不同的边界条件,如果$p(\boldsymbol{r},\omega)$用$\psi_\lambda(\boldsymbol{r},\omega_\lambda)$展开,边界上不收敛到“真”值,故不能直接把展开方程(5.1.18)代入方程(5.1.10a),求导与无限求和不可随便交换次序,必须计及边界的影响. 利用 Green 公式,即方程(5.1.19a),就避免了求导与求和交换次序的问题.

在边界刚性较大的条件下,纯模式的相互耦合较弱,可以取$\chi_{\mu\lambda}\approx 0(\mu\neq\lambda)$,故

$$(k_0^2 - k_\lambda^2 + \chi_{\lambda\lambda})c_\lambda \approx -\int_V \psi_\lambda^*(\boldsymbol{r},\omega_\lambda)\mathfrak{I}(\boldsymbol{r},\omega)\mathrm{d}V \tag{5.1.20a}$$

即

$$c_\lambda \approx -\frac{1}{k_0^2 - k_\lambda^2 + \chi_{\lambda\lambda}}\int_V \psi_\lambda^*(\boldsymbol{r},\omega_\lambda)\mathfrak{I}(\boldsymbol{r},\omega)\mathrm{d}V \tag{5.1.20b}$$

代入方程(5.1.18)得到方程(5.1.10a)的解为

$$p(\boldsymbol{r},\omega) \approx \int_V G(\boldsymbol{r},\boldsymbol{r}',\omega)\mathfrak{I}(\boldsymbol{r}',\omega)\mathrm{d}V' \tag{5.1.21a}$$

其中,Green 函数定义为

$$G(\boldsymbol{r},\boldsymbol{r}',\omega) \equiv \sum_{\lambda=0}^{\infty}\frac{1}{k_\lambda^2 - k_0^2 - \chi_{\lambda\lambda}}\psi_\lambda(\boldsymbol{r},\omega_\lambda)\psi_\lambda^*(\boldsymbol{r}',\omega_\lambda) \tag{5.1.21b}$$

显然,上式是 Green 函数满足的方程

$$\nabla^2 G(\boldsymbol{r},\boldsymbol{r}',\omega)+k_0^2 G(\boldsymbol{r},\boldsymbol{r}',\omega)=-\delta(\boldsymbol{r},\boldsymbol{r}') \quad (\boldsymbol{r},\boldsymbol{r}'\in V)$$

$$\frac{\partial G(\boldsymbol{r},\boldsymbol{r}',\omega)}{\partial n}-\mathrm{i}k_0\beta(\boldsymbol{r},\omega)G(\boldsymbol{r},\boldsymbol{r}',\omega)=0 \quad (\boldsymbol{r}\in S,\quad \boldsymbol{r}'\in V) \tag{5.1.21c}$$

的一阶近似解. 设 $\beta(\boldsymbol{r},\omega)=\sigma(\boldsymbol{r},\omega)+\mathrm{i}\delta(\boldsymbol{r},\omega)$,由方程(5.1.17a),有

$$\chi_{\lambda\lambda}\equiv \mathrm{i}k_0[\sigma_\lambda(\omega)+\mathrm{i}\delta_\lambda(\omega)] \tag{5.1.22a}$$

其中,定义

$$\sigma_\lambda(\omega)\equiv\int_S\sigma(\boldsymbol{r},\omega)|\psi_\lambda|^2\mathrm{d}S,\quad \delta_\lambda(\omega)\equiv\int_S\delta(\boldsymbol{r},\omega)|\psi_\lambda|^2\mathrm{d}S \tag{5.1.22b}$$

共振频率 由方程(5.1.21b)可知,共振频率满足方程 $\mathrm{Re}(k_\lambda^2-k_0^2-\chi_{\lambda\lambda})=0$,由方程(5.1.22a)可知,$\omega^2=\omega_\lambda^2+\omega c_0\delta_\lambda(\omega)$,故共振频率是该式的解. 如果设 $\delta_\lambda(\omega)$ 与频率无关,$\delta_\lambda(\omega)=\delta_\lambda$(事实上,一般是不可能的),那么共振频率为

$$\omega_R\approx\sqrt{\omega_\lambda^2+\omega_\lambda c_0\delta_\lambda}=\omega_\lambda\sqrt{1+\frac{c_0\delta_\lambda}{\omega_\lambda}}\approx\omega_\lambda+\frac{c_0\delta_\lambda}{2} \tag{5.1.23}$$

可见,声阻抗率的虚部改变了共振频率. 对准刚性的墙而言,有 $\omega_R\approx\omega_\lambda$,即共振频率基本不变化.

5.1.4 阻抗壁面腔体中的时域解

为了进一步看清楚 $\chi_{\lambda\lambda}$ 的意义,我们通过 Fourier 变换把方程(5.1.21a)转换到时域来讨论,有

$$\begin{aligned}p(\boldsymbol{r},t)&=-\int_{-\infty}^{\infty}\mathrm{e}^{-\mathrm{i}\omega t}\int_V\mathfrak{J}(\boldsymbol{r}',\omega)\left[\sum_{\lambda=0}^{\infty}\frac{1}{k_0^2-k_\lambda^2+\chi_{\lambda\lambda}}\psi_\lambda(\boldsymbol{r},\omega_\lambda)\psi_\lambda^*(\boldsymbol{r}',\omega_\lambda)\right]\mathrm{d}V'\mathrm{d}\omega\\&=-\sum_{\lambda=0}^{\infty}\int_V\psi_\lambda(\boldsymbol{r},\omega_\lambda)\psi_\lambda^*(\boldsymbol{r}',\omega_\lambda)\left[\int_{-\infty}^{\infty}\frac{\mathrm{e}^{-\mathrm{i}\omega t}}{k_0^2-k_\lambda^2+\chi_{\lambda\lambda}}\mathfrak{J}(\boldsymbol{r}',\omega)\mathrm{d}\omega\right]\mathrm{d}V'\end{aligned} \tag{5.1.24a}$$

为了简单,令源的形式为 $\mathfrak{J}(\boldsymbol{r},t)=\mathfrak{J}(\boldsymbol{r})\mathrm{d}\delta(t,t')/\mathrm{d}t$,即 $t=t'$ 时刻,声源发出一个脉冲信号,于是 $\mathfrak{J}(\boldsymbol{r},\omega)=-\mathrm{i}\omega\mathfrak{J}(\boldsymbol{r})\exp(\mathrm{i}\omega t')/2\pi$,上式简化成

$$\begin{aligned}p(\boldsymbol{r},t)=&-\frac{c_0^2}{2\pi}\sum_{\lambda=0}^{\infty}\psi_\lambda(\boldsymbol{r},\omega_\lambda)\int_V\mathfrak{J}(\boldsymbol{r}')\psi_\lambda^*(\boldsymbol{r}',\omega_\lambda)\mathrm{d}V'\\&\times\frac{\mathrm{d}}{\mathrm{d}t}\left[\int_{-\infty}^{\infty}\frac{\exp[-\mathrm{i}\omega(t-t')]}{\omega^2-\omega_\lambda^2+\mathrm{i}\omega c_0(\sigma_\lambda+\mathrm{i}\delta_\lambda)}\mathrm{d}\omega\right]\end{aligned} \tag{5.1.24b}$$

式中对频率的积分可由复变函数积分方法完成:极点满足的方程为

$$\omega^2-\omega_\lambda^2+\mathrm{i}\omega c_0[\sigma_\lambda(\omega)+\mathrm{i}\delta_\lambda(\omega)]=0 \tag{5.1.24c}$$

上式是关于 ω 的函数方程，设 $\sigma_\lambda(\omega)$ 和 $\delta_\lambda(\omega)$ 与频率无关（一般来说，这是不可能的），两个极点近似为 $\omega_\pm=\pm\sqrt{\omega_\lambda^2-\mathrm{i}\omega c_0(\sigma_\lambda+\mathrm{i}\delta_\lambda)}\approx\pm\omega_\lambda-\mathrm{i}\gamma_\lambda$（其中 $\gamma_\lambda\equiv c_0\sigma_\lambda/2$）. 两个极点位于复平面的下部，当 $t-t'>0$，取积分围道在下半平面，如图 5.1.2 所示. 于是有

$$\int_{-\infty}^{\infty}\frac{\exp[-\mathrm{i}\omega(t-t')]}{\omega^2-\omega_\lambda^2+\mathrm{i}\omega c_0(\sigma_\lambda+\mathrm{i}\delta_\lambda)}\mathrm{d}\omega\approx-2\pi\mathrm{i}[\mathrm{Res}(\omega_+)+\mathrm{Res}(\omega_-)]$$

$$=-2\pi\mathrm{i}\left\{\frac{\exp[-\mathrm{i}\omega_+(t-t')]}{(\omega_+-\omega_-)}+\frac{\exp[-\mathrm{i}\omega_-(t-t')]}{(\omega_--\omega_+)}\right\}\tag{5.1.25a}$$

$$\approx-\frac{\pi\mathrm{i}}{\omega_\lambda}\{\exp[-\mathrm{i}\omega_\lambda(t-t')]-\exp[\mathrm{i}\omega_\lambda(t-t')]\}\mathrm{e}^{-\gamma_\lambda(t-t')}$$

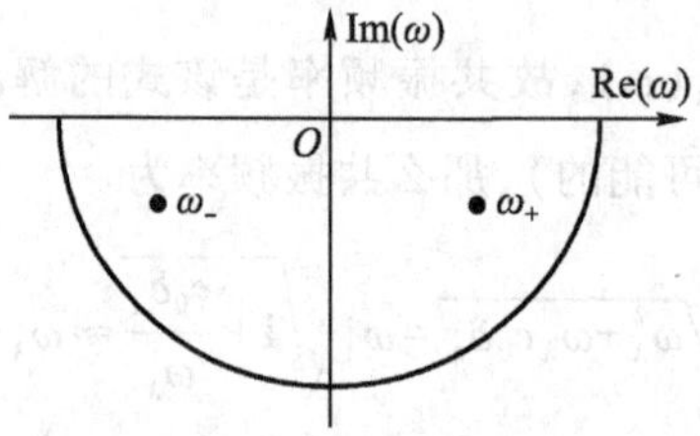

图 5.1.2　极点位于复平面的下部

式中第一个等号后的“-”号是因为积分围道在下半平面. 于是，有

$$\int_{-\infty}^{\infty}\frac{\exp[-\mathrm{i}\omega(t-t')]}{\omega^2-\omega_\lambda^2+\mathrm{i}\omega c_0(\sigma_\lambda+\mathrm{i}\delta_\lambda)}\mathrm{d}\omega\approx-2\pi\frac{\sin[\omega_\lambda(t-t')]}{\omega_\lambda}\mathrm{e}^{-\gamma_\lambda(t-t')}\tag{5.1.25b}$$

如果 $t-t'<0$，积分围道应该取上半平面，而上半平面没有极点，故积分为零. 将上式代入方程(5.1.24b)得到（注意：微分仅对快速变化的声振荡部分进行）

$$p(\boldsymbol{r},t)=\begin{cases}c_0^2\sum\limits_{\lambda=0}^{\infty}\Im_\lambda(\omega_\lambda)\psi_\lambda(\boldsymbol{r},\omega_\lambda)\cos[\omega_\lambda(t-t')]\mathrm{e}^{-\gamma_\lambda(t-t')} & (t>t')\\ 0 & (t<t')\end{cases}\tag{5.1.25c}$$

其中，$\Im_\lambda(\omega_\lambda)\equiv\int_V\Im(\boldsymbol{r}')\psi_\lambda^*(\boldsymbol{r}',\omega_\lambda)\mathrm{d}V'$. 上式的意义十分明确：声阻抗率的实部引起模式随时间的衰减［注意与方程(5.1.23)的结果比较：声阻抗率的虚部改变了共振频率］，而 γ_λ 出现在指数上，故即使 σ_λ 很小，在足够长时间后，声能量也将衰减到零.

声场的总能量　由方程(5.1.25c)可知，声场的速度场为（取 $t'=0$）

$$\boldsymbol{v}(\boldsymbol{r},t)=-\frac{1}{\rho_0}\int\nabla p(\boldsymbol{r},t)\mathrm{d}t\approx-\frac{c_0^2}{\rho_0}\sum_{\lambda=0}^{\infty}\Im_\lambda(\omega_\lambda)\frac{\sin(\omega_\lambda t)}{\omega_\lambda}\nabla\psi_\lambda(\boldsymbol{r},\omega_\lambda)\mathrm{e}^{-\gamma_\lambda t}\tag{5.1.26a}$$

注意：上式对时间的积分仅对快速变化的声振荡部分进行. 设简正模式是实的，于是声场的总能量的时间平均为

$$\overline{E} = \frac{1}{2T}\int_0^T\int_V\left(\frac{p^2}{\rho_0 c_0^2} + \rho_0 \boldsymbol{v}^2\right) \mathrm{d}V\mathrm{d}t = \frac{c_0^2}{2\rho_0}\sum_{\lambda=0}^{\infty}\Im_\lambda^2(\omega_\lambda)\mathrm{e}^{-2\gamma_\lambda t} \tag{5.1.26b}$$

上式表明，声场总能量随时间衰减，而且衰减速度 γ_λ 与模式有关，不同的模式，衰减速度不同，由于 γ_λ 出现在指数上，故即使 σ_λ 很小，在足够长时间后，$\overline{E}\to 0$. 因此，我们有结论：① 准刚性墙对共振频率的改变可忽略；② 其主要作用是引起模式的衰减.

考虑矩形腔体，设墙的 6 个面中，两个相对面的比阻抗率一样（为了方便），如位于 $x=0$ 和 $x=l_x$ 墙面上的比阻抗率，有 $\beta_{x0}=\beta_{xl}=\beta_x$. 由 $\gamma_{pqr}=c_0\sigma_{pqr}/2$ 和方程(5.1.22b)（取 $\lambda=pqr$）可知，衰减系数为

$$\gamma_{pqr} = \frac{c_0}{2}\frac{\varepsilon_p\varepsilon_q\varepsilon_r}{V}\int_S \sigma(x,y,z)\cos^2\left(\frac{p\pi}{l_x}x\right)\cos^2\left(\frac{q\pi}{l_y}y\right)\cos^2\left(\frac{r\pi}{l_z}z\right)\mathrm{d}S \tag{5.1.27a}$$

完成积分后得到

$$\gamma_{pqr} = \frac{c_0}{2V}(\sigma_x S_x\varepsilon_p + \sigma_y S_y\varepsilon_q + \sigma_z S_z\varepsilon_r) \equiv \frac{c_0}{2V}\sum_{i=x,y,z}\sigma_i S_i\varepsilon_i \tag{5.1.27b}$$

其中，$\varepsilon_x=\varepsilon_p$，$\varepsilon_y=\varepsilon_q$ 和 $\varepsilon_z=\varepsilon_r$；$S_x=2l_yl_z$，$S_y=2l_xl_z$ 和 $S_z=2l_xl_z$ 为三组相对墙面的面积. 对近似刚性的墙面而言，$\sigma_i\approx\alpha_i/8\,(i=x,y,z)$（其中 α_i 为墙面的吸收系数，见习题 5.10），于是，有

$$\gamma_{pqr} \approx \frac{c_0}{8V}\sum_{i=x,y,z}\alpha_i S_i\frac{\varepsilon_i}{2} \tag{5.1.28a}$$

因此，三类简正模式的衰减系数不同，讨论如下.

（1）斜向模式，(p,q,r) 都不为零，有

$$\gamma_{pqr} \approx \frac{c_0}{8V}\sum_{i=x,y,z}\alpha_i S_i \quad (p\neq 0, q\neq 0, r\neq 0) \tag{5.1.28b}$$

如果假定每个面上的 $\sigma_x=\sigma_y=\sigma_z\equiv\sigma_0$，则 $\gamma_{pqr}\approx c_0\sigma_0 S/V$（其中 S 是墙面的总面积）.

（2）切向模式，(p,q,r) 中有 1 个为零，例如 $p=0$，有

$$\gamma_{0qr} \approx \frac{c_0}{8V}\left(\frac{1}{2}\alpha_x S_x + \sum_{i=y,z}\alpha_i S_i\right) \quad (q\neq 0, r\neq 0) \tag{5.1.28c}$$

（3）轴向模式：(p,q,r) 中有 2 个为零，例如 $p=q=0$，有

$$\gamma_{00r} \approx \frac{c_0}{8V}\left(\frac{1}{2}\alpha_x S_x + \frac{1}{2}\alpha_y S_y + \alpha_z S_z\right) \quad (r\neq 0) \tag{5.1.28d}$$

可见，斜向模式衰减最快，切向模式次之，而轴向模式衰减最慢. 但当频率足够高时，斜向模式个数远远多于切向模式和轴向模式. 因此，在实际计算中，经常用平均值 γ_{avg} 代替 γ_{pqr}，取近似 $\gamma_{pqr}\approx\gamma_{\text{avg}}$，其中 γ_{pqr} 是斜向模式的衰减系数，由方程(5.1.28b)表示.

5.2 高频近似和扩散声场

当腔体线度远大于声波波长时,腔体内将激发出很多简正模式,用简正模式展开的方法求空间声场必须求许多项的和(数千项以上),这是很不方便的. 而且当腔体形状较复杂(实际情况往往如此)时,简正模式本身就难以得到解析解. 事实上,当声源频率足够高(或者腔体足够大)时,激发出的空间声场十分均匀(远离声源和壁面),称为**扩散声场**(diffuse sound field),我们可以用统计的方法来研究其基本性质.

5.2.1 稳态声场和瞬态声场

稳态声场 假定位于腔体内 $\boldsymbol{r}_s$ 点的质量点源发出频率为 $f=\omega/2\pi$ 的简谐波:$\Im(\boldsymbol{r},\omega)=-\mathrm{i}\rho_0\omega q_0(\omega)\delta(\boldsymbol{r},\boldsymbol{r}_s)$,由方程(5.1.21a)可知,腔体中一点 $\boldsymbol{r}$ 处的声压为

$$p(\boldsymbol{r},\omega)\approx \mathrm{i}\rho_0\omega c_0^2 q_0(\omega)\sum_{\lambda=0}^{\infty}\frac{\psi_\lambda(\boldsymbol{r},\omega_\lambda)\psi_\lambda^*(\boldsymbol{r}_s,\omega_\lambda)}{\omega^2-\omega_\lambda^2+\mathrm{i}\omega c_0(\sigma_\lambda+\mathrm{i}\delta_\lambda)} \tag{5.2.1a}$$

其中,σ_λ 和 δ_λ 由方程(5.1.22b)决定. 显然,空间中一点的声压是各个简正模式的叠加. 声压幅值平方为

$$\begin{aligned}|p(\boldsymbol{r},\omega)|^2\approx(\rho_0\omega c_0^2)^2|q_0(\omega)|^2\Bigg[&\sum_{\lambda=0}^{\infty}\frac{|\psi_\lambda(\boldsymbol{r},\omega_\lambda)|^2|\psi_\lambda^*(\boldsymbol{r}_s,\omega_\lambda)|^2}{(\omega^2-\omega_\lambda^2-\omega c_0\delta_\lambda)^2+(2\omega\gamma_\lambda)^2}\\&+\sum_{\lambda\neq\mu}^{\infty}\frac{\psi_\lambda(\boldsymbol{r},\omega_\lambda)\psi_\mu^*(\boldsymbol{r},\omega_\mu)\psi_\lambda^*(\boldsymbol{r}_s,\omega_\lambda)\psi_\mu(\boldsymbol{r}_s,\omega_\mu)}{(\omega^2-\omega_\lambda^2-\omega c_0\delta_\lambda+\mathrm{i}\omega c_0\sigma_\lambda)(\omega^2-\omega_\mu^2-\omega c_0\delta_\mu-\mathrm{i}\omega c_0\sigma_\mu)}\Bigg]\end{aligned} \tag{5.2.1b}$$

其中,$\gamma_\lambda=c_0\sigma_\lambda/2$,注意上式中的交叉项. 当 $\omega_\lambda\approx\omega-c_0\delta_\lambda/2$(激发频率附近的简正频率)时,简正模式 ω_λ 的贡献极大,发生共振. 共振峰的宽度由 γ_λ(具有频率的量纲)决定,γ_λ 越大,宽度越大.

当频率较低时,方程(5.2.1b)中的求和很快收敛,声源仅能激发几个低频的简正模式,故空间声场极不均匀,存在明显的峰点和谷点;反之,当激发频率较高时,方程(5.2.1b)中的求和收敛较慢,多个简正模式对声场有贡献,故空间声场比较均匀. 简正频率的间隔可由方程(5.1.3b)计算,可近似为 $\Delta\omega/\Delta N=1/g(\omega)\approx 2\pi^2c_0^3/(\omega^2V)$(其中 ΔN 为频率 $\Delta\omega$ 范围内的模式数,频率越高,间隔越小),当该间隔小于共振峰的宽度时,更多简正模式能被激发,空间声场就更均匀,故高频条件是 $\Delta\omega/\Delta N\ll\gamma_{\text{avg}}$(注意:由于不同的简正

模式具有不同的共振峰宽度 γ_λ，故用 γ_λ 的平均值 γ_{avg} 代替)，或者是

$$\omega^2 \gg \frac{2\pi^2 c_0^3}{V\gamma_{\text{avg}}} \equiv \omega_{\text{H}}^2 \tag{5.2.1c}$$

有趣的是，如果假定壁面刚性，则 $\gamma_{\text{avg}} \to 0$，$\omega_{\text{H}} \to \infty$，也就是说不可能满足高频条件. 由此可见，吸收效应在扩散场的建立中非常重要. 在频率满足上式条件下，可以对方程(5.2.1b)作空间平均，且由 $\psi_\lambda(\boldsymbol{r},\omega_\lambda)$ 的正交、归一化条件得到

$$\langle |p(\boldsymbol{r},\omega)|^2 \rangle \approx (\rho_0 \omega c_0^2)^2 \frac{|q_0(\omega)|^2}{V} \sum_{\lambda=0}^{\infty} \frac{|\psi_\lambda^*(\boldsymbol{r}_{\text{s}},\omega_\lambda)|^2}{(\omega^2 - \omega_\lambda^2 - \omega c_0 \delta_\lambda)^2 + (2\omega\gamma_\lambda)^2} \tag{5.2.2a}$$

注意：由于模式的正交性，交叉项经过空间平均后为零. 需要指出的是上式成立的条件：测量点必须远离声源(至少一个波长)，在声源附近，声场主要由声源直接辐射而来(特别是瞬态激发情况)，尚未参与简正模式的激发，故不能用空间平均来近似，而应该用严格的表达式(5.2.1b). 我们用平均值 $E(\boldsymbol{r}_{\text{s}}) \equiv \langle |\psi_\lambda^*(\boldsymbol{r}_{\text{s}},\omega_\lambda)|^2 \rangle_\lambda$(对指标 λ 平均)来代替 $|\psi_\lambda^*(\boldsymbol{r}_{\text{s}},\omega_\lambda)|^2$. 对矩形房间，由方程(5.1.3a)可得

$$|\psi_{pqr}(x_{\text{s}},y_{\text{s}},z_{\text{s}},\omega_{pqr})|^2 \sim \frac{8}{V}\cos^2\frac{p\pi x_{\text{s}}}{l_x}\cos^2\frac{q\pi y_{\text{s}}}{l_y}\cos^2\frac{r\pi z_{\text{s}}}{l_z} \tag{5.2.2b}$$

显然，① 如果声源位于墙角：$(x_{\text{s}},y_{\text{s}},z_{\text{s}})=(0,0,0)$，则有

$$\langle |\psi_{pqr}(x_{\text{s}},y_{\text{s}},z_{\text{s}},\omega_{pqr})|^2 \rangle_{pqr} = \frac{8}{V} \tag{5.2.3a}$$

因为 $|\psi_{pqr}(x_{\text{s}},y_{\text{s}},z_{\text{s}},\omega_{pqr})|^2$ 为常量，无需对指标 $\lambda=(p,q,r)$ 进行平均；② 如果声源位于一个面的中心，例如位于 Oxy 平面：$(x_{\text{s}},y_{\text{s}},z_{\text{s}})=(l_x/2,l_y/2,0)$，则有

$$\langle |\psi_{pqr}(x_{\text{s}},y_{\text{s}},z_{\text{s}},\omega_{pqr})|^2 \rangle_{pq} = \frac{8}{V}\left\langle \cos^2\frac{p\pi}{2}\right\rangle_p \left\langle \cos^2\frac{q\pi}{2}\right\rangle_q = \frac{2}{V} \tag{5.2.3b}$$

③ 如果声源位于矩形一条边的中心，例如位于 x 轴上的边：$(x_{\text{s}},y_{\text{s}},z_{\text{s}})=(l_x/2,0,0)$，则有

$$\langle |\psi_{pqr}(x_{\text{s}},y_{\text{s}},z_{\text{s}},\omega_{pqr})|^2 \rangle_p = \frac{8}{V}\left\langle \cos^2\frac{p\pi}{2}\right\rangle_p = \frac{4}{V} \tag{5.2.3c}$$

④ 如果声源位于矩形的中心：$(x_{\text{s}},y_{\text{s}},z_{\text{s}})=(l_x/2,l_y/2,l_z/2)$，则有

$$\langle |\psi_{pqr}(x_{\text{s}},y_{\text{s}},z_{\text{s}},\omega_{pqr})|^2 \rangle_{pqr} = \frac{8}{V}\left\langle \cos^2\frac{p\pi}{2}\right\rangle_p \left\langle \cos^2\frac{q\pi}{2}\right\rangle_q \left\langle \cos^2\frac{r\pi}{2}\right\rangle_r = \frac{1}{V} \tag{5.2.3d}$$

因此，$E(\boldsymbol{r}_{\text{s}})$ 近似等于 $1/V$、$2/V$、$4/V$、$8/V$，分别对应于声源远离 6 个面、声源接近墙面、声源接近一条边(edge)，以及声源接近墙角. 把以上 $E(\boldsymbol{r}_{\text{s}})$ 代入方程(5.2.2a)，得

$$\langle |p(\boldsymbol{r},\omega)|^2 \rangle \approx (\rho_0 \omega c_0^2)^2 \left(\frac{|q_0(\omega)|}{V}\right)^2 E(\boldsymbol{r}_{\text{s}}) \sum_{\lambda=0}^{\infty} \frac{1}{(\omega^2 - \omega_\lambda^2 - \omega c_0 \delta_\lambda)^2 + (2\omega\gamma_\lambda)^2} \tag{5.2.4a}$$

用积分代替上式中的求和得到

$$\langle |p(\boldsymbol{r},\omega)|^2\rangle \approx (\rho_0\omega c_0^2)^2\left(\frac{|q_0(\omega)|}{V}\right)^2 E(\boldsymbol{r}_s)\int_0^\infty \frac{g(\omega_\lambda)\mathrm{d}\omega_\lambda}{(\omega^2-\omega_\lambda^2-\omega c_0\delta_\lambda)^2+(2\omega\gamma_\lambda)^2} \tag{5.2.4b}$$

其中,态密度 $g(\omega_\lambda)$ 由方程(5.1.3b)决定. 注意:为了得到一般结果,上式中用 γ_{avg} 代替 γ_λ,即

$$\langle |p(\boldsymbol{r},\omega)|^2\rangle \approx \frac{\rho_0^2\omega^2 c_0}{2\pi^2 V}|q_0(\omega)|^2 E(\boldsymbol{r}_s)\int_0^\infty \frac{\omega_\lambda^2\mathrm{d}\omega_\lambda}{(\omega^2-\omega_\lambda^2)^2+(2\omega\gamma_{\text{avg}})^2} \tag{5.2.4c}$$

积分可用复变函数方法求得:极点满足 $(\omega^2-\omega_\lambda^2)^2+(2\omega\gamma_{\text{avg}})^2=0$,故 4 个一价极点为

$$\omega_1\approx\omega+\mathrm{i}\gamma_{\text{avg}},\quad \omega_2\approx-\omega+\mathrm{i}\gamma_{\text{avg}},\quad \omega_3\approx\omega-\mathrm{i}\gamma_{\text{avg}},\quad \omega_4\approx-\omega-\mathrm{i}\gamma_{\text{avg}} \tag{5.2.5a}$$

其中,只有 ω_1 和 ω_2 在上半平面,于是有

$$\int_{-\infty}^\infty \frac{\omega_\lambda^2\mathrm{d}\omega_\lambda}{(\omega^2-\omega_\lambda^2)^2+(2\omega\gamma_{\text{avg}})^2} = 2\pi\mathrm{i}[\mathrm{Res}(\omega_1)+\mathrm{Res}(\omega_2)]\approx\frac{\pi}{2\gamma_{\text{avg}}} \tag{5.2.5b}$$

代入方程(5.2.4c)得到

$$\langle |p(\boldsymbol{r},\omega)|^2\rangle \approx \frac{\rho_0^2\omega^2 c_0}{8\pi\gamma_{\text{avg}}V}|q_0(\omega)|^2 E(\boldsymbol{r}_s) \tag{5.2.5c}$$

上式可用来估计激发的稳态声场的大小. 上式也表明,声源的位置是非常重要的.

瞬态声场 设 $\mathfrak{F}(\boldsymbol{r},t)=\rho_0 q_0\delta(\boldsymbol{r},\boldsymbol{r}_s)\mathrm{d}\delta(t)/\mathrm{d}t$,由方程(5.1.25c)(取 $t'=0$)可得

$$p(\boldsymbol{r},t)\approx\rho_0 c_0^2 q_0\begin{cases}\displaystyle\sum_{\lambda=0}^\infty \psi_\lambda(\boldsymbol{r},\omega_\lambda)\psi_\lambda^*(\boldsymbol{r}_s,\omega_\lambda)\cos(\omega_\lambda t)\exp(-\gamma_\lambda t) & (t>0)\\ 0 & (t<0)\end{cases} \tag{5.2.6a}$$

注意:得到上式,已假定 γ_λ 与频率无关. 对时间均方平均[仅对快变化部分 $\cos(\omega_\lambda t)$ 平均]得到(交叉项的时间平均为零)

$$\overline{p^2(\boldsymbol{r},t)}=\frac{1}{2}(\rho_0 c_0^2 q_0)^2\sum_{\lambda=0}^\infty|\psi_\lambda(\boldsymbol{r},\omega_\lambda)|^2|\psi_\lambda(\boldsymbol{r}_s,\omega_\lambda)|^2\exp(-2\gamma_\lambda t) \tag{5.2.6b}$$

然后对空间和指标 λ 平均,且利用方程(5.2.2b)得到

$$\langle\overline{p^2(\boldsymbol{r},t)}\rangle\approx\frac{1}{2}\left(\frac{\rho_0 c_0^2 q_0}{V}\right)^2 E(\boldsymbol{r}_s)\sum_{\lambda=0}^\infty\exp(-2\gamma_\lambda t) \tag{5.2.6c}$$

对矩形腔体的斜向模式 $\gamma_{pqr}\equiv\gamma$(常量),设声源激发出 N_0 个斜向模式,则有

$$\langle\overline{p^2(\boldsymbol{r},t)}\rangle\approx\frac{1}{2}\left(\frac{\rho_0 c_0^2 q_0}{V}\right)^2 E(\boldsymbol{r}_s)N_0\exp(-2\gamma t) \tag{5.2.7a}$$

其中,衰减系数 $\gamma\approx\dfrac{c_0}{8V}\sum\alpha_i S_i$. 定义混响时间 T_{60} 为声压级降低 60 dB(相当于平均声能密

度降为 $1/10^6$)所需时间,则有

$$20\log\frac{\sqrt{\langle p^2(\boldsymbol{r},T_{60})\rangle}}{\sqrt{\langle p^2(\boldsymbol{r},0)\rangle}}=20\log[\exp(-\gamma T_{60})]=-60\ \mathrm{dB} \qquad (5.2.7\mathrm{b})$$

因此,得到混响时间的 **Sabine 公式**(计算中取 $c_0=344$ m/s)为

$$T_{60}=\frac{3}{\gamma\log(\mathrm{e})}\approx\frac{24V}{c_0\log(\mathrm{e})\sum\alpha_i S_i}\approx 0.161\frac{V}{\sum\alpha_i S_i} \qquad (5.2.7\mathrm{c})$$

由上式和方程(5.2.1c)可知,如果取近似 $\gamma_{\mathrm{avg}}\approx\gamma$,高频条件与混响时间 T_{60}的关系为

$$f_{\mathrm{H}}\approx\frac{2c_0}{\sqrt{0.161}}\sqrt{\frac{T_{60}}{V}}\approx 1\ 714\sqrt{\frac{T_{60}}{V}} \qquad (5.2.8)$$

注意:① 往往用 2 000 代替上式中的系数,实际使用中也能得到较好的结果;② 上式和方程(5.2.7c)对吸收系数很大的房间不适用,它们是通过一阶近似而得到的.

混响时间是房间声学质量的最重要参量:混响时间过长,使人感到声音"混浊"不清,使语言听音清晰度降低,甚至根本听不清;混响时间太短,使人有"沉寂"的感觉,声音听起来很不自然. 对音乐而言,混响时间长一些,使人们听起来有丰满感觉;而对语言而言,混响时间短一些,可使之听起来有足够的清晰度. 对播音室、录音室而言,最佳混响时间要求在 0.5 s 或更短一些;供演讲用的礼堂或电影院,其最佳混响时间要求在 1 s 左右;而主要供演奏音乐用的剧院和音乐厅,一般要求其混响时间在 1.5 s 左右为佳. 两种特殊情况是:平均吸声系数接近于$\bar{\alpha}\approx 1$,$T_{60}\to 0$[实际上是一个比较小的有限值. 注意:此结果不能由 Sabine 公式推出,方程(5.2.7c)仅适合$\bar{\alpha}\ll 1$ 的情况],这样的房间称为**消声室**(anechoic chamber);平均吸声系数接近于$\bar{\alpha}\approx 0$,$T_{60}\to\infty$(实际上是一个比较大的有限值),这样的房间称为**混响室**(reverberation chamber).

必须指出:测量点不仅要远离声源一个波长,而且要远离墙面(半个波长以上),因为在墙面附近,声场起伏较大,方程(5.2.5c)或方程(5.2.7a)已不适用. 数学上,我们用纯模式展开[即方程(5.1.18)]来表示阻抗边界条件下的声场,在界面附近,这样的展开是否收敛到真正的解是个问题. 由方程(5.2.1b)右边的第一项(第二项的空间平均为零,故不考虑),空间一点的声压幅值平方可看作是每个简正模式幅值 $|\psi_\lambda(\boldsymbol{r},\omega_\lambda)|^2$ 的加权平均. 对不同的测量点 $\boldsymbol{r}$,$|\psi_\lambda(\boldsymbol{r},\omega_\lambda)|^2$ 不同,如果我们也用平均值 $E(\boldsymbol{r})\equiv\langle|\psi_\lambda(\boldsymbol{r},\omega_\lambda)|^2\rangle_\lambda$ 来代替$|\psi_\lambda(\boldsymbol{r},\omega_\lambda)|^2$,则当测量点严格位于墙面时(以矩形房间的 Oxy 墙面为例,$z=0$),对指标 r 的平均为 1. 但是,如果测量点稍许偏离 Oxy 墙面(即 $z\neq 0$),对指标 r 的平均为 1/2. 因此,在墙面附近声场变化较大,墙面上的声压一般是内部的$\sqrt{2}$倍左右.

5.2.2 扩散场中的能量关系

从波动的观点来看,当声源的频率足够高,可以激发很多个简正模式,某个简正模式

的节点位置可由另外一个简正模式的振动来“补充”. 这样,多个简正模式相互叠加,就形成了空间声场的均匀分布(远离声源和壁面). 我们也可以用几何声学的方法来形象地描述这样的声场:如图 5.2.1 所示,声源向各个方向发出的声波可看成无数条声线(用波动的描述方法就是不同平面波的叠加),每条声线在遇到墙壁反射前直线传播. 由于声源发出无数条声线,每条声线传播速度为声速 c_0,因此在极短的时间内,无数条声线经墙壁多次反射后,使腔内的声传播完全处于无规状态. 从统计的角度讲,如果:① 每条声线通过空间任何一点的概率相等;② 每条声线通过空间一点时的入射方向的概率相等;③ 在空间任意一点,通过的每条声线的相位是无规的,因此造成空间的声能量密度处处相等. 这样的声场称为**扩散声场**,产生扩散声场的房间称为 **Sabine 房间**. 必须指出的是,对纯粹的单频,是不可能形成扩散声场的,因为对纯粹单频波而言,壁面多次反射的声波仍然是相关的,要满足扩散场的要求,声源必须有一定的带宽.

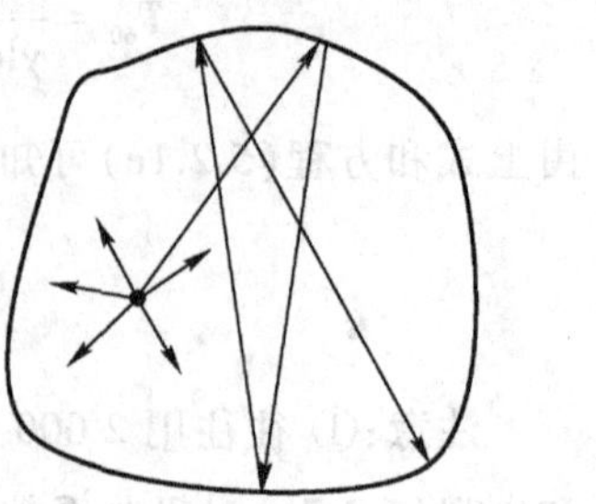

图 5.2.1　声源发出无数条声线

显然,在闭合空间 V 内要形成扩散声场,不仅频率要足够高,而且对空间的尺寸、形状和墙的吸声性质也有要求:① 空间必须足够大;② 对称性尽量低;③ 墙面吸声系数不是很大,具有较大的反射声的能力[但也不能为零,否则,由方程(5.2.1c)可知不可能满足高频条件]. 注意:所谓空间必须足够大,是指每个方向的线度相近且都远远大于波长,如果一个方向的线度远比其他两个方向长(如长房间),或者两个方向的线度比另一个长得多(如扁平房间),就必须用波导的理论来讨论,此时,房间内很难形成能量均匀的扩散声场,扩散场近似已不成立,见5.2.4小节讨论. 对 Sabine 房间的扩散声场而言,我们无需用复杂的波动理论来描述房间内的声场,而是使用统计方法得到关于室内声场的一些统计的平均规律,这在解决一般室内声学问题时是行之有效的,特别是对体积大而形状不规则的房间更有效.

平均声强和声能量密度　如图 5.2.2 所示,设空间中 P 点的某条声线 M 的传播方向为(θ,φ),声压幅度为$A(P\mid\theta,\varphi)$,声强为$|A(P\mid\theta,\varphi)|^2/2\rho_0c_0$,$P$ 点的声压和能量密度分别为

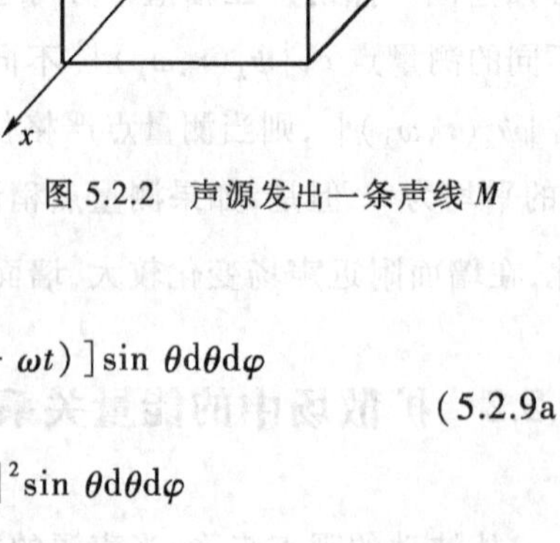

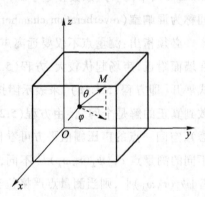

图 5.2.2　声源发出一条声线 M

$$p(P)=\int_0^{2\pi}\int_0^{\pi}A(P\mid\theta,\varphi)\exp[\mathrm{i}(\boldsymbol{k}\cdot\boldsymbol{r}-\omega t)]\sin\theta\mathrm{d}\theta\mathrm{d}\varphi$$

$$\varepsilon(P)=\frac{1}{2\rho_0c_0^2}\int_0^{2\pi}\int_0^{\pi}|A(P\mid\theta,\varphi)|^2\sin\theta\mathrm{d}\theta\mathrm{d}\varphi \tag{5.2.9a}$$

显然,向(θ,φ)方向传播的平面波的声强矢量方向也为(θ,φ),而 z 方向的投影为$|A(P|\theta,\varphi)|^2\cos\theta/2\rho_0c_0$. 因此,$P$ 点沿 z 方向的总声强应为 $\theta\in(0,\pi/2)$,$\varphi\in(0,2\pi)$立体角内所有平面波声强矢量在 z 方向投影的叠加,即

$$I(P)=\frac{1}{2\rho_0c_0}\int_0^{2\pi}\int_0^{\pi/2}|A(P|\theta,\varphi)|^2\cos\theta\sin\theta\mathrm{d}\theta\mathrm{d}\varphi \tag{5.2.9b}$$

注意:上式中对极角的积分区间为 $\theta\in(0,\pi/2)$(即上半空间),如果包括 $\theta\in(\pi/2,\pi)$(下半空间),则 $I(P)=0$,意义见下面的讨论. 由扩散声场假定$|A(P|\theta,\varphi)|^2$=常量 A,而 P 点和 z 方向都是任意的. 因此,扩散声场中任意一点的平均能量密度及任意方向的平均声强为

$$\begin{aligned}\overline{I}&=\frac{|A|^2}{2\rho_0c_0}\int_0^{2\pi}\int_0^{\pi/2}\cos\theta\sin\theta\mathrm{d}\theta\mathrm{d}\varphi=\frac{\pi|A|^2}{2\rho_0c_0}\\\overline{\varepsilon}&=\frac{|A|^2}{2\rho_0c_0^2}\int_0^{2\pi}\int_0^{\pi}\sin\theta\mathrm{d}\theta\mathrm{d}\varphi=\frac{4\pi|A|^2}{2\rho_0c_0^2}\end{aligned} \tag{5.2.9c}$$

显然,它们满足关系 $4\overline{I}=c_0\overline{\varepsilon}$. 注意:自由场中平面波能量密度与声强关系为$\overline{I}=c_0\overline{\varepsilon}$. 定义扩散场中均方平均声压满足

$$\overline{\varepsilon}=\frac{4\pi|A|^2}{2\rho_0c_0^2}\equiv\frac{p_{\mathrm{rms}}^2}{\rho_0c_0^2} \tag{5.2.9d}$$

即 $p_{\mathrm{rms}}^2=2\pi|A|^2$,代入方程 $4\overline{I}=c_0\overline{\varepsilon}$,得到扩散场中均方平均声压与声强的关系为$\overline{I}=p_{\mathrm{rms}}^2/(4\rho_0c_0)$. 因此,扩散场中的声强是平面波的 1/4.关于声强的说明:在驻波场中,平均声强$\overline{\boldsymbol{I}}$[即能流矢量 $\boldsymbol{I}=\mathrm{Re}(p)\mathrm{Re}(\boldsymbol{v})$的时间平均]的意义并不明显,特别是对于刚性壁面的腔体,各点的声强$\overline{\boldsymbol{I}}\equiv0$(对阻抗壁面的腔体,壁面的声强一定不为零,否则就没有声能量进入壁内且被吸收了),但声场还是存在的,因此声强这个物理量并不能给出声场的任何信息. 但对扩散场,仍然可以定义空间某点 P 的平均声强,来表征 P 点向任意方向传播的声能流的大小.

能量守恒关系 扩散声场的总声能量的变化应该等于声源辐射的声功率 $W(t)$与墙面吸收的声能量 $D(t)$之差,即

$$\frac{\mathrm{d}(V\overline{\varepsilon})}{\mathrm{d}t}=W(t)-D(t) \tag{5.2.10a}$$

设墙面的声强吸收系数为 $\alpha(\boldsymbol{r})$($\boldsymbol{r}$ 是墙面上的点),对扩散声场,墙面吸收的能量为

$$D(t)=\int_S\alpha(\boldsymbol{r})\,\overline{I}(\boldsymbol{r},t)\,\mathrm{d}S=\overline{I}(t)\int_S\alpha(\boldsymbol{r})\,\mathrm{d}S\equiv a\,\overline{I}(t) \tag{5.2.10b}$$

其中,$a\equiv\int_S\alpha(\boldsymbol{r})\,\mathrm{d}S$ 的量纲为面积的量纲,故称为**吸收面积**. 将上式代入方程(5.2.10a)(注意 $4\overline{I}=c_0\overline{\varepsilon}$)得到

$$\frac{\mathrm{d}}{\mathrm{d}t}\left[\frac{4V\overline{I}(t)}{c_0}\right]=W(t)-a\,\overline{I}(t) \tag{5.2.10c}$$

设声源辐射的声功率为常量：$W(t)=W_0$，则稳态声强为$\overline{I}_0=W_0/a$，如果在 $t=0$ 时刻声源突然停止辐射，则声强的衰减为

$$\overline{I}(t)=\overline{I}_0\exp\left(-\frac{ac_0}{4V}t\right)\quad(t>0)\tag{5.2.10d}$$

上式与方程(5.2.7a)比较可知，a 与 γ 的关系为 $\gamma=c_0a/8V\approx c_0\sum\alpha_iS_i/8V$，显然 $a\approx\sum\alpha_iS_i$. 这与 a 的定义 $a\equiv\int_S\alpha(\boldsymbol{r})\mathrm{d}S$ 类似，不过用求和代替积分而已. 从上式同样可得混响时间的 Sabine 公式.

5.2.3 扩散体和 Schroeder 扩散体

为了改善房间的声传输性能，使房间内的声场尽量均匀，形成扩散场，简单的方法就是在墙上布置不同形状的突起(称为**扩散体**，diffuser). 从简正模式理论来讲，扩散体就是使室内(一般是矩形)的空间形状变得更为复杂，从而简正模式也更为复杂，达到声场均匀化的目的. 从几何声学的角度讲，当墙面平整时，入射波相当于受到镜面反射，反射波仍然是有方向性的，实现空间声场的均匀化比较困难. 而如果破坏镜面反射条件，使入射波受到漫反射，则可以实现空间声场的均匀化，特别是可以消除回声反射.

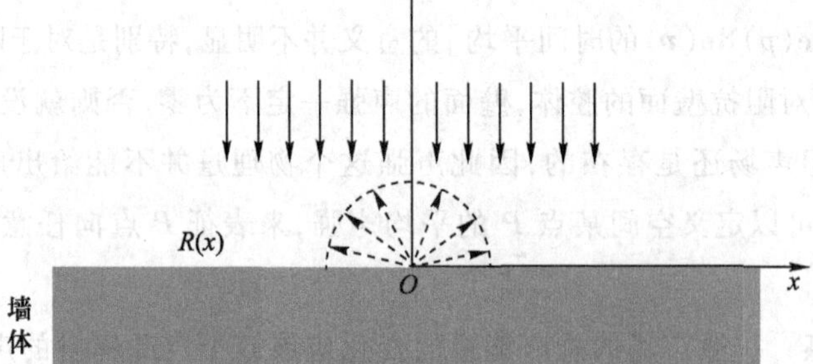

(a) 平面波入射到反射系数为$R(x)$的墙面

(b) 在表面按QRD系列刻不同深度的凹槽实现伪随机反射系数R_n

图 5.2.3

当然，也可以在室内放置散射体达到扩散声场的目的，但该法一般只有在用于声学测量的混响室才可行，因为扩散体(线度与波长相当)必须有一定的数量，这在一般的厅堂中是不现实的，可行的方法是修饰墙面. 为了有效地散射声波(而不是镜面反射)，散射体

的线度必须达到半波长量级，比如对频率为 344 Hz 的声波，要求散射体的线度为 0.5 m，这在建筑声学设计中是不现实的. 此外，对同一个线度的散射体，要对宽带声波的每个频率分量都实现有效的散射也是困难的. 目前，最为有效且已商业化的扩散体是所谓 **Schroeder 扩散体**，它是一种**相栅型扩散体**(phase grating diffuser)，其基本原理叙述如下.

基本原理 考虑简单的一维情况，设墙表面的反射系数与位置有关，即 $R(x)$. 平面声波垂直入射到墙表面时，如图 5.2.3(a)所示，在 Kirchhoff 近似下[证明见方程(5.2.15c)]，远场散射振幅近似为

$$\Phi(k_x)=\int_{-\infty}^{\infty}R(x)\exp(-\mathrm{i}k_x x)\,\mathrm{d}x \tag{5.2.11a}$$

其中，$k_x=k_0\sin\alpha$，α 为远场观测点径矢与墙面法线方向($+z$ 轴)的夹角. 上式表明，远场散射振幅 $\Phi(k_x)$ 是反射系数 $R(x)$ 的 Fourier 变换，$\Phi(k_x)$ 是 α 的函数，表征不同方向散射波的强度，理想扩散体的要求是，在上半平面内，$|\Phi(k_x)|^2=\Phi_0$(常量)，即散射波均匀分布在每个不同的方向.

考虑方程(5.2.11a)的两个极端情况：① 如果墙表面反射系数与位置无关，即 $R(x)=R_0$(常量)，则 $\Phi(k_x)=2\pi R_0\delta(k_x)$[其中 $\delta(k_x)$ 为 δ 函数]，只有 $\alpha=0$ 方向存在散射波(镜面反射)，墙表面完全没有受到声场的扩散作用；② 如果墙表面反射系数 $R(x)$ 随 x 完全随机变化，或者说 $R(x)$ 是白噪声，则其 Fourier 变换为常量，即 $|\Phi(k_x)|^2=\Phi_0$，就能达到散射波均匀分布在每个方向的目的. 在实际问题中，总是将方程(5.2.11a)中的 Fourier 积分离散化为求和形式，即

$$\Phi(k_0\sin\alpha)=\sum_{n=0}^{N-1}w_n|R_n|\exp[-\mathrm{i}(k_0x_n\sin\alpha-\phi_n)] \tag{5.2.11b}$$

其中，x_n 是第 n 个子区域的中心坐标，w_n 是第 n 个子区域的宽度(即离散化步长). 第 n 个子区域的反射系数用反射振幅 $|R_n|$ 和反射相角 ϕ_n 表示为 $R_n=|R_n|\exp(\mathrm{i}\phi_n)$.

Schroeder 扩散体 Schroeder 扩散体把墙面分割成比波长小得多的空气窄井(二维为条状井)，如图 5.2.3(b)所示，每个窄井的宽度相等且为 w(因此每个窄条的 $|R_n|$ 都相等且为 $|R_0|$)，但每个窄井的深度 d_n 不同，当平面波入射到空气窄井且经底面刚性反射后，在窄井表面($z=0$)引起的相差就是反射相角 $\phi_n=2k_0d_n$. 于是，方程(5.2.11b)简化成

$$\Phi(k_0\sin\alpha)=w|R_0|\sum_{n=0}^{N-1}\exp[-\mathrm{i}(k_0x_n\sin\alpha-\phi_n)] \tag{5.2.11c}$$

反射系数 R_n 的随机性可以由反射相角 ϕ_n，或者说窄井深度 d_n 的随机性来体现和实现. 但使反射相角 ϕ_n 完全随机变化需要无穷条窄井，这是不可能的. Schroeder 提出用数论中的二次余量法产生伪随机数以决定每个窄井的深度. 第 n 个空气窄井的二次余量序列数(即取 n^2/N 的余数为序列的元素)为

$$s_n=n^2(\text{modulo } N)\quad(n=0,1,2,\cdots,N-1) \tag{5.2.12a}$$

其中，N 是某个素数，例如，当 $N=7$ 时，二次余量序列为 $s_n=\{0,1,4,2,2,4,1\}$；当 $N=17$

时，二次余量序列为（一个周期内）

$$s_n=\{0,1,4,9,16,8,2,15,13,13,15,2,8,16,9,4,1\} \tag{5.2.12b}$$

注意：序列 s_n 是周期性的，当 $n=N,N+1,\cdots,2N-1$ 时，重复下一个周期，Schroeder 扩散体可以由多个周期组成（从离散 Fourier 角度说，应该有无限多个周期）. 于是，窄井深度序列为

$$d_n=\frac{\lambda_s}{2}\cdot\frac{s_n}{N}=\frac{c_0}{2f_s}\cdot\frac{s_n}{N}\quad(n=0,1,2,\cdots,N-1) \tag{5.2.12c}$$

其中，f_s 为设计频率，λ_s 为相应的波长. 由于 s_n 可能的最大数为 $N-1$（对 $N=7$，s_n 的最大数为 4，而对 $N=17$，s_n 的最大数为 16）. 因此，窄井的深度变化近似为 $0\sim\lambda_s/2$. 对频率为 f（注意：与设计频率不一定一致）的声波，相应的反射相角为

$$\phi_n=2k_0d_n=2\pi\frac{f}{f_s}\cdot\frac{s_n}{N}\quad(n=0,1,2,\cdots,N-1) \tag{5.2.12d}$$

在设计频率点，相位变化范围是 $0\sim2\pi$. 对深度和宽度一定的井，Schroeder 扩散体有一定的带宽，最小波长（决定了高频）由井宽度决定，$\lambda_{\min}\sim2w$，即一个波长内至少有两个井；最大波长（决定了低频）由井深度决定，$\lambda_{\max}\sim2Nd_{\max}/s_{\max}\sim2d_{\max}$，其中 $d_{\max}$ 是最大的井深度，$s_{\max}$ 是序列 s_n 中最大的元素.

注意：① Schroeder 扩散体用二次余量法产生伪随机数以决定每个窄井的深度，也可以用其他方法产生伪随机数，不过用二次余量法设计的 Schroeder 扩散体简单且实用，易于商业化；② Schroeder 扩散体也可以推广到二维平面，这时第 $n\times m$（$n,m=0,1,\cdots,N-1$）个空气窄井的二次余量序列为二维序列：

$$s_{nm}=n^2+m^2\quad(\text{modulo } N)\quad(n,m=0,1,2,\cdots,N-1) \tag{5.2.13}$$

Kirchhoff 近似　设扩散体放置在无限大刚性障板上，散射声场可以表示为

$$p_s(\boldsymbol{r},\omega)=\iint_S\left[p_s(\boldsymbol{r}',\omega)\frac{\partial G(|\boldsymbol{r}-\boldsymbol{r}'|)}{\partial n_S'}-G(|\boldsymbol{r}-\boldsymbol{r}'|)\frac{\partial p_s(\boldsymbol{r}',\omega)}{\partial n_S'}\right]\mathrm{d}S' \tag{5.2.14a}$$

其中，$G(|\boldsymbol{r}-\boldsymbol{r}'|)$ 取为满足刚性障板边界条件的 Green 函数，二维情况为

$$G(|\boldsymbol{r}-\boldsymbol{r}'|)=\frac{\mathrm{i}}{4}\mathrm{H}_0^{(1)}(k_0|\boldsymbol{r}-\boldsymbol{r}'|)+\frac{\mathrm{i}}{4}\mathrm{H}_0^{(1)}(k_0|\boldsymbol{r}-\boldsymbol{r}''|) \tag{5.2.14b}$$

其中，$\boldsymbol{r}''=(x',-z')$ 是 $\boldsymbol{r}'=(x',z')$ 的镜像点. 取积分面 S 为无限大半圆，半圆的底部在墙面上且包含散射体，在圆周上的积分为零[见方程(3.2.23c)，注意：散射场不包括无限大障板的镜面反射，否则无限大半圆上的积分不为零]，并且注意到 $G(|\boldsymbol{r}-\boldsymbol{r}'|)$ 满足刚性边界条件，方程(5.2.14a)简化为

$$p_s(\boldsymbol{r},\omega)=-\int_{-\infty}^{\infty}\left[G(|\boldsymbol{r}-\boldsymbol{r}'|)\frac{\partial p_s(\boldsymbol{r}',\omega)}{\partial z'}\right]_{z'=0}\mathrm{d}x' \tag{5.2.14c}$$

其中，$\boldsymbol{r}=(x,z)$ 是观察点的位置矢量，$\boldsymbol{r}'=(x',z')$ 是扩散体表面（$z'=0$）上任意一点的坐标. 设散射体表面的反射系数为 $R(x)$，入射场为沿 $-z$ 方向传播的平面波[如图 5.2.3(a)所

示]$p_i(\boldsymbol{r},\omega)=p_{0i}\exp(-ik_0z)$,在 Kirchhoff 近似下,我们取方程(5.2.14c)右边积分号下的散射声场(在散射体表面附近)为(注意:反射波传播方向沿+z 方向)

$$p_s(\boldsymbol{r},\omega)\big|_{z\approx 0}\approx R(x)p_{0i}\exp(ik_0z) \tag{5.2.15a}$$

于是,由方程(5.2.14c)得到空间一点 $\boldsymbol{r}$ 的散射声场为

$$p_s(x,z,\omega)\approx\frac{1}{2}k_0p_{0i}\int_{-\infty}^{\infty}R(x')\mathrm{H}_0^{(1)}\left[k_0\sqrt{(x-x')^2+z^2}\right]\mathrm{d}x' \tag{5.2.15b}$$

在远场条件下,利用 Hankel 函数的渐近展开得到

$$p_s(\rho,\alpha,\omega)\approx\frac{1}{2}k_0p_{0i}\sqrt{\frac{2}{\pi k_0\rho}}\mathrm{e}^{i(k_0\rho-\pi/4)}\int_{-\infty}^{\infty}R(x')\exp(-ik_0x'\sin\alpha)\mathrm{d}x' \tag{5.2.15c}$$

其中,$\rho=\sqrt{x^2+z^2}$是观察点 $\boldsymbol{r}=(x,z)$到坐标原点的距离,α 是观察点径矢与表面法向的夹角. 故远场散射振幅近似为方程(5.2.11a).

点源再辐射模型 当平面波入射到 Schroeder 扩散体表面时,激发窄井表面($z=0$)的空气振动,根据 Huygens 原理,可以认为散射波就是窄井表面振动的再辐射. 假定第 n 个窄井口的法向速度为 $v_n(x')$,则声场的表面边界条件应该为

$$\left.\frac{\partial p(\boldsymbol{r}',\omega)}{\partial z'}\right|_{z'=0}=i\rho_0c_0k_0v(x')=\begin{cases}i\rho_0c_0k_0v_n(x') & (x'\in\text{第 }n\text{ 个井口})\\ 0 & (x'\in\text{刚性处})\end{cases} \tag{5.2.16a}$$

注意:上式中 $p(\boldsymbol{r}',\omega)$是总声场,故方程(5.2.14a)不适合了,与方程(3.2.23b)类似,我们得到上半空间的总声场满足

$$\begin{aligned}p(\boldsymbol{r},\omega)&=p_i(\boldsymbol{r},\omega)+p_r(\boldsymbol{r},\omega)\\&\quad-\int_{-\infty}^{\infty}\left[G(\boldsymbol{r},\boldsymbol{r}')\frac{\partial p(\boldsymbol{r}',\omega)}{\partial z'}-p(\boldsymbol{r}',\omega)\frac{\partial G(\boldsymbol{r},\boldsymbol{r}')}{\partial z'}\right]_{z'=0}\mathrm{d}x'\end{aligned} \tag{5.2.16b}$$

把方程(5.2.16a)代入上式,且注意到 $G(|\boldsymbol{r}-\boldsymbol{r}'|)$满足刚性边界条件

$$p(\boldsymbol{r},\omega)=p_i(\boldsymbol{r},\omega)+p_r(\boldsymbol{r},\omega)-i\rho_0c_0k_0\int_{-\infty}^{\infty}[G(\boldsymbol{r},\boldsymbol{r}')v(x')]_{z'=0}\mathrm{d}x' \tag{5.2.16c}$$

利用方程(5.2.14b)得到散射场

$$p_s(x,z,\omega)=\frac{1}{2}\rho_0c_0k_0\int_{-\infty}^{\infty}v(x')\mathrm{H}_0^{(1)}\left[k_0\sqrt{(x-x')^2+z^2}\right]\mathrm{d}x' \tag{5.2.16d}$$

若井口宽度远小于波长,可以用井口中心点坐标 x_n 代替 Hankel 函数中的积分变量 x',而用平均速度代替井口速度且单独写出相位因子,即 $v_n(x')\approx|\bar{v}_{0n}|\exp(i\phi_n)$,注意:在平面波垂直入射情况下,每个源的相位就是 ϕ_n(如果不是垂直入射,平面波达到每个窄井表面时本身就会产生相位差). 于是,上式可以近似为

$$p_s(x,z,\omega)=\frac{1}{2}\rho_0c_0k_0\sum_{n=0}^{N-1}w_n|\bar{v}_{0n}|\exp(i\phi_n)\mathrm{H}_0^{(1)}(k_0\rho_n) \tag{5.2.17a}$$

其中,$|\bar{v}_{0n}|$是第 n 个窄井表面的平均速度,相位 ϕ_n 由方程(5.2.12d)决定,ρ_n 是第 n 个井

表面到观察点的距离. 对 Schroeder扩散体而言,窄井宽度相等 $w_1=w_2=\cdots=w$,故 $|\bar{v}_{01}|=|\bar{v}_{02}|=\cdots=|\bar{v}_0|$,于是上式简化成

$$p_s(x,z,\omega)=\frac{1}{2}\rho_0 c_0 k_0 w|\bar{v}_0|\sum_{n=0}^{N-1}\exp(\mathrm{i}\phi_n)\mathrm{H}_0^{(1)}(k_0\rho_n) \tag{5.2.17b}$$

在远场条件下,$\rho_n\approx\rho-x_n\sin\alpha$[其中,$x_n$ 是第 n 个窄井的中心坐标,α 为远场观测点径矢与墙面法线方向($+z$ 轴)的夹角],利用 Hankel 函数的渐近展开得到

$$p_s(x,z,\omega)=\frac{1}{2}\rho_0 c_0 k_0 w|\bar{v}_0|\sqrt{\frac{2}{\pi k_0\rho}}\mathrm{e}^{\mathrm{i}(k_0\rho-\pi/4)}\sum_{n=0}^{N-1}\exp[-\mathrm{i}(k_0 x_n\sin\alpha-\phi_n)] \tag{5.2.17c}$$

显然,上式中的方向部分与方程(5.2.11c)是完全一致的.

注意:① 在实际问题中,入射平面波波束宽度总是有限的(例如小于扩散体宽度),故镜面反射项 $p_r(\boldsymbol{r},\omega)$ 实际上不存在,为简单起见,我们假定扩散体放置在无限大刚性障板上,且入射平面波波束宽度无限大,故存在镜面反射;② 方程(5.2.16d)与方程(1.3.28a)类似,提示我们:可以通过分割表面,形成不同深度的空气窄井的分布,来实现相位的空间分布,从而实现对反射声波的特殊控制,故 2.1.5 小节中的特殊声束的形成都可以通过上述方法实现,不同点是本小节所针对的是散射声波.

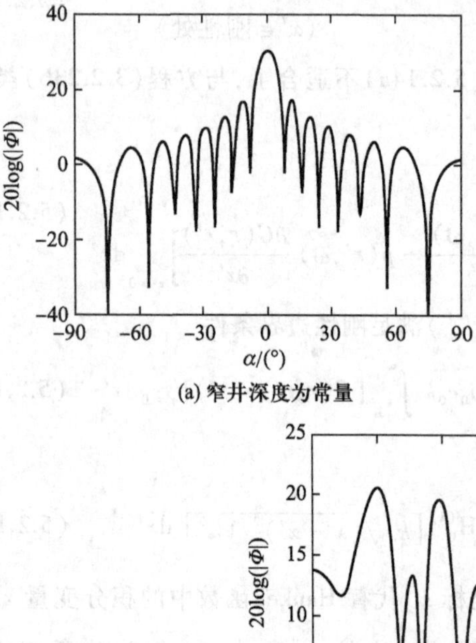

(a) 窄井深度为常量

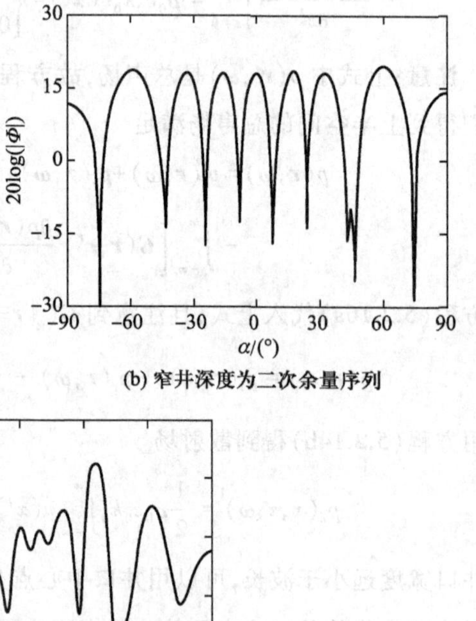

(b) 窄井深度为二次余量序列

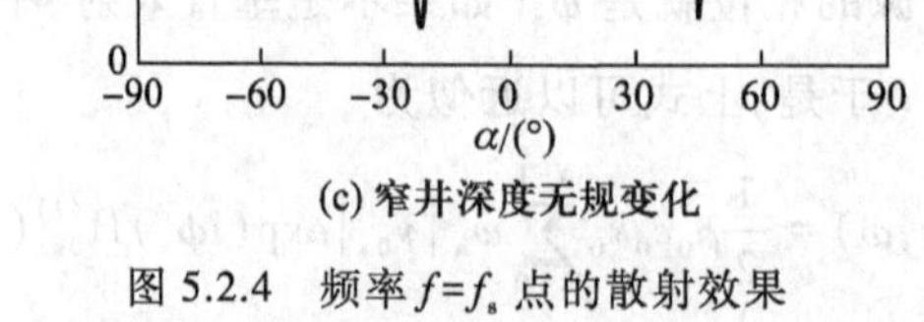

(c) 窄井深度无规变化

图 5.2.4 频率 $f=f_s$ 点的散射效果

(图中横轴为 $\alpha/(°)$,规定表面法向的顺时针为正,逆时针为负)

数值计算　计算中取参数为：$N=17$，设计频率 $f_s=1\ 150$ Hz，空气声速 $c_0=344$ m/s，窄井宽度 $w=0.213\ 5\lambda_s$. 计算公式为方程(5.2.11c). 图 5.2.4 和图 5.2.5 分别给出了 $f=f_s$ 和 $f=2f_s$ 的扩散作用，图 5.2.4(a)和图 5.2.5(a)均为窄井深度等于常量时的散射方向曲线，图 5.2.4(b)和图 5.2.5(b)均为二次余量序列数的 Schroeder 扩散体(计算中取两个周期，共 34 个窄条)，图 5.2.4(c)和图 5.2.5(c)均为窄井深度无规变化情形，取为

$$s_n=[0,1,4,7,10,7,2,13,13,11,15,2,8,14,9,4,1,\quad 0,1,4,9,16,8,2,15,3,3,15,2,8,14,9,4,1] \tag{5.2.17d}$$

可见：① 当窄井深度等于常量时，散射能量主要集中在 $\alpha\approx 0$ 方向；② 当窄井深度无规变化时，散射能量在各个方向极不均匀；③ Schroeder 扩散体的散射能量在各个方向比较均匀.

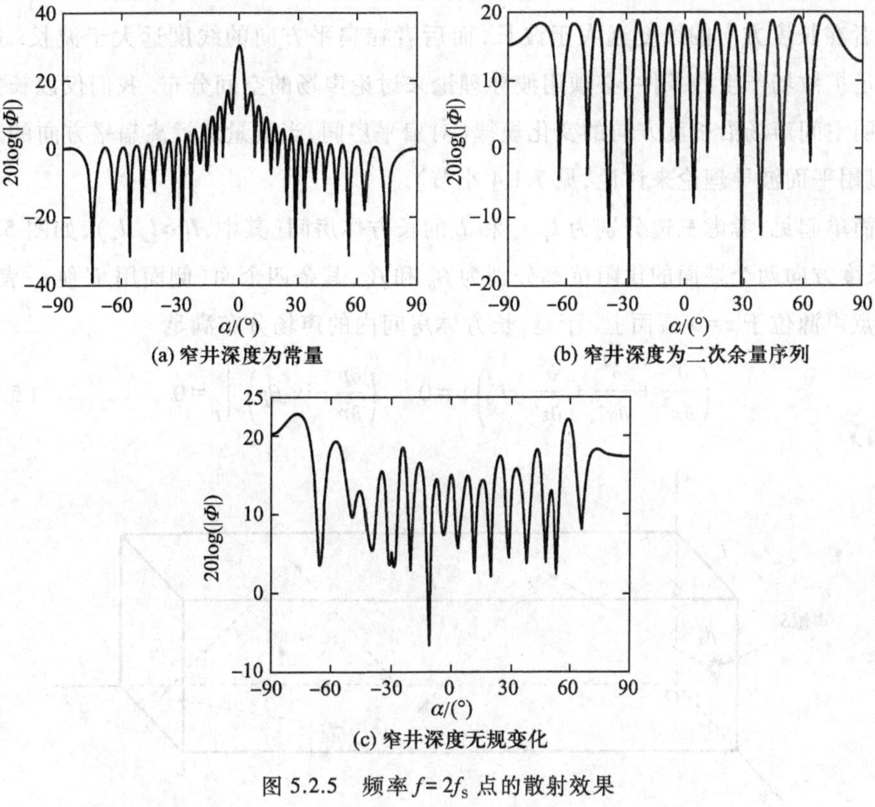

(c) 窄井深度无规变化

图 5.2.5　频率 $f=2f_S$ 点的散射效果

(图中横轴为 α/(°)，规定表面法向的顺时针为正，逆时针为负)

以上介绍的 Schroeder 扩散体设计概念已提出了半个多世纪，其主要缺点是厚度大(约半个波长)、表面不平整等. 例如对于频率为 250 Hz 的声波，其厚度将达到 70 cm 左右. 这些问题在近半个世纪的时间里始终制约着其在低频和中频声波操控方面的应用. 近年来，我们提出了利用声超表面构建人工 Schroeder 扩散体(Metasurface-based Schroeder diffuser, MSD)的方法(见参考文献 52)，传统 Schroeder 扩散体在厚度及几何外形方面受到制约的原因在于经典声学理论认为声波相位仅能在传播过程中逐渐累积，因而必须通

过改变传播路径长度实现表面相位的调制. 我们通过激发局域共振,使其在亚波长尺度内产生有限大小的传播相位突变,这样就突破了经典理论的局限. MSD 的单元利用超薄的非经典 Helmholtz 谐振腔构建,其厚度仅为传统 Schroeder 扩散体的 1/10. 通过对近场散射声压场分布和远场散射指向性进行数值模拟及实验测量,证明了 MSD 具有不亚于商业产品的声学性能,同时具备尺寸超薄、表面平整、重量轻盈、制备简单及用料节省等重要优势,其有望在建筑声学及噪声控制等领域带来技术变革.

5.2.4 长房间的声场分布问题

在实际问题中,经常遇到长型房间(例如走廊)或者扁平型房间(例如工厂的大型车间),前者在长度方向的线度远大于波长,而后者在扁平方向的线度远大于波长. 这类房间不满足扩散场产生的条件,必须用波导理论来讨论声场的空间分布. 我们仅以长方体房间来说明空间声场沿长度方向的变化规律(对扁平房间,当测量点远离扁平方向的边界面时,可以用平面波导理论来讨论,见 7.1.4 小节).

为简单起见,考虑三边分别为 l_x、l_y 和 L 的长方体房间(其中,$L\gg l_x, l_y$),如图 5.2.6 所示,设长度方向两个端面的比阻抗率分别为 β_0 和 β_L,其余四个面(侧面用 Γ 统一表示)为 β,活塞点声源位于 $z=0$ 端面上. 于是,长方体房间内的声场分布满足

$$\left(\frac{\partial^2}{\partial x^2}+\frac{\partial^2}{\partial y^2}+\frac{\partial^2}{\partial z^2}+k_0^2\right)p=0,\quad \left(\frac{\partial p}{\partial n}-\mathrm{i}k_0\beta p\right)\bigg|_{\Gamma}=0 \tag{5.2.18a}$$

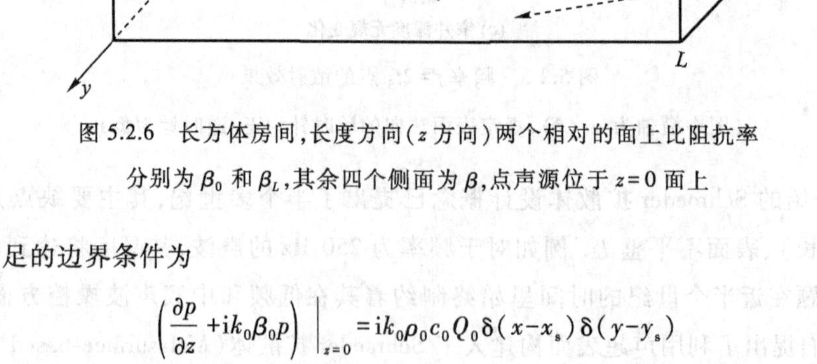

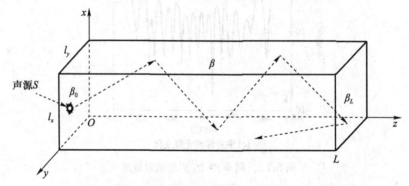

图 5.2.6 长方体房间,长度方向(z 方向)两个相对的面上比阻抗率分别为 β_0 和 β_L,其余四个侧面为 β,点声源位于 $z=0$ 面上

端面上满足的边界条件为

$$\begin{aligned}&\left(\frac{\partial p}{\partial z}+\mathrm{i}k_0\beta_0 p\right)\bigg|_{z=0}=\mathrm{i}k_0\rho_0c_0Q_0\delta(x-x_s)\delta(y-y_s)\\&\left(\frac{\partial p}{\partial z}-\mathrm{i}k_0\beta_L p\right)\bigg|_{z=L}=0\end{aligned} \tag{5.2.18b}$$

其中，(x_s,y_s)为活塞点源的位置，Q_0 表示点源的强度，与活塞振动速度 $U_0(x,y,\omega)$的关系为 $Q_0=\iint_{z=0}U_0(x,y,\omega)\,\mathrm{d}x\mathrm{d}y$. 方程(5.2.18a)和方程(5.2.18b)的解可用本征函数系$\{\Psi_\lambda(x,y,\kappa_{t\lambda})\}$作展开，有

$$p(x,y,z,\omega)=\sum_{\lambda=0}^{\infty}Z_\lambda(z)\Psi_\lambda(x,y,\kappa_{t\lambda}) \tag{5.2.19a}$$

其中，本征函数系$\{\Psi_\lambda(x,y,\kappa_{t\lambda})\}$满足

$$\left(\frac{\partial^2}{\partial x^2}+\frac{\partial^2}{\partial y^2}+\kappa_{t\lambda}^2\right)\Psi_\lambda=0,\quad \left.\left(\frac{\partial\Psi_\lambda}{\partial n}-\mathrm{i}k_0\beta\Psi_\lambda\right)\right|_\Gamma=0 \tag{5.2.19b}$$

因$\{\Psi_\lambda(x,y,\kappa_{t\lambda})\}$满足阻抗边界条件，故由方程(5.2.19a)表达的$p(x,y,z,\omega)$也满足，把方程(5.2.19a)直接代入方程(5.2.18a)的第一式得到 $Z_\lambda(z)$满足的方程：

$$\frac{\mathrm{d}^2Z_\lambda(z)}{\mathrm{d}z^2}+(k_0^2-\kappa_{t\lambda}^2)Z_\lambda(z)=0 \tag{5.2.20a}$$

而把方程(5.2.19a)代入方程(5.2.18b)可得 $Z_\lambda(z)$满足的边界条件：

$$\begin{gathered}\left.\left[\frac{\mathrm{d}Z_\lambda(z)}{\mathrm{d}z}+\mathrm{i}k_0\beta_0Z_\lambda(z)\right]\right|_{z=0}=\frac{\mathrm{i}k_0\rho_0c_0Q_0}{\Theta_{\lambda\lambda}}\Psi_\lambda(x_s,y_s,\kappa_{t\lambda})\\ \left.\left[\frac{\mathrm{d}Z_\lambda(z)}{\mathrm{d}z}-\mathrm{i}k_0\beta_LZ_\lambda(z)\right]\right|_{z=L}=0\end{gathered} \tag{5.2.20b}$$

其中，取 $\lambda=0,1,2,\cdots$，$\Theta_{\lambda\lambda}(\omega)$ 定义为 $\Theta_{\lambda\lambda}(\omega)\equiv\iint\Psi_\lambda^2(x,y,\kappa_{t\lambda})\,\mathrm{d}x\mathrm{d}y$. 方程(5.2.20a)和方程(5.2.20b)的解为

$$Z_\lambda(z)=A_\lambda\cos[\kappa_{z\lambda}(L-z)]+B_\lambda\sin[\kappa_{z\lambda}(L-z)] \tag{5.2.21a}$$

其中，$\kappa_{z\lambda}$为长度方向的复波数，满足 $\kappa_{z\lambda}^2\equiv k_0^2-\kappa_{t\lambda}^2$，系数为

$$\begin{gathered}A_\lambda=\frac{\mathrm{i}k_0\rho_0c_0Q_0}{\Theta_{\lambda\lambda}}\cdot\frac{\Psi_\lambda(x_s,y_s,\kappa_{t\lambda})}{\Delta_\lambda(\omega)}\\ B_\lambda=-\frac{\mathrm{i}k_0\beta_L}{\kappa_{z\lambda}}\cdot\frac{\mathrm{i}k_0\rho_0c_0Q_0}{\Theta_{\lambda\lambda}}\cdot\frac{\Psi_\lambda(x_s,y_s,\kappa_{t\lambda})}{\Delta_\lambda(\omega)}\end{gathered} \tag{5.2.21b}$$

其中，为了方便，定义

$$\Delta_\lambda(\omega)\equiv\left(\kappa_{z\lambda}+\frac{k_0^2\beta_0\beta_L}{\kappa_{z\lambda}}\right)\sin(\kappa_{z\lambda}L)+\mathrm{i}k_0(\beta_L+\beta_0)\cos(\kappa_{z\lambda}L) \tag{5.2.21c}$$

将方程(5.2.21a)代入方程(5.2.19a)得到长方体房间的声场分布为

$$p(x,y,z,\omega)=\mathrm{i}k_0\rho_0c_0Q_0\sum_{\lambda=0}^{\infty}\frac{\Psi_\lambda(x_s,y_s,\kappa_{t\lambda})\Psi_\lambda(x,y,\kappa_{t\lambda})}{\Theta_{\lambda\lambda}}\cdot\frac{\Lambda_\lambda(z)}{\Delta_\lambda(\omega)} \tag{5.2.22a}$$

其中，为了方便，定义 $\Lambda_\lambda(z)\equiv\cos[\kappa_{z\lambda}(L-z)]-(\mathrm{i}k_0\beta_L/\kappa_{z\lambda})\sin[\kappa_{z\lambda}(L-z)]$.

为了数值计算方便,假定侧面 Γ 是准刚性的($\beta\to 0$),则长方体房间的复简正模式和复本征值由方程(4.1.29a)和方程(4.1.29b)给出,即(指标 λ 由 p 和 q 代替)

$$\Psi_{pq}(x,y,\kappa_{tpq})\approx\begin{cases}A_{pq}C_p(x)C_q(y) & (p,q\neq 0)\\ A_{00} & (p=q=0)\end{cases}\tag{5.2.22b}$$

$$\kappa_{tpq}^2\approx\left(\frac{p\pi}{l_x}\right)^2+\left(\frac{q\pi}{l_y}\right)^2-2\mathrm{i}k_0\beta\left(\frac{\varepsilon_p}{l_x}+\frac{\varepsilon_q}{l_y}\right)$$

其中,$p,q=0,1,2,\cdots$,以及有

$$C_p(x)\equiv\cos\left(\frac{p\pi}{l_x}x+\mathrm{i}\frac{k_0l_x\beta}{p\pi}\right),\quad C_q(y)\equiv\cos\left(\frac{q\pi}{l_y}y+\mathrm{i}\frac{k_0l_y\beta}{q\pi}\right)\tag{5.2.22c}$$

我们的主要目的是分析长方体房间中声场沿长度方向的变化,故对 $|p(x,y,z,\omega)|^2$ 作截面上的平均,有

$$\langle|p(x,y,z,\omega)|^2\rangle_{xy}=\frac{1}{S}\iint_S|p(x,y,z,\omega)|^2\mathrm{d}x\mathrm{d}y\tag{5.2.23a}$$

其中,$S\equiv l_xl_y$ 是截面面积. 在平均过程中进一步取刚性近似,有

$$\Psi_{pq}(x,y,\kappa_{tpq})\approx\psi_{pq}(x,y,k_{pq})=\sqrt{\frac{\varepsilon_p\varepsilon_q}{S}}\cos\left(\frac{p\pi}{l_x}x\right)\cos\left(\frac{q\pi}{l_y}y\right)\tag{5.2.23b}$$

$$k_{pq}^2=\left(\frac{p\pi}{l_x}\right)^2+\left(\frac{q\pi}{l_y}\right)^2\quad(p,q=0,1,2,\cdots)$$

于是,由方程(5.2.22a)得到

$$\langle|p(x,y,z,\omega)|^2\rangle_{xy}=\frac{(k_0\rho_0c_0Q_0)^2}{S}\sum_{p,q=0}^{\infty}\left|\frac{\Lambda_{pq}(z)}{\Delta_{pq}(\omega)}\right|^2|\psi_{pq}(x_s,y_s,k_{pq})|^2\tag{5.2.23c}$$

注意:由 4.1 节可知,复本征函数 $\Psi_{pq}(x,y,\kappa_{tpq})$ 不存在正交性,而本征函数 $\psi_{pq}(x,y,k_{pq})$ 是正交、归一化的,故只有在方程(5.2.23b)的近似下,才能得到上式,否则存在交叉项. 设声源的位置在房间顶点,即 $x_s=y_s=0$,则上式简化为

$$\langle|p(x,y,z,\omega)|^2\rangle_{xy}=\frac{(k_0\rho_0c_0Q_0)^2}{S^2}\sum_{p,q=0}^{\infty}\varepsilon_p\varepsilon_q\left|\frac{\Lambda_{pq}(z)}{\Delta_{pq}(\omega)}\right|^2\tag{5.2.24a}$$

式中,比例系数为

$$\frac{\Lambda_{pq}(z)}{\Delta_{pq}(\omega)}\equiv\frac{\cos[\kappa_{zpq}(L-z)]-(\mathrm{i}k_0\beta_L\kappa_{zpq}^{-1})\sin[\kappa_{zpq}(L-z)]}{(\kappa_{zpq}+k_0^2\beta_0\beta_L\kappa_{zpq}^{-1})\sin(\kappa_{zpq}L)+\mathrm{i}k_0(\beta_L+\beta_0)\cos(\kappa_{zpq}L)}\tag{5.2.24b}$$

在侧面 Γ 准刚性近似下,有

$$\kappa_{zpq}^2=k_0^2-\kappa_{tpq}^2=k_0^2-\left[\left(\frac{p\pi}{l_x}\right)^2+\left(\frac{q\pi}{l_y}\right)^2\right]+2\mathrm{i}k_0\beta\left(\frac{\varepsilon_p}{l_x}+\frac{\varepsilon_q}{l_y}\right)\tag{5.2.24c}$$

注意:① 上式中不能取近似关系 $\kappa_{tpq}^2\approx k_{pq}^2$,而必须保留侧面 Γ 上的声吸收;② 在具体计算中,用指数函数代替方程(5.2.24b)中的三角函数,可以消去分子和分母中出现的大

项，方便计算机进行数值计算.

定性分析 对长方体房间而言，侧面的吸声性能对房间声场的分布影响非常大，这一点可以从图 5.2.6 看出，如果位于左端面的声源发出一条声线，通过侧面的多次反射到达右端面，声强经过多次侧面吸收而变弱. 因此，房间声场内的声强应该随 z 衰减（指数衰减），而不可能在空间形成均匀的扩散场. 反过来，如果侧面刚性，仅仅在端面存在声吸收，则空间的声场比较均匀.

注意：① 由方程(5.2.1c)的讨论可知，声吸收对扩散声场的建立是必须的；② 由 5.2.2 小节讨论可知，声源必须有一定的带宽，对单频声而言，声场随空间的变化一定存在起伏，但为简单起见，下面仅仅计算单频声波.

数值计算 在计算中取空气密度和声速分别为 $\rho_0=1.21\ \mathrm{kg/m^3}$ 和 $c_0=344\ \mathrm{m/s}$，长方体截面高度和宽度分别为 $l_x=1.61\ \mathrm{m}$ 和 $l_y=1.93\ \mathrm{m}$，长度 $L=7.17\ \mathrm{m}$（为了避免模式的简并，尺寸尽量取非整数），声源频率 $f=3\ 000\ \mathrm{Hz}$（波长为 $\lambda=c_0/f\approx0.114\ \mathrm{m}$，远小于房间的长、宽和高度）. 由于比阻抗率 β 与法向声阻抗率 z_n 的关系为 $\beta=\rho_0c_0/z_n$，当 $z_n\to\infty$ 时（吸收主要由 z_n 的实部决定，可以假定虚部为零），$\beta\to0$，即为刚性面情况，故可以通过改变 z_n 的大小，控制侧面 Γ 的吸声. 注意：由于得到方程(5.2.24a)，已经假定侧面 Γ 是准刚性的，故侧面的 β 必须足够小，而端面的 β_0 和 β_L 无此限制. 计算结果和讨论如下.

(1) 设左、右端面及侧面的法向声阻抗率分别为 z_0、z_L 和 z_B，如图 5.2.7 所示的曲线 1 和曲线 2，当 $z_B=z_0=z_L=10^6\ \mathrm{N\cdot s/m^3}$ 和 $z_B=z_0=z_L=10^5\ \mathrm{N\cdot s/m^3}$ 时，比阻抗率分别为 $\beta=\beta_0=\beta_L=3.44\times10^{-4}\ \mathrm{N\cdot s/m^3}$ 和 $\beta=\beta_0=\beta_L=3.44\times10^{-3}\ \mathrm{N\cdot s/m^3}$，相当于刚性壁面，在长房间内形成声强起伏的驻波场；当 $z_B=z_0=z_L=2\times10^4\ \mathrm{N\cdot s/m^3}$（$\beta=\beta_0=\beta_L=0.017\ 2\ \mathrm{N\cdot s/m^3}$）时，壁面的吸收使长房间内的声强随 z 指数衰减（注意：纵轴是对数，故图中的线性变化意

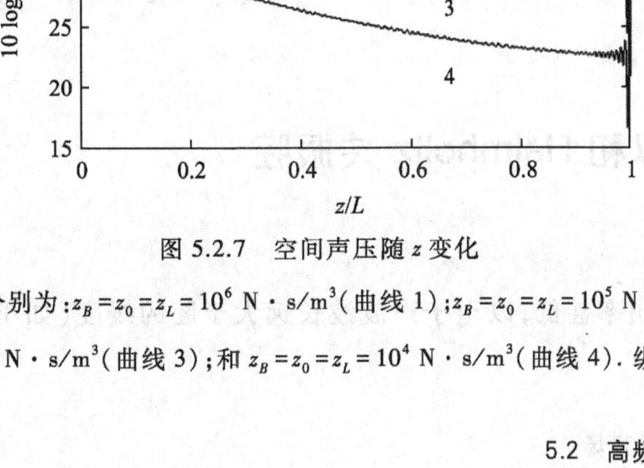

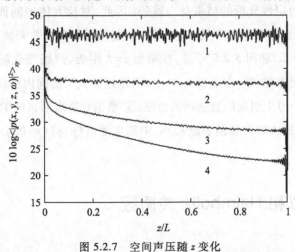

图 5.2.7　空间声压随 z 变化

［法向声阻抗率分别为：$z_B=z_0=z_L=10^6\ \mathrm{N\cdot s/m^3}$（曲线 1）；$z_B=z_0=z_L=10^5\ \mathrm{N\cdot s/m^3}$（曲线 2）；$z_B=z_0=z_L=2\times10^4\ \mathrm{N\cdot s/m^3}$（曲线 3）；和 $z_B=z_0=z_L=10^4\ \mathrm{N\cdot s/m^3}$（曲线 4）. 纵轴为任意单位］

味声强随 z 指数衰减)，当比阻抗率进一步增加，声强起伏减小但衰减速度增加，如图 5.2.7 所示的曲线 3 和曲线 4.

(2) 图 5.2.8 给出了侧面声阻抗率相同但端面声阻抗率不同时，长房间内声强随 z 的变化，由曲线 1 和 3 可见，由于端面的吸收，房间内声强起伏减小，但仍然是比较均匀的驻波场；由曲线 2 和 4 可见，尽管端面的声阻抗率相差一个数量级，但衰减速度(曲线的斜率)变化不大，也就是说，衰减速度主要由侧面的吸收决定，但端面的声吸收对空间声强的大小影响较大.

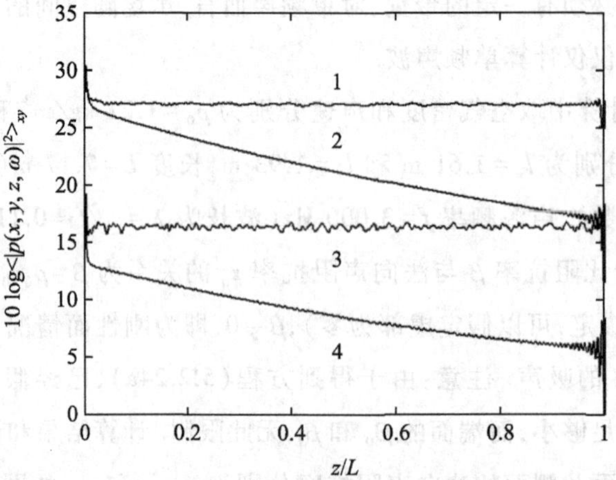

图 5.2.8　空间声压随 z 变化

[曲线 1 和 3：侧面相同($z_B=10^6\ \mathrm{N\cdot s/m^3}$)，端面分别为 $z_0=z_L=10^3\ \mathrm{N\cdot s/m^3}$ 和 $z_0=z_L=10^2\ \mathrm{N\cdot s/m^3}$；曲线 2 和 4：侧面相同($z_B=10^4\ \mathrm{N\cdot s/m^3}$)，端面分别为 $z_0=z_L=10^3\ \mathrm{N\cdot s/m^3}$ 和 $z_0=z_L=10^2\ \mathrm{N\cdot s/m^3}$. 纵轴为任意单位]

以上定量计算与定性分析的结果是一致的. 因此，对长方体房间而言，不存在严格意义的均匀扩散场，只要侧面存在声吸收，空间声强随长度方向指数衰减.

注意：① 由图 5.2.7和图 5.2.8 可知，在端面 $z=L$ 附近，声场变化剧烈，这是由于高阶模式在边界附近不可忽略；② 在端面 $z=0$ 上，声强远远大于房间内的声强，这是由于计算中把声源置于端面 $z=0$ 上引起的直达声的贡献；③ 数值计算表明，$(0,0)$模式，$(0,q)$ $(q>0)$模式和$(p,0)$ $(p>0)$模式对声场的贡献较小，声场主要由(p,q) $(p>0,q>0)$模式贡献.

5.3　低频近似和 Helmholtz 共振腔

当声源的激发频率甚低，以至于声波波长远大于腔的线度(如小的腔体)时，腔体内难以形成驻波,也就是说,高阶简正模式($\lambda \geqslant 1$)的贡献很小,腔内的气体近似作压缩和膨胀的同相振动. 简单而实用的小腔体是 Helmholtz 共振腔,我们以此为例说明,在低频近似下,简正模式展开中零阶简正模式($\lambda = 0$)起主要作用,而高阶简正模式($\lambda \geqslant 1$)的作用可以用管端修正来表示.

5.3.1 封闭腔的低频近似

设声波波长远大于腔的线度 $l = \sqrt[3]{V}$,腔的部分壁面 S_1 以法向速度 $v_n(\boldsymbol{r},\omega)|_{S_1}$ 作振动,壁面的另一部分 S_2 为阻抗边界条件(如图 5.3.1 所示),那么腔内声场满足方程:

$$\nabla^2 p(\boldsymbol{r},\omega) + k_0^2 p(\boldsymbol{r},\omega) = 0 \quad (\boldsymbol{r} \in V)$$

$$\frac{\partial p}{\partial n} - \mathrm{i}k_0\beta(\boldsymbol{r},\omega)p = 0 \quad (\boldsymbol{r} \in S_2), \quad \frac{\partial p}{\partial n} = \mathrm{i}\rho_0 c_0 k_0 U_n(\boldsymbol{r},\omega) \quad (\boldsymbol{r} \in S_1) \tag{5.3.1a}$$

注意:式中下角 n 表示区域的法向,与腔壁的法向(由腔壁指向腔体中)相反. 取 Green 函数为腔壁刚性时的 Green 函数,腔内的声场可表示为

$$\begin{aligned} p(\boldsymbol{r},\omega) &= \int_S \left[G_0(\boldsymbol{r},\boldsymbol{r}') \frac{\partial p(\boldsymbol{r}',\omega)}{\partial n'} - p(\boldsymbol{r}',\omega) \frac{\partial G_0(\boldsymbol{r},\boldsymbol{r}')}{\partial n'} \right] \mathrm{d}S' \\ &= \int_{S_2} G_0(\boldsymbol{r},\boldsymbol{r}') \mathrm{i}k_0\beta(\boldsymbol{r}',\omega)p(\boldsymbol{r}',\omega)\,\mathrm{d}S' \\ &\quad + \mathrm{i}\rho_0 c_0 k_0 \int_{S_1} G_0(\boldsymbol{r},\boldsymbol{r}') v_n(\boldsymbol{r}',\omega)\,\mathrm{d}S' \end{aligned} \tag{5.3.1b}$$

注意:$G_0(\boldsymbol{r},\boldsymbol{r}')$满足刚性边界条件,故上式右边仍然含有 $p(\boldsymbol{r},\omega)$. 将方程(5.1.5b)代入上式得到

$$\begin{aligned} p(\boldsymbol{r},\omega) = \sum_{\lambda=0}^{\infty} \frac{1}{k_\lambda^2 - k_0^2} \Big[&\int_{S_2} \psi_\lambda^*(\boldsymbol{r}',\omega_\lambda)\psi_\lambda(\boldsymbol{r},\omega_\lambda)\mathrm{i}k_0\beta(\boldsymbol{r}',\omega)p(\boldsymbol{r}',\omega)\,\mathrm{d}S' \\ &+ \mathrm{i}\rho_0 c_0 k_0 \int_{S_1} \psi_\lambda^*(\boldsymbol{r}',\omega_\lambda)\psi_\lambda(\boldsymbol{r},\omega_\lambda) v_n(\boldsymbol{r}',\omega)\,\mathrm{d}S' \Big] \end{aligned} \tag{5.3.2a}$$

注意到,因为 $k_\lambda \sim 1/\sqrt[3]{V}(\lambda \geqslant 1)$,故当声波波长远大于腔的线度 $l = \sqrt[3]{V}$时,$k_0 \ll k_\lambda$,上式求和只要保留第一项($\lambda = 0$)就可以了,而 $\psi_0(\boldsymbol{r},\omega_0) = 1/\sqrt{V}$,$\omega_0 = 0$,故有

$$p(\boldsymbol{r},\omega) \approx -\frac{1}{Vk_0^2}\left[\int_{S_2} \mathrm{i}k_0\beta(\boldsymbol{r}',\omega)p(\boldsymbol{r}',\omega)\,\mathrm{d}S' + \mathrm{i}\rho_0 c_0 k_0 \int_{S_1} v_n(\boldsymbol{r}',\omega)\,\mathrm{d}S' \right] \tag{5.3.2b}$$

上式右边与 $\boldsymbol{r}$ 无关,即 $p(\boldsymbol{r},\omega) \equiv p(\omega)$,于是有

$$p(\omega) \approx -\frac{\mathrm{i}c_0 p(\omega)}{\omega V}\int_{S_2} \beta(\boldsymbol{r}',\omega)\,\mathrm{d}S' - \mathrm{i}\frac{\rho_0 c_0^2}{\omega V}\int_{S_1} v_n(\boldsymbol{r}',\omega)\,\mathrm{d}S' \tag{5.3.3a}$$

因此,腔内的声压为

$$p(\omega) \approx -\mathrm{i}\frac{\rho_0 c_0^2}{\omega V}\frac{1}{\left[1+\frac{\mathrm{i}c_0}{\omega V}\int_{S_2}\beta(\boldsymbol{r}',\omega)\mathrm{d}S'\right]}\int_{S_1} v_{\mathrm{n}}(\boldsymbol{r}',\omega)\mathrm{d}S' \tag{5.3.3b}$$

上式讨论如下.

(1) 刚性壁面的腔体 $\beta(\boldsymbol{r}',\omega)=0$,上式简化为

$$p(\omega) \approx -\mathrm{i}\frac{\rho_0 c_0^2 S_{\mathrm{d}}}{\omega V}\frac{1}{S_{\mathrm{d}}}\int_{S_1} v_{\mathrm{n}}(\boldsymbol{r}',\omega)\mathrm{d}S' \equiv -\mathrm{i}\frac{\rho_0 c_0^2}{\omega V}S_{\mathrm{d}}\bar{v}_{\mathrm{n}} \tag{5.3.4a}$$

其中,S_{d} 为区域 S_1 的面积,$\bar{v}_{\mathrm{n}}$ 为 S_1 面上的平均速度(腔壁的法向平均速度),即

$$\bar{v}_{\mathrm{n}} \equiv \frac{1}{S_{\mathrm{d}}}\int_{S_1} v_{\mathrm{n}}(\boldsymbol{r}',\omega)\mathrm{d}S' \tag{5.3.4b}$$

把方程(5.3.4a)运用到 Helmholtz 共振腔,如图 5.3.2 所示,在短管与腔体的连接处($z=l$)相当于存在平均速度$\bar{v}_{\mathrm{n}}$,注意到平均速度与位移$\bar{\xi}$的关系:$S_{\mathrm{d}}\ \bar{v}_n=-\mathrm{i}\omega S_{\mathrm{d}}\ \bar{\xi}=-\mathrm{i}\omega\delta V$,方程(5.3.4a)可以改写为 $p(\omega)\approx-\rho_0 c_0^2\delta V/V$,故连接处($z=l$)的声阻抗为

$$Z_l \equiv \frac{p(\omega)}{\boldsymbol{n}\cdot\bar{\boldsymbol{v}}_{\mathrm{n}}S_{\mathrm{d}}} = -\frac{p(\omega)}{\bar{v}_{\mathrm{n}}S_{\mathrm{d}}} = -\frac{\rho_0 c_0^2}{\mathrm{i}\omega V} \tag{5.3.4c}$$

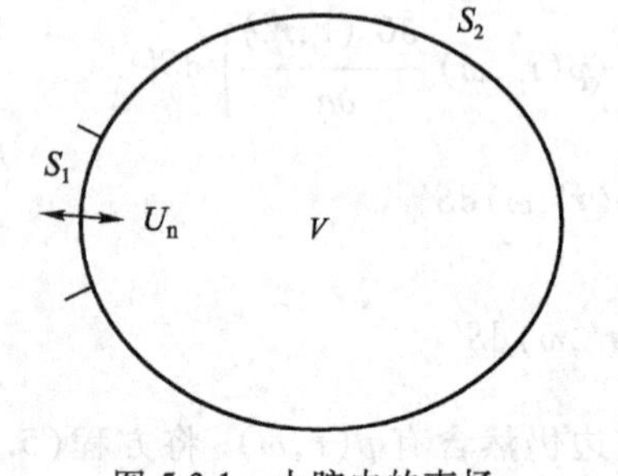

图 5.3.1　小腔内的声场

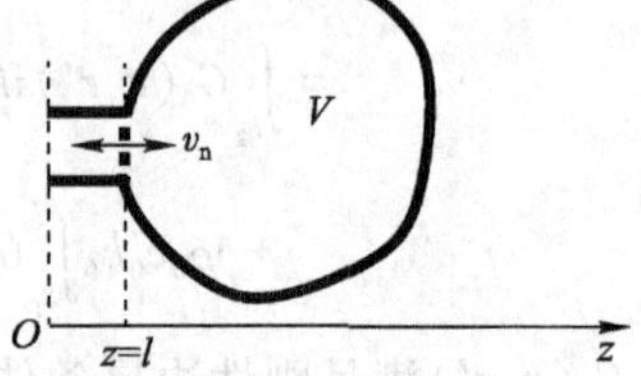

图 5.3.2　Helmholtz 共振腔

注意:在振动面上,区域的法向为 $\boldsymbol{n}=-\boldsymbol{e}_z$. 上式与方程(4.4.2d)的第二式结果是完全一致的.

(2) 对于阻抗壁面,设 $\beta(\boldsymbol{r},\omega)=\sigma(\boldsymbol{r},\omega)+\mathrm{i}\delta(\boldsymbol{r},\omega)\neq 0$,方程(5.3.4c)中的 V 应该用 V' 代替,即

$$V' \equiv V\left[1+\frac{\mathrm{i}c_0}{\omega V}\int_{S_2}\beta(\boldsymbol{r}',\omega)\mathrm{d}S'\right] = V\left[1-\frac{c_0 S_2\,\bar{\delta}(\omega)}{\omega V}+\mathrm{i}\frac{c_0 S_2\,\bar{\sigma}(\omega)}{\omega V}\right] \tag{5.3.5a}$$

其中,S_2 为阻抗壁面面积,$\bar{\sigma}(\omega)$ 和$\bar{\delta}(\omega)$ 为阻抗壁面的平均,有

$$\bar{\sigma}(\omega) \equiv \frac{1}{S_2}\int_{S_2}\sigma(\boldsymbol{r},\omega)\mathrm{d}S',\quad \bar{\delta}(\omega) \equiv \frac{1}{S_2}\int_{S_2}\delta(\boldsymbol{r},\omega)\mathrm{d}S' \tag{5.3.5b}$$

由方程(4.4.1c)可知,腔口($z=0$)的声阻抗为

$$Z_0 \approx \mathrm{i}\rho_0 c_0^2\frac{1-\omega^2 V' l/S_{\mathrm{d}}c_0^2}{\omega V'} \tag{5.3.6a}$$

将方程(5.3.5a)代入上式得到

$$Z_0 \approx \mathrm{i}\rho_0 c_0\left(\frac{c_0}{\omega V'}-\frac{\omega l}{c_0 S_\mathrm{d}}\right) \equiv \rho_0 c_0[R(\omega)+\mathrm{i}I(\omega)] \tag{5.3.6b}$$

其中，$R(\omega)$ 和 $I(\omega)$ 取 $\overline{\sigma}(\omega)$ 和 $\overline{\delta}(\omega)$ 的一阶近似为

$$R(\omega) \approx \frac{c_0^2 S_2\ \overline{\sigma}(\omega)}{(\omega V)^2},\quad I(\omega) \approx \frac{c_0[1+c_0 S_2\ \overline{\delta}(\omega)/\omega V]-\omega^2 Vl/c_0 S_\mathrm{d}}{\omega V} \tag{5.3.6c}$$

令声阻抗的虚部为零得到 Helmholtz 共振腔的共振频率(实际上是决定共振频率的隐函数方程，第二个近似等式用了迭代法)为

$$\omega_R^2 = \frac{S_\mathrm{d} c_0^2}{Vl}\left[1+\frac{c_0 S_2\ \overline{\delta}(\omega_R)}{\omega_R V}\right] \approx \frac{S_\mathrm{d} c_0^2}{Vl}\left[1+\sqrt{\frac{l}{VS_\mathrm{d}}}S_2\ \overline{\delta}(\omega_R^0)\right] \tag{5.3.6d}$$

其中，$\omega_R^0=\sqrt{S_\mathrm{d} c_0^2/Vl}$ 是腔内壁面没有铺吸声材料时的共振频率. 注意：用 4.4.1 小节中的方法讨论 Helmholtz 共振腔时，我们只能得到腔壁刚性时的共振频率，无法讨论腔内壁铺有吸声材料的情况. 当 $\overline{\delta}(\omega)=0$ 时，上式与 4.4.1 小节中的结果完全一致.

管端修正 把方程(5.3.6d)直接应用于计算 Helmholtz 共振腔的共振频率时，我们忽略了腔内高阶模式的影响，当考虑腔内的高阶模式时，短管长度 l 必须作一定的修正. 为了简单，设 $\beta(\boldsymbol{r},\omega)=0$，保留方程(5.3.2a)中 $\lambda\geqslant 1$ 的项，并且注意到 $k_0 \ll k_\lambda$，有

$$p(\boldsymbol{r},\omega) \approx -\mathrm{i}\frac{\rho_0 c_0}{k_0 V}S_\mathrm{d}\ \overline{v}_\mathrm{n} + \mathrm{i}\rho_0 c_0 k_0\ \overline{v}_\mathrm{n}\sum_{\lambda=1}^{\infty}\frac{\psi_\lambda(\boldsymbol{r},\omega_\lambda)}{k_\lambda^2}\int_{S_\mathrm{d}}\psi_\lambda^*(\boldsymbol{r}',\omega_\lambda)\mathrm{d}S' \tag{5.3.7a}$$

式中，我们已经用平均值 $\overline{v}_\mathrm{n}$ 来代替连接处的速度. 连接处($z=l$)的声压为

$$p(x,y,l,\omega) \approx -\mathrm{i}\frac{\rho_0 c_0}{k_0 V}S_\mathrm{d}\ \overline{v}_\mathrm{n} + \mathrm{i}\rho_0 c_0 k_0 S_\mathrm{d}\ \overline{v}_\mathrm{n}\sum_{\lambda=1}^{\infty}\frac{\psi_\lambda(x,y,l,\omega_\lambda)}{k_\lambda^2}\overline{\psi}_\lambda(\omega_\lambda) \tag{5.3.7b}$$

其中，(x,y) 为连接处($z=l$)的位置坐标，$\overline{\psi}_\lambda(\omega_\lambda)$ 为简正模式在连接处面($z=l$)上的平均值，有

$$\overline{\psi}_\lambda(\omega_\lambda) \equiv \frac{1}{S_\mathrm{d}}\iint_{S_\mathrm{d}}\psi_\lambda^*(x,y,l,\omega_\lambda)\,\mathrm{d}x\mathrm{d}y \tag{5.3.8a}$$

由方程(5.3.7b)得到连接处($z=l$)的平均声压为

$$\overline{p}(l,\omega) \equiv \frac{1}{S_\mathrm{d}}\int_{S_\mathrm{d}}p(x,y,l,\omega)\,\mathrm{d}S = -\mathrm{i}\frac{\rho_0 c_0}{k_0 V}S_\mathrm{d}\ \overline{v}_\mathrm{n} + \mathrm{i}\rho_0 c_0 k_0\ \overline{v}_\mathrm{n}\varepsilon \tag{5.3.8b}$$

其中，参量 ε 定义为

$$\varepsilon \equiv S_\mathrm{d}\sum_{\lambda=1}^{\infty}\frac{1}{k_\lambda^2}\left|\overline{\psi}_\lambda(\omega_\lambda)\right|^2 \tag{5.3.8c}$$

因此，连接处($z=l$)的声阻抗为

$$Z_l \equiv -\frac{\overline{p}(l,\omega)}{S_\mathrm{d}\ \overline{v}_\mathrm{n}} = \mathrm{i}\left(\frac{\rho_0 c_0}{k_0 V}-\frac{\rho_0 c_0 k_0}{S_\mathrm{d}}\varepsilon\right) \tag{5.3.9a}$$

上式与方程(5.3.4c)比较,显然增加了表示高阶模式贡献的一项,即括号内的第二项. 为了说明 ε 的意义,考虑图 5.3.2 所示的 Helmholtz 共振腔,由声阻抗转移公式,得到 Helmholtz 共振腔开口处($z=0$)的声阻抗为

$$Z_0 \approx \mathrm{i}\rho_0 c_0^2 \frac{1-(l+\varepsilon)\omega^2 V/S_{\mathrm{d}} c_0^2}{\omega[V+(1-V\omega^2\varepsilon/S_{\mathrm{d}} c_0^2)lS_{\mathrm{d}}]} \approx \mathrm{i}\rho_0 c_0^2 \frac{1-(l+\varepsilon)\omega^2 V/S_{\mathrm{d}} c_0^2}{\omega V} \tag{5.3.9b}$$

故共振腔的共振频率为 $\omega_R^2 = S_{\mathrm{d}} c_0^2/[V(l+\varepsilon)]$. 可见,$\varepsilon$ 相当于对短管作长度修正,修正量为 ε. 显然 ε 与腔的形状有关,对腔体为边长等于 L 的立方体,修正量大致为 $0.480\,2\sqrt{S_{\mathrm{d}}}$. 因此,在计算 Helmholtz 共振腔的共振频率时,必须考虑管端的这个修正. 另一个修正是 Helmholtz 共振腔开口处($z=0$)向外辐射声波引起的修正,我们将在下一小节讨论.

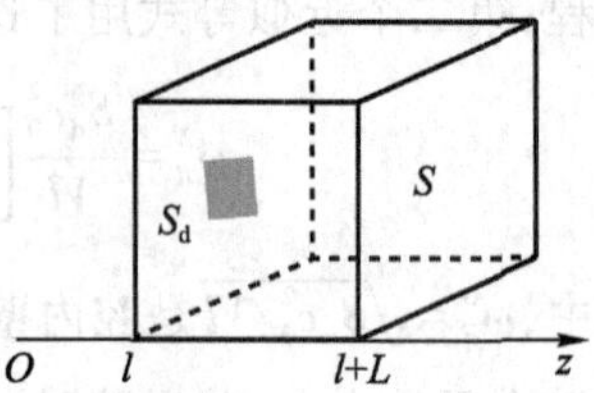

图 5.3.3　立方体腔和连接处开口为正方形

修正量的估计　由方程(5.3.8c)可知,ε 与腔的形状有关,考虑一个简单的例子:如图 5.3.3 所示,腔体为边长等于 L 的立方体,而连接处为边长等于 b 的正方形,并且位于立方体的一个面上($z=l$). 由方程(5.1.3a)可知,简正模式为

$$\psi_{pqr}(x,y,z,\omega_{pqr}) = \sqrt{\frac{\varepsilon_p\varepsilon_q\varepsilon_r}{V}}\cos\left(\frac{p\pi}{L}x\right)\cos\left(\frac{q\pi}{L}y\right)\cos\left[\frac{r\pi}{L}(l-z)\right] \tag{5.3.10a}$$

代入方程(5.3.8a)有

$$\begin{aligned}\bar{\psi}_{pqr} &= \frac{1}{b^2}\iint_{b\times b}\psi_{pqr}(x,y,l,\omega_{pqr})\,\mathrm{d}x\mathrm{d}y \\ &= \frac{1}{b^2}\sqrt{\frac{\varepsilon_p\varepsilon_q\varepsilon_r}{V}}\int_{(L-b)/2}^{(L+b)/2}\cos\left(\frac{p\pi}{L}x\right)\mathrm{d}x\int_{(L-b)/2}^{(L+b)/2}\cos\left(\frac{q\pi}{L}y\right)\mathrm{d}y \\ &= \sqrt{\frac{\varepsilon_p\varepsilon_q\varepsilon_r}{V}}\left(\frac{1}{p\pi b/2L}\right)\left(\frac{1}{q\pi b/2L}\right) \\ &\quad\times\cos\left(\frac{p\pi}{2}\right)\cos\left(\frac{q\pi}{2}\right)\sin\left(p\pi\frac{b}{2L}\right)\sin\left(q\pi\frac{b}{2L}\right)\end{aligned} \tag{5.3.10b}$$

注意到 pqr 可以有 7 种组合(不能全为零,否则 $\lambda=0$,而我们已单独考虑了这一项):$p=q=0,r>0;p=0,q>0,r=0;p>0,q=0,r=0$(由于考虑正方形情况,故此类模式与前一类模式对 ε 有相同的贡献);$p>0,q>0,r=0;p>0,q>0,r>0;p>0;q=0,r>0$;以及 $p=0,q>0,r>0$. 故把方程(5.3.8c)的求和分成对 5 类模式的求和:

$$\begin{aligned}\varepsilon &= S_{\mathrm{d}}\sum_{p,q,r}^{\infty}\frac{1}{k_{pqr}^2}(\bar{\psi}_{pqr})^2 = S_{\mathrm{d}}\sum_{r=1}^{\infty}\frac{1}{k_{00r}^2}(\bar{\psi}_{00r})^2 + 2S_{\mathrm{d}}\sum_{q=1}^{\infty}\frac{1}{k_{0q0}^2}(\bar{\psi}_{0q0})^2 \\ &\quad + S_{\mathrm{d}}\sum_{p,q=1}^{\infty}\frac{1}{k_{pq0}^2}(\bar{\psi}_{pq0})^2 + S_{\mathrm{d}}\sum_{p,q,r=1}^{\infty}\frac{1}{k_{pqr}^2}(\bar{\psi}_{pqr})^2 + \delta\end{aligned} \tag{5.3.11a}$$

其中,δ 为最后 2 种组合的贡献,可以证明 $\delta\approx 0$(作为习题). 注意到有

$$k_{pqr}^2=\left(\frac{p\pi}{L}\right)^2+\left(\frac{q\pi}{L}\right)^2+\left(\frac{r\pi}{L}\right)^2 \tag{5.3.11b}$$

将方程(5.3.10b)和上式代入方程(5.3.11a),并且注意到只有当 p 或 q 为偶数,即 $p=2m$, $q=2n$ 时,$\bar{\psi}_{pqr}$才不为零,于是有

$$\begin{aligned}\varepsilon=&\left(\frac{b}{L}\right)\frac{2b}{\pi^2}\sum_{r=1}^{\infty}\frac{1}{r^2}+\frac{S_\mathrm{d}b^2}{V}\sum_{m=1}^{\infty}f(m,m)\sin^2\left(\frac{m\pi b}{L}\right)\\&+S_\mathrm{d}\frac{b^2}{V}\sum_{m,n=1}^{\infty}g(m,n,0)f(m,n)\sin^2\left(\frac{m\pi b}{L}\right)\sin^2\left(\frac{n\pi b}{L}\right)\\&+S_\mathrm{d}\frac{2b^2}{V}\sum_{m,n,r=1}^{\infty}g(m,n,r)f(m,n)\sin^2\left(\frac{m\pi b}{L}\right)\sin^2\left(\frac{n\pi b}{L}\right)\end{aligned} \tag{5.3.11c}$$

其中,为了方便,令

$$\begin{aligned}&f(m,n)\equiv\frac{1}{(m\pi b/L)^2}\cdot\frac{1}{(n\pi b/L)^2}\\&g(m,n,r)\equiv\frac{1}{(m\pi b/L)^2+(n\pi b/L)^2+(rb\pi/2L)^2}\end{aligned} \tag{5.3.11d}$$

显然方程(5.3.11c)的无限级数求和都是收敛的. 令 $x\equiv m\pi b/L, y\equiv n\pi b/L$,有

$$\begin{aligned}\varepsilon=&\left(\frac{b}{L}\right)\frac{2b}{\pi^2}\sum_{r=1}^{\infty}\frac{1}{r^2}+\frac{S_\mathrm{d}b^2}{V}\sum_{m=1}^{\infty}\frac{1}{x^2}\cdot\frac{\sin^2x}{x^2}\\&+\frac{S_\mathrm{d}b^2}{V}\sum_{m,n=1}^{\infty}\frac{1}{x^2+y^2}\cdot\frac{\sin^2x}{x^2}\cdot\frac{\sin^2y}{y^2}\\&+\frac{8S_\mathrm{d}}{\pi^2L}\sum_{m,n,r=1}^{\infty}\frac{1}{(2L/\pi b)^2(x^2+y^2)+r^2}\cdot\frac{\sin^2x}{x^2}\cdot\frac{\sin^2y}{y^2}\end{aligned} \tag{5.3.12a}$$

注意到求和关系为

$$\sum_{r=1}^{\infty}\frac{1}{\eta^2+r^2}=\frac{1}{2\eta}\left[\pi\coth(\pi\eta)-\frac{1}{\eta}\right] \tag{5.3.12b}$$

由方程(5.3.12a)中对 r 的求和可以得出

$$\begin{aligned}&\sum_{r=1}^{\infty}\frac{1}{(2L/\pi b)^2(x^2+y^2)+r^2}\\&=\frac{\pi b}{4L\sqrt{x^2+y^2}}\left[\pi\coth\left(\frac{2L}{b}\sqrt{x^2+y^2}\right)-\left(\frac{b}{L}\right)\frac{\pi}{2\sqrt{x^2+y^2}}\right]\end{aligned} \tag{5.3.12c}$$

注意到 $L/b\gg1$,则有 $\coth(\pi\eta)\approx1(\eta\gg1)$,而第二项正比于 $b/L\ll1$,可忽略,于是有

$$\sum_{r=1}^{\infty}\frac{1}{(2L/\pi b)^2(x^2+y^2)+r^2}\approx\frac{\pi^2 b}{4L\sqrt{x^2+y^2}} \tag{5.3.12d}$$

将上式代入方程(5.3.12a)得

$$\varepsilon=\left(\frac{b}{L}\right)\frac{b}{3}+\left(\frac{b}{L}\right)\frac{b}{\pi^2}\sum_{m=1}^{\infty}\left(\frac{\pi b}{L}\right)^2\frac{1}{x^2}\frac{\sin^2 x}{x^2}$$

$$+\left(\frac{b}{L}\right)\frac{b}{\pi^2}\sum_{m,n=1}^{\infty}\left(\frac{\pi b}{L}\right)^2\frac{1}{x^2+y^2}\frac{\sin^2 x}{x^2}\cdot\frac{\sin^2 y}{y^2} \tag{5.3.13a}$$

$$+\frac{2b}{\pi^2}\sum_{m,n=1}^{\infty}\frac{1}{\sqrt{x^2+y^2}}\left(\frac{\pi b}{L}\right)^2\cdot\frac{\sin^2 x}{x^2}\cdot\frac{\sin^2 y}{y^2}$$

下面分析上式中的前两个无限级数.

(1) 第一个无限级数:

$$\sum_{m=1}^{\infty}\left(\frac{\pi b}{L}\right)^2\frac{1}{x^2}\frac{\sin^2 x}{x^2}=\sum_{m=1}^{\infty}\frac{1}{m^2}\frac{\sin^2 x}{x^2}<\sum_{m=1}^{\infty}\frac{1}{m^2}=\frac{\pi^2}{6} \tag{5.3.13b}$$

(2) 第二个无限级数:

$$\sum_{m,n=1}^{\infty}\left(\frac{\pi b}{L}\right)^2\frac{1}{x^2+y^2}\frac{\sin^2 x}{x^2}\cdot\frac{\sin^2 y}{y^2}$$
$$=\sum_{m,n=1}^{\infty}\frac{1}{m^2+n^2}\frac{\sin^2 x}{x^2}\cdot\frac{\sin^2 y}{y^2}<\sum_{m,n=1}^{\infty}\frac{1}{m^2+n^2}=\text{有限} \tag{5.3.13c}$$

因此,方程(5.3.13a)中前三项正比于 b/L,故当 $b/L\ll 1$ 时只须保留第四项,于是有

$$\varepsilon\approx\frac{2b}{\pi^2}\sum_{m,n=1}^{\infty}\frac{1}{\sqrt{x^2+y^2}}\left(\frac{\pi b}{L}\right)^2\cdot\frac{\sin^2 x}{x^2}\cdot\frac{\sin^2 y}{y^2} \tag{5.3.14a}$$

当 $b/L\ll 1$ 时,上式中求和可用积分代替:$\mathrm{d}x=\pi b/L$ 和 $\mathrm{d}y=\pi b/L$,上式简化为

$$\varepsilon\approx\frac{2\sqrt{S_{\mathrm{d}}}}{\pi^2}\int_0^{\infty}\int_0^{\infty}\frac{1}{\sqrt{x^2+y^2}}\frac{\sin^2 x}{x^2}\cdot\frac{\sin^2 y}{y^2}\mathrm{d}x\mathrm{d}y \tag{5.3.14b}$$

为了将其推广到非正方体腔体和非正方形开口情况,上式中把正方形边长 b 写成 $\sqrt{S_{\mathrm{d}}}$. 在极坐标中不难证明上式积分存在,数值计算表明,$\varepsilon\approx 0.480\,2\sqrt{S_{\mathrm{d}}}$.

5.3.2 障板上的 Helmholtz 共振腔

如图 5.3.4 所示,为了得到解析解,假定 Helmholtz 共振腔位于无限大刚性障板上.设空间 $\boldsymbol{r}_{\mathrm{s}}=(x_{\mathrm{s}},y_{\mathrm{s}},z_{\mathrm{s}})$ 处存在点声源 $\mathfrak{J}(\boldsymbol{r},\omega)=-\mathrm{i}\rho_0\omega q_0(\omega)\delta(\boldsymbol{r},\boldsymbol{r}_{\mathrm{s}})$,Helmholtz 共振腔的开口中心位于原点,我们的问题是:Helmholtz 共振腔如何影响腔外空间任意一点 $\boldsymbol{r}=(x,y,z)$ 的声压? 取 Green 函数满足无限大障板的刚性边界条件,即

$$G(\boldsymbol{r},\boldsymbol{r}')=\frac{\exp(\mathrm{i}k_0|\boldsymbol{r}-\boldsymbol{r}'|)}{4\pi|\boldsymbol{r}-\boldsymbol{r}'|}+\frac{\exp(\mathrm{i}k_0|\boldsymbol{r}-\boldsymbol{r}''|)}{4\pi|\boldsymbol{r}-\boldsymbol{r}''|} \tag{5.3.15a}$$

腔外空间一点的声压为

$$p(\boldsymbol{r},\omega)=-\mathrm{i}\rho_0\omega q_0(\omega)\int_V G(\boldsymbol{r},\boldsymbol{r}')\delta(\boldsymbol{r}',\boldsymbol{r}_s)\mathrm{d}V' + \mathrm{i}\rho_0 c_0 k_0\int_{S_d} G(\boldsymbol{r},\boldsymbol{r}')v_{0z}(\boldsymbol{r}',\omega)\mathrm{d}S_1' \tag{5.3.15b}$$

其中,S_d 是 Helmholtz 共振腔短管的面积,$v_{0z}=v_n(\boldsymbol{r}',\omega)$ 为共振腔开口处($z=0$)的振动速度. 在低频条件下,$v_{0z}(\boldsymbol{r}',\omega)$ 在开口处($z=0$)可看作常量,于是上式右边第二项可看作无限大刚性障板上活塞辐射的声场,由方程(2.2.16a)决定[注意:在 2.2.2 小节中,求 $z>0$ 的声场,法向沿 $-z$ 方向,$v_n=-v_{0z}(\boldsymbol{r}',\omega)$;而在图 5.3.4 中,求的是 $z<0$ 区域的场,法向沿 $+z$ 方向,$v_n=v_{0z}(\boldsymbol{r}',\omega)$,故相差一个负号]. 方程(5.3.15b)变成

$$p(\boldsymbol{r},\omega)=-\mathrm{i}\rho_0\omega q_0(\omega)G(\boldsymbol{r},\boldsymbol{r}_s)+2\mathrm{i}\frac{\rho_0\omega}{4\pi}\iint_{S_d} v_{0z}(x',y',\omega)\frac{\exp(\mathrm{i}k_0R)}{R}\mathrm{d}x'\mathrm{d}y' \tag{5.3.15c}$$

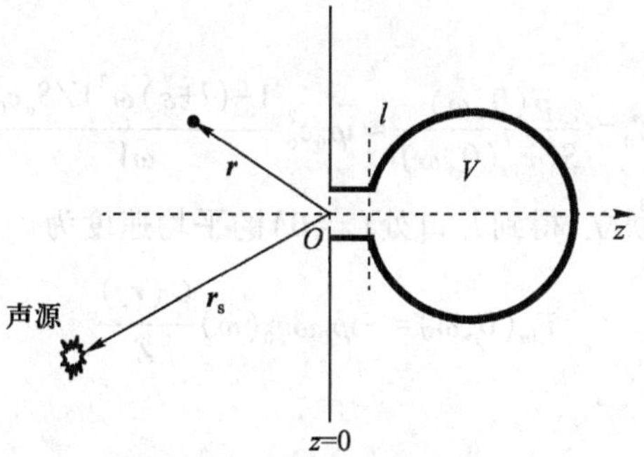

图 5.3.4　无限大障板上的 Helmholtz 共振腔

其中,$R=\sqrt{(x-x')^2+(y-y')^2+z^2}$ 是腔外空间任意一点 $\boldsymbol{r}=(x,y,z<0)$ 到开口面上一点 $\boldsymbol{r}'=(x',y',0)$ 的距离. 由上式得到共振腔开口处($z=0$)的声压为

$$p(x,y,0,\omega)=-\mathrm{i}\rho_0\omega q_0(\omega)G(x,y,0,\boldsymbol{r}_s)+p_{hs}(x,y,0,\omega) \tag{5.3.16a}$$

其中,为了方便,定义

$$p_{hs}(x,y,0,\omega)\equiv \mathrm{i}\frac{\rho_0\omega}{2\pi}\iint_{S_d} v_{0z}(x',y',\omega)\frac{\exp(\mathrm{i}k_0h)}{h}\mathrm{d}x'\mathrm{d}y' \tag{5.3.16b}$$

其中,$h\equiv\sqrt{(x-x')^2+(y-y')^2}$ 是开口面上点$(x,y,0)$到点$(x',y',0)$的距离. 在低频条件下,开口处($z=0$)的声压相位相同,可用平均值来代替,将方程(5.3.16a)在共振腔开口面上进行平均得到

$$\overline{p}(0,\omega)=-\mathrm{i}\rho_0\omega q_0(\omega)\overline{G}(\boldsymbol{r}_s)+\overline{p}_{hs}(\omega) \tag{5.3.17a}$$

其中,$\overline{p}(0,\omega)$、$\overline{G}(\boldsymbol{r}_s)$ 和 $\overline{p}_{hs}(\omega)$ 分别是 $p(x,y,0,\omega)$、$G(x,y,0,\boldsymbol{r}_s)$ 和 $p_{hs}(x,y,0,\omega)$ 在开口面上的平均值. 同样,开口处($z=0$)的速度相位相同,可以用平均值代替,$v_{0z}(x',y',\omega)=\overline{v}_{0z}(0,\omega)$,于是由方程(5.3.16b)可得

$$\overline{p}_{hs}(\omega)=\mathrm{i}\frac{\rho_0\omega\,\overline{v}_{0z}(0,\omega)}{2\pi}\frac{1}{S_d}\iint_{S_d}\iint_{S_d}\frac{\exp(\mathrm{i}k_0h)}{h}\mathrm{d}x'\mathrm{d}y'\mathrm{d}x\mathrm{d}y \tag{5.3.17b}$$

上式可以写成

$$\overline{p}_{hs}(\omega)=-z_{hs}\overline{v}_{0z}(0,\omega) \tag{5.3.18a}$$

其中，z_{hs}是无限大刚性障板上活塞的辐射阻抗率(见习题 2.6). 设开口处($z=0$)为半径为 a 的圆，则在低频近似下有

$$z_{hs}\approx\frac{\rho_0\omega^2(\pi a^2)}{2\pi c_0}-\mathrm{i}\rho_0\omega\frac{8a}{3\pi} \tag{5.3.18b}$$

因此，方程(5.3.17a)可表示成

$$\overline{p}(0,\omega)=-\mathrm{i}\rho_0\omega q_0(\omega)\overline{G}(\boldsymbol{r}_s)-z_{hs}\overline{v}_{0z}(0,\omega) \tag{5.3.18c}$$

为了求出$\overline{v}_{0z}(0,\omega)$，另一个方程由 Helmholtz 共振腔本身的声学性质决定，由方程(5.3.9b)(假定 $V>>lS_d$)得

$$Z_0=\frac{\overline{p}(0,\omega)}{S_d\,\overline{v}_{0z}(0,\omega)}\approx\mathrm{i}\rho_0c_0^2\frac{1-(l+\varepsilon)\omega^2V/S_dc_0^2}{\omega V} \tag{5.3.19a}$$

将上式与方程(5.3.18c)联立，得到开口处($z=0$)的平均速度为

$$\overline{v}_{0z}(0,\omega)=-\mathrm{i}\rho_0\omega q_0(\omega)\frac{\overline{G}(\boldsymbol{r}_s)}{Z} \tag{5.3.19b}$$

其中，为了方便，定义

$$Z\equiv\mathrm{i}\rho_0c_0^2S_d\frac{1-(l+\varepsilon)\omega^2V/S_dc_0^2}{\omega V}+z_{hs} \tag{5.3.19c}$$

因此，共振腔开口处($z=0$)作为刚性活塞辐射向空间的声功率为

$$P_a=\frac{1}{2}R_r\left|\overline{v}_{0z}(0,\omega)\right|^2=\frac{\pi a^2}{2}\left|\rho_0\omega q_0(\omega)\overline{G}(\boldsymbol{r}_s)\right|^2\frac{\mathrm{Re}(z_{hs})}{|Z|^2} \tag{5.3.19d}$$

其中，R_r 是刚性活塞辐射的力辐射阻，与辐射阻抗率 z_{hs}的关系为 $R_r=\pi a^2\mathrm{Re}(z_{hs})$. 当达到共振时声辐射功率最大，共振频率满足 $\mathrm{Im}(Z)=0$，即

$$\mathrm{Im}(Z)\equiv\rho_0c_0^2S_d\frac{1-(l+\varepsilon)\omega^2V/S_dc_0^2}{\omega V}-\rho_0\omega\frac{8a}{3\pi}=0 \tag{5.3.20a}$$

故共振频率为

$$\omega_R^2=\frac{S_dc_0^2}{V(l+\Delta)} \tag{5.3.20b}$$

其中，$\Delta\equiv\varepsilon+8a/3\pi$. 上式与 5.3.1 小节所述相比，相当于管端修正又增加了 $8a/3\pi$ 一项. 注意到修正量 $8a/3\pi$ 来自于活塞辐射阻抗的虚部，故这部分管端修正是由于管口($z=0$)振动向外空间辐射声波而附加的振动质量. 用短管面积 S_d 表示管端修正，有

$$\Delta\approx0.480\,2\sqrt{S_d}+\frac{8}{3\pi^{3/2}}\sqrt{S_d}\approx0.480\,2\sqrt{S_d}+0.478\,9\sqrt{S_d} \tag{5.3.20c}$$

由上式可见,由共振腔连接处($z=l$)的振动向腔内辐射引起的管端修正 $\varepsilon\approx 0.480\,2\sqrt{S_{\rm d}}$ 与由共振腔开口处($z=0$)的振动向半空间辐射引起的管端修正 $0.478\,9\sqrt{S_{\rm d}}$ 相近. 因此,在计算 Helmholtz 共振腔的共振频率时,管端修正简单写为 $l'\approx l+2\delta$,其中 $\delta\approx\varepsilon\approx 8\sqrt{S_{\rm d}}/3\pi^{3/2}=8a/3\pi\approx 0.85a$(对圆形短管). 当共振腔的开口不在无限大障板上时,由共振腔开口处($z=0$)的振动向空间辐射引起的管端修正 δ 见 5.3.4 小节讨论,而 ε 不变,故管端修正应该为 $\Delta\approx\varepsilon+\delta$.

5.3.3 Helmholtz 共振腔阵列

设 N 个 Helmholtz 共振腔开口位于 Oxy 平面的$(X_j,Y_j,0)$ $(j=1,2,\cdots,N)$(如图 5.3.5 所示)处,方程(5.3.15c)修改成

$$p(\boldsymbol{r},\omega)=-\mathrm{i}\omega\rho_0 q_0(\omega)G(\boldsymbol{r},\boldsymbol{r}_{\rm s})+2\mathrm{i}\frac{\rho_0\omega}{4\pi}\sum_{j=1}^{N}\overline{v}_{0z}^{(j)}(0,\omega)\iint_{S_{\rm d}^{(j)}}\frac{\exp(\mathrm{i}k_0R_j)}{R_j}\mathrm{d}x_j'\mathrm{d}y_j' \tag{5.3.21a}$$

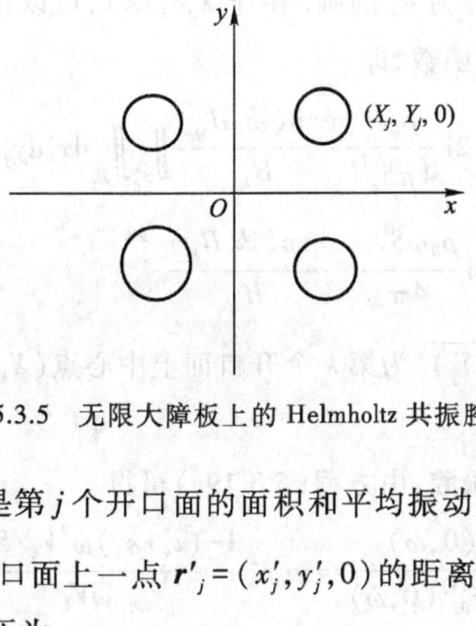

图 5.3.5　无限大障板上的 Helmholtz 共振腔阵

其中,$S_{\rm d}^{(j)}$ 和$\overline{v}_{0z}^{(j)}(0,\omega)$分别是第 j 个开口面的面积和平均振动速度,R_j 是腔外空间任意一点 $\boldsymbol{r}=(x,y,z<0)$到第 j 个开口面上一点 $\boldsymbol{r}'_j=(x_j',y_j',0)$的距离 $R_j=\sqrt{(x-x_j')^2+(y-y_j')^2+z^2}$. 于是,第 k 个开口面上的声压为

$$\begin{aligned}p(x_k,y_k,0,\omega)=&-\mathrm{i}\omega\rho_0q_0(\omega)G_k(x_k,y_k,0,\boldsymbol{r}_{\rm s})\\&+2\mathrm{i}\frac{\rho_0\omega}{4\pi}\overline{v}_z^{(k)}(0,\omega)\iint_{S_{\rm d}^{(k)}}\frac{\exp(\mathrm{i}k_0h_{kk})}{h_{kk}}\mathrm{d}x_k'\mathrm{d}y_k'\\&+2\mathrm{i}\frac{\rho_0\omega}{4\pi}\sum_{j\neq k}^{N}\overline{v}_{0z}^{(j)}(0,\omega)\iint_{S_{\rm d}^{(j)}}\frac{\exp(\mathrm{i}k_0h_{kj})}{h_{kj}}\mathrm{d}x_j'\mathrm{d}y_j'\end{aligned} \tag{5.3.21b}$$

其中,$G_k(x_k,y_k,0,\boldsymbol{r}_{\rm s})\equiv G(x_k,y_k,z,\boldsymbol{r}_{\rm s})\big|_{z=0}$,$(x_k,y_k,0)$为第 k 个开口面上的点,$h_{kj}=\sqrt{(x_k-x_j')^2+(y_k-y_j')^2}$为第 k 个开口面上的点$(x_k,y_k,0)$到第 j 个开口面上的点$(x_j',y_j',0)$的

距离. 在第 k 个开口面上取平均得到

$$\overline{p}_k(0,\omega)=-\mathrm{i}\rho_0\omega q_0(\omega)\,\overline{G}_k(\boldsymbol{r}_s)-z_{hs}^{kk}\,\overline{v}_{0z}^{(k)}(0,\omega)-\sum_{j\neq k}^{N} z_{hs}^{kj}\,\overline{v}_{0z}^{(j)}(0,\omega) \tag{5.3.21c}$$

其中,诸平均值为

$$\overline{p}_k(0,\omega)\equiv\frac{1}{S_d^{(k)}}\iint_{S_d^{(k)}} p_k(x_k,y_k,0,\omega)\,\mathrm{d}x_k\mathrm{d}y_k$$

$$\overline{G}_k(\boldsymbol{r}_s)\equiv\frac{1}{S_d^{(k)}}\iint_{S_d^{(k)}} G_k(x_k,y_k,0,\boldsymbol{r}_s)\,\mathrm{d}x_k\mathrm{d}y_k \tag{5.3.21d}$$

$$z_{hs}^{kj}\equiv-2\mathrm{i}\frac{\rho_0\omega}{4\pi S_d^{(k)}}\iint_{S_d^{(k)}}\iint_{S_d^{(j)}}\frac{\exp(\mathrm{i}k_0h_{kj})}{h_{kj}}\mathrm{d}x'_j\mathrm{d}y'_j\mathrm{d}x_k\mathrm{d}y_k$$

显然,z_{hs}^{kk}是第 k 个开口的**自辐射声阻抗率**,而 $z_{hs}^{kj}(k\neq j)$是 j 个开口在第 k 个开口上引起的**互辐射声阻抗率**. 互辐射声阻抗率满足 $z_{hs}^{kj}/S_d^{(j)}=z_{hs}^{jk}/S_d^{(k)}$,这也是互易原理的一种体现. 由方程(5.3.18b)可知,低频时的自辐射声阻抗率为

$$z_{hs}^{kk}\approx\frac{\rho_0\omega^2(\pi a_k^2)}{2\pi c_0}-\mathrm{i}\rho_0\omega\frac{8a_k}{3\pi} \tag{5.3.22a}$$

其中,假定第 k 个开口为半径为 a_k 的圆. 由于 $k_0a_k\ll1$,可以用共振腔开口中心点的值代替互辐射声阻抗率中的积分函数,即

$$\begin{aligned}z_{hs}^{kj}&\approx-2\mathrm{i}\frac{\rho_0\omega}{4\pi S_d^{(k)}}\frac{\exp(\mathrm{i}k_0H_{kj})}{H_{kj}}\iint_{S_d^k}\iint_{S_d^j}\mathrm{d}x'_j\mathrm{d}y'_j\mathrm{d}x_k\mathrm{d}y_k\\&=-2\mathrm{i}\frac{\rho_0\omega S_d^{(j)}}{4\pi}\cdot\frac{\exp(\mathrm{i}k_0H_{kj})}{H_{kj}}\end{aligned} \tag{5.3.22b}$$

其中,$H_{kj}=\sqrt{(X_k-X_j)^2+(Y_k-Y_j)^2}$为第 k 个开口面上中心点$(X_k,Y_k,0)$到第 j 个开口面上中心点$(X_j,Y_j,0)$的距离.

对第 k 个 Helmholtz 共振腔,由方程(5.3.19a)可得

$$\frac{\overline{p}_k(0,\omega)}{S_d^{(k)}\,\overline{v}_{0z}^{(k)}(0,\omega)}\approx\mathrm{i}\rho_0c_0^2\frac{1-(l_k+\varepsilon_k)\omega^2V_k/S_d^{(k)}c_0^2}{\omega V_k} \tag{5.3.22c}$$

其中,V_k、l_k 和 ε_k 分别是第 k 个 Helmholtz 共振腔的短管长度、腔体体积和管端修正. 将上式和方程(5.3.21c)联立,得到决定$\overline{v}_{0z}^{j}(0,\omega)$的线性代数方程:

$$\sum_{j=1}^{N} Z_{kj}\,\overline{v}_{0z}^{(j)}(0,\omega)=-\mathrm{i}\rho_0\omega q_0(\omega)\,\overline{G}_k(\boldsymbol{r}_s) \tag{5.3.23a}$$

其中,分别取 $k=1,2,\cdots,N$,以及

$$Z_{kj}\equiv\left[\mathrm{i}\rho_0c_0^2\frac{1-(l_k+\varepsilon_k)\omega^2V_k/S_d^{(k)}c_0^2}{\omega V_k}S_d^{(k)}\right]\delta_{kj}+z_{hs}^{kj} \tag{5.3.23b}$$

一旦从方程(5.3.23a)求得$\overline{v}_{0z}^{(j)}(0,\omega)$,代入方程(5.3.21a)就可以得到空间的声场分布. 可

见，当存在多个 Helmholtz 共振腔时，由于共振腔之间的耦合，共振频率的计算变得相当复杂.

共振频率 特别要指出的是，共振腔阵的共振频率不是完全由单个共振腔的共振频率决定的，除非共振腔之间相距较远，相互耦合可忽略. 为了得到决定共振频率的方程，考虑存在两个 Helmholtz 共振腔情况（$N=2$），由方程（5.3.23a）有

$$\begin{aligned}Z_{11}\bar{v}_{0z}^{(1)}(0,\omega)+Z_{12}\bar{v}_{0z}^{(2)}(0,\omega)&=-\mathrm{i}\rho_0\omega q_0(\omega)\overline{G}_1(\boldsymbol{r}_s)\\ Z_{21}\bar{v}_{0z}^{(1)}(0,\omega)+Z_{22}\bar{v}_{0z}^{(2)}(0,\omega)&=-\mathrm{i}\rho_0\omega q_0(\omega)\overline{G}_2(\boldsymbol{r}_s)\end{aligned}\tag{5.3.24a}$$

其中，$Z_{kj}(k,j=1,2)$分别为

$$\begin{aligned}&Z_{11}\approx\mathrm{i}\rho_0\left[\frac{c_0^2S_\mathrm{d}^{(1)}}{\omega V_1}-l_1'\omega\right]+\frac{\rho_0\omega^2(\pi a_1^2)}{2\pi c_0},\quad Z_{22}\approx\mathrm{i}\rho_0\left[\frac{c_0^2S_\mathrm{d}^{(2)}}{\omega V_2}-l_2'\omega\right]+\frac{\rho_0\omega^2(\pi a_2^2)}{2\pi c_0}\\ &Z_{12}\approx-2\mathrm{i}\rho_0c_0k_0^2S_\mathrm{d}^{(2)}\cdot\frac{\exp(\mathrm{i}k_0L)}{4\pi k_0L},\quad Z_{21}\approx-2\mathrm{i}\rho_0c_0k_0^2S_\mathrm{d}^{(1)}\cdot\frac{\exp(\mathrm{i}k_0L)}{4\pi k_0L}\end{aligned}\tag{5.3.24b}$$

以及 $L=H_{12}=H_{21}$，$l_1'=l_1+\varepsilon_1+8a_1/3\pi$ 和 $l_2'=l_2+\varepsilon_2+8a_2/3\pi$. 由方程（5.3.24a）得到两个共振腔开口面上的振动速度为

$$\begin{aligned}\bar{v}_{0z}^{(1)}(0,\omega)&=-\mathrm{i}\rho_0\omega q_0(\omega)\cdot\frac{Z_{22}\overline{G}_1(\boldsymbol{r}_s)-Z_{12}\overline{G}_2(\boldsymbol{r}_s)}{Z_{11}Z_{22}-Z_{12}Z_{21}}\\ \bar{v}_{0z}^{(2)}(0,\omega)&=-\mathrm{i}\rho_0\omega q_0(\omega)\cdot\frac{Z_{11}\overline{G}_2(\boldsymbol{r}_s)-Z_{21}\overline{G}_1(\boldsymbol{r}_s)}{Z_{11}Z_{22}-Z_{12}Z_{21}}\end{aligned}\tag{5.3.24c}$$

分两种情况讨论.

（1）当两个共振腔相距较远时，$k_0L\gg1$，故 $Z_{12}\approx Z_{21}\approx0$，于是有

$$\bar{v}_{0z}^{(1)}(0,\omega)\approx-\mathrm{i}\rho_0\omega q_0(\omega)\frac{\overline{G}_1(\boldsymbol{r}_s)}{Z_{11}},\quad \bar{v}_{0z}^{(2)}(0,\omega)\approx-\mathrm{i}\rho_0\omega q_0(\omega)\frac{\overline{G}_2(\boldsymbol{r}_s)}{Z_{22}}\tag{5.3.25a}$$

因此，由 $\mathrm{Im}(Z_{11})=0$ 和 $\mathrm{Im}(Z_{22})=0$ 得到两个独立的共振频率

$$\omega_R^{(1)}=\sqrt{\frac{c_0^2S_\mathrm{d}^{(1)}}{V_1l_1'}},\quad \omega_R^{(2)}=\sqrt{\frac{c_0^2S_\mathrm{d}^{(2)}}{V_2l_2'}}\tag{5.3.25b}$$

（2）当两个共振腔相距较近时，$k_0L\ll1$，Z_{12} 和 Z_{21} 不能忽略. 此时，由于 Z_{11} 与 Z_{22} 相乘，产生共振的项变换到（$Z_{11}Z_{22}-Z_{12}Z_{21}$）的实部，即共振条件变成

$$\mathrm{Re}(Z_{11}Z_{22}-Z_{12}Z_{21})=0\tag{5.3.26a}$$

由方程（5.3.24b）[结合方程（5.3.25b）]得到共振频率满足的方程：

$$l_1'l_2'\left\{\frac{[\omega_R^{(1)}]^2}{\omega}-\omega\right\}\left\{\frac{[\omega_R^{(2)}]^2}{\omega}-\omega\right\}=\frac{\omega^4a_1^2a_2^2}{4c_0^2}+4\omega^2S_\mathrm{d}^{(1)}S_\mathrm{d}^{(2)}\frac{\cos(2k_0L)}{(4\pi L)^2}\tag{5.3.26b}$$

显然，上式右边第一项正比于 $(k_0a_1)^2(k_0a_2)^2\ll1$，远小于右边第二项[正比于 $(k_0a_1)\cdot$

(k_0a_2)]，故可以忽略，注意到当 $2k_0L\ll 1$ 时，$\cos(2k_0L)\approx 1$，上式简化成

$$\{[\omega_R^{(1)}]^2-\omega^2\}\{[\omega_R^{(2)}]^2-\omega^2\}-\frac{4S_d^{(1)}S_d^{(2)}\omega^4}{l_1'l_2'(4\pi L)^2}=0 \tag{5.3.26c}$$

展开后得到二次方程：

$$(1-\beta)\omega^4-\{[\omega_R^{(1)}]^2+[\omega_R^{(2)}]^2\}\omega^2+[\omega_R^{(1)}]^2[\omega_R^{(2)}]^2=0 \tag{5.3.26d}$$

其中，耦合强度系数为 $\beta\equiv 4S_d^{(1)}S_d^{(2)}/[l_1'l_2'(4\pi L)^2]$. 注意：耦合强度系数与 $l_1'l_2'$ 有关. 上式的解为

$$[\omega_R^{(\pm)}]^2=\frac{1}{2(1-\beta)}\left\{[\omega_R^{(1)}]^2+[\omega_R^{(2)}]^2\pm\sqrt{\{[\omega_R^{(1)}]^2-[\omega_R^{(2)}]^2\}^2+4[\omega_R^{(1)}]^2[\omega_R^{(2)}]^2\beta}\right\} \tag{5.3.27a}$$

分两种情况讨论：① 如果 $\{[\omega_R^{(1)}]^2-[\omega_R^{(2)}]^2\}^2\gg 4[\omega_R^{(1)}]^2[\omega_R^{(2)}]^2\beta$（注意：与单独共振频率的平方差有关，如果 $\omega_R^{(1)}$ 接近 $\omega_R^{(2)}$，该条件就不成立了），上式近似为（假定 $\omega_R^{(1)}>\omega_R^{(2)}$）

$$\begin{aligned}[\omega_R^{(+)}]^2&\approx\frac{1}{(1-\beta)}\left\{[\omega_R^{(1)}]^2+\frac{[\omega_R^{(1)}]^2[\omega_R^{(2)}]^2}{[\omega_R^{(1)}]^2-[\omega_R^{(2)}]^2}\beta\right\}\\ [\omega_R^{(-)}]^2&\approx\frac{1}{(1-\beta)}\left\{[\omega_R^{(2)}]^2-\frac{[\omega_R^{(1)}]^2[\omega_R^{(2)}]^2}{[\omega_R^{(1)}]^2-[\omega_R^{(2)}]^2}\beta\right\}\end{aligned} \tag{5.3.27b}$$

由于耦合，仅仅稍微改变了共振频率，因此这种耦合称为**弱耦合**（弱耦合条件有两个：耦合强度系数 β 较小；单独共振频率相差足够大）；② 如果 $\{[\omega_R^{(1)}]^2-[\omega_R^{(2)}]^2\}^2\ll 4[\omega_R^{(1)}]^2\cdot[\omega_R^{(2)}]^2\beta$［即 $\omega_R^{(1)}$ 足够接近 $\omega_R^{(2)}$］，方程(5.3.27a)近似为

$$[\omega_R^{(\pm)}]^2\approx\frac{1}{2(1-\beta)}\{[\omega_R^{(1)}]^2+[\omega_R^{(2)}]^2\pm 2\sqrt{\beta}\,\omega_R^{(1)}\omega_R^{(2)}\} \tag{5.3.27c}$$

故由于耦合，系统的共振频率与单独的共振频率有较大的差别，因此这种耦合称为**强耦合**.

数值计算 为方便起见，设入射波是垂直于 Oxy 平面的平面波，方程(5.3.24c)简化为

$$\begin{aligned}\bar{v}_z^{(1)}(0,\omega)&=\rho_0c_0v_{0i}\cdot\frac{Z_{22}-Z_{12}}{Z_{11}Z_{22}-Z_{12}Z_{21}}\\ \bar{v}_z^{(2)}(0,\omega)&=\rho_0c_0v_{0i}\cdot\frac{Z_{11}-Z_{21}}{Z_{11}Z_{22}-Z_{12}Z_{21}}\end{aligned} \tag{5.3.28}$$

其中，v_{0i} 为入射平面波的振幅. 计算中取诸物理参量：空气密度和声速分别为 $\rho_0=1.21\ \mathrm{kg/m^3}$ 和 $c_0=334\ \mathrm{m/s}$；两个共振腔的开口半径和短管长度分别为 $a_1=a_2=0.4\ \mathrm{m}$ 和 $l_1=l_2=0.8\ \mathrm{m}$；两个共振腔的中心距离 $L=1.2(a_1+a_2)$（注意 L 最小为 $L_{\min}=a_1+a_2$）. 相应的耦合强度系数 $\beta\approx 8.01\times 10^{-4}$. 计算结果如下.

（1）图 5.3.6 所示为两个单独共振频率分别为 $\omega_R^{(1)}=50$ rad/s 和 $\omega_R^{(2)}=45$ rad/s 的情况，此时，$\{[\omega_R^{(1)}]^2-[\omega_R^{(2)}]^2\}^2\approx 2.25\times10^5$ 和 $4[\omega_R^{(1)}]^2[\omega_R^{(2)}]^2\beta\approx1.62\times10^4$，近似于弱耦合情况，图中两个箭头处分别为两个共振频率 $\omega_R^{(+)}>\omega_R^{(1)}$（右边）和 $\omega_R^{(-)}<\omega_R^{(2)}$（左边），由于为弱耦合情况，对于单独共振频率 $\omega_R^{(1,2)}$ 而言，大者更大，小者更小，与方程（5.3.27b）的结果是一致的；由方程（5.3.27b）可知，共振频率平方的修正与 $[\omega_R^{(1)}]^2-[\omega_R^{(2)}]^2$ 成反比，故当 $\omega_R^{(1,2)}$ 相差较大时，修正可忽略.

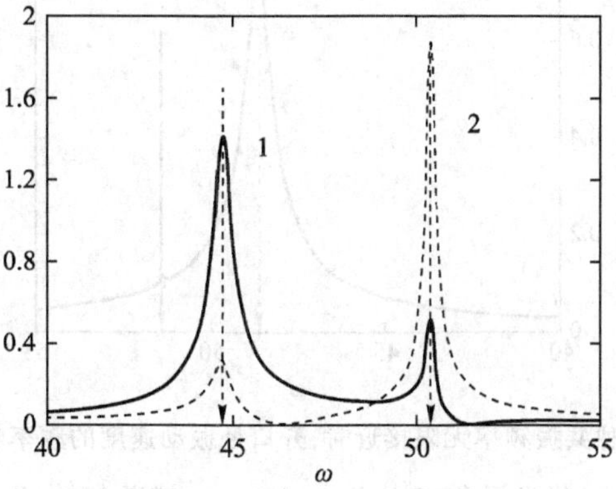

图 5.3.6　弱耦合情况下，开口处振动速度的频率响应：曲线 1（实线）纵坐标为 $|\bar{v}_{0z}^{(1)}(0,\omega)/\rho_0c_0v_{0i}|$；曲线 2（点线）纵坐标为 $|\bar{v}_{0z}^{(2)}(0,\omega)/\rho_0c_0v_{0i}|$. 两个箭头处为共振频率

（2）图 5.3.7 所示为两个单独共振频率分别为 $\omega_R^{(1)}=50$ rad/s 和 $\omega_R^{(2)}=49$ rad/s 的情况，此时，$\{[\omega_R^{(1)}]^2-[\omega_R^{(2)}]^2\}^2\approx9.80\times10^3$ 和 $4[\omega_R^{(1)}]^2[\omega_R^{(2)}]^2\beta\approx1.92\times10^4$，近似于强耦合情况，图中两个箭头处分别为共振频率 $\omega_R^{(+)}$（右边）和 $\omega_R^{(-)}$（左边），由于为强耦合情况，共振频率 $\omega_R^{(\pm)}$ 就不是单独共振频率 $\omega_R^{(1,2)}$ 的简单修正了，与方程（5.3.27c）的结果一致.

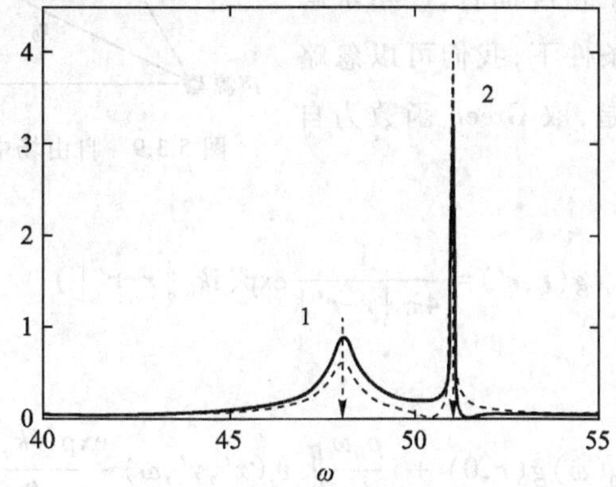

图 5.3.7　强耦合情况下，开口处振动速度的频率响应：曲线 1（实线）纵坐标为 $|\bar{v}_{0z}^{(1)}(0,\omega)/\rho_0c_0v_{0i}|$；曲线 2（点线）纵坐标为 $|\bar{v}_{0z}^{(2)}(0,\omega)/\rho_0c_0v_{0i}|$. 两个箭头处为共振频率

(3) 有趣的是，当 $\omega_R^{(2)} \to \omega_R^{(1)}$ 时，$\omega_R^{(+)}$ 处的共振峰越来越窄，能量向较低频率的峰 $\omega_R^{(-)}$ 集中，如图 5.3.8 所示(实际上，图 5.3.7 已经初步表明了这种性质)，图中取两个单独共振频率分别为 $\omega_R^{(1)}=50$ rad/s 和 $\omega_R^{(2)}=49.99$ rad/s，它们近似相等. 实际上，这种情况可看作为只有一个共振频率 $\omega_R^{(-)}$[共振峰 $\omega_R^{(+)}$ 的能量可忽略]. 因此，当两个相同的共振腔无限接近时，其共振频率将由于强烈的耦合而减小.

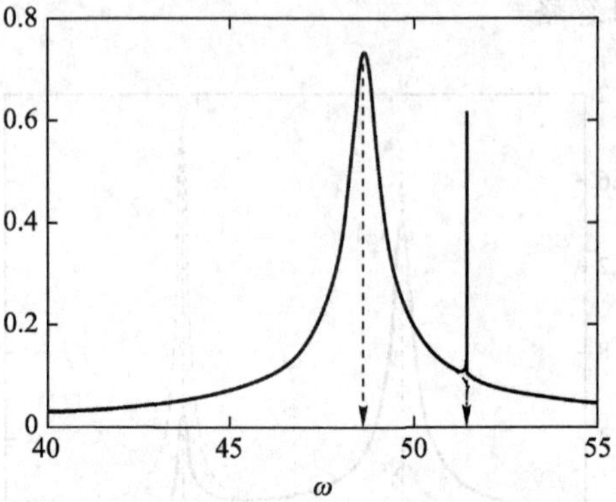

图 5.3.8　两个单独共振频率无限接近时，开口处振动速度的频率响应：曲线 1 和与曲线 2 合而为一[纵坐标为 $\left|\bar{v}_{0z}^{(1)}(0,\omega)/\rho_0 c_0 v_{0i}\right|$ 或者 $\left|\bar{v}_{0z}^{(2)}(0,\omega)/\rho_0 c_0 v_{0i}\right|$]

5.3.4　自由场中的 Helmholtz 共振腔

如图 5.3.9 所示，假定无限大障板不存在. 为方便起见，设半径为 a_0(注意与 Helmholtz 共振腔开口半径为 a 的区别)的球形源(脉动源)位于原点处，共振腔开口面的中心位置为 $\boldsymbol{r}_0=(x_0,y_0,z_0)$. 对这样的情况而言，严格求解是不可能的. 但在低频条件下，我们可以忽略共振腔腔体的散射. 于是，取 Green 函数为自由空间的 Green 函数，有

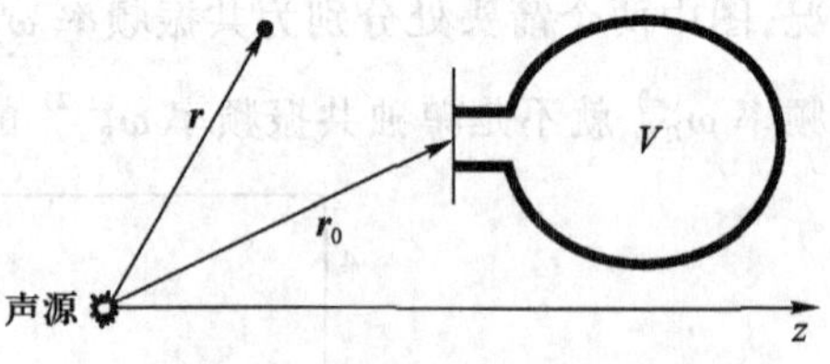

图 5.3.9　自由场中的 Helmholtz 共振腔

$$g(\boldsymbol{r},\boldsymbol{r}')=\frac{1}{4\pi\left|\boldsymbol{r}-\boldsymbol{r}'\right|}\exp(\mathrm{i}k_0\left|\boldsymbol{r}-\boldsymbol{r}'\right|) \tag{5.3.29a}$$

方程(5.3.15c)修改为

$$p(\boldsymbol{r},\omega)=-\mathrm{i}\omega\rho_0 q_0(\omega)g(\boldsymbol{r},0)+\mathrm{i}\frac{\rho_0\omega}{4\pi}\iint_{S_\mathrm{d}} v_z(x',y',\omega)\frac{\exp(\mathrm{i}k_0 R)}{R}\mathrm{d}x'\mathrm{d}y' \tag{5.3.29b}$$

其中，$R=\sqrt{(x-x')^2+(y-y')^2+(z-z_0)^2}$ 是腔外空间任意一点 $\boldsymbol{r}=(x,y,z)$ 到开口面上一点 $\boldsymbol{r}'=(x',y',z_0)$ 的距离. 注意：上式第二项的系数与方程(5.3.15c)的第二项差 2 倍，因为当

没有无限大障板时，声波向全空间辐射. 在共振腔开口面上取值

$$
\begin{aligned}
p(x,y,z_0,\omega)=&-\mathrm{i}\omega\rho_0 q_0(\omega)g(x,y,z_0,0)\\
&+\mathrm{i}\frac{\rho_0\omega}{4\pi}\iint_{S_\mathrm{d}}v_{0z}(x',y',\omega)\frac{\exp(\mathrm{i}k_0 h)}{h}\mathrm{d}x'\mathrm{d}y'
\end{aligned}
\tag{5.3.29c}
$$

其中，$h\equiv\sqrt{(x-x')^2+(y-y')^2}$ 是共振腔开口面上的点 (x,y,z_0) 到点 (x',y',z_0) 的距离. 上式在开口面上取平均得到

$$
\begin{aligned}
\overline{p}(z_0,\omega)=&-\mathrm{i}\omega\rho_0 q_0(\omega)\overline{g}(z_0)\\
&+\mathrm{i}\frac{\rho_0\omega\,\overline{v}_{0z}(z_0,\omega)}{4\pi S_\mathrm{d}}\iint_{S_\mathrm{d}}\iint_{S_\mathrm{d}}\frac{\exp(\mathrm{i}k_0 h)}{h}\mathrm{d}x'\mathrm{d}y'\mathrm{d}x\mathrm{d}y
\end{aligned}
\tag{5.3.29d}
$$

其中，$\overline{p}(z_0,\omega)$、$\overline{v}_{0z}(z_0,\omega)$ 和 $\overline{g}(z_0)$ 分别为 $p(x,y,z_0,\omega)$、$v_{0z}(x,y,z_0,\omega)$ 和 $g(x,y,z_0,0)$ 在开口面上的平均值. 因此，方程(5.3.18c)修改为

$$
\overline{p}(z_0,\omega)=-\mathrm{i}\rho_0\omega q_0(\omega)\overline{g}(z_0)-\frac{z_\mathrm{hs}}{2}\overline{v}_{0z}(z_0,\omega)\tag{5.3.30a}
$$

上式结合方程(5.3.19a)(该式仍然成立)得到

$$
\overline{v}_{0z}(z_0,\omega)=-\mathrm{i}\rho_0\omega q_0(\omega)\frac{\overline{g}(z_0)}{Z'}\tag{5.3.30b}
$$

其中，为了方便定义

$$
Z'\equiv\mathrm{i}\rho_0 c_0^2\frac{1-(l+\varepsilon)\omega^2 V/S_\mathrm{d}c_0^2}{\omega V}S_\mathrm{d}+\frac{z_\mathrm{hs}}{2}\tag{5.3.30c}
$$

进一步，将 Helmholtz 共振腔开口面上的辐射看作点源辐射，则方程(5.3.29b)修改为

$$
p(\boldsymbol{r},\omega)\approx-\mathrm{i}\omega\rho_0 q_0(\omega)\left[g(\boldsymbol{r},0)+\mathrm{i}\frac{\overline{g}(z_0)}{Z'}\frac{\rho_0\omega S_\mathrm{d}}{4\pi|\boldsymbol{r}-\boldsymbol{r}_0|}\exp(\mathrm{i}k_0|\boldsymbol{r}-\boldsymbol{r}_0|)\right]\tag{5.3.31a}
$$

其中，$|\boldsymbol{r}-\boldsymbol{r}_0|$ 为开口面中心到空间一点 $\boldsymbol{r}$ 的距离. 注意到近似 $\overline{g}(z_0)\approx g(\boldsymbol{r}_0,0)$ [即共振腔开口面上 Green 函数的平均值用中心位置 $\boldsymbol{r}_0=(x_0,y_0,z_0)$ 的值代替]，上式修改为

$$
p(\boldsymbol{r},\omega)\approx-\mathrm{i}\omega\rho_0 q_0(\omega)\left[g(\boldsymbol{r},0)+\mathrm{i}\frac{g(\boldsymbol{r}_0,0)}{Z'}\frac{\rho_0\omega S_\mathrm{d}}{4\pi|\boldsymbol{r}-\boldsymbol{r}_0|}\exp(\mathrm{i}k_0|\boldsymbol{r}-\boldsymbol{r}_0|)\right]\tag{5.3.31b}
$$

因此，球源表面的声压为

$$
p(a_0,\omega)\approx-\mathrm{i}\frac{\omega\rho_0 q_0(\omega)}{4\pi a_0}\left[\exp(\mathrm{i}k_0 a_0)+\mathrm{i}\frac{g(\boldsymbol{r}_0,0)}{Z'}\frac{\rho_0\omega a_0 S_\mathrm{d}}{|\boldsymbol{r}_\mathrm{t}-\boldsymbol{r}_0|}\exp(\mathrm{i}k_0|\boldsymbol{r}_\mathrm{t}-\boldsymbol{r}_0|)\right]\tag{5.3.31c}
$$

其中，$|\boldsymbol{r}_\mathrm{t}-\boldsymbol{r}_0|$ 为开口面中心到球源面的距离，当球源半径较小时，可以取近似 $|\boldsymbol{r}_\mathrm{t}-\boldsymbol{r}_0|\approx|\boldsymbol{r}_0|$. 如果小球源离 Helmholtz 共振腔开口较近（接近原点），那么 $\exp(\mathrm{i}k_0|\boldsymbol{r}_\mathrm{t}-\boldsymbol{r}_0|)\approx$

$\exp(\mathrm{i}k_0|\boldsymbol{r}_0|)\approx 1+\mathrm{i}k_0|\boldsymbol{r}_0|$,于是,方程(5.3.31c)近似为

$$p(a_0,\omega)\approx -\mathrm{i}\frac{\omega\rho_0 q_0(\omega)}{4\pi a_0}\left[1+\mathrm{i}k_0a_0+\mathrm{i}\frac{4\pi\rho_0\omega a_0 S_\mathrm{d}}{Z'}\left(\frac{1+\mathrm{i}k_0|\boldsymbol{r}_0|}{4\pi|\boldsymbol{r}_0|}\right)^2\right] \tag{5.3.31d}$$

在共振频率 ω_R 点,由方程(5.3.30c)且取虚部为零[即 $\mathrm{Im}(Z')=0$,见下面讨论]得

$$Z'\approx\frac{1}{2}\mathrm{Re}(z_\mathrm{hs})=\frac{1}{2}\rho_0c_0\frac{\omega_R^2S_\mathrm{d}}{2\pi c_0^2}\equiv\rho_0c_0R_0,\quad R_0\equiv\frac{\omega_R^2S_\mathrm{d}}{4\pi c_0^2} \tag{5.3.32a}$$

代入方程(5.3.31d)有

$$p(a_0,\omega_R)\approx -\mathrm{i}\frac{\omega_R\rho_0 q_0(\omega_R)}{4\pi a_0}\left[1+\mathrm{i}k_Ra_0+\mathrm{i}\frac{4\pi k_R a_0 S_\mathrm{d}}{R_0}\left(\frac{1+\mathrm{i}k_R|\boldsymbol{r}_0|}{4\pi|\boldsymbol{r}_0|}\right)^2\right] \tag{5.3.32b}$$

其中,$k_R\equiv\omega_R/c_0$. 设球面振动速度的振幅为 $v_\mathrm{s}(\omega)$(假定为实的),则声源辐射的声功率为

$$P_\mathrm{s}=4\pi a_0^2\frac{1}{2}\mathrm{Re}(p_\mathrm{s}v_\mathrm{s}^*)=2\pi a_0^2v_\mathrm{s}(\omega)\mathrm{Re}(p_\mathrm{s}) \tag{5.3.33a}$$

将方程(5.3.32b)代入上式得到[并且注意到 $q_0(\omega_R)\equiv 4\pi a^2v_\mathrm{s}(\omega_R)$]在共振频率 ω_R 点的声功率为

$$P_\mathrm{s}(\omega_R)=2\pi a_0^2\rho_0c_0(k_Ra_0)^2v_\mathrm{s}^2(\omega_R)\left[1+\frac{S_\mathrm{d}}{4\pi|\boldsymbol{r}_0|^2R_0}\right] \tag{5.3.33b}$$

另一方面,由方程(2.1.3b)可知,当共振腔不存在时,声源辐射的声功率(在 Helmholtz 共振腔的共振频率 ω_R 点)为 $P_0\equiv 2\pi a_0^2\rho_0c_0(k_Ra_0)^2v_\mathrm{s}^2(\omega_R)$. 可见,由于 Helmholtz 共振腔的存在,在保持相同声源振动速度 $v_\mathrm{s}(\omega_R)$ 不变条件下,声源辐射功率得到放大,两种情况的功率比(在共振频率点)为

$$\frac{P_\mathrm{s}}{P_0}\approx 1+\frac{S_\mathrm{d}}{4\pi|\boldsymbol{r}_0|^2R_0}\equiv g \tag{5.3.33c}$$

这是因为 Helmholtz 共振腔的存在改变了声场结构,增加了声源的辐射阻. 为了保持同样的振动速度 $v_\mathrm{s}(\omega_R)$ 不变,外界回馈声源的能量必须增加,从而导致了辐射功率的提高. 声功率放大的一个日常生活中的例子是:在距啤酒瓶口 1.5 cm 处发声,则 $g\approx 40$,相当于声场的声压级提高了 15 dB.

共振频率 由方程(5.3.30a)和方程(5.3.30b)可知,共振腔开口处的声压为

$$\bar{p}(z_0,\omega)=-\mathrm{i}\rho_0\omega q_0(\omega)\bar{g}(z_0)\left(1-\frac{z_\mathrm{hs}}{2Z'}\right) \tag{5.3.34a}$$

共振腔从声场中"吸收"的声功率为

$$P_\mathrm{a}=\frac{\pi a^2}{2}\mathrm{Re}[\bar{p}_2^*(z_0,\omega)\bar{v}_{0z}(z_0,\omega)]=-\frac{\pi a^2}{4}|\rho_0\omega q_0(\omega)\bar{g}(z_0)|^2\frac{\mathrm{Re}(z_\mathrm{hs})}{|Z'|^2} \tag{5.3.34b}$$

其中，$\overline{p}_2(z_0,\omega)$是$\overline{p}(z_0,\omega)$的第二部分，即$\overline{p}_2(z_0,\omega)\equiv \mathrm{i}\rho_0\omega q_0(\omega)\overline{g}(z_0)z_{\mathrm{hs}}/2Z'$. 当共振发生时，"吸收"的声能量极大，共振频率满足 $\mathrm{Im}(Z')=0$. 由方程(5.3.30c)得到

$$\omega_R^2=\frac{c_0^2S_\mathrm{d}}{V(l+\varepsilon+\delta')} \tag{5.3.34c}$$

其中，$\delta'=8a/6\pi\approx0.43a$ 为腔开口向外辐射引起的管端修正. 当然，这一结果假定共振腔足够小，不仅忽略了腔对入射波的散射，而且把腔开口辐射当作点源辐射处理. 在实际问题中，这些条件不可能满足，数值计算表明，腔开口向外辐射引起的管端修正大约为 $0.60a$.

习题

5.1 考虑矩形腔 $V:[0<x<l_x;0<y<l_y;0<z<l_z]$，其边界为刚性的，归一化简正模式 $\psi_{pqr}(x,y,z,\omega_{pqr})$ 和相应的简正频率 ω_{pqr} 均由方程(5.1.3a)给出，证明态密度公式 $g(\omega)\approx\omega^2V/(2\pi^2c_0^3)$.

5.2 如果声源随时间变化的形式为

$$\mathfrak{I}(\boldsymbol{r},t)=\begin{cases}\mathfrak{I}(\boldsymbol{r})\sin(\omega_\mathrm{g}t) & (t<0)\\ 0 & (t>0)\end{cases}$$

即在 $t<0$ 时，声源发出一个频率为 ω_g 的单频信号，而在 $t=0$ 时突然停止. 计算声场分布.

5.3 考虑刚性壁面的矩形腔中的声场激发问题，设点声源位于$(x_\mathrm{s},y_\mathrm{s},z_\mathrm{s})$，求空间的声场分布. 分析4种情况下声源位置对激发声场的影响：① 点声源位于房间的墙角；② 点声源位于房间的中心；③ 点声源位于房间一个面的中心；④ 点声源位于房间的一条边的中心.

5.4 如果有 s 个简正模式对应于同一个简正频率，这种现象称为 s 度简并(degeneracy). 由于简正模式的简并，可能造成某个频率区域内没有简正模式，而有的频率区域内的简正模式过于丰富，导致房间的声学传输特性变差，这是建筑设计所不希望的. 因此，我们应该尽量减少模式的简并. 以刚性壁面矩形腔为例，说明当矩形腔的边长之比为无理数时，不存在模式的简并.

5.5 考虑壁面为刚性的球形腔，球的半径为 a，以球心为坐标原点，求腔内的简正模式和相应的简正频率.

5.6 考虑壁面为阻抗型的球形腔，球面的比阻抗率为常量 $\beta_0=\sigma_0+\mathrm{i}\delta_0$，球的半径为 a，以球心为坐标原点，求腔内的复简正模式和相应的复简正频率. 证明当简正频率很大时，每个模式随时间衰减的速率正比于 $c_0\sigma_0S/V$，其中 V 和 S 为腔的体积和面积.

5.7 考虑壁面为刚性的柱形腔，柱的半径为 a，高为 h，下底面在 $z=0$ 平面，求腔内的简正模式和相应的简正频率.

5.8 考虑壁面为阻抗型的柱形腔，柱面、上低面和下底面的比阻抗率分别为常量 $\beta_\mathrm{a}=\sigma_\mathrm{a}+\mathrm{i}\delta_\mathrm{a}$，$\beta_\mathrm{u}=\sigma_\mathrm{u}+\mathrm{i}\delta_\mathrm{u}$ 和 $\beta_\mathrm{d}=\sigma_\mathrm{d}+\mathrm{i}\delta_\mathrm{d}$，求腔内的复简正模式和相应的复简正频率. 证明当简正频率很大时，每个模式随时间衰

减的速率正比于 $c_0\sigma_0 S/V$,其中 V 和 S 为腔的体积和面积,假定 $\sigma_a=\sigma_d=\sigma_u\equiv\sigma_0$.

5.9 利用混响室测量噪声源的声功率的过程如下:① 将发出噪声的机器放置在体积为 V 的混响室中,测量 T_{60};② 在离机器较远处测量混响声压级 L_p. 证明噪声源功率为

$$\overline{W}\approx\frac{0.161V}{4\rho_0 c_0 T_{60}}p_{\text{rms}}^2\approx 10^{-4}\frac{V}{T_{60}}p_{\text{rms}}^2=4\times 10^{-14}\frac{V}{T_{60}}10^{L_p/10}$$

注意:$L_p=10\log(p_{\text{rms}}^2/p_{\text{ref}}^2)$ 以及取 $\rho_0 c_0=400\ \text{N}\cdot\text{s/m}^3$ 和 $p_{\text{ref}}=2\times 10^{-5}\ \text{Pa}$.

5.10 考虑扩散场中界面的声吸收. 阻抗界面 S 对声的吸收与声波的入射方向有关,在忽略界面比阻抗率虚部的情况下,吸声系数为

$$\alpha(\theta)\approx\frac{4\sigma\cos\theta}{(\cos\theta+\sigma)^2}$$

对扩散声场,声波入射到界面的方向是随机的,因此必须对上式进行空间角度平均,得到随机入射时的声吸收系数. 证明平均吸收系数为

$$\overline{\alpha}=8\sigma\left(1+\frac{\sigma}{1+\sigma}-2\sigma\ln\frac{1+\sigma}{\sigma}\right)\approx 8\sigma$$

对准刚性界面($\sigma\ll 1$)有 $\overline{\alpha}\approx 8\sigma$,而当 $\sigma\ll 1$ 时,法向吸声系数为 $\alpha_n\equiv\alpha(\theta)\big|_{\theta=0}\approx 4\sigma$. 可见,此时的法向吸声系数是平均吸声系数的 1/2.

5.11 小面积样品吸声材料的法向吸收系数一般在驻波管中测量(为了了解样品的吸声性能,实验中经常这样做),但在实际工程应用中,更关心的是大面积样品的平均吸声系数,其测量一般在混响室中进行. 测量方法过程如下:① 首先测量没有放置吸声材料时的混响时间 T_{60};② 然后在混响室的某一墙面上铺上面积为 S' 的吸声材料(一般其体积远远小于 V),再测量混响时间 T'_{60}. 证明吸声材料的平均吸声系数为

$$\overline{\alpha}\approx\frac{0.161V}{S'}\left(\frac{1}{T'_{60}}-\frac{1}{T_{60}}\right)+\alpha_0$$

其中,α_0 为被吸声材料覆盖前这一墙面的平均吸声系数. 为了保证测量精度,吸声材料的面积不宜太小.

5.12 用长度为 L、截面积为 S_0 的短管把体积为 V_a 的腔 a 和体积为 V_b 的腔 b 连接起来,组成两个 Helmholtz 共振腔的耦合系统,证明共振频率满足 $\omega_R^2\approx\omega_a^2+\omega_b^2$,其中 $\omega_a^2=S_0c_0^2/[(L+2\varepsilon)V_a]$ 和 $\omega_b^2=S_0c_0^2/[(L+2\varepsilon)V_b]$ 分别是腔 a 和腔 b 与短管组成的 Helmholtz 共振器的共振频率的平方,ε 是管端修正(只有高价模式要求的修正).

5.13 腔 a 和腔 b 通过窗口 S_0 耦合,当声源频率足够高,可以用扩散场方法来讨论两个腔的耦合问题. 设声源位于腔 a,在腔 a 中激发出扩散场,假定在 $t=0$ 前,声源的功率为 W,在 $t=0$ 时刻关掉声源,试讨论腔 a 和腔 b 中声能量的衰减特性.

5.14 实验室中,隔声材料的性能测量就是利用两个扩散场近似的房间的耦合来完成的. 如题图 5.14所示,腔 a 和腔 b 为两个相邻的混响室,待测量的隔声材料(面积 S_0)安装在两个混响室的耦合墙上. 实验表明,当隔声材料的面积较小时,由于边界条件的变化,对材料隔声性能的测量影响较大. 另一方面,假定测量材料是局部反应的,故要求入射声在隔声材料中不能激发弯曲波. 因此国家标准规定测量材料的面积为 10 m²,而且短边的长度不小于 2.3 m².

题图 5.14　隔声室测量材料的隔声性能

当发声室(腔 a)有一声源以声功率 W_a 辐射时,腔 a 的声能量变化由 4 项组成:① 由于声源辐射能量增加($+W_a$);② 墙面吸收能量损失为($-a_a I_a$);③ 透过隔声材料进入接收室(腔 b)发生能量损失,设隔声材料的能量透射系数为 t,入射到面积 S_0 的声能量为 $S_0 I_a$,故透射损失为$-tS_0 I_a$;④ 声能量透入接收室(腔 b)也形成声强为 I_b 的混响场,同样可以通过隔声材料 S_0 透入腔 a,由互易原理,其透射系数也为 t,这部分能量使腔 a 的声能量增加($+tS_0 I_b$). 腔 b 的声能量变化由 3 项组成:① 墙面吸收能量损失($-a_b I_b$),其中 a_b 为腔 b 的吸收面积;② 由腔 a 透入的能量增加($+tS_0 I_a$);③ 由腔 b 透过隔声材料的能量损失($-tS_0 I_b$).(1) 求 I_a 和 I_b 随时间变化所满足的耦合方程;(2) 求耦合方程的稳态解;(3) 证明隔声量计算公式:

$$\mathrm{TL}\approx L_a-L_b+10\lg\frac{S_0}{a_b}$$

其中,$L_a=20\lg[(p_{\mathrm{rms}})_a/p_{\mathrm{ref}}]$和 $L_b=20\lg[(p_{\mathrm{rms}})_b/p_{\mathrm{ref}}]$分别是发声室(腔 a)和接收室(腔 b)的声压级,可通过测量得到.

5.15　设体积为 V、面积为 S 的壁面刚性腔体,其简正模式 $\psi_\lambda(\boldsymbol{r})$和简正频率 ω_λ 可解,且满足

$$\nabla^2\psi_\lambda(\boldsymbol{r})+\left(\frac{\omega_\lambda}{c_0}\right)^2\psi_\lambda(\boldsymbol{r})=0,\quad \boldsymbol{r}\in V,\quad \frac{\partial\psi_\lambda(\boldsymbol{r})}{\partial n}=0,\quad \boldsymbol{r}\in S$$

假定壁面边界修改为第三类边界条件(可以设想为壁面的某一区域加了吸声材料),简正模式 $\Psi_\lambda(\boldsymbol{r})$和简正频率 Ω_λ 满足

$$\nabla^2\Psi_\lambda(\boldsymbol{r})+\left(\frac{\Omega_\lambda}{c_0}\right)^2\Psi_\lambda(\boldsymbol{r})=0,\qquad \boldsymbol{r}\in V$$

$$\frac{\partial\Psi_\lambda(\boldsymbol{r})}{\partial n}-\mathrm{i}k_0\varepsilon\beta(\boldsymbol{r},\omega)\Psi_\lambda(\boldsymbol{r})=0,\quad \boldsymbol{r}\in S$$

其中,$0<\varepsilon\ll 1$ 是为了方便引进的小参数. 利用微扰方法求简正频率的一级修正.

5.16　设体积为 V、面积为 S 的阻抗壁面腔体内的简正模式 $\Psi_\lambda(\boldsymbol{r})$和简正频率 Ω_λ 满足

$$\nabla^2\Psi_\lambda(\boldsymbol{r})+\left(\frac{\Omega_\lambda}{c_0}\right)^2\Psi_\lambda(\boldsymbol{r})=0,\qquad \boldsymbol{r}\in V$$

$$\left[\frac{\partial\Psi_\lambda(\boldsymbol{r})}{\partial n}-\mathrm{i}k_0\beta(\boldsymbol{r})\Psi_\lambda(\boldsymbol{r})\right]=0,\quad \boldsymbol{r}\in S$$

假定腔体表面 S 的曲面方程可以表示为 $F(\boldsymbol{r},\varepsilon)=0$(其中 $\varepsilon\ll 1$),当 $\varepsilon=0$ 时,$F(\boldsymbol{r},0)=0$ 是规则形区域 S_0,而当 $\varepsilon\ll 1$ 时,区域的变化可看作微扰,曲面方程可以写成 $F(\boldsymbol{r},\varepsilon)=F_0(\boldsymbol{r})+\varepsilon f(\boldsymbol{r})=0$. 利用微扰方法求零级和一级近似所满足的方程和边界条件. 注意:由于边界条件中须计算表面的法向导数$\partial/\partial n$,微扰前后曲面的法向导数$\partial/\partial n$ 变化也必须很小,否则就不满足微扰条件,因此要求微扰函数 $f(\boldsymbol{r})$是光滑可导的.

5.17 对体积为 V、面积为 S 的不规则刚性腔体，简正频率 ω 及相应的简正模式 $\psi(\boldsymbol{r},\omega)$ 所满足的偏微分方程和边界条件为

$$\nabla^2\psi(\boldsymbol{r},\omega)+\left(\frac{\omega}{c_0}\right)^2\psi(\boldsymbol{r},\omega)=0(\boldsymbol{r}\in V),\quad \left.\frac{\partial\psi(\boldsymbol{r},\omega)}{\partial n}\right|_S=0$$

证明下列泛函的变分问题与以上方程等价：

$$\left(\frac{\omega}{c_0}\right)^2=-\frac{\int_V \nabla\psi^*(\boldsymbol{r},\omega)\cdot\nabla\psi(\boldsymbol{r},\omega)\,\mathrm{d}V}{\int_V \psi^*(\boldsymbol{r},\omega)\psi(\boldsymbol{r},\omega)\,\mathrm{d}V}$$

第六章
非理想流体中声波的传播和激发

在前面各章中，我们主要考虑理想流体中声的激发和传播，在理想流体中完全不存在任何能量的耗散过程. 但是实际的流体总是非理想的，必须考虑流体的黏性、热传导和弛豫等不可逆过程. 声波在这样的流体中传播时，会出现声波随着传播距离加长而逐渐衰减的现象，产生将有规的声能量转化成无规的热能的耗散过程，从而引起声波的吸收. 必须注意的是，声波的衰减由两部分组成：① 由于声波波阵面在传播过程中的不断扩散而引起的声波振幅下降，或者由于存在散射体（如悬浮物、水中气泡、空气中雾滴等）而引起的声传播方向变化；② 由于存在不可逆过程而引起的声波吸收.

6.1 黏性和热传导流体中的声波

与理想流体不同，当必须考虑流体的黏性时，流体内任意一个曲面上的作用力(邻近流体的压力和黏性力,后者源于速度不同而产生的动量交换)不平行于这个曲面的法向,而且与流体的相对运动速度有关. 这里必须考虑两个矢量:曲面的法向矢量以及曲面上所受到的作用力的方向,因此必须用张量来描述一个任意曲面上的作用应力.

6.1.1 本构关系和守恒方程

应力张量 流体的黏性是动量输运的宏观表现. 如图 6.1.1 所示,考虑简单的情况:流体沿 x 方向流动,但在 y 方向存在速度梯度. 考察 y 和 $y+\mathrm{d}y$ 层的流体: $y+\mathrm{d}y$ 层流体分子与 y 层流体分子相比有较大的速度,因此 $y+\mathrm{d}y$ 层的快分子必将扩散到 y 层;同样,y 层的慢分子也必将扩散到 $y+\mathrm{d}y$ 层. 这样,$y+\mathrm{d}y$ 层的分子运动速度变慢,而 y 层的分子运动速度变快,实现了动量的交换.

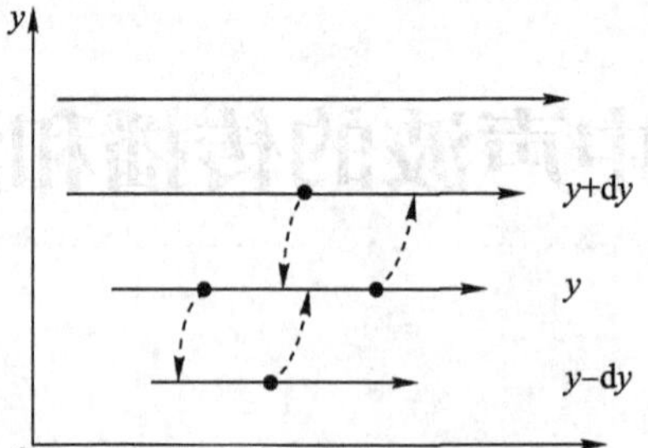

图 6.1.1 流体的黏性是动量输运的宏观表现

根据牛顿第二定律可知,动量的变化是由力产生的,在宏观上,动量的交换相当于 $y+\mathrm{d}y$ 层的快分子受到一个 x 方向的阻力,称为**黏性力**. 实验表明,当速度梯度不是很大时,在干燥的空气和纯净的水等流体中,黏性力正比于速度梯度,有

$$\sigma_{xy} = -\mu \frac{\partial v_1}{\partial y} \tag{6.1.1}$$

式中下标"xy"表示 y 方向的速度梯度所引起的 x 方向的黏性力,比例系数 μ 称为**黏度**. 上式称为**牛顿黏性定律**. 因此,与理想流体不同,流体中流体元所受到的力包括两部分:正压力,由通常的压强表征;黏性力,与流体元的运动速度有关. 如果我们在流体中任意取一个面元 $\mathrm{d}S$,对理想流体而言,面元受到相邻流体的作用力 $\boldsymbol{f}_{\mathrm{n}} = -P\boldsymbol{n}$(压力)在面元的法向 $\boldsymbol{n}$ 方向,如图 6.1.2(a)所示;而对黏性流体而言,面元受到相邻流体的作用力是压力 $\boldsymbol{f}_{\mathrm{n}}$ 与黏性力 $\boldsymbol{f}_{\mu}$ 的合力 $\boldsymbol{f}=\boldsymbol{f}_{\mathrm{n}}+\boldsymbol{f}_{\mu}$,一定不在法向方向,如图 6.1.2(b)所示,除非流体处于静止状态(黏性力为零).

设三个面元分别平行于 Oyz、Oxz 和 Oxy 平面,即面元法向为坐标轴方向:$\boldsymbol{n}_1 = \boldsymbol{e}_1 = (1,0,0)$,$\boldsymbol{n}_2 = \boldsymbol{e}_2 = (0,1,0)$ 和 $\boldsymbol{n}_3 = \boldsymbol{e}_3 = (0,0,1)$,则三个面元上受到的应力(单位面积受到的力)都有三个分量,共 9 个分量:

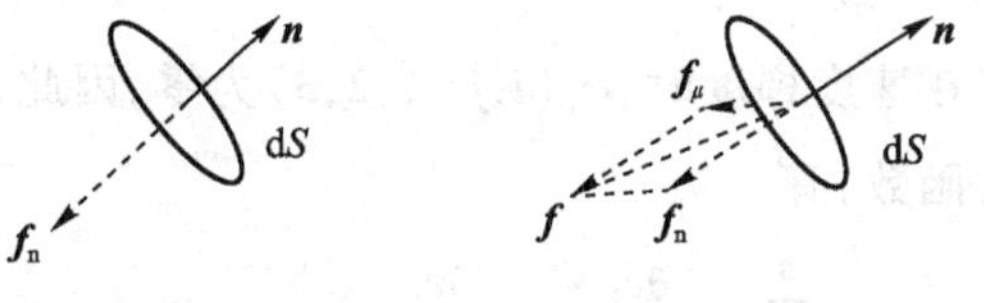

图 6.1.2　流体中任意面元受力情况

$$\begin{aligned}\boldsymbol{f}_1&=p_{11}\boldsymbol{e}_1+p_{21}\boldsymbol{e}_2+p_{31}\boldsymbol{e}_3\\ \boldsymbol{f}_2&=p_{12}\boldsymbol{e}_1+p_{22}\boldsymbol{e}_2+p_{32}\boldsymbol{e}_3\\ \boldsymbol{f}_3&=p_{13}\boldsymbol{e}_1+p_{23}\boldsymbol{e}_2+p_{33}\boldsymbol{e}_3\end{aligned}\tag{6.1.2a}$$

上式中，$p_{ij}(i,j=1,2,3)$ 表示：j 方向的面元受到 i 方向的应力作用. 因此，黏性流体中的应力必须用 9 个分量来表示，写成矩阵的形式为

$$\boldsymbol{P}=\begin{bmatrix}p_{11} & p_{12} & p_{13}\\ p_{21} & p_{22} & p_{23}\\ p_{31} & p_{32} & p_{33}\end{bmatrix}\tag{6.1.2b}$$

法向为 $\boldsymbol{n}$ 的面元上的应力为 $\boldsymbol{f}_n=\boldsymbol{P}\cdot\boldsymbol{n}^t$，式中上标"t"表示转置. 矩阵 $\boldsymbol{P}$ 称为**应力张量**，而且它是一个对称的二阶张量，即 $p_{ij}=p_{ji}$.

静止流体　因静止流体不能承受切向应力，故流体中任何一个面元上的力都在法向方向且相同，否则流体不可能静止. 分别取 $\boldsymbol{n}_1=\boldsymbol{e}_1=(1,0,0)$，$\boldsymbol{n}_2=\boldsymbol{e}_2=(0,1,0)$ 和 $\boldsymbol{n}_3=\boldsymbol{e}_3=(0,0,1)$，那么这三个面元上应力由方程(6.1.2a)表示. 由于只有法向应力，而要求切向应力为零，故非对角元素全为零：

$$p_{12}=p_{21}=0,\quad p_{13}=p_{31}=0,\quad p_{23}=p_{32}=0\tag{6.1.3}$$

又要求所有面元上的法向应力相等：$p_{11}=p_{22}=p_{33}=-P$（负号表示流体受到压力），故 P 为压强. 于是静止流体的应力张量为 $P_{ij}=-P\delta_{ij}(i,j=1,2,3)$，或者写成张量形式 $\boldsymbol{P}=-P\boldsymbol{I}$. 无黏性流体不能承受切向应力，因此它的应力张量与静止流体相同.

本构关系　考虑黏性流体的运动后，应力张量应该包括黏性力，而黏性力与速度梯度有关. 应力张量与速度梯度的对应关系反映了流体的基本性质，称为**本构方程**. 原则上，只要知道了流体分子之间的相互作用力，在统计物理的层面上，本构方程可以从理论上得到，或者在热力学层面上，从实验中得到（如牛顿黏性定律），然而这是非常困难的. 下面我们将通过演绎的方法来导出本构方程.

(1) 当流体趋向静止时，应力张量也应该趋向静止时的应力张量，即 $\boldsymbol{P}=-P\boldsymbol{I}$. 因此，可以把流体的应力张量表示为

$$P_{ij}=-P\delta_{ij}+\sigma_{ij}\quad(i,j=1,2,3)\tag{6.1.4}$$

注意：上式中的 P 是根据纯力学因素而定义出来的运动流体的压力函数，只有当流体

趋向静止时,才与压强 P 一致.

(2) 当流体中不存在速度梯度时,$\sigma_{ij}(i,j=1,2,3)$为零,因此,假定应力张量是速度梯度各个分量的线性齐次函数,有

$$\sigma_{ij}=\sum_{k,l=1}^{3}c_{ijkl}\frac{\partial v_k}{\partial x_l}=c_{ijkl}\frac{\partial v_k}{\partial x_l}\quad(i,j=1,2,3)\tag{6.1.5a}$$

其中,c_{ijkl}是表征流体黏性的常量,共有 $3^4=81$ 个. 注意:为方便起见,我们以后使用 Einstein 求和规则,即 2 个下标同时出现表示求和. 如果不是线性齐次函数,则把方程(6.1.5a)看成是作 Taylor 展开取线性项.

(3) 流体是各向同性的,流体的性质与方向无关,例如所有的气体是各向同性的,大部分简单液体(例如水)也是各向同性的. 可以证明,在流体各向同性的前提下,81 个表征流体黏性的常量只有两个是独立的,应力张量可表示为

$$\sigma_{ij}=\lambda\left(\frac{\partial v_1}{\partial x_1}+\frac{\partial v_2}{\partial x_2}+\frac{\partial v_3}{\partial x_3}\right)\delta_{ij}+\mu\left(\frac{\partial v_i}{\partial x_j}+\frac{\partial v_j}{\partial x_i}\right)\quad(i,j=1,2,3)\tag{6.1.5b}$$

令 $\lambda\equiv\eta-2\mu/3$,上式可写成

$$\sigma_{ij}=\mu\left(\frac{\partial v_i}{\partial x_j}+\frac{\partial v_j}{\partial x_i}-\frac{2}{3}\delta_{ij}\nabla\cdot v\right)+\eta\nabla\cdot v\delta_{ij}\quad(i,j=1,2,3)\tag{6.1.5c}$$

其中,μ 称为**切变黏度**,η 称为**体膨胀黏度**(因为$\nabla\cdot\boldsymbol{v}$是流体的相对体积膨胀率). 注意:① 应力张量 σ_{ij}表示为上式形式后,第一部分的张量迹(对角元之和,称为偏张量)为零,表征切变对应力张量的贡献,而第二部分只有对角元,表征体膨胀对应力张量的贡献;② 第一部分也包含相对体积膨胀率$\nabla\cdot\boldsymbol{v}$,这是因为流体元的体积变化必将引起形状的变化,即引起切形变;③ 在一维情况下,$\sigma_{11}=(\eta+4\mu/3)\partial v_1/\partial x_1$,切变黏度 μ 也出现在应力张量中,似乎这是不合理的结果,事实上,流体元在 x_1 方向的压缩或膨胀,一定引起 x_2 和 x_3 方向的膨胀或压缩,即切形变. 切变黏度 μ 表征流体质点由于相邻层具有不同速度而引起的平动迁移(动量迁移),如本节开始所述;而体膨胀黏度 η 表征流体质点平动与其他自由度(转动和振动)的能量交换,即由于流体压缩和膨胀,声能量(质点平动能量)转化成流体质点的振动及转动能量. 对单原子分子组成的流体,没有内部自由度,故 $\eta=0$. 对多原子分子组成的流体,$\eta\neq0$. 但对大多数流体而言,体膨胀$\nabla\cdot\boldsymbol{v}$不是很大,一般取 $\eta\approx0$,这样本构方程(6.1.5c)中仅出现单一的切变黏度. 然而,声吸收实验表明,在多数情况下,η 不能取零.

将方程(6.1.5b)代入方程(6.1.4)得到

$$P_{ij}=-P\delta_{ij}+\sigma_{ij}=(-P+\lambda\nabla\cdot\boldsymbol{v})\delta_{ij}+2\mu S_{ij}(\boldsymbol{v})\quad(i,j=1,2,3)\tag{6.1.6a}$$

其中,$S_{ij}(\boldsymbol{v})$为**应变率张量** $\boldsymbol{S}$(因为速度是矢量,容易证明 $\boldsymbol{S}$ 是一个张量)的元

$$S_{ij}(\boldsymbol{v})\equiv\frac{1}{2}\left(\frac{\partial v_i}{\partial x_j}+\frac{\partial v_j}{\partial x_i}\right)\quad(i,j=1,2,3)\tag{6.1.6b}$$

方程(6.1.6a)写成张量形式得到

$$\boldsymbol{P}=2\mu\boldsymbol{S}+(-P+\lambda\nabla\cdot\boldsymbol{v})\boldsymbol{I} \tag{6.1.7}$$

上式或方程(6.1.6a)就是应力张量与应变率张量的关系,称为**本构方程**. 该公式对多数流体适用,满足以上本构关系的流体称为**牛顿流体**,例如空气和水介质. 否则,称为**非牛顿流体**,例如血液和生物介质.考虑黏性和热传导效应后,流体的运动仍然必须满足质量守恒、动量守恒和能量守恒定律.

质量守恒方程 流体的黏性并不改变质量守恒方程,方程(1.1.4a)仍然成立,即

$$\frac{\partial\rho}{\partial t}+\nabla\cdot(\rho\boldsymbol{v})=\rho q \tag{6.1.8}$$

动量守恒方程 当考虑流体的黏性后,动量守恒方程(1.1.5a)应该修改为

$$\frac{\partial}{\partial t}\int_V\rho\boldsymbol{v}\mathrm{d}V=-\int_S\boldsymbol{J}\cdot\mathrm{d}\boldsymbol{S}+\int_S\boldsymbol{P}\cdot\boldsymbol{n}^{\mathrm{t}}\mathrm{d}S+\int_V\rho\boldsymbol{f}\mathrm{d}V+\int_V\rho\boldsymbol{v}q\mathrm{d}V \tag{6.1.9a}$$

式中,$\boldsymbol{J}=(\rho\boldsymbol{v})\boldsymbol{v}$ 为动量流张量,右边第三项面积分为体积 V 的流体表面 S 上的应力,最后一项为质量注入体积 V 所引起的动量变化. 上式的面积分化成体积分得

$$\int_V\left[\frac{\partial(\rho\boldsymbol{v})}{\partial t}+\nabla\cdot\boldsymbol{J}\right]\mathrm{d}V=\int_V(\nabla\cdot\boldsymbol{P}+\rho\boldsymbol{f}+\rho\boldsymbol{v}q)\mathrm{d}V \tag{6.1.9b}$$

式中,$\nabla\cdot\boldsymbol{P}$ 的分量形式为

$$(\nabla\cdot\boldsymbol{P})_i=-\frac{\partial P}{\partial x_i}+\sum_{j=1}^{3}\frac{\partial\sigma_{ij}}{\partial x_j}\quad(i=1,2,3) \tag{6.1.9c}$$

由体积 V 的任意性,得到动量守恒方程为

$$\frac{\partial(\rho\boldsymbol{v})}{\partial t}+\nabla\cdot\boldsymbol{J}=\rho\boldsymbol{f}+\nabla\cdot\boldsymbol{P}+\rho q\boldsymbol{v} \tag{6.1.10a}$$

与方程(1.1.7a)对应,利用质量守恒方程(6.1.8),得到运动方程:

$$\rho\frac{\mathrm{d}\boldsymbol{v}}{\mathrm{d}t}=\nabla\cdot\boldsymbol{P}+\rho\boldsymbol{f} \tag{6.1.10b}$$

由方程(6.1.7)和方程(6.1.9c),$\nabla\cdot\boldsymbol{P}=\nabla\cdot(2\mu\boldsymbol{S})+[-\nabla P+\nabla(\lambda\nabla\cdot\boldsymbol{v})]$. 于是,上式变成

$$\rho\frac{\mathrm{d}\boldsymbol{v}}{\mathrm{d}t}=\rho\boldsymbol{f}+\nabla\cdot(2\mu\boldsymbol{S})+[-\nabla P+\nabla(\lambda\nabla\cdot\boldsymbol{v})] \tag{6.1.11a}$$

上式称为 **Navier-Stokes 方程**. 如果 μ 和 λ 为常量,利用 $\nabla\cdot\boldsymbol{S}=[\nabla^2\boldsymbol{v}+\nabla(\nabla\cdot\boldsymbol{v})]/2$,方程(6.1.11a)简化成

$$\rho\left[\frac{\partial\boldsymbol{v}}{\partial t}+(\boldsymbol{v}\cdot\nabla)\boldsymbol{v}\right]=\rho\boldsymbol{f}-\nabla P+\mu\nabla^2\boldsymbol{v}+(\lambda+\mu)\nabla(\nabla\cdot\boldsymbol{v}) \tag{6.1.11b}$$

该方程的非线性项 $\rho(\boldsymbol{v}\cdot\nabla)\boldsymbol{v}$ 与耗散项 $\mu\nabla^2\boldsymbol{v}$(一般取 $\eta\approx0$,可用 μ 单独表征介质的耗散)对流体的运动起着十分重要的作用,这两项的数量级估计为

$$\left|\frac{\rho\boldsymbol{v}\cdot\nabla\boldsymbol{v}}{\mu\nabla^2\boldsymbol{v}}\right|\approx\frac{\rho_0c_0v_0}{\mu\omega}\equiv\mathrm{Re} \tag{6.1.11c}$$

其中，Re 称为 **Reynolds 数**（注意：与 9.1.1 小节中声 Reynolds 数的区别），当 $\mathrm{Re}\gg1$（特别是低频情况），非线性项远大于耗散项；反之，如果 $\mathrm{Re}\ll1$（特别是高频情况），耗散项远大于非线性项.

能量守恒方程 当考虑流体的黏性和热传导效应后，能量守恒方程（1.1.8a）应该修改为

$$\frac{\partial}{\partial t}\int_V \rho\varepsilon \mathrm{d}V = -\int_S \boldsymbol{j}_\varepsilon \cdot \mathrm{d}\boldsymbol{S} + \int_S (\boldsymbol{P}\cdot\boldsymbol{n}^{\mathrm{t}})\cdot \boldsymbol{v}\mathrm{d}S - \int_S \boldsymbol{q}_{\mathrm{t}}\cdot \mathrm{d}\boldsymbol{S}$$

$$+\int_V \rho\boldsymbol{f}\cdot\boldsymbol{v}\mathrm{d}V + \int_V (\rho\varepsilon + P)q\mathrm{d}V + \int_V \rho h \mathrm{d}V \tag{6.1.12a}$$

注意：上式包含了流出体积 V 的热流（即右边第三项）所引起的能量减少，$\boldsymbol{q}_{\mathrm{t}}$ 为热流矢量，根据热传导的 Fourier 定律，热流矢量与温度 $T(\boldsymbol{r},t)$ 的梯度关系为

$$\boldsymbol{q}_{\mathrm{t}} = -\kappa\nabla T(\boldsymbol{r},t) \tag{6.1.12b}$$

其中，κ 为热传导系数. 方程（6.1.12a）右边面积分化成体积分为

$$-\int_S \boldsymbol{j}_\varepsilon\cdot\mathrm{d}\boldsymbol{S} + \int_S (\boldsymbol{P}\cdot\boldsymbol{n}^{\mathrm{t}})\cdot\boldsymbol{v}\mathrm{d}S - \int_S \boldsymbol{q}_{\mathrm{t}}\cdot\mathrm{d}\boldsymbol{S}$$

$$=\int_V [-\nabla\cdot\boldsymbol{j}_\varepsilon + \nabla\cdot(\boldsymbol{P}\cdot\boldsymbol{v}) - \nabla\cdot\boldsymbol{q}_{\mathrm{t}}]\mathrm{d}V \tag{6.1.12c}$$

由体积 V 的任意性，得到能量守恒方程为

$$\frac{\partial(\rho\varepsilon)}{\partial t} + \nabla\cdot\boldsymbol{j}_\varepsilon = \nabla\cdot(\boldsymbol{P}\cdot\boldsymbol{v}) + \rho\boldsymbol{f}\cdot\boldsymbol{v} - \nabla\cdot\boldsymbol{q}_{\mathrm{t}} + \rho h + (\rho\varepsilon + P)q \tag{6.1.12d}$$

与方程（1.1.8d）对应，利用质量守恒方程（6.1.8），能量守恒方程可写成

$$\rho\frac{\mathrm{d}\varepsilon}{\mathrm{d}t} = \nabla\cdot(\boldsymbol{P}\cdot\boldsymbol{v}) + \nabla\cdot(\kappa\nabla T) + \rho\boldsymbol{f}\cdot\boldsymbol{v} + \rho h + Pq \tag{6.1.13a}$$

在局部平衡近似下，与得到方程（1.1.9d）过程类似，把 $\varepsilon = u + v^2/2$ 代入上式并利用方程（6.1.10b）和方程（6.1.8）得到能量守恒方程的另一种形式为

$$\rho T\frac{\mathrm{d}s}{\mathrm{d}t} = \nabla\cdot(\boldsymbol{P}\cdot\boldsymbol{v}) - \boldsymbol{v}\cdot(\nabla\cdot\boldsymbol{P}) + P\nabla\cdot\boldsymbol{v} + \nabla\cdot(\kappa\nabla T) + \rho h \tag{6.1.13b}$$

注意到方程（6.1.5c）和方程（6.1.6a），不难得到

$$\nabla\cdot(\boldsymbol{P}\cdot\boldsymbol{v}) - \boldsymbol{v}\cdot(\nabla\cdot\boldsymbol{P}) + P\nabla\cdot\boldsymbol{v} = 2\mu\sum_{i,j=1}^{3} S_{ij}^2 + \lambda(\nabla\cdot\boldsymbol{v})^2 \tag{6.1.13c}$$

得到上式，利用了应变率张量的对称性：$S_{ij} = S_{ji}$. 将上式代入方程（6.1.13b）得到熵守恒方程：

$$\rho T\frac{\mathrm{d}s}{\mathrm{d}t} = \nabla\cdot(\kappa\nabla T) + 2\mu\sum_{i,j=1}^{3} S_{ij}^2 + \lambda(\nabla\cdot\boldsymbol{v})^2 + \rho h \tag{6.1.14}$$

显然，黏性介质的熵变化由三个部分组成：① 上式右边第一项，由于热传导所引起的熵增加，根据熵的热力学定义，熵变化 $\rho\mathrm{d}s = \mathrm{d}Q/T$ 总与热量变化 $\mathrm{d}Q$ 相联系，说明流体元之间由

于热传导而交换热量;② 上式右边第二和第三项,由于流体的黏性所引起的熵增加,但这两项与流体速度梯度的平方成正比,在线性化过程中可以忽略不计;③ 最后一项,由于热的注入使熵增加.

边界条件 实际问题中经常遇到流体-固体界面 $\boldsymbol{\Sigma}$,由于黏性作用,流体黏着在固体上,故在界面上,黏性流体的速度应该等于固体界面的速度(实验观察也证明了这一点).因此,不仅要求流体的法向速度连续,即 $\boldsymbol{v}|_{\Sigma}\cdot\boldsymbol{n}=\boldsymbol{U}\cdot\boldsymbol{n}$(其中 $\boldsymbol{U}$ 是固体的运动速度,$\boldsymbol{n}$ 是界面的法向单位矢量),还要求切向速度也连续,即 $\boldsymbol{v}|_{\Sigma}\cdot\boldsymbol{t}=\boldsymbol{U}\cdot\boldsymbol{t}$(其中 $\boldsymbol{t}$ 是界面的切向单位矢量). 故在界面上,运动学边界条件为:$\boldsymbol{v}|_{\Sigma}=\boldsymbol{U}$. 当固体静止时($\boldsymbol{U}=0$):$\boldsymbol{v}_{\Sigma}=0$. 而对理想流体而言,在固体界面上的切向速度可不连续,仅要求法向速度连续即可. 数学上,理想流体的动力学方程关于空间变量的导数是一阶的,仅要求法向速度连续就可以决定整个速度场,如果再要求切向速度也连续反而超定了;而对黏性流体而言,Navier-Stokes 方程关于空间变量的导数是二阶的,为了决定速度场,需要更多的边界条件,故要求切向速度也连续.

至于动力学边界条件,动量守恒要求法向应力连续,即$\boldsymbol{P}_{\Sigma_1}\cdot\boldsymbol{n}^{\mathrm{t}}=\boldsymbol{P}_{\Sigma_2}\cdot\boldsymbol{n}^{\mathrm{t}}$,其中$\boldsymbol{P}_{\Sigma_1}$和$\boldsymbol{P}_{\Sigma_2}$分别是界面 $\boldsymbol{\Sigma}$ 两侧(分别用 $\boldsymbol{\Sigma}_1$ 和 $\boldsymbol{\Sigma}_2$ 表示)的应力张量. 如果界面一侧是刚性固体,动力学边界条件不能给出有用的结果,仅需运动学边界条件即可; 如果必须考虑固体的弹性,则$\boldsymbol{P}_{\Sigma_2}$是弹性固体一侧的应力张量(本书不讨论). 注意:如果流体是液体且界面是曲面,当曲率半径很小时(达到微米量级),还必须考虑液体的表面张力,但在声学问题中不常见.

此外,黏性流体的运动还涉及温度和熵的变化,能量守恒要求热流矢量的法向连续,即$\boldsymbol{q}_{t\Sigma_1}\cdot\boldsymbol{n}=\boldsymbol{q}_{t\Sigma_2}\cdot\boldsymbol{n}$. 对满足热传导 Fourier 定律的流体或者固体,要求温度场的法向导数满足边界条件,即$(\kappa\partial T/\partial n)|_{\Sigma_1}=(\kappa\partial T/\partial n)|_{\Sigma_2}$. 如果界面一侧是固体材料,其热传导系数远大于流体,可近似有 $T|_{\Sigma_1}\approx 0$.

6.1.2 线性化耦合声波方程

令 $P=P_0+p'$; $\rho=\rho_0+\rho'$; $\boldsymbol{v}=\boldsymbol{v}'$; $s=s_0+s'$; $T=T_0+T'$,由三个基本方程,即方程(6.1.8)、方程(6.1.11b)和方程(6.1.14)得到线性化的方程:

$$\rho_0\frac{\partial\boldsymbol{v}'}{\partial t}\approx-\nabla p'+\mu\nabla^2\boldsymbol{v}'+(\lambda+\mu)\nabla(\nabla\cdot\boldsymbol{v}')+\rho_0\boldsymbol{f} \tag{6.1.15a}$$

$$\frac{\partial\rho'}{\partial t}+\rho_0\nabla\cdot\boldsymbol{v}'\approx\rho_0 q \tag{6.1.15b}$$

$$\rho_0 T_0\frac{\partial s'}{\partial t}\approx\nabla\cdot(\kappa\nabla T')+\rho_0 h \tag{6.1.15c}$$

以上 5 个方程还不足以决定 7 个场量($\boldsymbol{v}'$,p',ρ',s'和 T'),另外 2 个方程来自热力学本构方程,即在平衡点附近作展开的热力学物态方程. 在局部平衡条件下,4 个热力学量:ρ,T,s 和 P 只有两个是独立的. 我们总是取压力 P 为一个独立变量,至于另一个独立变量取哪一个,根据具体情况决定:在理想介质中,我们取 P 和 s 为独立变量,因为温度不出现在理想流体的声波方程中,我们只需要一个物态方程 $\rho=\rho(P,s)$,而在绝热声过程中,温度变化而熵不变化(远离源的区域),故在平衡点附近作展开得到 $\rho'=p'/c_0^2$;如果 $\kappa\to\infty$,这时声过程是一个等温过程,温度不变而熵变化,于是我们取 P 和 T 为独立变量,$\rho=\rho(P,T)$,在平衡点附近作展开得到 $\rho'=p'/c_{T0}^2$,这里 $c_{T0}^2=[\partial P(\rho,T)/\partial\rho]_{T,0}$,$c_{T0}$为**等温声速**. 这是两个极端的情况,在一般情况下,非理想介质中的熵与温度都变化,而且它们都出现在方程(6.1.15c)中. 原则上,取(P,s)、(P,T)、还是(P,ρ)为独立变量都是一样的,但对讨论问题的方便性不同,我们可以在下面的讨论中体会到这点.

以压力和温度为独立变量　设物态方程为 $\rho=\rho(P,T)$ 和 $s=s(P,T)$,在平衡点附近作展开

$$\rho'=\left(\frac{\partial\rho}{\partial P}\right)_{T,0}p'+\left(\frac{\partial\rho}{\partial T}\right)_{P,0}T'=\rho_0(\kappa_{T0}p'-\beta_{P0}T')$$

$$s'=\left(\frac{\partial s}{\partial P}\right)_{T,0}p'+\left(\frac{\partial s}{\partial T}\right)_{P,0}T'=-\frac{\beta_{P0}}{\rho_0}p'+\frac{c_{P0}}{T_0}T' \tag{6.1.16a}$$

其中,κ_{T0}、β_{P0}和 c_{P0}分别是**等温压缩系数、等压热膨胀系数和等压比热**,有

$$\kappa_T=\frac{1}{\rho}\left(\frac{\partial\rho}{\partial P}\right)_T,\quad \beta_P=-\frac{1}{\rho}\left(\frac{\partial\rho}{\partial T}\right)_P,\quad c_P=T\left(\frac{\partial s}{\partial T}\right)_P \tag{6.1.16b}$$

在平衡点取值,得到方程(6.1.16a),已利用了热力学的 Maxwell 关系:

$$\left(\frac{\partial s}{\partial P}\right)_T=\frac{1}{\rho^2}\left(\frac{\partial\rho}{\partial T}\right)_P=-\frac{\beta_P}{\rho} \tag{6.1.16c}$$

把方程(6.1.16a)代入方程(6.1.15b)和方程(6.1.15c)得到质量守恒和能量守恒方程:

$$\rho_0\frac{\partial}{\partial t}(\kappa_{T0}p'-\beta_{P0}T')+\rho_0\nabla\cdot\boldsymbol{v}'\approx\rho_0 q \tag{6.1.17a}$$

$$\frac{\partial}{\partial t}(-T_0\beta_{P0}p'+\rho_0c_{P0}T')\approx\kappa\nabla^2T'+\rho_0h \tag{6.1.17b}$$

方程(6.1.15a)和以上两式就是我们要求的波动方程,它们是 5 个耦合的方程,决定 5 个场量($\boldsymbol{v}'$、p'和 T')的空间和时间分布. 显然,这时推出一个单变量(如 p'满足的方程)是困难的,因为速度场 $\boldsymbol{v}'$、声压场 p'和温度场 T'是相互耦合的. 取温度变化 T'为两个独立变量之一的优点是温度的概念比较容易理解,但方程(6.1.15a)、方程(6.1.17a)和方程(6.1.17b)退化到理想流体情况就不直观了. 顺便指出,用物理过程中的一个守恒量作为独立变量之一是非常方便的,但守恒量的寻找本身就不容易.

矢量场的分解 因矢量场可分解为无旋、有散场与有旋、无散场之和，故令 $\boldsymbol{v}'=\boldsymbol{v}'_a+\boldsymbol{v}'_\mu$，其中 $\boldsymbol{v}'_a$ 为无旋场：$\nabla\times\boldsymbol{v}'_a\equiv 0$；$\boldsymbol{v}'_\mu$ 为有旋但无散场：$\nabla\cdot\boldsymbol{v}'_\mu\equiv 0$. 显然，$\nabla\cdot\boldsymbol{v}'=\nabla\cdot\boldsymbol{v}'_a+\nabla\cdot\boldsymbol{v}'_\mu=\nabla\cdot\boldsymbol{v}'_a$ 以及 $\nabla\times\boldsymbol{v}'=\nabla\times\boldsymbol{v}'_a+\nabla\times\boldsymbol{v}'_\mu=\nabla\times\boldsymbol{v}'_\mu$，并且有

$$\begin{gathered}\nabla^2\boldsymbol{v}'=\nabla(\nabla\cdot\boldsymbol{v}')-\nabla\times\nabla\times\boldsymbol{v}'=\nabla(\nabla\cdot\boldsymbol{v}'_a)-\nabla\times\nabla\times\boldsymbol{v}'_\mu\\ \nabla^2\boldsymbol{v}'_\mu=\nabla(\nabla\cdot\boldsymbol{v}'_\mu)-\nabla\times\nabla\times\boldsymbol{v}'_\mu=-\nabla\times\nabla\times\boldsymbol{v}'_\mu\\ \nabla^2\boldsymbol{v}'_a=\nabla(\nabla\cdot\boldsymbol{v}'_a)-\nabla\times\nabla\times\boldsymbol{v}'_a=\nabla(\nabla\cdot\boldsymbol{v}'_a)\end{gathered} \tag{6.1.18a}$$

利用这些关系，分别对方程(6.1.15a)两边求散度和旋度得到

$$\nabla\cdot\left(\rho_0\frac{\partial\boldsymbol{v}'_a}{\partial t}\right)\approx\nabla\cdot[-\nabla p'+(\lambda+2\mu)\nabla(\nabla\cdot\boldsymbol{v}'_a)+\rho_0\boldsymbol{f}_a] \tag{6.1.18b}$$

$$\nabla\times\left(\rho_0\frac{\partial\boldsymbol{v}'_\mu}{\partial t}\right)\approx\nabla\times(\mu\nabla^2\boldsymbol{v}'_\mu+\rho_0\boldsymbol{f}_\mu) \tag{6.1.18c}$$

上式中把外力 $\boldsymbol{f}$ 也作有旋和无旋分解：$\boldsymbol{f}=\boldsymbol{f}_a+\boldsymbol{f}_\mu$；$\nabla\times\boldsymbol{f}_a=0$，$\nabla\cdot\boldsymbol{f}_\mu=0$. 故速度场方程等价于两个方程，即

$$\begin{gathered}\rho_0\frac{\partial\boldsymbol{v}'_a}{\partial t}\approx-\nabla p'+(\lambda+2\mu)\nabla(\nabla\cdot\boldsymbol{v}'_a)+\rho_0\boldsymbol{f}_a\\ \rho_0\frac{\partial\boldsymbol{v}'_\mu}{\partial t}=\mu\nabla^2\boldsymbol{v}'_\mu+\rho_0\boldsymbol{f}_\mu\end{gathered} \tag{6.1.19}$$

方程(6.1.17a)也简化成(注意利用热力学关系 $\kappa_{T0}=\gamma/\rho_0c_0^2$，$\gamma=c_P/c_V$ 为比热比)

$$\frac{\partial}{\partial t}\left(\frac{\gamma}{\rho_0c_0^2}p'-\beta_{P0}T'\right)+\nabla\cdot\boldsymbol{v}'_a\approx q \tag{6.1.20}$$

因此，声压、温度和速度由方程(6.1.17b)、方程(6.1.19)和方程(6.1.20)等 8 个方程决定.

以压力和熵为独立变量 设物态方程为 $\rho=\rho(P,s)$ 和 $T=T(P,s)$，在平衡点附近展开得到

$$\begin{gathered}\rho'\approx\left(\frac{\partial\rho}{\partial P}\right)_{s,0}p'+\left(\frac{\partial\rho}{\partial s}\right)_{P,0}s'=\frac{1}{c_0^2}p'-\left(\frac{\rho T\beta_P}{c_P}\right)_0 s'\\ T'=\left(\frac{\partial T}{\partial P}\right)_{s,0}p'+\left(\frac{\partial T}{\partial s}\right)_{P,0}s'=\left(\frac{T\beta_P}{\rho c_P}\right)_0 p'+\left(\frac{T}{c_P}\right)_0 s'\end{gathered} \tag{6.1.21a}$$

得到上式，已利用了热力学的 Maxwell 关系(并在平衡点取值)，有

$$\begin{gathered}\left(\frac{\partial T}{\partial P}\right)_s=-\frac{1}{\rho^2}\left(\frac{\partial\rho}{\partial s}\right)_P=-\frac{1}{\rho^2}\left(\frac{\partial\rho}{\partial T}\right)_P\left(\frac{\partial T}{\partial s}\right)_P=\frac{T\beta_P}{\rho c_P}\\ \left(\frac{\partial\rho}{\partial s}\right)_P=\left(\frac{\partial\rho}{\partial T}\right)_P\left(\frac{\partial T}{\partial s}\right)_P=-\frac{\rho T\beta_P}{c_P}\end{gathered} \tag{6.1.21b}$$

把方程(6.1.21a)代入方程(6.1.15b)和方程(6.1.15c)得到

$$\frac{1}{c_0^2}\frac{\partial p'}{\partial t}-\left(\frac{\rho T\beta_P}{c_P}\right)_0\frac{\partial s'}{\partial t}+\rho_0\nabla\cdot\boldsymbol{v}'\approx\rho_0 q \tag{6.1.22a}$$

$$\rho_0 T_0\frac{\partial s'}{\partial t}\approx\kappa\left[\left(\frac{T\beta_P}{\rho c_P}\right)_0\nabla^2 p'+\left(\frac{T}{c_P}\right)_0\nabla^2 s'\right]+\rho_0 h \tag{6.1.22b}$$

方程(6.1.15a)和以上两式退化到理想流体就很直观了,令 $\kappa=0$,上式就是方程(1.1.14a).

6.1.3 能量守恒关系

考虑无源情况,即假定 $\boldsymbol{f}=q=h=0$,对方程(6.1.15a)两边用 $\boldsymbol{v}'$ 求点积,而方程(6.1.15b)和方程(6.1.15c)两边分别乘 p'/ρ_0 和 T'/T_0 得到

$$\frac{\partial}{\partial t}\left(\frac{1}{2}\rho_0\boldsymbol{v}'^2\right)\approx-\boldsymbol{v}'\cdot\nabla p'+\mu\sum_{i,j=1}^{3}v'_j\frac{\partial^2 v'_j}{\partial x_i\partial x_i}+(\lambda+\mu)\sum_{i,j=1}^{3}v'_j\frac{\partial^2 v'_i}{\partial x_i\partial x_j} \tag{6.1.23a}$$

$$\frac{p'}{\rho_0}\left(\frac{\partial\rho'}{\partial t}+\rho_0\nabla\cdot\boldsymbol{v}'\right)\approx 0,\quad \rho_0 T'\frac{\partial s'}{\partial t}\approx\frac{T'}{T_0}\nabla\cdot(\kappa\nabla T') \tag{6.1.23b}$$

以上三个方程相加得到

$$\begin{aligned}&\frac{\partial}{\partial t}\left(\frac{1}{2}\rho_0\boldsymbol{v}'^2\right)+\left(\frac{p'}{\rho_0}\frac{\partial\rho'}{\partial t}+\rho_0 T'\frac{\partial s'}{\partial t}\right)+\nabla\cdot(p'\boldsymbol{v}')\\ &\approx\mu\sum_{i,j=1}^{3}v'_j\frac{\partial^2 v'_j}{\partial x_i\partial x_i}+(\lambda+\mu)\sum_{i,j=1}^{3}v'_j\frac{\partial^2 v'_i}{\partial x_i\partial x_j}+\frac{T'}{T_0}\nabla\cdot(\kappa\nabla T')\end{aligned} \tag{6.1.23c}$$

利用方程(6.1.16a),我们得到能量守恒关系:

$$\frac{\partial w}{\partial t}+\nabla\cdot\boldsymbol{I}=-D \tag{6.1.24a}$$

其中,能量密度 w、能量流矢量 $\boldsymbol{I}$ 和能量耗散的速率 D 分别为

$$\begin{aligned}w&\equiv\frac{1}{2}\rho_0\boldsymbol{v}'^2+\frac{1}{2\rho_0 c_{T0}^2}p'^2+\frac{\rho_0 c_{P0}}{2T_0}T'^2-\beta_{P0}p'T'\\ \boldsymbol{I}&\equiv p'\boldsymbol{v}'-\frac{\kappa}{T_0}T'\nabla T'-\sum_{i,j=1}^{3}\boldsymbol{e}_i v'_j[2\mu S_{ij}(\boldsymbol{v}')+\lambda\nabla\cdot\boldsymbol{v}'\delta_{ij}]\\ D&\equiv 2\mu\sum_{i,j=1}^{3}S_{ij}^2+\lambda(\nabla\cdot\boldsymbol{v}')^2+\frac{\kappa}{T_0}(\nabla T')^2\end{aligned} \tag{6.1.24b}$$

其中,c_{T0} 为等温声速:$1/c_{T0}^2\equiv\rho_0\kappa_{T0}$,与等熵声速 c_0 存在关系:$c_0^2=\gamma c_{T0}^2$. 注意到能量密度 w 表达式存在交叉项,物理意义不明显. 由方程(6.1.16a)的第二式可知

$$T'=\frac{T_0}{c_{P0}}s'+\frac{T_0\beta_{P0}}{c_{P0}\rho_0}p' \tag{6.1.25a}$$

以熵 s' 和声压 p' 为变量作运算:

$$\frac{1}{\rho_0 c_{T0}^2} p'^2 + \frac{\rho_0 c_{P0}}{T_0} T'^2 - 2\beta_{P0} p' T' = \frac{1}{\rho_0 c_0^2} p'^2 + \frac{\rho_0 T_0}{c_{P0}} s'^2 \tag{6.1.25b}$$

得到上式,利用了等温声速 c_{T0}和等熵声速 c_0 的热力学关系 $1/c_0^2 = 1/c_{T0}^2 - T_0\beta_{P0}^2/c_{P0}$. 将上式代入方程(6.1.24b)的第一式得到没有交叉项的能量密度表达式:

$$w \equiv \frac{1}{2}\rho_0 v'^2 + \frac{1}{2\rho_0 c_0^2} p'^2 + \frac{\rho_0 T_0}{2c_{P0}} s'^2 \tag{6.1.25c}$$

为了便于讨论,把方程(6.1.24a)写成积分形式:

$$\frac{\partial}{\partial t}\int_V w \mathrm{d}V + \int_S \boldsymbol{I} \cdot \mathrm{d}\boldsymbol{S} = -\int_V D\mathrm{d}V \tag{6.1.26}$$

讨论:① 与理想流体情况相比,能量密度 w 增加了一项与 s'^2 成正比的项,对一般的声传播过程,这一项很小,但如果热传导系数 κ 很大,则这一项的贡献不能忽略;② 能量流矢量 $\boldsymbol{I}$ 包含三项:显然,第一项与理想流体情况相同,第二、第三项则是热传导和黏性的贡献,但是,由于存在因子 T'/T_0,第二项不能简单认为是流过表面 S 的热量,第三项实际上是体积表面 S 上黏性力所做的功;③ D 表示体积 V 内能量耗散的速率,显然大于零.

值得指出的是:当以声压 p'和温度变化 T'为独立变量时,能量密度 w 表达式中出现交叉项,说明声压场 p'与温度场 T'是相关的,声压的变化必将导致温度的变化,除非是等温过程(当 $\kappa\to\infty$ 时);而当以声压 p'和熵变化 s'为独立变量时,能量密度 w 表达式中不出现交叉项,说明声压场 p'可以独立于熵变化 s'存在,等熵过程中可以取 $s'=0$,此时温度变化由方程(6.1.25a)给出,即 $T' \approx T_0\beta_{P0}p'/(c_{P0}\rho_0)$.

6.1.4 黏性介质中的声波方程

严格求解方程(6.1.15a)、方程(6.1.17a)和方程(6.1.17b)是十分困难的,我们也难以得到单参量的波动方程(即声压或者速度场满足单一的方程). 但是在忽略热传导效应,仅仅考虑黏性的情况下,我们可以得到严格的声压场或者速度场所满足的单参量方程.

基本方程 在忽略热传导效应情况下,由方程(6.1.15c)得到 $\partial s'/\partial t = 0$(忽略热源项),因此在线性化近似下,仍然可以把流体元的运动看作是等熵的,本构方程仍然是 $p' = c_0^2\rho'$(黏性对熵变化的贡献是二级小量),由方程(6.1.15a)和方程(6.1.15b)(忽略源项)得到线性化的运动方程和质量守恒方程:

$$\rho_0 \frac{\partial \boldsymbol{v}'}{\partial t} = -\nabla p' + \mu \nabla^2 \boldsymbol{v}' + \left(\eta + \frac{1}{3}\mu\right)\nabla(\nabla \cdot \boldsymbol{v}') \tag{6.1.27a}$$

$$\frac{1}{c_0^2}\frac{\partial p'}{\partial t} + \rho_0 \nabla \cdot \boldsymbol{v}' = 0 \tag{6.1.27b}$$

两式消去速度场矢量 $\boldsymbol{v}'$,得到包含黏性效应的声压场所满足的单参量波动方程:

$$\frac{1}{c_0^2}\frac{\partial^2 p'}{\partial t^2}=\nabla^2 p'+\frac{1}{\rho_0 c_0^2}\left(\eta+\frac{4}{3}\mu\right)\frac{\partial}{\partial t}\nabla^2 p' \tag{6.1.27c}$$

如果两式消去声压场 p',则有

$$\rho_0\frac{\partial^2 \boldsymbol{v}'}{\partial t^2}=\left[c_0^2\rho_0+\left(\eta+\frac{4}{3}\mu\right)\frac{\partial}{\partial t}\right]\nabla(\nabla\cdot\boldsymbol{v}')-\mu\frac{\partial}{\partial t}\nabla\times\nabla\times\boldsymbol{v}' \tag{6.1.27d}$$

对频率为 ω 的波,作变换$\partial/\partial t\to -\mathrm{i}\omega$,以上两个方程变成

$$\nabla^2 p'+k_a^2 p'=0,\quad \nabla^2\boldsymbol{v}'+k_\mu^2\boldsymbol{v}'=\left(1-\frac{k_\mu^2}{k_a^2}\right)\nabla(\nabla\cdot\boldsymbol{v}') \tag{6.1.28a}$$

其中,声波复波数和旋波波数分别为

$$k_a^2\equiv\frac{\omega^2}{c_0^2-\mathrm{i}\omega(\eta+4\mu/3)/\rho_0},\quad k_\mu^2\equiv\mathrm{i}\frac{\rho_0\omega}{\mu} \tag{6.1.28b}$$

标量势和矢量势　把速度矢量分解成无旋、有散场 $\boldsymbol{v}_a'=\nabla\boldsymbol{\Phi}$(标量势)与有旋、无散场 $\boldsymbol{v}_\mu'=\nabla\times\boldsymbol{\Psi}$(矢量势)之和 $\boldsymbol{v}'=\nabla\boldsymbol{\Phi}+\nabla\times\boldsymbol{\Psi}$,根据方程(6.1.18a)可将方程(6.1.28a)简化成

$$\nabla\times(\nabla^2\boldsymbol{\Psi}+k_\mu^2\boldsymbol{\Psi})=-\frac{k_\mu^2}{k_a^2}\nabla(\nabla^2\boldsymbol{\Phi}+k_a^2\boldsymbol{\Phi}) \tag{6.1.29a}$$

故标量势和矢量势分别满足(注意:矢量势还必须满足规范条件,即 $\nabla\cdot\boldsymbol{\Psi}=0$)

$$\nabla^2\boldsymbol{\Phi}+k_a^2\boldsymbol{\Phi}=0,\quad \nabla^2\boldsymbol{\Psi}+k_\mu^2\boldsymbol{\Psi}=0 \tag{6.1.29b}$$

当问题与 φ 无关时,球坐标中的矢量势 $\boldsymbol{\Psi}$ 只有一个 $\boldsymbol{e}_\varphi$ 方向的分量且满足单一的方程,求解十分方便. 例如,在球坐标中,标量势的一般形式为(辐射解)

$$\boldsymbol{\Phi}(r,\theta)=\sum_{l=0}^{\infty}A_l\mathrm{h}_l^{(1)}(k_a r)\mathrm{P}_l(\cos\theta) \tag{6.1.30a}$$

因此,无旋速度场为

$$\begin{aligned}v'_{ar}(r,\theta)&=\frac{\partial\boldsymbol{\Phi}(r,\theta)}{\partial r}=\sum_{l=0}^{\infty}k_aA_l\frac{\mathrm{dh}_l^{(1)}(k_a r)}{\mathrm{d}(k_a r)}\mathrm{P}_l(\cos\theta)\\ v'_{a\theta}(r,\theta)&=\frac{1}{r}\frac{\partial\boldsymbol{\Phi}(r,\theta)}{\partial\theta}=-\frac{1}{r}\sum_{l=0}^{\infty}A_l\mathrm{h}_l^{(1)}(k_a r)\mathrm{P}_l^1(\cos\theta)\end{aligned} \tag{6.1.30b}$$

对矢量势 $\boldsymbol{\Psi}$,因为在球坐标中旋度为

$$\boldsymbol{v}_\mu'=\nabla\times\boldsymbol{\Psi}=\frac{1}{r^2\sin\theta}\begin{vmatrix}\boldsymbol{e}_r & r\boldsymbol{e}_\theta & r\sin\theta\,\boldsymbol{e}_\varphi\\ \dfrac{\partial}{\partial r} & \dfrac{\partial}{\partial\theta} & \dfrac{\partial}{\partial\varphi}\\ \Psi_r & r\Psi_\theta & r\sin\theta\Psi_\varphi\end{vmatrix} \tag{6.1.31a}$$

为了保证$\boldsymbol{v}_\mu'$存在 r 和 θ 方向的速度分量(与 φ 无关情况),取 $\boldsymbol{\Psi}=\Psi_\varphi(r,\theta)\boldsymbol{e}_\varphi$,上式简化为

$$\boldsymbol{v}_\mu'(r,\theta)=\nabla\times\boldsymbol{\Psi}=\frac{1}{r\sin\theta}\frac{\partial}{\partial\theta}(\sin\theta\Psi_\varphi)\boldsymbol{e}_r-\frac{1}{r}\frac{\partial(r\Psi_\varphi)}{\partial r}\boldsymbol{e}_\theta \tag{6.1.31b}$$

方程(6.1.29b)的第二式简化为

$$\nabla^2 \Psi_\varphi - \frac{1}{r^2 \sin^2\theta}\Psi_\varphi + k_\mu^2 \Psi_\varphi = 0 \tag{6.1.31c}$$

通过分离变量法,不难得到辐射解为

$$\Psi_\varphi(r,\theta) = -\sum_{l=0}^{\infty} B_l \mathrm{h}_l^{(1)}(k_\mu r)\mathrm{P}_l^1(\cos\theta) \tag{6.1.31d}$$

其中,负号是为了方便. 把上式代入方程(6.1.31b)得到

$$\boldsymbol{v}'_\mu(r,\theta) = \sum_{l=0}^{\infty} \frac{B_l}{r} \frac{1}{\sin\theta} \frac{\mathrm{d}}{\mathrm{d}\theta}\left[\sin\theta \frac{\mathrm{dP}_l(\cos\theta)}{\mathrm{d}\theta}\right] \mathrm{h}_l^{(1)}(k_\mu r)\, \boldsymbol{e}_r + \sum_{l=0}^{\infty} \mathrm{P}_l^1(\cos\theta) \frac{\mathrm{d}[(k_\mu r)\mathrm{h}_l^{(1)}(k_\mu r)]}{\mathrm{d}(k_\mu r)} \boldsymbol{e}_\theta \tag{6.1.32a}$$

利用 $\mathrm{P}_l(\cos\theta)$ 的微分关系,上式变成

$$\boldsymbol{v}'_\mu(r,\theta) = -\sum_{l=1}^{\infty} \frac{B_l}{r} l(l+1)\mathrm{h}_l^{(1)}(k_\mu r)\mathrm{P}_l(\cos\theta)\, \boldsymbol{e}_r + \sum_{l=1}^{\infty} \frac{B_l}{r} \frac{\mathrm{d}[(k_\mu r)\mathrm{h}_l^{(1)}(k_\mu r)]}{\mathrm{d}(k_\mu r)} \mathrm{P}_l^1(\cos\theta)\, \boldsymbol{e}_\theta \tag{6.1.32b}$$

注意:当 $l=0$ 时,$\mathrm{P}_0^1(\cos\theta)=0$,故上式对 l 的求和从 1 开始.

说明:在理想流体情况下,由声压场可以导出速度场,反之亦然;而对黏性流体而言,如果给出速度场,由方程(6.1.27b)可以容易求出声压场,反之,即使给出声压场,由方程(6.1.27a)和方程(6.1.27b)可知,速度场满足的仍然是一个微分方程,不能简单得到速度场. 因此,从这个意义上讲,速度场更为基本.

6.2 耗散介质中声波的传播和散射

根据 6.1 节中的讨论,在耗散介质中,声压场、速度场和温度场满足的方程相互耦合,严格求解是困难的,特别是在存在边界的情况下. 因此,我们首先介绍无限大(远离边界)耗散介质中声传播的模式理论,分析 3 种基本模式,即**声模式**(acoustic mode)、**热波模式**(thermal mode)和**旋波模式**(vorticity mode)的基本特征,分析表明,只有在边界附近(即边界层内),后两种模式才是重要的.而且,为了满足边界条件,我们不得不考虑这两种模式. 最后,在 6.2.4 小节中,介绍介质耗散对声波散射的影响.

6.2.1 耗散介质中的平面波模式

令平面波形式的解(注意:现在波数没有 $k=\omega/c_0$ 这样简单的色散关系了)为

$$
\begin{aligned}
p'(\boldsymbol{r},t)&=p_0\exp[\mathrm{i}(\boldsymbol{k}\cdot\boldsymbol{r}-\omega t)]\\
T'(\boldsymbol{r},t)&=T_0\exp[\mathrm{i}(\boldsymbol{k}\cdot\boldsymbol{r}-\omega t)]\\
\boldsymbol{v}'(\boldsymbol{r},t)&=\boldsymbol{v}_0\exp[\mathrm{i}(\boldsymbol{k}\cdot\boldsymbol{r}-\omega t)]
\end{aligned}
\tag{6.2.1a}
$$

将上式代入方程(6.1.15a)、方程(6.1.17a)和方程(6.1.17b)(仅考虑传播问题,设源项为零)有

$$
\begin{aligned}
&\mathrm{i}\omega\rho_0\boldsymbol{v}_0\approx\mathrm{i}\boldsymbol{k}p_0+\mu k^2\boldsymbol{v}_0+(\lambda+\mu)\boldsymbol{k}(\boldsymbol{k}\cdot\boldsymbol{v}_0)\\
&-\omega\kappa_{T0}p_0+\beta_{P0}\omega T_0+(\boldsymbol{k}\cdot\boldsymbol{v}_0)\approx 0\\
&\mathrm{i}\omega T_0\beta_{P0}p_0-\mathrm{i}\omega\rho_0 c_{P0}T_0\approx-\kappa k^2 T_0
\end{aligned}
\tag{6.2.1b}
$$

以上 5 个齐次方程的系数行列式为零时,可给出色散关系 $k=k(\omega)$[与传播方向无关,当与传播方向有关时,必须写成矢量 $\boldsymbol{k}=\boldsymbol{k}(\omega)$]. 为了简化讨论,进行操作:分别对方程(6.2.1b)的第一式两边用 $\boldsymbol{k}$ 求叉乘"×"和点乘"·"得到(注意:$\boldsymbol{k}\times\boldsymbol{k}=0$)

$$
\begin{aligned}
&(\mathrm{i}\omega\rho_0-\mu k^2)(\boldsymbol{k}\times\boldsymbol{v}_0)=0\\
&[\mathrm{i}\omega\rho_0-(\lambda+2\mu)k^2](\boldsymbol{k}\cdot\boldsymbol{v}_0)=\mathrm{i}k^2p_0
\end{aligned}
\tag{6.2.2}
$$

然后分两种情况讨论上式的第一个方程.

(1) $\mathrm{i}\omega\rho_0-\mu k^2=0$,但 $\boldsymbol{k}\times\boldsymbol{v}_0\neq 0$. 把 $\mathrm{i}\omega\rho_0-\mu k^2=0$ 代入上式的第二个方程得到:$\boldsymbol{k}\cdot\boldsymbol{v}_0\approx-\mathrm{i}p_0/(\lambda+\mu)$,再把此结果代入方程(6.2.1b)的第二、第三式得:$p_0=0$,$T_0=0$ 以及 $\boldsymbol{k}\cdot\boldsymbol{v}_0=0$(如果 $\boldsymbol{k}\times\boldsymbol{v}_0=0$ 也成立,那么 $\boldsymbol{v}_0\equiv 0$). 注意:色散关系 $\mathrm{i}\omega\rho_0=\mu k^2$ 也可以直接从方程(6.1.19)的第二式得到. 事实上,对平面波而言,$\nabla\cdot\boldsymbol{v}'=\mathrm{i}\boldsymbol{k}\cdot\boldsymbol{v}'$ 和 $\nabla\times\boldsymbol{v}'=\mathrm{i}\boldsymbol{k}\times\boldsymbol{v}'$,条件 $\boldsymbol{k}\times\boldsymbol{v}_0\neq 0$ 和 $\boldsymbol{k}\cdot\boldsymbol{v}_0=0$ 实际上就是有旋、无散条件.

旋波模式 因此,存在有旋的波模式(简称为**旋波**):波的传播方向 $\boldsymbol{k}$ 与速度方向 $\boldsymbol{v}_0$ 垂直($\boldsymbol{k}\cdot\boldsymbol{v}_0=0$,故也称为**黏性横波模式**),而声压和温度的变化都为零,其色散关系为

$$
k^2=\mathrm{i}\frac{\omega\rho_0}{\mu},\quad \text{或者}\quad k=\sqrt{\mathrm{i}\frac{\omega\rho_0}{\mu}}=(1+\mathrm{i})\sqrt{\frac{\omega\rho_0}{2\mu}}\equiv\frac{1+\mathrm{i}}{d_\mu}
\tag{6.2.3}
$$

其中,$d_\mu\equiv\sqrt{2\mu/(\omega\rho_0)}$ 为衰减长度. 因此,旋波模式是衰减波,对纯净的水,密度和黏度分别为 $\rho_0\approx 10^3\ \mathrm{kg/m^3}$ 和 $\mu\approx 1.002\times10^{-3}\ \mathrm{kg/(m\cdot s)}$,故 $d_\mu\sim 5.6\times10^{-4}/\sqrt{f}\sim 1.7\times10^{-5}\ \mathrm{m}$(取 $f=$ 1 000 Hz);对常温(20 ℃)和常压(一个大气压)下的干燥空气而言,密度和黏度分别为 $\rho_0\approx 1.2\ \mathrm{kg/m^3}$ 和 $\mu\approx 1.85\times10^{-5}\ \mathrm{kg/(m\cdot s)}$,故 $d_\mu\sim 2.2\times10^{-3}/\sqrt{f}\sim 2.2\times10^{-4}\ \mathrm{m}$(取 $f=100$ Hz). 因此,旋波模式传播距离很短,一般只存在于声源附近或者边界附近. 但当频

率很低时（即 $\omega\to0$），$d_\mu\to\infty$，如果空间线度减小到亚毫米量级，对于空气中的低频声（例如 50 Hz），就必须考虑旋波模式，例如狭缝和毛细管，见 6.3 节讨论.

根据变化关系 $\mathrm{i}\boldsymbol{k}\to\nabla$ 和 $-k^2\to\nabla^2$，从色散关系，即方程(6.2.3)的第一式出发，我们得到旋波模式满足的波动方程：

$$\nabla^2\boldsymbol{v}'_\mu(\boldsymbol{r},\omega)=-\mathrm{i}\frac{\omega\rho_0}{\mu}\boldsymbol{v}'_\mu(\boldsymbol{r},\omega),\quad \nabla\cdot\boldsymbol{v}'_\mu=0 \tag{6.2.4a}$$

在旋波模式中，产生的声压和温度近似为零，即

$$p'_\mu(\boldsymbol{r},\omega)=0,\quad T'_\mu(\boldsymbol{r},\omega)=0 \tag{6.2.4b}$$

即旋波模式不产生声压和温度. 上式中，下标"μ"表示旋波模式产生的压力场和温度场.

(2) $\boldsymbol{k}\times\boldsymbol{v}_0=0$，但是 $\mathrm{i}\omega\rho_0-\mu k^2\neq0$，即速度场是无旋的. 由方程(6.2.1b)和方程(6.2.2)的第二式消去$(\boldsymbol{k}\cdot\boldsymbol{v}_0)$得到关于 p_0 和 τ_0 的方程，该方程与方程(6.2.1b)的第三式联立得到关于 p_0 和 τ_0 的齐次方程组：

$$\begin{aligned}&\mathrm{i}\omega T_0\beta_{P0}p_0+(\kappa k^2-\mathrm{i}\omega\rho_0c_{P0})T_0\approx0\\&[\mathrm{i}\omega^2\rho_0\kappa_{T0}-(\lambda+2\mu)k^2\omega\kappa_{T0}-\mathrm{i}k^2]p_0-[\mathrm{i}\omega\rho_0-(\lambda+2\mu)k^2]\beta_{P0}\omega T_0\approx0\end{aligned} \tag{6.2.5a}$$

整理后得到

$$\begin{aligned}&(\gamma+\gamma\xi\varepsilon_\mu-\xi)p_0-(1+\varepsilon_\mu\xi)[c_0^2\rho_0\beta_{P0}T_0]\approx0\\&(\gamma-1)p_0-(1+\varepsilon_\kappa\xi)[c_0^2\rho_0\beta_{P0}T_0]\approx0\end{aligned} \tag{6.2.5b}$$

其中，量纲为 1 的参量为

$$\begin{aligned}&\xi\equiv k^2\frac{c_0^2}{\omega^2},\quad \varepsilon_\kappa\equiv\mathrm{i}l_\kappa\frac{\omega}{c_0},\quad \varepsilon_\mu\equiv\mathrm{i}l_\mu\frac{\omega}{c_0}\\&l_\mu\equiv\frac{\lambda+2\mu}{\rho_0c_0},\quad l_\kappa\equiv\frac{\kappa}{\rho_0c_0c_{P0}}\end{aligned} \tag{6.2.5c}$$

注意：① l_μ 和 l_κ 具有长度量纲，对于常温(20 ℃)和常压(一个大气压)下的空气介质有：$l_\mu\sim4\times10^{-8}$ m，$l_\kappa\sim6\times10^{-8}$ m，故对于一般的频率，有 $|\varepsilon_\mu|\ll1$ 和 $|\varepsilon_\kappa|\ll1$；② 得到方程(6.2.5b)，利用了热力学关系

$$\left(\frac{T\beta_P^2}{c_P}\right)_0=\frac{\gamma-1}{c_0^2} \tag{6.2.5d}$$

以及等熵声速与等温声速的关系 $c_0^2=\gamma c_{0T}^2$ 和 $c_{T0}^2=1/(\rho_0\kappa_{T0})$. 方程(6.2.5b)是以 p_0 和 $[c_0^2\rho_0\beta_{P0}\tau_0]$ 为未知数的齐次方程，其存在非零解的条件是系数行列式为零，即

$$\varepsilon_\kappa(\gamma\varepsilon_\mu-1)\xi^2+(\gamma\varepsilon_\kappa+\varepsilon_\mu-1)\xi+1=0 \tag{6.2.6a}$$

声模式 显然，当黏度和热传导系数为零时，上式的解为 $\xi=1$，当黏度和热传导系数较小时，微扰形式的解为[忽略 ε_κ 和 ε_μ 的平方项，注意：我们用 ξ_1 表示方程(6.2.6a)的一个根，另外一个根为 ξ_2，见方程(6.2.9a)]

$$\xi_1 \approx \frac{1}{1-(\gamma\varepsilon_\kappa+\varepsilon_\mu)} - \frac{\varepsilon_\kappa(\gamma\varepsilon_\mu-1)}{\gamma\varepsilon_\kappa+\varepsilon_\mu-1}\xi^2 \approx 1+(\gamma-1)\varepsilon_\kappa+\varepsilon_\mu \tag{6.2.6b}$$

即

$$k^2 \approx \frac{\omega^2}{c_0^2}\left[1+\mathrm{i}(\gamma-1)\frac{\omega}{c_0}l_\kappa+\mathrm{i}\frac{\omega}{c_0}l_\mu\right] \tag{6.2.6c}$$

当频率不太高且黏性和热传导系数不太大时，即满足 $\omega(l_\kappa+l_\mu)/c_0 \ll 1$，有

$$k \approx \frac{\omega}{c_0}+\mathrm{i}[(\gamma-1)l_\kappa+l_\mu]\frac{\omega^2}{2c_0^2} \equiv k_0+\mathrm{i}\alpha \tag{6.2.6d}$$

其中，衰减系数 α 与频率平方成正比：

$$\alpha \equiv [(\gamma-1)l_\kappa+l_\mu]\frac{\omega^2}{2c_0^2} \tag{6.2.6e}$$

因此，波数 k 有大的实部和小的虚部：$k=k_0+\mathrm{i}\alpha$，$k_0 \gg \alpha$，故为传播模式.注意到，当 $l_\kappa=l_\mu=0$ 时，$k=k_0=\omega/c_0$，模式回到理想介质的声传播色散关系，故这个模式是黏性介质中传播的**声模式**. 从方程(6.2.5b)和方程(6.2.2)可知，温度场和速度场近似为

$$T_0 \approx \frac{\gamma-1}{c_0^2\rho_0\beta_{P0}(1+\varepsilon_\kappa\xi_1)}p_0 \approx \frac{\gamma-1}{c_0^2\rho_0\beta_{P0}}\left(1-\mathrm{i}l_\kappa\frac{\omega}{c_0}\right)p_0 \approx \frac{\gamma-1}{c_0^2\rho_0\beta_{P0}}p_0 \tag{6.2.7a}$$

以及

$$v_0 \approx \frac{1}{\mathrm{i}\omega\rho_0-(\lambda+2\mu)k^2}\mathrm{i}kp_0 \approx \left(\frac{1}{\mathrm{i}\omega\rho_0}-\frac{l_\mu}{\rho_0c_0}\right)\mathrm{i}kp_0 \approx \frac{p_0}{\rho_0c_0} \tag{6.2.7b}$$

注意，由于速度场无旋，故假定速度场方向与声波传播方向一致. 从色散关系方程(6.2.6c)，可以近似得到声压的方程：

$$\nabla^2 p_a'(\boldsymbol{r},\omega)+\frac{\omega^2}{c_0^2}\left\{1+\mathrm{i}\frac{\omega}{c_0}[(\gamma-1)l_\kappa+l_\mu]\right\}p_a'(\boldsymbol{r},\omega) \approx 0 \tag{6.2.8a}$$

其中，下标"a"表示声波模式(下同). 从方程(6.2.7a)和方程(6.2.7b)可知，在声波模式中，温度场和速度场近似为

$$\begin{aligned} T_a'(\boldsymbol{r},\omega) &\approx \frac{\gamma-1}{c_0^2\rho_0\beta_{P0}}\left(1-\mathrm{i}l_\kappa\frac{\omega}{c_0}\right)p_a'(\boldsymbol{r},\omega) \approx \frac{\gamma-1}{c_0^2\rho_0\beta_{P0}}p_a'(\boldsymbol{r},\omega) \\ \boldsymbol{v}_a'(\boldsymbol{r},\omega) &\approx \left(\frac{1}{\mathrm{i}\omega\rho_0}-\frac{l_\mu}{\rho_0c_0}\right)\nabla p_a'(\boldsymbol{r},\omega) \approx \frac{1}{\mathrm{i}\omega\rho_0}\nabla p_a'(\boldsymbol{r},\omega) \end{aligned} \tag{6.2.8b}$$

注意，由于 $\nabla\times(\nabla p_a')\equiv 0$，故由上式表达的速度场是无旋的.

热波模式 方程(6.2.6a)的另一个解可由二次方程根与系数的关系求得

$$\xi_2 = \frac{1}{\varepsilon_\kappa(\gamma\varepsilon_\mu-1)} \cdot \frac{1}{\xi_1} \approx -\frac{1}{\varepsilon_\kappa} \tag{6.2.9a}$$

可以验算，对于一般我们感兴趣的声波频率，上式中第二个近似是合理的. 故热波模式的波数满足

$$k^2 \approx \mathrm{i}\frac{\omega}{l_\kappa c_0},\quad k \approx (1+\mathrm{i})\sqrt{\frac{\omega\rho_0 c_{P0}}{2\kappa}} = \frac{1+\mathrm{i}}{d_\kappa} \tag{6.2.9b}$$

其中,衰减长度为 $d_\kappa \equiv \sqrt{2\kappa/(\rho_0 c_{P0}\omega)}$. 波数 k 的实部和虚部一样大,因此,热波模式也是衰减的,对于纯净的水,其热传导系数和比热容分别为 $\kappa \approx 0.597\ \mathrm{W/(m\cdot K)}$ 和 $c_{P0} \sim 4.17\times 10^3\ \mathrm{J/(kg\cdot K)}$,密度 $\rho_0 \approx 10^3\ \mathrm{kg/m^3}$,故 $d_\kappa \sim 2.0\times 10^{-4}/\sqrt{f} \sim 6.4\times 10^{-6}$ m (取 $f = 1\ 000$ Hz). 因此,热波模式的传播距离也很短,一般在源附近或边界附近它才存在.

从方程(6.2.1b)的第二、第三式可知,声压场和速度场近似为

$$p_0 \approx \mathrm{i}\omega\rho_0 c_0 \beta_{P0}(l_\kappa - l_\mu)T_0,\quad v_0 \approx l_\kappa c_0 \beta_{P0}\mathrm{i}kT_0 \tag{6.2.10a}$$

注意,如果取 $\xi_2 \approx -1/\varepsilon_\kappa$,那么 $p_0 \sim 0$,故声压是小量. 从色散关系方程(6.2.9b)的第一式,可以近似得到温度场的方程:

$$\nabla^2 T_h' \approx -\mathrm{i}\frac{\omega}{l_\kappa c_0}T_h' \tag{6.2.10b}$$

其中,下标"h"表示热波模式产生的场(下同). 实际上,这就是热扩散方程. 在热波模式中,声压和速度近似为

$$\begin{aligned} p_h'(\boldsymbol{r},\omega) &\approx -\mathrm{i}\omega\rho_0 c_0 \beta_{P0}(l_\mu - l_\kappa)T_h'(\boldsymbol{r},\omega) \\ \boldsymbol{v}_h'(\boldsymbol{r},\omega) &\approx l_\kappa c_0 \beta_{P0}\nabla T_h'(\boldsymbol{r},\omega),\quad \nabla\times\boldsymbol{v}_h' = 0 \end{aligned} \tag{6.2.10c}$$

显然,因为声压 p_h' 与速度 $\boldsymbol{v}_h'$ 中的系数正比于黏度或者热导率,故相对于 T_h', p_h' 和 $\boldsymbol{v}_h'$ 是小量,即在这个模式中,温度变化是主要的,但它是衰减波.

值得指出的是:① 我们通过简单的色散关系,导出了有旋速度场、声场和温度场满足的方程,以及相应的其他场量的计算关系. 但这些方程和关系成立的条件是声波频率较低,其黏性或者热传导效应较小,即满足 $\omega(l_\kappa + l_\mu)/c_0 \ll 1$. 例如,对于干燥的空气而言,有 $l_\kappa \sim 6\times 10^{-8}$ m 和 $l_\mu \sim 4\times 10^{-8}$ m, $\omega \ll c_0/(l_\kappa + l_\mu) \approx 3.4\times 10^9$ rad/s,一般的声波频率都能满足这一条件;② 但是,当频率很低时,d_μ 和 d_κ 很大,如果所考虑的区域线度与 d_μ 和 d_κ 在同一量级,那么这些方程和关系也不成立,必须用耦合的方程,例如方程(6.1.15a)、方程(6.1.17a)和方程(6.1.17b);③ 当黏度和热传导系数为零时,二阶方程(6.2.6a)退化为一阶方程 $\xi = 1$,两个根退化成一个根. 可见,微扰 $|\varepsilon_\mu| \ll 1$ 和 $|\varepsilon_\kappa| \ll 1$ 是奇异微扰. 这点也可以从 $\xi_2 \approx -1/\varepsilon_\kappa$ 的形式看出来.

6.2.2 声学边界层理论

根据叠加原理,空间任意一点的场可表示成旋波模式、声模式和热波模式的线性叠加:

$$v'(r,\omega)=v_\mu(r,\omega)+v_a(r,\omega)+v_h(r,\omega)$$
$$T'(r,\omega)=T_\mu(r,\omega)+T_a(r,\omega)+T_h(r,\omega) \tag{6.2.11}$$
$$p'(r,\omega)=p_\mu(r,\omega)+p_a(r,\omega)+p_h(r,\omega)$$

上式中为方便起见，在不引起混乱的情况下，略去场量上的“′”，其中$\boldsymbol{v}_\mu(\boldsymbol{r},\omega)$、$p_a(\boldsymbol{r},\omega)$和$T_h(\boldsymbol{r},\omega)$分别满足方程(6.2.4a)、方程(6.2.8a)和方程(6.2.10b). 其他场量分别由方程(6.2.4b)、方程(6.2.8b)和方程(6.2.10c)决定. 对于无限空间的传播问题而言，其旋波$\boldsymbol{v}_\mu(\boldsymbol{r},\omega)$和热波$T_h(\boldsymbol{r},\omega)$仅存在于声源附近，传播距离$d_\mu$和$d_\kappa$与声波波长相比要短得多，故它们很快就衰减. 在远离声源处，只须考虑声传播模式$p_a(\boldsymbol{r},\omega)$、$T_a(\boldsymbol{r},\omega)$和$\boldsymbol{v}_a(\boldsymbol{r},\omega)$的存在，问题就相当简单. 但当空间存在边界时，如图 6.2.1 所示，下半空间($z<0$)是固体介质(假定为刚性)，声波只能在$z>0$的流体中传播，在边界附近，波的行为又如何呢？事实上，在界面附近，为了满足边界条件，我们不得不考虑旋波$\boldsymbol{v}_\mu(\boldsymbol{r},\omega)$和热波$T_h(\boldsymbol{r},\omega)$的影响. 为此，我们首先讨论边界层内的旋波和热波.

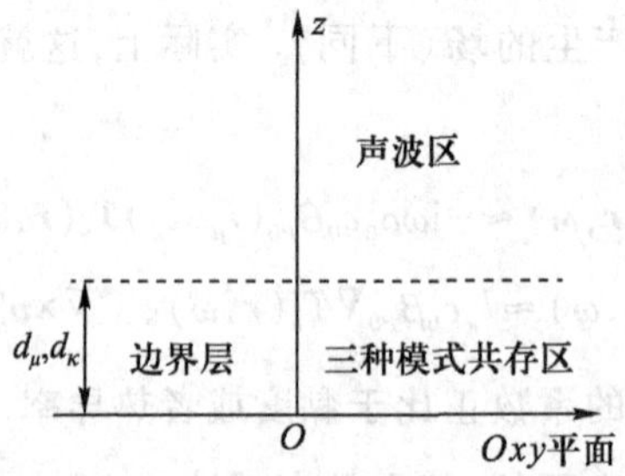

图 6.2.1　在流体-固体界面附近存在 3 种模式共存的区，即边界层

边界附近的旋波　在边界层，旋波$\boldsymbol{v}_\mu(\boldsymbol{r},\omega)$的法向导数远大于切向导数，如果边界是如图 6.2.1 所示的$z=0$的平面，$\boldsymbol{v}_\mu(\boldsymbol{r},\omega)$随$z$指数衰减，故$\partial^2\boldsymbol{v}_\mu(\boldsymbol{r},\omega)/\partial z^2 \gg \nabla_t^2\boldsymbol{v}_\mu(\boldsymbol{r},\omega)$. 于是，旋波方程(6.2.4a)可简化为

$$\frac{\mathrm{d}^2\boldsymbol{v}_\mu}{\mathrm{d}z^2}\approx-\frac{\mathrm{i}\rho_0\omega}{\mu}\boldsymbol{v}_\mu,\quad \nabla\cdot\boldsymbol{v}_\mu=0 \tag{6.2.12a}$$

上式的解为(取当$z\to\infty$时，指数衰减的解)

$$\boldsymbol{v}_\mu(x,y,z,\omega)\approx\boldsymbol{v}_\mu(x,y,0,\omega)\exp\left[-(1-\mathrm{i})\frac{z}{d_\mu}\right]$$
$$\nabla_t\cdot\boldsymbol{v}_\mu(x,y,0,\omega)-\frac{(1-\mathrm{i})}{d_\mu}v_{\mu z}(x,y,0,\omega)\approx0 \tag{6.2.12b}$$

其中，$\nabla_t=\dfrac{\partial}{\partial x}\boldsymbol{e}_x+\dfrac{\partial}{\partial y}\boldsymbol{e}_y$为梯度算子的切向分量. 由方程(6.2.4b)可知，旋波产生的声波场和温度场为零，即$p_\mu(x,y,z,\omega)=0$和$T_\mu(x,y,z,\omega)=0$.

边界附近的温度波　对于边界层内的热波，同样可以得到

$$T_h(x,y,z,\omega)\approx T_h(x,y,0,\omega)\exp\left[-(1-\mathrm{i})\frac{z}{d_\kappa}\right] \tag{6.2.13a}$$

由方程(6.2.10c)可知,热波产生的声波场和速度场为

$$\begin{aligned} p_h(x,y,z,\omega)&\approx -\mathrm{i}\omega\rho_0c_0\beta_{P0}(l_\mu-l_\kappa)T_h(x,y,z,\omega)\approx 0\\ \boldsymbol{v}_h(x,y,z,\omega)&\approx -\frac{(1-\mathrm{i})}{d_\kappa}l_\kappa c_0\beta_{P0}T_h(x,y,z,\omega)\boldsymbol{e}_z \end{aligned} \tag{6.2.13b}$$

温度边界条件 假定固体的热传导系数远大于流体,温度的边界条件近似为

$$T'(x,y,0,\omega)=T_\mu(x,y,0,\omega)+T_a(x,y,0,\omega)+T_h(x,y,0,\omega)=0 \tag{6.2.14a}$$

注意到,有 $T_\mu(x,y,0,\omega)=0$ 和方程(6.2.8b),由上式得到

$$T_h(x,y,0,\omega)=-T_a(x,y,0,\omega)\approx -\frac{\gamma-1}{c_0^2\rho_0\beta_{P0}}p_a(x,y,0,\omega) \tag{6.2.14b}$$

声模式边界条件 考虑固体边界以速度$\boldsymbol{v}_{\text{wall}}$运动,速度连续性条件要求

$$\boldsymbol{v}(\boldsymbol{r},\omega)\big|_{z=0}=\boldsymbol{v}_\mu(x,y,0,\omega)+\boldsymbol{v}_a(x,y,0,\omega)+\boldsymbol{v}_h(x,y,0,\omega)=\boldsymbol{v}_{\text{wall}} \tag{6.2.15a}$$

上式两边用算子∇_{t}点乘,并且利用方程(6.2.12b)和方程(6.2.13b)得到[注意:由方程(6.2.13b)的第二式可知,$\boldsymbol{v}_h(x,y,z,\omega)$的近似仅有$\boldsymbol{e}_z$方向分量,故$\nabla_{\text{t}}\cdot\boldsymbol{v}_h(x,y,z,\omega)\approx 0$]

$$\frac{(1-\mathrm{i})}{d_\mu}v_{\mu z}(x,y,0,\omega)+\nabla_{\text{t}}\cdot\boldsymbol{v}_a(x,y,0,\omega)=0 \tag{6.2.15b}$$

利用方程(6.2.13b)和方程(6.2.15a),可得边界上速度场的z方向分量为

$$v_{\mu z}(x,y,0,\omega)+v_{az}(x,y,0,\omega)-\frac{(1-\mathrm{i})}{d_\kappa}l_\kappa c_0\beta_{P0}T_h(x,y,0,\omega)=\boldsymbol{v}_{\text{wall}}\cdot\boldsymbol{n} \tag{6.2.15c}$$

注意:$v_{\mu z}(x,y,0,\omega)=\boldsymbol{v}_\mu\cdot\boldsymbol{n}$; $v_{az}(x,y,0,\omega)=\boldsymbol{v}_a\cdot\boldsymbol{n}$($\boldsymbol{n}=\boldsymbol{e}_z$是固体表面的法向),方程(6.2.15b)和方程(6.2.15c)可写成

$$\begin{aligned} &\left[\frac{(1-\mathrm{i})}{d_\mu}\boldsymbol{v}_\mu\cdot\boldsymbol{n}+\nabla_{\text{t}}\cdot\boldsymbol{v}_a\right]_{z=0}=0\\ &\left[(\boldsymbol{v}_\mu+\boldsymbol{v}_a)\cdot\boldsymbol{n}-\frac{(1-\mathrm{i})}{d_\kappa}l_\kappa c_0\beta_{P0}T_h\right]_{z=0}=\boldsymbol{v}_{\text{wall}}\cdot\boldsymbol{n} \end{aligned} \tag{6.2.16a}$$

将上两式消去$\boldsymbol{v}_\mu\cdot\boldsymbol{n}$得到

$$\left[-\frac{d_\mu}{(1-\mathrm{i})}\nabla_{\text{t}}\cdot\boldsymbol{v}_a+\boldsymbol{v}_a\cdot\boldsymbol{n}-\frac{(1-\mathrm{i})}{d_\kappa}l_\kappa c_0\beta_{P0}T_h\right]_{z=0}=\boldsymbol{v}_{\text{wall}}\cdot\boldsymbol{n} \tag{6.2.16b}$$

把方程(6.2.14b)代入上式得到

$$\left[\boldsymbol{v}_a\cdot\boldsymbol{n}-\frac{(1+\mathrm{i})d_\mu}{2}\nabla_{\text{t}}\cdot\boldsymbol{v}_a+\frac{(1-\mathrm{i})(\gamma-1)d_\kappa}{2}\frac{\omega}{c_0}\frac{p_a}{c_0\rho_0}\right]_{z=0}\approx\boldsymbol{v}_{\text{wall}}\cdot\boldsymbol{n} \tag{6.2.17a}$$

上式就是我们要求的声波场所满足的边界条件. 当界面为刚性固体并且静止时:$\boldsymbol{v}_{\text{wall}}=0$.

注意:上式成立的条件与6.2.1小节末的讨论一样.

事实上,方程(6.2.17a)可推广到一般的曲面边界,例如柱面或球面边界,只要柱或球

半径满足:$a \gg d_\mu$. 在柱和球坐标中,切向散度算子分别为

$$\nabla_t \cdot \boldsymbol{v}_a \equiv \frac{1}{a}\frac{\partial v_{a\varphi}}{\partial \varphi}+\frac{\partial v_{az}}{\partial z}$$

$$\nabla_t \cdot \boldsymbol{v}_a \equiv \frac{1}{a\sin\theta}\frac{\partial}{\partial\theta}(\sin\theta v_{a\theta})+\frac{1}{a\sin\theta}\frac{\partial v_{a\varphi}}{\partial\varphi} \tag{6.2.17b}$$

6.2.3 边界层的声能量损失

对于静止的刚性边界而言,因为 $\boldsymbol{v}(\boldsymbol{r},\omega)\big|_{z=0}=0$,故 $\boldsymbol{I}=p\boldsymbol{v}\big|_{z=0}=0$,即边界上总能流为零. 但声能流$\boldsymbol{I}_a=p_a\boldsymbol{v}_a\big|_{z=0}$显然不为零,其意义是明显的:可逆的声能量不断地转化为不可逆的旋波模式和热波模式. 因此,$-\boldsymbol{I}_a\cdot\boldsymbol{n}=-p_a\boldsymbol{v}_a\cdot\boldsymbol{n}$(负号表示能量的减少)可看成是进入边界的声能流,也就是边界层吸收的声能流. 时间平均声能流为

$$-(\boldsymbol{I}_a\cdot\boldsymbol{n})_{\mathrm{av}}=-\frac{1}{2}\mathrm{Re}(p_a^*\boldsymbol{v}_a\cdot\boldsymbol{n}) \tag{6.2.18a}$$

由方程(6.2.17a)得

$$\boldsymbol{v}_a\cdot\boldsymbol{n}\big|_{z=0}\approx\frac{(1+\mathrm{i})d_\mu}{2}\nabla_t\cdot\boldsymbol{v}_a-\frac{(1-\mathrm{i})(\gamma-1)d_\kappa}{2}\frac{\omega}{c_0}\frac{p_a}{c_0\rho_0} \tag{6.2.18b}$$

将上式代入方程(6.2.18a)得到

$$-(\boldsymbol{I}_a\cdot\boldsymbol{n})_{\mathrm{av}}=-\frac{1}{2}\mathrm{Re}\left[\frac{(1+\mathrm{i})d_\mu}{2}p_a^*\nabla_t\cdot\boldsymbol{v}_a\right]+\frac{1}{2}\frac{(\gamma-1)d_\kappa}{2}\frac{\omega}{c_0}\frac{|p_a|^2}{c_0\rho_0} \tag{6.2.18c}$$

利用关系 $p_a^*\nabla_t\cdot\boldsymbol{v}_a=\nabla_t\cdot(p_a^*\boldsymbol{v}_a)-\boldsymbol{v}_a\cdot\nabla_t p_a^*$,将上式在整个边界面上积分,有

$$-\int_S(I_a\cdot\boldsymbol{n})_{\mathrm{av}}\mathrm{d}S=\frac{\omega\rho_0 d_\mu}{4}\int_S|\boldsymbol{v}_{a,t}|^2\mathrm{d}S+\frac{(\gamma-1)d_\kappa}{4}\frac{\omega}{c_0}\int_S\frac{|p_a|^2}{c_0\rho_0}\mathrm{d}S \tag{6.2.18d}$$

式中,$\boldsymbol{v}_{a,t}$表示取矢量$\boldsymbol{v}_a$ 的切向分量. 上式推导过程中利用了 Gauss 公式和关系$\nabla p_a\approx\mathrm{i}\omega\rho_0\cdot\boldsymbol{v}_a$(取切向分量). 由上式可得

$$-(\boldsymbol{I}_a\cdot\boldsymbol{n})_{\mathrm{av}}=\frac{1}{2}\frac{\omega\rho_0 d_\mu}{2}|\boldsymbol{v}_{a,t}|^2+\frac{1}{2}\frac{(\gamma-1)d_\kappa}{2}\frac{\omega}{c_0}\frac{|p_a|^2}{c_0\rho_0} \tag{6.2.19a}$$

因此,在边界面上单位时间、单位面积损耗的声能量为

$$-(\boldsymbol{I}_a\cdot\boldsymbol{n})_{\mathrm{av}}=\frac{1}{2}\frac{\rho_0 c_0 k_0 d_\mu}{2}|\boldsymbol{v}_{a,t}|^2+\frac{1}{2}\frac{(\gamma-1)k_0 d_\kappa}{2}\frac{|p_a|^2}{c_0\rho_0} \tag{6.2.19b}$$

作为例子,分析平面声波入射到刚性界面的情况,如图 6.2.2 所示. 考虑热传导和黏性效应后,入射场可表示为

$$p_a^{\mathrm{i}}(\boldsymbol{r},\omega)=p_{a0}^{\mathrm{i}}\exp(\mathrm{i}k_a\,\boldsymbol{e}_{\mathrm{i}}\cdot\boldsymbol{r})$$

$$\boldsymbol{v}_a^{\mathrm{i}}(\boldsymbol{r},\omega)\approx \mathrm{i}k_a\,\boldsymbol{e}_{\mathrm{i}}\left(\frac{1}{\mathrm{i}\omega\rho_0}-\frac{l_\mu}{\rho_0 c_0}\right)p_a^{\mathrm{i}}(\boldsymbol{r},\omega)$$

$$T_a^{\mathrm{i}}(\boldsymbol{r},t)\approx\frac{\gamma-1}{c_0^2\rho_0\beta_{P0}}\left(1-\mathrm{i}l_\kappa\frac{\omega}{c_0}\right)p_a^{\mathrm{i}}(\boldsymbol{r},\omega)\tag{6.2.20a}$$

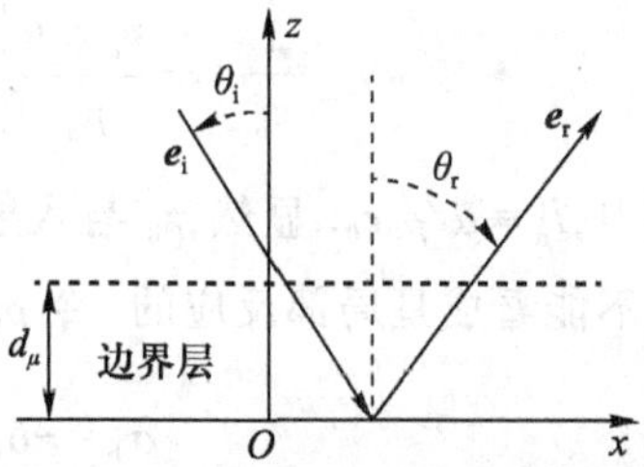

图 6.2.2　平面波入射到固体界面

其中，$k_a\approx k_0+\mathrm{i}\alpha,\alpha\equiv\omega^2[(\gamma-1)l_\kappa+l_\mu]/2c_0^2,k_0=\omega/c_0,\boldsymbol{e}_{\mathrm{i}}$ 是入射方向的单位矢量，为简单起见，设整个问题与 y 无关，$\boldsymbol{e}_{\mathrm{i}}$ 在 Oxz 平面内 $\boldsymbol{e}_{\mathrm{i}}=(\sin\theta_{\mathrm{i}},-\cos\theta_{\mathrm{i}})$，$\theta_{\mathrm{i}}$ 为入射方向与 z 轴的夹角. 设反射波为

$$p_a^{\mathrm{r}}(\boldsymbol{r},\omega)=p_{a0}^{\mathrm{r}}\exp(\mathrm{i}k_a\,\boldsymbol{e}_{\mathrm{r}}\cdot\boldsymbol{r})$$

$$\boldsymbol{v}_a^{\mathrm{r}}(\boldsymbol{r},\omega)\approx \mathrm{i}k_a\,\boldsymbol{e}_{\mathrm{r}}\left(\frac{1}{\mathrm{i}\omega\rho_0}-\frac{l_\mu}{\rho_0 c_0}\right)p_a^{\mathrm{r}}(\boldsymbol{r},\omega)\tag{6.2.20b}$$

$$T_a^{\mathrm{r}}(\boldsymbol{r},t)\approx\frac{\gamma-1}{c_0^2\rho_0\beta_{P0}}\left(1-\mathrm{i}l_\kappa\frac{\omega}{c_0}\right)p_a^{\mathrm{r}}(\boldsymbol{r},\omega)$$

其中，$\boldsymbol{e}_{\mathrm{r}}$ 为反射波传播方向的单位矢量：$\boldsymbol{e}_{\mathrm{r}}=(\sin\theta_{\mathrm{r}},\cos\theta_{\mathrm{r}})$，$\theta_{\mathrm{r}}$ 为反射方向与 z 轴的夹角. 界面边界条件为速度连续（即法向速度 $\boldsymbol{v}\cdot\boldsymbol{n}\,|_{z=0}=0$ 和切向速度 $\boldsymbol{v}\cdot\boldsymbol{t}\,|_{z=0}=0$）和温度变化 $T\,|_{z=0}=0$［其中，法向和切向单位矢量分别为 $\boldsymbol{n}=(0,0,-1)$ 和 $\boldsymbol{t}=(1,1,0)/\sqrt{2}$］. 显然，仅仅由方程(6.2.20a)和方程(6.2.20b)表示的速度场和温度场是不可能同时满足界面上速度连续和温度变化为零的边界条件的，因为只有一个需要决定的量 p_{a0}^{r}. 因此，必须考虑边界附近的旋模式和热波模式，或者直接由方程(6.2.17a)得到决定反射波 p_{a0}^{r} 的方程. 考虑到

$$\boldsymbol{v}_a\cdot\boldsymbol{n}=\mathrm{i}k_a\left(\frac{1}{\mathrm{i}\omega\rho_0}-\frac{l_\mu}{\rho_0 c_0}\right)[-p_{a0}^{\mathrm{i}}\cos\theta_{\mathrm{i}}\mathrm{e}^{\mathrm{i}k_a x\sin\theta_{\mathrm{i}}}+p_{a0}^{\mathrm{r}}\cos\theta_{\mathrm{r}}\mathrm{e}^{\mathrm{i}k_a x\sin\theta_{\mathrm{r}}}]$$

$$\nabla_{\mathrm{t}}\cdot\boldsymbol{v}_a=-k_a^2\left(\frac{1}{\mathrm{i}\omega\rho_0}-\frac{l_\mu}{\rho_0 c_0}\right)[p_{a0}^{\mathrm{i}}\sin^2\theta_{\mathrm{i}}\mathrm{e}^{\mathrm{i}k_a x\sin\theta_{\mathrm{r}}}+p_{a0}^{\mathrm{r}}\sin^2\theta_{\mathrm{r}}\mathrm{e}^{\mathrm{i}k_a x\sin\theta_{\mathrm{r}}}]\tag{6.2.21}$$

由 x 的任意性得到 $\theta_{\mathrm{r}}=\theta_{\mathrm{i}}$，故在非理想情况下，反射定律仍然成立：入射角等于反射角. 由上式和方程(6.2.17a)，容易得到（作为习题）

$$k_a\cos\theta_{\mathrm{i}}\cdot\frac{1-R}{1+R}\approx\frac{(1+\mathrm{i})d_\mu k_a^2}{2\mathrm{i}}\sin^2\theta_{\mathrm{i}}+\frac{(1-\mathrm{i})(\gamma-1)d_\kappa}{2}\frac{\omega^2}{c_0^2}\tag{6.2.22a}$$

其中，声压反射系数定义为 $R\equiv p_{a0}^{\mathrm{r}}/p_{a0}^{\mathrm{i}}$. 由黏性和热传导效应知，可以定义刚性边界的声阻抗率 z_{b} 为

$$\frac{1}{z_{\mathrm{b}}}\equiv-\frac{\boldsymbol{v}_a\cdot\boldsymbol{n}}{p_a}\bigg|_{z=0}\approx\frac{1}{\omega\rho_0}k_a\cos\theta_{\mathrm{i}}\cdot\frac{1-R}{1+R}\tag{6.2.22b}$$

把方程(6.2.22a)代入上式得到

$$\frac{1}{z_b}\equiv-\left.\frac{\boldsymbol{v}_a\cdot\boldsymbol{n}}{p_a}\right|_{z=0}=\frac{(1-\mathrm{i})}{\sqrt{2}\rho_0c_0}\left[\sqrt{l'_\mu}\sin^2\theta_i+(\gamma-1)\sqrt{l_\kappa}\right]\sqrt{\frac{\omega}{c_0}} \tag{6.2.22c}$$

其中，$l'_\mu\equiv\mu/\rho_0c_0$. 显然，$z_b$ 与入射波方向 θ_i 有关，故由于黏性和热传导效应存在，等效的表面不能看成是局部反应的. 令 $\rho_0c_0/z_b\equiv\sigma_b+\mathrm{i}\delta_b$，其中

$$\sigma_b=-\delta_b=\frac{1}{\sqrt{2}}\left[\sqrt{k_0l'_\mu}\sin^2\theta_i+(\gamma-1)\sqrt{k_0l_\kappa}\right] \tag{6.2.23a}$$

那么，由方程(6.2.22b)得到反射系数

$$R\approx\frac{\cos\theta_i-(\sigma_b+\mathrm{i}\delta_b)}{\cos\theta_i+(\sigma_b+\mathrm{i}\delta_b)} \tag{6.2.23b}$$

定义吸收系数 $\alpha\equiv(1-|R|^2)\cos\theta_i$，则有

$$\alpha=(1-|R|^2)\cos\theta_i=\frac{2[k_0d_\mu\sin^2\theta_i+(\gamma-1)k_0d_\kappa]\cos^2\theta_i}{(\cos\theta_i+\sigma_b)^2+\delta_b^2} \tag{6.2.23c}$$

注意：吸收系数中乘 $\cos\theta_i$ 是因为当声波斜入射到界面时，单位面积的声束（垂直于传播方向的截面）入射到面积为 $1/\cos\theta_i$ 的界面上，而吸收系数是单位面积损耗的声能量. 另一方面，由方程(6.2.19b)知，边界层的声能量损耗为

$$-(\boldsymbol{I}_a\cdot\boldsymbol{n})_{av}=I_{0i}\frac{2[k_0d_\mu\sin^2\theta_i+(\gamma-1)k_0d_\kappa]\cos^2\theta_i}{(\cos\theta_i+\sigma_b)^2+\delta_b^2} \tag{6.2.24}$$

其中，$I_{0i}\equiv|p_{a0}^i|^2/(2\rho_0c_0)$ 为入射声场的能流密度. 显然，有 $\alpha=-(\boldsymbol{I}_a\cdot\boldsymbol{n})_{av}/I_{0i}$，故吸收系数就是边界层的声能流损耗率.

6.2.4 耗散介质中微球的散射

在 3.1 节中，我们分析了理想流体中球体对平面波的散射. 本小节考虑流体耗散对散射的影响. 仍然设半径为 a 的介质球球心位于原点，平面波沿 $+z$ 方向入射，散射问题与方位角无关. 当条件 $a\gg d_\mu$ 或者 $a\gg d_\kappa$ 不满足时，边界条件方程(6.2.17a)已不成立，必须严格求解边界层中的热波模式和旋波模式，以满足球面上的边界条件. 但仍然假定三种模式可分开处理，否则必须用耦合方程，则严格求解将非常困难（当仅考虑黏性而忽略热传导时，其分析方法见 6.1.4）. 对常温下的空气以及频率为 1 kHz 左右的声波而言，有 $d_\mu\sim10^{-4}$ cm 和 $d_\kappa\sim10^{-4}$ cm. 而当 $a\sim(5\sim10)\times10^{-4}$ cm 时，尽管 a 仍是 d_μ 或 d_κ 的数倍，但必须严格求解边界层中的热波模式和旋波模式. 一个具体的例子是空气中雾滴的散射，此时的黏性和热传导效应是不能忽略的. 幸运的是，当 $k_0a\ll1$ 时，我们只要考虑 $l=0$ 和 $l=1$ 两项就可以了. 为简单起见，假定球内介质的黏性和热传导远大于球外介质（如悬浮于空气中的水滴），于是球内的热波和旋波（切变波）可忽略[由方程(6.2.4a)和方程(6.2.10b)知，当球内的黏性和热传导系数很大时，热波和旋波方程近似满足 Laplace 方程，故可忽略其波动

特性],我们只需考虑球外的边界层.

球内的驻波 设球内介质的等效密度、等效压缩系数和等效声速分别为 ρ_e、κ_e 和 $c_e=1/\sqrt{\rho_e\kappa_e}$,球内驻波(只存在声波模式)的前两项为

$$p_e(r,\theta,\omega)\approx B_0(\omega)\mathrm{j}_0(k_e r)+B_1(\omega)\mathrm{j}_1(k_e r)\cos\theta$$

$$v_{er}(r,\theta,\omega)\approx\frac{1}{\mathrm{i}\rho_e c_e}\left[\frac{\mathrm{dj}_0(k_e r)}{\mathrm{d}(k_e r)}B_0(\omega)+B_1(\omega)\frac{\mathrm{dj}_1(k_e r)}{\mathrm{d}(k_e r)}\cos\theta\right]\tag{6.2.25a}$$

$$v_{e\theta}(r,\theta,\omega)\approx-\frac{1}{\mathrm{i}\rho_e c_e k_e r}B_1(\omega)\mathrm{j}_1(k_e r)\sin\theta$$

球外声波模式 球外的入射波和散射波(声波模式)的前两项分别为

$$p_i(r,\theta,\omega)\approx p_{0i}(\omega)[\mathrm{j}_0(k_0 r)+3\,\mathrm{ij}_1(k_0 r)\cos\theta]$$

$$v_{ir}(r,\theta,\omega)\approx\frac{p_{0i}(\omega)}{\mathrm{i}\rho_0 c_0}\left[\frac{\mathrm{dj}_0(k_0 r)}{\mathrm{d}(k_0 r)}+3\mathrm{i}\frac{\mathrm{dj}_1(k_0 r)}{\mathrm{d}(k_0 r)}\cos\theta\right]\tag{6.2.25b}$$

$$v_{i\theta}(r,\theta,\omega)\approx-\frac{3p_{0i}(\omega)}{\rho_0 c_0 k_0 r}\mathrm{j}_1(k_0 r)\sin\theta$$

以及

$$p_s(r,\theta,\omega)\approx A_0(\omega)\mathrm{h}_0^{(1)}(k_0 r)+A_1(\omega)\mathrm{h}_1^{(1)}(k_0 r)\cos\theta$$

$$v_{sr}(r,\theta,\omega)\approx\frac{1}{\mathrm{i}\rho_0 c_0}\left[A_0(\omega)\frac{\mathrm{dh}_0^{(1)}(k_0 r)}{\mathrm{d}(k_0 r)}+A_1(\omega)\frac{\mathrm{dh}_1^{(1)}(k_0 r)}{\mathrm{d}(k_0 r)}\cos\theta\right]\tag{6.2.25c}$$

$$v_{s\theta}(r,\theta,\omega)\approx-\frac{1}{\mathrm{i}\rho_0 c_0 k_0 r}A_1(\omega)\mathrm{h}_1^{(1)}(k_0 r)\sin\theta$$

入射声波模式和散射声波模式产生的热波为

$$T_a(r,\theta,\omega)\approx\frac{\gamma-1}{c_0^2\rho_0\beta_{P0}}[p_i(r,\theta,\omega)+p_s(r,\theta,\omega)]\tag{6.2.25d}$$

球外热波模式 球外热波满足

$$\nabla^2 T_h+k_h^2 T_h=0,\quad k_h=(1+\mathrm{i})/d_\kappa\tag{6.2.26a}$$

在球坐标中,热波表达式为

$$T_h(r,\theta,\omega)\approx C_0\mathrm{h}_0^{(1)}(k_h r)+C_1\mathrm{h}_1^{(1)}(k_h r)\cos\theta\tag{6.2.26b}$$

由方程(6.2.10c)可知,热波模式产生的声场和速度场为

$$p_h(r,\theta,\omega)\approx 0$$

$$v_{hr}(r,\theta,\omega)\approx\frac{1}{2}\omega k_h d_\kappa^2\beta_{P0}\left[C_0\frac{\mathrm{dh}_0^{(1)}(k_h r)}{\mathrm{d}(k_h r)}+C_1\frac{\mathrm{dh}_1^{(1)}(k_h r)}{\mathrm{d}(k_h r)}\cos\theta\right]\tag{6.2.26c}$$

$$v_{h\theta}(r,\theta,\omega)\approx-\frac{1}{2}\omega d_\kappa^2 k_h\beta_{P0}C_1\frac{\mathrm{h}_1^{(1)}(k_h r)}{k_h r}\sin\theta$$

球外旋波模式 球外旋波满足方程(6.2.4a),即

$$\nabla^2 \boldsymbol{v}_\mu(r,\theta,\omega)+k_\mu^2 \boldsymbol{v}_\mu(r,\theta,\omega)=0$$
$$\nabla \cdot \boldsymbol{v}_\mu(r,\theta,\omega)=0, \quad k_\mu=(1+\mathrm{i})/d_\mu \tag{6.2.27a}$$

因为假定入射波与方位角 φ 无关,由方程(6.1.32b)可知[注意:为了方便,取方程(6.1.32b)中 $-2B_1=A(\omega)/k_\mu$],旋波的速度分布为

$$v_{\mu r}(r,\theta,\omega)=\frac{A(\omega)}{k_\mu r}\mathrm{h}_1^{(1)}(k_\mu r)\cos\theta$$
$$v_{\mu\theta}(r,\theta,\omega)=-\frac{A(\omega)}{2k_\mu r}\frac{\mathrm{d}[(k_\mu r)\mathrm{h}_1^{(1)}(k_\mu r)]}{\mathrm{d}(k_\mu r)}\sin\theta \tag{6.2.27b}$$

边界条件 以上诸系数由球面($r=a$)边界条件决定,在球面上,声压连续、温度变化为零,以及切向和法向速度连续. 详细讨论如下.

(1) 球面上声压连续(注意:严格地,应该是法向应力连续,见 6.1.1 小节中的讨论,这里忽略了压力张量中的黏性项),即

$$p_{\mathrm{i}}(a,\theta,\omega)+p_{\mathrm{s}}(a,\theta,\omega)+p_h(a,\theta,\omega)\approx p_{\mathrm{e}}(a,\theta,\omega) \tag{6.2.28a}$$

得到

$$p_{0\mathrm{i}}(\omega)\mathrm{j}_0(k_0a)+A_0(\omega)\mathrm{h}_0^{(1)}(k_0a)\approx B_0(\omega)\mathrm{j}_0(k_{\mathrm{e}}a)$$
$$3\mathrm{i}p_{0\mathrm{i}}(\omega)\mathrm{j}_1(k_0a)+A_1(\omega)\mathrm{h}_1^{(1)}(k_0a)\approx B_1(\omega)\mathrm{j}_1(k_{\mathrm{e}}a) \tag{6.2.28b}$$

因为 $k_0a\ll 1$ 以及 $k_{\mathrm{e}}a\ll 1$, 故上式简化为

$$B_0(\omega)\approx p_{0\mathrm{i}}(\omega)-\frac{\mathrm{i}A_0(\omega)}{k_0a}$$
$$\frac{1}{3}k_{\mathrm{e}}aB_1(\omega)+A_1(\omega)\frac{\mathrm{i}}{(k_0a)^2}\approx \mathrm{i}p_{0\mathrm{i}}(\omega)k_0a \tag{6.2.28c}$$

(2) 球面上温度变化为零,即 $T_a(a,\theta,\omega)+T_h(a,\theta,\omega)\approx 0$,得到

$$\frac{\gamma-1}{c_0^2\rho_0\beta_{P0}}[p_{0\mathrm{i}}(\omega)\mathrm{j}_0(k_0a)+A_0(\omega)\mathrm{h}_0^{(1)}(k_0a)]+C_0(\omega)\mathrm{h}_0^{(1)}(k_ha)\approx 0$$
$$\frac{\gamma-1}{c_0^2\rho_0\beta_{P0}}[3\mathrm{i}p_{0\mathrm{i}}(\omega)\mathrm{j}_1(k_0a)+A_1(\omega)\mathrm{h}_1^{(1)}(k_0a)]+C_1(\omega)\mathrm{h}_1^{(1)}(k_ha)\approx 0 \tag{6.2.29a}$$

注意到 $d_\kappa\sim 10^{-4}$ cm, $a\sim 1.0\times 10^{-3}$ cm, $|k_ha|\gg 1$, 故对 $h_0^{(1)}(k_ha)$ 和 $h_1^{(1)}(k_ha)$ 是作大参数展开. 于是有

$$\frac{\gamma-1}{c_0^2\rho_0\beta_{P0}}\left[p_{0\mathrm{i}}(\omega)-\frac{\mathrm{i}A_0(\omega)}{k_0a}\right]-E_0(\omega)\frac{(1+\mathrm{i})d_\kappa}{2a}\approx 0$$
$$\mathrm{i}k_0a\frac{\gamma-1}{c_0^2\rho_0\beta_{P0}}\left[p_{0\mathrm{i}}(\omega)-\frac{A_1(\omega)}{(k_0a)^3}\right]-E_1(\omega)\frac{(1-\mathrm{i})d_\kappa}{2a}\approx 0 \tag{6.2.29b}$$

其中，$E_{0,1}(\omega)\equiv C_{0,1}(\omega)\exp[(\mathrm{i}-1)a/d_\kappa]$.

(3) 球面上法向速度连续，即

$$v_{\mathrm{i}r}(a,\theta,\omega)+v_{\mathrm{s}r}(a,\theta,\omega)+v_{hr}(a,\theta,\omega)+v_{\mu r}(a,\theta,\omega)=v_{\mathrm{e}r}(a,\theta,\omega) \tag{6.2.30a}$$

得到

$$\begin{aligned}&p_{0\mathrm{i}}(\omega)\mathrm{j}_0'(k_0a)+\mathrm{h}_0'^{(1)}(k_0a)A_0(\omega)+\frac{\mathrm{i}\rho_0c_0}{2}k_h\omega d_\kappa^2\beta_{P0}\mathrm{h}_0'^{(1)}(k_ha)C_0(\omega)\\&=\gamma_\mathrm{e}\mathrm{j}_0'(k_\mathrm{e}r)B_0(\omega)\\&3\mathrm{i}p_{0\mathrm{i}}(\omega)\mathrm{j}_1'(k_0a)+\mathrm{h}_1'^{(1)}(k_0a)A_1(\omega)+C_1(\omega)\frac{\mathrm{i}\rho_0c_0}{2}k_h\omega d_\kappa^2\beta_{P0}\mathrm{h}_1'^{(1)}(k_ha)\\&+\frac{\mathrm{i}\rho_0c_0}{k_\mu a}\mathrm{h}_1^{(1)}(k_\mu a)A=\gamma_\mathrm{e}\mathrm{j}_1'(k_\mathrm{e}a)B_1(\omega)\end{aligned} \tag{6.2.30b}$$

其中，$\gamma_\mathrm{e}=\rho_0c_0/\rho_\mathrm{e}c_\mathrm{e}$ 为声阻抗率比. 上式的近似表达式为

$$\begin{aligned}&-\frac{1}{3}k_0ap_{0\mathrm{i}}(\omega)+\frac{\mathrm{i}}{(k_0a)^2}A_0(\omega)+\frac{\mathrm{i}\rho_0c_0}{2a}\omega d_\kappa^2\beta_{P0}E_0\approx-\frac{1}{3}\gamma_\mathrm{e}k_\mathrm{e}aB_0(\omega)\\&\mathrm{i}p_{0\mathrm{i}}(\omega)+\frac{2\mathrm{i}}{(k_0a)^3}A_1(\omega)+\frac{\rho_0c_0}{2a}\omega d_\kappa^2\beta_{P0}E_1(\omega)-\frac{d_\mu^2}{2a^2}D_1(\omega)\approx\frac{\gamma_\mathrm{e}}{3}B_1(\omega)\end{aligned} \tag{6.2.30c}$$

其中，$D_1(\omega)\equiv\rho_0c_0\exp[(\mathrm{i}-1)a/d_\mu]A(\omega)$.

(4) 球面切向速度连续，即

$$v_{\mathrm{i}\theta}(a,\theta,\omega)+v_{\mathrm{s}\theta}(a,\theta,\omega)+v_{h\theta}(a,\theta,\omega)+v_{\mu\theta}(a,\theta,\omega)=v_{\mathrm{e}\theta}(a,\theta,\omega) \tag{6.2.31a}$$

得到

$$\begin{aligned}&\frac{3\mathrm{i}p_{0\mathrm{i}}(\omega)}{\mathrm{i}\rho_0c_0k_0a}\mathrm{j}_1(k_0a)+\frac{\mathrm{h}_1^{(1)}(k_0a)}{\mathrm{i}\rho_0c_0k_0a}A_1(\omega)+\frac{1}{2}\omega d_\kappa^2k_h\beta_{P0}\frac{\mathrm{h}_1^{(1)}(k_ha)}{k_ha}C_1(\omega)\\&+\frac{A(\omega)}{2k_\mu a}\chi(k_\mu a)=\frac{\mathrm{j}_1(k_\mathrm{e}a)}{\mathrm{i}\rho_\mathrm{e}c_\mathrm{e}k_\mathrm{e}a}B_1(\omega)\end{aligned} \tag{6.2.31b}$$

其中，$\chi(k_\mu a)\equiv\mathrm{d}[(k_\mu a)\mathrm{h}_1^{(1)}(k_\mu a)]/\mathrm{d}(k_\mu a)$. 一般上式左边第三项可忽略不计，即热波模式引起的切向速度可忽略. 对 $\mathrm{j}_1(k_0a)$、$\mathrm{h}_1^{(1)}(k_0a)$ 和 $\mathrm{j}_1(k_\mathrm{e}a)$ 作小参数展开，而对 $\mathrm{h}_1^{(1)}(k_\mu a)$ 作大参数展开，进一步得到近似表达式：

$$\mathrm{i}p_{0\mathrm{i}}(\omega)-\frac{\mathrm{i}}{(k_0a)^3}A_1(\omega)+\frac{(1-\mathrm{i})d_\mu}{4a}D_1(\omega)\approx\frac{\gamma_\mathrm{e}}{3}B_1(\omega) \tag{6.2.31c}$$

显然，$l=0$ 项表示球的压缩和膨胀，故与黏性无关. 由以上方程得到 $l=0$ 项的诸系数近似为

$$A_0(\omega)\approx -\mathrm{i}\frac{(k_0a)^3}{3}\left[\frac{\kappa_0-\kappa_e}{\kappa_0}-\frac{3d_\kappa}{2a}(\gamma-1)(1+\mathrm{i})\right]p_{0\mathrm{i}}(\omega)$$

$$B_0(\omega)\approx\left\{1-\frac{1}{3}(k_0a)^2\left[\frac{\kappa_0-\kappa_e}{\kappa_0}-\frac{3d_\kappa}{2a}(\gamma-1)(1+\mathrm{i})\right]\right\}p_{0\mathrm{i}}(\omega) \tag{6.2.32a}$$

$$C_0(\omega)\approx\frac{(\gamma-1)(1-\mathrm{i})a}{c_0^2\rho_0\beta_{P0}d_\kappa}\exp\left[\frac{(1-\mathrm{i})a}{d_\kappa}\right]p_{0\mathrm{i}}(\omega)$$

而 $l=1$ 项表示散射球前后运动(沿 z 轴). 由以上方程得到 $l=1$ 项的诸系数近似为

$$A_1(\omega)\approx-(k_0a)^3\delta_1\left[1-\frac{(1+\mathrm{i})d_\mu}{a}\delta_2\right]p_{0\mathrm{i}}(\omega)$$

$$B_1(\omega)\approx 3\mathrm{i}\frac{c_e}{c_0}\delta_2\left[1-\frac{(1+\mathrm{i})d_\mu}{a}\delta_1\right]p_{0\mathrm{i}}(\omega)$$

$$C_1(\omega)\approx-\frac{(\gamma-1)(k_0a)(1-\mathrm{i})\delta_2}{c_0^2\rho_0\beta_{P0}}\frac{a}{d_\mu}\left[1-\frac{(1+\mathrm{i})d_\mu}{a}\delta_1\right]\exp\left[\frac{(1-\mathrm{i})a}{d_\kappa}\right]p_{0\mathrm{i}}(\omega) \tag{6.2.32b}$$

$$A(\omega)\approx-\frac{6a(1-\mathrm{i})\delta_1}{\rho_0c_0d_\mu}\left[1-\frac{(1+\mathrm{i})d_\mu}{a}\delta_1\right]\exp\left[\frac{(1-\mathrm{i})a}{d_\mu}\right]p_{0\mathrm{i}}(\omega)$$

其中,比例系数定义为

$$\delta_1\equiv\frac{\rho_e-\rho_0}{2\rho_e+\rho_0},\quad \delta_2\equiv\frac{3\rho_e}{2\rho_e+\rho_0} \tag{6.2.32c}$$

吸收声功率 球面边界层吸收声功率可由方程(6.1.24b)的第二式计算得出,即

$$P_{\mathrm{ab}}=\frac{1}{2}\mathrm{Re}\int_{r=a}\boldsymbol{I}_{\mathrm{ab}}\cdot\mathrm{d}\boldsymbol{S} \tag{6.2.33a}$$

式中,$\boldsymbol{I}_{\mathrm{ab}}$为吸收声功率流:

$$\boldsymbol{I}_{\mathrm{ab}}\equiv-\frac{\kappa}{T_0}T_h^*\nabla T_h-2\mu\sum_{i,j=1}^{3}\boldsymbol{e}_iv_{\mu j}^*S_{ij}(v_\mu) \tag{6.2.33b}$$

对热传导项而言,只要考虑 $l=0$ 项就足够了,把方程(6.2.26b)和方程(6.2.32a)的第三式代入上式不难求得热传导的贡献为

$$P_{\mathrm{ab}}^h\equiv-\pi a^2\frac{\kappa}{T_0}\mathrm{Re}\int_0^\pi\left(T_h^*\frac{\mathrm{d}T_h}{\mathrm{d}r}\right)_{r=a}\sin\theta\mathrm{d}\theta\approx 2\pi a^2(\gamma-1)k_0d_\kappa I_{0\mathrm{i}} \tag{6.2.33c}$$

其中,$I_{0\mathrm{i}}\equiv|p_{0\mathrm{i}}|^2/(2\rho_0c_0)$为入射波强度,上标"$h$"表示热传导的贡献. 黏性的贡献的计算稍许复杂些. 注意到:在球坐标下,球面法向$\boldsymbol{e}_r$方向的吸收声功率流为

$$-2\mu\left[\sum_{i,j=1}^{3}\boldsymbol{e}_iv_{\mu j}^*S_{ij}(\boldsymbol{v}_\mu)\right]\cdot\boldsymbol{e}_r=-2\mu\left[v_{\mu r}^*S_{rr}(\boldsymbol{v}_\mu)+v_{\mu\theta}^*S_{r\theta}(\boldsymbol{v}_\mu)\right] \tag{6.2.34a}$$

式中,应变张量在球坐标中为

$$S_{rr}(\boldsymbol{v}_\mu)=\frac{\partial v_{\mu r}}{\partial r},\quad S_{r\theta}(\boldsymbol{v}_\mu)=\frac{1}{2}\left(\frac{1}{r}\frac{\partial v_{\mu r}}{\partial\theta}+\frac{\partial v_{\mu\theta}}{\partial r}-\frac{v_{\mu\theta}}{r}\right) \tag{6.2.34b}$$

把方程(6.2.27b)和方程(6.2.32b)的第四式代入上式得到

$$P_{\mathrm{ab}}^{\mu} \equiv -2\pi a^2\mu \mathrm{Re}\int_0^{\pi}[v_{\mu r}^* S_{rr}(\boldsymbol{v}_\mu) + v_{\mu\theta}^* S_{r\theta}(\boldsymbol{v}_\mu)]_{r=a} \cdot \sin\theta \mathrm{d}\theta$$
$$\approx 12\pi a^2 k_0 d_\mu \delta_1^2 I_{0\mathrm{i}} \tag{6.2.34c}$$

式中,上标"μ"表示黏性的贡献. 故球面边界层吸收声功率为

$$P_{\mathrm{ab}} = P_{\mathrm{ab}}^h + P_{\mathrm{ab}}^{\mu} \approx 2\pi a^2(\gamma-1)k_0 d_\kappa I_{0\mathrm{i}} + 12\pi a^2 k_0 d_\mu \delta_1^2 I_{0\mathrm{i}} \tag{6.2.34d}$$

显然,P_{ab}与频率的关系为 $P_{\mathrm{ab}} \sim \sqrt{\omega}$,而通常的黏性和热传导声吸收正比于 ω^2. 上式在解释大气中雾的声吸收时是十分重要的.

6.3 毛细管和狭缝中的平面声波

当考虑管道中充满非理想流体(即必须考虑流体的黏性和热传导)时,由于流体质点分子黏着在管道的壁面,质点速度为零(对静止的刚性管壁而言),故流体质点速度一定是横截面坐标的函数,而不可能像理想流体那样存在横截面均匀的平面波. 本节首先介绍"粗""细"圆形管道中平面波的传播特征,以及微穿孔吸声材料和共振结构;然后分析"狭缝"中平面波的传播,其直接应用是所谓的**热声效应**(thermoacoustic effect).

6.3.1 管道中平面波的传播和衰减

假定圆形管道直径 R 远小于声波波长,可以作近似:① 声压仅与 z 有关,而与横向坐标无关;② 速度矢量只有 z 方向分量 $v_z(\rho,z,\omega)$,横向分量近似为零;③ 由于 $v_z(\rho,z,\omega)$ 从 $\rho=0$(中心)处极大值变到 $\rho=R$ 处零值,ρ 方向的变化远大于 z 的变化(因为频率很低),即:$|\partial v_z/\partial\rho| \gg |\partial v_z/\partial z|$. 于是由方程(6.1.15a)(取力源 $\boldsymbol{f}=0$)可知

$$-\mathrm{i}\omega\rho_0 v_z \approx -\frac{\partial p}{\partial z} + \mu\frac{1}{\rho}\frac{\partial}{\partial\rho}\left(\rho\frac{\partial v_z}{\partial\rho}\right) \tag{6.3.1a}$$

整理得

$$\frac{1}{\rho}\frac{\partial}{\partial\rho}\left(\rho\frac{\partial v_z}{\partial\rho}\right) + k_\mu^2 v_z = \frac{1}{l'_\mu\rho_0 c_0}\frac{\partial p}{\partial z} \tag{6.3.1b}$$

其中,$k_\mu^2 = \mathrm{i}k_0/l'_\mu$和 $l'_\mu \equiv \mu/\rho_0 c_0$. 显然,上式满足边界条件 $v_z(\rho,z,\omega)|_{\rho=R}=0$ 的解为

$$v_z(\rho,z,\omega) = -\frac{\mathrm{i}}{k_0\rho_0 c_0}\left[1-\frac{\mathrm{J}_0(k_\mu\rho)}{\mathrm{J}_0(k_\mu R)}\right]\cdot\frac{\partial p(z,\omega)}{\partial z} \tag{6.3.1c}$$

由方程(6.1.17b)可得

$$\frac{1}{\rho}\frac{\partial}{\partial\rho}\left[\rho\frac{\partial T'(\rho,z,\omega)}{\partial\rho}\right]+k_h^2T'(\rho,z,\omega)\approx \mathrm{i}\frac{\omega T_0\beta_{P0}}{\kappa}p(z,\omega) \tag{6.3.2a}$$

其中，$k_h^2=\mathrm{i}k_0/l_\kappa$，$l_\kappa=\kappa/(\rho_0c_0c_{P0})$. 上式满足温度边界条件 $T'(\rho,z,\omega)|_{\rho=R}\approx 0$ 的解为[注意：利用方程(6.2.5d)]

$$T'(\rho,z,\omega)=\frac{(\gamma-1)}{c_0^2\rho_0\beta_{P0}}\left[1-\frac{\mathrm{J}_0(k_h\rho)}{\mathrm{J}_0(k_hR)}\right]\cdot p(z,\omega) \tag{6.3.2b}$$

由质量守恒方程(6.1.17a)(取质量源 $q=0$)有

$$-\mathrm{i}\gamma\frac{\omega}{c_0^2}p(z,\omega)+\mathrm{i}\omega\rho_0\beta_{P0}T'(\rho,z,\omega)+\rho_0\frac{\partial v_z(\rho,z,\omega)}{\partial z}\approx 0 \tag{6.3.3a}$$

其中，利用了等熵声速与等温声速的关系 $c_0^2=\gamma c_{0T}^2$ 和 $c_{T0}^2=1/(\rho_0\kappa_{T0})$. 上式中 $p(z,\omega)$ 与 ρ 无关，故需对 ρ 求平均，于是有

$$-\mathrm{i}\gamma\frac{\omega}{c_0^2}p(z,\omega)+\mathrm{i}\omega\rho_0\beta_{P0}\langle T'(z,\omega)\rangle_\rho+\rho_0\frac{\partial\langle v_z(z,\omega)\rangle_\rho}{\partial z}\approx 0 \tag{6.3.3b}$$

其中，平均温度和速度为

$$\begin{aligned}\langle T'(z,\omega)\rangle_\rho&=\frac{1}{2\pi R^2}\int_0^R 2\pi T'(\rho,z,\omega)\rho\mathrm{d}\rho=\frac{(\gamma-1)}{\rho_0c_0^2\beta_{P0}}(1-K_h)p(z,\omega)\\ \langle v_z(z,\omega)\rangle_\rho&=\frac{1}{2\pi R^2}\int_0^R 2\pi v_z(\rho,z,\omega)\rho\mathrm{d}\rho=-\frac{\mathrm{i}}{k_0\rho_0c_0}(1-K_\mu)\frac{\partial p(z,\omega)}{\partial z}\end{aligned} \tag{6.3.3c}$$

其中，为了方便定义

$$K_h\equiv\frac{2}{k_hR}\frac{\mathrm{J}_1(k_hR)}{\mathrm{J}_0(k_hR)},\quad K_\mu\equiv\frac{2}{k_\mu R}\frac{\mathrm{J}_1(k_\mu R)}{\mathrm{J}_0(k_\mu R)} \tag{6.3.3d}$$

复等效密度　方程(6.3.3c)的第二式改写成形式：

$$-\mathrm{i}\omega\frac{\rho_0}{1-K_\mu}\langle v_z(z,\omega)\rangle_\rho=-\frac{\partial p(z,\omega)}{\partial z} \tag{6.3.4}$$

与流体的牛顿运动方程比较，可定义**复等效密度** $\tilde\rho\equiv\rho_0/(1-K_\mu)$.

复波数　把方程(6.3.3c)代入方程(6.3.3b)得到

$$\frac{\omega^2}{c_0^2}\cdot\frac{1+(\gamma-1)K_h}{1-K_\mu}p(z,\omega)+\frac{\partial^2p(z,\omega)}{\partial z^2}\approx 0 \tag{6.3.5a}$$

故 z 方向的**复波数**平方为

$$k_z^2\equiv\frac{\omega^2}{c_0^2}\frac{1+(\gamma-1)K_h}{1-K_\mu} \tag{6.3.5b}$$

等效绝热压缩系数　引进复声速 $k_z^2\equiv\omega^2/\tilde c^2$，则有

$$\frac{1}{\tilde c^2}=\frac{1}{c_0^2}\frac{1+(\gamma-1)K_h}{1-K_\mu} \tag{6.3.6a}$$

另一方面,复声速 $\tilde{c}$ 可以用复等效密度 $\tilde{\rho}$ 和复等效绝热压缩系数 $\tilde{\kappa}_s$ 表示,即 $1/\tilde{c}^2=\tilde{\rho}\tilde{\kappa}_s$,故由方程 $\tilde{\rho}\equiv\rho_0/(1-K_\mu)$ 和上式得到**复等效绝热压缩系数**

$$\tilde{\kappa}_s=\frac{1}{c_0^2}\frac{1+(\gamma-1)K_h}{1-K_\mu}\cdot\frac{1}{\tilde{\rho}}=\frac{1}{\rho_0c_0^2}[1+(\gamma-1)K_h] \tag{6.3.6b}$$

显然,复等效绝热压缩系数仅与热传导系数有关,而与黏度无关,而复等效密度仅与黏度有关.

"粗"管道 在方程(6.3.5b)的推导过程中,仅要求管道直径 R 远小于声波波长,并没有用到条件 $R\sim d_\mu$ 或者 $R\sim d_\kappa$,故方程(6.3.5b)对 $R\gg \mathrm{Max}(d_\mu,d_\kappa)$(但远小于声波波长)情况也成立. 当 $R\gg\mathrm{Max}(d_\mu,d_\kappa)$,即 $|k_hR|\gg1$ 或者 $|k_\mu R|\gg1$,方程(6.3.3d)中的 Bessel 函数可作大参数渐近展开 $\mathrm{J}_1(k_\mu R)/\mathrm{J}_0(k_\mu R)\approx\mathrm{i}$,代入方程(6.3.3d)和方程(6.3.5b)得到

$$\frac{k_z^2}{k_0^2}\approx1+(1+\mathrm{i})\sqrt{\frac{2}{k_0}}\frac{1}{R}\left[\sqrt{l'_\mu}+(\gamma-1)\sqrt{l_\kappa}\right] \tag{6.3.7a}$$

复等效密度为

$$\tilde{\rho}\equiv\frac{\rho_0}{1-K_\mu}\approx\rho_0\left[1+\frac{(1+\mathrm{i})d_\mu}{R}\right] \tag{6.3.7b}$$

其中,$d_\mu=\sqrt{2\mu/(\omega\rho_0)}$. 由于 $d_\mu/R\ll1$,故复等效密度是 ρ_0 的微小修正.

毛细管 当 $R<<d_\mu$ 或者 $R<<d_\kappa$ 时,边界层充满管道,这样的管道称为**毛细管**(capillary). 此时,$|k_\mu R|\ll1$ 或者 $|k_hR|\ll1$,方程(6.3.3d)中的 Bessel 函数可在零点附近展开:对 K_h 得到简单的近似关系 $K_h\approx1$,而对 K_μ 而言,展开关系为

$$K_\mu\approx\frac{1-(k_\mu R)^2/8+(k_\mu R)^4/192}{1-(k_\mu R)^2/4+(k_\mu R)^4/64},\quad \frac{1}{1-K_\mu}\approx-\frac{8}{(k_\mu R)^2}\left[1-\frac{(k_\mu R)^2}{6}\right] \tag{6.3.8a}$$

将上式代入方程(6.3.5b)得到

$$k_z^2\approx-k_0^2\frac{8\gamma}{(k_{\mu\mu}R)^2}=\mathrm{i}\frac{8\gamma\omega l'_\mu}{c_0R^2},\quad k_z\approx(1+\mathrm{i})\frac{2}{R}\sqrt{\frac{\gamma\omega}{c_0}l'_\mu} \tag{6.3.8b}$$

复等效密度为

$$\tilde{\rho}\approx\rho_0\left[-\frac{8}{(k_\mu R)^2}+\frac{4}{3}\right]=\frac{4}{3}\rho_0\left(1+\mathrm{i}\frac{3d_\mu^2}{R^2}\right) \tag{6.3.8c}$$

由于 $d_\mu/R\gg1$,故毛细管中复等效密度有很大的虚部,而实部是 ρ_0 的 4/3. 令 $k_z\equiv\omega/c_t+\mathrm{i}\Gamma$,其中 c_t 和 Γ 分别为毛细管中的**有效声速**和**衰减系数**,由方程(6.3.8b)有

$$c_t=\frac{R}{2}\sqrt{\frac{\omega c_0}{\gamma l'_\mu}}=\frac{1}{\sqrt{2\gamma}}\left(\frac{R}{d_\mu}\right)c_0\ll c_0$$
$$\Gamma=\frac{2}{R}\sqrt{\frac{\gamma\omega}{c_0}l'_\mu}=\sqrt{2\gamma}\frac{\omega}{c_0}\left(\frac{d_\mu}{R}\right)\gg k_0 \tag{6.3.8d}$$

可见：毛细管中声波传播速度很小（远小于无限空间中的绝热声速 c_0），但衰减系数却很大，可以利用毛细管这一特性制成吸声材料，并称为**微穿孔材料**（见 6.3.2 小节）. 注意到 $c_{T0}=c_0/\sqrt{\gamma}$ 为等温速度，等温速度的出现说明在毛细管中传播的声过程是一个等温过程. 事实上，由于 $K_h\approx 1$，方程（6.3.3c）的第一式给出 $\langle T'(z,\omega)\rangle_\rho\approx 0$，可见在声传播过程中温度变化近似为零.

6.3.2 微穿孔材料和共振吸声结构

由方程（6.3.5a）可知，声压 $p(z,\omega)$ 可表示为 $p(z,\omega)=p_0(\omega)\exp(\mathrm{i}k_z z)$，其中 k_z 由方程（6.3.5b）决定. 由方程（6.3.3c）的第二式可知，管口声阻抗为

$$Z_0=\frac{p(z,\omega)}{\pi R^2\langle v_z(z,\omega)\rangle_\rho|_{z=0}}=\frac{k_0\rho_0c_0}{\pi R^2(1-K_\mu)k_z} \tag{6.3.9a}$$

对毛细管孔，由方程（6.3.8a）和方程（6.3.8b）可得

$$Z_0\approx\frac{2k_0R\rho_0c_0(1-\mathrm{i})}{\pi R^2(k_\mu R)^2\sqrt{\gamma\omega l'_\mu/c_0}}=\sqrt{\frac{8\rho_0c_0^2\mu}{\pi^2\gamma R^6\omega}}\mathrm{e}^{\mathrm{i}\pi/4} \tag{6.3.9b}$$

以上结果可以运用到求微穿孔材料的声吸收. 设微穿孔材料由刚性骨架和一系列微孔组成，微孔垂直于平面界面（界面后无限大，或者远大于 $1/\Gamma$）. 注意：如果不是刚性骨架，必须考虑毛细管中声波与弹性波的耦合，在骨架介质中也传播弹性波. 在空气介质中，固体骨架一般可看作刚性骨架，但对水介质而言，即使固体骨架是金属，也必须考虑骨架中存在的弹性波. 当声波垂直入射到微穿孔材料表面时，部分声波由微孔透入，整个微穿孔板的表面声阻抗为

$$Z_a=\frac{p(0,\omega)}{\sum_{j=1}^{M}U_j}=\frac{p(0,\omega)}{\sum_{j=1}^{M}\pi R_j^2\langle v_{zj}(z,\omega)\rangle_\rho|_{z=0}} \tag{6.3.10a}$$

其中，U_j 为第 j 个孔的体速度，R_j 为每个微孔的半径，M 是总的微孔数. 设 N 为单位面积的微孔数，S 是穿孔材料的总面积（也就是声波入射面的总面积），故总微孔数 $M=NS$. 上式可写成并联的形式：

$$\frac{1}{Z_a}=\frac{\sum_{j=1}^{M}U_j}{p(0,\omega)}=\sum_{j=1}^{M}\frac{1}{Z_{0j}} \tag{6.3.10b}$$

其中，$Z_{0j}\equiv p(0,\omega)/U_j$ 是第 j 个微孔的声阻抗. 因此，每个微孔相当于并联. 当每个微孔相同时，上式简化成 $Z_a=Z_0/NS$. 由方程（6.3.9b）可知，表面声阻抗为

$$Z_a\approx\frac{1}{S\pi R^2N}\sqrt{\frac{8\rho_0c_0^2\mu}{\gamma R^2\omega}}\mathrm{e}^{\mathrm{i}\pi/4}=\frac{1}{S\sigma}\sqrt{\frac{8\rho_0c_0^2\mu}{\gamma R^2\omega}}\mathrm{e}^{\mathrm{i}\pi/4} \tag{6.3.11a}$$

其中，$\sigma\equiv\pi R^2N$ 称为**穿孔率**（因 $\sigma=\pi R^2N=M\pi R^2/S=S_0/S$，故穿孔率为穿孔总面积 $S_0=M\pi R^2$ 与板总面积 S 之比）. 微穿孔材料表面的比阻抗率为

$$\beta(\omega)=\frac{\rho_0c_0}{Z_aS}\approx\frac{\sigma}{4}\sqrt{\frac{\gamma\rho_0R^2\omega}{\mu}}(1-\mathrm{i})\equiv\sigma(\omega)+\mathrm{i}\delta(\omega) \tag{6.3.11b}$$

其中，实部和虚部分别为

$$\sigma(\omega)=-\delta(\omega)=\frac{\sigma}{4}\sqrt{\frac{\gamma\rho_0R^2\omega}{\mu}} \tag{6.3.11c}$$

注意：$\sigma(\omega)$ 与穿孔率 σ 的区别. 在低频近似下，微穿孔板的法向吸声系数（参考习题 1.17）为

$$\alpha(\omega,\theta_\mathrm{i}=0)\approx4\sigma(\omega)=\sigma\sqrt{\frac{\gamma\rho_0R^2\omega}{\mu}} \tag{6.3.11d}$$

可见，微穿孔材料的法向吸声系数随 $\sqrt{\omega}$ 变化. 值得指出的是，以上只是微穿孔板吸声的近似理论，严格的求解是非常困难的. 注意：① 以上讨论忽略了微穿孔之间的相互耦合，故要求孔与孔的间距远大于其半径；② 以上讨论假定微穿孔材料表面是局部反应的，故可用表面的比阻抗率 $\beta(\omega)$ 描述.

注意：吸声系数 $\alpha(\omega,\theta_\mathrm{i})$ 与结构密切相关，在上式中，我们假定平面界面后的微穿孔吸声介质无限大. 为了理解吸声系数 $\alpha(\omega,\theta_\mathrm{i})$ 与衰减系数 α（Nepers/m）的关系，考虑下列问题：设厚度为 L 的微穿孔吸声介质（介质Ⅱ）放置在刚性背衬上，平面声波垂直入射到界面，那么法向吸声系数是什么？假定入射波所在介质（介质Ⅰ）的吸收可以忽略，不难得到法向吸声系数（参考习题 1.17）为

$$\alpha(\omega,\theta_\mathrm{i}=0)=1-\left|\frac{\mathrm{i}\omega\rho_2-\rho_1c_1\tilde{k}_2\tan(\tilde{k}_2L)}{\mathrm{i}\omega\rho_2+\rho_1c_1\tilde{k}_2\tan(\tilde{k}_2L)}\right|^2 \tag{6.3.12a}$$

其中，(ρ_1,c_1) 和 (ρ_2,c_2) 分别是介质Ⅰ和介质Ⅱ的密度和声速，$\tilde{k}_2=\omega/c_2+\mathrm{i}\alpha_2$（$c_2$ 和 α_2 分别为介质Ⅱ的声速和衰减系数 Nepers/m）. 可见：法向吸声系数不仅与频率有关，而且与厚度 L 有关. 下面分三种情况讨论.

（1）如果介质Ⅱ是理想介质，衰减系数为零，$\alpha_2=0$，且 ρ_2 和 c_2 都是实数，则 $\tilde{k}_2$ 是实数. 由方程(6.3.12a)可知，显然有 $\alpha(\omega,\theta_\mathrm{i}=0)=0$.

（2）如果介质Ⅱ满足 $|\tilde{k}_2L|\ll1$，即 $(\omega/c_2)L\ll1$（低频）和 $\alpha_2L\ll1$[小的衰减系数，例如，衰减系数由方程(6.2.6e)表示的非微穿孔材料]，则 $\tan(\tilde{k}_2L)\approx\tilde{k}_2L$. 由方程(6.3.12a)得到

$$\alpha(\omega,\theta_\mathrm{i}=0)\approx\frac{8z_{12}(\alpha_2L)}{(1+2z_{12}\alpha_2L)^2+(z_{12}L\omega/c_2)^2} \tag{6.3.12b}$$

其中，$z_{12}\equiv\rho_1c_1/\rho_2c_2$. 得到上式，利用了关系 $\tilde{k}_2^2=(\omega/c_2+\mathrm{i}\alpha_2)^2\approx\omega^2/c_2^2+2\mathrm{i}\omega\alpha_2/c_2$. 在空气中，一般有 $z_{12}\ll1$，故上式可进一步近似为

$$\alpha(\omega,\theta_\mathrm{i}=0)\approx8z_{12}(\alpha_2L) \tag{6.3.12c}$$

如果有 $\alpha_2\sim\omega^2$，则 $\alpha(\omega,\theta_\mathrm{i}=0)\sim\omega^2$，因此，低频吸声系数很小.

（3）如果介质Ⅱ为微穿孔材料，则其声衰减系数很大，以至于 $\alpha_2L\gg1$（厚度足够大），则有 $\tan(\tilde{k}_2L)\approx\mathrm{i}$. 由方程(6.3.12a)得到

$$\alpha(\omega,\theta_\mathrm{i}=0)\approx\frac{4z_{21}}{(1+z_{21})^2+(\alpha_2c_2/\omega)^2} \tag{6.3.12d}$$

其中，假定 $z_{21}\equiv\rho_2c_2/\rho_1c_1$ 是实的.

注意：① 由方程(6.3.8c)可知，尽管毛细管中的等效密度是复数，但微穿孔材料包含骨架，为方便起见，假定总的等效密度仍然是实数；② α_2 反而出现在上式的分母中，说明界面阻抗匹配对吸声的影响，衰减系数 α_2 越大，失配越严重，因而进入吸声材料的声能量越少，吸声系数当然变小. 近似取 $\alpha_2\approx\Gamma\sim\sqrt{\omega}$，$c_2\approx c_\mathrm{t}\sim\sqrt{\omega}$，$c_\mathrm{t}/c_0\ll1$，如果 $z_{21}\ll1$，则 $\alpha(\omega,\theta_\mathrm{i}=0)\sim4z_{21}\sim\sqrt{\omega}$，因此，$\alpha(\omega,\theta_\mathrm{i}=0)$ 随频率变化的趋势与方程(6.3.11d)一致.

共振吸声结构 为了改善微穿孔板的低频吸收性能，往往在微穿孔吸声板与刚性背衬壁之间留有一定距离 D（如图 6.3.1 所示），声波在间隙 D 中产生共振. 首先考虑存在单独一个孔的情况. 设孔为半径为 R 的圆孔，在低频条件下，孔中声场由方程(6.3.5a)决定，对有限长 L 的孔，方程(6.3.5a)的解可表示为

$$p(z,\omega)=A\exp\left(\mathrm{i}\frac{\omega}{\tilde{c}}z\right)+B\exp\left(-\mathrm{i}\frac{\omega}{\tilde{c}}z\right) \tag{6.3.13a}$$

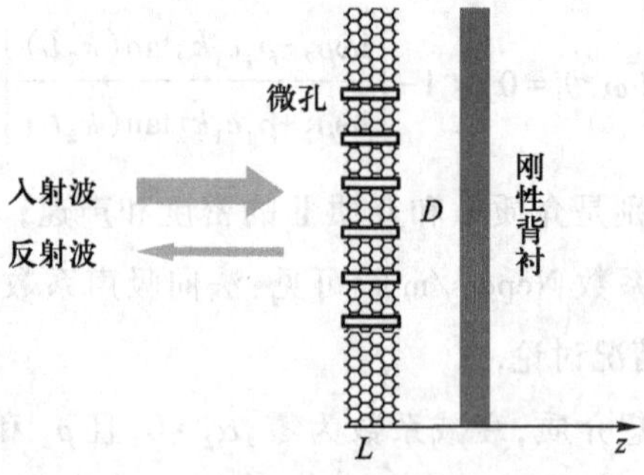

图 6.3.1 厚度为 L 的微穿孔板与刚性背衬相距 D

其中，复声速由方程(6.3.6a)决定，即

$$\frac{1}{\tilde{c}^2}=\frac{1}{c_0^2}\frac{1+(\gamma-1)K_h}{1-K_\mu} \tag{6.3.13b}$$

由方程(6.3.4)可知，孔中平均速度场为

$$\langle v_z(z,\omega)\rangle_\rho = \frac{1}{\mathrm{i}\omega\tilde{\rho}}\frac{\partial p(z,\omega)}{\partial z} = \frac{1}{\tilde{\rho}\tilde{c}}\left[A\exp\left(\mathrm{i}\frac{\omega}{\tilde{c}}z\right) - B\exp\left(-\mathrm{i}\frac{\omega}{\tilde{c}}z\right)\right] \tag{6.3.14a}$$

其中,复等效密度 $\tilde{\rho} \equiv \rho_0/(1-K_\mu)$. 于是,微穿孔板前表面($z=0$)的总声阻抗为(总体积流为 $U=\pi R^2 M\langle v_z(0,\omega)\rangle_\rho$)

$$Z_a = \frac{p(0,\omega)}{\pi R^2 M\langle v_z(z,\omega)\rangle_\rho|_{z=0}} = \frac{\tilde{\rho}\tilde{c}}{\pi R^2 M}\cdot\frac{A+B}{A-B} \tag{6.3.14b}$$

另一方面,假定声波在刚性背衬与微穿孔板之间仍然是以一维平面波形式传播的[在较低频率下,这是较方便且有效的近似(证明见下)],则微穿孔板后表面($z=L$)的声阻抗可以由阻抗传递公式[即方程(4.4.1c)]得到,注意到刚性背衬的声阻抗 $Z_e\to\infty$,故得到微穿孔板后表面($z=L$)的总声阻抗为(由声阻抗连续得到)

$$Z_L = \left.\frac{p(z,\omega)}{\pi R^2 M\langle v_z(z,\omega)\rangle_\rho}\right|_{z=L} = \mathrm{i}\frac{\rho_0 c_0}{S}\cot\left(\frac{\omega}{c_0}D\right) \tag{6.3.15a}$$

注意到有 $\pi R^2 M=\pi R^2 NS=\sigma S$(总穿孔面积),于是由方程(6.3.13a)和方程(6.3.14a)得到

$$\frac{\tilde{\rho}\tilde{c}}{\sigma S}\frac{A\exp(\mathrm{i}\omega L/\tilde{c})+B\exp(-\mathrm{i}\omega L/\tilde{c})}{A\exp(\mathrm{i}\omega L/\tilde{c})-B\exp(-\mathrm{i}\omega L/\tilde{c})} = Z_L \tag{6.3.15b}$$

联立上式和方程(6.3.14b),得到微穿孔板前表面($z=0$)的总声阻抗为

$$Z_a = \frac{\tilde{\rho}\tilde{c}}{\sigma S}\cdot\frac{\sigma S Z_L/\tilde{\rho}\tilde{c}-\mathrm{i}\tan(\omega L/\tilde{c})}{1-\mathrm{i}(\sigma S Z_L/\tilde{\rho}\tilde{c})\tan(\omega L/\tilde{c})} \tag{6.3.15c}$$

当 $|\omega L/\tilde{c}|\ll 1$ 时,有 $\tan(\omega L/\tilde{c})\approx\omega L/\tilde{c}$,于是,由上式得到

$$Z_a \approx \frac{1}{\sigma S}\cdot\frac{\sigma S Z_L-\mathrm{i}\omega L\tilde{\rho}}{1-\mathrm{i}(\sigma S Z_L/\tilde{\rho}\tilde{c}^2)\omega L} \tag{6.3.16a}$$

因此,微穿孔板前表面($z=0$)的比阻抗率为

$$\beta(\omega) \approx \frac{\rho_0 c_0}{Z_a S} = \sigma\rho_0 c_0\frac{1-\mathrm{i}(\sigma S Z_L/\tilde{\rho}\tilde{c}^2)\omega L}{\sigma S Z_L-\mathrm{i}\omega L\tilde{\rho}} \tag{6.3.16b}$$

把方程(6.3.15a)代入上式得到(其中 $k_0=\omega/c_0$)

$$\beta(\omega) \approx -\mathrm{i}\sigma\frac{1+\sigma k_0 L\cot(k_0 D)(\rho_0 c_0^2/\tilde{\rho}\tilde{c}^2)}{\sigma\cot(k_0 D)-k_0 L(\tilde{\rho}/\rho_0)} \tag{6.3.16c}$$

注意到方程(6.3.6a),以及 $\tilde{\rho}\equiv\rho_0/(1-K_\mu)$,$1/\tilde{\rho}\tilde{c}^2=[1+(\gamma-1)K_h]/\rho_0 c_0^2$,对非金属材料制成的微穿孔板,可以仅考虑黏性而忽略热传导,即 $1/\tilde{\rho}\tilde{c}^2\approx 1/\rho_0 c_0^2$,故其虚部可忽略,于是由上式得到比阻抗率 $\beta(\omega)\equiv\sigma(\omega)+\mathrm{i}\delta(\omega)$ 的实部和虚部分别为

$$\sigma(\omega) = \sigma\frac{k_0 L[1+k_0 L\sigma\cot(k_0 D)]\mathrm{Im}(\tilde{\rho}/\rho_0)}{|\sigma\cot(k_0 D)-k_0 L(\tilde{\rho}/\rho_0)|^2}$$

$$\delta(\omega) = -\sigma\frac{[1+k_0 L\sigma\cot(k_0 D)][\sigma\cot(k_0 D)-k_0 L\mathrm{Re}(\tilde{\rho}/\rho_0)]}{|\sigma\cot(k_0 D)-k_0 L(\tilde{\rho}/\rho_0)|^2} \tag{6.3.17a}$$

微穿孔板共振结构的法向吸声系数为

$$\alpha(\omega,0)=\frac{4\sigma(\omega)}{[1+\sigma(\omega)]^2+\delta^2(\omega)} \tag{6.3.17b}$$

显然当 $\delta(\omega)=0$ 时,吸声系数达到极大,即微穿孔板结构的共振频率 ω_R 满足方程

$$\sigma\cot(k_0D)-k_0L\mathrm{Re}\left(\frac{\tilde{\rho}}{\rho_0}\right)=0 \tag{6.3.17c}$$

注意:上式中 $\mathrm{Re}(\tilde{\rho}/\rho_0)$ 是频率的函数. 当 $1+k_0L\sigma\cot(k_0D)=0$ 时,尽管 $\delta(\omega)=0$,但有 $\sigma(\omega)=0$,故此时法向吸声系数 $\alpha(\omega,0)=0$,属于**反共振**. 如果不存在共振腔,即 $D\to0$, $\cot(k_0D)\to\infty$,于是有 $\sigma(\omega)\to0$,则法向吸声系数 $\alpha(\omega,0)\to0$. 这是因为我们取了低频近似 $\tan(\omega L/\tilde{c})\approx\omega L/\tilde{c}$ 和非金属材料近似 $1/\tilde{\rho}\tilde{c}^2\approx1/\rho_0c_0^2$,导致 $\sigma(\omega)\to0$.

由方程(6.3.17c)可见,对于非金属材料制成的微穿孔板而言,共振频率取决于复等效密度的实部 $\mathrm{Re}(\tilde{\rho}/\rho_0)$ 的值,大致在 1~4/3 之间,因此,方程(6.3.17c)可以近似为 $\sigma\cot(k_0D)\approx gk_0l$,其中,$g\approx1\sim4/3$ 为常量.

图 6.3.2 给出了计算吸声系数 $\alpha(f)$ 的例子,计算中取空气的密度 $\rho_0=1.2\ \mathrm{kg/m^3}$,声速 $c_0=334\ \mathrm{m/s}$,黏度 $\mu\approx1.85\times10^{-5}\ \mathrm{kg/(m\cdot s)}$,微穿孔板厚度 $L=10^{-3}\ \mathrm{m}$,间距 $D=0.8\ \mathrm{m}$,以及穿孔率 $\sigma=0.01$. 曲线 1—3 对应的穿孔半径分别为 $R=10^{-4}\ \mathrm{m}$,$5\times10^{-4}\ \mathrm{m}$ 和 $10^{-3}\ \mathrm{m}$. 可见,微穿孔的孔径对吸声系数的影响很大(吸声系数的大小,共振曲线的半宽度等).

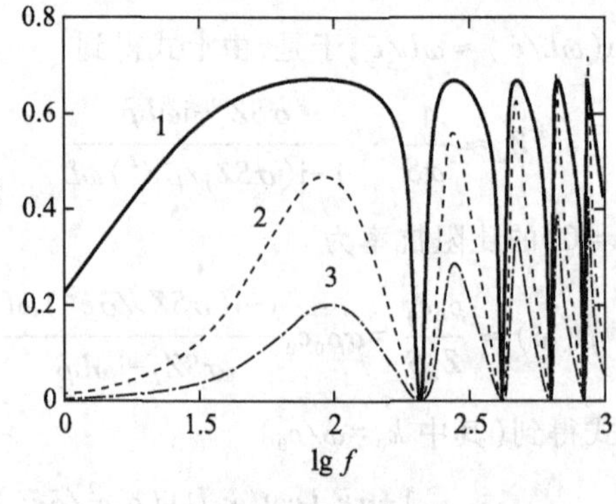

图 6.3.2 法向吸声系数随频率的变化

曲线 1:$R=10^{-4}$ m;曲线 2:$R=5\times10^{-4}$ m;曲线 3: $R=10^{-3}$ m

由于 $\mathrm{Re}(\tilde{\rho}/\rho_0)$ 与频率的复杂关系,严格求共振频率是非常困难的,特别是在实际工程设计中,需要反向设计,即给定共振频率和吸声系数大小(包括共振峰的宽度),求微穿孔板共振结构的参量(包括孔半径 R、板厚度 L、间距 D 以及穿孔率 σ). 马大猷提出了一个 $\mathrm{Re}(\tilde{\rho}/\rho_0)$ 随频率变化的近似函数,大大简化了共振频率的计算,使得工程中设计微穿孔板简单方便. 具体见参考书 2.

注意:① 以上诸式中 L 还必须考虑管端修正(微孔前开口向外辐射,后开口向腔内辐

射)，即以 $L' \approx L+2\times 8R/3\pi$ 代替诸式中的穿孔板厚度 L；② 为了满足毛细管条件，提高微穿孔的吸收，孔径必须足够小(一般在 0.1~1 mm 之间)，而声波又必须穿过微孔在空腔内发生共振，故微穿孔板的厚度必须足够薄(一般在 0.1~1mm 之间)；③ 穿孔率对声吸收也非常重要，过大或者过小都影响吸声效果，一般控制在 0.5%~4%；④ 当间距 D 增加，第一个共振频率降低，可以实现低频吸收，但 D 也不能太大，一般控制在 0.1 m 左右(图 6.3.2 中取 $D=0.8$ m 是为了突出低频效果)；⑤ 对金属材料制成的微穿孔板，还必须考虑热传导的影响. 由于 $1/\tilde{\rho}\tilde{c}^2=[1+(\gamma-1)K_h]/\rho_0c_0^2$ 为复数，令 $\rho_0c_0^2/\tilde{\rho}\tilde{c}^2=[1+(\gamma-1)K_h]=P(\omega)+\mathrm{i}Q(\omega)$，由方程(6.3.16c)得到 $\delta(\omega)$，共振频率满足 $\delta(\omega)=0$，从而得到相应的方程.

方程(6.3.15a)的证明　在得到共振频率方程(6.3.17c)过程中，必须假定腔体 V 中透射声波仍然是一维平面波，方程(6.3.15a)才成立. 下面证明这个近似的合理性. 设微穿孔板与墙体围成扁平体积 $V=L_x\times L_y\times D$，腔体 V 中的声场由 M 个微孔后表面 $S_j(z=L)$ 的 z 方向振动速度 $v_{zj}(x,y,L,\omega)$ $(j=1,2,\cdots,M)$ 产生，满足

$$\nabla^2 p(\boldsymbol{r},\omega)+k_0^2 p(\boldsymbol{r},\omega)=0,\quad \boldsymbol{r}\in V$$
$$\frac{1}{\mathrm{i}\rho_0\omega}\frac{\partial p(\boldsymbol{r},\omega)}{\partial n}\bigg|_{\Sigma}=0,\quad \frac{1}{\mathrm{i}\rho_0\omega}\frac{\partial p(\boldsymbol{r},\omega)}{\partial n}\bigg|_{S_j}=-v_{zj}(x,y,L,\omega) \tag{6.3.18a}$$

其中，$\boldsymbol{\Sigma}$ 表示除 S_j 外，体积 V 的其他表面. 注意：对腔体 V 而言，微孔面上的法向 $\boldsymbol{n}=(0,0,-1)$，故 $\boldsymbol{v}_j\cdot\boldsymbol{n}=-v_{zj}(x,y,L,\omega)$. 由 Green 函数可知，腔体 V 内一点 $\boldsymbol{r}$ 的声压可以表示为

$$p(\boldsymbol{r},\omega)=-\mathrm{i}\rho_0\omega\sum_{j=1}^{M}\iint_{S_j}G(\boldsymbol{r}\mid x',y',L,\omega)v_{zj}(x',y',L,\omega)\mathrm{d}x'\mathrm{d}y' \tag{6.3.18b}$$

其中，Green 函数为

$$G(\boldsymbol{r}\mid x',y',L,\omega)=\sum_{p,q,r=0}^{\infty}\frac{1}{k_{pqr}^2-k_0^2}\psi_{pqr}(\boldsymbol{r})\psi_{pqr}(x',y',L)$$
$$\psi_{pqr}(x,y,z,\omega_{pqr})=\sqrt{\frac{\varepsilon_p\varepsilon_q\varepsilon_r}{V}}\cos\left(\frac{p\pi}{L_x}x\right)\cos\left(\frac{q\pi}{L_y}y\right)\cos\left[\frac{r\pi}{D}(z-L)\right] \tag{6.3.18c}$$
$$k_{pqr}^2=\left(\frac{\omega_{pqr}}{c_0}\right)^2=\left(\frac{p\pi}{L_x}\right)^2+\left(\frac{q\pi}{L_y}\right)^2+\left(\frac{r\pi}{D}\right)^2$$

对第 j 个微孔，可以用平均值 $\langle v_{zj}(L,\omega)\rangle_\rho$ 代替方程(6.3.18b)中的速度 $v_{zj}(x',y',L,\omega)$，有

$$\langle v_{zj}(L,\omega)\rangle_\rho\equiv\frac{1}{S_\mathrm{d}}\iint_{S_j}v_{zj}(x',y',L,\omega)\mathrm{d}x'\mathrm{d}y' \tag{6.3.19}$$

其中，$S_\mathrm{d}=\pi R^2$ 为微孔面积. 由方程(6.3.18b)可知，第 k 个微孔后表面的声压为

$$p_k(x,y,L,\omega)=-\mathrm{i}\rho_0\omega\sum_{j=1}^{M}\langle v_{zj}(L,\omega)\rangle_\rho\iint_{S_j}G(x,y,L\mid x',y',L,\omega)\mathrm{d}x'\mathrm{d}y' \tag{6.3.20a}$$

其中，$k=1,2,\cdots,M$，$(x,y)\in S_k$ 为第 k 个微孔后表面上的坐标. 进一步对声压平均，有

$$\bar{p}_k(L,\omega)\equiv\frac{1}{S_\mathrm{d}}\iint_{S_k}p(x,y,L,\omega)\mathrm{d}x\mathrm{d}y \tag{6.3.20b}$$

从方程(6.3.20a)可得

$$\bar{p}_k(L,\omega)=-\mathrm{i}\rho_0\omega S_{\mathrm{d}}\sum_{j=1}^{M}G_{kj}(L,\omega)\langle v_{zj}(L,\omega)\rangle_\rho \tag{6.3.21a}$$

其中,交叉积分为

$$G_{kj}(L,\omega)\equiv\frac{1}{S_{\mathrm{d}}^2}\iint_{S_k}\iint_{S_j}G(x_k,y_k,L\mid x_j,y_j,L,\omega)\mathrm{d}x_j\mathrm{d}y_j\mathrm{d}x_k\mathrm{d}y_k \tag{6.3.21b}$$

其中,(x_k,y_k,L)和(x_j,y_j,L)分别是第 k 和第 j 个微孔后表面的坐标. 显然,交叉积分 $G_{jk}(L,\omega)(j\neq k)$表示微孔间的相互作用,即第 j 个微孔后表面的平均振动速度 $\langle v_{zj}(L,\omega)\rangle_\rho$ 在第 k 个微孔后表面所产生的平均声压. 由方程(6.3.18c)可知,交叉积分可以表示为

$$G_{kj}(L,\omega)=\sum_{p,q,r=0}^{\infty}\frac{\varepsilon_p\varepsilon_q\varepsilon_r}{V}\cdot\frac{\delta_{jpq}\delta_{kpq}}{k_{pqr}^2-k_0^2} \tag{6.3.22a}$$

其中,为了方便定义

$$\delta_{kpq}\equiv\frac{1}{S_{\mathrm{d}}}\iint_{S_k}\cos\left(\frac{p\pi}{L_x}x_k\right)\cos\left(\frac{q\pi}{L_y}y_k\right)\mathrm{d}x_k\mathrm{d}y_k$$

$$\delta_{jpq}\equiv\frac{1}{S_{\mathrm{d}}}\iint_{S_j}\cos\left(\frac{p\pi}{L_x}x_j\right)\cos\left(\frac{q\pi}{L_y}y_j\right)\mathrm{d}x_j\mathrm{d}y_j \tag{6.3.22b}$$

方程(6.3.23c)中的模式求和可以分成下列 5 类.

(1) 零阶模式($p=0,q=0,r=0$)的贡献:

$$[G_{kj}(L,\omega)]^{000}=-\frac{1}{Vk_0^2} \tag{6.3.23a}$$

(2) z 方向的轴向模式($p=0,q=0,r\geqslant1$)的贡献:

$$[G_{kj}(L,\omega)]^{00r}\equiv\frac{2}{V}\sum_{r=1}^{\infty}\frac{1}{k_{00r}^2-k_0^2} \tag{6.3.23b}$$

(3) x 和 y 方向的轴向模式($p\geqslant1,q=0,r=0$ 和 $p=0,q\geqslant1,r=0$)的贡献,注意到有(当微孔足够小时,微孔面上的面积分近似用中心坐标代替)

$$\delta_{kp0}\approx\cos\left(\frac{p\pi}{L_x}x_k\right)\cos\left(\frac{q\pi}{L_y}y_k\right)\approx\cos\left(\frac{p\pi}{L_x}x_k\right)$$

$$\delta_{j0q}\approx\cos\left(\frac{p\pi}{L_x}x_j\right)\cos\left(\frac{q\pi}{L_y}y_j\right)\approx\cos\left(\frac{q\pi}{L_y}y_j\right) \tag{6.3.24a}$$

当微孔随机分布时,用空间平均值代替(即对 x_k 和 y_j 求平均),有

$$\bar{\delta}_{kp0}=\overline{\cos\left(\frac{p\pi}{L_x}x_k\right)}\approx0,\quad\bar{\delta}_{j0q}\approx\overline{\cos\left(\frac{q\pi}{L_y}y_j\right)}\approx0 \tag{6.3.24b}$$

(4) 切向模式($p\geqslant1,q\geqslant1,r=0;p=0,q\geqslant1,r\geqslant1$ 和 $p\geqslant1,q=0,r\geqslant1$)的贡献

$$\delta_{kpq}\approx\cos\left(\frac{p\pi}{L_x}x_k\right)\cos\left(\frac{q\pi}{L_y}y_k\right),\quad \delta_{jpq}\approx\cos\left(\frac{p\pi}{L_x}x_j\right)\cos\left(\frac{q\pi}{L_y}y_j\right)\tag{6.3.25}$$

对 x_k 和 y_j 求空间平均得到 $\overline{\delta}_{kpq}\approx 0$ 和 $\overline{\delta}_{jpq}\approx 0$.

(5) 斜向模式($p\geqslant 1,q\geqslant 1,r\geqslant 1$)的贡献，上式仍然成立.

可见,只有零阶模式和 z 方向的轴向模式的贡献与微孔的坐标无关,其他模式的空间平均为零. 事实上,由于扁平空间的对称性,激发的模式主要是零阶模式和 z 方向的轴向模式. 于是可以把交叉积分近似为

$$G_{kj}(L,\omega)\approx[G_{kj}(L,\omega)]^{000}+[G_{kj}(L,\omega)]^{00r}\equiv G(\omega)\tag{6.3.26a}$$

其中,$G(\omega)$定义为

$$G(\omega)\equiv-\frac{1}{Vk_0^2}+\frac{2}{V}\sum_{r=1}^{\infty}\frac{1}{k_{00r}^2-k_0^2}\tag{6.3.26b}$$

把方程(6.3.26a)代入方程(6.3.21a)得到与微孔坐标无关的声压表达式为

$$\overline{p}_k(L,\omega)\approx-\mathrm{i}\rho_0\omega S_{\mathrm{d}}G(\omega)\sum_{j=1}^{M}\langle v_{zj}(L,\omega)\rangle_\rho\tag{6.3.27a}$$

因此,微穿孔板后表面($z=L$)的总声阻抗为

$$Z_L=\frac{\overline{p}_k(L,\omega)}{S_{\mathrm{d}}\sum\limits_{j=1}^{M}\langle v_{zj}(L,\omega)\rangle_\rho}\approx-\mathrm{i}\rho_0\omega G(\omega)\tag{6.3.27b}$$

利用求和关系式(5.3.12b),不难得到

$$\frac{2}{V}\sum_{r=1}^{\infty}\frac{1}{k_{00r}^2-k_0^2}=\frac{2D}{S\pi^2}\sum_{r=1}^{\infty}\frac{1}{r^2+(\mathrm{i}D\omega/\pi c_0)^2}=-\frac{1}{Sk_0}\cot\left(\frac{\omega}{c_0}D\right)+\frac{1}{k_0^2V}\tag{6.3.28a}$$

于是,由方程(6.3.26b)可得

$$G(\omega)\equiv-\frac{1}{Vk_0^2}+\left[-\frac{1}{Sk_0}\cot\left(\frac{\omega}{c_0}D\right)+\frac{1}{Vk_0^2}\right]=-\frac{1}{Sk_0}\cot\left(\frac{\omega}{c_0}D\right)\tag{6.3.28b}$$

将上式代入方程(6.3.27b)可得

$$Z_L=\frac{\overline{p}_k(L,\omega)}{S_{\mathrm{d}}\sum\limits_{j=1}^{M}\langle v_{zj}(L,\omega)\rangle_\rho}\approx\mathrm{i}\frac{\rho_0c_0}{S}\cot\left(\frac{\omega}{c_0}D\right)\tag{6.3.28c}$$

故方程(6.3.15a)得证.

6.3.3 狭缝中平面波的传播和衰减

考虑两块无限大、平行的金属构成的狭缝,如图 6.3.3 所示,当板间距离远小于声波波长时,可以假定:① 速度场的 x 和 y 方向分量近似为零,只需考虑 z 方向的分量 v_z;② 为了保证边界条件 $v_z|_{x=0,L}=0$,v_z 在 x 方向的变化速度远大于 z 方向的变化速度,即

$|\partial v_z/\partial z| \ll |\partial v_z/\partial x|$.

速度场 由方程(6.1.15a)(无源情况 $f=0$)可知,保留 v_z 的 x 方向偏导数项,有

$$\frac{\partial^2 v_z(x,z,\omega)}{\partial x^2}+\mathrm{i}\frac{\rho_0\omega}{\mu}v_z(x,z,\omega)\approx\frac{1}{\mu}\frac{\partial p(z,\omega)}{\partial z} \tag{6.3.29a}$$

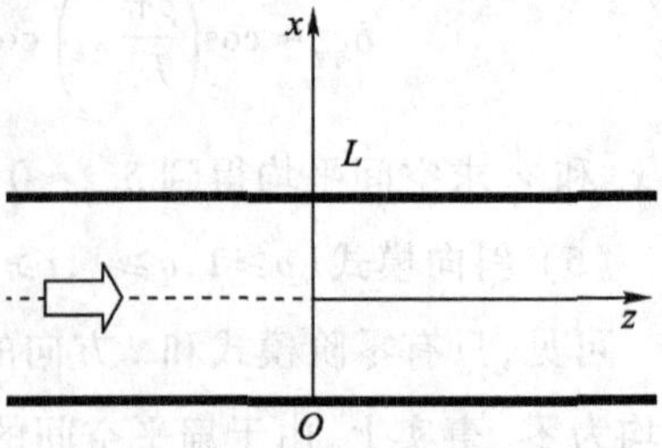

图 6.3.3 刚性平面相距 L

上式的解为

$$v_z(x,z,\omega)=v_{z0}\cos\left[k_\mu\left(x-\frac{L}{2}\right)\right]+v'_{z0}\sin\left[k_\mu\left(x-\frac{L}{2}\right)\right]+\frac{1}{\mathrm{i}\rho_0\omega}\frac{\partial p(z,\omega)}{\partial z} \tag{6.3.29b}$$

其中,有 $k_\mu=\sqrt{\mathrm{i}\rho_0\omega/\mu}$. 注意:上式写成关于 $x=L/2$ 对称的形式比较方便. 由边界条件 $v_z|_{x=0,L}=0$得到

$$v_{z0}=-\frac{1}{\mathrm{i}\rho_0\omega\cos(k_\mu L/2)}\frac{\partial p(z,\omega)}{\partial z},\quad v'_{z0}=0 \tag{6.3.29c}$$

将上式代入方程(6.3.29b)得

$$v_z(x,z,\omega)=\left[1-\frac{\cos[k_\mu(x-L/2)]}{\cos(k_\mu L/2)}\right]\frac{1}{\mathrm{i}\rho_0\omega}\frac{\partial p(z,\omega)}{\partial z} \tag{6.3.30a}$$

故狭缝中由声场 $p(z,\omega)$引起的截面平均速度为

$$\begin{aligned}\langle v_z(z,\omega)\rangle_x&=\frac{1}{L}\int_0^L\left[1-\frac{\cos[k_\mu(x-L/2)]}{\cos(k_\mu L/2)}\right]\mathrm{d}x\cdot\frac{1}{\mathrm{i}\rho_0\omega}\frac{\partial p(z,\omega)}{\partial z}\\&=\left[1-\frac{2}{k_\mu L}\tan\left(\frac{k_\mu L}{2}\right)\right]\frac{1}{\mathrm{i}\rho_0\omega}\frac{\partial p(z,\omega)}{\partial z}\end{aligned} \tag{6.3.30b}$$

温度场 由方程(6.1.17b)(无源情况 $q=0$ 和 $h=0$)得到

$$\frac{\partial^2 T'(x,z,\omega)}{\partial x^2}+\mathrm{i}\frac{\omega\rho_0 c_{P0}}{\kappa}T'(x,z,\omega)\approx\mathrm{i}\frac{\omega T_0\beta_{P0}}{\kappa}p(z,\omega) \tag{6.3.31a}$$

假定边界上温度变化为零,即 $T'(x,z,\omega)|_{x=0,L}=0$,那么可以得到与方程(6.3.30a)类似的温度场表达式

$$T'(x,z,\omega)=\left[1-\frac{\cos[k_h(x-L/2)]}{\cos(k_h L/2)}\right]\frac{T_0\beta_{P0}}{\rho_0 c_{P0}}p(z,\omega) \tag{6.3.31b}$$

其中,$k_h=\sqrt{\mathrm{i}\omega\rho_0 c_{P0}/\kappa}$. 截面的平均温度为

$$\langle T'(z,\omega)\rangle_x=\left[1-\frac{2}{k_h L}\tan\left(\frac{k_h L}{2}\right)\right]\frac{T_0\beta_{P0}}{\rho_0 c_{P0}}p(z,\omega) \tag{6.3.31c}$$

声波模式 由方程(6.1.17a)(无源情况 $q=0$)可得

$$-\mathrm{i}\omega\rho_0\kappa_{T0}p(z,\omega)+\mathrm{i}\omega\rho_0\beta_{P0}T'(x,z,\omega)+\rho_0\frac{\partial v_z(x,z,\omega)}{\partial z}\approx 0 \tag{6.3.32a}$$

上式对截面平均并且利用方程(6.3.30b)和方程(6.3.31c)得到

$$\omega^2\frac{\rho_0\kappa_{T0}-(1-\tilde{K}_h)T_0\beta_{P0}^2/c_{P0}}{1-\tilde{K}_\mu}p(z,\omega)+\frac{\partial^2 p(z,\omega)}{\partial z^2}\approx 0 \tag{6.3.32b}$$

其中,为了方便定义

$$\tilde{K}_h\equiv\frac{2}{k_hL}\tan\left(\frac{k_hL}{2}\right),\ \tilde{K}_\mu\equiv\frac{2}{k_\mu L}\tan\left(\frac{k_\mu L}{2}\right) \tag{6.3.32c}$$

因此,狭缝中沿 z 方向传播的平面波波数 k_z^2 满足

$$\frac{k_z^2}{k_0^2}\equiv\frac{1+(\gamma-1)\tilde{K}_h}{1-\tilde{K}_\mu} \tag{6.3.32d}$$

得到上式,利用了方程(6.2.5d).

复等效密度 与毛细管情况类似,也可以从方程(6.3.30b)定义复等效密度 $\tilde{\rho}=\rho_0/(1-\tilde{K}_\mu)$.

等效绝热压缩系数 利用方程(6.3.32d),得到等效绝热压缩系数为

$$\tilde{\kappa}_s=\frac{1}{c_0^2}\frac{1+(\gamma-1)\tilde{K}_h}{1-\tilde{K}_\mu}\cdot\frac{1}{\tilde{\rho}}=\frac{1}{\rho_0c_0^2}[1+(\gamma-1)\tilde{K}_h] \tag{6.3.33a}$$

对于"粗"狭缝边界,即边界层厚度满足 $L\gg(d_\mu,d_\kappa)$ 情况,作渐近展开 $\tan(k_hL/2)\approx \mathrm{i}$,于是有

$$\frac{k_z^2}{k_0^2}\approx\frac{1+(\gamma-1)2\mathrm{i}/k_hL}{1-2\mathrm{i}/k_\mu L}\approx 1+\frac{(1+\mathrm{i})\sqrt{2}}{\sqrt{k_0}L}\left[\sqrt{l'_\mu}+(\gamma-1)\sqrt{l_\kappa}\right] \tag{6.3.33b}$$

对于 $L\ll(d_\mu,d_\kappa)$ 的"毛细"狭缝,将方程(6.3.32c)作零点展开,然后代入方程(6.3.32d)得到 z 方向的波数满足 $k_z^2/k_0^2\approx-12\gamma/(k_\mu L)^2$. 令 $k_z\equiv\omega/c_t+\mathrm{i}\Gamma$($c_t$ 和 Γ 分别为毛细狭缝的**有效声速和衰减系数**),得到

$$k_z=\frac{\omega}{c_t}+\mathrm{i}\Gamma\approx \mathrm{i}k_0\frac{\sqrt{12\gamma}}{k_\mu L}=(1+\mathrm{i})\frac{\sqrt{6\gamma k_0 l'_\mu}}{L} \tag{6.3.34a}$$

因此,有

$$\begin{aligned}c_t&\approx\frac{\omega L}{\sqrt{6\gamma k_0 l'_\mu}}=\frac{1}{\sqrt{3\gamma}}\left(\frac{L}{d_\mu}\right)c_0\ll c_0\\ \Gamma&\approx\frac{\sqrt{6\gamma k_0 l'_\mu}}{L}=\sqrt{3\gamma}\,\frac{\omega}{c_0}\left(\frac{d_\mu}{L}\right)\gg k_0\end{aligned} \tag{6.3.34b}$$

可见,狭缝与细管有类似的特性.

微缝吸声体 与微穿孔板类似,用微缝板做成吸声体也具有良好的低频吸声性能,其吸声系数的推导过程与6.3.2小节完全类似.

6.3.4 热声效应和热声致冷

考虑如图 6.3.4(a)所示的圆形热声管，扬声器工作在截止频率以下，其声波波长恰好是 1/2 管长(称为**半波管**)，则在管中形成驻波声场，两端为声波的波腹位置. 在半波管的一侧，放置由若干层平行的金属板所构成的所谓"**热声堆**(stack)". 热声堆的左侧为高温热交换器，使金属板的左侧处于高温；而热声堆的右侧为低温热交换器，使金属板的右侧处于低温.

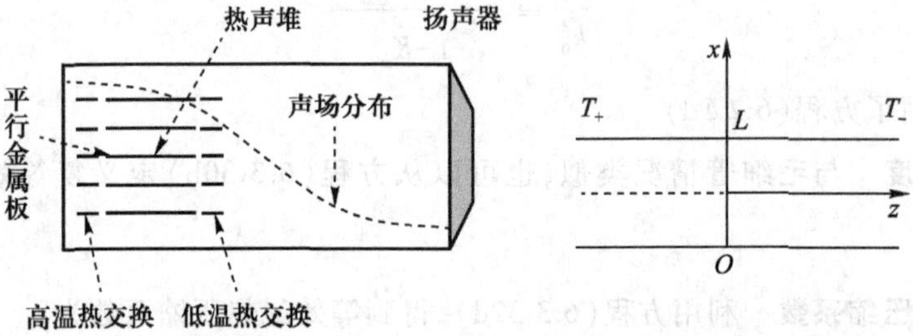

(a) 圆形热声管：扬声器在管中形成驻波声场

(b) 一对平行金属板：板的两端分别保持高温 T_+ 和低温 T_-

图 6.3.4

如图 6.3.4(b)所示，我们分析一对平行金属板之间的热输运情况. 假定：① 热声堆的存在对驻波声场的影响较小，狭缝位于低频驻波声场中，在狭缝所处位置 $\partial p/\partial z<0$，且近似为常量；② 在狭缝的两端分别保持温度 T_+ 和 T_-，温度梯度与 z 无关，且在一个声周期内，由于温度梯度而产生的热流(从高温到低温)可忽略不计；③ 狭缝的间距 $L\approx 4d_\mu$ 或者 $L\approx 4d_\kappa$. 下面我们将证明：① 当温度梯度大于某一临界值时，存在稳定的正能量流(+z 方向)，声波将携带热能从高温 T_+ 处转移到低温 T_- 处，声波就像是热机一样[称为**热声机**(thermoacoustic engine)]；② 当温度梯度小于某一临界值时，存在稳定的负能量流(-z 方向)，声波将热能从低温 T_- 处转移到高温 T_+ 处，起致冷机作用，称为**声致冷机**(acoustic refrigerator).

存在温度梯度后，方程(6.1.14)的对流项应保留(不保留非线性项)，即

$$\rho T\left(\frac{\partial s}{\partial t}+\boldsymbol{v}\cdot\nabla s\right)=\nabla\cdot(\kappa\nabla T) \tag{6.3.35a}$$

令(假定与板的平行方向 y 无关)

$$\begin{aligned}s(x,z,\omega)&=s_m(z)+s'(x,z,\omega)\\T(x,z,\omega)&=T_m(z)+T'(x,z,\omega)\end{aligned} \tag{6.3.35b}$$

其中，ρ_m、s_m 和 T_m 分别是平衡时的密度、熵和温度. 将上式代入方程(6.3.35a)并线性化得到

$$\rho_m T_m\left(\frac{\partial s'}{\partial t}+v_z\frac{\partial s_m}{\partial z}\right)=\kappa\,\nabla^2 T' \tag{6.3.35c}$$

得到上式，注意到：① 温度梯度与 z 无关，即 $\mathrm{d}T_m/\mathrm{d}z=$常量，故$\nabla^2 T_m(z)=0$；② 声波沿$\pm z$方向传播，故仅有 z 方向的速度分量. 因为 $\mathrm{d}s_m=c_P\mathrm{d}T_m/T_m$，且上式中 $v_z(x,z,\omega)$用平均值$\langle v_z(z,\omega)\rangle_x$(对 x 平均)代替，方程(6.3.35c)简化为

$$\rho_m T_m\frac{\partial s'}{\partial t}+\langle v_z(z,\omega)\rangle_x\rho_m c_P\frac{\mathrm{d}T_m}{\mathrm{d}z}=\kappa\,\nabla^2 T' \tag{6.3.35d}$$

利用关系 $s'=-\beta_{P0}p'/\rho_0+c_{P0}T'/T_0$，在单频情况下，上式变化成

$$\frac{\partial^2 T'}{\partial x^2}+\mathrm{i}\frac{\omega\rho_m c_{P0}}{\kappa}T'\approx\mathrm{i}\frac{\omega\beta_{P0}T_m p(z,\omega)}{\kappa}+\frac{\rho_m c_P\langle v_z(z,\omega)\rangle_x}{\kappa}\frac{\mathrm{d}T_m}{\mathrm{d}z} \tag{6.3.36a}$$

得到上式过程中，同样已假定$|\partial T'/\partial x|\gg|\partial T'/\partial z|$(为了保证金属板上温度变化为零，必须有较大的温度梯度). 上式满足边界条件 $T'|_{x=0,L}=0$ 的解为

$$T'(x,z,\omega)\approx\left[1-\frac{\cos[k_h(x-L/2)]}{\cos(k_h L/2)}\right]\left[\frac{\beta_{P0}T_m p(z,\omega)}{\rho_m c_{P0}}+\frac{\langle v_z(z,\omega)\rangle_x}{\mathrm{i}\omega}\frac{\mathrm{d}T_m}{\mathrm{d}z}\right] \tag{6.3.36b}$$

其中，$k_h=\sqrt{\mathrm{i}\omega\rho_m c_{P0}/\kappa}$. 截面的平均温度(对 x 平均)为

$$\langle T'(z,\omega)\rangle_x=F_\kappa\left[\frac{\beta_{P0}T_m p(z,\omega)}{\rho_m c_{P0}}+\frac{\langle v_z(z,\omega)\rangle_x}{\mathrm{i}\omega}\frac{\mathrm{d}T_m}{\mathrm{d}z}\right] \tag{6.3.36c}$$

其中，为了方便定义

$$F_\kappa\equiv 1-\frac{2}{k_h L}\tan\left(\frac{k_h L}{2}\right)=\mathrm{Re}(F_\kappa)+\mathrm{i}\,\mathrm{Im}(F_\kappa) \tag{6.3.36d}$$

以及

$$\begin{aligned}\mathrm{Re}\,F_\kappa&=1-\frac{d_\kappa}{L}\frac{\sin(L/d_\kappa)+\sinh(L/d_\kappa)}{\cos(L/d_\kappa)+\cosh(L/d_\kappa)}\\ \mathrm{Im}\,F_\kappa&=-\frac{d_\kappa}{L}\frac{\sinh(L/d_\kappa)-\sin(L/d_\kappa)}{\cos(L/d_\kappa)+\cosh(L/d_\kappa)}\end{aligned} \tag{6.3.36e}$$

其中，$d_\kappa=\sqrt{2\kappa/\omega\rho_m c_{P0}}$. 方程(6.3.36c)中的$\langle v_z(z,\omega)\rangle_x$ 可由方程(6.3.30b)得到，即

$$\langle v_z(z,\omega)\rangle_x=F_\mu\cdot\frac{1}{\mathrm{i}\rho_0\omega}\frac{\partial p(z,\omega)}{\partial z} \tag{6.3.37a}$$

其中，为了方便定义

$$F_\mu\equiv 1-\frac{2}{k_\mu L}\tan\left(\frac{k_\mu L}{2}\right)=\mathrm{Re}(F_\mu)+\mathrm{i}\,\mathrm{Im}(F_\mu) \tag{6.3.37b}$$

式中，$\mathrm{Re}\,F_\mu$ 和 $\mathrm{Im}\,F_\mu$ 与 $\mathrm{Re}\,F_\kappa$ 和 $\mathrm{Im}\,F_\kappa$ 类似，只需把方程(6.3.36e)中的 d_κ 改成 d_μ 即可. 注意：存在温度梯度后，截面的平均温度由方程(6.3.36c)决定，而不是方程(6.3.31c)，

比较这两个方程，方程(6.3.36c)的最后一项显然是温度梯度的贡献. 然而，由于方程(6.3.29a)与温度场无关，故$\langle v_z(z,\omega)\rangle_x$仍然可以采用方程(6.3.30b)表示.

因假定距离$L\approx 4d_\mu$或者$L\approx 4d_\kappa$，有$|k_hL/2|=L/\sqrt{2}d_\kappa\approx 2.8$和$|k_\mu L/2|=L/\sqrt{2}d_\mu\approx 2.8$，故可取近似$\tan(k_\mu L/2)\approx \mathrm{i}$和$\tan(k_hL/2)\approx \mathrm{i}$，方程(6.3.37a)和方程(6.3.36c)近似为

$$\langle v_z(z,\omega)\rangle_x\approx\left(1-\frac{2\mathrm{i}}{k_\mu L}\right)\frac{1}{\mathrm{i}\rho_m\omega}\frac{\partial p}{\partial z}\approx\left[1-\frac{(1+\mathrm{i})d_\mu}{L}\right]\frac{1}{\mathrm{i}\rho_m\omega}\frac{\partial p}{\partial z}\approx\frac{1}{\mathrm{i}\rho_m\omega}\frac{\partial p}{\partial z}\tag{6.3.38a}$$

$$\langle T'(z,\omega)\rangle_x\approx\left[1-\frac{(1+\mathrm{i})d_\kappa}{L}\right]\left[\frac{\beta_{P0}T_mp}{\rho_mc_{P0}}+\frac{\langle v_z(z,\omega)\rangle_x}{\mathrm{i}\omega}\frac{\mathrm{d}T_m}{\mathrm{d}z}\right]\tag{6.3.38b}$$

热通量 由熵流s'携带的沿z方向的能量流(即热流)为

$$q=\rho_mT_ms'v_z\tag{6.3.39a}$$

注意到有关系$s'=-\beta_{P0}p'/\rho_0+c_{P0}T'/T_0$，则热流的时间平均为

$$\begin{aligned}\overline{q}&=\frac{1}{2}\rho_mT_m\mathrm{Re}(s'v_z^*)=\frac{1}{2}\rho_mT_m\mathrm{Re}\left[\left(-\frac{\beta_{P0}}{\rho_m}p+\frac{c_{P0}}{T_m}T'\right)v_z^*\right]\\&=\frac{1}{2}\rho_mT_m\left[-\frac{\beta_{P0}}{\rho_m}\mathrm{Re}(pv_z^*)+\frac{c_{P0}}{T_m}\mathrm{Re}(T'v_z^*)\right]\end{aligned}\tag{6.3.39b}$$

通过截面的总能流为

$$\overline{Q}=\int_0^L\overline{q}\mathrm{d}x=\frac{1}{2}\rho_mc_{P0}\int_0^L\mathrm{Im}(T')\cdot\mathrm{Im}(v_z)\mathrm{d}x\tag{6.3.39c}$$

得到上式，已经注意到在驻波声场中声压p为实函数，在方程(6.3.38a)的近似下，$\mathrm{Re}(p\langle v_z^*\rangle_x)=0$. 因此通过截面的总能流近似为

$$\overline{Q}\approx\frac{L}{2}\rho_mc_{P0}\mathrm{Im}\langle T'\rangle_x\cdot\mathrm{Im}\langle v_z\rangle_x\tag{6.3.40a}$$

把方程(6.3.38a)和方程(6.3.38b)代入上式得到

$$\overline{Q}\approx\frac{1}{2}d_\kappa\beta_{P0}\frac{T_mp}{\rho_m\omega}(\Gamma-1)\left(1-\frac{d_\mu}{L}\right)\left(-\frac{\partial p}{\partial z}\right)\tag{6.3.40b}$$

其中，为了方便定义(注意:已假定$\partial p/\partial z<0$和$\mathrm{d}T_m/\mathrm{d}z<0$)

$$\Gamma\equiv\left(-\frac{\mathrm{d}T_m}{\mathrm{d}z}\right)\cdot\left(\frac{\mathrm{d}T_m}{\mathrm{d}z}\right)_{\mathrm{crit}}^{-1}\tag{6.3.40c}$$

其中,临界温度梯度定义为

$$\left(\frac{\mathrm{d}T_m}{\mathrm{d}z}\right)_{\mathrm{crit}}\equiv\frac{\omega^2\beta_{P0}T_mp}{c_{P0}}\left(-\frac{\partial p}{\partial z}\right)^{-1}\tag{6.3.40d}$$

因假定狭缝所处位置处有$\partial p/\partial z<0$且$(1-d_\mu/L)>0$，故能量流的方向由$\Gamma-1$的符号决定. 讨论如下.

(1) $\Gamma>1$:即当温度梯度大于临界值时,有

$$-\frac{\mathrm{d}T_m}{\mathrm{d}z}>\left(\frac{\mathrm{d}T_m}{\mathrm{d}z}\right)_{\mathrm{crit}} \tag{6.3.41a}$$

总能流 $\overline{Q}>0$，能量向 $+z$ 方向流动，也就是热流从高温处向低温处流动，声波像热机(称为**热声机**)一样，从高温热源处得到能量，在低温热源处放出部分能量，而部分热能转化成声能量，即热转化成声.

(2) $\Gamma<1$：即当温度梯度小于临界值时，有

$$-\frac{\mathrm{d}T_m}{\mathrm{d}z}<\left(\frac{\mathrm{d}T_m}{\mathrm{d}z}\right)_{\mathrm{crit}} \tag{6.3.41b}$$

总能流 $\overline{Q}<0$，能量向 $-z$ 方向流动，也就是热流从低温处向高温处流动，声波像致冷机(称为**热声致冷**)一样，从低温热源处得到能量，在高温热源处放出部分能量.

注意：① 由于方程(6.3.40b)中出现 d_μ/L，故黏性降低了热声机或者热声致冷的效率；② 方程(6.3.40b)中出现的项 $p(\partial p/\partial z)/\rho_m\omega$ 实际上是声驻波场的声能量流；③ 由方程(6.3.40a)可知，$\mathrm{Im}\langle T'\rangle_x$ 在热声机或者热声致冷中起决定作用，即方程(6.3.38b)的因子 d_κ/L 十分重要，当狭缝很大时：$|k_hL|\gg1$，$L\gg d_\kappa$，热声机或者热声致冷的效率就很低；反过来，如果狭缝很小，$|k_hL|\ll1$，$\tan(k_hL/2)\sim k_hL/2$，毛细"狭缝"中的声过程是等温过程，就不存在热声机或者热声致冷效应. 因此狭缝厚度要取得适当，例如取 $L\approx4d_\kappa$.

6.4 流体和生物介质中声波的衰减

引起声波强度衰减主要有三个因素：① 声波传播过程中波阵面的发散，例如，球面波的声压正比于 $1/r$，而柱面波正比于 $1/\sqrt{\rho}$；② 声波遇到散射体的散射引起的传播方向改变，导致在原传播路径上声能量的减少；③ 介质的吸收，声波在介质中传播必将引起介质分子之间的碰撞，部分有序的声能量将转化成无序的分子热能，引起声波的衰减. 在前两个因素中，总声能量守恒，称为"几何"衰减. 由于生物介质不能用简单的牛顿流体来描述，其声衰减较为复杂，本节简单介绍生物介质中声波的传播规律.

6.4.1 经典衰减和反常衰减

由 6.2.2 小节讨论可知，当考虑介质的黏性和热传导效应时，在远离边界处，声波方程近似为

$$\nabla^2 p(\boldsymbol{r},\omega)+\frac{\omega^2}{c_0^2}\left\{1+\mathrm{i}\frac{\omega}{c_0}\left[(\gamma-1)l_\kappa+l_\mu\right]\right\}p(\boldsymbol{r},\omega)=0 \tag{6.4.1a}$$

上式忽略了上、下标. 时域中波动方程为

$$\nabla^2 p(\boldsymbol{r},t)-\frac{1}{c_0^2}\frac{\partial^2}{\partial t^2}\left\{1-\frac{1}{c_0}\frac{\partial}{\partial t}\left[(\gamma-1)l_\kappa+l_\mu\right]\right\}p(\boldsymbol{r},t)=0 \tag{6.4.1b}$$

由方程(6.2.6d)可知,平面波波数为

$$k\approx\frac{\omega}{c_0}+\mathrm{i}\left[(\gamma-1)l_\kappa+l_\mu\right]\frac{\omega^2}{2c_0^2}\equiv k_0+\mathrm{i}\alpha \tag{6.4.1c}$$

其中,衰减系数 α 与频率平方成正比,有

$$\alpha\equiv\left[(\gamma-1)l_\kappa+l_\mu\right]\frac{\omega^2}{2c_0^2}=\left[(\gamma-1)\frac{\kappa}{c_{P0}}+\left(\eta+\frac{4}{3}\mu\right)\right]\frac{\omega^2}{2\rho_0c_0^3} \tag{6.4.1d}$$

注意,如果用切变黏度 μ 和体膨胀黏度 η 表示 α,那么 $\lambda+2\eta=\eta+4\mu/3$. 方程(6.4.1c)表明,声波传播的相速度近似等于 c_0. 对多数流体而言,可取 $\eta\approx0$,上式简化为

$$\alpha\approx\left[(\gamma-1)\frac{\kappa}{c_{P0}}+\frac{4}{3}\mu\right]\frac{\omega^2}{2\rho_0c_0^3} \tag{6.4.2a}$$

称为**经典衰减公式**,该公式给出了在自由空间中传播的声波,由于黏性和热传导效应引起的衰减.

理论计算表明,气体的热传导效应对声衰减的贡献小于黏性,但在同一数量级,对非金属流体而言,前者的贡献远小于后者,故热传导效应可忽略不计. 另一方面,如果 μ 是与频率无关的常量,则有

$$\frac{\alpha}{f^2}=\left[(\gamma-1)\frac{\kappa}{c_{P0}}+\frac{4}{3}\mu\right]\frac{2\pi^2}{\rho_0c_0^3}=\text{常量} \tag{6.4.2b}$$

声衰减的实验表明,对单原子分子组成的气体而言,上式的理论预言与实验结果符合得很好,即 α/f^2 基本为常量. 然而,对多原子分子组成的气体以及许多流体而言,不仅 α/f^2 与频率存在复杂的关系,而且声传播速度也与频率有关. 这是因为单原子分子仅有三个平动自由度,故 $\eta=0$,但对于多原子分子组成的气体以及流体,已不能取体膨胀黏度 η 为零,而且 η 与频率有关.

在 6.1.1 小节中,我们已指出,体膨胀黏度 η 表征流体质点的平动与其他自由度(转动和振动)的能量交换,即由于流体压缩和膨胀,声能量(质点平动能量)转化成流体质点的振动及转动能量. 在常温下,气体分子的平动和转动能量(由能量均分定理,每个自由度的平均能量为 $k_BT/2$)远小于振动能量,故平动与转动能量之间的交换极易发生,可以看作是瞬时发生的,在交换过程中系统一直处于准平衡状态,因而仍然可以使用平衡态方程 $P=P(\rho,s)$. 而平动与振动能量的交换要困难得多,能量交换过程需要一定的时间,在交换过程中,系统经历一系列非平衡态,从一个平衡态过渡到新的平衡态,所需时间 τ 称

为**弛豫时间**(relaxation time). 由此引起的声衰减称为**分子弛豫衰减**,或者称为**反常衰减**.

分子弛豫衰减 对于弛豫介质,线性化质量守恒方程和运动方程仍然不变,在无源情况下为

$$\frac{\partial\rho'}{\partial t}+\rho_0\nabla\cdot\boldsymbol{v}'=0,\quad \rho_0\frac{\partial\boldsymbol{v}'}{\partial t}+\nabla p'=0 \tag{6.4.3a}$$

关键在于物态方程的变化,对于理想流体的等熵过程,平衡态物态方程为 $P=P(\rho)$,即压力仅与密度有关. 但对于弛豫介质,流体处于非平衡态,压力还必须与时间有关. 物态方程合理的修改为(证明见本节末尾)

$$p'-c_0^2\rho'+\tau_0\frac{\partial}{\partial t}(p'-c_\infty^2\rho')=0 \tag{6.4.3b}$$

其中,τ_0 是弛豫时间,c_∞^2 是高频声速. 从上式和方程(6.4.3a)不难得到弛豫介质中的声波方程为

$$\nabla^2p-\frac{1}{c_0^2}\frac{\partial^2p}{\partial t^2}-\frac{\tau_0}{c_0^2}\frac{\partial}{\partial t}\left(\frac{\partial^2p}{\partial t^2}-c_\infty^2\nabla^2p\right)=0 \tag{6.4.3c}$$

设平面波解为 $p(\boldsymbol{r},t)=p_0\exp[\mathrm{i}(\boldsymbol{k}\cdot\boldsymbol{r}-\omega t)]$,代入上式得到色散关系为

$$k^2=\frac{\omega^2}{c_0^2}\cdot\frac{1-\mathrm{i}\omega\tau_0}{1-\mathrm{i}\omega\tau} \tag{6.4.4a}$$

其中,$\tau\equiv\tau_0c_\infty^2/c_0^2$,故相速度 $c(\omega)=\omega/\mathrm{Re}\,k$ 和衰减系数 $\alpha=\mathrm{Im}\,k$ 分别近似为

$$c^2(\omega)=c_0^2\frac{1+(\omega\tau)^2}{1+(\omega\tau)^2},\quad \alpha=\frac{\omega^2\tau_0}{2c_0^3}\cdot\frac{(c_\infty^2-c_0^2)}{1+(\omega\tau)^2} \tag{6.4.4b}$$

注意:得到上式利用了近似关系 $k^2=(\mathrm{Re}\,k+\mathrm{i}\alpha)^2\approx(\mathrm{Re}\,k)^2+2\mathrm{i}\alpha\mathrm{Re}\,k$. 显然有:① 当 $\omega\tau\ll1$ 时,即频率较低时,上式简化为

$$c^2(\omega)\approx c_0^2,\quad \alpha\approx\eta_0\frac{\omega^2}{2\rho_0c_0^3} \tag{6.4.5a}$$

其中,$\eta_0\equiv\rho_0\tau_0(c_\infty^2-c_0^2)$,可见,声速近似为通常的值,衰减系数与经典衰减公式,即方程(6.4.2a)有类似的形式. η_0 实际上是低频体膨胀黏度;② 当 $\omega\tau\gg1$ 时,即频率较高时,有

$$c^2(\omega)\approx c_\infty^2,\quad \alpha\approx\frac{(c_\infty^2-c_0^2)}{2c_0^3\tau_0(c_\infty^2/c_0^2)^2} \tag{6.4.5b}$$

故高频时,声速趋向于 $c_\infty>c_0$,衰减系数趋向于常量;③ 当 $\omega\tau\sim1$ 时,衰减公式改写成

$$\alpha=\frac{\omega^2}{2\rho_0c_0^3}\eta(\omega),\quad \eta(\omega)\equiv\frac{\eta_0}{1+(\omega\tau)^2} \tag{6.4.5c}$$

其中,$\eta(\omega)$ 就是体膨胀黏度与频率的关系. 我们也可以写出单位波长上的衰减为

$$\alpha\lambda\approx\frac{\pi}{\rho_0c_0^2}\cdot\frac{\omega\eta_0}{1+(\omega\tau)^2} \tag{6.4.5d}$$

当 $\omega\tau \ll 1$ 时，衰减很小，这是因为声振动周期远大于弛豫时间，每一时刻都能建立平衡，弛豫过程对声衰减的贡献很小；当频率增加时，$\alpha\lambda$ 增加，当 $\omega=1/\tau$ 时，弛豫衰减达到极大.

把方程(6.4.1b)和方程(6.4.3c)结合在一起，我们得到考虑黏性、热传导和弛豫效应后的声波方程近似(在弱衰减条件下)为

$$\nabla^2 p-\frac{1}{c_0^2}\frac{\partial^2 p}{\partial t^2}=-\frac{1}{c_0^3}[(\gamma-1)l_\kappa+l_\mu]\frac{\partial^3 p}{\partial t^3}+\frac{\tau_0}{c_0^2}\frac{\partial}{\partial t}\left(\frac{\partial^2 p}{\partial t^2}-c_\infty^2\nabla^2 p\right) \tag{6.4.6a}$$

注意：上式中出现对时间的三阶导数，如果考虑方程的初值问题，要求初始条件给出 $(\partial^2 p/\partial t^2)\big|_{t=0}$，而这个条件的物理意义不明显，因此在频域讨论上式更有意义.

由方程(6.4.2a)和方程(6.4.5c)可知，流体的声衰减系数为

$$\alpha\approx\left[(\gamma-1)\frac{\kappa}{c_{P0}}+\frac{4}{3}\mu+\frac{\eta_0}{1+(\omega\tau)^2}\right]\frac{\omega^2}{2\rho_0 c_0^3} \tag{6.4.6b}$$

弛豫部分衰减也称为**反常衰减**. 如果流体中存在 N 个弛豫过程，则上式推广为

$$\alpha\approx\left[(\gamma-1)\frac{\kappa}{c_{P0}}+\frac{4}{3}\mu+\sum_{i=1}^{N}\frac{\eta_{0i}}{1+\omega^2\tau_i^2}\right]\frac{\omega^2}{2\rho_0 c_0^3} \tag{6.4.6c}$$

其中，τ_i 为第 i 个弛豫过程的弛豫时间.

空气的声衰减必须考虑分子的弛豫衰减. 在比较纯净的水中，主要存在经典声衰减，而在海水中，由于盐分子结构复杂，声衰减也必须考虑分子的弛豫效应.

物态方程的证明 假定介质内部只存在一个弛豫过程，我们用参量 ξ 表示，例如，参量 ξ 可以表示化学反应中某种分子的浓度. 当不存在声波时，参量 ξ 达到的平衡值 $\xi=\xi_{00}$，称为静平衡值. 当有声波存在时，参量 ξ 通过一定的弛豫时间 τ_0 达到新的平衡值 ξ_0，故参量 ξ 随时间变化满足

$$\frac{\mathrm{d}\xi}{\mathrm{d}t}=-\frac{1}{\tau_0}(\xi-\xi_0) \tag{6.4.7a}$$

引入新的参量 ξ 后，物态方程可表示为 $P=P(\rho,s,\xi)$，在等熵假定下有

$$p'\approx c_0^2\rho'+\left[\frac{\partial p(\rho,\xi)}{\partial\xi}\right]_{\rho_0}(\xi-\xi_0) \tag{6.4.7b}$$

上式两边对 t 求导得到

$$\frac{\mathrm{d}p'}{\mathrm{d}t}\approx c_0^2\frac{\mathrm{d}\rho'}{\mathrm{d}t}+\left[\frac{\partial p(\rho,\xi)}{\partial\xi}\right]_{\rho_0}\left(\frac{\mathrm{d}\xi}{\mathrm{d}t}-\frac{\mathrm{d}\xi_0}{\mathrm{d}t}\right) \tag{6.4.7c}$$

注意：当介质中存在声波时，新的平衡值 ξ_0 跟随声波变化，故 $\xi_0=\xi_0(\rho,s)$，于是有关系：

$$\frac{\mathrm{d}\xi_0}{\mathrm{d}t}=\frac{\partial\xi_0(\rho,s)}{\partial\rho}\frac{\mathrm{d}\rho'}{\mathrm{d}t} \tag{6.4.8a}$$

将上式代入方程(6.4.7c)，并利用方程(6.4.7a)和方程(6.4.7b)得到

$$\frac{\mathrm{d}p'}{\mathrm{d}t}\approx c_\infty^2\frac{\mathrm{d}\rho'}{\mathrm{d}t}-\frac{1}{\tau_0}(p'-c_0^2\rho') \tag{6.4.8b}$$

其中,c_∞^2 由下式定义:

$$c_\infty^2 \equiv c_0^2 - \left[\frac{\partial P(\rho,\xi)}{\partial \xi}\right]_{\rho_0} \frac{\partial \xi_0(\rho,s)}{\partial \rho} \tag{6.4.8c}$$

当 $\tau_0 \to \infty$ 时,方程(6.4.8b)简化成 $p' \approx c_\infty^2 \rho'$,故上式右边项确实是高频声速. 在小振幅近似下,对时间的全导数近似为偏导数,方程(6.4.8b)简化成方程(6.4.3b),于是物态方程(6.4.3b)得证.

6.4.2 生物介质中的声衰减和时间分数导数

生物介质(如人体)与前面介绍的流体具有不同特点,它是由水、脂肪和蛋白质组成的物质,因而也可称为**似流体介质**. 此外,生物介质还具有结构上的不均匀性,因此当超声波在生物组织中传播时所引起的衰减机理是复杂的. 大量的实验表明,生物组织中的声衰减系数远大于一般的均匀流体. 特别是,其声衰减系数与频率的关系不满足方程(6.4.6b),它既不与频率的平方成正比,也没有弛豫衰减峰,而是呈简单的幂次关系:$\alpha(\omega)=\alpha_0\omega^\gamma$,其中 $\gamma \approx 1\sim 2$. 例如,动物肝脏组织的 $\gamma \approx 1.13$,而心脏组织的 $\gamma \approx 1.07$,可近似为线性关系. 由此说明,用本构方程(6.1.6a)描述应力张量与应变率张量的关系是不恰当的,即使利用其他黏性模型,如 Maxwell 模型和 Kelvin-Voigt 模型,也不可能得到 γ 是分数的结果. 近年来,利用分数导数概念,较好地解释了声衰减系数与频率的关系. 事实上,如果声波方程含有对时间的 β 阶偏导数 $\partial^\beta/\partial t^\beta$,根据变换规则 $\partial^\beta/\partial t^\beta \to (-\mathrm{i}\omega)^\beta$,色散关系中将出现分数幂次,则导数的阶 β 不可能是整数,必定是分数.

根据 Kramers-Kronig 色散关系,从 $\alpha(\omega)=\alpha_0\omega^\gamma$ 可以求得声速与频率的关系[见6.4.4小节的方程(6.4.25d)]为

$$\frac{1}{c(\omega)} = \frac{1}{c_0} + \alpha_0 \tan\left(\frac{\pi\gamma}{2}\right)\omega^{\gamma-1} \tag{6.4.9a}$$

其中,已用低频声速 c_0 代替 $c(0)$. 由衰减系数和声速与复波数的关系 $\mathrm{Im}\ \tilde{k}=\alpha(\omega)$ 和 $\mathrm{Re}\ \tilde{k}=\omega/c(\omega)$,不难得到

$$\tilde{k} = \frac{\omega}{c_0} + \mathrm{i}\alpha_0 \frac{(-\mathrm{i}\omega)^\gamma}{\cos(\pi\gamma/2)}, \quad \tilde{k}^2 \approx \frac{\omega^2}{c_0^2} - 2\frac{\alpha_0}{c_0}\frac{(-\mathrm{i}\omega)^{\gamma+1}}{\cos(\pi\gamma/2)} \tag{6.4.9b}$$

注意:为了得到上式的第二个方程,忽略了 α_0^2(在衰减比较小的时候,这是合理的). 因此,根据变换规律 $-\tilde{k}^2 \to \nabla^2$ 和 $-\mathrm{i}\omega \to \partial/\partial t$,就得到含有分数阶导数的波动方程:

$$\nabla^2 p \approx \frac{1}{c_0^2}\frac{\partial^2 p}{\partial t^2} + \frac{2\alpha_0}{c_0}\frac{1}{\cos(\pi\gamma/2)}\frac{\partial^{\gamma+1} p}{\partial t^{\gamma+1}} \tag{6.4.9c}$$

分数阶导数 我们从函数 $g(t)$ $(-\infty<t<\infty)$ 的 Fourier 变换来定义分数导数. 函数

$g(t)$ 的 Fourier 变换和逆变换为

$$G(\omega)=\int_{-\infty}^{\infty}g(t)\exp(\mathrm{i}\omega t)\mathrm{d}t\equiv \mathrm{FT}^{+}[g(t)]$$

$$g(t)=\frac{1}{2\pi}\int_{-\infty}^{\infty}G(\omega)\exp(-\mathrm{i}\omega t)\mathrm{d}\omega=\mathrm{FT}^{-}[G(\omega)] \tag{6.4.10a}$$

由 Fourier 变换的微分性质，函数 $g(t)$ 的正整数阶导数的 Fourier 变换为

$$\mathrm{FT}^{+}\left[\frac{\partial^{n}g(t)}{\partial t^{n}}\right]=(-\mathrm{i}\omega)^{n}G(\omega)=(-\mathrm{i}\omega)^{n}\,\mathrm{FT}^{+}[g(t)] \tag{6.4.10b}$$

其中，n 为正整数. 或者把上式写成

$$\frac{\partial^{n}g(t)}{\partial t^{n}}=\mathrm{FT}^{-}\{(-\mathrm{i}\omega)^{n}\,\mathrm{FT}^{+}[g(t)]\} \tag{6.4.10c}$$

上式的意义是：我们可以通过 Fourier 变换来定义一个函数的 n 阶导数. 如果把 $D^{n}\equiv\partial^{n}/\partial t^{n}$ 看成是一个微分算子，上式可看作微分算子 D^{n} 对函数 $g(t)$ 的作用. 把上式中的正整数 n 推广到分数 s，定义函数 $g(t)$ 的 s 阶导数，即微分算子 $D^{s}\equiv\partial^{s}/\partial t^{s}$ 为

$$D^{s}g(t)=\frac{\partial^{s}g(t)}{\partial t^{s}}=\mathrm{FT}^{-}\{(-\mathrm{i}\omega)^{s}\,\mathrm{FT}^{+}[g(t)]\} \tag{6.4.11a}$$

显然，由上式定义的分数导数的 Fourier 积分为

$$\mathrm{FT}^{+}\left[\frac{\partial^{s}g(t)}{\partial t^{s}}\right]=(-\mathrm{i}\omega)^{s}G(\omega) \tag{6.4.11b}$$

函数 $g(t)$ 的 s 阶分数导数可以化成卷积积分，其物理意义更明显. 由方程(6.4.11a)可知

$$\begin{aligned}\frac{\partial^{s}g(t)}{\partial t^{s}}&=\frac{1}{2\pi}\int_{-\infty}^{\infty}g(\tau)\int_{-\infty}^{\infty}(-\mathrm{i}\omega)^{s}\exp[\mathrm{i}\omega(\tau-t)]\mathrm{d}\omega\mathrm{d}\tau\\&=\frac{1}{2\pi}(-\mathrm{i})^{s-1}\int_{-\infty}^{\infty}g(\tau)\frac{\partial}{\partial t}\left[\int_{-\infty}^{\infty}\omega^{s-1}\exp[\mathrm{i}\omega(\tau-t)]\mathrm{d}\omega\right]\mathrm{d}\tau\end{aligned} \tag{6.4.12a}$$

上式中求导是为了保证 ω^{s-1} 的幂次小于零，如果 $s=\mathrm{int}(s)+\gamma\equiv n+\gamma$（其中，$n$ 是正整数，γ 是真分数，即 $\gamma<1$），就须求 n 阶导数. 为方便起见，设 $0<s<1$，则求一次导数就可以了. 方程(6.4.12a)中括号内的积分可由复变函数方法完成，见参考书 11. 最后，得到函数 $g(t)$ 的 s 阶分数导数的卷积形式：

$$\frac{\partial^{s}g(t)}{\partial t^{s}}=\frac{1}{\Gamma(-s)}\int_{-\infty}^{t}\frac{g(\tau)}{(t-\tau)^{s+1}}\mathrm{d}\tau\quad(0<s<1) \tag{6.4.12b}$$

其中，$\Gamma(-s)$ 是 Γ 函数. 可见：分数导数由卷积定义，故具有"记忆"功能，函数 $g(t)$ 在 t 时刻的分数导数值与 $(-\infty,t)$ 内的函数值均有关，而正整数阶导数仅反映了在 t 时刻附近函数的性态. 注意：我们假定 $0<s<1$，如果 $s>1$，总可以表示成整数部分 $n\equiv\mathrm{int}(s)>0$ 和真分数 $p(0<p<1)$ 之和：$s=n+p$，故有

$$\frac{\partial^s g(t)}{\partial t^s}=\frac{\partial^n}{\partial t^n}\left[\frac{\partial^p g(t)}{\partial t^p}\right] \tag{6.4.12c}$$

而 n 阶导数是通常的正整数阶导数.

分数阶积分 根据 Fourier 变换的积分性质，定义分数阶积分为

$$I^\alpha g(t)\equiv \mathrm{FT}^-\left\{\frac{1}{(-\mathrm{i}\omega)^\alpha}\mathrm{FT}^+[g(t)]\right\}\quad (0<\alpha<1) \tag{6.4.13a}$$

我们也可以导出分数阶积分的卷积形式为

$$I^\alpha g(t)=\frac{1}{\Gamma(\alpha)}\int_{-\infty}^{t}\frac{g(\tau)}{(t-\tau)^{1-\alpha}}\mathrm{d}\tau \tag{6.4.13b}$$

事实上，只要把分数阶导数定义中的 s 改成 $-s$ 即可. 因此，函数 $g(t)$ 的 α 阶分数积分就是 $-\alpha$ 阶分数导数，即 $I^\alpha g(t)=D^{-\alpha}g(t)$. 分数阶导数与分数阶积分互为逆运算：$D^sD^{-s}g(t)=g(t)$，或者存在关系 $D^\alpha D^{-\beta}g(t)=D^{\alpha-\beta}g(t)$ $(\alpha>0,\beta>0)$.

下面介绍含时间分数的声波方程. 由方程(6.1.6a)可知,非生物黏性流体的本构方程为

$$P_{ij}=-P\delta_{ij}+\sigma_{ij}=-P\delta_{ij}-\frac{2}{3}\mu\nabla\cdot\boldsymbol{v}\delta_{ij}+2\mu S_{ij}(\boldsymbol{v}) \tag{6.4.14a}$$

为得到上式,已取 $\eta=0$. 对于生物介质,将本构方程修改成

$$P_{ij}=-P\delta_{ij}-\frac{2}{3}\mu\frac{\partial^{\beta-1}}{\partial t^{\beta-1}}\nabla\cdot\boldsymbol{v}\delta_{ij}+2\mu\frac{\partial^{\beta-1}}{\partial t^{\beta-1}}S_{ij}(\boldsymbol{v}) \tag{6.4.14b}$$

其中,$0<\beta<1$. 注意:上式与方程(6.4.14a)中的 μ 有不同的量纲. 运动方程修改为

$$\rho\left(\frac{\partial\boldsymbol{v}}{\partial t}+\boldsymbol{v}\cdot\nabla\boldsymbol{v}\right)=-\nabla P+\frac{\partial^{\beta-1}}{\partial t^{\beta-1}}\left[\frac{4}{3}\mu\nabla(\nabla\cdot\boldsymbol{v})-\mu\nabla\times\nabla\times\boldsymbol{v}\right] \tag{6.4.14c}$$

如果忽略横波 $\nabla\times\boldsymbol{v}\approx 0$(在生物软组织介质中,横波可以不考虑),线性近似的运动方程为

$$\rho_0\frac{\partial\boldsymbol{v}}{\partial t}\approx-\nabla p+\frac{4}{3}\mu\frac{\partial^{\beta-1}}{\partial t^{\beta-1}}[\nabla(\nabla\cdot\boldsymbol{v})] \tag{6.4.15a}$$

利用 $p'\approx c_0^2\rho'$ 和质量守恒方程 $\partial_t\rho+\rho_0\nabla\cdot\boldsymbol{v}\approx 0$,不难得到在忽略横波条件下,声压满足的方程:

$$\nabla^2 p-\frac{1}{c_0^2}\frac{\partial^2 p}{\partial t^2}+\tau^{\gamma-1}\frac{\partial^{\gamma-1}}{\partial t^{\gamma-1}}\nabla^2 p=0 \tag{6.4.15b}$$

其中,$\gamma=\beta+1$,τ 为弛豫时间 $\tau\equiv[4\mu/(3c_0^2\rho_0)]^{1/\beta}$. 对上式两边作时域 Fourier 变换并且利用方程(6.4.11b)得到

$$\nabla^2 p(\boldsymbol{r},\omega)+\frac{\omega^2}{c_0^2}p(\boldsymbol{r},\omega)+\tau^{\gamma-1}(-\mathrm{i}\omega)^{\gamma-1}\nabla^2 p(\boldsymbol{r},\omega)=0 \tag{6.4.16a}$$

即

$$\nabla^2 p(\boldsymbol{r},\omega)+\frac{\omega^2}{c_0^2}\cdot\frac{1}{1+\tau^{\gamma-1}(-\mathrm{i}\omega)^{\gamma-1}}p(\boldsymbol{r},\omega)=0 \tag{6.4.16b}$$

因此,复波数平方为

$$\tilde{k}^2\equiv\frac{\omega^2}{c_0^2}\cdot\frac{1}{1+(-\mathrm{i}\omega\tau)^{\gamma-1}} \tag{6.4.16c}$$

在低频条件下有

$$\begin{aligned}\tilde{k}&\equiv\frac{\omega}{c_0}\cdot\frac{1}{\sqrt{1+(-\mathrm{i}\omega\tau)^{\gamma-1}}}\approx\frac{\omega}{c_0}\cdot\left[1-\frac{1}{2}(-\mathrm{i}\omega\tau)^{\gamma-1}\right]\\&=\frac{\omega}{c_0}\left\{1-\frac{1}{2}(\omega\tau)^{\gamma-1}\left[\cos\frac{\pi(\gamma-1)}{2}-\mathrm{i}\sin\frac{\pi(\gamma-1)}{2}\right]\right\}\end{aligned} \tag{6.4.17a}$$

故衰减系数和声速分别为

$$\begin{aligned}\alpha(\omega)&=\mathrm{Im}(\tilde{k})=\frac{\tau^{\gamma-1}}{2c_0}\left|\cos\left(\frac{\pi\gamma}{2}\right)\right|\omega^\gamma\\\frac{1}{c(\omega)}&=\frac{\mathrm{Re}(\tilde{k})}{\omega}=\frac{1}{c_0}+\frac{\tau^{\gamma-1}}{2c_0}\sin\left(\frac{\pi\gamma}{2}\right)\omega^{\gamma-1}\end{aligned} \tag{6.4.17b}$$

如果取

$$\alpha_0\equiv\frac{\tau^{\gamma-1}}{2c_0}\left|\cos\left(\frac{\pi\gamma}{2}\right)\right| \tag{6.4.17c}$$

就得到实验中的吸收系数-频率和声速-频率的关系:

$$\alpha(\omega)=\alpha_0\omega^\gamma,\quad \frac{1}{c(\omega)}=\frac{1}{c_0}+\alpha_0\tan\left(\frac{\pi\gamma}{2}\right)\omega^{\gamma-1} \tag{6.4.17d}$$

关于分数导数的说明 时间分数导数的引入不仅仅解决了幂次衰减问题,还解决了一个根本性问题,即方程(6.4.6a)中关于时间的三次导数问题. 由 1.1.4 小节关于初始条件的讨论可知,在时域上,只能给出声压的初值和一阶导数的初值(通过速度场的初始分布得到),而求解方程(6.4.6a)还必须要先确定声压二阶导数的初值,这在物理上是不可接受的. 引进初值后[注意:方程(6.4.12b) 中 t 扩展到 $-\infty$,不存在初值问题],函数 $g(t)$ 的时间分数导数讨论见主要参考书 8,这里不进一步展开讨论.

6.4.3 含有分数 Laplace 算子的声波方程

需要指出的是,方程(6.4.9c)和方程(6.4.15b)均对时间变量应用了分数导数,即考虑了时间的"记忆"功能,或者说声场的时间关联,如果对空间变量应用分数导数,则波动方程就反映了空间的相关特性. 对于一维无限空间问题 $x\in(-\infty,\infty)$,可仿照方程(6.4.12b)定义空间分数导数. 而对于三维问题,如何定义分数阶 Laplace 算子?

考虑三维无限大空间情况. 注意到:函数 $\psi(\boldsymbol{r},t)$ 的三维空间 Fourier 变换和逆变换分别为

$$\psi(\boldsymbol{k},t)=\int\psi(\boldsymbol{r},t)\exp(-\mathrm{i}\boldsymbol{k}\cdot\boldsymbol{r})\mathrm{d}^3\boldsymbol{r}\equiv\mathrm{FT}^+[\psi(\boldsymbol{r},t)]$$

$$\psi(\boldsymbol{r},t)=\frac{1}{(2\pi)^3}\int\psi(\boldsymbol{k},t)\exp(\mathrm{i}\boldsymbol{k}\cdot\boldsymbol{r})\mathrm{d}^3\boldsymbol{k}\equiv\mathrm{FT}^-[\psi(\boldsymbol{k},t)] \tag{6.4.18a}$$

显然,存在关系:

$$-\nabla^2\psi(\boldsymbol{r},t)=\frac{1}{(2\pi)^3}\int|\boldsymbol{k}|^2\psi(\boldsymbol{k},t)\exp(\mathrm{i}\boldsymbol{k}\cdot\boldsymbol{r})\mathrm{d}^3\boldsymbol{k}$$

$$=\mathrm{FT}^-[|\boldsymbol{k}|^2\psi(\boldsymbol{k},t)]=\mathrm{FT}^-\{|\boldsymbol{k}|^2\,\mathrm{FT}^+[\psi(\boldsymbol{r},t)]\} \tag{6.4.18b}$$

该关系可作为 Laplace 算子 $-\nabla^2$ 作用于函数 $\psi(\boldsymbol{r},t)$ 的定义. 仿照方程(6.4.11a),定义分数阶 Laplace 算子 $(-\nabla^2)^{s/2}$ 为

$$(-\nabla^2)^{s/2}\psi(\boldsymbol{r},t)=\mathrm{FT}^-\{|\boldsymbol{k}|^s\,\mathrm{FT}^+[\psi(\boldsymbol{r},t)]\} \tag{6.4.19a}$$

当 $s=2$ 时,上式回到方程(6.4.18b). 由上式定义得到分数阶 Laplace 算子 $(-\nabla^2)^{s/2}$ 的空间 Fourier 变换为

$$\mathrm{FT}^+[(-\nabla^2)^{s/2}\psi(\boldsymbol{r},t)]=\mathrm{FT}^+\mathrm{FT}^-[|\boldsymbol{k}|^s\psi(\boldsymbol{k},t)]=|\boldsymbol{k}|^s\psi(\boldsymbol{k},t) \tag{6.4.19b}$$

其中,$|\boldsymbol{k}|=\sqrt{k_x^2+k_y^2+k_z^2}$. 方程(6.4.19a)也写成空间函数的卷积积分的形式:

$$(-\nabla^2)^{s/2}\psi(\boldsymbol{r},t)=\mathrm{FT}^-\left[|\boldsymbol{k}|^s\int\psi(\boldsymbol{r}',t)\exp(-\mathrm{i}\boldsymbol{k}\cdot\boldsymbol{r}')\mathrm{d}^3\boldsymbol{r}'\right]$$

$$=\frac{1}{(2\pi)^3}\int\left\{\int|\boldsymbol{k}|^s\exp[\mathrm{i}\boldsymbol{k}\cdot(\boldsymbol{r}-\boldsymbol{r}')]\mathrm{d}^3\boldsymbol{k}\right\}\psi(\boldsymbol{r}',t)\mathrm{d}^3\boldsymbol{r}' \tag{6.4.20a}$$

完成积分后(见参考书 11)得到三维分数阶 Laplace 算子 $(-\nabla^2)^{s/2}$ 的积分形式:

$$(-\nabla^2)^{s/2}\psi(\boldsymbol{r},t)=-\frac{s(s+1)\Gamma(s)}{2\pi^2}\sin\left(\frac{s\pi}{2}\right)\int\frac{\psi(\boldsymbol{r}',t)}{|\boldsymbol{r}-\boldsymbol{r}'|^{3+s}}\mathrm{d}^3\boldsymbol{r}' \tag{6.4.20b}$$

定义了分数阶 Laplace 算子后,波动方程可写成(见参考书 7)

$$\nabla^2 p-\frac{1}{c_0^2}\frac{\partial^2 p}{\partial t^2}=\beta_0\frac{\partial}{\partial t}(-\nabla^2)^{\gamma/2}p \tag{6.4.21a}$$

其中,β_0 为常量,$0<\gamma<2$. 对于无限大空间的平面波解 $p(\boldsymbol{r},t)=p_0\exp[\mathrm{i}(\boldsymbol{k}\cdot\boldsymbol{r}-\omega t)]$,代入上式得到 $k^2=\omega^2/c_0^2+\mathrm{i}\omega\beta_0 k^\gamma$,从而得到近似解为

$$k=\frac{\omega}{c_0}\sqrt{1+\mathrm{i}\beta_0 c_0^2\frac{k^\gamma}{\omega}}\approx\frac{\omega}{c_0}+\frac{\mathrm{i}\beta_0 c_0}{2}\left(\frac{\omega}{c_0}\right)^\gamma \tag{6.4.21b}$$

故衰减系数为 $\alpha(\omega)=\beta_0 c_0^{1-\gamma}\omega^\gamma/2$,比较 $\alpha(\omega)=\alpha_0\omega^\gamma$ 得 $\beta_0=2c_0^{\gamma-1}\alpha_0$. 可见,方程(6.4.21a)也给出了幂次衰减关系,但不能给出声速的色散关系,即方程(6.4.9a).

6.4.4 Kramers–Kronig 色散关系

对于给定的复波数 $\tilde{k}(\omega)$，声速和衰减系数满足

$$\frac{1}{c(\omega)}=\mathrm{Re}\left[\frac{\tilde{k}(\omega)}{\omega}\right],\quad \alpha(\omega)=\mathrm{Im}[\tilde{k}(\omega)] \tag{6.4.22a}$$

我们的问题是：给定衰减系数随频率变化的函数关系 $\alpha=\alpha(\omega)$ 后，能否求色散关系 $c=c(\omega)$，或者反之. 考虑辅助函数：

$$F(\omega)=\exp\left[\mathrm{i}\left(\tilde{k}-\frac{\omega}{c_\infty}\right)x\right] \tag{6.4.22b}$$

把 ω 解析延拓到整个复平面，可以证明：$F(\omega)$ 和 $\ln F(\omega)$ 作为 ω 的复变函数，在复平面 ω 的上半平面（$\mathrm{Im}\ \omega>0$）解析.

根据衰减关系 $\alpha(\omega)=\alpha_0\omega^\gamma$，设 $\lim\limits_{|\omega|\to\infty}\alpha(\omega)\to|\omega|^\gamma(1<\gamma<2)$，取辅助函数：

$$f(\omega)\equiv\frac{\ln F(\omega)}{\omega^2(\omega-\omega')}=\frac{[\ln F(\omega)]/\omega}{\omega(\omega-\omega')} \tag{6.4.23a}$$

辅助函数 $f(\omega)$ 取上式的形式，意义有两个：① 保证 $f(\omega)$ 在实轴上只有一阶极点；② 当 $|\omega|\to\infty$ 时，$|f(\omega)|$ 衰减足够快，以便利用复变函数中的 Cauchy 定理. 显然有

$$\frac{\ln F(\omega)}{\omega}=\mathrm{i}\left[\frac{1}{c(\omega)}-\frac{1}{c_\infty}\right]x-\frac{\alpha(\omega)}{\omega}x,\quad \lim_{\omega\to\infty}\left[\frac{1}{c(\omega)}-\frac{1}{c_\infty}\right]=0 \tag{6.4.23b}$$

因此有

$$\lim_{|\omega|\to\infty}\frac{\ln F(\omega)}{|\omega|}=-\lim_{|\omega|\to\infty}\frac{\alpha(\omega)}{|\omega|}x=-\alpha_0x|\omega|^{\gamma-1}\quad(1<\gamma<2) \tag{6.4.23c}$$

上式幂次 $0<\gamma-1<1$，故 $f(\omega)$ 是上半平面的解析函数，实轴上存在两个一阶极点：$\omega_1=0$ 和 $\omega_2=\omega'$. 取上半平面的围道 C，C 由半径为 $R\to\infty$ 的半圆与实轴组成，其中在 $\omega_1=0$ 和 $\omega_2=\omega'$ 处分别挖去半径为 ε 和 δ 的半圆，如图 6.4.1 所示（注意：原点和无限远点是分支点，但它们不在围道 C 内）. 由复变函数的 Cauchy 定理有

$$\oint_C f(\omega)\,\mathrm{d}\omega=\oint_C\frac{[\ln F(\omega)]/\omega}{\omega(\omega-\omega')}\,\mathrm{d}\omega=0 \tag{6.4.24a}$$

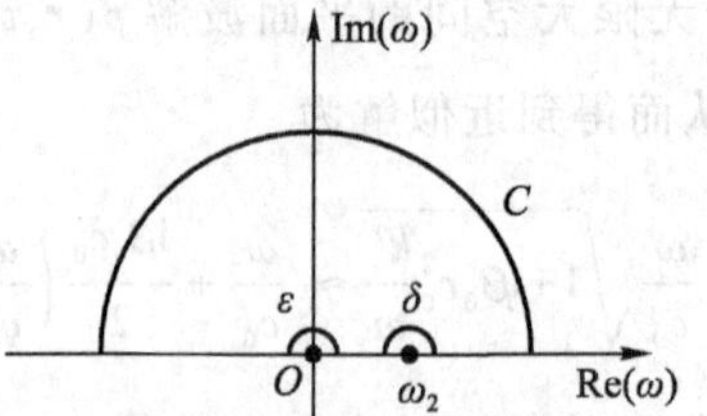

图 6.4.1 推导 Kramers–Kronig 色散关系的积分围道

上式的围道积分由 5 段组成：① 大半圆上的积分：

$$\lim_{R\to\infty}\oint_R \frac{[\ln F(\omega)]/\omega}{\omega(\omega-\omega')}\mathrm{d}\omega \sim \int_0^{\pi}\frac{\alpha_0|R|^{\gamma-1}}{R^2}R\mathrm{e}^{\mathrm{i}\varphi}\mathrm{d}\varphi \sim \frac{1}{|R|^{2-\gamma}}\to 0 \tag{6.4.24b}$$

显然，上式对 $\gamma=1$ 也成立；② 实轴上 3 段的积分，$\omega\in(-R,-\varepsilon)$，$\omega\in(\varepsilon,\omega'-\delta)$ 和 $\omega\in(\omega'+\delta,R)$：

$$\int_{-R}^{-\varepsilon}\frac{[\ln F(\omega)]/\omega}{\omega(\omega-\omega')}\mathrm{d}\omega+\int_{\varepsilon}^{\omega'-\delta}\frac{[\ln F(\omega)]/\omega}{\omega(\omega-\omega')}\mathrm{d}\omega+\int_{\omega'+\delta}^{R}\frac{[\ln F(\omega)]/\omega}{\omega(\omega-\omega')}\mathrm{d}\omega \tag{6.4.24c}$$

当 $R\to\infty$，$\varepsilon\to 0$ 和 $\delta\to 0$ 时，以上实轴上的 3 段积分简化为实轴上的主值积分：

$$\mathrm{P}\int_{-\infty}^{\infty}\frac{[\ln F(\omega)]/\omega}{\omega(\omega-\omega')}\mathrm{d}\omega \tag{6.4.24d}$$

③ 两个半圆上的积分，对半径为 ε 的半圆，取半圆上的点为 $\omega=\varepsilon\mathrm{e}^{\mathrm{i}\varphi}$（其中 φ 从 $\pi\to 0$），而对半径为 δ 的半圆，取半圆上的点为 $\omega=\omega'+\delta\mathrm{e}^{\mathrm{i}\varphi}$（其中 φ 从 $\pi\to 0$）：

$$\begin{aligned}&\lim_{\varepsilon\to 0}\int_{\varepsilon}\frac{[\ln F(\omega)]/\omega}{\omega(\omega-\omega')}\mathrm{d}\omega=\mathrm{i}\pi\frac{\{[\ln F(\omega)]/\omega\}|_{\omega=0}}{\omega'}\\&\lim_{\delta\to 0}\int_{\delta}\frac{[\ln F(\omega)]/\omega}{\omega(\omega-\omega')}\mathrm{d}\omega=-\mathrm{i}\pi\frac{[\ln F(\omega')]/\omega'}{\omega'}\end{aligned} \tag{6.4.24e}$$

因此，把上式和方程（6.4.24d）代入方程（6.4.24a）得到

$$-\frac{\{[\ln F(\omega)]/\omega\}|_{\omega=0}}{\omega'}+\frac{[\ln F(\omega')]/\omega'}{\omega'}=\frac{1}{\mathrm{i}\pi}\mathrm{P}\int_{-\infty}^{\infty}\frac{[\ln F(\omega)]/\omega}{\omega(\omega-\omega')}\mathrm{d}\omega \tag{6.4.25a}$$

由方程（6.4.23b），有

$$\begin{aligned}&\frac{\ln F(\omega)}{\omega}=\mathrm{i}\left[\frac{1}{c(\omega)}-\frac{1}{c_\infty}\right]x-\frac{\alpha(\omega)}{\omega}x\\&\left.\frac{\ln F(\omega)}{\omega}\right|_{\omega=0}=\mathrm{i}\left[\frac{1}{c(0)}-\frac{1}{c_\infty}\right]x-\left.\frac{\alpha(\omega)}{\omega}\right|_{\omega=0}x\end{aligned} \tag{6.4.25b}$$

代入方程（6.4.25a）得到色散关系：

$$\begin{aligned}&\frac{1}{c(\omega)}=\frac{1}{c(0)}+\frac{\omega}{\pi}\mathrm{P}\int_{-\infty}^{\infty}\frac{\alpha(\omega')}{\omega'}\cdot\frac{1}{\omega'(\omega'-\omega)}\mathrm{d}\omega'\\&\alpha(\omega)=\left.\left[\frac{\alpha(\omega)}{\omega}\right]\right|_{\omega=0}\omega+\frac{\omega^2}{\pi}\mathrm{P}\int_{-\infty}^{\infty}\frac{1}{\omega'(\omega'-\omega)}\left[\frac{1}{c_\infty}-\frac{1}{c(\omega')}\right]\mathrm{d}\omega'\end{aligned} \tag{6.4.25c}$$

当 $\alpha(\omega)=\alpha_0\omega^{\gamma}(\gamma\approx 1\sim 2)$ 时，显然 $[\alpha(\omega)/\omega]|_{\omega=0}=[\alpha_0\omega^{\gamma}/\omega]|_{\omega=0}=0$，不难得到声速与频率关系：

$$\frac{1}{c(\omega)}=\frac{1}{c(0)}+\alpha_0\frac{\omega}{\pi}\mathrm{P}\int_{-\infty}^{\infty}\frac{|\omega'|^{\gamma}}{\omega'}\cdot\frac{1}{\omega'(\omega'-\omega)}\mathrm{d}\omega'$$

$$= \frac{1}{c(0)} - \frac{2\alpha_0}{\pi}\omega^{\gamma-1}\int_0^{\infty}\frac{\xi^{\gamma-2}}{1-\xi^2}\mathrm{d}\xi = \frac{1}{c(0)} + \alpha_0\tan\left(\frac{\pi\gamma}{2}\right)\omega^{\gamma-1} \tag{6.4.25d}$$

注意:① 上式积分存在性要求 $\gamma-1>0$ 或者 $\gamma>1$;② 上式涉及负频率的积分，衰减系数总是正的，故用 $|\omega|^{\gamma}$ 代替 ω^{γ};③ 当 $\gamma\geqslant 2$ 时，方程(6.4.24b)不成立，故当 $\gamma\geqslant 2$ 时，方程(6.4.25c)不成立，事实上，当 $\gamma\geqslant 2$ 时，实轴上将出现二阶以上极点，积分发散;④ 为得到上式，利用了积分关系：

$$\int_0^{\infty}\frac{x^{\alpha-1}}{1-x^2}\mathrm{d}x = \frac{\pi}{2}\cot\left(\frac{\pi}{2}\alpha\right) \quad (0<\alpha<2) \tag{6.4.25e}$$

如果有 $\lim\limits_{|\omega|\to\infty}\alpha(\omega)\to|\omega|$，方程(6.4.25c)也成立. 方程(6.4.25c)的第一个方程取 $\omega=\omega_0$，则

$$\frac{1}{c(\omega_0)} = \frac{1}{c(0)} + \frac{\omega_0}{\pi}\mathrm{P}\int_{-\infty}^{\infty}\frac{\alpha(\omega')}{\omega'}\cdot\frac{1}{\omega'(\omega'-\omega_0)}\mathrm{d}\omega' \tag{6.4.26a}$$

将上式代入方程(6.4.25c)得到用非零点速度表示的色散关系(零点速度可能为零)：

$$\frac{1}{c(\omega)} = \frac{1}{c(\omega_0)} + \frac{\omega-\omega_0}{\pi}\mathrm{P}\int_{-\infty}^{\infty}\frac{\alpha(\omega')}{\omega'}\cdot\frac{1}{(\omega'-\omega)(\omega'-\omega_0)}\mathrm{d}\omega' \tag{6.4.26b}$$

当 $\alpha(\omega)=\alpha_0|\omega|$ 时，不难求得速度与频率关系为

$$\frac{1}{c(\omega)} = \frac{1}{c(\omega_0)} - \frac{2\alpha_0}{\pi}\ln\frac{\omega}{\omega_0} \tag{6.4.26c}$$

当 $\lim\limits_{|\omega|\to\infty}\alpha(\omega)\to 1/|\omega|^{\gamma}(\gamma>0)$ 或者 $\lim\limits_{|\omega|\to\infty}\alpha(\omega)\to|\omega|^{\gamma}(0<\gamma<1)$ 时，也可导出相应的色散关系，见习题 6.13 和 6.14.

习题

6.1 证明 $\nabla\cdot\boldsymbol{v}$ 是流体运动的相对体积膨胀率(单位时间内的体积变化率).

6.2 当取 $\lambda=\eta-2\mu/3\approx-2\mu/3$ 时，证明能量守恒方程(称为 Kirchhoff–Fourier 方程)：

$$\rho T\frac{\mathrm{d}s}{\mathrm{d}t} = \nabla\cdot(\kappa\nabla T) + \frac{\mu}{2}\sum_{i,j=1}^{3}\phi_{ij}^2 + \rho h$$

其中为了方便定义 $\phi_{ij}\equiv\frac{\partial v_i}{\partial x_j}+\frac{\partial v_j}{\partial x_i}-\frac{2}{3}\nabla\cdot\boldsymbol{v}\delta_{ij}$.

6.3 当仅考虑热传导效应而忽略黏性时，证明声压满足单变量的波动方程：

$$\frac{\kappa}{\rho_0 c_P}\nabla^2\left(\frac{1}{c_{T0}^2}\frac{\partial^2 p'}{\partial t^2}-\nabla^2 p'\right) \approx \frac{\partial}{\partial t}\left(\frac{1}{c_0^2}\frac{\partial^2 p'}{\partial t^2}-\nabla^2 p'\right)$$

其中，c_{T0}和 c_0 分别是等温和等熵声速.

6.4 考虑固体的热传导后，证明流-固界面上温度场满足边界条件：

$$\left[T(x,y,z,\omega)+\frac{\kappa}{\kappa_s}\frac{(1+\mathrm{i})}{2}d_s\frac{\partial T(x,y,z,\omega)}{\partial z}\right]_{z=0}=0$$

其中，κ_s 和 c_{P_s} 分别为固体的热传导系数和热扩散长度. 求相应的声学边界条件.

6.5 设流体中存在半径为 a 的刚性球体，球心位于原点，球面方程为 $r=a$. 当 $a\gg d_\mu$ 时，证明声学边界条件为

$$\left[\boldsymbol{v}_a\cdot\boldsymbol{n}-\frac{(1+\mathrm{i})d_\mu}{2}\nabla_t\cdot\boldsymbol{v}_a+\frac{(1-\mathrm{i})(\gamma-1)d_\kappa}{2}\frac{\omega}{c_0}\frac{p_a}{c_0\rho_0}\right]_{r=a}=\boldsymbol{v}_{\text{wall}}\cdot\boldsymbol{n}$$

其中，切向散度算子为

$$\nabla_t\cdot\boldsymbol{v}_a\equiv\frac{1}{a\sin\theta}\frac{\partial}{\partial\theta}(\sin\theta v_{a\theta})+\frac{1}{a\sin\theta}\frac{\partial v_{a\varphi}}{\partial\varphi}$$

6.6 设流体中存在半径为 a 的无限长刚性柱体，平行于 z 轴，横截面的圆心位于 Oxy 平面的原点，柱面方程为 $\rho=a$. 当 $a\gg d_\mu$ 时，证明在柱坐标(ρ,φ,z)内，声学边界条件为

$$\left[\boldsymbol{v}_a\cdot\boldsymbol{n}-\frac{(1+\mathrm{i})d_\mu}{2}\nabla_t\cdot\boldsymbol{v}_a+\frac{(1-\mathrm{i})(\gamma-1)d_\kappa}{2}\frac{\omega}{c_0}\frac{p_a}{c_0\rho_0}\right]_{\rho=a}=\boldsymbol{v}_{\text{wall}}\cdot\boldsymbol{n}$$

其中，切向散度算子为

$$\nabla_t\cdot\boldsymbol{v}_a\equiv\frac{1}{a}\frac{\partial v_{a\varphi}}{\partial\varphi}+\frac{\partial v_{az}}{\partial z}$$

6.7 设刚性球半径远大于边界层厚度($a\gg d_\mu$ 和 $a\gg d_\kappa$)，利用题 6.5 中的声学边界条件，求刚性球对平面波的散射.

6.8 如题图 6.8 所示，表面为 S 的振动体向充满黏性流体的无限空间辐射声波，在忽略热传导的情况下，证明声辐射场满足积分方程：

$$\begin{aligned}p(\boldsymbol{r},\omega)&=\frac{\rho_0}{4\pi}\int_S(-\mathrm{i}\omega)\frac{v_n(\boldsymbol{r}',\omega)}{R}\exp(\mathrm{i}k_0R)\mathrm{d}S'\\&+\frac{1}{4\pi c_0}\int_S\left[(\boldsymbol{e}_R\cdot\boldsymbol{n}_S)p(\boldsymbol{r}',\omega)\left(-\mathrm{i}\omega+\frac{c_0}{R}\right)\frac{\exp(\mathrm{i}k_0R)}{R}\right]\mathrm{d}S'\\&+\frac{\mu}{4\pi c_0}\int_S\left[\boldsymbol{n}_S\cdot(\boldsymbol{\Omega}\times\boldsymbol{e}_R)\left(-\mathrm{i}\omega+\frac{c_0}{R}\right)\frac{\exp(\mathrm{i}k_0R)}{R}\right]\mathrm{d}S'\end{aligned}$$

其中，有 $R=|\boldsymbol{r}-\boldsymbol{r}'|$ 和$\boldsymbol{e}_R=\boldsymbol{r}'/R$，$\boldsymbol{\Omega}\equiv\nabla\times\boldsymbol{v}$ 为旋量.

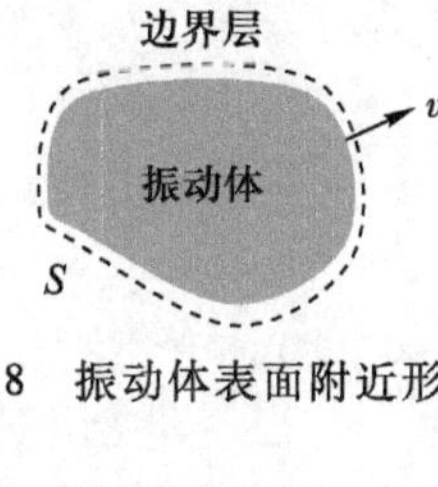

题图 6.8　振动体表面附近形成边界层

6.9 设固体 Oxy 平面沿法向(z 轴正方向)速度 $v_z(x,y,\omega)$ 振动，求上半空间($z>0$)的声场分布，假定声波波长远大于固体表面附近的边界层厚度.

6.10 设球面的振动速度既有法向分量$\boldsymbol{v}_{\text{wall}}\cdot\boldsymbol{n}=v_{\text{n}}(a,\omega,\theta)$，又存在切向分量$\boldsymbol{v}_{\text{wall}}\cdot\boldsymbol{t}=v_{\text{t}}(a,\omega,\theta)$，在仅仅考虑介质的黏性条件下，求声辐射的速度场和声压场分布. 考虑球作 z 方向的横向振动：$\boldsymbol{v}_{\text{wall}}=v_0(a,\omega)\boldsymbol{e}_z$，则法向速度和切向速度分别为$\boldsymbol{v}_{\text{wall}}\cdot\boldsymbol{n}=v_0(a,\omega)\cos\theta$和$\boldsymbol{v}_{\text{wall}}\cdot\boldsymbol{t}=v_0(a,\omega)\sin\theta$，求声辐射的速度场和声压场分布.

6.11 对于低频声波，如果背衬与微穿孔板围成封闭的腔体 V 且腔体的线度远小于波长，腔体 V 可以看作 Helmholtz 共振腔，证明共振频率满足

$$\frac{\sigma}{k_0 D}-k_0 L\mathrm{Re}\left(\frac{\tilde{\rho}}{\rho_0}\right)=0$$

6.12 对由金属构成的微穿孔板共振结构，求共振频率满足的方程.

6.13 如果 $\lim\limits_{|\omega|\to\infty}\alpha(\omega)\to 1/|\omega|^{\gamma}(\gamma>0)$，证明声速的色散关系为

$$\frac{1}{c(\omega)}=\frac{1}{c_\infty}+\frac{1}{\pi\omega}\mathrm{P}\int_{-\infty}^{\infty}\frac{\alpha(\omega')}{\omega'-\omega}\mathrm{d}\omega'$$

6.14 设生物介质中 $\lim\limits_{|\omega|\to\infty}\alpha(\omega)\to|\omega|^{\gamma}(0<\gamma<1)$，证明声速的色散关系为

$$\frac{1}{c(\omega)}=\frac{1}{c_\infty}+\frac{1}{\pi}\mathrm{P}\int_{-\infty}^{\infty}\frac{\alpha(\omega')}{\omega'(\omega'-\omega)}\mathrm{d}\omega'$$

当 $\alpha(\omega)=\alpha_0|\omega|^{\gamma}(0<\gamma<1)$ 时，求声速与频率的关系.

第七章
层状介质中的声波和几何声学

层状介质是指其声学特性(密度、声速或者压缩系数)仅随正交坐标的一个方向变化,最简单的是平面层状介质:密度和声速在 Oxy 平面内是常量,仅随 z 变化. 自然界中多种声传播介质可以用平面层状介质来近似,例如,声波在大气或者海洋中的传播:在一定的尺度范围内,声速随横向坐标(x 和 y)的变化可以忽略,仅需考虑其随高度(或者海洋中随深度)的变化,故大气或者海洋就可以近似成平面层状声学介质. 非均匀、非稳态介质中声波的传播是十分复杂的,一般难以求得解析解,在高频条件下,可以采用几何声学近似,从而讨论声的传播特性. 本章 7.4 节将讨论在声速径向分布的人工结构中声传播的有趣性质.

7.1 平面层状波导

在第 4 章中,我们分析了管道中声传播的性质,由于管壁的约束,声能量只能沿 z 方向(即管道方向)传播. 在平面层状波导中,约束面是平行于 Oxy 面的两个平面,声波只能在两个约束面之间传播. 例如,我们可以用两块无限大的刚性板形成平面波导;在浅海声传播中,海底与海面形成两个近似平行的约束面. 需要指出的是,约束面不一定必须是两种物质的交界面,事实上,在大气(或海洋)中,声速随高度(或者深度)的变化存在极小区,极小区的上、下两个面也形成约束面,声波只能在这两个约束面之间传播.

7.1.1 单一均匀层波导中的简正模式

如图 7.1.1 所示,考虑单一均匀层($0<z<h$)构成的波导,波导上平面($z=0$)满足软边界条件(如浅海形成的波导:$z<0$ 区为空气,海水与空气的界面可近似为软边界),而下平面($z=h$)满足刚性边界条件. 简正模式满足方程和边界条件,有

$$\left[\frac{1}{\rho}\frac{\partial}{\partial\rho}\left(\rho\frac{\partial}{\partial\rho}\right)+\frac{1}{\rho^2}\frac{\partial^2}{\partial\varphi^2}+\frac{\partial^2}{\partial z^2}+k_0^2\right]p=0$$
$$p\big|_{z=0}=0,\quad \left.\frac{\partial p}{\partial z}\right|_{z=h}=0 \tag{7.1.1a}$$

其中,$k_0=\omega/c_0$ 为波数,$p=p(\rho,\varphi,z,\omega)$ 是待求的简正模式. 在柱坐标下,我们把方程(7.1.1a)的非零解,即简正模式写成

$$p(\rho,\varphi,z,\omega)=Z(k_\rho,z,\omega)\mathrm{H}_m^{(1)}(k_\rho\rho)\exp(\mathrm{i}m\varphi) \tag{7.1.1b}$$

必须注意:与第 5 章中考虑的封闭腔体情况不同,由于 Oxy 平面不存在边界条件,齐次方程(7.1.1a)对任意的声源激发频率 ω 仍然存在非零解,即方程(7.1.1b),而且当 $\rho\to\infty$ 时,这个解满足辐射条件. 在封闭腔体情况下,只有当 ω 为简正频率 ω_λ 时,齐次方程才有非零的简正模式. 将上式代入方程(7.1.1a)得到

$$\frac{\mathrm{d}^2Z(k_\rho,z,\omega)}{\mathrm{d}z^2}+(k_0^2-k_\rho^2)Z(k_\rho,z,\omega)=0$$
$$Z(k_\rho,z,\omega)\big|_{z=0}=0,\quad \left.\frac{\mathrm{d}Z(k_\rho,z,\omega)}{\mathrm{d}z}\right|_{z=h}=0 \tag{7.1.2a}$$

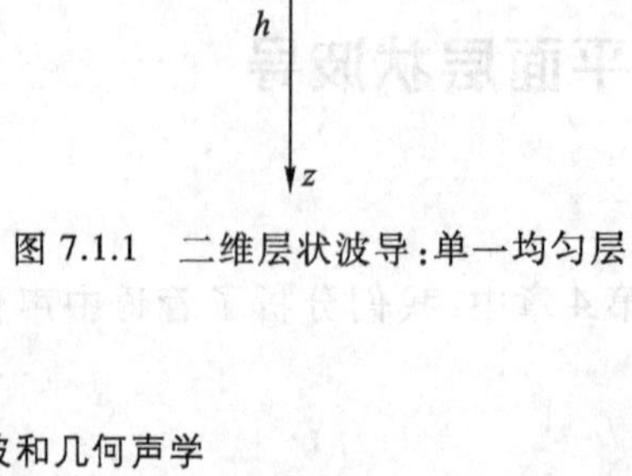

图 7.1.1 二维层状波导:单一均匀层

显然,满足上式的非零解为 $Z(k_\rho,z,\omega)=A\sin(k_z z)$,其中 $k_z\equiv\sqrt{k_0^2-k_\rho^2}$ 为 z 方向的波数. 将上式代入方程(7.1.2a)的第二个边界条件得到 $Ak_z\cos(k_z h)=0$,故有

$$k_z h=\left(n-\frac{1}{2}\right)\pi \quad (n=1,2,\cdots) \tag{7.1.2b}$$

注意:也可取 $k_z h=(n+1/2)\pi$,此时 n 从零开始. 因此 z 方向的归一化简正模式为

$$Z_n(z)=\sqrt{\frac{2}{h}}\sin\left[\left(n-\frac{1}{2}\right)\frac{\pi z}{h}\right] \quad (n=1,2,\cdots) \tag{7.1.2c}$$

因 $Z(k_\rho,z,\omega)$ 与 k_ρ 和 ω 无关,故可写成 $Z_n(z)$.

截止频率 对于给定的声源频率 ω,简正模式和径向本征值分别为

$$\begin{gathered}p_{nm}(\rho,\varphi,z,\omega)=Z_n(z)\mathrm{H}_m^{(1)}(k_\rho^n\rho)\exp(\mathrm{i}m\varphi)\\ k_\rho^n=\sqrt{k_0^2-\left(n-\frac{1}{2}\right)^2\frac{\pi^2}{h^2}} \quad (n=1,2,\cdots)\end{gathered} \tag{7.1.3}$$

显然,随着 n 增加,上式根号内小于零,k_ρ^n 变成复数,简正模式为隐失波,随 ρ 指数衰减;当 n 满足 $n>1/2+h\omega/\pi c_0$ 时,n 以上的所有模式都是隐失波;当声源激发频率 $\omega<\omega_c\equiv\pi c_0/(2h)$ 时,所有的简正模式都是隐失波,声波主要传播区域在声源附近,不可能向远处辐射,故 ω_c[或者 $f_c\equiv c_0/(4h)$]称为**截止频率**. 注意:① 由于边界条件 $Z(k_\rho,z,\omega)\big|_{z=0}=0$,零不是方程(7.1.2a)的本征值,故不存在 z 方向均匀的模式;② 只有当 $z=0$ 处也满足刚性边界条件时,零才是方程(7.1.2a)的本征值,z 方向的本征值为 $k_z^n=n\pi/h\ (n=0,1,2,\cdots)$,相应的本征函数为 $Z_n(z)=A_n\cos(k_z^n z)$,显然,当 $n=0$ 时,零模式是 z 方向均匀的模式.

简正模式的远场近似为(注意:原则上,应该乘一个量纲常数)

$$p_{nm}(\rho,\varphi,z,\omega)\approx Z_n(z)\sqrt{\frac{2}{\pi k_\rho^n\rho}}\exp\left[\mathrm{i}\left(k_\rho^n\rho-\frac{m\pi}{2}-\frac{\pi}{4}\right)\right]\exp(\mathrm{i}m\varphi) \tag{7.1.4a}$$

远场速度的三个分量分别为

$$v_{nm\rho}=\frac{1}{\mathrm{i}\rho_0\omega}\frac{\partial p_{nm}}{\partial\rho}\approx\frac{k_\rho^n}{\rho_0\omega}\sqrt{\frac{2}{\pi k_\rho^n\rho}}\mathrm{e}^{\mathrm{i}\left(k_\rho^n\rho-\frac{m\pi}{2}-\frac{\pi}{4}\right)}Z_n(z)\exp(\mathrm{i}m\varphi) \tag{7.1.4b}$$

$$v_{nm\varphi}=\frac{1}{\mathrm{i}\rho_0\omega}\cdot\frac{1}{\rho}\frac{\partial p_{nm}}{\partial\varphi}\approx\frac{m}{\rho_0\omega}\frac{1}{\rho}\sqrt{\frac{2}{\pi k_\rho^n\rho}}\mathrm{e}^{\mathrm{i}\left(k_\rho^n\rho-\frac{m\pi}{2}-\frac{\pi}{4}\right)}Z_n(z)\exp(\mathrm{i}m\varphi) \tag{7.1.4c}$$

$$v_{nmz}=\frac{1}{\mathrm{i}\rho_0\omega}\frac{\partial p_{nm}}{\partial z}\approx\frac{1}{\mathrm{i}\rho_0\omega}\sqrt{\frac{2}{\pi k_\rho^n\rho}}\mathrm{e}^{\mathrm{i}\left(k_\rho^n\rho-\frac{m\pi}{2}-\frac{\pi}{4}\right)}\frac{\mathrm{d}Z_n(z)}{\mathrm{d}z}\exp(\mathrm{i}m\varphi) \tag{7.1.4d}$$

故远场声能量密度为(忽略了 $v_{nm\varphi}^2\sim1/\rho^3$)

$$\overline{E}_{nm}=\left\{\frac{(k_\rho^n)^2}{\rho_0\omega^2}+\frac{1}{\rho_0\omega^2 Z_n^2(z)}\left[\frac{\mathrm{d}Z_n(z)}{\mathrm{d}z}\right]^2+\frac{1}{\rho_0 c_0^2}\right\}\frac{Z_n^2(z)}{\pi k_\rho^n\rho} \tag{7.1.5a}$$

上式对 z 方向平均后得到

$$\langle\overline{E}_{nm}\rangle_z=\frac{1}{h}\int_0^h\overline{E}_{nm}\mathrm{d}z=\frac{1}{\rho_0 c_0^2}\frac{2}{\pi k_\rho^n\rho} \tag{7.1.5b}$$

另一方面,径向声能流及其对 z 方向的平均分别为

$$\begin{aligned}\overline{I}_{nm\rho}&=\frac{1}{2}\mathrm{Re}(p_{nm}v_{nm\rho}^*)=\frac{2}{\pi k_\rho^n\rho}\frac{k_\rho^n}{\rho_0\omega}Z_n^2(z)\\ \langle\overline{I}_{nm\rho}\rangle_z&=\frac{1}{h}\int_0^h\overline{I}_{nm\rho}\mathrm{d}z=\frac{2}{\pi k_\rho^n\rho}\cdot\frac{k_\rho^n}{\rho_0\omega}\end{aligned} \tag{7.1.5c}$$

而 φ 和 z 方向的声能流分别为

$$\overline{I}_{nm\varphi}=\frac{1}{2}\mathrm{Re}(p_{nm}v_{nm\varphi}^*)\sim\frac{1}{\rho^{3/2}},\quad \overline{I}_{nmz}=\frac{1}{2}\mathrm{Re}(p_{nm}v_{nmz}^*)=0 \tag{7.1.5d}$$

即 φ 方向声能流可以忽略(在远场),而 z 方向声能流为零(z 方向为驻波,能流当然为零).于是,我们得到能量传播的速度(即群速度)为

$$\boldsymbol{c}_{\mathrm{g}}=\frac{\langle\overline{I}_{nm\rho}\rangle_z}{\langle\overline{E}_{nm}\rangle_z}\boldsymbol{e}_\rho=\frac{k_\rho^n}{\omega}c_0^2\boldsymbol{e}_\rho=\boldsymbol{e}_\rho c_0\sqrt{1-4\left(n-\frac{1}{2}\right)^2\frac{\omega_{\mathrm{c}}^2}{\omega^2}} \tag{7.1.6a}$$

而简正模式的相速度为

$$c_{\mathrm{p}}=\frac{\omega}{k_\rho^n}=\frac{c_0}{\sqrt{1-4(n-1/2)^2\omega_{\mathrm{c}}^2/\omega^2}} \tag{7.1.6b}$$

对于隐失波,$k_\rho^n\equiv \mathrm{i}\kappa_\rho^n$,显然有 $\mathrm{Re}(p_{nm}v_{nm\rho}^*)=0$,故声能量不向远场传播. 图 7.1.2 画出了第一阶($n=1$)模式的相速度和群速度随频率的变化曲线,图中取 $c_0=1\ 500\ \mathrm{m/s}$,从图可见,在截止频率点,尽管相速度趋近无限大,但群速度为零,即没有能量传播;高频时,相速度和群速度都趋近声速,即 $c_{\mathrm{g}},c_{\mathrm{p}}\to c_0$.

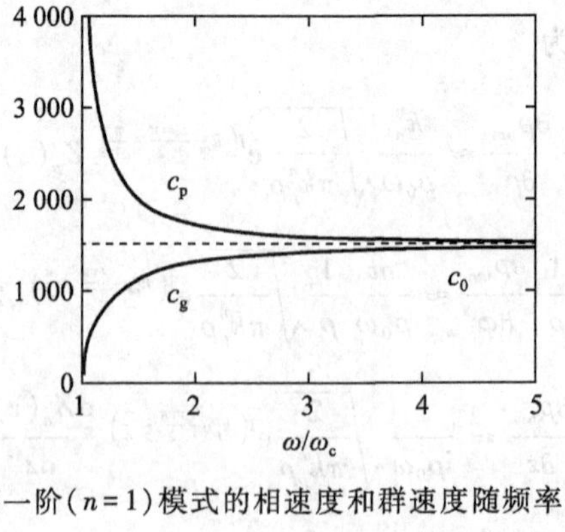

图 7.1.2 第一阶($n=1$)模式的相速度和群速度随频率的变化曲线

7.1.2 Pekeris 波导和 Airy 波

考虑如图 7.1.3 所示的模型,波导由双层流体介质构成(模拟浅海声波导时称为 **Pekeris 模型**):在 $z\in(0,h)$(模拟海水介质)和 $z\in(h,\infty)$(模拟海底介质)区域,密度和声速分别为(ρ_1,c_1)和(ρ_2,c_2),且满足 $\rho_1<\rho_2$ 和 $c_1<c_2$. 波导上平面($z=0$)满足软边界条件,而下部趋向 $z\to\infty$. 简正模式满足方程:

$$\left[\frac{1}{\rho}\frac{\partial}{\partial\rho}\left(\rho\frac{\partial}{\partial\rho}\right)+\frac{1}{\rho^2}\frac{\partial^2}{\partial\varphi^2}+\frac{\partial^2}{\partial z^2}+k_j^2\right]p_j=0\quad(j=1,2)\tag{7.1.7a}$$

其中,$k_j=\omega/c_j$; 当 $j=1$ 时,$z\in(0,h)$;而当 $j=2$ 时,$z\in(h,\infty)$. 边界条件为

$$p_1\big|_{z=0}=0,\quad p_1\big|_{z=h}=p_2\big|_{z=h}$$
$$\frac{1}{\rho_1\omega}\frac{\partial p_1}{\partial z}\bigg|_{z=h}=\frac{1}{\rho_2\omega}\frac{\partial p_2}{\partial z}\bigg|_{z=h}\tag{7.1.7b}$$

设简正模式的形式为

$$p_j(\rho,\varphi,z,\omega)=Z_j(z)\mathrm{H}_m^{(1)}(k_\rho\rho)\exp(\mathrm{i}m\varphi)\quad(j=1,2)\tag{7.1.7c}$$

其中,径向波数范围为 $0<k_\rho<\infty$. 将上式代入方程(7.1.7a)得到 $Z_j(z)$满足的本征方程:

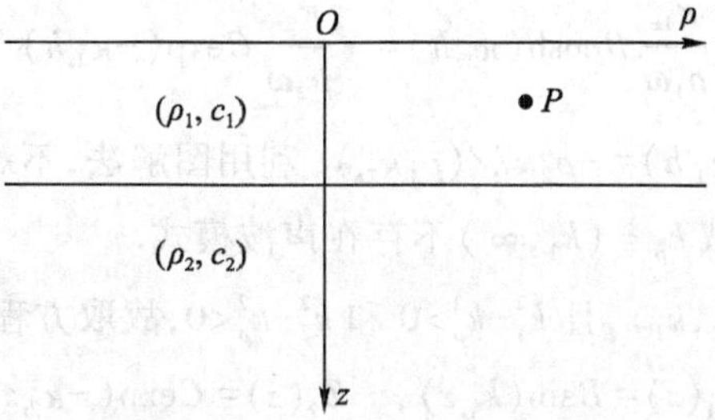

图 7.1.3 平面层状波导:双层流体,下层为半无限空间

$$\frac{\mathrm{d}^2Z_j(z)}{\mathrm{d}z^2}+(k_j^2-k_\rho^2)Z_j(z)=0$$
$$Z_1(z)\big|_{z=0}=0,\quad Z_1(z)\big|_{z=h}=Z_2(z)\big|_{z=h}\tag{7.1.8a}$$
$$\frac{1}{\rho_1\omega}\frac{\mathrm{d}Z_1(z)}{\mathrm{d}z}\bigg|_{z=h}=\frac{1}{\rho_2\omega}\frac{\mathrm{d}Z_2(z)}{\mathrm{d}z}\bigg|_{z=h}$$

下面根据 k_ρ 的三种情况讨论上述本征值问题.

(1) 区域Ⅰ:$k_\rho\in(0,k_2)$,由于 $c_1<c_2$,$k_\rho<k_1$ 也成立,如图 7.1.4 所示. 在 $k_\rho\in(0,k_2)$区域,$k_j^2-k_\rho^2>0$ $(j=1,2)$,于是方程(7.1.8a)的解应该取为

$$Z_1(z)=B\sin(k_{1z}z),\quad Z_2(z)=C\exp(\mathrm{i}k_{2z}z)+D\exp(-\mathrm{i}k_{2z}z)\tag{7.1.8b}$$

其中,$k_{jz}=\sqrt{k_j^2-k_\rho^2}$ $(j=1,2)$. 注意:① 边界条件$Z_1(z)\big|_{z=0}=0$ 自动满足;② 在求解本征值

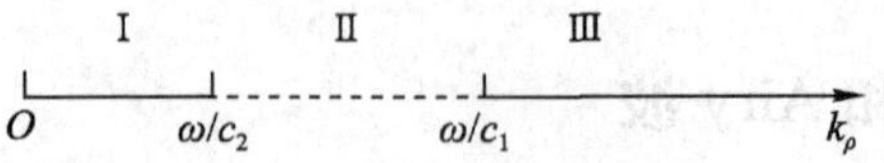

图 7.1.4　k_ρ 的三个区域

问题时，方程(7.1.8b)中的项 $D\exp(-\mathrm{i}k_{2z}z)$ 不能忽略，即 D 不能取为零. 把方程(7.1.8b)代入方程(7.1.8a)的边界条件得到

$$B\sin(k_{1z}h)=C\exp(\mathrm{i}k_{2z}h)+D\exp(-\mathrm{i}k_{2z}h)$$

$$\frac{k_{1z}}{\rho_1\omega}B\cos(k_{1z}h)=\frac{\mathrm{i}k_{2z}}{\rho_2\omega}C\exp(\mathrm{i}k_{2z}h)-\frac{\mathrm{i}k_{2z}}{\rho_2\omega}D\exp(-\mathrm{i}k_{2z}h) \tag{7.1.8c}$$

显然，方程(7.1.8c)中有 3 个待定系数 B、C 和 D，而只有两个方程，不足以对 k_ρ 形成约束，唯一的约束是 $k_\rho\in(0,k_2)$. 因此在区域 $k_\rho\in(0,k_2)$，k_ρ 构成连续谱.

(2) 区域Ⅲ：有 $k_\rho\in(k_1,\infty)$，$k_j^2-k_\rho^2<0\ (j=1,2)$，方程(7.1.8a)的解应该取为

$$Z_1(z)=B\sinh(\kappa_{1z}z),\quad Z_2(z)=C\exp(-\kappa_{2z}z)+D\exp(\kappa_{2z}z) \tag{7.1.9a}$$

其中，$\kappa_{jz}\equiv\sqrt{k_\rho^2-k_j^2}\ (j=1,2)$. 显然，上式中 $D\exp(\kappa_{2z}z)$ 随 $z\to\infty$ 发散，故必须取 $D\equiv0$. 把上式代入方程(7.1.8a)的边界条件得到

$$B\sinh(\kappa_{1z}h)=C\exp(-\kappa_{2z}h)$$

$$\frac{\kappa_{1z}}{\rho_1\omega}B\cosh(\kappa_{1z}h)=-\frac{\kappa_{2z}}{\rho_2\omega}C\exp(-\kappa_{2z}h) \tag{7.1.9b}$$

存在非零解条件为 $\tanh(\kappa_{1z}h)=-\rho_2\kappa_{1z}/(\rho_1\kappa_{2z})$. 利用图解法，不难证明该式的实根不存在(见习题 7.3). 因此在区域 $k_\rho\in(k_1,\infty)$ 不存在声波模式.

(3) 区域Ⅱ：$k_\rho\in(k_2,k_1)$，且 $k_1^2-k_\rho^2>0$ 和 $k_2^2-k_\rho^2<0$，故取方程(7.1.8a)的解为

$$Z_1(z)=B\sin(k_{1z}z),\quad Z_2(z)=C\exp(-\kappa_{2z}z) \tag{7.1.10a}$$

其中，$\kappa_{2z}\equiv\sqrt{k_\rho^2-k_2^2}$. 把上式代入方程(7.1.8a)的边界条件得到

$$B\sin(k_{1z}h)=C\exp(-\kappa_{2z}h)$$

$$\frac{k_{1z}}{\rho_1\omega}B\cos(k_{1z}h)=-\frac{\kappa_{2z}}{\rho_2\omega}C\exp(-\kappa_{2z}h) \tag{7.1.10b}$$

存在非零解的条件为 $\tan(k_{1z}h)=-\rho_2k_{1z}/(\rho_1\kappa_{2z})$，即

$$\tan\left(h\sqrt{k_1^2-k_\rho^2}\right)=-\frac{\rho_2}{\rho_1}\frac{\sqrt{k_1^2-k_\rho^2}}{\sqrt{k_\rho^2-k_2^2}} \tag{7.1.10c}$$

上式就是决定简正波数 k_ρ 的方程. 假定上式的第 n 个解为 k_ρ^n，简正波数 k_ρ^n 必须满足 $k_2<k_\rho^n<k_1$，或者简正模式的相速度 $c_\mathrm{p}=\omega/k_\rho^n$ 满足：$c_1<c_\mathrm{p}<c_2$.

由以上讨论，我们可以得出结论：① 在区域Ⅰ，谱是连续的，也就是在 $z\in(0,h)$(海水介质)和 $z\in(h,\infty)$(海底介质)都存在传播的声模式；② 在区域Ⅱ，声波局域在 $z\in(0,h)$

（海水介质）中，而在 $z\in(h,\infty)$（海底介质）中是隐失波模式，波随深度指数衰减；③ 在区域Ⅲ，不存在声波模式．

简正波数　由于简正波数 k_ρ^n 满足方程（7.1.10c），则不可能像方程（7.1.3）那样得到 $k_\rho^n=k_\rho^n(\omega)$ 的显式，只能通过数值求解．令 $b\equiv\rho_2/\rho_1$，$\gamma\equiv h\sqrt{k_1^2-k_\rho^2}$，$a\equiv k_1h\sqrt{1-c_1^2/c_2^2}\equiv k_1h\sin\theta_c$ 以及 $\sin\theta_c\equiv\sqrt{1-c_1^2/c_2^2}$，方程（7.1.10c）变成

$$\tan(\gamma)=-\frac{b\gamma}{\sqrt{a^2-\gamma^2}}\tag{7.1.11a}$$

函数 $y_1=\tan\gamma$ 与 $y_2=-b\gamma/\sqrt{a^2-\gamma^2}$ 的交点（$\gamma>0$ 区域）就是上式的根．显然，$\gamma=0$，即 $k_1^2-k_\rho^2=0$ 是方程（7.1.11a）的一个根，此时 $k_{1z}=0$，故属于平凡根．图 7.1.5 给出了声源频率 $f=\omega/2\pi=60$ Hz和 90 Hz 的曲线：当 $f=60$ Hz 时，仅存在一个交点，如图 7.1.5（a）所示；而当 $f=90$ Hz 时，存在 2 个交点，如图 7.1.5（b）所示．图中取参量：$\rho_1=1\ 000\ \mathrm{kg/m^3}$，$c_1=1\ 500\ \mathrm{m/s}$，$\rho_2=2\ 070\ \mathrm{kg/m^3}$，$c_2=1\ 730\ \mathrm{m/s}$（分别模拟海水和海底泥沙），$h=30$ m（模拟浅海深度）．当 ω 较小时，函数 y_1 和 y_2 之间没有交点（除零点外），至少存在一个交点的条件是 $a=\pi/2$，这一点可以从图 7.1.5（a）中看出，只有当 $y_2=-b\gamma/\sqrt{a^2-\gamma^2}$ 的渐近线 $\gamma=a$ 位于 $y_1=\tan(\gamma)$ 的渐近线 $\gamma=\pi/2$ 右边时才可能有交点，即 $\omega_{\min}=\pi c_1/(2h\sin\theta_c)$．声源频率越高，交点越多．注意：诸图中与 y 轴平行的直线是 $y_1=\tan\gamma$ 的渐近线 $\gamma=(n-1/2)\pi$，它与 y_2 的交点不是方程（7.1.11a）的解．显然，第 n 个模式存在的条件为 $a\geqslant(n-1/2)\pi$，即第 n 个模式的截止频率为

$$f_{nc}\equiv\frac{\omega_c}{2\pi}=\frac{(n-1/2)c_1}{2h\sin\theta_c}\tag{7.1.11b}$$

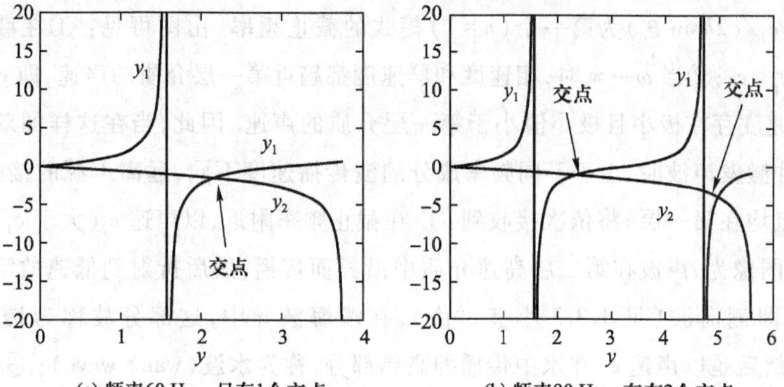

(a) 频率60 Hz，只有1个交点　　(b) 频率90 Hz，存在2个交点

图 7.1.5　图解法求方程（7.1.11a）的根

相速度和群速度　由方程（7.1.10c）可以得到

$$\tan\left(h\frac{\omega}{c_1}\sqrt{1-\frac{c_1^2}{c_{pn}^2}}\right)=-\frac{\rho_2 c_2\sqrt{1-c_1^2/c_{pn}^2}}{\rho_1 c_1\sqrt{c_2^2/c_{pn}^2-1}} \tag{7.1.12a}$$

其中,用 $c_{pn}=\omega/k_\rho^n$ 表示第 n 个简正模式的相速度. 上式就是决定相速度 c_{pn} 随频率变化的方程. 为求群速度,注意到 $k_\rho^n c_{pn}=\omega$,两边对 ω 求导得到

$$c_{pn}\frac{dk_\rho^n}{d\omega}+k_\rho^n\frac{dc_{pn}}{d\omega}=1 \tag{7.1.12b}$$

故第 n 个简正模式的群速度 $c_{gn}=d\omega/dk_\rho^n$ 或者 $c_{gn}^{-1}=dk_\rho^n/d\omega$ 满足关系

$$\frac{c_{pn}}{c_{gn}}+\frac{\omega}{c_{pn}}\frac{dc_{pn}}{d\omega}=1 \quad 或者 \quad c_{gn}=\frac{c_{pn}}{1-(\omega/c_{pn})dc_{pn}/d\omega} \tag{7.1.12c}$$

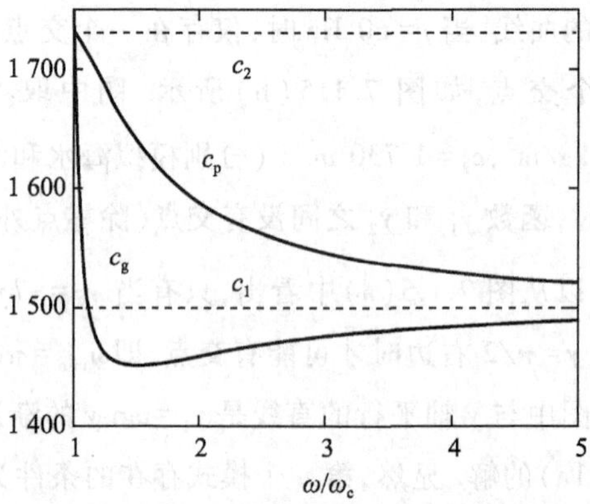

图 7.1.6　第一个模式的相速度 c_p 和群速度 c_g

其中,$dc_{pn}/d\omega$ 可由对方程(7.1.12a)两边求导得到,或者由色散曲线 $c_{pn}=c_{pn}(\omega)$ 直接求导数得到. 图 7.1.6 给出第一个($n=1$)模式的相速度和群速度(所取参量与图 7.1.5 一样),图中 $\omega_c=\pi c_1/(2h\sin\theta_c)$ 为第一个($n=1$)模式的截止频率. 由图可见:①在截止频率点 ω_c,有 $c_g=c_p=c_2$;②当 $\omega\to\infty$ 时,相速度和群速度都趋近第一层介质的声速,即 $c_p\to c_1$ 和 $c_g\to c_1$;③群速度存在极小且极小值小于第一层介质的声速. 因此,当在这样的双层流体波导中用脉冲激发声波时,由于不同频率成分的波传播速度不同,远离声源的接收点(激发点和接收点均在第一层)将依次接收到:① 在截止频率附近,以声速 c_2(大于 c_1)传播的能量,其物理图像为,声波在第二层高速介质中沿界面传播,然后折射到低速的第一层中到达接收点,即侧向波(见 1.3.3 小节讨论),在浅海波导中,这部分波称为**地波**(ground wave);② 然后是以声速 c_1 在水中传播的高频部分,称为**水波**(water wave); ③ 最后到达接受点的是以速度低于 c_1 传播的中频部分,这部分波称为 **Airy 波**. 特别需要注意的是:对单层情况而言,由方程(7.1.2c)表示的 z 方向简正模式与声源频率无关;而对双层情况而言,k_ρ^n 与声源频率有关,故 z 方向的简正模式也与声源频率有关.

7.1.3 Pekeris 波导中声波的单频激发

考虑在区域 $z\in(0,h)$ 存在点声源的情况：

$$\left[\frac{1}{\rho}\frac{\partial}{\partial\rho}\left(\rho\frac{\partial}{\partial\rho}\right)+\frac{1}{\rho^2}\frac{\partial^2}{\partial\varphi^2}+\frac{\partial^2}{\partial z^2}+\frac{\omega^2}{c_1^2}\right]p=\mathrm{i}\rho_0\omega q_0(\omega)\delta(\boldsymbol{r},\boldsymbol{r}_s)\tag{7.1.13a}$$

其中，在柱坐标中 δ 函数表示为

$$\delta(\boldsymbol{r},\boldsymbol{r}_s)=\frac{1}{\rho}\delta(\rho,\rho_s)\delta(\varphi,\varphi_s)\delta(z,z_s)\tag{7.1.13b}$$

而在区域 $z\in(h,\infty)$，声压满足齐次方程：

$$\left[\frac{1}{\rho}\frac{\partial}{\partial\rho}\left(\rho\frac{\partial}{\partial\rho}\right)+\frac{1}{\rho^2}\frac{\partial^2}{\partial\varphi^2}+\frac{\partial^2}{\partial z^2}+\frac{\omega^2}{c_2^2}\right]p=0\tag{7.1.13c}$$

我们用 Hankel 变换解方程，令

$$p(\rho,\varphi,z,\omega)=\sum_{m=-\infty}^{\infty}\exp(\mathrm{i}m\varphi)\int_0^{\infty}p_m(k_\rho,z)\mathrm{J}_m(k_\rho\rho)k_\rho\mathrm{d}k_\rho\tag{7.1.14a}$$

代入方程(7.1.13a)和方程(7.1.13c)且利用 Hankel 逆变换得到 $p_m(k_\rho,z)$ 满足的方程：

$$\frac{\mathrm{d}^2p_m(k_\rho,z)}{\mathrm{d}z^2}+k_{1z}^2p_m(k_\rho,z)=\frac{\mathrm{i}\rho_0\omega q_0(\omega)}{2\pi}\mathrm{J}_m(k_\rho\rho_s)\delta(z,z_s)\mathrm{e}^{-\mathrm{i}m\varphi_s}\tag{7.1.14b}$$

其中，有 $z\in(0,h)$ 和 $k_{1z}^2=k_1^2-k_\rho^2$，以及有

$$\frac{\mathrm{d}^2p_m(k_\rho,z)}{\mathrm{d}z^2}+k_{2z}^2p_m(k_\rho,z)=0\ (h<z<\infty)\tag{7.1.14c}$$

其中，$k_{2z}^2=k_2^2-k_\rho^2$. 构造方程(7.1.14b)和方程(7.1.14c)的解且满足 $z=0$ 边界条件：

$$p_m(k_\rho,z)=\begin{cases}A\sin(k_{1z}z) & (0<z<z_s)\\ B\sin(k_{1z}z)+C\cos(k_{1z}z) & (z_s<z<h)\\ D\exp(\mathrm{i}k_{2z}z) & (h<z<\infty)\end{cases}\tag{7.1.15a}$$

注意：在求解点源辐射问题时，声压场必须满足 Sommerfeld 辐射条件，故当 $h<z<\infty$ 时，我们仅取 $+z$ 方向传播的波. 特别是，当 $k_2^2<k_\rho^2$ 时，$\exp(\mathrm{i}k_{2z}z)$ 表示 $+z$ 方向的隐失波. 在上式中诸系数由 $z=h$ 的边界条件和 $z=z_s$ 的连接条件决定，容易求得

$$A=-\frac{\mathrm{i}\rho_0\omega q_0(\omega)}{2\pi k_{1z}}\left[\frac{\Gamma_+}{\Gamma_-}\sin(k_{1z}z_s)+\cos(k_{1z}z_s)\right]\mathrm{J}_m(k_\rho\rho_s)\exp(-\mathrm{i}m\varphi_s)$$

$$B=-\frac{\Gamma_+}{\Gamma_-}\frac{\mathrm{i}\rho_0\omega q_0(\omega)}{2\pi k_{1z}}\sin(k_{1z}z_s)\mathrm{J}_m(k_\rho\rho_s)\exp(-\mathrm{i}m\varphi_s)\tag{7.1.15b}$$

$$C=-\frac{\mathrm{i}\rho_0\omega q_0(\omega)}{2\pi k_{1z}}\sin(k_{1z}z_s)\mathrm{J}_m(k_\rho\rho_s)\exp(-\mathrm{i}m\varphi_s)$$

其中,为了方便定义

$$\Gamma_{+}(k_\rho)\equiv 1+\frac{k_{1z}\rho_2}{\mathrm{i}k_{2z}\rho_1}\tan(k_{1z}h),\quad \Gamma_{-}(k_\rho)\equiv\frac{k_{1z}\rho_2}{\mathrm{i}k_{2z}\rho_1}-\tan(k_{1z}h) \tag{7.1.15c}$$

把方程(7.1.15b)代入方程(7.1.15a)得到区域($0<z<h$)的系数为

$$p_m(k_\rho,z)=-\frac{\mathrm{i}\rho_0\omega q_0(\omega)}{2\pi k_{1z}}Z(k_\rho,z,z_s)\mathrm{J}_m(k_\rho\rho_s)\exp(-\mathrm{i}m\varphi_s) \tag{7.1.16a}$$

其中,为了简单定义

$$Z(k_\rho,z,z_s)\equiv\begin{cases}\left[\dfrac{\Gamma_+}{\Gamma_-}\sin(k_{1z}z_s)+\cos(k_{1z}z_s)\right]\sin(k_{1z}z) & (0<z<z_s)\\[2ex] \left[\dfrac{\Gamma_+}{\Gamma_-}\sin(k_{1z}z)+\cos(k_{1z}z)\right]\sin(k_{1z}z_s) & (z_s<z<h)\end{cases} \tag{7.1.16b}$$

考虑声源位于 z 轴上的简单情况,$\rho_s=0$(φ_s 任意),区域($0<z<h$)的声场为

$$p(\rho,z,\omega)=-\frac{\mathrm{i}\rho_0\omega q_0(\omega)}{2\pi}\int_0^\infty\frac{1}{k_{1z}}\mathrm{J}_0(k_\rho\rho)Z(k_\rho,z,z_s)k_\rho\mathrm{d}k_\rho \tag{7.1.17a}$$

或者用 Hankel 函数表示

$$p(\rho,z,\omega)=-\frac{\mathrm{i}\rho_0\omega q_0(\omega)}{4\pi}\int_{-\infty}^\infty\frac{1}{k_{1z}}\mathrm{H}_0^{(1)}(k_\rho\rho)Z(k_\rho,z,z_s)k_\rho\mathrm{d}k_\rho \tag{7.1.17b}$$

在复平面上,上式中的积分贡献由两部分组成:① $Z(k_\rho,z,z_s)$ 的极点,满足方程

$$\Gamma_-\equiv\frac{k_{1z}\rho_2}{\mathrm{i}k_{2z}\rho_1}-\tan(k_{1z}h)=0 \tag{7.1.18a}$$

即

$$\tan\left(h\sqrt{k_1^2-k_\rho^2}\right)=-\frac{\rho_2\sqrt{k_1^2-k_\rho^2}}{\rho_1\sqrt{k_\rho^2-k_2^2}} \tag{7.1.18b}$$

上式与简正波数满足的方程(7.1.10c)完全一致,实际上是各个简正模式(或者说是离散谱)的贡献;② 分支点 $k_\rho=\pm k_1$ 和 $k_\rho=\pm k_2$ 的贡献(实际上是连续谱的贡献),注意:由 Hankel 函数的渐近展开可知 $k_\rho=0$ 是多值函数$\sqrt{k_\rho}$的一个支点,但对积分贡献为零(见下面分析). 仅考虑各个极点 $k_\rho^n(n=1,2,\cdots,N)$(由于 $k_2<k_\rho^n<k_1$,故极点在两个分支点之间)的贡献,因为方程(7.1.16b)中第一或第二式中括号内的第二项 $\cos(k_{1z}z_s)$ 或 $\cos(k_{1z}z)$ 无极点,积分贡献为零,于是区域($0<z<z_s$)和 ($z_s<z<h$)有相同的表达式:

$$p_\mathrm{d}(\rho,z,\omega)=\frac{\rho_0\omega q_0(\omega)}{2}\sum_{n=1}^N\frac{k_\rho^n}{k_{1z}^n}\frac{\Gamma_+(k_\rho^n)\sin(k_{1z}^nz_s)\sin(k_{1z}^nz)}{[\mathrm{d}\Gamma_-(k_\rho)/\mathrm{d}k_\rho]_{k_\rho=k_\rho^n}}\mathrm{H}_0^{(1)}(k_\rho^n\rho) \tag{7.1.18c}$$

显然,上式也相当于 N 个简正模式的叠加.

分支点贡献:① 分支点 $k_\rho=0$,用半径为 ε 的半圆把原点包围起来,在半圆上 $k_\rho=\varepsilon\mathrm{e}^{\mathrm{i}\theta}$,由方程(7.1.17b)可知,半圆上的积分正比于 $\mathrm{H}_0^{(1)}(k_\rho\rho)k_\rho\mathrm{d}k_\rho\sim\varepsilon^2\mathrm{H}_0^{(1)}(\varepsilon\mathrm{e}^{\mathrm{i}\theta})\sim\varepsilon^2\ln\varepsilon$,当

$\varepsilon\to0$时,极限为零,故分支点 $k_\rho=0$ 对积分的贡献为零;② 分支点 $k_\rho=\pm k_1$,取 $k_\rho=\pm k_1+\varepsilon e^{i2\pi}$(因子 $e^{i2\pi}$表示绕分支点$\pm k_1$ 一周),则 $k_{1z}\approx e^{i\pi}\sqrt{\mp2\varepsilon k_1}=-\sqrt{\mp2\varepsilon k_1}$,即 k_{1z}改变符号,而由方程(7.1.16a)和方程(7.1.16b)可知,被积函数是 k_{1z}的偶函数(余弦本身就是偶函数),并不改变负号,故 $k_\rho=\pm k_1$ 并不是真正的分支点,对积分的贡献也为零;③ 分支点$k_\rho=\pm k_2$,当 k_ρ 绕分支点 $\pm k_2$ 一周时,k_{2z} 从 $k_{2z}\approx\sqrt{\mp2\varepsilon k_2}$ 变化到 $k_{2z}\approx-\sqrt{\mp2\varepsilon k_2}$,而 Γ_+/Γ_- 变成 $(\Gamma_+/\Gamma_-)^*$,被积函数值改变,故 $k_\rho=\pm k_2$ 是分支点. 分支点的积分贡献较复杂,故不进一步展开讨论.

7.1.4 阻抗型边界的层状波导

大型工厂的车间一般为扁平房间,地面与天花板之间的高度 H 远小于横向线度,当声源和测量点远离侧面的墙面时,可用平面波导来近似. 如图 7.1.7 所示,设点声源位于$(0,0,z_s)$,空间声场与方位角无关且满足

$$\left[\frac{1}{\rho}\frac{\partial}{\partial\rho}\left(\rho\frac{\partial}{\partial\rho}\right)+\frac{\partial^2}{\partial z^2}+k_0^2\right]p=i\rho_0\omega q_0(\omega)\frac{\delta(\rho)\delta(z,z_s)}{2\pi\rho}$$
$$\left.\left(\frac{\partial p}{\partial z}+ik_0\beta_0 p\right)\right|_{z=0}=0,\quad \left.\left(\frac{\partial p}{\partial z}-ik_0\beta_H p\right)\right|_{z=H}=0 \tag{7.1.19a}$$

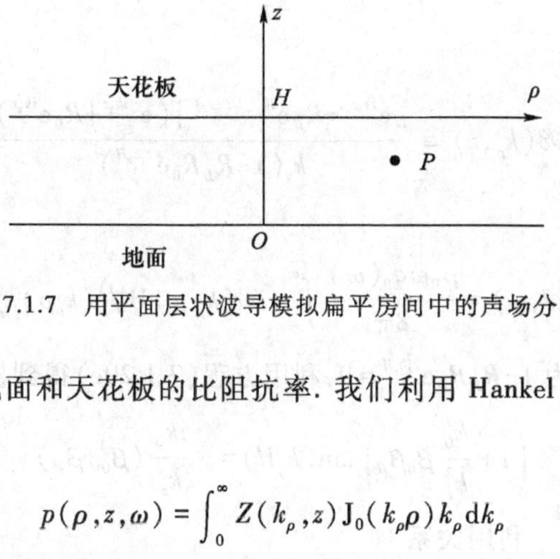

图 7.1.7 用平面层状波导模拟扁平房间中的声场分布

其中,β_0 和 β_H 分别是地面和天花板的比阻抗率. 我们利用 Hankel 变换求解上述方程,取解的形式为

$$p(\rho,z,\omega)=\int_0^\infty Z(k_\rho,z)J_0(k_\rho\rho)k_\rho dk_\rho \tag{7.1.19b}$$

将上式代入方程(7.1.19a)且利用 Hankel 逆变换得到

$$\left[\frac{d^2}{dz^2}+(k_0^2-k_\rho^2)\right]Z(k_\rho,z)=\frac{i\rho_0\omega q_0(\omega)}{2\pi}\delta(z,z_s)$$
$$\left.\left(\frac{dZ}{dz}+ik_0\beta_0 Z\right)\right|_{z=0}=0,\quad \left.\left(\frac{dZ}{dz}-ik_0\beta_H Z\right)\right|_{z=H}=0 \tag{7.1.19c}$$

用构造法写出上式的解,取

$$Z(k_\rho,z)=\begin{cases}A\mathrm{e}^{\mathrm{i}k_z z}+B\mathrm{e}^{-\mathrm{i}k_z z} & (0<z<z_s)\\ C\mathrm{e}^{\mathrm{i}k_z z}+D\mathrm{e}^{-\mathrm{i}k_z z} & (z_s<z<H)\end{cases} \tag{7.1.20a}$$

其中，$k_z^2 \equiv \omega^2/c_0^2-k_\rho^2$ 为 z 方向的波数. 上式中 4 个系数由 $z=z_s$ 处的连接条件和 $z=0,H$ 处的边界条件得到

$$A=\frac{\rho_0\omega q_0(\omega)}{4\pi k_z}\cdot\frac{R_0[\mathrm{e}^{\mathrm{i}k_z z_s}+R_H\mathrm{e}^{\mathrm{i}k_z(2H-z_s)}]}{1-R_H R_0\mathrm{e}^{2\mathrm{i}k_z H}}$$

$$B=\frac{\rho_0\omega q_0(\omega)}{4\pi k_z}\cdot\frac{\mathrm{e}^{\mathrm{i}k_z z_s}+R_H\mathrm{e}^{\mathrm{i}k_z(2H-z_s)}}{1-R_H R_0\mathrm{e}^{2\mathrm{i}k_z H}}$$

$$C=\frac{\rho_0\omega q_0(\omega)}{4\pi k_z}\cdot\frac{R_0\mathrm{e}^{\mathrm{i}k_z z_s}+\mathrm{e}^{-\mathrm{i}k_z z_s}}{1-R_H R_0\mathrm{e}^{2\mathrm{i}k_z H}} \tag{7.1.20b}$$

$$D=\frac{\rho_0\omega q_0(\omega)}{4\pi k_z}\cdot\frac{R_0\mathrm{e}^{\mathrm{i}k_z z_s}+\mathrm{e}^{-\mathrm{i}k_z z_s}}{1-R_H R_0\mathrm{e}^{2\mathrm{i}k_z H}}R_H\mathrm{e}^{2\mathrm{i}k_z H}$$

其中，R_0 和 R_H 分别为地面和天花板的反射系数，有

$$R_0\equiv\frac{k_z-k_0\beta_0}{k_z+k_0\beta_0},\quad R_H\equiv\frac{k_z-k_0\beta_H}{k_z+k_0\beta_H} \tag{7.1.20c}$$

考虑区域$(0<z<z_s)$的解，由方程(7.1.20a)和方程(7.1.20b)得到

$$Z(k_\rho,z)=\frac{\rho_0\omega q_0(\omega)}{4\pi}\mathscr{R}(k_\rho,z) \tag{7.1.21a}$$

其中，为了方便定义

$$\mathscr{R}(k_\rho,z)\equiv\frac{[\mathrm{e}^{\mathrm{i}k_z z_s}+R_H\mathrm{e}^{\mathrm{i}k_z(2H-z_s)}](\mathrm{e}^{-\mathrm{i}k_z z}+R_0\mathrm{e}^{\mathrm{i}k_z z})}{k_z(1-R_H R_0\mathrm{e}^{2\mathrm{i}k_z H})} \tag{7.1.21b}$$

相应的声压场为

$$p(\rho,z,\omega)=\frac{\rho_0\omega q_0(\omega)}{8\pi}\int_{-\infty}^{\infty}\mathscr{R}(k_\rho,z)\mathrm{H}_0^{(1)}(k_\rho\rho)k_\rho\mathrm{d}k_\rho \tag{7.1.21c}$$

显然，上式的极点方程为 $1-R_H R_0\mathrm{e}^{2\mathrm{i}k_z H}=0$，利用方程(7.1.20c)得到极点方程：

$$\left(1+\frac{k_0^2}{k_z^2}\beta_0\beta_H\right)\tan(k_z H)=-\frac{\mathrm{i}k_0}{k_z}(\beta_0+\beta_H) \tag{7.1.21d}$$

镜像反射形式的解　利用关系

$$\frac{1}{1-R_H R_0\mathrm{e}^{2\mathrm{i}k_z H}}=\sum_{m=0}^{\infty}R_H^m R_0^m\mathrm{e}^{2\mathrm{i}mk_z H} \tag{7.1.22a}$$

把方程(7.1.21c)写成 5 项之和，有

$$p(\rho,z,\omega)=\mathrm{i}\rho_0\omega q_0(\omega)g(\rho,z_s-z)+\sum_{j=1}^{4}p_j(\rho,z,\omega) \tag{7.1.22b}$$

其中，第一项为位于 $\boldsymbol{r}_s=(0,0,z_s)$ 处点源产生的场：

$$g(\rho,z_s-z)\equiv\frac{\exp\left[\mathrm{i}k_0\sqrt{\rho^2+(z_s-z)^2}\right]}{4\pi\sqrt{\rho^2+(z_s-z)^2}} \tag{7.1.22c}$$

显然,其余 4 项分别表示地面($z=0$)和天花板($z=H$)的阻抗边界反射所引起的镜像点产生的场

$$\begin{aligned}
p_1(\rho,z,\omega)&=\frac{\rho_0\omega q_0(\omega)}{8\pi}\sum_{m=1}^{\infty}\int_{-\infty}^{\infty}\frac{1}{k_z}R_H^mR_0^m\mathrm{e}^{\mathrm{i}k_z[2mH+(z_s-z)]}\mathrm{H}_0^{(1)}(k_\rho\rho)k_\rho\mathrm{d}k_\rho\\
p_2(\rho,z,\omega)&=\frac{\rho_0\omega q_0(\omega)}{8\pi}\sum_{m=0}^{\infty}\int_{-\infty}^{\infty}\frac{1}{k_z}R_H^mR_0^{m+1}\mathrm{e}^{\mathrm{i}k_z[2mH+(z_s+z)]}\mathrm{H}_0^{(1)}(k_\rho\rho)k_\rho\mathrm{d}k_\rho
\end{aligned} \tag{7.1.22d}$$

和

$$\begin{aligned}
p_3(\rho,z,\omega)&=\frac{\rho_0\omega q_0(\omega)}{8\pi}\sum_{m=0}^{\infty}\int_{-\infty}^{\infty}\frac{1}{k_z}R_H^{m+1}R_0^m\mathrm{e}^{\mathrm{i}k_z[2(m+1)H-(z_s+z)]}\mathrm{H}_0^{(1)}(k_\rho\rho)k_\rho\mathrm{d}k_\rho\\
p_4(\rho,z,\omega)&=\frac{\rho_0\omega q_0(\omega)}{8\pi}\sum_{m=0}^{\infty}\int_{-\infty}^{\infty}\frac{1}{k_z}R_H^{m+1}R_0^{m+1}\mathrm{e}^{\mathrm{i}k_z[(2m+1)H-(z_s-z)]}\mathrm{H}_0^{(1)}(k_\rho\rho)k_\rho\mathrm{d}k_\rho
\end{aligned} \tag{7.1.22e}$$

以上诸式讨论如下.

(1) $p_1(\rho,z,\omega)$中求和从 $m=1$ 开始,$m=0$ 的项就是方程(7.1.22b)的第一项,而 $p_2(\rho,z,\omega)$和 $p_3(\rho,z,\omega)$的第一项($m=0$)仅仅出现 R_0 或者 R_H 的一次幂,因此,它们分别表示经过地面或者天花板一次反射后的镜像点;

(2) $p_4(\rho,z,\omega)$的第一项($m=0$)中出现 R_0 和 R_H 的乘积 $R_0\cdot R_H$,表示经过地面和天花板各一次反射后的镜像点,余类推;

(3) 只有当地面和天花板都是刚性时($\beta_0=\beta_H=0$ 和 $R_0=R_H=1$),镜像点产生的声场才能用无限大空间的 Green 函数来表示,写成方程(7.1.22c)的形式,否则镜像点产生的声场非常复杂.

7.2 WKB 近似方法

对于一般连续变化的层状介质而言,解析求解是困难的,然而在高频条件下,我们可以用 WKB (Wentzel-Kramers-Brillouin)近似方法分析层状介质中的高频声波传播的基本特征. 本节中我们特别感兴趣的是 WKB 近似下不成立的点,即**转折点**(turning point)附近解的特性,尤其是存在两个转折点的介质,在转折点区域形成波导,声波只能在该区域传播.

7.2.1 WKB 近似理论

对密度缓慢变化的分层介质,波动方程可写成

$$\left[\frac{\partial^2}{\partial x^2}+\frac{\partial^2}{\partial y^2}+\frac{\partial^2}{\partial z^2}+k_0^2n^2(z)\right]p=0 \tag{7.2.1}$$

其中,p 可理解为 $p/\sqrt{\rho}$. 由于 $n(z)=c_0/c(z)$ 仅是 z 的函数,与 x 和 y 无关,设上式的解为

$$p(x,y,z)=\iint\tilde{p}(k_x,k_y,z)\exp[\mathrm{i}(k_xx+k_yy)]\mathrm{d}k_x\mathrm{d}k_y \tag{7.2.2a}$$

将上式代入方程(7.2.1)有

$$\frac{\mathrm{d}^2\tilde{p}(k_x,k_y,z)}{\mathrm{d}z^2}+[k_0^2n^2(z)-(k_x^2+k_y^2)]\tilde{p}(k_x,k_y,z)=0 \tag{7.2.2b}$$

如果 $n(z)=1$ 与 z 无关,上式的解为

$$\tilde{p}(k_x,k_y,z)=\begin{cases}A_\pm\exp\left[\pm\mathrm{i}\sqrt{k_0^2-(k_x^2+k_y^2)}\,z\right] & (k_0^2>k_x^2+k_y^2)\\ A_\pm\exp\left[\pm\sqrt{(k_x^2+k_y^2)-k_0^2}\,z\right] & (k_0^2<k_x^2+k_y^2)\end{cases} \tag{7.2.2c}$$

当 n 是 z 的函数时,当然得不到上式那么简单的解,但由上式提示,我们寻求下列形式的解:

$$\tilde{p}(k_x,k_y,z)=A\exp[\mathrm{i}k_0G(z)] \tag{7.2.3a}$$

其中,A 为常量,$G(z)=\int_{z_0}^{z}Q(\xi)\mathrm{d}\xi$ (z_0 是空间的某个参考点),将上式代入方程(7.2.2b)得到

$$\frac{\mathrm{i}}{k_0}Q'(z)-Q^2(z)+N^2(z)=0 \tag{7.2.3b}$$

其中,$k_0^2N^2(z)\equiv k_0^2n^2(z)-(k_x^2+k_y^2)$. 注意:上式是严格的. 假定声波波长比不均匀区域的特征长度短得多,即在高频情况下(近似条件在下面讨论),作微扰展开:

$$Q(z)=Q_0(z)+\frac{1}{k_0}Q_1(z)+\left(\frac{1}{k_0}\right)^2Q_2(z)+\left(\frac{1}{k_0}\right)^3Q_3(z)+\cdots \tag{7.2.4a}$$

代入方程(7.2.3b),比较 $1/k_0$ 的同次幂得到

$$\begin{gathered}[Q_0(z)]^2=N^2(z)\\ \mathrm{i}Q_0'(z)-2Q_0(z)Q_1(z)=0\\ \mathrm{i}Q_1'(z)-2Q_0(z)Q_2(z)-[Q_1(z)]^2=0\\ \mathrm{i}Q_2'(z)-2Q_0(z)Q_3(z)-2Q_1(z)Q_2(z)=0\\ \cdots\cdots\cdots\end{gathered} \tag{7.2.4b}$$

因此,可以得到

$$Q_0(z)=\pm N(z)$$

$$Q_1(z)=\mathrm{i}\frac{Q_0'(z)}{2Q_0(z)}=-\mathrm{i}\frac{\mathrm{d}}{\mathrm{d}z}\ln\frac{1}{\sqrt{N(z)}}$$

$$Q_2(z)=\frac{1}{2Q_0(z)}\{-[Q_1(z)]^2+\mathrm{i}Q_1'(z)\}=\frac{Q_0(z)}{2N^{3/2}}\frac{\mathrm{d}^2}{\mathrm{d}z^2}\frac{1}{\sqrt{N(z)}} \tag{7.2.4c}$$

$$Q_3(z)=\frac{1}{2Q_0(z)}[\mathrm{i}Q_2'(z)-2Q_1(z)Q_2(z)]=\frac{\mathrm{i}}{2}\frac{\mathrm{d}}{\mathrm{d}z}\left[\frac{Q_2(z)}{Q_0(z)}\right]$$

…………

代入方程(7.2.3a)得到保留至$(1/k_0)^2$项的近似解为

$$\tilde{p}(k_x,k_y,z)=\frac{A}{\sqrt{N(z)}}\exp\left[-\frac{\varepsilon}{2}\pm \mathrm{i}k_0\int_{z_0}^{z}(1+\varepsilon)N(z)\,\mathrm{d}z\right] \tag{7.2.5a}$$

其中,为了方便,定义

$$\varepsilon\equiv\frac{1}{2k_0^2N^{3/2}}\frac{\mathrm{d}^2}{\mathrm{d}z^2}\frac{1}{\sqrt{N(z)}} \tag{7.2.5b}$$

讨论如下.

(1) 如果$n(z)=1, N^2=1-(k_x^2+k_y^2)/k_0^2$与$z$无关,那么有

$$\tilde{p}(k_x,k_y,z)=\frac{A}{\sqrt{N}}\exp[\pm \mathrm{i}k_0N(z-z_0)] \tag{7.2.6a}$$

为均匀介质中的波,上式与方程(7.2.2c)是一致的.

(2) 如果$\varepsilon\ll 1$,那么

$$\tilde{p}(k_x,k_y,z)=\frac{A}{\sqrt{N(z)}}\exp\left[\pm \mathrm{i}k_0\int_{z_0}^{z}N(z)\,\mathrm{d}z\right] \tag{7.2.6b}$$

称为**WKB近似**. 显然,上式成立的另一个条件是方程(7.2.5a)的指数部分还须满足$k_0\int_{z_1}^{z_2}\varepsilon N(z)\,\mathrm{d}z\ll 1$,其中$z_1$和$z_2$是介质中的任意两点.

WKB近似条件 设不均匀区的特征长度为L,那么有

$$\varepsilon=\frac{1}{2k_0^2N^{3/2}}\frac{\mathrm{d}^2}{\mathrm{d}z^2}\frac{1}{\sqrt{N(z)}}\sim\frac{1}{2k_0^2L^2N^2}\sim\frac{1}{k_0^2L^2}\ll 1 \tag{7.2.7a}$$

其中,取$N\sim 1$,因此近似条件$\varepsilon\ll 1$可写成$k_0^2L^2\gg 1$,或者$\lambda\ll L$,或者$f\gg c_0/L$,即声波频率必须足够高时,WKB近似才成立. 第二个近似可表示成

$$k_0\int_{z_1}^{z_2}\varepsilon N(z)\,\mathrm{d}z\sim k_0\cdot\frac{1}{k_0^2L^2}\int_{z_1}^{z_2}N(z)\,\mathrm{d}z\sim\frac{1}{k_0L^2}(z_2-z_1)\ll 1 \tag{7.2.7b}$$

或者$(z_2-z_1)\ll L^2k_0\sim L^2/\lambda$,只有在满足该条件的区域内,WKB近似才成立. 可见:WKB近似成立条件方程(7.2.7b)比条件方程(7.2.7a)更苛刻. 只有当$\lambda\to 0$时,WKB近似在整个

区域成立. 令 $k_0^2N^2(z)=k_0^2n^2(z)-(k_x^2+k_y^2)\equiv k_0^2q(z)$,那么 WKB 近似解可写成:

当 $q(z)>0$ 时,有

$$\tilde{p}(k_x,k_y,z)\approx\frac{1}{\sqrt[4]{q(z)}}\{A_+\exp[\mathrm{i}k_0g_+(z)]+A_-\exp[-\mathrm{i}k_0g_+(z)]\}\tag{7.2.8a}$$

其中,为了方便,定义 $g_+(z)\equiv\int_{z_0}^{z}\sqrt{q(\xi)}\,\mathrm{d}\xi$.

当 $q(z)<0$ 时,有

$$\tilde{p}(k_x,k_y,z)\approx\frac{1}{\sqrt[4]{-q(z)}}\{B_+\exp[-k_0g_-(z)]+B_-\exp[+k_0g_-(z)]\}\tag{7.2.8b}$$

其中,为了方便,定义 $g_-(z)\equiv\int_{z_0}^{z}\sqrt{-q(\xi)}\,\mathrm{d}\xi$.

显然,当时间项取为 $\exp(-\mathrm{i}\omega t)$ 时,方程(7.2.8a)的第一、第二项分别表示沿 $+z$ 和 $-z$ 方向传播的行波,而方程(7.2.8b)的第一、第二项分别表示沿 $+z$ 和 $-z$ 方向衰减的波,即隐失波. 方程(7.2.8a)和方程(7.2.8b)也可以写成驻波形式的解:

$$\tilde{p}(k_x,k_y,z)\approx\frac{1}{\sqrt[4]{q(z)}}\{C_1\cos[k_0g_+(z)]+C_2\sin[k_0g_+(z)]\}\tag{7.2.8c}$$

$$\tilde{p}(k_x,k_y,z)\approx\frac{1}{\sqrt[4]{-q(z)}}\{D_+\cosh[k_0g_-(z)]+D_-\sinh[k_0g_-(z)]\}\tag{7.2.8d}$$

7.2.2 转折点附近的解

当 z 满足 $q(z)=0$ 时,WKB 近似解不成立,这样的点称为**转折点**. 由 $q(z)$ 的定义,转折点是可能存在的,除非声波沿 z 方向传播:$k_x=k_y=0$,$q(z)=n^2(z)=c_0^2/c^2(z)$ 不可能为零. 转折点 z_t 满足方程:

$$k_0^2q(z_t)=k_0^2n^2(z_t)-(k_x^2+k_y^2)=0\tag{7.2.9a}$$

在转折点 z_t 邻近区域 $|z-z_t|<\delta$ 以外,WKB 近似解由方程(7.2.8a)和方程(7.2.8b)给出,而在 $|z-z_t|<\delta$ 以内,必须用其他方法求方程(7.2.2b)的解. 分析方程(7.2.2b):在转折点 z_t,方程(7.2.2b)中的系数 $k_0^2q(z_t)=k_0^2n^2(z_t)-(k_x^2+k_y^2)$ 为零,因此把它的解写成方程(7.2.3a)的形式显然是不适合的. 在 z_t 附近可展开成

$$q(z)=a(z-z_t)+b(z-z_t)^2+\cdots\tag{7.2.9b}$$

其中,$|a|\sim L^{-1}$,如果 $a\neq0$,只要保留第一项,z_t 称为**一阶转折点**;如果 $a=0$,但 $b\neq0$,必须保留第二项,z_t 称为**二阶转折点**,依此类推. 考虑 z_t 是 $q(z)$ 的单重零点,在 z_t 附近,方程(7.2.2b)变成

$$\frac{\mathrm{d}^2\tilde{p}}{\mathrm{d}z^2}+ak_0^2(z-z_t)\tilde{p}=0 \tag{7.2.10a}$$

令 $z'=\sqrt[3]{a}(z-z_t)k_0^{2/3}$,则上式变成 Airy 方程:

$$\frac{\mathrm{d}^2\tilde{p}(z')}{\mathrm{d}z'^2}+z'\tilde{p}(z')=0 \tag{7.2.10b}$$

其通解可用第一、二类 Airy 函数表示(见参考书 11). 下面分段讨论解的情况(不失一般性,设 $a>0$).

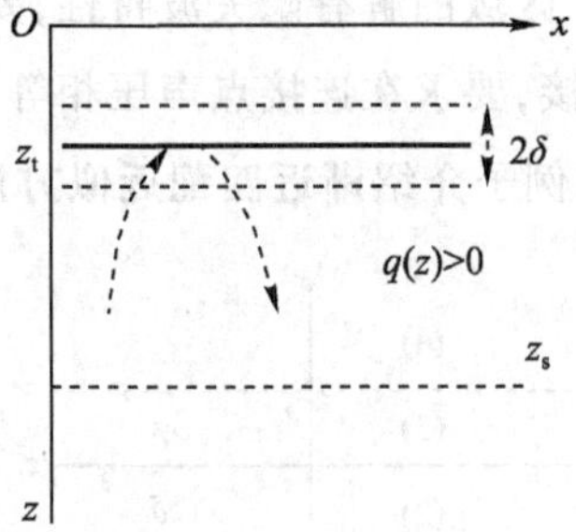

图 7.2.1　转折点 z_t 在上部

(1) 在转折点 z_t 的下部,$z_t+\delta>z>z_t$(见图 7.2.1),$z'>0$,故 Airy 方程的解取为

$$\tilde{p}_D(z')=C_D\mathrm{Ai}(z')=C_D\frac{\sqrt{z'}}{3}\left[\mathrm{J}_{-1/3}\left(\frac{2}{3}z'^{3/2}\right)+\mathrm{J}_{1/3}\left(\frac{2}{3}z'^{3/2}\right)\right] \tag{7.2.11a}$$

其中, $z'=\sqrt[3]{a}(z-z_t)k_0^{2/3}>0$.

(2) 在转折点 z_t 的上部,有 $z_t-\delta<z<z_t$,$z'<0$,故 Airy 方程的解取为

$$\tilde{p}_U(z')=C_U\mathrm{Ai}(z')=C_U\frac{\sqrt{|z'|}}{3}\left[\mathrm{I}_{-1/3}\left(\frac{2}{3}|z'|^{3/2}\right)-\mathrm{I}_{1/3}\left(\frac{2}{3}|z'|^{3/2}\right)\right] \tag{7.2.11b}$$

其中,$z'=\sqrt[3]{a}(z-z_t)k_0^{2/3}<0$. 可见:在转折点 z_t 的下部,声场随 z'变化振荡;而在转折点 z_t 的上部,声场随 z'指数衰减,为隐失波. 必须指出的是:在转折点 z_t 邻域以外,声场仍由方程(7.2.8a)和方程(7.2.8b)决定,而在转折点 z_t 的邻域,声场由方程(7.2.11a)和方程(7.2.11b)决定. 问题是:如何决定诸方程中的待定系数?如果相邻区域的解存在交叠,则要求在交叠区有相同形式的解,就可能决定待定系数. 在 7.2.3 小节中将要介绍的**渐近匹配方法**就是基于这个思想.

7.2.3　渐近匹配方法

在转折点 z_t 附近,声场随变量 z 的变化而剧烈变化,而随新变量(下面仅考虑一阶零点情况) $z'=\sqrt[3]{a}(z-z_t)k_0^{2/3}$ 变化时,声场变化比较平稳. 事实上,由于 WKB 近似要求

$k_0 \gg 1/L$,即 k_0 较大,因此 $k_0^{2/3}$ 起到坐标放大作用. 新变量 $z'=\sqrt[3]{a}(z-z_t)k_0^{2/3}$ 称为**内部变量**,而在转折点 z_t 邻域的外部区域 $|z-z_t|>\delta$,变量 z 称为**外部变量**. 转折点 z_t 邻域的内部区域 $|z-z_t|<\delta$,称为**边界层区域**.

在外部区域,WKB 近似成立,声波方程的解由方程(7.2.8a)—方程(7.2.8d)表示,而在内部区域,声波方程的解由方程(7.2.11a)和方程(7.2.11b)表示. 问题是:这些解成立的区域是否重叠? 如何连接? 事实上,如图 7.2.2 所示,① 外部区域(1)与边界层区域(2)连接,两个区域的解具有振荡特性,要求在连接点声压(振幅和相位)相等;② 外部区域(4)与边界层区域(3)连接,两个区域的解有隐失波特性,要求在连接点声压相等;③ 边界层区域(2)与边界层区域(3)连接,要求在连接点声压相等. 根据这些方程,可以得到决定诸系数的方程. 下面根据具体的例子介绍**渐近匹配近似方法**.

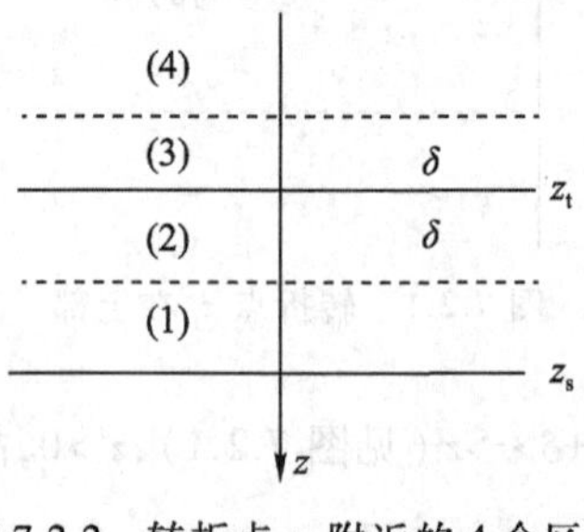

图 7.2.2 转折点 z_t 附近的 4 个区域

为了方便,设:① 声波由位于转折点 z_t 下部的 $z=z_s$ 处入射,在 $z=z_t$ 处遇到转折点,如图 7.2.2 所示;② 假定 $q(z)=a(z-z_t)f(z)$,$f(z_t)>0$,$a=1$;③ 转折点 z_t 附近分成 4 个区域:(1)和(4)属于外部区域;(2)和(3)属于内部区域.

(1) 第一步:区域(1)的解(见图 7.2.2),在转折点 z_t 邻域的下部,即 $z>z_t+\delta$ $(z<z_s)$ 区域,取其解为方程(7.2.8a),然后用内部变量 $z'=(z-z_t)f^{1/3}(z_t)k_0^{2/3}$ 表示这个外部解,把 $z=z_t+f^{-1/3}(z_t)k_0^{-2/3}z'$ 代入方程(7.2.8a)得到

$$
\begin{aligned}
\tilde{p}(z') \approx & \frac{k_0^{1/6}}{\sqrt[4]{f^{-1/3}(z_t)z'f[z_t+f^{-1/3}(z_t)k_0^{-2/3}z']}} \\
& \times\left\{A_+\exp\left[\mathrm{i}k_0\int_{z_s}^{z_t+f^{-1/3}(z_t)k_0^{-2/3}z'}\sqrt{(\xi-z_t)f(\xi)}\,\mathrm{d}\xi\right]\right. \\
& \left.+A_-\exp\left[-\mathrm{i}k_0\int_{z_s}^{z_t+f^{-1/3}(z_t)k_0^{-2/3}z'}\sqrt{(\xi-z_t)f(\xi)}\,\mathrm{d}\xi\right]\right\}
\end{aligned} \tag{7.2.12a}
$$

上式取方程(7.2.8a)中参考点 $z_0=z_s$, 作近似展开:$k_0\to\infty$(同时保持 z' 不变),并且把所得展开式表示为 $[\tilde{p}_1^{\circ}]^{\mathrm{i}}$,注意到有

$$
\int_{z_s}^{z_t+f^{-1/3}(z_t)k_0^{-2/3}z'}\sqrt{(\xi-z_t)f(\xi)}\,\mathrm{d}\xi \approx \beta(z_t)+\frac{2}{3}k_0^{-1}z'^{3/2} \tag{7.2.12b}
$$

其中，为了方便，定义 $\beta(z_t)\equiv\int_{z_s}^{z_t}\sqrt{(\xi-z_t)f(\xi)}\,d\xi=\int_{z_s}^{z_t}\sqrt{q(\xi)}\,d\xi$，将上式代入方程(7.2.12a)得到

$$[\tilde{p}_1^{\circ}]^{i}\approx\frac{k_0^{1/6}}{f^{1/6}(z_t)\sqrt{z'}}\left[A_+e^{ik_0\beta(z_t)+i\frac{2}{3}z'^{3/2}}+A_-e^{-ik_0\beta(z_t)-i\frac{2}{3}z'^{3/2}}\right]\tag{7.2.12c}$$

(2) 第二步：在区域(2)内，有 $z_t<z<z_t+\delta$，用外部变量 z 表示内部解，即把 $z'=(z-z_t)\cdot f^{1/3}(z_t)k_0^{2/3}$ 代入方程(7.2.11a)得到

$$\begin{aligned}\tilde{p}_D=&C_D\frac{\sqrt{(z-z_t)f^{1/3}(z_t)k_0^{2/3}}}{3}\\&\times\left\{J_{-1/3}\left[\frac{2}{3}\sqrt{f(z_t)}\,k_0\,(z-z_t)^{3/2}\right]+J_{1/3}\left[\frac{2}{3}\sqrt{f(z_t)}\,k_0\,(z-z_t)^{3/2}\right]\right\}\end{aligned}\tag{7.2.13a}$$

取近似展开 $k_0\to\infty$（保持 $z-z_t$ 不变），得

$$\begin{aligned}\tilde{p}_D\approx&C_D\frac{1}{\sqrt{3\pi}}f^{-1/12}(z_t)k_0^{-1/6}(z-z_t)^{-1/4}\\&\times\left\{\cos\left[\frac{2}{3}\sqrt{f(z_t)}\,k_0\,(z-z_t)^{3/2}-\frac{\pi}{12}\right]+\cos\left[\frac{2}{3}\sqrt{f(z_t)}\,k_0\,(z-z_t)^{3/2}-\frac{5\pi}{12}\right]\right\}\end{aligned}\tag{7.2.13b}$$

回到用内部变量表示，并且用 $[\tilde{p}_D^{i}]^{\circ}$ 表示得到

$$[\tilde{p}_D^{i}]^{\circ}\approx C_D\frac{1}{\sqrt{3\pi}}z'^{-1/4}\left[\cos\left(\frac{2}{3}z'^{3/2}-\frac{\pi}{12}\right)+\cos\left(\frac{2}{3}z'^{3/2}-\frac{5\pi}{12}\right)\right]\tag{7.2.13c}$$

在区域(3)内，$z_t-\delta<z<z_t$，由方程(7.2.11b)得到用外部变量 z 表示的内部解：

$$\begin{aligned}\tilde{p}_U=&C_U\frac{\sqrt{(z_t-z)f^{1/3}(z_t)k_0^{2/3}}}{3}\\&\times\left\{I_{-1/3}\left[\frac{2}{3}\sqrt{f(z_t)}\,k_0\,(z_t-z)^{3/2}\right]-I_{1/3}\left[\frac{2}{3}\sqrt{f(z_t)}\,k_0\,(z_t-z)^{3/2}\right]\right\}\end{aligned}\tag{7.2.14a}$$

取近似展开 $k_0\to\infty$（同时保持 z_t-z 不变），得到

$$[\tilde{p}_U^{i}]^{\circ}\approx\frac{1}{2\sqrt{\pi}}C_U\,|z'|^{-1/4}\exp\left(-\frac{2}{3}|z'|^{3/2}\right)\tag{7.2.14b}$$

(3) 第三步：区域(4)的解，在转折点 z_t 邻域的上部，即 $z<z_t-\delta$ 区域，取解为方程(7.2.8b)．因当 $z\to-\infty$，方程(7.2.8b)的第一项发散，故取 $B_+\equiv 0$．然后用内部变量 z' 表示外部解，即把 $z=z_t-f^{-1/3}(z_t)k_0^{-2/3}|z'|$ 代入方程(7.2.8b)，并且作近似展开 $k_0\to\infty$ 得到

$$\begin{aligned}[\tilde{p}_4^{\circ}]^{i}\approx&\exp\left[k_0\sqrt{f(z_t)}\int_{z_t}^{z_t-f^{-1/3}(z_t)k_0^{-2/3}|z'|}\sqrt{(z_t-\xi)}\,d\xi\right]\\&\times\frac{B_-}{\sqrt[4]{f^{2/3}(z_t)k_0^{-2/3}|z'|}}\approx\frac{k_0^{1/6}}{f^{1/6}(z_t)}\frac{B_-}{\sqrt[4]{|z'|}}\exp\left(-\frac{2}{3}|z'|^{3/2}\right)\end{aligned}\tag{7.2.15}$$

上式取方程(7.2.8b)中参考点 $z_0=z_t$.

(4) 第四步:要求满足**渐近匹配**和**连接条件**,即相邻区域的解在交叠区,渐近展式相等:

$$[\tilde{p}_1^{\circ}]^{i}=[\tilde{p}_D^{i}]^{\circ},\quad [\tilde{p}_U^{i}]^{\circ}=[\tilde{p}_4^{\circ}]^{i}$$
$$\lim_{z'\to 0}[\tilde{p}_D^{i}]^{\circ}=\lim_{z'\to 0}[\tilde{p}_U^{i}]^{\circ} \tag{7.2.16}$$

由方程(7.2.12c)、方程(7.2.13c)、方程(7.2.14b)和方程(7.2.15)得到

$$\begin{aligned}&\frac{k_0^{1/6}}{f^{1/6}(z_t)}\left\{A_+\exp\left[ik_0\beta(z_t)+i\frac{2}{3}z'^{3/2}\right]+A_-\exp\left[-ik_0\beta(z_t)-i\frac{2}{3}z'^{3/2}\right]\right\}\\&=C_D\frac{1}{\sqrt{3\pi}}\left[\cos\left(\frac{2}{3}z'^{3/2}-\frac{\pi}{12}\right)+\cos\left(\frac{2}{3}z'^{3/2}-\frac{5\pi}{12}\right)\right]\end{aligned} \tag{7.2.17a}$$

$$\frac{1}{2\sqrt{\pi}}C_U=\frac{k_0^{1/6}}{f^{1/6}(z_t)}B_-,\quad \frac{1}{2}C_U=C_D\frac{1}{\sqrt{3}}\left[\cos\left(\frac{\pi}{12}\right)+\cos\left(\frac{5\pi}{12}\right)\right] \tag{7.2.17b}$$

方程(7.2.17a)对任意的 z' 都成立,因此有

$$\frac{k_0^{1/6}A_+}{f^{1/6}(z_t)}\exp[ik_0\beta(z_t)]=\frac{C_D}{2\sqrt{3\pi}}\left[\exp\left(-i\frac{\pi}{12}\right)+\exp\left(-i\frac{5\pi}{12}\right)\right] \tag{7.2.18a}$$

$$\frac{k_0^{1/6}A_-}{f^{1/6}(z_t)}\exp[-ik_0\beta(z_t)]=\frac{C_D}{2\sqrt{3\pi}}\left[\exp\left(i\frac{\pi}{12}\right)+\exp\left(i\frac{5\pi}{12}\right)\right] \tag{7.2.18b}$$

从以上两式和方程(7.2.17b),不难求出诸系数与入射波振幅 A_- 的关系[当时间项取 $\exp(-i\omega t)$ 时,方程(7.2.8a)中第二项是向 $-z$ 方向传播的入射波]. 注意到,在区域(3)和(4),透过转折点 z_t 的声波指数衰减,因此当声波从转折点 z_t 的下方向上入射时,基本被转折点 z_t 反射回来了,因此我们关注的是反射波振幅 A_+ 的大小. 由方程(7.2.18a)和方程(7.2.18b)有

$$\begin{aligned}A_+&=\exp[-2ik_0\beta(z_t)]\frac{\exp(-i\pi/12)+\exp(-i5\pi/12)}{\exp(i\pi/12)+\exp(i5\pi/12)}\\&=-i\exp[-2ik_0\beta(z_t)]A_-\end{aligned} \tag{7.2.19}$$

由上式可知,反射波和入射波振幅的幅值相同,即 $|A_-|=|A_+|$,代入方程(7.2.8a)得到

$$\tilde{p}(k_x,k_y,z)\approx\frac{A_-e^{-ik_0\beta(z_t)}}{\sqrt[4]{q(z)}}\left\{\exp\left[-ik_0\int_{z_t}^{z}\sqrt{q(\xi)}\,d\xi\right]-i\exp\left[ik_0\int_{z_t}^{z}\sqrt{q(\xi)}\,d\xi\right]\right\} \tag{7.2.20a}$$

得到上式,利用了积分关系 $\int_{z_s}^{z}\sqrt{q(\xi)}\,d\xi-\beta(z_t)=\int_{z_t}^{z}\sqrt{q(\xi)}\,d\xi$. 相位因子 $\exp[-ik_0\beta(z_t)]$ 可归入 A_-,于是在 $z>z_t+\delta$ 区域声场可表示为

$$\tilde{p}(k_x,k_y,z)\approx\frac{A_-}{\sqrt[4]{q(z)}}\left\{\exp\left[-\mathrm{i}k_0\int_{z_t}^{z}\sqrt{q(\xi)}\,\mathrm{d}\xi\right]-\mathrm{i}\exp\left[\mathrm{i}k_0\int_{z_t}^{z}\sqrt{q(\xi)}\,\mathrm{d}\xi\right]\right\}$$

(7.2.20b)

值得指出的是,上式与源的位置 z_s 无关,仅与 z_t 有关,可作为 $z\geqslant z_t-\delta$ 区域的通解,当不讨论转折点 z_t 邻域的声场时,也可以用上式近似 $z\geqslant z_t$ 区域的声场,实际问题中一般也这样做,见 7.2.4 小节讨论.

当转折点 z_t 位于下部,如图 7.2.3 所示,即 $z<z_t$,通过类似过程可以得到 $z\leqslant z_t$ 区域的通解为

$$\tilde{p}(k_x,k_y,z)\approx\frac{A_+}{\sqrt[4]{q(z)}}\left\{\exp\left[-\mathrm{i}k_0\int_{z}^{z_t}\sqrt{q(\xi)}\,\mathrm{d}\xi\right]-\mathrm{i}\exp\left[\mathrm{i}k_0\int_{z}^{z_t}\sqrt{q(\xi)}\,\mathrm{d}\xi\right]\right\}$$

(7.2.21)

注意:此时,入射波方向为+z 方向,故方程(7.2.8a)中第一项为入射波.

设 $c(z)$ 随 z 的变化存在一个极小值,显然函数 $k_0^2q(z)=\omega^2/c^2(z)-(k_x^2+k_y^2)$ 存在一个极大值,如图 7.2.4 所示. 在点 $z=z_U$ 和 $z=z_D$,$q(z_U)=q(z_D)=0$,因此 $z=z_U$ 和 z_D 是两个转折点. 根据上面的讨论可知,在区域 $z_U<z<z_D$ 中,$q(z)>0$,波动方程的解由方程(7.2.8a)或者方程(7.2.8c)表示;而在区域 $z<z_U$ 或者 $z>z_D$ 中,声压由方程(7.2.8b)表示,随 z 远离转折点而指数衰减. 声传播图图像为:当声波从 z_s 点出发向下传播,遇到转折点(实际为面)$z=z_D$,它被反射回来向上传播;当反射波遇到转折点(实际为面)$z=z_U$ 时,又被反射回来向下传播. 因此,相当于在 $z=z_U$ 和 $z=z_D$ 处存在强反射面,在区域 $z_U<z<z_D$ 内形成声波导. 一个典型的例子是海洋中的声速随深度的分布,如图 7.3.5(a)所示(见 7.3.3 小节),在 1 km 深度存在一个低声速区,如果声源在这个低声速区,在区域 $z_U<z<z_D$ 内形成声波导,声波只能在 $z_U<z<z_D$ 内传播,称为**深海声道**.

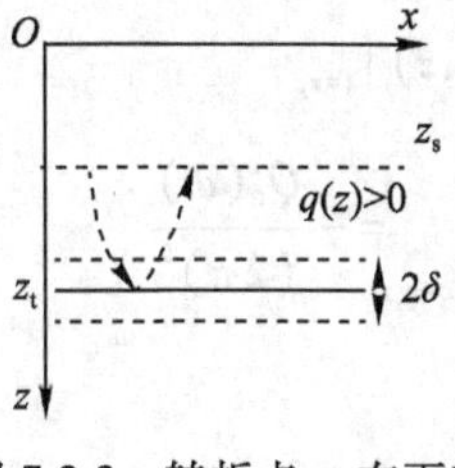

图 7.2.3 转折点 z_t 在下部

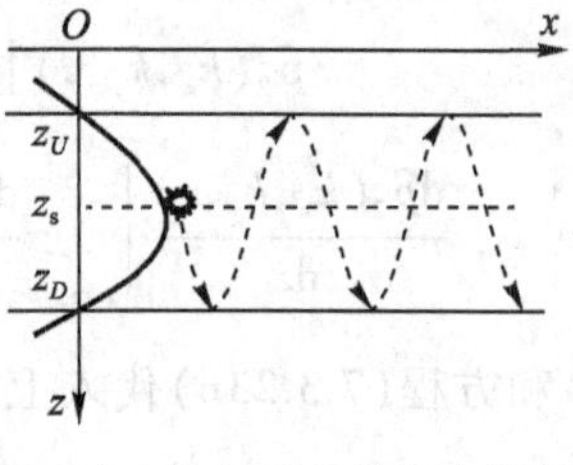

图 7.2.4 存在两个转折点的情况

7.2.4 转折点波导中声波的激发

设强度为 $Q_0(\omega)$ 的点声源位于两个转折点 $z=z_U$ 和 $z=z_D$ 之间的 z 轴上,在直角坐标

系中,有

$$\left[\frac{\partial^2}{\partial x^2}+\frac{\partial^2}{\partial y^2}+\frac{\partial^2}{\partial z^2}+k_0^2n^2(z)\right]p(x,y,z)=-Q_0(\omega)\delta(x)\delta(y)\delta(z-z_s) \quad (7.2.22a)$$

对声压 $p(x,y,z)$ 的 x 和 y 变量作 Fourier 变换,有

$$p(x,y,z)=\iint\tilde{p}(k_x,k_y,z)\exp[\mathrm{i}(k_xx+k_yy)]\mathrm{d}k_x\mathrm{d}k_y \quad (7.2.22b)$$

代入方程(7.2.22a)得到

$$\frac{\mathrm{d}^2\tilde{p}}{\mathrm{d}z^2}+[k_0^2n^2(z)-(k_x^2+k_y^2)]\tilde{p}=-\frac{Q_0(\omega)}{(2\pi)^2}\delta(z-z_s) \quad (7.2.22c)$$

下面分两个区域讨论(参考图 7.2.4).

(1) 在 $z_U<z<z_s$ 内, 在 WKB 近似下, 取解为 $\tilde{p}_1(k_x,k_y,z)\approx A_1\psi_1(k_x,k_y,z)$,其中 $\psi_1(k_x,k_y,z)$ 由方程(7.2.20b)得到, 即

$$\psi_1(k_x,k_y,z)\equiv\frac{1}{\sqrt[4]{q(z)}}\{\exp[-\mathrm{i}k_0g_U(z)]-\mathrm{i}\exp[\mathrm{i}k_0g_U(z)]\} \quad (7.2.23a)$$

式中, $g_U(z)\equiv\int_{z_U}^{z}\sqrt{q(\xi)}\mathrm{d}\xi$, $q(z)\equiv n^2(z)-(k_x^2+k_y^2)/k_0^2=n^2(z)-k_\rho^2/k_0^2$, $k_\rho^2\equiv k_x^2+k_y^2$. 必须注意的是:转折点 z_U 和 z_D 满足的方程 $q(z)=0$, 即 $k_0^2n^2(z_{U,D})=k_\rho^2$ 与 k_ρ 有关, 不同的 k_ρ, 具有不同的转折点.

(2) 在 $z_s<z<z_D$ 内, 在 WKB 近似下, 取解为 $\tilde{p}_2(k_x,k_y,z)\approx A_2\psi_2(k_x,k_y,z)$,其中 $\psi_2(k_x,k_y,z)$ 由方程(7.2.21)得到, 即

$$\psi_2(k_x,k_y,z)\equiv\frac{1}{\sqrt[4]{q(z)}}\{\exp[-\mathrm{i}k_0g_D(z)]-\mathrm{i}\exp[\mathrm{i}k_0g_D(z)]\} \quad (7.2.23b)$$

其中, $g_D(z)\equiv\int_{z}^{z_D}\sqrt{q(\xi)}\mathrm{d}\xi$. 注意:上式和方程(7.2.23a)已经考虑了转折点 z_U 和 z_D 的反射影响. 系数 $A_{1,2}$ 由点 z_s 处的连接条件决定,有

$$\begin{aligned}&\tilde{p}_2(k_x,k_y,z)\big|_{z=z_s}=\tilde{p}_1(k_x,k_y,z)\big|_{z=z_s}\\&\left.\frac{\mathrm{d}\tilde{p}_2(k_x,k_y,z)}{\mathrm{d}z}\right|_{z=z_s}-\left.\frac{\mathrm{d}\tilde{p}_1(k_x,k_y,z)}{\mathrm{d}z}\right|_{z=z_s}=-\frac{Q_0(\omega)}{(2\pi)^2}\end{aligned} \quad (7.2.24a)$$

把方程(7.3.23a)和方程(7.3.23b)代入上式得到

$$\begin{aligned}&A_2\psi_2(k_x,k_y,z_s)-A_1\psi_1(k_x,k_y,z_s)=0\\&A_2\psi_2'(k_x,k_y,z_s)-A_1\psi_1'(k_x,k_y,z_s)=-\frac{Q_0(\omega)}{(2\pi)^2}\end{aligned} \quad (7.2.24b)$$

容易求得

$$A_1=-\frac{Q_0(\omega)}{(2\pi)^2}\frac{\psi_2(k_x,k_y,z_s)}{W(\psi_1,\psi_2)},\quad A_2=-\frac{Q_0(\omega)}{(2\pi)^2}\frac{\psi_1(k_x,k_y,z_s)}{W(\psi_1,\psi_2)} \quad (7.2.25a)$$

其中，$W(\psi_1,\psi_2)$是ψ_1和ψ_2的 Wronskian 行列式，有

$$W(\psi_1,\psi_2)\equiv\psi_1(k_x,k_y,z_s)\psi_2'(k_x,k_y,z_s)-\psi_2(k_x,k_y,z_s)\psi_1'(k_x,k_y,z_s) \tag{7.2.25b}$$

因此，我们得到

$$\begin{aligned}\tilde{p}_1(k_x,k_y,z)&\approx-\frac{Q_0(\omega)}{(2\pi)^2}\frac{\psi_2(k_x,k_y,z_s)\psi_1(k_x,k_y,z)}{W(\psi_1,\psi_2)}\\ \tilde{p}_2(k_x,k_y,z)&\approx-\frac{Q_0(\omega)}{(2\pi)^2}\frac{\psi_1(k_x,k_y,z_s)\psi_2(k_x,k_y,z)}{W(\psi_1,\psi_2)}\end{aligned} \tag{7.2.25c}$$

为了方便，仅讨论$z_U<z<z_s$的声场，于是声场分布为

$$p(x,y,z)=-\frac{Q_0(\omega)}{(2\pi)^2}\iint\frac{\psi_2(k_x,k_y,z_s)\psi_1(k_x,k_y,z)}{W(\psi_1,\psi_2)}\mathrm{e}^{\mathrm{i}(k_xx+k_yy)}\mathrm{d}k_x\mathrm{d}k_y \tag{7.2.26a}$$

由于声场在Oxy平面内是各向同性的，上式中的函数只与波数有关，即

$$\frac{\psi_2(k_x,k_y,z_s)\psi_1(k_x,k_y,z)}{W(\psi_1,\psi_2)}=\frac{\psi_2(k_\rho,z_s)\psi_1(k_\rho,z)}{W(k_\rho,z_s)} \tag{7.2.26b}$$

在极坐标下，方程(7.2.26a)简化成

$$\begin{aligned}p(\rho,z)&=-\frac{Q_0(\omega)}{(2\pi)^2}\int_0^\infty\frac{\psi_2(k_\rho,z_s)\psi_1(k_\rho,z)}{W(k_\rho,z_s)}k_\rho\mathrm{d}k_\rho\cdot\int_0^{2\pi}\mathrm{e}^{\mathrm{i}k_\rho\rho\cos(\varphi-\phi)}\mathrm{d}\phi\\ &=-\frac{Q_0(\omega)}{2\pi}\int_0^\infty\frac{\psi_2(k_\rho,z_s)\psi_1(k_\rho,z)}{W(k_\rho,z_s)}\mathrm{J}_0(k_\rho\rho)k_\rho\mathrm{d}k_\rho\end{aligned} \tag{7.2.26c}$$

或者用 Hankel 函数表示，有

$$p(\rho,z)=\frac{Q_0(\omega)}{4\pi}\int_{-\infty}^{\infty}\frac{\psi_2(k_\rho,z_s)\psi_1(k_\rho,z)}{W(k_\rho,z_s)}\mathrm{H}_0^{(1)}(k_\rho\rho)k_\rho\mathrm{d}k_\rho \tag{7.2.26d}$$

由方程(7.3.23a)和方程(7.3.23b)，注意到有关系(仅对快变化微分)：

$$\begin{aligned}\psi_1'(k_x,k_y,z_s)&\approx k_0\sqrt[4]{q(z_s)}\{\exp[\mathrm{i}k_0g_U(z_s)]-\mathrm{i}\exp[-\mathrm{i}k_0g_U(z_s)]\}\\ \psi_2'(k_x,k_y,z)&\approx k_0\sqrt[4]{q(z_s)}\{\mathrm{i}\exp[-\mathrm{i}k_0g_D(z_s)]-\exp[\mathrm{i}k_0g_D(z_s)]\}\end{aligned} \tag{7.2.27a}$$

和$g_D(z)+g_U(z)=\int_{z_U}^{z_D}\sqrt{q(\xi)}\,\mathrm{d}\xi=g_U(z_D)$，不难得到$W(k_\rho,z_s)\approx4\mathrm{i}k_0\cos[k_0g_U(z_D)]$，以及

$$\psi_2(k_\rho,z_s)\psi_1(k_\rho,z)=\frac{1}{\sqrt[4]{q(z_s)q(z)}}\sum_{l=1}^{4}W_l\exp(\mathrm{i}k_0\sigma_l) \tag{7.2.27b}$$

其中，为了方便定义

$$\begin{gathered}W_{1,3}\equiv\pm1,\quad W_{2,4}\equiv-\mathrm{i}\\ \sigma_1\equiv-g_D(z_s)-g_U(z),\quad\sigma_2\equiv g_U(z)-g_D(z_s)\\ \sigma_3=-\sigma_1,\quad\sigma_4=\sigma_2\end{gathered} \tag{7.2.27c}$$

进一步利用 Hankel 函数的渐近展开，最后得到远场声压为

$$p(\rho,z) \approx \frac{Q_0(\omega)\mathrm{e}^{-\mathrm{i}\pi/4}}{16\pi \mathrm{i}k_0}\sqrt{\frac{2}{\pi\rho}}\sum_{l=1}^{4}\int_{-\infty}^{\infty}\frac{W_l\exp[\mathrm{i}(k_\rho\rho+k_0\sigma_l)]}{\sqrt[4]{q(z_s)q(z)}\cos[k_0 g_U(z_D)]}\sqrt{k_\rho}\,\mathrm{d}k_\rho \tag{7.2.27d}$$

在高频近似下,上式积分可由稳相法求得. 作变换 $k_\rho=k_0\eta$,并且利用关系:

$$\begin{aligned}\frac{1}{2\cos[k_0g_U(z_D)]}&=\frac{\exp[\mathrm{i}k_0g_U(z_D)]}{1+\exp[2\mathrm{i}k_0g_U(z_D)]}\\&=\sum_{m=0}^{\infty}(-1)^m\exp[\mathrm{i}k_0(2m+1)g_U(z_D)]\end{aligned} \tag{7.2.28a}$$

将方程(7.3.27d)改写成

$$\begin{aligned}p(\rho,z) \approx \frac{Q_0(\omega)\mathrm{e}^{-\mathrm{i}\pi/4}}{8\pi \mathrm{i}}\sqrt{\frac{2k_0}{\pi\rho}}\sum_{m=0}^{\infty}(-1)^m\sum_{l=1}^{4}\int_{-\infty}^{\infty}\frac{\sqrt{\eta}W_l}{\sqrt[4]{q(z_s)q(z)}}\\ \times\exp\{\mathrm{i}k_0[\eta\rho+\sigma_l+(2m+1)g_U(z_D)]\}\mathrm{d}\eta\end{aligned} \tag{7.2.28b}$$

注意:① 用新的变量表示后 $q(z)=n^2(z)-\eta^2$;② z_D 和 z_U 也是 η 的函数:$n^2(z_{D,U})=\eta^2$. 当 $k_0\to\infty$ 时,上式积分中被积函数高速振荡,只有在驻相点附近才有贡献,令

$$F_{lm}(\eta)\equiv\frac{\sqrt{\eta}W_l}{\sqrt[4]{q(z_s)q(z)}},\quad R_{lm}(\eta)\equiv(\eta\rho+\sigma_l)+(2m+1)g_U(z_D) \tag{7.2.28c}$$

驻相点满足方程:

$$\frac{\partial R_{lm}(\eta)}{\partial\eta}=\rho+\frac{\partial\sigma_l}{\partial\eta}+(2m+1)\frac{\partial g_U(z_D)}{\partial\eta}=0 \tag{7.2.29a}$$

为了简单, 设上式只有一个解, 即只有一个驻相点 η_0, 由稳相法得到(见参考书 11)

$$p(\rho,z)\approx\frac{\mathrm{i}Q_0(\omega)}{2\pi\sqrt{\rho}}\sum_{m=0}^{\infty}(-1)^m\sum_{l=1}^{4}F_{lm}(\eta_0)\frac{\exp[\mathrm{i}k_0R_{lm}(\eta_0)]}{\sqrt{|R''_{lm}(\eta_0)|}} \tag{7.2.29b}$$

顺便指出, 令 Wronskian 行列式 $W(k_\rho,z_s)\approx 4\mathrm{i}k_0\cos[k_0g_U(z_D)]=0$,可以得到两个转折点 $z=z_U$ 和 $z=z_D$ 波导的简正波数满足的方程

$$k_0\int_{z_U}^{z_D}\sqrt{q(\xi)}\,\mathrm{d}\xi=\left(n+\frac{1}{2}\right)\pi\quad(n=0,1,2,\cdots) \tag{7.2.30}$$

但必须注意, 转折点 z_U 和 z_D 仍然是 k_ρ 的函数,即满足方程 $k_0^2n^2(z_{U,D})=k_\rho^2$.

7.3 几何声学近似

当介质的密度或声速与横向坐标(x,y)有关,即$\rho(\boldsymbol{r})=\rho(x,y,z)$和 $c(\boldsymbol{r})=c(x,y,z)$,

针对一维情况的 WKB 近似已不适用. 但其基本思路仍然是正确的,即当声波频率足够高,或者声波波长远小于不均匀区的特征长度时,空间声场的变化主要归结于相位的变化,而振幅随空间是缓变的,故可以作大波数展开后取相应的近似,称为**几何声学近似**. 对于一般的非稳态介质,即使存在非均匀、非稳态的流,几何声学近似也照样成立.

7.3.1 几何声学和 Fermat 原理

首先考虑静止的非均匀介质,其波动方程为

$$\nabla^2 p(\boldsymbol{r},\omega)-\nabla \ln \rho(\boldsymbol{r})\cdot\nabla p(\boldsymbol{r},\omega)+k^2 p(\boldsymbol{r},\omega)=0 \tag{7.3.1a}$$

其中, $k=\omega/c_e(\boldsymbol{r})$. 设解的形式为

$$p(\boldsymbol{r},\omega)=A(\boldsymbol{r},\omega)\exp[\mathrm{i}k_0 S(\boldsymbol{r},\omega)] \tag{7.3.1b}$$

其中,$k_0=\omega/c_0$(c_0 为某一参考点的声速),$A(\boldsymbol{r},\omega)$是空间 $\boldsymbol{r}$ 的缓变函数. 上式代入方程(7.3.1a),有

$$\begin{aligned}&\nabla^2 A+2\mathrm{i}k_0\nabla S\cdot\nabla A+\mathrm{i}k_0 A\nabla^2 S+(\mathrm{i}k_0)^2 A(\nabla S)^2\\&-\nabla A\cdot\nabla\ln\rho(\boldsymbol{r})-\mathrm{i}k_0 A\nabla S\cdot\nabla\ln\rho(\boldsymbol{r})+k^2 A=0\end{aligned} \tag{7.3.2a}$$

注意:上式仍然是严格的. 下面作高频近似:$k_0\to\infty$,或者 $1/k_0\to 0$,再作展开,有

$$A(\boldsymbol{r},\omega)=A_0(\boldsymbol{r},\omega)+\frac{1}{\mathrm{i}k_0}A_1(\boldsymbol{r},\omega)+\left(\frac{1}{\mathrm{i}k_0}\right)^2 A_2(\boldsymbol{r},\omega)+\cdots \tag{7.3.2b}$$

将上式代入方程(7.3.2a),并令 k_0 的同次幂系数为零,得到

$$(\nabla S)^2=n^2(\boldsymbol{r}) \tag{7.3.3a}$$

$$2\nabla S\cdot\nabla A_0(\boldsymbol{r},\omega)-A_0(\boldsymbol{r},\omega)\nabla S\cdot\nabla\ln\rho(\boldsymbol{r})+A_0(\boldsymbol{r},\omega)\nabla^2 S=0 \tag{7.3.3b}$$

$$\begin{aligned}&2\nabla S\cdot\nabla A_1(\boldsymbol{r},\omega)-A_1(\boldsymbol{r},\omega)\nabla S\cdot\nabla\ln\rho(\boldsymbol{r})+A_1(\boldsymbol{r},\omega)\nabla^2 S\\&=-\nabla^2 A_0(\boldsymbol{r},\omega)+\nabla A_0(\boldsymbol{r},\omega)\cdot\nabla\ln\rho(\boldsymbol{r})\end{aligned} \tag{7.3.3c}$$

$$\cdots\cdots\cdots\cdots$$

其中,$n(\boldsymbol{r})\equiv c_0/c_e(\boldsymbol{r})$. 注意:以上三式分别由$(1/k_0)^0$、$(1/k_0)^1$ 和$(1/k_0)^2$ 的系数为零得到. 因此,声压 $p(\boldsymbol{r},\omega)$的相位 $S(\boldsymbol{r},\omega)$变化是主要的,而振幅 $A(\boldsymbol{r},\omega)$的变化是次要的. 方程(7.3.3a)称为**程函方程**(eikonal equation),而方程(7.3.3b)和方程(7.3.3c)分别称为 0 级和 1 级**输运方程**(transport equation). 值得注意的是:程函方程与密度的非均匀性 $\nabla\ln\rho(\boldsymbol{r})$无关,$\nabla\ln\rho(\boldsymbol{r})$仅出现在输运方程中. 因此,在几何声学近似下,密度的非均匀性仅影响振幅.

令 $\boldsymbol{r}$ 点的局部波矢量为 $\boldsymbol{k}=\boldsymbol{k}(\boldsymbol{r})\equiv k_0\nabla S(\boldsymbol{r},\omega)$,代入程函方程(7.3.3a)得到局部色散关系 $\omega=c_e(\boldsymbol{r})k$(其中 $k=|\boldsymbol{k}|$是局部波数),因此局部群速度矢量为$\boldsymbol{c}_g=\partial_k\omega=c_e(\boldsymbol{r})\boldsymbol{k}/k=c_e(\boldsymbol{r})\boldsymbol{s}$,其中 $\boldsymbol{s}\equiv\boldsymbol{k}/k$ 为局部波矢量 $\boldsymbol{k}$ 方向的单位矢量. 当空间坐标变化时,局部群速度矢

量$\boldsymbol{c}_g$是某一条空间曲线上各点的切线，这条空间曲线就是**声线**. 显然，有$\boldsymbol{s}=\nabla S(\boldsymbol{r},\omega)/|\nabla S(\boldsymbol{r},\omega)|$，故$\boldsymbol{s}$也是等相位面法向的单位矢量，因此声线方向与等相位面法向的单位矢量一致. 设声线可以用参数方程$\boldsymbol{r}=\boldsymbol{r}(s)$来表示，其中$s$为从某点起曲线的长度，则$\boldsymbol{s}=\mathrm{d}\boldsymbol{r}(s)/\mathrm{d}s$，由方程(7.3.3a)得到

$$\nabla S=n(\boldsymbol{r})\boldsymbol{s}=n(\boldsymbol{r})\frac{\mathrm{d}\boldsymbol{r}}{\mathrm{d}s} \tag{7.3.4a}$$

上式在声线上求导得到

$$\frac{\mathrm{d}}{\mathrm{d}s}[\nabla S(\boldsymbol{r},\omega)]=\frac{\mathrm{d}}{\mathrm{d}s}\left[n(\boldsymbol{r})\frac{\mathrm{d}\boldsymbol{r}}{\mathrm{d}s}\right] \tag{7.3.4b}$$

注意到微分关系$\mathrm{d}[\nabla S(\boldsymbol{r},\omega)]=(\mathrm{d}\boldsymbol{r}\cdot\nabla)[\nabla S(\boldsymbol{r},\omega)]$，上式变成

$$\left(\frac{\mathrm{d}\boldsymbol{r}}{\mathrm{d}s}\cdot\nabla\right)[\nabla S(\boldsymbol{r},\omega)]=\frac{\mathrm{d}}{\mathrm{d}s}\left[n(\boldsymbol{r})\frac{\mathrm{d}\boldsymbol{r}}{\mathrm{d}s}\right] \tag{7.3.5a}$$

再利用方程(7.3.4a)得到

$$\left[\frac{1}{n(\boldsymbol{r})}\nabla S(\boldsymbol{r},\omega)\cdot\nabla\right][\nabla S(\boldsymbol{r},\omega)]=\frac{\mathrm{d}}{\mathrm{d}s}\left[n(\boldsymbol{r})\frac{\mathrm{d}\boldsymbol{r}}{\mathrm{d}s}\right] \tag{7.3.5b}$$

上式左边有

$$\text{左边}=\frac{1}{2n(\boldsymbol{r})}\nabla[\nabla S(\boldsymbol{r},\omega)\cdot\nabla S(\boldsymbol{r},\omega)]=\frac{1}{2n(\boldsymbol{r})}\nabla[n^2(\boldsymbol{r})]=\nabla n(\boldsymbol{r}) \tag{7.3.5c}$$

因此得到

$$\frac{\mathrm{d}}{\mathrm{d}s}\left[n(\boldsymbol{r})\frac{\mathrm{d}\boldsymbol{r}}{\mathrm{d}s}\right]=\nabla n(\boldsymbol{r}) \tag{7.3.6a}$$

上式就是我们需要的**射线方程**. 一旦给出声折射率的分布，就可以求出声线的方程. 例如对均匀介质有$n(\boldsymbol{r})=1$，$\boldsymbol{r}=C_1s+C_2$，故在均匀介质中声线为直线. 方程(7.3.3a)是一阶偏微分方程，而射线方程是常微分方程，更容易求解. 注意：射线方程与频率无关，只要声波波长比介质非均匀的特征长度小得多(即缓变介质)，它们的声线方程都是一样的，除非声速与频率有关(即色散介质). 利用微分关系$\mathrm{d}/\mathrm{d}s=\boldsymbol{s}\cdot\nabla$，方程(7.3.6a)可展开成

$$\frac{\mathrm{d}\boldsymbol{s}}{\mathrm{d}s}=-\frac{1}{c_e(\boldsymbol{r})}\nabla c_e(\boldsymbol{r})+\left[\boldsymbol{s}\cdot\frac{\nabla c_e(\boldsymbol{r})}{c_e(\boldsymbol{r})}\right]\boldsymbol{s} \tag{7.3.6b}$$

Fermat 原理　射线方程(7.3.6a)也可以从 Fermat 原理直接导出. 设声线从空间的A点传播到B点，声线传播时间为泛函$T_{AB}=\int_A^B n(\boldsymbol{r})\mathrm{d}s$. Fermat 原理告诉我们：在所有的可能路径中，真实的路径使T_{AB}取极小：$\delta T_{AB}=0$. 设路径曲线以参量t(不一定是时间变量)为变量，即$x=x(t)$，$y=y(t)$，$z=z(t)$，以参量t为积分变量，则$\mathrm{d}s=\sqrt{(\mathrm{d}x)^2+(\mathrm{d}y)^2+(\mathrm{d}z)^2}=\sqrt{x'^2+y'^2+z'^2}\,\mathrm{d}t$，Fermat 原理可以写成 Lagrange 形式：

$$\int_A^B L(x,y,z,x',y',z')\mathrm{d}t=\min \tag{7.3.7a}$$

其中,Lagrange 函数为相对声程 $L(x,y,z,x',y',z')\equiv n(x,y,z)\sqrt{x'^2+y'^2+z'^2}$. 泛函取极值的必要条件是声线满足 Euler 方程:

$$\frac{\mathrm{d}}{\mathrm{d}t}\frac{\partial L}{\partial x'}-\frac{\partial L}{\partial x}=0,\quad \frac{\mathrm{d}}{\mathrm{d}t}\frac{\partial L}{\partial y'}-\frac{\partial L}{\partial y}=0,\quad \frac{\mathrm{d}}{\mathrm{d}t}\frac{\partial L}{\partial z'}-\frac{\partial L}{\partial z}=0 \tag{7.3.7b}$$

把 $L(x,y,z,x',y',z')$ 代入上式得到

$$\begin{aligned}&\frac{\mathrm{d}}{\mathrm{d}t}\frac{nx'}{\sqrt{x'^2+y'^2+z'^2}}-\sqrt{x'^2+y'^2+z'^2}\,\frac{\partial n}{\partial x}=0\\&\frac{\mathrm{d}}{\mathrm{d}t}\frac{ny'}{\sqrt{x'^2+y'^2+z'^2}}-\sqrt{x'^2+y'^2+z'^2}\,\frac{\partial n}{\partial y}=0\\&\frac{\mathrm{d}}{\mathrm{d}t}\frac{nz'}{\sqrt{x'^2+y'^2+z'^2}}-\sqrt{x'^2+y'^2+z'^2}\,\frac{\partial n}{\partial z}=0\end{aligned} \tag{7.3.7c}$$

再利用 $\mathrm{d}s=\sqrt{x'^2+y'^2+z'^2}\,\mathrm{d}t$ 得到

$$\frac{\mathrm{d}}{\mathrm{d}s}\left(n\frac{\mathrm{d}x}{\mathrm{d}s}\right)=\frac{\partial n}{\partial x},\quad \frac{\mathrm{d}}{\mathrm{d}s}\left(n\frac{\mathrm{d}y}{\mathrm{d}s}\right)=\frac{\partial n}{\partial y},\quad \frac{\mathrm{d}}{\mathrm{d}s}\left(n\frac{\mathrm{d}z}{\mathrm{d}s}\right)=\frac{\partial n}{\partial z} \tag{7.3.8}$$

把声线矢量表示为分量形式:$\boldsymbol{r}=x(t)\boldsymbol{e}_x+y(t)\boldsymbol{e}_y+z(t)\boldsymbol{e}_z$,则上式恰好是矢量方程(7.3.6a)的三个分量方程. 注意:① 泛函 T_{AB} 也可以写成相位变化的形式 $\Phi_{AB}\equiv k_0\int_A^B n[\boldsymbol{r}(s)]\,\mathrm{d}s$,因此 Fermat 原理也可以表述为:声线从 A 点传播到 B 点的真实路径使相位变化取极小,即 $\delta\Phi_{AB}=0$; ② 真实路径使声程或相位变化取极小值,而不是最小值,这样的路径可能存在多条,例如,在图 1.3.6 中,声线的真实路径有三条:沿直线 SP 的直达波、沿 SQ-QP 的反射波和沿 SA-AB-BP 的侧面波.

声强矢量 由方程(7.3.1b)可知,速度场为

$$\boldsymbol{v}(\boldsymbol{r},\omega)\approx\frac{1}{\rho c_0}A(\boldsymbol{r},\omega)\exp[\mathrm{i}k_0S(\boldsymbol{r},\omega)]\nabla S(\boldsymbol{r},\omega) \tag{7.3.9a}$$

式中忽略了空间缓变项 $\nabla A(\boldsymbol{r},\omega)$. 故声强矢量为

$$\boldsymbol{I}=\frac{1}{2}\mathrm{Re}(p^*\boldsymbol{v})\approx\frac{1}{2}\frac{1}{\rho c_0}|A(\boldsymbol{r},\omega)|^2\nabla S(\boldsymbol{r},\omega) \tag{7.3.9b}$$

由单位矢量 $\boldsymbol{s}\equiv\nabla S(\boldsymbol{r},\omega)/|\nabla S(\boldsymbol{r},\omega)|$,上式可以写成

$$\boldsymbol{I}=\frac{1}{2}\mathrm{Re}(p^*\boldsymbol{v})\approx\frac{1}{2}\frac{1}{\rho c_e}|A(\boldsymbol{r},\omega)|^2\boldsymbol{s} \tag{7.3.9c}$$

故声线方向就是能量传播的方向.

7.3.2 圆弧焦散线附近的声场

令 $\tilde{A}_0(\boldsymbol{r},\omega)=A_0(\boldsymbol{r},\omega)/\sqrt{\rho(\boldsymbol{r})}$,代入输运方程(7.4.3b)得到

$$2\nabla S\cdot\nabla\tilde{A}_0(\boldsymbol{r},\omega)+\tilde{A}_0(\boldsymbol{r},\omega)\nabla^2 S=0 \tag{7.3.10a}$$

上式两边乘以 $\tilde{A}_0(\boldsymbol{r},\omega)$ 得到 $\nabla\cdot[\tilde{A}_0^2(\boldsymbol{r},\omega)\nabla S]=0$，声场中在 $\boldsymbol{r}_0$ 到 $\boldsymbol{r}$ 的"射线管"段作体积分，并利用 Gauss 定理，得

$$\int_V \nabla\cdot[\tilde{A}_0^2(\boldsymbol{r},\omega)\nabla S]\mathrm{d}^3\boldsymbol{r}=\int_\Gamma \tilde{A}_0^2(\boldsymbol{r},\omega)\nabla S\cdot\boldsymbol{N}\mathrm{d}\Gamma=0 \tag{7.3.10b}$$

其中，V 和 Γ 分别是"射线管"段的体积和面积．上式为了区别 $n(\boldsymbol{r})$，用 $\boldsymbol{N}$ 表示法向．所谓射线管，就是以 $\boldsymbol{r}_0$ 为中心，取垂直于射线路径的小面积 $B(\boldsymbol{r}_0)$，所有穿过 $B(\boldsymbol{r}_0)$ 的射线组成"射线管"，当这些射线到达 $\boldsymbol{r}$ 点时，截面为 $B(\boldsymbol{r})$．因此，"射线管"段的两个底面垂直于声线，而侧面平行于声线，如图 7.3.1 所示．在射线管的侧面，$\nabla S\cdot\boldsymbol{N}=n(\boldsymbol{r})\boldsymbol{s}\cdot\boldsymbol{N}\equiv 0$，故面积分恒为零；而在底面，$\nabla S\cdot\boldsymbol{N}=n(\boldsymbol{r})\boldsymbol{s}\cdot\boldsymbol{N}=n(\boldsymbol{r})$．当射线管的底面 $B(\boldsymbol{r}_0)$ 和 $B(\boldsymbol{r})$ 很小时，有

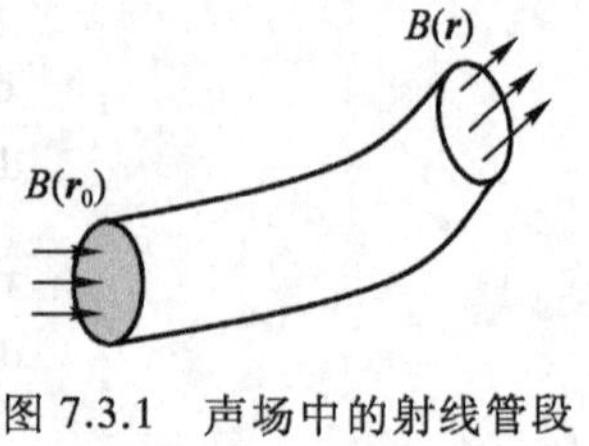

图 7.3.1　声场中的射线管段

$$B(\boldsymbol{r}_0)\tilde{A}_0^2(\boldsymbol{r}_0,\omega)n(\boldsymbol{r}_0)=B(\boldsymbol{r})\tilde{A}_0^2(\boldsymbol{r},\omega)n(\boldsymbol{r}) \tag{7.3.10c}$$

因此，我们得到

$$B(\boldsymbol{r})\frac{A_0^2(\boldsymbol{r},\omega)}{c(\boldsymbol{r})\rho(\boldsymbol{r})}=B(\boldsymbol{r}_0)\frac{A_0^2(\boldsymbol{r}_0,\omega)}{c(\boldsymbol{r}_0)\rho(\boldsymbol{r}_0)} \tag{7.3.10d}$$

注意到 $A_0^2(\boldsymbol{r},\omega)$ 是声压振幅的平方，而 $A_0^2(\boldsymbol{r},\omega)/\rho(\boldsymbol{r})c(\boldsymbol{r})$ 是声强，因此上式意味着通过射线管的能量守恒．一个问题是：如果射线管面积收缩（聚焦）到很小的区域，即 $B(\boldsymbol{r})\to 0$，因为 $A_0(\boldsymbol{r}_0,\omega)$ 和 $B(\boldsymbol{r}_0)$ 有限，必然导致 $A_0(\boldsymbol{r},\omega)\to\infty$，显然这是不可能的．这样的区域称为**焦散区域**，其边界称为**焦散线（面）**．在焦散区域，几何声学近似已不成立，在焦散线（面）附近，声场必须严格由波动方程给出．

一般焦散区的声场计算非常困难，只有使用数值计算才能完成．我们考虑简单的一类焦散区，这类焦散区的焦散线（面）是一簇声线的包络线（面）（例如由转折点组成的包络线为直线，或者在二维情况下为平面）．进一步考虑更简单的情况，假定：① 焦散线是半径为 R，圆心位于原点的一段圆弧（实际上是圆柱面）；② 在均匀介质中，声线是直线．圆弧与每条声线相切，切线就是声线，如图 7.3.2 所示．

我们从波动方程出发，求焦散线附近（上、下）的声场分布．注意到声线就是圆弧的切线，故在焦散线（面）上：$k_0\nabla S(\boldsymbol{r},\omega)=k_0\boldsymbol{e}_\varphi$．由梯度算子在柱坐标下的表达式得到

$$\frac{k_0}{R}\frac{\partial S(R,\varphi,\omega)}{\partial\varphi}\boldsymbol{e}_\varphi=k_0\boldsymbol{e}_\varphi \tag{7.3.11a}$$

于是，等相位面为 $S(R,\varphi,\omega)=R\varphi$，代入方程(7.3.1b)可以得到圆弧焦散线上的声压 $p(R,\varphi,\omega)=A(R,\omega)\exp(\mathrm{i}k_0R\varphi)$．因此可以设想，在圆弧焦散线的附近（上、下），声压随方位角 φ 的变化也应该具有上式的形式，否则不可能满足声压连续的基本条件，即假定

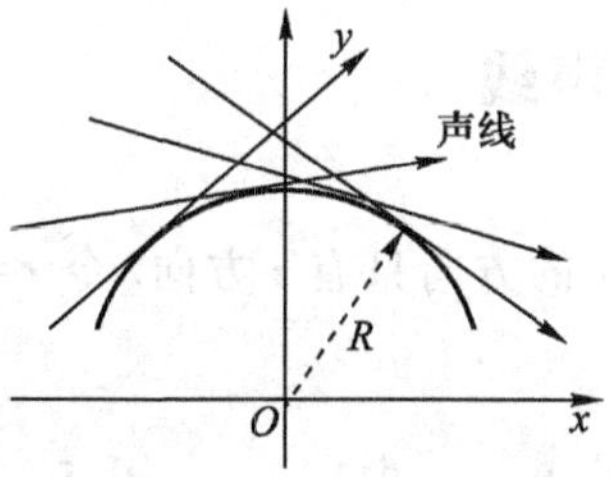

图 7.3.2　焦散线是半径为 R 的圆弧线(面)

$$p(\rho,\varphi,\omega)=p(\rho,\omega)\exp(\mathrm{i}k_0R\varphi) \tag{7.3.11b}$$

空间声场满足波动方程：

$$\left[\frac{1}{\rho}\frac{\partial}{\partial\rho}\left(\rho\frac{\partial}{\partial\rho}\right)+\frac{1}{\rho^2}\frac{\partial^2}{\partial\varphi^2}\right]p(\rho,\varphi,\omega)+k_0^2p(\rho,\varphi,\omega)=0 \tag{7.3.11c}$$

把方程(7.3.11b)代入上式得到

$$\frac{\mathrm{d}^2p(\rho,\omega)}{\mathrm{d}\rho^2}+\frac{1}{\rho}\frac{\mathrm{d}p(\rho,\omega)}{\mathrm{d}\rho}+\left[k_0^2-\frac{(k_0R)^2}{\rho^2}\right]p(\rho,\omega)=0 \tag{7.3.12a}$$

可见,焦散线附近的声压满足 Bessel 方程,不同的是 Bessel 函数的阶数不是整数, 而是任意实数 k_0R,有

$$p(\rho,\omega)=p_0(\omega)\mathrm{J}_{k_0R}(k_0\rho) \tag{7.3.12b}$$

这是因为对圆弧焦散,没有了周期性边界条件,故 Bessel 函数的阶数不为整数. 注意到:在焦散线附近有 $\rho\sim R$,而在高频条件下 $k_0R\gg1$,故上式中 Bessel 函数的变量($k_0\rho$)和阶数(k_0R)都很大,而且接近. 故必须求大变数、高阶数且非整数阶 Bessel 函数的展开表达式. 为此,令 $k_0\rho=k_0R+z$,其中 $|z|\ll1$,注意到有

$$k_0^2-\frac{(k_0R)^2}{\rho^2}=k_0^2\left[1-\frac{1}{(1+z/k_0R)^2}\right]\approx\frac{2zk_0}{R} \tag{7.3.12c}$$

以及 $p''(\rho,\omega)\sim k_0^2p(\rho,\omega)$,而 $p'(\rho,\omega)/\rho\sim k_0p(\rho,\omega)/R$,前者远大于后者. 最后,由方程(7.3.12a)近似得到

$$\frac{\mathrm{d}^2p(z,\omega)}{\mathrm{d}\eta^2}+\eta p(z,\omega)=0,\quad \eta=\left(\frac{2}{k_0R}\right)^{1/3}z \tag{7.3.13a}$$

上式为 Airy 方程. 因此,在圆弧焦散线附近,声压变化由 Airy 函数描述,即

$$p(\rho,\varphi,\omega)\approx p_0(\omega)\mathrm{Ai}\left[\left(\frac{2}{k_0R}\right)^{1/3}k_0(\rho-R)\right]\exp(\mathrm{i}k_0R\varphi) \tag{7.3.13b}$$

当 $\rho>R$(圆弧外,声线中)时,$\eta>0$,$\mathrm{Ai}(\eta)$为振荡函数,即声场振荡;而当 $\rho<R$(圆弧内,焦散区)时,$\eta<0$,$\mathrm{Ai}(\eta)$指数衰减,即声场指数衰减.

7.3.3 平面层状介质中的声线

设 $n(\boldsymbol{r})=n(z)$,声速梯度∇n 的方向只有 z 方向. 令 $\boldsymbol{r}=x\,\boldsymbol{e}_x+y\,\boldsymbol{e}_y+z\,\boldsymbol{e}_z$,在直角坐标中,由方程(7.3.6a)得

$$\frac{\mathrm{d}}{\mathrm{d}s}\left[n(z)\frac{\mathrm{d}x}{\mathrm{d}s}\right]=0,\quad \frac{\mathrm{d}}{\mathrm{d}s}\left[n(z)\frac{\mathrm{d}y}{\mathrm{d}s}\right]=0,\quad \frac{\mathrm{d}}{\mathrm{d}s}\left[n(z)\frac{\mathrm{d}z}{\mathrm{d}s}\right]=\frac{\mathrm{d}n(z)}{\mathrm{d}z} \tag{7.3.14a}$$

为简单起见,设声线位于 Oxz 平面,没有 y 方向分量,即假定波阵面是轴垂直于 Oxz 平面的柱面波. 上式中第二个方程是平凡恒等式. 因为 $\mathrm{d}s=\sqrt{(\mathrm{d}x)^2+(\mathrm{d}z)^2}=\sqrt{1+(z')^2}\,\mathrm{d}x$,由方程(7.3.14a)的第一式得 $n(z)=(c_0/\alpha_0)\sqrt{1+(\mathrm{d}z/\mathrm{d}x)^2}$,其中 c_0/α_0 为引进的积分常量,写成这样是为了下面讨论的方便. 注意到 $n(z)=c_0/c(z)$,容易得到

$$x-x_s=\pm\int_{z_s}^{z}\frac{c(\eta)\,\mathrm{d}\eta}{\sqrt{\alpha_0^2-c^2(\eta)}} \tag{7.3.14b}$$

其中,积分常量(x_s,z_s)可看作声源位置. 注意:如果取 $\mathrm{d}s=\sqrt{1+(x')^2}\,\mathrm{d}z$,代入方程(7.3.14a)的第三式,同样可以得到上式. 因此,方程(7.3.14a)中的第一或者第三个方程只要取一个就可以了. 显然,当 $z=z_s$ 时,$x=x_s$,因此方程(7.3.14b)表示从(x_s,z_s)点发出的一条声线. 那么另外一个积分常量 α_0 的物理意义是什么呢?

从物理上讲,一条射线的轨迹不仅与初始出发点的位置(x_s,z_s)有关,而且与初始的方向有关,就好像决定一个质点的轨迹需要质点的初始位置和初始动量一样. 假定点声源位于(x_s,z_s)处并向四周发出声线,那么每条声线的轨迹与初始的方向有关. 注意:在稳态情况下,假定声线已经存在于介质中;在脉冲情况下,声线轨迹曲线可表示成时间 t 的参数方程. 因此积分常量 α_0 表征了声线的初始方向. 设位于(x_s,z_s)的声源向 θ_0 方向[如图 7.3.3 所示,θ_0 为声线在(x_s,z_s)点的切线与负 z 轴的夹角]发出一条声线(无数条声线中的一条),那么有

$$\tan\left(\frac{\pi}{2}+\theta_0\right)=\left.\frac{\mathrm{d}z}{\mathrm{d}x}\right|_{(x_s,z_s)} \tag{7.3.14c}$$

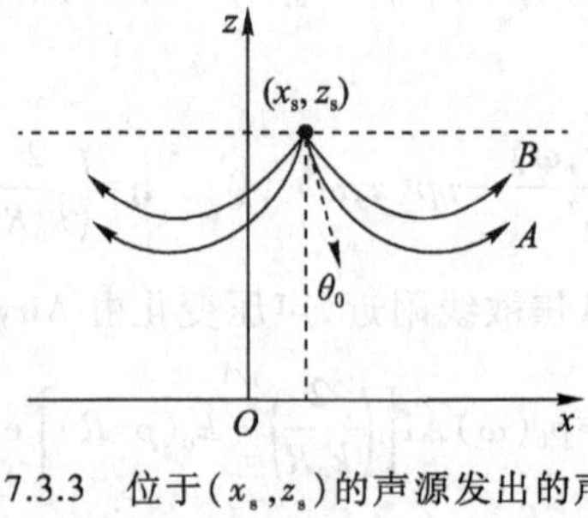

图 7.3.3 位于(x_s,z_s)的声源发出的声线

由方程(7.3.14b)可知

$$\left.\frac{\mathrm{d}x}{\mathrm{d}z}\right|_{(x_s,z_s)}=\pm\frac{c(z_s)}{\sqrt{\alpha_0^2-c^2(z_s)}} \tag{7.3.14d}$$

因此,$\alpha_0=c(z_s)/\sin\theta_0$. 可见,积分常量 α_0 确实可由声线的初始方向角 θ_0 表示.

大气介质中的声线 在离地面高度 10 km 以内,大气中的声速随高度增加线性减小,即 $c(z)=c_0-(z/H)\Delta c$ $(0<z<10\text{ km})$,其中 $c_0=340$ m/s,$H=10$ km 和 $\Delta c=40$ m/s. 设声源 (x_s,z_s) 在离地 10 km 高度以内,如果仅考虑 $z<10$ km 的声线轨迹,那么

$$\begin{aligned}x-x_s&=\int_{z_s}^{z}\frac{c_0-(\eta/H)\Delta c}{\sqrt{\alpha_0^2-[c_0-(\eta/H)\Delta c]^2}}\mathrm{d}\eta\\&=\frac{H}{\Delta c}\left[\sqrt{\alpha_0^2-\left(c_0-\frac{z\Delta c}{H}\right)^2}-\sqrt{\alpha_0^2-\left(c_0-\frac{z_s\Delta c}{H}\right)^2}\right]\end{aligned} \tag{7.3.15a}$$

即 $(x-x_c)^2+(z-z_c)^2=R^2$,圆心坐标和半径 R 分别为

$$x_c\equiv x_s-\frac{H}{\Delta c}\sqrt{\alpha_0^2-\left(c_0-\frac{z_s}{H}\Delta c\right)^2},\quad z_c\equiv\frac{H}{\Delta c}c_0,\quad R\equiv\frac{H}{\Delta c}\alpha_0 \tag{7.3.15b}$$

因此,声线是圆弧的一段,注意:圆心的 x 方向位置 x_c 以及半径 R 与初始方向角 θ_0 有关,由 $\alpha_0=c(z_s)/\sin\theta_0$ 得到

$$x_c\equiv x_s-\frac{H}{\Delta c}\cdot\frac{c(z_s)}{\tan\theta_0},\quad R\equiv\frac{H}{\Delta c}\cdot\frac{c(z_s)}{\sin\theta_0} \tag{7.3.15c}$$

对 $\theta_0=0$ 这条声线,$\alpha_0\to\infty$,方程(7.3.15a)近似成直线 $x=x_s$,表示声线由源点发出向下传播;当 $\theta_0=\pi/2$,$\alpha_0=c(z_s)$ 时,圆心坐标为 $x_c=x_s$ 和 $z_c=Hc_0/\Delta c$,半径为 $R=Hc(z_s)/\Delta c$. 在区域 10 km$<z<$30 km 中,声速基本是常量 $c(z)=300$ m/s,当声线进入这一区域时变成直线.

当声源离地面较近时,可能发生这种情况:如图 7.3.4 所示,声源发出的声线 A 和 B 经地面反射,向 $z>0$ 空间传播;而声线 C 恰好是与地面相切的圆弧,声线就到不了 C 与 x 轴所围的区域 D(切点右方),这样的区域称为“阴影区”. 从几何声学的观点看,阴影区 D 没有声线穿过,故声场为零. 事实上,由于声波的衍射,从“亮区”(有声线穿过的区域)到“阴影区”(没有声线穿过的区域),声场不可能突变为零,必须用波动声学严格求解,见 7.3.2小节讨论,切点 Q 以后的圆弧就是焦散线.

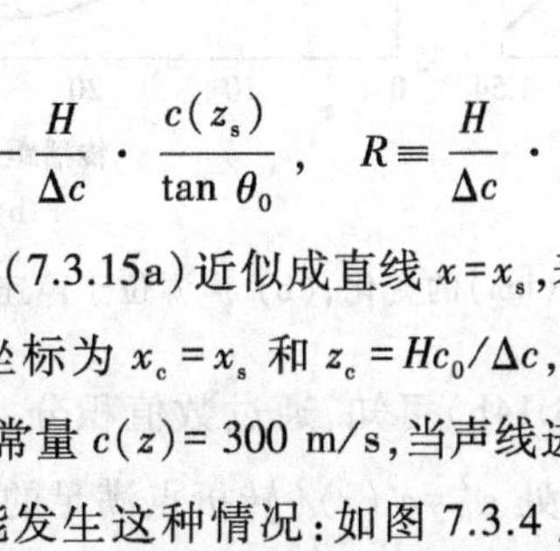

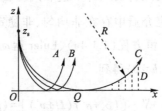

图 7.3.4 声线 C 与地面在 Q 点相切,在 D 区形成阴影

深海介质中的声线 在夏季阳光照射下,深海中的声速深度分布如图 7.3.5(a)所示,

声速极小深度为 $z_0=1.3$ km，深度分布可由函数来模拟 $c(z)=c_1[1+\varepsilon(\xi+e^{-\xi}-1)]$，其中 $\xi=2(z-z_0)/z_0$，$c_1=1.492$ km/s 和 $\varepsilon=0.007\ 4$. 设点声源位于声速极小深度，即声源坐标为 $(0,z_s)=(0,z_0)$，把声速分布代入方程(7.3.14b)可以得到声线图. 图 7.3.5(b)中水平黑线(声源的深度)下的声线为声源发出的，它与深度方向夹角分别为 $\theta_0=76°,78°,80°,82°,84°,86°,88°$(对应于图中数字 1 至 7)；水平黑线上的声线为声源发出的，它与深度方向夹角为 $\theta_0=102°,100°,98°,96°,94°,92°$(自上而下). 可以看出，每条声线的转折点(极大和极小点)各不相同，当 $\theta_0=90°$时，声线沿 $\pm x$ 轴方向前进；当 $\theta_0=0°$时，声线沿深度方向(向下)前进，或者向上直至海面反射回来.

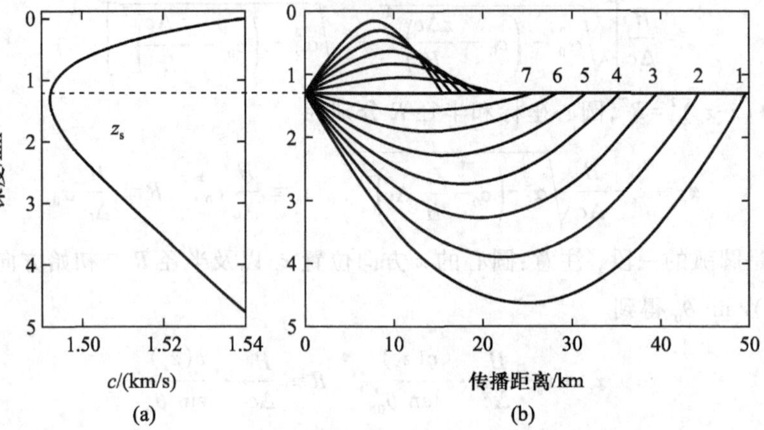

图 7.3.5 (a) 声速随深度(km)的变化；(b) 声源位于声速极小深度处时发出的声线

值得注意的是，由方程(7.3.14b)可知，通过数值积分，我们只能得到 z_s 至转折点(每条声线不同)的声线. 在转折点处 $\alpha_0^2=c^2(z)$(转折点满足的方程)，故转折点右边的声线无法由方程(7.3.14b)数值积分得到. 但由于声线关于转折点对称，故利用对称性不难得到转折点右边的声线，而在转折点附近，几何声学已不成立，必须利用严格的波动声学理论.

7.3.4 非稳定流动介质的几何声学

考虑一般的非均匀、非稳定介质，其局部声速和局部密度与时间和空间有关，即 $c_e=c_e(\boldsymbol{r},t)$、$\rho_e=\rho_e(\boldsymbol{r},t)$. 进一步假定介质中存在非均匀、非稳定的流场，即 $\boldsymbol{U}(\boldsymbol{r},t)=[U_x(\boldsymbol{r},t),U_y(\boldsymbol{r},t),U_z(\boldsymbol{r},t)]$. 由质量守恒方程(1.1.4a)、Euler 运动方程(1.1.7b)(假定存在重力 $\boldsymbol{g}$)以及熵守恒方程(1.1.9d)(取 $h=0$)得到

$$\frac{\partial(\rho_e+\rho')}{\partial t}+\nabla\cdot[(\rho_e+\rho')(\boldsymbol{U}+\boldsymbol{v}')]=(\rho_e+\rho')q \tag{7.3.16a}$$

$$\frac{\partial(\boldsymbol{U}+\boldsymbol{v}')}{\partial t}+(\boldsymbol{U}+\boldsymbol{v}')\cdot\nabla(\boldsymbol{U}+\boldsymbol{v}')=\boldsymbol{f}+\boldsymbol{g}-\frac{1}{\rho_e+\rho'}\nabla(P_0+p') \tag{7.3.16b}$$

$$\frac{\mathrm{d}s}{\mathrm{d}t}=\frac{\partial(s_e+s')}{\partial t}+(\boldsymbol{U}+\boldsymbol{v}')\cdot\nabla(s_e+s')=0 \tag{7.3.16c}$$

其中,$s_e=s_e(\boldsymbol{r},t)$是不存在声波时的熵. 当不存在声波时,以上 5 个方程简化成

$$\begin{gathered}\frac{\partial\rho_e}{\partial t}+\nabla\cdot(\rho_e\boldsymbol{U})=0\\ \frac{\partial\boldsymbol{U}}{\partial t}+(\boldsymbol{U}\cdot\nabla)\boldsymbol{U}=\boldsymbol{g}-\frac{1}{\rho_e}\nabla P_0\\ \frac{\partial s_e}{\partial t}+\boldsymbol{U}\cdot\nabla s_e=0\end{gathered} \tag{7.3.17}$$

因此,方程(7.3.16a)—方程(7.3.16c)可以线性化得到一级近似声波方程:

$$\frac{\mathrm{d}p'}{\mathrm{d}t}+\rho_e c_e^2\nabla\cdot\boldsymbol{v}'=q_1(\boldsymbol{r},t) \tag{7.3.18a}$$

$$\frac{\mathrm{d}\boldsymbol{v}'}{\mathrm{d}t}+\frac{1}{\rho_e}\nabla p'=\boldsymbol{f}_1(\boldsymbol{r},t),\quad \frac{\mathrm{d}s'}{\mathrm{d}t}=g_1(\boldsymbol{r},t) \tag{7.3.18b}$$

其中,物质导数定义为 $\mathrm{d}/\mathrm{d}t\equiv\partial_t+\boldsymbol{U}\cdot\nabla$,为了方便定义

$$\begin{aligned}q_1(\boldsymbol{r},t)\equiv&-v'\cdot[c_e^2\nabla\rho_e+\pi_e\nabla s_e]-(p'-\pi_e s')\nabla\cdot\boldsymbol{U}\\&-p'c_e^2\frac{\mathrm{d}c_e^{-2}}{\mathrm{d}t}+s'c_e^2\frac{\mathrm{d}(\pi_e c_e^{-2})}{\mathrm{d}t}\end{aligned}$$

$$\boldsymbol{f}_1(\boldsymbol{r},t)\equiv\frac{p'-\pi_e s'}{\rho_e^2 c_e^2}\nabla P_0-\boldsymbol{v}'\cdot\nabla\boldsymbol{U},\quad g_1(\boldsymbol{r},t)\equiv-\boldsymbol{v}'\cdot\nabla s_e \tag{7.3.18c}$$

得到方程(7.3.18a)和方程(7.3.18b),已利用 $p'\approx c_e^2\rho'+\pi_e s'$消去 ρ',其中 $\pi_e\equiv(\partial P/\partial s)_\rho$.

注意:① 我们把场量($p',\boldsymbol{v}',s'$)的时间和空间导数放在方程的左边,而右边正比于非均匀参量及流速的时间、空间导数;② 对非稳态介质和流场,不能用 Fourier 变换在频率域上讨论. 令时域解为

$$\begin{bmatrix}p'(\boldsymbol{r},t)\\ \boldsymbol{v}'(\boldsymbol{r},t)\\ s'(\boldsymbol{r},t)\end{bmatrix}=\begin{bmatrix}A(\boldsymbol{r},t)\\ \boldsymbol{B}(\boldsymbol{r},t)\\ C(\boldsymbol{r},t)\end{bmatrix}\exp[\mathrm{i}\Phi(\boldsymbol{r},t)] \tag{7.3.19a}$$

设介质的非均匀性及流场随时间和空间都是缓变的,即空间变化的尺度远大于声波波长,而时间变化的尺度远大于声信号的最大周期(时间信号中所包含的最低频率成分). 则 $A(\boldsymbol{r},t)$、$\boldsymbol{B}(\boldsymbol{r},t)$和 $C(\boldsymbol{r},t)$为随时间和空间缓慢变化的振幅函数. 注意到对 $A(\boldsymbol{r},t)$、$\boldsymbol{B}(\boldsymbol{r},t)$和 $C(\boldsymbol{r},t)$的空间和时间导数可忽略,例如:

$$\begin{gathered}\frac{\mathrm{d}p'(\boldsymbol{r},t)}{\mathrm{d}t}\approx\mathrm{i}\left[\frac{\partial\Phi(\boldsymbol{r},t)}{\partial t}+\boldsymbol{U}\cdot\nabla\Phi(\boldsymbol{r},t)\right]A(\boldsymbol{r},t)\exp[\mathrm{i}\Phi(\boldsymbol{r},t)]\\ \nabla\cdot\boldsymbol{v}'(\boldsymbol{r},t)\approx\mathrm{i}\nabla\Phi(\boldsymbol{r},t)\cdot\boldsymbol{B}(\boldsymbol{r},t)\exp[\mathrm{i}\Phi(\boldsymbol{r},t)]\end{gathered} \tag{7.3.19b}$$

代入方程(7.3.18a)和方程(7.3.18b)得到

$$\mathrm{i}\left[\frac{\partial \boldsymbol{\Phi}(\boldsymbol{r},t)}{\partial t}+\boldsymbol{U}\cdot\nabla\boldsymbol{\Phi}(\boldsymbol{r},t)\right]A(\boldsymbol{r},t)+\mathrm{i}\rho_e c_e^2\nabla\boldsymbol{\Phi}(\boldsymbol{r},t)\cdot\boldsymbol{B}(\boldsymbol{r},t)=Q(\boldsymbol{r},t)$$

$$\mathrm{i}\left[\frac{\partial \boldsymbol{\Phi}(\boldsymbol{r},t)}{\partial t}+\boldsymbol{U}\cdot\nabla\boldsymbol{\Phi}(\boldsymbol{r},t)\right]\boldsymbol{B}(\boldsymbol{r},t)+\frac{\mathrm{i}\nabla\boldsymbol{\Phi}(\boldsymbol{r},t)}{\rho_e}A(\boldsymbol{r},t)=\boldsymbol{F}(\boldsymbol{r},t) \tag{7.3.19c}$$

$$\mathrm{i}\left[\frac{\partial \boldsymbol{\Phi}(\boldsymbol{r},t)}{\partial t}+\boldsymbol{U}\cdot\nabla\boldsymbol{\Phi}(\boldsymbol{r},t)\right]C(\boldsymbol{r},t)=E(\boldsymbol{r},t)$$

其中，$Q(\boldsymbol{r},t)$、$\boldsymbol{F}(\boldsymbol{r},t)$和$E(\boldsymbol{r},t)$分别是去掉相位因子$\exp[\mathrm{i}\boldsymbol{\Phi}(\boldsymbol{r},t)]$后的$q_1(\boldsymbol{r},t)$、$\boldsymbol{f}_1(\boldsymbol{r},t)$和$g_1(\boldsymbol{r},t)$表达式. 令广义频率（局部时间）和广义波矢量（局部空间）为

$$\omega(\boldsymbol{r},t)\equiv-\frac{\partial\boldsymbol{\Phi}(\boldsymbol{r},t)}{\partial t},\quad \boldsymbol{k}(\boldsymbol{r},t)\equiv\nabla\boldsymbol{\Phi}(\boldsymbol{r},t) \tag{7.3.20a}$$

方程(7.3.19c)可以写成矩阵的形式：

$$\boldsymbol{H}\begin{bmatrix}A(\boldsymbol{r},t)\\ \boldsymbol{B}(\boldsymbol{r},t)\\ C(\boldsymbol{r},t)\end{bmatrix}=\begin{bmatrix}Q(\boldsymbol{r},t)\\ \boldsymbol{F}(\boldsymbol{r},t)\\ E(\boldsymbol{r},t)\end{bmatrix} \tag{7.3.20b}$$

其中，矩阵定义为

$$\boldsymbol{H}\equiv\begin{bmatrix}\mathrm{i}(-\omega+\boldsymbol{U}\cdot\boldsymbol{k}) & \mathrm{i}\rho_e c_e^2\boldsymbol{k} & 0\\ \dfrac{\mathrm{i}\boldsymbol{k}}{\rho_e} & \mathrm{i}(-\omega+\boldsymbol{U}\cdot\boldsymbol{k}) & 0\\ 0 & 0 & \mathrm{i}(-\omega+\boldsymbol{U}\cdot\boldsymbol{k})\end{bmatrix} \tag{7.3.20c}$$

注意到矩阵方程(7.3.20b)右边的项$Q(\boldsymbol{r},t)$、$\boldsymbol{F}(\boldsymbol{r},t)$和$E(\boldsymbol{r},t)$正比于非均匀介质参量和流场的时间、空间导数，而由假定，这些量随时间、空间都是缓变的，故矩阵方程(7.3.20b)的右边是更高级小量，可用迭代法求解方程，即零级近似为

$$\boldsymbol{H}\begin{bmatrix}A^0(\boldsymbol{r},t)\\ \boldsymbol{B}^0(\boldsymbol{r},t)\\ C^0(\boldsymbol{r},t)\end{bmatrix}=0 \tag{7.3.21a}$$

一级近似为

$$\boldsymbol{H}\begin{bmatrix}A^1(\boldsymbol{r},t)\\ \boldsymbol{B}^1(\boldsymbol{r},t)\\ C^1(\boldsymbol{r},t)\end{bmatrix}=\begin{bmatrix}Q^0(\boldsymbol{r},t)\\ \boldsymbol{F}^0(\boldsymbol{r},t)\\ E^0(\boldsymbol{r},t)\end{bmatrix} \tag{7.3.21b}$$

显然，零级近似存在非零解的条件为$\det(\boldsymbol{H})=0$，即

$$(\omega-\boldsymbol{U}\cdot\boldsymbol{k})[(\omega-\boldsymbol{U}\cdot\boldsymbol{k})^2-c_e^2|\boldsymbol{k}|^2]=0 \tag{7.3.21c}$$

上式的解分两类，讨论如下.

(1) 广义频率和广义波矢量满足$\omega-\boldsymbol{U}\cdot\boldsymbol{k}=0$，代入方程(7.3.21a)得到

$$\boldsymbol{k}\cdot\boldsymbol{B}^0(\boldsymbol{r},t)=0,\quad A^0(\boldsymbol{r},t)=0,\quad C^0(\boldsymbol{r},t)=\text{任意} \tag{7.3.22}$$

即在此类模式中声压的零级近似为零，而广义波矢量与速度方向垂直，故为旋波或熵波模式.

(2) 广义频率和广义波矢量满足$(\omega-\boldsymbol{U}\cdot\boldsymbol{k})^2=c_e^2|\boldsymbol{k}|^2$，或者$\boldsymbol{k}=\omega\boldsymbol{s}/(c_e+\boldsymbol{U}\cdot\boldsymbol{s})$，其中$\boldsymbol{s}\equiv\boldsymbol{k}/|\boldsymbol{k}|=\nabla\Phi/|\nabla\Phi|$为广义波矢量方向的单位矢量，也是等位面的法向矢量. 因此，在非稳态情况下的程函方程为

$$\left[\frac{\partial\Phi(\boldsymbol{r},t)}{\partial t}+\boldsymbol{U}\cdot\nabla\Phi(\boldsymbol{r},t)\right]^2=c_e^2[\nabla\Phi(\boldsymbol{r},t)]^2 \tag{7.3.23a}$$

局部、瞬态色散关系（称为**广义色散关系**）也可以写成

$$\omega(\boldsymbol{r},t)=c_e(\boldsymbol{r},t)k(\boldsymbol{r},t)+\boldsymbol{U}(\boldsymbol{r},t)\cdot\boldsymbol{k}(\boldsymbol{r},t) \tag{7.3.23b}$$

因此，群速度矢量为

$$\boldsymbol{c}_g(\boldsymbol{r},t)=\frac{\partial\omega}{\partial\boldsymbol{k}}=c_e(\boldsymbol{r},t)\frac{\boldsymbol{k}}{k}+\boldsymbol{U}(\boldsymbol{r},t)=c_e(\boldsymbol{r},t)\boldsymbol{s}+\boldsymbol{U}(\boldsymbol{r},t) \tag{7.3.23c}$$

故声线的方向是局部、瞬态声速方向$c_e(\boldsymbol{r},t)\boldsymbol{s}$与局部、瞬态流速$\boldsymbol{U}(\boldsymbol{r},t)$的矢量叠加. 注意：$\omega(\boldsymbol{r},t)$和$\boldsymbol{k}(\boldsymbol{r},t)$也是时间和空间的缓变函数，只有这样才能引进局部"频率"和局部"波矢量".由方程(7.3.21a)容易得到零级近似：

$$\boldsymbol{B}^0(\boldsymbol{r},t)\approx\frac{\boldsymbol{k}}{\rho_e(\omega-\boldsymbol{U}\cdot\boldsymbol{k})}A^0(\boldsymbol{r},t),\quad C^0(\boldsymbol{r},t)\approx 0 \tag{7.3.23d}$$

上式表明：在几何声学近似下，即使是非均匀、非稳态介质，并且存在非均匀、非稳定的流场，我们仍然可以采用等熵条件，即$s'\approx 0$.

声线方程 为了便于讨论，考虑广义色散关系为一般的情况，即

$$\omega(\boldsymbol{r},t)=c_e(\boldsymbol{r},t)k(\boldsymbol{r},t)+\boldsymbol{U}(\boldsymbol{r},t)\cdot\boldsymbol{k}(\boldsymbol{r},t)\equiv\Omega(\boldsymbol{k},\boldsymbol{r},t) \tag{7.3.24a}$$

由方程(7.3.20a)可知，分别对两个方程两边求梯度和旋度，我们得到

$$\nabla\omega(\boldsymbol{r},t)+\frac{\partial\boldsymbol{k}(\boldsymbol{r},t)}{\partial t}=0,\quad \nabla\times\boldsymbol{k}(\boldsymbol{r},t)=0 \tag{7.3.24b}$$

而由方程(7.3.24a)可知，复合函数求导关系为

$$\frac{\partial\omega(\boldsymbol{r},t)}{\partial x_j}=\frac{\partial\Omega(\boldsymbol{k},\boldsymbol{r},t)}{\partial x_j}+\sum_{i=1}^{3}\frac{\partial\Omega(\boldsymbol{k},\boldsymbol{r},t)}{\partial k_i}\frac{\partial k_i(\boldsymbol{r},t)}{\partial x_j}\quad(j=1,2,3) \tag{7.3.24c}$$

由$\nabla\times\boldsymbol{k}(\boldsymbol{r},t)=0$可知，存在关系：

$$\frac{\partial k_i(\boldsymbol{r},t)}{\partial x_j}=\frac{\partial k_j(\boldsymbol{r},t)}{\partial x_i} \tag{7.3.24d}$$

将上式和方程(7.3.24c)代入方程(7.3.24b)得到分量形式的方程：

$$\frac{\partial k_j(\boldsymbol{r},t)}{\partial t}+\frac{\partial\Omega(\boldsymbol{k},\boldsymbol{r},t)}{\partial x_j}+\sum_{i=1}^{3}\frac{\partial\Omega(\boldsymbol{k},\boldsymbol{r},t)}{\partial k_i}\frac{\partial k_j(\boldsymbol{r},t)}{\partial x_i}=0 \tag{7.3.25a}$$

或者写成矢量形式：

$$\frac{\partial \boldsymbol{k}(\boldsymbol{r},t)}{\partial t}+\boldsymbol{c}_{\mathrm{g}}\cdot\nabla\boldsymbol{k}(\boldsymbol{r},t)=-\nabla\Omega(\boldsymbol{k},\boldsymbol{r},t) \tag{7.3.25b}$$

其中,$c_{\mathrm{g}}=\nabla_k\Omega(\boldsymbol{k},\boldsymbol{r},t)$称为**广义群速度**($\nabla_k$表示对$\boldsymbol{k}$变量求梯度). 定义“物质”导数(即沿群速度方向的导数,或者沿声线方向的导数)为

$$\frac{\mathrm{d}^{\mathrm{g}}}{\mathrm{d}t}\equiv\frac{\partial}{\partial t}+c_{\mathrm{g}}\cdot\nabla \tag{7.3.25c}$$

则方程(7.3.25b)可写成

$$\frac{\mathrm{d}^{\mathrm{g}}\boldsymbol{k}(\boldsymbol{r},t)}{\mathrm{d}t}=-\nabla\Omega(\boldsymbol{k},\boldsymbol{r},t) \tag{7.3.25d}$$

注意:$\Omega(\boldsymbol{k},\boldsymbol{r},t)$的独立变量为$\boldsymbol{k}$、$\boldsymbol{r}$和$t$,上式中$\nabla\Omega(\boldsymbol{k},\boldsymbol{r},t)$仅对变量$\boldsymbol{r}$求梯度. 由方程(7.3.24a)可知,将其写成分量形式有

$$\Omega(\boldsymbol{k},\boldsymbol{r},t)=c_{\mathrm{e}}(\boldsymbol{r},t)k+\sum_{j=1}^{3}k_jU_j(\boldsymbol{r},t) \tag{7.3.26a}$$

代入方程(7.3.25d)得到

$$\begin{aligned}\frac{\mathrm{d}^{\mathrm{g}}\boldsymbol{k}(\boldsymbol{r},t)}{\mathrm{d}t}&=-k\nabla c_{\mathrm{e}}(\boldsymbol{r},t)-\sum_{j=1}^{3}k_j\nabla U_j(\boldsymbol{r},t)\\&=-k\nabla c_{\mathrm{e}}-(\boldsymbol{k}\cdot\nabla)\boldsymbol{U}-\boldsymbol{k}\times(\nabla\times\boldsymbol{U})\end{aligned} \tag{7.3.26b}$$

其中,应用了矢量运算关系 $\sum_{j=1}^{3}k_j\nabla U_j(\boldsymbol{r},t)=(\boldsymbol{k}\cdot\nabla)\boldsymbol{U}+\boldsymbol{k}\times(\nabla\times\boldsymbol{U})$. 上式就是我们要求的**射线方程**.

广义频率 由方程(7.3.24a)出发,并且注意到求$\omega(\boldsymbol{r},t)$的时间和空间导数时,$\Omega(\boldsymbol{k},\boldsymbol{r},t)$中的$\boldsymbol{k}=\boldsymbol{k}(\boldsymbol{r},t)$是$\boldsymbol{r}$和$t$的函数,即

$$\frac{\mathrm{d}^{\mathrm{g}}\omega(\boldsymbol{r},t)}{\mathrm{d}t}=\frac{\partial\Omega(\boldsymbol{k},\boldsymbol{r},t)}{\partial t}+\boldsymbol{c}_{\mathrm{g}}\cdot\left[\nabla\Omega(\boldsymbol{k},\boldsymbol{r},t)+\frac{\mathrm{d}^{\mathrm{g}}\boldsymbol{k}}{\mathrm{d}t}\right] \tag{7.3.27a}$$

由方程(7.3.25d)可知,上式中括号内为零,故

$$\frac{\mathrm{d}^{\mathrm{g}}\omega(\boldsymbol{r},t)}{\mathrm{d}t}=\frac{\partial\Omega(\boldsymbol{k},\boldsymbol{r},t)}{\partial t} \tag{7.3.27b}$$

对由方程(7.3.26a)表示的广义色散关系,显然有

$$\frac{\mathrm{d}^{\mathrm{g}}\omega(\boldsymbol{r},t)}{\mathrm{d}t}=k\frac{\partial c_{\mathrm{e}}(\boldsymbol{r},t)}{\partial t}+\sum_{j=1}^{3}k_j\frac{\partial U_j(\boldsymbol{r},t)}{\partial t} \tag{7.3.27c}$$

在稳态情况下,$c_{\mathrm{e}}(\boldsymbol{r},t)=c_{\mathrm{e}}(\boldsymbol{r})$和$\boldsymbol{U}(\boldsymbol{r},t)=\boldsymbol{U}(\boldsymbol{r})$与时间无关,那么$\mathrm{d}^{\mathrm{g}}\omega(\boldsymbol{r},t)/\mathrm{d}t=0$,故沿着声线方向,声波频率不变;如果$c_{\mathrm{e}}(\boldsymbol{r},t)=c_{\mathrm{e}}(t)$和$\boldsymbol{U}(\boldsymbol{r},t)=\boldsymbol{U}(t)$与空间无关,那么$\mathrm{d}^{\mathrm{g}}\boldsymbol{k}(\boldsymbol{r},t)/\mathrm{d}t=0$,故沿着声线方向,声波波数不变. 声线方程(7.3.26b)和频率方程(7.3.27c)就是代替程函方程(7.3.23a)的两个基本方程.

下面就两种简单情况(即非均匀介质和稳定流动非均匀介质)导出声线传播方程,说

明声线方程和广义频率方程的应用.

非均匀介质 由于 $c_e(\boldsymbol{r},t)=c_e(\boldsymbol{r})$ 和 $\boldsymbol{U}(\boldsymbol{r},t)=0$, $\mathrm{d}^g\omega(\boldsymbol{r},t)/\mathrm{d}t=0$ 成立,即沿着声线方向,声波频率不变. 又由 $\boldsymbol{c}_g=\nabla_k\Omega(\boldsymbol{k},\boldsymbol{r},t)$,群速度为

$$\boldsymbol{c}_g=\nabla_k\Omega(\boldsymbol{k},\boldsymbol{r},t)=c_e(\boldsymbol{r})\nabla_k k=c_e(\boldsymbol{r})\frac{\boldsymbol{k}}{k}\equiv c_e(\boldsymbol{r})\boldsymbol{s} \tag{7.3.28}$$

其中, $\boldsymbol{s}=\boldsymbol{k}/k$ 为局部波矢量方向的单位矢量. 由 $\boldsymbol{k}=\omega\boldsymbol{s}/(c_e+\boldsymbol{U}\cdot\boldsymbol{s})=\omega\boldsymbol{s}/c_e$(注意 $\boldsymbol{U}(\boldsymbol{r},t)=0$),代入方程(7.3.26b)得到

$$\frac{\mathrm{d}^g}{\mathrm{d}t}\left[\frac{\omega}{c_e(\boldsymbol{r})}\boldsymbol{s}\right]=-k\nabla c_e(\boldsymbol{r}) \tag{7.3.29a}$$

即

$$\frac{\boldsymbol{s}}{c_e(\boldsymbol{r})}\frac{\mathrm{d}^g\omega}{\mathrm{d}t}+\boldsymbol{s}\omega\frac{\mathrm{d}^g}{\mathrm{d}t}\left[\frac{1}{c_e(\boldsymbol{r})}\right]+\frac{\omega}{c_e(\boldsymbol{r})}\frac{\mathrm{d}^g\boldsymbol{s}}{\mathrm{d}t}=-k\nabla c_e(\boldsymbol{r}) \tag{7.3.29b}$$

由方程 $\mathrm{d}^g\omega(\boldsymbol{r},t)/\mathrm{d}t=0$ 和 $k=\omega/c_e$,上式简化为

$$\boldsymbol{s}\left[\boldsymbol{c}_g\cdot\nabla\frac{1}{c_e(\boldsymbol{r})}\right]+\frac{1}{c_e(\boldsymbol{r})}\boldsymbol{c}_g\cdot\nabla\boldsymbol{s}=-\frac{1}{c_e(\boldsymbol{r})}\nabla c_e(\boldsymbol{r}) \tag{7.3.30a}$$

由方程(7.3.28a)出发,并且注意到 $(\boldsymbol{c}_g/c_e)\cdot\nabla=\boldsymbol{s}\cdot\nabla$ 是梯度在 $\boldsymbol{s}$ 方向(即声线方向)的投影,即 $(\boldsymbol{c}_g/c_e)\cdot\nabla=\boldsymbol{s}\cdot\nabla=\mathrm{d}/\mathrm{d}s$(其中 s 为从某点起声线的长度),上式变成

$$\frac{\mathrm{d}\boldsymbol{s}}{\mathrm{d}s}=-\frac{1}{c_e(\boldsymbol{r})}\nabla c_e(\boldsymbol{r})+\left[\boldsymbol{s}\cdot\frac{\nabla c_e(\boldsymbol{r})}{c_e(\boldsymbol{r})}\right]\boldsymbol{s} \tag{7.3.30b}$$

上式与方程(7.3.6b)完全一致.

稳定流动非均匀介质 由于 $c_e(\boldsymbol{r},t)=c_e(\boldsymbol{r})$ 和 $\boldsymbol{U}(\boldsymbol{r},t)=\boldsymbol{U}(\boldsymbol{r})$,局部群速度为

$$\boldsymbol{c}_g=c_e\frac{\boldsymbol{k}}{k}+\boldsymbol{U}(\boldsymbol{r})\equiv c_e\boldsymbol{s}+\boldsymbol{U}(\boldsymbol{r}) \tag{7.3.31a}$$

利用 $\boldsymbol{k}=\omega\boldsymbol{s}/(c_e+\boldsymbol{U}\cdot\boldsymbol{s})$,方程(7.3.26b)简化为

$$\frac{\mathrm{d}^g}{\mathrm{d}t}\left(\frac{\omega\boldsymbol{s}}{c_e+\boldsymbol{U}\cdot\boldsymbol{s}}\right)=-k\nabla c_e-(\boldsymbol{k}\cdot\nabla)\boldsymbol{U}-\boldsymbol{k}\times(\nabla\times\boldsymbol{U}) \tag{7.3.31b}$$

由于 $c_e(\boldsymbol{r},t)=c_e(\boldsymbol{r})$ 和 $\boldsymbol{U}(\boldsymbol{r},t)=\boldsymbol{U}(\boldsymbol{r})$,方程 $\mathrm{d}^g\omega(\boldsymbol{r},t)/\mathrm{d}t=0$ 成立,上式简化为

$$(c_e\boldsymbol{s}+\boldsymbol{U})\cdot\nabla\left(\frac{\boldsymbol{s}}{c_e+\boldsymbol{U}\cdot\boldsymbol{s}}\right)=-\frac{1}{c_e+\boldsymbol{U}\cdot\boldsymbol{s}}[\nabla c_e+(\boldsymbol{s}\cdot\nabla)\boldsymbol{U}+\boldsymbol{s}\times(\nabla\times\boldsymbol{U})] \tag{7.3.31c}$$

这就是决定等位面的法向矢量 $\boldsymbol{s}\equiv\boldsymbol{k}/|\boldsymbol{k}|$ 的方程. 注意:由方程(7.3.31a)可知,当存在流 $\boldsymbol{U}(\boldsymbol{r})$ 后,群速度方向 $\boldsymbol{c}_g$(即声线方向)与等位面法向 $\boldsymbol{s}$ 是不一致的,如图 7.3.6 所示. 一旦得到了等位面法向 $\boldsymbol{s}$ 就不难得到声线的轨迹.

低 Mach 数情况 等位面法向矢量 $\boldsymbol{s}$ 满足的方程(7.3.31c)是一个非线性方程,一般难以求解,只有在低 Mach 数情况下,它才能够得到简单的解. 在低 Mach 数条件下(例如大气中风速一般为 10~50 m/s)有

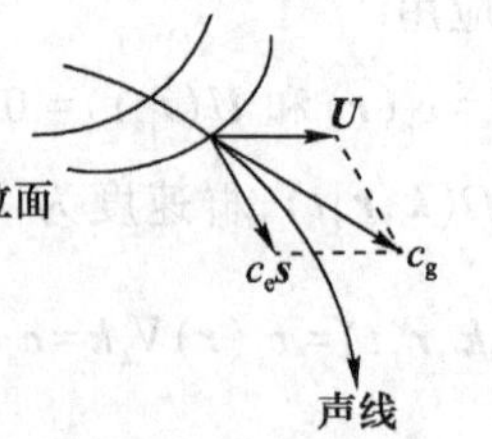

图 7.3.6 声线的方向是局部声速与局部流速的矢量叠加

$$\frac{\boldsymbol{c}_g}{c_e}=\boldsymbol{s}+\frac{\boldsymbol{U}(\boldsymbol{r})}{c_e}\approx\boldsymbol{s} \tag{7.3.32a}$$

故声线方向近似为等位面法向,即声线的切向单位矢量可用 $\boldsymbol{s}$ 来近似,故有近似关系:$(\boldsymbol{c}_g/c_e)\cdot\nabla\approx\boldsymbol{s}\cdot\nabla=\mathrm{d}/\mathrm{d}s$,以及

$$\begin{aligned}\boldsymbol{s}\cdot\nabla\left(\frac{\boldsymbol{s}}{c_e+\boldsymbol{U}\cdot\boldsymbol{s}}\right)&=\frac{1}{c_e+\boldsymbol{U}\cdot\boldsymbol{s}}\frac{\mathrm{d}\boldsymbol{s}}{\mathrm{d}s}+\boldsymbol{s}(\boldsymbol{s}\cdot\nabla)\frac{1}{c_e+\boldsymbol{U}\cdot\boldsymbol{s}}\\&\approx\frac{1}{c_e}\frac{\mathrm{d}\boldsymbol{s}}{\mathrm{d}s}-\frac{\boldsymbol{s}}{c_e^2}(\boldsymbol{s}\cdot\nabla c_e)\end{aligned} \tag{7.3.32b}$$

将上式和方程(7.3.32a)代入方程(7.3.31c)得到

$$\frac{\mathrm{d}\boldsymbol{s}}{\mathrm{d}s}\approx-\frac{\nabla c_e}{c_e}+\frac{1}{c_e}\left(\boldsymbol{s}\cdot\frac{\nabla c_e}{c_e}\right)\boldsymbol{s}-\frac{1}{c_e}\left[(\boldsymbol{s}\cdot\nabla)\boldsymbol{U}+\boldsymbol{s}\times(\nabla\times\boldsymbol{U})\right] \tag{7.3.32c}$$

为了分析流对声线传播的影响,进一步假定介质是均匀的,即 $c_e(\boldsymbol{r})=c_e$(常量),于是,上式简化为线性方程:

$$\frac{\mathrm{d}\boldsymbol{s}}{\mathrm{d}s}\approx-\frac{1}{c_e}\left[(\boldsymbol{s}\cdot\nabla)\boldsymbol{U}+\boldsymbol{s}\times(\nabla\times\boldsymbol{U})\right] \tag{7.3.33a}$$

两边点乘 $\boldsymbol{s}$ 并且注意到$\boldsymbol{s}^2=1$ 以及 $2\boldsymbol{s}\cdot\mathrm{d}\boldsymbol{s}=\mathrm{d}\boldsymbol{s}^2=0$,得到 $\boldsymbol{s}\cdot[(\boldsymbol{s}\cdot\nabla)\boldsymbol{U}]\approx0$,意味着:$\boldsymbol{s}$ 的方向与$(\boldsymbol{s}\cdot\nabla)\boldsymbol{U}$ 近似垂直,上式中可忽略$(\boldsymbol{s}\cdot\nabla)\boldsymbol{U}$,故最终得到声线方程:

$$\frac{\mathrm{d}\boldsymbol{s}}{\mathrm{d}s}=\frac{1}{c_e}(\nabla\times\boldsymbol{U})\times\boldsymbol{s} \tag{7.3.33b}$$

上式的物理意义是明显的:声线方向的变化主要是由流速的旋度$\nabla\times\boldsymbol{U}$ 引起的.

设 $\boldsymbol{U}(\boldsymbol{r})=U(z)\boldsymbol{e}_x$,即流体流动是分层的,只有沿 x 方向的分量(水平方向,如风对声传播的影响),则上式的分量形式为

$$\frac{\mathrm{d}s_x}{\mathrm{d}s}=\frac{1}{c_e}s_z\frac{\mathrm{d}U(z)}{\mathrm{d}z},\quad\frac{\mathrm{d}s_y}{\mathrm{d}s}=0,\quad\frac{\mathrm{d}s_z}{\mathrm{d}s}=-\frac{1}{c_e}s_x\frac{\mathrm{d}U(z)}{\mathrm{d}z} \tag{7.3.33c}$$

其中,$\boldsymbol{s}=s_x\boldsymbol{e}_x+s_y\boldsymbol{e}_y+s_z\boldsymbol{e}_z$. 显然,$y$ 方向的波矢量分量不变,设声波在 Oxz 平面内传播,则 $s_y\equiv0$. 利用 $\mathrm{d}z=s_z\mathrm{d}s$,并将其代入上式的第一个方程:

$$\frac{\mathrm{d}s_x}{\mathrm{d}z}=\frac{1}{c_e}\frac{\mathrm{d}U(z)}{\mathrm{d}z} \tag{7.3.34a}$$

不难求得 $s_x=s_{0x}+U(z)/c_e$，其中 s_{0x} 是声线的初始方向. 而由 $s_z=\sqrt{1-s_x^2}$ 得到

$$s_z=\pm\sqrt{1-\left[s_{0x}+\frac{U(z)}{c_e}\right]^2} \tag{7.3.34b}$$

注意：上式也可由方程(8.3.33c)的第三式得到. 设 $U(0)=0$（地面上风速为零）并且声线由位于 x 轴上（$z=0$）的源发出，当某条声线的初始方向为 s_{0x} 时，该声线到达的最大高度 z_{max} 由 $s_z=0$ 或者 $s_x=1$ 决定（即声线与 x 轴平行）：

$$U(z_{max})=c_e(1-s_{0x}) \tag{7.3.34c}$$

当 $U(z)$ 由 $z=0$ 单调增加时[但 $U(z)/c_e\ll 1$]，s_x 增加，故声线总是向流方向弯曲.

7.4 径向分布介质中的声传播

当介质的声速仅仅与柱坐标或者球坐标的径向坐标有关时，其他两个正交方向可以严格求解.在天然材料中，一般少有这样性质的介质，但是为了控制声波的传播，可以制成这样的人工结构，特别是当声速按幂次分布时，声传播呈现有趣的性质.本节从几何声学和波动声学两个方面分析声波在声速沿径向幂次分布的人工结构中的传播特性.

7.4.1 径向连续分布介质中的声线方程

首先考虑二维情况，如图 7.4.1 所示，在平面极坐标 (ρ,φ) 中 $n(\boldsymbol{r})=c_0/c(\boldsymbol{r})=n(\rho)$，声线方程表示为 $\rho=\rho(\varphi)$，声线上的线元为 $ds=\sqrt{(d\rho)^2+\rho^2(d\varphi)^2}=\sqrt{(\rho')^2+\rho^2}\,d\varphi$（其中 $\rho'=d\rho/d\varphi$）. 于是，声线传播的时间泛函为 $T_{AB}=\int_{\varphi_A}^{\varphi_B}L(\rho,\rho')d\varphi$，其中 $L(\rho,\rho')\equiv n(\rho)\sqrt{(\rho')^2+\rho^2}$，故声线方程满足 Euler 方程

$$\frac{d}{d\varphi}\frac{\partial L(\rho,\rho')}{\partial\rho'}-\frac{\partial L(\rho,\rho')}{\partial\rho}=0 \tag{7.4.1a}$$

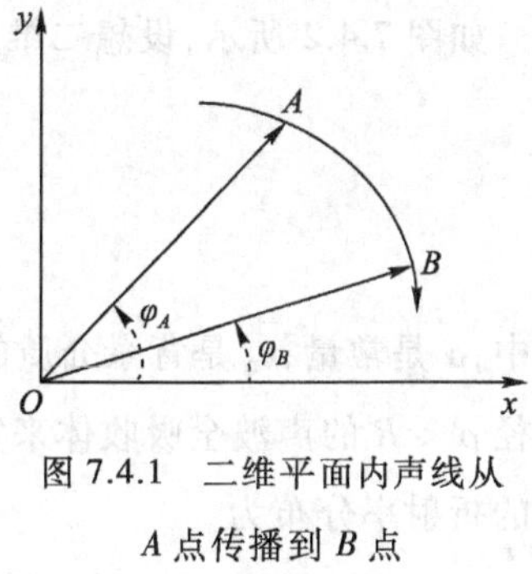

图 7.4.1　二维平面内声线从 A 点传播到 B 点

从上式可以得到声线方程 $\rho=\rho(\varphi)$ 满足的二阶常微分方程. 然而，直接从方程(7.4.1a)出发求声线方程比较麻烦，注意到 $L(\rho,\rho')$ 不显含角度 φ，可以从方程(7.4.1a)得到简单的一阶方程（类似于粒子在中心力场运动的守恒量），注意到有

$$\frac{d}{d\varphi}\left(\rho'\frac{\partial L}{\partial\rho'}-L\right)=\rho'\left(\frac{d}{d\varphi}\frac{\partial L}{\partial\rho'}-\frac{\partial L}{\partial\rho}\right)=0 \tag{7.4.1b}$$

将上式代替方程(7.4.1a),我们得到

$$\rho'\frac{\partial L(\rho,\rho')}{\partial\rho'}-L(\rho,\rho')=q \tag{7.4.1c}$$

其中,q 为常量. 把 $L(\rho,\rho')=n(\rho)\sqrt{(\rho')^2+\rho^2}$ 代入上式得到声线满足的一阶方程:

$$\frac{\mathrm{d}\rho}{\mathrm{d}\varphi}=\pm\frac{\rho}{q}\sqrt{n^2(\rho)\rho^2-q^2} \tag{7.4.2a}$$

其解为

$$\varphi=\pm q\int\frac{\mathrm{d}\rho}{\rho\sqrt{n^2(\rho)\rho^2-q^2}}+\varphi_0 \tag{7.4.2b}$$

其中,φ_0 是积分常量. 为了弄清楚积分常量 q 和 φ_0 的意义,考虑均匀介质[$n(\rho)=1$]中的声线,方程(7.4.2b)给出 $\varphi-\varphi_0=\mp\arcsin(q/\rho)$,即均匀介质中声线为直线,有

$$\rho=\frac{q}{\sin[\pm(\varphi-\varphi_0)]} \tag{7.4.2c}$$

由于 $\rho\geqslant0$,如果 $q>0$,则要求 $0<\pm(\varphi-\varphi_0)<\pi/2$;如果 $q<0$,则要求 $-\pi/2<\pm(\varphi-\varphi_0)<0$. 因此,上式中的"±"表示($\varphi-\varphi_0$)的取值,如果取"+"正号,显然,$q$ 表示直线到原点的距离,而 φ_0 表征直线的方向. 当取 $\varphi_0=0$ 时,$\rho=q/\sin\varphi$ 表示平行于 x 轴的且位于上半平面的直线;$\rho=-q/\sin\varphi$ 表示平行于 x 轴的且位于下半平面的直线. 由以上讨论可知,如果声波由均匀的介质入射到非均匀介质,那么方程(7.4.2c)中的 q 和 φ_0 分别表征入射声线到原点的距离和方向.

7.4.2 幂次分布结构中的声线和声黑洞

如图 7.4.2 所示,设想二维人工结构的声速分布为

$$c(\rho)=\begin{cases}c_0\left(\dfrac{\rho}{R}\right)^{\alpha/2} & (\rho<R)\\ c_0 & (\rho\geqslant R)\end{cases} \tag{7.4.3a}$$

其中,α 是常量,c_0 是背景介质的声速,R 是人工结构的半径. 当 $\rho=0$ 时,$c(0)=0$,可以用半径 $\rho_c\ll R$ 的声波全吸收体来实现,当全吸收体半径 $\rho_c\ll R$ 时,上式可以拓展到 $\rho=0$. 相应的折射率分布为

$$n(\rho)=\frac{c_0}{c(\rho)}=\begin{cases}\left(\dfrac{R}{\rho}\right)^{\alpha/2} & (\rho<R)\\ 1 & (\rho\geqslant R)\end{cases} \tag{7.4.3b}$$

把上式代入方程(7.4.2b)就可以得到声线的方程. 下面分三种情况讨论.

(1) 在人工结构外($\rho\geqslant R$),$n(\rho)=1$,由方程(7.4.2c)可知,直线方程为

$\rho=q/\sin(\varphi-\varphi_0)$,其中假定声线是位于上半平面的直线(见图 7.4.2),必须注意的是,对于入射、出射声线(二者都是直线,如图 7.4.2),q 和 φ_0 是不同的. 设入射声线平行于 x 轴,故 $\varphi_0=0$,由于入射声线到原点的距离 $q\leqslant R$(如果 $q>R$ 则入射声线不能进入人工结构区域),可表示为 $q=R\sin\varphi_s$(其中,角度 φ_s 如图 7.4.2 所示) 故入射声线为 $\rho=R\sin\varphi_s/\sin\varphi$. 注意:选择不同的角度 φ_s,可以调节 A 点的位置,当 $\varphi_s=\pi/2$ 时,入射声线刚好与人工结构相切.

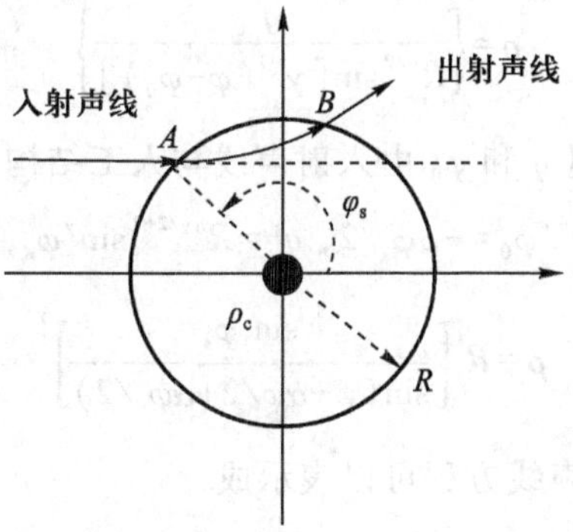

图 7.4.2　二维人工结构,核心是半径为 ρ_c 的声波全吸收体

至于出射声线的表达式,必须考虑两种情况:① 不存在出射声线,即入射声波全部被人工结构俘获,人工结构类似于黑洞;② 如图 7.4.2 所示的出射声线,一般表达式仍然为方程 $\rho=q/\sin(\varphi-\varphi_0)$,但积分常量 q 和 φ_0 由人工结构内($\rho<R$)声线与出射声线在交点(即 B 点)的连接条件决定. 见下面讨论.

(2) 在人工结构内($\rho<R$)且 $\alpha=2$,由方程(7.4.2b)和方程(7.4.3b),有

$$\varphi=-q\int\frac{\mathrm{d}\rho}{\rho\sqrt{R^{\alpha}\rho^{2-\alpha}-q^2}}+\varphi_0 \tag{7.4.4a}$$

当 $\alpha=2$ 时,上式简化为

$$\varphi=-\frac{q}{\sqrt{R^2-q^2}}\int\frac{\mathrm{d}\rho}{\rho}+\varphi_0=-\frac{q}{\sqrt{R^2-q^2}}\ln\rho+\varphi_0 \tag{7.4.4b}$$

即

$$\rho=\exp\left\{-\left[\frac{\sqrt{R^2-q^2}}{q}(\varphi-\varphi_0)\right]\right\} \tag{7.4.4c}$$

其中,积分常量 q 和 φ_0 由入射声线与人工结构内声线在交点 A(见图 7.4.2)的连接条件决定:在交点 A(坐标为 $\rho=R$ 和 $\varphi=\varphi_s$),函数值和一阶导数连续,得到

$$\rho=R\exp\left[-\frac{\cos\varphi_s}{\sin\varphi_s}(\varphi-\varphi_s)\right] \tag{7.4.4d}$$

注意:由于在 A 点处声速连续,且不考虑密度变化,故声线的一阶导数也连续;如果 A

点处声阻抗率有突变,则声线的一阶导数不连续,例如声阻抗率不同的平面,声波的入射方向和透射方向不同.

(3) 在人工结构内($\rho<R$)且 $\alpha\neq2$,由方程(7.4.4a)得到

$$\varphi=\frac{2}{2-\alpha}\arcsin\frac{q}{R^{\alpha/2}\rho^{(2-\alpha)/2}}+\varphi_0 \tag{7.4.5a}$$

即

$$\rho=\left\{\frac{q}{R^{\alpha/2}\sin\left[\gamma^{-1}(\varphi-\varphi_0)\right]}\right\}^{\gamma} \tag{7.4.5b}$$

其中,$\gamma\equiv2/(2-\alpha)$. 积分常量 q 和 φ_0 由入射声线与人工结构内声线在交点 A(见图7.4.2)的连接条件决定,容易得到 $\gamma^{-1}\varphi_0=-\alpha\varphi_s/2$, $q^{\gamma}=R^{\alpha\gamma/2+1}\sin^{\gamma}\varphi_s$,代入上式得到声线方程为

$$\rho=R\left[\frac{\sin\varphi_s}{\sin(\varphi-\alpha\varphi/2+\alpha\varphi_s/2)}\right]^{\gamma} \tag{7.4.5c}$$

因此,在人工结构内($\rho<R$),声线方程可以表示成

$$\rho=\begin{cases}R\left[\dfrac{\sin\varphi_s}{\sin(\varphi-\alpha\varphi/2+\alpha\varphi_s/2)}\right]^{2/(2-\alpha)} & (\alpha\neq2)\\ R\exp\left[-\dfrac{\cos\varphi_s}{\sin\varphi_s}(\varphi-\varphi_s)\right] & (\alpha=2)\end{cases} \tag{7.4.6}$$

图 7.4.3 画出了不同 α 值的声线轨迹(见参考文献 53),从图中可看出,当 $\alpha=2$ 和 3 时,人工结构对入射声波具有俘获作用;而当 $\alpha=-1$ 和 1 时,入射声波在人工结构中传播后仍然逸出结构. 事实上,可以证明只要 $\alpha\geqslant2$,人工结构就像黑洞一样能够俘获声波.

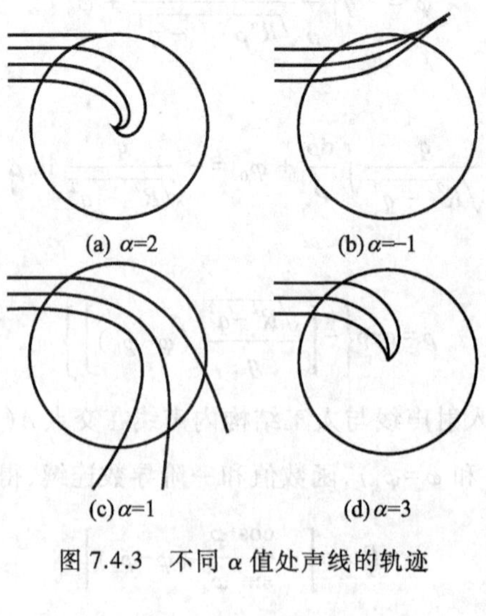

图 7.4.3 不同 α 值处声线的轨迹

7.4.3 基于波动方程的严格解

人工结构内 在人工结构内($\rho<R$),声场 $p(\rho,\varphi)$ 满足的方程为

$$\left[\frac{1}{\rho}\frac{\partial}{\partial\rho}\left(\rho\frac{\partial}{\partial\rho}\right)+\frac{1}{\rho^2}\frac{\partial^2}{\partial\varphi^2}+k_0^2n^2(\rho)\right]p(\rho,\varphi)=0 \tag{7.4.7}$$

由于 $n(\rho)$ 与方位角无关,令

$$p(\rho,\varphi)=\sum_{m=-\infty}^{\infty}R_m(\rho)\exp(\mathrm{i}m\varphi) \tag{7.4.8a}$$

将上式代入方程(7.4.7)得到

$$\frac{\mathrm{d}^2R_m(\rho)}{\mathrm{d}\rho^2}+\frac{1}{\rho}\frac{\mathrm{d}R_m(\rho)}{\mathrm{d}\rho}+\left[k_0^2\left(\frac{R}{\rho}\right)^{\alpha}-\frac{m^2}{\rho^2}\right]R_m(\rho)=0 \tag{7.4.8b}$$

得到上式,利用了 $n^2(\rho)=(R/\rho)^{\alpha}$. 显然,当 $\alpha=2$ 时,上式为 Euler 方程,其解为

$$R_m(\rho)=\begin{cases}a_m\rho^{\beta}+b_m\rho^{-\beta} & (\beta\neq0)\\ d_0+d_1\ln\rho & (\beta=0)\end{cases} \tag{7.4.9a}$$

其中,定义 Euler 方程的特征指标为

$$\beta\equiv\begin{cases}\sqrt{m^2-k_0^2R^2} & (|m|>k_0R)\\ -\mathrm{i}\sqrt{k_0^2R^2-m^2} & (|m|<k_0R)\\ 0 & (|m|=k_0R)\end{cases} \tag{7.4.9b}$$

由于当 $\rho\to0$ 时,$\ln\rho\to\infty$,故声场的有限性要求 $d_1\equiv0$,而常量 d_0 可并入 $\beta\neq0$ 的情况,故可统一表示. 当 $\alpha\neq2$ 时,方程(7.4.8b)可以化为标准的 Bessel 方程. 令变量代换 $\xi=\varepsilon\rho^{\gamma}$ [其中有 $\gamma=(2-\alpha)/2$ 和 $\varepsilon=2k_0R^{\alpha/2}/(2-\alpha)$],方程(7.4.8b)变成了 $2m/(2-\alpha)$ 阶 Bessel 方程:

$$\frac{\mathrm{d}^2R_m}{\mathrm{d}\xi^2}+\frac{1}{\xi}\frac{\mathrm{d}R_m}{\mathrm{d}\xi}+\left\{1-\frac{[2m/(2-\alpha)]^2}{\xi^2}\right\}R_m=0 \tag{7.4.10a}$$

注意:当 $\alpha>2$ 时,有 $\varepsilon<0$,故 $\xi=\varepsilon\rho^{\gamma}<0$,将上式作变换 $\eta=-\xi$ 并不改变形式. 因此,当 $\alpha\neq2$ 时,方程(7.4.8b)的解为

$$R_m(\rho)=\mathrm{Z}_{\pm\nu}(k_0\tilde{\rho}) \tag{7.4.10b}$$

其中,$\nu\equiv m/|1-\alpha/2|$,$\mathrm{Z}_{\pm\nu}(\xi)$ 是 $\pm\nu$ 阶柱函数,为了方便定义

$$\tilde{\rho}\equiv\frac{2}{|2-\alpha|}R^{\alpha/2}\rho^{1-\alpha/2}=\frac{2}{|2-\alpha|}\rho\left(\frac{R}{\rho}\right)^{\alpha/2} \tag{7.4.10c}$$

选择什么样的柱函数与 α 密切相关,下面分三种情况分别讨论.

(1) 当 $\alpha<2$ 时,声场 $p(\rho,\varphi)$ 表示为

$$p(\rho,\varphi)=\sum_{m=-\infty}^{\infty}\left[a_m \mathrm{J}_\nu(k_0\tilde{\rho})+b_m \mathrm{N}_\nu(k_0\tilde{\rho})\right]\exp(\mathrm{i}m\varphi)\quad(\alpha<2)\tag{7.4.11a}$$

由于 $\alpha<2$，当 $\rho\to 0$ 时，$k_0\tilde{\rho}\to 0$，而 $\lim\limits_{k_0\tilde{\rho}\to 0}\mathrm{N}_\nu(k_0\tilde{\rho})\to\infty$，故取 $b_m\equiv 0$，而 $a_m\mathrm{J}_\nu(k_0\tilde{\rho})$ 部分表示人工结构内的驻波场.

(2) 当 $\alpha=2$ 时，声场 $p(\rho,\varphi)$ 表示为

$$p(\rho,\varphi)=\sum_{m=-\infty}^{\infty}(a_m\rho^{\beta}+b_m\rho^{-\beta})\exp(\mathrm{i}m\varphi)\quad(\alpha=2)\tag{7.4.11b}$$

由方程(7.4.9b)可知，上式求和可以分成两部分：① $|m|>k_0R$，$\beta=\sqrt{m^2-k_0^2R^2}$ 是正实数，当 $\rho\to 0$ 时，有 $\lim\limits_{\rho\to 0}\rho^{-\beta}\to\infty$，故取 $b_m\equiv 0$；② $|m|<k_0R$，$\beta=-\mathrm{i}\sigma$（为了方便，令 $\sigma\equiv\sqrt{k_0^2R^2-m^2}$）是虚数，由于有 $\rho^{\beta}=\rho^{-\mathrm{i}\sigma}=\mathrm{e}^{-\mathrm{i}\sigma\ln\rho}$ 和 $\rho^{-\beta}=\rho^{\mathrm{i}\sigma}=\mathrm{e}^{\mathrm{i}\sigma\ln\rho}$，故恒有 $|\rho^{\pm\beta}|=1$，不存在自然边界条件. 然而，根据 7.4.2 小节中的讨论，当 $\alpha=2$ 时，人工结构内的声场总是向原点汇聚的，因此，我们只要取向原点汇聚的部分就可以了. 当时间因子为 $\mathrm{e}^{-\mathrm{i}\omega t}$ 时，$\rho^{\beta}\mathrm{e}^{-\mathrm{i}\omega t}=\mathrm{e}^{-\mathrm{i}(\sigma\ln\rho+\omega t)}$，等相位线为 $\sigma\ln\rho+\omega t=$ 常量，相速度为 $\mathrm{d}\rho/\mathrm{d}t=-\omega\rho/\sigma<0$，即 $a_m\rho^{\beta}$ 部分表示向原点汇聚的波，而 $b_m\rho^{-\beta}$ 部分表示向外传播的波，故取 $b_m\equiv 0$.

(3) 当 $\alpha>2$ 时，由于 $\tilde{\rho}\sim\rho^{1-\alpha/2}=1/\rho^{\alpha/2-1}$，当 $\rho\to 0$ 时，$k_0\tilde{\rho}\to\infty$，根据 Bessel 函数和 Neumann 函数的大参数渐进表达式，有 $\mathrm{J}_\nu(k_0\tilde{\rho})\to 0$ 和 $\mathrm{N}_\nu(k_0\tilde{\rho})\to 0$. 如果把声压表示为 $a_m\mathrm{J}_\nu(k_0\tilde{\rho})$ 和 $b_m\mathrm{N}_\nu(k_0\tilde{\rho})$ 的叠加，则 a_m 和 b_m 都不为零. 与 $\alpha=2$ 情况类似，根据 7.4.2 小节中的讨论，当 $\alpha>2$ 时，人工结构内的声场总是向原点汇聚的，因此我们把声压表示成行波的形式：

$$p(\rho,\varphi)=\sum_{m=-\infty}^{\infty}\left[a_m\mathrm{H}_\nu^{(1)}(k_0\tilde{\rho})+b_m\mathrm{H}_\nu^{(2)}(k_0\tilde{\rho})\right]\exp(\mathrm{i}m\varphi)\ (\alpha>2)\tag{7.4.11c}$$

其中，第一类 Hankel 函数 $\mathrm{H}_\nu^{(1)}(k_0\tilde{\rho})$ 的大参数渐进表达式为

$$\mathrm{H}_\nu^{(1)}(k_0\tilde{\rho})\approx\sqrt{\frac{|2-\alpha|\rho^{\alpha/2-1}}{\pi k_0R^{\alpha/2}}}\exp\left[\mathrm{i}\left(\frac{2k_0}{|2-\alpha|}\frac{R^{\alpha/2}}{\rho^{\alpha/2-1}}-\frac{\nu\pi}{2}-\frac{\pi}{4}\right)\right]\tag{7.4.12a}$$

加上时间因子后，等相位线方程为

$$\frac{2k_0}{|2-\alpha|}\frac{R^{\alpha/2}}{\rho^{\alpha/2-1}}-\omega t=\text{常量}\tag{7.4.12b}$$

故原点附近的相速度为

$$\frac{\mathrm{d}\rho}{\mathrm{d}t}=-\frac{c_0|2-\alpha|/2}{(\alpha/2-1)}\left(\frac{\rho}{R}\right)^{\alpha/2}<0\tag{7.4.12c}$$

可见，$\mathrm{H}_\nu^{(1)}(k_0\tilde{\rho})$ 部分表示向原点汇聚的波，而 $\mathrm{H}_\nu^{(2)}(k_0\tilde{\rho})$ 部分表示向外传播的波[注意：它们与 $\mathrm{H}_\nu^{(1)}(k_0\rho)$ 和 $\mathrm{H}_\nu^{(2)}(k_0\rho)$ 刚好向反]. 因此，我们取 $b_m\equiv 0$.

综上所述，我们把人工结构内($\rho<R$)的声场 $p(\rho,\varphi)$ 表示为

$$p(\rho,\varphi)=\begin{cases}\sum\limits_{m=-\infty}^{\infty} a_m \mathrm{J}_\nu(k_0\tilde{\rho})\exp(\mathrm{i}m\varphi) & (\alpha<2)\\ \sum\limits_{m=-\infty}^{\infty} a_m \rho^{\beta}\exp(\mathrm{i}m\varphi) & (\alpha=2)\\ \sum\limits_{m=-\infty}^{\infty} a_m \mathrm{H}_\nu^{(1)}(k_0\tilde{\rho})\exp(\mathrm{i}m\varphi) & (\alpha>2)\end{cases} \tag{7.4.13}$$

人工结构外 在人工结构外($\rho>R$),总声场由入射波$p_{\mathrm{i}}(\rho,\varphi)$和散射波$p_{\mathrm{s}}(\rho,\varphi)$组成,满足方程:

$$\left[\frac{1}{\rho}\frac{\partial}{\partial\rho}\left(\rho\frac{\partial}{\partial\rho}\right)+\frac{1}{\rho^2}\frac{\partial^2}{\partial\varphi^2}+k_0^2\right]p(\rho,\varphi)=0 \tag{7.4.14a}$$

显然,满足 Sommerfeld 辐射条件的散射波解为

$$p_{\mathrm{s}}(\rho,\varphi)=\sum_{m=-\infty}^{\infty} c_m \mathrm{H}_m^{(1)}(k_0\rho)\exp(\mathrm{i}m\varphi) \tag{7.4.14b}$$

其中,c_m 为待定系数. 而任意入射波 $p_{\mathrm{i}}(\rho,\varphi)$可表示为偏波 $\mathrm{J}_m(k_0\rho)\exp(\mathrm{i}m\varphi)$的展开:

$$p_{\mathrm{i}}(\rho,\varphi)=\sum_{m=-\infty}^{\infty} p_m \mathrm{J}_m(k_0\rho)\exp(\mathrm{i}m\varphi) \tag{7.4.14c}$$

其中,p_m 为已知的偏波系数.

边界条件 在边界 $\rho=R$ 处,内外声场满足连续性条件:

$$\begin{gathered} p(R,\varphi)=p_{\mathrm{i}}(R,\varphi)+p_{\mathrm{s}}(R,\varphi)\\ \left.\frac{\partial p(\rho,\varphi)}{\partial\rho}\right|_{\rho=R}=\left.\frac{\partial[p_{\mathrm{i}}(\rho,\varphi)+p_{\mathrm{s}}(\rho,\varphi)]}{\partial\rho}\right|_{\rho=R}\end{gathered} \tag{7.4.15a}$$

注意:得到上式的第二个方程,仍然假定了在边界上声阻抗率连续. 把方程(7.4.13)、方程(7.4.14b)和方程(7.4.14c)代入上式得到:

(1) 当 $\alpha<2$ 时,有

$$\begin{gathered} a_m \mathrm{J}_\nu(k_0\tilde{\rho}_R)-c_m \mathrm{H}_m^{(1)}(k_0R)=p_m \mathrm{J}_m(k_0R)\\ a_m \mathrm{J}'_\nu(k_0\tilde{\rho}_R)-c_m \mathrm{H}'^{(1)}_m(k_0R)=p_m \mathrm{J}'_m(k_0R)\end{gathered} \tag{7.4.15b}$$

其中,柱函数的导数:$\mathrm{J}'_\nu(k_0\tilde{\rho}_R)\equiv \mathrm{d}\mathrm{J}_\nu(k_0\tilde{\rho})/\mathrm{d}(k_0\tilde{\rho})\,|_{\tilde{\rho}=\tilde{\rho}_R}$,$\mathrm{H}'^{(1)}_m(k_0R)\equiv \mathrm{d}\mathrm{H}_m^{(1)}(k_0\rho)/\mathrm{d}(k_0\rho)\,|_{\rho=R}$,$\mathrm{J}'_m(k_0R)\equiv \mathrm{d}\mathrm{J}_m(k_0\rho)/\mathrm{d}(k_0\rho)\,|_{\rho=R}$以及 $\tilde{\rho}_R=2R/|2-\alpha|$. 于是得到

$$\begin{gathered} a_m=\frac{\mathrm{J}_m(k_0R)\mathrm{H}'^{(1)}_m(k_0R)-\mathrm{J}'_m(k_0R)\mathrm{H}_m^{(1)}(k_0R)}{\mathrm{J}_\nu(k_0\tilde{\rho}_R)\mathrm{H}'^{(1)}_m(k_0R)-\mathrm{J}'_\nu(k_0\tilde{\rho}_R)\mathrm{H}_m^{(1)}(k_0R)}p_m\\ c_m=-\frac{\mathrm{J}_\nu(k_0\tilde{\rho}_R)\mathrm{J}'_m(k_0R)-\mathrm{J}'_\nu(k_0\tilde{\rho}_R)\mathrm{J}_m(k_0R)}{\mathrm{J}_\nu(k_0\tilde{\rho}_R)\mathrm{H}'^{(1)}_m(k_0R)-\mathrm{J}'_\nu(k_0\tilde{\rho}_R)\mathrm{H}_m^{(1)}(k_0R)}p_m\end{gathered} \tag{7.4.15c}$$

(2) 当 $\alpha=2$ 时,有

$$a_m R^{\beta}-c_m \mathrm{H}_m^{(1)}(k_0R)=p_m \mathrm{J}_m(k_0R)$$
$$a_m \beta R^{\beta-1}-k_0 c_m \mathrm{H}_m'^{(1)}(k_0R)=k_0 p_m \mathrm{J}_m'(k_0R) \tag{7.4.16a}$$

于是得到

$$a_m=\frac{1}{R^{\beta}}\cdot\frac{\mathrm{J}_m(k_0R)\mathrm{H}_m'^{(1)}(k_0R)-\mathrm{H}_m^{(1)}(k_0R)\mathrm{J}_m'(k_0R)}{\mathrm{H}_m'^{(1)}(k_0R)-(\beta/k_0R)\mathrm{H}_m^{(1)}(k_0R)}p_m$$
$$c_m=-\frac{\mathrm{J}_m'(k_0R)-(\beta/k_0R)\mathrm{J}_m(k_0R)}{\mathrm{H}_m'^{(1)}(k_0R)-(\beta/k_0R)\mathrm{H}_m^{(1)}(k_0R)}p_m \tag{7.4.16b}$$

(3) 当 $\alpha>2$ 时,与 $\alpha<2$ 情况类似,只要把方程(7.4.15c)中的 $\mathrm{J}_\nu(k_0\tilde{\rho}_R)$ 和 $\mathrm{J}_\nu'(k_0\tilde{\rho}_R)$ 分别换成 $\mathrm{H}_\nu^{(1)}(k_0\tilde{\rho}_R)$ 和 $\mathrm{H}_\nu'^{(1)}(k_0\tilde{\rho}_R)$ 即可.

因此,一旦给出入射场的偏波系数 p_m,方程(7.4.13)和方程(7.4.14b)中的诸系数为

$$a_m=\begin{cases}\dfrac{2\mathrm{i}/(\pi k_0R)}{\mathrm{J}_\nu(k_0\tilde{\rho}_R)\mathrm{H}_m'^{(1)}(k_0R)-\mathrm{J}_\nu'(k_0\tilde{\rho}_R)\mathrm{H}_m^{(1)}(k_0R)}p_m & (\alpha<2)\\[2ex] \dfrac{1}{R^{\beta}}\cdot\dfrac{2\mathrm{i}/(\pi k_0R)}{\mathrm{H}_m'^{(1)}(k_0R)-(\beta/k_0R)\mathrm{H}_m^{(1)}(k_0R)}p_m & (\alpha=2)\\[2ex] \dfrac{2\mathrm{i}/(\pi k_0R)}{\mathrm{H}_\nu^{(1)}(k_0\tilde{\rho}_R)\mathrm{H}_m'^{(1)}(k_0R)-\mathrm{H}_\nu'^{(1)}(k_0\tilde{\rho}_R)\mathrm{H}_m^{(1)}(k_0R)}p_m & (\alpha>2)\end{cases} \tag{7.4.17a}$$

以及

$$c_m=\begin{cases}-\dfrac{\mathrm{J}_\nu(k_0\tilde{\rho}_R)\mathrm{J}_m'(k_0R)-\mathrm{J}_\nu'(k_0\tilde{\rho}_R)\mathrm{J}_m(k_0R)}{\mathrm{J}_\nu(k_0\tilde{\rho}_R)\mathrm{H}_m'^{(1)}(k_0R)-\mathrm{J}_\nu'(k_0\tilde{\rho}_R)\mathrm{H}_m^{(1)}(k_0R)}p_m & (\alpha<2)\\[2ex] -\dfrac{\mathrm{J}_m'(k_0R)-(\beta/k_0R)\mathrm{J}_m(k_0R)}{\mathrm{H}_m'^{(1)}(k_0R)-(\beta/k_0R)\mathrm{H}_m^{(1)}(k_0R)}p_m & (\alpha=2)\\[2ex] -\dfrac{\mathrm{H}_\nu^{(1)}(k_0\tilde{\rho}_R)\mathrm{J}_m'(k_0R)-\mathrm{H}_\nu'^{(1)}(k_0\tilde{\rho}_R)\mathrm{J}_m(k_0R)}{\mathrm{H}_\nu^{(1)}(k_0\tilde{\rho}_R)\mathrm{H}_m'^{(1)}(k_0R)-\mathrm{H}_\nu'^{(1)}(k_0\tilde{\rho}_R)\mathrm{H}_m^{(1)}(k_0R)}p_m & (\alpha>2)\end{cases} \tag{7.4.17b}$$

得到方程(7.4.17a),利用了关系 $(k_0R)[\mathrm{J}_m(k_0R)\mathrm{H}_m'^{(1)}(k_0R)-\mathrm{J}_m'(k_0R)\mathrm{H}_m^{(1)}(k_0R)]=2\mathrm{i}/\pi$.

7.4.4 Gauss 声束入射时空间声场的分布

对于平面波入射,偏波系数 p_m 较为简单,设入射波沿 x 方向传播,有

$$p_{\mathrm{i}}(\rho,\varphi)=p_0(\omega)\exp(\mathrm{i}k_0\rho\cos\varphi)=p_{0\mathrm{i}}(\omega)\sum_{m=-\infty}^{\infty}\mathrm{i}^m\mathrm{J}_m(k_0\rho)\mathrm{e}^{\mathrm{i}m\varphi} \tag{7.4.18}$$

故相应的偏波系数为 $p_m=\mathrm{i}^m p_{0\mathrm{i}}(\omega)$. 在实际情况中,入射波一般是有限宽度的声束,特别是 Gauss 型声束. 如图 7.4.4 所示,在平面直角坐标系中,设入射声束是平行于 x 轴的 Gauss

型声束，在 $x=x_0$ 直线上，Gauss 束的中心点在 $y=y_0$ 处，即在 $x=x_0$ 直线上，声压的分布为

$$p_i(x_0,y)=p_{0i}\exp\left[-\frac{(y-y_0)^2}{W^2}\right] \tag{7.4.19a}$$

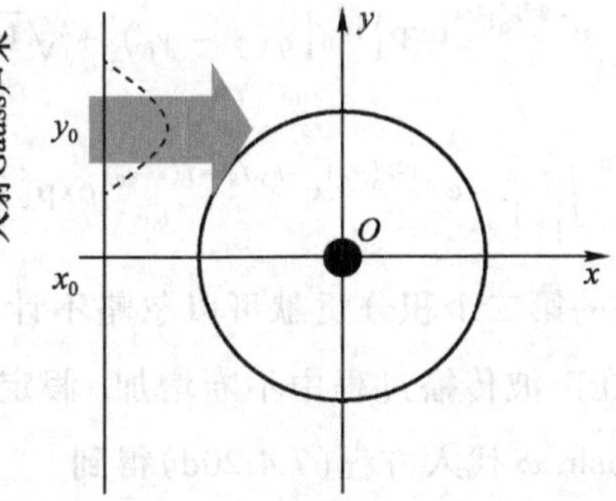

图 7.4.4　入射 Gauss 声束，在 $x=x_0$ 直线上，Gauss 声束的中心点位于 $y=y_0$

其中，W 表示 Gauss 束的宽度. 在声波传播过程中，Gauss 束的宽度在不断加宽（由于衍射效应）. 一旦假定了 $x=x_0$ 直线上的声压分布后，可以由角谱方法求整个平面的声场分布. 根据角谱理论（见 1.2.2 小节），空间声场可以表示为

$$p_i(x,y)=\int_{-\infty}^{\infty}A(k_y)\exp\left[i\left(k_y y\pm\sqrt{k_0^2-k_y^2}x\right)\right]dk_y \tag{7.4.19b}$$

其中，"±"号的选择保证了在 $|k_y|>k_0$ 区域积分时，声束对声压的贡献随 $x\to\infty$ 而指数衰减. 由方程（7.4.19a）可知，上式取 $x=x_0$ 得到

$$p_i(x_0,y)=\int_{-\infty}^{\infty}A(k_y)\exp\left[i\left(k_y y\pm\sqrt{k_0^2-k_y^2}x_0\right)\right]dk_y=p_{0i}\exp\left[-\frac{(y-y_0)^2}{W^2}\right] \tag{7.4.19c}$$

因此，由 Fourier 变换得到

$$A(k_y)=\frac{p_{0i}W}{2\sqrt{\pi}}e^{-W^2k_y^2/4}\exp(-ik_y y_0)\exp\left(\mp i\sqrt{k_0^2-k_y^2}x_0\right) \tag{7.4.19d}$$

代入方程（7.4.19b），有

$$p_i(x,y)=\frac{p_{0i}W}{2\sqrt{\pi}}\int_{-\infty}^{\infty}e^{-W^2k_y^2/4}\exp\left\{i\left[k_y(y-y_0)\pm\sqrt{k_0^2-k_y^2}(x-x_0)\right]\right\}dk_y \tag{7.4.20a}$$

注意到：当 $x-x_0>0$ 时，上式中必须取"+"号；而当 $x-x_0<0$ 时，取"-"号，才能保证在 $|k_y|>k_0$ 区域积分时声束对声压的贡献随 $x\to\infty$ 指数衰减. 于是，我们得到入射 Gauss 声束的角谱展开式为

$$p_i(x,y)=\frac{p_{0i}W}{2\sqrt{\pi}}\int_{-\infty}^{\infty}e^{-W^2k_y^2/4}\exp\left\{i\left[k_y(y-y_0)+\sqrt{k_0^2-k_y^2}\,|x-x_0|\right]\right\}dk_y \tag{7.4.20b}$$

令 $q=k_y/k_0$，则上式积分无量纲化得到

$$p_{\mathrm{i}}(x,y)=\frac{p_{0\mathrm{i}}Wk_0}{2\sqrt{\pi}}\int_{-\infty}^{\infty}\mathrm{e}^{-W^2k_0^2q^2/4}\exp\left\{\mathrm{i}k_0\left[q(y-y_0)+\sqrt{1-q^2}\,\left|x-x_0\right|\right]\right\}\mathrm{d}q \quad (7.4.20\mathrm{c})$$

注意到对于图 7.4.4 所示情况，有 $x-x_0>0$，上式的积分可以写成

$$p_{\mathrm{i}}(x,y)=\frac{p_{0\mathrm{i}}Wk_0}{2\sqrt{\pi}}\int_{-1}^{1}\mathrm{e}^{-W^2k_0^2q^2/4}\exp\left\{\mathrm{i}k_0\left[q(y-y_0)+\sqrt{1-q^2}(x-x_0)\right]\right\}\mathrm{d}q$$

$$+\frac{p_{0\mathrm{i}}Wk_0}{2\sqrt{\pi}}\int_{|q|>1}\mathrm{e}^{-W^2k_0^2q^2/4}\mathrm{e}^{-k_0\sqrt{q^2-1}(x-x_0)}\exp\left[\mathrm{i}k_0q(y-y_0)\right]\mathrm{d}q \quad (7.4.20\mathrm{d})$$

当观测点 x 远离 x_0 时，上式的第二个积分贡献可以忽略不计，但观测点 x 距离 x_0 又不能太远，因为 Gauss 束的宽度在声波传播过程中不断增加. 假定观测点 x 远离 x_0，在平面极坐标中，把 $x=\rho\cos\varphi$ 和 $y=\rho\sin\varphi$ 代入方程(7.4.20d)得到

$$p_{\mathrm{i}}(\rho,\varphi)=\sum_{m=-\infty}^{\infty}p_m\mathrm{J}_m(k_0\rho)\mathrm{e}^{\mathrm{i}m\varphi} \quad (7.4.21\mathrm{a})$$

其中，p_m 就是我们所要求的偏波系数，有

$$p_m\equiv\frac{p_{0\mathrm{i}}Wk_0}{2\sqrt{\pi}}\mathrm{i}^m\int_{-1}^{1}\Im(q)\exp(-\mathrm{i}m\arcsin q)\mathrm{d}q \quad (7.4.21\mathrm{b})$$

其中，为了方便定义

$$\Im(q)\equiv\exp\left[-\mathrm{i}k_0\left(qy_0+\sqrt{1-q^2}x_0\right)-\frac{W^2k_0^2q^2}{4}\right] \quad (7.4.21\mathrm{c})$$

一旦求出偏波系数，就可以由上面诸式计算 Gauss 声束入射时，人工结构内、外的声场分布，如图 7.4.5 所示(见参考文献 53)，计算中取背景参量为 $\rho_0=998\ \mathrm{kg/m^3}$，$c_0=1\,483\ \mathrm{m/s}$，人工结构半径 $R=12$ cm，声波波长 $\lambda=3$ mm 以及 $W=4.5$ mm. 比较图 7.4.3 与图 7.4.5可知，几何声学方法与波动声学方法得到的结果定性一致，即当 $\alpha\geqslant2$ 时，人工结构像黑洞一样能够俘获声波，而当 $\alpha<2$ 时，入射声波在人工结构中传播后仍然逸出结构.

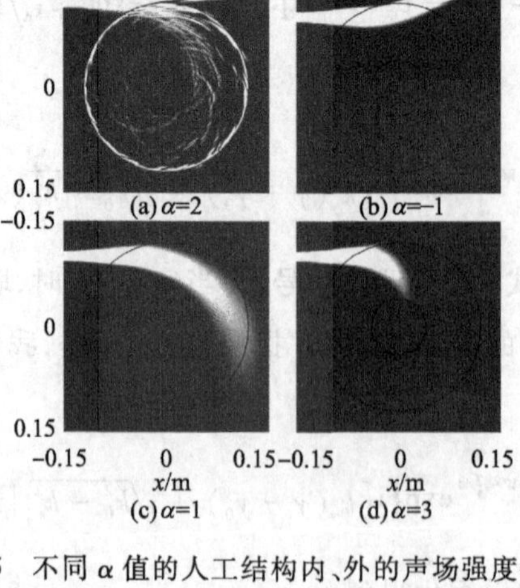

图 7.4.5　不同 α 值的人工结构内、外的声场强度分布

7.4.5 球坐标中径向分布的折射率

在球坐标中,波动方程为

$$\nabla^2 p(r,\theta,\varphi)+k_0^2 n^2(r)p(r,\theta,\varphi)=0 \tag{7.4.22a}$$

其中,折射率的径向分布为

$$n(r)=\frac{c_0}{c(r)}=\begin{cases}\left(\dfrac{R}{r}\right)^{\alpha/2} & (r<R)\\ 1 & (r\geqslant R)\end{cases} \tag{7.4.22b}$$

其中,R 为人工结构球半径. 由于折射率与极角和方位角无关,方程(7.4.22a)的解可以写成

$$p(r,\theta,\varphi)=\sum_{l=0}^{\infty}\sum_{m=-l}^{l}R_l(r)\mathrm{Y}_{lm}(\theta,\varphi) \tag{7.4.23a}$$

将上式代入方程(7.4.22a)得到人工结构内部($r<R$)径向部分满足的方程:

$$\frac{\mathrm{d}^2R_l(r)}{\mathrm{d}r^2}+\frac{2}{r}\frac{\mathrm{d}R_l(r)}{\mathrm{d}r}+\left[k_0^2\left(\frac{R}{r}\right)^{\alpha}-\frac{l(l+1)}{r^2}\right]R_l(r)=0 \tag{7.4.23b}$$

作函数变换 $R_l(r)=y_l(r)/\sqrt{r}$,上式变成

$$\frac{\mathrm{d}^2y_l(r)}{\mathrm{d}r^2}+\frac{1}{r}\frac{\mathrm{d}y_l(r)}{\mathrm{d}r}+\left[k_0^2\left(\frac{R}{r}\right)^{\alpha}-\frac{(l+1/2)^2}{r^2}\right]y_l(r)=0 \tag{7.4.23c}$$

将上式与方程(7.4.8b)相比较,形式是一样的. 详细讨论如下.

(1) 当 $\alpha=2$ 时, 上式是 Euler 方程,故方程(7.4.23b)的解为

$$R_l(r)=\begin{cases}\dfrac{1}{\sqrt{r}}(a_lr^{\beta}+b_lr^{-\beta}) & (\beta\neq 0)\\ \dfrac{1}{\sqrt{r}}(d_0+d_1\ln r) & (\beta=0)\end{cases} \tag{7.4.24a}$$

其中,Euler 方程的特征指标为

$$\beta=\begin{cases}\sqrt{(l+1/2)^2-k_0^2R^2} & (l+1/2>k_0R)\\ -\mathrm{i}\sqrt{k_0^2R^2-(l+1/2)^2} & (l+1/2<k_0R)\\ 0 & (l+1/2=k_0R)\end{cases} \tag{7.4.24b}$$

讨论:① 显然,当 $r\to 0$ 时,有 $1/\sqrt{r}\to\infty$ 和 $\ln r/\sqrt{r}\to\infty$,故取 $d_0=d_1\equiv 0$;② 当 $l+1/2>k_0R$ 时,$\lim\limits_{r\to 0}r^{-\beta}/\sqrt{r}\to\infty$,故取 $b_l\equiv 0$, 而另外一项 $r^{\beta}/\sqrt{r}=r^{\beta-1/2}$ 的渐近行为取决于 $\beta-1/2$ 大于零或者小于零. 事实上,如果当 $l=l_{\min}=k_0R-1/2$ 时, $\beta=0$,则当 $l=l_{\min}+1$ 时,$\beta-1/2=\sqrt{(l_{\min}+1+1/2)^2-k_0^2R^2}-1/2=\sqrt{2k_0R+1}-1/2>0$,因此 $a_l\neq 0$;③ 当 $l+1/2<k_0R$ 时,由于

$r^{\beta}/\sqrt{r}=\mathrm{e}^{-\mathrm{i}\sigma\ln r}/\sqrt{r}$[其中 $\sigma\equiv\sqrt{k_0^2R^2-(l+1/2)^2}$]代表向原点汇聚的波(与 7.4.4 小节中分析类似),而 $r^{-\beta}/\sqrt{r}=\mathrm{e}^{\mathrm{i}\sigma\ln r}/\sqrt{r}$ 部分表示向外传播的波,故取 $b_l\equiv0$. 注意:$\lim\limits_{r\to0}|r^{\beta}|/\sqrt{r}=\lim\limits_{r\to0}|\mathrm{e}^{-\mathrm{i}\sigma\ln r}|/\sqrt{r}\to\infty$,但我们假定中心吸收核半径 r_c 有限,可以消除这个发散(注意:在二维情况下,这个问题不存在).

(2) 当 $\alpha\neq2$ 时,作变量变换:

$$\xi=\frac{2}{2-\alpha}k_0R^{\alpha/2}r^{1-\alpha/2} \tag{7.4.25a}$$

将方程(7.4.23c)变成$(2l+1)/(2-\alpha)$阶 Bessel 方程:

$$\frac{\mathrm{d}^2y_l(r)}{\mathrm{d}\xi^2}+\frac{1}{\xi}\frac{\mathrm{d}y_l(r)}{\mathrm{d}\xi}+\left\{1-\frac{[(2l+1)/(2-\alpha)]^2}{\xi^2}\right\}y_l(r)=0 \tag{7.4.25b}$$

方程(7.4.23b)的解为

$$R_l(\rho)=\frac{1}{\sqrt{r}}\mathrm{Z}_{\pm\nu}(k_0\tilde{r}) \tag{7.4.25c}$$

其中,$\nu\equiv(2l+1)/|2-\alpha|$, 以及有

$$\tilde{r}\equiv\frac{2}{|2-\alpha|}R^{\alpha/2}r^{1-\alpha/2}=\frac{2}{|2-\alpha|}r\left(\frac{R}{r}\right)^{\alpha/2} \tag{7.4.25d}$$

如果 $\alpha<2$, 取声场表达式为

$$p(r,\theta,\varphi)=\sum_{l=0}^{\infty}\sum_{m=-l}^{l}\frac{1}{\sqrt{r}}[a_{lm}\mathrm{J}_{\nu}(k_0\tilde{r})+b_{lm}\mathrm{N}_{\nu}(k_0\tilde{r})]\mathrm{Y}_{lm}(\theta,\varphi) \tag{7.4.26a}$$

由于 $\alpha<2$,当 $r\to0$ 时,有 $k_0\tilde{r}\to0$,而 $\lim\limits_{k_0\tilde{r}\to0}\mathrm{N}_{\nu}(k_0\tilde{r})\to\infty$,故取 $b_{lm}\equiv0$,而 $a_l\mathrm{J}_{\nu}(k_0\tilde{r})$部分表示人工结构内的驻波场. 注意:当 $r\to0$ 时, 有 $\mathrm{J}_{\nu}(k_0\tilde{r})\to(k_0\tilde{r})^{\nu}\sim r^{l+1/2}$, $\mathrm{J}_{\nu}(k_0\tilde{r})/\sqrt{r}\sim r^{l}\to0$. 如果 $\alpha>2$, 则取声场表达式为行波形式:

$$p(r,\theta,\varphi)=\sum_{l=0}^{\infty}\sum_{m=-l}^{l}\frac{1}{\sqrt{r}}[a_{lm}\mathrm{H}_{\nu}^{(1)}(k_0\tilde{r})+b_{lm}\mathrm{H}_{\nu}^{(2)}(k_0\tilde{r})]\mathrm{Y}_{lm}(\theta,\varphi) \tag{7.4.26b}$$

类似对方程(7.4.11c)的讨论,必须取 $b_{lm}\equiv0$. 注意:根据方程(7.4.12a),有

$$\frac{1}{\sqrt{r}}\mathrm{H}_{\nu}^{(1)}(k_0\tilde{r})\approx\sqrt{\frac{|2-\alpha|r^{\alpha/2-2}}{\pi k_0R^{\alpha/2}}}\exp\left[\mathrm{i}\left(\frac{2k_0}{|2-\alpha|}\frac{R^{\alpha/2}}{r^{\alpha/2-1}}-\frac{\nu\pi}{2}-\frac{\pi}{4}\right)\right] \tag{7.4.26c}$$

如果 $\alpha/2-2<0$,则当 $r\to0$ 时,$\mathrm{H}_{\nu}^{(1)}(k_0\tilde{r})/\sqrt{r}\to\infty$,但我们假定中心吸收核半径 r_c 有限,可以消除这个发散(注意:在二维情况下,这个问题不存在).

因此,人工结构内部($r<R$)的声场可以表示为

$$p(r,\theta,\varphi)=\begin{cases}\sum_{l=0}^{\infty}\sum_{m=-l}^{l}a_{lm}\tilde{\mathrm{j}}_{\nu-1/2}(k_0\tilde{r})\mathrm{Y}_{lm}(\theta,\varphi) & (\alpha<2)\\ \sum_{l=0}^{\infty}\sum_{m=-l}^{l}a_{lm}r^{\beta-1/2}\mathrm{Y}_{lm}(\theta,\varphi) & (\alpha=2)\\ \sum_{l=0}^{\infty}\sum_{m=-l}^{l}a_{ml}\tilde{\mathrm{h}}_{\nu-1/2}^{(1)}(k_0\tilde{r})\mathrm{Y}_{lm}(\theta,\varphi) & (\alpha>2)\end{cases} \tag{7.4.27a}$$

其中,为了方便,定义

$$\tilde{\mathrm{j}}_{\nu-1/2}(k_0\tilde{r})\equiv\sqrt{\frac{\pi}{2k_0r}}\mathrm{J}_\nu(k_0\tilde{r}),\quad \tilde{\mathrm{h}}_{\nu-1/2}^{(1)}(k_0\tilde{r})\equiv\sqrt{\frac{\pi}{2k_0r}}\mathrm{J}_\nu(k_0\tilde{r}) \tag{7.4.27b}$$

注意:只有当 $\alpha=0$ 时,有 $\tilde{r}=r$ 和 $\nu-1/2=l$,上式定义的两个函数才与球 Bessel 函数和球 Neumann 函数相等,即 $\tilde{\mathrm{j}}_{\nu-1/2}(k_0\tilde{r})=\mathrm{j}_l(k_0r)$ 和 $\tilde{\mathrm{h}}_{\nu-1/2}^{(1)}(k_0\tilde{r})=\mathrm{h}_l^{(1)}(k_0r)$.

在人工结构外($\rho>R$),总声场由入射波 $p_\mathrm{i}(r,\theta,\varphi)$ 和散射波 $p_\mathrm{s}(r,\theta,\varphi)$ 组成,满足 Sommerfeld 辐射条件的散射波解为

$$p_\mathrm{s}(r,\theta,\varphi)=\sum_{l=0}^{\infty}\sum_{m=-l}^{l}c_{lm}\mathrm{h}_l^{(1)}(k_0r)\mathrm{Y}_{lm}(\theta,\varphi) \tag{7.4.28a}$$

其中,c_{lm} 为待定系数. 而任意入射波 $p_\mathrm{i}(r,\theta,\varphi)$ 可表示为偏波 $\mathrm{j}_l(k_0r)\mathrm{Y}_{lm}(\theta,\varphi)$ 的展开:

$$p_\mathrm{i}(r,\theta,\varphi)=\sum_{l=0}^{\infty}\sum_{m=-l}^{l}p_{lm}\mathrm{j}_l(k_0r)\mathrm{Y}_{lm}(\theta,\varphi) \tag{7.4.28b}$$

其中,p_{lm} 为偏波系数.

由球面($r=R$)的边界条件可知,声压和法向导数连续,容易得到散射波系数 c_{lm} 和人工结构内部场系数 a_{lm},过程类似于得到方程(7.4.17a)和方程(7.4.17b),在此不再重复(见习题 7.12 和习题 7.13).

习题

7.1 考虑位于点 $P(\rho_s,\varphi_s,z_s)$ 处、强度为 $q_0(\omega)$ 的点源的激发问题,单一均匀层中的声场满足($0<z<h$):

$$\left[\frac{1}{\rho}\frac{\partial}{\partial\rho}\left(\rho\frac{\partial}{\partial\rho}\right)+\frac{1}{\rho^2}\frac{\partial^2}{\partial\varphi^2}+\frac{\partial^2}{\partial z^2}+\frac{\omega^2}{c_0^2}\right]p=\mathrm{i}\rho_0\omega q_0(\omega)\delta(\boldsymbol{r},\boldsymbol{r}_s)$$

如果边界条件为 $\partial p(\rho,\varphi,z)/\partial z\big|_{z=0}=0$ 和 $p(\rho,\varphi,z)\big|_{z=h}=0$,求激发的声场:① 用 z 方向的本征函数展开方法,当声源位于 z 轴上时,写出解的远场形式;② 用 Hankel 变换方法,当声源位于 z 轴上时,写出解的行波形式和镜像反射形式;③ 证明上两种方法得到的解一致.

7.2 在 Pekeris 波导中，第 nm 个简正模式为 $p_{nm}(\rho,\varphi,z,\omega)=Z_n(z)\,\mathrm{H}_m^{(1)}(k_\rho^n\rho)\exp(\mathrm{i}m\varphi)$ 证明 $Z_n(z)$ 正交，即满足

$$\int_0^\infty w(z)Z_n(z)Z_l(z)\,\mathrm{d}z=\delta_{nl}$$

其中，权函数为 $w(z)=1\ (0<z<h)$ 和 $w(z)=\rho_1/\rho_2\ (h<z<\infty)$．求 $Z_n(z)$ 的归一化系数.

7.3 利用图解法，证明：当 $k_\rho\in(k_1,\infty)$ 时，本征方程 $\tanh(\kappa_{1z}h)=-\rho_2\kappa_{1z}/(\rho_1\kappa_{2z})$ 不存在实根，因此在区域 $k_\rho\in(k_1,\infty)$ 中不存在声波模式.

7.4 设层状非均匀介质的厚度为 L，如题图 7.4 所示，用 WKB 近似方法求平面波入射（入射角为 θ_i）的反射和透射系数. 假定：① 不存在转折点；② 存在转折点.

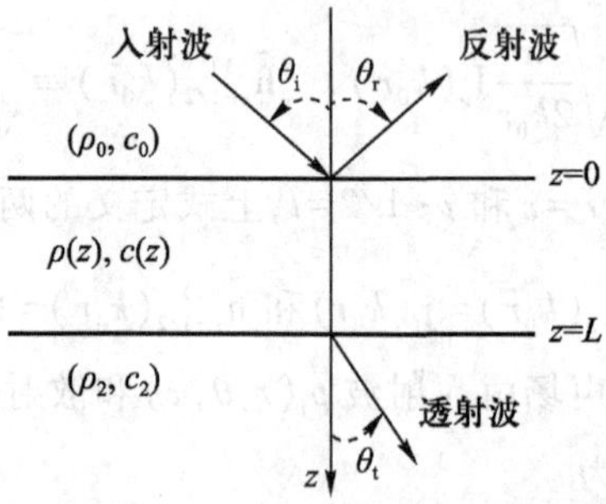

题图 7.4　入射平面波经层状非均匀介质后的反射和透射

7.5 设点声源位于 $(0,0,z_s)$ 处，空间声场与方位角无关且满足：

$$\left[\frac{1}{\rho}\frac{\partial}{\partial\rho}\left(\rho\frac{\partial}{\partial\rho}\right)+\frac{\partial^2}{\partial z^2}+\frac{\omega^2}{c_0^2}\right]p=\mathrm{i}\rho_0\omega q_0(\omega)\,\frac{\delta(\rho)\delta(z,z_s)}{2\pi\rho}$$

$$\left.\frac{\partial p}{\partial z}\right|_{z=0}=0,\quad\left.\left(\frac{\partial p}{\partial z}-\mathrm{i}k_0\beta_H p\right)\right|_{z=H}=0$$

用 z 方向的本征函数展开方法，求声场的分布. 在准刚性条件下，求声压平方对 z 方向的平均.

7.6 大气中声速随高度的变化较为复杂，但在高度小于 10 km 时，随着高度上升，声速呈线性下降（由于地面散热，接近地面的空气有较高的温度，因而有较大的声速）. 设在离地面不是很高的位置 $(0,0,z_0)$ 有一个强度为 q_0 的单极子点声源，并向空间辐射频率为 ω 的声波. 为简单起见，假定：① 地面 $z=0$ 为刚性平面；② 在离地面比较近的高度，随着高度上升，声速下降，它近似表达式为（当主要关注近地面的声场时，也可用线性近似，尽管在下面的分析中考虑的是整个上半平面）

$$\frac{1}{c^2(z)}\approx\frac{1}{c^2(0)+[\partial c^2(z)/\partial z]_0 z}\approx\frac{1}{c_0^2}(1+az)\quad(z>0)$$

其中，$c_0=c(0)$ 是地面的声速，$a=2c^{-1}(0)\,|\,\partial c(z)/\partial z|_{z=0}$，波数 $k(z)$ 可近似表达为 $k^2(z)\approx k_0^2(1+az)$（$k_0=\omega/c_0$）. 空间声场满足方程和地面刚性边界条件：

$$\left[\frac{1}{\rho}\frac{\partial}{\partial\rho}\left(\rho\frac{\partial}{\partial\rho}\right)+\frac{\partial^2}{\partial z^2}\right]p(\rho,z)+k^2(z)p(\rho,z)=\mathrm{i}\rho_0q_0\omega\,\frac{\delta(\rho)\delta(z,z_s)}{2\pi\rho}$$

$$\left.\frac{\partial p(\rho,z)}{\partial z}\right|_{z=0}=0$$

其中 $(z,z_s)>0$. 求上半空间的声压场分布.

7.7 设 z_t 为 m 阶转折点，在 z_t 附近声场满足的方程可以表示为

$$\frac{\mathrm{d}^2 p}{\mathrm{d}z^2}+f(z_t)z^m p=0$$

作函数和自变量变换 $p=\sqrt{z}y(\eta)$ 和 $\eta=az^b$，求 a 和 b 的表达式，使上式变成标准形式的 $1/(m+2)$ 阶 Bessel 方程.

7.8 对均匀介质中的球面波，求程函方程 $(\nabla S)^2=1$ 的简单解，证明 $k_0S(\boldsymbol{r},\omega)=$ 常量是球面，而 $k_0\nabla S(\boldsymbol{r},\omega)$ 是球心在原点的球面的法向矢量，即球面波传播的方向；对均匀介质中的柱面波，求程函方程 $(\nabla S)^2=1$ 的简单解，证明 $k_0S(\boldsymbol{r},\omega)=$ 常量是柱面，而 $k_0\nabla S(\boldsymbol{r},\omega)$ 是柱面的法向矢量，即柱面波传播的方向.

7.9 考虑非均匀介质的时间域波动方程：

$$\nabla^2 p-\nabla\ln\rho(\boldsymbol{r})\cdot\nabla p-\frac{1}{c^2(\boldsymbol{r})}\frac{\partial^2 p}{\partial t^2}=0$$

设声压场的形式为 $p(\boldsymbol{r},t)=A[\boldsymbol{r},t-\tau(\boldsymbol{r})]$，对于缓变介质，$A(\boldsymbol{r},\xi)$ 随第一个变量 $\boldsymbol{r}$ 的变化缓慢，而随第二个变量 ξ 快速变化. 证明在零阶近似下得到程函方程：

$$\nabla\tau(\boldsymbol{r})\cdot\nabla\tau(\boldsymbol{r})=\frac{1}{c^2(\boldsymbol{r})}$$

一阶近似下得到输运方程：

$$2\nabla\tau(\boldsymbol{r})\cdot\nabla_r A(\boldsymbol{r},\xi)-A(\boldsymbol{r},\xi)\nabla\tau(\boldsymbol{r})\cdot\nabla\ln\rho(\boldsymbol{r})+A(\boldsymbol{r},\xi)\nabla^2\tau(\boldsymbol{r})=0$$

可见，只要介质不色散，即声速与频率无关，那么频域或时域讨论都能得到相同的程函方程和输运方程.

7.10 对于具有稳定流动的稳定非均匀介质，即介质有 $c_e=c_e(\boldsymbol{r})$，$\rho_e=\rho_e(\boldsymbol{r})$ 以及流速 $\boldsymbol{U}(\boldsymbol{r})=[U_x(\boldsymbol{r}),U_y(\boldsymbol{r}),U_z(\boldsymbol{r})]$，设它的非均匀性及稳定流随空间缓慢变化，即变化尺度 L 远大于声波波长 λ，证明程函方程可修改为

$$(\nabla S)^2=\left[\frac{n(\boldsymbol{r})}{1+\boldsymbol{M}\cdot\boldsymbol{s}}\right]^2$$

其中，$\boldsymbol{M}(\boldsymbol{r})=\boldsymbol{U}(\boldsymbol{r})/c_e$ 称为局部 Mach 数矢量，$\boldsymbol{s}$ 为局部波矢量 $\boldsymbol{k}\equiv\boldsymbol{k}(\boldsymbol{r})=k_0\nabla S$ 方向的单位矢量. 注意：由于上式中的项 $\boldsymbol{M}\cdot\boldsymbol{s}$ 仍然是 ∇S 的函数，得到类似于方程(7.3.6a) 的射线方程是困难的，见方程(7.3.31c).

7.11 设声速在 $z=0$ 处存在极小值，在极小点附近，声速可表示成 $c(z)=c_0[1+(z/D)^2]$. 考虑几何声学适合于缓变介质，取近似：

$$\frac{1}{c^2(z)}=\frac{1}{c_0^2[1+(z/D)^2]^2}\approx\frac{1}{c_0^2}\left[1-2\left(\frac{z}{D}\right)^2\right]$$

为简单起见，假定声源位于 $z_0=0$，证明声线方程为

$$z=\frac{1}{\sqrt{2}}D\cos\theta_0\sin\left[\frac{\sqrt{2}}{D\sin\theta_0}(x-x_0)\right]$$

其中，θ_0 为初始方向角.

7.12 在球坐标系中，折射率的径向分布为

$$n(r)=\frac{c_0}{c(r)}=\begin{cases}\left(\dfrac{R}{r}\right)^{\alpha/2} & (r<R)\\ 1 & (r\geqslant R)\end{cases}$$

求平面波入射时，内部场和外部散射场的表达式.

7.13 在三维柱坐标中，在题 7.12 中，当 Gauss 声束入射时，画出内部场和外部散射场的分布图.

7.14 在三维柱坐标中，如果入射声波的波矢量有 z 方向的分量，则射线方程要复杂得多. 设声线方程为 $\rho=\rho(\varphi)$ 和 $z=z(\varphi)$，则声线上的线元为 $\mathrm{d}s=\sqrt{(\rho')^2+\rho^2+(z')^2}\,\mathrm{d}\varphi$（其中 $z'=\mathrm{d}z/\mathrm{d}\varphi$）. 利用 Fermat 原理，求声线传播的时间泛函和声线方程. [注意：在这种情况下，不存在类似方程(7.4.1c)的守恒量].

7.15 在三维球坐标中，折射率径向对称分布，并且假定声波传播与方位角无关，根据 Fermat 原理，求声线传播的时间泛函和声线方程.

第八章
运动介质中的声传播和激发

在前面各章中，我们讨论了均匀或非均匀的静止介质中声波的传播和激发问题．然而自然界中许多介质是流动的，如大气的流动，海洋中海水的流动，管道中液体的流动等．当介质的流动速度远小于声传播速度时，静止介质近似是合理可行的，反之则不然．本章讨论介质的流动对声波传播、激发和接收的影响．

8.1　匀速运动介质中的声波

对于均匀流动的无限大介质中的声传播问题，只要通过坐标变换，将问题化为在相对于介质静止的运动坐标系中讨论就可以了．然而当讨论声波的激发和接收时，问题变得较为复杂，因为如果坐标变换使介质相对静止，则必然使声源或者接收器相对运动．尤其是当存在相对实验室坐标系静止的边界时，在相对介质静止的参考系内，边界是运动的. 此外,介质的运动必然破坏系统的各向同性.

8.1.1 波动方程和速度势

考虑具有均匀速度流 $\boldsymbol{U}_0$ 的流体介质,取 $\boldsymbol{v}=\boldsymbol{U}_0+\boldsymbol{v}'$,由方程(1.1.4a)和方程(1.1.7b)得到线性化质量和动量守恒方程为

$$\begin{gathered}\frac{\partial\rho'}{\partial t}+\rho_0\nabla\cdot\boldsymbol{v}'+(\boldsymbol{U}_0\cdot\nabla)\rho'=\rho_0 q\\ \rho_0\frac{\partial\boldsymbol{v}'}{\partial t}+\rho_0(\boldsymbol{U}_0\cdot\nabla)\boldsymbol{v}'+\nabla p'=\rho_0\boldsymbol{f}\end{gathered}\tag{8.1.1a}$$

引进以 $\boldsymbol{U}_0$ 为速度的物质导数 $\mathrm{d}/\mathrm{d}t\equiv\partial/\partial t+\boldsymbol{U}_0\cdot\nabla$,上式可以改写成

$$\frac{\mathrm{d}\rho'}{\mathrm{d}t}+\rho_0\nabla\cdot\boldsymbol{v}'=\rho_0 q,\quad \rho_0\frac{\mathrm{d}\boldsymbol{v}'}{\mathrm{d}t}=\rho_0\boldsymbol{f}-\nabla p'\tag{8.1.1b}$$

对上式的第一、第二个方程分别作用 $\mathrm{d}/\mathrm{d}t$ 和$\nabla\cdot$可以得到

$$\frac{\mathrm{d}^2\rho'}{\mathrm{d}t^2}+\rho_0\nabla\cdot\frac{\mathrm{d}\boldsymbol{v}'}{\mathrm{d}t}=\rho_0\frac{\mathrm{d}q}{\mathrm{d}t};\quad \rho_0\nabla\cdot\frac{\mathrm{d}\boldsymbol{v}'}{\mathrm{d}t}=\rho_0\nabla\cdot\boldsymbol{f}-\nabla^2p'\tag{8.1.2a}$$

注意:得到上式的第一个方程,利用了下列运算关系(当 $\boldsymbol{U}_0$ 是常矢量时):

$$\begin{aligned}\frac{\mathrm{d}}{\mathrm{d}t}\nabla\cdot\boldsymbol{v}'&=\nabla\cdot\frac{\partial\boldsymbol{v}'}{\partial t}+\boldsymbol{U}_0\cdot\nabla(\nabla\cdot\boldsymbol{v}')\\&=\nabla\cdot\frac{\partial\boldsymbol{v}'}{\partial t}+\nabla\cdot[(\boldsymbol{U}_0\cdot\nabla)\boldsymbol{v}']=\nabla\cdot\frac{\mathrm{d}\boldsymbol{v}'}{\mathrm{d}t}\end{aligned}\tag{8.1.2b}$$

由方程(8.1.2a)不难得到

$$\frac{\mathrm{d}^2\rho'}{\mathrm{d}t^2}-\nabla^2p'=\rho_0\frac{\mathrm{d}q}{\mathrm{d}t}-\rho_0\nabla\cdot\boldsymbol{f}\tag{8.1.2c}$$

另一方面,令 $P=P_0+p'$,将 $\boldsymbol{v}=\boldsymbol{U}_0+\boldsymbol{v}'$和 $\rho=\rho_0+\rho'$代入方程(3.3.3b),有

$$c_0^2\left[\frac{\partial\rho'}{\partial t}+(\boldsymbol{U}_0+\boldsymbol{v}')\cdot\nabla(\rho_0+\rho')\right]=\frac{\partial p'}{\partial t}+(\boldsymbol{U}_0+\boldsymbol{v}')\cdot\nabla(P_0+p')\tag{8.1.3a}$$

对于均匀介质,将上式线性化得到

$$c_0^2\left(\frac{\partial}{\partial t}+\boldsymbol{U}_0\cdot\nabla\right)\rho'=\left(\frac{\partial}{\partial t}+\boldsymbol{U}_0\cdot\nabla\right)p'\tag{8.1.3b}$$

即

$$c_0^2\frac{\mathrm{d}\rho'}{\mathrm{d}t}=\frac{\mathrm{d}p'}{\mathrm{d}t}\ \text{或者}\ c_0^2\frac{\mathrm{d}^2\rho'}{\mathrm{d}t^2}=\frac{\mathrm{d}^2p'}{\mathrm{d}t^2}\tag{8.1.3c}$$

将上式代入方程(8.1.2c)得到具有均匀流介质的波动方程:

$$\nabla^2p-\frac{1}{c_0^2}\frac{\mathrm{d}^2p}{\mathrm{d}t^2}=-\rho_0\frac{\mathrm{d}q}{\mathrm{d}t}+\rho_0\nabla\cdot\boldsymbol{f}\tag{8.1.3d}$$

上式中质量源的时间导数变成以 $\boldsymbol{U}_0$ 为速度的物质导数，其物理意义是明显的：$\partial q/\partial t$ 是实验室坐标系中所测量的时间变化率，而 $\mathrm{d}q/\mathrm{d}t=(\partial/\partial t+\boldsymbol{U}_0\cdot\nabla)q$ 是相当于流体静止的坐标系内所测量的时间变化率.

注意：由 1.1.1 小节讨论可知，在局部平衡近似下，理想流体的运动（包括具有流动背景的声过程）是等熵运动，即

$$\frac{\partial s'}{\partial t}+(\boldsymbol{U}_0+\boldsymbol{v}')\cdot\nabla s'\approx\left(\frac{\partial}{\partial t}+\boldsymbol{U}_0\cdot\nabla\right)s'=\frac{\mathrm{d}s'}{\mathrm{d}t}=0 \tag{8.1.4}$$

因此，在相对于流体静止的参考系内，可取 $s'=0$，方程 $p'=c_0^2\rho'$ 成立. 由于流速 $\boldsymbol{U}_0$ 是常矢量，相对于流体静止的参考系和相对于实验室静止的参考系都是惯性系，在相对实验室静止的 Euler 坐标系内，也可取 $s'=0$，即 $p'=c_0^2\rho'$ 同样成立，但 c_0 是相对于流体静止的参考系内的声速.

边界条件　当流体静止时，界面上的边界条件要求声压和法向速度连续，而当两侧流体存在相对速度时，速度和频率都与相对运动有关，而长度和波前的法向与相对运动无关（在两个相对运动的惯性系内，波前的形状不变），故当两侧流体存在相对运动时，我们要求界面边界条件为：声压与流体质点的法向位移连续. 当 $\boldsymbol{U}_0=0$ 时，法向位移连续与法向速度连续是等价的，而当 $\boldsymbol{U}_0\neq 0$ 时，法向位移连续与法向速度连续完全不同，法向位移连续更本质. 注意：为了保证 $\boldsymbol{U}_0$ 是常矢量，边界一般是平面（见 8.1.2 小节），或者像等截面管道中 $\boldsymbol{U}_0$ 一样垂直于管道壁面（见 8.1.4 小节）.

速度势　在静止介质中，给出了声压分布函数，则由运动方程可知[方程(1.1.13a)的第二式]，对时间积分一次就可以求速度场分布，对于运动介质则不然，由运动方程(8.1.1b)可知，由于交叉项 $(\boldsymbol{U}_0\cdot\nabla)\boldsymbol{v}'$ 的存在，$\boldsymbol{v}'$ 满足的仍然是一个微分方程. 解决办法是用速度势作为方程的场量. 首先说明存在均匀流后，声过程仍然是无旋的，由运动方程(8.1.1a)的第二式两边求旋度得到

$$\frac{\partial\nabla\times\boldsymbol{v}'}{\partial t}+\nabla\times[(\boldsymbol{U}_0\cdot\nabla)\boldsymbol{v}']=\nabla\times\boldsymbol{f} \tag{8.1.5a}$$

当 $\boldsymbol{U}_0$ 是常矢量时，不难证明有 $\nabla\times[(\boldsymbol{U}_0\cdot\nabla)\boldsymbol{v}']=(\boldsymbol{U}_0\cdot\nabla)(\nabla\times\boldsymbol{v}')$，代入上式，得

$$\frac{\partial\nabla\times\boldsymbol{v}'}{\partial t}+(\boldsymbol{U}_0\cdot\nabla)(\nabla\times\boldsymbol{v}')=\frac{\mathrm{d}\,\nabla\times\boldsymbol{v}'}{\mathrm{d}t}=\nabla\times\boldsymbol{f} \tag{8.1.5b}$$

因此，当外力无旋时，只要初始时刻流体中无旋，那么速度场无旋，于是，可令速度势 $\phi'(\boldsymbol{r},t)$ 满足 $\boldsymbol{v}'=\nabla\phi'$，方程(8.1.1a)变成

$$\frac{1}{c_0^2}\frac{\mathrm{d}p'}{\mathrm{d}t}+\rho_0\nabla^2\phi'=\rho_0 q$$

$$\rho_0\frac{\partial\nabla\phi'}{\partial t}+\rho_0(\boldsymbol{U}_0\cdot\nabla)(\nabla\phi')=\rho_0\nabla f_a-\nabla p' \tag{8.1.6}$$

其中，利用了 $p'=c_0^2\rho'$，并且假定力源 $\boldsymbol{f}$ 也是无旋的，即 $\boldsymbol{f}\equiv\nabla f_a$. 注意到 $\boldsymbol{U}_0$ 是常矢量，有

$(\boldsymbol{U}_0\cdot\nabla)(\nabla\phi')=\nabla[\nabla\cdot(\boldsymbol{U}_0\phi)]=\nabla[(U_0\cdot\nabla)\phi]$,上式的第二个方程给出：

$$\nabla\left(\frac{\mathrm{d}\phi'}{\mathrm{d}t}+\frac{p'}{\rho_0}-f_a\right)=0 \tag{8.1.7}$$

即 $p'=-\rho_0\mathrm{d}\phi'/\mathrm{d}t+\rho_0 f_a$,将上式代入方程(8.1.6)的第一式得到速度势满足的方程：

$$\nabla^2\phi'-\frac{1}{c_0^2}\frac{\mathrm{d}^2\phi'}{\mathrm{d}t^2}=q-\frac{1}{c_0^2}\frac{\mathrm{d}f_a}{\mathrm{d}t} \tag{8.1.8}$$

一旦求得了速度势函数,就可以由 $\boldsymbol{v}'=\nabla\phi'$ 和 $p'=-\rho_0\mathrm{d}\phi'/\mathrm{d}t$ 求出无源区的速度场和声压分布. 因此,在分析运动介质中的声场时,速度势特别有用,进一步讨论见 8.3.1 小节和 8.3.4小节.

8.1.2 平面波和平面界面

首先,我们考虑无限大介质中的平面波传播,导出存在均匀流后的色散关系. 从运动学角度看,在相对于介质静止的参考系 S′内,平面声波正比于 $\exp[\mathrm{i}(\boldsymbol{k}'\cdot\boldsymbol{r}'-\omega't')]$(其中 ω'是参考系 S′中测量到的频率,$\boldsymbol{k}'$是参考系 S′中观察到的波矢量,满足色散关系 $k'=\omega'/c_0$),而在实验室静止的参考系 S 内,声波仍然应该是平面波,声波正比于 $\exp[\mathrm{i}(\boldsymbol{k}\cdot\boldsymbol{r}-\omega t)]$(其中 ω 是参考系 S 中测量到的频率,$\boldsymbol{k}$ 是参考系 S 中观察到的波矢量,满足的色散关系由参考系 S 中的波动方程决定). 参考系 S′的坐标(x_1',x_2',x_3',t')与参考系 S 的坐标(x_1,x_2,x_3,t)之间的变换关系由 Galileo 变换给出,即 $x_j=x_j'+U_{0j}t'(j=1,2,3)$,$t=t'$. 因此有

$$\exp[\mathrm{i}(\boldsymbol{k}'\cdot\boldsymbol{r}'-\omega't')]=\exp\{\mathrm{i}[\boldsymbol{k}'\cdot\boldsymbol{r}-(\boldsymbol{U}_0\cdot\boldsymbol{k}'+\omega')t]\}\sim\exp[\mathrm{i}(\boldsymbol{k}\cdot\boldsymbol{r}-\omega t)] \tag{8.1.9a}$$

由 $\boldsymbol{r}$ 和 t 的任意性,显然要求满足关系

$$\boldsymbol{k}=\boldsymbol{k}',\quad \omega=\omega'+\boldsymbol{U}_0\cdot\boldsymbol{k}' \tag{8.1.9b}$$

因此,在任何一个惯性系内,平面波的波矢量相等,即平面波传播方向和波数都相同. 注意到有 $k'=\omega'/c_0$,由上式的第二个方程容易得到

$$\omega=\omega'(1+M\cos\theta) \tag{8.1.9c}$$

其中,θ 为平面波传播方向与流方向的夹角,$M=U_0/c_0$ 称为 **Mach 数**(流体流动的 Mach 数,区别于声 Mach 数). 因此,由于流体的流动,实验室测量的频率 ω 有一个漂移,称为 **Doppler 效应**. 设在实验室坐标系 S 内的波数和声速分别为 c 和 k,由 $k'=\omega'/c_0=k=\omega/c$ 得到

$$c=c_0\frac{\omega}{\omega'}=c_0(1+M\cos\theta),\quad k=\frac{\omega'}{c_0}=\frac{\omega}{c_0}\cdot\frac{1}{1+M\cos\theta} \tag{8.1.9d}$$

上式与波动方程得到的结果是一致的,设平面波 $p(\boldsymbol{r},t)=p_0\exp[\mathrm{i}(\boldsymbol{k}\cdot\boldsymbol{r}-\omega t)]$,代入方程

(8.1.3d)(无源情况:$q=0$ 和 $\nabla\cdot\boldsymbol{f}=0$)得到

$$-k^2+\frac{\omega^2}{c_0^2}\left(1-\frac{1}{\omega}\boldsymbol{U}_0\cdot\boldsymbol{k}\right)^2=0 \tag{8.1.10a}$$

即色散关系为

$$k=\frac{\omega}{c_0}\left(1-\frac{1}{\omega}\boldsymbol{U}_0\cdot\boldsymbol{k}\right) \tag{8.1.10b}$$

设 $\boldsymbol{k}=k\boldsymbol{e}$($\boldsymbol{e}$ 为传播方向的单位矢量),由上式得到波数和声速 $c=\omega/k$,有

$$k=\frac{\omega}{c_0}\cdot\frac{1}{1+M\cos\theta},\quad c=\frac{\omega}{k}=c_0(1+M\cos\theta) \tag{8.1.10c}$$

上式与方程(8.1.9d)是完全一致的.

下面根据色散关系方程(8.1.10c)分析平面声波在平面界面上的反射和透射. 为简单起见,设流体由两部分流动介质Ⅰ和Ⅱ组成,匀速运动速度分别为 $\boldsymbol{U}_0=U_1\boldsymbol{e}_x$ 和 $\boldsymbol{U}_0=U_2\boldsymbol{e}_x$(流速在 x 方向),分界面为 Oxy 平面(即 $z=0$),如图 8.1.1 所示,入射、反射和透射平面波分别为

$$\begin{aligned}p_{\mathrm{i}}(x,z,\omega)&=p_{0\mathrm{i}}\exp[\mathrm{i}k_{\mathrm{i}}(x\cos\varphi_{\mathrm{i}}+z\sin\varphi_{\mathrm{i}})]\\p_{\mathrm{r}}(x,z,\omega)&=p_{0\mathrm{r}}\exp[\mathrm{i}k_{\mathrm{r}}(x\cos\varphi_{\mathrm{r}}-z\sin\varphi_{\mathrm{r}})]\\p_{\mathrm{t}}(x,z,\omega)&=p_{0\mathrm{t}}\exp[\mathrm{i}k_{\mathrm{t}}(x\cos\varphi_{\mathrm{t}}+z\sin\varphi_{\mathrm{t}})]\end{aligned} \tag{8.1.11a}$$

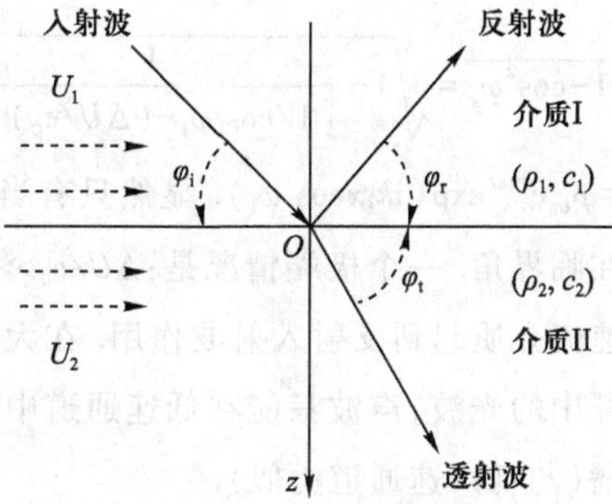

图 8.1.1　两种不同的介质具有不同流速,分界面为 $z=0$ 平面

注意:入射波、反射波和透射波具有相同的振动频率 ω(在实验室参考系 S 中测量),色散关系为

$$k_{\mathrm{i}}=\frac{\omega}{c_1}\cdot\frac{1}{1+M_1\cos\varphi_{\mathrm{i}}},\quad k_{\mathrm{r}}=\frac{\omega}{c_1}\cdot\frac{1}{1+M_1\cos\varphi_{\mathrm{r}}},\quad k_{\mathrm{t}}=\frac{\omega}{c_2}\cdot\frac{1}{1+M_2\cos\varphi_{\mathrm{t}}} \tag{8.1.11b}$$

其中,$M_1=U_1/c_0$ 和 $M_2=U_2/c_0$ 分别为介质Ⅰ和介质Ⅱ中的 Mach 数,φ_{i}、φ_{r} 和 φ_{t} 分别是流速与入射波、反射波和透射方向的夹角. 注意:这里不用图 1.3.2 中的 θ_{i}、θ_{r} 和 θ_{t},$\varphi_{\mathrm{i}}=\pi/2-\theta_{\mathrm{i}}$,$\varphi_{\mathrm{r}}=\pi/2-\theta_{\mathrm{r}}$ 和 $\varphi_{\mathrm{t}}=\pi/2-\theta_{\mathrm{t}}$,在本质上是一样的. 但 φ_{i}、φ_{r} 和 φ_{t} 在这里刚好是波矢量与流矢量的夹角,使用更方便.

声压连续 由界面 $z=0$ 的边界条件，即界面上声压连续得到

$$p_{0i}\exp(ik_i x\cos\varphi_i)+p_{0r}\exp(ik_r x\cos\varphi_r)=p_{0t}\exp(ik_t x\cos\varphi_t) \quad (8.1.12a)$$

上式恒成立的条件是

$$k_i\cos\varphi_i=k_r\cos\varphi_r=k_t\cos\varphi_t \quad (8.1.12b)$$

由上式和方程(8.1.11b)，我们可以得到流动介质的 Snell 定律：① 入射角等于反射角 $\varphi_i=\varphi_r$；②入射角与透射角关系为

$$\frac{c_1}{\cos\varphi_i}=\frac{c_2}{\cos\varphi_t}+\Delta U \quad (8.1.13)$$

其中，$\Delta U\equiv U_2-U_1$. 由上式可知，我们可以通过控制流速来控制透射波. 为了突出分析流速的效应，假定 $c_1=c_2=c_0$.

全反射 分析一个有趣的全反射现象：当 $\varphi_t=0$ 时，发生全反射，此时的入射角即临界角满足

$$\cos\varphi_{ic}=\frac{c_0}{c_0+\Delta U} \quad (8.1.14a)$$

此时，透射波为 $p_t(x,z,\omega)=p_{0t}\exp(ik_t x\cos\varphi_t)$，仅沿界面传播. 当入射角小于(注意：与图 1.3.2中相反)临界角时，在 $\varphi_i\in(0,\pi/2)$ 范围内，$\cos\varphi_i>\cos\varphi_{ic}=c_0/(c_0+\Delta U)$，即 $1/\cos\varphi_i-\Delta U/c_0<1$，因此 $\sin\varphi_t$ 是虚数，即

$$\sin\varphi_t=\sqrt{1-\cos^2\varphi_t}=\sqrt{1-\frac{1}{[1/\cos\varphi_i-(\Delta U/c_0)]^2}}\equiv i\kappa \quad (8.1.14b)$$

透射波是隐失波 $p_t(x,z,\omega)=p_{0t}e^{-i\kappa z}\exp(ik_t x\cos\varphi_t)$. 显然只有当 $\Delta U>0$，即从低速流介质入射到高速流介质时，才存在临界角. 一个极端情况是：$\Delta U/c_0\gg1$，有 $\varphi_{ic}=\pi/2$，即垂直入射波都发生全反射，因此高速流介质起到反射入射波作用. 在大气环境中，就有可能出现这样的低速通道，类似于光纤中的光波，声波只能在低速通道中传播，低速通道起到波导的作用，声波能够长距离传播(与低声速通道类似).

值得指出的是，由于流破坏了空间的各向同性，入射波和透射波没有互易性. 设平面波在介质Ⅰ中以 φ_i 入射到平面界面，透射角为 φ_t；相反的过程是，如果平面波在介质Ⅱ中以 φ_t 入射到平面界面，则透射角不为 φ_i(在静止介质中，透射角为 φ_i).

法向位移连续 为了求声压反射系数 $r_p\equiv p_{0r}/p_{0i}$ 和透射系数 $t_p\equiv p_{0t}/p_{0i}$，还必须利用法向(z 方向)位移连续条件. 在平面界面情况下，流体质点的法向速度 v_z 与法向位移 ξ_z 满足关系

$$v_z=\frac{d\xi_z}{dt}=\left(\frac{\partial}{\partial t}+\boldsymbol{U}_0\cdot\nabla\right)\xi_z \quad (8.1.15a)$$

以入射波引起的 z 方向速度和位移为例，二者分别是

$$v_{zi}(x,z,\omega)=\frac{1}{\rho_1 c_1}p_{0i}\sin\varphi_i\exp[ik_i(x\cos\varphi_i+z\sin\varphi_i)]$$

$$\xi_{zi}(x,z,\omega)=\frac{i}{\rho_1 c_1^2 k_i}p_{0i}\sin\varphi_i\exp[ik_i(x\cos\varphi_i+z\sin\varphi_i)] \tag{8.1.15b}$$

只有当 $M_1=0$ 时,二者才相差一个常量($-i\omega$),连续性条件等价. 注意:如果是刚性界面,只有入射波和反射波,由于 $k_i=k_r$,法向速度为零与法向位移为零也是等价的. 将方程(8.1.15a)代入方程(8.1.1b)(取外力 $\boldsymbol{f}=0$),注意到流动速度只有 x 方向分量时,z 方向位移满足

$$\rho_0\left(-i\omega+U_0\frac{\partial}{\partial x}\right)^2\xi_z=-\frac{\partial p}{\partial z} \tag{8.1.15c}$$

因而由方程(8.1.11a)表示的入射波、反射波和透射波所引起的 z 方向位移为

$$\begin{aligned}\xi_{z\text{I}}&=\frac{i\sin\varphi_i}{\rho_1 c_1^2 k_i}\{p_{0i}\exp[ik_i(x\cos\varphi_i+z\sin\varphi_i)]\\&\quad-p_{0r}\exp[ik_r(x\cos\varphi_r-z\sin\varphi_r)]\}\\\xi_{z\text{II}}&=\frac{i\sin\varphi_t}{\rho_2 c_2^2 k_t}p_{0t}\exp[ik_t(x\cos\varphi_t+z\sin\varphi_t)]\end{aligned} \tag{8.1.15d}$$

其中,$\xi_{z\text{I}}$ 和 $\xi_{z\text{II}}$ 分别表示入射区Ⅰ和透射区Ⅱ的质点位移场,得到上式利用了方程(8.1.12b). 由法向位移连续边界条件 $\xi_{z\text{I}}|_{z=0}=\xi_{z\text{II}}|_{z=0}$,并且注意到方程(8.1.12b),得到

$$\frac{i\sin\varphi_i}{\rho_1 c_1^2 k_i}(p_{0i}-p_{0r})=\frac{i\sin\varphi_t}{\rho_2 c_2^2 k_t}p_{0t} \tag{8.1.16a}$$

上式结合界面上声压连续方程 $p_{0i}+p_{0r}=p_{0t}$,不难得到声压反射和透射系数分别为

$$\begin{aligned}r_p&=\frac{\rho_2 c_2^2\sin 2\varphi_i-\rho_1 c_1^2\sin 2\varphi_t}{\rho_2 c_2^2\sin 2\varphi_i+\rho_1 c_1^2\sin 2\varphi_t}\\t_p&=\frac{2\rho_2 c_2^2\sin 2\varphi_i}{\rho_2 c_2^2\sin 2\varphi_i+\rho_1 c_1^2\sin 2\varphi_t}\end{aligned} \tag{8.1.16b}$$

注意:当垂直入射时,$\varphi_i=\varphi_t=\pi/2$,为了得到上式的极限表达式,我们把方程(8.1.13)改为

$$\frac{\sin 2\varphi_i}{\sin 2\varphi_t}=\frac{c_1}{c_2+\cos\varphi_t\Delta U}\cdot\frac{\sin\varphi_i}{\sin\varphi_t} \tag{8.1.16c}$$

当 $\varphi_i=\varphi_t\to\pi/2$ 时,$\sin 2\varphi_i/\sin 2\varphi_t\to c_1/c_2$,代入方程(8.1.16b)得到

$$r_p\to\frac{\rho_2 c_2-\rho_1 c_1}{\rho_2 c_2+\rho_1 c_1},\quad t_p\to\frac{2\rho_2 c_2}{\rho_2 c_2+\rho_1 c_1} \tag{8.1.16d}$$

因此,对于垂直入射的波,流不起作用.

8.1.3 无限大空间中点声源产生的场

在无限空间中,位于 $\boldsymbol{r}_s=(\rho_s,\varphi_s,z_s)$ 处的点声源产生的声压场或者其 Green 函数,满足

波动方程：

$$\nabla^2 p(\boldsymbol{r},\boldsymbol{r}_s)+k_0^2\left(1+\frac{\mathrm{i}M}{k_0}\frac{\partial}{\partial z}\right)^2 p(\boldsymbol{r},\boldsymbol{r}_s)=-\delta(\boldsymbol{r},\boldsymbol{r}_s) \tag{8.1.17a}$$

其中，$k_0=\omega/c_0$. 注意：ω 是实验室坐标系内测量的频率，c_0 是相对于介质静止的坐标系内的声速，因此 k_0 仅仅是一个比值. 为简单起见（但不失一般性），上式中已假定 $\boldsymbol{U}_0$ 只有沿 z 方向分量，即 $\boldsymbol{U}_0=U_0\boldsymbol{e}_z$. 在柱坐标系中，解可表示为（如果 $\boldsymbol{U}_0$ 还含有 x 和 y 方向分量，这样的柱对称性就没有了）

$$p(\boldsymbol{r},\boldsymbol{r}_s)=\sum_{m=-\infty}^{\infty}\int_0^{\infty} Z_m(z,k_\rho)\mathrm{J}_m(k_\rho\rho)k_\rho\mathrm{d}k_\rho\exp(\mathrm{i}m\varphi) \tag{8.1.17b}$$

将上式代入方程(8.1.17a)得到

$$\begin{aligned}&\int_0^{\infty}\left[\frac{\mathrm{d}^2}{\mathrm{d}z^2}+k_0^2\left(1+\frac{\mathrm{i}M}{k_0}\frac{\mathrm{d}}{\mathrm{d}z}\right)^2-k_\rho^2\right]Z_m(z,k_\rho)\mathrm{J}_m(k_\rho\rho)k_\rho\mathrm{d}k_\rho\\&=-\frac{1}{2\pi\rho}\delta(\rho,\rho_s)\delta(z,z_s)\exp(-\mathrm{i}m\varphi_s)\end{aligned} \tag{8.1.17c}$$

由逆 Hankel 变换得到

$$\left[\frac{\mathrm{d}^2}{\mathrm{d}z^2}+k_0^2\left(1+\frac{\mathrm{i}M}{k_0}\frac{\mathrm{d}}{\mathrm{d}z}\right)^2-k_\rho^2\right]Z_m(z,k_\rho)=-\frac{1}{2\pi}\mathrm{J}_m(k_\rho\rho_s)\delta(z,z_s)^{-\mathrm{i}m\varphi_s} \tag{8.1.17d}$$

首先分析上式相应的齐次方程，即

$$\left[(1-M^2)\frac{\mathrm{d}^2}{\mathrm{d}z^2}+2\mathrm{i}k_0M\frac{\mathrm{d}}{\mathrm{d}z}+k_z^2\right]Z_m(z,k_\rho)=0 \tag{8.1.18a}$$

其中，$k_z^2=\omega^2/c_0^2-k_\rho^2$. 显然，上式的解与 M 的大小有关，我们分三种情况讨论.

亚音速　即 $M<1$，上式的两个基本解为 $\exp(\mathrm{i}\gamma_+z)$ 和 $\exp(\mathrm{i}\gamma_-z)$，其中有

$$\gamma_\pm=\frac{1}{1-M^2}\left[-k_0M\pm\sqrt{k_0^2-(1-M^2)k_\rho^2}\right]\equiv-\gamma_0\pm\gamma_\rho \tag{8.1.18b}$$

其中，为了方便定义

$$\gamma_0\equiv\frac{k_0M}{1-M^2},\quad \gamma_\rho\equiv\frac{1}{1-M^2}\sqrt{k_0^2-(1-M^2)k_\rho^2} \tag{8.1.18c}$$

不难计算传播波数为 γ_+ 和 γ_- 的群速度分别满足

$$\frac{1}{c_g^\pm}=\frac{\partial\gamma_\pm}{\partial\omega}=\frac{1}{c_0(1-M^2)}\left[\pm\frac{1}{\sqrt{1-(1-M^2)k_\rho^2/k_0^2}}-M\right] \tag{8.1.18d}$$

如果 $1-(1-M^2)k_\rho^2/k_0^2>0$，则有 $c_g^+>0$ 和 $c_g^-<0$，分别代表沿 $+z$ 和 $-z$ 方向传播的波；如果 $1-(1-M^2)k_\rho^2/k_0^2<0$，则有

$$\exp(\mathrm{i}\gamma_+z)=\mathrm{e}^{-\mathrm{i}\gamma_0z}\exp\left(-\frac{\kappa_\rho z}{1-M^2}\right),\quad \exp(\mathrm{i}\gamma_-z)=\mathrm{e}^{-\mathrm{i}\gamma_0z}\exp\left(\frac{\kappa_\rho z}{1-M^2}\right) \tag{8.1.18e}$$

其中，$\kappa_\rho\equiv\sqrt{(1-M^2)k_\rho^2-k_0^2}$. 显然，$\exp(\mathrm{i}\gamma_+z)$ 和 $\exp(\mathrm{i}\gamma_-z)$ 分别表示沿 $+z$ 和 $-z$ 方向的隐失

波. 因此,我们构造方程(8.1.17d)的解为

$$Z_m(z,k_\rho)=\begin{cases}A\exp[\mathrm{i}\gamma_+(z-z_s)] & (z>z_s)\\ B\exp[\mathrm{i}\gamma_-(z-z_s)] & (z<z_s)\end{cases}\tag{8.1.19a}$$

上式中 $A\exp[\mathrm{i}\gamma_+(z-z_s)]$ 代表沿 $z>z_s$ 方向传播的波,而 $B\exp[\mathrm{i}\gamma_-(z-z_s)]$ 代表沿 $z<z_s$ 方向传播的波,或者把上式写成

$$Z_m(z,k_\rho)=\mathrm{e}^{-\mathrm{i}\gamma_0(z-z_s)}\begin{cases}A\exp[\mathrm{i}\gamma_\rho(z-z_s)] & (z>z_s)\\ B\exp[\mathrm{i}\gamma_\rho(z_s-z)] & (z<z_s)\end{cases}\tag{8.1.19b}$$

其物理意义就更加明确:$\gamma_0(z-z_s)$ 表示声波在传播过程中产生的相位变化. 显然,在 z 轴上,观测点 z 分别在点源的上游和下游时,声波传播产生的相位差 $2\gamma_0 z$,而在静止介质中,不存在这个传播差. 上式中的系数由 $z=z_s$ 的连接条件决定:$A=B$,以及

$$(1-M^2)(\gamma_-B-\gamma_+A)=\frac{1}{2\pi\mathrm{i}}\mathrm{J}_m(k_\rho\rho_s)\exp(-\mathrm{i}m\varphi_s)\tag{8.1.19c}$$

不难求得

$$A=\frac{1}{2\pi\mathrm{i}}\cdot\frac{\mathrm{J}_m(k_\rho\rho_s)}{(\gamma_--\gamma_+)(1-M^2)}\exp(-\mathrm{i}m\varphi_s)$$
$$B=\frac{1}{2\pi\mathrm{i}}\cdot\frac{\mathrm{J}_m(k_\rho\rho_s)}{(\gamma_--\gamma_+)(1-M^2)}\exp(-\mathrm{i}m\varphi_s)\tag{8.1.19d}$$

注意到方程(8.1.18b),将上式代入方程(8.1.19a)和方程(8.1.17b)得到

$$p(\boldsymbol{r},\boldsymbol{r}_s)=\frac{\mathrm{i}\mathrm{e}^{-\mathrm{i}\gamma_0(z-z_s)}}{4\pi\sqrt{1-M^2}}\sum_{m=-\infty}^{\infty}\int_0^\infty\frac{\mathrm{J}_m(k_\rho\rho_s)\mathrm{J}_m(k_\rho\rho)k_\rho\mathrm{d}k_\rho}{\sqrt{\tilde{k}_0^2-k_\rho^2}}\tag{8.1.20a}$$
$$\times\exp[\mathrm{i}m(\varphi-\varphi_s)]\exp\left(\mathrm{i}\sqrt{\tilde{k}_0^2-k_\rho^2}\,|\tilde{z}-\tilde{z}_s|\right)$$

其中,有 $\tilde{z}=z/\sqrt{1-M^2}$ 和 $\tilde{z}_s=z_s/\sqrt{1-M^2}$,以及 $\tilde{k}_0^2=k_0^2/(1-M^2)$. 由方程(2.4.4c)得

$$p(\boldsymbol{r},\boldsymbol{r}_s)=\frac{\mathrm{e}^{-\mathrm{i}\gamma_0(z-z_s)}}{\sqrt{1-M^2}}\frac{1}{4\pi|\tilde{\boldsymbol{r}}-\tilde{\boldsymbol{r}}_s|}\exp\left(\frac{\mathrm{i}k_0|\tilde{\boldsymbol{r}}-\tilde{\boldsymbol{r}}_s|}{\sqrt{1-M^2}}\right)\tag{8.1.20b}$$

其中,为了方便定义

$$|\tilde{\boldsymbol{r}}-\tilde{\boldsymbol{r}}_s|\equiv\sqrt{(x-x_s)^2+(y-y_s)^2+\frac{(z-z_s)^2}{1-M^2}}\tag{8.1.20c}$$

或者把方程(8.1.20b)写成

$$p(\boldsymbol{r},\boldsymbol{r}_s)=\frac{1}{4\pi\tilde{R}_1}\exp\left\{\mathrm{i}k_0\left[\frac{\tilde{R}_1-M(z-z_s)}{1-M^2}\right]\right\}\tag{8.1.20d}$$

其中,$\tilde{R}_1\equiv\sqrt{(1-M^2)[(x-x_s)^2+(y-y_s)^2]+(z-z_s)^2}$. 讨论三种特殊情况:①在直线 $\boldsymbol{r}=(x_s,y_s,z-z_s)\ (z>z_s)$ 上,$\tilde{R}_1=z-z_s$,声速为 $c=c_0(1+M)$;②在直线 $\boldsymbol{r}=(x_s,y_s,z_s-z)\ (z<z_s)$ 上,$\tilde{R}_1=$

z_s-z,声速为 $c=c_0(1-M)$;③在平面 $z=z_s$ 上,$c=c_0\sqrt{1-M^2}$. 在前两种情况下,尽管声速变化,但声压的幅值与不存在流的情况相同;而在第三种情况下,声压的幅值与不存在流的情况相比增加 $\sqrt{1-M^2}$ 倍.

注意:当 $\boldsymbol{r}$ 与 $\boldsymbol{r}_s$ 对调时,由于因子 $e^{-i\gamma_0(z-z_s)}$ 的存在,有 $p(\boldsymbol{r},\boldsymbol{r}_s)\neq p(\boldsymbol{r}_s,\boldsymbol{r})$,故互易原理须作修正(见习题 8.12).事实上,位于 $\boldsymbol{r}_1$ 处的点源在 $\boldsymbol{r}_2$ 点产生的场 $p_1(\boldsymbol{r}_2,\boldsymbol{r}_1)$ 以及位于 $\boldsymbol{r}_2$ 处的点源在 $\boldsymbol{r}_1$ 点产生的场 $p_2(\boldsymbol{r}_1,\boldsymbol{r}_2)$ 满足关系:

$$p_1(\boldsymbol{r}_2,\boldsymbol{r}_1)\Im(z_2)=p_2(\boldsymbol{r}_1,\boldsymbol{r}_2)\Im(z_1) \tag{8.1.21}$$

其中,$\Im(z)=\exp[2ik_0Mz/(1-M^2)]$ 是相位修正.

超音速 即 $M>1$,与方程(8.1.18b)相应的根为

$$\delta_\pm=\frac{1}{M^2-1}\left[k_0M\pm\sqrt{k_0^2+(M^2-1)k_\rho^2}\right]\equiv\delta_0\pm\delta_\rho \tag{8.1.22a}$$

其中,为了方便定义

$$\delta_0\equiv\frac{k_0M}{M^2-1},\quad \delta_\rho\equiv\frac{1}{M^2-1}\sqrt{k_0^2+(M^2-1)k_\rho^2} \tag{8.1.22b}$$

与方程(8.1.18d)相应的群速度满足

$$\frac{1}{c_g^\pm}=\frac{\partial\delta_\pm}{\partial\omega}=\frac{1}{c_0(M^2-1)}\left[M\mp\frac{1}{\sqrt{1+(M^2-1)k_\rho^2/k_0^2}}\right] \tag{8.1.22c}$$

显然,当 $M>1$ 时,$c_g^+>0$ 和 $c_g^->0$,故基本解 $\exp[i\delta_+(z-z_s)]$ 和 $\exp[i\delta_-(z-z_s)]$ 都表示向 $z>z_s$ 方向传播的平面波,因而不存在向 $z<z_s$ 方向传播波的基本解. 事实上,当 $M>1$ 时,由于流速大于声速,声源发出的声波被流体携带而只能向流体流动方向($z>z_s$)传播. 为了满足这一因果关系,必须取 $Z_m(z,k_\rho)\equiv0(z<z_s)$,即取

$$Z_m(z,k_\rho)=\begin{cases}A\exp[i\delta_+(z-z_s)]+B\exp[i\delta_-(z-z_s)] & (z>z_s)\\ 0 & (z<z_s)\end{cases} \tag{8.1.23a}$$

决定上式系数的连接方程修改为

$$\begin{gathered}Z_m(z,k_\rho)\big|_{z=z_s+0}=0\\ \left.\frac{dZ_m(z,k_\rho)}{dz}\right|_{z=z_s+0}=\frac{1}{2\pi(M^2-1)}J_m(k_\rho\rho_s)\exp(-im\varphi_s)\end{gathered} \tag{8.1.23b}$$

于是,容易得到

$$\begin{gathered}A=\frac{J_m(k_\rho\rho_s)}{2\pi i(\delta_+-\delta_-)(M^2-1)}\exp(-im\varphi_s)\\ B=-\frac{J_m(k_\rho\rho_s)}{2\pi i(\delta_+-\delta_-)(M^2-1)}\exp(-im\varphi_s)\end{gathered} \tag{8.1.23c}$$

将上式代入方程(8.1.23a)和方程(8.1.17b)得到

$$p(\boldsymbol{r},\boldsymbol{r}_s)=\frac{\mathrm{e}^{\mathrm{i}\delta_0(z-z_s)}}{2\pi\sqrt{M^2-1}}\sum_{m=-\infty}^{\infty}\int_0^{\infty}\frac{\mathrm{J}_m(k_\rho\rho_s)\mathrm{J}_m(k_\rho\rho)}{\sqrt{\tilde{k}_0^2+k_\rho^2}}k_\rho\mathrm{d}k_\rho \tag{8.1.24a}$$

$$\times\exp[\mathrm{i}m(\varphi-\varphi_s)]\sin\left[\sqrt{\tilde{k}_0^2+k_\rho^2}(\tilde{z}-\tilde{z}_s)\right]$$

其中,有$\tilde{k}_0^2=k_0^2/(M^2-1)$,以及$\tilde{z}=z/\sqrt{M^2-1}$和$\tilde{z}_s=z_s/\sqrt{M^2-1}$. 为了求上式积分,首先考虑$\boldsymbol{r}_s=0$情况,即$\rho_s=0$和$z_s=0$,上式简化成

$$p(\boldsymbol{r},0)=\frac{\mathrm{e}^{\mathrm{i}\delta_0 z}}{2\pi\sqrt{M^2-1}}\int_0^{\infty}\frac{\mathrm{J}_0(k_\rho\rho)k_\rho\mathrm{d}k_\rho}{\sqrt{k_0^2/(M^2-1)+k_\rho^2}}\sin[\alpha(k_\rho)z] \tag{8.1.24b}$$

其中,为处理方便,定义

$$\alpha(k_\rho)\equiv\frac{1}{\sqrt{M^2-1}}\sqrt{k_\rho^2+\frac{k_0^2}{M^2-1}} \tag{8.1.24c}$$

令积分变换$\sigma=\rho\sqrt{k_0^2/(M^2-1)+k_\rho^2}$,逆变换取$k_\rho\rho=\sqrt{\sigma^2-k_0^2\rho^2/(M^2-1)}$,方程(8.1.24b)化成

$$p(\boldsymbol{r},0)=\frac{\mathrm{e}^{\mathrm{i}\delta_0 z}}{2\pi\rho\sqrt{M^2-1}}\int_a^{\infty}\mathrm{J}_0\left(\sqrt{\sigma^2-a^2}\right)\sin(c\sigma)\mathrm{d}\sigma \tag{8.1.25a}$$

其中,有$a\equiv k_0\rho/\sqrt{M^2-1}$和$c\equiv z\rho^{-1}/\sqrt{M^2-1}$. 利用积分关系得

$$\int_a^{\infty}\mathrm{J}_0\left(\sqrt{x^2-a^2}\right)\sin(cx)\mathrm{d}x=\begin{cases}0 & (c<1)\\ \dfrac{\cos\left(a\sqrt{c^2-1}\right)}{\sqrt{c^2-1}} & (c>1)\end{cases} \tag{8.1.25b}$$

方程(8.1.25a)给出

$$p(\boldsymbol{r},0)=\frac{\mathrm{e}^{\mathrm{i}\delta_0 z}}{2\pi\tilde{R}_2}\cdot\begin{cases}0 & (z<\rho\sqrt{M^2-1})\\ \cos\left(\dfrac{k_0\tilde{R}_2}{M^2-1}\right) & (z>\rho\sqrt{M^2-1})\end{cases} \tag{8.1.25c}$$

其中,$\tilde{R}_2\equiv\sqrt{z^2-(M^2-1)\rho^2}$. 可见,在锥形区域外声压为零;只有在圆锥区域内,才存在声场,圆锥面方程为$z=\rho\sqrt{M^2-1}$,故圆锥的半顶角为$\theta_M=\arcsin(1/M)$,如图8.1.2所示. 当$\boldsymbol{r}_s\neq0$时,显然只要把上式修改成

$$p(\boldsymbol{r},\boldsymbol{r}_s)=\frac{\mathrm{e}^{\mathrm{i}\delta_0(z-z_s)}}{2\pi\tilde{R}_3}\cdot\begin{cases}0 & (\text{圆锥外})\\ \cos\left(\dfrac{k_0\tilde{R}_3}{M^2-1}\right) & (\text{圆锥内})\end{cases} \tag{8.1.26a}$$

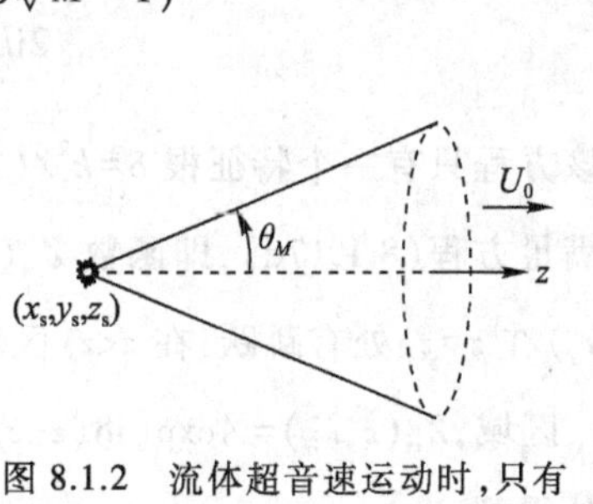

图 8.1.2　流体超音速运动时,只有锥面内存在声场,锥面外声场为零

其中，$\widetilde{R}_3 \equiv \sqrt{(z-z_s)^2-(M^2-1)[(x-x_s)^2+(y-y_s)^2]}$. 圆锥面方程为

$$(M^2-1)[(x-x_s)^2+(y-y_s)^2]=(z-z_s)^2 \tag{8.1.26b}$$

圆锥顶点在声源处. 必须注意的是，在圆锥面上，$\widetilde{R}_3=0$，故声压无限大，必须引进阻尼或者非线性效应.

在直线 $\boldsymbol{r}=(x_s,y_s,z-z_s)(z>z_s)$ 上，$\widetilde{R}_3=z-z_s$，声压为

$$p(x_s,y_s,z,\boldsymbol{r}_s)=\frac{1}{8\pi(z-z_s)}\left\{\exp\left[\mathrm{i}\frac{k_0(z-z_s)}{M-1}\right]+\exp\left[\mathrm{i}\frac{k_0(z-z_s)}{M+1}\right]\right\} \tag{8.1.26c}$$

相当于向+z 方向发出声速分别为 $c=c_0(M+1)$ 和 $c=c_0(M-1)$ 的两个声波. 这是有趣的事实：$c=c_0(M+1)$ 容易理解，那么 $c=c_0(M-1)$ 的物理意义是什么？为什么在超音速情况下有两个沿 $z>z_s$ 方向传播的平面波呢？理解这点，我们必须在相对于流体静止的参考系 S′中分析问题：如图 8.1.3 所示，在参考系 S′看来，声源以速度 $-U_0$ 向左超音速运动，P 点 t 时刻接收到的声波有两部分（见 8.2 节中讨论）：① 声波是声源在较早时刻 t_1 发出的，它以声速 c_0 传播到 P 点；②由于声源运动速度大于声速 c_0，它越过 P 点后在 t_2 时刻发出声波，声波以声速 c_0 传播也在 t 时刻到达 P 点. 但是，在实验室参考系 S 看来，t_1 时刻发出的声波是逆流达到 P 点，因而声速为 $c_0(M-1)$；而 t_2 时刻发出的声波是顺流达到 P 点，因而声速为 $c_0(M+1)$. 因此存在两个向+z 方向传播的波，在圆锥内同相位叠加形成类驻波的形式，而在圆锥外反相叠加，声压为零.

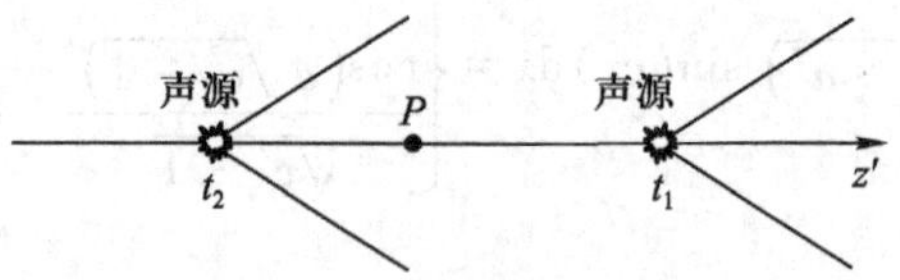

图 8.1.3　在相对于流体静止的参考系中，P 点 t 时刻接收的声波

等音速　即 $M=1$，方程(8.1.18a)简化为一阶方程：

$$2\mathrm{i}k_0\frac{\mathrm{d}Z_m(z,k_\rho)}{\mathrm{d}z}+k_z^2Z_m(z,k_\rho)=0 \tag{8.1.27a}$$

该方程只有一个特征根 $\delta=k_z^2/(2k_0)$，其相应的特征解为 $Z_m(z,k_\rho)=A\exp[\mathrm{i}\delta(z-z_s)]$. 为了满足方程(8.1.17d)，即函数 $Z_m(z,k_\rho)$ 的一阶导数出现 Dirac δ 函数，显然要求函数 $Z_m(z,k_\rho)$ 在 $z=z_s$ 处有跳跃：在 $z<z_s$ 区域，$Z_m(z,k_\rho)=0$（其物理意义与超音速情况类似），而在 $z>z_s$ 区域，$Z_m(z,k_\rho)=A\exp[\mathrm{i}\delta(z-z_s)]$. 连接条件可以对方程(8.1.17d)在区域($z_s-0,z_s+0$)积分得到

$$Z_m(z,k_\rho)\big|_{z=z_s+0}=-\frac{1}{4\pi\mathrm{i}k_0}\mathrm{J}_m(k_\rho\rho_s)\exp(-\mathrm{i}m\varphi_s) \tag{8.1.27b}$$

于是不难得到

$$Z_m(z,k_\rho)=-\frac{1}{4\pi\mathrm{i}k_0}\mathrm{J}_m(k_\rho\rho_s)\exp(-\mathrm{i}m\varphi_s)\exp\left[\mathrm{i}\frac{k_0^2-k_\rho^2}{2k_0}(z-z_s)\right] \tag{8.1.27c}$$

将上式代入方程(8.1.17b)得到

$$p(\boldsymbol{r},\boldsymbol{r}_s)=-\frac{1}{4\pi\mathrm{i}k_0}\sum_{m=-\infty}^{\infty}\int_0^{\infty}\exp[\mathrm{i}\Im(k_\rho)]\mathrm{J}_m(k_\rho\rho_s)\mathrm{J}_m(k_\rho\rho)k_\rho\mathrm{d}k_\rho\mathrm{e}^{\mathrm{i}m(\varphi-\varphi_s)} \tag{8.1.28a}$$

其中,为了方便定义 $\Im(k_\rho)\equiv(k_0^2-k_\rho^2)(z-z_s)/2k_0$. 当 $\boldsymbol{r}_s=0$ 时,上式简化为

$$\begin{aligned}p(\boldsymbol{r},0)&=-\frac{1}{4\pi\mathrm{i}k_0}\exp\left(\mathrm{i}\frac{k_0z}{2}\right)\int_0^{\infty}\exp\left(-\mathrm{i}\frac{z}{2k_0}k_\rho^2\right)\mathrm{J}_0(k_\rho\rho)k_\rho\mathrm{d}k_\rho\\&=\frac{1}{4\pi z}\exp\left[\frac{\mathrm{i}k_0(\rho^2+z^2)}{2z}\right]\end{aligned} \tag{8.1.28b}$$

此时圆锥半顶角 $\theta_M\to\pi/2$(即 $\sin\theta_M=1$),故在 $z<0$ 区域内声场为零. 当 $\boldsymbol{r}_s\neq0$ 时,上式修改成

$$p(\boldsymbol{r},\boldsymbol{r}_s)=\frac{1}{4\pi(z-z_s)}\exp\left[\frac{\mathrm{i}k_0|\boldsymbol{r}-\boldsymbol{r}_s|^2}{2(z-z_s)}\right]\cdot\begin{cases}1 & (z>z_s)\\0 & (z<z_s)\end{cases} \tag{8.1.28c}$$

显然,在 $z=z_s$ 平面上,$g(\boldsymbol{r},\boldsymbol{r}_s)\to\infty$,必须引进阻尼或者非线性效应.

8.1.4 管道中声波的激发和传播

为了保证管道中存在均匀的流速,必须有:① 管道为等截面直管道,假定流速沿 $+z$ 方向,即 $\boldsymbol{U}_0=U_0\boldsymbol{e}_z$;② 流体的黏性可忽略,否则流速一定是横截面坐标的函数,在中心处极大,而在壁面为零. 对于阻抗壁面,设管壁 Γ 的法向声阻抗率为 $z_n=p/v_n^b$(其中 v_n^b 是管壁速度的法向分量),换成管壁的法向位移 ξ_n^b 为 $-\mathrm{i}\omega\xi_n^b=p/z_n$(注意:假定管道本身不运动,管壁的速度与位移关系为 $v_n^b=-\mathrm{i}\omega\xi_n^b$). 管壁的边界条件为法向位移连续(注意:不是管壁的法向速度连续),即 $\xi_n^b=\xi_n(x,y,z,\omega)|_\Gamma$,于是,管壁的阻抗边界条件为

$$-\mathrm{i}\rho_0c_0\omega\xi_n(x,y,z,\omega)|_\Gamma=\beta p(x,y,z,\omega)|_\Gamma \tag{8.1.29a}$$

其中,$\beta=\rho_0c_0/z_n$ 是管壁的比阻抗率[注意:一般 $\beta=\beta(x,y,z,\omega)$ 与 z 有关]. 流体质点元的位移矢量场 $\boldsymbol{\xi}$ 满足

$$\rho_0\left(-\mathrm{i}\omega+U_0\frac{\partial}{\partial z}\right)^2\boldsymbol{\xi}=-\nabla p \tag{8.1.29b}$$

上式的形式解为

$$\boldsymbol{\xi}=-\frac{1}{\rho_0}\left(-\mathrm{i}\omega+U_0\frac{\partial}{\partial z}\right)^{-2}\nabla p \tag{8.1.29c}$$

将上式代入方程(8.1.29a)得到阻抗边界条件为

$$\boldsymbol{n}\cdot\nabla p|_\Gamma-\mathrm{i}k_0\left(1+\frac{\mathrm{i}M}{k_0}\frac{\partial}{\partial z}\right)^2(\beta p)|_\Gamma=0 \tag{8.1.29d}$$

因此:① 由上式可知,对于刚性管壁 $\beta=0,\boldsymbol{e}_{\rm n}\cdot\nabla p\,|_{\Gamma}=0$ 仍然成立;② 考虑流体的边界层后,流速一般是横截面坐标的函数,流体质点黏着在管壁上,即在管壁上有 $U_0\,|_{\Gamma}=0$,阻抗边界条件可以近似为 $\boldsymbol{e}_{\rm n}\cdot\nabla p\,|_{\Gamma}-{\rm i}k_0\beta p\,|_{\Gamma}=0$;③ 对低速流体的流动,$M\ll 1$,阻抗边界条件也可以近似为 $\boldsymbol{e}_{\rm n}\cdot\nabla p\,|_{\Gamma}-{\rm i}k_0\beta p\,|_{\Gamma}=0$;④ 但当 U_0 是横截面坐标的函数时,波动方程颇为复杂,见 8.3.3 小节中讨论.

刚性管壁 考虑刚性管壁、等截面管道,位于 $\boldsymbol{r}_{\rm s}=(x_{\rm s},y_{\rm s},z_{\rm s})$ 处的点源产生的场 $p(\boldsymbol{r},\boldsymbol{r}_{\rm s})$ 满足方程:

$$\nabla^2 p(\boldsymbol{r},\boldsymbol{r}_{\rm s})+k_0^2\left(1+\frac{{\rm i}M}{k_0}\frac{\partial}{\partial z}\right)^2 p(\boldsymbol{r},\boldsymbol{r}_{\rm s})=-\delta(\boldsymbol{r},\boldsymbol{r}_{\rm s}) \tag{8.1.30a}$$

以及刚性边界条件 $(\partial p/\partial n)\,|_{\Gamma}=0$. 设二维截面的简正模式 $\psi_\lambda(x,y)$ 与简正波数 $k_{{\rm t}\lambda}$ 已知,有

$$\left(\frac{\partial^2}{\partial x^2}+\frac{\partial^2}{\partial y^2}\right)\psi_\lambda(x,y)+k_{{\rm t}\lambda}^2\psi_\lambda(x,y)=0,\quad \left.\frac{\partial\psi_\lambda(x,y)}{\partial n}\right|_{\Gamma}=0 \tag{8.1.30b}$$

把方程(8.1.30a)的解用 $\psi_\lambda(x,y)$ 展开为

$$p(\boldsymbol{r},\boldsymbol{r}_{\rm s})=\sum_{\lambda=0}^{\infty}Z_\lambda(z)\psi_\lambda(x,y) \tag{8.1.30c}$$

将上式代入方程(8.1.30a)得到

$$\left[(1-M^2)\frac{{\rm d}^2}{{\rm d}z^2}+2{\rm i}k_0M\frac{\rm d}{{\rm d}z}+k_z^2\right]Z_\lambda(z)=-\psi_\lambda^*(x_{\rm s},y_{\rm s})\delta(z,z_{\rm s}) \tag{8.1.30d}$$

其中,$k_z^2=k_0^2-k_{{\rm t}\lambda}^2$. 上式与方程(8.1.17d)有类似的形式,讨论如下.

(1) 亚音速($M<1$)时,由方程(8.1.19a)得到类似的解:

$$Z_\lambda(z)=\frac{{\rm i}\psi_\lambda^*(x_{\rm s},y_{\rm s}){\rm e}^{-{\rm i}\gamma_0(z-z_{\rm s})}}{2\Im_1(k_{{\rm t}\lambda})}\exp\left[{\rm i}\frac{\Im_1(k_{{\rm t}\lambda})}{1-M^2}|z-z_{\rm s}|\right] \tag{8.1.31a}$$

其中,有 $\gamma_0\equiv k_0M/(1-M^2)$ 和 $\Im_1(k_{{\rm t}\lambda})\equiv\sqrt{k_0^2-(1-M^2)k_{{\rm t}\lambda}^2}$. 将上式代入方程(8.1.30c)得到级数形式的声场表示:

$$p(\boldsymbol{r},\boldsymbol{r}_{\rm s})=\frac{\rm i}{2}{\rm e}^{-{\rm i}\gamma_0(z-z_{\rm s})}\sum_{\lambda=0}^{\infty}\frac{1}{\Im_1(k_{{\rm t}\lambda})}\psi_\lambda(x,y)\psi_\lambda^*(x_{\rm s},y_{\rm s})\times\exp\left[{\rm i}\frac{\Im_1(k_{{\rm t}\lambda})}{1-M^2}|z-z_{\rm s}|\right] \tag{8.1.31b}$$

对于平面波模式($\lambda=0$),有

$$\begin{aligned}p_0(\boldsymbol{r},\boldsymbol{r}_{\rm s})&\equiv\frac{\rm i}{2Sk_0}\exp\left[{\rm i}\frac{k_0(z-z_{\rm s})}{1+M}\right]\quad(z>z_{\rm s})\\ p_0(\boldsymbol{r},\boldsymbol{r}_{\rm s})&\equiv\frac{\rm i}{2Sk_0}\exp\left[{\rm i}\frac{k_0(z_{\rm s}-z)}{1-M}\right]\quad(z<z_{\rm s})\end{aligned} \tag{8.1.31c}$$

显然，高阶模式截止条件为 $k_0^2-(1-M^2)k_{t1}^2<0$，即 $\omega_c<\sqrt{1-M^2}\,c_0k_{t1}$，故流的存在使截止频率下降.

(2) 超音速($M>1$)时，由方程(8.1.23a)和方程(8.1.22b)得到类似的解(当 $z>z_s$ 时)：

$$Z_\lambda(z)=\frac{e^{i\delta_0(z-z_s)}\psi_\lambda^*(x_s,y_s)}{\Im_2(k_{t\lambda})}\sin\left[\frac{\Im_2(k_{t\lambda})}{M^2-1}(z-z_s)\right] \tag{8.1.32a}$$

当 $z<z_s$ 时，$Z_\lambda(z)=0$. 上式中 $\delta_0\equiv k_0M/(M^2-1)$，$\Im_2(k_{t\lambda})\equiv\sqrt{k_0^2+(M^2-1)k_{t\lambda}^2}$. 将上式代入方程(8.1.30c)得到级数形式的声场表示为(当 $z>z_s$ 时)

$$p(\boldsymbol{r},\boldsymbol{r}_s)=e^{i\delta_0(z-z_s)}\sum_{\lambda=0}^{\infty}\frac{\psi_\lambda^*(x_s,y_s)\psi_\lambda(x,y)}{\Im_2(k_{t\lambda})}\sin\left[\frac{\Im_2(k_{t\lambda})}{M^2-1}(z-z_s)\right] \tag{8.1.32b}$$

当 $z<z_s$ 时，$p(\boldsymbol{r},\boldsymbol{r}_s)=0$. 显然，对于超音速情况，不存在截止频率，所有频率的声波都能够传播.

(3) 等音速($M=1$)时，重复与方程(8.1.27c)类似的过程，可以得到

$$Z_\lambda(z)=\frac{i}{2k_0}\psi_\lambda^*(x_s,y_s)\exp\left[i\frac{k_0^2-k_{t\lambda}^2}{2k_0}(z-z_s)\right]\quad(z>z_s) \tag{8.1.33a}$$

将上式代入方程(8.1.30c)得到级数形式的声场表示为(当 $z>z_s$ 时)

$$p(\boldsymbol{r},\boldsymbol{r}_s)=\frac{i}{2k_0}\sum_{\lambda=0}^{\infty}\psi_\lambda^*(x_s,y_s)\psi_\lambda(x,y)\exp\left[i\frac{k_0^2-k_{t\lambda}^2}{2k_0}(z-z_s)\right] \tag{8.1.33b}$$

当 $z<z_s$ 时，$p(\boldsymbol{r},\boldsymbol{r}_s)=0$.

阻抗管道 考虑阻抗管壁、等截面管道，位于 $\boldsymbol{r}_s=(x_s,y_s,z_s)$ 处的点源产生的场 $p(\boldsymbol{r},\boldsymbol{r}_s)$ 满足方程和边界条件[注意：下式的边界条件假定 $\beta=\beta(x,y,\omega)$ 与 z 无关]：

$$\nabla^2p(\boldsymbol{r},\boldsymbol{r}_s)+k_0^2\left(1+\frac{iM}{k_0}\frac{\partial}{\partial z}\right)^2p(\boldsymbol{r},\boldsymbol{r}_s)=-\delta(\boldsymbol{r},\boldsymbol{r}_s)$$

$$\frac{\partial p}{\partial n}-ik_0\beta\left(1+\frac{iM}{k_0}\frac{\partial}{\partial z}\right)^2p=0\quad(\boldsymbol{r}\in\Gamma) \tag{8.1.34a}$$

阻抗管道与刚性管道最大的不同是，即使假定 $\beta=\beta(x,y,\omega)$ 与 z 无关，边界条件仍然与波的传播方向有关，即径向波数与 z 方向波数有关(见习题 8.6)，我们无法得到一个独立于 z 方向传播波形的函数系. 但是可以用简正模式 $\{\psi_\lambda(x,y)\}$ 作广义 Fourier 展开：

$$p(\boldsymbol{r},\boldsymbol{r}_s)\approx\sum_{\lambda=0}^{\infty}Z_\lambda(z)\psi_\lambda(x,y),\quad Z_\lambda(z)=\iint_S p(\boldsymbol{r},\boldsymbol{r}_s)\psi_\lambda^*(x,y)\,dS \tag{8.1.34b}$$

取 $u=p$ 和 $v=\psi_\lambda^*$，由方程(4.1.3a)得到(其中 ∇_t^2 是二维 Laplace 算子)

$$\int_S(p\nabla_t^2\psi_\lambda^*-\psi_\lambda^*\nabla_t^2p)\,dS=\int_\Gamma\left(p\frac{\partial\psi_\lambda^*}{\partial n}-\psi_\lambda^*\frac{\partial p}{\partial n}\right)d\Gamma \tag{8.2.34c}$$

注意到三维 Laplace 算子 $\nabla^2p=\nabla_t^2p+\dfrac{\partial^2p}{\partial z^2}$，结合方程(8.1.30b)，从上式得到

$$\frac{\mathrm{d}^2 Z_\lambda(z)}{\mathrm{d}z^2}+(k_0^2+\chi_{\lambda\lambda})\left(1+\frac{\mathrm{i}M}{k_0}\frac{\mathrm{d}}{\mathrm{d}z}\right)^2 Z_\lambda(z)-k_{t\lambda}^2 Z_\lambda(z) \tag{8.2.34d}$$

$$+\left(1+\frac{\mathrm{i}M}{k_0}\frac{\mathrm{d}}{\mathrm{d}z}\right)^2\sum_{\mu\neq\lambda}^{\infty}\chi_{\lambda\mu}Z_\mu(z)=-\psi_\lambda^*(x_s,y_s)\delta(z,z_s)$$

其中，$\chi_{\lambda\mu}\equiv \mathrm{i}k_0\int_\Gamma \beta(x,y,\omega)\psi_\lambda^*\psi_\mu \mathrm{d}\Gamma$（注意：如果 β 与 z 有关，$\chi_{\lambda\mu}$ 与 z 也有关，上式就是变系数方程）. 在一阶近似下，忽略交叉项积分，上式简化为

$$[1-(1+\delta_\lambda)M^2]\frac{\mathrm{d}^2 Z_\lambda(z)}{\mathrm{d}z^2}+2\mathrm{i}k_0M(1+\delta_\lambda)\frac{\mathrm{d}Z_\lambda(z)}{\mathrm{d}z} \tag{8.1.35a}$$

$$+(k_0^2-k_{t\lambda}^2+\delta_\lambda k_0^2)Z_\lambda(z)=-\psi_\lambda^*(x_s,y_s)\delta(z,z_s)$$

其中，为了方便定义 $\delta_\lambda\equiv\chi_{\lambda\lambda}/k_0^2$. 上式与方程（8.1.17d）有类似的形式，求解过程也类似，一旦得到 $Z_\lambda(z)$ 代入方程（8.1.34b）就得到声场的分布，不再重复.

主波的衰减 我们讨论当 $\beta(x,y,\omega)\to 0$ 时，主波的衰减. 对应于零阶模式（$\lambda=0$），$k_{t0}^2=0$，对应方程（8.1.35a）的齐次方程的特征根满足

$$[1-(1+\delta_0)M^2]\xi^2+2k_0M(1+\delta_0)\xi-k_0^2(1+\delta_0)=0 \tag{8.1.35b}$$

不难求得主波的复传播因子为

$$\xi_\pm=\frac{k_0}{1-(1+\delta_0)M^2}\left[-M(1+\delta_0)\pm\sqrt{1+\delta_0}\right] \tag{8.1.35c}$$

$$\approx\frac{k_0}{(1-M^2)}\left(1+\frac{\delta_0M^2}{1-M^2}\right)\left[-M(1+\delta_0)\pm\left(1+\frac{\delta_0}{2}\right)\right]$$

注意到 $\delta_0=\chi_{00}/k_0^2=\mathrm{i}L\bar{\beta}/(Sk_0)$，$\bar{\beta}=\dfrac{1}{L}\int_\Gamma\beta(x,y,\omega)\mathrm{d}\Gamma$，其中 L 和 S 分别是截面周长和面积. 对于“+”根和“-”根，一阶近似的复传播因子分别为

$$\xi_+\approx\frac{k_0}{1+M}+\frac{\mathrm{i}L\bar{\beta}}{2S}\frac{1}{(1+M)^2},\quad \xi_-\approx-\frac{k_0}{1-M}-\frac{\mathrm{i}L\bar{\beta}}{2S}\frac{1}{(1-M)^2} \tag{8.1.36a}$$

因此，主波的衰减因子分别为

$$\alpha_+\approx\frac{L\mathrm{Re}(\bar{\beta})}{2S}\frac{1}{(1+M)^2},\quad \alpha_-\approx\frac{L\mathrm{Re}(\bar{\beta})}{2S}\frac{1}{(1-M)^2} \tag{8.1.36b}$$

上式与 4.1.2 小节中的结果比较可见，均匀流的存在降低（顺流）或者增强（逆流）了吸声效果，特别是当流速较大时，顺流吸声有较大的下降.

注意：① 方程（8.1.36a）的 ξ_- 不适合于 $M\to 1$，此时微扰 δ_0 是奇异的；② 它更不适合于 $M>1$ 情况，因为 $\mathrm{Re}\,\xi_->0$ 而 $\mathrm{Im}\,\xi_-<0$，当 $z\to\infty$ 时，出现指数发散项；③ 事实上，当 $M>1$ 时，声波只能顺流传播，在 $z<z_s$ 的区域内声场为零，单独讨论平面主波的衰减没有意义，此时方程（4.2.34d）的交叉项不能忽略，或者由于边界耦合的重要性，方程（8.1.34b）的广义

Fourier 展开本身就不适合.

8.2 运动声源激发的声波

在实际情况中,我们经常遇到运动声源问题,如火车的鸣笛声、飞机发出的声音等. 这时介质本身是静止的(相对实验室坐标系),而声源运动. 当声源作匀速运动时,可以建立相对于声源静止的参考系(也是惯性参考系),而介质相对运动,尽管 8.1 节中的大部分结论可以应用于这种情况,但本节在时域讨论问题,方法有所区别;当声源作加速运动时,相对声源静止的参考系不是惯性参考系.

8.2.1 匀速运动点声源激发的声场

设强度为 $q(t)$ 的点质量源作匀速运动,为方便起见,假定声源在 $+z$ 方向运动:$\boldsymbol{U}_0=U_0\boldsymbol{e}_z$. 且当 $t=0$ 时,声源恰好通过 $z=0$ 处(不失一般性,只要通过坐标平移就可以做到),空间声场满足方程:

$$\nabla^2 p-\frac{1}{c_0^2}\frac{\partial^2 p}{\partial t^2}=-\rho_0\frac{\partial}{\partial t}[q(t)\delta(z-U_0 t)\delta(x)\delta(y)] \tag{8.2.1a}$$

令速度势 ψ 为 $p=\partial\psi/\partial t$,将上式简化成

$$\nabla^2 \psi-\frac{1}{c_0^2}\frac{\partial^2 \psi}{\partial t^2}=-\rho_0 q(t)\delta(z-U_0 t)\delta(x)\delta(y) \tag{8.2.1b}$$

由方程(1.2.22)可知,上式的解可以表示成

$$\psi(\boldsymbol{r},t)=\frac{\rho_0}{4\pi}\int\frac{1}{|\boldsymbol{r}-\boldsymbol{r}'|}q\left(t-\frac{|\boldsymbol{r}-\boldsymbol{r}'|}{c_0}\right)\times\delta\left[z'-U_0\left(t-\frac{|\boldsymbol{r}-\boldsymbol{r}'|}{c_0}\right)\right]\delta(x')\delta(y')\mathrm{d}x'\mathrm{d}y'\mathrm{d}z' \tag{8.2.2a}$$

其中,$|\boldsymbol{r}-\boldsymbol{r}'|=\sqrt{(x-x')^2+(y-y')^2+(z-z')^2}$,代入上式得到

$$\psi(\boldsymbol{r},t)=\frac{\rho_0}{4\pi}\int\frac{1}{\sqrt{\rho^2+(z-z')^2}}q\left[t-\frac{\sqrt{\rho^2+(z-z')^2}}{c_0}\right]\times\delta\left[z'-U_0 t+M\sqrt{\rho^2+(z-z')^2}\right]\mathrm{d}z' \tag{8.2.2b}$$

上式积分决定于 Dirac δ 函数的零点,即方程

$$f(z')\equiv z'-U_0 t+M\sqrt{\rho^2+(z-z')^2}=0 \tag{8.2.3a}$$

的根，或者

$$(M^2-1)(z'-z)^2-2(z'-z)(z-U_0t)+M^2\rho^2-(z-U_0t)^2=0 \tag{8.2.3b}$$

的根，容易得到两个根为

$$z'_{\pm}=z-\frac{1}{(1-M^2)}\left[(z-U_0t)\pm M\sqrt{(z-U_0t)^2+(1-M^2)\rho^2}\right] \tag{8.2.3c}$$

显然，根 $z'_{\pm}$ 依赖于 M. 假定声源位于原点不动（$M=0$），故 $z'_{\pm}=0$，有

$$\psi(\boldsymbol{r},t)=\frac{\rho_0}{4\pi}\frac{1}{\sqrt{\rho^2+z^2}}q\left(t-\frac{\sqrt{\rho^2+z^2}}{c_0}\right) \tag{8.2.4}$$

亚音速 由 $M=0$ 情况，我们知道，方程（8.2.2b）的积分实际上是对声源位置 $z'_{\pm}$ 积分，当 $M<1$ 时，为了保证声源对任意的 x 和 y 都在 $+z$ 轴上（即 $z'_{\pm}>0$），必须取方程（8.2.3c）中“+”号. 故 Dirac δ 函数只有一个零点 z'_+ 满足要求，由 Dirac δ 函数的性质

$$\delta[f(z')]=\frac{1}{|f'(z'_+)|}\delta(z'-z'_+) \tag{8.2.5a}$$

将上式代入方程（8.2.2b）得

$$\begin{aligned}\psi(\boldsymbol{r},t)&=\frac{\rho_0}{4\pi}\frac{1}{|f'(z'_+)|\sqrt{\rho^2+(z-z'_+)^2}}q\left[t-\frac{\sqrt{\rho^2+(z-z'_+)^2}}{c_0}\right]\\&=\frac{\rho_0}{4\pi}\frac{1}{\left|\sqrt{\rho^2+(z-z'_+)^2}-M(z-z'_+)\right|}q\left[t-\frac{\sqrt{\rho^2+(z-z'_+)^2}}{c_0}\right]\end{aligned} \tag{8.2.5b}$$

注意到关系：

$$\begin{aligned}&\sqrt{\rho^2+(z-z'_+)^2}=\frac{M(z-U_0t)+R_1}{(1-M^2)}\equiv R\\&\left|\sqrt{\rho^2+(z-z'_+)^2}-M(z-z'_+)\right|=R_1\end{aligned} \tag{8.2.5c}$$

其中，$R_1\equiv\sqrt{(1-M^2)\rho^2+(z-U_0t)^2}$，将上式代入方程（8.2.5b）得到

$$\psi(\boldsymbol{r},t)=\frac{\rho_0}{4\pi}\frac{1}{R_1}q\left(t-\frac{R}{c_0}\right) \tag{8.2.5d}$$

为了看清楚 R 和 R_1 的意义，我们来分析观测点 $Q(x,y,z)$ 的声场，如图 8.2.1 所示. 显然，在观测点 $Q(x,y,z)$、时刻 t 接收到的声波是声源在位置 $(x_e,y_e,z_e)=(0,0,z_e)$ 处、t_e 时刻发出的；当在时刻 t、观测点 $Q(x,y,z)$ 接收到声波时，声源已运动到位置 $(0,0,U_0t)$. R 就是 $(0,0,z_e)$ 到 $Q(x,y,z)$ 的距离，有

$$R^2=(x-x_e)^2+(y-y_e)^2+(z-z_e)^2 \tag{8.2.6a}$$

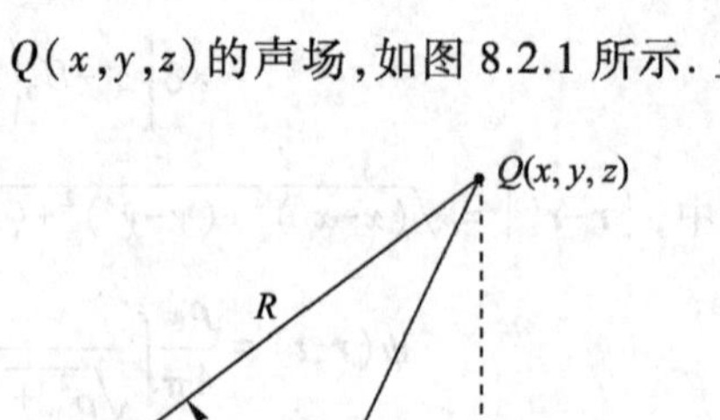

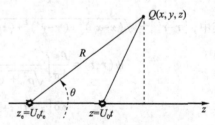

图 8.2.1 Q 点 t 时刻接收到的声波是声源在 t_e 时刻发出的

注意到：$R=c_0(t-t_e)$，$x_e=y_e=0$ 以及 $z_e=U_0t_e=$

$U_0(t-R/c_0)$,代入上式得到

$$(1-M^2)R^2-2(z-U_0t)MR-[\rho^2+(z-U_0t)^2]=0 \tag{8.2.6b}$$

不难求得

$$R=\frac{1}{1-M^2}[M(z-U_0t)\pm R_1] \tag{8.2.6c}$$

当 $M<1$ 时,上式中应取"+"号,否则 $R<0$. 令 θ 为声源运动方向(z 轴)与 R 的夹角,则有 $z-z_e=z-U_0t_e=R\cos\theta$,故存在恒等式:

$$M(z-U_0t)=M[(z-U_0t_e)-U_0(t-t_e)]=MR(\cos\theta-M) \tag{8.2.7a}$$

将上式代入方程(8.2.6c)得到(取"+"号)

$$R_1=R(1-M\cos\theta) \tag{8.2.7b}$$

由 $p=\partial\psi/\partial t$ 和方程(8.2.5d)得到空间声压为

$$p(\boldsymbol{r},t)=\frac{\rho_0}{4\pi R_1}\left[\dot{q}\left(t-\frac{R}{c_0}\right)\left(1-\frac{1}{c_0}\frac{\partial R}{\partial t}\right)-\frac{1}{R_1}q\left(t-\frac{R}{c_0}\right)\frac{\partial R_1}{\partial t}\right] \tag{8.2.8a}$$

其中,$\dot{q}(\tau)=\mathrm{d}q(\tau)/\mathrm{d}\tau$. 由方程(8.2.6c),有

$$\begin{aligned}\frac{1}{c_0}\frac{\partial R}{\partial t}&=-\frac{1}{1-M^2}\left[M^2+\frac{M(z-U_0t)}{R_1}\right]\\&=-\frac{M}{1-M^2}\left(M+\frac{\cos\theta-M}{1-M\cos\theta}\right)=-\frac{M\cos\theta}{1-M\cos\theta}\end{aligned} \tag{8.2.8b}$$

$$\frac{\partial R_1}{\partial t}=-\frac{R(\cos\theta-M)U_0}{R_1}$$

将上式代入方程(8.2.8a)得到声压分布:

$$p(\boldsymbol{r},t)=\frac{\rho_0}{4\pi R}\frac{1}{(1-M\cos\theta)^2}\left[\dot{q}\left(t-\frac{R}{c_0}\right)+\frac{q(t-R/c_0)(\cos\theta-M)U_0}{R(1-M\cos\theta)}\right] \tag{8.2.8c}$$

可见,声源运动方向($\theta=0$)与其背向($\theta=\pi$)的声压之比为

$$\frac{p(\boldsymbol{r},t)\mid_{\theta=0}}{p(\boldsymbol{r},t)\mid_{\theta=\pi}}\sim\frac{(1+M)^2}{(1-M)^2} \tag{8.2.9a}$$

即声源运动方向($\theta=0$)的声压大于其背向($\theta=\pi$)声压. 而在垂直运动的方向($\theta=\pi/2$),远场声压为

$$p(\boldsymbol{r},t)\mid_{\theta=\pi/2}=\frac{\rho_0}{4\pi R}\left[\dot{q}\left(t-\frac{R}{c_0}\right)-\frac{q(t-R/c_0)MU_0}{R}\right]\approx\frac{\rho_0}{4\pi R}\dot{q}\left(t-\frac{R}{c_0}\right) \tag{8.2.9b}$$

上式与声源静止时有相同的表达式. 注意:如果 q 与时间无关,远场声压为零,而近场声压[方程(8.2.8c)右边中括号内的第二项]则由于源的运动而存在.

考虑特殊情况:声源作简谐振动 $q(t)=q_0\sin(\omega_0t)$(其中 ω_0 是相对于声源不动的参考系中测量的频率),将其代入方程(8.2.8c),则空间声压为

$$p(\boldsymbol{r},t)=\frac{\rho_0 q_0}{4\pi R}\frac{1}{(1-M\cos\theta)^2}\times\left\{\omega_0\cos\left[\omega_0\left(t-\frac{R}{c_0}\right)\right]+\sin\left[\omega_0\left(t-\frac{R}{c_0}\right)\right]\frac{(\cos\theta-M)U_0}{R(1-M\cos\theta)}\right\} \tag{8.2.10a}$$

如果观测点在 z 轴上并且在源的正前方:$Q(0,0,z)$ 且 $z-U_0t>0$,那么有

$$R=\frac{M(z-U_0t)+(z-U_0t)}{1-M^2}=\frac{z-U_0t}{1-M} \tag{8.2.10b}$$

相位振荡为

$$\phi=\omega_0\left(t-\frac{R}{c_0}\right)=\omega_0\left(t-\frac{1}{c_0}\cdot\frac{z-U_0t}{1-M}\right)=\frac{\omega_0}{1-M}t-\frac{\omega_0}{1-M}\cdot\frac{z}{c_0} \tag{8.2.10c}$$

故观测频率为

$$\omega_1=\frac{\mathrm{d}\phi}{\mathrm{d}t}=\frac{\omega_0}{1-M} \tag{8.2.10d}$$

注意:R 也是 t 的函数,严格地讲,声压随时间变化不是单频振荡,但当声源位置变化较慢时,声压的时间变化主要由相位振荡引起.

类似地,如果观测点在 z 轴上并且在源的背向:$Q(0,0,z)$ 且 $z-U_0t<0$,那么有

$$R\equiv\frac{M(z-U_0t)-(z-U_0t)}{1-M^2}=-\frac{z-U_0t}{1+M} \tag{8.2.11a}$$

相位振荡为

$$\phi=\omega_0\left(t-\frac{R}{c_0}\right)=\omega_0\left(t+\frac{1}{c_0}\cdot\frac{z-U_0t}{1+M}\right)=\frac{\omega_0}{1+M}t+\frac{\omega_0}{1+M}\cdot\frac{z}{c_0} \tag{8.2.11b}$$

故观测频率为

$$\omega_2=\frac{\mathrm{d}\phi}{\mathrm{d}t}=\frac{\omega_0}{1+M} \tag{8.2.11c}$$

当观测点不在 z 轴上时,相位振荡 ϕ 与时间 t 关系复杂,频率的概念推广成广义频率有

$$\begin{aligned}\omega&=\frac{\mathrm{d}\phi}{\mathrm{d}t}=\omega_0\frac{\mathrm{d}}{\mathrm{d}t}\left(t-\frac{R}{c_0}\right)=\omega_0\left(1-\frac{1}{c_0}\frac{\partial R}{\partial t}\right)\\&=\omega_0\left(1+\frac{M\cos\theta}{1-M\cos\theta}\right)=\frac{\omega_0}{1-M\cos\theta}\end{aligned} \tag{8.2.12a}$$

必须注意的是:在形式上,ω 与时间无关,事实则不然. 考虑 $z=0$ 平面(即 Oxy 平面),由方程(8.2.5c)和方程(8.2.7b)得

$$\frac{1}{1-M\cos\theta}=\frac{R}{R_1}=\frac{1}{1-M^2}\cdot\left[1-\frac{M\tau}{\sqrt{(1-M^2)+\tau^2}}\right] \tag{8.2.12b}$$

其中，$\tau\equiv U_0t/\rho$. 将上式代入方程(8.2.12a)有

$$\frac{\omega}{\omega_0}=\frac{1}{1-M^2}\cdot\left[1-\frac{M\tau}{\sqrt{(1-M^2)+\tau^2}}\right] \tag{8.2.12c}$$

故广义频率是 τ 的函数. 事实上，只有在 Oxy 平面内，广义频率仅仅是 τ 的函数. 一般来说，广义频率不仅是时间的函数，也是距离的函数.

注意：从方程(8.2.8c)可见，由于介质静止，尽管声源以速度 U_0 运动，但一旦发出声波，声波传播速度就是 c_0，这是由静止介质的基本性质所决定的，与声源的运动无关，这是与 8.1 节中所述内容的重要区别.

等音速　由方程(8.2.3b)可知，Dirac δ 函数仅存在一个零点：

$$z_0'-z=-\frac{1}{2(U_0t-z)}[\rho^2-(z-U_0t)^2] \tag{8.2.13a}$$

注意：为了保证声源对任意的 x 和 y 都在 $+z$ 轴上，要求 $U_0t>z$(即观测点在声源后面). 根据 Dirac δ 函数的性质，有

$$\delta[f(z')]=\frac{1}{|f'(z_0')|}\delta(z'-z_0') \tag{8.2.13b}$$

将上式代入方程(8.2.2b)得到

$$\psi(\boldsymbol{r},t)=\frac{\rho_0}{4\pi}\frac{1}{\left|\sqrt{\rho^2+(z-z_0')^2}-(z-z_0')\right|}q\left[t-\frac{\sqrt{\rho^2+(z-z_0')^2}}{c_0}\right] \tag{8.2.14a}$$

注意到有

$$\sqrt{\rho^2+(z-z_0')^2}=\frac{\rho^2+(U_0t-z)^2}{2(U_0t-z)} \tag{8.2.14b}$$

$$\left|\sqrt{\rho^2+(z-z_0')^2}-(z-z_0')\right|=|z-U_0t|$$

得到上式，利用了关系 $U_0t>z$. 将上式代入方程(8.2.14a)得到

$$\psi(\boldsymbol{r},t)=\frac{\rho_0}{4\pi|z-U_0t|}\cdot q\left[t-\frac{\rho^2+(U_0t-z)^2}{2c_0(U_0t-z)}\right] \tag{8.2.14c}$$

如果观测点在声源前面，即 $z>U_0t$，由方程(8.2.13a)可知，不可能保证声源对任意的 x 和 y 都在 $+z$ 轴上，于是 Dirac δ 函数不存在符合要求的零点，方程(8.2.2b)中积分为零，$\psi(\boldsymbol{r},t)=0$. 则速度势为

$$\psi(\boldsymbol{r},t)=\frac{\rho_0}{4\pi|z-U_0t|}\cdot q\left[t-\frac{\rho^2+(U_0t-z)^2}{2c_0(U_0t-z)}\right]\cdot\begin{cases}1 & (z<U_0t)\\ 0 & (z>U_0t)\end{cases} \tag{8.2.14d}$$

超音速　由方程(8.2.3c)可知，当 $(M^2-1)\rho^2>(z-U_0t)^2$，即如果观察点 (x,y,z) 在圆锥面 $(M^2-1)\rho^2=(z-U_0t)^2$ 外，Dirac δ 函数没有实的零点，则方程(8.2.2b)的积分为零，即 $\psi(\boldsymbol{r},t)=0$；观察点在圆锥面内时[圆锥半顶角为 $\theta_M=\arcsin(1/M)$]：$(M^2-1)\rho^2<(z-$

$U_0t)^2$，只要 $U_0t-z>0$（注意：U_0t 是声源移动的距离，z 是观测点的 z 轴坐标，条件 $U_0t-z>0$ 意味着观测点在声源后面），那么有

$$z'_\pm=z-\frac{1}{M^2-1}\left[(U_0t-z)\mp M\sqrt{(U_0t-z)^2-(M^2-1)\rho^2}\right] \tag{8.2.15a}$$

都能保证声源在 $+z$ 轴上，故 $z'_\pm$ 是 Dirac δ 函数的两个零点. 于是根据 Dirac δ 函数的性质，有

$$\delta[f(z')]=\frac{1}{|f'(z'_+)|}\delta(z'-z'_+)+\frac{1}{|f'(z'_-)|}\delta(z'-z'_-) \tag{8.2.15b}$$

将上式代入方程(8.2.2b)得到

$$\begin{aligned}\psi(\boldsymbol{r},t)=&\frac{\rho_0}{4\pi}\frac{1}{\left|\sqrt{\rho^2+(z-z'_+)^2}-M(z-z'_+)\right|}q\left[t-\frac{\sqrt{\rho^2+(z-z'_+)^2}}{c_0}\right]\\&+\frac{\rho_0}{4\pi}\frac{1}{\left|\sqrt{\rho^2+(z-z'_-)^2}-M(z-z'_-)\right|}q\left[t-\frac{\sqrt{\rho^2+(z-z'_-)^2}}{c_0}\right]\end{aligned} \tag{8.2.15c}$$

计算表明

$$\begin{aligned}&\sqrt{\rho^2+(z-z'_+)^2}=\frac{M(U_0t-z)-R_1}{(M^2-1)}\equiv R^-\\&\sqrt{\rho^2+(z-z'_-)^2}=\frac{M(U_0t-z)+R_1}{(M^2-1)}\equiv R^+\\&\left|\sqrt{\rho^2+(z-z'_+)^2}-M(z-z'_+)\right|=R_1\\&\left|\sqrt{\rho^2+(z-z'_-)^2}-M(z-z'_-)\right|=R_1\end{aligned} \tag{8.2.15d}$$

其中，$R_1\equiv\sqrt{(U_0t-z)^2-(M^2-1)\rho^2}$. 将上式代入方程(8.2.15c)得到

$$\psi(\boldsymbol{r},t)=\frac{\rho_0}{4\pi}\frac{1}{R_1}q\left(t-\frac{R^+}{c_0}\right)+\frac{\rho_0}{4\pi}\frac{1}{R_1}q\left(t-\frac{R^-}{c_0}\right) \tag{8.2.16a}$$

上式表明：与亚音速情况不同，超音速情况在圆锥面内的观察点 $Q(x,y,z)$，在 t 时刻接收到的声波是声源在前两个时刻发出的，距观察点 $Q(x,y,z)$ 的距离分别为 R^+ 和 R^-，如图 8.2.2所示. 设 θ^+ 和 θ^- 分别是 R^+ 和 R^- 与正 z 轴的夹角（图 8.2.2 未画出），那么有

$$z-z_e^+=z-U_0t_e^+=R^+\cos\theta^+,\quad z-z_e^-=z-U_0t_e^-=R^-\cos\theta^- \tag{8.2.16b}$$

其中，t_e^+ 和 t_e^- 分别是声源发出声的时间（t 时刻到达 Q 点）. 因此我们有

$$M(U_0t-z)=M[U_0(t-t_e^-)-(z-U_0t_e^-)]=M(MR^--R^-\cos\theta^-) \tag{8.2.16c}$$

或者

$$M(U_0t-z)=M[U_0(t-t_e^+)-(z-U_0t_e^+)]=M(MR^+-R^+\cos\theta^+) \tag{8.2.16d}$$

将上两式代入方程(8.2.15d)有

$$R_1=-R^-(M\cos\theta^--1)=R^+(M\cos\theta^+-1) \tag{8.2.17}$$

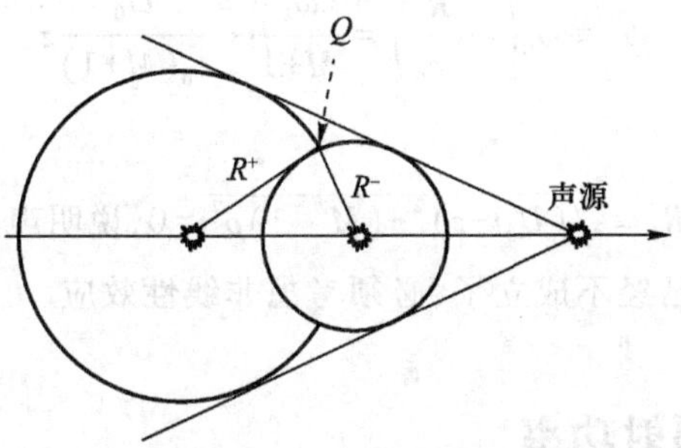

图 8.2.2　Q 点 t 时刻接收到的声波是声源在前两个时刻发出的

另一方面，由方程(8.2.16a)可知

$$p=\frac{\partial\psi}{\partial t}=\frac{\rho_0}{4\pi R_1}\left[\dot{q}\left(t-\frac{R^+}{c_0}\right)\left(1-\frac{1}{c_0}\frac{\partial R^+}{\partial t}\right)-\frac{q(t-R^+/c_0)}{R_1}\frac{\partial R_1}{\partial t}\right]$$

$$+\frac{\rho_0}{4\pi}\frac{1}{R_1}\left[\dot{q}\left(t-\frac{R^-}{c_0}\right)\left(1-\frac{1}{c_0}\frac{\partial R^-}{\partial t}\right)-\frac{q(t-R^-/c_0)}{R_1}\frac{\partial R_1}{\partial t}\right] \tag{8.2.18a}$$

注意到有

$$\frac{1}{c_0}\frac{\partial R_1}{\partial t}\equiv\frac{M(U_0t-z)}{R_1}=\frac{MR^{\pm}(M-\cos\theta^{\pm})}{R_1}$$

$$\frac{1}{c_0}\frac{\partial R^{\pm}}{\partial t}\equiv\frac{M^2R_1-(U_0t-z)M}{(M^2-1)R_1}=\frac{M\cos\theta^{\pm}}{(M\cos\theta^{\pm}-1)} \tag{8.2.18b}$$

将上式代入方程(8.2.18a)得到[注意：如果观察点 $Q(x,y,z)$ 在锥外，声压为零]

$$p=-\frac{\rho_0}{4\pi R^+(M\cos\theta^+-1)^2}\dot{q}\left(t-\frac{R^+}{c_0}\right)-\frac{\rho_0 q(t-R^+/c_0)(M-\cos\theta^+)U_0}{4\pi(R^+)^2(M\cos\theta^+-1)^3}$$

$$+\frac{\rho_0}{4\pi R^-(M\cos\theta^--1)^2}\dot{q}\left(t-\frac{R^-}{c_0}\right)+\frac{\rho_0 q(t-R^-/c_0)(M-\cos\theta^-)U_0}{4\pi(R^-)^2(M\cos\theta^--1)^3} \tag{8.2.18c}$$

注意：与方程(8.2.8c)的讨论类似，如果 q 与时间无关(即 $\dot{q}=0$)，远场声压为零，而近场声压(上式的第 2、4 项)则由于源的运动而存在.

如果观测点在 z 轴上，即 $Q(0,0,z)$，并且假定声源作简谐振动 $q(t)=q_0\sin(\omega_0 t)$(其中 ω_0 是在相对于声源不动的参考系中测得的频率)，有

$$R_1=U_0t-z,\quad R^+=\frac{U_0t-z}{M-1},\quad R^-=\frac{U_0t-z}{M+1} \tag{8.2.19a}$$

对 R^+ 部分，相位振荡为

$$\phi^+\equiv\omega_0\left(t-\frac{R^+}{c_0}\right)=-\frac{\omega_0}{M-1}t+\frac{\omega_0}{c_0(M-1)}z \tag{8.2.19b}$$

故观测频率为 $\omega_0/(M-1)$，而对 R^- 部分，有

$$\phi^{-}\equiv\omega_0\left(t-\frac{R^{-}}{c_0}\right)=\frac{\omega_0}{M+1}t+\frac{\omega_0}{c_0(M+1)}z \tag{8.2.19c}$$

故观测频率为 $\omega_0/(M+1)$.

注意:在圆锥面上有 $R_1\equiv\sqrt{(U_0t-z)^2-(M^2-1)\rho^2}=0$,说明声压无限大. 但事实上这是不可能的,此时线性声学已经不成立了,必须考虑非线性效应.

8.2.2 运动声源的辐射功率

对所得到的声压表达式作 Fourier 变换,可以得到声压信号的功率谱. 但这样计算颇复杂,我们直接从波动方程(8.2.1a)求谱的积分形式,仍然考虑质量源,且有 $M<1$,令 $p(\boldsymbol{r},t)$ 的 Fourier 变换为

$$p(\boldsymbol{r},t)=\int_{-\infty}^{\infty}p(\boldsymbol{r},\omega)\exp(-\mathrm{i}\omega t)\mathrm{d}\omega \tag{8.2.20a}$$

将上式代入方程(8.2.1a)有

$$\left(\nabla^2+\frac{\omega^2}{c_0^2}\right)p(\boldsymbol{r},\omega)=-\frac{\rho_0}{2\pi}\delta(x)\delta(y)\int_{-\infty}^{\infty}\frac{\partial[q(t)\delta(z-U_0t)]}{\partial t}\mathrm{e}^{\mathrm{i}\omega t}\mathrm{d}t \tag{8.2.20b}$$

注意到 $\delta(z-U_0t)=U_0^{-1}\delta(t-z/U_0)$,将上式简化成

$$\left(\nabla^2+\frac{\omega^2}{c_0^2}\right)p(\boldsymbol{r},\omega)=-\frac{\rho_0}{2\pi U_0}\delta(x)\delta(y)\int_{-\infty}^{\infty}\frac{\partial[q(t)\delta(t-z/U_0)]}{\partial t}\mathrm{e}^{\mathrm{i}\omega t}\mathrm{d}t \tag{8.2.20c}$$

利用 Fourier 变换的微分性质,上式为

$$\left(\nabla^2+\frac{\omega^2}{c_0^2}\right)p(\boldsymbol{r},\omega)=\frac{\mathrm{i}\rho_0\omega}{2\pi U_0}\delta(x)\delta(y)q\left(\frac{z}{U_0}\right)\exp\left(\mathrm{i}\omega\frac{z}{U_0}\right) \tag{8.2.20d}$$

考虑简谐振动的源(注意:分析的是瞬态问题,故必须取实数)

$$q(t)=q_0\cos(\omega_0t)=\frac{q_0}{2}[\exp(-\mathrm{i}\omega_0t)+\exp(\mathrm{i}\omega_0t)] \tag{8.2.21}$$

其中,ω_0 为相对于声源静止的参考系测量的频率. 设对应于 $\exp(-\mathrm{i}\omega_0t)$ 和 $\exp(\mathrm{i}\omega_0t)$ 的 $p(\boldsymbol{r},\omega)$ 分别为 $p^{+}(\boldsymbol{r},\omega)$ 和 $p^{-}(\boldsymbol{r},\omega)$. 首先分析 $p^{+}(\boldsymbol{r},\omega)$ 满足的方程

$$\left(\nabla^2+\frac{\omega^2}{c_0^2}\right)p^{+}(\boldsymbol{r},\omega)=\frac{\mathrm{i}\rho_0\omega q_0}{4\pi U_0}\delta(x)\delta(y)\exp\left[\mathrm{i}(\omega-\omega_0)\frac{z}{U_0}\right] \tag{8.2.22a}$$

显然 $p^{+}(\boldsymbol{r},\omega)$ 关于 z 轴对称,故令

$$p^{+}(\boldsymbol{r},\omega)=\Phi^{+}(\rho)\exp\left[\mathrm{i}(\omega-\omega_0)\frac{z}{U_0}\right] \tag{8.2.22b}$$

将上式代入方程(8.2.22a)有

$$\frac{1}{\rho}\frac{\mathrm{d}}{\mathrm{d}\rho}\left[\rho\frac{\mathrm{d}\Phi^{+}(\rho)}{\mathrm{d}\rho}\right]+\left[\frac{\omega^2}{c_0^2}-\frac{(\omega-\omega_0)^2}{U_0^2}\right]\Phi^{+}(\rho)=\frac{\mathrm{i}\rho_0\omega q_0}{4\pi U_0}\delta(x)\delta(y) \tag{8.2.23a}$$

上式的解为

$$\Phi^{+}(\rho)=-\frac{\rho_0\omega q_0}{16\pi U_0}\mathrm{H}_0^{(1)}(k^{+}\rho) \tag{8.2.23b}$$

其中,径向波数定义为

$$(k^{+})^2=\frac{\omega^2}{c_0^2}-\frac{(\omega-\omega_0)^2}{U_0^2}\equiv[k^{+}(\omega)]^2 \tag{8.2.23c}$$

将方程(8.2.23b)代入方程(8.2.22b)得到

$$p^{+}(\rho,z,\omega)=\frac{\rho_0\omega q_0}{16\pi U_0}\mathrm{H}_0^{(1)}(k^{+}\rho)\exp\left[\mathrm{i}(\omega-\omega_0)\frac{z}{U_0}\right] \tag{8.2.23d}$$

将上式代入方程(8.2.20a)得到声压和径向速度分量的时域信号为

$$p^{+}(\rho,z,t)=\frac{\rho_0 q_0}{16\pi U_0}\int_{-\infty}^{\infty}\omega\mathrm{H}_0^{(1)}(k^{+}\rho)\exp\left[\mathrm{i}(\omega-\omega_0)\frac{z}{U_0}\right]\exp(-\mathrm{i}\omega t)\mathrm{d}\omega$$

$$v_\rho^{+}(\rho,z,t)=\frac{\mathrm{i}q_0}{16\pi U_0}\int_{-\infty}^{\infty}k^{+}\mathrm{H}_1^{(1)}(k^{+}\rho)\exp\left[\mathrm{i}(\omega-\omega_0)\frac{z}{U_0}\right]\exp(-\mathrm{i}\omega t)\mathrm{d}\omega$$

(8.2.24a)

对于方程(8.2.21)的 $\exp(\mathrm{i}\omega_0 t)$ 部分,不难得到

$$p^{-}(\rho,z,t)=\frac{\rho_0 q_0}{16\pi U_0}\int_{-\infty}^{\infty}\omega\mathrm{H}_0^{(1)}(k^{-}\rho)\exp\left[\mathrm{i}(\omega+\omega_0)\frac{z}{U_0}\right]\exp(-\mathrm{i}\omega t)\mathrm{d}\omega$$

$$v_\rho^{-}(\rho,z,t)=\frac{\mathrm{i}q_0}{16\pi U_0}\int_{-\infty}^{\infty}k^{-}\mathrm{H}_1^{(1)}(k^{-}\rho)\exp\left[\mathrm{i}(\omega+\omega_0)\frac{z}{U_0}\right]\exp(-\mathrm{i}\omega t)\mathrm{d}\omega$$

(8.2.24b)

其中,径向波数定义为

$$(k^{-})^2=\frac{\omega^2}{c_0^2}-\frac{(\omega+\omega_0)^2}{U_0^2}=[k^{-}(\omega)]^2 \tag{8.2.24c}$$

由以上诸式可知,时域信号涉及对频率的积分,故首先讨论频率的积分区域如下.

(1) 由方程(8.2.23c)得

$$(k^{+})^2=\frac{M^2-1}{U_0^2}\left(\omega-\frac{\omega_0}{1-M}\right)\left(\omega-\frac{\omega_0}{1+M}\right) \tag{8.2.25a}$$

为了保证 k^{+}是实的:当 $M<1$ 时,必须满足

$$\frac{\omega_0}{1+M}<\omega<\frac{\omega_0}{1-M} \tag{8.2.25b}$$

当 $M>1$ 时,必须满足

$$-\infty<\omega<-\frac{\omega_0}{M-1}\quad\text{或者}\quad\frac{\omega_0}{M+1}<\omega<\infty \tag{8.2.25c}$$

(2) 对于 k^- 的讨论可以得到类似的表达式：当 $M<1$ 时，必须满足

$$-\frac{\omega_0}{1-M}<\omega<-\frac{\omega_0}{1+M} \tag{8.2.26a}$$

当 $M>1$ 时，必须满足

$$-\infty<\omega<\frac{-\omega_0}{M+1} \quad 或者 \quad \frac{\omega_0}{M-1}<\omega<\infty \tag{8.2.26b}$$

显然，只要把方程(8.2.25b)和方程(8.2.25c)中的 ω_0 改成 $-\omega_0$，即可推得方程(8.2.26a)和方程(8.2.26b).

辐射声功率 取半径为 ρ（足够大，远场）的无限长圆柱体，并平行且包含 z 轴（如图 8.2.3所示），辐射声功率为径向声能流在无限长圆柱面上的积分：

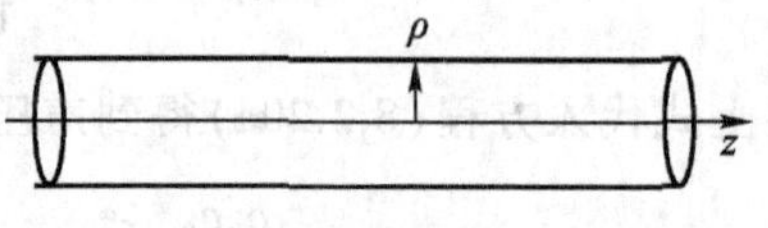

图 8.2.3 运动声源辐射声功率的计算

$$P=2\pi\rho\int_{-\infty}^{\infty}\overline{(p^++p^-)(v_\rho^++v_\rho^-)}\mathrm{d}z \tag{8.2.27a}$$

其中，上横线表示时间平均，这里我们取平均时间为周期 $2\pi/\omega_0$. 显然有

$$\begin{aligned}\int_{-\infty}^{\infty}p^+v_\rho^+\mathrm{d}z &\sim \int_{-\infty}^{\infty}\int_{-\infty}^{\infty}k^+(\omega)\omega'\mathrm{H}_0^{(1)}[k^+(\omega')\rho]\mathrm{H}_1^{(1)}[k^+(\omega)\rho]\\ &\times\exp[-\mathrm{i}(\omega'+\omega)t]\mathrm{d}\omega'\mathrm{d}\omega\delta\left(\frac{\omega+\omega'-2\omega_0}{U_0}\right)\sim\exp(-2\mathrm{i}\omega_0 t)\end{aligned} \tag{8.2.27b}$$

故在 $2\pi/\omega_0$ 时间内平均为零，即 $\overline{\int_{-\infty}^{\infty}p^+v_\rho^+\mathrm{d}z}=0$. 同理可以得到 $\overline{\int_{-\infty}^{\infty}p^-v_\rho^-\mathrm{d}z}=0$. 而交叉项为

$$\begin{aligned}\int_{-\infty}^{\infty}p^+v_\rho^-\mathrm{d}z &= \frac{2\mathrm{i}\pi\rho_0q_0^2}{(16\pi U_0)^2}U_0\int_{-\infty}^{\infty}\int_{-\infty}^{\infty}k^-(\omega')\omega\mathrm{H}_1^{(1)}[k^-(\omega')\rho]\\ &\times\mathrm{H}_0^{(1)}[k^+(\omega)\rho]\delta(\omega'+\omega)\exp[-\mathrm{i}(\omega+\omega')t]\mathrm{d}\omega\mathrm{d}\omega' \\ &=\frac{2\mathrm{i}\pi\rho_0q_0^2}{(16\pi U_0)^2}U_0\int_{-\infty}^{\infty}k^-(-\omega)\omega\mathrm{H}_1^{(1)}[k^-(-\omega)\rho]\mathrm{H}_0^{(1)}[k^+(\omega)\rho]\mathrm{d}\omega\end{aligned} \tag{8.2.28a}$$

当 ρ 取足够大时，上式简化成

$$\int_{-\infty}^{\infty}p^+v_\rho^-\mathrm{d}z\approx-\frac{4\mathrm{i}\rho_0q_0^2}{(16\pi U_0)^2\rho}U_0\int_{-\infty}^{\infty}\omega\sqrt{\frac{k^-(-\omega)}{k^+(\omega)}}\mathrm{e}^{\mathrm{i}[k^-(-\omega)+k^+(\omega)]\rho}\mathrm{d}\omega \tag{8.2.28b}$$

亚音速 为了保证 k^+ 是实的，ω 必须满足方程(8.2.25b)，故上式积分在有限区间 $[a,b]$ 进行，有

$$a\equiv\frac{\omega_0}{1+M}<\omega<\frac{\omega_0}{1-M}\equiv b \tag{8.2.29a}$$

而 $k^-(-\omega)=\pm k^+(\omega)$，取 $k^-(-\omega)=-k^+(\omega)$，那么方程(8.2.28ba)简化成

$$\overline{\int_{-\infty}^{\infty} p^+ v_\rho^- \mathrm{d}z} = \frac{\rho_0 q_0^2}{64\pi^2 U_0 \rho}\int_a^b \omega \mathrm{d}\omega = \frac{\rho_0 q_0^2}{32\pi^2 c_0 \rho}\frac{\omega_0^2}{(1-M^2)^2} \tag{8.2.29b}$$

同样可以得到

$$\overline{\int_{-\infty}^{\infty} p^- v_\rho^+ \mathrm{d}z} = \frac{\rho_0 q_0^2}{32\pi^2 c_0 \rho}\frac{\omega_0^2}{(1-M^2)^2} \tag{8.2.29c}$$

将以上两式代入方程(8.2.27a),有

$$P = \frac{P_0}{(1-M^2)^2}, \quad P_0 \equiv \frac{\rho_0 q_0^2 \omega_0^2}{8\pi c_0} \tag{8.2.30}$$

其中,P_0 是声源静止时的辐射声功率,可见源运动使辐射声功率增加. 注意:声源辐射的能量是一定的,实际是增加了"有用"的辐射声功率,而减少了储存在声源附近介质中的"无用"能量.

超音速 由方程(8.2.25c)可知,方程(8.2.29b)可修改成

$$\begin{aligned}\overline{\int_{-\infty}^{\infty} p^+ v_\rho^- \mathrm{d}z} &= \frac{\rho_0 q_0^2}{64\pi^2 U_0 \rho}\left[\int_{-\infty}^{-\alpha} \omega \mathrm{d}\omega + \int_{\beta}^{\infty} \omega \mathrm{d}\omega\right] \\ &= \frac{\rho_0 q_0^2}{64\pi^2 U_0 \rho}\int_{\beta}^{\alpha} \omega \mathrm{d}\omega = \frac{\rho_0 q_0^2 \omega_0^2}{32\pi^2 c_0 \rho}\frac{1}{(M^2-1)^2}\end{aligned} \tag{8.2.31a}$$

其中,有 $\alpha \equiv \omega_0/(M-1)$,$\beta = \omega_0/(M+1)$. 因此,超音速情况下的辐射声功率也可表示为

$$P = \frac{P_0}{(M^2-1)^2}, \quad P_0 \equiv \frac{\rho_0 q_0^2 \omega_0^2}{8\pi c_0} \tag{8.2.31b}$$

尽管超音速与亚音速声源的辐射功率表达式一样,但频谱不同:当 $M<1$ 时,能量谱在 $a<\omega<b$ 间;而对于 $M>1$ 情况,能量谱在 $\beta=\omega_0/(M+1)$ 以上(到正无限,因为负的频率没有物理意义).

等音速 由方程(8.2.30)或者方程(8.2.31b)可知,$P\to\infty$. 可见,当声源速度越过音速时,辐射声功率无限大,这也是超音速飞机越过音速时出现音障的原因.

8.2.3 非匀速运动的声源

考虑强度为 $q(t)$ 的质量源作非匀速运动,其运动轨迹为 $\boldsymbol{r}_0(t)$,运动速度为 $\boldsymbol{U}_0(t)$,如图 8.2.4 所示,空间声场满足方程:

$$\frac{1}{c_0^2}\frac{\partial^2 p}{\partial t^2} - \nabla^2 p = \rho_0 \frac{\partial}{\partial t}\{q(t)\delta[\boldsymbol{r}-\boldsymbol{r}_0(t)]\} \tag{8.2.32a}$$

由方程(1.2.22)可知,上式的解为

$$p(\boldsymbol{r},t) = \frac{\rho_0}{4\pi}\frac{\partial}{\partial t}\iint \frac{q(\tau)\delta[\boldsymbol{r}'-\boldsymbol{r}_0(\tau)]}{|\boldsymbol{r}-\boldsymbol{r}'|}\delta\left(t-\tau-\frac{|\boldsymbol{r}-\boldsymbol{r}'|}{c_0}\right)\mathrm{d}V'\mathrm{d}\tau \tag{8.2.32b}$$

我们首先完成上式中对空间的积分：

$$p(\boldsymbol{r},t)=\frac{\rho_0}{4\pi}\frac{\partial}{\partial t}\int\frac{q(\tau)}{|\boldsymbol{r}-\boldsymbol{r}_0(\tau)|}\delta\left[t-\tau-\frac{|\boldsymbol{r}-\boldsymbol{r}_0(\tau)|}{c_0}\right]\mathrm{d}\tau \tag{8.2.32c}$$

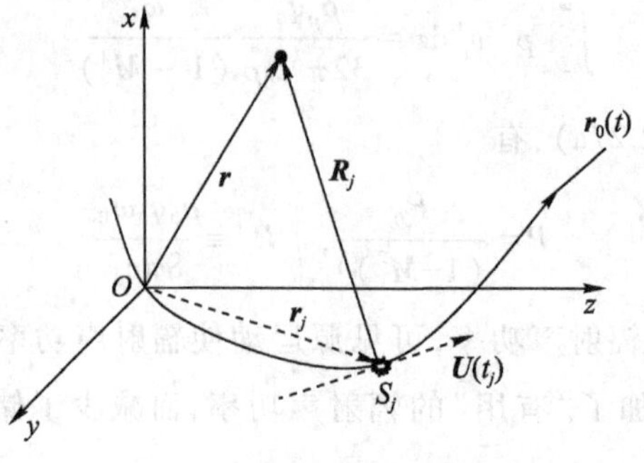

图 8.2.4　声源作变速运动

令函数 $f(\tau)\equiv t-\tau-|\boldsymbol{r}-\boldsymbol{r}_0(\tau)|/c_0$，显然，方程(8.2.32c)的积分取决于 $f(\tau)$ 的零点，设函数存在 N 个零点 $t_j(j=1,2,\cdots,N)$，其中零点 t_j 是下列方程的解：

$$(t-t_j)c_0=|\boldsymbol{r}-\boldsymbol{r}_0(t_j)|=\left|\boldsymbol{r}-\int_0^{t_j}\boldsymbol{U}(t')\mathrm{d}t'\right| \tag{8.2.33a}$$

故方程(8.2.32c)中的 δ 函数可表示为

$$\delta\left[t-\tau-\frac{|\boldsymbol{r}-\boldsymbol{r}_0(\tau)|}{c_0}\right]=\sum_{j=1}^{N}\frac{1}{|f'(t_j)|}\delta(\tau-t_j) \tag{8.2.33b}$$

不难得到

$$f'(t_j)=\left.\frac{\partial f}{\partial\tau}\right|_{\tau=t_j}=\frac{[\boldsymbol{r}-\boldsymbol{r}_0(t_j)]\cdot\boldsymbol{U}(t_j)/c_0-|\boldsymbol{r}-\boldsymbol{r}_0(t_j)|}{|\boldsymbol{r}-\boldsymbol{r}_0(t_j)|} \tag{8.2.33c}$$

以上两式代入方程(8.2.32c)得到

$$p(\boldsymbol{r},t)=\frac{\rho_0}{4\pi}\frac{\partial}{\partial t}\sum_{j=1}^{N}\frac{q(t_j)}{|\boldsymbol{r}-\boldsymbol{r}_0(t_j)|}\cdot\frac{1}{|f'(t_j)|} \tag{8.2.34a}$$

$$=\frac{\rho_0}{4\pi}\frac{\partial}{\partial t}\sum_{j=1}^{N}\frac{q(t_j)}{||\boldsymbol{r}-\boldsymbol{r}_0(t_j)|-[\boldsymbol{r}-\boldsymbol{r}_0(t_j)]\cdot\boldsymbol{U}(t_j)/c_0|}$$

时刻 t_j 的意义是明显的：t 时刻到达 $\boldsymbol{r}$ 点的声波是 t_j 时刻位于 $\boldsymbol{r}_0(t_j)$ 点的声源发出的. 如图 8.2.4 所示，取 $\boldsymbol{r}_0(t_j)$ 到 $\boldsymbol{r}$ 点的矢量为 $\boldsymbol{R}_j=\boldsymbol{r}-\boldsymbol{r}_0(t_j)$，则方程(8.2.34a)可简单写成

$$p(\boldsymbol{r},t)=\frac{\rho_0}{4\pi}\frac{\partial}{\partial t}\sum_{j=1}^{N}\frac{q(t-R_j/c_0)}{|R_j-\boldsymbol{R}_j\cdot\boldsymbol{M}_j|} \tag{8.2.34b}$$

其中，$\boldsymbol{M}_j\equiv\boldsymbol{U}(t_j)/c_0$ 称为**瞬态 Mach 数**. 得到上式利用了方程(8.2.33a)，即 $t_j=t-R_j/c_0$. 方程(8.2.33a)的根的个数依赖于 $\boldsymbol{M}(t)=\boldsymbol{U}(t)/c_0$，即声源运动速度. 不难证明，当 $|\boldsymbol{M}(t)|<1$ 时，方程(8.2.33a)至多只有一个解. 事实上，由方程 $f(\tau)\equiv t-\tau-|\boldsymbol{r}-\boldsymbol{r}_0(\tau)|/c_0$，有

$$\frac{\partial f(\tau)}{\partial \tau}=-\left\{1-\frac{[\boldsymbol{r}-\boldsymbol{r}_0(\tau)]\cdot\boldsymbol{U}(\tau)/c_0}{|\boldsymbol{r}-\boldsymbol{r}_0(\tau)|}\right\}<0 \tag{8.2.34c}$$

故当 $|\boldsymbol{M}(t)|<1$ 时,$f(\tau)$ 是 τ 的单调减函数,$f(\tau)$ 至多只有一个零点. 当 $|\boldsymbol{M}(t)|>1$ 时,可能有多个零点. 这一点可从 8.2.1 小节所讨论的匀速运动情况得到佐证:当 $M>1$ 时,有两个解.

由方程(8.2.34b)可知,完成对时间求导得到的声场分布为

$$\begin{aligned} p(\boldsymbol{r},t)=&\frac{\rho_0}{4\pi}\sum_{j=1}^{N}\frac{1}{|R_j-\boldsymbol{R}_j\cdot\boldsymbol{M}_j|}\dot{q}\left(t-\frac{R_j}{c_0}\right)\left(1-\frac{1}{c_0}\frac{\partial R_j}{\partial t}\right)\\ &-\frac{\rho_0}{4\pi}\sum_{j=1}^{N}\frac{1}{|R_j-\boldsymbol{R}_j\cdot\boldsymbol{M}_j|^2}q\left(t-\frac{R_j}{c_0}\right)\frac{\partial}{\partial t}|R_j-\boldsymbol{R}_j\cdot\boldsymbol{M}_j| \end{aligned} \tag{8.2.35a}$$

注意到微分关系:

$$\frac{\partial R_j}{\partial t}=\frac{\partial R_j}{\partial t_j}\frac{\partial t_j}{\partial t}=\frac{\partial R_j}{\partial t_j}\left(1-\frac{1}{c_0}\frac{\partial R_j}{\partial t}\right) \tag{8.2.35b}$$

即

$$\frac{\partial R_j}{\partial t}=\frac{\partial R_j}{\partial t_j}\left(1+\frac{1}{c_0}\frac{\partial R_j}{\partial t_j}\right)^{-1} \tag{8.2.35c}$$

容易得到 $\partial R_j/\partial t_j=-\boldsymbol{s}_j\cdot\boldsymbol{U}_0(t_j)$(其中 $\boldsymbol{s}_j\equiv\boldsymbol{R}_j/R_j$ 是 $\boldsymbol{R}_j$ 方向的单位矢量),代入上式有

$$\frac{\partial R_j}{\partial t}=-\frac{c_0\boldsymbol{M}_j\cdot\boldsymbol{s}_j}{1-\boldsymbol{M}_j\cdot\boldsymbol{s}_j} \tag{8.2.35d}$$

于是有

$$\begin{aligned} &\frac{\partial \boldsymbol{R}_j}{\partial t}=-\frac{\partial \boldsymbol{r}_0(t_j)}{\partial t_j}\left(1-\frac{1}{c_0}\frac{\partial R_j}{\partial t}\right)=-\frac{c_0\boldsymbol{M}_j}{1-\boldsymbol{M}_j\cdot\boldsymbol{s}_j}\\ &\frac{\partial \boldsymbol{M}_j}{\partial t}=\frac{\partial \boldsymbol{M}_j}{\partial t_j}\left(1-\frac{1}{c_0}\frac{\partial R_j}{\partial t}\right)=\frac{\dot{\boldsymbol{M}}_j}{1-\boldsymbol{M}_j\cdot\boldsymbol{s}_j} \end{aligned} \tag{8.2.36a}$$

将以上诸式代入方程(8.2.35a)得到(假定:$R_j>\boldsymbol{R}_j\cdot\boldsymbol{M}_j$)

$$\begin{aligned} p(\boldsymbol{r},t)=&\frac{\rho_0}{4\pi}\sum_{j=1}^{N}\frac{1}{R_j(1-\boldsymbol{M}_j\cdot\boldsymbol{s}_j)^2}\dot{q}\left(t-\frac{R_j}{c_0}\right)\\ &+\frac{\rho_0}{4\pi}\sum_{j=1}^{N}\frac{1}{R_j(1-\boldsymbol{M}_j\cdot\boldsymbol{s}_j)^2}q\left(t-\frac{R_j}{c_0}\right)\frac{\dot{\boldsymbol{M}}_j\cdot\boldsymbol{s}_j}{1-\boldsymbol{M}_j\cdot\boldsymbol{s}_j}\\ &-\frac{\rho_0c_0}{4\pi}\sum_{j=1}^{N}\frac{1}{R_j^2(1-\boldsymbol{M}_j\cdot\boldsymbol{s}_j)^3}q\left(t-\frac{R_j}{c_0}\right)(M_j^2-\boldsymbol{M}_j\cdot\boldsymbol{s}_j) \end{aligned} \tag{8.2.36b}$$

分析上式,显然:①第一、第二项表示远场辐射解(正比于 $1/R_j$),而第三项为近场解(正比于 $1/R_j^2$);②即使当 q 为常量,由于加速度 $\dot{\boldsymbol{M}}_j$ 的存在,远场辐射也不为零,这一点是与方程(8.2.8c)和方程(8.2.18c)的主要区别. 简单的例子是围绕原点作转动的刚性物体,设转动

的圆频率为 ω,则存在同样频率的远场声辐射(例如螺旋桨的声辐射).

8.3 非均匀流动介质中的声波

在 8.1 节中,我们分析了均匀介质中存在匀速流动对声波传播、激发和接收的影响. 本节考虑更一般的情况,即声波在非匀速流动的非均匀介质中的传播、激发和接收. 例如:由于风和重力的作用,大气介质是非匀速流动的非均匀介质;由于海洋中水流的作用,海水介质是非匀速流动的非均匀介质;在管道中,由于管壁的黏性作用,流体流速的分布也不是均匀的. 本节主要考虑流速随空间和时间缓慢变化时对声波传播和激发的影响,对于流速剧烈变化(随空间和时间)的流体,流体流动本身就产生声波,这部分将在 8.4 节中讨论.

8.3.1 无旋流介质中的等熵声波

设稳定的非均匀介质中存在稳定(即与时间无关)的速度流 $\boldsymbol{U}=\boldsymbol{U}(\boldsymbol{r})$,令 $\rho(\boldsymbol{r},t)=\rho_e(\boldsymbol{r})+\rho'(\boldsymbol{r},t)$,$\boldsymbol{v}(\boldsymbol{r},t)=\boldsymbol{U}(\boldsymbol{r})+\boldsymbol{v}'(\boldsymbol{r},t)$ 和 $P(\boldsymbol{r},t)=P_0(\boldsymbol{r})+p'(\boldsymbol{r},t)$,由质量守恒方程(1.1.4a)、Euler 运动方程(1.1.7b)以及熵守恒方程(3.3.2)得到

$$\frac{\partial\rho'}{\partial t}+\nabla\cdot[(\rho_e+\rho')(\boldsymbol{U}+\boldsymbol{v}')]=(\rho_e+\rho')q \tag{8.3.1a}$$

$$\begin{aligned}(\rho_e+\rho')\frac{\partial\boldsymbol{v}'}{\partial t}&+(\rho_e+\rho')[(\boldsymbol{U}+\boldsymbol{v}')\cdot\nabla](\boldsymbol{U}+\boldsymbol{v}')\\&=(\rho_e+\rho')(\boldsymbol{f}+\boldsymbol{g})-\nabla(P_0+p')\end{aligned} \tag{8.3.1b}$$

$$c_e^2\left[\frac{\partial\rho'}{\partial t}+(\boldsymbol{U}+\boldsymbol{v}')\cdot\nabla(\rho_e+\rho')\right]=\frac{\partial p'}{\partial t}+(\boldsymbol{U}+\boldsymbol{v}')\cdot\nabla(P_0+p') \tag{8.3.1c}$$

其中,$\boldsymbol{g}$ 和 ∇P_0 是稳定的产生速度流 $\boldsymbol{U}=\boldsymbol{U}(\boldsymbol{r})$ 的外力和压强梯度,q 和 $\boldsymbol{f}$ 分别是激发声波的质量源和外力源. 当不存在声波时($\boldsymbol{f}=0$ 和 $q=0$),上述三个方程变成

$$\begin{gathered}\nabla\cdot(\rho_e\boldsymbol{U})=0,\quad \rho_e(\boldsymbol{U}\cdot\nabla)\boldsymbol{U}=\rho_e\boldsymbol{g}-\nabla P_0\\ c_e^2(\boldsymbol{U}\cdot\nabla)\rho_e=(\boldsymbol{U}\cdot\nabla)P_0\end{gathered} \tag{8.3.2}$$

线性化近似且利用以上三个方程后,方程(8.3.1a)、方程(8.3.1b)和方程(8.3.1c)变成

$$\frac{\partial\rho'}{\partial t}+\boldsymbol{v}'\cdot\nabla\rho_e+\rho_e\nabla\cdot\boldsymbol{v}'+\rho'\nabla\cdot\boldsymbol{U}+\boldsymbol{U}\cdot\nabla\rho'\approx\rho_e q \tag{8.3.3a}$$

$$\rho_e\frac{\partial\boldsymbol{v}'}{\partial t}+\rho'(\boldsymbol{U}\cdot\nabla)\boldsymbol{U}+\rho_e(\boldsymbol{U}\cdot\nabla)\boldsymbol{v}'+\rho_e(\boldsymbol{v}'\cdot\nabla)\boldsymbol{U}=-\nabla p'+\rho_e\boldsymbol{f} \tag{8.3.3b}$$

$$c_e^2\left[\frac{\partial\rho'}{\partial t}+\boldsymbol{U}\cdot\nabla\rho'+\boldsymbol{v}'\cdot\nabla\rho_e\right]=(\boldsymbol{v}'\cdot\nabla)P_0+\frac{\partial p'}{\partial t}+\boldsymbol{U}\cdot\nabla p' \tag{8.3.3c}$$

以上七个方程对任意的稳定非均匀的流动介质中的线性声波都成立.

能量守恒方程 由 1.1.3 和 3.3.1 小节中的讨论可知,对于静止介质,声能量密度和声能流矢量的定义是明确的,且满足能量守恒关系. 但是对于一般的运动介质,声能量密度 w 和声能流矢量 $\boldsymbol{I}$ 的定义要困难和复杂得多,特别是对于有旋流动、非稳态的情况,如何定义声能量密度和声能流矢量仍然是一个有待探讨的问题. 事实上,因为声能量是二阶量,当存在速度流 $\boldsymbol{U}$ 后,所有场量必须展开至二阶,例如,速度的二阶量 $\boldsymbol{v}''$与速度 $\boldsymbol{U}$ 点乘后的项 $\boldsymbol{U}\cdot\boldsymbol{v}''$也是二阶项. 令

$$\begin{aligned}\rho&=\varepsilon^0\rho_e+\varepsilon^1\rho'+\varepsilon^2\rho''+\cdots\\P&=\varepsilon^0P_0+\varepsilon^1p'+\varepsilon^2p''+\cdots\\\boldsymbol{v}&=\varepsilon^0\boldsymbol{U}+\varepsilon^1\boldsymbol{v}'+\varepsilon^2\boldsymbol{v}''+\cdots\\\rho u&=\varepsilon^0(\rho u)_e+\varepsilon^1(\rho u)'+\varepsilon^2(\rho u)''+\cdots\end{aligned} \tag{8.3.4a}$$

其中,ε 表示物理量的阶[不是方程(1.1.8c)中的能量密度]. ρ_e、P_0、$\boldsymbol{U}$ 和$(\rho u)_e$ 是不存在声波时,介质的密度、压强、流速和内能分布(对于非均匀的稳定介质,它们都是空间坐标的函数,对于非稳态介质,它们还是时间的函数). 由上式可以得到能量密度展开:

$$\begin{aligned}\rho u+\frac{1}{2}\rho v^2=&\left[(\rho u)_e+\frac{1}{2}\rho_eU^2\right]\varepsilon^0+\left[(\rho u)'+\frac{1}{2}\rho'U^2+\rho_e\boldsymbol{U}\cdot\boldsymbol{v}'\right]\varepsilon^1\\&+\left[(\rho u)''+\frac{1}{2}\rho_ev'^2+\rho'\boldsymbol{U}\cdot\boldsymbol{v}'+\rho_e\boldsymbol{U}\cdot\boldsymbol{v}''+\frac{1}{2}\rho''U^2\right]\varepsilon^2+\cdots\end{aligned} \tag{8.3.4b}$$

当 $\boldsymbol{U}\neq0$ 时,上式中 ε^2 的系数包含声场的二阶量 ρ''和 $\boldsymbol{v}''$. 而在线性声学中,二阶量是不考虑的. 也就是说,当非均匀介质存在一般的流动时,我们无法仅仅利用线性声场量 ρ'和 $\boldsymbol{v}'$,并由方程(1.1.8c)导出简单的类似于方程(1.1.21a)的能量守恒方程,其物理本质是,线性声场的能量通过流与场的相互作用转换到了非线性声场,导致线性声场的能量不守恒. 然而,在无旋(即$\nabla\times\boldsymbol{U}=0$)和等熵($s=$常量)条件下,根据方程(8.3.3a)和方程(8.3.3b)也可以导出相应的能量守恒关系. 事实上,将方程(8.3.3a)两边乘标量 $\Re=p'/\rho_e+\boldsymbol{v}'\cdot\boldsymbol{U}$,而方程(8.3.3b)两边点乘矢量 $\boldsymbol{J}=\boldsymbol{v}'+(\rho'/\rho_e)\boldsymbol{U}$,并把所得方程相加可以得到

$$\begin{aligned}\frac{\partial w}{\partial t}+\nabla\cdot\boldsymbol{I}=&\frac{\boldsymbol{J}}{\rho_e}\cdot(\rho'\nabla P_0-p'\nabla\rho_e)+\frac{1}{2\rho_e}\left(\rho'\frac{\partial p'}{\partial t}-p'\frac{\partial\rho'}{\partial t}\right)\\&+\boldsymbol{v}'\cdot[\boldsymbol{U}\times(\rho_e\boldsymbol{\omega}'-\rho'\boldsymbol{\omega}_0)]+\rho_e\boldsymbol{J}\cdot\boldsymbol{f}+\rho_e\Re q\end{aligned} \tag{8.3.5a}$$

其中,声能量密度 w 和能流矢量 $\boldsymbol{I}$ 分别为

$$w\equiv\frac{p'\rho'}{2\rho_e}+\frac{1}{2}\rho_ev'^2+\rho'(\boldsymbol{v}'\cdot\boldsymbol{U}),\quad \boldsymbol{I}\equiv\left(\frac{p'}{\rho_e}+\boldsymbol{v}'\cdot\boldsymbol{U}\right)(\rho_e\boldsymbol{v}'+\rho'\boldsymbol{U}) \tag{8.3.5b}$$

且 $\boldsymbol{\omega}'\equiv\nabla\times\boldsymbol{v}'$和 $\boldsymbol{\omega}_0\equiv\nabla\times\boldsymbol{U}$ 分别是声场和流场的旋度. 为得到方程(8.3.5a):① 利用了方程

(8.3.2)(取 $\boldsymbol{g}=0$)和矢量运算关系$\nabla(\boldsymbol{v}'\cdot\boldsymbol{U})=(\boldsymbol{v}'\cdot\nabla)\boldsymbol{U}+(\boldsymbol{U}\cdot\nabla)\boldsymbol{v}'+\boldsymbol{U}\times\nabla\times\boldsymbol{v}'+\boldsymbol{v}'\times\nabla\times\boldsymbol{U}$;
② 利用了恒等关系:

$$\frac{p'}{\rho_0}\frac{\partial\rho'}{\partial t}=\frac{1}{2\rho_0}\frac{\partial(p'\rho')}{\partial t}-\frac{1}{2\rho_0}\left(\rho'\frac{\partial p'}{\partial t}-p'\frac{\partial\rho'}{\partial t}\right) \tag{8.3.5c}$$

声能量密度 w 的第一项为流体元的势能密度,而第二、第三项为流体元的动能密度. 事实上,流体元的总动能密度为(近似到二阶)

$$\begin{aligned}\frac{1}{2}\rho\boldsymbol{v}^2&=\frac{1}{2}(\rho_e+\rho')(\boldsymbol{U}+\boldsymbol{v}')^2\\&\approx\frac{1}{2}\rho_e\boldsymbol{U}^2+\left(\rho_e\boldsymbol{v}'\cdot\boldsymbol{U}+\frac{1}{2}\rho'\boldsymbol{U}^2\right)+\left[\frac{1}{2}\rho_e\boldsymbol{v}'^2+\rho'(\boldsymbol{v}'\cdot\boldsymbol{U})\right]\end{aligned} \tag{8.3.5d}$$

显然,上式中第一项为流体流动的动能,与声过程无关;小括号中的项与一阶量 $\boldsymbol{v}'$ 和 ρ' 成正比,时间平均为零;只有中括号中的项与二阶量成正比,代表声过程的动能密度.

在等熵、无旋的条件下,方程(8.3.5a)可以写成能量守恒的形式,讨论如下.

(1) 无旋性质:利用方程(8.3.2)的第二式,Euler 运动方程(8.3.1b)可以线性化成

$$\frac{\partial\boldsymbol{v}'}{\partial t}+(\boldsymbol{U}\cdot\nabla)\boldsymbol{v}'+(\boldsymbol{v}'\cdot\nabla)\boldsymbol{U}=\boldsymbol{f}-\left(\frac{1}{\rho}\nabla P-\frac{1}{\rho_e}\nabla P_0\right) \tag{8.3.6a}$$

利用矢量恒等式$(\boldsymbol{U}\cdot\nabla)\boldsymbol{v}'+(\boldsymbol{v}'\cdot\nabla)\boldsymbol{U}=\nabla(\boldsymbol{v}'\cdot\boldsymbol{U})-\boldsymbol{U}\times(\nabla\times\boldsymbol{v}')-\boldsymbol{v}'\times(\nabla\times\boldsymbol{U})$,上式即为

$$\frac{\partial\boldsymbol{v}'}{\partial t}+\nabla(\boldsymbol{v}'\cdot\boldsymbol{U})-\boldsymbol{U}\times(\nabla\times\boldsymbol{v}')-\boldsymbol{v}'\times(\nabla\times\boldsymbol{U})=\boldsymbol{f}-\left(\frac{1}{\rho}\nabla P-\frac{1}{\rho_e}\nabla P_0\right) \tag{8.3.6b}$$

将上式两边求旋度得到

$$\frac{\partial\boldsymbol{\omega}'}{\partial t}-\nabla\times(\boldsymbol{U}\times\boldsymbol{\omega}')-\nabla\times(\boldsymbol{v}'\times\boldsymbol{\omega}_0)=\nabla\times\boldsymbol{f}-\nabla\times\left(\frac{1}{\rho}\nabla P-\frac{1}{\rho_e}\nabla P_0\right) \tag{8.3.6c}$$

在等熵($s=$常量)条件下,$P=P(\rho)$,即$\nabla P=[\partial P(\rho)/\partial\rho]\nabla\rho$,因此有$\nabla\rho\times\nabla P=0$ 以及$\nabla\rho_e\times\nabla P_0=0$,故上式右边第二项为零,如果$\nabla\times\boldsymbol{f}=0$,则$\boldsymbol{\omega}'$满足

$$\frac{\partial\boldsymbol{\omega}'}{\partial t}-\nabla\times(\boldsymbol{U}\times\boldsymbol{\omega}')=\nabla\times(\boldsymbol{v}'\times\boldsymbol{\omega}_0) \tag{8.3.6d}$$

可见,流动 $\boldsymbol{U}$ 的旋量 $\boldsymbol{\omega}_0$ 将产生场 $\boldsymbol{v}'$的旋量 $\boldsymbol{\omega}'$. 如果 $\boldsymbol{\omega}_0\equiv\nabla\times\boldsymbol{U}=0$,即无旋流情况,$\boldsymbol{\omega}'$满足齐次方程,只要初始时刻旋量 $\boldsymbol{\omega}'$为零,则其恒为零. 于是可以假定当 $\boldsymbol{\omega}_0\equiv\nabla\times\boldsymbol{U}=0$ 时,旋量 $\boldsymbol{\omega}'\equiv\nabla\times\boldsymbol{v}'$为零. 故方程(8.3.5a)右边第三项为零.

(2) 等熵($s=$常量)条件:事实上,由 1.1.2 小节中的讨论可知,在理想介质中等熵条件应该为(假定不存在热源)

$$\frac{\mathrm{d}s}{\mathrm{d}t}=\frac{\partial s'}{\partial t}+\boldsymbol{U}\cdot\nabla s'+\boldsymbol{v}'\cdot\nabla s_e=0 \tag{8.3.7}$$

对均匀介质而言,$\boldsymbol{v}'\cdot\nabla s_e=0$,可取 $s'=0$ 或者 $s=$常量. 对于非均匀介质,原则上不能简单取 $s=$常量. 但如果 s_e 随空间变化比较缓慢,且 $\boldsymbol{v}'\cdot\nabla s_e$ 是二阶小量,则在线性声学中上式

第三项可以忽略(注意:在 6.3.4 小节的讨论中,由于直流温度梯度的存在,必须保留此项). 因此对于非均匀介质,我们也可近似取等熵(s=常量)条件,故有 $p'=c_e^2\rho'$. 在此假定下,$P_0=P_0(\rho_e)$,$\nabla P_0=c_e^2\nabla\rho_e$,方程(8.3.5a)右边第一、第二项为零. 因此,等熵条件是一个合理的重要假设.

于是,在等熵、无旋流条件下,我们得到二阶能量守恒方程为

$$\frac{\partial w}{\partial t}+\nabla\cdot\boldsymbol{I}=\rho_e\boldsymbol{J}\cdot\boldsymbol{f}+\rho_e\Re q \tag{8.3.8}$$

声波方程 即使在等熵、无旋流条件下,由方程(8.3.3a)、方程(8.3.3b)和方程(8.3.3c)推出单一变量的声波方程也比较麻烦. 我们直接从质量守恒方程(1.1.4a)和 Euler 运动方程(1.1.7b)开始,有

$$\begin{gathered}\frac{\partial\rho}{\partial t}+\boldsymbol{v}\cdot\nabla\rho+\rho\nabla\cdot\boldsymbol{v}=\rho q\\ \frac{\partial\boldsymbol{v}}{\partial t}+\frac{1}{\rho}\nabla P+\nabla\left(\frac{1}{2}v^2\right)-\boldsymbol{v}\times(\nabla\times\boldsymbol{v})=\boldsymbol{f}\end{gathered} \tag{8.3.9a}$$

由对方程(8.3.6d)的讨论可知,当 $\boldsymbol{\omega}_0\equiv\nabla\times\boldsymbol{U}=0$ 时,只要$\nabla\times\boldsymbol{f}=0$,那么声波引起的速度场 $\boldsymbol{v}'$也是无旋的,即 $\boldsymbol{\omega}'\equiv\nabla\times\boldsymbol{v}'=0$. 于是总速度场 $\boldsymbol{v}=\boldsymbol{U}+\boldsymbol{v}'$也无旋,因此可以定义势函数 $\phi=\phi(\boldsymbol{r},t)$满足 $\boldsymbol{v}=\nabla\phi$(注意:$\phi$ 是总速度场的势函数),上式简化为

$$\frac{1}{\rho}\frac{\mathrm{d}\rho}{\mathrm{d}t}+\nabla^2\phi=q,\quad \nabla\frac{\partial\phi}{\partial t}+\frac{1}{\rho}\nabla P+\frac{1}{2}\nabla(\nabla\phi)^2=\nabla f_a \tag{8.3.9b}$$

其中,力源也假定是无旋的,即$\boldsymbol{f}\equiv\nabla f_a$,物质导数为

$$\frac{\mathrm{d}}{\mathrm{d}t}\equiv\frac{\partial}{\partial t}+\nabla\phi\cdot\nabla=\frac{\partial}{\partial t}+\frac{\partial\phi}{\partial x_j}\frac{\partial}{\partial x_j} \tag{8.3.9c}$$

在等熵条件下,P 仅仅是密度 ρ 的函数,因此有运算关系:

$$\frac{\partial}{\partial x_i}\int\frac{\mathrm{d}P}{\rho}=\frac{\partial}{\partial P}\int\frac{\mathrm{d}P}{\rho}\frac{\partial P}{\partial x_i}=\frac{1}{\rho}\frac{\partial P}{\partial x_i} \tag{8.3.9d}$$

即 $\nabla\int\frac{\mathrm{d}P}{\rho}=\frac{\nabla P}{\rho}$,将其代入方程(8.3.9b)的第二式得到

$$\frac{\partial\phi}{\partial t}+\int\frac{\mathrm{d}P}{\rho}+\frac{1}{2}(\nabla\phi)^2=f_a \tag{8.3.9e}$$

将上式两边对时间求导得到

$$\frac{\mathrm{d}}{\mathrm{d}t}\left[\frac{\partial\phi(\boldsymbol{r},t)}{\partial t}+\frac{1}{2}(\nabla\phi)^2\right]+\frac{1}{\rho}\frac{\partial P}{\partial\rho}\frac{\mathrm{d}\rho}{\mathrm{d}t}=\frac{\mathrm{d}f_a}{\mathrm{d}t} \tag{8.3.10a}$$

得到上式,已利用了微分关系 $\mathrm{d}P=(\partial P/\partial\rho)\mathrm{d}\rho$ 以及

$$\begin{aligned}\frac{\mathrm{d}}{\mathrm{d}t}\int\frac{\mathrm{d}P}{\rho}&=\frac{\partial}{\partial t}\int\frac{\mathrm{d}P}{\rho}+\frac{\partial\phi}{\partial x_j}\frac{\partial}{\partial x_j}\int\frac{\mathrm{d}P}{\rho}=\frac{\partial}{\partial P}\int\frac{\mathrm{d}P}{\rho}\frac{\partial P}{\partial t}+\frac{\partial\phi}{\partial x_j}\frac{\partial}{\partial P}\int\frac{\mathrm{d}P}{\rho}\frac{\partial P}{\partial x_j}\\&=\frac{1}{\rho}\left(\frac{\partial P}{\partial t}+\frac{\partial\phi}{\partial x_j}\frac{\partial P}{\partial x_j}\right)=\frac{1}{\rho}\frac{\mathrm{d}P}{\mathrm{d}t}=\frac{1}{\rho}\frac{\partial P}{\partial\rho}\frac{\mathrm{d}\rho}{\mathrm{d}t}\end{aligned} \tag{8.3.10b}$$

方程(8.3.9b)的第一式与方程(8.3.10a)联立消去 $\rho^{-1}\mathrm{d}\rho/\mathrm{d}t$ 得到

$$\left(\frac{\partial}{\partial t}+\frac{\partial\phi}{\partial x_j}\frac{\partial}{\partial x_j}\right)\left(\frac{\partial}{\partial t}+\frac{1}{2}\frac{\partial\phi}{\partial x_i}\frac{\partial}{\partial x_i}\right)\phi-c^2\nabla^2\phi=\frac{\mathrm{d}f_a}{\mathrm{d}t}-c^2q \tag{8.3.10c}$$

其中,$c^2=\partial P/\partial\rho$. 注意到上式中 ϕ 是总的速度势,可以写成无旋流 $\boldsymbol{U}$ 的速度势 $\phi_0=\phi_0(\boldsymbol{r})$ 与声波引起的速度势 $\phi'=\phi'(\boldsymbol{r},t)$ 之和,即 $\phi(\boldsymbol{r},t)=\phi_0(\boldsymbol{r})+\phi'(\boldsymbol{r},t)$ 和 $\boldsymbol{v}=\nabla\phi_0(\boldsymbol{r})+\nabla\phi'(\boldsymbol{r},t)$,而 $\phi_0(\boldsymbol{r})$ 与时间无关,将上式对时间求偏导数,左边第一项变为

$$\begin{aligned}&\frac{\partial}{\partial t}\left[\left(\frac{\partial}{\partial t}+\frac{\partial\phi}{\partial x_j}\frac{\partial}{\partial x_j}\right)\left(\frac{\partial\phi}{\partial t}+\frac{1}{2}\frac{\partial\phi}{\partial x_i}\frac{\partial\phi}{\partial x_i}\right)\right]\\&=\frac{\partial}{\partial t}\left[\frac{\partial}{\partial t}\left(\frac{\partial\phi}{\partial t}+\frac{1}{2}\frac{\partial\phi}{\partial x_i}\frac{\partial\phi}{\partial x_i}\right)+\frac{\partial\phi}{\partial x_j}\frac{\partial}{\partial x_j}\left(\frac{\partial\phi}{\partial t}+\frac{1}{2}\frac{\partial\phi}{\partial x_i}\frac{\partial\phi}{\partial x_i}\right)\right]\\&=\frac{\mathrm{d}^2\dot{\phi}}{\mathrm{d}t^2}+\left(\frac{\mathrm{d}\boldsymbol{v}}{\mathrm{d}t}\right)_j\frac{\partial\dot{\phi}}{\partial x_j}=\left(\frac{\mathrm{d}^2}{\mathrm{d}t^2}+\frac{\mathrm{d}\boldsymbol{v}}{\mathrm{d}t}\cdot\nabla\right)\dot{\phi}\end{aligned} \tag{8.3.11a}$$

其中,物质导数和微分运算定义为

$$\begin{aligned}&\dot{\phi}\equiv\frac{\partial\phi}{\partial t},\quad \frac{\mathrm{d}}{\mathrm{d}t}\equiv\frac{\partial}{\partial t}+\frac{\partial\phi}{\partial x_i}\frac{\partial}{\partial x_i},\quad \frac{\mathrm{d}\boldsymbol{v}}{\mathrm{d}t}\cdot\nabla=\left(\frac{\mathrm{d}\boldsymbol{v}}{\mathrm{d}t}\right)_j\frac{\partial}{\partial x_j}\\&\left(\frac{\mathrm{d}\boldsymbol{v}}{\mathrm{d}t}\right)_j\equiv\left(\frac{\partial\boldsymbol{v}}{\partial t}\right)_j+\left(\frac{\partial\phi}{\partial x_i}\frac{\partial\boldsymbol{v}}{\partial x_i}\right)_j=\frac{\partial}{\partial t}\left(\frac{\partial\phi}{\partial x_j}\right)+\frac{\partial\phi}{\partial x_i}\frac{\partial^2\phi}{\partial x_i x_j}\end{aligned} \tag{8.3.11b}$$

因此,波动方程(8.3.10c)变成

$$\left(\frac{\mathrm{d}^2}{\mathrm{d}t^2}+\frac{\mathrm{d}\boldsymbol{v}}{\mathrm{d}t}\cdot\nabla\right)\dot{\phi}-c^2\nabla^2\dot{\phi}=\frac{\mathrm{d}}{\mathrm{d}t}\frac{\partial f_a}{\partial t}+\nabla\dot{\phi}\cdot\nabla f_a-c^2\frac{\partial q}{\partial t} \tag{8.3.11c}$$

在线性近似下,存在关系:

$$\begin{aligned}&\frac{\mathrm{d}}{\mathrm{d}t}=\frac{\partial}{\partial t}+(\boldsymbol{U}+\boldsymbol{v}')\cdot\nabla\approx\frac{\partial}{\partial t}+\boldsymbol{U}\cdot\nabla\\&\frac{\mathrm{d}\boldsymbol{v}}{\mathrm{d}t}\cdot\nabla\approx[(\boldsymbol{U}\cdot\nabla)\boldsymbol{U})]\cdot\nabla=\frac{1}{2}\nabla(U^2)\cdot\nabla\end{aligned} \tag{8.3.12a}$$

将方程(8.3.11c)简化为

$$\left(\frac{\partial}{\partial t}+\boldsymbol{U}\cdot\nabla\right)^2\dot{\phi}+\frac{1}{2}\nabla(U^2)\cdot\nabla\dot{\phi}-c^2\nabla^2\dot{\phi}=\frac{\mathrm{d}}{\mathrm{d}t}\frac{\partial f_a}{\partial t}+\nabla\dot{\phi}\cdot\nabla f_a-c^2\frac{\partial q}{\partial t} \tag{8.3.12b}$$

在低 Mach 数条件下,上式近似为

$$\left(\frac{\partial}{\partial t}+\boldsymbol{U}\cdot\nabla\right)^2\dot{\phi}-c^2\nabla^2\dot{\phi}=\frac{\mathrm{d}}{\mathrm{d}t}\frac{\partial f_a}{\partial t}+\nabla\dot{\phi}\cdot\nabla f_a-c^2\frac{\partial q}{\partial t} \tag{8.3.12c}$$

注意:求得了 $\dot{\phi}=\dot{\phi}'$,对时间积分一次,容易得到速度场:

$$\boldsymbol{v}'(\boldsymbol{r},t)=\nabla\phi'(\boldsymbol{r},t)=\int\nabla\dot{\phi}'(\boldsymbol{r},t)\,\mathrm{d}t \tag{8.3.12d}$$

然而,求声压场 $p(\boldsymbol{r},t)=P(\boldsymbol{r},t)-P_0(\boldsymbol{r})$ 仍然是比较困难的. 事实上,由方程(8.3.9b)的第

二式，在线性近似条件下，无源区域的声压场满足[注意利用 $\rho_e(\boldsymbol{U}\cdot\nabla)\boldsymbol{U}=-\nabla P_0$]

$$\nabla\left(\frac{\partial\phi'}{\partial t}+\frac{p}{\rho_e}+\boldsymbol{U}\cdot\nabla\phi'\right)+\left(\frac{p}{\rho_e^2}\nabla\rho_e-\frac{\rho'}{\rho_e^2}\nabla P_0\right)=0 \tag{8.3.13a}$$

其中，$\rho=\rho_e+\rho'$. 可见只有当 $\rho_e(\boldsymbol{r})$ 和 $P_0(\boldsymbol{r})$ 随空间缓变（见 8.3.4 小节中讨论）时，忽略上式左边第二个括号内的项才能得到简单的关系，有

$$p(\boldsymbol{r},t)\approx-\rho_e\left(\frac{\partial\phi'}{\partial t}+\boldsymbol{U}\cdot\nabla\phi'\right) \tag{8.3.13b}$$

注意：① 比较方程(8.1.3d)与方程(8.3.12c)可知，在低 Mach 数条件下，方程都是对流波动方程，不同的是声场量取法；② 在方程(8.1.3d)中，当取声压为场量时，反映流与质量源相互作用（意指存在项 $\mathrm{d}q/\mathrm{d}t$），而在方程(8.3.12c)中，当取速度势为场量时，反映流与力源存在相互作用[意指存在项 $\mathrm{d}(\partial_t f_a)/\mathrm{d}t$].

8.3.2 分层流介质中的声波

考虑大气介质中的声传播问题，设运动介质的速度只有水平方向分量（Oxy 平面），且仅是高度 z 的函数，即 $\boldsymbol{U}(\boldsymbol{r})=[U_x(z),U_y(z),0]$（注意：对分层流动流体，旋度 $\nabla\times\boldsymbol{U}\neq0$，除非是均匀流）. 为了得到一般的波动方程，假定声速与密度也是稳定且分层分布的，即有 $c_e(z)$ 和 $\rho_e(z)$. 显然 $\nabla\cdot\boldsymbol{U}=0$，故由方程(8.3.2)可知，$\boldsymbol{U}\cdot\nabla\rho_e=-\rho_e\nabla\cdot\boldsymbol{U}=0$；不难计算验证有 $\rho_e(\boldsymbol{U}\cdot\nabla)\boldsymbol{U}=0$，故 $\nabla P_0=\rho_e\boldsymbol{g}$；当重力 $\boldsymbol{g}$ 只有 z 方向分量时，P_0 也仅是 z 的函数，则方程(8.3.2)的第三式是恒等式. 利用关系 $\nabla\cdot\boldsymbol{U}=0$ 和 $(\boldsymbol{U}\cdot\nabla)\boldsymbol{U}=0$，从方程(8.3.3a)、方程(8.3.3b)和方程(8.3.3c)消去 ρ' 得到线性化流体力学方程：

$$\frac{1}{\rho_e c_e^2}\frac{\mathrm{d}p'}{\mathrm{d}t}+\nabla\cdot\boldsymbol{v}'+\frac{1}{\rho_e c_e^2}(\boldsymbol{v}'\cdot\nabla)P_0=q \tag{8.3.14a}$$

$$\frac{\mathrm{d}\boldsymbol{v}'}{\mathrm{d}t}+(\boldsymbol{v}'\cdot\nabla)\boldsymbol{U}\approx\boldsymbol{f}-\frac{1}{\rho_e}\nabla p' \tag{8.3.14b}$$

其中，物质导数定义为 $\mathrm{d}/\mathrm{d}t=\partial/\partial t+\boldsymbol{U}\cdot\nabla$. 将上两式两边分别作用算子 $\mathrm{d}/\mathrm{d}t$ 和 ∇，把所得的两个方程相减得到

$$\begin{aligned}&\frac{\mathrm{d}}{\mathrm{d}t}\left(\frac{1}{\rho_e c_e^2}\frac{\mathrm{d}p'}{\mathrm{d}t}\right)-\nabla\cdot\left(\frac{1}{\rho_e}\nabla p'\right)+\nabla\cdot\boldsymbol{f}-\frac{\mathrm{d}q}{\mathrm{d}t}\\&=\nabla\cdot\frac{\mathrm{d}\boldsymbol{v}'}{\mathrm{d}t}-\frac{\mathrm{d}}{\mathrm{d}t}\nabla\cdot\boldsymbol{v}'+\nabla\cdot[(\boldsymbol{v}'\cdot\nabla)]\boldsymbol{U}-\frac{\mathrm{d}}{\mathrm{d}t}\left[\frac{1}{\rho_e c_e^2}(\boldsymbol{v}'\cdot\nabla)P_0\right]\end{aligned} \tag{8.3.14c}$$

注意到有 $\boldsymbol{U}=[U_x(z),U_y(z),0]$ 和 $P_0=P_0(z)$，存在微分运算关系：

$$\nabla\cdot\frac{\mathrm{d}\boldsymbol{v}'}{\mathrm{d}t}-\frac{\mathrm{d}}{\mathrm{d}t}\nabla\cdot\boldsymbol{v}'=\left[\frac{\mathrm{d}\boldsymbol{U}(z)}{\mathrm{d}z}\cdot\nabla\right]v_z'$$

$$(\boldsymbol{v}'\cdot\nabla)\boldsymbol{U}=v_z'\frac{\mathrm{d}\boldsymbol{U}(z)}{\mathrm{d}z},\quad \nabla\cdot[(\boldsymbol{v}'\cdot\nabla)\boldsymbol{U}]=\left[\frac{\mathrm{d}\boldsymbol{U}(z)}{\mathrm{d}z}\cdot\nabla\right]v_z'$$

$$\frac{\mathrm{d}}{\mathrm{d}t}\left[\frac{1}{\rho_e c_e^2}(\boldsymbol{v}'\cdot\nabla)P_0\right]=\frac{1}{\rho_e c_e^2}\frac{\mathrm{d}v_z'}{\mathrm{d}t}\frac{\partial P_0}{\partial z}\tag{8.3.14d}$$

将方程(8.3.14c)简化为

$$\frac{\mathrm{d}}{\mathrm{d}t}\left(\frac{1}{\rho_e c_e^2}\frac{\mathrm{d}p'}{\mathrm{d}t}\right)-\nabla\cdot\left(\frac{1}{\rho_e}\nabla p'\right)+\nabla\cdot\boldsymbol{f}-\frac{\mathrm{d}q}{\mathrm{d}t}$$
$$=2\left[\frac{\mathrm{d}\boldsymbol{U}(z)}{\mathrm{d}z}\cdot\nabla\right]v_z'-\frac{1}{\rho_e c_e^2}\frac{\mathrm{d}v_z'}{\mathrm{d}t}\frac{\partial P_0}{\partial z}\tag{8.3.15a}$$

为了消去 v_z',将上式两边作用算子 d/dt,有

$$\frac{\mathrm{d}}{\mathrm{d}t}\left[\frac{\mathrm{d}}{\mathrm{d}t}\left(\frac{1}{\rho_e c_e^2}\frac{\mathrm{d}p'}{\mathrm{d}t}\right)-\nabla\cdot\left(\frac{1}{\rho_e}\nabla p'\right)\right]+\frac{\mathrm{d}}{\mathrm{d}t}\left(\nabla\cdot\boldsymbol{f}-\frac{\mathrm{d}q}{\mathrm{d}t}\right)$$
$$=2\left[\frac{\mathrm{d}\boldsymbol{U}(z)}{\mathrm{d}z}\cdot\nabla\right]\frac{\mathrm{d}v_z'}{\mathrm{d}t}-\frac{\mathrm{d}}{\mathrm{d}t}\left(\frac{1}{\rho_e c_e^2}\frac{\mathrm{d}v_z'}{\mathrm{d}t}\frac{\partial P_0}{\partial z}\right)\tag{8.3.15b}$$

而由方程(8.3.14b)得

$$\frac{\mathrm{d}v_z'}{\mathrm{d}t}=f_z-\frac{1}{\rho_e}\frac{\partial p'}{\partial z}\tag{8.3.15c}$$

将上式代入方程(8.3.15b),我们得到声压满足的微分方程为

$$\frac{\mathrm{d}}{\mathrm{d}t}\left\{\frac{\mathrm{d}}{\mathrm{d}t}\left(\frac{1}{\rho_e c_e^2}\frac{\mathrm{d}p'}{\mathrm{d}t}\right)-\nabla\cdot\left(\frac{1}{\rho_e}\nabla p'\right)-\frac{\mathrm{d}q}{\mathrm{d}t}+\nabla\cdot\boldsymbol{f}\right\}=\Im\tag{8.3.16a}$$

其中,为了方便定义

$$\Im\equiv 2\left[\frac{\mathrm{d}\boldsymbol{U}(z)}{\mathrm{d}z}\cdot\nabla\right]\left(f_z-\frac{1}{\rho_e}\frac{\partial p'}{\partial z}\right)-\frac{\mathrm{d}}{\mathrm{d}t}\left[\frac{1}{\rho_e c_e^2}\left(f_z-\frac{1}{\rho_e}\frac{\partial p'}{\partial z}\right)\frac{\partial P_0}{\partial z}\right]\tag{8.3.16b}$$

假定仅仅考虑分层流对声场的影响,在小尺度范围内重力的影响可以忽略,取 P_0 = 常量,方程(8.3.16a)简化成(在无源情况下)

$$\frac{\mathrm{d}}{\mathrm{d}t}\left[\frac{\mathrm{d}}{\mathrm{d}t}\left(\frac{1}{\rho_e c_e^2}\frac{\mathrm{d}p'}{\mathrm{d}t}\right)-\nabla\cdot\left(\frac{1}{\rho_e}\nabla p'\right)\right]+2\left[\frac{\mathrm{d}\boldsymbol{U}(z)}{\mathrm{d}z}\cdot\nabla\right]\left(\frac{1}{\rho_e}\frac{\partial p'}{\partial z}\right)=0\tag{8.3.16c}$$

这就是层状介质中具有层状流速时的声波传播的基本方程. 由于介质参量与流速仅与 z 有关,故变量 x 和 y 可分离,令

$$p'(\boldsymbol{r},t)=\iint p(\boldsymbol{k}_\rho,z,\omega)\exp[\mathrm{i}(\boldsymbol{k}_\rho\cdot\boldsymbol{\rho}-\omega t)]\mathrm{d}^2\boldsymbol{k}_\rho\tag{8.3.17a}$$

其中,$\boldsymbol{k}_\rho=(k_x,k_y)$ 是 Oxy 平面内的波矢量,$\boldsymbol{\rho}=(x,y)$. 注意到运算关系为

$$\frac{\mathrm{d}p'}{\mathrm{d}t}=\frac{\partial p'}{\partial t}+\boldsymbol{U}\cdot\nabla p'=-\mathrm{i}\iint(\omega-\boldsymbol{U}\cdot\boldsymbol{k}_\rho)p(\boldsymbol{k}_\rho,z,\omega)\exp[\mathrm{i}(\boldsymbol{k}_\rho\cdot\boldsymbol{\rho}-\omega t)]\mathrm{d}^2\boldsymbol{k}_\rho\tag{8.3.17b}$$

以及有

$$\frac{\mathrm{d}}{\mathrm{d}t}\left(\frac{1}{\rho_{\mathrm{e}}c_{\mathrm{e}}^2}\frac{\mathrm{d}p'}{\mathrm{d}t}\right)=-\left(\frac{\partial}{\partial t}+\boldsymbol{U}\cdot\nabla\right)\iint\frac{\mathrm{i}(\omega-\boldsymbol{U}\cdot\boldsymbol{k}_\rho)}{\rho_{\mathrm{e}}c_{\mathrm{e}}^2}p(\boldsymbol{k}_\rho,z,\omega)\mathrm{e}^{\mathrm{i}(\boldsymbol{k}_\rho\cdot\boldsymbol{\rho}-\omega t)}\mathrm{d}^2\boldsymbol{k}_\rho$$

(8.3.17c)

$$=-\iint\frac{(\omega-\boldsymbol{U}\cdot\boldsymbol{k}_\rho)^2}{\rho_{\mathrm{e}}c_{\mathrm{e}}^2}p(\boldsymbol{k}_\rho,z,\omega)\exp[\mathrm{i}(\boldsymbol{k}_\rho\cdot\boldsymbol{\rho}-\omega t)]\mathrm{d}^2\boldsymbol{k}_\rho$$

将上式代入方程(8.3.16c)得到

$$\frac{\mathrm{d}^2p(\boldsymbol{k}_\rho,z,\omega)}{\mathrm{d}z^2}-\frac{\mathrm{d}\ln(\rho_{\mathrm{e}}\beta^2)}{\mathrm{d}z}\cdot\frac{\mathrm{d}p(\boldsymbol{k}_\rho,z,\omega)}{\mathrm{d}z}+(k^2\beta^2-k_\rho^2)p(\boldsymbol{k}_\rho,z,\omega)=0 \qquad (8.3.18\mathrm{a})$$

其中,有 $\beta\equiv1-\boldsymbol{U}\cdot\boldsymbol{k}_\rho/\omega$ 及 $k=\omega/c_{\mathrm{e}}$. 显然,当 $\beta=0$ 时,上式中一阶导数变成无限大,表明声波与流产生共振相互作用. 为了消去上式中的一阶导数,令

$$\Psi(\boldsymbol{k}_\rho,z,\omega)=\frac{p(\boldsymbol{k}_\rho,z,\omega)}{\beta(\boldsymbol{k}_\rho,z,\omega)\sqrt{\rho_{\mathrm{e}}(z)}} \qquad (8.3.18\mathrm{b})$$

将方程(8.3.18a)简化成

$$\frac{\mathrm{d}^2\Psi(\boldsymbol{k}_\rho,z,\omega)}{\mathrm{d}z^2}+k_{\mathrm{e}}^2(\boldsymbol{k}_\rho,z,\omega)\Psi(\boldsymbol{k}_\rho,z,\omega)=0 \qquad (8.3.18\mathrm{c})$$

其中,等效波数为

$$k_{\mathrm{e}}^2(\boldsymbol{k}_\rho,z,\omega)\equiv k^2\beta^2-k_\rho^2+\frac{1}{2\rho_{\mathrm{e}}\beta^2}\frac{\mathrm{d}^2(\rho_{\mathrm{e}}\beta^2)}{\mathrm{d}z^2}-\frac{3}{4}\left[\frac{1}{\rho_{\mathrm{e}}\beta^2}\frac{\mathrm{d}(\rho_{\mathrm{e}}\beta^2)}{\mathrm{d}z}\right]^2 \qquad (8.3.18\mathrm{d})$$

对于连续变化且比较光滑的 ρ_{e} 和 β,有效波数有限,故方程(8.3.18c)在求解分层稳定流动介质中的声传播问题时是行之有效的. 然而,如果 ρ_{e} 和 β 存在不连续界面,上式中由于求导而出现很大的项(物理上,表现为声波在界面上的反射),这给数值计算带来较大的困难. 我们对方程(8.3.18a)作新的变量变换来消除这一困难. 注意到:当 $\beta=1$ 和 $\rho_{\mathrm{e}}(z)=\rho_0$(常量)以及 $k=0$ 和 $k_\rho=0$ 时,方程(8.3.18a)的解为 $p=Az+B$;而当 $k=0,k_\rho=0$,但存在 $\beta\neq1,\rho_{\mathrm{e}}(z)\neq$ 常量时,方程(8.3.18a)简化为

$$\frac{\mathrm{d}^2p}{\mathrm{d}z^2}-\frac{\mathrm{d}\ln(\rho_{\mathrm{e}}\beta^2)}{\mathrm{d}z}\frac{\mathrm{d}p}{\mathrm{d}z}=0 \qquad (8.3.19\mathrm{a})$$

上式的解为 $p=A\zeta(z)+B$,其中

$$\zeta(z)=\rho_0^{-1}\int_{z_0}^{z}\rho_{\mathrm{e}}(z')\beta^2(z')\mathrm{d}z' \qquad (8.3.19\mathrm{b})$$

其中,$\rho_0>0$ 是任意常量(密度量纲). 比较两种情况,我们以 ζ 作为变量,对方程(8.3.18a)作变量变换得到(作为习题)

$$\frac{\mathrm{d}^2p(\boldsymbol{k}_\rho,\zeta,\omega)}{\mathrm{d}\zeta^2}+(k^2\beta^2-k_\rho^2)\left(\frac{\rho_0}{\rho_{\mathrm{e}}\beta^2}\right)^2p(\boldsymbol{k}_\rho,\zeta,\omega)=0 \qquad (8.3.19\mathrm{c})$$

显然,上式无需求 ρ_{e} 和 β 的导数,因而对 ρ_{e} 和 β 不连续的情况也适用,除非 $\beta=0$,即

$\boldsymbol{U}\cdot\boldsymbol{k}_\rho/\omega=1$.

8.3.3 径向分布的轴向流介质

在柱坐标中,设介质的运动速度只有 z 轴方向分量(例如管道中的流),且仅是径向 ρ 的函数,即 $\boldsymbol{U}=U_z(\rho)\boldsymbol{e}_z$,显然有$\nabla\cdot\boldsymbol{U}=0$ 和$(\boldsymbol{U}\cdot\nabla)\boldsymbol{U}=0$(注意:旋度$\nabla\times\boldsymbol{U}\neq0$,除非是均匀流),故由方程(8.3.2)的第一、第二式可知,$\boldsymbol{U}\cdot\nabla\rho_e=-\rho_e\nabla\cdot\boldsymbol{U}=0$,$\rho_e\boldsymbol{g}=\nabla P_0$(这里 $\boldsymbol{g}$ 是产生压力梯度∇P_0 的外力,对管道系统,重力可以忽略). 对于黏性介质,由方程(6.1.11b)可知,存在稳定流 $\boldsymbol{U}=U_z(\rho)\boldsymbol{e}_z$ 的条件是必须存在 z 轴方向的压力梯度,为简单起见,设 $\mathrm{d}P_0(z)/\mathrm{d}z=$常量,于是,从方程(8.3.3a)、方程(8.3.3b)和方程(8.3.3c)中消去 ρ'得到的线性化流体力学方程为

$$\frac{1}{\rho_e c_e^2}\frac{\mathrm{d}p'}{\mathrm{d}t}+\nabla\cdot\boldsymbol{v}'+\frac{1}{\rho_e c_e^2}(\boldsymbol{v}'\cdot\nabla)P_0=q \tag{8.3.20a}$$

$$\frac{\mathrm{d}\boldsymbol{v}'}{\mathrm{d}t}+(\boldsymbol{v}'\cdot\nabla)\boldsymbol{U}\approx\boldsymbol{f}-\frac{1}{\rho_e}\nabla p' \tag{8.3.20b}$$

注意:上式与方程(8.3.14a)和方程(8.3.14b)类似,但其物质导数不同,有

$$\frac{\mathrm{d}}{\mathrm{d}t}=\frac{\partial}{\partial t}+\boldsymbol{U}\cdot\nabla=\frac{\partial}{\partial t}+U_z(\rho)\frac{\partial}{\partial z} \tag{8.3.20c}$$

将方程(8.3.20a)和方程(8.3.20b)两边分别作用算子 $\mathrm{d}/\mathrm{d}t$ 和$\nabla\cdot$,并把所得的两个方程相减得

$$\begin{aligned}&\frac{\mathrm{d}}{\mathrm{d}t}\left(\frac{1}{\rho_e c_e^2}\frac{\mathrm{d}p'}{\mathrm{d}t}\right)-\nabla\cdot\left(\frac{1}{\rho_e}\nabla p'\right)+\nabla\cdot\boldsymbol{f}-\frac{\mathrm{d}q}{\mathrm{d}t}\\&=\nabla\cdot\frac{\mathrm{d}\boldsymbol{v}'}{\mathrm{d}t}-\frac{\mathrm{d}}{\mathrm{d}t}\nabla\cdot\boldsymbol{v}'+\nabla\cdot[(\boldsymbol{v}'\cdot\nabla)]\boldsymbol{U}-\frac{\mathrm{d}}{\mathrm{d}t}\left[\frac{1}{\rho_e c_e^2}(\boldsymbol{v}'\cdot\nabla)P_0\right]\end{aligned} \tag{8.3.20d}$$

注意到有 $\boldsymbol{U}=U_z(\rho)\boldsymbol{e}_z$ 和 $\mathrm{d}P_0(z)/\mathrm{d}z=$常量,存在微分关系:

$$\nabla\cdot\frac{\mathrm{d}\boldsymbol{v}'}{\mathrm{d}t}-\frac{\mathrm{d}}{\mathrm{d}t}\nabla\cdot\boldsymbol{v}'=\frac{\mathrm{d}U_z}{\mathrm{d}\rho}\frac{\partial v'_\rho}{\partial z}$$

$$(\boldsymbol{v}'\cdot\nabla)\boldsymbol{U}=v'_\rho\frac{\mathrm{d}U_z}{\mathrm{d}\rho}\boldsymbol{e}_z,\quad \nabla\cdot[(\boldsymbol{v}'\cdot\nabla)\boldsymbol{U}]=\frac{\mathrm{d}U_z}{\mathrm{d}\rho}\frac{\partial v'_\rho}{\partial z}$$

$$\frac{\mathrm{d}}{\mathrm{d}t}\left[\frac{1}{\rho_e c_e^2}(\boldsymbol{v}'\cdot\nabla)P_0\right]=\frac{1}{\rho_e c_e^2}\frac{\partial P_0}{\partial z}\frac{\mathrm{d}v'_z}{\mathrm{d}t} \tag{8.3.21}$$

注意:为得到上式的第三个方程,我们假定了 $\rho_e c_e^2$ 与 z 无关[注意:由方程(8.3.2)的第三式,压强的 z 方向梯度一定引起密度也具有 z 方向梯度,我们忽略了这个变化,因为压强的梯度主要是产生稳定流]. 则方程(8.3.20d)简化为

$$\frac{\mathrm{d}}{\mathrm{d}t}\left(\frac{1}{\rho_e c_e^2}\frac{\mathrm{d}p'}{\mathrm{d}t}\right)-\nabla\cdot\left(\frac{1}{\rho_e}\nabla p'\right)+\nabla\cdot\boldsymbol{f}-\frac{\mathrm{d}q}{\mathrm{d}t}$$
$$=2\frac{\mathrm{d}U_z}{\mathrm{d}\rho}\frac{\partial v'_\rho}{\partial z}-\frac{1}{\rho_e c_e^2}\frac{\partial P_0}{\partial z}\frac{\mathrm{d}v'_z}{\mathrm{d}t} \tag{8.3.22a}$$

为了消去 v'_ρ和 v'_z,将上式两边作用算子 $\mathrm{d}/\mathrm{d}t$,得

$$\frac{\mathrm{d}}{\mathrm{d}t}\left[\frac{\mathrm{d}}{\mathrm{d}t}\left(\frac{1}{\rho_e c_e^2}\frac{\mathrm{d}p'}{\mathrm{d}t}\right)-\nabla\cdot\left(\frac{1}{\rho_e}\nabla p'\right)\right]+\frac{\mathrm{d}}{\mathrm{d}t}\left(\nabla\cdot\boldsymbol{f}-\frac{\mathrm{d}q}{\mathrm{d}t}\right)$$
$$=2\frac{\mathrm{d}U_z}{\mathrm{d}\rho}\cdot\frac{\partial}{\partial z}\frac{\mathrm{d}v'_\rho}{\mathrm{d}t}-\frac{\mathrm{d}}{\mathrm{d}t}\left(\frac{1}{\rho_e c_e^2}\frac{\partial P_0}{\partial z}\frac{\mathrm{d}v'_z}{\mathrm{d}t}\right) \tag{8.3.22b}$$

而由方程(8.3.20b)可知[注意:$\boldsymbol{U}=U_z(\rho)\boldsymbol{e}_z$ 只有 $\boldsymbol{e}_z$ 方向分量]

$$\frac{\mathrm{d}v'_\rho}{\mathrm{d}t}=f_\rho-\frac{1}{\rho_e}\frac{\partial p'}{\partial\rho},\quad \frac{\mathrm{d}v'_z}{\mathrm{d}t}=f_z-\frac{1}{\rho_e}\frac{\partial p'}{\partial z}-v'_\rho\frac{\mathrm{d}U_z(\rho)}{\mathrm{d}\rho} \tag{8.3.22c}$$

将上式代入方程(8.3.22b),我们得到声压满足的微分方程:

$$\frac{\mathrm{d}}{\mathrm{d}t}\left[\frac{\mathrm{d}}{\mathrm{d}t}\left(\frac{1}{\rho_e c_e^2}\frac{\mathrm{d}p'}{\mathrm{d}t}\right)-\nabla\cdot\left(\frac{1}{\rho_e}\nabla p'\right)\right]+\frac{\mathrm{d}}{\mathrm{d}t}\left(\nabla\cdot\boldsymbol{f}-\frac{\mathrm{d}q}{\mathrm{d}t}\right)=\mathfrak{J} \tag{8.3.23a}$$

其中,为了方便定义

$$\mathfrak{J}\equiv\frac{\mathrm{d}U_z}{\mathrm{d}\rho}\left(2\frac{\partial}{\partial z}+\frac{1}{\rho_e c_e^2}\frac{\partial P_0}{\partial z}\right)\left(f_\rho-\frac{1}{\rho_e}\frac{\partial p'}{\partial\rho}\right)-\frac{1}{\rho_e c_e^2}\frac{\partial P_0}{\partial z}\frac{\mathrm{d}}{\mathrm{d}t}\left(f_z-\frac{1}{\rho_e}\frac{\partial p'}{\partial z}\right) \tag{8.3.23b}$$

这就是柱对称、轴向流介质中,声波传播的基本方程. 对于理想流体介质,如果不存在压力梯度,上式简化成(在无源情况下)

$$\frac{\mathrm{d}}{\mathrm{d}t}\left[\frac{\mathrm{d}}{\mathrm{d}t}\left(\frac{1}{\rho_e c_e^2}\frac{\mathrm{d}p'}{\mathrm{d}t}\right)-\nabla\cdot\left(\frac{1}{\rho_e}\nabla p'\right)\right]+2\frac{\mathrm{d}U_z}{\mathrm{d}\rho}\frac{\partial}{\partial z}\left(\frac{1}{\rho_e}\frac{\partial p'}{\partial\rho}\right)=0 \tag{8.3.23c}$$

值得指出的是,对于一般的非均匀、非稳定的有旋流动介质,很难得到一个单一场量的声波方程,只有在一定的近似下,才能得到一个单一场量的声波方程(见 8.3.4 小节中讨论).

8.3.4 非稳定流动介质

考虑一般时空变化的非均匀介质,当不存在声波时,流体的密度 $\rho_e=\rho_e(\boldsymbol{r},t)$,非稳定流速 $\boldsymbol{U}=\boldsymbol{U}(\boldsymbol{r},t)$,压强 $P_0=P_0(\boldsymbol{r},t)$ 和熵 $s_e=s_e(\boldsymbol{r},t)$ 必须满足流体力学方程:

$$\frac{\partial\rho_e}{\partial t}+\nabla\cdot(\rho_e\boldsymbol{U})=0,\quad \frac{\partial s_e}{\partial t}+\boldsymbol{U}\cdot\nabla s_e=0$$
$$\frac{\partial\boldsymbol{U}}{\partial t}+(\boldsymbol{U}\cdot\nabla)\boldsymbol{U}=\boldsymbol{g}-\frac{1}{\rho_e}\nabla P_0 \tag{8.3.24a}$$

当存在声波时,密度 $\rho(\boldsymbol{r},t)=\rho_e(\boldsymbol{r},t)+\rho'(\boldsymbol{r},t)$,流速 $\boldsymbol{v}(\boldsymbol{r},t)=\boldsymbol{U}(\boldsymbol{r},t)+\boldsymbol{v}'(\boldsymbol{r},t)$,压强 $P(\boldsymbol{r},$

$t)=P_0(\boldsymbol{r},t)+p'(\boldsymbol{r},t)$ 和熵 $s(\boldsymbol{r},t)=s_e(\boldsymbol{r},t)+s'(\boldsymbol{r},t)$ 也满足流体力学方程（在无源情况下）：

$$\frac{\partial\rho}{\partial t}+\nabla\cdot(\rho\boldsymbol{v})=0,\quad \frac{\partial s}{\partial t}+\boldsymbol{v}\cdot\nabla s=0 \tag{8.3.24b}$$

$$\frac{\partial\boldsymbol{v}}{\partial t}+(\boldsymbol{v}\cdot\nabla)\boldsymbol{v}=\boldsymbol{g}-\frac{1}{\rho}\nabla P \tag{8.3.24c}$$

于是，声场变量 $(p',\boldsymbol{v}',s')$ 满足一阶近似方程：

$$\frac{\mathrm{d}\rho'}{\mathrm{d}t}+\rho_e\nabla\cdot\boldsymbol{v}'+\boldsymbol{v}'\cdot\nabla\rho_e+\rho'\nabla\cdot\boldsymbol{U}=0 \tag{8.3.25a}$$

$$\frac{\mathrm{d}\boldsymbol{v}'}{\mathrm{d}t}+\frac{1}{\rho_e}\nabla p'+(\boldsymbol{v}'\cdot\nabla)\boldsymbol{U}-\frac{\rho'}{\rho_e^2}\nabla P_0=0 \tag{8.3.25b}$$

$$\frac{\mathrm{d}s'}{\mathrm{d}t}+\boldsymbol{v}'\cdot\nabla s_e=0,\quad p'\approx c_e^2\rho'+\pi_e s' \tag{8.3.25c}$$

其中，系数 $\pi_e\equiv(\partial P/\partial s)_\rho$，物质导数为 $\mathrm{d}/\mathrm{d}t=\partial_t+\boldsymbol{U}\cdot\nabla$，注意到当不存在声波时，有 $P_0=P_0(\rho_e,s_e)$，故 $\nabla P_0=c_e^2\nabla\rho_e+\pi_e\nabla s_e$. 利用方程(8.3.25c)，方程(8.3.25a)和方程(8.3.25b)分别简化成

$$\frac{\mathrm{d}}{\mathrm{d}t}\left(\frac{p'}{\rho_e c_e^2}\right)+\frac{1}{\rho_e c_e^2}\boldsymbol{v}'\cdot\nabla P_0+\nabla\cdot\boldsymbol{v}'-s'\frac{\mathrm{d}}{\mathrm{d}t}\left(\frac{\pi_e}{\rho_e c_e^2}\right)=0 \tag{8.3.26a}$$

$$\frac{\mathrm{d}\boldsymbol{v}'}{\mathrm{d}t}+\frac{1}{\rho_e}\nabla p'+(\boldsymbol{v}'\cdot\nabla)\boldsymbol{U}-\frac{p'}{c_e^2\rho_e^2}\nabla P_0+\frac{\pi_e s'}{c_e^2\rho_e^2}\nabla P_0=0 \tag{8.3.26b}$$

注意到，对于均匀的介质，$s=$常量，即 $s'=0$，故 $s'\neq 0$ 源于介质的非均匀性，是一阶小量. 另一方面，考虑介质的非均匀变化的空间尺度 L 和时间尺度 T 远大于声波波长和周期，则介质的一阶导数也是一阶小量，与 s' 相乘后变成二阶小量. 因此，上两式左边的最后一项可以忽略. 于是，我们得到缓变非均匀运动介质的波动方程为

$$\frac{\mathrm{d}}{\mathrm{d}t}\left(\frac{p'}{\rho_e c_e^2}\right)+\frac{1}{\rho_e c_e^2}\boldsymbol{v}'\cdot\nabla P_0+\nabla\cdot\boldsymbol{v}'=0 \tag{8.3.27a}$$

$$\frac{\mathrm{d}\boldsymbol{v}'}{\mathrm{d}t}+\frac{1}{\rho_e}\nabla p'+(\boldsymbol{v}'\cdot\nabla)\boldsymbol{U}-\frac{p'}{c_e^2\rho_e^2}\nabla P_0=0 \tag{8.3.27b}$$

分别求方程(8.3.27a)的时间全导数和方程(8.3.27b)的散度，并且把所得方程相减，有

$$\begin{aligned}&\nabla\cdot\left[\frac{\mathrm{d}\boldsymbol{v}'}{\mathrm{d}t}+\frac{1}{\rho_e}\nabla p'+(\boldsymbol{v}'\cdot\nabla)\boldsymbol{U}-\frac{p'}{c_e^2\rho_e^2}\nabla P_0\right]\\&-\frac{\mathrm{d}}{\mathrm{d}t}\left[\nabla\cdot\boldsymbol{v}'+\frac{1}{\rho_e c_e^2}\boldsymbol{v}'\cdot\nabla P_0+\frac{\mathrm{d}}{\mathrm{d}t}\left(\frac{p'}{\rho_e c_e^2}\right)\right]=0\end{aligned} \tag{8.3.28}$$

注意到有关系：

$$\begin{aligned}\nabla\cdot\frac{\mathrm{d}\boldsymbol{v}'}{\mathrm{d}t}-\frac{\mathrm{d}}{\mathrm{d}t}\nabla\cdot\boldsymbol{v}'&=\nabla\cdot[(\boldsymbol{U}\cdot\nabla)\boldsymbol{v}']-\boldsymbol{U}\cdot\nabla(\nabla\cdot\boldsymbol{v}')\\&=\frac{\partial}{\partial x_i}\left(U_j\frac{\partial v_i'}{\partial x_j}\right)-U_j\frac{\partial}{\partial x_j}\left(\frac{\partial v_i'}{\partial x_i}\right)=\sum_{i,j=1}^{3}\frac{\partial U_j}{\partial x_i}\frac{\partial v_i'}{\partial x_j}\end{aligned} \tag{8.3.29a}$$

将方程(8.3.28c)简化为

$$\nabla\cdot\left(\frac{1}{\rho_e}\nabla p'\right)-\frac{\mathrm{d}^2}{\mathrm{d}t^2}\left(\frac{p'}{\rho_e c_e^2}\right)+\sum_{i,j=1}^{3}\frac{\partial U_j}{\partial x_i}\frac{\partial v'_i}{\partial x_j}+\nabla\cdot[(\boldsymbol{v}'\cdot\nabla)\boldsymbol{U}]$$
$$=\nabla\cdot\left(\frac{p'}{c_e^2\rho_e^2}\nabla P_0\right)+\frac{\mathrm{d}}{\mathrm{d}t}\left(\frac{1}{\rho_e c_e^2}\boldsymbol{v}'\cdot\nabla P_0\right)\tag{8.3.29b}$$

对于缓变非均匀介质,在一阶近似下,只要保留一阶导数,有

$$\nabla\cdot[(\boldsymbol{v}'\cdot\nabla)\boldsymbol{U}]=\frac{\partial}{\partial x_j}\left(v'_i\frac{\partial U_j}{\partial x_i}\right)=\frac{\partial U_j}{\partial x_i}\frac{\partial v'_i}{\partial x_j}+v'_i\frac{\partial^2 U_j}{\partial x_j\partial x_i}\approx\frac{\partial U_j}{\partial x_i}\frac{\partial v'_i}{\partial x_j}$$

$$\nabla\cdot\left(\frac{p'}{c_e^2\rho_e^2}\nabla P_0\right)=\frac{1}{c_e^2\rho_e^2}\nabla p'\cdot\nabla P_0+\frac{p'}{c_e^2\rho_e^2}\nabla^2 P_0\approx\frac{1}{c_e^2\rho_e^2}\nabla p'\cdot\nabla P_0\tag{8.3.29c}$$

$$\frac{\mathrm{d}}{\mathrm{d}t}\left(\frac{1}{\rho_e c_e^2}\boldsymbol{v}'\cdot\nabla P_0\right)\approx\frac{1}{\rho_e c_e^2}\left[\frac{\partial\boldsymbol{v}'}{\partial t}+(\boldsymbol{U}\cdot\nabla)\boldsymbol{v}'\right]\cdot\nabla P_0=\frac{1}{\rho_e c_e^2}\frac{\mathrm{d}\boldsymbol{v}'}{\mathrm{d}t}\cdot\nabla P_0$$

于是

$$\nabla\cdot\left(\frac{p'}{c_e^2\rho_e^2}\nabla P_0\right)+\frac{\mathrm{d}}{\mathrm{d}t}\left(\frac{1}{\rho_e c_e^2}\boldsymbol{v}'\cdot\nabla P_0\right)\approx\frac{1}{c_e^2\rho_e}\left(\frac{\mathrm{d}\boldsymbol{v}'}{\mathrm{d}t}+\frac{\nabla p'}{\rho_e}\right)\cdot\nabla P_0\tag{8.3.29d}$$

上式右边括号内是一阶量,与∇P_0点乘后为二阶量,故可以忽略. 于是,在一阶近似下,方程(8.3.29b)简化为

$$\nabla\cdot\left(\frac{1}{\rho_e}\nabla p'\right)-\frac{\mathrm{d}^2}{\mathrm{d}t^2}\left(\frac{p'}{\rho_e c_e^2}\right)+2\sum_{i,j=1}^{3}\frac{\partial U_j}{\partial x_i}\frac{\partial v'_i}{\partial x_j}\approx 0\tag{8.3.30a}$$

为了得到单一变量的方程,由声压场引进"势函数"$\psi=\psi(\boldsymbol{r},t)$满足

$$p'(\boldsymbol{r},t)=-\rho_e\frac{\mathrm{d}\psi(\boldsymbol{r},t)}{\mathrm{d}t}=-\rho_e\left(\frac{\partial}{\partial t}+\boldsymbol{U}\cdot\nabla\right)\psi(\boldsymbol{r},t)\tag{8.3.30b}$$

注意:在 8.1.1 小节或者 8.3.1 小节中,势函数是由速度场 $\boldsymbol{U}$ 和 $\boldsymbol{v}'$ 的无旋性质直接引进的,现在 $\boldsymbol{U}$ 可能有旋,而由方程(8.3.6d)知,$\boldsymbol{v}'$ 也可能有旋,因此,不能由速度场直接引进势函数. 为了从方程(8.3.30a)中消去速度场 $\boldsymbol{v}'$,必须导出 $\boldsymbol{v}'$ 与 ψ 的关系,但是严格由方程(8.3.27b)导出 $\boldsymbol{v}'$ 与 ψ 的关系是困难的. 注意到方程(8.3.30a)的左边前两项为声场的一阶小量,第三项中 $\boldsymbol{U}$ 的空间导数为一阶小量,因此在一阶近似中,只要取 $\boldsymbol{v}'$ 的零阶近似[注意:$\boldsymbol{v}'$ 本身是一阶小量,所谓零阶近似是指空间的变化,即近似到 $O(1/L)$]就可以了. 由方程(8.3.27b)有

$$\frac{\partial}{\partial t}(\boldsymbol{v}'-\nabla\psi)+(\boldsymbol{U}\cdot\nabla)(\boldsymbol{v}'-\nabla\psi)$$
$$-\left[(\nabla\psi\cdot\nabla)\boldsymbol{U}+\nabla\psi\times\nabla\times\boldsymbol{U}-(\boldsymbol{v}'\cdot\nabla)\boldsymbol{U}+\frac{p'}{c_e^2\rho_e^2}\nabla P_0\right]=0\tag{8.3.30c}$$

忽略上式中流速 $\boldsymbol{U}$ 和压强 P_0 的空间导数项,得到

$$\frac{\partial}{\partial t}(\boldsymbol{v}'-\nabla\psi)+(\boldsymbol{U}\cdot\nabla)(\boldsymbol{v}'-\nabla\psi)\approx 0 \tag{8.3.30d}$$

因此,我们得到零阶近似的关系为

$$\boldsymbol{v}'(\boldsymbol{r},t)\approx\nabla\psi(\boldsymbol{r},t)+O\left(\frac{1}{L}\right)+O\left(\frac{1}{T}\right) \tag{8.3.31a}$$

将上式和方程(8.3.30b)代入方程(8.3.30a)得到

$$-\nabla\cdot\left[\frac{1}{\rho_{\mathrm{e}}}\nabla\left(\rho_{\mathrm{e}}\frac{\mathrm{d}\psi}{\mathrm{d}t}\right)\right]+\frac{\mathrm{d}^2}{\mathrm{d}t^2}\left(\frac{1}{c_{\mathrm{e}}^2}\frac{\mathrm{d}\psi}{\mathrm{d}t}\right)+2\sum_{i,j=1}^{3}\frac{\partial U_j}{\partial x_i}\frac{\partial^2\psi}{\partial x_i\partial x_j}\approx 0 \tag{8.3.31b}$$

上式可以进一步化简,不难证明(忽略所有非均匀参量和流速 $\boldsymbol{U}$ 的二阶导数)

$$\nabla\cdot\left[\frac{1}{\rho_{\mathrm{e}}}\nabla\left(\rho_{\mathrm{e}}\frac{\mathrm{d}\psi}{\mathrm{d}t}\right)\right]\approx\frac{\mathrm{d}}{\mathrm{d}t}\left[\frac{1}{\rho_{\mathrm{e}}}\nabla\cdot(\rho_{\mathrm{e}}\nabla\psi)\right]+2\sum_{i,j=1}^{3}\frac{\partial U_j}{\partial x_i}\frac{\partial^2\psi}{\partial x_i\partial x_j} \tag{8.3.31c}$$

于是,得到单一变量的波动方程(见参考文献 54)为

$$\frac{1}{\rho_{\mathrm{e}}}\nabla\cdot(\rho_{\mathrm{e}}\nabla\psi)-\left(\frac{\partial}{\partial t}+\boldsymbol{U}\cdot\nabla\right)\left[\frac{1}{c_{\mathrm{e}}^2}\left(\frac{\partial}{\partial t}+\boldsymbol{U}\cdot\nabla\right)\psi\right]\approx 0 \tag{8.3.31d}$$

声压场和速度场由方程(8.3.30b)和方程(8.3.31a)给出. 在稳态情况下,有 $\rho_{\mathrm{e}}=\rho_{\mathrm{e}}(\boldsymbol{r})$, $\boldsymbol{U}=\boldsymbol{U}(\boldsymbol{r})$ 和 $c_{\mathrm{e}}=c_{\mathrm{e}}(\boldsymbol{r})$,上式可以写成频域方程:

$$\frac{1}{\rho_{\mathrm{e}}}\nabla\cdot(\rho_{\mathrm{e}}\nabla\psi)-(-\mathrm{i}\omega+\boldsymbol{U}\cdot\nabla)\left[\frac{1}{c_{\mathrm{e}}^2}(-\mathrm{i}\omega+\boldsymbol{U}\cdot\nabla)\psi\right]\approx 0 \tag{8.3.31e}$$

值得指出的是:由于介质流的存在,破坏了系统的时间反演对称性,利用这一特性,可以调控声的传播,特别是结合周期结构,可以实现经典的声学系统无法实现的声操控,如拓扑保护的单向传输等,详细介绍见参考文献 55 和 56.

8.4 湍流产生的声波

在 8.3 节中,我们假定流体流动速度在时间和空间上的变化都是缓慢的(即空间变化尺度远大于声波波长,而时间变化尺度远大于声信号的最大周期),仅考虑声波在这样的流体中的传播,即流体的流动对声传播的影响. 事实上,当流动速度的时空变化十分剧烈时,流动着的流体——气流本身就成为声源辐射噪声,称为**气动噪声**(aerodynamic noise)或者**湍流噪声**(turbulent noise). 熟悉的例子是喷气飞机、农用拖拉机以及摩托车等的喷口所发出的气流噪声. 研究气流声辐射的内容称为**气动声学**(aeroacoustics),本节对气动声学作一简单介绍.

8.4.1 Lighthill 理论

当流体的流速较缓慢时,速度在空间的分布是有规的层流(如图 8.4.1a 所示);但当流速超过一定的值时,时空分布呈现不规则性,其主要特征是流速场由一个个小的漩涡组成,我们称此时流体处于湍流状态(如图 8.4.1b 所示). 流体的这种运动状态由 Reynolds 数(注意:与 9.1.1 小节中声 Reynolds 数的区别)的大小决定,即 $R_e=\rho_0 UD/\mu$,其中 μ 是流体切变黏度,D 是限制流体运动的横向线度(如气体喷口的直径或管道的直径). Reynolds 数越大,流动越容易处于湍流状态. Reynolds 数作为层流到湍流的决定参数,其物理本质是:当 Reynolds 数较小时,黏性力大于惯性力(μ 较大而 U 较小),此时流动是稳定的,如果流体中有一个小的扰动,则扰动很快衰减;当 Reynolds 数较大时,惯性力大于黏性力(U 较大而 μ 较小),此时流动是不稳定的,如果流体中有一个小的扰动,则扰动容易发展增强,形成湍流. 当 Reynolds 数增加时,惯性力大于黏性力,流体从层流过渡到湍流.

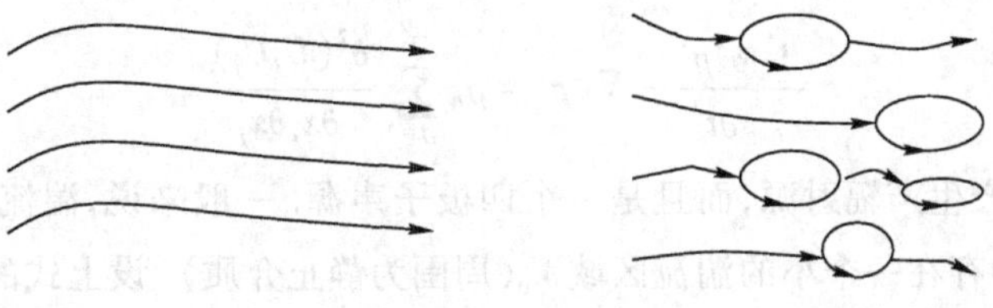

图 8.4.1　有规则的层流(a);无规则的湍流(b)

对于高 Reynolds 数情况,流体内部可近似为理想流体,其基本运动方程为质量守恒方程和动量守恒方程,即

$$\frac{\partial\rho}{\partial t}+\nabla\cdot(\rho\boldsymbol{v})=0,\quad \frac{\partial(\rho\boldsymbol{v})}{\partial t}+\nabla\cdot\boldsymbol{P}=0 \tag{8.4.1}$$

其中,$\boldsymbol{P}$ 为动量张量,其分量为 $P_{ij}=\rho v_i v_j+P\delta_{ij}(i,j=1,2,3)$. 另外,假定流动过程是等熵的,压力仅是密度的函数,即 $P=P(\rho)$. 对方程(8.4.1)中的两式分别作用 ∂_t 和 $\nabla\cdot$ 算子,并把所得方程相减,有

$$\frac{\partial^2\rho}{\partial t^2}=\sum_{i,j=1}^{3}\frac{\partial^2 P_{ij}}{\partial x_i\partial x_j} \tag{8.4.2a}$$

令 $\rho'=\rho-\rho_0$(其中 ρ_0 为流体平衡时的均匀密度),且上式两边减去 $c_0^2\nabla^2\rho'$ 得到

$$\frac{\partial^2\rho'}{\partial t^2}-c_0^2\nabla^2\rho'=\sum_{i,j=1}^{3}\frac{\partial^2 T_{ij}}{\partial x_i\partial x_j} \tag{8.4.2b}$$

其中,有 $T_{ij}\equiv P_{ij}-c_0^2\rho'\delta_{ij}$ 或者 $T_{ij}=\rho v_i v_j+(p-c_0^2\rho')\delta_{ij}$(因为 $P=P_0+p$,而 P_0 为常量),则 T_{ij} 称为 **Lighthill 张量**. 对于等熵流动 $P=P_0+p'\approx P_0+c_0^2\rho'$($P_0$ 与空间坐标无关),将方程

(8.4.2b)线性化成

$$\frac{1}{c_0^2}\frac{\partial^2 p'}{\partial t^2}-\nabla^2 p'=\sum_{i,j=1}^{3}\frac{\partial^2 t_{ij}}{\partial x_i\partial x_j} \tag{8.4.2c}$$

其中,$t_{ij}\approx\rho_0 v_i v_j$. 流体的速度由三部分构成:① 平均流动速度 $\boldsymbol{U}_0$,为简单起见,假定它是与时间和空间无关的常量, 与方程(8.1.3d)相比,显然,方程(8.4.2c)只有在以平均速度 $\boldsymbol{U}_0$ 运动的坐标系内才成立,否则,方程(8.4.2c)右边的项不能简单地作为声源来处理, 首先假定 $\boldsymbol{U}_0=0$(当 $\boldsymbol{U}_0\neq 0$ 时,见8.4.2小节中讨论);② 湍流涨落速度 $\boldsymbol{U}$,它的时间、空间平均为零;③ 声波引起的速度 $\boldsymbol{v}'$. 因此,流体的总速度为 $\boldsymbol{v}=\boldsymbol{U}_0+\boldsymbol{U}+\boldsymbol{v}'=\boldsymbol{U}+\boldsymbol{v}'$,而 $t_{ij}\approx\rho_0(U_iU_j+U_iv_j'+U_jv_i')$,将其代入方程(8.4.2c)有

$$\frac{1}{c_0^2}\frac{\partial^2 p'}{\partial t^2}-\nabla^2 p'=\rho_0\sum_{i,j=1}^{3}\left[\frac{\partial^2(U_iU_j)}{\partial x_i\partial x_j}+2\frac{\partial^2(U_iv_j')}{\partial x_i\partial x_j}\right] \tag{8.4.3a}$$

上式的物理意义是非常明显的:右边第一项作为声源,产生湍流声波;而第二项表示湍流与声波的相互作用,该项在研究湍流对声波的散射时有重要意义(见参考书 11). 故湍流产生声波的方程为

$$\frac{1}{c_0^2}\frac{\partial^2 p'}{\partial t^2}-\nabla^2 p'=\rho_0\sum_{i,j=1}^{3}\frac{\partial^2(U_iU_j)}{\partial x_i\partial x_j} \tag{8.4.3b}$$

可见,流体的湍流产生声辐射源,而且是一个四极子声源. 一般来说,湍流发生在局部区域,故假定均匀介质中存在一个小的湍流区域 V_0(周围为静止介质). 设上式的解具有形式:

$$p'(\boldsymbol{r},t)=\rho_0\sum_{i,j=1}^{3}\frac{\partial^2 p_{ij}(\boldsymbol{r},t)}{\partial x_i\partial x_j} \tag{8.4.4a}$$

将上式代入方程(8.4.3b)得到

$$\sum_{i,j=1}^{3}\frac{\partial^2}{\partial x_i\partial x_j}\left[\frac{1}{c_0^2}\frac{\partial^2 p_{ij}(\boldsymbol{r},t)}{\partial t^2}-\nabla^2 p_{ij}(\boldsymbol{r},t)\right]=\sum_{i,j=1}^{3}\frac{\partial^2(U_iU_j)}{\partial x_i\partial x_j} \tag{8.4.4b}$$

即

$$\frac{1}{c_0^2}\frac{\partial^2 p_{ij}(\boldsymbol{r},t)}{\partial t^2}-\nabla^2 p_{ij}(\boldsymbol{r},t)=U_iU_j \tag{8.4.4c}$$

由方程(1.2.22)得到

$$p_{ij}(\boldsymbol{r},t)=\frac{1}{4\pi}\int_{V_0}\frac{1}{|\boldsymbol{r}-\boldsymbol{r}'|}t_{ij}\left(\boldsymbol{r}',t-\frac{|\boldsymbol{r}-\boldsymbol{r}'|}{c_0}\right)\mathrm{d}^3\boldsymbol{r}' \tag{8.4.4d}$$

其中,$t_{ij}(\boldsymbol{r},t)\equiv U_i(\boldsymbol{r},t)U_j(\boldsymbol{r},t)$. 由方程(8.4.4a)可知,测量点 $\boldsymbol{r}$ 处的声压为(忽略"′")

$$p(\boldsymbol{r},t)=\frac{\rho_0}{4\pi}\sum_{i,j=1}^{3}\frac{\partial^2}{\partial x_i\partial x_j}\int_{V_0}\frac{1}{|\boldsymbol{r}-\boldsymbol{r}'|}t_{ij}\left(\boldsymbol{r}',t-\frac{|\boldsymbol{r}-\boldsymbol{r}'|}{c_0}\right)\mathrm{d}^3\boldsymbol{r}' \tag{8.4.5a}$$

上式说明:声源上出现的导数(时间或者空间)可以放到积分号外. 在远场近似下有

$$p(\boldsymbol{r},t)\approx\frac{\rho_0}{4\pi|\boldsymbol{r}|}\sum_{i,j=1}^{3}\frac{\partial^2}{\partial x_i\partial x_j}\int_{V_0}t_{ij}\left(\boldsymbol{r}',t-\frac{|\boldsymbol{r}|}{c_0}\right)\mathrm{d}^3\boldsymbol{r}' \tag{8.4.5b}$$

注意到微分关系

$$\frac{\partial^2}{\partial x_i \partial x_j} t_{ij}\left(\boldsymbol{r}', t-\frac{|\boldsymbol{r}|}{c_0}\right) \approx e_i e_j \frac{1}{c_0^2} \frac{\partial^2}{\partial t^2} t_{ij}\left(\boldsymbol{r}', t-\frac{|\boldsymbol{r}|}{c_0}\right) \tag{8.4.5c}$$

其中,$e_j \equiv x_j / |\boldsymbol{r}|$ $(j=1,2,3)$ 为测量点矢量 $\boldsymbol{r}$ 的 x_i 方向余弦,将上式代入方程(8.4.5b)得到

$$p(\boldsymbol{r},t) \approx \frac{\rho_0}{4\pi c_0^2 |\boldsymbol{r}|} \frac{\partial^2}{\partial t^2} \int_{V_0} \sum_{i,j=1}^{3} e_i e_j U_i(\boldsymbol{r}', t_R) U_j(\boldsymbol{r}', t_R) \mathrm{d}^3 \boldsymbol{r}' \tag{8.4.5d}$$

$$= \frac{\rho_0}{4\pi c_0^2 |\boldsymbol{r}|} \frac{\partial^2}{\partial t^2} \int_{V_0} [\boldsymbol{e} \cdot \boldsymbol{U}(\boldsymbol{r}', t_R)]^2 \mathrm{d}^3 \boldsymbol{r}'$$

其中,$t_R = t - |\boldsymbol{r}|/c_0$ 是推迟时间. 上式表明:远场声压仅与速度 $\boldsymbol{U}(\boldsymbol{r}, t_R)$ 在测量方向的投影有关.

一旦给出湍流场的速度分布 $\boldsymbol{U}(\boldsymbol{r},t)$,通过方程(8.4.5d)就能计算远场的噪声分布. 但是一般来说,速度场 $\boldsymbol{U}(\boldsymbol{r},t)$ 也是未知的,只能给出某些关于湍流的统计描述. 故方程(8.4.5d)很难给出声压的定量计算. 下面给出一个定性的估计. 在模拟喷气口的气流噪声时,设湍流区域 V_0 大致为 L^3(其中 L 为喷气口的直径),则有

$$\int_{V_0} [\boldsymbol{e} \cdot \boldsymbol{U}(\boldsymbol{r}', t_R)]^2 \mathrm{d}^3 \boldsymbol{r}' \sim U^2 L^3 \tag{8.4.6a}$$

时间变化尺度$\partial^2/\partial t^2 \sim (U/L)^2$,故远场声压近似为

$$p \sim \frac{\rho_0}{4\pi c_0^2 |\boldsymbol{r}|} \left(\frac{U}{L}\right)^2 U^2 L^3 \tag{8.4.6b}$$

因此,气流噪声的功率为

$$\overline{W} \sim 4\pi r^2 \frac{p^2}{\rho_0 c_0} \sim \frac{\rho_0}{4\pi c_0^5} U^8 L^2 \sim U^8 \tag{8.4.6c}$$

可见,四极子气流声源辐射的声功率与气流速度的八次方成正比. 上式的结果称为 **Lighthill 八次方定律**,该定律已被大量实验证实. 但八次方定律也只适合于速度不太高的情况(冷空气喷注),当气流速度进一步提高时(热气流喷注,如火箭),噪声功率仅正比于速度的三次方,这时必须考虑由于存在温度梯度和速度梯度而引起的对流现象以及对声波的散射.

定性讨论 我们知道,由于质量迁移(区域 V_0 内外存在净的质量流)而产生的声源为单极子声源. 由流体力学方程(1.1.7c)可知,在区域 V_0 内流体速度的局部涨落将引起局部压力的涨落,声压正比于$\langle \rho_0 U^2 \rangle$,其中$\langle\rangle$表示系综平均. 故远场声压为 $p \sim (d/R)\langle \rho_0 U^2 \rangle$,其中 d 为涨落区域 V_0 的长度,R 为测量点到涨落点的距离. 因此,单极子流声源辐射的声功率为

$$\overline{W}_s \sim 4\pi R^2 \frac{p^2}{\rho_0 c_0} \sim \frac{\rho_0}{c_0} d^2 U^4 = \frac{\rho_0 U^2 d^3}{d/U} \cdot \frac{U}{c_0} \tag{8.4.7a}$$

与速度 U 成四次方关系. 由于$(\rho_0 U^2 d^3)$表示区域 V_0 内流体的动能,$d/U=T$ 是涨落的特征时间,故上式表示在单位时间内,有(U/c_0)部分的流体动能转化为声能量.

如果区域 V_0 内外存在净的动量迁移,那么其产生的声源一般为偶极子声源. 比较方程(2.1.3b)与方程(2.1.7b)可知,偶极子声源辐射功率与单极子声源辐射功率之比为$(d/\lambda)^2$,而 $\lambda\sim c_0 T\sim(c_0/U)d$,故偶极子流声源辐射的声功率为

$$\overline{W}_{\mathrm{d}}\sim\overline{W}_{\mathrm{s}}\left(\frac{d}{\lambda}\right)^2\sim\frac{\rho_0 U^2 d^3}{d/U}\cdot\left(\frac{U}{c_0}\right)^3\sim U^6 \tag{8.4.7b}$$

如果区域 V_0 周围被静止的流体(同一种流体)包围,那么区域内外既没有质量交换也没有动量交换,净的质量流和动量流都为零,单极子流声源和偶极子流声源对区域 V_0 内部的压力涨落总的贡献为零,必须考虑四极子或更高阶极子对压力涨落的贡献. 由 2.1.3 小节中讨论可知,四极子声源辐射功率与偶极子声源辐射功率之比为$(d/\lambda)^2$,故四极子流声源辐射的声功率为

$$\overline{W}_{\mathrm{q}}\sim\overline{W}_{\mathrm{d}}\left(\frac{d}{\lambda}\right)^2\sim\frac{\rho_0 U^2 d^3}{d/U}\cdot\left(\frac{U}{c_0}\right)^5\sim U^8 \tag{8.4.7c}$$

这正是方程(8.4.6c)的结果.

8.4.2 广义 Lighthill 理论

显然,Lighthill 方程仅在介质静止时才成立(或者说相当于对观察者静止的介质),而在某些情况下必须考虑介质本身也运动的情形. 假定介质以平均速度 $\boldsymbol{U}_0$(常速度)运动,那么相对于介质静止的参考系 $\mathrm{S}'(x',y',z',t')$ 也是惯性参考系,于是质量和动量守恒方程依然成立(见后面证明),有

$$\frac{\partial\rho}{\partial t'}+\nabla'\cdot(\rho\boldsymbol{v}')=0,\quad \frac{\partial(\rho\boldsymbol{v}')}{\partial t'}+\nabla'\cdot\boldsymbol{P}'=0 \tag{8.4.8a}$$

其中,动量张量 $\boldsymbol{P}'$ 的分量为 $P'_{ij}=\rho v'_i v'_j+P\delta_{ij}$. 注意:①这里的"$'$"指参考系 $\mathrm{S}'(x',y',z',t')$ 中的观察量[如 $\boldsymbol{v}'$ 表示坐标系 $\mathrm{S}'(x',y',z',t')$ 中的速度场];② 标量 ρ 和 P 是 Galileo 变换中的不变量. 在参考系 $\mathrm{S}'(x',y',z',t')$ 内,Lighthill 方程成立,有

$$\frac{\partial^2\rho}{\partial t'^2}-c_0^2\nabla'^2\rho=\frac{\partial^2 T'_{ij}}{\partial x'_i\partial x'_j} \tag{8.4.8b}$$

其中,$T'_{ij}=\rho v'_i v'_j+(P-c_0^2\rho)\delta_{ij}$. 将上式变换到实验室参考系 $\mathrm{S}(x,y,z,t)$,作 Galileo 变换 $x_j=x'_j+U_{0j}t'(j=1,2,3)$ 和 $t=t'$,并且注意到空间导数的变换不变性,即

$$\frac{\partial}{\partial x'_i}=\sum_{j=1}^{3}\frac{\partial}{\partial x_j}\frac{\partial x_j}{\partial x'_i}+\frac{\partial}{\partial t}\frac{\partial t}{\partial x'_i}=\sum_{j=1}^{3}\delta_{ji}\frac{\partial}{\partial x_j}=\frac{\partial}{\partial x_i} \tag{8.4.9a}$$

因此有$\nabla=\nabla'$和$\nabla^2=\nabla'^2$;而时间导数变换有关系:

$$\frac{\partial}{\partial t'}=\frac{\partial}{\partial t}\frac{\partial t}{\partial t'}+\sum_{j=1}^{3}\frac{\partial}{\partial x_j}\frac{\partial x_j}{\partial t'}=\frac{\partial}{\partial t}+\sum_{j=1}^{3}U_{0j}\frac{\partial}{\partial x_j}=\frac{\partial}{\partial t}+\boldsymbol{U}_0\cdot\nabla \tag{8.4.9b}$$

由以上三个方程得到

$$\left(\frac{\partial}{\partial t}+\boldsymbol{U}_0\cdot\nabla\right)^2\rho-c_0^2\nabla^2\rho=\frac{\partial^2 T'_{ij}}{\partial x_i\partial x_j} \tag{8.4.10a}$$

利用速度变换关系 $v_i=U_{0i}+v'_i$，张量 T'_{ij} 的变换为

$$T'_{ij}=\rho(v_i-U_{0i})(v_j-U_{0j})+(P-c_0^2\rho)\delta_{ij}\equiv T_{ij} \tag{8.4.10b}$$

因此，存在平均速度 $\boldsymbol{U}_0$ 后，Lighthill 方程修改为（这里的 ρ' 表示 $\rho'=\rho-\rho_0$）

$$\frac{\mathrm{d}^2\rho'}{\mathrm{d}t^2}-c_0^2\nabla^2\rho'=\frac{\partial^2 T_{ij}}{\partial x_i\partial x_j} \tag{8.4.11a}$$

称为**广义 Lighthill 方程**，对于均匀介质，上式中的 Lighthill 张量可以写作

$$T_{ij}=\rho(v_i-U_{0i})(v_j-U_{0j})+(p-c_0^2\rho')\delta_{ij} \tag{8.4.11b}$$

随体导数为 $\mathrm{d}/\mathrm{d}t=\partial/\partial t+\boldsymbol{U}_0\cdot\nabla$. 注意：由 8.4.1 小节中讨论，在实验室参考系 $S(x,y,z,t)$ 内，流体元的速度由三部分组成：平均速度 $\boldsymbol{U}_0$、湍流涨落速度 $\boldsymbol{U}$ 和声波引起的速度 $\boldsymbol{v}'$（这里的 $\boldsymbol{v}'$ 表示声波引起的速度场），即 $\boldsymbol{v}=\boldsymbol{U}_0+\boldsymbol{U}+\boldsymbol{v}'$，于是 Lighthill 张量为 $T_{ij}=\rho(U_i+v'_i)(U_j+v'_j)+(p-c_0^2\rho')\delta_{ij}$. 如果取 $p\approx c_0^2\rho'$ 且忽略二阶项 $v'_iv'_j$，则广义 Lighthill 方程将变成

$$\frac{1}{c_0^2}\frac{\mathrm{d}^2p}{\mathrm{d}t^2}\nabla^2p=\rho_0\frac{\partial^2(U_iU_j)}{\partial x_i\partial x_j}+2\rho_0\frac{\partial^2(U_iv'_j)}{\partial x_i\partial x_j} \tag{8.4.12a}$$

上式的讨论与方程（8.4.3a）是类似的，主要区别是这里考虑了平均流的作用. 忽略流与声波的相互作用后，湍流产生声波的方程为

$$\frac{1}{c_0^2}\frac{\mathrm{d}^2p}{\mathrm{d}t^2}-\nabla^2p=\rho_0\frac{\partial^2(U_iU_j)}{\partial x_i\partial x_j} \tag{8.4.12b}$$

Galileo 变换不变性　对质量和动量守恒方程的 Galileo 变换不变性的证明是容易的，事实上，由方程（8.4.9a）和方程（8.4.9b）可知，方程（8.4.8a）的第一式变成

$$\frac{\partial\rho}{\partial t}+\boldsymbol{U}_0\cdot\nabla\rho+\nabla\cdot[\rho(\boldsymbol{v}-\boldsymbol{U}_0)]=0 \tag{8.4.13a}$$

因 $\boldsymbol{U}_0$ 是常矢量，$\boldsymbol{U}_0\cdot\nabla\rho=\nabla\cdot(\rho\boldsymbol{U}_0)$，上式简化为

$$\frac{\partial\rho}{\partial t}+\nabla\cdot(\rho\boldsymbol{v})=0 \tag{8.4.13b}$$

故质量守恒方程的不变性得证. 同样地，对动量守恒方程，变换为

$$\frac{\partial(\rho\boldsymbol{v})}{\partial t}+\nabla\cdot\boldsymbol{P}+\boldsymbol{U}_0\nabla\cdot(\rho\boldsymbol{v})+(\boldsymbol{U}_0\cdot\nabla)(\rho\boldsymbol{v})-(\boldsymbol{U}_0\cdot\nabla)(\rho\boldsymbol{U}_0)-\nabla\cdot\boldsymbol{P}_0=0 \tag{8.4.14a}$$

其中，$\boldsymbol{P}_0\equiv\rho(v_iU_{0j}+U_{0i}v_j-U_{0i}U_{0j})$，而 $\boldsymbol{P}$ 为实验室参考系 $S(x,y,z,t)$ 内的动量张量，其分量

形式为 $P_{ij}=\rho v_i v_j+P\delta_{ij}$. 注意:得到上式,已经利用了方程(8.4.13b). 用分量形式,不难证明,当 $\boldsymbol{U}_0$ 是常矢量时,有

$$\boldsymbol{U}_0\nabla\cdot(\rho\boldsymbol{v})+(\boldsymbol{U}_0\cdot\nabla)(\rho\boldsymbol{v})-(\boldsymbol{U}_0\cdot\nabla)(\rho\boldsymbol{U}_0)-\nabla\cdot\boldsymbol{P}_0=0 \tag{8.4.14b}$$

因此,方程(8.4.14a)简化成

$$\frac{\partial(\rho\boldsymbol{v})}{\partial t}+\nabla\cdot\boldsymbol{P}=0 \tag{8.4.14c}$$

于是动量守恒方程的不变性得证. 注意:尽管质量和动量守恒方程是 Galileo 变换不变的,但由此导出的线性化声波方程没有这个性质.

8.4.3 广义 Lighthill 方程的积分解

考虑流体中存在均匀流 $\boldsymbol{U}_0$ 的时域波动方程,把方程(8.4.12b)改写成

$$\frac{1}{c_0^2}\frac{\mathrm{d}^2p}{\mathrm{d}\tau^2}-\nabla'^2p=Q(\boldsymbol{r}',\tau) \tag{8.4.15a}$$

其中,声压表示为 $p=p(\boldsymbol{r}',\tau)$,物质导数为

$$\frac{\mathrm{d}}{\mathrm{d}\tau}\equiv\frac{\partial}{\partial\tau}+\boldsymbol{U}_0\cdot\nabla' \tag{8.4.15b}$$

注意:为了讨论简单,我们假定湍流附近不存在其他散射体,否则,讨论见参考书 11. 定义 Green 函数 $G=G(\boldsymbol{r},\boldsymbol{r}';t,\tau)$ 满足

$$\frac{1}{c_0^2}\frac{\mathrm{d}^2G}{\mathrm{d}\tau^2}-\nabla'^2G=\delta(t,\tau)\delta(\boldsymbol{r},\boldsymbol{r}') \tag{8.4.15c}$$

其中,Green 函数还必须满足因果关系:

$$G=0,\frac{\mathrm{d}G}{\mathrm{d}\tau}=0\quad(t<\tau) \tag{8.4.15d}$$

注意:① 为了方便,方程的时间变量用 τ 表示,而用 t 表示参量;② 当 $\boldsymbol{U}_0\neq0$ 时,Green 函数不能写成 $G=G(\boldsymbol{r}-\boldsymbol{r}';t,\tau)$ 的形式,因为没有了空间交换对称性,见方程(8.4.19a).

如图 8.4.2 所示,在任意时刻 τ,在由半径为 R 的大球面 $S_R(\tau)$ 所围成的体积 $V(\tau)$ 内,Green 函数公式仍然成立,即

$$\int_{V(\tau)}(G\nabla'^2p-p\nabla'^2G)\mathrm{d}V'=\int_{S_R(\tau)}\left(G\frac{\partial p}{\partial n'}-p\frac{\partial G}{\partial n'}\right)\mathrm{d}S' \tag{8.4.16a}$$

注意:上式中所有的微分、积分作用于 $G(\boldsymbol{r},\boldsymbol{r}';t,\tau)$ 的变量 $\boldsymbol{r}'$. 将方程(8.4.15a)和方程(8.4.15c)代入上式,且取 $R\to\infty$,在 $S_R(\tau)$ 上的面积分为零,体积分在存在湍流的空间域 $V_0(\tau)$(注意:如果湍流在移动,它也是时间的函数)上进行,得到

$$p(\boldsymbol{r},\tau)\delta(t,\tau)+\frac{1}{c_0^2}\int_{V_0(\tau)}\left(G\frac{\mathrm{d}^2p}{\mathrm{d}\tau^2}-p\frac{\mathrm{d}^2G}{\mathrm{d}\tau^2}\right)\mathrm{d}V'=\int_{V_0(\tau)}G(\boldsymbol{r},\boldsymbol{r}';t,\tau)Q(\boldsymbol{r}',\tau)\mathrm{d}V' \tag{8.4.16b}$$

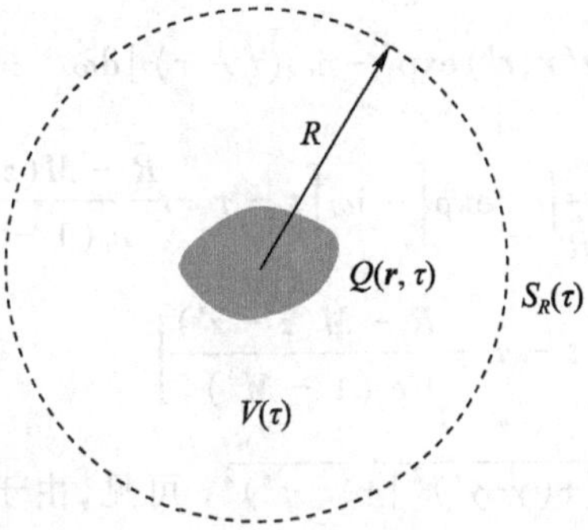

图 8.4.2　体积 $V(\tau)$ 由半径为 R 的大球面 $S_R(\tau)$ 包围而成

不难验证,有

$$\begin{aligned}\frac{\mathrm{d}}{\mathrm{d}\tau}\left(G\frac{\mathrm{d}p}{\mathrm{d}\tau}\right)&=\frac{\partial}{\partial\tau}\left(G\frac{\mathrm{d}p}{\mathrm{d}\tau}\right)+\boldsymbol{U}_0\cdot\nabla'\left(G\frac{\mathrm{d}p}{\mathrm{d}\tau}\right)=G\frac{\mathrm{d}^2p}{\mathrm{d}\tau^2}+\frac{\mathrm{d}p}{\mathrm{d}\tau}\frac{\mathrm{d}G}{\mathrm{d}\tau}\\\frac{\mathrm{d}}{\mathrm{d}\tau}\left(p\frac{\mathrm{d}G}{\mathrm{d}\tau}\right)&=\frac{\partial}{\partial\tau}\left(p\frac{\mathrm{d}G}{\mathrm{d}\tau}\right)+\boldsymbol{U}_0\cdot\nabla'\left(p\frac{\mathrm{d}G}{\mathrm{d}\tau}\right)=p\frac{\mathrm{d}^2G}{\mathrm{d}\tau^2}+\frac{\mathrm{d}p}{\mathrm{d}\tau}\frac{\mathrm{d}G}{\mathrm{d}\tau}\end{aligned} \tag{8.4.17a}$$

于是有

$$\begin{aligned}G\frac{\mathrm{d}^2p}{\mathrm{d}\tau^2}-p\frac{\mathrm{d}^2G}{\mathrm{d}\tau^2}&=\frac{\partial}{\partial\tau}\left(G\frac{\mathrm{d}p}{\mathrm{d}\tau}-p\frac{\mathrm{d}G}{\mathrm{d}\tau}\right)+\boldsymbol{U}_0\cdot\nabla'\left(G\frac{\mathrm{d}p}{\mathrm{d}\tau}-p\frac{\mathrm{d}G}{\mathrm{d}\tau}\right)\\&=\frac{\partial}{\partial\tau}\left(G\frac{\mathrm{d}p}{\mathrm{d}\tau}-p\frac{\mathrm{d}G}{\mathrm{d}\tau}\right)+\nabla'\cdot\left[\boldsymbol{U}_0\left(G\frac{\mathrm{d}p}{\mathrm{d}\tau}-p\frac{\mathrm{d}G}{\mathrm{d}\tau}\right)\right]\end{aligned} \tag{8.4.17b}$$

得到上式中第二个等式是因为 $\boldsymbol{U}_0$ 为常矢量. 因此,方程(8.4.16b)左边第二项为

$$\int_{V_0(\tau)}\left(G\frac{\mathrm{d}^2p}{\mathrm{d}\tau^2}-p\frac{\mathrm{d}^2G}{\mathrm{d}\tau^2}\right)\mathrm{d}V'=\frac{\mathrm{d}}{\mathrm{d}\tau}\int_{V_0(\tau)}\left(G\frac{\mathrm{d}p}{\mathrm{d}\tau}-p\frac{\mathrm{d}G}{\mathrm{d}\tau}\right)\mathrm{d}V' \tag{8.4.17c}$$

得到上式,利用了关系[其中 $a=a(\boldsymbol{r},\tau)$,见习题 1.4]:

$$\frac{\mathrm{d}}{\mathrm{d}\tau}\int_{V_0(\tau)}a\mathrm{d}V'=\int_{V_0(\tau)}\left[\frac{\partial a}{\partial\tau}+\nabla'\cdot(a\boldsymbol{v})\right]\mathrm{d}V' \tag{8.4.17d}$$

另一方面,对方程(8.4.16b)的 τ 变量在无限大区域积分得[且利用方程(8.4.17c)]

$$p(\boldsymbol{r},t)=\int_{-\infty}^{\infty}\int_{V_0(\tau)}G(\boldsymbol{r},\boldsymbol{r}';t,\tau)Q(\boldsymbol{r}',\tau)\mathrm{d}V'\mathrm{d}\tau-\frac{1}{c_0^2}\int_{V_0(\tau)}\left(G\frac{\mathrm{d}p}{\mathrm{d}\tau}-p\frac{\mathrm{d}G}{\mathrm{d}\tau}\right)\mathrm{d}V'\Bigg|_{\tau=-\infty}^{\tau=\infty} \tag{8.4.18a}$$

如果不考虑初始条件对声场的影响,又由于因果关系,上式右边的第二项可取为零,于是,我们得到方程(8.4.15a)的积分解:

$$p(\boldsymbol{r},t)=\int_{-\infty}^{\infty}\int_{V_0(\tau)}G(\boldsymbol{r},\boldsymbol{r}';t,\tau)Q(\boldsymbol{r}',\tau)\mathrm{d}V'\mathrm{d}\tau \tag{8.4.18b}$$

而 Green 函数 $G(\boldsymbol{r},\boldsymbol{r}';t,\tau)$ 满足方程(8.4.15c). 取平均流为 z 方向($\boldsymbol{U}_0=U_0\boldsymbol{e}_z$),在亚音速条件下,由方程(8.1.20d)表示频域解,则得到时域 Green 函数为

$$\begin{aligned}G(\boldsymbol{r},\boldsymbol{r}';t,\tau)&=\frac{1}{2\pi}\int_{-\infty}^{\infty}g(\boldsymbol{r},\boldsymbol{r}')\exp[-\mathrm{i}\omega(t-\tau)]\mathrm{d}\omega\\&=\frac{1}{2\pi}\frac{1}{4\pi\widetilde{R}}\int_{-\infty}^{\infty}\exp\left\{-\mathrm{i}\omega\left[t-\tau-\frac{\widetilde{R}-M(z-z')}{c_0(1-M^2)}\right]\right\}\mathrm{d}\omega\\&=\frac{1}{4\pi\widetilde{R}}\delta\left[t-\tau-\frac{\widetilde{R}-M(z-z')}{c_0(1-M^2)}\right]\end{aligned} \tag{8.4.19a}$$

其中,$\widetilde{R}\equiv\sqrt{(1-M^2)[(x-x')^2+(y-y')^2]+(z-z')^2}$. 可见,由于平均流的存在,破坏了 z 方向的对称性. 取源项为 $Q(\boldsymbol{r}',\tau)=\rho_0\partial^2(U_iU_j)/\partial x_i'\partial x_j'$,我们得到广义 Lighthill 方程的积分解为

$$\begin{aligned}p(\boldsymbol{r},t)&=\rho_0\int_{-\infty}^{\infty}\int_{V_0(\tau)}G(\boldsymbol{r},\boldsymbol{r}';t,\tau)\frac{\partial^2 t_{ij}(\boldsymbol{r}',\tau)}{\partial x_i'\partial x_j'}\mathrm{d}\tau\mathrm{d}V'\\&=\rho_0\int_{-\infty}^{\infty}\int_{V_0(\tau)}\frac{\partial^2 G(\boldsymbol{r},\boldsymbol{r}';t,\tau)}{\partial x_i'\partial x_j'}t_{ij}(\boldsymbol{r}',\tau)\mathrm{d}\tau\mathrm{d}V'\end{aligned} \tag{8.4.19b}$$

其中,$t_{ij}(\boldsymbol{r},t)\equiv U_i(\boldsymbol{r},t)U_j(\boldsymbol{r},t)$. 得到上式的第二个等号,利用了微分关系:

$$G\frac{\partial^2 t_{ij}}{\partial x_i'\partial x_j'}=t_{ij}\frac{\partial^2 G}{\partial x_i'\partial x_j'}+\frac{\partial}{\partial x_i'}\left(G\frac{\partial t_{ij}}{\partial x_j'}\right)-\frac{\partial}{\partial x_j'}\left(t_{ij}\frac{\partial G}{\partial x_i'}\right) \tag{8.4.19c}$$

注意:当 $U_0=0$ 时,Green 函数关于空间坐标是对称的,即 $G(\boldsymbol{r},\boldsymbol{r}';t,\tau)=G(\boldsymbol{r}',\boldsymbol{r};t,\tau)$,故有导数关系:

$$\frac{\partial G}{\partial x_j'}=-\frac{\partial G}{\partial x_j},\quad\frac{\partial^2 G}{\partial x_i'\partial x_j'}=\frac{\partial^2 G}{\partial x_i\partial x_j} \tag{8.4.19d}$$

方程(8.4.19b)中的空间微分可以移出积分号,从而得到方程(8.4.5a). 但当 $U_0\neq0$ 时,上式不成立,这是它与方程(8.4.5a)的主要区别.

8.4.4 漩涡产生的声波

我们首先来导出漩涡速度场所产生的声场满足的波动方程,即在线性化近似(低 Mach 数)下,波动方程为

$$\frac{1}{c_0^2}\frac{\partial^2 H}{\partial t^2}-\nabla^2 H=\nabla\cdot(\boldsymbol{\omega}\times\boldsymbol{U}) \tag{8.4.20a}$$

其中,$\boldsymbol{U}$ 是漩涡的速度场,H 是焓函数(见下面讨论). 设黏性介质中存在漩涡,即 $\boldsymbol{\omega}=\nabla\times\boldsymbol{v}\neq0$,流体的运动方程(6.1.11b)可写成

$$\frac{\partial \boldsymbol{v}}{\partial t}-\boldsymbol{v}\times\boldsymbol{\omega}=-\frac{\nabla p}{\rho}-\nabla\left(\frac{v^2}{2}\right)-\frac{1}{\rho}[\mu\nabla\times\boldsymbol{\omega}-(\lambda+2\mu)\nabla(\nabla\cdot\boldsymbol{v})] \tag{8.4.20b}$$

其中，利用了矢量运算恒等式$\nabla^2\boldsymbol{v}=\nabla(\nabla\cdot\boldsymbol{v})-\nabla\times\boldsymbol{\omega}$和$(\boldsymbol{v}\cdot\nabla)\boldsymbol{v}=\nabla(v^2/2)-\boldsymbol{v}\times\boldsymbol{\omega}$. 进一步假定流体运动是等熵的（这是一个合理的假定，由6.1.2小节，在得到线性化声波方程时，黏性所引起的熵变化是二阶量），$P=P(\rho)$，则存在关系：

$$\frac{\nabla P}{\rho}=\frac{1}{\rho}\frac{\mathrm{d}P}{\mathrm{d}\rho}\nabla\rho=\frac{\mathrm{d}}{\mathrm{d}P}\left(\int\frac{\mathrm{d}P}{\rho}\right)\cdot\frac{\mathrm{d}P}{\mathrm{d}\rho}\nabla\rho=\frac{\mathrm{d}}{\mathrm{d}\rho}\left(\int\frac{\mathrm{d}P}{\rho}\right)\nabla\rho=\nabla\int\frac{\mathrm{d}P}{\rho} \tag{8.4.20c}$$

故定义焓函数（enthalpy）H为

$$H\equiv\int\frac{\mathrm{d}P}{\rho}+\frac{v^2}{2} \tag{8.4.21a}$$

方程（8.4.20b）改写为

$$\frac{\partial \boldsymbol{v}}{\partial t}+\nabla H=\boldsymbol{v}\times\boldsymbol{\omega}-\frac{\mu}{\rho}\nabla\times\boldsymbol{\omega} \tag{8.4.21b}$$

得到上式我们忽略了相对体积膨胀率$\nabla\cdot\boldsymbol{v}$对黏性的贡献. 上式两边同时乘$\rho$并求散度，并且注意到$\nabla\cdot(\nabla\times\boldsymbol{\omega})\equiv 0$，则有

$$\nabla\cdot\left(\rho\frac{\partial \boldsymbol{v}}{\partial t}\right)+\nabla\cdot(\rho\nabla H)=\nabla\cdot[\rho(\boldsymbol{v}\times\boldsymbol{\omega})] \tag{8.4.21c}$$

注意：上式与黏度无关，是因为忽略了相对体积膨胀率$\nabla\cdot\boldsymbol{v}$对黏性的贡献. 由质量连续性方程$\rho\nabla\cdot\boldsymbol{v}=-\mathrm{d}\rho/\mathrm{d}t$，上式左边的第一项为

$$\begin{aligned}\nabla\cdot\left(\rho\frac{\partial \boldsymbol{v}}{\partial t}\right)&=\nabla\rho\cdot\frac{\partial \boldsymbol{v}}{\partial t}+\rho\frac{\partial}{\partial t}(\nabla\cdot\boldsymbol{v})=\nabla\rho\frac{\partial \boldsymbol{v}}{\partial t}-\rho\frac{\partial}{\partial t}\left(\frac{1}{\rho}\frac{\mathrm{d}\rho}{\mathrm{d}t}\right)\\&=-\rho\left[\frac{\partial}{\partial t}\left(\frac{1}{\rho}\frac{\partial\rho}{\partial t}\right)+\boldsymbol{v}\cdot\nabla\frac{1}{\rho}\frac{\partial\rho}{\partial t}\right]=-\rho\frac{\mathrm{d}}{\mathrm{d}t}\left(\frac{1}{\rho}\frac{\partial\rho}{\partial t}\right)\\&=-\rho\frac{\mathrm{d}}{\mathrm{d}t}\left(\frac{1}{\rho c^2}\frac{\partial P}{\partial t}\right)=-\rho\frac{\mathrm{d}}{\mathrm{d}t}\left(\frac{1}{\rho c^2}\frac{\partial p}{\partial t}\right)\end{aligned} \tag{8.4.22a}$$

其中，$c^2=\partial P/\partial\rho$，区别于$c_0^2=(\partial_\rho P)_0$. 得到上式利用了微分关系：

$$\begin{aligned}\rho\frac{\partial}{\partial t}\left(\frac{1}{\rho}\frac{\mathrm{d}\rho}{\mathrm{d}t}\right)&=\rho\frac{\partial}{\partial t}\left(\frac{1}{\rho}\frac{\partial\rho}{\partial t}\right)+\rho\frac{\partial}{\partial t}\left(\frac{1}{\rho}\boldsymbol{v}\cdot\nabla\rho\right)\\&=\rho\frac{\partial}{\partial t}\left(\frac{1}{\rho}\frac{\partial\rho}{\partial t}\right)+\frac{\partial \boldsymbol{v}}{\partial t}\cdot\nabla\rho+\rho\boldsymbol{v}\cdot\frac{\partial}{\partial t}(\nabla\ln\rho)\\&=\rho\frac{\partial}{\partial t}\left(\frac{1}{\rho}\frac{\partial\rho}{\partial t}\right)+\frac{\partial \boldsymbol{v}}{\partial t}\cdot\nabla\rho+\rho\boldsymbol{v}\cdot\nabla\frac{1}{\rho}\frac{\partial\rho}{\partial t}\end{aligned} \tag{8.4.22b}$$

另一方面，对方程（8.4.21a）两边求时间偏导数得到

$$\begin{aligned}\frac{1}{\rho}\frac{\partial p}{\partial t}&=\frac{\partial H}{\partial t}-\boldsymbol{v}\cdot\frac{\partial \boldsymbol{v}}{\partial t}=\frac{\partial H}{\partial t}-\boldsymbol{v}\cdot\left(-\nabla H+\boldsymbol{v}\times\boldsymbol{\omega}-\frac{\mu}{\rho}\nabla\times\boldsymbol{\omega}\right)\\&=\frac{\mathrm{d}H}{\mathrm{d}t}+\frac{\mu}{\rho}\boldsymbol{v}\cdot(\nabla\times\boldsymbol{\omega})\approx\frac{\mathrm{d}H}{\mathrm{d}t}\end{aligned} \tag{8.4.23a}$$

得到上式,利用了方程(8.4.21b),并且注意到有微分关系:

$$\frac{\partial}{\partial t}\int\frac{\mathrm{d}P}{\rho(P)}=\frac{\partial}{\partial P}\left[\int\frac{\mathrm{d}P}{\rho(P)}\right]\cdot\frac{\partial P}{\partial t}=\frac{1}{\rho}\frac{\partial P}{\partial t}=\frac{1}{\rho}\frac{\partial p}{\partial t} \tag{8.4.23b}$$

将方程(8.4.22a)和方程(8.4.23a)代入方程(8.4.21c)得到焓函数 H 满足的方程:

$$\frac{\mathrm{d}}{\mathrm{d}t}\left(\frac{1}{\rho c^2}\frac{\mathrm{d}H}{\mathrm{d}t}\right)-\frac{1}{\rho}\nabla\cdot(\rho\nabla H)=\frac{1}{\rho}\nabla\cdot(\rho\boldsymbol{\omega}\times\boldsymbol{v}) \tag{8.4.24a}$$

这就是漩涡激发的声波方程,声压 $p=P-P_0$ 与焓函数 H 的关系由方程(8.4.23a)决定. 在线性化近似(低 Mach 数)下,有

$$\frac{\rho}{\rho_0}\sim 1+O(M^2),\quad \frac{c}{c_0}\sim 1+O(M^2) \tag{8.4.24b}$$

方程(8.4.24a)简化为

$$\frac{1}{c_0^2}\frac{\partial^2 H}{\partial t^2}-\nabla^2 H=\nabla\cdot(\boldsymbol{\omega}\times\boldsymbol{v})\approx\nabla\cdot(\boldsymbol{\omega}\times\boldsymbol{U}) \tag{8.4.24c}$$

其中,第二个等式忽略了声波引起的速度场(因为 $\boldsymbol{\omega}=\nabla\times\boldsymbol{v}$,故 $\boldsymbol{\omega}\times\boldsymbol{v}'$ 是二阶小量). 上式就是方程(8.4.20a). 远场声压 p 与焓函数 H 的关系简化为

$$p(\boldsymbol{r},t)\approx\rho_0 H(\boldsymbol{r},t) \tag{8.4.24d}$$

与 Lighthill 理论的比较 由方程(8.4.3b)可知,Lighthill 方程的源函数为

$$\mathfrak{J}(\boldsymbol{r},t)\equiv\rho_0\frac{\partial^2(U_iU_j)}{\partial x_i\partial x_j} \tag{8.4.25a}$$

对湍流场 $\boldsymbol{U}$ 而言,可以假定流体是不可压缩的,即 $\nabla\cdot\boldsymbol{U}=0$,则存在矢量运算关系:

$$\frac{\partial^2(U_iU_j)}{\partial x_i\partial x_j}=\nabla\cdot(\boldsymbol{\omega}\times\boldsymbol{U})+\nabla^2\left(\frac{1}{2}U^2\right) \tag{8.4.25b}$$

其中,$\boldsymbol{\omega}\equiv\nabla\times\boldsymbol{U}$,故 Lighthill 方程的源函数可分成两项,设对应项所产生的声压为 $p_1(\boldsymbol{r},t)$ 和 $p_2(\boldsymbol{r},t)$:$p(\boldsymbol{r},t)=p_1(\boldsymbol{r},t)+p_2(\boldsymbol{r},t)$. 方程(8.4.5a)改写为

$$\begin{aligned}p_1(\boldsymbol{r},t)&=\frac{\rho_0}{4\pi}\int_{V_0}\frac{1}{|\boldsymbol{r}-\boldsymbol{r}'|}[\nabla\cdot(\boldsymbol{\omega}\times\boldsymbol{U})]\left(\boldsymbol{r}',t-\frac{|\boldsymbol{r}-\boldsymbol{r}'|}{c_0}\right)\mathrm{d}V'\\ p_2(\boldsymbol{r},t)&=\frac{\rho_0}{4\pi}\int_{V_0}\frac{1}{|\boldsymbol{r}-\boldsymbol{r}'|}\left[\nabla^2\left(\frac{1}{2}U^2\right)\right]\left(\boldsymbol{r}',t-\frac{|\boldsymbol{r}-\boldsymbol{r}'|}{c_0}\right)\mathrm{d}V'\end{aligned} \tag{8.4.26a}$$

注意:中括号后的部分表示中括号内的函数所取的变量. 在远场近似下,上式简化为

$$\begin{aligned}p_1(\boldsymbol{r},t)&\approx-\frac{\rho_0 e_j}{4\pi c_0|\boldsymbol{r}|}\frac{\partial}{\partial t}\int_{V_0}[(\boldsymbol{\omega}\times\boldsymbol{U})]_j\left(\boldsymbol{r}',t-\frac{|\boldsymbol{r}|}{c_0}+\frac{\boldsymbol{e}\cdot\boldsymbol{r}'}{c_0}\right)\mathrm{d}V'\\ p_2(\boldsymbol{r},t)&\approx\frac{\rho_0}{4\pi c_0^2|\boldsymbol{r}|}\frac{\partial^2}{\partial t^2}\int_{V_0}\left[\left(\frac{1}{2}U^2\right)\right]\left(\boldsymbol{r}',t-\frac{|\boldsymbol{r}|}{c_0}\right)\mathrm{d}V'\end{aligned} \tag{8.4.26b}$$

注意:在求 $p_1(\boldsymbol{r},t)$ 的远场近似时,变量必须展开到一次,因为零次仅出现对[$(\boldsymbol{\omega}\times\boldsymbol{U})$]的体积分,由于[$(\boldsymbol{\omega}\times\boldsymbol{U})$]无规变化,故其体积分为零. 利用展开关系

$$[(\boldsymbol{\omega}\times\boldsymbol{U})]\left(\boldsymbol{r}',t-\frac{|\boldsymbol{r}|}{c_0}+\frac{\boldsymbol{e}\cdot\boldsymbol{r}'}{c_0}\right)\approx[(\boldsymbol{\omega}\times\boldsymbol{U})]\left(\boldsymbol{r}',t-\frac{|\boldsymbol{r}|}{c_0}\right)+\frac{\boldsymbol{e}\cdot\boldsymbol{r}'}{c_0}\frac{\partial}{\partial t}\left\{[(\boldsymbol{\omega}\times\boldsymbol{U})]\left(\boldsymbol{r}',t-\frac{|\boldsymbol{r}|}{c_0}\right)\right\} \tag{8.4.26c}$$

代入方程(8.4.26b)的第一式得到

$$p_1(\boldsymbol{r},t)\approx-\frac{\rho_0 e_i e_j}{4\pi c_0^2|\boldsymbol{r}|}\frac{\partial^2}{\partial t^2}\int_{V_0}x_j'[(\boldsymbol{\omega}\times\boldsymbol{U})]_i\left(\boldsymbol{r}',t-\frac{|\boldsymbol{r}|}{c_0}\right)\mathrm{d}V' \tag{8.4.27a}$$

注意:展开的第一项积分为零. 因为时间变化尺度$\partial_t^2\sim(U/L)^2$,上式估计为

$$p_1(\boldsymbol{r},t)\sim\frac{\rho_0}{|\boldsymbol{r}|}\cdot\left(\frac{U}{L}\right)^2 M^2L^3\sim\frac{L}{|\boldsymbol{r}|}\cdot\rho_0U^2M^2\sim U^4 \tag{8.4.27b}$$

即远场声压为 U 的四次方(功率则为八次方);为了估算 $p_2(\boldsymbol{r},t)$,利用方程(8.4.20c)和方程(8.4.21a)(为方便起见,仅讨论理想流体,取 $\mu=0$)且令 $\boldsymbol{v}=\boldsymbol{U}+\nabla\psi$,方程(8.4.20b)变为

$$\frac{\partial\boldsymbol{U}}{\partial t}+\nabla\left(\int\frac{\mathrm{d}P}{\rho}+\frac{v^2}{2}+\frac{\partial\psi}{\partial t}\right)=\boldsymbol{U}\times\boldsymbol{\omega}+\nabla\psi\times\boldsymbol{\omega} \tag{8.4.28a}$$

注意:方程(8.4.21a)中的 $\boldsymbol{v}$ 是流体的总速度,它应该等于湍流速度 $\boldsymbol{U}$ 与声速度(有势,假定势函数为 ψ)之和,即 $\boldsymbol{v}=\boldsymbol{U}+\nabla\psi$. 上式两边同时点乘 $\boldsymbol{U}$ 得到

$$\frac{\partial}{\partial t}\left(\frac{1}{2}U^2\right)+\boldsymbol{U}\cdot\nabla\left(\int\frac{\mathrm{d}P}{\rho}+\frac{v^2}{2}+\frac{\partial\psi}{\partial t}\right)=\boldsymbol{U}\cdot(\nabla\psi\times\boldsymbol{\omega}) \tag{8.4.28b}$$

对湍流速度 $\boldsymbol{U}$ 而言,假定流体是不可压缩的,即$\nabla\cdot\boldsymbol{U}\approx0$,于是,有近似关系:

$$\boldsymbol{U}\cdot\nabla\left(\int\frac{\mathrm{d}P}{\rho}+\frac{v^2}{2}+\frac{\partial\psi}{\partial t}\right)\approx\nabla\cdot\left[\boldsymbol{U}\left(\int\frac{\mathrm{d}P}{\rho}+\frac{v^2}{2}+\frac{\partial\psi}{\partial t}\right)\right] \tag{8.4.28c}$$

将上式代入方程(8.4.28b)得到

$$\frac{\partial}{\partial t}\left(\frac{1}{2}U^2\right)+\nabla\cdot\left[\boldsymbol{U}\left(\int\frac{\mathrm{d}p}{\rho}+\frac{v^2}{2}+\frac{\partial\psi}{\partial t}\right)\right]=\boldsymbol{U}\cdot(\nabla\psi\times\boldsymbol{\omega}) \tag{8.4.28d}$$

该式两边在 V_0 内体积分得到

$$\frac{\partial}{\partial t}\int_{V_0}\left(\frac{1}{2}U^2\right)\mathrm{d}V'\approx\int_{V_0}\boldsymbol{U}\cdot(\nabla\psi\times\boldsymbol{\omega})\mathrm{d}V' \tag{8.4.29a}$$

其中,散度项体积分变成面积分,当面取足够大时,面积分为零. 另一方面,因为 $p'\sim\rho_0U^2$,由质量守恒方程得到(注意$\nabla\cdot\boldsymbol{U}\approx0$)

$$\nabla^2\psi\approx-\frac{1}{\rho_0c_0^2}\frac{\partial p'}{\partial t}\sim\frac{1}{\rho_0c_0^2}\cdot\frac{U}{L}\cdot\rho_0U^2\sim\frac{1}{L}UM^2 \tag{8.4.29b}$$

故有$\nabla\psi\sim UM^2$,将其代入方程(8.4.29a)得到

$$\frac{\partial}{\partial t}\int_{V_0}\left(\frac{1}{2}U^2\right)\mathrm{d}V'\sim L^2U^3M^2 \tag{8.4.30a}$$

将上式代入方程(8.4.26b)的第二式得到 $p_2(\boldsymbol{r},t)$ 的估计值:

$$p_2(\boldsymbol{r},t)\approx\frac{\rho_0}{|\boldsymbol{r}|}LU^2M^4\sim U^6 \tag{8.4.30b}$$

比较上式与方程(8.4.27b),当 $M\ll1$ 时,$p_1(\boldsymbol{r},t)\gg p_2(\boldsymbol{r},t)$. 因此,在 $M\ll1$ 条件下,Lighthill 理论的四极子源中主要是漩涡部分的贡献.

注意:如果直接对方程(8.4.26b)的第二式进行数量级估计,就会得到错误的结论,因为 $U^2/2$ 的时间变化尺度不能简单地用$\partial^2/\partial t^2\sim(U/L)^2$ 代替,因为 $U^2/2$ 不是随机变量,而在方程(8.4.5d)的数量级估计中,$[\boldsymbol{e}\cdot\boldsymbol{U}(\boldsymbol{r}',t_R)]^2$ 的时间变化尺度能用$\partial^2/\partial t^2\sim(U/L)^2$ 代替,因为 $\boldsymbol{U}$ 的方向是随机变量,故$[\boldsymbol{e}\cdot\boldsymbol{U}(\boldsymbol{r}',t_R)]^2$ 是随机变量.

习题

8.1 当流体以匀速 $\boldsymbol{U}_0$ 流动时,在相对于流体静止的参考系 $S'(x',y',z',t')$ 中,波动方程为

$$\nabla'^2p-\frac{1}{c_0^2}\frac{\partial^2p}{\partial t'^2}=-\rho_0\frac{\partial q}{\partial t'}+\rho_0\nabla'\cdot\boldsymbol{f}$$

试在相对于实验室静止的参考系 $S(x,y,z,t)$ 中,证明波动方程为

$$\nabla^2p-\frac{1}{c_0^2}\frac{\mathrm{d}^2p}{\mathrm{d}t^2}=-\rho_0\frac{\mathrm{d}q}{\mathrm{d}t}+\rho_0\nabla\cdot\boldsymbol{f}$$

其中,物质导数 $\mathrm{d}/\mathrm{d}t\equiv\partial_t+\boldsymbol{U}_0\cdot\nabla$,$S'(x',y',z',t')$ 系与 $S(x,y,z,t)$ 系的时空变换满足 Galileo 变换 $x_j=x_j'+U_{0j}t'(j=1,2,3)$;$t=t'$. 因此,在 Galileo 变换下,波动方程改变了形式.

8.2 当流体以匀速 $\boldsymbol{U}_0$ 流动时,在相对于流体静止的参考系 $S'(x',y',z',t')$ 中,能量守恒方程为

$$\frac{\partial w}{\partial t}+\nabla\cdot\boldsymbol{I}=S_w$$

在相对于实验室静止的参考系 $S(x,y,z,t)$ 中,利用 Galileo 变换,试证明上式变化为

$$\frac{\partial w}{\partial t}+\nabla\cdot(\boldsymbol{I}+w\boldsymbol{U}_0)=S_w$$

8.3 方程(8.1.13)中假定 $c_1=c_2=c_0$,讨论透射角存在极大和极小的条件,并作图表示.

8.4 对于等音速($M=1$)情况,证明声场方程(8.1.28c)可由亚音速或者超音速场方程(8.1.20d)和方程(8.1.26a)求极限得到.

8.5 设点声源位于原点$(x_s,y_s,z_s)=(0,0,0)$,当介质中存在 z 方向的均匀流场时,求等相位面和等振幅面的方程并作出相应的图像. 假定:① 亚音速($M<1$);② 超音速($M>1$);③ 等音速($M=1$).

8.6 当存在均匀流后,证明圆形管道的径向波数满足

$$\frac{k_\rho}{k_0}\frac{\mathrm{J}_m'(k_\rho a)}{\mathrm{J}_m(k_\rho a)}-\mathrm{i}\beta(\omega)\left(1-\frac{k_z}{k_0}M\right)^2=0$$

由此求 $\beta(\omega)\to0$ 时主波的传播波数和衰减系数.

8.7 设强度为 $q(t)$ 的点质量声源在 z 方向作匀速运动,$\boldsymbol{U}_0=U_0\boldsymbol{e}_z$. 当 $t=0$ 时,声源恰好通过 $z=0$ 处,

速度势满足方程：

$$\nabla^2\psi-\frac{1}{c_0^2}\frac{\partial^2\psi}{\partial t^2}=-\rho_0 q(t)\delta(z-U_0 t)\delta(x)\delta(y)$$

在声源作亚声速匀速运动情况下，作如下 Lorentz 变换：

$$x'=x,\quad y'=y,\quad z'=\frac{z-U_0 t}{\sqrt{1-M^2}},\quad t'=\frac{t-U_0 z/c_0^2}{\sqrt{1-M^2}}$$

证明在坐标系 $S'(x',y',z',t')$ 内速度势满足的方程为

$$\nabla'^2\psi-\frac{1}{c_0^2}\frac{\partial^2\psi}{\partial t'^2}=-\rho_0\gamma q(\gamma t')\delta(z')\delta(x')\delta(y')$$

其中，$\gamma\equiv 1/\sqrt{1-M^2}$. 进一步，令 $t''=\gamma t'$，$x''=\gamma x'$，$y''=\gamma y'$，$z''=\gamma z'$，证明：

$$\frac{1}{c_0^2}\frac{\partial^2\psi}{\partial t''^2}-\nabla''^2\psi=\rho_0\gamma^2 q(t'')\delta(z'')\delta(x'')\delta(y'')$$

可见，在新的坐标系 $S''(x'',y'',z'',t'')$ 中，上式表示在原点存在强度为 $\gamma^2 q(t'')$ 的简单点源产生的速度势 ψ.

8.8 设运动声源为力源 $\boldsymbol{f}=(f_1,f_2,f_3)$，其中 $f_j=f_j(t)\delta(x)\delta(y)\delta(z-U_0 t)$，空间场满足

$$\nabla^2 p-\frac{1}{c_0^2}\frac{\partial^2 p}{\partial t^2}=\rho_0\nabla\cdot\boldsymbol{f}$$

求声场分布. 对横向偶极子 $\boldsymbol{f}=(0,f_2,0)$（所谓"横向"指力的方向与运动方向垂直，即外力仅有 y 方向分量）和对纵向偶极子 $\boldsymbol{f}=(0,0,f_3)$（所谓"纵向"指力的方向与运动方向平行），求声场分布.

8.9 设位于 (x_s,y_s,z_s) 的点质量源强度为 $q_0(\omega)$（其中 ω 是实验室坐标系内测量到的频率），在分层流动介质中激发的空间声场满足

$$\frac{\mathrm{d}}{\mathrm{d}t}\left[\frac{\mathrm{d}}{\mathrm{d}t}\left(\frac{1}{\rho_e c_e^2}\frac{\mathrm{d}p}{\mathrm{d}t}\right)-\nabla\cdot\left(\frac{1}{\rho_e}\nabla p\right)\right]+2\left[\frac{\mathrm{d}\boldsymbol{U}(z)}{\mathrm{d}z}\cdot\nabla\right]\left(\frac{1}{\rho_e}\frac{\partial p}{\partial z}\right)$$
$$=q_0(\omega)\delta(z,z_s)\exp(-\mathrm{i}\omega t)(-\mathrm{i}\omega+\boldsymbol{U}\cdot\nabla)^2\delta(x,x_s)\delta(y,y_s)$$

其中，介质参量与流速 $\boldsymbol{U}(z)=[U_x(z),U_y(z),0]$ 仅与 z 有关. 利用 WKB 近似方法求点质量源辐射的声场分布. 分析 $U(z)$ 的分布，说明存在两个转折点波导的可能性.

8.10 如果湍流区域 V_0 附近存在界面 S_0（如题图 8.10 所示，假定界面 S_0 是静止的），那么界面 S_0 将对声波产生散射. 求散射场满足的方程，该方程称为 **Curle 方程**.

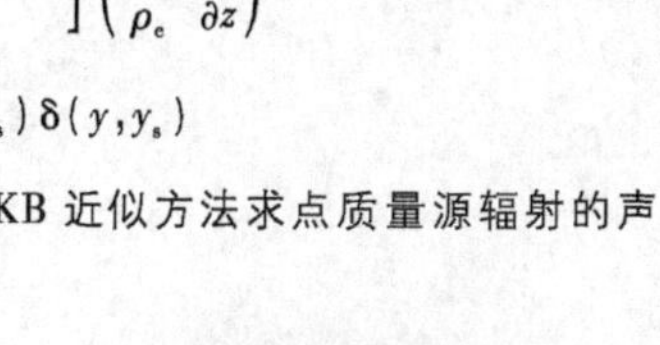

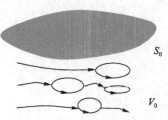

题图 8.10 无规则的湍流 V_0 附近存在界面 S_0

8.11 考虑 Oxy 平面上旋转的一对二维漩涡辐射的声场. 两个漩涡相距 $2l$，以角速度 Ω 绕 z 轴旋转，设每个漩涡强度为 Γ，即

$$\Gamma=\oint_C \boldsymbol{v}\cdot\mathrm{d}\boldsymbol{l}=\oint_S(\nabla\times\boldsymbol{v})\cdot\mathrm{d}\boldsymbol{S}=\oint_S\boldsymbol{\omega}\cdot\mathrm{d}\boldsymbol{S}$$

其中，$\boldsymbol{v}$ 为漩涡速度场，S 为以曲线 C 为边界的任意闭合曲面. 求漩涡对辐射的声场，证明远场声压为

$$p(\rho,\theta,t)\approx-\frac{l^2\rho_0\Omega^3\Gamma}{\pi c_0^2}\left(\frac{\pi c_0}{\Omega\rho}\right)^{1/2}\cos\left(2\theta-2\Omega t_R+\frac{\pi}{4}\right)$$

其中 $t_R=t-\rho/c_0$ 为推迟时间. 可见，声压正比于 $1/\sqrt{\rho}$，这是二维柱面波的一般性质.

8.12 设频域声压场 $p_1(\boldsymbol{r},\omega)$ 和 $p_2(\boldsymbol{r},\omega)$ 分别为质量源 $q_1(\boldsymbol{r},\omega)$ 和 $q_2(\boldsymbol{r},\omega)$ 在均匀流动介质(假定流速 $\boldsymbol{U}_0$ 仅有 z 方向分量)中产生的场,证明互易关系修正为

$$\int_V E(z)p_2(\boldsymbol{r})Q_1(\boldsymbol{r})\mathrm{d}V = \int_V E(z)p_1(\boldsymbol{r})Q_2(\boldsymbol{r})\mathrm{d}V$$

其中,源函数 $Q_1(\boldsymbol{r})$、$Q_2(\boldsymbol{r})$ 以及相位函数 $E(z)$ 分别为

$$Q_j \equiv \left(1+\frac{\mathrm{i}\boldsymbol{U}_0}{\omega}\cdot\nabla\right)q_j(\boldsymbol{r},\omega) \quad (j=1,2), \quad E(z)=\exp\left(\frac{2\mathrm{i}k_0M}{1-M^2}z\right)$$

如果取 $Q_j(\boldsymbol{r})=Q_{0j}\delta(\boldsymbol{r}-\boldsymbol{r}_j)\ (j=1,2)$,试写出互易关系,并且解释其意义.

第九章 有限振幅声波的传播和激发

在前面各章中,我们假定当声波通过时:① 导致流体质点在平衡位置的振动速度远小于声传播速度;② 流体质点在平衡位置的振动位移远小于声波波长;③ 流体的密度变化远小于平衡态密度.于是,对非线性的流体力学方程进行线性化得到声波满足的线性波动方程.在线性范围内讨论声波的传播、激发和接收的理论称为**线性声学**.然而,流体力学方程在本质上是非线性的,当这些线性化条件不满足时,必须保留流体力学方程的非线性项,从而得到声波满足的非线性波动方程.在非线性范围内讨论声波的传播、激发和接收的理论称为**非线性声学**.与线性声学最大的区别是叠加原理在非线性声学中已不成立.运用叠加原理,复杂的声场可以分解为较为简单的声场进行处理,如频谱分析法、Green 函数法等.但是非线性声学却难以建立类似叠加原理的比较一般的研究方法,只能根据具体情况,提出具体的讨论方法.本章讨论在二阶近似下,有限振幅声波传播的基本性质,内容以讨论行波为主,基本上没有涉及非线性驻波声场,尽管在现代工业中经常遇到后者(如喷气发动机实验室和高声强混响室等)，但其在理论上仍然没有大的突破.

9.1 二阶非线性声波方程的微扰法

本节介绍用微扰展开方法研究有限振幅声波在黏性和热传导介质中传播时所具备的特征. 首先介绍远离边界层区域，在黏性和热传导介质中存在的二阶非线性声波方程，重点讨论非线性与耗散的相互竞争对有限振幅声波传播的影响；最后，介绍微扰展开中消除久期项的重整化方法和多尺度微扰展开方法.

9.1.1 二阶非线性声波方程

对于黏性和热传导介质，其质量守恒方程、Navier-Stokes 方程、能量守恒方程和物态方程分别为(仅考虑声的传播问题，假定声源项为零)

$$\frac{\partial\rho}{\partial t}+\rho\nabla\cdot\boldsymbol{v}+\boldsymbol{v}\cdot\nabla\rho=0 \tag{9.1.1a}$$

$$\rho\left(\frac{\partial\boldsymbol{v}}{\partial t}+\boldsymbol{v}\cdot\nabla\boldsymbol{v}\right)=-\nabla P+\mu\nabla^{2}\boldsymbol{v}+\left(\eta+\frac{\mu}{3}\right)\nabla(\nabla\cdot\boldsymbol{v}) \tag{9.1.1b}$$

$$\rho T\left(\frac{\partial s}{\partial t}+\boldsymbol{v}\cdot\nabla s\right)=\nabla\cdot(\kappa\nabla T)+2\mu\sum_{i,j=1}^{3}S_{ij}^{2}+\lambda(\nabla\cdot\boldsymbol{v})^{2} \tag{9.1.1c}$$

以及物态方程 $P=P(\rho,s)$. 取 $\rho=\rho_0+\rho'$，$p=P_0+p'$，$T=T_0+T'$，$\boldsymbol{v}=\boldsymbol{v}_0+\boldsymbol{v}'$(假定介质静止，取 $\boldsymbol{v}_0\equiv 0$，$\boldsymbol{v}=\boldsymbol{v}'$)以及 $s=s_0+s'$，在远离边界区域(在边界附近，流体运动一定是有旋运动)，声传播过程引起的流体运动是无旋的，即$\nabla\times\boldsymbol{v}=0$(即仅考虑压缩波)，则有

$$\begin{aligned}\nabla^{2}\boldsymbol{v}&=\nabla(\nabla\cdot\boldsymbol{v})-\nabla\times\nabla\times\boldsymbol{v}\approx\nabla(\nabla\cdot\boldsymbol{v})\\(\boldsymbol{v}\cdot\nabla)\boldsymbol{v}&=\nabla(v^{2}/2)-\boldsymbol{v}\times(\nabla\times\boldsymbol{v})\approx\nabla(v^{2}/2)\end{aligned} \tag{9.1.2}$$

于是，方程(9.1.1a)、方程(9.1.1b)和方程(9.1.1c)简化为

$$\frac{\partial\rho'}{\partial t}+(\rho_0+\rho')\nabla\cdot\boldsymbol{v}+\boldsymbol{v}\cdot\nabla\rho'=0 \tag{9.1.3a}$$

$$(\rho_0+\rho')\left(\frac{\partial\boldsymbol{v}}{\partial t}+\frac{1}{2}\nabla v^{2}\right)=-\nabla p'+\left(\eta+\frac{4\mu}{3}\right)\nabla(\nabla\cdot\boldsymbol{v}) \tag{9.1.3b}$$

$$(\rho_0+\rho')(T_0+T')\left(\frac{\partial s'}{\partial t}+\boldsymbol{v}\cdot\nabla s'\right)=\kappa\nabla^{2}T'+2\mu\sum_{i,j=1}^{3}S_{ij}^{2}+\lambda(\nabla\cdot\boldsymbol{v})^{2} \tag{9.1.3c}$$

在二阶近似下，物态方程 $P_0+p'=P(\rho_0+\rho',s_0+s')$ 展开为

$$p'\approx c_0^2\rho'+\left(\frac{\partial P}{\partial s}\right)_\rho s'+\frac{1}{2}\left(\frac{\partial^2 P}{\partial \rho^2}\right)_s \rho'^2+\frac{1}{2}\left(\frac{\partial^2 P}{\partial s^2}\right)_\rho s'^2+\left(\frac{\partial^2 P}{\partial s\partial \rho}\right)_\rho \rho' s' \tag{9.1.4}$$

首先讨论近似关系：① 在理想流体中，流体的运动（线性或非线性）是一个等熵过程，即运动过程中流体元的熵保持不变：$\mathrm{d}s/\mathrm{d}t=0$，对于均匀的介质，可以取 $s=s_0$. 故介质存在弱黏性和弱热传导效应后，熵的变化保留一阶小量就可以了，在方程（9.1.3c）和方程（9.1.4）中可以忽略熵变化的二阶小量；② 由此，对熵守恒方程（9.1.3c）的运算只要保留线性项就可以了，则有

$$\rho_0 T_0\frac{\partial s'}{\partial t}\approx\kappa\nabla^2 T' \tag{9.1.5a}$$

由方程（6.2.8b）可知，温度变化和速度场近似为

$$T'\approx\frac{\gamma-1}{c_0^2\rho_0\beta_{P0}}p',\quad \frac{\partial \boldsymbol{v}}{\partial t}\approx-\frac{1}{\rho_0}\nabla p',\quad \nabla\times\boldsymbol{v}=0 \tag{9.1.5b}$$

将上式代入方程（9.1.5a）得

$$s'\approx-\frac{(\gamma-1)\kappa}{c_0^2\rho_0 T_0\beta_{P0}}\nabla\cdot\boldsymbol{v} \tag{9.1.5c}$$

故由方程（9.1.4）有

$$p'\approx c_0^2\rho'+\frac{1}{2}\left(\frac{\partial^2 p}{\partial\rho^2}\right)_s\rho'^2-\kappa\left(\frac{1}{c_V}-\frac{1}{c_P}\right)\nabla\cdot\boldsymbol{v} \tag{9.1.6a}$$

将上式代入方程（9.1.3b）得到

$$(\rho_0+\rho')\left(\frac{\partial\boldsymbol{v}}{\partial t}+\frac{1}{2}\nabla v^2\right)+c_0^2\nabla\rho'+\frac{1}{2}\left(\frac{\partial^2 P}{\partial\rho^2}\right)_s\nabla\rho'^2=b\nabla^2\boldsymbol{v} \tag{9.1.6b}$$

其中，为了方便定义

$$b\equiv\left(\eta+\frac{4}{3}\mu\right)+\kappa\left(\frac{1}{c_V}-\frac{1}{c_P}\right) \tag{9.1.6c}$$

方程（9.1.3a）和方程（9.1.6b）就是在二次近似下，考虑黏性和热传导效应后的质量守恒方程和动力学基本方程. 注意：① 远离边界层，忽略横波，即假定 $\nabla\times\boldsymbol{v}=0$；② 以 ρ' 和 $\boldsymbol{v}$ 为变量，而 p' 由方程（9.1.6a）给出.

我们来分析方程（9.1.3a）和方程（9.1.6b）中各项的数量级. 设流体元的速度为 $v(x,t)=v_0\exp[\mathrm{i}\omega(x/c_0-t)]$，在线性声学范围内，密度波动为

$$\rho'=\frac{\rho_0}{c_0}v=\rho_0\frac{v_0}{c_0}\exp\left[\mathrm{i}\omega\left(\frac{x}{c_0}-t\right)\right] \tag{9.1.7}$$

于是，方程（9.1.3a）和方程（9.1.6b）中非线性项与线性项之比大致为

$$\left|\frac{\rho'}{\rho_0}\right|\sim\left|\frac{\rho'\nabla\cdot\boldsymbol{v}}{\partial\rho'/\partial t}\right|\sim\left|\frac{\boldsymbol{v}\cdot\nabla\rho'}{\partial\rho'/\partial t}\right|\sim\left|\frac{\nabla v^2}{\partial\boldsymbol{v}/\partial t}\right|\sim\frac{v_0}{c_0}\equiv\mathrm{Ma} \tag{9.1.8a}$$

其中，常量 Ma 称为**声 Mach 数**，故非线性性质由 Ma 决定，如果 Ma 不是远小于 1，就必须

考虑其非线性；再分析方程(9.1.6b)中的各项. 显然，惯性项与黏性项之比为

$$\left|\frac{\rho_0\partial \boldsymbol{v}/\partial t}{\mu\nabla(\nabla\cdot\boldsymbol{v})}\right|\sim\frac{2\pi}{\omega}\cdot\frac{\rho_0 c_0^2}{\mu}\equiv \mathrm{Re} \tag{9.1.8b}$$

其中，常量 Re 称为**声 Reynolds 数**，当 Re 远小于 1 时，必须考虑流体的黏性效应，需要注意的是，Re 与声波频率有关，频率越高，声 Reynolds 数越小，故高频情况更需考虑黏性效应；运动非线性和本构非线性项大小为

$$\left|\rho'\frac{\partial \boldsymbol{v}}{\partial t}+\frac{\rho_0}{2}\nabla v^2+\frac{1}{2}\left(\frac{\partial^2 P}{\partial\rho^2}\right)_s\nabla\rho'^2\right|\sim\left(1+\frac{B}{2A}\right)\frac{2\rho_0}{c_0}\omega v_0^2=2\beta\mathrm{Ma}\rho_0\omega v_0 \tag{9.1.8c}$$

其中，β 称为非线性参量[见方程(9.2.4d)]，而黏性项和热传导项的大小为

$$|b\nabla^2\boldsymbol{v}|\sim b\frac{v_0\omega^2}{c_0^2}\sim 2\pi v_0\rho_0\left[\left(\frac{\eta}{\mu}+\frac{4}{3}\right)+\frac{\kappa}{\mu}\left(\frac{1}{c_V}-\frac{1}{c_P}\right)\right]\frac{\omega}{\mathrm{Re}} \tag{9.1.8d}$$

定义 **Goldberg 数**为非线性项数量级与耗散项数量级之比：

$$G\equiv\frac{\beta\mathrm{Ma}\cdot\mathrm{Re}}{\pi}\cdot\frac{\mu}{b} \tag{9.1.9a}$$

当 $G\sim1$ 时，非线性项与耗散项在同一个数量级，即

$$\beta\mathrm{Ma}\cdot\mathrm{Re}\approx\pi\left[\frac{\eta}{\mu}+\frac{4}{3}+\frac{\kappa}{\mu}\left(\frac{1}{c_V}-\frac{1}{c_P}\right)\right] \tag{9.1.9b}$$

对于空气，有 $\beta\approx1.2$ 以及

$$\frac{\eta}{\mu}+\frac{4}{3}\sim\frac{\kappa}{\mu}\left(\frac{1}{c_V}-\frac{1}{c_P}\right) \tag{9.1.9c}$$

故由方程(9.1.9b)可给出

$$v_0\approx\frac{\omega}{\rho_0 c_0}\left(\eta+\frac{4}{3}\mu\right) \tag{9.1.9d}$$

这相当于 90 dB 的声压(f= 1 kHz，空气中).

9.1.2 非线性与耗散的相互竞争

下面根据 Goldberg 数的大小，分三种情况讨论.

(1) **非线性效应远小于耗散效应**($G\ll1$)假定：① 小振幅振动，可以作微扰展开；② 弱非线性；③ 较大耗散，如高频声波的传播(吸收系数正比于 ω^2). 为了方便微扰展开，我们在方程(9.1.3a)和方程(9.1.6b)中增加微扰参量 ε 来表明耗散效应和非线性效应的大小，有

$$\frac{\partial\rho'}{\partial t}+\rho_0\nabla\cdot\boldsymbol{v}+\varepsilon^1\nabla\cdot(\rho'\boldsymbol{v})=0 \tag{9.1.10a}$$

$$\rho_0\frac{\partial \boldsymbol{v}}{\partial t}+c_0^2\nabla\rho'-\varepsilon^0 b\nabla^2\boldsymbol{v}+\varepsilon^1\rho'\frac{\partial \boldsymbol{v}}{\partial t}+\rho_0\varepsilon^1\frac{1}{2}\nabla v^2+\frac{1}{2}\varepsilon^1\left(\frac{\partial^2 P}{\partial\rho^2}\right)_s\nabla\rho'^2=0 \tag{9.1.10b}$$

上式中耗散项为零阶级(ε^0)而非线性项为一阶(ε^1),表示 $G\ll 1$. 作微扰展开,有

$$\rho'=\rho_1+\varepsilon\rho_2+\varepsilon^2\rho_3+\cdots$$
$$\boldsymbol{v}=\boldsymbol{v}_1+\varepsilon\boldsymbol{v}_2+\varepsilon^2\boldsymbol{v}_3+\cdots \tag{9.1.10c}$$

将上式代入方程(9.1.10a)和方程(9.1.10b)并比较 ε 的同次幂,得到 ε^0 阶量满足的方程:

$$\frac{\partial\rho_1}{\partial t}+\rho_0\nabla\cdot\boldsymbol{v}_1=0,\quad \rho_0\frac{\partial\boldsymbol{v}_1}{\partial t}+c_0^2\nabla\rho_1=b\nabla^2\boldsymbol{v}_1 \tag{9.1.11a}$$

以及 ε^1 阶量满足的方程:

$$\frac{\partial\rho_2}{\partial t}+\rho_0\nabla\cdot\boldsymbol{v}_2=-\rho_1\nabla\cdot\boldsymbol{v}_1-\boldsymbol{v}_1\cdot\nabla\rho_1$$
$$\rho_0\frac{\partial\boldsymbol{v}_2}{\partial t}+c_0^2\nabla\rho_2-b\nabla^2\boldsymbol{v}_2=-\rho_1\frac{\partial\boldsymbol{v}_1}{\partial t}-\frac{1}{2}\rho_0\nabla v_1^2-\frac{1}{2}\left(\frac{\partial^2 P}{\partial\rho^2}\right)_s\nabla\rho_1^2 \tag{9.1.11b}$$

方程(9.1.11a)消去 ρ_1 得到

$$\frac{\partial^2\boldsymbol{v}_1}{\partial t^2}-c_0^2\left(1+\frac{b}{\rho_0c_0^2}\frac{\partial}{\partial t}\right)\nabla^2\boldsymbol{v}_1=0 \tag{9.1.11c}$$

得到上式,已利用了无旋条件$\nabla\times\boldsymbol{v}_1=0$. 由方程(9.1.11b)得到二阶量满足的方程:

$$\frac{1}{c_0^2}\frac{\partial^2\boldsymbol{v}_2}{\partial t^2}-\left(1+\frac{b}{\rho_0c_0^2}\frac{\partial}{\partial t}\right)\nabla^2\boldsymbol{v}_2=\nabla\left(\frac{\rho_1}{\rho_0}\nabla\cdot\boldsymbol{v}_1+\frac{\boldsymbol{v}_1}{\rho_0}\cdot\nabla\rho_1\right)$$
$$-\frac{1}{\rho_0c_0^2}\frac{\partial}{\partial t}\left[\rho_1\frac{\partial\boldsymbol{v}_1}{\partial t}+\frac{1}{2}\rho_0\nabla v_1^2+\frac{1}{2}\left(\frac{\partial^2 P}{\partial\rho^2}\right)_s\nabla\rho_1^2\right] \tag{9.1.11d}$$

考虑一维问题($x>0$),声源振动速度为 $v_0\sin(\omega t)$,一阶量的方程为

$$\frac{\partial^2 v_1}{\partial t^2}-c_0^2\left(1+\frac{b}{\rho_0c_0^2}\frac{\partial}{\partial t}\right)\frac{\partial^2 v_1}{\partial x^2}=0$$
$$v_1(x,t)\big|_{x=0}=v_0\sin(\omega t) \tag{9.1.12a}$$

不难得到

$$v_1(x,t)=v_0\exp(-\alpha x)\sin(\omega t-k_0x)\ (x>0) \tag{9.1.12b}$$

其中,线性吸收系数为 $\alpha\equiv b\omega^2/(2\rho_0c_0^3)$. 相应的密度变化为

$$\rho_1(x,t)=\frac{\rho_0}{c_0}v_1(x,t)=\frac{\rho_0}{c_0}v_0\exp(-\alpha x)\sin(\omega t-k_0x) \tag{9.1.12c}$$

二阶量满足的一维方程为

$$\frac{1}{c_0^2}\frac{\partial^2 v_2}{\partial t^2}-\left(1+\frac{b}{\rho_0c_0^2}\frac{\partial}{\partial t}\right)\frac{\partial^2 v_2}{\partial x^2}=\frac{1}{\rho_0}\frac{\partial^2}{\partial x^2}(\rho_1v_1)$$
$$-\frac{1}{\rho_0c_0^2}\frac{\partial}{\partial t}\left[\rho_1\frac{\partial v_1}{\partial t}+\frac{1}{2}\rho_0\frac{\partial v_1^2}{\partial x}+\frac{1}{2}\left(\frac{\partial^2 P}{\partial\rho^2}\right)_s\frac{\partial\rho_1^2}{\partial x}\right] \tag{9.1.13a}$$

将方程(9.1.12b)和方程(9.1.12c)代入上式得到

$$\frac{1}{c_0^2}\frac{\partial^2 v_2}{\partial t^2}-\left(1+\frac{b}{\rho_0 c_0^2}\frac{\partial}{\partial t}\right)\frac{\partial^2 v_2}{\partial x^2}\approx 2\beta\omega^2\frac{v_0^2}{c_0^3}\mathrm{e}^{-2\alpha x}\cos[2(\omega t-k_0 x)] \tag{9.1.13b}$$

得到上式,利用了近似:对 x 求导时仅对快变量 k_0x 求导. 容易求得上式满足条件 $v_2(x,t)\mid_{x=0}=0$ 的解为($x>0$)

$$v_2(x,t)=\frac{\beta\omega}{4c_0^2\alpha}v_0^2(1-\mathrm{e}^{-2\alpha x})\exp(-2\alpha x)\sin[2(\omega t-k_0 x)] \tag{9.1.13c}$$

注意:为得到方程(9.1.12b)和方程(9.1.13c),我们假定 $\omega b/\rho_0 c_0^2\ll 1$. 可见,在声源附近很短的距离内有 $\alpha x\ll 1$, $|v_2(x,t)|\approx(\beta\omega v_0^2/2c_0^2)x$,在 $x=x_{\max}=\ln 2/(2\alpha)$ 处二次谐波达到极大,然后随 x 增加而下降.

(2) **非线性效应与耗散在同一数量级**($G\sim 1$) 假定非线性和耗散效应都足够弱(如果非线性效应足够强,微扰展开就不成立了),即 $\mathrm{Ma}\beta\approx 1/\mathrm{Re}\ll 1$,但耗散与非线性效应在同一数量级($\varepsilon^1$),故方程(9.1.3a)和方程(9.1.6b)可表示为

$$\frac{\partial\rho'}{\partial t}+\rho_0\nabla\cdot\boldsymbol{v}+\varepsilon^1\nabla\cdot(\rho'\boldsymbol{v})=0 \tag{9.1.14a}$$

$$\rho_0\frac{\partial\boldsymbol{v}}{\partial t}+c_0^2\nabla\rho'+\varepsilon^1\left[-b\nabla^2\boldsymbol{v}+\rho'\frac{\partial\boldsymbol{v}}{\partial t}+\rho_0\frac{1}{2}\nabla v^2+\frac{1}{2}\left(\frac{\partial^2 P}{\partial\rho^2}\right)_s\nabla\rho'^2\right]=0 \tag{9.1.14b}$$

将方程(9.1.10c)代入方程(9.1.14a)和方程(9.1.14b)并且比较 ε 的同次幂,得到 ε^0 阶量满足的方程:

$$\frac{\partial\rho_1}{\partial t}+\rho_0\nabla\cdot\boldsymbol{v}_1=0,\quad \rho_0\frac{\partial\boldsymbol{v}_1}{\partial t}+c_0^2\nabla\rho_1=0 \tag{9.1.15a}$$

上式表明,由于假定耗散足够弱,故对基波的传播没有影响;ε^1 阶量满足的方程为

$$\begin{gathered}\frac{\partial\rho_2}{\partial t}+\rho_0\nabla\cdot\boldsymbol{v}_2=-\nabla\cdot(\rho_1\boldsymbol{v}_1)\\ \rho_0\frac{\partial\boldsymbol{v}_2}{\partial t}+c_0^2\nabla\rho_2=-\rho_1\frac{\partial\boldsymbol{v}_1}{\partial t}-\frac{1}{2}\rho_0\nabla v_1^2-\frac{1}{2}\left(\frac{\partial^2 P}{\partial\rho^2}\right)_s\nabla\rho_1^2+b\nabla^2\boldsymbol{v}_1\end{gathered} \tag{9.1.15b}$$

上式表明耗散与非线性效应仅产生二次谐波,而对基波没有影响. 上式消去 ρ_2 得到

$$\begin{aligned}\frac{1}{c_0^2}\frac{\partial^2\boldsymbol{v}_2}{\partial t^2}-\nabla^2\boldsymbol{v}_2=&\frac{1}{\rho_0}\nabla[\nabla\cdot(\rho_1\boldsymbol{v}_1)]+\frac{b}{\rho_0 c_0^2}\frac{\partial}{\partial t}\nabla^2\boldsymbol{v}_1\\ &-\frac{1}{\rho_0 c_0^2}\frac{\partial}{\partial t}\left[\rho_1\frac{\partial\boldsymbol{v}_1}{\partial t}+\frac{1}{2}\rho_0\nabla v_1^2+\frac{1}{2}\left(\frac{\partial^2 P}{\partial\rho^2}\right)_s\nabla\rho_1^2\right]\end{aligned} \tag{9.1.15c}$$

一维方程为

$$\begin{aligned}\frac{1}{c_0^2}\frac{\partial^2 v_2}{\partial t^2}-\frac{\partial^2 v_2}{\partial x^2}=&\frac{1}{\rho_0}\frac{\partial^2(\rho_1 v_1)}{\partial x^2}+\frac{b}{\rho_0 c_0^2}\frac{\partial}{\partial t}\frac{\partial^2 v_1}{\partial x^2}\\ &-\frac{1}{\rho_0 c_0^2}\frac{\partial}{\partial t}\left[\rho_1\frac{\partial v_1}{\partial t}+\frac{1}{2}\rho_0\frac{\partial v_1^2}{\partial x}+\frac{1}{2}\left(\frac{\partial^2 P}{\partial\rho^2}\right)_s\frac{\partial\rho_1^2}{\partial x}\right]\end{aligned} \tag{9.1.16a}$$

由方程(9.1.15a)可知,基波满足线性波动方程和边界条件 $v_0(0,t)=v_0\sin(\omega t)$ 的一维传播解为

$$v_1(x,t)=v_0\sin(\omega t-k_0x),\quad \rho_1(x,t)=\frac{\rho_0}{c_0}v_0\sin(\omega t-k_0x) \tag{9.1.16b}$$

将上式代入方程(9.1.16a)得到

$$\frac{1}{c_0^2}\frac{\partial^2 v_2}{\partial t^2}-\frac{\partial^2 v_2}{\partial x^2}=2\beta\omega k_0\frac{v_0^2}{c_0^2}\cos[2(\omega t-k_0x)]-\frac{b}{\rho_0 c_0^2}\omega v_0 k_0^2\cos(\omega t-k_0x) \tag{9.1.16c}$$

上式满足条件 $v_2(x,t)\mid_{x=0}=0$ 的解为($x>0$)

$$v_2\approx-\frac{\beta\omega}{2}\frac{v_0^2}{c_0^2}x\{\sin[2(k_0x-\omega t)]-2\sin(k_0x-\omega t)\} \tag{9.1.16d}$$

为得到上式,利用了 $G\approx1$,即 $b\approx2\beta v_0\rho_0c_0/\omega$. 可见,二阶量 v_2 随距离线性增加,具有积累效应. 注意:传播距离必须满足 $|v_2/v_1|\ll1$,即 $x_{\max}<2c_0^2/(\beta\omega v_0)$,否则微扰展开就不成立了,必须用多尺度展开,见 9.1.4 小节中讨论.

(3) **非线性效应远大于耗散效应**($G\gg1$) 仍然假定非线性足够弱,微扰展开成立. 但耗散比非线性效应小一数量级,故方程(9.1.3a)和方程(9.1.6b)表示为

$$\frac{\partial\rho'}{\partial t}+\rho_0\nabla\cdot\boldsymbol{v}+\varepsilon^1\nabla\cdot(\rho'\boldsymbol{v})=0 \tag{9.1.17a}$$

$$\rho_0\frac{\partial\boldsymbol{v}}{\partial t}+c_0^2\nabla\rho'+\varepsilon^1\left[\rho'\frac{\partial\boldsymbol{v}}{\partial t}+\rho_0\frac{1}{2}\nabla v^2+\frac{1}{2}\left(\frac{\partial^2P}{\partial\rho^2}\right)_s\nabla\rho'^2\right]-\varepsilon^2b\nabla^2\boldsymbol{v}=0 \tag{9.1.17b}$$

将方程(9.1.10c)代入得到与方程(9.1.15a)和方程(9.1.15b)(取 $b=0$)类似的方程. 对于一维情况,基频仍然由方程(9.1.16b)表示,而二次谐波满足方程(9.1.16c)(取 $b=0$),因此有

$$v_2\approx-\frac{\beta\omega}{2}\frac{v_0^2}{c_0^2}x\sin[2(k_0x-\omega t)] \tag{9.1.17c}$$

值得指出的是,声波传播的物理图像是以上三种情况的结合:在声源附近,非线性效应远大于耗散效应($G\gg1$),二次谐波具有积累效应;在远离声源处,耗散效应远大于非线性效应($G\ll1$);而在中间区域,耗散效应与非线性效应在同一数量级($G\sim1$).

9.1.3 微扰的重整化解

为简单起见,考虑速度势的非线性波动方程(9.2.5a)(见 9.2.1 小节)的一维情况,有

$$\frac{\partial^2\Phi}{\partial t^2}-c_0^2\frac{\partial^2\Phi}{\partial x^2}+\frac{\partial}{\partial t}\left[\frac{(\beta-1)}{c_0^2}\left(\frac{\partial\Phi}{\partial t}\right)^2+\left(\frac{\partial\Phi}{\partial x}\right)^2\right]=0 \tag{9.1.18a}$$

设 $x=0$ 处的速度为

$$v(x,t)\Big|_{x=0}=\frac{\partial\Phi}{\partial x}\Big|_{x=0}=\varepsilon f(t) \tag{9.1.18b}$$

其中,为了方便,引进微扰参量 ε. 当 $\varepsilon\ll1$ 时,求 $x>0$ 的声场分布. 设微扰解为

$$\Phi(x,t)=\varepsilon\Phi_1(x,t)+\varepsilon^2\Phi_2(x,t)+\cdots \tag{9.1.18c}$$

将上式代入方程(9.1.18a)和方程(9.1.18b)得到一、二阶量满足的方程:

$$\frac{\partial^2\Phi_1}{\partial t^2}-c_0^2\frac{\partial^2\Phi_1}{\partial x^2}=0$$
$$\frac{\partial^2\Phi_2}{\partial t^2}-c_0^2\frac{\partial^2\Phi_2}{\partial x^2}=-\frac{\partial}{\partial t}\left[\frac{(\beta-1)}{c_0^2}\left(\frac{\partial\Phi_1}{\partial t}\right)^2+\left(\frac{\partial\Phi_1}{\partial x}\right)^2\right] \tag{9.1.19a}$$

以及边界条件:

$$\frac{\partial\Phi_1}{\partial x}\Big|_{x=0}=f(t),\quad \frac{\partial\Phi_2}{\partial x}\Big|_{x=0}=0 \tag{9.1.19b}$$

因此,满足边界条件的一阶量为

$$\Phi_1(x,t)=-c_0g(\tau),\quad \tau\equiv t-\frac{x}{c_0}\quad (x>0) \tag{9.1.20a}$$

其中,$g'(t)=f(t)$. 将上式代入方程(9.1.19a)的第二式,得到二阶量满足的方程:

$$\frac{\partial^2\Phi_2}{\partial t^2}-c_0^2\frac{\partial^2\Phi_2}{\partial x^2}=-\beta\frac{\partial}{\partial t}f^2(\tau) \tag{9.1.20b}$$

于是,满足方程(9.1.19b)的第二式的二阶量为

$$\Phi_2(x,\tau)=Q(\tau)-\frac{\beta}{2c_0}xf^2(\tau)\quad (x>0) \tag{9.1.20c}$$

其中,$Q'(t)=-\beta f^2(t)/2$. 因此,取近似到 ε^2,速度势和速度场分别为

$$\Phi(x,\tau)=-\varepsilon c_0g(\tau)+\varepsilon^2\left[Q(\tau)-\frac{\beta}{2c_0}xf^2(\tau)\right]+O(\varepsilon^3)$$
$$v(x,\tau)=\varepsilon f(\tau)+\varepsilon^2\frac{\beta}{2c_0^2}x\frac{\mathrm{d}f^2(\tau)}{\mathrm{d}\tau}+O(\varepsilon^3) \tag{9.1.20d}$$

与方程(9.1.17c)的结果类似,二阶量 Φ_2(或者速度的二阶量)随距离线性增加. 由上式表示的项称为**久期项**(secular term).

重整化解 出现久期项的原因是,二阶量满足的方程为非齐次方程,即方程(9.1.20b),由非齐次项产生的特解导致了随距离线性增加的不合理项. 从微扰论的角度讲,久期项的产生源于问题属于开区域 $x\in(0,\infty)$,当 $x\to\infty$ 时,微扰法失效. 那么,能否寻找一个非线性变量变换来"压缩"开区域,使微扰法在 x 足够大时仍然有效呢? 数学上,可以通过选择新的变量,大大拓展微扰展开的有效范围,该方法称为**重整化方法**. 注意到微扰解[即方程(9.1.20d)]的变量为 (x,τ),设新的变量为 (x,ξ),其中新变量 ξ 满足

$$\xi=\tau+\varepsilon F(x,\xi)\quad 或者\quad \tau=\xi-\varepsilon F(x,\xi) \tag{9.1.21a}$$

可以选择适当的函数 $F(x,\xi)$，将使久期项消失. 将上式代入方程(9.1.20d)的第二式得到

$$v(x,\xi)=\varepsilon f[\xi-\varepsilon F(x,\xi)]+\varepsilon^2\frac{\beta}{2c_0^2}x\frac{\mathrm{d}f^2(\tau)}{\mathrm{d}\tau}\bigg|_{\tau=\xi-\varepsilon F(x,\xi)}+O(\varepsilon^3) \tag{9.1.21b}$$

将上式展开到 ε^2，显然有

$$v(x,\xi)=\varepsilon f(\xi)+\varepsilon^2\left[-f'(\xi)F(x,\xi)+\frac{\beta}{2c_0^2}x\frac{\mathrm{d}f^2(\xi)}{\mathrm{d}\xi}\right]+O(\varepsilon^3) \tag{9.1.21c}$$

为了消去久期项，选择函数 $F(x,\xi)$ 满足

$$-f'(\xi)F(x,\xi)+\frac{\beta}{2c_0^2}x\frac{\mathrm{d}f^2(\xi)}{\mathrm{d}\xi}=0 \tag{9.1.22a}$$

即

$$F(x,\xi)=\frac{\beta}{c_0^2}xf(\xi) \tag{9.1.22b}$$

将上式代入方程(9.1.21a)，新变量 ξ 满足

$$\tau=\xi-\frac{\varepsilon\beta}{c_0^2}xf(\xi)=t-\frac{x}{c_0} \tag{9.1.22c}$$

于是，速度场为

$$v(x,t)=\varepsilon f(\xi)+O(\varepsilon^3) \tag{9.1.22d}$$

由上式可知，$f(\xi)=v/\varepsilon$，将其代入方程(9.1.22c)容易得到

$$\xi=t-\frac{x}{c_0}\left(1-\frac{\beta}{c_0}v\right) \tag{9.1.23a}$$

因此，速度场满足隐函数方程：

$$v=\varepsilon f\left[t-\frac{x}{c_0}\left(1-\frac{\beta}{c_0}v\right)\right]+O(\varepsilon^2) \tag{9.1.23b}$$

上式就是在二阶非线性条件下，一维理想介质中的冲击波解，见参考书 11. 可见，通过重整化方法，可以有效地消去久期项，得到较满意的微扰解.

取新变量 ξ 后，速度势[即方程(9.1.20d)的第一式]变化成

$$\begin{aligned}\Phi(x,\xi)&=-\varepsilon c_0g(\xi)+\varepsilon^2\frac{\beta}{c_0}xf^2(\xi)+\varepsilon^2\left[Q(\xi)-\frac{\beta}{2c_0}xf^2(\xi)\right]+O(\varepsilon^3)\\&=-\varepsilon c_0g(\xi)+\varepsilon^2\frac{\beta}{2c_0}xf^2(\xi)+\varepsilon^2Q(\xi)+O(\varepsilon^3)\end{aligned} \tag{9.1.24a}$$

如果令 $x_1=\varepsilon x$，则上式在形式上可以写成

$$\Phi(x,\xi)=\varepsilon\left[-c_0g(\xi)+\frac{\beta}{2c_0}x_1f^2(\xi)\right]+\varepsilon^2Q(\xi)+O(\varepsilon^3) \tag{9.1.24b}$$

注意：写成这种形式后，一阶量为

$$\Phi_1(x,\xi)=-c_0g(\xi)+\frac{\beta}{2c_0}x_1f^2(\xi) \tag{9.1.24c}$$

在下面讨论多尺度展开时将用到上式.

9.1.4 多尺度微扰展开

事实上,由于非线性效应的存在,空间声场变化的最大一个特点是声波传播速度 c 与流体元的运动速度 v 有关,而微扰展开方程(9.1.18c)恰恰没有考虑到这一点. 物理上,声场随空间变量 x 的变化应该包含两个方面:① 声波在空间中的传播,这一变化是快尺度变化,由声波的波数决定;② 波传播速度随空间的变化,这一变化是慢尺度变化(即随空间变化较缓慢),由非线性项决定. 因此,在微扰展开中必须包含这一性质. 多尺度微扰方法的基本原理就是基于这一思想,通过适当的选择,使二阶量满足的方程为齐次方程,从而消去久期项.

假定声场随空间的变化存在两个空间尺度[注意:也可以取方程(9.2.8b)的两个尺度进行展开],即

$$x_0=x,\quad x_1=\varepsilon x \tag{9.1.25a}$$

即 $\Phi(x,t)=\Phi(x_0,x_1,t)$,于是,空间偏导数关系为

$$\frac{\partial}{\partial x}=\frac{\partial}{\partial x_0}+\varepsilon\frac{\partial}{\partial x_1}$$
$$\frac{\partial^2}{\partial x^2}=\frac{\partial^2}{\partial x_0^2}+2\varepsilon\frac{\partial^2}{\partial x_0\partial x_1}+\varepsilon^2\frac{\partial^2}{\partial x_1^2} \tag{9.1.25b}$$

作多尺度微扰展开,有

$$\Phi(x_0,x_1,t)=\varepsilon\Phi_1(x_0,x_1,t)+\varepsilon^2\Phi_2(x_0,x_1,t)+\cdots \tag{9.1.25c}$$

将上式和方程(9.1.25b)代入方程(9.1.18a)和方程(9.1.18b),且令 ε 和 ε^2 前系数为零,得到一阶量满足的方程和边界条件为

$$\frac{\partial^2\Phi_1}{\partial t^2}-c_0^2\frac{\partial^2\Phi_1}{\partial x_0^2}=0,\quad \left.\frac{\partial\Phi_1}{\partial x_0}\right|_{x_0=x_1=0}=f(t) \tag{9.1.26a}$$

以及二阶量满足的方程为

$$\frac{\partial^2\Phi_2}{\partial t^2}-c_0^2\frac{\partial^2\Phi_2}{\partial x_0^2}=2c_0^2\frac{\partial^2\Phi_1}{\partial x_0\partial x_1}-\frac{\partial}{\partial t}\left[\frac{(\beta-1)}{c_0^2}\left(\frac{\partial\Phi_1}{\partial t}\right)^2+\left(\frac{\partial\Phi_1}{\partial x_0}\right)^2\right] \tag{9.1.26b}$$

为了消去久期项,令二阶方程的非齐次项为零,有

$$2c_0^2\frac{\partial^2\Phi_1}{\partial x_0\partial x_1}-\frac{\partial}{\partial t}\left[\frac{(\beta-1)}{c_0^2}\left(\frac{\partial\Phi_1}{\partial t}\right)^2+\left(\frac{\partial\Phi_1}{\partial x_0}\right)^2\right]=0 \tag{9.1.26c}$$

显然,一阶量 $\Phi_1(x_0,x_1,t)$ 为 x 方向的行波,具有形式 $\Phi_1(x_0,x_1,t)=\Phi_1(x_1,\tau)$,其中 $\tau=t-x_0/c_0$,即一阶量仅是变量 (x_1,τ) 的函数. 于是,上式和方程(9.1.26a)中边界条件可简化为

$$\frac{\partial^2 \Phi_1}{\partial\tau\partial x_1}+\frac{\beta}{2c_0^3}\frac{\partial}{\partial\tau}\left(\frac{\partial\Phi_1}{\partial\tau}\right)^2=0,\quad \left.\frac{\partial\Phi_1}{\partial\tau}\right|_{x_0=x_1=0}=-c_0 f(t) \tag{9.1.27a}$$

以上边值问题的求解比较复杂,但方程(9.1.24c)提示我们,上式的解应该为

$$\Phi_1(x_1,\tau)=-c_0 g(\xi)+\frac{\beta}{2c_0}x_1 f^2(\xi),\quad g'(\xi)=f(\xi) \tag{9.1.27b}$$

其中,参量 ξ 是下列方程的根:

$$\tau=\xi-\frac{\beta x_1}{c_0^2}f(\xi) \tag{9.1.27c}$$

不难证明,方程(9.1.27b)确实满足方程(9.1.27a). 因此,取近似到 ε 的一阶,速度场为

$$v(x,t)=\frac{\partial\Phi}{\partial x}=\varepsilon\frac{\partial\Phi_1}{\partial x}+O(\varepsilon^2)=\varepsilon\frac{\partial\Phi_1}{\partial\xi}\frac{\partial\xi}{\partial x}+\varepsilon\frac{\partial\Phi_1}{\partial x_1}\frac{\partial x_1}{\partial x}+O(\varepsilon^2) \tag{9.1.28a}$$

$$=\varepsilon\frac{\partial\Phi_1}{\partial\xi}\frac{\partial\xi}{\partial x}+O(\varepsilon^2)=-c_0\varepsilon f(\xi)\left[1-\varepsilon\frac{\beta x}{c_0^2}f'(\xi)\right]\frac{\partial\xi}{\partial x}+O(\varepsilon^2)$$

由方程(9.1.27c)可知(并且注意到 $\tau=t-x_0/c_0$),微分关系为

$$\left[1-\varepsilon\frac{\beta x}{c_0^2}f'(\xi)\right]\frac{\partial\xi}{\partial x}=-\frac{1}{c_0}\left[1-\varepsilon\frac{\beta}{c_0}f(\xi)\right] \tag{9.1.28b}$$

将上式代入方程(9.1.28a)得到

$$v(x,t)=\varepsilon f(\xi)+O(\varepsilon^2) \tag{9.1.28c}$$

由上式和方程(9.1.27c),我们得到多尺度展开的解为隐函数方程:

$$v=\varepsilon f\left[t-\frac{x}{c_0}\left(1-\frac{\beta}{c_0}v\right)\right]+O(\varepsilon^2) \tag{9.1.28d}$$

显然,上式与重整化解[即方程(9.1.23b)]一致.

注意:在多尺度微扰展开时,近似到 ε 的一阶已经包含高次谐波,无须讨论 ε 的二阶展开,而在 9.1.2 小节中,二次谐波仅出现在 ε 的二阶项中.

顺便给出声压场的表达式为[由方程(9.2.6c)]

$$p(x,t)=-\rho_0\frac{\partial\Phi}{\partial t}-\rho_0\frac{1}{2}\left(\frac{\partial\Phi}{\partial x}\right)^2+\frac{\rho_0}{2c_0^2}\left(\frac{\partial\Phi}{\partial t}\right)^2$$

$$=-\rho_0\varepsilon\frac{\partial\Phi_1}{\partial t}+O(\varepsilon^2)=-\rho_0\varepsilon\frac{\partial\Phi_1}{\partial\xi}\frac{\partial\xi}{\partial t}+O(\varepsilon^2) \tag{9.1.29a}$$

$$=\rho_0 c_0\varepsilon f(\xi)\left[1-\varepsilon\frac{\beta x}{c_0^2}f'(\xi)\right]\frac{\partial\xi}{\partial t}+O(\varepsilon^2)$$

由方程(9.1.27c)可知,微分关系为

$$\left[1-\varepsilon\frac{\beta x}{c_0^2}f'(\xi)\right]\frac{\partial\xi}{\partial t}=1 \tag{9.1.29b}$$

因此,声压场为

$$p(x,t)=\rho_0c_0\varepsilon f(\xi)+O(\varepsilon^2)$$
$$=\rho_0c_0\varepsilon f\left[t-\frac{x}{c_0}\left(1-\frac{\beta}{c_0}v\right)\right]+O(\varepsilon^2) \tag{9.1.29c}$$

由 $v\approx\varepsilon f(\xi)$ 和 $p\approx\rho_0c_0\varepsilon f(\xi)$ 的关系，在二阶近似下，上式也可以写成关于声压场的隐函数方程：

$$p=\rho_0c_0\varepsilon f\left[t-\frac{x}{c_0}\left(1-\frac{\beta}{\rho_0c_0^2}p\right)\right]+O(\varepsilon^2) \tag{9.1.29d}$$

9.2 单变量二阶非线性声波方程

由 6.1 节讨论知，即使在线性声学中，考虑介质的黏性和热传导效应后，得到一个单变量的波动方程也是困难的. 对于非线性情况，在考虑二阶非线性且远离边界层（忽略横波，假定$\nabla\times\boldsymbol{v}=0$）后，才能得到联立的非线性方程（9.1.3a）和方程（9.1.6b）. 只有在进一步的近似条件下，才能得到单变量的声波方程. 本节主要讨论描述一维非线性行波的 Burgers 方程和描述声压场（行波或驻波）的 Westervelt 方程.

9.2.1 速度势的二阶非线性方程

在理想流体的运动中，只要熵等于常量（与空间和时间无关，证明见下），那么运动就是无旋的，可以引进速度势. 事实上，由 Euler 方程（1.1.7c）（假定体力也无旋，$\nabla\times\boldsymbol{f}=0$），两边求旋度且注意到$\nabla\times(\nabla v^2)\equiv0$ 和 $\nabla\times(\nabla P)\equiv0$，得到

$$\frac{\partial\boldsymbol{\omega}}{\partial t}-\nabla\times(\boldsymbol{v}\times\boldsymbol{\omega})=\frac{1}{\rho^2}\nabla\rho\times\nabla P \tag{9.2.1a}$$

其中，$\boldsymbol{\omega}$ 为旋量，有 $\boldsymbol{\omega}\equiv\nabla\times\boldsymbol{v}$. 利用矢量恒等式，上式化成

$$\frac{\mathrm{d}\boldsymbol{\omega}}{\mathrm{d}t}+\boldsymbol{\omega}\nabla\cdot\boldsymbol{v}-(\boldsymbol{\omega}\cdot\nabla)\boldsymbol{v}=\frac{1}{\rho^2}\nabla\rho\times\nabla P \tag{9.2.1b}$$

另一方面，因为假定流体运动中熵等于常量，由物态方程 $P=P(\rho,s)$ 得到$\nabla P=(\partial P/\partial\rho)_s\nabla\rho$，即矢量$\nabla P$ 与$\nabla\rho$ 同向：$\nabla\rho\times\nabla P=0$，于是方程（9.2.1b）简化为

$$\frac{\mathrm{d}\boldsymbol{\omega}}{\mathrm{d}t}+\boldsymbol{\omega}\nabla\cdot\boldsymbol{v}-(\boldsymbol{\omega}\cdot\nabla)\boldsymbol{v}=0 \tag{9.2.1c}$$

上式意味着：旋量是无源的，只要初始时刻旋量为零（$\boldsymbol{\omega}=\nabla\times\boldsymbol{v}=0$），那么以后旋量恒为零，即 $\boldsymbol{\omega}=\nabla\times\boldsymbol{v}\equiv0$. 于是，可以引进速度势. 因此，即使保留 Euler 方程（1.1.7c）（假定体力无旋

$\nabla\times\boldsymbol{f}=0$)中的非线性对流项，仍然可以引进速度势 $\boldsymbol{v}=\nabla\Phi(\boldsymbol{r},t)$，代入方程(1.1.7c)(假定体力为零，$\boldsymbol{f}=0$)有

$$\nabla\frac{\partial\Phi(\boldsymbol{r},t)}{\partial t}+\frac{1}{\rho}\nabla P+\nabla\left[\frac{1}{2}(\nabla\Phi)^2\right]=0 \tag{9.2.2a}$$

在二阶近似下有

$$P=P_0+c_0^2\rho'+\frac{1}{2}\left(\frac{\partial^2 P}{\partial\rho^2}\right)_s\rho'^2+\cdots \tag{9.2.2b}$$

故

$$\frac{1}{\rho}\nabla P\approx\frac{c_0^2}{\rho_0}\nabla\rho'+\frac{c_0^2}{2\rho_0^2}\left[\frac{\rho_0}{c_0^2}\left(\frac{\partial^2 P}{\partial\rho^2}\right)_s-1\right]\nabla\rho'^2 \tag{9.2.2c}$$

将上式代入方程(9.2.2a)得到

$$\frac{\partial\Phi}{\partial t}+\frac{c_0^2}{\rho_0}\rho'+\frac{c_0^2}{2\rho_0^2}\left[\frac{\rho_0}{c_0^2}\left(\frac{\partial^2 P}{\partial\rho^2}\right)_s-1\right]\rho'^2+\frac{1}{2}(\nabla\Phi)^2=0 \tag{9.2.3a}$$

方程两边对时间求导得到

$$\frac{\partial^2\Phi}{\partial t^2}+\frac{c_0^2}{\rho_0}\frac{\partial\rho'}{\partial t}+\frac{c_0^2}{2\rho_0^2}\left[\frac{\rho_0}{c_0^2}\left(\frac{\partial^2 P}{\partial\rho^2}\right)_s-1\right]\frac{\partial\rho'^2}{\partial t}+\frac{1}{2}\frac{\partial}{\partial t}(\nabla\Phi)^2=0 \tag{9.2.3b}$$

由方程(1.1.4a)可知，二次近似的质量守恒方程为(取源项 $q=0$)

$$\frac{1}{\rho_0}\frac{\partial\rho'}{\partial t}+\nabla^2\Phi-\frac{1}{2\rho_0^2}\frac{\partial\rho'^2}{\partial t}+\frac{\nabla\Phi\cdot\nabla\rho'}{\rho_0}=0 \tag{9.2.3c}$$

以上两式消去 $\partial\rho'/\partial t$ 得到

$$\frac{\partial^2\Phi}{\partial t^2}-c_0^2\nabla^2\Phi+\frac{1}{2\rho_0}\left(\frac{\partial^2 P}{\partial\rho^2}\right)_s\frac{\partial\rho'^2}{\partial t}+\frac{1}{2}\frac{\partial}{\partial t}(\nabla\Phi)^2-c_0^2\frac{\nabla\Phi\cdot\nabla\rho'}{\rho_0}=0 \tag{9.2.4a}$$

上式非线性项中 ρ' 可以利用 ρ' 与 Φ 的线性关系消去(这样仍然不影响二次非线性近似关系)：由质量守恒方程 $\partial\rho'/\partial t+\rho_0\nabla\cdot\boldsymbol{v}'\approx 0$ 和关系 $p'=-\rho_0\partial\Phi/\partial t$，$\boldsymbol{v}'=\nabla\Phi$ 以及 $p'\approx c_0^2\rho'$ 不难得到

$$\rho'\approx-\frac{\rho_0}{c_0^2}\frac{\partial\Phi}{\partial t},\quad \frac{\partial\rho'}{\partial t}+\rho_0\nabla^2\Phi\approx 0 \tag{9.2.4b}$$

将上式代入方程(9.2.4a)有

$$\frac{\partial^2\Phi}{\partial t^2}-c_0^2\nabla^2\Phi+2(\beta-1)\frac{\partial\Phi}{\partial t}\nabla^2\Phi+\frac{\partial}{\partial t}(\nabla\Phi)^2=0 \tag{9.2.4c}$$

其中，β 为非线性参量，有

$$\beta\equiv 1+\frac{B}{2A},\quad \frac{B}{A}\equiv\frac{\rho_0}{c_0^2}\left(\frac{\partial^2 P}{\partial\rho^2}\right)_s \tag{9.2.4d}$$

方程(9.2.4c)就是速度势满足的非线性方程，其第三项再运用线性关系 $c_0^2\nabla^2\Phi-\partial^2\Phi/\partial t^2\approx 0$ 得到对称形式的速度势非线性方程：

$$\frac{\partial^2 \Phi}{\partial t^2}-c_0^2\nabla^2\Phi+\frac{\partial}{\partial t}\left[\frac{(\beta-1)}{c_0^2}\left(\frac{\partial \Phi}{\partial t}\right)^2+(\nabla\Phi)^2\right]=0 \tag{9.2.5a}$$

另一方面，由方程(9.2.2a)得到

$$(\rho'+\rho_0)\nabla\frac{\partial \Phi}{\partial t}+\nabla P+(\rho'+\rho_0)\nabla\left[\frac{1}{2}(\nabla\Phi)^2\right]=0 \tag{9.2.5b}$$

忽略三阶量，有

$$\nabla\left[P+\rho_0\frac{\partial \Phi}{\partial t}+\rho_0\frac{1}{2}(\nabla\Phi)^2\right]+\rho'\nabla\frac{\partial \Phi}{\partial t}=0 \tag{9.2.5c}$$

上式中，非线性项的ρ'可以利用ρ'与Φ的线性关系消去(这样仍然不影响二次非线性近似关系)，利用方程(9.2.4b)，有

$$\nabla\left[P+\rho_0\frac{\partial \Phi}{\partial t}+\rho_0\frac{1}{2}(\nabla\Phi)^2-\frac{\rho_0}{2c_0^2}\left(\frac{\partial \Phi}{\partial t}\right)^2\right]=0 \tag{9.2.6a}$$

上式积分得到压强与速度势的关系为

$$P+\rho_0\frac{\partial \Phi}{\partial t}+\rho_0\frac{1}{2}(\nabla\Phi)^2-\frac{\rho_0}{2c_0^2}\left(\frac{\partial \Phi}{\partial t}\right)^2=\Theta(t) \tag{9.2.6b}$$

其中，$\Theta(t)$为任意与空间无关的函数. 在无限远处，声场为零而压强$P=P_0$，故可以取$\Theta(t)\equiv P_0$. 于是，声压与速度势的关系修正为

$$p'=-\rho_0\frac{\partial \Phi}{\partial t}-\rho_0\frac{1}{2}(\nabla\Phi)^2+\frac{\rho_0}{2c_0^2}\left(\frac{\partial \Phi}{\partial t}\right)^2 \tag{9.2.6c}$$

一旦求得速度势，可以由$\boldsymbol{v}=\nabla\Phi$以及上式求出速度场和声压场，但必须注意的是，上式在二阶近似下成立. 对于理想气体，$\beta=(\gamma+1)/2$.

等熵证明 对理想介质的非线性运动而言，熵等于常量是一个合理的假定. 设不存在热源($h=0$)，对方程(1.1.9d)作微扰展开，有

$$s=s_e+s'+s''+\cdots,\quad \boldsymbol{v}=\boldsymbol{v}_e+\boldsymbol{v}'+\boldsymbol{v}''+\cdots \tag{9.2.6d}$$

得到各阶微扰方程：

$$\begin{gathered}\frac{\partial s_e}{\partial t}+\boldsymbol{v}_e\cdot\nabla s_e=0\\ \frac{\partial s'}{\partial t}+\boldsymbol{v}_e\cdot\nabla s'+\boldsymbol{v}'\cdot\nabla s_e=0\\ \frac{\partial s''}{\partial t}+\boldsymbol{v}_e\cdot\nabla s''+\boldsymbol{v}''\cdot\nabla s_e+\boldsymbol{v}'\cdot\nabla s'=0\\ \cdots\cdots\cdots\cdots\end{gathered} \tag{9.2.6e}$$

对背景流为零($\boldsymbol{v}_e=0$)的均匀介质($\nabla s_e=0$)，显然可取$s'=s''=\cdots=0$. 因此，在微扰近似下，结论成立.

9.2.2 一维行波的 Burgers 方程

由方程(9.1.3a)和方程(9.1.6b)可知,一维黏性和热传导介质中的质量守恒方程和运动方程为

$$\frac{\partial\rho'}{\partial t}+v\frac{\partial\rho'}{\partial x}+(\rho_0+\rho')\frac{\partial v}{\partial x}=0 \tag{9.2.7a}$$

$$(\rho_0+\rho')\left(\frac{\partial v}{\partial t}+v\frac{\partial v}{\partial x}\right)+\frac{A}{\rho_0}\frac{\partial\rho'}{\partial x}+\frac{B}{2\rho_0^2}\frac{\partial\rho'^2}{\partial x}=b\frac{\partial^2 v}{\partial x^2} \tag{9.2.7b}$$

考虑向+x 方向传播的行波解. 对于理想介质中的非线性声波,由方程(9.1.28d)知,二阶近似的行波解可改写为 $v\approx f(\tau+\beta xv/c_0^2)$(其中 $\tau=t-x/c_0$),而对于黏性和热传导介质中的线性声波,行波解显然为 $v(x,\tau)\approx v_0\exp(-\alpha x+\mathrm{i}\omega\tau)$[其中声衰减系数 α 由方程(6.4.2a)给出]. 从这两个式子可看出,变量 $\tau=t-x/c_0$ 是快速变化的(称为**快尺度**),而 $x\omega\beta v/c_0^2$ 和 α 分别表示非线性畸变和声的吸收,如果假定波形在一个波长内失真或者吸收很小,那么 $v(x,\tau)$ 随 x 的变化远慢于随 τ 的变化,引进尺度参量 $\varepsilon\ll 1$(最后取 $\varepsilon=1$)表示,速度场可表示为 $v=v(\varepsilon x,\tau)=v(X,\tau)$($X\equiv\varepsilon x$),那么有

$$\frac{\partial v(X,\tau)}{\partial X}\ll\frac{1}{c_0}\frac{\partial v(X,\tau)}{\partial\tau} \tag{9.2.8a}$$

由此讨论,对耗散介质中的非线性行波,取新的独立变量(称为**第一类伴随坐标变换**):

$$X\equiv\varepsilon x,\quad \tau\equiv t-\frac{x}{c_0} \tag{9.2.8b}$$

则存在微分关系:

$$\frac{\partial}{\partial t}=\frac{\partial}{\partial\tau},\quad \frac{\partial}{\partial x}=\varepsilon\frac{\partial}{\partial X}-\frac{1}{c_0}\frac{\partial}{\partial\tau} \tag{9.2.8c}$$

以及

$$\frac{\partial^2}{\partial x^2}=\varepsilon^2\frac{\partial^2}{\partial X^2}-\frac{2\varepsilon}{c_0}\frac{\partial^2}{\partial X\partial\tau}+\frac{1}{c_0^2}\frac{\partial^2}{\partial\tau^2} \tag{9.2.8d}$$

同时把密度和速度也表示成:$\rho=\rho_0+\varepsilon\rho'(x,\tau)$ 和 $v=\varepsilon v(x,\tau)$. 将方程(9.2.8c)和方程(9.2.8d)代入方程(9.2.7a),有

$$\begin{aligned}&\frac{1}{\rho_0}\left(1-\frac{v}{c_0}\varepsilon\right)\varepsilon\frac{\partial\rho'}{\partial\tau}-\frac{1}{c_0}\left(1+\varepsilon\frac{\rho'}{\rho_0}\right)\varepsilon\frac{\partial v}{\partial\tau}\\&+\varepsilon^3\frac{v}{\rho_0}\frac{\partial\rho'}{\partial X}+\varepsilon^2\frac{\partial v}{\partial X}+\varepsilon^3\frac{\rho'}{\rho_0}\frac{\partial v}{\partial X}=0\end{aligned} \tag{9.2.9a}$$

上式中第三、五项为三阶小量,可忽略,于是,近似到二阶的方程为(取 $\varepsilon=1$)

$$\frac{1}{\rho_0}\left(1-\frac{v}{c_0}\right)\frac{\partial\rho'}{\partial\tau}-\frac{1}{c_0}\left(1+\frac{\rho'}{\rho_0}\right)\frac{\partial v}{\partial\tau}+\frac{\partial v}{\partial X}=0 \tag{9.2.9b}$$

同样，将方程(9.2.8c)和方程(9.2.8d)代入方程(9.2.7b)得到

$$\left(1+\frac{\rho'}{\rho_0}-\frac{v}{c_0}\right)\frac{\partial v}{\partial\tau}=\frac{c_0}{\rho_0}\left[1+2(\beta-1)\frac{\rho'}{\rho_0}\right]\frac{\partial\rho'}{\partial\tau}+\frac{b}{\rho_0c_0^2}\frac{\partial^2 v}{\partial\tau^2}-\frac{c_0^2}{\rho_0}\frac{\partial\rho'}{\partial X}\tag{9.2.9c}$$

注意到上两式的非线性项中可以取线性近似 $\rho'/\rho_0\approx v/c_0$(相乘后仍然是二阶量，但线性项中必须保留 ρ'；注意 $\partial\rho'/\partial X$ 也是二阶量)，于是有

$$\frac{\partial\rho'}{\partial\tau}=\frac{\rho_0}{c_0}\frac{\partial v}{\partial\tau}+\frac{2\rho_0}{c_0^2}v\frac{\partial v}{\partial\tau}-\rho_0\frac{\partial v}{\partial X}\tag{9.2.10a}$$

$$\frac{\partial v}{\partial\tau}=\frac{c_0}{\rho_0}\left[\frac{\partial\rho'}{\partial\tau}+2(\beta-1)\rho_0\frac{v}{c_0^2}\frac{\partial v}{\partial\tau}\right]+\frac{b}{\rho_0c_0^2}\frac{\partial^2 v}{\partial\tau^2}-c_0\frac{\partial v}{\partial X}\tag{9.2.10b}$$

将上两式消去 $\partial\rho'/\partial\tau$ 得到

$$\frac{\partial v}{\partial x}-\frac{\beta}{c_0^2}v\frac{\partial v}{\partial\tau}=\frac{b}{2\rho_0c_0^3}\frac{\partial^2 v}{\partial\tau^2}\tag{9.2.10c}$$

其中，为了方便，把 X 改写成了 x(最后取 $\varepsilon=1$). 上式就是在第一类伴随坐标变换下的 **Burgers 方程**，它描写耗散介质中的非线性行波($+x$ 方向传播).

第二类伴随坐标变换 独立变量也可以取为

$$X\equiv x-c_0t,\quad \tau\equiv\varepsilon t\tag{9.2.11a}$$

称为**第二类伴随坐标变换**，可以得到相应的 Burgers 方程(见习题 9.1)：

$$\frac{\partial v}{\partial\tau}+\beta v\frac{\partial v}{\partial X}=\frac{b}{2\rho_0}\frac{\partial^2 v}{\partial X^2}\tag{9.2.11b}$$

说明：如何选择伴随坐标变换，依赖于问题的形式，如果给定边界条件 $v(x,t)\mid_{x=0}=v_0(t)$，求 $x>0$ 区域的非线性行波场，适合的变换是第一类伴随坐标变换，而如果给定的是初始条件 $v(x,t)\mid_{t=0}=v_0(x)$，求当 $t>0$ 时，区域 $(-\infty,\infty)$ 的非线性行波场，适合的变换是第二类伴随坐标变换. 在实际问题中，第一类伴随坐标变换更有意义.

对于方程(9.2.10c)，考虑三个特殊情况.

(1) 介质的耗散效应和非线性效应都能忽略，于是 Burgers 方程简化为 $\partial v/\partial x=0$，故 $v(x,\tau)=F(\tau)$(其中 F 为满足可微条件的任意函数)，即线性声学中的行波解.

(2) 介质的耗散可以忽略，即声 Reynolds 数 Re≫1，方程(9.2.10c)简化成

$$\frac{\partial v}{\partial x}-\frac{\beta}{c_0^2}v\frac{\partial v}{\partial\tau}=0\quad\text{或者}\quad\left(\frac{\partial\tau}{\partial x}\right)_v=-\frac{\beta}{c_0^2}v\tag{9.2.12a}$$

由方程(9.2.8b)有

$$\left(\frac{\partial\tau}{\partial x}\right)_v=\left(\frac{\partial t}{\partial x}\right)_v\left(\frac{\partial\tau}{\partial t}\right)_v=\left(\frac{\partial t}{\partial x}\right)_v\left[1-\frac{1}{c_0}\left(\frac{\partial x}{\partial t}\right)_v\right]=-\frac{\beta}{c_0^2}v\tag{9.2.12b}$$

即

$$\left(\frac{\partial t}{\partial x}\right)_v=\frac{1}{c_0}\left(1-\beta\frac{v}{c_0}\right)\approx\frac{1}{c_0+\beta v}\quad\text{或者}\quad\left(\frac{\partial x}{\partial t}\right)_v\approx c_0+\beta v\tag{9.2.12c}$$

上式的意义很明显:左边的导数是等振幅点(v=常量)传播的速度. 当 $v \ll c_0$ 时,$(\partial x/\partial t)_v \approx c_0$ 为线性声波的传播速度. 方程(9.2.12c)的解为 $x=(c_0+\beta v)t+f(v)$,或者写成形式:

$$v=F_1[x-(c_0+\beta v)t], \quad v=F_2\left(t-\frac{x}{c_0+\beta v}\right) \tag{9.2.13a}$$

其中,f、F_1 和 F_2 是任意一次可微的函数. 注意:在二阶近似下有

$$v=F_2\left(t-\frac{x}{c_0+\beta v}\right) \approx F_2\left[t-\frac{x}{c_0}\left(1-\frac{\beta}{c_0}v\right)\right] \tag{9.2.13b}$$

上式与方程(9.1.28d)的结果一致.

(3) 对于行波解,设 $v(x,\tau)=v(\tau)$ 仅仅是 $\tau=t-x/c_0$ 的函数,由方程(9.2.10c)有

$$-\frac{\beta}{2c_0^2}\frac{\partial v^2}{\partial \tau}=\frac{b}{2\rho_0 c_0^3}\frac{\partial^2 v}{\partial \tau^2} \tag{9.2.14a}$$

将上式积分得到

$$C-\frac{\beta}{2c_0^2}v^2=\frac{b}{2\rho_0 c_0^3}\frac{\partial v}{\partial \tau} \tag{9.2.14b}$$

其中,C 为积分常量,如果假设当 $\tau\to\infty$ 时,有 $\partial v/\partial\tau\to 0$ 和 $v\to v_0$,则 $C=\beta v_0^2/2c_0^2$,于是,上式变成

$$\frac{b}{2\beta\rho_0 c_0}\int\frac{\mathrm{d}v}{v_0^2-v^2}=\tau-\tau_0 \tag{9.2.15a}$$

其中,τ_0 为积分常量. 不难得到 Burgers 方程的一个冲击波形式行波解:

$$v(\tau)=v_0\tanh\left[\frac{2v_0\beta\rho_0 c_0}{b}(\tau-\tau_0)\right] \tag{9.2.15b}$$

注意:对给定边界条件 $v(x,t)\,|_{x=0}=v_0(t)$,求解 Burgers 方程是非常复杂的,具体例子见参考书 11.

9.2.3 Westervelt 方程

在 9.2.2 小节中,我们讨论了在二阶非线性近似条件下,一维有限振幅行波满足的 Burgers 方程. 本小节给出在同样近似条件下,二维或三维有限振幅声波(行波或者驻波)满足的单变量非线性方程,即 Westervelt 方程. 基本方程为方程(9.1.3a)、方程(9.1.3b)以及方程(9.1.6a). 首先讨论方程(9.1.3a),将其写成

$$\frac{\partial\rho'}{\partial t}+\rho_0\nabla\cdot\boldsymbol{v}+\rho'\nabla\cdot\boldsymbol{v}+\boldsymbol{v}\cdot\nabla\rho'=0 \tag{9.2.16a}$$

对于二阶量,应用线性关系 $\rho'\approx p'/c_0^2$, $\partial p'/\partial t=-\rho_0 c_0^2\nabla\cdot\boldsymbol{v}$ 及 $\rho_0\partial\boldsymbol{v}/\partial t=-\nabla p'$ 得到

$$\rho'\nabla\cdot\boldsymbol{v}=-\frac{p'}{\rho_0c_0^4}\frac{\partial p'}{\partial t},\quad \boldsymbol{v}\cdot\nabla\rho'=\frac{1}{c_0^2}\boldsymbol{v}\cdot\nabla p'=-\frac{\rho_0}{c_0^2}\boldsymbol{v}\cdot\frac{\partial\boldsymbol{v}}{\partial t}\tag{9.2.16b}$$

将上两式代入方程(9.2.16a)得到

$$\frac{\partial\rho'}{\partial t}+\rho_0\nabla\cdot\boldsymbol{v}=\frac{1}{\rho_0c_0^4}\frac{\partial p'^2}{\partial t}+\frac{1}{c_0^2}\frac{\partial\mathfrak{J}}{\partial t}\tag{9.2.16c}$$

其中,$\mathfrak{J}$ 为二阶 Lagrange 密度,有

$$\mathfrak{J}\equiv\frac{\rho_0}{2}v^2-\frac{1}{2\rho_0c_0^2}p'^2\tag{9.2.16d}$$

其次,讨论方程(9.1.3b):利用线性关系,方程(9.1.3b)可改写成

$$\rho_0\frac{\partial\boldsymbol{v}}{\partial t}+\nabla p'=-\frac{1}{\rho_0c_0^2}\left(\eta+\frac{4\mu}{3}\right)\nabla\frac{\partial p'}{\partial t}-\nabla\mathfrak{J}\tag{9.2.17a}$$

最后讨论方程(9.1.6a),利用 $\rho'\approx p'/c_0^2$,方程(9.1.6a)改写成

$$\rho'\approx\frac{p'}{c_0^2}-\frac{1}{\rho_0c_0^4}\frac{B}{2A}p'^2-\frac{\kappa}{\rho_0c_0^4}\left(\frac{1}{c_V}-\frac{1}{c_P}\right)\frac{\partial p'}{\partial t}\tag{9.2.17b}$$

对方程(9.2.16c)和方程(9.2.17a)两边分别求时间的偏导数和散度,把所得方程相减消去速度得到

$$\frac{\partial^2\rho'}{\partial t^2}-\nabla^2p'=\frac{1}{\rho_0c_0^4}\frac{\partial^2p'^2}{\partial t^2}+\frac{1}{\rho_0c_0^2}\left(\eta+\frac{4\mu}{3}\right)\nabla^2\frac{\partial p'}{\partial t}+\left(\frac{1}{c_0^2}\frac{\partial^2}{\partial t^2}+\nabla^2\right)\mathfrak{J}\tag{9.2.17c}$$

利用方程(9.2.17b)有

$$\begin{aligned}&\nabla^2p'-\frac{1}{c_0^2}\frac{\partial^2p'}{\partial t^2}+\frac{\kappa}{\rho_0c_0^4}\left(\frac{1}{c_V}-\frac{1}{c_P}\right)\frac{\partial^3p'}{\partial t^3}+\frac{1}{\rho_0c_0^2}\left(\eta+\frac{4\mu}{3}\right)\nabla^2\frac{\partial p'}{\partial t}\\&=-\frac{\beta}{\rho_0c_0^4}\frac{\partial^2p'^2}{\partial t^2}-\left(\frac{1}{c_0^2}\frac{\partial^2}{\partial t^2}+\nabla^2\right)\mathfrak{J}\end{aligned}\tag{9.2.17d}$$

其中,$\beta=1+B/2A$. 对上式中的黏性项应用线性关系 $c_0^2\nabla^2p'\approx\partial^2p'/\partial t^2$,得到

$$\left(\nabla^2-\frac{1}{c_0^2}\frac{\partial^2}{\partial t^2}\right)p'+\frac{\delta}{c_0^4}\frac{\partial^3p'}{\partial t^3}=-\frac{\beta}{\rho_0c_0^4}\frac{\partial^2p'^2}{\partial t^2}-\left(\frac{1}{c_0^2}\frac{\partial^2}{\partial t^2}+\nabla^2\right)\mathfrak{J}\tag{9.2.18a}$$

其中,表征介质耗散的参量为

$$\delta\equiv\frac{1}{\rho_0}\left[\kappa\left(\frac{1}{c_V}-\frac{1}{c_P}\right)+\left(\eta+\frac{4\mu}{3}\right)\right]\tag{9.2.18b}$$

在二阶近似下,将线性关系 $p'\approx-\rho_0\partial\Phi/\partial t$ 代入方程(9.2.16d)得到

$$\mathfrak{J}\approx\frac{\rho_0}{2}(\nabla\Phi)^2-\frac{\rho_0}{2c_0^2}\left(\frac{\partial\Phi}{\partial t}\right)^2\tag{9.2.19a}$$

另一方面,作运算

$$\left(\nabla^2-\frac{1}{c_0^2}\frac{\partial^2}{\partial t^2}\right)\Phi^2=\frac{4}{\rho_0}\mathfrak{J}+2\Phi\left(\nabla^2\Phi-\frac{1}{c_0^2}\frac{\partial^2\Phi}{\partial t^2}\right)\approx\frac{4}{\rho_0}\mathfrak{J}\tag{9.2.19b}$$

因此,存在近似关系:

$$\mathfrak{J}\approx\frac{\rho_0}{4}\left(\nabla^2-\frac{1}{c_0^2}\frac{\partial^2}{\partial t^2}\right)\Phi^2 \tag{9.2.19c}$$

于是,方程(9.2.18a)可以改写为(注意:在二阶近似下,可取 $p'^2\approx\widetilde{p}^2$ 和 $\delta p'=\delta\widetilde{p}$)

$$\left(\nabla^2-\frac{1}{c_0^2}\frac{\partial^2}{\partial t^2}\right)\widetilde{p}+\frac{\delta}{c_0^4}\frac{\partial^3\widetilde{p}}{\partial t^3}=-\frac{\beta}{\rho_0 c_0^4}\frac{\partial^2\widetilde{p}^2}{\partial t^2} \tag{9.2.20a}$$

其中,新的辅助量定义为

$$\widetilde{p}\equiv p'+\frac{\rho_0}{4}\left(\frac{1}{c_0^2}\frac{\partial^2}{\partial t^2}+\nabla^2\right)\Phi^2 \tag{9.2.20b}$$

如果取近似关系$\widetilde{p}\approx p'$(当声场的时空变化较缓慢,忽略 Φ^2 的时间和空间的二阶导数是合理的),我们得到所谓的 **Westervelt 方程**(该方程的进一步讨论见参考书 15):

$$\left(\nabla^2-\frac{1}{c_0^2}\frac{\partial^2}{\partial t^2}\right)p'+\frac{\delta}{c_0^4}\frac{\partial^3 p'}{\partial t^3}=-\frac{\beta}{\rho_0 c_0^4}\frac{\partial^2 p'^2}{\partial t^2} \tag{9.2.20c}$$

声压场的 Burgers 方程 对于一维行波,Westervelt 方程简化成一维形式:

$$\left(\frac{\partial^2}{\partial x^2}-\frac{1}{c_0^2}\frac{\partial^2}{\partial t^2}\right)p'+\frac{\delta}{c_0^4}\frac{\partial^3 p'}{\partial t^3}=-\frac{\beta}{\rho_0 c_0^4}\frac{\partial^2 p'^2}{\partial t^2} \tag{9.2.21a}$$

将方程(9.2.8b)、方程(9.2.8c)和方程(9.2.8d)代入上式得到

$$\varepsilon^2\frac{\partial^2 p'}{\partial X^2}-\varepsilon\frac{2}{c_0}\frac{\partial^2 p'}{\partial X\partial\tau}+\frac{\delta}{c_0^4}\frac{\partial^3 p'}{\partial\tau^3}=-\frac{\beta}{\rho_0 c_0^4}\frac{\partial^2 p'^2}{\partial\tau^2} \tag{9.2.21b}$$

因为 p'本身是一阶小量,上式左边第一项为三阶小量,可忽略;再对所得方程的变量 τ 积分,最后得到(取 $\varepsilon=1$,并用 x 代替 X)

$$\frac{\partial p'}{\partial x}-\frac{\beta}{\rho_0 c_0^3}p'\frac{\partial p'}{\partial\tau}=\frac{\delta}{2c_0^3}\frac{\partial^2 p'}{\partial\tau^2} \tag{9.2.21c}$$

该式与速度场方程(9.2.10c)的形式完全一致.

9.2.4 生物介质中的非线性方程

由方程(6.4.14c)可知,生物介质中的动力学方程为

$$\rho\left(\frac{\partial \boldsymbol{v}}{\partial t}+\boldsymbol{v}\cdot\nabla\boldsymbol{v}\right)=-\nabla p+\frac{4}{3}\mu\frac{\partial^{\gamma-1}}{\partial t^{\gamma-1}}\nabla(\nabla\cdot\boldsymbol{v}) \tag{9.2.22a}$$

其中,有 $0<\gamma<1$. 得到上式,假定$\nabla\times\boldsymbol{v}\approx 0$,即忽略横波. 在二阶近似下,将其修改为

$$\rho_0\frac{\partial\boldsymbol{v}}{\partial t}+\nabla p'=-\frac{4\mu}{3\rho_0 c_0^2}\nabla\frac{\partial^\gamma p'}{\partial t^\gamma}-\nabla\mathfrak{J} \tag{9.2.22b}$$

而方程(9.2.16c)和方程(9.2.17b)仍然成立,即

$$\frac{\partial \rho'}{\partial t}+\rho_0 \nabla \cdot \boldsymbol{v}=\frac{1}{\rho_0 c_0^4}\frac{\partial p'^2}{\partial t}+\frac{1}{c_0^2}\frac{\partial \mathfrak{F}}{\partial t} \tag{9.2.22c}$$

$$\rho' \approx \frac{p'}{c_0^2}-\frac{1}{\rho_0 c_0^4}\frac{B}{2A}p'^2-\frac{\kappa}{\rho_0 c_0^4}\left(\frac{1}{c_V}-\frac{1}{c_P}\right)\frac{\partial p'}{\partial t} \tag{9.2.22d}$$

对方程(9.2.22b)和方程(9.2.22c)两边分别求散度和时间偏导数,并把所得方程相减消去速度,且利用方程(9.2.22d),我们得到

$$\begin{aligned}&\left(\nabla^2-\frac{1}{c_0^2}\frac{\partial^2}{\partial t^2}\right)p'+\frac{1}{\rho_0 c_0^4}\beta\frac{\partial^2 p'^2}{\partial t^2}+\frac{\kappa}{\rho_0 c_0^4}\left(\frac{1}{c_V}-\frac{1}{c_P}\right)\frac{\partial^3 p'}{\partial t^3}\\&=-\frac{4\mu}{3\rho_0 c_0^2}\nabla^2\frac{\partial^\gamma p'}{\partial t^\gamma}-\left(\frac{1}{c_0^2}\frac{\partial^2}{\partial t^2}+\nabla^2\right)\mathfrak{F}\end{aligned} \tag{9.2.23a}$$

如果忽略热传导效应,上式可简化为

$$\left(\nabla^2-\frac{1}{c_0^2}\frac{\partial^2}{\partial t^2}\right)p'+\frac{4\mu}{3\rho_0 c_0^2}\nabla^2\frac{\partial^\gamma p'}{\partial t^\gamma}+\frac{\beta}{\rho_0 c_0^4}\frac{\partial^2 p'^2}{\partial t^2}=-\left(\frac{1}{c_0^2}\frac{\partial^2}{\partial t^2}+\nabla^2\right)\mathfrak{F} \tag{9.2.23b}$$

与得到 Westervelt 方程(9.2.20c)的过程类似,我们得到生物介质中的非线性分数阶声波方程:

$$\left(\nabla^2-\frac{1}{c_0^2}\frac{\partial^2}{\partial t^2}\right)p'+\frac{4\mu}{3\rho_0 c_0^2}\nabla^2\frac{\partial^\gamma p'}{\partial t^\gamma}+\frac{\beta}{\rho_0 c_0^4}\frac{\partial^2 p'^2}{\partial t^2}=0 \tag{9.2.23c}$$

该方程的优点是,线性色散关系与实验相符合.

分数导数 Burgers 方程 对于一维沿+x 方向传播的行波而言,可由第一类伴随坐标变换方程(9.2.8b)、方程(9.2.8c)和方程(9.2.8d)得到

$$\frac{\partial p'}{\partial x}=\frac{2\mu}{3\rho_0 c_0}\frac{\partial^2}{\partial x^2}\left(\frac{\partial^{\gamma-1}p'}{\partial \tau^{\gamma-1}}\right)+\frac{\beta}{\rho_0 c_0^3}p'\frac{\partial p'}{\partial \tau} \tag{9.2.24a}$$

其中,分数导数为

$$\frac{\partial^{\gamma-1}p'}{\partial \tau^{\gamma-1}}=\frac{1}{\Gamma(-\gamma+1)}\int_{-\infty}^{\tau}\frac{p'(x,\eta+x/c_0)}{(\tau-\eta)^\gamma}\mathrm{d}\eta \tag{9.2.24b}$$

9.2.5 弛豫介质中的非线性声波方程

忽略介质的黏性和热传导耗散,仅考虑介质中存在一个弛豫过程,由方程(9.1.1a)和方程(9.1.1b)可知,一维流体力学基本方程为

$$\frac{\partial \rho'}{\partial t}+v\frac{\partial \rho'}{\partial x}+(\rho_0+\rho')\frac{\partial v}{\partial x}=0 \tag{9.2.25a}$$

$$(\rho_0+\rho')\left(\frac{\partial v}{\partial t}+v\frac{\partial v}{\partial x}\right)+\frac{\partial p'}{\partial x}=0 \tag{9.2.25b}$$

而由方程(9.1.1c):$\mathrm{d}s/\mathrm{d}t=0$,即弛豫介质中的声过程可以看作是等熵的(在忽略黏性和热

传导耗散条件下). 本构方程由方程(6.4.8b)修改而来,在包含了二次项后可修改为(为了方便,把弛豫时间 τ'改成 τ_r)

$$\left(\frac{\mathrm{d}}{\mathrm{d}t}+\frac{1}{\tau_r}\right)\left[p'-c_0^2\rho'-\frac{1}{2}\left(\frac{\partial^2 P}{\partial\rho^2}\right)_{\xi_0}\rho'^2\right]=\chi c_0^2\frac{\mathrm{d}\rho'}{\mathrm{d}t} \tag{9.2.25c}$$

其中,$\chi\equiv(c_\infty^2-c_0^2)/c_0^2$,上式的积分解为

$$p'=c_0^2\rho'+\frac{1}{2}\left(\frac{\partial^2 p}{\partial\rho^2}\right)_{\xi_0}\rho'^2+\chi c_0^2\int_{-\infty}^{t}\frac{\mathrm{d}\rho'}{\mathrm{d}t'}\cdot \mathrm{e}^{-(t-t')/\tau_r}\mathrm{d}t' \tag{9.2.26a}$$

分部积分后得到包含弛豫过程的非线性本构方程(展开到二次):

$$p'=c_0^2\rho'+\frac{1}{2}\left(\frac{\partial^2 P}{\partial\rho^2}\right)_{\xi_0}\rho'^2-\frac{\chi c_0^2}{\tau_r}\int_{-\infty}^{t}\rho'\mathrm{e}^{-(t-t')/\tau_r}\mathrm{d}t' \tag{9.2.26b}$$

对方程(9.2.25a)和方程(9.2.25b)作第一类伴随坐标变换后,质量守恒方程(9.2.10a)不变,即

$$\frac{\partial\rho'}{\partial\tau}=\frac{\rho_0}{c_0}\frac{\partial v}{\partial\tau}+\frac{2\rho_0 v}{c_0^2}\frac{\partial v}{\partial\tau}-\rho_0\frac{\partial v}{\partial X} \tag{9.2.27a}$$

运动方程(9.2.10b)修改为[利用方程(9.2.26b)消去 p']

$$\frac{\partial v}{\partial\tau}=\frac{c_0}{\rho_0}\left[\frac{\partial\rho'}{\partial\tau}+2(\beta-1)\rho_0\frac{v}{c_0^2}\frac{\partial v}{\partial\tau}\right]-c_0\frac{\partial v}{\partial X}+\chi\frac{\partial}{\partial\tau}\int_{-\infty}^{\tau}\frac{\partial v}{\partial\tau'}\mathrm{e}^{-(\tau-\tau')/\tau_r}\mathrm{d}\tau' \tag{9.2.27b}$$

得到上式,积分中取了近似 $\rho'/\rho_0\approx v/c_0$ 和 $\mathrm{d}\rho'/\mathrm{d}t\approx\partial\rho'/\partial t$(即仅考虑弛豫过程的一阶展开),以及积分变换 $\tau'\equiv t'-x/c_0$. 将方程(9.6.27a)代入方程(9.6.27b)得到弛豫介质中一维行波($+x$ 传播)满足的波动方程:

$$\frac{\partial v}{\partial x}-\frac{\beta}{c_0^2}v\frac{\partial v}{\partial\tau}=\frac{\chi}{2c_0}\cdot\frac{\partial}{\partial\tau}\int_{-\infty}^{\tau}\frac{\partial v}{\partial\tau'}\mathrm{e}^{-(\tau-\tau')/\tau_r}\mathrm{d}\tau' \tag{9.2.27c}$$

得到上式已把 X 改写成了 x. 如果介质中存在 q 个弛豫过程,则上式修改为

$$\frac{\partial v}{\partial x}-\frac{\beta}{c_0^2}v\frac{\partial v}{\partial\tau}=\frac{1}{2c_0}\cdot\frac{\partial}{\partial\tau}\sum_q\chi_q\int_{-\infty}^{\tau}\frac{\partial v}{\partial\tau'}\mathrm{e}^{-(\tau-\tau')/\tau_q}\mathrm{d}\tau' \tag{9.2.27d}$$

其中,$\chi_q\equiv(c_{q\infty}^2-c_0^2)/c_0^2$,$c_{q\infty}^2$ 是每个弛豫过程对应的高频声速.

对于单个弛豫过程,微分-积分方程(9.6.27c)可以简化为偏微分方程. 事实上,方程(9.6.27c)对 τ 求偏微分后乘 τ_r,并将所得方程再与方程(9.6.27c)相加得到

$$\left(1+\tau_r\frac{\partial}{\partial\tau}\right)\left(\frac{\partial v}{\partial x}-\frac{\beta}{c_0^2}v\frac{\partial v}{\partial\tau}\right)=\frac{\chi\tau_r}{2c_0}\frac{\partial^2 v}{\partial\tau^2} \tag{9.2.28}$$

注意:对存在 q 个弛豫过程的情况,把微分-积分方程(9.6.27d)简化为单个偏微分方程是困难的.

9.3 含气泡液体中的非线性声波

当液体中存在气泡时，其对声波传播的影响可以说是"巨大"的，即使液体中存在很少量的气泡，也可以戏剧性地增加液体的压缩率，从而降低声传播的速度. 气泡的共振导致声波出现强烈的色散. 此外，气泡大大增加了描述液体方程的非线性参量，甚至比液体本身的非线性参量大几个数量级. 因此，常常利用气泡来改变液体的声学性能，如 B 型超声成像中，通过在人体中注入含气泡的液体（称为**超声造影剂**）来增强某些组织的对比度. 在 3.1.4 小节和 3.3.4 小节中，我们分析了单个气泡或者周期排列气泡对声波的散射作用，当存在多个随机分布的气泡时，严格分析气泡对线性声波的散射是困难的，有效的方法是 3.3.3 小节中所介绍的等效介质方法. 研究有限振幅声波在含气泡液体中的传播更为复杂，故本节仅介绍利用等效介质方法研究含气泡液体的强非线性性质相关内容.

9.3.1 含气泡液体中的耦合非线性方程

含气泡液体是气体-液体二相混合物，当气泡作大振幅（非线性）振动时，严格求解声波传播和散射是困难的. 我们通过密度的变化把气泡引进液体的声波方程. 设不存在声波时（平衡状态）：泡-液混合物、纯液体和泡内气体的密度分别为 ρ_0、ρ_{l0} 和 ρ_{g0}；每个气泡的体积为 U_0；当有声波通过时，相应的量变成 $\rho=\rho_0+\rho'$，$\rho_l=\rho_{l0}+\rho_l'$，$\rho_g=\rho_{g0}+\rho_g'$ 以及 $U=U_0+u$. 如果单位体积内的气泡数为 N，则存在关系 $\rho_0 V=NU_0V\rho_{g0}+(V-NU_0V)\rho_{l0}$（其中 V 为泡-液混合物的总体积）. 当有声波通过时，泡-液混合物的密度为 $\rho=NU\rho_g+(1-NU)\rho_l$. 注意：与等效密度不同，这里的密度是泡-液混合物的"物理"密度，即 $\rho=m/V=[NUV\rho_g+(V-NUV)\rho_l]/V$（其中 m 是泡-液混合物的总质量）. 将该式两边微分并在平衡点取值得到（令 $\Delta\rho=\rho'$，$\Delta U=u$，$\Delta\rho_g=\rho_g'$ 和 $\Delta\rho_l=\rho_l'$）

$$\begin{aligned}\rho' &= Nu\rho_{g0}+NU_0\rho_g'-Nu\rho_{l0}+(1-NU_0)\rho_l' \\ &= \rho_l'-Nu(\rho_{l0}-\rho_{g0})+NU_0(\rho_g'-\rho_l')\end{aligned} \tag{9.3.1a}$$

注意到当 $NU_0 \ll 1$ 时，有 $\rho_0\approx\rho_{l0}$ 和 $\rho_{l0}\gg\rho_{g0}$，故上式近似为 $\rho'\approx\rho_l'-Nu\rho_0$. 对于纯液体而言，可由方程(9.2.17b)得到

$$\rho_l' \approx \frac{p'}{c_0^2}-\frac{1}{\rho_0 c_0^4}\frac{B}{2A}p'^2-\frac{\kappa}{\rho_0 c_0^4}\left(\frac{1}{c_V}-\frac{1}{c_P}\right)\frac{\partial p'}{\partial t} \tag{9.3.1b}$$

其中，c_0 是纯液体的声速. 将上式代入 $\rho'\approx\rho_l'-Nu\rho_0$ 得到

$$\rho' \approx \frac{p'}{c_0^2} - \frac{1}{\rho_0 c_0^4}\frac{B}{2A}p'^2 - \frac{\kappa}{\rho_0 c_0^4}\left(\frac{1}{c_V} - \frac{1}{c_P}\right)\frac{\partial p'}{\partial t} - \rho_0 N u \tag{9.3.2a}$$

另外，方程(9.2.16c)和方程(9.2.17a)仍然成立. 于是得到

$$\left(\nabla^2 - \frac{1}{c_0^2}\frac{\partial^2}{\partial t^2}\right)p' + \frac{\delta}{c_0^4}\frac{\partial^3 p'}{\partial t^3} = -\frac{\beta}{\rho_0 c_0^4}\frac{\partial^2 p'^2}{\partial t^2} - \rho_0 N \frac{\partial^2 u}{\partial t^2} \tag{9.3.2b}$$

上式中气泡的体积变化 u 仍未知，由气泡振动方程决定. 假定：① 气泡是半径为 R 的球且其振动是球对称的，即仅有半径方向的脉动；② 由于假定有 $NU_0 \ll 1$，则每个气泡的振动是独立的；③ 气泡振动本身激发的声场可以忽略；④ 气泡足够小，即其线度远小于声波波长，以至于气泡运动仅随时间变化. 单个气泡的振动由 Rayleigh - Plesset 方程描述(见 10.3.2小节中讨论，忽略饱和蒸气压)，即

$$R\frac{\mathrm{d}^2R}{\mathrm{d}t^2} + \frac{3}{2}\left(\frac{\mathrm{d}R}{\mathrm{d}t}\right)^2 + \frac{4\nu}{R}\frac{\mathrm{d}R}{\mathrm{d}t} = \frac{1}{\rho_0}(P_g - P_0 - p') \tag{9.3.3a}$$

其中，R 为气泡半径，$\nu=\mu/\rho_0$ 称为**运动黏度**，P_g 是气泡内气体的压力. 利用气体绝热方程 $P_g/P_0=(U_0/U)^\gamma$ 以及关系 $U=(4\pi/3)R^3$，将方程(9.3.3a)近似到 u 的二阶(但对耗散项，近似到一阶)，有

$$\frac{\mathrm{d}^2u}{\mathrm{d}t^2} + \delta'\omega_0\frac{\mathrm{d}u}{\mathrm{d}t} + \omega_0^2 u + \eta p' = au^2 + d\left[2u\frac{\mathrm{d}^2u}{\mathrm{d}t^2} + \left(\frac{\mathrm{d}u}{\mathrm{d}t}\right)^2\right] \tag{9.3.3b}$$

其中，$\delta' \equiv 4\nu/\omega_0 R_0^2$(称为**黏性阻尼系数**)，$\omega_0^2 \equiv 3\gamma P_0/(\rho_0 R_0^2)$，$R_0$ 是气泡平衡半径，有 $U_0=(4\pi/3)R_0^3$，$\eta \equiv 4\pi R_0/\rho_0$，$a \equiv (\gamma+1)\omega_0^2/(2U_0)$，以及 $d \equiv 1/(6U_0)$. 注意：得到方程(9.3.3b)，利用了微分关系：

$$U = \frac{4\pi}{3}R^3 = U_0 + u,\quad \frac{\mathrm{d}R}{\mathrm{d}t} = \frac{1}{4\pi R^2}\cdot\frac{\mathrm{d}u}{\mathrm{d}t}$$
$$\frac{\mathrm{d}^2R}{\mathrm{d}t^2} = \frac{1}{4\pi R^2}\cdot\frac{\mathrm{d}^2u}{\mathrm{d}t^2} - \frac{1}{2\pi R^3}\frac{\mathrm{d}R}{\mathrm{d}t}\cdot\frac{\mathrm{d}u}{\mathrm{d}t} \tag{9.3.3c}$$

以及一、二阶展开关系：

$$\frac{1}{(1+u/U_0)^\gamma} \approx 1 - \gamma\frac{u}{U_0} + \frac{\gamma(\gamma+1)}{2}\frac{u^2}{U_0^2},\quad \frac{1}{R} \approx \frac{1}{R_0}\left(1 - \frac{1}{3}\cdot\frac{u}{U_0}\right) \tag{9.3.3d}$$

显然，方程(9.3.3b)右边的非线性项分别是由绝热压缩(系数为 a)和动力学响应(系数 d)引起的. 如果考虑气泡振动本身激发的声场，方程(9.3.3b)左边必须增加 $-R_0\dddot{u}/c_0$(时间的三阶导数，辐射阻尼). 将方程(9.3.2b)与方程(9.3.3b)联立决定含气泡液体中的非线性声场.

事实上，由于液体中含有气泡(即使是少量的气泡)，声波的衰减非常大，而且由于气泡的非线性振动效应，等效非线性系数也远远大于液体本身的非线性参量，故方程(9.3.2b)中的耗散项和非线性项可以忽略，仅考虑气泡引起的声衰减和非线性就足够了，

于是得到

$$\left(\nabla^2-\frac{1}{c_0^2}\frac{\partial^2}{\partial t^2}\right)p'=-\rho_0 N\frac{\partial^2 u}{\partial t^2} \tag{9.3.4}$$

上式和方程(9.3.3b)就是决定含有少量气泡的液体状态的耦合非线性方程.

9.3.2 耦合非线性方程的微扰解

基波 将声压和气泡体积变化同时作微扰展开,有

$$p'=\frac{1}{2}[p_1\exp(-\mathrm{i}\omega t)+p_2\exp(-2\mathrm{i}\omega t)]+\text{c.c.}+\cdots$$

$$u=\frac{1}{2}[u_1\exp(-\mathrm{i}\omega t)+u_2\exp(-2\mathrm{i}\omega t)]+\text{c.c.}+\cdots \tag{9.3.5a}$$

注意:将 p' 和 u 写成复数的形式,则一定要加上复共轭部分,使其成为实数,因为在非线性声学中,叠加原理已不成立,p' 和 u 一定是实的量. 将上式代入方程(9.3.3b)和方程(9.3.4)得到一阶量满足的方程:

$$\left(\nabla^2+\frac{\omega^2}{c_0^2}\right)p_1=\rho_0\omega^2 N u_1$$

$$(-\omega^2-\mathrm{i}\omega\delta'\omega_0+\omega_0^2)u_1=-\eta p_1 \tag{9.3.5b}$$

将上式的第二个方程代入第一个方程得到

$$\nabla^2 p_1+\frac{\omega^2}{\tilde{c}_1^2}p_1=0 \tag{9.3.6a}$$

其中,$\tilde{c}_1$ 是基波的**有效复声速**,可由第 $n(n=1,2,\cdots)$ 次谐波的有效复声速 $\tilde{c}_n$ 统一给出,即

$$\frac{c_0^2}{\tilde{c}_n^2}\equiv 1+\frac{\mu' C}{1-n^2\omega^2/\omega_0^2-\mathrm{i}n\omega\delta'/\omega_0} \tag{9.3.6b}$$

式中,$\mu'\equiv NU_0$ 为单位体积内气泡占有的体积部分(在平衡态时),$C\equiv\rho_0c_0^2/\gamma P_0$ 是气泡内气体的压缩系数 $1/\gamma P_0$ 与液体的压缩系数 $1/\rho_0c_0^2$ 之比. 对大气压下(近水面,可忽略水的压力)的水中空气泡,有 $C\approx 1.54\times10^4$,可见,即使 $\mu'\equiv NU_0\ll 1$,对 $\tilde{c}_n^2$ 的影响也很大. 由方程(9.3.6b)可知,复波数为 $\tilde{k}_n=n\omega/\tilde{c}_n$,故方程(9.3.6a)的一维平面波解为(一般起见,考虑第 n 次谐波)

$$\exp(\mathrm{i}\,\tilde{k}_n x)=\exp\left(\mathrm{i}n\frac{\omega}{\tilde{c}_n}x\right)=\mathrm{e}^{-n\omega\mathrm{Im}(1/\tilde{c}_n)x}\exp\left[\mathrm{i}xn\omega\mathrm{Re}\left(\frac{1}{\tilde{c}_n}\right)\right] \tag{9.3.7a}$$

因此,第 n 次谐波(平面波)的实声速(相速度,因为色散的存在,相速度与群速度不同)与衰减系数分别为

$$c_n(\omega)=\frac{n\omega}{n\omega\mathrm{Re}(1/\tilde{c}_n)}\equiv\frac{1}{\mathrm{Re}(1/\tilde{c}_n)},\quad \alpha_n(\omega)\equiv n\omega\mathrm{Im}\left(\frac{1}{\tilde{c}_n}\right) \tag{9.3.7b}$$

图 9.3.1 给出了当 $\mu' C=1$ 时(注意:$\mu'=1/C\sim10^{-4}$很小),无量纲化基波的有效声速及声衰减系数随频率的变化关系,由图 9.3.1(a)可见:在低频极限($\omega/\omega_0\ll1$)下,相速度 $c_1(\omega)\to c_0/\sqrt{1+\mu' C}$ 与频率无关,相速度下降意味着压缩率增加,此时气泡与声波同相振动;在高频极限($\omega/\omega_0\gg1$)下,相速度 $c_1(\omega)\to c_0$ 趋近液体的声速,此时气泡的振动跟不上声波振动的变化,气泡运动被快速振动的声波有效"冻结";由图 9.3.1(b)可见:吸收主要发生在气泡共振频率 ω_0 附近区域,即有 $1<\omega/\omega_0<\sqrt{1+\mu' C}$,如果介质的黏性变小($\delta'=0.01$),则衰减系数增加;如果忽略介质的黏性,即 $\delta'=0$,则衰减系数无限大(介质的黏性仅仅提供了气泡振动的阻尼,对声波的直接吸收则可以忽略,这里的声衰减是由于气泡共振引起),声波不能通过.

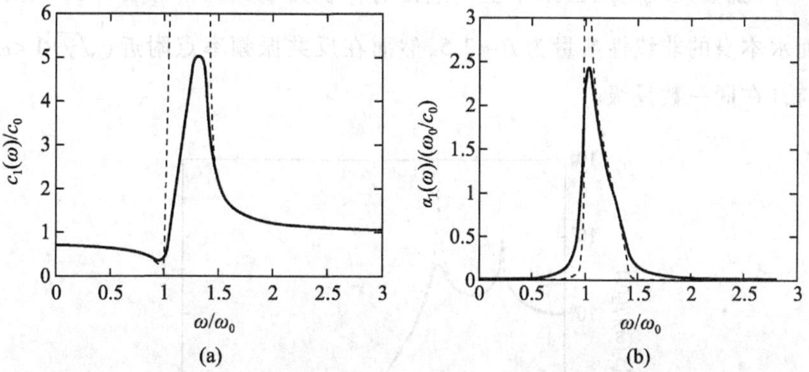

图 9.3.1　基波相速度(a)和衰减(b)与频率的关系:实线 $\delta'=0.1$;虚线 $\delta'=0.01$

如果平衡时气泡半径不是单一的,而有一个分布 $N(R_0)$,则方程(9.3.6b)中 μ'应改为 $(4\pi/3)N(R_0)R_0^3\mathrm{d}R_0$(注意:等效介质方法忽略了气泡之间的相互作用),即

$$\frac{c_0^2}{\tilde{c}_n^2}\equiv1+\frac{4\pi}{3}C\int_0^\infty\frac{N(R_0)R_0^3\mathrm{d}R_0}{1-n^2\omega^2\kappa'^2R_0^2-\mathrm{i}n\omega\delta'\kappa'R_0} \tag{9.3.7c}$$

其中,有 $\kappa'\equiv\sqrt{C/3}/c_0$,$N(R_0)\mathrm{d}R_0$ 为单位体积内半径在 R_0 到 $R_0+\mathrm{d}R_0$ 的气泡数.

二次谐波　二次谐波满足的方程为(仍考虑只有平衡半径为 R_0 的单一气泡)

$$\begin{gathered}\left(\nabla^2+\frac{4\omega^2}{c_0^2}\right)p_2=4\rho_0\omega^2Nu_2\\(-4\omega^2-2\mathrm{i}\omega\delta'\omega_0+\omega_0^2)u_2=-\eta p_2+\frac{1}{2}(a-3d\omega^2)u_1^2\end{gathered} \tag{9.3.8a}$$

结合上式和方程(9.3.5b),可以得到用 p_1^2 和 p_2 表示的 u_2 为

$$u_2=\frac{1}{(4\omega^2+2\mathrm{i}\omega\delta'\omega_0-\omega_0^2)}\left[\eta p_2-\frac{1}{2}\frac{(a-3d\omega^2)\eta^2}{(\omega^2+\mathrm{i}\omega\delta'\omega_0-\omega_0^2)^2}p_1^2\right] \tag{9.3.8b}$$

然后将其代入方程(9.3.8a)的第一式得到二次谐波满足的非齐次方程：

$$\left(\nabla^2+\frac{4\omega^2}{\tilde{c}_2^2}\right)p_2=\beta_2(\omega)\frac{2\omega^2}{\rho_0c_0^4}p_1^2 \tag{9.3.9a}$$

其中，$\tilde{c}_2^2$ 由方程(9.3.6b)给出($n=2$)，$\beta_2(\omega)$定义为二次谐波产生的**非线性系数**，有

$$\beta_2(\omega)\equiv\frac{\mu'C^2(\gamma+1-\omega^2/\omega_0^2)}{2(1-4\omega^2/\omega_0^2-2\mathrm{i}\delta'\omega/\omega_0)(1-\omega^2/\omega_0^2-\mathrm{i}\delta'\omega/\omega_0)^2} \tag{9.3.9b}$$

当 $\omega\to0$ 时，$\beta_2(0)=(\gamma+1)\mu'C^2/2$. 图 9.3.2 给出了无量纲化等效非线性参量幅值随归一化频率的变化关系(空气泡，$\gamma=1.4$；注意：纵轴是对数坐标). 可见，存在两个共振频率和一个反共振频率：当 $\omega/\omega_0=0.5$ 时，气泡振动与二次谐波发生共振；当 $\omega/\omega_0=1$ 时，气泡振动与基波发生共振；反共振频率 $\omega/\omega_0=\sqrt{\gamma+1}$ 是由于方程(9.3.3b)中的绝热压缩非线性(系数 a)与动力学响应(系数 d)非线性刚好抵消而形成的. 值得注意的是：$\beta_2(0)=(\gamma+1)\mu'C^2/2$ 本身就很大. 例如：当水中空气泡占有体积为 0.001%(即 $\mu'=10^{-5}$)时，$\beta_2(0)\sim2.8\times10^3$，而水本身的非线性参量为 $\beta\approx3.5$，然而在反共振频率点附近($\sqrt{\gamma+1}<\omega/\omega_0<3$)，$|\beta_2(\omega)|$与 β 在同一数量级.

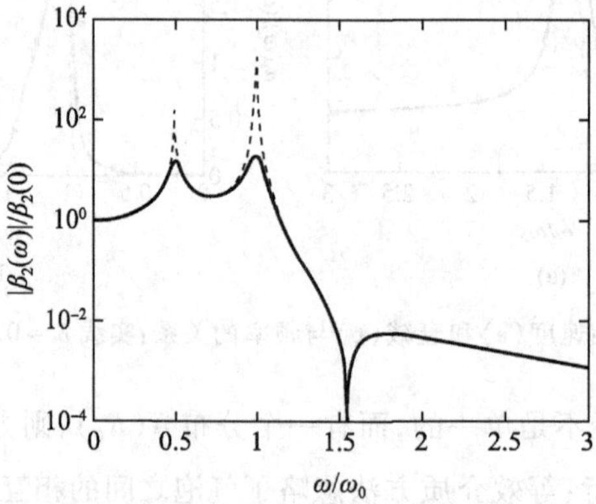

图 9.3.2　等效非线性参量幅值与频率的关系：实线 $\delta'=0.1$；虚线 $\delta'=0$

当气泡平衡半径有一个分布 $N(R_0)$ 时，方程(9.3.9b)中 μ' 也应该修改为 $(4\pi/3)N(R_0)R_0^3\mathrm{d}R_0$，即

$$\beta_2(\omega)\equiv\frac{4\pi}{3}C^2\int_0^\infty\frac{(\gamma+1-\omega^2\kappa'^2R_0^2)N(R_0)R_0^3\mathrm{d}R_0}{2(1-4\omega^2\kappa'^2R_0^2-2\mathrm{i}\delta'\kappa'R_0\omega)(1-\omega^2\kappa'^2R_0^2-\mathrm{i}\delta'\omega\kappa'R_0)^2} \tag{9.3.9c}$$

说明：非线性系数 $\beta_2(\omega)$由方程(9.3.9b)定义的合理性可讨论如下. 由方程(9.2.20c)可知，忽略耗散的 Westervelt 方程为

$$\left(\nabla^2-\frac{1}{c_0^2}\frac{\partial^2}{\partial t^2}\right)p'=-\frac{\beta}{\rho_0c_0^4}\frac{\partial^2p'^2}{\partial t^2} \tag{9.3.10a}$$

其中，β 为均匀介质的非线性参量. 设微扰形式的解为方程(9.3.5a)的第一式，则不难得到

二次谐波满足的方程：

$$\left(\nabla^2+\frac{4\omega^2}{c_0^2}\right)p_2=\beta\frac{2\omega^2}{\rho_0 c_0^4}p_1^2 \tag{9.3.10b}$$

比较上式与方程(9.3.9a)，显然，$\beta_2(\omega)$与β有相同的意义，故称$\beta_2(\omega)$为二次谐波产生的非线性系数.

9.3.3 低频非线性声波方程

方程(9.3.3b)可以写为

$$u=-\frac{\eta}{\omega_0^2}p'-\left(\frac{1}{\omega_0^2}\frac{\mathrm{d}^2u}{\mathrm{d}t^2}+\frac{\delta'}{\omega_0}\frac{\mathrm{d}u}{\mathrm{d}t}\right)+\frac{a}{\omega_0^2}u^2+\frac{d}{\omega_0^2}\left[2u\frac{\mathrm{d}^2u}{\mathrm{d}t^2}+\left(\frac{\mathrm{d}u}{\mathrm{d}t}\right)^2\right] \tag{9.3.11a}$$

如果声振动信号含有的最高频率(或者信号的主要频率成分)满足$\omega^2\ll\omega_0^2$，则上式中右边第一项远大于其他项，这一点可从方程(9.3.5b)的第二式中看出，作为一阶近似，可以取$u_1\approx-\eta p_1/\omega_0^2$. 另一方面，方程(9.3.11a)右边最后一项非线性项(系数d)正比于ω^2/ω_0^2(二阶导数和一阶导数的平方正比于ω^2)，故非线性项au^2/ω_0^2远大于最后一项. 于是，将$u_1\approx-\eta p_1/\omega_0^2$代入方程(9.3.11a)右边，可得到

$$u\approx-\frac{\eta}{\omega_0^2}p'+\frac{\eta}{\omega_0^4}\frac{\partial^2p'}{\partial t^2}+\frac{\delta'\eta}{\omega_0^3}\frac{\partial p'}{\partial t}+\frac{a\eta^2}{\omega_0^6}p'^2 \tag{9.3.11b}$$

将上式代入方程(9.3.4)，我们得到含气泡液体中的非线性声波方程(低频且气泡含量远小于1时)为

$$\left(\nabla^2-\frac{1}{c_{00}^2}\frac{\partial^2}{\partial t^2}\right)p'=-\frac{\mu'\eta\rho_0}{\omega_0^4U_0}\left(\frac{a\eta}{\omega_0^2}\frac{\partial^2p'^2}{\partial t^2}+\delta'\omega_0\frac{\partial^3p'}{\partial t^3}+\frac{\partial^4p'}{\partial t^4}\right) \tag{9.3.11c}$$

其中，$c_{00}^2\equiv c_0^2/(1+\mu'C)$是方程(9.3.6b)的低频极限.

KdV-Burgers 方程 对于一维行波，取第一类伴随坐标变换为$X=\varepsilon x$和$\tau=t-x/c_{00}$，将其代入方程(9.3.11c)并对所得方程的变量τ积分，最后得到(取$\varepsilon=1$，并用x代替X)

$$\frac{\partial p'}{\partial x}=\frac{\beta_0}{\rho_0c_{00}^3}p'\frac{\partial p'}{\partial\tau}+b'\frac{\partial^2p'}{\partial\tau^2}+a'\frac{\partial^3p'}{\partial\tau^3} \tag{9.3.12a}$$

其中，$\beta_0\equiv(\gamma+1)\mu'C^2/2(1+\mu'C)^2$为等效非线性参量，$a'\equiv\mu'C^2R_0^2/6c_{00}^3(1+\mu'C)^2$以及$b'\equiv4\nu a'/R_0^2$. 为了认识清楚方程(9.3.12a)右边第二、三项的意义，我们忽略非线性项，考虑单频行波解$p'=p_0\exp[\mathrm{i}(kx-\omega\tau)]$，将其代入方程(9.3.12a)得到色散关系：

$$k=\mathrm{i}b'\omega^2+a'\omega^3 \tag{9.3.12b}$$

故b'项表示衰减(虚部)，而a'项表示色散(实部). 方程(9.3.12a)称为KdV-Burgers方程(Korteweg-de Vries-Burgers)，它描述介质的三个效应：色散、非线性和耗散，该方程也存在冲击波形式的行波解，见参考书11.

9.3.4 低频等效非线性参量

比较方程(9.2.21c)与方程(9.3.12a),可以把 β_0 看作低频等效非线性参量[注意:方程(9.3.11c)和方程(9.3.12a)仅在低频条件下成立]. 因为非线性参量 $\beta=1+B/2A$ 中的"1"来自运动非线性,而我们已忽略运动非线性效应,故把 β_0 写成 $\beta_0\equiv B/2A$ 形式,于是定义等效 B/A 为

$$\frac{B}{A}\equiv\frac{(\gamma+1)\mu' C^2}{(1+\mu' C)^2} \tag{9.3.13}$$

显然,当 $\mu' C=1$ 时,B/A 达到极大值 $(\gamma+1)C/4$;而且在 μ' 很大的范围内,B/A 达到 $10^3\sim10^4$,而纯水的 $B/A\approx5$. 注意:方程(9.3.9b)是由二次谐波定义的非线性系数,它与频率有关,故可以称为**动态非线性系数**(在共振频率点,可达到 10^6,故动态非线性系数一般远大于等效 B/A),而由上式定义的非线性系数只有在低频条件下才成立,是静态的,所以我们称为**等效** B/A.

如果考虑液体本身的非线性,那么将方程(9.3.11b)代入方程(9.3.2b)得到

$$\begin{aligned}\left(\nabla^2-\frac{1}{c_{00}^2}\frac{\partial^2}{\partial t^2}\right)p' = &-\left(\frac{a\mu'\eta^2\rho_0}{\omega_0^6U_0}+\frac{\beta_l}{\rho_0c_0^4}\right)\frac{\partial^2 p'^2}{\partial t^2}\\ &-\left(\frac{\delta'\mu'\eta\rho_0}{\omega_0^3U_0}+\frac{\delta}{c_0^4}\right)\frac{\partial^3 p'}{\partial t^3}-\frac{\mu'\eta\rho_0}{\omega_0^4U_0}\frac{\partial^4 p'}{\partial t^4}\end{aligned} \tag{9.3.14a}$$

其中,β_l 为液体的非线性参量. 相应的 KdV-Burgers 方程(9.3.12a)修改为

$$\frac{\partial p'}{\partial x}=\frac{\beta_0'}{\rho_0c_{00}^3}p'\frac{\partial p'}{\partial\tau}+b''\frac{\partial^2 p'}{\partial\tau^2}+a''\frac{\partial^3 p'}{\partial\tau^3} \tag{9.3.14b}$$

其中,诸参量定义为

$$\beta_0'\equiv\rho_0c_{00}^4\left(\frac{a\mu'\eta^2\rho_0}{\omega_0^6U_0}+\frac{\beta_l}{\rho_0c_0^4}\right)$$
$$b''\equiv\frac{c_{00}}{2}\left(\frac{\delta'\mu'\eta\rho_0}{\omega_0^3U_0}+\frac{\delta}{c_0^4}\right),\quad a''\equiv\frac{c_{00}}{2}\frac{\mu'\eta\rho_0}{\omega_0^4U_0} \tag{9.3.14c}$$

因此,由方程(9.3.14b)可以看出等效 $B/A=2\beta_0'$ 为

$$\frac{B}{A}=2\beta_0'=\frac{1}{(1+\mu' C)^2}[(\gamma+1)\mu' C^2+2\beta_l] \tag{9.3.14d}$$

当 $\mu'=0$ 时(不存在气泡),$\beta_0'=\beta_l$ 即纯流体的非线性参量. 注意:上式不能外推到 $\mu'\to1$ 情况,因为我们假定 $\mu'=NU_0\ll1$.

当 $\mu'\sim1$ 时,可以从热力学关系直接求低频等效非线性参量. 设液体和气泡的质量分别为 m_l 和 m_g,泡-液混合物的总质量为 $m=m_l+m_g$,泡-液混合物、液体和气泡的比体积分

别为 $v=1/\rho$，$v_l=1/\rho_l$ 和 $v_g=1/\rho_g$，则有

$$v=\frac{m_l}{m}v_l+\frac{m_g}{m}v_g \tag{9.3.15a}$$

由于质量 m_l 和 m_g 与压力无关，故有

$$\begin{aligned}\left(\frac{\partial v}{\partial P}\right)_s&=\frac{m_l}{m}\left(\frac{\partial v_l}{\partial P}\right)_s+\frac{m_g}{m}\left(\frac{\partial v_g}{\partial P}\right)_s\\ \left(\frac{\partial^2 v}{\partial P^2}\right)_s&=\frac{m_l}{m}\left(\frac{\partial^2 v_l}{\partial P^2}\right)_s+\frac{m_g}{m}\left(\frac{\partial^2 v_g}{\partial P^2}\right)_s\end{aligned} \tag{9.3.15b}$$

另一方面，存在热力学关系：

$$\left(\frac{\partial v}{\partial P}\right)_s=-\frac{1}{\rho^2c^2},\quad \left(\frac{\partial^2 v}{\partial P^2}\right)_s=\frac{2}{\rho^3c^4}\left[1+\frac{\rho}{2c^2}\left(\frac{\partial^2 P}{\partial\rho^2}\right)_s\right]=\frac{2}{\rho^3c^4}\beta \tag{9.3.15c}$$

将上式分别应用于泡-液混合物、液体和气泡并且代入方程(9.3.15b)得到

$$\frac{1}{\rho c^2}=\frac{f_l}{\rho_lc_l^2}+\frac{f_g}{\rho_gc_g^2},\quad \frac{1}{\rho^2c^4}\beta=\frac{f_l\beta_l}{\rho_l^2c_l^4}+\frac{f_g\beta_g}{\rho_g^2c_g^4} \tag{9.3.16a}$$

即

$$\beta=\left(\frac{f_l\beta_l}{\rho_l^2c_l^4}+\frac{f_g\beta_g}{\rho_g^2c_g^4}\right)\cdot\left(\frac{f_l}{\rho_lc_l^2}+\frac{f_g}{\rho_gc_g^2}\right)^{-2} \tag{9.3.16b}$$

其中，β_g 为气体的非线性系数，f_l 和 f_g 分别为液体和气泡的体积比，即

$$f_l\equiv\frac{m_l}{m}\cdot\frac{\rho}{\rho_l},\quad f_g\equiv\frac{m_g}{m}\cdot\frac{\rho}{\rho_g} \tag{9.3.16c}$$

注意到关系：$f_g=NU_0=\mu'$，$f_l=1-NU_0=1-\mu'$，$\rho_gc_g^2=\gamma P_0$，$\beta_g=(\gamma+1)/2$ 以及 $C=\rho_lc_l^2/\gamma P_0$，从方程(9.3.16b)得到等效 B/A 为

$$\frac{B}{A}\equiv2\beta=\frac{1}{(1-\mu'+\mu'C)^2}[2(1-\mu')\beta_l+\mu'C^2(\gamma+1)] \tag{9.3.16d}$$

显然，① 当 $\mu'\to1$ 时，$\beta\to(\gamma+1)/2$ 为理想气体的非线性参量；② 当 $\mu'\to0$ 时，即得到方程(9.3.14d)的结果. 图 9.3.3 给出了由方程(9.3.16d)计算的含气泡水的 $\beta\sim\mu'$ 变化曲线，计算中取 $\beta_l=3.5$，$\gamma=1.4$ 和 $C=1.54\times10^4$. 由图 9.3.3 可见，在 μ' 很大的范围内，β 达到 $10^3\sim10^4$，而纯水的 $\beta_l=3.5$. 注意：当 $\mu'\to1$ 时，方程(9.3.14d)也近似给出

$$\beta_0'=\frac{1}{(1+C)^2}\left[\frac{(\gamma+1)C^2}{2}+\beta_l\right]\approx\frac{\gamma+1}{2} \tag{9.3.17}$$

故在对数坐标中，由方程(9.3.14d)或方程(9.3.16d)给出的 $\beta\sim\mu'$ 曲线看不出大的区别.

从以上讨论可见，含气泡水具有非常大的非线性系数，利用这一性质可实现倍频(二次谐波)声的产生，对声的操控具有重要的意义. 例如，结合声子晶体的滤波功能和含气泡水的强非线性，可以实现声能量的单向导通，详细见参考文献 57 和 58.

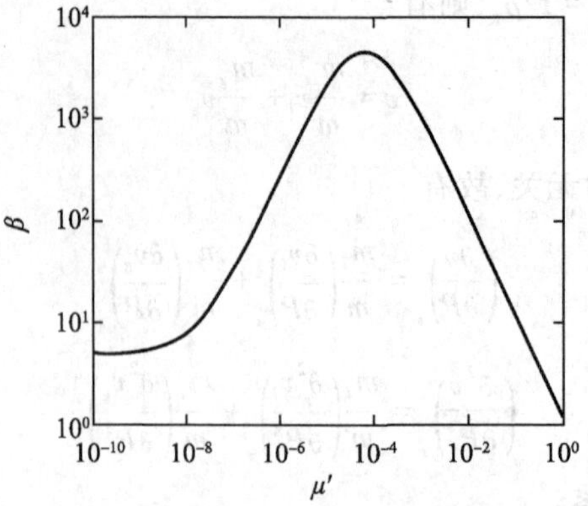

图 9.3.3 含气泡水的等效非线性参量与气泡含量的关系

9.4 有限振幅声束的传播

在医学超声、超声无损检测等应用领域，声波频率一般较高（为 MHz 数量级），换能器发射的声波一般是定向传播的（假定为+z 方向），由于换能器的辐射面有限（即使满足 $k_0a\gg1$），其产生的声波不可能是严格意义上的平面波，而是具有一定宽度的声束. 但当 $k_0a\gg1$ 时，声波的主要传播分量在+z 方向，且在 (x,y) 平面内，仅仅由于衍射效应而导致波束渐渐扩散. 当然，我们可以用 Westervelt 方程来讨论这样的声束传播特性，但 Westervelt 方程或者其他波动方程是双曲型方程，其解的性质远没有抛物型方程好，在数值求解方面，抛物型方程仅需求时间变量的一阶导数，而双曲型方程需求二阶导数. 本节介绍如何利用有限声束特性，将双曲型的 Westervelt 方程近似成容易求解的抛物型方程，然后计算和讨论声束声场.

9.4.1 有限振幅声束的 KZK 方程

首先考虑存在黏性和热传导耗散的均匀介质. 由于声波主要向+z 方向传播，由方程 (9.2.8b) 出发，我们取慢、快尺度变量分别为 $z_1=\varepsilon z$ 和 $\tau=t-z/c_0$. 至于 x 和 y 变量，表示在声波传播过程中的声束扩散，故应该是慢尺度变量，设为 $x_1=\varepsilon^{\nu}x$ 和 $y_1=\varepsilon^{\nu}y$（由于对称性，指数一样），指数 ν 的选择原则是：通过尺度变换后，表示衍射、吸收和非线性三个效应的项应该是 ε 的同一阶量. 于是，声压可表示为

$$p=p(x_1,y_1,z_1,\tau),\quad (x_1,y_1,z_1)=(\varepsilon^{\nu}x,\varepsilon^{\nu}y,\varepsilon z),\quad \tau=t-\frac{z}{c_0} \tag{9.4.1a}$$

通过计算,不难得到

$$\nabla^2=\varepsilon^{2\nu}\left(\frac{\partial^2}{\partial x_1^2}+\frac{\partial^2}{\partial y_1^2}\right)+\varepsilon^2\frac{\partial^2}{\partial z_1^2}-\varepsilon\frac{2}{c_0}\frac{\partial^2}{\partial z_1\partial\tau}+\frac{1}{c_0^2}\frac{\partial^2}{\partial\tau^2}\tag{9.4.1b}$$

利用上式,Westervelt 方程(9.2.20c)变成(注意:① $\partial/\partial t=\partial/\partial\tau$;② p'改写成 p)

$$\varepsilon^{2\nu}\left(\frac{\partial^2}{\partial x_1^2}+\frac{\partial^2}{\partial y_1^2}\right)p+\varepsilon^2\frac{\partial^2 p}{\partial z_1^2}-\varepsilon\frac{2}{c_0}\frac{\partial^2 p}{\partial z_1\partial\tau}=-\frac{\delta}{c_0^4}\frac{\partial^3 p}{\partial\tau^3}-\frac{\beta}{\rho_0 c_0^4}\frac{\partial^2 p^2}{\partial\tau^2}\tag{9.4.1c}$$

分析上式:方程右边项表示吸收项(δ)和非线性项(β),为一阶量;左边第三项为一阶量,表示声波向正 z 方向传播;左边第二项为二阶量,可以忽略;左边第一项表示声束的扩散,应该也是一阶量. 于是要求 $2\nu=1$,即 $\nu=1/2$,故声压随 x 和 y 的变化速度比 z 要快(去掉随快尺度变量 $\tau=t-z/c_0$ 的变化后,或者说,在以速度 c_0、向 $+z$ 方向运动的坐标系内). 于是,方程(9.4.1c)简化为[注意:最后取 $\varepsilon=1$ 以及$(x_1,y_1,z_1)=(x,y,z)$]

$$\frac{\partial^2 p}{\partial z\partial\tau}-\frac{c_0}{2}\nabla_\perp^2 p-\frac{\delta}{2c_0^3}\frac{\partial^3 p}{\partial\tau^3}=\frac{\beta}{2\rho_0 c_0^3}\frac{\partial^2 p^2}{\partial\tau^2}\tag{9.4.1d}$$

其中,$\nabla_\perp^2\equiv\partial^2/\partial x^2+\partial^2/\partial y^2$ 为二维 Laplace 算子. 上式称为 **KZK 方程**(Khokhlov-Zabolotskaya-Kuznetsov 的缩写)该方程包含了声波的衍射(左边第二项)、吸收(左边第三项)和非线性(右边项)效应. 当忽略衍射效应时,方程(9.4.1d)简化为 Burgers 方程(对 τ 积分一次后). 方程(9.4.1d)也可以写成便于数值求解的积分形式:

$$\frac{\partial p}{\partial z}-\frac{c_0}{2}\int_{-\infty}^{\tau}\nabla_\perp^2 p\mathrm{d}\tau-\frac{\delta}{2c_0^3}\frac{\partial^2 p}{\partial\tau^2}=\frac{\beta}{2\rho_0 c_0^3}\frac{\partial p^2}{\partial\tau}\tag{9.4.1e}$$

9.4.2 准线性理论

仅考虑对称的声束,设 KZK 方程(9.4.1d)的微扰级数为

$$p(\rho,z,\tau)=p_1(\rho,z,\tau)+p_2(\rho,z,\tau)+\cdots\tag{9.4.2a}$$

代入方程(9.4.1d)得到一、二阶近似满足的方程($z>0$)为

$$\begin{gathered}\frac{\partial^2 p_1}{\partial z\partial\tau}-\frac{c_0}{2}\nabla_\perp^2 p_1-\frac{\delta}{2c_0^3}\frac{\partial^3 p_1}{\partial\tau^3}=0\\ \frac{\partial^2 p_2}{\partial z\partial\tau}-\frac{c_0}{2}\nabla_\perp^2 p_2-\frac{\delta}{2c_0^3}\frac{\partial^3 p_2}{\partial\tau^3}=\frac{\beta}{2\rho_0 c_0^3}\frac{\partial^2 p_1^2}{\partial\tau^2}\end{gathered}\tag{9.4.2b}$$

考虑复振幅为 $q_n(\rho,z,\omega)$ $(n=1,2)$的时谐解:

$$p_n(\rho,z,\tau)=\frac{\mathrm{i}}{2}q_n(\rho,z,\omega)\exp(-\mathrm{i}n\omega\tau)+\text{c.c.}\quad(n=1,2)\tag{9.4.2c}$$

代入方程(9.4.2b)得到

$$\frac{\partial q_1}{\partial z}-\frac{\mathrm{i}}{2k_0}\nabla_\perp^2 q_1+\alpha_1 q_1=0$$

$$\frac{\partial q_2}{\partial z}-\frac{\mathrm{i}}{4k_0}\nabla_\perp^2 q_2+\alpha_2 q_2=\frac{\beta k_0}{2\rho_0 c_0^2}q_1^2 \tag{9.4.3a}$$

其中，$\alpha_n=n^2\delta\omega^2/(2c_0^3)(n=1,2)$为基波和二次谐波的衰减系数. 得到上式利用了关系 $p_1^2=-[q_1^2\exp(-2\mathrm{i}\omega\tau)+\mathrm{c.c.}-2|q_1|^2]/4$. 另外，设声源边界条件为（注意：在非线性情况下，声压场与速度场没有简单关系，如果给出声源的振动速度，无法简单求出声压场的边界条件）

$$p_1(\rho,z,t)\big|_{z=0}=\frac{\mathrm{i}}{2}q_1(\rho,0,\omega)\exp(-\mathrm{i}\omega t)$$

$$p_2(\rho,z,t)\big|_{z=0}=\frac{\mathrm{i}}{2}q_2(\rho,0,\omega)\exp(-2\mathrm{i}\omega t)=0 \tag{9.4.3b}$$

即声源只辐射基频波，不辐射二次谐波. 我们直接利用 Hankel 变换求解方程(9.4.3a). 令基波和二次谐波的 Hankel 变换对为

$$\tilde{q}_n(k_\rho,z)=\int_0^\infty q_n(\rho,z,\omega)\mathrm{J}_0(k_\rho\rho)\rho\mathrm{d}\rho$$

$$q_n(\rho,z,\omega)=\int_0^\infty \tilde{q}_n(k_\rho,z)\mathrm{J}_0(k_\rho\rho)k_\rho\mathrm{d}k_\rho \tag{9.4.4a}$$

注意到$\nabla_\perp^2\mathrm{J}_0(k_\rho\rho)=-k_\rho^2\mathrm{J}_0(k_\rho\rho)$，把上述第二式代入方程(9.4.3a)得到

$$\frac{\mathrm{d}\tilde{q}_1(k_\rho,z)}{\mathrm{d}z}+\left(\frac{\mathrm{i}k_\rho^2}{2k_0}+\alpha_1\right)\tilde{q}_1(k_\rho,z)=0$$

$$\frac{\mathrm{d}\tilde{q}_2(k_\rho,z)}{\mathrm{d}z}+\left(\frac{\mathrm{i}k_\rho^2}{4k_0}+\alpha_2\right)\tilde{q}_2(k_\rho,z)=\frac{\beta k_0}{2\rho_0 c_0^2}\Im(k_\rho,z) \tag{9.4.4b}$$

其中，$\Im(k_\rho,z)$为 $q_1^2(\rho,z,\omega)$的 Hankel 变换：

$$\Im(k_\rho,z)\equiv\int_0^\infty q_1^2(\rho,z,\omega)\mathrm{J}_0(k_\rho\rho)\rho\mathrm{d}\rho \tag{9.4.4c}$$

另一方面，对声源边界方程(9.4.3b)也作 Hankel 变换得到方程(9.4.4b)满足的边界条件为

$$\tilde{q}_1(k_\rho,z)\big|_{z=0}=\tilde{q}_1(k_\rho,0),\quad \tilde{q}_2(k_\rho,z)\big|_{z=0}=0 \tag{9.4.4d}$$

不难从方程(9.4.4b)和上式得到$\tilde{q}_n(k_\rho,z)$，有

$$\tilde{q}_1(k_\rho,z)=\tilde{q}_1(k_\rho,0)\exp\left[-\left(\frac{\mathrm{i}k_\rho^2}{2k_0}+\alpha_1\right)z\right]$$

$$\tilde{q}_2(k_\rho,z)=\frac{\beta k_0}{2\rho_0 c_0^2}\int_0^z\exp\left[-\left(\frac{\mathrm{i}k_\rho^2}{4k_0}+\alpha_2\right)(z-z')\right]\Im(k_\rho,z')\mathrm{d}z' \tag{9.4.5a}$$

将上式代入方程(9.4.4a)得到

$$q_1(\rho,z,\omega)=-\mathrm{i}k_0\int_0^\infty g_1(\rho,z;\rho',0)q_1(\rho',0,\omega)\rho'\mathrm{d}\rho'$$

$$q_2(\rho,z,\omega)=-\frac{\mathrm{i}\beta k_0^2}{\rho_0 c_0^2}\int_0^z\mathrm{d}z'\int_0^\infty g_2(\rho,z;\rho',z')q_1^2(\rho',z',\omega)\rho'\mathrm{d}\rho' \tag{9.4.5b}$$

其中,为了方便定义

$$g_n(\rho,z;\rho',z') \equiv \frac{\mathrm{e}^{-\alpha_n(z-z')}}{z-z'}\exp\left[\mathrm{i}\frac{nk_0(\rho^2+\rho'^2)}{2(z-z')}\right]\mathrm{J}_0\left(\frac{nk_0\rho\rho'}{z-z'}\right) \tag{9.4.5c}$$

下面仅考虑两种简单情况,即 Gauss 声束和聚焦 Gauss 声束.

9.4.3 Gauss 束非线性声场

假定声源处的声压分布为

$$q_1(\rho,0,\omega)=p_0\exp\left(-\frac{\rho^2}{a^2}\right) \tag{9.4.6a}$$

其中,p_0 是声压峰值,a 是声源辐射面的有效半径. 首先考虑基波,将上式代入方程(9.4.5b)的第一式并结合方程(9.4.5c)得到

$$\begin{aligned}q_1(\rho,z,\omega)=&-\mathrm{i}\frac{k_0p_0\mathrm{e}^{-\alpha_1 z}}{z}\exp\left(\mathrm{i}\frac{k_0\rho^2}{2z}\right)\\&\times\int_0^\infty\exp\left[-\frac{1}{a^2}\left(1-\mathrm{i}\frac{z_0}{z}\right)\rho'^2\right]\mathrm{J}_0\left(\frac{k_0\rho}{z}\rho'\right)\rho'\mathrm{d}\rho'\end{aligned} \tag{9.4.6b}$$

其中,$z_0\equiv k_0a^2/2$. 利用 Bessel 函数的积分关系,上式简化为

$$q_1(\rho,z,\omega)=p_0\frac{\mathrm{e}^{-\alpha_1 z}}{1+\mathrm{i}z/z_0}\exp\left(-\frac{\rho^2/a^2}{1+\mathrm{i}z/z_0}\right) \tag{9.4.6c}$$

讨论如下两种情况.

(1) 近场:$z/z_0\ll 1$,上式近似为

$$q_1(\rho,z,\omega)\approx p_0\mathrm{e}^{-\alpha_1 z}\exp\left(-\frac{\rho^2}{a^2}\right) \tag{9.4.7a}$$

显然,与声源处声压相比,增加了由于声吸收而产生的指数衰减.

(2) 远场:$z/z_0\gg 1$,方程(9.4.6c)近似为

$$\begin{aligned}q_1(\rho,z,\omega)&=p_0\frac{z_0\mathrm{e}^{-\alpha_1 z}}{\mathrm{i}z}\exp\left[-\frac{z_0\rho^2/a^2}{\mathrm{i}z(1-\mathrm{i}z_0/z)}\right]\\&\approx p_0\frac{z_0\mathrm{e}^{-\alpha_1 z}}{\mathrm{i}z}\exp\left[-\frac{z_0\rho^2/a^2}{\mathrm{i}z}\left(1+\mathrm{i}\frac{z_0}{z}\right)\right]\\&\approx -\mathrm{i}\frac{p_0k_0a^2}{2z}\mathrm{e}^{-\alpha_1 z}\exp\left(\mathrm{i}\frac{1}{2}k_0z\tan^2\theta\right)\exp\left(-\frac{1}{4}k_0^2a^2\tan^2\theta\right)\end{aligned} \tag{9.4.7b}$$

其中,θ 为远场观察点的方向角(观察点矢径与 z 轴的夹角),满足 $\tan\theta\equiv\rho/z$. 上式表明,在远场处有 $q_1(\rho,z,\omega)\sim 1/z$,振幅像球面波一样衰减. 定义方向因子为

$$D_1(\theta)=\left|\frac{q_1(\rho,z,\omega)}{q_1(\rho,z,\omega)\big|_{\theta=0}}\right|\approx\exp\left(-\frac{1}{4}k_0^2a^2\tan^2\theta\right) \tag{9.4.7c}$$

因为假定 $k_0a\gg1$，故声束极窄.

其次，考虑二次谐波. 将方程(9.4.6c)代入方程(9.4.5b)得到

$$q_2(\rho,z,\omega)=-\mathrm{i}\frac{\beta p_0^2k_0^2}{\rho_0c_0^2}\mathrm{e}^{-\alpha_2z}\int_0^z\frac{\mathrm{e}^{-(2\alpha_1-\alpha_2)z'}}{(1+\mathrm{i}z'/z_0)^2(z-z')}\mathrm{d}z'$$
$$\times\int_0^\infty\exp\left[\mathrm{i}\frac{k_0(\rho'^2+\rho^2)}{z-z'}\right]\exp\left(-\frac{2\rho'^2/a^2}{1+\mathrm{i}z'/z_0}\right)\mathrm{J}_0\left(\frac{2k_0\rho'\rho}{z-z'}\right)\rho'\mathrm{d}\rho' \tag{9.4.8a}$$

首先讨论比较简单的情况，即忽略耗散($\alpha_1=\alpha_2=0$). 利用 Bessel 函数的积分关系，上式简化为(注意：利用 $z_0=k_0a^2/2$)

$$q_2(\rho,z,\omega)=\frac{\beta p_0^2k_0^2a^2z_0^{-1}}{4\rho_0c_0^2(1+\mathrm{i}z/z_0)}\int_0^z\frac{1}{(1+\mathrm{i}z'/z_0)}\mathrm{d}z'$$
$$\times\exp\left(\mathrm{i}\frac{k_0\rho^2}{z-z'}\right)\exp\left[-\frac{\mathrm{i}k_0\rho^2(1+\mathrm{i}z'/z_0)}{(z-z')(1+\mathrm{i}z/z_0)}\right] \tag{9.4.8b}$$

整理后得到

$$q_2(\rho,z,\omega)=\frac{\beta p_0^2k_0^2a^2z_0^{-1}}{4\rho_0c_0^2(1+\mathrm{i}z/z_0)}\exp\left(-\frac{2\rho^2/a^2}{1+\mathrm{i}z/z_0}\right)\int_0^z\frac{\mathrm{d}z'}{1+\mathrm{i}z'/z_0} \tag{9.4.8c}$$

完成积分后得到

$$q_2(\rho,z,\omega)=-\mathrm{i}\frac{\beta p_0^2k_0^2a^2}{4\rho_0c_0^2}\exp\left(-\frac{2\rho^2/a^2}{1+\mathrm{i}z/z_0}\right)\frac{\ln(1+\mathrm{i}z/z_0)}{1+\mathrm{i}z/z_0} \tag{9.4.8d}$$

在近场条件下，$z/z_0\ll1$，上式近似为

$$q_2(\rho,z,\omega)\approx\frac{\beta p_0^2k_0^2a^2}{4\rho_0c_0^2}\cdot\frac{z}{z_0}\cdot\exp\left(-2\frac{\rho^2}{a^2}\right) \tag{9.4.9a}$$

可见，二次谐波随 z 线性增长，与平面波情况类似. 在远场条件下，$z/z_0\gg1$，则有

$$q_2(\rho,z,\omega)\approx-\frac{\beta p_0^2k_0^2a^2}{4\rho_0c_0^2}\frac{\ln(\mathrm{i}z/z_0)}{z/z_0}\mathrm{e}^{\mathrm{i}k_0z\tan^2\theta}\exp\left(-\frac{1}{2}k_0^2a^2\tan^2\theta\right) \tag{9.4.9b}$$

因此，二次谐波的方向性因子是基波的平方，即

$$D_2(\theta)\equiv\left|\frac{q_2(\rho,Z,\omega)}{q_2(\rho,Z,\omega)\mid_{\theta=0}}\right|\approx D_1^2(\theta) \tag{9.4.9c}$$

计算表明，在忽略耗散的情况下，二次谐波主要在 $z<z_0$ 区域由基波产生(线性增长)，而在大于这个区域处，基波振幅随距离 $1/z$ 衰减，不足以产生二次谐波了，图 9.4.1 给出了轴上($\rho=0$)的归一化基波(假定衰减系数为零)以及二次谐波，即 $|q_1(0,z,\omega)/p_0|$ 和 $|q_2(0,z,\omega)/p_{20}|$ 随 z/z_0 的变化曲线，其中 $p_{20}=\beta p_0^2k_0^2a^2/(4\rho_0c_0^2)$.

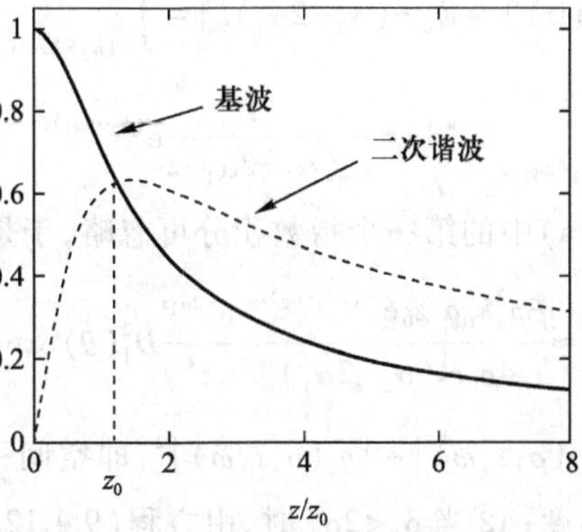

图 9.4.1　Gauss 束轴上基波和二次谐波随传播距离的变化

当声衰减系数不为零时，方程(9.4.8a)中的指数积分与声吸收系数的频率关系密切相关，对于黏性和热传导吸收，有 $\alpha\sim\omega^2$，故一般 $\alpha_2>2\alpha_1$；而对于 $\alpha\sim\omega^\delta(\delta<1)$ 的情况，有 $\alpha_2<2\alpha_1$. 由方程(9.4.8a)出发，完成径向积分后得到

$$q_2(\rho,z,\omega)=\frac{z_0^{-1}\beta p_0^2k_0^2a^2\mathrm{e}^{-\alpha_2 z}}{4\rho_0c_0^2(1+\mathrm{i}z/z_0)}\exp\left(-\frac{2\rho^2/a^2}{1+\mathrm{i}z/z_0}\right)\int_0^z\frac{\mathrm{e}^{-(2\alpha_1-\alpha_2)z'}}{1+\mathrm{i}z'/z_0}\mathrm{d}z' \tag{9.4.10a}$$

当 $\alpha_2<2\alpha_1$ 时，上式中积分可作如下运算：

$$\begin{aligned}\int_0^z\frac{\mathrm{e}^{-(2\alpha_1-\alpha_2)z'}}{1+\mathrm{i}z'/z_0}\mathrm{d}z'&=\int_0^\infty\frac{\mathrm{e}^{-(2\alpha_1-\alpha_2)z'}}{1+\mathrm{i}z'/z_0}\mathrm{d}z'-\int_z^\infty\frac{\mathrm{e}^{-(2\alpha_1-\alpha_2)z'}}{1+\mathrm{i}z'/z_0}\mathrm{d}z'\\&=\frac{z_0}{\mathrm{i}}\mathrm{e}^{-\mathrm{i}(2\alpha_1-\alpha_2)z_0}\left[\int_{-\mathrm{i}(2\alpha_1-\alpha_2)z_0}^\infty\frac{\mathrm{e}^{-w}}{w}\mathrm{d}w-\int_{-\mathrm{i}(2\alpha_1-\alpha_2)(z_0+\mathrm{i}z)}^\infty\frac{\mathrm{e}^{-w}}{w}\mathrm{d}w\right]\end{aligned} \tag{9.4.10b}$$

当 $\alpha_2>2\alpha_1$ 时，积分作如下运算：

$$\begin{aligned}\int_0^z\frac{\mathrm{e}^{(\alpha_2-2\alpha_1)z'}}{1+\mathrm{i}z'/z_0}\mathrm{d}z'&=\int_{-z}^\infty\frac{\mathrm{e}^{-(\alpha_2-2\alpha_1)z''}}{1-\mathrm{i}z''/z_0}\mathrm{d}z''-\int_0^\infty\frac{\mathrm{e}^{-(\alpha_2-2\alpha_1)z''}}{1-\mathrm{i}z''/z_0}\mathrm{d}z''\\&=\frac{z_0}{\mathrm{i}}\mathrm{e}^{\mathrm{i}(\alpha_2-2\alpha_1)z_0}\left[\int_{\mathrm{i}(\alpha_2-2\alpha_1)z_0}^\infty\frac{\mathrm{e}^{-w}}{w}\mathrm{d}w-\int_{\mathrm{i}(\alpha_2-2\alpha_1)(z_0+\mathrm{i}z)}^\infty\frac{\mathrm{e}^{-w}}{w}\mathrm{d}w\right]\end{aligned} \tag{9.4.10c}$$

故上两种情况可以统一起来，于是方程(9.4.10a)可写为

$$\begin{aligned}q_2(\rho,z,\omega)=&-\frac{\mathrm{i}\beta p_0^2k_0^2a^2\mathrm{e}^{-\alpha_2 z-\mathrm{i}(2\alpha_1-\alpha_2)z_0}}{4\rho_0c_0^2(1+\mathrm{i}z/z_0)}\exp\left(-\frac{2\rho^2/a^2}{1+\mathrm{i}z/z_0}\right)\\&\times\{\mathrm{E}[-\mathrm{i}(2\alpha_1-\alpha_2)z_0]-\mathrm{E}[-\mathrm{i}(2\alpha_1-\alpha_2)(z_0+\mathrm{i}z)]\}\end{aligned} \tag{9.4.11a}$$

其中，指数积分定义为

$$\mathrm{E}(\xi)=\int_\xi^\infty\frac{\mathrm{e}^{-\eta}}{\eta}\mathrm{d}\eta \tag{9.4.11b}$$

考虑远场($z\gg z_0$)情况：① $\alpha_2>2\alpha_1$，因为有

$$E[i(\alpha_2-2\alpha_1)(z_0+iz)]\approx E[-(\alpha_2-2\alpha_1)z]=\int_{-(\alpha_2-2\alpha_1)z}^{\infty}\frac{e^{-u}}{u}du$$
$$\approx-\frac{1}{(\alpha_2-2\alpha_1)z}\int_{-(\alpha_2-2\alpha_1)z}^{\infty}e^{-u}du=-\frac{1}{(\alpha_2-2\alpha_1)z}e^{(\alpha_2-2\alpha_1)z} \tag{9.4.12a}$$

随 z 指数增长，方程(9.4.11a)中的第一个指数积分可忽略，于是有

$$q_2(\rho,z,\omega)\approx\frac{\beta p_0^2k_0^2a^2z_0e^{-i(2\alpha_1-\alpha_2)z_0}}{4\rho_0c_0^2(\alpha_2-2\alpha_1)}\frac{e^{-2\alpha_1 z}}{z^2}D_1^2(\theta)\exp(ik_0z\tan^2\theta) \tag{9.4.12b}$$

比较方程(9.4.7b)可知，$|q_2(\rho,z,\omega)|\sim|q_1(\rho,z,\omega)|^2$，即空间一点$(\rho,z)$的二次谐波强度仅取决于点$(\rho,z)$的基波强度；②当 $\alpha_2<2\alpha_1$ 时，由方程(9.4.12a)可知，在远场 $z\gg z_0$ 处，方程(9.4.11a)中的第二个指数积分随 z 指数衰减，可忽略，于是有

$$q_2(\rho,z,\omega)\approx-i\frac{\beta p_0^2k_0^2a^2}{4\rho_0c_0^2}\frac{e^{-\alpha_2 z-i(2\alpha_1-\alpha_2)z_0}}{1+iz/z_0}\exp\left(-\frac{2\rho^2/a^2}{1+iz/z_0}\right) \tag{9.4.12c}$$
$$\times E[i(\alpha_2-2\alpha_1)z_0]\sim\frac{1}{z}e^{-\alpha_2 z}D_1^2(\theta)$$

此时，二次谐波像球面波一样随距离 $1/z$ 衰减. 因为基波很快衰减，仅在源点附近产生二次谐波，而后二次谐波像球面波一样传播出去.

聚焦 Gauss 声束 设聚焦声束由焦距为 d 的弧面产生，如图 9.4.2 所示，此时边界条件为弧面 S 上的一阶声压已知：$p_1(\rho,z)|_S$，问题的求解较复杂. 简单的方法是：能否将弧面等效为 $z=0$ 平面进行近似计算？注意到弧面上 P 点发出的声波仅比平面 $z=0$ 上的 P' 点发出的声波少"走"距离 Δ，由图 9.4.2 所示的几何关系(当声源半径 $a\ll d,\rho\ll d$)得

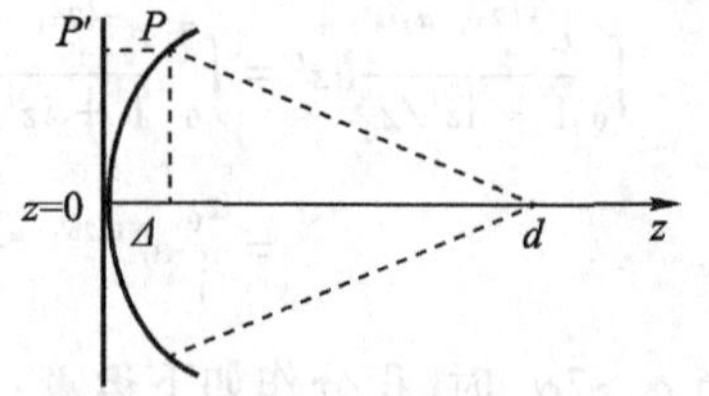

图 9.4.2 聚焦声束由焦距为 d 的弧面产生

$$d-\Delta=\sqrt{d^2-\rho^2}\approx d\left(1-\frac{\rho^2}{2d^2}\right)=d-\frac{\rho^2}{2d} \tag{9.4.13a}$$

即在原来的表面声压上乘一个相位因子，以聚焦 Gauss 束为例，有

$$q_1(\rho,0,\omega)=p_0\exp\left(-\frac{\rho^2}{a^2}-ik_0\frac{\rho^2}{2d}\right)=p_0\exp\left(-\frac{\rho^2}{\tilde{a}^2}\right) \tag{9.4.13b}$$

其中，为了方便定义 $\tilde{a}^2\equiv a^2/(1+iG)$ 和 $G\equiv k_0a^2/2d$. 由此可见，对于聚焦 Gauss 束而言，只要把 a 换成 $\tilde{a}$，Gauss 束的有关结果照样成立. 例如，一、二阶声场方程(9.4.6c)(忽略声衰减)和方程(9.4.8d)将变成

$$q_1(\rho,z,\omega)=\frac{p_0}{1-(1-iG^{-1})z/d}\exp\left[-\frac{(1+iG)\rho^2/a^2}{1-(1-iG^{-1})z/d}\right] \tag{9.4.14a}$$

$$q_2(\rho,z,\omega)\approx -\mathrm{i}\frac{\beta p_0^2 k_0^2 a^2}{4\rho_0 c_0^2(1+\mathrm{i}G)}\cdot\frac{\ln[1-(1-\mathrm{i}G^{-1})z/d]}{1-(1-\mathrm{i}G^{-1})z/d}$$

$$\times\exp\left[-\frac{2(1+\mathrm{i}G)\rho^2/a^2}{1-(1-\mathrm{i}G^{-1})z/d}\right] \tag{9.4.14b}$$

在焦平面($z=d$)上,声场为

$$q_1(\rho,d,\omega)=-\mathrm{i}p_0 G\exp\left[-\frac{(G\rho)^2}{a^2}+\frac{\mathrm{i}G\rho^2}{a^2}\right] \tag{9.4.14c}$$

$$q_2(\rho,d,\omega)\approx\frac{\mathrm{i}\beta p_0^2 k_0^2 a^2}{4\rho_0 c_0^2}\cdot\frac{\ln(\mathrm{i}G^{-1})}{1-\mathrm{i}G^{-1}}\exp\left[-\frac{2(G\rho)^2}{a^2}+2\mathrm{i}G\frac{\rho^2}{a^2}\right] \tag{9.4.14d}$$

图 9.4.3 给出了轴上($\rho=0$)的归一化基波(假定吸收系数为零)以及二次谐波的振幅,即 $|q_1(0,z,\omega)/p_0|$ 和 $|q_2(0,z,\omega)/p_{20}|$ 随 z/d 的变化曲线,在计算中取 $G=10$,由图 9.4.3 可见,波束是高度聚焦的,在焦点处($z=d$),不仅基波声压振幅达到极大,而且二次谐波的振幅也极大. 计算表明 G 越大,极大峰宽度越窄.

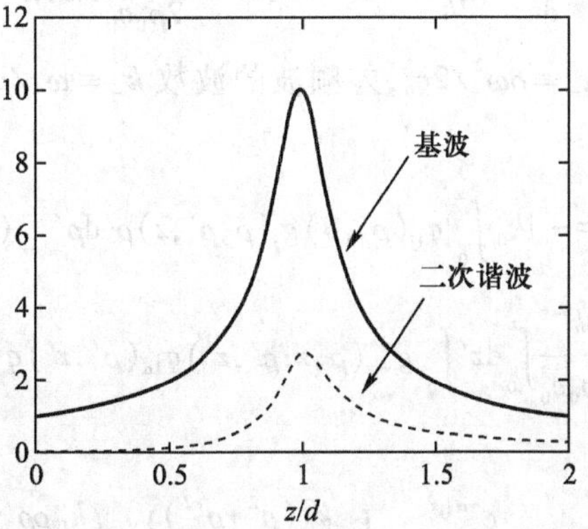

图 9.4.3　聚焦 Gauss 束轴上的基波和二次谐波随传播距离的变化

9.4.4　参量阵理论及低频定向声束

设声源发出两个频率为 ω_a 和 ω_b(假定 $\omega_a>\omega_b$)的声波,即

$$p_1(\rho,z,\tau)=\frac{\mathrm{i}}{2}[q_{1a}(\rho,z)\mathrm{e}^{-\mathrm{i}\omega_a\tau}+q_{1b}(\rho,z)\mathrm{e}^{-\mathrm{i}\omega_b\tau}]+\mathrm{c.c.} \tag{9.4.15a}$$

由方程(9.4.2b)可知,p_1^2 作为二阶量 p_2 的源项,包含频率成分 $2\omega_a$(二次谐波)、$2\omega_b$(二次谐波)、$\omega_-\equiv\omega_a-\omega_b$(差频)以及 $\omega_+\equiv\omega_a+\omega_b$(和频). 因此,我们把二阶量 p_2 表示为

$$p_2(\rho,z,\tau)=\frac{\mathrm{i}}{2}[q_{2a}(\rho,z)\mathrm{e}^{-2\mathrm{i}\omega_a\tau}+q_{2b}(\rho,z)\mathrm{e}^{-2\mathrm{i}\omega_b\tau}]+\mathrm{c.c.}$$

$$+\frac{\mathrm{i}}{2}[q_+(\rho,z)\mathrm{e}^{-\mathrm{i}\omega_+\tau}+q_-(\rho,z)\mathrm{e}^{-\mathrm{i}\omega_-\tau}]+\mathrm{c.c} \tag{9.4.15b}$$

将方程(9.4.15a)代入方程(9.4.2b)的第一式得到 ω_a 和 ω_b 满足的方程：

$$\frac{\partial q_{1j}}{\partial z}-\frac{\mathrm{i}}{2k_{0j}}\nabla_{\perp}^2 q_{1j}+\alpha_{1j}q_{1j}=0 \quad (j=a,b) \tag{9.4.16a}$$

其中，$k_{0j}=\omega_j/c_0(j=a,b)$，$\alpha_{1j}(j=a,b)$为 ω_a 和 ω_b 的衰减系数. 由方程(9.4.6c)可知，q_{1j}随传播距离指数衰减，且一般 α_{1j}与频率平方成正比，只要频率足够高，那么 q_{1j}仅存在于声源附近. 这一条件可定量写成 $\alpha_{1j}z_{0j}>1(z_{0a}\equiv k_{0a}a^2/2, z_{0b}\equiv k_{0a}b^2/2$，其中 a、b 表示 ω_a 和 ω_b 声束的有效半径). 取频率 ω_a 和 ω_b 足够高且 $\omega_a\approx\omega_b$，故 $\omega_-\ll\omega_a$、ω_b，则和频及倍频($\omega_a+\omega_b$、$2\omega_a$ 和 $2\omega_b$)波在远场已衰减，我们仅须考虑差频波. 注意到运算关系：

$$\begin{aligned}p_1^2(\rho,z,\tau)\sim&-\frac{1}{4}[q_{1a}^2\mathrm{e}^{-2\mathrm{i}\omega_a\tau}+q_{1b}^2\mathrm{e}^{-2\mathrm{i}\omega_b\tau}+\mathrm{c.c.}]\\&-\frac{1}{2}[q_{1a}q_{1b}\mathrm{e}^{-\mathrm{i}\omega_+\tau}-q_{1a}q_{1b}^*\mathrm{e}^{-\mathrm{i}\omega_-\tau}+\mathrm{c.c.}]\end{aligned} \tag{9.4.16b}$$

将上式代入二阶方程(9.4.2b)的第二式得到差频波满足的方程：

$$\frac{\partial q_-}{\partial z}-\frac{\mathrm{i}}{2k_-}\nabla_{\perp}^2 q_-+\alpha_-q_-=-\frac{\beta k_-}{2\rho_0c_0^2}q_{1a}q_{1b}^* \tag{9.4.16c}$$

其中，差频波的吸收系数 $\alpha_-\equiv\delta\omega_-^2/2c_0^3$，差频波的波数 $k_-\equiv\omega_-/c_0$. 与方程(9.4.5b)和方程(9.4.5c)类似，我们得到

$$\begin{aligned}q_{1j}(\rho,z)&=-\mathrm{i}k_{0j}\int_0^\infty q_{1j}(\rho',0)g_j(\rho,\rho',z)\rho'\mathrm{d}\rho' \quad (j=a,b)\\q_-(\rho,z)&=\mathrm{i}\frac{\beta k_-^2}{2\rho_0c_0^2}\int_0^z\mathrm{d}z'\int_0^\infty g_-(\rho,z;\rho',z')q_{1a}(\rho',z')q_{1b}^*(\rho',z')\rho'\mathrm{d}\rho'\end{aligned} \tag{9.4.17a}$$

其中，为了方便，定义

$$\begin{aligned}g_j(\rho,\rho',z)&\equiv\frac{\mathrm{e}^{-\alpha_{1j}z}}{z}\exp\left[\mathrm{i}\frac{k_{0j}(\rho^2+\rho'^2)}{2z}\right]\mathrm{J}_0\left(\frac{k_{0j}\rho\rho'}{z}\right)\\g_-(\rho,z;\rho',z')&\equiv\frac{\mathrm{e}^{-\alpha_-(z-z')}}{z-z'}\exp\left[\mathrm{i}\frac{k_-(\rho^2+\rho'^2)}{2(z-z')}\right]\mathrm{J}_0\left(\frac{k_-\rho\rho'}{z-z'}\right)\end{aligned} \tag{9.4.17b}$$

其中，差频波的吸收系数 $\alpha_-\ll\alpha_{1j}(j=a,b)$.

Gauss 源 设声源处 ω_a 和 ω_b 的声场为

$$q_{1a}(\rho,0)=p_{0a}\exp\left(-\frac{\rho^2}{a^2}\right),\quad q_{1b}(\rho,0)=p_{0b}\exp\left(-\frac{\rho^2}{b^2}\right) \tag{9.4.18a}$$

注意：如果是聚焦的 Gauss 束，只要把 a 和 b 分别改成$\tilde{a}$和$\tilde{b}$. 由于差频波主要在近场产生，故一阶声场用近场近似方程(9.4.7a)即可得到

$$\begin{aligned}q_{1a}(\rho,z,\omega_a)&\approx p_{0a}\mathrm{e}^{-\alpha_{1a}z}\exp\left(-\frac{\rho^2}{a^2}\right)\\q_{1b}(\rho,z,\omega_b)&\approx p_{0b}\mathrm{e}^{-\alpha_{1b}z}\exp\left(-\frac{\rho^2}{b^2}\right)\end{aligned} \tag{9.4.18b}$$

将上式代入方程(9.4.17a)得

$$q_-(\rho,z)=\mathrm{i}\frac{\beta k_-^2 p_{0a}p_{0b}^*}{2\rho_0 c_0^2}\mathrm{e}^{-\alpha_- z}\int_0^z \mathrm{d}z'\int_0^\infty \mathrm{e}^{-\alpha_T z'}\exp\left(-\frac{\rho'^2}{A^2}\right)$$
$$\times\frac{1}{z-z'}\exp\left[\mathrm{i}\frac{k_-(\rho^2+\rho'^2)}{2(z-z')}\right]\mathrm{J}_0\left(\frac{k_-\rho\rho'}{z-z'}\right)\rho'\mathrm{d}\rho' \quad (9.4.18\mathrm{c})$$

其中,有 $\alpha_T\equiv\alpha_{1a}+\alpha_{1b}-\alpha_-$ 和 $1/A^2\equiv1/a^2+1/b^2$. 注意到对 z' 积分的贡献主要来自于 $z'<z_{0a}$、z_{0b},在远场近似下有 $z\gg z'$,则积分上限 z 可用∞代替,且上式中可取近似:

$$\frac{1}{z-z'}\mathrm{J}_0\left(\frac{k_-\rho\rho'}{z-z'}\right)\approx\frac{1}{z}\mathrm{J}_0\left(\frac{k_-\rho\rho'}{z}\right)=\frac{1}{z}\mathrm{J}_0(k_-\rho'\tan\theta) \quad (9.4.19\mathrm{a})$$

但是,在积分的相位中不能忽略 z'. 于是方程(9.4.18c)近似为

$$q_-(\rho,z)=\mathrm{i}\frac{\beta k_-^2 p_{0a}p_{0b}^*}{2\rho_0 c_0^2}\frac{\mathrm{e}^{-\alpha_- z}}{z}\int_0^\infty \mathrm{e}^{-\alpha_T z'}\mathrm{d}z'$$
$$\times\int_0^\infty\exp\left[-\left(\frac{1}{A^2}-\frac{\mathrm{i}k_-}{2(z-z')}\right)\rho'^2\right] \quad (9.4.19\mathrm{b})$$
$$\times\exp\left[\mathrm{i}\frac{k_- z\tan^2\theta}{2(1-z'/z)}\right]\mathrm{J}_0(k_-\rho'\tan\theta)\rho'\mathrm{d}\rho'$$

注意到在远场条件下有 $|1/A^2|\gg|\mathrm{i}k_-/2z|$,并且有

$$\exp\left[\mathrm{i}\frac{k_- z\tan^2\theta}{2(1-z'/z)}\right]\approx\exp\left(\mathrm{i}\frac{k_- z}{2}\tan^2\theta\right)\exp\left(\mathrm{i}\frac{k_-\tan^2\theta}{2}z'\right) \quad (9.4.19\mathrm{c})$$

将上式代入方程(9.4.19b),有

$$q_-(\rho,z)=\mathrm{i}\frac{\beta k_-^2 p_{0a}p_{0b}^*}{2\rho_0 c_0^2}\frac{\mathrm{e}^{-\alpha_- z}}{z}\exp\left(\mathrm{i}\frac{k_- z}{2}\tan^2\theta\right)$$
$$\times\int_0^\infty\exp\left[-\alpha_T\left(1-\mathrm{i}\frac{k_-\tan^2\theta}{2\alpha_T}\right)z'\right]\mathrm{d}z' \quad (9.4.20\mathrm{a})$$
$$\times\int_0^\infty\exp\left(-\frac{\rho'^2}{A^2}\right)\mathrm{J}_0(k_-\rho'\tan\theta)\rho'\mathrm{d}\rho'$$

即

$$q_-(\rho,z)=\mathrm{i}\frac{\beta k_-^2 p_{0a}p_{0b}^* A^2}{4\rho_0 c_0^2\alpha_T}\frac{\mathrm{e}^{-\alpha_- z}}{z}\exp\left(\mathrm{i}\frac{k_- z}{2}\tan^2\theta\right)D_W(\theta)D_A(\theta) \quad (9.4.20\mathrm{b})$$

其中,差频波的方向性因子 $D_W(\theta)$ 和辐射面的方向性因子 $D_A(\theta)$ 分别为

$$D_W(\theta)\equiv\frac{1}{1-\mathrm{i}(k_-/2\alpha_T)\tan^2\theta},\quad D_A(\theta)\equiv\exp\left[-\frac{1}{4}(k_- A)^2\tan^2\theta\right] \quad (9.4.20\mathrm{c})$$

圆形活塞源 为简单起见,取一阶声场近似为(在声源附近)

$$q_{1a}(\rho,z)=p_{0a}\mathrm{H}(a-\rho)\mathrm{e}^{-\alpha_{1a}z},\quad q_{1b}(\rho,z)=p_{0b}\mathrm{H}(a-\rho)\mathrm{e}^{-\alpha_{1b}z} \quad (9.4.21\mathrm{a})$$

其中，$H(a-\rho)$ 是 Heaviside 函数，a 是活塞半径. 将上式代入方程(9.4.17a)并利用方程(9.4.17b)(与 Gauss 源情况的近似讨论一样)得到

$$q_-(\rho,z)=\mathrm{i}\frac{\beta k_-^2 p_{0a}p_{0b}^*}{2\rho_0c_0^2}\frac{\mathrm{e}^{-\alpha_- z}}{z}\int_0^\infty \mathrm{d}z'\mathrm{e}^{-\alpha_T z'}\int_0^a \mathrm{J}_0(k_-\rho'\tan\theta)\times\exp\left[\mathrm{i}\frac{k_-\rho'^2}{2(z-z')}+\mathrm{i}\frac{k_-z^2\tan^2\theta}{2(z-z')}\right]\rho'\mathrm{d}\rho' \tag{9.4.21b}$$

在远场近似下，上式指数中的 $k_-\rho'^2$ 项可忽略，而有

$$\frac{k_-z^2\tan^2\theta}{2(z-z')}=\frac{k_-z\tan^2\theta}{2(1-z'/z)}\approx\frac{k_-z\tan^2\theta}{2}\left(1+\frac{z'}{z}\right) \tag{9.4.21c}$$

将上式代入方程(9.4.21b)得到

$$q_-(\rho,z)=\mathrm{i}\frac{\beta k_-^2 p_{0a}p_{0b}^*}{2\rho_0c_0^2}\frac{\mathrm{e}^{-\alpha_- z}}{z}\exp\left(\frac{\mathrm{i}}{2}k_-z\tan^2\theta\right)\int_0^a \mathrm{J}_0(k_-\rho'\tan\theta)\rho'\mathrm{d}\rho'\times\int_0^\infty \mathrm{d}z'\exp\left[-\left(\alpha_T-\frac{\mathrm{i}k_-\tan^2\theta}{2}\right)z'\right] \tag{9.4.22a}$$

即

$$q_-(\rho,z)\approx\mathrm{i}\frac{\beta k_-^2a^2 p_{0a}p_{0b}^*}{4\rho_0c_0^2\alpha_T}\frac{\mathrm{e}^{-\alpha_- z}}{z}\exp\left(\frac{\mathrm{i}}{2}k_-z\tan^2\theta\right)D_A(\theta)D_W(\theta) \tag{9.4.22b}$$

其中，两个方向性因子分别为

$$D_W(\theta)\equiv\frac{1}{1-\mathrm{i}(k_-/2\alpha_T)\tan^2\theta},\quad D_A(\theta)\equiv\frac{2\mathrm{J}_1(k_-a\tan\theta)}{k_-a\tan\theta} \tag{9.4.22c}$$

值得指出的是，当 $\omega_a\approx\omega_b$ 时，一般有 $k_-a\ll1$ 或者 $k_-A\ll1$，因此参量阵的方向性因子主要取决于 $|D_W(\theta)|$，有

$$|D_W(\theta)|=\frac{1}{\sqrt{1+(k_-/2\alpha_T)^2\tan^4\theta}} \tag{9.4.22d}$$

显然 $|D_W(\theta)|$ 随 θ 单调下降，当 $\theta=0$ 时，$|D_W(\theta)|=1$，而且 $|D_W(\theta)|$ 没有旁瓣. 因此，可利用非线性差频方法，在工程中实现低频声束的定向辐射. 特别要指出的是，$D_W(\theta)$ 与圆形活塞源的大小无关，而 $D_A(\theta)$ 的值取决于 a 的大小.

习题

9.1 在第二类伴随坐标变换下，证明相应的 Burgers 方程为

$$\frac{\partial v}{\partial\tau}+\beta v\frac{\partial v}{\partial X}=\frac{b}{2\rho_0}\frac{\partial^2 v}{\partial X^2}$$

9.2 无量纲化的 Burgers 方程为

$$\frac{\partial U}{\partial \sigma}-U\frac{\partial U}{\partial y}=\frac{1}{Q}\frac{\partial^2 U}{\partial y^2}$$

作 **Hopf-Cole 变换** $U\equiv 2Q^{-1}\partial(\ln\psi)/\partial y$，证明上式将变成标准的热传导线性方程.

9.3 考虑有限振幅球面波和柱面波，设球面波或柱面波只有径向速度分量 v_r（球面波）或者 v_ρ（柱面波），统一用 v 表示，径向坐标也统一用 r 表示：$v=v(r)$. 球坐标或者柱坐标中的质量守恒方程和运动方程分别为

$$\frac{\partial \rho'}{\partial t}+(\rho_0+\rho')\left(\frac{n}{r}v+\frac{\partial v}{\partial r}\right)+v\frac{\partial \rho'}{\partial r}=0$$

$$(\rho_0+\rho')\left(\frac{\partial v}{\partial t}+v\frac{\partial v}{\partial r}\right)+c_0^2\frac{\partial \rho'}{\partial r}+\frac{B\rho'}{\rho_0^2}\frac{\partial \rho'}{\partial r}=b\left(\frac{\partial^2 v}{\partial r^2}+\frac{n}{r}\frac{\partial v}{\partial r}-\frac{n}{r^2}v\right)$$

其中，$B=2\rho_0(\beta-1)c_0^2$，对于球面波有 $n=2$，对于柱面波有 $n=1$. 引进第一类伴随坐标变换 $R=\varepsilon r$ 和 $\tau=t\mp(r-r_0)/c_0$（其中负号对应于向外传播的发散波，而正号对应于向内传播的收敛波，r_0 为某个参考半径，通常可取为声源半径）. 证明球面行波或者柱面行波满足的非线性方程为

$$\frac{\partial v}{\partial r}+\frac{n}{2r}v-\frac{\beta}{c_0^2}v\frac{\partial v}{\partial \tau}=\frac{b}{2\rho_0 c_0^3}\frac{\partial^2 v}{\partial \tau^2}$$

其中，为了方便，将 R 改回了 r. 上式称为**广义 Burgers 方程**.

9.4 如果方程（9.2.28）的解只与 $\tau=t-x/c_0$ 有关，而与 x 无关，则称其为稳态解. 设 $\tau\to\infty$ 时，有 $v=v_0$ 和 $\partial v/\partial\tau=0$，证明稳态解满足

$$\ln\frac{(1+v/v_0)^{D-1}}{(1-v/v_0)^{D+1}}=\frac{\tau+\tau_0}{\tau_r}$$

其中，τ_0 为积分常量（不影响波形，可取为零），参量 $D\equiv\chi c_0/(2\beta v_0)$ 表征了介质的弛豫效应（χ）与非线性效应（β）之比. 讨论稳态解的特性：① 介质的弛豫效应远大于非线性效应（即 $D\gg 1$）；② 介质的弛豫效应等于非线性效应（即 $D=1$）；③ 介质的弛豫效应远小于非线性效应（即 $D\ll 1$）.

9.5 当考虑波导中流体的黏性和热传导性质时，由于在管壁附近存在边界层，故严格意义上的平面波不存在. 但是当流体速度的轴向分量（设为 x 轴－波导延伸方向）远大于波导平面方向的分量时，可将其近似为平面波，而把边界层作等效处理. 边界层的存在相当于引起管壁的径向振动，而径向振动等效于向管内注入质量，相当于存在质量源：

$$q=\frac{2}{R}\cdot\sqrt{c_0 l_{\mu\kappa}}\frac{\partial^{-1/2}}{\partial t^{-1/2}}\left[\frac{\partial v(x,t)}{\partial x}\right]$$

其中，1/2 阶分数的积分为

$$D^{-1/2}g(t)=\frac{\partial^{-1/2}g(t)}{\partial t^{-1/2}}=\frac{1}{\sqrt{\pi}}\int_{-\infty}^{t}\frac{g(t')}{(t-t')^{1/2}}\mathrm{d}t'$$

将质量守恒方程修改为

$$\frac{\partial \rho'}{\partial t}+v\frac{\partial \rho'}{\partial x}+(\rho_0+\rho')\frac{\partial v}{\partial x}=\frac{2\rho}{R}\cdot\sqrt{c_0 l_{\mu\kappa}}\frac{\partial^{-1/2}}{\partial t^{-1/2}}\left[\frac{\partial v(x,t)}{\partial x}\right]$$

证明半径为 R 的圆形管道中非线性平面波（正 x 方向传播）满足的方程为

$$\frac{\partial v}{\partial x}-\frac{\beta}{c_0^2}v\frac{\partial v}{\partial \tau}=\frac{b}{2\rho_0 c_0^3}\frac{\partial^2 v}{\partial \tau^2}-\frac{1}{R}\cdot\sqrt{\frac{l_{\mu\kappa}}{c_0}}\frac{\partial^{1/2}v}{\partial \tau^{1/2}}$$

当管道半径 $R\to\infty$ 时,上式简化为 Burgers 方程.

9.6 非均匀介质的 Westervelt 方程(注意:这是推广,严格的推导是困难的)为

$$\left[\nabla^2-\frac{1}{c_e^2(\boldsymbol{r})}\frac{\partial^2}{\partial t^2}\right]p+\frac{\delta}{c_0^4}\frac{\partial^3 p}{\partial t^3}+\frac{\beta}{\rho_0 c_0^4}\frac{\partial^2 p^2}{\partial t^2}=\nabla\ln\rho_e(\boldsymbol{r})\cdot\nabla p$$

其中,c_0 是平均声速. 假定:① 介质的非均匀性随空间变换是缓变的;② 声传播方向的非均匀性远大于横向非均匀性,证明非均匀介质中的 KZK 方程为

$$\frac{c_0}{2}\nabla_\perp^2 p=\frac{\partial^2 p}{\partial z\partial\tau}-\frac{\Delta c}{c_0^2}\frac{\partial^2 p}{\partial\tau^2}-\frac{\delta}{2c_0^3}\frac{\partial^3 p}{\partial\tau^3}-\frac{\beta}{2\rho_0 c_0^3}\frac{\partial^2 p^2}{\partial\tau^2}-\frac{1}{2\rho_e}\frac{\partial\rho_e}{\partial z}\frac{\partial p}{\partial\tau}$$

其中,$\Delta c\equiv c_e-c_0$.

9.7 结合题 9.6,且如果非均匀介质中还存在稳定的流 $\boldsymbol{U}(\boldsymbol{r})=[U_x,U_y,U_z]$,证明 KZK 方程为

$$\frac{c_0}{2}\nabla_\perp^2 p=\frac{\partial}{\partial\tau}\left[\frac{\partial p}{\partial z}-\frac{\Delta c+U_z}{c_0^2}\frac{\partial p}{\partial\tau}-\frac{\delta}{2c_0^3}\frac{\partial^2 p}{\partial\tau^2}-\frac{\beta}{2\rho_0 c_0^3}\frac{\partial p^2}{\partial\tau}-\frac{p}{2\rho_e}\frac{\partial\rho_e}{\partial z}+\frac{1}{c_0}(\boldsymbol{U}_\perp\cdot\nabla_\perp)p\right]$$

9.8 对于矩形活塞源(见参考文献 59),在声源附近取一阶声场近似为

$$q_{1a}(x,y,z)=p_{0a}\Pi(x,y)\mathrm{e}^{-\alpha_{1a}z},\quad q_{1b}(x,y,z)=p_{0b}\Pi(x,y)\mathrm{e}^{-\alpha_{1b}z}$$

其中,矩形函数为(矩形长度和宽度分别为 w_x 和 w_y)

$$\Pi(x,y)=\begin{cases}1\left(|x|\leqslant\dfrac{w_x}{2},\ |y|\leqslant\dfrac{w_y}{2}\right)\\[2ex]0\left(|x|>\dfrac{w_x}{2},\ |y|>\dfrac{w_y}{2}\right)\end{cases}$$

证明差频波的方向性因子为

$$D_W(\theta)=\frac{1}{1-\mathrm{i}(k_-/2\alpha_T)\tan^2\theta}$$

9.9 对平面任意形状且面积为 S_0 的活塞源面,证明差频波的方向性因子为

$$D_W(\theta)=\frac{1}{1-\mathrm{i}(k_-/2\alpha_T)\tan^2\theta}$$

9.10 考虑活塞声源的瞬态辐射:

$$p(\rho,z,t)\big|_{z=0}=p_0 f(t)\mathrm{H}(a-\rho),\quad f(t)=E(t)\sin[\omega_0 t+\phi(t)]$$

其中,振幅调制 $E(t)$ 和相位调制 $\phi(t)$ 是时间 t 的缓变函数[相对于 $\sin(\omega_0 t)$ 而言]. 载波的瞬态角频率为 $\Omega(t)=\omega_0+\mathrm{d}\phi(t)/\mathrm{d}t$. 假定频率为 ω_0(主频)的声波衰减足够大,非线性相互作用(即高次谐波的产生)限制在近场区域. 证明,轴上一点的总声场为(远场)

$$p(0,z,\tau)\approx p_0\mathrm{e}^{-\alpha(\tau)z}E(\tau)\sin[\omega_0\tau+\phi(\tau)]+\frac{\beta a^2 p_0^2}{16\rho_0 c_0^4}\cdot\frac{1}{z}\cdot\frac{\partial^2}{\partial\tau^2}\left[\frac{E^2(\tau)}{\alpha(\tau)}\right]$$

当距离声源足够远时,高频载波部分很快衰减,而由于非线性相互作用仅保留低频的振幅调制波,这一现象称为**非线性自解调**.

第十章
有限振幅声波的物理效应

有限振幅声波产生的物理效应主要有：① **声辐射压力**（acoustic radiation pressure），当一束声波入射到物体表面时，物体受到正比于声压平方的辐射压力，对于一般强度的声波，其压力远小于重力，然而当声强足够高时，产生的辐射压力将克服重力，使物体处于悬浮状态，称为**声悬浮**（acoustic levitation）. 利用声悬浮，可以模拟微重力状态；② **声流**，如果说辐射压力是非线性声压的“直流”部分，那么声流就可以看作是非线性质量流的“直流”部分，一般声流远小于流体质点在平衡位置的振动速度，然而声流在工业生产中有重要的应用，如加速传质传热和清除表面污垢等；③ **声空化效应**，在液体中，有限振幅声波可产生空化气泡［称为**声空化**（acoustic cavitation）］，也可以使其破裂，声空化过程中产生的高温、高压是声化学的基础；④ **热效应**（thermal effect），当把超声束在生物体内聚焦使其达到一定的强度，则介质的温度将急剧上升，可以烧死聚焦区域内的细胞组织，这是目前**高强度聚焦超声**（HIFU）技术的基础.

10.1 声辐射压力和声悬浮

在线性声学范围内,当一列声波入射到材料表面时,表面受到的平均(时间平均)压力为零(由于正负抵消),而如果考虑声的非线性,材料表面将受到一个不为零的平均压力(非线性声压的"直流"部分),称为**声辐射压力**. 一般情况下,声辐射压力很小,例如声压级为 134 dB(空气中,声压大约为 100 Pa)的声波,其产生的辐射压力不到 0.1 Pa;但当声压级达到 174 dB(空气中,声压大约为 10 000 Pa)时,其产生的辐射压力可达到 1 000 Pa,足可以把物体悬浮起来.

10.1.1 声辐射应力张量

我们知道声压是各向同性的标量,而事实上,材料表面所受到的非线性作用力必须用应力张量来表示. 考虑流体中任意的曲面 S 包含的体积 V,V 内流体动量的变化相当于受到一个等效力 $\boldsymbol{F}$ 的作用,由动量守恒方程(1.1.6a)(忽略源项)有

$$\boldsymbol{F}=\int_V\left[\frac{\partial(\rho\boldsymbol{v})}{\partial t}+\nabla\cdot(P\boldsymbol{I}+\boldsymbol{J})\right]\mathrm{d}V \tag{10.1.1a}$$

对上式在一个声振荡周期(如果是非周期信号,在最长周期内平均)内作时间平均且用$\langle\rangle$表示,由于$\langle\partial(\rho\boldsymbol{v})/\partial t\rangle=0$,上式给出

$$\begin{aligned}\langle\boldsymbol{F}\rangle&=\int_V\left[\left\langle\frac{\partial(\rho\boldsymbol{v})}{\partial t}\right\rangle+\nabla\cdot\langle P\boldsymbol{I}+\boldsymbol{J}\rangle\right]\mathrm{d}V\\&=\int_V\nabla\cdot\langle P\boldsymbol{I}+\boldsymbol{J}\rangle\mathrm{d}^3\boldsymbol{r}=-\int_S\boldsymbol{T}\cdot\boldsymbol{n}\mathrm{d}S=\int_S\boldsymbol{T}\cdot\boldsymbol{n}_S\mathrm{d}S\end{aligned} \tag{10.1.1b}$$

其中,$\boldsymbol{T}\equiv-\langle P\boldsymbol{I}+\boldsymbol{J}\rangle$称为**声辐射应力张量**,分量形式为 $T_{ij}\equiv-\langle P\rangle\delta_{ij}-\langle\rho v_iv_j\rangle$. 当环境压力 P_0 与空间无关时,上式中 P 可以改为 $P-P_0$(即声压 p)而不影响微分关系($P-P_0$ 的意义在于去除平衡时的静压力). 另外由于速度 v_i 是一阶量,将其近似到二阶,$\langle\rho v_iv_j\rangle$中的 ρ 可以用 ρ_0 代替,即声辐射应力张量可以表示为

$$T_{ij}\approx-\langle P-P_0\rangle\delta_{ij}-\rho_0\langle v_iv_j\rangle \tag{10.1.1c}$$

注意:① 上式中的 $P-P_0=p$ 是非线性声压,原则上必须通过求解非线性声波方程得到;② T_{ij}的定义中出现$-\langle P-P_0\rangle$,取负号是因为流体中任意曲面所受到的正压力与曲面法向相反. 由方程(10.1.1b)可知,流体中法向矢量为 $\boldsymbol{n}_S$ 的曲面,由于声辐射的存在,曲面单位面积受到的力(称为**声辐射压力**)为 $\boldsymbol{f}=\boldsymbol{T}\cdot\boldsymbol{n}_S$,或者写成分量:

$$f_i=\sum_{j=1}^{3}T_{ij}n_{Sj}\quad(i=1,2,3)\tag{10.1.1d}$$

说明:① 动量守恒方程(1.1.6a)(忽略质量源项)可理解为:外力 $\int_V \rho f\mathrm{d}V$ 产生动量场 $\rho\boldsymbol{v}$ 和压力场 P,而方程(10.1.1a)可理解为:如果存在动量场 $\rho\boldsymbol{v}$ 和压力场 P,则 V 内流体受到一个等效力 $\boldsymbol{F}$ 的作用;② 在线性近似下有 $\langle P-P_0\rangle\approx 0$,$\rho_0\langle v_iv_j\rangle$ 是二阶量,故等效力 $\langle\boldsymbol{F}\rangle\approx 0$.

显然,声辐射应力张量由两部分组成:各向同性部分 $\langle P-P_0\rangle\delta_{ij}$ 和各向异性部分 $\rho_0\langle v_iv_j\rangle$. 我们在 Euler 坐标下求声辐射压力的各向同性部分 $\langle P-P_0\rangle$. 由于不考虑流体的黏性和热传导效应,对于理想流体中的等熵过程,即使在非线性情况下,声速度场也是无旋的,即 $\boldsymbol{v}=\nabla\psi$,由方程(9.2.2a)得到流体的运动方程为

$$\nabla\left(\frac{\partial\psi}{\partial t}+\frac{1}{2}|\nabla\psi|^2\right)=-\frac{1}{\rho}\nabla P\tag{10.1.2a}$$

注意:上式左边第二项为运动非线性项. 另一方面,温度为 T,对于单位质量的熵为 s 和焓为 h 的流体元,其热力学关系为 $\mathrm{d}h=T\mathrm{d}s+\mathrm{d}P/\rho$,对于等熵过程,显然有 $\mathrm{d}h=\mathrm{d}P/\rho$. 将其代入上式并对空间变量积分得到

$$h-h_0=-\frac{\partial\psi}{\partial t}-\frac{1}{2}|\nabla\psi|^2+C'(t)\tag{10.1.2b}$$

其中,$C'(t)$ 为与空间坐标无关的积分常量(但可能与时间有关),h_0 为不存在声场时流体元的焓. 将压力用熵和焓来表示,在等熵条件下将其在平衡点展开到二阶(因此,所得公式在二阶近似下成立)有

$$\begin{aligned}P-P_0&=\left(\frac{\partial P}{\partial h}\right)_{s,0}(h-h_0)+\frac{1}{2}\left(\frac{\partial^2 P}{\partial h^2}\right)_{s,0}(h-h_0)^2+\cdots\\&=\rho(h-h_0)+\frac{\rho}{2c^2}(h-h_0)^2+\cdots\end{aligned}\tag{10.1.2c}$$

得到上式已利用了热力学关系:

$$\left(\frac{\partial P}{\partial h}\right)_{s,0}=\rho,\quad\left(\frac{\partial^2 P}{\partial h^2}\right)_{s,0}=\left(\frac{\partial \rho}{\partial h}\right)_{s,0}=\left(\frac{\partial \rho}{\partial P}\right)_{s,0}\left(\frac{\partial P}{\partial h}\right)_{s,0}=\frac{\rho}{c^2}\tag{10.1.2d}$$

将方程(10.1.2b)代入方程(10.1.2c)并近似到二阶得到

$$P-P_0\approx\rho\left[-\frac{\partial\psi}{\partial t}-\frac{1}{2}|\nabla\psi|^2+C'(t)\right]+\frac{\rho_0}{2c_0^2}\left[\frac{\partial\psi}{\partial t}+\frac{1}{2}|\nabla\psi|^2-C'(t)\right]^2\tag{10.1.3a}$$

将上式求时间平均得到声辐射压力为

$$\langle P-P_0\rangle\approx\frac{\rho_0}{2c_0^2}\left\langle\left(\frac{\partial\psi}{\partial t}\right)^2\right\rangle-\frac{1}{2}\rho_0\langle|\nabla\psi|^2\rangle+C\tag{10.1.3b}$$

其中,$C\equiv\langle\rho C'(t)\rangle\approx\langle\rho_0 C'(t)\rangle$ 为二阶量,这是因为,如果不存在声波,那么 $C'=0$. 注意:

$\langle\rho\partial\psi/\partial t\rangle=0$ 且 $\langle\rho|\nabla\psi|^2\rangle=\langle\rho_0|\nabla\psi|^2\rangle$. 值得指出的是,上式右边的量都是考虑了非线性后才会存在的,第一项是由于本构方程的非线性而存在,而第二项来自运动非线性,但有趣的是非线性参量 β 并不直接出现在方程中.

对于理想气体,绝热方程为 $P=P_0\rho^\gamma/\rho_0^\gamma$,由本构方程的非线性引起的辐射压力大致可估计为

$$\Delta P\approx\langle P-P_0\rangle\approx\frac{1}{2}\left(\frac{\partial^2 P}{\partial\rho^2}\right)_{s,0}\langle\rho'^2\rangle\approx\frac{1}{2}(\gamma-1)E \tag{10.1.3c}$$

其中,E 为声能密度. 而由运动非线性引起的[包括方程(10.1.1c)的第二项]辐射压力大致估计为 $\Delta P\approx\rho_0v^2\approx E$. 二者具有同一个数量级。

利用线性声学关系 $p\approx-\rho_0\partial\psi/\partial t$ 和 $\boldsymbol{v}=\nabla\psi$,方程(10.1.3b)可以改写为

$$\langle P^E-P_0\rangle\equiv\langle P-P_0\rangle\approx\frac{1}{2\rho_0c_0^2}\langle p^2\rangle-\frac{1}{2}\rho_0\langle v^2\rangle+C\equiv\langle E_V\rangle-\langle E_K\rangle+C \tag{10.1.4a}$$

其中,$\langle E_V\rangle\equiv\langle p^2\rangle/2\rho_0c_0^2$ 和 $\langle E_K\rangle\equiv\rho_0\langle v^2\rangle/2$ 分别表示声场的势能和动能密度的时间平均,将 $\langle P-P_0\rangle$ 改写成 $\langle P^E-P_0\rangle$ 表示 Euler 坐标中的声辐射压力,区别于下面介绍的 Lagrange 坐标中的声辐射压力. 由方程(10.1.4a)可见,在 Euler 坐标系内,声辐射压力是 Lagrange 函数的时间平均. 注意:尽管声辐射压力是非线性声学效应,但是在计算声辐射压力时,只要用到线性声场就可以了,因为非线性声场的二阶量通过平方运算后是更高阶小量,可以忽略. 当然,如果声场本身就不能作微扰展开,例如冲击波,就必须考虑声场本身的非线性特性. 由第 9 章中讨论我们知道,声波的非线性是在传播过程中积累产生的,如果传播距离不是太远,仍然可以用线性声场.

由方程(1.1.10b)可知,Lagrange 坐标中的声辐射压力为

$$\langle P^L-P_0\rangle=\langle P^E-P_0\rangle+\langle\boldsymbol{\xi}\cdot\nabla P^E\rangle \tag{10.1.4b}$$

由线性声学关系 $\rho_0\partial\boldsymbol{v}/\partial t=-\nabla P$ 或者 $\rho_0\partial^2\boldsymbol{\xi}/\partial t^2=-\nabla P^E$(其中 $\boldsymbol{\xi}$ 为流体元质点的位移,在 Euler 描述中没有定义这个量),将其代入方程(10.1.4b)有

$$\begin{aligned}\langle P^L-P_0\rangle&=\langle P^E-P_0\rangle-\frac{\rho_0}{T}\int_0^T\boldsymbol{\xi}\cdot\frac{\partial^2\boldsymbol{\xi}}{\partial t^2}\mathrm{d}t\\&=\langle P^E-P_0\rangle+\frac{\rho_0}{T}\left[\int_0^T\left(\frac{\partial\boldsymbol{\xi}}{\partial t}\right)^2\mathrm{d}t\right]=\langle P^E-P_0\rangle+\rho_0\langle v^2\rangle\end{aligned} \tag{10.1.4c}$$

其中,T 为平均时间. 将上式结合方程(10.1.4a)得到 Lagrange 坐标中的声辐射压力为

$$\langle P^L-P_0\rangle=\langle E_V\rangle+\langle E_K\rangle+C \tag{10.1.4d}$$

可见,Lagrange 声辐射压力是 Hamilton 函数的时间平均,而 Euler 声辐射压力是 Lagrange 函数的时间平均. 因此,我们得到了用线性声场量(声压 p 和速度 v)来表达的声辐射压力计算方程(10.1.14a)和方程(10.1.4d),而无须求解非线性声场分布.

说明:① Euler 坐标中的声辐射压力实际上是声辐射压力的空间场分布,而在

Lagrange 坐标系中,计算的是特定流体元受到的声辐射压力;② 对刚性曲面 Γ 而言,由于法向速度为零,即 $\boldsymbol{v}\cdot\boldsymbol{n}_S\big|_\Gamma=\sum_{j=1}^{3}v_jn_{Sj}=0$,于是声辐射压力方程(10.1.1d)的第二项为

$$\rho_0\sum_{j=1}^{3}v_iv_jn_{Sj}=0\quad(i=1,2,3)\tag{10.1.5}$$

故仅需计算各向同性部分$-\langle P-P_0\rangle$即可;③ 对一般有限宽度的入射声束,无限远处不存在声辐射压力,因此方程(10.1.4a)和方程(10.1.4d)中的常数 C 为零.

10.1.2 刚性小球的声悬浮

当小球处于声场中时,球表面受到声辐射应力的作用,因而产生一个向上的净声辐射力,如果声辐射力能够抵消球自身的重力,则小球可以悬浮在空中,这一现象称为**声悬浮**.在实际问题中,小球半径 R 远大于边界层厚度($R\gg\delta\approx\sqrt{\mu/\rho_0\omega}$),故可以忽略流体的黏性.根据实际应用,分三种情况讨论:① 流体介质中的刚性小球;② 液体介质中的可压缩小球;③ 液体介质中的气体介质(气泡).

行波场 考虑简单的情况,即液体中的刚性球或者气体中的固体或液体小球.由于固体或液体的密度远大于气体,可认为小球不移动;又由于固体或液体的声阻抗远大于气体,在 $k_0R\ll1$ 情况下(设球的半径远小于入射波波长),难以激发球内的声共振模式,故可将其看作刚性小球而忽略球的压缩性.设入射声波为 z 轴方向的行波(注意:在计算声辐射压力时,时间部分不可忽略),则有

$$p_i(z,t)=p_{0i}\exp[i(k_0z-\omega t)]\tag{10.1.6a}$$

球位于 z 轴的 Z 处(如图 10.1.1 所示),引进球坐标系统:球心为球坐标原点(注意:问题与 φ 无关),显然 $z=Z+r\cos\theta$,于是,方程(3.1.15a)可修改为

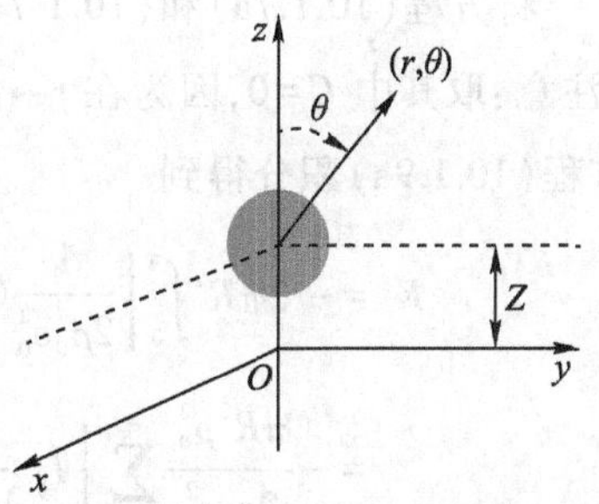

图 10.1.1 球位于 $z=Z$ 处

$$p_i(r,\theta,t)=p_{0i}e^{i(k_0Z-\omega t)}\sum_{l=0}^{\infty}(2l+1)i^lP_l(\cos\theta)j_l(k_0r)\tag{10.1.6b}$$

散射场也可由方程(3.1.16a)修改而得到

$$p_s(r,\theta,t)=-p_{0i}e^{i(k_0Z-\omega t)}\sum_{l=0}^{\infty}(2l+1)i^l\frac{j_l'(k_0R)}{h_l'^{(1)}(k_0R)}\cdot h_l^{(1)}(k_0r)P_l(\cos\theta)\tag{10.1.6c}$$

球面上总的声场为

$$p(R,\theta,t)=p_{0i}e^{i(k_0Z-\omega t)}\sum_{l=0}^{\infty}\Im_l(k_0R)P_l(\cos\theta)\tag{10.1.7a}$$

其中,为了方便,定义

$$\Im_l(k_0R)\equiv(2l+1)\mathrm{i}^l\left[\mathrm{j}_l(k_0R)-\frac{\mathrm{j}_l'(k_0R)\mathrm{h}_l^{(1)}(k_0R)}{\mathrm{h}_l'^{(1)}(k_0R)}\right] \tag{10.1.7b}$$

球面上总的切向速度为(对于刚性球,法向速度为零)

$$v_\theta(R,\theta,t)=\frac{p_{0\mathrm{i}}}{\mathrm{i}\rho_0c_0(k_0R)}\mathrm{e}^{\mathrm{i}(k_0Z-\omega t)}\sum_{l=0}^{\infty}\Im_l(k_0R)\frac{\mathrm{dP}_l(\cos\theta)}{\mathrm{d}\theta} \tag{10.1.7c}$$

由于对称性可知,球受到的合力的 Oxy 平面分量为零,声辐射力的 z 方向分量为

$$F_z=-\iint_S\sum_{j=x,y,z}[\langle P^E-P_0\rangle\delta_{zj}+\rho_0\langle v_zv_j\rangle]n_j\mathrm{d}^2\boldsymbol{r} \tag{10.1.8a}$$

其中,积分在球面上进行. 注意到球面的法向矢量为 $\boldsymbol{n}=(n_x,n_y,n_z)=-\boldsymbol{e}_r$(区域的法向,指向球心),因此(注意:球面刚性条件 $\boldsymbol{v}\cdot\boldsymbol{e}_r=0$)有

$$\begin{aligned}\sum_{j=x,y,z}\rho_0\langle v_zv_j\rangle n_j&=\rho_0\langle v_z(v_xn_x+v_yn_y+v_zn_z)\rangle\\&=-\rho_0\langle v_z(\boldsymbol{v}\cdot\boldsymbol{e}_r)\rangle=-\rho_0\langle v_zv_r\rangle=0\end{aligned} \tag{10.1.8b}$$

另外 $\sum_{j=x,y,z}\delta_{zj}n_j=n_z=\cos\theta$. 故方程(10.1.8a)变为

$$F_z=-\int_S\langle P^E-P_0\rangle\cos\theta\mathrm{d}S=-2\pi R^2\int_0^\pi\langle P^E-P_0\rangle\cos\theta\sin\theta\mathrm{d}\theta \tag{10.1.9a}$$

将方程(10.1.7a)和(10.1.7c)取实部后代入方程(10.1.4a),得到声辐射压力 $\langle P^E-P_0\rangle$(注意:取其中 $C=0$,因为在 $r\to\infty$ 处,声场为零,声辐射压力也应该为零),然后将其代入方程(10.1.9a)积分得到

$$\begin{aligned}F_z&=-2\pi R^2\int_0^\pi\left[\frac{1}{2\rho_0c_0^2}\langle p^2\rangle-\frac{1}{2}\rho_0\langle v^2\rangle\right]\cos\theta\sin\theta\mathrm{d}\theta\\&=-\frac{\pi R^2p_{0\mathrm{i}}^2}{2\rho_0c_0^2}\sum_{l,j=0}^{\infty}\left[I_{lj}-\frac{J_{lj}}{(k_0R)^2}\right][\mathrm{Re}(\Im_l)\mathrm{Re}(\Im_j)+\mathrm{Im}(\Im_l)\mathrm{Im}(\Im_j)]\end{aligned} \tag{10.1.9b}$$

其中,为了方便,定义

$$\begin{aligned}I_{lj}&\equiv\int_0^\pi\mathrm{P}_l(\cos\theta)\mathrm{P}_j(\cos\theta)\cos\theta\sin\theta\mathrm{d}\theta\\J_{lj}&\equiv\int_0^\pi\frac{\mathrm{dP}_l(\cos\theta)}{\mathrm{d}\theta}\frac{\mathrm{dP}_j(\cos\theta)}{\mathrm{d}\theta}\cos\theta\sin\theta\mathrm{d}\theta\end{aligned} \tag{10.1.9c}$$

当 $k_0R\ll1$ 时,注意:① 在计算声压场对辐射力贡献时,只要取 $l,j=0,1$ 即可,计算得到 $I_{10}=I_{01}=2/3$ 和 $I_{11}=I_{00}=0$,故仅需要考虑两个模式的交叉项;② 在计算速度场对辐射力贡献时,由于 $J_{00}=J_{11}=J_{10}=J_{01}=0$,必须计算 $l,j=1,2$ 项,而 $J_{22}=0$,故也仅需考虑两个模式的交叉项 $J_{12}=J_{21}=4/5$;③ 在取 $\Im_0(k_0R)$ 和 $\Im_1(k_0R)$ 的近似时,必须保留 $\Im_0(k_0R)$ 虚部和 $\Im_1(k_0R)$ 实部的更高阶项,但 $\Im_2(k_0R)$ 的虚部可忽略,即

$$\mathfrak{J}_0(x)=\mathrm{j}_0(x)-\frac{\mathrm{j}_0'(x)\mathrm{h}_0^{(1)}(x)}{\mathrm{h'}_0^{(1)}(x)}\approx\left(1-\frac{x^2}{2}\right)-\mathrm{i}\frac{x^3}{3}$$

$$\mathfrak{J}_1(x)=3\mathrm{i}\left[\mathrm{j}_1(x)-\frac{\mathrm{j}_1'(x)\mathrm{h}_1^{(1)}(x)}{\mathrm{h'}_1^{(1)}(x)}\right]\approx3\mathrm{i}\left(\frac{x}{2}+\mathrm{i}\frac{x^4}{12}\right)\tag{10.1.10a}$$

$$\mathfrak{J}_2(x)=5\mathrm{i}^2\left[\mathrm{j}_2(x)-\frac{\mathrm{j}_2'(x)\mathrm{h}_2^{(1)}(x)}{\mathrm{h'}_2^{(1)}(x)}\right]\approx-\frac{5}{9}x^2+\mathrm{i}O(x^7)$$

由方程(10.1.9b)可知,低频近似下的声辐射力为

$$F_z\approx\frac{11\pi}{18}\cdot\frac{p_{0\mathrm{i}}^2k_0^4R^6}{\rho_0c_0^2}\tag{10.1.10b}$$

可见,声辐射力 $F_z\sim(k_0R)^4$,由于假定 $k_0R\ll1$,故在行波场中,声辐射力 F_z 很小. 这是因为行波场中的声辐射力来源于入射波动量的改变(气体质点受到刚性球的散射,质点的速度改变方向),当 $k_0R\ll1$ 时,散射作用很小,入射波动量的改变也很小.

驻波场 现在考虑驻波场(可由刚性反射面与换能器辐射面形成,见图 10.1.2)中刚性球受到的声辐射力. 设小球不存在时的驻波声场为

$$p_{\mathrm{i}}(z,t)=p_{0\mathrm{i}}\sin(k_0z)\exp(-\mathrm{i}\omega t)\tag{10.1.11a}$$

当放入小球后(足够长时间,声场达到新的稳态),声波受到散射. 由方程(10.1.6b)知,上式可以写为

$$p_{\mathrm{i}}(r,\theta,t)=p_{0\mathrm{i}}\mathrm{e}^{-\mathrm{i}\omega t}\sum_{l=0}^{\infty}(2l+1)A_l\mathrm{P}_l(\cos\theta)\mathrm{j}_l(k_0r)\tag{10.1.11b}$$

其中,展开系数为

$$A_l=\frac{1}{2\mathrm{i}}[\mathrm{e}^{\mathrm{i}k_0Z}-(-1)^l\mathrm{e}^{-\mathrm{i}k_0Z}]\mathrm{i}^l\tag{10.1.11c}$$

显然方程(10.1.11b)与方程(10.1.6b)有类似的形式,故刚性球表面的总声场可由方程(10.1.7a)和方程(10.1.7c)修改得到,即有

$$p(R,\theta,t)=p_{0\mathrm{i}}\mathrm{e}^{-\mathrm{i}\omega t}\sum_{l=0}^{\infty}\mathfrak{R}_l(k_0R)\mathrm{P}_l(\cos\theta)$$

$$v_\theta(R,\theta,t)=\frac{p_{0\mathrm{i}}}{\mathrm{i}\rho_0c_0(k_0R)}\mathrm{e}^{-\mathrm{i}\omega t}\sum_{l=0}^{\infty}\mathfrak{R}_l(k_0R)\frac{\mathrm{dP}_l(\cos\theta)}{\mathrm{d}\theta}\tag{10.1.12a}$$

其中,为了方便,定义

$$\mathfrak{R}_l(k_0R)\equiv(2l+1)A_l\left[\mathrm{j}_l(k_0R)-\frac{\mathrm{j}_l'(k_0R)\mathrm{h}_l^{(1)}(k_0R)}{\mathrm{h'}_l^{(1)}(k_0R)}\right]\tag{10.1.12b}$$

因此,声辐射力表达式可由方程(10.1.9b)修改而得到,即

$$F_z=-\frac{\pi R^2p_{0\mathrm{i}}^2}{2\rho_0c_0^2}\sum_{l,j=0}^{\infty}\left[I_{lj}-\frac{J_{lj}}{(k_0R)^2}\right][\mathrm{Re}(\mathfrak{R}_l)\mathrm{Re}(\mathfrak{R}_j)+\mathrm{Im}(\mathfrak{R}_l)\mathrm{Im}(\mathfrak{R}_j)]\tag{10.1.12c}$$

其中,积分 I_{lj}和 J_{lj}仍然由方程(10.1.9c)表示.

当 $k_0R\ll1$ 时,利用近似关系[注意:在驻波场情形下,$\Re_l(l=0,1,2)$只要展开到实部,而对于行波场,展开方程(10.1.10a)必须保留高阶项,这也说明,驻波场产生的声辐射力要大得多],有

$$\Re_0(x)=A_0\left[\mathrm{j}_0(x)-\frac{\mathrm{j}_0'(x)\mathrm{h}_0^{(1)}(x)}{\mathrm{h}_0'^{(1)}(x)}\right]=\left(1-\frac{x^2}{2}\right)\sin(k_0Z)$$

$$\Re_1(x)=3A_1\left[\mathrm{j}_1(x)-\frac{\mathrm{j}_1'(x)\mathrm{h}_1^{(1)}(x)}{\mathrm{h}_1'^{(1)}(x)}\right]=\frac{3x}{2}\cos(k_0Z)\tag{10.1.13a}$$

$$\Re_2(x)=5A_2\left[\mathrm{j}_2(x)-\frac{\mathrm{j}_2'(x)\mathrm{h}_2^{(1)}(x)}{\mathrm{h}_2'^{(1)}(x)}\right]=-\frac{5}{9}x^2\sin(k_0Z)$$

由方程(10.1.12c)可知,不难得到声辐射力的低频近似为

$$F_z=-\frac{5\pi}{6}\cdot\frac{p_{0\mathrm{i}}^2k_0R^3}{\rho_0c_0^2}\sin(2k_0Z)\tag{10.1.13b}$$

上式与行波声辐射力[即方程(10.1.10b)]相比,显然行波声辐射力是驻波声辐射力的 $(k_0R)^3$ 倍,而有 $k_0R\ll1$,故后者远远大于前者. 而且驻波声辐射力是振荡力,在原点附近,有 $\sin(2k_0Z)\approx2k_0Z$,则驻波声辐射力像弹簧恢复力一样正比于位移. 等效势函数为

$$U=-\frac{5\pi}{12}\cdot\frac{p_{0\mathrm{i}}^2R^3}{\rho_0c_0^2}\cos(2k_0Z)\approx-\frac{5\pi}{12}\cdot\frac{p_{0\mathrm{i}}^2R^3}{\rho_0c_0^2}[1-2(k_0Z)^2]\tag{10.1.13c}$$

忽略势函数的常数部分,等效势函数可以写为

$$U\approx\frac{5\pi}{6}\cdot\frac{p_{0\mathrm{i}}^2k_0^2R^3}{\rho_0c_0^2}Z^2\tag{10.1.13d}$$

在实际的声悬浮系统中,往往用两束正交的声束形成约束势井. 设两束声波分别为 x 和 y 方向(与竖直方向有一个角度,保证竖直方向存在分量,如图 10.1.2 所示)的驻波声场,即

$$p_{\mathrm{i}x}(x,t)=p_{0x}\sin(k_{0x}x)\exp(-\mathrm{i}\omega_xt+\mathrm{i}\psi)\tag{10.1.14a}$$
$$p_{\mathrm{i}y}(y,t)=p_{0y}\sin(k_{0y}y)\exp(-\mathrm{i}\omega_yt)$$

其中,$k_{0x}=\omega_x/c_0$,$k_{0y}=\omega_y/c_0$,ψ 为两列声波的相位差. 如果 $\omega_x\neq\omega_y$,交叉项的时间平均为零,故由方程(10.1.13c)知,等效势函数为

$$U\approx\frac{5\pi}{6}\cdot\frac{R^3}{\rho_0c_0^2}(p_{0x}^2k_{0x}^2X^2+p_{0y}^2k_{0y}^2Y^2)\tag{10.1.14b}$$

其中,X 和 Y 为小球在 x 和 y 方向的坐标;如果有 $\omega_x=\omega_y=\omega$ 和 $k_{0x}=k_{0y}=k_0$,且交叉项的时间平均不为零,x 和 y 方向的作用力相互耦合,不难得到等效势函数(见习题 10.4):

$$U\approx\frac{5\pi}{6}\cdot\frac{p_{0x}^2k_0^2R^3}{\rho_0c_0^2}\left(X^2+\alpha^2Y^2+\frac{4}{5}\alpha XY\cos\psi\right)\tag{10.1.14c}$$

其中,$\alpha\equiv p_{0y}/p_{0x}$. 顺便指出,利用声束形成的约束势井,通过调节相位差 ψ,可以控制小球的

位置,就像用镊子可以夹起小球,而这里用声场来实现,故称为**声镊子**(acoustic tweezer).

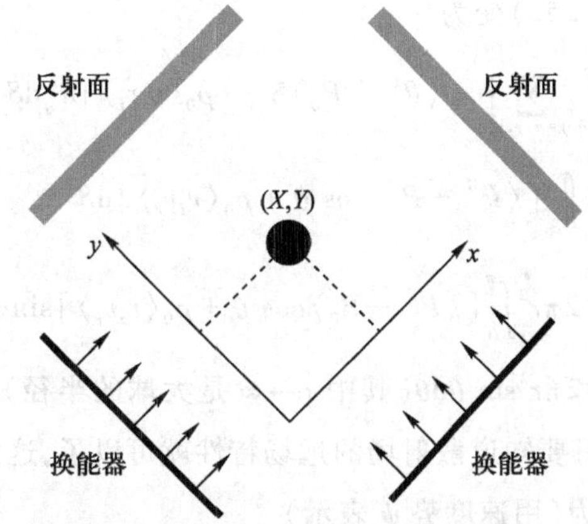

图 10.1.2　两束正交的声束形成约束势井,由反射面形成驻波场

10.1.3　可压缩球的声悬浮

对于液体介质中的液体小球而言,例如水和乙醛溶液,由于液体小球(密度和声速分别为 ρ_e 和 c_e)和球外液体介质(密度和声速分别为 ρ_0 和 c_0)的密度和声速类似,则必须考虑液体小球的可压缩性. 仍然设入射声波为 z 轴方向的行波,球坐标系统如图 10.1.1 所示,球面总声场由方程(3.1.20a)给出. 原则上,只要对球面上单位面积的作用力 $T_{ij}n_{Sj}=-\langle P^E-P_0\rangle\delta_{ij}n_{Sj}-\rho_0\langle v_iv_j\rangle n_{Sj}$ 作面积分,就能得到声辐射力. 但这样做较为复杂,为此,我们首先来导出比较简单的积分关系. 取小球球面 S 与半径为无限大的大球面 S_0 所组成的体积 V,在无限大的体积 V 内积分,方程(10.1.1b)中的 $\langle \boldsymbol{F}\rangle$ 应为零,即 $\langle \boldsymbol{F}\rangle=0$,于是,由方程(10.1.1b)得到

$$\int_{S+S_0}\boldsymbol{T}\cdot\boldsymbol{n}\mathrm{d}S=\int_S\boldsymbol{T}\cdot\boldsymbol{n}\mathrm{d}S+\int_{S_0}\boldsymbol{T}\cdot\boldsymbol{n}\mathrm{d}S=0 \tag{10.1.15a}$$

注意到:在小球球面 S 上有 $\boldsymbol{n}=-\boldsymbol{e}_r$(区域的法向,而球面法向 $\boldsymbol{n}_S=\boldsymbol{e}_r=-\boldsymbol{n}$),而在大球面上有 $\boldsymbol{n}=\boldsymbol{e}_r$,故由上式和方程(10.1.1d),小球面上受到的声辐射力的 z 方向分量为

$$\begin{aligned}F_z&=\int_S\sum_{j=x,y,z}[-\langle P^E-P_0\rangle\delta_{zj}-\rho_0\langle v_zv_j\rangle]\,n_{Sj}\mathrm{d}S\\&=-\int_{S_0}\sum_{j=x,y,z}[\langle P^E-P_0\rangle\delta_{zj}+\rho_0\langle v_zv_j\rangle]\,n_j\mathrm{d}S\end{aligned} \tag{10.1.15b}$$

上式把小球球面 S 的积分变成了大球面 S_0 上的积分. 注意到在大球面上,存在关系 $\boldsymbol{n}=(n_x,n_y,n_z)=\boldsymbol{e}_r$,因此(注意:已不存在球面刚性条件,即 $\boldsymbol{v}\cdot\boldsymbol{e}_r\neq0$)有

$$\begin{aligned}\sum_{j=x,y,z}\rho_0\langle v_zv_j\rangle n_j&=\rho_0\langle v_z(v_xn_x+v_yn_y+v_zn_z)\rangle\\&=\rho_0\langle v_z(\boldsymbol{v}\cdot\boldsymbol{e}_r)\rangle=\rho_0\langle v_zv_r\rangle\end{aligned} \tag{10.1.15c}$$

另外,在球坐标中有 $\boldsymbol{n}=\boldsymbol{e}_r=\sin\theta\cos\varphi\boldsymbol{e}_x+\sin\theta\sin\varphi\boldsymbol{e}_y+\cos\theta\boldsymbol{e}_z=(n_x,n_y,n_z)$,因此 $\sum\limits_{j=x,y,z}\delta_{zj}n_j=n_z=\cos\theta$. 故方程(10.1.15b)变为

$$\begin{aligned}F_z&=\iint_S\sum_{j=x,y,z}[-\langle P^E-P_0\rangle\delta_{zj}-\rho_0\langle v_zv_j\rangle]n_{Sj}\mathrm{d}S\\&=-\iint_{S_0}[\langle P^E-P_0\rangle\cos\theta+\rho_0\langle v_zv_r\rangle]\mathrm{d}S\\&=-2\pi r^2\int_0^\pi[\langle P^E-P_0\rangle\cos\theta+\rho_0\langle v_zv_r\rangle]\sin\theta\mathrm{d}\theta\end{aligned}\tag{10.1.15d}$$

得到上式利用了关系 $\mathrm{d}S=2\pi r^2\sin\theta\mathrm{d}\theta$(其中 $r\to\infty$ 是大球的半径). 上式将声辐射力的计算化为大球面上的积分,只要知道散射场的远场特性就可以了,这大大简化了声辐射压力的计算. 设远场处总声场为(用速度势 ψ 表示)

$$\psi(r,\theta,t)\approx\psi_{\mathrm{i}}(z,t)+\frac{f(\theta)}{r}\exp[\mathrm{i}(k_0r-\omega t)]\tag{10.1.16a}$$

其中,$\psi_{\mathrm{i}}(z,t)=\psi_{0\mathrm{i}}(z)\exp(-\mathrm{i}\omega t)$ 为入射场. 注意到 $p=\mathrm{i}\rho_0\omega\psi$ 和 $\boldsymbol{v}=\nabla\psi$,将上式代入方程(10.1.15d)得到

$$F_z=F_z^{(1)}(\omega)+F_z^{(2)}(\omega)+F_z^{(3)}(\omega)+F_z^{(4)}(\omega)+F_z^{(5)}(\omega)\tag{10.1.16b}$$

其中,$F_z^{(j)}(j=1,2,\cdots,5)$ 分别为

$$\begin{aligned}F_z^{(1)}(\omega)&\equiv-\pi\rho_0k_0^2\int_0^\pi|f(\theta)|^2\cos\theta\sin\theta\mathrm{d}\theta\\F_z^{(2)}(\omega)&\equiv-\pi\rho_0r^2\int_0^\pi\mathrm{Re}\left(\frac{\partial\psi_{0\mathrm{i}}}{\partial r}\frac{\partial\psi_{0\mathrm{i}}^*}{\partial z}\right)\sin\theta\mathrm{d}\theta\\F_z^{(3)}(\omega)&\equiv-\frac{1}{2}\pi\rho_0r^2\int_0^\pi[k_0^2|\psi_{0\mathrm{i}}|^2-|\nabla\psi_{0\mathrm{i}}|^2]\cos\theta\sin\theta\mathrm{d}\theta\\F_z^{(4)}(\omega)&\equiv-\pi\rho_0k_0^2r^2\int_0^\pi\mathrm{Re}\left[\psi_{0\mathrm{i}}^*\frac{f(\theta)}{r}\exp(\mathrm{i}k_0r)\right]\cos\theta\sin\theta\mathrm{d}\theta\\F_z^{(5)}(\omega)&\equiv\pi\rho_0k_0r^2\int_0^\pi\mathrm{Im}\left[\frac{\partial\psi_{0\mathrm{i}}^*}{\partial z}\frac{f(\theta)}{r}\exp(\mathrm{i}k_0r)\right]\sin\theta\mathrm{d}\theta\end{aligned}\tag{10.1.17}$$

因此,只要求得方向性因子 $f(\theta)$,就能得到声辐射力. 得到以上诸式,已经注意到有微分关系:

$$\begin{aligned}\boldsymbol{v}&\approx\nabla\psi_{\mathrm{i}}(z,t)+\nabla\frac{f(\theta)}{r}\exp[\mathrm{i}(k_0r-\omega t)]\\&\approx\frac{\partial\psi_{\mathrm{i}}(z,t)}{\partial z}\boldsymbol{e}_z+\mathrm{i}k_0\frac{f(\theta)}{r}\boldsymbol{e}_r\exp[\mathrm{i}(k_0r-\omega t)]\end{aligned}\tag{10.1.18}$$

以及关系 $\boldsymbol{e}_z\cdot\boldsymbol{e}_r=\cos\theta$; 在远场条件下,极角 θ 方向的速度分量可忽略.

驻波场 设入射声场为驻波场 $\psi_{0\mathrm{i}}(z)=\psi_0\sin(k_0z)$. 由方程(3.1.20a),并且注意到由

方程(10.1.11b)和方程(10.1.11c)表示的驻波场修正,球外总声压为

$$p(r,\theta,t)=p_{\mathrm{i}}(z,t)-p_{0\mathrm{i}}\sum_{l=0}^{\infty}A_l(2l+1)\frac{\mathrm{j}'_l(k_0R)+\mathrm{i}\beta_l\mathrm{j}_l(k_0R)}{\mathrm{h}'^{(1)}_l(k_0R)+\mathrm{i}\beta_l\mathrm{h}^{(1)}_l(k_0R)} \tag{10.1.19a}$$

$$\times\mathrm{h}^{(1)}_l(k_0r)\mathrm{P}_l(\cos\theta)\exp(-\mathrm{i}\omega t)$$

其中,A_l 由方程(10.1.11c)决定,常量 β_l 为($k_{\mathrm{e}}=\omega/c_{\mathrm{e}}$ 为球内介质的波数)

$$\beta_l=\mathrm{i}\frac{\rho_0c_0}{\rho_{\mathrm{e}}c_{\mathrm{e}}}\frac{\mathrm{j}'_l(k_{\mathrm{e}}R)}{\mathrm{j}_l(k_{\mathrm{e}}R)} \tag{10.1.19b}$$

方程(10.1.19a)给出的远场速度势近似为(利用声压与速度势的关系 $p=\mathrm{i}\omega\rho_0\psi$)

$$\psi\approx\psi_{\mathrm{i}}(z,t)+\frac{f(\theta)}{r}\exp[\mathrm{i}(k_0r-\omega t)] \tag{10.1.19c}$$

其中,方向性因子为

$$f(\theta)=\frac{p_{0\mathrm{i}}}{\mathrm{i}\omega\rho_0k_0}\sum_{l=0}^{\infty}\frac{A_l(2l+1)\mathrm{i}\mathrm{e}^{-\mathrm{i}l\pi/2}[\mathrm{j}'_l(k_0R)+\mathrm{i}\beta_l\mathrm{j}_l(k_0R)]}{\mathrm{h}'^{(1)}_l(k_0R)+\mathrm{i}\beta_l\mathrm{h}^{(1)}_l(k_0R)}\mathrm{P}_l(\cos\theta) \tag{10.1.20a}$$

当 $k_0R\ll1$ 时,求和仅取 $l=0$ 和 1 两项,故上式近似为

$$f(\theta)\approx\frac{p_{0\mathrm{i}}k_0R^3}{\rho_0c_0}\left[\frac{1-\delta}{1+2\delta}\cdot\cos(k_0Z)\cos\theta+\frac{\mathrm{i}}{3}\left(1-\frac{1}{\delta\sigma^2}\right)\sin(k_0Z)\right] \tag{10.1.20b}$$

其中,$\delta\equiv\rho_{\mathrm{e}}/\rho_0$ 和 $\sigma\equiv c_{\mathrm{e}}/c_0$ 分别为球内、外介质的密度和声速之比. 注意:由于有 $c_0\approx c_{\mathrm{e}}$,也有 $k_{\mathrm{e}}R\ll1$. 将上式代入方程(10.1.16b)并且注意到有 $p_{0\mathrm{i}}=\mathrm{i}\omega\rho_0\psi_0$,可给出声辐射力为

$$F_z\approx-\frac{\pi p_{0\mathrm{i}}^2k_0R^3}{\rho_0c_0^2}\left[\frac{\delta+2(\delta-1)/3}{1+2\delta}-\frac{1}{3\delta\sigma^2}\right]\sin(2k_0Z) \tag{10.1.21a}$$

对刚性球而言,当 $\delta\to\infty$ 时,上式简化为方程(10.1.13b).

行波场 对于入射声场为行波场 $\psi_{0\mathrm{i}}(z)=\psi_0\exp(\mathrm{i}k_0z)$ 情形,只要将方程(10.1.20a)中的系数 A_l 换成 $A_l=\mathrm{i}^l\mathrm{e}^{\mathrm{i}k_0Z}$ 即可,最后可以得到

$$F_z\approx\frac{2\pi p_{0\mathrm{i}}^2k_0^4R^6}{\rho_0c_0^2(1+2\delta)^2}\left[\left(\delta-\frac{1+2\delta}{3\delta\sigma^2}\right)^2+\frac{2}{9}(1-\delta)^2\right] \tag{10.1.21b}$$

对于刚性球而言,当 $\delta\to\infty$ 时,上式简化为方程(10.1.10b).

10.1.4 液体中气泡的声悬浮

如果小球是气泡(即考虑液体介质中的气泡),则方程(10.1.16b)和方程(10.1.20a)仍然成立. 但气泡的压缩系数 κ_{e} 远大于周围液体的压缩系数 κ_0,方程(10.1.20a)的前两项近似由方程(3.1.27a)给出,即

$$\frac{j_0'(k_0R)+i\beta_0 j_0(k_0R)}{h_0'^{(1)}(k_0R)+i\beta_0 h_0^{(1)}(k_0R)}\approx-\frac{1}{3}\cdot\frac{(k_0R)^3(\kappa_0-\kappa_e)/\kappa_0}{[1-(k_0R)^2\kappa_e/3\kappa_0]i+(k_0R)^3\kappa_e/3\kappa_0}$$

$$\frac{j_1'(k_0R)+i\beta_1 j_1(k_0R)}{h_1'^{(1)}(k_0R)+i\beta_1 h_1^{(1)}(k_0R)}\approx\frac{(k_0R)^3}{3i}\cdot\frac{(\rho_e-\rho_0)}{2\rho_e+\rho_0} \tag{10.1.22a}$$

此时，气泡的共振散射不能忽略. 相应地，方程(10.1.20b)应修改为

$$f(\theta)\approx\frac{p_{0i}k_0R^3}{\rho_0 c_0}\left\{\cos(k_0Z)\cos\theta+\frac{\sin(k_0Z)}{(k_0R)^3+i[3\delta\sigma^2-(k_0R)^2]}\right\} \tag{10.1.22b}$$

将上式代入方程(10.1.16b)得到声辐射力的表达式为

$$F_z\approx\frac{\pi p_{0i}^2k_0R^3}{\rho_0c_0^2}\frac{3\delta\sigma^2-(k_0R)^2}{(k_0R)^6+[3\delta\sigma^2-(k_0R)^2]^2}\sin(2k_0Z) \tag{10.1.22c}$$

显然，气泡的共振频率 ω_R 满足 $3\delta\sigma^2-(\omega_RR/c_0)^2=0$，上式改写为

$$F_z\approx\frac{\pi p_{0i}^2k_0R^5}{\rho_0c_0^4}\frac{\omega_R^2-\omega^2}{(k_0R)^6+(R/c_0)^4(\omega_R^2-\omega^2)^2}\sin(2k_0Z) \tag{10.1.22d}$$

因此，如果声波频率 ω 高于共振频率，气泡向着驻波场的节点运动；反之，如果声波频率 ω 低于共振频率，气泡向着驻波场的反节点运动. 对于固定频率的声波而言，半径 R 大于 R_0（其中 $R_0\equiv c_0\sqrt{3\delta\sigma^2}/\omega_R$）的气泡向着驻波场的节点运动；反之，半径 R 小于 R_0 的气泡向着驻波场的反节点运动. 由方程(3.1.27b)可知，$R_0=(3\alpha P_0/\rho_w)^{1/2}/\omega_R$（其中对绝热过程有 $\alpha=\gamma$；对等温过程有 $\alpha=1$），因此，压力增加导致 R_0 增加，气泡向着驻波场的反节点运动；反之，压力减小导致 R_0 减小，气泡向着驻波场的节点运动. 对于行波场，可以得到

$$F_z\approx\frac{2\pi p_{0i}^2k_0^4R^6}{\rho_0c_0^2}\frac{1}{(k_0R)^6+[3\delta\sigma^2-(k_0R)^2]^2} \tag{10.1.23}$$

则声辐射力总是正的.

10.2 声流理论和微声流

在线性声学范围内，流体质点围绕平衡位置作振动，压力和速度的时间平均为零. 在非线性声场中，声压的时间平均称为声辐射压力，而速度场的时间平均称为**声流**(acoustic streaming)，也称为**声风**或者**石英风**. 声流通常比质点的速度（在平衡位置的振动速度）小三四个数量级. 值得指出的是，声流由流体的黏性产生，因而总是有旋的. 本节首先介绍声流的 Eckart 理论和 Nyborg 理论，在 10.2.3 和 10.2.4 小节分别介绍平面界面附近的声流和刚性微球附近的微声流.

10.2.1 Eckart 声流理论

我们从质量守恒方程和 Navier-Stokes 方程出发讨论声流的定量表征：

$$\frac{\partial\rho}{\partial t}+\nabla\cdot(\rho\boldsymbol{v})=0$$

$$\rho\left(\frac{\partial\boldsymbol{v}}{\partial t}+\boldsymbol{v}\cdot\nabla\boldsymbol{v}\right)=-\nabla P+\left(\eta+\frac{4}{3}\mu\right)\nabla(\nabla\cdot\boldsymbol{v})-\mu\nabla\times\nabla\times\boldsymbol{v} \tag{10.2.1a}$$

其中，η 和 μ 为体膨胀黏度和切变黏度. 假定：① 黏度与密度无关；② 声流为等熵过程（或者说熵取一阶近似，在不考虑热传导的情况下为等熵过程），故二阶非线性本构方程仍然为

$$P(\rho)=P_0+c_0^2\rho'+c_0\left(\frac{\partial c}{\partial\rho}\right)_s\rho'^2+\cdots \tag{10.2.1b}$$

仍采用逐步近似法，把速度和密度展成各阶量之和，即

$$\boldsymbol{v}=\varepsilon\boldsymbol{v}_1+\varepsilon^2\boldsymbol{v}_2+\cdots,\quad \rho'=\varepsilon\rho_1+\varepsilon^2\rho_2+\cdots \tag{10.2.2}$$

将上式代入方程（10.2.1a）和方程（10.2.1b），令 ε 同次幂的系数相等，则得到一阶量所满足的方程为

$$\frac{\partial\rho_1}{\partial t}+\rho_0\nabla\cdot\boldsymbol{v}_1=0 \tag{10.2.3a}$$

$$\rho_0\frac{\partial\boldsymbol{v}_1}{\partial t}=-c_0^2\nabla\rho_1+\left(\eta+\frac{4}{3}\mu\right)\nabla(\nabla\cdot\boldsymbol{v}_1)-\mu\nabla\times\nabla\times\boldsymbol{v}_1 \tag{10.2.3b}$$

以及二阶声场满足的方程

$$\frac{\partial\rho_2}{\partial t}+\rho_0\nabla\cdot\boldsymbol{v}_2+\nabla\cdot(\rho_1\boldsymbol{v}_1)=0 \tag{10.2.4a}$$

$$\rho_0\frac{\partial\boldsymbol{v}_2}{\partial t}+\rho_1\frac{\partial\boldsymbol{v}_1}{\partial t}+\rho_0(\boldsymbol{v}_1\cdot\nabla)\boldsymbol{v}_1=-c_0^2\nabla\rho_2-c_0\left(\frac{\partial c}{\partial\rho}\right)_s\nabla\rho_1^2+\left(\eta+\frac{4}{3}\mu\right)\nabla(\nabla\cdot\boldsymbol{v}_2)-\mu\nabla\times\nabla\times\boldsymbol{v}_2 \tag{10.2.4b}$$

利用 $(\boldsymbol{v}_1\cdot\nabla)\boldsymbol{v}_1=\nabla(v_1^2/2)-\boldsymbol{v}_1\times\boldsymbol{R}_1$（其中 $\boldsymbol{R}_1\equiv\nabla\times\boldsymbol{v}_1$ 为一阶场的旋度）和一阶声场方程（10.2.3a）以及方程（10.2.3b），二阶声场方程（10.2.4a）和方程（10.2.4b）变成

$$\frac{\partial\tilde{\rho}_2}{\partial t}+\rho_0\nabla\cdot\boldsymbol{v}_2=\frac{1}{\rho_0c_0^2}\left(\eta+\frac{4}{3}\mu\right)\boldsymbol{v}_1\cdot\nabla\left(\frac{\partial\rho_1}{\partial t}\right)+\frac{\mu}{c_0^2}\boldsymbol{v}_1\cdot(\nabla\times\boldsymbol{R}_1) \tag{10.2.5a}$$

$$\rho_0\frac{\partial\boldsymbol{v}_2}{\partial t}+c_0^2\nabla\tilde{\rho}_2=-c_0\left(\frac{\partial c}{\partial\rho}\right)_s\nabla\rho_1^2-\frac{1}{\rho_0}\left(\eta+\frac{4}{3}\mu\right)\rho_1\nabla D_1+\left(\eta+\frac{4}{3}\mu\right)\nabla D_2-\mu\nabla\times\boldsymbol{R}_2-\rho_0\nabla v_1^2+\rho_0\boldsymbol{v}_1\times\boldsymbol{R}_1+\mu\frac{\rho_1}{\rho_0}\nabla\times\boldsymbol{R}_1 \tag{10.2.5b}$$

其中，$\boldsymbol{R}_2\equiv\nabla\times\boldsymbol{v}_2$ 为二阶场的旋度，$D_1=\nabla\cdot\boldsymbol{v}_1$ 和 $D_2=\nabla\cdot\boldsymbol{v}_2$ 分别为一、二阶场的散度，$\tilde{\rho}_2$ 是为了方便定义的量，有

$$\tilde{\rho}_2\equiv\rho_2-\frac{w}{c_0^2},\quad w\equiv\frac{1}{2}\frac{c_0^2}{\rho_0}\rho_1^2+\frac{1}{2}\rho_0 v_1^2 \tag{10.2.5c}$$

显然，w 是线性声场的能量密度. 将方程(10.2.5a)和方程(10.2.5b)二式消去 $\tilde{\rho}_2$ 得到

$$\begin{aligned}\rho_0\frac{\partial^2\boldsymbol{v}_2}{\partial t^2}-\rho_0c_0^2\nabla(\nabla\cdot\boldsymbol{v}_2)-\left(\eta+\frac{4}{3}\mu\right)\nabla\frac{\partial D_2}{\partial t}+\mu\nabla\times\frac{\partial\boldsymbol{R}_2}{\partial t}\\=-\frac{\partial}{\partial t}\nabla\left[c_0\left(\frac{\partial c}{\partial\rho}\right)_s\rho_1^2+\rho_0v_1^2\right]-\mu_0\nabla[\boldsymbol{v}_1\cdot(\nabla\times\boldsymbol{R}_1)]\\+\frac{\mu}{\rho_0}\frac{\partial}{\partial t}(\rho_1\nabla\times\boldsymbol{R}_1)+\rho_0\frac{\partial}{\partial t}(\boldsymbol{v}_1\times\boldsymbol{R}_1)\\-\frac{1}{\rho_0}\left(\eta+\frac{4}{3}\mu\right)\left\{\nabla\left[\boldsymbol{v}_1\cdot\nabla\left(\frac{\partial\rho_1}{\partial t}\right)\right]+\frac{\partial}{\partial t}(\rho_1\nabla D_1)\right\}\end{aligned}\tag{10.2.6a}$$

将上式两边求旋度且注意到有矢量运算关系 $\nabla\times\nabla\times\boldsymbol{R}_2=\nabla(\nabla\cdot\boldsymbol{R}_2)-\nabla^2\boldsymbol{R}_2=-\nabla^2\boldsymbol{R}_2$（旋度的散度为零），得到

$$\begin{aligned}\frac{\partial\boldsymbol{R}_2}{\partial t}-\frac{\mu}{\rho_0}\nabla^2\boldsymbol{R}_2=\frac{1}{\rho_0^3}\left(\eta+\frac{4}{3}\mu\right)\nabla\rho_1\times\nabla\frac{\partial\rho_1}{\partial t}\\+\nabla\times(\boldsymbol{v}_1\times\boldsymbol{R}_1)+\frac{\mu}{\rho_0^2}\nabla\times(\rho_1\nabla\times\boldsymbol{R}_1)\end{aligned}\tag{10.2.6b}$$

上式就是我们寻找的声流方程. 得到上式，已对时间进行了积分，并令积分常量为零. 对稳态的漩涡场有

$$\nabla^2\boldsymbol{R}_2=-\frac{1}{\rho_0^2}\left(\frac{4}{3}+\frac{\eta}{\mu}\right)\nabla\rho_1\times\nabla\frac{\partial\rho_1}{\partial t}-\frac{\rho_0}{\mu}\nabla\times(\boldsymbol{v}_1\times\boldsymbol{R}_1)-\frac{1}{\rho_0}\nabla\times(\rho_1\nabla\times\boldsymbol{R}_1)\tag{10.2.6c}$$

如果忽略一阶场的旋度，上式和方程(10.2.6b)简化为

$$\begin{aligned}\frac{\partial\boldsymbol{R}_2}{\partial t}-\frac{\mu}{\rho_0}\nabla^2\boldsymbol{R}_2=\frac{1}{\rho_0^3}\left(\eta+\frac{4}{3}\mu\right)\left(\nabla\rho_1\times\nabla\frac{\partial\rho_1}{\partial t}\right)\\\nabla^2\boldsymbol{R}_2=-\frac{1}{\rho_0^2}\left(\frac{4}{3}+\frac{\eta}{\mu}\right)\nabla\rho_1\times\nabla\frac{\partial\rho_1}{\partial t}\end{aligned}\tag{10.2.6d}$$

可见，即使一阶声场无旋，二阶声场也是有旋的，一阶声场是二阶声场的源函数. 但是当忽略黏性效应时，有 $\partial\boldsymbol{R}_2/\partial t=0$，如果初始时刻流体中无旋，则 $\boldsymbol{R}_2\equiv0$，即流体中的漩涡是由于黏性产生的.

说明：① 只有在远离边界情况下，才能忽略一阶场的旋度；② 如果考虑体膨胀黏度 η 是密度 ρ' 的函数，且对其作线性展开[注意：$\eta(\rho')$ 取线性近似，与速度场的散度相乘后就是二阶近似]，方程(10.2.6b)不变化，也就是说，尽管体变黏度与密度有关，但对二阶涡流

场不产生影响;③ 在非线性情况下,切变黏度 μ 一般也是应变率张量 S_{ij}的函数,但流体是各向同性的,如果 μ 是张量 S_{ij}的函数,也应该是二阶修正,与速度场相乘后变成三阶修正,因而可忽略.

10.2.2 Nyborg 声流理论

Nyborg 从流体受到的作用力角度出发考虑声流的计算问题. 显然,在黏性流体中,如果存在平均流(即声流),则流体一定受到一个相应的作用力(理想流体中,作用力为零也可以有稳定的流),只要求出这个等效的"作用力",就可以求出平均流.

首先考虑质量守恒方程的时间平均,对方程(10.2.1a)取时间平均,注意到有 $\langle \partial\rho/\partial t\rangle=0$,因此 $\nabla\cdot\langle\rho\boldsymbol{v}\rangle=0$,如果取 $\rho\approx\rho_0$ 近似为常量,则有

$$\nabla\cdot\langle\boldsymbol{v}\rangle\approx 0 \tag{10.2.7a}$$

故平均流(即声流)可看作不可压缩流体的流动. 其次,流体的动量守恒方程可写为

$$\frac{\partial(\rho\boldsymbol{v})}{\partial t}+\rho(\boldsymbol{v}\cdot\nabla)\boldsymbol{v}+\boldsymbol{v}\nabla\cdot(\rho\boldsymbol{v})=-\nabla P+\left(\eta+\frac{4}{3}\mu\right)\nabla(\nabla\cdot\boldsymbol{v})-\mu\nabla\times\nabla\times\boldsymbol{v} \tag{10.2.7b}$$

得到上式利用了张量运算关系 $\nabla\cdot(\rho\boldsymbol{vv})=\rho(\boldsymbol{v}\cdot\nabla)\boldsymbol{v}+\boldsymbol{v}\nabla\cdot(\rho\boldsymbol{v})$. 将上式两边取时间平均并且利用方程(10.2.7a)得到

$$-\langle\boldsymbol{F}\rangle=-\nabla\langle P\rangle-\mu\nabla\times\nabla\times\langle\boldsymbol{v}\rangle \tag{10.2.7c}$$

其中,为了方便定义

$$\langle\boldsymbol{F}\rangle\equiv-\langle\rho(\boldsymbol{v}\cdot\nabla)\boldsymbol{v}+\boldsymbol{v}\nabla\cdot(\rho\boldsymbol{v})\rangle \tag{10.2.7d}$$

另一方面,在外力 $\boldsymbol{F}_e$(单位密度流体受到的作用力)作用下,黏性流体的运动方程为

$$\rho\frac{\mathrm{d}\boldsymbol{v}}{\mathrm{d}t}=\boldsymbol{F}_e-\nabla P+\left(\eta+\frac{4}{3}\mu\right)\nabla(\nabla\cdot\boldsymbol{v})-\mu\nabla\times\nabla\times\boldsymbol{v} \tag{10.2.8a}$$

注意:① 对于不可压缩流体有 $\nabla\cdot\boldsymbol{v}=0$;② 如果流动是稳定的,即外力的作用仅克服黏性引起的阻力,而不引起流体质点的动量变化,即 $\rho\mathrm{d}\boldsymbol{v}/\mathrm{d}t=0$(注意:不仅仅是 $\partial\boldsymbol{v}/\partial t=0$,在 Euler 坐标系内,固定质点的动量变化为 $\rho\mathrm{d}\boldsymbol{v}/\mathrm{d}t$),则由上式,不可压缩黏性流体的稳定流动方程为

$$-\boldsymbol{F}_e=-\nabla P-\mu\nabla\times\nabla\times\boldsymbol{v} \tag{10.2.8b}$$

比较上式与方程(10.2.7c)可见:$\langle\boldsymbol{F}\rangle$ 相当于外力 $\boldsymbol{F}_e$,引起平均流 $\langle\boldsymbol{v}\rangle$. $\langle\boldsymbol{F}\rangle$ 就是我们所要求的"作用力". 方程(10.2.7c)是决定声辐射压力 $\langle P\rangle$ 与声流 $\langle\boldsymbol{v}\rangle$ 的一个基本方程. 为了消去 $\nabla\langle P\rangle$,对方程(10.2.7c)两边作用旋度算子,有

$$\mu\nabla^2\langle\boldsymbol{R}\rangle=-\nabla\times\langle\boldsymbol{F}\rangle \tag{10.2.8c}$$

其中,$\langle\boldsymbol{R}\rangle\equiv\nabla\times\langle\boldsymbol{v}\rangle$ 以及 $\nabla\times\nabla\times\langle\boldsymbol{R}\rangle=\nabla(\nabla\cdot\langle\nabla\times\boldsymbol{v}\rangle)-\nabla^2\langle\boldsymbol{R}\rangle=-\nabla^2\langle\boldsymbol{R}\rangle$,故 $\nabla\times\langle\boldsymbol{F}\rangle$ 也称为"旋涡源强度". 值得注意的是 $\langle\boldsymbol{F}\rangle$ 仍然是 $\langle\boldsymbol{v}\rangle$ 的函数,直接求解方程(10.2.8c)是困难的.

常用的方法还是逐级近似法，令

$$P-P_0=p_1+p_2+\cdots,\quad \rho-\rho_0=\rho_1+\rho_2+\cdots$$

$$\boldsymbol{v}=\boldsymbol{v}_1+\boldsymbol{v}_2+\cdots,\quad \langle \boldsymbol{F}\rangle=\langle \boldsymbol{F}\rangle_1+\langle \boldsymbol{F}\rangle_2+\cdots \tag{10.2.9a}$$

其中，一阶场 p_1、ρ_1 和 $\boldsymbol{v}_1$ 为线性声场，$\langle \boldsymbol{F}\rangle_1$ 为“作用力”的一阶量. 由方程(10.2.7c)和方程(10.2.7d)，一阶线性声场引起的“作用力”$\langle \boldsymbol{F}\rangle_1\equiv 0$(因为$\langle \boldsymbol{F}\rangle$本身是二阶量)，而$\langle p_1\rangle=0$ 和$\langle \boldsymbol{v}_1\rangle=0$，故对于一阶场而言，方程(10.2.7c)给出的是一个恒等式；对于二阶量，方程(10.2.7c)给出

$$-\langle \boldsymbol{F}\rangle_2=-\nabla\langle p_2\rangle-\mu\,\nabla\times\nabla\times\langle \boldsymbol{v}_2\rangle \tag{10.2.9b}$$

其中，“作用力”的二阶近似为

$$\langle \boldsymbol{F}\rangle_2\equiv-\rho_0\langle(\boldsymbol{v}_1\cdot\nabla)\boldsymbol{v}_1+\boldsymbol{v}_1\nabla\cdot\boldsymbol{v}_1\rangle \tag{10.2.9c}$$

另一方面，由质量守恒方程(10.2.1a)的时间平均得到二阶方程为

$$\nabla\cdot\langle \rho_0\boldsymbol{v}_2+\rho_1\boldsymbol{v}_1\rangle=0 \tag{10.2.10a}$$

即

$$\nabla\cdot\langle \boldsymbol{v}_2\rangle=-\frac{1}{\rho_0}\nabla\cdot\langle \rho_1\boldsymbol{v}_1\rangle=-\frac{1}{\rho_0}[\langle \boldsymbol{v}_1\cdot\nabla\rho_1\rangle+\langle \rho_1\nabla\cdot\boldsymbol{v}_1\rangle] \tag{10.2.10b}$$

利用 $\rho_1\approx p_1/c_0^2$ 和忽略黏性的线性方程$\partial\rho_1/\partial t+\rho_0\,\nabla\cdot\boldsymbol{v}_1=0$ 及 $\rho_0\partial\boldsymbol{v}_1/\partial t=-\nabla p_1$，上式变为

$$\nabla\cdot\langle \boldsymbol{v}_2\rangle=-\frac{1}{\rho_0}\nabla\cdot\langle \rho_1\boldsymbol{v}_1\rangle=\frac{1}{c_0^2\rho_0}\left\langle\frac{\partial w}{\partial t}\right\rangle=0 \tag{10.2.10c}$$

其中，w 为线性声场的能量密度，即

$$w=\frac{1}{2}\rho_0 v_1^2+\frac{1}{2\rho_0 c_0^2}p_1^2 \tag{10.2.10d}$$

最后，对方程(10.2.9b)取旋度得到决定声流的方程(注意：矢量场由它的旋度和散度唯一决定)：

$$\mu\,\nabla^2\langle \boldsymbol{R}_2\rangle=-\nabla\times\langle \boldsymbol{F}\rangle_2,\quad \nabla\cdot\langle \boldsymbol{v}_2\rangle=0 \tag{10.2.11}$$

其中，有$\langle \boldsymbol{R}_2\rangle\equiv\nabla\times\langle \boldsymbol{v}_2\rangle$，得到上式利用了关系$\nabla\times\nabla\times\langle \boldsymbol{R}_2\rangle=\nabla(\nabla\cdot\langle\nabla\times\boldsymbol{v}_2\rangle)-\nabla^2\langle \boldsymbol{R}_2\rangle=-\nabla^2\langle \boldsymbol{R}_2\rangle$. 当然，也可以直接用方程(10.2.9b)以及$\nabla\cdot\langle \boldsymbol{v}_2\rangle=0$ 得到方程(10.2.11).

一阶声场方程　一阶声场显然满足方程(10.2.3a)和方程(10.2.3b)，在忽略热传导效应情况下，或者满足方程(6.1.28a)和方程(6.1.28b)，即

$$\nabla^2\boldsymbol{v}_1+k_\mu^2\boldsymbol{v}_1=\left(1-\frac{k_\mu^2}{k_a^2}\right)\nabla(\nabla\cdot\boldsymbol{v}_1),\quad \nabla^2 p_1+k_a^2 p_1=0 \tag{10.2.12a}$$

其中，复波数 k_a 和 k_μ 满足

$$k_a^2\equiv\frac{\omega^2}{c_0^2-\mathrm{i}\omega(\eta+4\mu/3)/\rho_0},\quad k_\mu^2\equiv\mathrm{i}\frac{\rho_0\omega}{\mu} \tag{10.2.12b}$$

一旦求得一阶声场，从方程(10.2.9c)计算出等效作用力$\langle \boldsymbol{F}\rangle_2$，然后由方程(10.2.11)求得

声流$\langle \boldsymbol{v}_2 \rangle$. 由第 6 章中讨论可知,令 $\boldsymbol{v}_1=\boldsymbol{v}_a+\boldsymbol{v}_\mu=\nabla\Phi+\nabla\times\boldsymbol{\Psi}$(其中有 $\boldsymbol{v}_a=\nabla\Phi$ 和 $\boldsymbol{v}_\mu=\nabla\times\boldsymbol{\Psi}$),则方程(10.2.12a)的第一式等价于

$$\begin{matrix}\nabla^2\boldsymbol{v}_a+k_a^2\boldsymbol{v}_a=0, & \nabla\times\boldsymbol{v}_a=0 \\ \nabla^2\boldsymbol{v}_\mu+k_\mu^2\boldsymbol{v}_\mu=0, & \nabla\cdot\boldsymbol{v}_\mu=0\end{matrix} \quad \text{或者} \quad \begin{matrix}\nabla^2\Phi+k_a^2\Phi=0 \\ \nabla^2\boldsymbol{\Psi}+k_\mu^2\boldsymbol{\Psi}=0\end{matrix} \tag{10.2.12c}$$

把方程 $\boldsymbol{v}_1=\boldsymbol{v}_a+\boldsymbol{v}_\mu$ 代入方程(10.2.9c)得到

$$\begin{aligned}\langle \boldsymbol{F}\rangle_2=&-\rho_0\langle(\boldsymbol{v}_a\cdot\nabla)\boldsymbol{v}_a+\boldsymbol{v}_a\nabla\cdot\boldsymbol{v}_a\rangle\\&-\rho_0\langle(\boldsymbol{v}_a\cdot\nabla)\boldsymbol{v}_\mu+(\boldsymbol{v}_\mu\cdot\nabla)\boldsymbol{v}_a+(\boldsymbol{v}_\mu\cdot\nabla)\boldsymbol{v}_\mu+\boldsymbol{v}_\mu\nabla\cdot\boldsymbol{v}_a\rangle\end{aligned} \tag{10.2.13a}$$

其中,利用了关系$\nabla\cdot\boldsymbol{v}_\mu=0$. 如果不存在黏性,则由方程(10.2.9b)和方程(10.2.9c)可知

$$\rho_0\langle(\boldsymbol{v}_a\cdot\nabla)\boldsymbol{v}_a+\boldsymbol{v}_a\nabla\cdot\boldsymbol{v}_a\rangle\approx-\nabla\langle p_2\rangle \tag{10.2.13b}$$

即上式左边的"作用力"恰好与$\nabla\langle p_2\rangle$平衡. 因此,将上式和方程(10.2.13a)代入方程(10.2.9b)得到声流的近似方程:

$$\mu\nabla\times\nabla\times\langle \boldsymbol{v}_2\rangle\approx\langle \boldsymbol{F}'\rangle \quad \text{或者} \quad -\mu\nabla^2\langle \boldsymbol{v}_2\rangle\approx\langle \boldsymbol{F}'\rangle \tag{10.2.13c}$$

其中,$\nabla\cdot\langle \boldsymbol{v}_2\rangle=0$ 以及

$$\langle \boldsymbol{F}'\rangle\equiv-\rho_0\langle(\boldsymbol{v}_a\cdot\nabla)\boldsymbol{v}_\mu+(\boldsymbol{v}_\mu\cdot\nabla)\boldsymbol{v}_a+(\boldsymbol{v}_\mu\cdot\nabla)\boldsymbol{v}_\mu+\boldsymbol{v}_\mu\nabla\cdot\boldsymbol{v}_a\rangle \tag{10.2.13d}$$

这样压力梯度$\nabla\langle p_2\rangle$就不出现在声流的方程中. 上式和方程(10.2.13c)就是求声流的基本方程. 注意:因 $\boldsymbol{v}_1=\boldsymbol{v}_a+\boldsymbol{v}_\mu$,故上式中的 $\boldsymbol{v}_a$ 和 $\boldsymbol{v}_\mu$ 都是一阶声场,满足方程(10.2.12c).

Lagrange 坐标下的声流 显然$\langle \boldsymbol{v}_2\rangle$是 Euler 坐标内的声流速度场,而不是某一固定质点的平均速度(即声流). 由方程(1.1.10b)可知,在 Lagrange 坐标中的声流为

$$\langle \boldsymbol{U}_2\rangle=\langle \boldsymbol{v}_2\rangle+\langle(\boldsymbol{\xi}\cdot\nabla)\boldsymbol{v}_1\rangle=\langle \boldsymbol{v}_2\rangle+\left\langle\left(\int\boldsymbol{v}_1\mathrm{d}t\cdot\nabla\right)\boldsymbol{v}_1\right\rangle \tag{10.2.14}$$

与 Eckart 理论的比较 方程(10.2.9c)中一阶线性声场满足方程(10.2.3a)和(10.2.3b),将其代入方程(10.2.9c)有

$$\begin{aligned}\langle \boldsymbol{F}\rangle_2&=-\rho_0\left\langle\nabla\left(\frac{v_1^2}{2}\right)-\boldsymbol{v}_1\times\boldsymbol{R}_1-\frac{1}{\rho_0}\boldsymbol{v}_1\frac{\partial\rho_1}{\partial t}\right\rangle\\&=\left\langle-\frac{1}{2}\nabla\left(\rho_0v_1^2+\frac{c_0^2}{\rho_0}\rho_1^2\right)+\rho_0\boldsymbol{v}_1\times\boldsymbol{R}_1\right\rangle\\&\quad+\left\langle\frac{1}{\rho_0^2}\left(\eta+\frac{4}{3}\mu\right)\rho_1\nabla\frac{\partial\rho_1}{\partial t}+\frac{\mu}{\rho_0}\rho_1\nabla\times\boldsymbol{R}_1\right\rangle\end{aligned} \tag{10.2.15a}$$

因此,二阶"作用力"的旋度为

$$\nabla\times\langle \boldsymbol{F}\rangle_2=\frac{1}{\rho_0^2}\left(\eta+\frac{4}{3}\mu\right)\left\langle\nabla\rho_1\times\nabla\frac{\partial\rho_1}{\partial t}\right\rangle+\rho_0\nabla\times\langle\boldsymbol{v}_1\times\boldsymbol{R}_1\rangle+\frac{\mu}{\rho_0}\nabla\times\langle\rho_1\nabla\times\boldsymbol{R}_1\rangle \tag{10.2.15b}$$

将上式代入方程(10.2.11)即得到方程(10.2.6c). 因此,在二阶近似下,Nyborg声流理论与Eckart理论在平衡态情况下是一致的. 注意:Nyborg声流理论中作了时间平均,故其仅仅给出了平衡态的声流空间分布.

10.2.3 刚性平面界面附近的声流

考虑两个刚性平面界面:如图10.2.1所示,平面位于 $y=\pm H$ 处. 我们首先来讨论一阶声场的传播模式,为简单起见,假定声波在 Oxy 平面内传播,即问题与 z 无关,故矢量势只有 z 方向分量:$\boldsymbol{\Psi}=\Psi(x,y)\boldsymbol{e}_z$. 于是,由方程(10.2.12c)可知,基本方程和黏性边界条件为

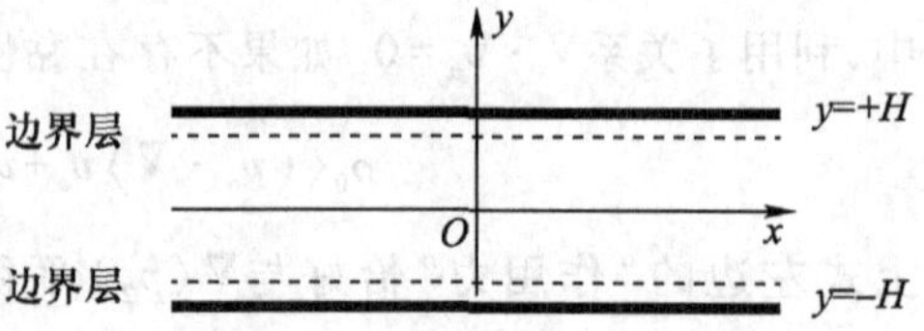

图 10.2.1 两个刚性平面界面

$$\frac{\partial^2\Phi(x,y)}{\partial x^2}+\frac{\partial^2\Phi(x,y)}{\partial y^2}+k_a^2\Phi(x,y)=0$$
$$\frac{\partial^2\Psi(x,y)}{\partial x^2}+\frac{\partial^2\Psi(x,y)}{\partial y^2}+k_\mu^2\Psi(x,y)=0 \tag{10.2.16a}$$

以及

$$\boldsymbol{v}_1(x,y)\big|_{y=\pm H}=[\boldsymbol{v}_a(x,y)+\boldsymbol{v}_\mu(x,y)]\big|_{y=\pm H}$$
$$=\{\nabla\Phi(x,y)+\nabla\times[\Psi(x,y)\boldsymbol{e}_z]\}_{y=\pm H}=0 \tag{10.2.16b}$$

写成分量形式为

$$\left[\frac{\partial\Phi(x,y)}{\partial x}+\frac{\partial\Psi(x,y)}{\partial y}\right]_{y=\pm H}=0$$
$$\left[\frac{\partial\Phi(x,y)}{\partial y}-\frac{\partial\Psi(x,y)}{\partial x}\right]_{y=\pm H}=0 \tag{10.2.16c}$$

设声波沿 x 传播,令

$$\Phi(x,y)=\Phi(y)\exp(\mathrm{i}k_x x),\quad \Psi(x,y)=\Psi(y)\exp(\mathrm{i}k_x x) \tag{10.2.17a}$$

将上式代入方程(10.2.16a)得到

$$\frac{\partial^2\Phi(y)}{\partial y^2}-(k_x^2-k_a^2)\Phi(y)=0$$
$$\frac{\partial^2\Psi(y)}{\partial y^2}-(k_x^2-k_\mu^2)\Psi(y)=0 \tag{10.2.17b}$$

由于对称性,$\Phi(y)$应取 y 的偶函数,而 $\Psi(y)$应取 y 的奇函数,另外,由于 $y=\pm H$ 边界的存在,上式取驻波形式的解:

$$\Phi(y)=\Phi_0\cosh(\alpha y),\quad \Psi(y)=\Psi_0\sinh(\beta y) \tag{10.2.17c}$$

其中，有 $\alpha\equiv\sqrt{k_x^2-k_a^2}$ 和 $\beta=\sqrt{k_x^2-k_\mu^2}$. 由上式和方程(10.2.17a)可知，速度场为

$$v_{1x}=\frac{\partial\Phi(x,y)}{\partial x}+\frac{\partial\Psi(x,y)}{\partial y}=[\mathrm{i}k_x\Phi_0\cosh(\alpha y)+\Psi_0\beta\cosh(\beta y)]\mathrm{e}^{\mathrm{i}k_x x}\quad(10.2.18a)$$

以及

$$v_{1y}=\frac{\partial\Phi(x,y)}{\partial y}-\frac{\partial\Psi(x,y)}{\partial x}=[\alpha\Phi_0\sinh(\alpha y)-\mathrm{i}k_x\Psi_0\sinh(\beta y)]\mathrm{e}^{\mathrm{i}k_x x}\quad(10.2.18b)$$

注意：由方程(10.2.17c)得到的 v_{1x} 是 y 的偶函数，而 v_{1y} 是 y 的奇函数. 由黏性边界条件得到

$$\begin{aligned}&\mathrm{i}k_x\Phi_0\cosh(\alpha H)+\Psi_0\beta\cosh(\beta H)=0\\&\alpha\Phi_0\sinh(\alpha H)-\mathrm{i}k_x\Psi_0\sinh(\beta H)=0\end{aligned}\quad(10.2.18c)$$

上式存在非零解的条件为

$$(k_a^2+\alpha^2)\tanh(\beta H)=\alpha\beta\tanh(\alpha H)\quad(10.2.18d)$$

上式是决定 x 方向传播波数 k_x 的本征方程. 取近似：① 对于一般的频率(即使在超声频段)有 $|k_a^2/k_\mu^2|\sim\omega\mu/\rho_0c_0^2\ll1$(即声波波长远大于边界层厚度)，故 $(k_x^2-k_\mu^2)\sim-k_\mu^2$, $\beta=\sqrt{k_x^2-k_\mu^2}\sim\mathrm{i}k_\mu$；② 声波波长远大于两个刚性平面间的距离 $2H$；③ H 远大于边界层厚度. 故 $\alpha H\sim H/\lambda$ 是小量，而 $\beta H\sim H/d_\mu$ 是大量，于是有近似关系 $\tanh(\beta H)\approx1$ 和 $\tanh(\alpha H)\approx\alpha H$，将其代入方程(10.2.18d)得到

$$k_x^2\approx H(k_x^2-k_a^2)\sqrt{k_x^2-k_\mu^2}\quad\text{或者}\quad k_x\approx\pm k_a\left(1-\frac{\mathrm{i}}{2k_\mu H}\right)\quad(10.2.19a)$$

其中，“+”号和“-”号分别表示向 $+x$ 轴和 $-x$ 轴传播.

在边界 $y=-H$ 附近(注意：$y<0$)，近似有关系：$\cosh(\alpha y)\approx1$, $\sinh(\alpha y)\sim\alpha y$ 以及 $\cosh(\beta y)\sim\mathrm{e}^{-\beta y}/2$, $\sinh(\beta y)\sim-\mathrm{e}^{-\beta y}/2$，方程(10.2.18a)和方程(10.2.18b)可以近似写为

$$\begin{aligned}&v_{1x}(x,y)\approx v_0[-1+\mathrm{e}^{-\beta(y+H)}]\exp(\mathrm{i}k_x x)\\&v_{1y}(x,y)\approx\mathrm{i}v_0\frac{k_x}{\beta}\left[\frac{y}{H}+\mathrm{e}^{-\beta(y+H)}\right]\exp(\mathrm{i}k_x x)\end{aligned}\quad(10.2.19b)$$

其中，有 $v_0\equiv-\mathrm{i}k_x\Phi_0$. 因方程(10.2.17b)是齐次方程，可以乘任意常量. 当 k_x 取负值时，我们得到向 $-x$ 轴方向传播的波. 将所得的方程与上式相加得到驻波形式的解：

$$\begin{aligned}&v_{1x}(x,y)\approx v_0[-1+\mathrm{e}^{-\beta(y+H)}]\cos(k_x x)\\&v_{1y}(x,y)\approx-v_0\frac{k_x}{\beta}\left[\frac{y}{H}+\mathrm{e}^{-\beta(y+H)}\right]\sin(k_x x)\end{aligned}\quad(10.2.20a)$$

上式乘时间因子 $\mathrm{e}^{-\mathrm{i}\omega t}$ 后取实部得到

$$v_{1x}\approx -v_0\left[\cos(\omega t)-\cos\left(\frac{y+H}{d_\mu}+\omega t\right)\mathrm{e}^{(y+H)/d_\mu}\right]\cos(k_0x)$$

$$v_{1y}\approx v_0\frac{k_0d_\mu}{\sqrt{2}}\left[\frac{y}{H}\cos\left(\omega t-\frac{\pi}{4}\right)+\cos\left(\frac{y+H}{d_\mu}+\omega t-\frac{\pi}{4}\right)\mathrm{e}^{(y+H)/d_\mu}\right]\sin(k_0x) \tag{10.2.20b}$$

其中,$d_\mu=\sqrt{2\mu/\rho_0\omega}$为边界层厚度. 注意:① 取 $k_x\approx k_a\approx\omega/c_0=k_0$;② 声流计算是二阶运算,速度场必须取实部;③ 上式仅在 $y=-H$ 附近成立.

显然,如果把上式中 $v_a\equiv v_0\cos(k_0x)\cos(\omega t)$看作几乎平行于 x 轴入射的驻波场,则方程(10.2.20b)表示平行板(在 $y=-H$ 附近)的一阶声场. 为方便起见,作坐标平移 $y+H\to y$,即把 $y=-H$ 处的刚性板平移到 $y=0$ 处,则上式变成

$$v_{1x}\approx -v_0\left[\cos(\omega t)-\cos\left(\frac{y}{d_\mu}+\omega t\right)\mathrm{e}^{-y/d_\mu}\right]\cos(k_0x)$$

$$v_{1y}\approx -v_0\frac{k_0d_\mu}{\sqrt{2}}\left[\frac{H-y}{H}\cos\left(\omega t-\frac{\pi}{4}\right)-\cos\left(\frac{y}{d_\mu}+\omega t-\frac{\pi}{4}\right)\mathrm{e}^{-y/d_\mu}\right]\sin(k_0x) \tag{10.2.20c}$$

不难表明,上式满足黏性边界条件 $v_{1x}\big|_{y=0}\approx v_{1y}\big|_{y=0}\approx 0$. 由方程(10.2.18a)和方程(10.2.18b)可知,v_{1x}和 v_{1y} 的第一项表示无旋部分 $\boldsymbol{v}_a=(v_{ax},v_{ay})$,而第二项代表无散部分 $\boldsymbol{v}_\mu=(v_{\mu x},v_{\mu y})$:

$$v_{ax}\approx -v_0\cos(k_0x)\cos(\omega t)$$

$$v_{ay}\approx -v_0\frac{k_0d_\mu}{\sqrt{2}}\cdot\frac{H-y}{H}\sin(k_0x)\cos\left(\omega t-\frac{\pi}{4}\right) \tag{10.2.21a}$$

以及

$$v_{\mu x}\approx v_0\cos\left(\frac{y}{d_\mu}+\omega t\right)\mathrm{e}^{y/d_\mu}\cos(k_0x)$$

$$v_{\mu y}\approx v_0\frac{k_0d_\mu}{\sqrt{2}}\cos\left(\frac{y}{d_\mu}+\omega t-\frac{\pi}{4}\right)\mathrm{e}^{y/d_\mu}\sin(k_0x) \tag{10.2.21b}$$

注意:上式和方程(10.2.21a)仅在刚性界面附近区域($0<y<\delta$)成立. 将方程(10.2.21a)和方程(10.2.21b)代入方程(10.2.13d)可以得到"作用力"$\langle\boldsymbol{F}'\rangle=[\langle\boldsymbol{F}'\rangle_x,\langle\boldsymbol{F}'\rangle_y]$,代入方程(10.2.13c)得到

$$-\mu\left(\frac{\partial^2}{\partial x^2}+\frac{\partial^2}{\partial y^2}\right)\langle v_{2x}\rangle\approx\langle\boldsymbol{F}'\rangle_x,\quad -\mu\left(\frac{\partial^2}{\partial x^2}+\frac{\partial^2}{\partial y^2}\right)\langle v_{2y}\rangle\approx\langle\boldsymbol{F}'\rangle_y \tag{10.2.22a}$$

其中,"作用力"经详细计算后得到近似关系(见习题 10.8):

$$\langle\boldsymbol{F}'\rangle_x\sim -v_0^2f(y)\sin(2k_0x)$$

$$\langle\boldsymbol{F}'\rangle_y\sim -v_0^2g(y)\cos(2k_0x) \tag{10.2.22b}$$

其中,$f(y)$和 $g(y)$是 y 的已知函数. 详细求声流$\langle\boldsymbol{v}_2\rangle$是麻烦的,但不困难(见习题 10.8).

我们仅讨论$\langle \boldsymbol{v}_2 \rangle$的主要特征，声流$\langle \boldsymbol{v}_2 \rangle = \langle v_{2x} \rangle \boldsymbol{e}_x + \langle v_{2y} \rangle \boldsymbol{e}_y$的近似关系为

$$\langle v_{2x}(x,y) \rangle \sim -\frac{v_0^2}{c_0}\sin(2k_0x)F(y)$$
$$\langle v_{2y}(x,y) \rangle \sim -(k_0 d_\mu)\frac{v_0^2}{c_0}\cos(2k_0x)G(y) \tag{10.2.22c}$$

其中，函数$F(y)$和$G(y)$随y增加而衰减. 因为入射驻波场$v_a \sim v_0\cos(k_0x)\cos(\omega t)$的空间周期为$2\pi/k_0$，而声流$\langle \boldsymbol{v}_2 \rangle$的空间周期为$\pi/k_0$，在入射波的一个空间周期内，声流的速度方向改变两次，如图 10.2.2 所示.

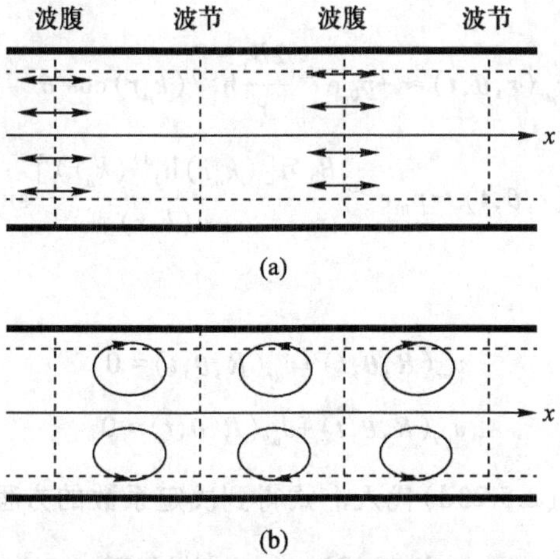

图 10.2.2　驻波场形成的声流：入射驻波场(a)的空间周期是声流旋涡(b)空间周期的两倍

10.2.4　刚性微球附近的微声流

设微球处于入射声场中，总声场由入射场和散射场构成. 但是在球附近，由于黏滞效应而存在边界层，球表面的速度(法向和切向速度)为零. 为简单起见，忽略热传导效应，一阶场满足方程(10.2.12a). 注意：如果考虑热传导效应，严格求解是非常困难的，由第 6 章讨论可知，声压场、温度场和旋波场是相互耦合的.

行波场　考虑简单的情况，即平面波入射到刚性小球上所产生的声流，设半径为R的球位于坐标原点，入射声波为z轴方向的行波：

$$p_i(z,t) = p_{0i}\exp[i(k_a z - \omega t)] \tag{10.2.23a}$$

其中，复波数k_a由方程(10.2.12b)的第一式决定. 对入射和散射声场而言，一般可取$k_a \approx \omega/c_0 \equiv k_0$. 由 6.2.4 小节讨论可知，当球半径满足$|k_aR| \ll 1$，球外总声压场写为

$$\begin{aligned} p(r,\theta,t) \approx & p_{0i}e^{-i\omega t}[j_0(k_0r) + 3ij_1(k_0r)\cos\theta] \\ & + p_{0i}e^{-i\omega t}[A_0 h_0^{(1)}(k_0r) + 3iA_1 h_1^{(1)}(k_0r)\cos\theta] \end{aligned} \tag{10.2.23b}$$

其中，A_l 是待定系数. 相应的速度场的无旋场部分为

$$v_{ar}(r,\theta,t)\approx\frac{p_{0i}e^{-i\omega t}}{i\rho_0c_0}\left[\frac{dj_0(k_0r)}{d(k_0r)}+3i\frac{dj_1(k_0r)}{d(k_0r)}\cos\theta\right]$$

$$+\frac{p_{0i}e^{-i\omega t}}{i\rho_0c_0}\left[A_0\frac{dh_0^{(1)}(k_0r)}{d(k_0r)}+3iA_1\frac{dh_1^{(1)}(k_0r)}{d(k_0r)}\cos\theta\right] \tag{10.2.23c}$$

$$v_{a\theta}(r,\theta,t)\approx-\frac{3p_{0i}e^{-i\omega t}}{\rho_0c_0k_0r}[j_1(k_0r)+A_1h_1^{(1)}(k_0r)]\sin\theta$$

有旋场部分由方程(6.1.32b)决定，即

$$v_{\mu r}(r,\theta,t)\approx-p_{0i}e^{-i\omega t}\frac{2B_1}{r}h_1^{(1)}(k_\mu r)\cos\theta$$

$$v_{\mu\theta}(r,\theta,t)\approx p_{0i}e^{-i\omega t}\frac{B_1}{r}\frac{d[(k_\mu r)h_1^{(1)}(k_\mu r)]}{d(k_\mu r)}\sin\theta \tag{10.2.23d}$$

黏滞边界条件为

$$v_{ar}(R,\theta,t)+v_{\mu r}(R,\theta,t)=0$$

$$v_{a\theta}(R,\theta,t)+v_{\mu\theta}(R,\theta,t)=0 \tag{10.2.23e}$$

将方程(10.2.23c)和方程(2.5.23d)代入上式得到决定系数的方程：

$$\frac{dj_0(k_0R)}{d(k_0R)}+A_0\frac{dh_0^{(1)}(k_0R)}{d(k_0R)}=0$$

$$\frac{3}{\rho_0c_0}\left[\frac{dj_1(k_0R)}{d(k_0R)}+A_1\frac{dh_1^{(1)}(k_0R)}{d(k_0R)}\right]-\frac{2B_1}{R}h_1^{(1)}(k_\mu R)=0 \tag{10.2.24a}$$

$$-\frac{3}{\rho_0c_0k_0}[j_1(k_0R)+A_1h_1^{(1)}(k_0R)]+B_1\frac{d[(k_\mu R)h_1^{(1)}(k_\mu R)]}{d(k_\mu R)}=0$$

由于 $k_0R\ll1$，利用近似关系 $j_0'(x)\approx-x/3$ 和 $h_0'^{(1)}(x)\approx i/x^2$，容易从上式第一个方程得

$$A_0\approx-i\frac{(k_0R)^3}{3} \tag{10.2.24b}$$

对以 k_0R 为宗量的球函数，可以利用近似关系：$j_1(x)\approx x/3$，$j_1'(x)\approx1/3$ 以及 $h_1^{(1)}(x)\approx-i/x^2$ 和 $h_1'^{(1)}(x)\approx2i/x^3$；然而对以 $k_\mu R$ 为宗量的球函数，注意到有物理参量：$d_\mu\sim10^{-4}$ cm，$R\sim1.0\times10^{-3}$ cm，$|k_\mu R|\gg1$，故对 $h_0^{(1)}(k_\mu R)$ 和 $h_1^{(1)}(k_\mu R)$ 是作大参数展开：

$$h_1^{(1)}(x)\approx-\frac{1}{x}\exp(ix),\quad h_1'^{(1)}(x)\approx-\frac{i}{x}\exp(ix) \tag{10.2.24c}$$

于是，方程(10.2.24a)的第二、第三式近似为

$$\frac{3}{\rho_0 c_0}\left[\frac{1}{3}+A_1\frac{2\mathrm{i}}{(k_0R)^3}\right]+\frac{2B_1}{R}\frac{1}{k_\mu R}\exp(\mathrm{i}k_\mu R)\approx 0$$

$$-\frac{3}{\rho_0 c_0 k_0}\left[\frac{k_0R}{3}-\frac{\mathrm{i}}{(k_0R)^2}A_1\right]-\frac{B_1}{k_\mu R}(1+\mathrm{i}k_\mu R)\exp(\mathrm{i}k_\mu R)\approx 0 \tag{10.2.25a}$$

从上式不难得到 A_1 和 B_1 的表达式，令

$$A_1\approx(k_0R)^3A',\quad B_1\approx\frac{k_\mu R^2}{\rho_0 c_0}\exp(-\mathrm{i}k_\mu R)B' \tag{10.2.25b}$$

方程(10.2.25a)化成较简单形式为

$$(1+6\mathrm{i}A')+2B'\approx 0,\quad (1-3\mathrm{i}A')+(1+\mathrm{i}k_\mu R)B'\approx 0 \tag{10.2.25c}$$

因此，在微球附近 $r\sim R$ 的边界层区域一阶无旋速度场近似为

$$v_{ar}(r,\theta,t)\approx-\mathrm{i}\frac{p_{0\mathrm{i}}}{\rho_0c_0}\left(\mathrm{i}-6A'\frac{R^3}{r^3}\right)\cos\theta\mathrm{e}^{-\mathrm{i}\omega t}$$

$$v_{a\theta}(r,\theta,t)\approx-\frac{p_{0\mathrm{i}}}{\rho_0c_0}\left(1-3\mathrm{i}A'\frac{R^3}{r^3}\right)\sin\theta\mathrm{e}^{-\mathrm{i}\omega t} \tag{10.2.26a}$$

以及一阶无散速度场近似为

$$v_{\mu r}(r,\theta,t)\approx\frac{2p_{0\mathrm{i}}B'}{\rho_0c_0}\frac{R^2}{r^2}\exp[\mathrm{i}k_\mu(r-R)]\cos\theta\mathrm{e}^{-\mathrm{i}\omega t}$$

$$v_{\mu\theta}(r,\theta,t)\approx-\frac{p_{0\mathrm{i}}B'}{\rho_0c_0}\frac{R^2}{r^2}(1+\mathrm{i}k_\mu r)\exp[\mathrm{i}k_\mu(r-R)]\sin\theta\mathrm{e}^{-\mathrm{i}\omega t} \tag{10.2.26b}$$

注意到：在微球附近有 $r\sim R$，方程(10.2.26a)和方程(10.2.26b)可以简化成

$$v_{ar}(r,\theta,t)\approx-\mathrm{i}\frac{p_{0\mathrm{i}}}{\rho_0c_0}(\mathrm{i}-6A')\cos\theta\mathrm{e}^{-\mathrm{i}\omega t}$$

$$v_{a\theta}(r,\theta,t)\approx-\frac{p_{0\mathrm{i}}}{\rho_0c_0}(1-3\mathrm{i}A')\sin\theta\mathrm{e}^{-\mathrm{i}\omega t} \tag{10.2.27a}$$

以及

$$v_{\mu r}(r,\theta,t)\approx\frac{2p_{0\mathrm{i}}B'}{\rho_0c_0}\exp[\mathrm{i}k_\mu(r-R)]\cos\theta\mathrm{e}^{-\mathrm{i}\omega t}$$

$$v_{\mu\theta}(r,\theta,t)\approx-\frac{p_{0\mathrm{i}}B'}{\rho_0c_0}(1+\mathrm{i}k_\mu r)\exp[\mathrm{i}k_\mu(r-R)]\sin\theta\mathrm{e}^{-\mathrm{i}\omega t} \tag{10.2.27b}$$

但在涉及 $k_\mu r$ 的变化时，必须保留指数上的变化（因为 k_μ 很大）. 将方程(10.2.26a)和方程(10.2.26b)（注意：取实部，声流涉及平方运算）代入方程(10.2.13d)，可以得到“作用力” $\langle \boldsymbol{F}'\rangle=\langle F_r'\rangle\boldsymbol{e}_r+\langle F_\theta'\rangle\boldsymbol{e}_\theta$，在球坐标下，“作用力”的表达式甚为复杂，不进一步写出（作为习题）.

声流$\langle \boldsymbol{v}_2 \rangle = \langle v_{2r} \rangle \boldsymbol{e}_r + \langle v_{2\theta} \rangle \boldsymbol{e}_\theta$满足的方程为

$$\begin{aligned} \nabla^2 \langle v_{2r} \rangle - \frac{2}{r^2}\left[\langle v_{2r} \rangle + \frac{1}{\sin\theta}\frac{\partial}{\partial\theta}(\sin\theta\langle v_{2\theta}\rangle) \right] &= -\langle F_r' \rangle \\ \nabla^2 \langle v_{2\theta} \rangle + \frac{2}{r^2}\left(\frac{\partial\langle v_{2r}\rangle}{\partial\theta} - \frac{\langle v_{2\theta}\rangle}{2\sin^2\theta} \right) &= -\langle F_\theta' \rangle \end{aligned} \tag{10.2.28a}$$

详细计算声流$\langle \boldsymbol{v}_2 \rangle$过于繁复,我们仅讨论$\langle \boldsymbol{v}_2 \rangle$的主要特征:将声流写成$\langle \boldsymbol{v}_2 \rangle = \langle \boldsymbol{v}_2 \rangle_{l=0} + \langle \boldsymbol{v}_2 \rangle_{l=1}$,其中$\langle \boldsymbol{v}_2 \rangle_{l=0}$和$\langle \boldsymbol{v}_2 \rangle_{l=1}$分别是零阶模式($l=0$,在入射声场展开中与$\theta$无关的部分)和一阶模式($l=1$,在入射声场展开中与$\cos\theta$成正比的部分),近似关系为(见习题 10.9)

$$\begin{aligned} \langle v_{2r} \rangle_{l=0} \sim P_1(\cos\theta), \quad \langle v_{2\theta} \rangle_{l=0} \sim \sin\theta \\ \langle v_{2r} \rangle_{l=1} \sim P_2(\cos\theta), \quad \langle v_{2\theta} \rangle_{l=1} \sim \sin 2\theta \end{aligned} \tag{10.2.28b}$$

驻波场 设刚性小球位于平面驻波场中$z=Z$处,如图 10.1.1 所示. 由方程(10.1.11b)和方程(10.1.11c)可知,小球不存在时的驻波声场为

$$p_{\mathrm{i}}(r,\theta,t) = \frac{p_{0\mathrm{i}}}{2\mathrm{i}}\mathrm{e}^{-\mathrm{i}\omega t}\sum_{l=0}^{\infty}(2l+1)[\mathrm{e}^{\mathrm{i}k_0 Z} - (-1)^l \mathrm{e}^{-\mathrm{i}k_0 Z}]\mathrm{i}^l \mathrm{P}_l(\cos\theta)\mathrm{j}_l(k_0 r) \tag{10.2.29a}$$

球外总声场为驻波声场与散射声场之和,即

$$\begin{aligned} p(r,\theta,t) = {} & p_{0\mathrm{i}}\mathrm{e}^{-\mathrm{i}\omega t}\sum_{l=0}^{\infty}\frac{2l+1}{2\mathrm{i}}[\mathrm{e}^{\mathrm{i}k_0 Z} - (-1)^l \mathrm{e}^{-\mathrm{i}k_0 Z}]\mathrm{i}^l \mathrm{P}_l(\cos\theta)\mathrm{j}_l(k_0 r) \\ & + p_{0\mathrm{i}}\mathrm{e}^{-\mathrm{i}\omega t}\sum_{l=0}^{\infty}(2l+1)\mathrm{i}^l A_l \mathrm{h}_l^{(1)}(k_0 r)\mathrm{P}_l(\cos\theta) \end{aligned} \tag{10.2.29b}$$

取级数的前两项:

$$\begin{aligned} p(r,\theta,t) \approx {} & p_{0\mathrm{i}}\mathrm{e}^{-\mathrm{i}\omega t}[\sin(k_0 Z)\mathrm{j}_0(k_0 r) + 3\cos(k_0 Z)\mathrm{j}_1(k_0 r)\cos\theta] \\ & + p_{0\mathrm{i}}\mathrm{e}^{-\mathrm{i}\omega t}[A_0 \mathrm{h}_0^{(1)}(k_0 r) + 3\mathrm{i}A_1 \mathrm{h}_1^{(1)}(k_0 r)\cos\theta] \end{aligned} \tag{10.2.30a}$$

相应的速度场的无旋场部分为

$$\begin{aligned} v_{ar}(r,\theta,t) \approx {} & \frac{p_{0\mathrm{i}}\mathrm{e}^{-\mathrm{i}\omega t}}{\mathrm{i}\rho_0 c_0}\left[\sin(k_0 Z)\frac{\mathrm{d}\mathrm{j}_0(k_0 r)}{\mathrm{d}(k_0 r)} + 3\cos(k_0 Z)\frac{\mathrm{d}\mathrm{j}_1(k_0 r)}{\mathrm{d}(k_0 r)}\cos\theta \right] \\ & + \frac{p_{0\mathrm{i}}\mathrm{e}^{-\mathrm{i}\omega t}}{\mathrm{i}\rho_0 c_0}\left[A_0\frac{\mathrm{d}\mathrm{h}_0^{(1)}(k_0 r)}{\mathrm{d}(k_0 r)} + 3\mathrm{i}A_1\frac{\mathrm{d}\mathrm{h}_1^{(1)}(k_0 r)}{\mathrm{d}(k_0 r)}\cos\theta \right] \\ v_{a\theta}(r,\theta,t) \approx {} & -\frac{3p_{0\mathrm{i}}\mathrm{e}^{-\mathrm{i}\omega t}}{\mathrm{i}\rho_0 c_0 k_0 r}[\cos(k_0 Z)\mathrm{j}_1(k_0 r) + \mathrm{i}A_1 \mathrm{h}_1^{(1)}(k_0 r)]\sin\theta \end{aligned} \tag{10.2.30b}$$

有旋场部分(注意:在 10.1 节中,可以忽略黏性,仍然存在辐射压力,而在这里,黏性不能忽略,否则就不存在声流了)以及黏性边界条件仍然由方程(10.2.23d)和方程(10.2.23e)决定. 将方程(10.2.30b)和方程(10.2.23d)代入边界条件方程(10.2.23e)得到

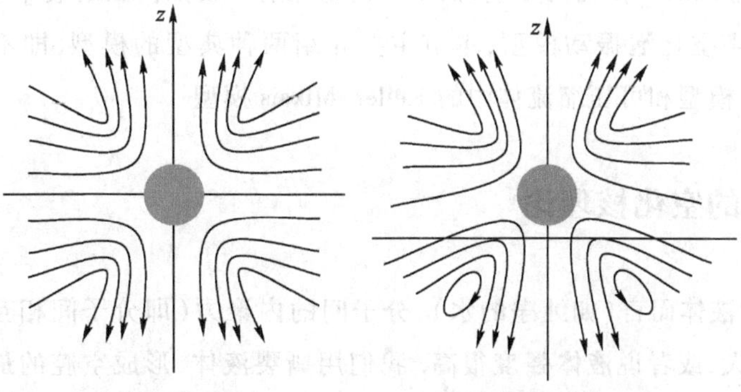

图 10.2.3　刚性小球在平面驻波场中附近的声流流线示意图

$$\sin(k_0Z)\frac{\mathrm{dj}_0(k_0R)}{\mathrm{d}(k_0R)}+A_0\frac{\mathrm{dh}_0^{(1)}(k_0R)}{\mathrm{d}(k_0R)}=0$$

$$\frac{3}{\rho_0c_0}\left[-\mathrm{i}\cos(k_0Z)\frac{\mathrm{dj}_1(k_0R)}{\mathrm{d}(k_0R)}+A_1\frac{\mathrm{dh}_1^{(1)}(k_0R)}{\mathrm{d}(k_0R)}\right]-\frac{2B_1}{R}\mathrm{h}_1^{(1)}(k_\mu R)=0 \quad (10.2.30\mathrm{c})$$

$$-\frac{3}{\rho_0c_0k_0}[-\mathrm{i}\cos(k_0Z)\mathrm{j}_1(k_0R)+A_1\mathrm{h}_1^{(1)}(k_0R)]+B_1\frac{\mathrm{d}[(k_\mu R)\mathrm{h}_1^{(1)}(k_\mu R)]}{\mathrm{d}(k_\mu R)}=0$$

上式与方程(10.2.24a)类似,进一步的讨论也类似. 同样,一旦求得一阶场,可以由方程(10.2.13d)得到"作用力"$\langle \boldsymbol{F}' \rangle$,继而由方程得到二阶声流$\langle \boldsymbol{v}_2 \rangle$. 图 10.2.3(a)给出了当小球位于 $Z=0$ 处时,声流的流线示意图,从图可见,声流流线由两对关于水平轴对称的旋涡组成;当小球偏离驻波的节点,有 $k_0Z=\pi/4$,如图 10.2.3(b)所示,声流流线关于水平轴的对称性没有了,但系统仍然关于 z 轴对称(见习题 10.10).

10.3　声空化效应

通常液体中已经存在一定量的微气泡(半径为亚微米量级),这类微气泡称为**空化核**. 如果没有声波通过,微气泡与周围液体处于二相平衡状态:温度平衡(气泡内气体的温度等于周围液体的温度,保证没有内能交换)、化学势平衡(气泡内气体的化学势等于周围液体的化学势,保证没有质量交换)以及压力平衡(气泡内混合物的压力等于周围液体的压力,保证没有动量交换). 当液体中有声波通过时,正半周($p>0$)使局部压力增加,而负半周($p<0$)使局部压力减小,当声压振幅达到一定的极限值(称为**空化阈值**)时,声压的负半周使微气泡的半径迅速增大,在液体中形成较大的空腔,这种现象称为**声空化效应**(acoustic cavitation). 与 9.3 节略有区别的是,在该节中,我们假定流体中已经存在大量的

空气泡，从而要考虑对声传播的影响，而本节讨论入射声波如何激励液体中气泡的形成和发展. 存在多种声空化泡振动模型，本节主要介绍两种典型的模型，即不可压缩流体的 Rayleigh-Plesset 模型和可压缩流体中的 Keller-Miksis 模型.

10.3.1 液体的空化核理论

对于纯净的液体而言(如纯净的水)，分子间的内聚力(即分子间相互吸引而形成液态的作用力)很大，或者说**液体强度**很高. 我们用撕裂液体、形成空腔的最小作用力来定量表征液体的强度：设想液体中存在一个面 S，在外力 f(单位面积的力，即压强)的作用下形成空腔(见图 10.3.1)，那么所需的最小外力就是液体强度. 对温度为 20 ℃的纯水来说，液体的理论强度为 3.25×10^8 Pa. 如果希望用声波的负压把液体撕裂，则声压振幅至少必须是 $p_0\sim3.25\times10^8$ Pa，相应的声强为

$$I=\frac{p_0^2}{2\rho_0c_0}\sim\frac{(3.25)^2\times10^{16}}{2\times10^3\times1.5\times10^3}\mathrm{W/m^2}\sim3.52\times10^{10}\ \mathrm{W/m^2} \tag{10.3.1}$$

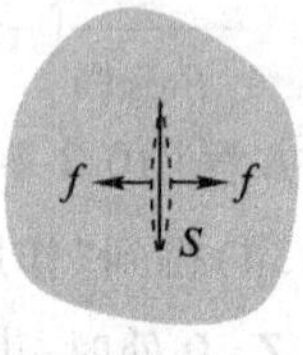

图 10.3.1 液体中 S 面在外力 f 的撕裂下形成空腔

这样高的声强在现实中是难以实现的. 然而，实验表明，超声空化的阈值不超过几百个大气压，远远低于理论的液体强度，而且与声波的频率有关. 这一现象普遍用稳定气泡核理论来解释：空化首先是从液体中强度薄弱的地方开始，这些地方由于热起伏或其他物理原因(如脉冲激光照射或高能粒子穿透)出现了一些很小的蒸气气泡，或者那里原来就有溶解在液体中的空气泡(称为**气泡核**)，于是在声波负压部分的作用下，气泡膨胀从而产生空化. 在一定的状态(压力和温度)下，气泡核只能以一定的大小存在于液体中，若气泡太大，很快就将浮出水面；若气泡太小，在静压作用下就会溶于水. 只有半径为某些值的气泡才能稳定存在，称为**稳定空化核**.

下面我们来定量分析存在空化核情况下液体的强度. 设静压为 P_0 的液体中存在一个单独的气泡核，其半径为 R_0，核内含有气体和蒸气(饱和蒸气压为 P_V)，那么气泡内气体压力 P_{g0} 由气泡内外压力平衡方程决定：

$$P_0=P_{g0}+P_V-\frac{2\sigma}{R_0} \tag{10.3.2a}$$

其中，σ 为液体的表面张力系数. 在外压的作用下(这里仅考虑静态情况，在声波作用下的动态情况在 10.3.2—10.3.4 小节讨论)，气泡半径变为 R(正压下 R 变小，负压下 R 变大)，假定气泡内气体的扩散可以忽略，于是气泡内气体的压强 P_g 由气体物态方程决定，即

$$\frac{P_g}{P_{g0}}=\left(\frac{R_0}{R}\right)^{3\Gamma} \tag{10.3.2b}$$

其中,Γ 为多方指数,如果气泡内气体运动是等温过程,则 $\Gamma=1$;如果气泡内气体运动是绝热过程,则 Γ 为比热比 γ. 由上式和方程(10.3.2a)得到

$$P_g=\left(P_0-P_V+\frac{2\sigma}{R_0}\right)\left(\frac{R_0}{R}\right)^{3\Gamma} \tag{10.3.2c}$$

设此时气泡面上液体的静压力为 $P(R)$,则气泡内外压力平衡方程为

$$P(R)=P_g+P_V-\frac{2\sigma}{R}=\left(P_0-P_V+\frac{2\sigma}{R_0}\right)\left(\frac{R_0}{R}\right)^{3\Gamma}+P_V-\frac{2\sigma}{R_0}\cdot\frac{R_0}{R} \tag{10.3.2d}$$

可见 $P(R)$ 随 R 变化而变化(如图 10.3.2 所示):存在某点 R_c(称为**气泡临界半径**),在 $R=R_c$ 点,有 $P(R_c)=P_{max}$,当 $P<P_{max}$ 时,气泡半径变小;而当 $P>P_{max}$ 时,气泡迅速膨胀变大. 因此,外压的负压必须超过 P_{max} 才能把气泡核拉开而形成大的空化泡. 故液体强度 P_t 为 $P_t\equiv-P_{max}$. 注意:R_c 和 P_{max} 都与气泡核半径 R_0 有关. 由 $(dP/dR)\mid_{R=R_c}=0$ 容易得到

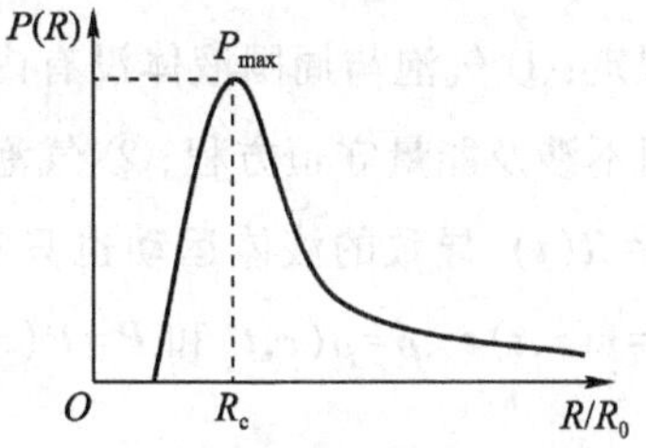

图 10.3.2　气泡面上液体的静压力随气泡半径的变化

$$R_c=\left[\frac{3\Gamma}{2\sigma}\left(P_0-P_V+\frac{2\sigma}{R_0}\right)R_0^{3\Gamma}\right]^{1/(3\Gamma-1)} \tag{10.3.3a}$$

对于等温过程,上式简化为

$$R_c=R_0\sqrt{\frac{3R_0}{2\sigma}\left(P_0-P_V+\frac{2\sigma}{R_0}\right)} \tag{10.3.3b}$$

将上式代入方程(10.3.2d)得到存在气泡核 R_0 的液体强度(取 $\gamma=1$)为

$$P_t\equiv-P_{max}=-P_V+\frac{2}{3\sqrt{3}}\left(\frac{2\sigma}{R_0}\right)^{3/2}\left(P_0-P_V+\frac{2\sigma}{R_0}\right)^{-1/2} \tag{10.3.3c}$$

可见,气泡核的半径 R_0 越大,该处的液体强度越小;反之,如果气泡核半径 R_0 很小,要使液体空化,必须加更强的负压. 所以含大气泡核的地方就是液体最薄弱的地方.

超声空化阈值　设液体的静压为 P_0,声波的振幅为 p_0,则液体中压强的幅度为 $|P_0\pm p_0|$,当 $p_0>P_0$ 时,P_0-p_0 形成负压,这时空化核在负压作用下膨胀;当 $|P_0-p_0|\geqslant P_t$(注意:$P_0-p_0<0$)时,形成空化,即超声空化阈值为

$$p_c=P_0+P_t=P_0-P_V+\frac{2}{3\sqrt{3}}\left(\frac{2\sigma}{R_0}\right)^{3/2}\left(P_0-P_V+\frac{2\sigma}{R_0}\right)^{-1/2} \tag{10.3.4}$$

由此可见,对不同的液体,超声空化阈值也不同,即使对于同一种液体,不同的静压和空化核半径分布,超声空化阈值也不同. 事实上,超声空化阈值还与超声作用时间的长度、超声脉冲宽度,特别是声波频率等诸多因素有关. 一般来说,频率越高,阈值也越高. 在 10.3.2—10.3.4 小节中我们重点介绍气泡在声波作用下的动态运动.

10.3.2 RPNN 气泡振动方程

假定液体中气泡很少,可以忽略气泡间的相互作用,仅考虑单个气泡在声场作用下的振动,如图 10.3.3 所示. 我们从气泡的振动引起液体运动着手,导出气泡振动的方程. 气泡外液体的质量守恒方程和运动方程分别为

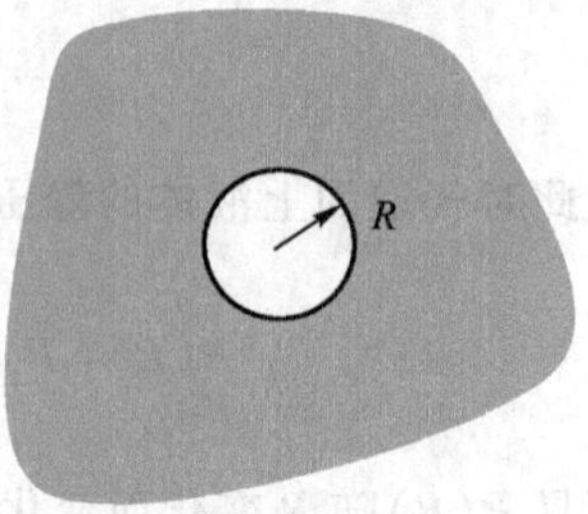

图 10.3.3 液体中的单个气泡

$$\frac{\mathrm{d}\rho}{\mathrm{d}t}+\rho\nabla\cdot\boldsymbol{v}=0$$
$$\rho\frac{\mathrm{d}\boldsymbol{v}}{\mathrm{d}t}=-\nabla P+\mu\nabla^2\boldsymbol{v}+\left(\eta+\frac{1}{3}\mu\right)\nabla(\nabla\cdot\boldsymbol{v}) \tag{10.3.5a}$$

假定:① 气泡与周围液体没有内能与质量的交换,并且液体的运动是等熵的,$P=P(\rho)$,因而不涉及能量守恒方程;② 气泡作径向振动,气泡的中心为坐标原点,用气泡半径来描述 $R=R(t)$,导致的液体运动也只有径向分量,即液体运动速度、密度和压强可分别表示为 $\boldsymbol{v}=v(r,t)\boldsymbol{e}_r$,$\rho=\rho(r,t)$ 和 $P=P(r,t)$,将其代入方程(10.3.5a)有

$$\frac{\partial\rho}{\partial t}+v\frac{\partial\rho}{\partial r}+\rho\left(\frac{\partial v}{\partial r}+\frac{2v}{r}\right)=0$$
$$\rho\left(\frac{\partial v}{\partial t}+v\frac{\partial v}{\partial r}\right)=-\frac{\partial P}{\partial r}+\left(\eta+\frac{4}{3}\mu\right)\left(\frac{\partial^2 v}{\partial r^2}+\frac{2}{r}\frac{\partial v}{\partial r}-\frac{2v}{r^2}\right) \tag{10.3.5b}$$

注意到只有径向运动的液体一定是无旋的,即 $\nabla^2\boldsymbol{v}=\nabla(\nabla\cdot\boldsymbol{v})-\nabla\times\nabla\times\boldsymbol{v}=\nabla(\nabla\cdot\boldsymbol{v})$,故可以引进势函数 $\boldsymbol{v}=\nabla\Phi=\boldsymbol{e}_r\partial\Phi/\partial r$ 或者 $v=\partial\Phi/\partial r$,将其代入方程(10.3.5b)的第一式得到

$$\frac{\partial\rho}{\partial t}+\frac{\partial\Phi}{\partial r}\frac{\partial\rho}{\partial r}+\rho\nabla_r^2\Phi=0 \tag{10.3.5c}$$

其中,Laplace 算子的径向部分为

$$\nabla_r^2\equiv\frac{\partial^2}{\partial r^2}+\frac{2}{r}\frac{\partial}{\partial r} \tag{10.3.5d}$$

把 $v=\partial\Phi/\partial r$ 代入方程(10.3.5b)的第二式得到

$$\frac{\partial}{\partial r}\left[\frac{\partial\Phi}{\partial t}+\frac{1}{2}\left(\frac{\partial\Phi}{\partial r}\right)^2\right]=-\frac{1}{\rho}\frac{\partial P}{\partial r}+\left(\eta+\frac{4}{3}\mu\right)\frac{1}{\rho}\frac{\partial}{\partial r}(\nabla_r^2\Phi) \tag{10.3.6a}$$

将上式两边对 r 积分且假定 Φ 和 $v=\partial_r\Phi$ 满足无限大处条件:$\lim\limits_{r\to\infty}\Phi=0$ 和 $\lim\limits_{r\to\infty}v=0$,有

$$\frac{\partial\Phi}{\partial t}+\frac{1}{2}\left(\frac{\partial\Phi}{\partial r}\right)^2=-h(r,t)+\left(\eta+\frac{4}{3}\mu\right)\int_\infty^r\frac{1}{\rho}\frac{\partial}{\partial r}(\nabla_r^2\Phi)\,\mathrm{d}r \tag{10.3.6b}$$

其中,焓函数定义为 $h(r,t)\equiv\int\rho^{-1}\mathrm{d}P$.

边界条件 为了从液体运动关联到气泡的运动,从而得到气泡半径所满足的方程,我

们必须使用液体与气泡边界满足的边界条件,即压力与法向速度连续:

$$P_{\mathrm{b}}=P_{l},\quad \dot{R}_{\mathrm{b}}(t)=\dot{R}_{l}(t)=\dot{R}(t) \tag{10.3.7a}$$

式中下标"b"和"l"分别表示属于气泡和液体的量. 气泡的压力包括两部分:气泡内气体压力 P_g 以及气泡内液体饱和蒸气压 P_V(注意:气泡内是气体和液体饱和蒸气的混合物,P_g 与时间有关,而 P_V 仅与平衡温度有关),即:$P_b=P_V+P_g(R,t)$;而液体中的压力包括三部分:流体的正压力 $P(R,t)$、黏性流体所产生的等效压力 P_N(注意:因为气体不能承受切向应力,在气液边界上,切向应力为零)和液-气界面液体的表面张力 $2\sigma/R$,即 $P_l=P(R,t)+P_N+2\sigma/R$,其中 σ 是液体的表面张力系数. 黏性流体所产生的等效压力 P_N 可由方程(6.1.5c)表示的黏性应力张量 σ_{rr}(在球坐标中)得到

$$\begin{aligned}P_N\big|_{r=R}=-\sigma_{rr}\big|_{r=R}&=-\left[2\mu\frac{\partial v}{\partial r}+\left(\eta-\frac{2}{3}\mu\right)\left(\frac{\partial v}{\partial r}+\frac{2v}{r}\right)\right]_{r=R}\\&=-\left[2\mu\frac{\partial^2\Phi}{\partial r^2}+\left(\eta-\frac{2}{3}\mu\right)\frac{1}{r^2}\frac{\partial}{\partial r}\left(r^2\frac{\partial\Phi}{\partial r}\right)\right]_{r=R}\end{aligned} \tag{10.3.7b}$$

注意:在球坐标系中,当 $\boldsymbol{v}=v(r,t)\boldsymbol{e}_r$ 时,应变率张量的分量为

$$S_{rr}=\frac{\partial v}{\partial r},\quad S_{\theta\theta}=S_{\varphi\varphi}=\frac{v}{r},\quad S_{ij}=0\quad(i\neq j) \tag{10.3.7c}$$

而黏性应力张量的对角部分分量为

$$\begin{aligned}\sigma_{rr}&=2\mu S_{rr}+\left(\eta-\frac{2}{3}\mu\right)\nabla\cdot\boldsymbol{v}\approx 2\mu\left(\frac{\partial v}{\partial r}-\frac{1}{3}\nabla\cdot\boldsymbol{v}\right)\\\sigma_{\theta\theta}&=\sigma_{\varphi\varphi}\approx 2\mu\left(\frac{v}{r}-\frac{1}{3}\nabla\cdot\boldsymbol{v}\right)\end{aligned} \tag{10.3.7d}$$

原则上,结合物态方程 $P=P(\rho)$,我们可以从方程(10.3.5c)和方程(10.3.6b)中消去 ρ 得到 Φ 满足的单一微分方程. 然后,将 Φ 代入边界条件方程(10.3.7a)和方程(10.3.7b)就可以得到一个关于 R、$\dot{R}$、$\ddot{R}$ 和 t 的微分方程,从而求解气泡的振动. 但实际上,方程(10.3.5c)和方程(10.3.6b)的求解是非常困难的. 下面根据一定的简化假设来求气泡的运动方程.

最简单的是假定液体是不可压缩的,也就是液体在运动中密度不变,即 $\mathrm{d}\rho/\mathrm{d}t=0$(注意:$\mathrm{d}\rho/\mathrm{d}t$ 表示固定流体元的密度变化),由方程(10.3.5a)的第一式,$\nabla\cdot\boldsymbol{v}=0$,在球坐标中(注意 v 仅是 r 的函数)有

$$\nabla\cdot\boldsymbol{v}=\frac{1}{r^2}\frac{\partial}{\partial r}(r^2v)=\frac{1}{r^2}\frac{\partial}{\partial r}\left(r^2\frac{\partial\Phi}{\partial r}\right)=\nabla_r^2\Phi=0 \tag{10.3.8a}$$

即

$$\Phi(r,t)=-\frac{C_1(t)}{r}+C_2(t)\quad 或者\quad v(r,t)=\frac{C_1(t)}{r^2} \tag{10.3.8b}$$

由 $\lim\limits_{r\to\infty}\Phi=0$,有 $C_2(t)=0$. 当 $r=R$ 时,法向速度连续,即 $\dot{R}=v(R,t)=C_1(t)/R^2$,故 $C_1(t)=$

$\dot{R}R^2$. 于是有 $\Phi(r,t)=-\dot{R}R^2/r$. 另一方面，将方程(10.3.8a)代入方程(10.3.6b)有

$$\frac{\partial \Phi}{\partial t}+\frac{1}{2}\left(\frac{\partial \Phi}{\partial r}\right)^2=\frac{1}{\rho}[P_\infty-P(r,t)] \tag{10.3.9a}$$

其中，P_∞ 为无限远处液体的压强. 将上式结合方程 $\Phi(r,t)=-\dot{R}R^2/r$ 并取 $r=R$ 得到气泡半径的振动方程，即 Rayleigh-Plesset 方程，简称 **RP 方程**，即

$$R\frac{\mathrm{d}^2R}{\mathrm{d}t^2}+\frac{3}{2}\left(\frac{\mathrm{d}R}{\mathrm{d}t}\right)^2=\frac{1}{\rho_0}[P(R,t)-P_\infty] \tag{10.3.9b}$$

由于 RP 方程假定流体是不可压缩的，故只有在条件 $\mathrm{Ma}\equiv|\dot{R}/c_0|\ll 1$ 才成立. 将方程(10.3.7a)的第一式

$$P_V+P_g(R,t)=P(R,t)+P_N+\frac{2\sigma}{R} \tag{10.3.9c}$$

代入方程(10.3.9b)得到

$$R\frac{\mathrm{d}^2R}{\mathrm{d}t^2}+\frac{3}{2}\left(\frac{\mathrm{d}R}{\mathrm{d}t}\right)^2+\frac{1}{\rho_0}P_N=\frac{1}{\rho_0}\left[P_g(R,t)-\frac{2\sigma}{R}+P_V-P_\infty\right] \tag{10.3.10a}$$

其中，P_N 由方程(10.3.7b)和 $\Phi(r,t)=-\dot{R}R^2/r$ 决定（注意：取 $\eta\approx 0$，不考虑体黏性）：

$$\begin{aligned}P_N\big|_{r=R}&\approx 2\mu\left[-\frac{\partial^2\Phi}{\partial r^2}+\frac{1}{3}\frac{1}{r^2}\frac{\partial}{\partial r}\left(r^2\frac{\partial \Phi}{\partial r}\right)\right]_{r=R}\\&\approx -2\mu\left(\frac{\partial^2\Phi}{\partial r^2}\right)_{r=R}=\frac{4\mu}{R}\frac{\mathrm{d}R}{\mathrm{d}t}\end{aligned} \tag{10.3.10b}$$

将上式代入方程(10.3.10a)，并取 $P_\infty=P_0+p_i(t)$（其中 p_i 为入射声场，P_0 是环境压强）有

$$R\frac{\mathrm{d}^2R}{\mathrm{d}t^2}+\frac{3}{2}\left(\frac{\mathrm{d}R}{\mathrm{d}t}\right)^2+\frac{4\nu}{R}\frac{\mathrm{d}R}{\mathrm{d}t}=\frac{1}{\rho_0}\left[P_g(R,t)-p_i(t)-\frac{2\sigma}{R}+P_V-P_0\right] \tag{10.3.10c}$$

如果取 P_0 为大气压 $P_0\approx 1.01\times 10^5$ Pa（常温下），水的饱和蒸气压 $P_V\approx 2.33\times 10^3$ Pa，故 P_V 远小于 P_0. 设气泡内的气体压缩和膨胀符合多方过程，则 $P_g=P_{g0}(R_0/R)^{3\Gamma}$，其中，$R_0$ 为气泡平衡半径，P_{g0} 是平衡时泡内气体的压强，Γ 为多方次数（$1\leqslant\Gamma\leqslant\gamma$，等温过程 $\Gamma=1$；绝热过程 $\Gamma=\gamma$）. 显然平衡方程为

$$P_{g0}+P_V=P_0+\frac{2\sigma}{R_0} \tag{10.3.10d}$$

因此

$$P_g=\left(P_0+\frac{2\sigma}{R_0}-P_V\right)\left(\frac{R_0}{R}\right)^{3\Gamma}\approx\left(P_0+\frac{2\sigma}{R_0}\right)\left(\frac{R_0}{R}\right)^{3\Gamma} \tag{10.3.11a}$$

方程(10.3.10c)变为

$$\rho_0\left[R\frac{\mathrm{d}^2R}{\mathrm{d}t^2}+\frac{3}{2}\left(\frac{\mathrm{d}R}{\mathrm{d}t}\right)^2+\frac{4\nu}{R}\frac{\mathrm{d}R}{\mathrm{d}t}\right]=\left(P_0+\frac{2\sigma}{R_0}\right)\left(\frac{R_0}{R}\right)^{3\Gamma}-\frac{2\sigma}{R}-p_i(t)-P_0 \tag{10.3.11b}$$

上式称为 Rayleigh-Plesset-Noltingk-Neppiras 方程,简称为 **RPNN 方程**. 值得指出的是,尽管 RPNN 方程在实际应用中取得了较大的成功,但其导出过程的两个基本假设,即流体径向运动和不可压缩是矛盾的. 事实上,不可压缩的流体不可能只作流体径向运动,一定存在角度分量.

10.3.3 Keller-Miksis 模型

在 RP 方程中,驱动声压由 $P_\infty=P_0+p_i(t)$ 引入气泡非线性振动方程,其原因是,在推导 RP 方程时,假定液体是不可压缩的,无法引入声波,Keller-Miksis 模型克服了这个问题. 假定:① 液体中的声速为常量,与声压无关;② 声波是线性的,即速度势 Φ 满足线性波动方程(包括入射波和散射波). 这两个近似条件称为**声学近似**. 注意:尽管声压必须在非线性范围内才能引起声空化,然而,气泡振动导致的声辐射还是比较小的,故这样的近似还是比较合理的. 基本方程是 Bernoulli 方程和波动方程:

$$\frac{\partial\Phi}{\partial t}+\frac{1}{2}\left(\frac{\partial\Phi}{\partial r}\right)^2=-h(r,t),\quad \frac{\partial^2(r\Phi)}{\partial t^2}-\frac{1}{c_0^2}\frac{\partial^2(r\Phi)}{\partial r^2}=0 \tag{10.3.12a}$$

其中,焓函数为 $h(r,t)\equiv\int\rho^{-1}\mathrm{d}P$, 在线性声学近似下,焓函数可用声压表示. 事实上,由物态方程 $P=P(\rho)$,作线性展开 $P-P_\infty=c_0^2(\rho-\rho_\infty)$(其中 P_∞ 和 $\rho_\infty\approx\rho_0$ 分别是液体远场压强和密度),即 $\rho=\rho_\infty+(P-P_\infty)/c_0^2$,因此,焓函数为

$$h(r,t)\approx c_0^2\int_{P_\infty}^{P(r,t)}\frac{1}{c_0^2\rho_\infty+(P-P_\infty)}\mathrm{d}P=c_0^2\ln\left(1+\frac{P-P_\infty}{c_0^2\rho_\infty}\right) \tag{10.3.12b}$$

对于液体有 $c_0^2\rho_\infty\approx10^9$ Pa,远大于声压($P-P_\infty$),故上式近似为 $h(r,t)\approx(P-P_\infty)/\rho_\infty$. 在液-气边界上有

$$v(r,t)\Big|_{r=R(t)}=\frac{\partial\Phi}{\partial r}\Big|_{r=R(t)}=\dot{R}(t),\quad \frac{\partial\Phi}{\partial t}\Big|_{r=R(t)}+\frac{1}{2}\dot{R}^2(t)=-h(R,t) \tag{10.3.12c}$$

包含入射波和散射波后,方程(10.3.12a)的第二式解为

$$\Phi(r,t)=\frac{1}{r}\left[f\left(t-\frac{r}{c_0}\right)+g\left(t+\frac{r}{c_0}\right)\right] \tag{10.3.13a}$$

其中,f 和 g 为任意函数. 容易计算

$$\frac{\partial\Phi(r,t)}{\partial t}=\frac{1}{r}(f'+g')$$

$$\frac{\partial\Phi(r,t)}{\partial r}=\frac{1}{c_0r}(-f'+g')-\frac{1}{r^2}(f+g) \tag{10.3.13b}$$

其中,f'表示对 $f(\xi)$ 的变量 ξ 求导数(g'的意义相同). 将上式代入方程(10.3.12c)得到[注意,下式中所有量都在 $r=R(t)$ 处取值]

$$\frac{1}{R}(f'+g')+\frac{1}{2}\dot{R}^2(t)=-h(R,t)$$

$$\frac{1}{c_0 R}(-f'+g')-\frac{1}{R^2}(f+g)=\dot{R}(t) \tag{10.3.14a}$$

将上式消去f'得到

$$c_0\left[f\left(t-\frac{R}{c_0}\right)+g\left(t+\frac{R}{c_0}\right)\right]=2Rg'+R^2\left[\frac{1}{2}\dot{R}^2(t)-c_0\dot{R}(t)+h(R,t)\right] \tag{10.3.14b}$$

上式还包括气泡的散射波f(而g表示入射波),必须消去,为此对上式时间求导得到

$$\begin{aligned}c_0\left(1-\frac{\dot{R}}{c_0}\right)(f'+g')&=-2c_0R\left(1-\frac{1}{2}\frac{\dot{R}}{c_0}\right)\dot{R}^2-c_0R^2\left(1-\frac{\dot{R}}{c_0}\right)\ddot{R}(t)\\&\quad+2R\dot{R}h(R,t)+R^2\dot{h}(R,t)+2R\left(1+\frac{\dot{R}}{c_0}\right)g''\end{aligned} \tag{10.3.15a}$$

将方程(10.3.14a)的第一式代入上式得到

$$\begin{aligned}&\left(1-\frac{\dot{R}}{c_0}\right)R\ddot{R}(t)+\frac{3}{2}\left(1-\frac{1}{3}\frac{\dot{R}}{c_0}\right)\dot{R}^2-\left(1+\frac{\dot{R}}{c_0}\right)h\\&-\frac{R}{c_0}\dot{h}-\frac{2}{c_0}\left(1+\frac{\dot{R}}{c_0}\right)g''\left(t+\frac{R}{c_0}\right)=0\end{aligned} \tag{10.3.15b}$$

注意到有$h(R,t)\approx[P(R,t)-P_\infty]/\rho_\infty$,$\dot{h}(R,t)\approx\dot{P}(R,t)/\rho_\infty$以及$P_\infty=P_0$和$\rho_\infty=\rho_0$,上式简化为

$$\begin{aligned}&\left(1-\frac{\dot{R}}{c_0}\right)R\ddot{R}(t)+\frac{3}{2}\left(1-\frac{1}{3}\frac{\dot{R}}{c_0}\right)\dot{R}^2-\frac{R}{\rho_0c_0}\dot{P}(R,t)\\&-\left(1+\frac{\dot{R}}{c_0}\right)\left[\frac{P(R,t)-P_0}{\rho_0}+\frac{2}{c_0}g''\left(t+\frac{R}{c_0}\right)\right]=0\end{aligned} \tag{10.3.15c}$$

其中,入射场用g''表示颇为不便,须转化成入射声压表示. 设入射波的势函数为Φ_i,显然Φ_i满足波动方程,在球坐标下,Φ_i的球对称部分解为(因为假定气泡作径向振动,只要考虑球对称部分,而与角度有关的部分在$r=R$处必须为零)

$$\Phi_i(r,t)=\frac{1}{r}\left[g\left(t+\frac{r}{c_0}\right)+q\left(t-\frac{r}{c_0}\right)\right] \tag{10.3.16a}$$

在$r=0$处,Φ_i必须有限,故$g(t)+q(t)=0$,于是有

$$\Phi_i(r,t)=\frac{1}{r}\left[g\left(t+\frac{r}{c_0}\right)-g\left(t-\frac{r}{c_0}\right)\right] \tag{10.3.16b}$$

在气泡处势函数近似为

$$\Phi_i(0,t)=\lim_{R\to 0}\frac{1}{R}\left[g\left(t+\frac{R}{c_0}\right)-g\left(t-\frac{R}{c_0}\right)\right]\approx\frac{2}{c_0}g'(t) \tag{10.3.16c}$$

于是,气泡处入射声压近似为

$$p_{\mathrm{i}}(t)=-\rho_0\frac{\partial\Phi_{\mathrm{i}}(R,t)}{\partial t}\approx-\frac{2\rho_0}{c_0}g''(t) \tag{10.3.17a}$$

将上式代入方程(10.3.15c)得到气泡振动方程：

$$\begin{aligned}&\left(1-\frac{\dot{R}}{c_0}\right)R\ddot{R}(t)+\frac{3}{2}\left(1-\frac{1}{3}\frac{\dot{R}}{c_0}\right)\dot{R}^2-\frac{R}{\rho_0 c_0}\dot{P}(R,t)\\&-\left(1+\frac{\dot{R}}{c_0}\right)\left[\frac{P(R,t)-P_0-p_{\mathrm{i}}(t+R/c_0)}{\rho_0}\right]=0\end{aligned} \tag{10.3.17b}$$

其中，气泡壁面的压强为

$$P(R,t)=\left(P_0+\frac{2\sigma}{R_0}\right)\left(\frac{R_0}{R}\right)^{3\Gamma}-\frac{4\mu}{R}\dot{R}-\frac{2\sigma}{R}+P_V \tag{10.3.17c}$$

方程(10.3.17b)就是气泡作径向振动的方程. 例如，考虑入射声波为声压幅值等于 $p_{0\mathrm{i}}$ 的平面波 $p_{\mathrm{i}}(\boldsymbol{r},t)=p_{0\mathrm{i}}\sin(\omega t-\boldsymbol{k}\cdot\boldsymbol{r})$，方程(10.3.17b)成为

$$\begin{aligned}&\left(1-\frac{\dot{R}}{c_0}\right)R\ddot{R}(t)+\frac{3}{2}\left(1-\frac{1}{3}\frac{\dot{R}}{c_0}\right)\dot{R}^2-\frac{R}{\rho_0 c_0}\dot{P}(R,t)\\&-\frac{1}{\rho_0}\left(1+\frac{\dot{R}}{c_0}\right)\left[P(R,t)-P_0-p_{0\mathrm{i}}\sin\omega\left(t+\frac{R}{c_0}\right)\right]=0\end{aligned} \tag{10.3.17d}$$

注意到上式中第一项的系数 $(1-\dot{R}/c_0)$ 正比于气泡振荡的等效惯性，当 Mach 数 $\mathrm{Ma}\equiv|\dot{R}/c_0|$ 大于 1 时，等效惯性为负，即负质量，而这是不可能的. 问题在于 Keller-Miksis 模型的两个假定. 因此，该模型成立的条件是 Ma<1. 与 RP 方程相比，两个主要区别是：① 变化的惯性质量；② 增加了第三项 $R\dot{P}(R,t)/\rho_0 c_0$，该项实际上是考虑了可压缩流体后，气泡振动所导致的声辐射对振动的阻尼，而 RP 方程不可能包括这项，这也是 RP 方程的主要缺点. 一般当 R_0 较大(大于 10 μm)和频率较高(大于 10 MHz)时，必须考虑声辐射阻尼. Keller-Miksis 模型最大的优点是入射场自然地进入振动方程. 令人惊奇的是，在声压不是很强的情况下，气泡振动的各种模型给出的结果几乎相同.

10.3.4 气泡振动分析

气泡在外加声场的激励下的振动非常复杂，主要依赖于：声波的频率、声波振幅、气泡的初始半径、黏度以及表面张力系数等. 我们以 RPNN 方程(10.3.11b)为例进行讨论. 假定入射声压足够小，气泡在平衡态附近作稳定的微小振动，而当激励声压较大时，必须保留 RPNN 方程中的非线性项，用数值计算方法来求解. 下面给出一些数值计算的例子(见参考文献 60). 设入射声场为正弦波 $p_{\mathrm{i}}(t)=p_a\sin(\omega_a t)$ $(\omega_a=2\pi f_a)$，常温下水的密度 $\rho_0=1.0\times10^3\ \mathrm{kg/m^3}$，表面张力系数 $\sigma=7.2\times10^{-2}\mathrm{N/m}$，黏度 $\mu=1.0\times10^{-3}\mathrm{Pa\cdot s}$.

气泡的稳态振动　选择 $f_a = 200$ kHz，声振幅 $p_a = 1.9\times10^5$ Pa，微气泡半径 $R_0 = 1.5$ μm，气泡在超声激励下作稳态周期振动，如图 10.3.4 所示. 由图 10.3.4(a)可见：气泡在一个周期内的运动呈现膨胀、收缩和振荡三个阶段. 整个过程从声场的负压相开始，膨胀过程约占整个周期的 53%，而收缩过程非常迅速，占整个周期的 12%，其余部分为振荡过程. 保持超声激励参量不变，延长激励时间就能使空化泡继续进入下一个周期的运动，产生连续膨胀、收缩和振荡的稳态空化过程，如图 10.3.4(b)所示.

气泡的非稳态振动　选择 $f_a = 1\,000$ kHz 和超声振幅 $p_a = 1.9\times10^5$ Pa，当取 $R_0 = 9.5$ μm 时气泡产生很短暂的膨胀、收缩、微振荡过程，到最终无法承受外界负压时出现崩溃，如图 10.3.5(a)所示；如果取 $R_0 = 0.5$ μm，气泡表现出瞬时压缩、振荡和小于初始半径的稳定径向脉动，如图 10.3.5(b)所示的运动过程，此运动既不属于稳态空化也不属于瞬态空化.

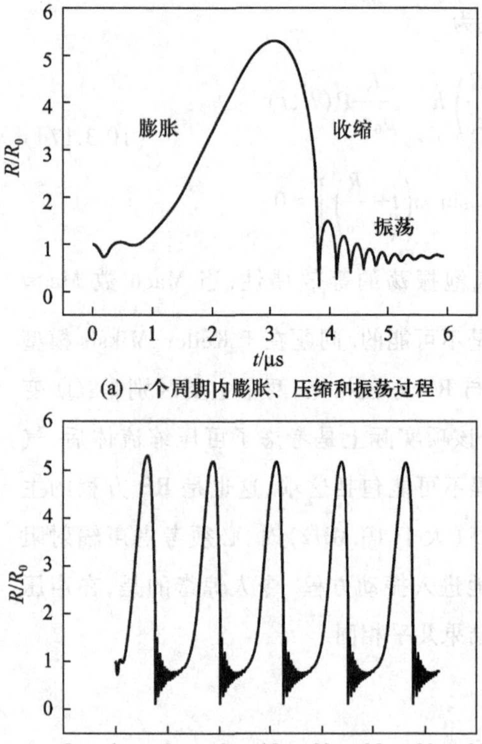

(a) 一个周期内膨胀、压缩和振荡过程

(b) 长时间稳态波形

图 10.3.4　气泡的稳态周期振动

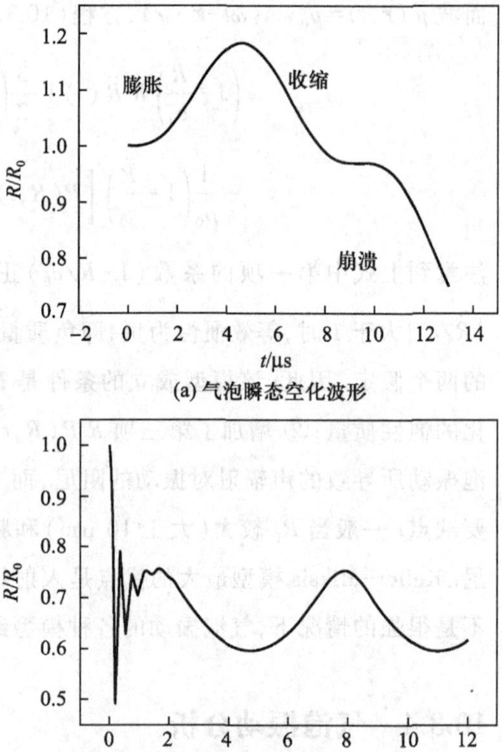

(a) 气泡瞬态空化波形

(b) 气泡振动既非稳态空化也非瞬态空化

图 10.3.5　不同初始半径空化泡可以产生非稳态空化过程

稳定振动区域　由此可见，气泡的振动非常复杂，与激励声波的振幅和频率，气泡的平衡半径以及液体的黏性等密切相关. 图 10.3.6、图 10.3.7 以及图 10.3.8 给出了存在气泡形成稳定空化的区域，并且在稳定空化区域中还存在着最佳稳态区域(图中小区域)，在这个区域中气泡不但能产生稳态的振动形式，而且振动产生的泡壁收缩速度和冲击效应都极大.

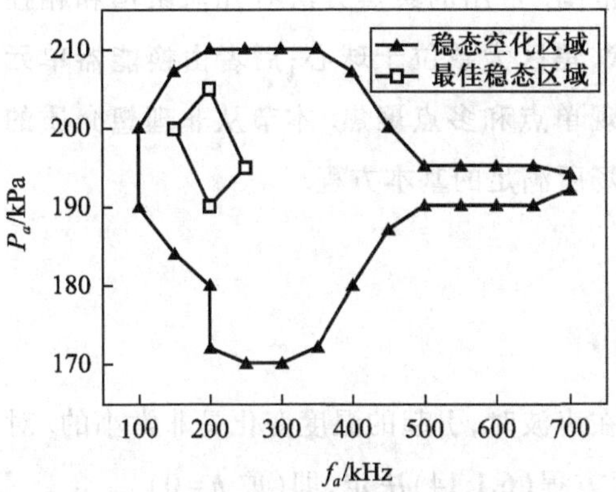

图 10.3.6　稳态空化区域和最佳稳态区域：声波频率 f_a 与激励声压 P_a 决定的稳态空化区域（$R_0=1.5\ \mu m, \mu=1.0\times10^{-3}$ Pa·s）

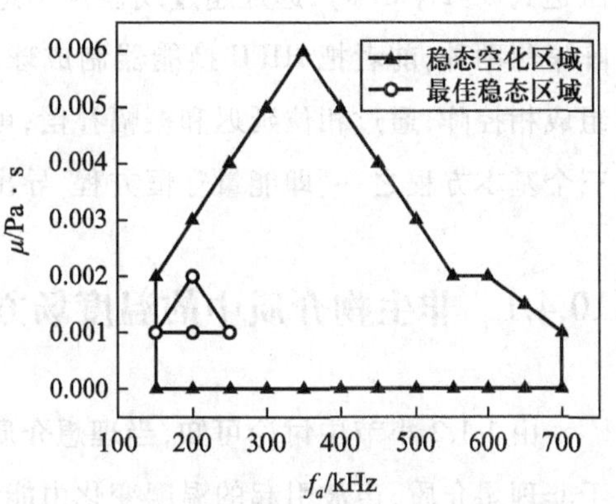

图 10.3.7　稳态空化区域和最佳稳态区域：声波频率 f_a 与黏度 μ 决定的稳态空化区域（$R_0=1.5\ \mu m, P_a=1.9\times10^5$ Pa）

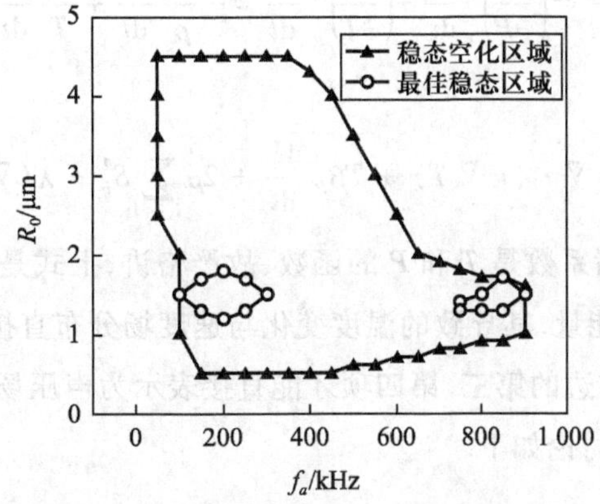

图 10.3.8　稳态空化区域和最佳稳态区域：声波频率 f_a 与气泡初始半径 R_0 决定的稳态空化区域（$P_a=1.9\times10^5$ Pa, $\mu=1.0\times10^{-3}$ Pa·s）

10.4　热效应和高强度聚焦超声

热效应是使用高强度聚焦超声（HIFU）疗法治疗局部肿瘤的物理基础，其基本原理是通过聚焦超声换能器（频率为 0.5~10 MHz），将声能量聚集到一小区域内（称为焦区），该区域组织所吸收的声能量转化为热能，使组织温度快速上升至 65 ℃以上，蛋白质在高温下变性,组织发生不可逆转的凝固性坏死. 而在焦区以外的区域(即声传播的路径上),声能量足够低,组织并没有受到损伤. 一般焦区的声强可以达到 10^3 W/cm^2(相应的峰值声压达到 5~20 MPa),远远超过线性声学适用的范围. 常用的聚焦方法有几何聚焦和相控阵聚焦两种,前者把 HIFU 换能器制成球冠形状,焦区大致位于球心;后者由换能器单元组成相控阵,通过相位延迟和振幅补偿,可以实现单点和多点聚焦. 本节从非理想介质的三个基本方程之一,即能量守恒方程,导出温度场所满足的基本方程.

10.4.1 非生物介质中的温度场方程

由 1.1.2 小节中讨论可知,当理想介质中存在声波时,引起的温度变化是非常小的. 对于非理想介质,声波引起的温度变化由能量守恒方程(6.1.14)决定,即(取 $h=0$)

$$\rho T\frac{\mathrm{d}s}{\mathrm{d}t}=\nabla\cdot(\kappa\nabla T)+2\mu\sum_{i,j=1}^{3}S_{ij}^{2}+\lambda(\nabla\cdot\boldsymbol{v})^{2} \tag{10.4.1a}$$

由物态方程 $s=s(P,T)$ 得到

$$\frac{\mathrm{d}s}{\mathrm{d}t}=\left(\frac{\partial s}{\partial P}\right)_T\frac{\mathrm{d}P}{\mathrm{d}t}+\left(\frac{\partial s}{\partial T}\right)_P\frac{\mathrm{d}T}{\mathrm{d}t}=-\frac{\beta_P}{\rho}\frac{\mathrm{d}P}{\mathrm{d}t}+\frac{c_P}{T}\frac{\mathrm{d}T}{\mathrm{d}t} \tag{10.4.1b}$$

故温度场满足的方程为

$$\rho c_P\frac{\mathrm{d}T}{\mathrm{d}t}=\nabla\cdot(\kappa\nabla T)+T\beta_P\frac{\mathrm{d}P}{\mathrm{d}t}+2\mu\sum_{i,j=1}^{3}S_{ij}^{2}+\lambda(\nabla\cdot\boldsymbol{v})^{2} \tag{10.4.1c}$$

注意:① 上式中的诸系数是 T 和 P 的函数,故严格讲,上式是一个非线性方程;② 由于介质的黏性而吸收声能量,其导致的温度变化与速度场分布直接关联,只有在二阶声场近似下,方程(10.4.1c)右边的第三、第四项才能直接表示为声压场的分布.

方程(10.4.1c)各项讨论如下.

(1) 左边的项,有

$$\rho c_P\frac{\mathrm{d}T}{\mathrm{d}t}=\rho c_P\left(\frac{\partial T}{\partial t}+\boldsymbol{v}\cdot\nabla T\right)\approx\rho c_P\frac{\partial T}{\partial t} \tag{10.4.2a}$$

得到上式,我们注意到声波频率达到 MHz 量级,其相对温度场的时间变化属于快尺度变化,故对速度场 $\boldsymbol{v}$ 作时间平均,而速度场的时间平均近似为零,即 $\bar{\boldsymbol{v}}\approx 0$.

(2) 右边的第二项表示由于声场热膨胀效应而导致的温度场变化,在理想介质及线性声学范围内,这一温度变化正比于声压,由 1.1.2 小节中讨论可知,这一项可以忽略,特别是在液体介质中,有 $\beta_P\sim10^{-5}$/K,远远小于气体的 $\beta_P\sim10^{-2}$/K.

(3) 第三、四项表示由于声场的黏性,介质吸收声能量而导致的温度升高. 在二阶近似下,方程(10.4.1c)中的速度场可用线性关系代替,即 $\partial p/\partial t\approx-\rho_0c_0^2\nabla\cdot\boldsymbol{v}$. 设 $p(\boldsymbol{r},t)=\mathrm{Re}\{p(\boldsymbol{r})\mathrm{e}^{-\mathrm{i}\omega_0 t}\}=|p(\boldsymbol{r})|\cos(\omega_0 t-\phi)$[其中,$\omega_0$ 是声波频率,ϕ 是 $p(\boldsymbol{r})$ 的相角. 注意:方程

(10.4.1c)中出现二次运算，故必须取实数]，将其作时间平均后得到

$$\overline{(\nabla\cdot\boldsymbol{v})^2}\approx\left(\frac{1}{\rho_0c_0^2}\right)^2\overline{\left(\frac{\partial p}{\partial t}\right)^2}=\omega_0^2\,|p(\boldsymbol{r})|^2\left(\frac{1}{\rho_0c_0^2}\right)^2\overline{\sin^2(\omega_0t-\phi)}$$
(10.4.2b)

$$=\frac{1}{2}\,|p(\boldsymbol{r})|^2\left(\frac{\omega_0}{\rho_0c_0^2}\right)^2$$

对于第三项，如果忽略介质中的横波，则有

$$\overline{\sum_{i,j=1}^{3}S_{ij}^2}\approx\overline{\sum_{i=j=1}^{3}S_{ij}^2}=\overline{(\nabla\cdot\boldsymbol{v})^2}-2\left(\overline{\frac{\partial v_1}{\partial x_1}\frac{\partial v_2}{\partial x_2}}+\overline{\frac{\partial v_1}{\partial x_1}\frac{\partial v_3}{\partial x_3}}+\overline{\frac{\partial v_2}{\partial x_2}\frac{\partial v_3}{\partial x_3}}\right)\qquad(10.4.2c)$$

注意到$\partial v_j/\partial x_j$ 表示 x_j 方向的相对收缩或膨胀，x_j 方向的收缩一般必引起 $x_i(i\neq j)$的膨胀，反之亦然，故$\partial v_j/\partial x_j$ 与$\partial v_i/\partial x_i$ 一般反号，时间平均可近似为零. 于是 $\overline{\sum_{i,j=1}^{3}S_{ij}^2}\approx\overline{(\nabla\cdot\boldsymbol{v})^2}$，因此，方程(10.4.1c)的第三、第四项的时间平均近似为

$$2\mu\overline{\sum_{i,j=1}^{3}S_{ij}^2}+\lambda\,\overline{(\nabla\cdot\boldsymbol{v})^2}\approx(2\mu+\lambda)\,\overline{(\nabla\cdot\boldsymbol{v})^2}\approx\frac{\alpha_\mu}{\rho_0c_0}\,|p(\boldsymbol{r})|^2\qquad(10.4.3a)$$

其中，α_μ 是由于黏性所导致的声吸收系数，有

$$\alpha_\mu\equiv\frac{4\mu}{3}\cdot\frac{\omega_0^2}{2\rho_0c_0^3}\qquad(10.4.3b)$$

注意：$\lambda+2\mu=\eta+4\mu/3\approx4\mu/3$. 此外，如果计及热传导对声吸收的贡献，方程(10.4.3a)中的 α_μ 应该用 α 代替，即

$$\alpha\equiv\left[(\gamma-1)\frac{\kappa}{c_{P0}}+\frac{4}{3}\mu\right]\frac{\omega_0^2}{2\rho_0c_0^3}\qquad(10.4.3c)$$

(4) 如果方程(10.4.1c)中诸系数在平衡点取值，即 $\rho c_P\approx\rho_0c_{P0}$ 和 $\kappa(T)\approx\kappa(T_0)$ 近似取为常量，即忽略非线性效应.

于是，温度场满足的线性方程近似为

$$\rho_0c_{P0}\frac{\partial T}{\partial t}=\kappa\,\nabla^2T+\frac{\alpha}{\rho_0c_0}\,|p(\boldsymbol{r})|^2\qquad(10.4.3d)$$

一旦由 Westervelt 方程或者 KZK 方程得到声场分布，就可以由上式计算介质中的温度场分布.

多频情况 由于 Westervelt 方程或者 KZK 方程是非线性方程，即使声源激发的是频率为 ω_0 的单频波，在声波传播过程中，也产生高次谐波. 因此，我们把声场表示为

$$p(\boldsymbol{r},t)=\sum_{n=1}^{\infty}|p_n(\boldsymbol{r})|\cos(n\omega_0t-\phi_n)\qquad(10.4.4a)$$

于是，方程(10.4.2b)修改为(注意：不同谐波交叉项的时间平均为零)

$$\overline{(\nabla\cdot\boldsymbol{v})^2}\approx\left(\frac{1}{\rho_0c_0^2}\right)^2\overline{\left(\frac{\partial p}{\partial t}\right)^2}=\frac{1}{2}\sum_{n=1}^{\infty}|p_n(\boldsymbol{r})|^2\left(\frac{n\omega_0}{\rho_0c_0^2}\right)^2 \tag{10.4.4b}$$

温度场满足的线性方程(10.4.3d)可修改为

$$\rho_0c_{P0}\frac{\partial T}{\partial t}=\kappa\nabla^2T+\sum_{n=1}^{\infty}\frac{\alpha_n}{\rho_0c_0}|p_n(\boldsymbol{r})|^2 \tag{10.4.4c}$$

其中,α_n 是 n 次谐波的声吸收系数:

$$\alpha_n\equiv\left[(\gamma-1)\frac{\kappa}{c_{P0}}+\frac{4}{3}\mu\right]\frac{(n\omega_0)^2}{2\rho_0c_0^3} \tag{10.4.4d}$$

注意:如果声源激发的是一系列脉冲的时序信号,则 ω_0 就是基波的频率.

10.4.2 温度场的 Green 函数解

在使用 HIFU 疗法治疗肿瘤时,温度的升高主要集中在焦区,其他位置的温升可以忽略(理想情况),因此,我们可以用无界空间的解作为方程(10.4.4c)的近似解,而忽略边界的影响(注意:对于声场的空间分布,边界的影响是不可忽略的). 假定 $t=0$ 时刻温度为平衡温度 T_0(常量),且在时间段 $0\leqslant t\leqslant t_0$ 内超声作用于介质,则温度场满足初值问题:

$$\frac{\partial T'}{\partial t}=D\nabla^2T'+f(t)Q(\boldsymbol{r})\quad(t>0) \tag{10.4.5a}$$

其中,$T'(\boldsymbol{r},t)=T(\boldsymbol{r},t)-T_0$ 为温度升高(满足零初始条件,即 $T'(\boldsymbol{r},t)|_{t=0}=0$),$D\equiv\kappa/(\rho_0c_{P0})$ 为热扩散系数,热源项为

$$Q(\boldsymbol{r})\equiv\frac{1}{\rho_0c_{P0}}\sum_{n=1}^{\infty}\frac{\alpha_n}{\rho_0c_0}|p_n(\boldsymbol{r})|^2 \tag{10.4.5b}$$

函数 $f(t)$ 表征超声的辐照时间,例如,如果超声辐照时间为 $0\leqslant t\leqslant t_0$,则函数 $f(t)$ 可以写成:$f(t)=1(0\leqslant t\leqslant t_0)$ 和 $f(t)=0(t>t_0)$,下面仅讨论这种情况. 方程(10.4.5a)可以用 Fourier 积分方法求解,令温度场为 Fourier 积分形式:

$$T'(\boldsymbol{r},t)=\int U(\boldsymbol{k},t)\exp(\mathrm{i}\boldsymbol{k}\cdot\boldsymbol{r})\mathrm{d}^3\boldsymbol{k} \tag{10.4.5c}$$

将上式代入方程(10.4.5a)得到

$$\frac{\mathrm{d}U(\boldsymbol{k},t)}{\mathrm{d}t}+Dk^2U(\boldsymbol{k},t)=\widetilde{Q}(\boldsymbol{k})f(t)\quad(t>0) \tag{10.4.5d}$$

其中,$U(\boldsymbol{k},t)$ 满足零初始条件,即 $U(\boldsymbol{k},t)|_{t=0}=0$,$\widetilde{Q}(\boldsymbol{k})$ 为 $Q(\boldsymbol{r})$ 的 Fourier 积分,即

$$\widetilde{Q}(\boldsymbol{k})\equiv\frac{1}{(2\pi)^3}\int Q(\boldsymbol{r})\exp(-\mathrm{i}\boldsymbol{k}\cdot\boldsymbol{r})\mathrm{d}V \tag{10.4.5e}$$

于是,不难得到

$$U(\boldsymbol{k},t)=\widetilde{Q}(\boldsymbol{k})\int_0^t f(\tau)\exp[-Dk^2(t-\tau)]\mathrm{d}\tau \tag{10.4.6a}$$

将上式和方程(10.4.5e)代入方程(10.4.5c)得到温度场分布:

$$T(\boldsymbol{r},t)=T_0+\int_0^t f(\tau)\iint Q(\boldsymbol{r}')G(\boldsymbol{r}-\boldsymbol{r}',t-\tau)\mathrm{d}V'\mathrm{d}\tau \tag{10.4.6b}$$

其中,$G(\boldsymbol{r}-\boldsymbol{r}',t-\tau)$为热传导方程的 **Green 函数**,即

$$G(\boldsymbol{r}-\boldsymbol{r}',t-\tau)\equiv\frac{1}{(2\pi)^3}\int\exp[-Dk^2(t-\tau)+\mathrm{i}\boldsymbol{k}\cdot(\boldsymbol{r}-\boldsymbol{r}')]\mathrm{d}^3\boldsymbol{k} \tag{10.4.6c}$$

注意到:$k^2=k_1^2+k_2^2+k_3^2$,上式的积分在直角坐标中可表示为

$$G(\boldsymbol{r}-\boldsymbol{r}',t-\tau)\equiv G_1(x_1-x_1',t-\tau)G_2(x_2-x_2',t-\tau)G_3(x_3-x_3',t-\tau) \tag{10.4.6d}$$

其中,每个方向的 Green 函数为$(j=1,2,3)$

$$\begin{aligned}G_j(x_j-x'_j,t-\tau)&\equiv\frac{1}{2\pi}\int_{-\infty}^{\infty}\mathrm{e}^{-Dk_j^2(t-\tau)+\mathrm{i}k_j(x_j-x_j')}\mathrm{d}k_j\\&=\frac{1}{\sqrt{4\pi D(t-\tau)}}\exp\left[-\frac{(x_j-x_j')^2}{4D(t-\tau)}\right]\end{aligned} \tag{10.4.6e}$$

因此,热传导方程的 Green 函数为

$$G(\boldsymbol{r}-\boldsymbol{r}',t-\tau)=\frac{1}{[4\pi D(t-\tau)]^{3/2}}\exp\left[-\frac{|\boldsymbol{r}-\boldsymbol{r}'|^2}{4D(t-\tau)}\right] \tag{10.4.7a}$$

将上式代入方程(10.4.6b)得到温度场分布:

$$T(\boldsymbol{r},t)=T_0+\int_0^t\frac{f(\tau)}{[4\pi D(t-\tau)]^{3/2}}\int Q(\boldsymbol{r}')\exp\left[-\frac{|\boldsymbol{r}-\boldsymbol{r}'|^2}{4D(t-\tau)}\right]\mathrm{d}V'\mathrm{d}\tau \tag{10.4.7b}$$

(1) 当 $t<t_0$ 时,$f(t)=1$,上式对 τ 的积分可以积出

$$T(\boldsymbol{r},t)=T_0+\int g(\boldsymbol{r}-\boldsymbol{r}',t)Q(\boldsymbol{r}')\mathrm{d}V' \tag{10.4.7c}$$

其中,为了方便,定义

$$g(\boldsymbol{r}-\boldsymbol{r}',t)\equiv\int_0^t\frac{1}{[4\pi D(t-\tau)]^{3/2}}\exp\left[-\frac{|\boldsymbol{r}-\boldsymbol{r}'|^2}{4D(t-\tau)}\right]\mathrm{d}\tau \tag{10.4.7d}$$

作积分变换

$$\chi=\frac{|\boldsymbol{r}-\boldsymbol{r}'|}{\sqrt{4D(t-\tau)}},\quad t-\tau=\frac{|\boldsymbol{r}-\boldsymbol{r}'|^2}{4D\chi^2} \tag{10.4.8a}$$

则方程(10.4.7d)变为

$$g(\boldsymbol{r}-\boldsymbol{r}',t)=\frac{1}{4\pi D|\boldsymbol{r}-\boldsymbol{r}'|}\mathrm{erfc}\left(\frac{|\boldsymbol{r}-\boldsymbol{r}'|}{\sqrt{4Dt}}\right) \tag{10.4.8b}$$

其中,$\mathrm{erfc}(z)$为余误差函数,即

$$\mathrm{erfc}(z)\equiv\frac{2}{\sqrt{\pi}}\int_z^{\infty}\exp(-\chi^2)\mathrm{d}\chi \tag{10.4.8c}$$

由方程(10.4.7c)得到温度场的分布:

$$T(\boldsymbol{r},t)=T_0+\int\frac{1}{4\pi D|\boldsymbol{r}-\boldsymbol{r}'|}\mathrm{erfc}\left(\frac{|\boldsymbol{r}-\boldsymbol{r}'|}{\sqrt{4Dt}}\right)Q(\boldsymbol{r}')\mathrm{d}V' \tag{10.4.8d}$$

（2）当 $t>t_0$ 时，$f(t)=0$，方程（10.4.7c）仍然成立，但方程（10.4.7d）可修改为

$$\begin{aligned}g(\boldsymbol{r}-\boldsymbol{r}',t)&\equiv\frac{1}{4\pi D|\boldsymbol{r}-\boldsymbol{r}'|}\cdot\frac{2}{\sqrt{\pi}}\int_{z_0}^{z_1}\exp(-\chi^2)\mathrm{d}\chi\\&=\frac{1}{4\pi D|\boldsymbol{r}-\boldsymbol{r}'|}[\mathrm{erfc}(z_0)-\mathrm{erfc}(z_1)]\end{aligned} \tag{10.4.9a}$$

其中，积分上、下限定义为

$$z_0\equiv\frac{|\boldsymbol{r}-\boldsymbol{r}'|}{\sqrt{4Dt}},\quad z_1\equiv\frac{|\boldsymbol{r}-\boldsymbol{r}'|}{\sqrt{4D(t-t_0)}} \tag{10.4.9b}$$

由方程（10.4.7c）得到温度场的分布：

$$T(\boldsymbol{r},t)=T_0+\int\frac{1}{4\pi D|\boldsymbol{r}-\boldsymbol{r}'|}\left[\mathrm{erfc}\left(\frac{|\boldsymbol{r}-\boldsymbol{r}'|}{\sqrt{4Dt}}\right)-\mathrm{erfc}\left(\frac{|\boldsymbol{r}-\boldsymbol{r}'|}{\sqrt{4D(t-t_0)}}\right)\right]Q(\boldsymbol{r}')\mathrm{d}V' \tag{10.4.9c}$$

可见，温度场的分布十分复杂. 考虑下列两个特殊情况.

（1）超声辐照的初期（$t\to0$），当 $t\to0$ 时，积分变量也位于趋向零的范围，即有 $t-\tau\to0$，由关系

$$\lim_{t-\tau\to0}\frac{1}{[4\pi D(t-\tau)]^{3/2}}\exp\left[-\frac{|\boldsymbol{r}-\boldsymbol{r}'|^2}{4D(t-\tau)}\right]=\delta(x_1-x_1')\delta(x_2-x_2')\delta(x_3-x_3') \tag{10.4.10a}$$

容易得到温度分布为

$$T(\boldsymbol{r},t)\approx T_0+Q(\boldsymbol{r})\int_0^t f(\tau)\mathrm{d}\tau=T_0+tQ(\boldsymbol{r}) \tag{10.4.10b}$$

即温度线性升高. 注意：上式意味着，在超声辐照的初期，声场的焦域与温度场的焦域是一致的. 另一方面，由方程（10.4.5a）可知，在忽略热扩散的情况下，温度场满足

$$\frac{\partial T'}{\partial t}\approx f(t)Q(\boldsymbol{r})\quad(t>0) \tag{10.4.10c}$$

上式的解为

$$T(\boldsymbol{r},t)\approx T_0+Q(\boldsymbol{r})\int_0^t f(\tau)\mathrm{d}\tau=T_0+Q(\boldsymbol{r})\cdot\begin{cases}t & (t<t_0)\\ t_0 & (t>t_0)\end{cases} \tag{10.4.10d}$$

比较上式与方程（10.4.10b），意味着：在超声辐照的初期，热扩散效应可以忽略.

（2）停止超声辐照后足够长时间（$t\gg t_0$），由方程（10.4.7b）得

$$\begin{aligned}T(\boldsymbol{r},t)&=T_0+\int_0^{t_0}\frac{1}{[4\pi D(t-\tau)]^{3/2}}\int Q(\boldsymbol{r}')\exp\left[-\frac{|\boldsymbol{r}-\boldsymbol{r}'|^2}{4D(t-\tau)}\right]\mathrm{d}V'\mathrm{d}\tau\\&\approx T_0+\frac{t_0}{(4\pi Dt)^{3/2}}\int Q(\boldsymbol{r}')\mathrm{d}V'\end{aligned} \tag{10.4.11}$$

可见:温度变化以 $t^{-3/2}$ 趋向于零,特别是温度场与空间无关,也就是说,随时间增加,温度场的焦域渐渐变大.

10.4.3 生物介质中的温度场方程

对于生物介质而言,由 6.4.2 小节中的讨论,声吸收系数是频率的分数次幂 $\alpha=\alpha_0\omega^\gamma(\gamma\approx1\sim2)$,我们利用本构方程(6.4.14b),即(其中 $0<\beta<1$)

$$P_{ij}=-P\delta_{ij}-\frac{2}{3}\mu'\frac{\partial^{\beta-1}}{\partial t^{\beta-1}}\nabla\cdot\boldsymbol{v}\delta_{ij}+2\mu'\frac{\partial^{\beta-1}}{\partial t^{\beta-1}}S_{ij}(\boldsymbol{v})\tag{10.4.12a}$$

注意:上式中的 μ' 与方程(10.4.1a)中的 μ 具有不同的量纲,μ' 的量纲是 μ 的量纲乘以 $T^{\beta-1}$(其中 T 表示时间量纲),只有当 $\beta=1$ 时,二者一致.

由能量守恒方程(6.1.13b),即(取 $h=0$)

$$\rho T\frac{\mathrm{d}s}{\mathrm{d}t}=\nabla\cdot(\boldsymbol{P}\cdot\boldsymbol{v})-\boldsymbol{v}\cdot(\nabla\cdot\boldsymbol{P})+P\nabla\cdot\boldsymbol{v}+\nabla\cdot(\kappa\nabla T)\tag{10.4.12b}$$

来导出温度场方程.显然,对上式左边的项,近似方程(10.4.2a)仍然成立,对右边的项作如下运算.由本构方程(10.4.12a),方程(6.1.13c)修改为

$$\begin{aligned}\nabla\cdot(\boldsymbol{P}\cdot\boldsymbol{v})&=\boldsymbol{v}\cdot(\nabla\cdot\boldsymbol{P})+\sum_{i,j=1}^{3}\left(P_{ij}\frac{\partial v_j}{\partial x_i}\right)\\&=\boldsymbol{v}\cdot(\nabla\cdot\boldsymbol{P})-P\nabla\cdot\boldsymbol{v}\\&\quad+\sum_{i,j=1}^{3}\left[-\frac{2}{3}\mu'\frac{\partial v_j}{\partial x_i}\frac{\partial^{\beta-1}}{\partial t^{\beta-1}}\nabla\cdot\boldsymbol{v}\delta_{ij}+2\mu'\frac{\partial v_j}{\partial x_i}\frac{\partial^{\beta-1}}{\partial t^{\beta-1}}S_{ij}(\boldsymbol{v})\right]\end{aligned}\tag{10.4.12c}$$

因此有

$$\begin{aligned}&\nabla\cdot(\boldsymbol{P}\cdot\boldsymbol{v})-\boldsymbol{v}\cdot(\nabla\cdot\boldsymbol{P})+P\nabla\cdot\boldsymbol{v}\\&=\sum_{i,j=1}^{3}\left[-\frac{2}{3}\mu'\frac{\partial v_j}{\partial x_i}\frac{\partial^{\beta-1}}{\partial t^{\beta-1}}(\nabla\cdot\boldsymbol{v})\delta_{ij}+2\mu'\frac{\partial v_j}{\partial x_i}\frac{\partial^{\beta-1}}{\partial t^{\beta-1}}S_{ij}(\boldsymbol{v})\right]\\&=-\frac{2}{3}\mu'(\nabla\cdot\boldsymbol{v})\frac{\partial^{\beta-1}}{\partial t^{\beta-1}}\nabla\cdot\boldsymbol{v}+\sum_{i,j=1}^{3}\left[2\mu'\frac{\partial v_j}{\partial x_i}\frac{\partial^{\beta-1}}{\partial t^{\beta-1}}S_{ij}(\boldsymbol{v})\right]\end{aligned}\tag{10.4.12d}$$

上式忽略横波,即忽略 $i\neq j$ 的项,代入方程(10.4.12b)得到

$$\rho c_P\frac{\partial T}{\partial t}\approx\nabla\cdot(\kappa\nabla T)-\frac{2}{3}\mu'(\nabla\cdot\boldsymbol{v})\frac{\partial^{\beta-1}}{\partial t^{\beta-1}}\nabla\cdot\boldsymbol{v}+\sum_{i=j=1}^{3}\left[2\mu'\frac{\partial v_j}{\partial x_i}\frac{\partial^{\beta-1}}{\partial t^{\beta-1}}S_{ij}(\boldsymbol{v})\right]\tag{10.4.13a}$$

对于上式右边的第三、四项作快尺度时间平均,与方程(10.4.2c)的讨论类似,可得到

$$\rho c_P\frac{\partial T}{\partial t}\approx\nabla\cdot(\kappa\nabla T)+\frac{4}{3}\mu'\overline{\left[(\nabla\cdot\boldsymbol{v})\frac{\partial^{\beta-1}}{\partial t^{\beta-1}}\nabla\cdot\boldsymbol{v}\right]}\tag{10.4.13b}$$

利用线性关系$\partial p/\partial t\approx -\rho_0 c_0^2\nabla\cdot \boldsymbol{v}$，上式转化为温度场与声压场的关系：

$$\rho c_P\frac{\partial T}{\partial t}\approx \nabla\cdot(\kappa\nabla T)+\frac{4}{3(\rho_0 c_0^2)^2}\mu'\overline{\left(\frac{\partial p}{\partial t}\frac{\partial^\beta p}{\partial t^\beta}\right)} \tag{10.4.13c}$$

由分数导数的 Fourier 积分定义，即方程(6.4.11a)，我们有

$$\frac{\partial^\beta p}{\partial t^\beta}=\mathrm{FT}^-\{(-\mathrm{i}\omega)^\beta\mathrm{FT}^+[p(\boldsymbol{r},t)]\} \tag{10.4.13d}$$

对于由方程(10.4.4a)表达的声场，容易求得 Fourier 积分 $\mathrm{FT}^+[p(\boldsymbol{r},t)]$为

$$\begin{aligned}\mathrm{FT}^+[p(\boldsymbol{r},t)]=p(\boldsymbol{r},\omega)&=\int_{-\infty}^{\infty}\sum_{n=1}^{\infty}|p_n(\boldsymbol{r})|\cos(n\omega_0 t-\phi_n)\exp(\mathrm{i}\omega t)\,\mathrm{d}t\\&=\pi\sum_{n=1}^{\infty}|p_n(\boldsymbol{r})|[\mathrm{e}^{-\mathrm{i}\phi_n}\delta(n\omega_0+\omega)+\mathrm{e}^{\mathrm{i}\phi_n}\delta(n\omega_0-\omega)]\end{aligned} \tag{10.4.14a}$$

于是，声压场的时间分数导数为

$$\begin{aligned}\frac{\partial^\beta p}{\partial t^\beta}&=\frac{1}{2\pi}\int_{-\infty}^{\infty}\{(-\mathrm{i}\omega)^\beta\mathrm{FT}^+[p(\boldsymbol{r},t)]\}\exp(-\mathrm{i}\omega t)\,\mathrm{d}\omega\\&=\frac{1}{2}\sum_{n=1}^{\infty}|p_n(\boldsymbol{r})|\int_{-\infty}^{\infty}\{(-\mathrm{i}\omega)^\beta[\mathrm{e}^{-\mathrm{i}\phi_n}\delta(n\omega_0+\omega)+\mathrm{e}^{\mathrm{i}\phi_n}\delta(n\omega_0-\omega)]\}\,\mathrm{e}^{-\mathrm{i}\omega t}\mathrm{d}\omega\\&=\frac{1}{2}\sum_{n=1}^{\infty}|p_n(\boldsymbol{r})|[(\mathrm{i}n\omega_0)^\beta\mathrm{e}^{\mathrm{i}(n\omega_0 t-\phi_n)}+(-\mathrm{i}n\omega_0)^\beta\mathrm{e}^{-\mathrm{i}(n\omega_0 t-\phi_n)}]\end{aligned} \tag{10.4.14b}$$

因此有

$$\begin{aligned}\left(\frac{\partial p}{\partial t}\frac{\partial^\beta p}{\partial t^\beta}\right)=&-\frac{1}{2}\sum_{n,m=1}^{\infty}n\omega_0|p_n(\boldsymbol{r})|\cdot|p_m(\boldsymbol{r})|\sin(n\omega_0 t-\phi_n)\\&\times[(\mathrm{i}m\omega_0)^\beta\mathrm{e}^{\mathrm{i}(m\omega_0 t-\phi_m)}+(-\mathrm{i}m\omega_0)^\beta\mathrm{e}^{-\mathrm{i}(m\omega_0 t-\phi_m)}]\end{aligned} \tag{10.4.14c}$$

故时间平均为

$$\overline{\left(\frac{\partial p}{\partial t}\frac{\partial^\beta p}{\partial t^\beta}\right)}=-\frac{1}{2}\sum_{n=1}^{\infty}(n\omega_0)^{\beta+1}|p_n(\boldsymbol{r})|^2|\operatorname{Re}(\mathrm{i}^{\beta+1})| \tag{10.4.15a}$$

利用关系 $\mathrm{i}^{\beta+1}=\exp[\mathrm{i}(\beta+1)\pi/2]=\cos[(\beta+1)\pi/2]+\mathrm{i}\sin[(\beta+1)\pi/2]$，上式简化为

$$\overline{\left(\frac{\partial p}{\partial t}\frac{\partial^\beta p}{\partial t^\beta}\right)}=\frac{1}{2}\sum_{n=1}^{\infty}(n\omega_0)^{\beta+1}\cdot\left|\cos\left[(\beta+1)\frac{\pi}{2}\right]\right|\cdot|p_n(\boldsymbol{r})|^2 \tag{10.4.15b}$$

注意：当$\beta=1$时，上式简化为

$$\overline{\left(\frac{\partial p}{\partial t}\right)^2}=\frac{1}{2}\sum_{n=1}^{\infty}(n\omega_0)^2|p_n(\boldsymbol{r})|^2 \tag{10.4.15c}$$

与方程(10.4.4b)的结果一致. 将方程(10.4.15b)代入方程(10.4.15c)得到温度场满足的方程：

$$\rho c_P \frac{\partial T}{\partial t} \approx \nabla \cdot (\kappa \nabla T) + \sum_{n=1}^{\infty} \frac{\alpha_n}{\rho_0 c_0} |p_n(\boldsymbol{r})|^2 \tag{10.4.16a}$$

其中，α_n 是对频率 $n\omega_0$ 具有分数次幂的声吸收系数：

$$\alpha_n = \frac{4\mu'}{3} \frac{(n\omega_0)^{\beta+1}}{2\rho_0 c_0^3} \left| \cos\left[(\beta+1) \frac{\pi}{2} \right] \right| \tag{10.4.16b}$$

显然，方程(10.4.16a)与方程(10.4.4c)有类似的形式，但声压场满足的方程为分数阶方程(9.2.23c). 注意：声吸收系数与频率的关系一般由实验测量得到，理论上给出 β 的值是困难的.

10.4.4 生物传热的 Pennes 方程及其解析解

生物介质(如人体组织)传热与非生物的一个最大的不同是，必须考虑血流的影响. 动脉血流带走了部分能量，使温度下降. 血流的这个作用可通过修改方程(10.4.16a)得到. 注意到方程(10.4.16a)左边是单位体积组织的热能变化率，而血流使单位体积组织的能量减小，减小量正比于组织温度 $T(\boldsymbol{r},t)$ 与血液温度 T_b 之差，即 $c_b[T(\boldsymbol{r},t)-T_b]$(其中 c_b 为血液的定压比热容，单位为 J/kg · K). 设单位体积的血液灌注率为 W_b(即单位体积、单位时间灌注的血液质量，单位为 $kg/m^3 \cdot s$)，则方程(10.4.16a)修改为

$$\rho c_P \frac{\partial T}{\partial t} \approx \nabla \cdot (\kappa \nabla T) - W_b c_b [T(\boldsymbol{r},t) - T_b] + \sum_{n=1}^{\infty} \frac{\alpha_n}{\rho_0 c_0} |p_n(\boldsymbol{r})|^2 \tag{10.4.17a}$$

上式就是生物介质传热的基本方程，称为 **Pennes 方程**.

设进入超声加热区的血液温度等于组织平衡温度，即 $T_b = T_0$，则上式可表示为

$$\frac{\partial T'}{\partial t} = D \nabla^2 T' - \frac{T'}{\tau_b} + f(t) Q(\boldsymbol{r}) \quad (t>0) \tag{10.4.17b}$$

其中，$T'(\boldsymbol{r},t) = T(\boldsymbol{r},t) - T_0$ 为温度升高[满足零初始条件，即 $T'(\boldsymbol{r},t)|_{t=0} = 0$]，$D \equiv \kappa/(\rho c_P)$，$\tau_b \equiv \rho c_P/(W_b c_b)$，$f(t)Q(\boldsymbol{r})$ 与方程(10.4.5a)中类似. 令温度场为 Fourier 积分形式：

$$T'(\boldsymbol{r},t) = \int U(\boldsymbol{k},t) \exp(\mathrm{i}\boldsymbol{k} \cdot \boldsymbol{r}) \mathrm{d}^3\boldsymbol{k} \tag{10.4.18a}$$

将上式代入方程(10.4.17b)得到

$$\frac{\mathrm{d}U(\boldsymbol{k},t)}{\mathrm{d}t} + \left(Dk^2 + \frac{1}{\tau_b}\right) U(\boldsymbol{k},t) = \widetilde{Q}(\boldsymbol{k}) f(t) \quad (t > 0) \tag{10.4.18b}$$

不难求得

$$U(\boldsymbol{k},t) = \widetilde{Q}(\boldsymbol{k}) \int_0^t f(\tau) \exp\left[- \left(Dk^2 + \frac{1}{\tau_b}\right) (t - \tau) \right] \mathrm{d}\tau \tag{10.4.18c}$$

将上式和方程(10.4.5e)代入方程(10.4.18a)得到温度场分布：

$$T(\boldsymbol{r},t)=T_0+\int_0^t f(\tau)\exp\left(-\frac{t-\tau}{\tau_b}\right)\iint Q(\boldsymbol{r}')G(\boldsymbol{r}-\boldsymbol{r}',t-\tau)\,\mathrm{d}V'\mathrm{d}\tau \quad (10.4.18\mathrm{d})$$

其中，$G(\boldsymbol{r}-\boldsymbol{r}',t-\tau)$是无限大空间的 Green 函数，由方程(10.4.7a)决定.

(1) 当 $t<t_0$ 时，$f(t)=1$，得到类似于方程(10.4.7c)的温度场表达式

$$T(\boldsymbol{r},t)=T_0+\int g(\boldsymbol{r}-\boldsymbol{r}',t)Q(\boldsymbol{r}')\,\mathrm{d}V' \quad (10.4.19\mathrm{a})$$

其中，为了方便，定义

$$g(\boldsymbol{r}-\boldsymbol{r}',t)\equiv\int_0^t\frac{\mathrm{e}^{-(t-\tau)/\tau_b}}{[4\pi D(t-\tau)]^{3/2}}\exp\left[-\frac{|\boldsymbol{r}-\boldsymbol{r}'|^2}{4D(t-\tau)}\right]\mathrm{d}\tau \quad (10.4.19\mathrm{b})$$

(2) 当 $t>t_0$ 时，$f(t)=0$，方程(10.4.19a)仍然成立，但上式修改成

$$g(\boldsymbol{r}-\boldsymbol{r}',t)\equiv\int_0^{t_0}\frac{\mathrm{e}^{-(t-\tau)/\tau_b}}{[4\pi D(t-\tau)]^{3/2}}\exp\left[-\frac{|\boldsymbol{r}-\boldsymbol{r}'|^2}{4D(t-\tau)}\right]\mathrm{d}\tau \quad (10.4.19\mathrm{c})$$

在超声辐照初期，即当 $t\to 0$ 时，同样可得

$$T(\boldsymbol{r},t)\approx T_0+Q(\boldsymbol{r})\int_0^t f(\tau)\exp\left(-\frac{t-\tau}{\tau_b}\right)\mathrm{d}\tau \quad (10.4.19\mathrm{d})$$

$$\approx T_0+\tau_b Q(\boldsymbol{r})\left[1-\exp\left(-\frac{t}{\tau_b}\right)\right]\approx T_0 tQ(\boldsymbol{r})$$

其结果与方程(10.4.10b)一样. 停止超声辐照后足够长时间($t>>t_0$)，方程(10.4.18d)给出

$$T(\boldsymbol{r},t)\approx T_0+\frac{t_0}{(4\pi Dt)^{3/2}}\exp\left(-\frac{t}{\tau_b}\right)\int Q(\boldsymbol{r}')\,\mathrm{d}V' \quad (10.4.19\mathrm{e})$$

比较方程(10.4.11)可见，血流的作用使温度变化下降更快.

解析解 方程(10.4.19b)和方程(10.4.19c)的积分也可以用余误差函数表示，结果如下(见习题 10.12，或者见参考书 11).

(1) 当 $t<t_0$ 时，有

$$g(\boldsymbol{r}-\boldsymbol{r}',t)=\frac{1}{8\pi D|\boldsymbol{r}-\boldsymbol{r}'|}\left[E^{-1}\cdot\mathrm{erfc}\left(z_0+\sqrt{\frac{t}{\tau_b}}\right)+E\cdot\mathrm{erfc}\left(z_0-\sqrt{\frac{t}{\tau_b}}\right)\right] \quad (10.4.20\mathrm{a})$$

其中，$z_0\equiv|\boldsymbol{r}-\boldsymbol{r}'|/\sqrt{4Dt}$，$E\equiv\exp(-|\boldsymbol{r}-\boldsymbol{r}'|/\sqrt{D\tau_b})$. 显然，当 $\tau_b\to\infty$ 时，$E\to E^{-1}\approx 1$，上式与方程(10.4.8b)的结果一致.

(2) 当 $t>t_0$ 时，有

$$\begin{aligned}g(\boldsymbol{r}-\boldsymbol{r}',t)=&\frac{1}{8\pi D|\boldsymbol{r}-\boldsymbol{r}'|}\left[E^{-1}\cdot\mathrm{erfc}\left(z_0+\sqrt{\frac{t}{\tau_b}}\right)+E\cdot\mathrm{erfc}\left(z_0-\sqrt{\frac{t}{\tau_b}}\right)\right]\\&-\frac{1}{8\pi D|\boldsymbol{r}-\boldsymbol{r}'|}\left[E^{-1}\cdot\mathrm{erfc}\left(z_1+\sqrt{\frac{t-t_0}{\tau_b}}\right)+E\cdot\mathrm{erfc}\left(z_1-\sqrt{\frac{t-t_0}{\tau_b}}\right)\right]\end{aligned} \quad (10.4.20\mathrm{b})$$

其中，$z_1\equiv|\boldsymbol{r}-\boldsymbol{r}'|/\sqrt{4D(t-t_0)}$. 当 $\tau_b\to\infty$ 时，上式与方程(10.4.9a)一致.

习题

10.1 考虑刚性平面上受到的声辐射压力问题. 设刚性平面位于 $x=0$ 处,入射波为 $p_i(x,t)=p_0\sin(\omega t+k_0x)$,求 Euler 坐标系和 Lagrange 坐标系中的声辐射压力.

10.2 声辐射压力导致的一个有趣现象是所谓的**声喷泉效应**(acoustic fountain). 如题图 10.2 所示,介质 1(密度和声速分别为 ρ_1 和 c_1)与介质 2(密度和声速分别为 ρ_2 和 c_2)由 $z=0$ 平面分开,入射波由介质 1 入射到 $z=0$ 平面. 在柱坐标系中,设入射波为 $p_i(\rho,z,\omega)=p_{0i}\mathrm{J}_0(k_\rho\rho)\exp[\mathrm{i}(k_{1z}z-\omega t)]$,其中 $k_{1z}=\sqrt{k_1^2-k_\rho^2}$. 假定声束主要在 z 方向传播,即 $k_{1z}\gg k_\rho$. ① 求透射系数和反射系数; ② 证明界面上声束中心点附近的声辐射压力差 $\langle\Delta P^{\mathrm{L}}\rangle=\langle P_1^{\mathrm{L}}-P_2^{\mathrm{L}}\rangle$(在 Lagrange 坐标中)为

$$\langle\Delta P^{\mathrm{L}}\rangle\approx 2\langle E_i\rangle\cdot\frac{1+Z^2-2nZ}{(1+Z)^2}$$

其中,$\langle E_i\rangle\equiv p_{0i}^2/2\rho_1c_1^2$ 为入射波的能量密度,$n\equiv c_1/c_2$ 和 $Z\equiv\rho_1c_1/(\rho_2c_2)$ 分别为两种介质的声速比和特性阻抗率比. 这一压力差使界面上的介质在声束中心处有一个位移(位移的方向决定于 Z 和 n 的大小,如果 $1+Z^2>2nZ$,介质 1 向介质 2 运动,反之,则介质 2 向介质 1 运动),这一现象称为**声喷泉效应**. 当入射声压足够大时,声束中心处甚至产生喷射现象.

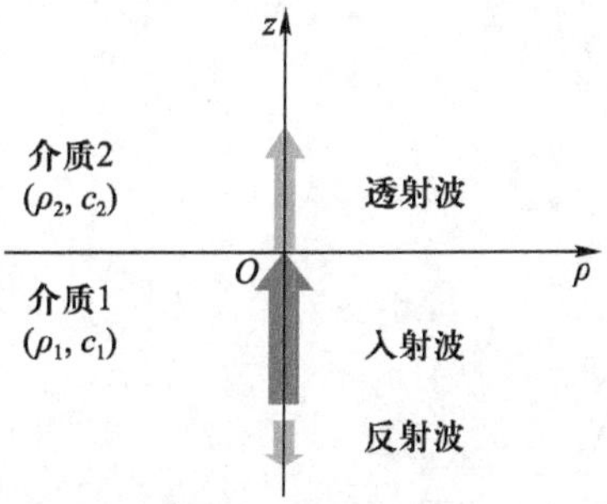

题图 10.2 声喷泉效应

10.3 参考图 3.1.2,当入射波是 Gauss 声束时,求刚性球受到的声辐射力.

10.4 验证方程(10.1.14c).

10.5 考虑频率为 ω 的一阶声波 $p_1(\boldsymbol{r},\omega)=c_0^2\rho_1=P_1(\boldsymbol{r})\cos(\omega t)+P_2(\boldsymbol{r})\sin(\omega t)$,当旋涡分布到达稳态时,证明在无限空间中,二阶场的旋度分布为

$$\boldsymbol{R}_2=\nabla\times\boldsymbol{v}_2=-\frac{\omega}{4\pi\rho_0^2c_0^4}\left(\frac{4}{3}+\frac{\eta}{\mu}\right)\int\frac{\nabla P_1(\boldsymbol{r}')\times\nabla P_2(\boldsymbol{r}')}{|\boldsymbol{r}-\boldsymbol{r}'|}\mathrm{d}V'$$

因此,介质中存在与时间无关的直流速度,即**声流**(acoustic streaming),该声流以**旋涡**(vortex)形式存在.

10.6 考虑半径为 $\rho=a$ 的有限长刚性管道中声波产生的声流,假定管道尾端有一个全吸收面吸收声能量,使尾端没有声反射,管口声源产生的声波在管道的 z 轴方向传播. 管道是封闭的,既没有外部质量流入也没有内部质量流出. 设一阶声场为沿正 z 轴方向的行波 $p_1(\boldsymbol{r},\omega)=c_0^2\rho_1=P(\rho)\sin(k_0z-\omega t)$,其中 $P(\rho)$ 表示声束的分布. 证明稳态旋涡满足的方程为

$$\nabla^2\boldsymbol{R}_2=b\frac{\mathrm{d}P^2(\rho)}{\mathrm{d}\rho}\boldsymbol{e}_\varphi,\quad b\equiv\frac{k_0^2}{2\rho_0^2c_0^3}\left(\frac{4}{3}+\frac{\eta}{\mu}\right)$$

10.7 已知速度场为 $\boldsymbol{v}$,流线的方程满足 $\mathrm{d}\boldsymbol{r}\times\boldsymbol{v}=0$(因流线的切向为速度的方向,故 $\mathrm{d}\boldsymbol{r}$ 与 $\boldsymbol{v}$ 平行),分别写出流线方程在直角坐标系、柱坐标系和球坐标系中的分量形式.

10.8 验证方程(10.2.22b)和方程(10.2.22c). 数值计算图 10.2.2 中的声流分布图.

10.9 验证方程(10.2.28b).

10.10 数值计算图 10.2.3 中的声流分布图.

10.11 假定入射声压足够小，气泡在平衡态附件作稳定的微小振动，证明气泡作微振动的共振频率为

$$\omega_R=\frac{1}{R_0}\sqrt{\frac{3\Gamma P_0}{\rho_0}\left(1+\frac{2\sigma}{P_0R_0}\right)-\frac{4\nu^2}{R_0^2}}$$

其中，Γ 为多方指数，σ 为液体的表面张力系数.

10.12 验证方程(10.4.20a)和方程(10.4.20b).

参考文献

附录 英汉人名对照